Ninth Edition

인간과 환경

양성렬 · 문덕현 · 김예진 · 박혜숙 · 이종은 · 차왕석 · 최세웅

Principles of

ENVIRONMENTAL SCIENCE

Inquiry & Applications

William P. Cunningham
University of Minnesota

Mary Ann. Cunningham
Vassar College

McGraw Hill

도서출판 동화기술

Principles of Environmental Science, 9th Edition

1 2 3 4 5 6 7 8 9 10 DH 20 20

Original: Principles of Environmental Science, 9th Edition © 2020
By William Cunningham, Mary Cunningham
ISBN 978-1-260-21971-5

This authorized Korean translation edition is published by Dong Hwa Technology Publishing Co. in arrangement with McGraw-Hill Education Korea, Ltd. This edition is authorized for sale in the Republic of Korea.

This book is exclusively distributed by Dong Hwa Technology Publishing.

When ordering this title, please use ISBN 978-89-425-9297-5

Printed in Korea

저자에 관하여

윌리엄 P.커닝햄

윌리엄 P.커닝햄은 미네소타 대학의 명예교수이다. 그는 38년간 대학에서 환경 과학, 보전 생물학, 환경 보건학, 환경 윤리학, 식물 생리학, 일반 생물학 및 세포 생물학을 포함해 다양한 생물학 강의를 했다. 그는 미네소타 대학에서 가장 명망 높은 상으로 인정되는 훌륭한 교수들로 구성된 학술원의 일원이다. 그는 국제 학생, 교수, 비일반적인 학생들을 대상으로 하는 수많은 다학제적인 프로그램의 구성원이었다. 또한 그는 노르웨이, 브라질, 뉴질랜드, 중국, 및 인도네시아에서 연구와 강의활동을 수행했다.

커닝햄 교수는 과거 40년 이상 동안 다수 정부 기관 및 비정부 기관에 참여해 왔다. 그는 에너지 정책에 관한 시에라 클럽 전국 위원회의 구성원으로 시에라 클럽의 미네소타 지부의 의장, 바운더리 워터스 카누 지역의 부회장으로, 미네소타 주지사의 에너지 정책의 대책 위원 위원장, 미네소타 주 에너지에 관한 입법 위원회의 시민 구성원이었다.

커닝햄 교수는 환경 과학 교과서뿐 아니라 톰슨-게일 출반사에서 발행된 *환경 백과사전* 3판을 편집했다. 또한 그는 에너지 정책과 환경 보건에 관한 챕터와 보고서 및 약 50여 개의 논문, 대부분 세포 생물학, 보전 생물학에 관한 논문을 저술하거나 공동 저술했다. 그는 텍사스 대학에서 식물학에 대한 박사학위를 수여받았다.

그의 취미는 배낭여행, 카누와 카약 만들기와 카누, 카약하기, 조류 관찰, 등산, 원예, 및 여행이다. 미네소타 주 세인트폴에서 부인 메리와 살고 있고 3명의 자녀(그중 한 명이 이 책의 공동 저자이다)와 7명의 손자가 있다.

메리 앤 커닝햄

메리 앤 커닝햄은 뉴욕 허드슨 밸리에 있는 바사르 대학의 지리학 부교수이다. 그녀는 경관생태학, 지질 정보시스템(GIS), 원격탐사에 관심 있는 생물 지리학자로, 지질 정보시스템(GIS), 원격탐사뿐 아니라 환경 과학, 천연자원 보존, 토지 이용 계획을 가르친다. 현장 조사 방법론, 통계학적 방법 및 데이터 분석의 과학적인 방법이 일반적인 강의 구성 내용이다. 메리 앤은 과학자인 동시에 교육자로서 강의, 이공계 학부 학생들 및 인문계 학부 학생들과 함께 연구 수행을 즐긴다. 그녀는 지리학자로서 학생들을 자신의 물리적인 주변환경과 사회적 환경이 그들의 세계 경험을 형성하도록 참여시키는 것을 좋아한다. 문리대학에서 학생들을 가르치는 것뿐 아니라 커뮤니티 칼리지와 연구 대학에서 강의한다.

메리 앤은 과거 10년간 환경 과학에 대해 저술활동을 하고 있으며, 이 책의 초판 이래로 공동 집필해 왔다. 또한 환경 과학(현재 제7판)의 공동 저자이고, *환경 백과사전*(제3판, 토마스 게일 출판사)의 편집자이다. 그녀는 환경 과학에서의 교육용 자료와 평가 자료뿐 아니라 지도제작에 관한 교육학을 출판했다. 그녀는 바사르 대학의 동료와 함께 학생들에게 GIS를 이용해 쉽고 저렴한 공간 및 환경 분석을 소개하고 제공하기 위한 목적으로 *지질 정보시스템(GIS)*의 실험실 설명서인 GIS를 이용하는 환경 과학 탐사를 출간했다.

메리 앤은 환경과학뿐 아니라 토지 피복 변화, 서식지 단편화, 조류 개체 수 분포에 관한 연구활동에 초점을 두고 있다. 그녀는 이 연구를 통해 허드슨 밸리의 숲뿐 아니라 그레이트 플레인 대초원에서 현장연구를 할 수 있게 해준다. 여가시간에는 여행, 등산, 조류 관찰을 즐긴다.

메리 앤은 칼턴 대학에서 학사, 오레곤 대학에서 석사학위를 취득했고 미네소타 대학에서 박사학위를 취득했다.

목차

환경 시스템: 물질, 에너지, 생명

진화, 종의 상호작용, 생물군집

인구

생물군계와 생물다양성

환경 보전: 산림, 초원, 공원 및 자연보존구역

식량과 농업

기후

대기오염

물: 자원과 오염

에너지

고형 폐기물과 유해 폐기물

CHAPTER

1 우리의 환경을 이해하기

Understanding Our Environment

학습 성과 *Learning Outcomes*

이 장을 학습한 후에 여러분은 다음 질문에 대답할 수 있어야 한다:

- 몇 가지 주요 환경적 도전과 이를 해결하는 방법을 열거하시오.
- 지속가능성의 개념과 그 목적 중 일부를 설명하시오.
- 과학자들은 왜 특정한 이론의 절대적인 증거를 주장하는데 신중해야하는가?
- 비판적 사고는 무엇이며 환경과학에서 중요한 이유는 무엇인가?
- 과학적 질문에 답하기 위해 그래프와 데이터를 사용하는 이유는 무엇인가?
- 자원 절약 및 보존의 개념을 형성하는데 도움을 준 사람들을 밝히고, 그들이 이러한 아이디어를 추진한 이유는 무엇인가?

애리조나 주의 모뉴먼트 계곡(Monument Valley)에 있는 카옌타(Kayenta) 태양광 발전소는 나바호(Navajo) 인디언 부족의 재생 가능한 에너지, 수자원 보존, 깨끗한 공기, 환경 친화적 직업, 그리고 기후보호를 위한 첫 걸음이다.

사례 연구 *Cace Study*

보호에 미치는 지속가능성과 전력

지속가능한 개발은 모든 개발도상국과 지역이 당면한 도전과제이다. 건강하고 안전한 환경을 보장하면서 동시에 청년을 위한 직업을 제공할 수 있을까? 대기, 수질 및 토양오염을 저감하면서 동시에 빈곤을 줄일 수 있을까?

이 질문들은 나바호(Navajo) 부족 또는 디네 국가(Diné Nation) 구성원이 묻는 것이다. 미국에서 가장 큰 인디언 부족은 또 다른 국가에 속한 국가이지만, 대부분의 개발도상 지역의 도전을 공유한다. 나바호 부족은 애리조나 주 나머지에 비하여 소득은 절반이고 실업률은 2배이다. 시골의 빈곤, 물과 위생시설의 결여, 불충분한 전기 연결은 교육과 보건의료를 저해한다.

다른 개발도상국과 마찬가지로 나바호 부족은 에너지의 미래에 대한 논쟁 중이다. 1973년 이래 보호구역의 가장 중요한 고용주의 하나는 나바호 발전소이며, 애리조나 주 전기의 16%를 생산하고 90%가 나바호 부족인 500명을 고용하는 석탄화력 발전소이다. 발전소는 애리조나 주 이산화탄소의 30%, 이산화황의 25%를 발생하며, 스모그와 산성비의 원인이며, 또한 대기에 수은과 카드뮴을 배출한다. 이 발전소는 45년 이상에 걸쳐 애리조나 주 최악의 오염발생원 중 하나였으며, 인근 그랜드 캐니언의 시야를 종종 흐리게 한다. 카옌타(Kayenta) 탄광은 발전소에 석탄을 공급하며, 분진과 기타 대기 오염물질을 발생하며 산성 유출로 지역 수로를 위협한다. 세계 최대의 석탄회사 중 하나인 다국적 피바디(Peabody) 에너지가 이 광산을 소유하고 있다. 발전소와 광산은 증기, 냉각, 분진 제어를 위하여 매년 3천 3백만 m^3의 막대한 양의 물을 사용하며, 그의 대부분을 계속 수량이 감소하고 있는 콜로라도 강으로부터 공급받는다. 필터와 기타 장비가 나바호 발전소의 대부분의 오염물질을 포획하지만, 개선과 유지비용이 많이 소요된다. 동시에 다른 동력원의 생산비가 저렴해지고 있다. 피바디 회사와 다른 이해당사자의 반대에도 불구하고, 발전소 소유주와 나바호 지도자는 석탄에너지 전환의 시기라는데 동의했다. 그들은 2020년까지 시설을 폐쇄하기로 합의했다.

이 결정은 발전소의 폐쇄가 수백 명의 해고를 초래하게 되어 논란이 많았다. 그러나 나바호 국가의 많은 구성원은 석탄으로부터 독립을 원하고, 지역민이 소유권을 가지는 에너지와 경제를 다양화하기를 원한다. 그들은 자녀들의 건강을 해치지 않는 환경 친화적 직업을 개발하기를 원한다. 그들은 그들이 사는 토지와 부족한 수자원을 보호하면서 에너지를 제공하는데 적극적이다. 또한 석탄이 최악의 기여자인 기후변화에 대처하기를 원한다. 재정비용이 발전소 운명을 결정했지만, 이러한 사회적 환경적 비용 또한 결정에 중요한 역할을 했다.

에너지 전환의 중요한 발걸음은 나바호 부족 전력 당국이 소유하고 보호구역의 첫 번째 실용적 규모의 태양광 발전소인 카옌타 태양광 발전소였다. 발전소는 2017년 6월 청정 전기를 공급하기 시작했다. 발전량은 27.5 MW로 나바호 발전소의 1,700 MW에 비하여 훨씬 적은 전기를 생산한다. (MW는 백만 W이며, 10 W 전구를 동시에 10만개 켜거나 미국의 500가구에 전기를 공급하는데 충분하다) 그러나 이것은 시작에 불과했다. 카옌타 발전소가 가동되고 6개월 후에 부족 당국은 카옌타 II를 건설하기로 합의하였으며, 이는 50 MW로 2배 이상의 발전량이다. 부족 당국은 향후 수년에 걸쳐서 500 MW 정도의 태양광발전소 건설을 계획했다. 카옌타 건설에는 단지 6개월이 소요되었으며, 이는 에너지 생산에는 좋지만 275명의 작업자를 일시적으로 고용했을 뿐이었다. 그러나 설치규모가 커지면 고용이 증가하고 안정화될 것으로 예상된다. 태양광에 대한 투자를 늘리면 외딴 시골 지역의 전기에 대한 공급도 경제적으로 도울 수 있다. 보호구역 세대를 전력망에 연결하는 것은 태양전지판과 배터리 저장장치보다 훨씬 비싼 $50,000가 소요될 수 있기 때문이다.

태양광 발전소는 석탄보다 깨끗하지만, 공간과 재정비용은 어떠한가? 120헥타르(300에이커)의 카옌타 발전소는 약 4.5헥타르/MW(11에이커/MW)를 사용하는 반면, 활성 탄광을 포함하여 나바호 발전소(폐쇄된 폐광 지역 제외)는 약 4~5헥타르/MW(10~12에이커/MW) 사용한다. 카옌타 발전소 첫 단계의 $6천4백만의 비용은 약 $230만/MW에 달했다. 인플레이션에 맞추어 조정된 석탄발전소는 매일 100톤 열차 약 240대의 부하율로, 약 250만 달러/MW에 추가하여 석탄을 지속적으로 공급하는 비용이 발생한다.

청정에너지에 대한 접근은 지속가능한 개발의 중심이다. 전등은 공부하고 학습하는데 도움이 된다. 수도 펌프는 위생을 향상시킬 수 있다. "친환경(green-collar)" 직업은 삶과 생계를 변화시킬 수 있다. 지속가능한 개발의 이러한 측면은 전 세계 공동체의 목표이다. 이 장에서 우리는 환경과학이 보다 평등한 경제, 사회 및 환경 질에 대한 광범위한 요구를 이해하고 해결하는데 기여하는 몇 가지 방법을 탐구한다. ■

▲ **그림 1.1** 나바호 발전소는 거의 50년 동안 주된 수입원이며 오염원이었다.
출처: ©Chon Kit Leong/123RF

1.1 환경과학은 무엇인가?

- *환경과학은 다양한 학문, 기술, 관심에 의지한다.*
- *지구적인 관점이 우리가 환경 시스템을 이해할 수 있도록 돕는다.*
- *과학적 방법론은 탐구를 정연하게 한다.*

환경과학은 우리가 살고 있는 복잡한 시스템을 이해하기 위하여 과학적인 접근법을 사용한다. 종종 환경과학은 시스템이 어떻게 기능하고, 생물다양성이 생태계 기능에 어떻게 영향을 미치고, 또는 토지의 이용이 어떻게 강 시스템에 영향을 미치는가에 대한 기본적인 설명을 찾는데 초점을 맞춘다. 그러나 자원, 토지 이용, 폐기물 관리 등에 대한 인간의 결정이 환경 시스템에 영향을 미치기 때문에, 자원에 대한 결정과 정책 또한 환경과학의 일부이다.

이 장에서 우리는 환경과학의 몇 가지 중심 개념과 접근방법을 검토한다. 그 후에 이러한 주제를 더 심층적으로 탐구할 것이다. 우리는 지속가능성, 환경 정의, 이러한 개념을 이해하는데 밑바탕이 되는 과학적 방법론과 같은 주제에 초점을 맞춘다.

환경과학은 여러 분야를 통합한다

우리는 생물학적 다양성과 물리학적 과정의 자연세계와 개념과 실제의 인간환경의 두 세계 모두에 살고 있다. 환경과학은 이러한 자연세계와 인간세계를 모두 포함한다. 환경 시스템은 복잡하고 상호 연관되기 때문에, 환경과학 분야는 광범위한 학문과 기술을 포함하며, 지식의 다양한 방식이 해답을 찾는데 종종 도움이 된다(그림 1.2). 생물학, 화학, 지구과학, 지질학은 기초과학의 개념과 증거에 기여한다. 정치학, 경제학, 의사소통, 예술은 우리가 어떻게 자원을 공유하고, 경쟁하고, 사회에 대한 영향을 평가하는 것을 이해하는데 도움을 준다. 이 과정에서 우리의 임무 중 하나는 우리의 지식과 관심이 어디에 기여하는지를 이해하는 것이다(능동적 학습, 4쪽). 여러분의 특별한 관심을 확인하는 것은, 여러분이 직면하게 되는 개념을 탐구하는데 더 많은 이유를 가지게 되기 때문에 이 수업에 도움이 될 것이다.

환경과학은 자원에 대한 결정과 우리가 점유하는 생물계에 대한 정보를 제공하기 때문에 종종 정책에 정보를 제공한다. 이는 특정한 정책적 입장을 의미하지는 않지만, 결정을 하는데 있어서 가정이나 소문이 아니라 관측 가능한 증거를 이용하는 분석적 접근방법을 제공한다.

환경과학은 전 세계적이다

여러분은 이미 중국에서 제작된 컴퓨터부터 이라크나 베네수엘라에서 채취한 석유까지 먼 곳의 자원과 사람에 대한 세계적인 의존도에 대하여 알고 있다. 우리가 전 세계 및 지역적인 환경

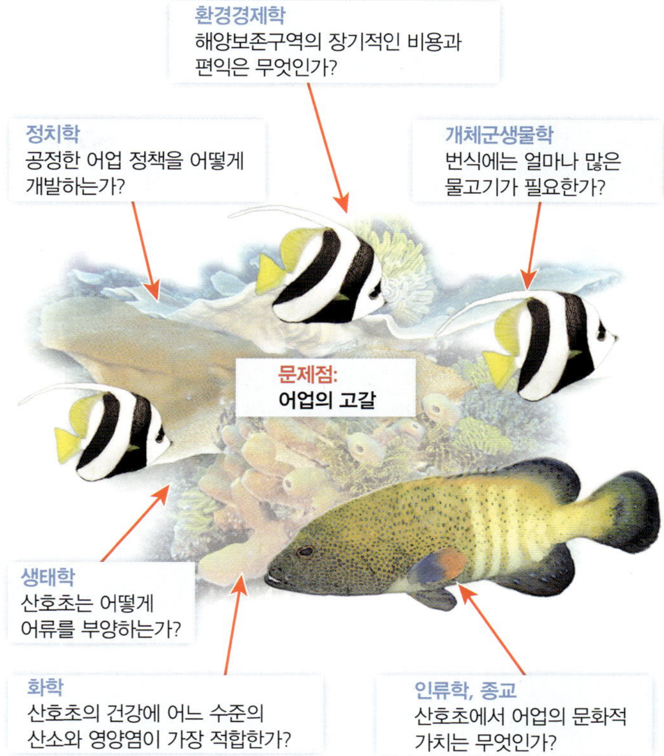

▲ **그림 1.2** 환경과학에는 다양한 유형의 지식이 요구된다. 몇 가지 예시를 여기에 나타냈다.

시스템에 대하여 더 많이 배울수록 이러한 상호의존성은 더욱 명백해진다. 환경과학을 배우는 최선의 방법은 종종 실제 현장에서 원칙이 어떻게 작용하는지 보는 것이다. 우리 주위의 세계에 익숙해지면 문제점과 그 내용을 이해하는데 도움이 된다. 이 책에서는 googleearth.com에서 무료로 내려 받을 수 있는 Google Earth에서 볼 수 있는 장소에 대한 링크를 제공했다. 이 글의 여백에 있는 것처럼 푸른 지구가 보이면 Connect에 가서 토의된 장소를 가상적으로 방문할 수 있도록 해주는 장소표지를 찾을 수 있다. Google Earth에서 자신만의 장소표지를 저장하고 공유할 수 있다.

벤치마크 데이터

이 장의 아이디어와 숫자 중에서 다음은 기억할 가치가 있는 몇 가지 사항이다.

280 ppm	산업혁명 전 대기 중 CO_2 농도, 백만분의 1.
410 ppm	현재의 대략적인 CO_2 농도
60억	2000년 세계 인구
90억	2050년 세계 인구(예상)
5	1950년 여성 1인당 평균 자녀수
2	2050년 여성 1인당 평균 자녀수(예상)

능동적 학습 ACTIVE LEARNING

이 수업에서 여러분의 장점을 찾기

이 수업을 효율적으로 학습하기 위한 핵심 전략은 당신의 강점과 관심이 이 책에서 읽게 될 주제 중 어느 것과 겹치는지 파악하는 것이다. 앞서 언급한 것처럼, 환경과학은 다양한 분야의 지식에 의존한다(그림 1.2). 모든 분야를 잘할 수 있는 사람은 없지만, 누구나 일부 분야는 잘한다. 학생들은 작은 그룹을 형성한 후 1.2절의 질문 중 하나를 선택하고, 다음 각각의 문제를 해결하거나 이해하는데 어떻게 기여할 수 있는지 설명하시오:

> 예술가, 작가, 정치가, 협상가, 화학자, 수학자, 사냥꾼, 어부, 낚시꾼, 트럭 운전사, 요리사, 부모, 건축업자, 설계자, 경제학자, 여러 언어를 구사하는 사람, 음악가, 사업가

답변: 이들 모두는 다양한 통찰을 제공하며, 답변은 달라질 수 있다.

▲ **그림 1.4** 우리 지구의 가장 놀라운 특징은 아마도 풍부한 생명의 다양성일 것이다.
출처: ©Chandni Sharma/123RF

환경과학은 놀라운 지구를 이해하도록 도와준다

여러분이 달이나 화성으로 여행하고 집으로 돌아오는 우주비행사라고 상상해보라. 조용하고 공허한 외계에서 이렇게 아름답고 풍요로운 지구로 돌아오는 것은 얼마나 안심이 되겠는가(그림 1.3). 우리는 우리가 아는 한 우주에서 유일하며 믿을 수 없을 만큼 왕성하고 아름다운 세계에 살고 있다. 우리 태양계의 다른 행성에 비교해서 지구의 온도는 온화하고 비교적 일정하다. 생지화학적 순환과 생물군집에 의해 깨끗한 공기, 신선한 물이 충분히 공급되고, 비옥한 토양이 끝없이 자연적으로 재생된다(2장과 3장에서 토의됨). 경제학자들이 환경이 지구 경제 활동의 상당한 부분을 차지하는 것으로 추정하지만, 이러한 생태적 서비스의 가치는 헤아릴 수 없다(15장 참조).

지구의 가장 놀라운 특징은 높은 생명의 다양성이다. 수백만의 아름답고 흥미로운 종들이 지구에 서식하며 거주 가능한 환경을 유지하는 것을 도와준다(그림 1.4). 이러한 광대한 생명은 우뚝 솟은 나무와 거대한 동물들이 바이러스, 박테리아, 곰팡이와 같은 작은 생명체와 함께 살고 의존하는 즐겁고 다양하고 상호 연관된 군집을 형성한다. 또한, 이러한 모든 생물은 울창하고 습한 숲, 광대하고 화창한 사바나, 화려한 산호초를 포함하여 정말 다양하고 자급자족하는 생태계를 이루고 있다.

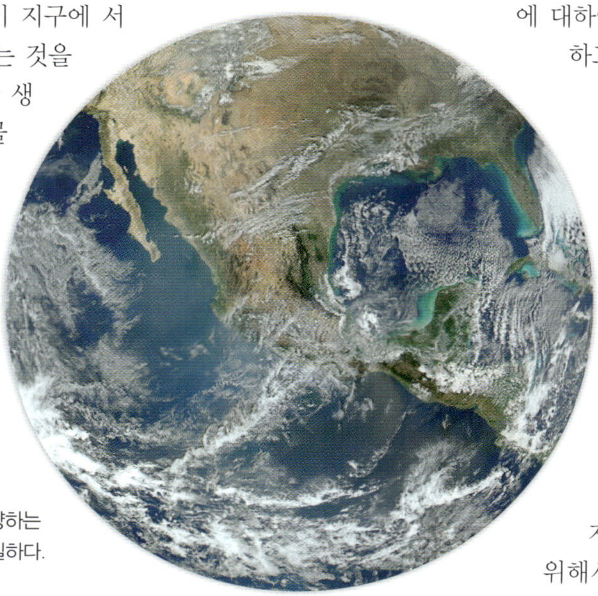

▶ **그림 1.3** 우리 모두가 의존하는 생명을 부양하는 생태계는 우리가 아는 한 우주에서 지구가 유일하다.
출처: Norman Kuring/NASA

때때로 지구 생명체에 닥친 어려움에도 불구하고, 지구에서 살 수 있다는 것이 놀라울 정도로 운이 좋다는 것을 기억하기 위해 잠시 멈추어야 한다. 환경과학자들이 우리 주위의 아름다움을 관찰하기 때문에, 우리는 후손들이 풍요로움을 누릴 동등한 기회를 가질 수 있도록 우리가 할 수 있는 일은 무엇이며, 우리가 해야 할 일은 무엇인지 스스로 물어보자.

환경과학의 방법론

이 책을 읽으면서 다음의 아이디어를 주시하라. 이들은 과학에서 일반적으로 볼 수 있는 방법론의 일부이다. 그들은 환경과학이 우리 주위의 세계를 주의 깊고 사려있게 관찰하는데 기초하고 있다는 것을 반영한다.

관찰(observation): 환경을 이해하는 첫 걸음은 오염, 환경의 건강, 보존, 인구, 자원 및 기타 요인을 주의 깊고 자세하게 관찰하고 평가는 것이다. 우리가 살고 있는 세계에 대하여 아는 것은 자원이 어디에서 유래하고 왜 그러한지를 이해하도록 도와준다.

과학적 방법론(scientific method): 이 장의 뒤에서 토의되지만, 과학적 방법론은 질문을 하고, 관찰 자료를 수집하고, 이러한 관찰을 해석하여 질문에 대한 해답을 찾는 질서정연한 접근이다. 일상생활에서 조사를 시작할 때 우리는 대부분 사전에 기대를 하고 있으며, 우리의 사전 가정을 쉽게 지지하는 증거를 선택하는 것을 피하기 위해서는 훈련이 필요한다. 대조적으로

과학적 방법론은 조사자의 편견과 예측을 단순히 확인하는 것을 피하기 위하여 통계학, 맹검법, 주의 깊은 복제를 통하여 엄밀성을 추구한다.

정량적 추론(quantitative reasoning): 정량적 추리는 문제에 대하여 무엇을 보여주는가를 인지하기 위하여 어떻게 숫자를 비교하고 그래프를 해석하는가를 이해하는 것을 의미한다. 이는 종종 시간에 따른 인구 규모와 같은 값의 변화를 이해하는 것을 의미한다.

불확실성(uncertainty): 이 책의 반복되는 주제는 불확실성이 과학의 필수적인 부분이라는 것이다. 과학은 관찰과 검증 가능한 가설에 기초하지만, 우리는 우주의 모든 것을 관찰할 수 없으며, 모든 가능한 질문을 하지는 않았다. 얄궂게도 우리가 얼마나 *모르고 있는지*(*don't* know)를 이해하는 것이, 우리가 무엇을 *아는가*(*do* know)에 대한 우리의 신뢰를 높여줄 수 있다.

비판적 사고와 분석적 사고(critical and analytical thinking): 여러분이 무엇을 생각하고 왜 그렇게 생각하는지, 또는 왜 어떤 사람이 특정한 아이디어를 믿는지에 대해 돌아보고 검토하는 것을 일반적으로 비판적 사고라고 한다. 불확실성을 인정하는 것도 비판적 사고의 일부이다. 이는 우리가 거주하는 세계의 복잡성에 대해 이해하면서 모든 학문을 추구하는데 있어서 실천할 수 있는 기술이다.

1.2 환경과학의 주요 주제

- *물, 대기 질, 기후변화가 주요한 관심사이다.*
- *인구성장속도는 감소하였으며, 식량자원과 교육은 개선되었다.*
- *천연자원의 고갈은 주된 우려사항이다.*

이 절에서는 이 책의 주요 주제 중 일부를 검토한다. 모두 다 심각한 문제이지만, 또한 극적인 혁신의 대상이기도 하다. 해결책은 종종 정책과 경제에 있지만, 환경과학자는 어떠한 정책 결정을 할지에 대한 근거를 제공한다.

종종 위기와 기회는 함께 온다고 말한다. 심각한 문제는 더 나은 해결책을 찾도록 한다. 읽으면서 어떠한 요인이 이러한 상태에 영향을 미치고, 문제를 해결하기 위해 어떠한 수단을 취해야 할지 스스로에게 물어보라.

환경 질

기후 변화(Climate Change) 대기는 지구 표면 부근에 열을 보유하기 때문에, 우주 공간에 비해 따뜻하다. 그러나 열을 포집하는 온실 가스, 특히 CO_2는 200년 전의 280 ppm에서 2019년에는 410 ppm으로 급격하게 증가했다. 화석연료의 연소, 삼림과 농경지의 개간, 수십억 마리의 메탄을 생성하는 가축을 기르는 것이 주된 원인의 일부이다. 기후 모델에 의하면 현재의 추세가 계속된다면, 2100년에는 지구 평균 온도가 1990년에 비하여 2~6°C(3.6~12.8°F) 증가하리라 예측되며(그림 1.5), 이는 인류 문명이 태동한 이래 매우 온난한 기온이다. 비교하면, 마지막 빙하기는 현재보다 약 4°C 낮았다. 많은 지역에서 심각한 가뭄과 폭염이 예상된다. 또한 많은 지역에서 격렬한 폭풍과 홍수가 예상된다. 빙하와 설원의 소멸은 로스앤젤리스와 델리와 같은 도시들이 의존하는 물 공급을 위협한다.

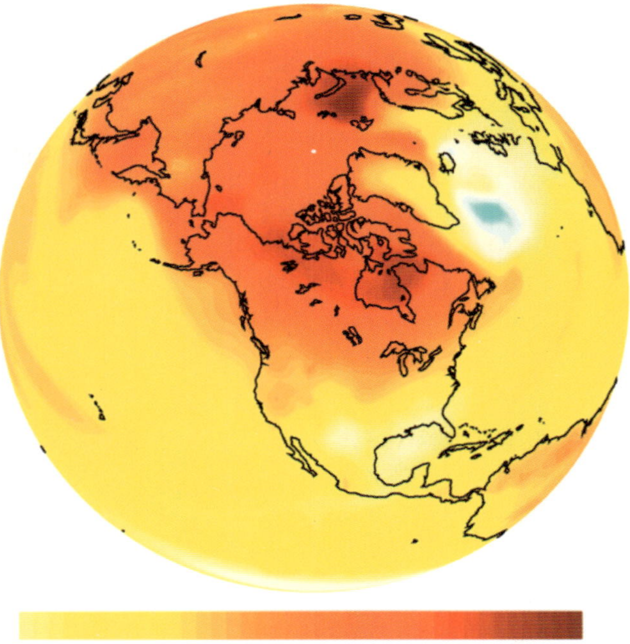

▲ **그림 1.5** 기후변화는 특히 북반구 겨울철에 기온을 증가시키킬 것으로 예상된다.
출처: NOAA 2010

군사전문가들은 기후변화가 난민 위기와 테러를 초래하는 가장 큰 위협이라고 주장한다. 이미 기후변화는 수억의 사람들이 곡물을 생산하기에 너무 건조하거나 뜨거운 농경지로부터 이동하게 만들었다. 폭풍, 홍수 및 해수면 상승은 많은 지역의 마을을 위협한다. 시리아, 나이지리아, 파키스탄 및 다른 지역의 기후 난민은 테러활동에 취약하며 때때로 해외로 전파된다.

다른 한편으로, 기후변화의 해결책을 찾기 위한 노력은 새로운 종류의 국제협력을 강요할 수 있다. 새로운 에너지 생산 전략은 석유로 인한 분쟁을 감소시키고 세계 빈곤층의 경제발전을 촉진할 수 있다.

깨끗한 물(Clean Water) 물은 21세기에 가장 중요한 자원이다. 최소한 11억 명의 사람이 안전한 음용수를 이용할 수 없으며, 이보다 2배의 사람은 적절한 위생시설이 없다. 오염된 물은 매년 1,500만 명의 사람의 사망을 초래하며, 대부분이 5세

이하의 아동이다. 세계 인구의 약 40%가 현재 물 수요가 공급을 초과하는 국가에서 거주하고 있으며, UN은 2025년에는 3/4의 인구가 비슷한 상태에 놓이게 될 것으로 추정한다. 진행되고 있는 도전에도 불구하고, 1990년 이래 8억 명 이상의 사람이 처리된 물 공급과 현대적 위생시설을 이용할 수 있게 되었다.

대기 질(Air Quality) 대기 질은 특히 중국과 인도와 같이 신흥 공업국가에서 급격하게 악화되었다. 베이징과 델리의 부유층은 날씨가 좋지 않은 날에는 자녀들을 공기청정기가 설치된 아파트에 머무르도록 한다. 빈곤층은 병을 얻으며, 많은 지역에서 암 발생률이 증가하고 있다. 대기오염으로 인하여 매년 수백만 명이 조기에 사망하며 훨씬 많은 수가 질병에 걸린다. UN 추산에 의하면 이산화탄소와 바람에 날린 토양을 제외하고도 세계적으로 매년 20억 톤 이상의 대기오염 물질이 방출된다. 이러한 대기오염 물질은 쉽게 지구를 순환한다. 며칠은 캘리포니아주의 스모그와 대기 입자의 75%가 아시아에서 유래한다. 수은, PCB(폴리염화비페닐), 기타 산업 오염물질은 북극지방 생태계와 훨씬 북쪽의 원주민들의 조직에 축적된다.

좋은 소식은 대기 질 악화로 신음을 앓는 중국, 인도, 다른 나라의 환경과학자들이 유럽과 미국이 수십여 년 전에 치명적인 대기오염을 겪었다는 것을 잘 알고 있다는 것이다. 그들은 오염 통제에 대한 실행 가능한 정책과, 안전하고 효율적인 신기술을 적용할 수 있다면 문제를 해결할 수 있다는 것을 알고 있다.

인구와 복지

인구 증가(Population Growth) 현재 지구상에는 40년 전에 비하여 2배인 77억 명의 인구가 살고 있다. 매년 8천만 명이 증가한다. 인구통계학자는 대부분의 국가의 인구가 저성장으로 전환하고 있다고 보고하며, 이는 주로 여성 교육의 개선과 더 나은 보건의료 덕분이다. 그러나 현재의 추세에 의하면 2050년에는 인구가 80억 명에서 100억 명 사이로 추산된다(그림 1.6a). 그러한 많은 인구가 천연자원과 생태계에 미치는 충격은 우리가 당면하고 있는 많은 다른 문제에도 커다란 영향을 미친다.

그러나 인구 성장률의 둔화는 고무적이다. 세계 대부분에서 개선된 건강관리와 깨끗한 환경은 수명을 증가시키고 유아 사망률을 낮추었다. 사회적 안정은 가족이 적은 수의 건강한 자녀를 가지도록 했다. 인구는 대부분의 선진국에서 안정되었으며, 심지어는 사회보장, 교육, 민주주의가 정착된 빈곤국에서도 마찬가지이다. 1960년 이후 여성 1인당 평균 자녀수는 세계적으로 5명에서 2.45명으로 감소했다(그림 1.6b). UN 인구국에 의하면, 2050년에는 대부분의 국가가 출산율이 대체출산율인 여성 1인당 아동 2.1명 이하로 감소할 것으로 예측된다. 이러한 일이 실현되면 세계 인구는 과거의 예측인 93억 명이 아니라 89억 명에서 안정화될 것이다.

특히 유아사망률은 대부분의 국가에서 감소하였는데, 이는

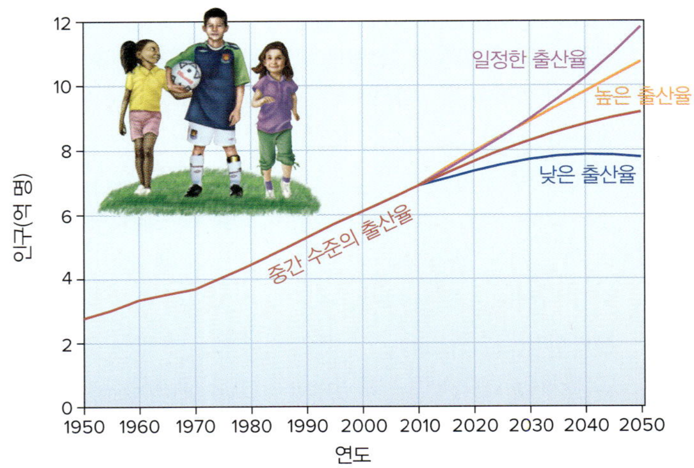

(a) 가능한 인간 추세

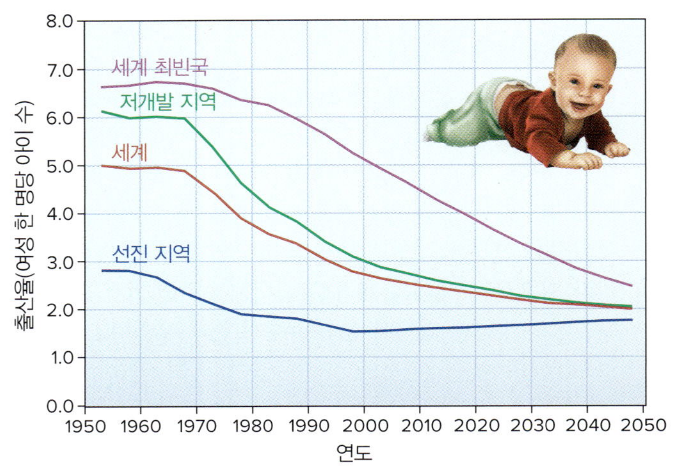

(b) 출산율

▲ **그림 1.6** 나쁜 소식과 좋은 소식: 세계적으로 인구는 계속 증가하지만(a), 증가율은 떨어지고 있다(b). 일부 국가는 대체 출산율인 약 2명 미만이다.
출처: UN 인구계획, 2011.

백신과 안전한 물의 공급이 널리 보급되었기 때문이다. 천연두는 완전히 박멸되었으며, 소아마비도 폭력적인 분쟁에 의하여 재발생한 몇몇 국가를 제외하고는 정복되었다. 기대수명도 평균적으로 거의 2배로 증가했다(그림 1.7a).

기아와 식량(Hunger and Food) 지난 세기 동안 전 세계 식량 생산은 인구증가보다 빠르게 증가했다. 인류는 생존에 필요한 식량보다 절반을 더 생산하며, 단백질의 소비는 전 세계적으로 증가했다. 대부분의 국가에서 체중과 관련된 질병이 굶주림과 관련된 질병보다 훨씬 만연한다. 1990년대에 인구가 거의 10억 명이 증가했지만, 이 기간 동안 식량 불안정과 만성적 굶주림에 처한 사람은 실제로 약 4천만 명이 감소했다.

이러한 풍요로움에도 불구하고 식량 자원이 불균등하게 분배되기 때문에 굶주림은 세계적으로 만성적인 문제로 남아있

다. 식량 과잉의 세계에서, 현재 8억 5천만 명 이상이 만성적으로 영양결핍이며, 최소한 6천만 명이 날씨, 정치, 전쟁 등으로 인하여 심각한 식량부족에 직면해있다(그림 1.7b). 동시에 토양과학자들은 모든 농경지의 약 3분의 2가 퇴화의 징후를 보이고 있다고 보고한다. 최근의 식량증산을 가져온 생물공학과 집약농업 기술은 많은 가난한 농부들에게는 비용이 너무 많이 든다. 우리는 어떻게 식량을 지속가능하게 생산하고 공평하게 분배할 수 있을까? 이러한 것들은 환경과학의 핵심적인 질문이다.

정보와 교육(Information and Education) 매우 많은 환경문제들이 새로운 아이디어, 기술, 전략에 의하여 해결될 수 있기 때문에, 지식에 대한 접근성을 확대하는 것은 발전에 필수적이다. 정보가 세계를 도는 속도가 증가하여 아이디어를 공유하는 기회가 전례 없다. 동시에 읽고 쓰는 능력과 교육 접근성은 세계의 대부분 지역에서 확대되고 있다(그림 1.7c).

인터넷 상에서 빠른 정보의 교환은 삼림벌채와 오염과 같은 환경문제에 대하여 세계적인 경각심을 빠르게 제기하는 것을 쉽게 하였는데, 이러한 환경문제는 역사적으로 간과되고 제지받지 않고 진행되었을 것이다. 교육에 대한 접근성의 개선은 많은 세계 인구를 빈곤과 취약으로부터 해방시키는데 도움이 된다. 소녀들을 위한 교육의 확대는 세계적으로 출산율을 낮추는 주된 추진력이다.

천연자원

생물다양성 상실(Biodiversity Loss) 생물학자들은 서식처 파괴, 남획, 오염, 외래종의 도입이 공룡 시대의 말기와 같은 절멸처럼 빠르게 종을 멸종시키고 있다고 주장한다. 유엔환경계획(UNEP)은 지난 세기 동안에 800종 이상이 멸종되었으며 현재 최소한 만 종이 멸종위기에 처해 있다고 보고한다. 여기에는 모든 영장류와 담수 어류의 절반, 그리고 모든 식물 종의 약 10%가 포함된다.

(a) 건강관리

(b) 굶주림

(c) 교육

(d) 지속가능한 자원의 이용

▲ **그림 1.7** 인간의 복지는 어느 면에서는 개선되고 있으며 다른 면에서는 매우 어렵다(a). 약 8억 명의 사람들이 적절한 영양이 결핍된다. 특히 폭력적인 분쟁지역에서 굶주림이 지속된다(b). 소녀를 포함한 교육 기회가 개선되고 있으며(c), 일부 지역에서는 수산자원의 지역적 통제가 식량안보를 개선시키고 있다(d).

(a): ©Siarhei Arlou/123RF; (b): ©Stanislau Valynkin/123RF Images; (C): ©Riemersma/123RF; (d): ©William P. Cunningham

거의 모두 대형 고양잇과 동물을 포함하는 상위 포식자가 특히 희귀하고 멸종위기에 처해 있다. 독일에서 2017년 발표된 연구에 의하면 주요한 수분 매개체이고 먹이 그물의 구성요소인 곤충 개체군이 1990년 이래 75% 감소하였으며, 조류 개체군은 15% 감소했다. 농업이 도입되기 전에 비하여 최소한 절반의 삼림이 벌채되었으며, 많은 생물다양성을 품고 있는 원시림의 상당부분이 목재, 기름 추출(채유), 야자유나 콩과 같은 세계적으로 거래되는 산물의 농업생산을 위하여 빠르게 벌채되고 있다.

삼림의 보존과 자연보전지구(Conservation of Forests and Nature Preserves) 남획이 계속되지만 많은 지역에서 삼림 벌채 속도가 느려졌다. 수십 년간 세계 삼림 벌채를 주도하였던 브라질은, 벌채 속도를 획기적으로 줄였다. 자연보전지구와 보호지역은 지난 수십 년간 빠르게 증가했다. 생태지구와 서식지 보호는 불균등하게 남아있고, 일부 지역은 문서상으로만 보호된다. 그렇더라도 이는 생물다양성 보호의 극적인 진전이다.

해양 자원(Marine Resources) 해양은 대체할 수 없고 위험에 처한 식량 자원을 제공한다. 개발도상국의 10억 명 이상의 사람이 주된 동물 단백질원으로서 수산물에 의존하지만, 세계의 대부분의 상업적 어업은 급격히 감소하고 있다. 세계자원연구소(World Resource Institute)에 의하면 정보가 있는 441개 어류 군집의 3/4 이상이 심각하게 고갈되거나 긴급한 관리를 요한다. 일부 해양 생물학자들은 참다랑어, 청새치, 황새치, 상어, 대구, 넙치를 포함한 대형 포식자의 90%가 바다에서 제거되었다고 추정한다.

이러한 지속되는 남획 문제에는 많은 국가들이 이 문제를 인지하고 해결책을 찾기 시작했다. 해양보호구역과 개선된 어획 모니터링은 지속가능한 관리의 기회를 제공한다(그림 1.7d).

어류 종묘장을 보호하는 전략이 해양 시스템과 거기에 의존하는 사람들을 유지하는 새로운 접근방법이다. 캘리포니아주, 하와이 주, 뉴질랜드, 영국, 그리고 많은 지역에 해양보호구역이 제정되었다.

에너지 자원(Energy Resources) 우리가 어떻게 에너지를 획득하고 사용하는가는 환경의 미래에 큰 영향을 미칠 것이다. 화석연료(석유, 석탄 및 천연가스)는 현재 산업화된 국가에서 사용되는 에너지의 80%를 제공한다. 이러한 연료를 추출하고 연소하는 비용은 가장 심각한 환경 도전이다. 비용에는 기후변화에 추가하여 대기오염과 수질오염, 채광 피해 및 폭력적인 분쟁 등이 포함된다.

동시에 개선되는 대안과 효율성의 증대는 화석연료에 대한 의존을 감소시키고 있다. 앞의 사례연구에서 언급하였듯이 재생 가능한 에너지의 이용이 증가하고 있다. 태양발전의 비용은 크게 떨어졌으며, 많은 지역에서 태양발전의 비용은 시간에 따라 전통적인 전력과 같아지고 있다. 태양광발전과 풍력발전은 원자력발전소나 새로운 석탄발전소에 비하여 이제 훨씬 설치하기가 쉽고, 저렴하고, 빠르다.

1.3 환경과학의 인간적 차원

- *생태계 서비스는 시스템의 가치를 평가하는데 중요하다.*
- *지속가능한 개발의 목표는 핵심적인 요구를 확인하는 것이다.*
- *빈곤과 부유 모두 환경문제를 일으킨다.*

보존에 대한 위대한 사색가 중 하나인 레오폴드(Aldo Leopold)는, 보존에 대한 커다란 도전은 자원을 관리하기보다는 사람과 자원 수요를 관리하는 것에 있다는 점을 발견했다. 임업인은 어떻게 나무를 재배할 지에 대하여 많은 것을 배웠지만, 개발도상국의 주민들이 조림지를 관리할 수 있는 조건을 정립하기 위하여 아직도 노력하고 있다. 공학자들은 오염을 제어하는 방법을 알고 있지만, 필요한 장비를 설치하도록 공장을 설득하는 방법은 알고 있지 않다. 도시 계획가들은 도시 지역을 설계하는 방법을 알고 있지만, 모든 사람에게 저렴한 지역을 만드는 방법은 알지 못한다. 이 절에서는 환경과학 및 자원 사용의 인간 차원을 이해하도록 안내하는 몇 가지 핵심적 아이디어를 검토할 것인데, 이러한 아이디어는 이 책 전체를 통하여 유용할 것이다.

자원의 이용과 보전을 어떻게 설명할 것인가?

자연계는 우리가 이용하는 물, 식량, 금속, 에너지 및 기타 자원을 공급한다. 이러한 자원의 일부는 유한하고, 일부는 끊임없이 재생된다. 종종 재생가능한 자원도 어업과 삼림자원의 경우처럼 과도한 개발로 파괴될 수 있다(1.2절 참조). 자원의 소비를 고려할 때 중요한 개념은 우리가 사용하고 폐기하는 양인 처리량이다. 많은 소비재, 식량 및 에너지를 소비하는 가정은 천연자원 기반의 물질을 대량으로 가져오며, 또한 대량의 물질을 폐기한다. 반대로 적게 소비하는 가정은 폐기물도 적게 생산한다(2장 참조).

다른 핵심 개념인 생태계 서비스는 환경 시스템에 의해서 제공되는 서비스나 자원을 가리킨다(그림 1.8). 우리가 연소하는 연료와 같은 자원을 제공하는 것은 우리가 필요로 하는 가장 명백한 서비스이다. 이를 목록화하기 전에는 지원하는 서비스가 명료하지 않다. 이러한 서비스는 물의 정화, 식물에 의한 식량과 대기 산소의 생산, 진균과 세균에 의한 폐기물의 분해를 포함한다. 조절 서비스에는 지구 대기와 안정적인 대기 조성을 유지하는, 녹색식물의 탄소 포획에 의한 생명에 적합한 온도의 유지가 포함된다. 문화적 서비스에는 다양한 레크리에이션, 심미적 및 기타 비물질적 편익이 포함된다.

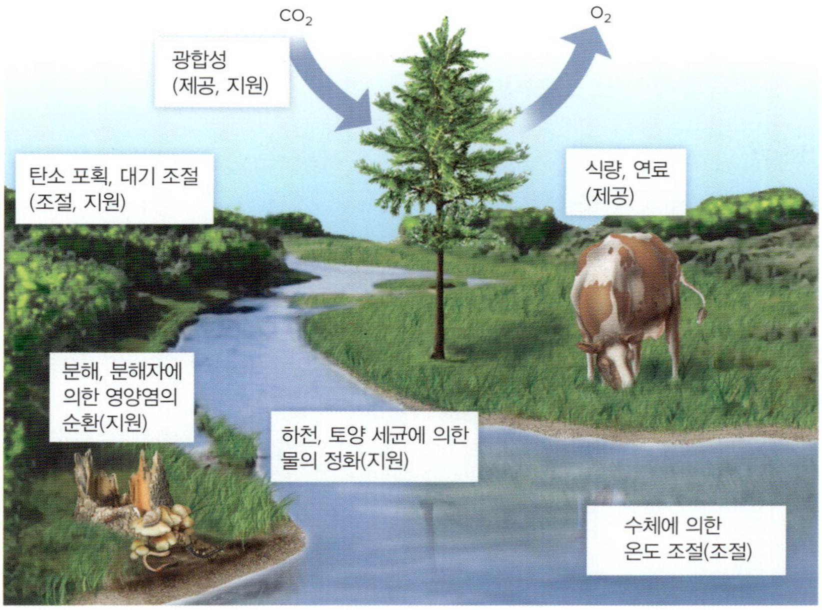

▲ **그림 1.8** 우리가 의존하는 생태계 서비스는 헤아릴 수 없으며 종종 보이지 않는다.

지구적 생태계 서비스 규모는 생태경제학자인 코스탄자(Robert Costanza)에 의하면 2011년에 연간 \$124~145조 범위로, 세계 경제규모인 \$65조보다 훨씬 크다. 이러한 서비스는 대부분의 다른 경제활동을 지탱하지만, 우리는 이에 대한 의존을 망각하는 경향이 있으며, 전통적인 경제학으로는 이를 평가하기 어렵다.

행성 경계

환경 서비스에 대하여 생각하는 다른 방법은 행성의 경계, 또는 갑작스럽고 복구할 수 없는 환경변화의 임계치이다. 스톡홀름 복원센터(Resilience Center)의 록스트뢰(Johan Rockströ)와 동료의 연구는 기후변화, 생물다양성, 육상 시스템의 변화, 담수의 이용, 생지화학적 흐름(질소와 인), 해양 산성화, 대기 에어로졸, 성층권 오존 손실, 그리고 화학적 오염과 다른 요인을 포함하는 "새로운 실체(novel entities)"의 결정적인 임계치를 가지는 9개 주요 시스템을 확인했다(그림 1.9). 계산에 의하면 기후변화, 생물다양성 상실 및 질소순환의 3가지는 이미 행성 경계를 초과했다. 담수 공급, 토지 이용, 해양 산성화 및 인의 부하는 한계에 접근하고 있다.

이러한 생태계 서비스는 밀접하게 연결되어 있다. 예를 들어, 동남아시아의 열대림 파괴는 북미의 열과 가뭄에 영향을 미칠 수 있다. 북아메리카의 가뭄과 화재는 북극의 기후 온난화와 해빙 손실을 증가시킨다. 행성의 관점에서는 우리가 전 세계 시스템의 상호 연결과 인간의 복지에 미치는 영향을 볼 수 있다. 이러한 경계를 통과한다는 것의 의미는 불확실하다.

지속가능성은 환경과 사회적 진보를 요구한다

지속가능성(Sustainability)은 장기적으로 지속될 수 있는 생태적 안정성과 인간의 진보를 탐색하는 것이다. 물론 생태계나 인간의 제도 모두 영원히 지속될 수 없다. 그러나 우리는 생태계와 인간 두 영역의 최선의 견지를 보호하고 복원력과 적응성을 촉진하기 위하여 노력할 수 있다. 세계보건기구(WHO) 총재인 브룬트란트(Gro Harlem Brundtland)는 **지속가능한 개발**(sustainable development)을 "미래 세대가 자신들의 요구를 충족하기 위한 능력을 손상하지 않으면서 현재의 요구를 충족하는 것"이라고 정의했다. 이러한 관점에서 개발은 인간의 삶을 향상시키는 것을 의미한다. 따라서 지속가능한 개발은 단지 몇 년이 아니라 여러 세대에 걸쳐 연장할 수 있는 인간복지의 진보를 의미한다.

2016년 UN은 17가지의 **지속가능한 개발 목표**(SDGs; Sustainable Development Goals)를 추진하기 위한 15년 계획에 착수했다. 야심차고 세계적인 이 목표는 대부분의 심각한 빈곤과 굶주림을 제거하고, 건강, 교육 및 성 평등을 증진하고, 안전한 물과 청정에너지를 제공하고, 생물다양성을 보존하는 것을 포함한다. 이러한 지구적 노력은 자료의 수집과 보고를 조정

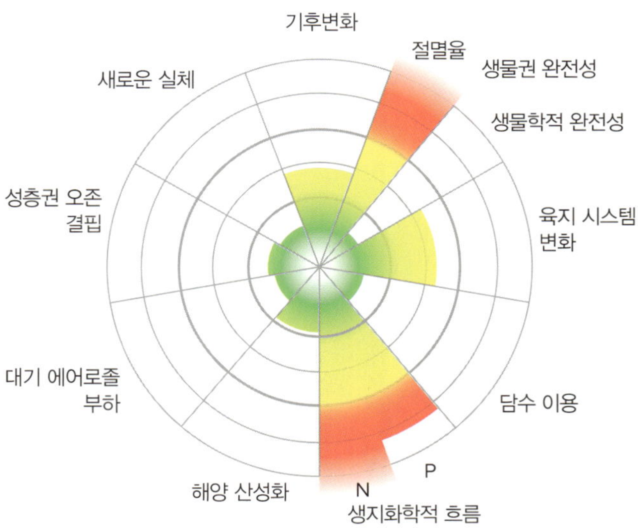

▲ **그림 1.9** 돌이킬 수없는 변화가 일어날 수 있는 계산된 행성 경계 또는 역치. 녹색 음영은 안전한 범위를 나타낸다. 노란색은 위험이 증가하는 영역을 나타낸다. 빨간색 쐐기는 경계를 초과하는 요인을 나타낸다.

출처: Will Steffen, Katherine Richardson, Johan Rockström, et al. 2015. Planetary boundaries: Guiding human development on a changing planet. Science 15 Jan 2015: 1259855 DOI: 10.1126/science.1259855.

지속가능한 개발

지속가능한 개발은 무슨 의미인가? 이는 환경과학과 어떤 관련이 있을까?

지속가능한 개발은 목표이다. 목적은 다음 세대를 위하여 자원과 환경 시스템을 손상시키지 않으면서 현재 인류의 욕구를 충족하는 것이다. 이러한 맥락에서 개발이라는 용어는 특히 극도로 빈곤한 지역에서 보건의료, 교육, 건강하고 생산적인 삶을 위해 필요한 기타 조건에 대한 접근을 개선하는 것을 의미한다. 현재 인류의 욕구를 충족하면서 후손들의 자원을 보호하는 것은 매우 어려운 도전이면서 동시에 좋은 아이디어이다.

어느 부분이 달성 가능하고 어떻게 달성할 것인가? 일반적으로 개발은 더 나은 교육, 주거, 보건의료를 지탱하는 공정한 경제성장을 의미한다. 개발에는 종종 더 많은 광업, 임업 또는 산림 및 습지의 농지로의 전환과 같은 천연자원의 추출이 가속화된다. 때때로 개발에는 교육, 보건의료 또는 지식기반 경제활동과 같이 자원추출에 의존하지 않는 경제 부문에서 자원을 효율적으로 사용하거나 성장하는 것이 포함된다.

예를 들면 재조림, 어류 산란장의 관리 또는 토양 자원의 세심한 관리를 통하여, 일부 자원은 고갈되지 않고 미래 세대를 위하여 고갈시키지 않고 이용될 수 있도록 증대될 수 있다.

UN 개발협약인 Agenda 21에 의하면 지속가능한 개발을 위하여 필요한 10가지 핵심적인 요인들이 있다.

©Tinnakorn Jorruang/123RF

KC 1.1

1. **빈곤 퇴치**(combating poverty)는 빈곤이 건강관리, 교육 및 발전에 필수적인 기타 요소에 접근하는 것을 감소시키기 때문에 중심 목표이다.

2. **자원 소비를 감소**(reducing resource consumption)시키는 것은 전 지구적인 문제이지만, 부유한 지역이 세계 소비의 대부분을 담당한다. 예를 들면, 미국과 유럽은 세계 인구의 15% 미만이지만 이 지역에서 전 세계 금속, 식량, 에너지 및 기타 자원의 약 절반을 소비한다.

3. **인구 증가**(population growth)는 모든 사람이 자원을 필요로 하기 때문에 더 많은 자원 수요를 초래한다. 모든 자녀가 필요하다는 것을 보장하는 더 나은 가족계획은 정의, 자원의 공급, 그리고 가정뿐 아니라 국가를 위한 경제적 사회적 안정의 문제이다.

KC 1.2 ©Cynthia Shaw

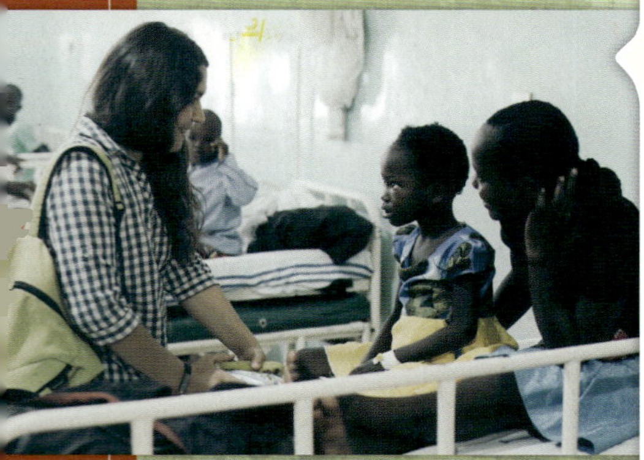

KC 1.3 ©Siarhei Ariou/123RF

4. **건강관리**(health care)는 특히 자녀와 모성의 생산적인 생활을 위하여 필수적이다. 위에 보여준 것과 같은 저개발 지역은 질병, 사고, 호흡 및 소화 장애, 그리고 기타 상태를 초래할 수 있다. 건강이 없이는 경제적 안전은 위협을 받으며, 빈곤은 여러 세대에 걸쳐 지속될 수 있다.

5. **지속가능한 도시**(sustainable cities)는 인류의 절반이 도시에 거주하고 있기 때문에 핵심이다. 지속가능한 개발은 도시가 거주에 건강한 장소이고 최소한의 환경영향을 초래한다는 것을 보장한다.

KC 1.4

©William P. Cunningham

환경과학은 환경 시스템이 어떻게 작용하는지, 어떻게 퇴화하는지, 어떠한 요인이 복구를 도와주는지를 이해하는데 도움이 되므로 **지속가능한 개발에 필수적**이다. 환경과학을 공부하면 더 나은 정책, 자원 보호, 계획을 통하여 국내외에서 인간 개발과 환경 질을 지원하는 것을 준비할 수 있도록 한다.

KC 1.7

©William P. Cunningham

6. **환경정책**(environmental policy)은 지역과 중앙 정부의 정책결정을 안내하고, 환경 질이 피해를 입기 전에 보호하는 것을 보장하고, 자원의 이용에 합의된 규정을 설정하는 것을 필요로 한다.
7. **대기권을 보호하는 것**(protection of the atmosphere)은 기후변화 속도를 최소화하고 인간, 식물 및 기간시설에 대한 대기오염의 영향을 감소하는데 필수적이다.

©Vladimir Salman/123RF KC 1.8

8. **산림 벌채와 싸우고 생물다양성을 보호하는 것**(combating deforestation and protecting biodiversity)은 세계의 생물다양성이 대부분 산림에 있기 때문에 함께 진행된다. 또한 인류는 수자원, 기후 조절, 식량, 목재, 의약품 및 건축자재를 포함한 자원을 산림에 의존한다. 생물다양성의 다른 핵심적인 지역은 산호초, 습지 및 연안 지역을 포함한다.
9. **수자원의 효율적인 관리를 통하여 사막화와 가뭄을 퇴치**(combating desertification and drought)하는 것은 농장, 생태계 및 생명을 구할 수 있다. 식생의 제거와 토양 손실은 종종 가뭄을 악화시키며, 몇 년 동안 비가 적게 내릴 경우 조경이 사막 같은 상태로 전환될 수 있다.

KC 1.6 ©Matyas Rehak/123RF

10. **농업과 시골의 개발**(agriculture and rural development)은 도시에 거주하지 않는 인류의 거의 절반의 삶에 영향을 미친다. 보다 지속가능한 농경 시스템, 수확량을 안정화시키는 토양 관리 및 토지에 대한 접근성을 포함하여 시골에 사는 수십억 명의 상태를 개선하는 것은 도시 빈민가에 거주하는 인구를 감소시킬 수 있다.

KC 1.5 ©Sompong Sriphet/123RF

이러한 10가지를 포함한 기타 아이디어가 1992년 브라질 리우(Rio de Janeiro)의 환경과 개발에 대한 UN 회담(지구 정상회담; Earth Summit)의 의제 21(Agenda 21)에 설명되어 있다. 자원의 관리와 개발의 공정성에 대한 우선순위를 설계하는 의제 21(Agenda 21)로 알려진 문서는 개발 정책을 지도하는 원칙에 대한 성명서이다. 이 문서는 법적인 구속력이 전혀 없지만, 1992년 회담에 참석한 200개국 이상의 국가가 원칙적으로 합의한 것을 나타낸다.

©William P. Cunningham

설명할 수 있을까? CAN YOU EXPLAIN?

1. 환경 질과 건강 사이의 관계는 무엇인가?
2. 지속가능한 개발은 왜 부유한 국가의 사람들이 고려해야 할 문제인가?
3. 왼쪽 위의 사진을 면밀히 검토하라. 여러분이 보고 있는 사람들에게 어떠한 건강 위험이 영향을 미칠 수 있을까? 이 지역의 물질 소비 속도는 여러분의 이웃에 비하여 어떠할 것이라고 추측하는가? 그 이유는 무엇인가?

하는 것을 추구하여, 국가들이 그들의 진보를 모니터링하고 개발도상국에서 지속가능한 투자를 증진할 수 있도록 한다.

17개 목표 각각에 대하여 조직자들은 정량화 할 수 있는 것과 좀 더 일반적인 것으로 대상을 결정했다. 예를 들면, 첫 번째 목표인 "빈곤 퇴치"는 하루 $1.90 미만으로 정의된 극도의 빈곤을 퇴치하고, 모든 사람들이 기본적인 서비스, 재산의 소유권과 상속, 그리고 기타 경제적 안정을 위한 필수품을 보장하는 것을 포함한다. "저렴하고 지속가능한 에너지에 대한 접근"인 목표 7은 에너지 효율을 배가하고 청정에너지에 대한 국제적인 투자를 증강하는 목적을 포함한다. "지속가능한 소비와 생산 보장"인 목표 12는 낭비적인 소비를 조장하는 음식 폐기물을 반으로 줄이고 화석연료 보조금을 중지하는 것이다. 이러한 목표는 2030년까지 달성되지 않을 수도 있지만, 조준할 수 있는 목표가 있으면 성공 가능성을 높여준다. 또한 목표는 우리가 얼마나 부족한지 가늠할 수 있도록 한다.

지속가능한 목표(SDG)는 또한 경제적 및 사회적 평등과 더 나은 통치를 위한 목표도 포함한다. 대부분의 경제학자와 정책결정자에게 경제성장이 모든 사람의 몫을 개선하는 유일한 방법이라는 것이 분명해 보인다. 케네디(John F. Kennedy) 전 미국대통령이 이야기 하였듯이 "파도가 차면 모든 배가 떠오른다." 그러나 역사는 평등 또한 필수적인 것이라는 것을 보여준다. 반면에 경제적, 사회적 평등은 극도의 빈곤과 정치적 불안정이 진보를 저해하지 않도록 보장하여 경제성장을 촉진할 수 있다.

이러한 야심적인 목표는 비현실적으로 보일 수 있지만, 그들은 2000년에서 2015년에 걸쳐 **밀레니엄 개발목표 프로그램**(Millennium Development Goals program)이라는 완벽하지는 않지만 괄목할만한 성공을 기반으로 한다. 목표는 빈곤과 기아의 종식, 보편적 교육, 성 평등, 아동 건강, 모성 건강, HIV/AIDS와의 투쟁, 환경의 지속가능성 및 개발 노력에 대한 전 세계 협력 등을 포함했다. 일부 목표는 많지 않은 성과가 달성되었지만, 반기문 UN 사무총장은 이 노력을 "역사상 가장 성공적인 빈곤퇴치 운동"이라고 평가했다. 극심한 빈곤은 개발도상국 인구의 거의 절반에서 단지 15년 만에 14%로 감소했다. 영양실조 비율도 23%에서 13%로 거의 절반으로 감소했다. 개발도상국의 초등학교 재학율도 83%에서 91%로 증가했다. 여성도 교육, 고용 및 국회의 정치적 대표의 기회를 얻었다.

명확한 목표 특히 정량 가능한 목표의 가치는 무엇을 위하여 일해야 하는지에 대하여 동의하도록 도와준다. 개발도상국의 수많은 동시에 발생하는 많은 문제로 인해 지도자가 먼저 어디에 초점을 맞출지 알기가 어려울 수 있다. 합의된 목표는 특히 많은 국가가 공유하고 모니터링 되었을 때, 강력한 동기부여를 할 수 있다. 목표에 대한 국제적인 합의는 개발도상국에서 종종 절실하게 요구되는 재정 및 계획에 대한 도움에 동기를 부여하는데 도움을 줄 수 있다.

현재의 빈곤과 부유 상태는 무엇인가?

정책결정자들은 빈곤을 제거하는 것과 우리의 공통 환경을 보호하는 것은 뒤엉켜서 불가분의 관계에 있다는 것을 인식해가고 있다. 가장 빈곤한 사람들은 종종 장기간의 지속가능성을 희생하여 단기간의 생존 욕구를 충족하도록 강요된다. 좋은 소식은 1990년에서 2015년 사이에 10억 명 이상이 극심한 빈곤에서 탈피하였으며 대부분 중국과 인도이다. 그러나 세계은행은 세계 인구의 10%인 최소한 7.6억 명이 국제 빈곤선인 하루 $1.90 미만에 살고 있다고 추산한다. 이러한 극빈층의 70%는 여성과 아동이다.

빈곤에 의하여 야기되는 인간의 고통은 비극적이다. 가장 가난한 사람들은 종종 적절한 식사, 알맞은 주택, 기본적인 위생, 깨끗한 물, 교육, 보건의료, 그리고 인간적인 생존을 위한 기타 필수품에 대한 접근이 결여되어 있다(그림 1.10). 빈곤은 건강 악화의 원인이면서 결과이다. 매년 수천만 명의 가난한 사람들이 영양실조, 전염병, 사고 및 아주 쉽게 회피될 수 있는 발달 결함 등으로 사망한다. 일하기에 너무 아픈 사람은 빈곤 순환의 덫에 빠진다.

서로 다른 국가에서 복지 상태는 UN에 의하여 모니터링 되는 **삶의 질 지표**(quality-of-life indicator)에 반영된다(표 1.1). 10억 명 이상의 사람이 깨끗한 물에 접근하기에 충분하지 않으며, 26억 명은 기초적인 위생이 결여되어 있다. 이러한 측정치는 매년 UN 개발기금에 의하여 계산되어 인간개발지수(HDI; Human Development Index)에 요약된다(그림 1.11). HDI는 기대수명, 교육 연한, 국민 총소득, 소득형평과 같은 다양한 요인을 나타낸다. 하위 20개 순위는 일반적으로 과거 유럽 강대국의 식민지였던 사하라 사막 이남의 아프리카이다. 높은 HDI 지수는 보통 억압적인 군주제, 극소수의 부유한 시민, 그리고 권리가 거

▲ **그림 1.10** 매우 가난한 사람들은 종종 저하되거나 비생산적인 지역에 살도록 강요되는데, 그곳에서 그들은 깨끗한 물, 식사, 보건의료 및 인간적인 생존을 위한 기타 필수품에 대한 접근이 거의 결여되어 있다.
출처: Courtesy Tom Finkle

표 1.1 삶의 질 지표

	저개발국	선진국
GDP/person[1] GDP/인[1]	\$615	\$40,677
빈곤 지수[2]	71.8%	0
기대수명	59.2년	82.8년
성인 식자율	34.8%	99%
여성 초등교육	10%	95%
총 출산율[3]	6.3	1.3
유아사망률[4]	74.7	4.3
위생 개선	19.8%	100%
수질 개선	50.8%	100%
CO_2/capita[5] CO_2/인[5]	0.3 tons	11 tons

[1]ANNUAL gross domestic product (U.S. \$).
[2]PERCENT living on less than (U.S.)\$2/day.
[3]AVERAGE births/woman.
[4]PER 1,000 live births.
[5]METRIC tons/yr/person.
출처: UNDP Human Development Index, 2017.

의 없는 많은 인구를 가진 부유한 국가가 아니다. 가장 행복하고 건강한 국가는 경제적 평등, 교육 및 인권 수준이 높다.

불평등은 점점 경제발전의 더 핵심적인 관심사로 인식되고 있다. 세계는 소수의 부유한 국가인 "제1세계"와, 대부분의 절망적으로 빈곤한 국가인 "제3세계"로 나뉘어져 있다고 생각한다. ("제2세계"는 사회주의국가 집단이었다) 세계화와 인터넷은 그러한 관점을 극적으로 변화시켰다. 수입은 증가했지만 부의 격차 또한 커졌다. 예를 들면, 중국은 다른 어느 국가보다도 더 많은 억만장자와 많은 중산층을 가지고 있지만, 수백만의 극도로 가난한 사람도 있다. 전 세계적으로 불평등은 더욱 극심한다. 세계의 가장 부유한 1%는 나머지 99%보다 현재 더 많은 재산을 보유하고 있다. 더 놀라운 것은 세계에서 가장 부유한 개인 62명이 세계 인구의 빈곤한 절반인 38억 명보다 더 많은 재산을 보유하고 있다.

원주민들이 생물다양성을 보호한다

부유하거나 빈곤한 국가 모두에서, 원주민 또는 토착민은 가장 약하고 무시되는 집단이다. 일반적으로 어느 지역의 원주민의 후손은 더 강력한 외부인에 의하여 점령되며, 원주민은 종종 국가의 주된 언어, 문화, 종교 및 인종 공동체와 상이한다. 전 세계의 거의 6,000종류에 달하는 인지된 문화 중에서, 5,000종류가 토착적이지만, 이는 세계 인구의 단지 10% 정도에 해당한다. 많은 국가에서 전통적 카스트 제도, 차별적인 법, 경제, 편견은 원주민을 억압한다. 세계 6,000여개의 독특한 언어 중에서 최소한 절반이 자식들에게 더 이상 가르쳐지지 않기 때문에 사멸되고 있다. 아직 그 언어를 구사하는 최후의 연장자가 사망하면, 그의 기원이었던 문화도 대부분 사라질 것이다. 이러한 문화와 함께 자연에 대한 지식의 풍부한 목록과 특정한 환경과 생활방식에 대한 예리한 이해도 사라질 것이다.

그럼에도 불구하고 전통적인 고향에 남아 있는 5억의 토착민은 소중한 여전히 생태학적 지혜를 보유하고 있으며, 희귀하고 멸종위기 종의 피난처이고 피해를 입지 않은 생태계인 교란되지 않은 서식지의 수호자로 남아있다. 저명한 생태학자인 윌슨(E. O. Wilson)은 종을 보존하는 가장 저렴하고 효과적인 방법은 현재 살고 있는 자연생태계를 보호하는 것이라고 주장한다. 파나마의 쿠나(Kuna) 인디언은 "숲이 있는 곳에 토착민이 있고, 토착민이 있는 곳에 숲이 있다."라고 말한다.

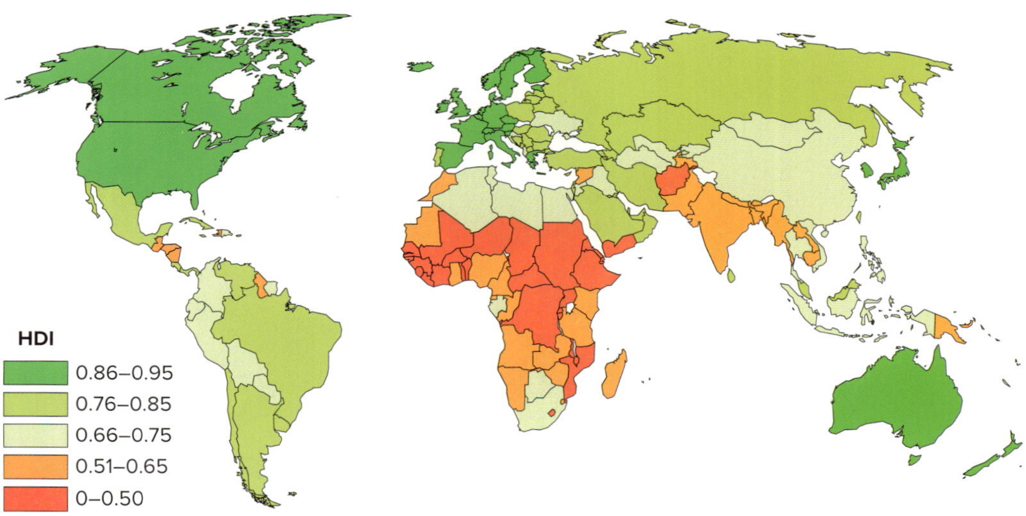

▲ **그림 1.11** 인간 개발 지수. 1 부근의 수치는 강한 건강, 교육 및 삶의 질 지표를 나타낸다.
출처: UNEP 2016.

원주민도 그들의 고향을 보호하는 소중한 역할을 한다. 수리(Suri) 부족의 구성원이 스마트폰과 컴퓨터를 이용하여 불법 벌목에 대한 정보를 추적하는 아마존의 정글에서부터, 북극 국립 야생동물 피난처의 석유 시추에 저항하는 그위친(Gwich'in) 부족이 사는 먼 북쪽 알래스카에 이르기까지, 토착민은 환경 보호에서 효과적이었다.

이 중에서 가장 큰 운동인 캐나다의 유휴 금지 운동(Idle No More

▲ **그림 1.12** 아메리카 원주민 부족과 캐나다의 유휴 금지 운동(Idle No More movement) 대표들이 타르샌드 송유관에 항의하기 위하여 행진한다.
출처: ©William P. Cunningham

movement)은 환경 파괴적인 계획과 토지이용 문제에 대하여 항의하기 위하여 수천 명의 캐나다 원주민인 First Nations, 메이스(Méis), 이뉴이트(Inuit) 부족을 전국에 걸쳐 동원했다. 앨버타의 역청탄 채광에 의하여 초래되는 수질오염과 한대림과 습지대의 파괴는 물론 이러한 더러운 연료를 시장으로 운반하는 송유관 사고의 위험에 특히 중점을 두고 있다(그림 1.12).

캐나다 원주민인 First Nations는 그들의 영역을 통과하는 송유관의 위험과 천연자위의 위협에 대하여 우려를 공유하는 미국의 5개 원주민 집단과 연계했다. 2016년 노스다코타 주의 Dakota Access 송유관의 건설은 송유관 선로가 조약을 맺은 토지와 Standing Rock 보호구역 바로 상류의 미주리 강 아래로 교차되는 곳에 수백의 원주민 부족을 대표하는 수천 명의 사람이 집합하도록 자극했다. 교착상태는 수개월간 지속되었으며 사회적 미디어에서 수백만 명의 관심을 끌었다.

이 장의 맨 앞 사례 연구에서 보여주었듯이, 원주민은 청정 에너지 자원을 개발함으로써 지구 기후변화와 실업에 맞서기 위해 중요한 조치를 취하고 있다. 종종 그들은 길을 선도하며 나머지 인류가 안이한 태도에 대한 대안을 구상하도록 도와준다.

1.4 과학은 우리 세계를 이해하도록 돕는다

- *과학적 방법론은 질문을 하는 질서 정연한 방법이다.*
- *확률을 이해하면 불확실성이 감소한다.*
- *과학은 축적적인 과정이다.*

환경에 관한 질문은 복잡하기 때문에, 우리는 그들을 검토하고 이해하는데 질서 있는 방법이 필요하다. 환경과학은 그러한 접근방법을 제공한다. 이 절에서 우리는 과학이 무엇이고, 과학적 방법론은 무엇이며, 그 방법이 왜 중요한지에 대하여 연구한다.

과학이란 무엇인가? **과학**(science; 라틴어의 "*알다*"라는 *scire*에서 유래)은 관찰에 기초하여 지식을 생산하는 과정이다(그림 1.13). 우리는 이러한 관찰을 이용하여 이론(과정이 어떻게 작용하는지에 대한 제안된 설명)을 개발하고 검증한다. 또한 많은 과학자들에 의하여 생산된 축적된 지식체계를 의미한다. 과학은 우리가 세상을 이해하고 새로운 의약품, 새로운 에너지원, 새로운 식품의 발견과 같은 실질적인 요구를 충족하도록 돕기 때문에 소중한다. 이 절에서 우리는 과학이 어떻게 그리고 왜 표준 방법을 따르는지에 대하여 조사한다.

과학은 세계는 인식할 수 있고 우리는 세심한 관찰과 논리적 추론에 의하여 이에 대하여 배울 수 있다는 가정에 의존한다(표 1.2). 초기 과학 철학자들에게 이 가정은 종교적이고 철학적인 접근으로부터 근본적인 이탈이었다. 중세에 작물이 어떻게 성장하고, 질병이 어떻게 전파되고, 별이 어떻게 움직이는가와 같은 문제에 대한 지식의 궁극적인 근원은 종교적 권위 또는 문화적 전통이었다. 이러한 근원이 많은 유용한 통찰력을 제공했지만, 그러한 설명을 독립적이고 객관적으로 검증할 수 있는 방법은 전혀 없었다. 과학적 사고의 장점은 검증 가능한 증거를 탐색한다는 것이다. 증거가 개선되면서, 우리는 중요한 문제에 대하여 더 나은 답을 탐색할 수 있다.

과학은 회의론과 재현성에 의존한다

이상적으로 과학자들은 회의적이다. 그들은 지지하는 확실한 증거가 있기 전에는 제안된 설명을 수용하는데 신중을 기한다. 그렇더라도 모든 설명은 잠정적으로만 사실로 간주되는데,

▲ **그림 1.13** 과학적 연구는 발견에 신뢰도를 확립하기 위해 반복적이고 세밀한 관찰에 의존한다.
출처: Dave Partee/Alaska Sea Grant/NOAA

표 1.2 과학의 기초적 원리

1. *경험론*(Empiricism): 우리는 경험적(실제의, 관찰 가능한) 현상에 대하여 세심하게 관찰하여 세상에 대하여 배울 수 있다. 우리는 관찰에 의하여 기본적인 과정과 자연법칙에 대하여 이해할 것을 기대할 수 있다.
2. *균일설*(Uniformitarianism): 기초적인 방식과 과정은 시간과 공간을 가로질러 동일한다. 현재 작용하는 힘은 과거에 세계를 형성하였던 것과 동일하며, 미래에도 계속하여 그럴 것이다.
3. *간명함*(Parsimony): 그럴 듯한 설명 둘이 이치에 맞으면, 더 단순한(더 알뜰한) 설명이 바람직한다. 이는 제기한 영국 철학자를 따서 오컴의 면도칼(Ockham's razor)로도 알려져 있다.
4. *불확실성*(Uncertainty): 지식은 새로운 증거가 나타나면서 변하며, 설명(이론)은 새로운 증거와 함께 변한다. 현재의 증거에 기초를 둔 이론은 추가적인 증거에 기초하여 검증되어야 하며, 새로운 자료를 이해하면 최선의 이론은 반증될 수 있다.
5. *반복성*(Repeatability): 검증과 실험은 반복될 수 있어야 한다. 만약 동일한 결과가 재현될 수 없다면, 결론은 대개는 부정확한다.
6. *증명은 파악하기 어렵다*(Proof is elusive): 새로운 증거가 우리의 현재 설명을 항상 개선할 수 있기 때문에 과학이 이론이 정확하다는 절대적인 증거를 제공하는 것을 좀처럼 기대하기 어렵다. 현대 생물학, 생태학, 기타 과학의 초석인 진화마저도 이 원칙으로 인하여 "이론(theory)"으로 간주된다.
7. *검증할 수 있는 질문*(Testable questions): 이론이 정확하다는 것을 알기 위해서는 이론은 검증되어야만 한다. 우리는 이론을 검증하기 위하여 검증 가능한 진술(가설)을 공식화해야 한다.

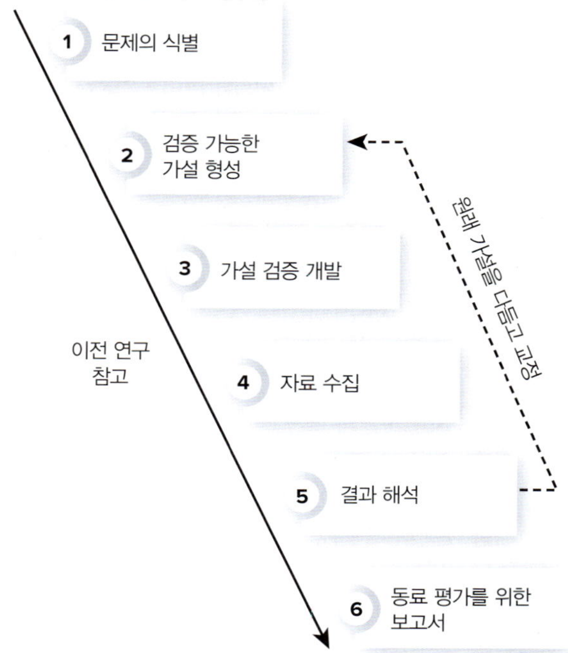

▲ **그림 1.14** 이상적으로, 과학적 조사는 가설을 공식화하고 검증하기 위하여 일련의 논리적이고 질서정연한 단계를 따라야 한다.

그 이유는 설명을 반박할 추가적인 증거가 나타날 가능성이 항상 있기 때문이다. 과학자들은 또한 체계적이고 선입관을 가지지 않는 것을 목표로 한다. 편견과 체계적인 오류는 피하기 어렵기 때문에, 과학적 검증은 결과와 결론을 평가할 수 있는 지식이 넓은 동료에 의해서 검토된다(그림 1.14). 동료 평가(peer review) 과정은 과학자들이 연구 설계, 자료 수집, 결과 해석에서 우수한 기준을 유지하도록 보장하는 필수적인 부분이다.

과학자들은 결론을 수용하는데 신중하기 때문에 **재현성**(reproducibility)을 요구한다. 관찰이나 결과 획들을 단지 한번만 하는 것은 아무 쓸모가 없다. 첫 번째 결과가 요행이 아니라는 것을 확실히 하기 위해서는 동일한 결과가 일관되게 생산되어야 한다. 더욱 중요한 것은 다른 사람들이 발견을 재현할 수 있도록, 연구 조건이 묘사될 수 있어야만 한다. 반복되는 연구나 검증을 **반복**(replication)이라고 한다.

우리는 연역적 추론과 귀납적 추론을 모두 사용한다

이상적으로, 과학자들은 진실로 알려진 일반적인 법칙으로부터 결론을 연역(추론)한다. 예를 들면 무거운 물체들이 (중력으로 인해서) 서로 끌어당기는 것을 안다면, 사과가 나무에서 해방되면 땅으로 떨어질 것이다. 이러한 일반적인 것에서 특수한 것으로의 논리적인 추리는 **연역적 추리**(deductive reasoning)로 알려져 있다. 그러나 종종 우리는 자연계를 지시하는 일반적인 법칙을 모른다. 그때 우리는 일반적인 규칙을 발견하기 위하여 관찰에 의존해야만 한다. 예를 들면 우리는 1년이 지나가면서 새들이 나타나고 사라지는 것을 관찰한다. 다양한 장소에서 많은 반복된 관찰을 통하여, 우리는 새들이 봄과 가을에 한 장소에서 다른 장소로 이동한다는 것을 추정할 수 있다. 우리는 새들이 계절적으로 이동한다는 일반적인 규칙을 개발할 수 있다. 많은 관찰로부터 일반적인 규칙을 생산하는 것이 **귀납적 추론**(inductive reasoning)이다. 연역적 추론이 귀납적 추론에 비하여 논리적으로 옳게 보이지만, 이는 일반 법칙이 정확할 경우에만 작용한다. 절대적인 법칙이 거의 없기 때문에 우리는 세상을 이해하는데 종종 귀납적 추론에 의존한다.

과학에서 통찰, 창의력, 경험도 필수적일 수 있다. 주제에 정열적으로 흥미를 가지고 다른 과학자들에게는 이치에 맞지 않게 보이는 육감을 추구하는 연구자에 의하여 종종 발견되기도 한다. 예를 들면 식물유전학의 가장 기본적인 이해는 옥수수의 유전자가 이동하여 자발적으로 재조합할 수 있다는 사실을 발견한 유전학자인 맥클린턱(Barbara McClintock)의 직관적인 추측에서 비롯된다. 다른 옥수수 유전학자들이 색깔과 알맹이 크기에서 무작위 양상을 발견한 곳에서, 맥클린턱의 옥수수 육종에서의 오랜 경험과 그녀의 양상을 인식할 수 있는 초인적인 능력은 아무도 이전에 상상하지 못하였던 방식으로 유전자가 재조합될 수 있다는 추측을 이끌었다. 이러한 직관력은 유전학에 대한 인류의 이해를 확장시켰다.

과학적 방법은 문제를 검토하는 질서정연한 방식이다

여러분은 과학적인 방법에 대하여 생각하지 않더라도 사용할 수 있다. 여러분이 작동하지 않는 회중전등을 가지고 있다고 가정해보자. 회중전등은 스위치, 전구, 배터리 등 잘못될 수 있는 몇 가지 부품을 가지고 있다. 모든 부품을 한 번에 다 교환하면 회중전등은 작동할 수 있지만, 더 방법론적인 일련의 시험은 시스템의 무엇이 잘못되었는지 더 많이 알려줄 수 있으며, 이는 다음번에 고장 난 회중전등이 있을 때 유용한 지식이다. 따라서 여러분은 표준 과학적인 단계를 따르기로 결정한다.

1. 회중전등이 불이 켜지지 않고, 점등 시스템에 3가지 주요 부품(배터리, 전구, 스위치)이 있다는 것을 *관찰*(Observe)한다.
2. 검증 가능한 설명인 **가설**(hypothesis)을 제안한다. "회중전등은 배터리가 소진되어 작동하지 않는다."
3. 가설의 *검증*(test)을 개발하고 여러분의 가설이 옳다는 것을 가리킬 결과를 *예측*(predict)한다. "나는 배터리를 교체할 것이다. 그러면 전등은 불이 켜져야 한다."
4. 검증실험으로부터 *자료*(data)를 수집한다. 배터리를 교체한 다음에 불이 켜졌나?
5. 결과를 *해석*(Interpret)한다. 전등이 켜진다면 가설은 맞았다. 그렇지 않으면 아마도 전구가 결함이라는 것과 같은 새로운 가설을 정립해야 한다. 그리고 그 가설을 위한 새로운 검증을 개발한다.

회중전등보다 더 복잡한 시스템에서는, 가설이 잘못이라는 것을 증명하는 것이 의심할 여지없이 사실이라는 것을 증명하는 것보다 거의 항상 쉽다. 이는 보통 가설을 관찰을 통하여 검증하는데 모든 가능한 관찰을 한다는 것은 불가능하기 때문이다. 철학자 비트겐슈타인(Ludwig Wittgenstein)은 이 문제를 다음과 같은 예를 들어 설명했다. 여러분이 수백 마리의 백조를 보았으며, 모두 흰색이었다. 이러한 관찰은 모든 백조는 흰색이라고 가설을 세우도록 여러분을 이끌 것이다. 여러분은 수천 마리의 백조를 관찰하여 가설을 검증할 수 있으며, 각각의 관찰은 가설을 지지할 수 있지만, 그러나 가설이 옳다고 절대 완전하게 확신할 수 없다. 반면에 단지 한 마리의 검정색 백조를 본다면 여러분은 가설이 틀렸다고 확실하게 알 수 있다.

다음 장에서 알 수 있겠지만 절대적인 증거를 찾기 힘들다는 것은 환경 정책과 법에서 영속되는 문제이다. 거리에 독성 폐기물을 버리는 것이 여러분을 아프게 한다고 절대적으로 증명한다는 것은 매우 드물다. 여러분은 폐기물이 여러분과 이웃을 병들게 했다는 것이 매우 가능성이 높다고 보여주는 증거를 수집할 수는 있다(그림 1.15). 그러나 과학적 불확실성이 환경보호를 회피하는 변명으로 종종 이용된다.

▲ **그림 1.15** 세심하고 반복적인 측정, 그리고 잘 형성된 가설은 좋은 과학에 필수적이다.
출처: ©Patrizio Martorana/123RF

설명이 많은 수의 검증에 의하여 지지되었고, 전문가의 대부분이 신뢰할 수 있는 서술이나 설명이라는 일반적인 합의에 도달하였을 때, 우리는 그 설명을 **과학적 가설**(scientific theory)이라고 부른다. 가설이라는 용어를 과학자들이 사용하는 것은 일반 대중이 사용하는 방식과 매우 다르다는 것을 주목하라. 많은 사람들에게 이론이라는 것은 추리적이고 사실에 의하여 지지받지 못한다. 과학자에게 가설은 정반대를 의미한다. 모든 설명이 임시적이고 수정과 교정의 여지가 있지만, 과학적 이론으로 포함되는 설명은 압도적인 자료와 실험에 의해 지지되며, 최소한 현재에는 과학계에서 일반적으로 수용된다.

확률을 이해하는 것은 불확실성을 감소한다

불확실성에 직면하여 신뢰를 개선하는 하나의 전략은 확률에 초점을 맞추는 것이다. **확률**(probability)은 어떤 일이 얼마나 발생할 가능성이 있는가를 측정하는 것이다. 보통 확률 추정치는 과거의 관찰 세트나 표준 통계 측정치에 기초한다. 확률은 무엇이 꼭 일어날지(will happen)를 이야기하지 않고, 무엇이 일어날 *가능성*이 있는지(likely to happen)를 알려준다. 뉴스에서 이번 겨울에 감기에 걸릴 확률이 20%라고 들었다면, 이는 100명 중에서 20명이 감기에 걸릴 수 있다는 것을 의미한다. 사실상 80%의 확률로 여러분이 감기에 걸리지 않을 확률이 더 높은 것이다. 100명 중에서 80명이 감기에 걸린다고 들었다고 해도, 여러분이 감기에 걸릴지는 여전히 알 수 없고, 단지 걸릴 가능성이 훨씬 높다는 것이다.

과학은 종종 확률을 포함하기 때문에, 이 아이디어에 익숙해지는 것이 중요한다. 때로는 확률은 무작위의 기회와 관련이 있다. 동전을 던지면 앞면 또는 뒷면이 나올 무작위 기회를 가진다. 매번 던질 때마다 앞면이 나올 확률은 50%이다. 연속해

능동적 학습 ACTIVE LEARNING

확률 계산

확률(사건의 가능성)에 대한 이해는 현대 과학의 대부분 영역에서 기본이다. 이러한 개념을 다루는 것은 과학적 정보를 이해하는 데 중요하다.

동전을 뒤집을 때마다 앞면이 위로 올 확률은 1 in 2 (일반 동전이 있다고 가정하면 50 %)이다. 연속으로 앞면을 두 번 얻을 확률은 1/2 × 1/2 또는 1/4이다.

1. 앞면을 5번 연속해서 될 가능성은 무엇인가?
2. 다섯 번째 플립을 시작할 때 앞면을 얻을 확률은 무엇인가?
3. 수업에 100명의 학생이 있고 모든 사람이 동전을 5번 뒤집으면, 5명을 연속으로 타는 사람은 몇 명인가?

답변 : 1. 1/2 × 1/2 × 1/2 × 1/2 × 1/2 = 1/32; 2번 중 1번; 3. 100명 × 1/32 = 약 3.

서 10번이나 앞면이 나올 확률은 매우 낮지만(가능성은 $1/2^{10}$, 또는 1/1,024), 그러나 무작위 실험이기 때문에 어느 개별적인 던지기에서도 기회는 50%이다. 때때로 확률은 상황에 의해 가중된다. 여러분 학급의 10% 학생이 매학기 A를 받는다고 가정해보자. 여러분이 10%에 들어갈 확률은 얼마나 많은 시간을 공부했는가, 수업시간에 얼마나 많은 질문을 했는지 등의 요인에 관계한다. 때로는 기회와 상황의 조합도 있다. 여러분이 이번 겨울에 감기에 걸릴 확률은 부분적으로 환자를 만났는지(대체로 임의적 기회임)와 건강을 유지하기 위하여 어떠한 수단을 취했는지(충분한 휴식, 손을 빈번하게 씻기, 건강한 식사를 하기 등)에 의존한다.

확률은 증거보다 종종 더 유용하다. 이는 절대적인 증거가 획득하기 어렵지만, 우리는 빈번하게 우연히 달성되지 않을 수 있는 강한 경향이나 상관관계를 보여줄 수 있기 때문이다. 예를 들어 동전을 던져서 연속해서 20번 앞면이 나왔다고 하자. 이는 우연히 발생할 수 있지만, 매우 있음직하지 않다. 만약 동전이 앞면에 무게가 더해졌다는 것과 같은 원인이 되는 설명이 있었다면 매우 그럴법하다고 고려할 수 있다. 무작위적인 우연에 의하여 발생한 것보다도 5% 미만의 확률이라면 원인이 되는 설명을 종종 믿을 수 있다(유의하다)고 생각할 수 있다.

실험 설계는 편견을 감소할 수 있다

환경과학의 많은 문제는 관찰 실험을 포함하며, 여기에서는 자연 사건을 관찰하고 변수 사이의 인과관계를 해석한다. 이러한 종류의 연구는 **자연실험**(natural experiment)이라고도 불리는데, 이는 이미 발생한 사건의 관찰을 포함하는 것이다. 많은 과학자들은 자연실험에 의존한다. 지질학자는 조산작용을 연구하기를 원하거나, 생태학자는 종이 어떻게 진화하는지에 대하여 알고 싶어 할 수 있지만, 둘 중 어느 과학자도 과정이 발생하는 것을 관찰하기 위하여 수백만 년을 소비할 수 없다. 유사하게 독물학자는 단지 질병이 얼마나 치명적인지를 보기 위하여 사람에게 병을 발생하게 할 수 없다.

다른 과학자들은 조건이 일부러 변경되고 모든 다른 변수들은 고정되는 **조작적 실험**(manipulative experiment)을 이용할 수 있다. 여러분이 잔디 화학물질이 올챙이의 변형에 기여하는지를 연구하는데 관심이 있다고 가정하자. 여러분은 2개 집단의 올챙이를 어항에 넣어서 한 집단을 화학물질에 노출시킬 수 있다. 처리(노출된)군과 대조(노출되지 않은)군을 비교하여, 이를 **제어된 연구**(controlled study)로 만들 수 있다.

종종 실험자 편견의 위험이 있다. 연구자가 추가적인 다리가 될 것 같이 보이는 작은 혹을 가진 올챙이를 보았다고 가정하자. 연구자가 이 혹을 기형으로 볼지는 그 올챙이가 처리군인지 대조군인지를 아느냐에 따라 관계될 수 있다. 이러한 편견을 피하기 위하여 **맹검법**(blind experiment)이 종종 사용되는데, 여기서는 연구자는 자료가 분석이 끝날 때까지 어느 집단이 처리되었는지를 알지 못한다. 신약 테스트와 같은 보건 연구에서는 **이중맹검법**(double-blind experiment)이 사용되는데, 여기에서는 피실험자(약이나 위약을 처방받는 사람)나 연구자 모두 누가 처리군이고 누가 대조군인지 알지 못한다.

이러한 각각의 연구에는 하나의 **종속변수**(dependent variable)와 하나 또는 그 이상의 **독립변수**(independent variable)가 있다. 종속변수는 반응변수라고도 하는데, 독립변수에 의하여 영향을 받는다. 도표에서 종속변수는 관례상 수직(Y)축에 둔다. 독립변수는 실제는 드물게 독립적이다(독립변수도 종속변수와 마찬가지로 예를 들면 동일한 환경조건에 의하여 영향을 받을 수 있음). 우리는 독립변수를 **설명변수**(explanatory variable)라고도 부르는데, 그 이유는 독립변수가 종속변수에서의 차이를 설명해줄 것을 희망하기 때문이다(과학 탐구, 17쪽).

과학은 축적적인 과정이다

그림 1.14에 개요를 나타낸 과학적 방법론은 개별 연구를 수행하는데 사용되는 과정이다. 과학적 지식의 대규모 축적에는 수없이 많은 사람의 협력과 기여가 포함된다. 좋은 과학은 고립되어 일하는 한 개인에 의해서는 거의 수행되지 않는다. 대신에 과학자의 집단이 누진적이고 자기 교정적인 과정에 협력한다. 여러분은 종종 하룻밤 사이에 우리의 이해를 변화시킨 획기적인 성공과 극적인 발견에 대하여 종종 듣지만, 실제로 이러한 변화는 보통 각각의 사람들이 공통적인 문제의 다른 면에

과학 탐구 EXPLORING Science — 통계학으로 지속가능한 개발을 이해하기

환경과학에서 우리는 지속가능한 개발이 중요하다는 것을 알지만, 어떻게 이를 평가할 것인가? 주로 통계학을 이용한다. 복잡한 문제를 소수로 증류하는 것은 집단의 상태를 보고, 집단을 비교하고, 시간에 따른 변화를 볼 수 있도록 한다. 빈곤을 이해하는 핵심적인 통계치의 하나는 인간개발지수(HDI; Human Development Index)인데, 이는 수입, 교육, 보건의료, 기타 측정치의 국가 점수를 결합한 측정치이다(핵심 개념, 10쪽).

여러분이 인도가 인간개발과 환경 조건에서 어떻게 하고 있는지를 알고 싶다고 가정하자. 여러분은 인도가 곧 세계에서 가장 인구가 많은 국가가 될 성장하는 인구를 가지며, 빈곤은 그곳에서 영속적인 문제라는 것을 상기할 것이다. 유엔개발계획(UNDP; United Nations Development Programme)의 웹사이트에서 인도의 HDI 점수를 확인하면, 0~1.0 척도에서 0.59라는 것을 알 수 있다. 이는 인도가 잘하고 있다는 것인가? 또는 아닌가?

데이터 세트의 중심과 분포를 찾기 많은 통계는 상황을 모르고는 아무런 의미가 없다. HDI 값 0.59를 이해하기 위해서는 다른 국가와 비교할 수 있다. 맨 먼저 인도의 HDI를 집단의 중간점에 비교할 수 있다. 중간점을 측정하는 보통 방법은 평균(mean 또는 average)이다. 점수가 보고된 182개 국가의 모든 HDI 점수를 더하여, 그 합을 국가 수(182)로 나눈다. 182개 국가의 평균 HDI는 0.69로 나타났다. 분명하게 인도는 개발에서 평균보다 약간 낮다.

많은 사람들이 숫자에 비하여 시각적 양상을 더 쉽게 이해한다. 예를 들어 **막대그래프**(histogram)는 한눈에 데이터 세트의 분포를 보여준다. 막대그래프를 만들기 위해 먼저 0.3~0.4, 0.4~0.5와 같이 HDI 값의 범위를 명시한다. 그리고 각각의 값 범위에 해당하는 국가의 수를 센다. 그 결과 분포가 그림 1이다.

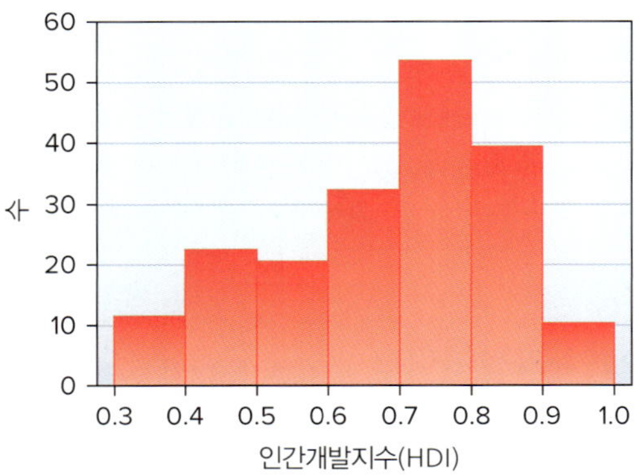

◀ **그림 1** 분포를 보여주는 막대그래프(histogram)

변수 사이의 관계를 그리기 여러분은 이 장의 앞에서 많은 개발도상 국가가 안전한 음용수에 접근이 결여되어 특히 어린 아동이 수인성 질병에 취약하다는 것을 기억할 수 있을 것이다. 오염과 연관된 사망과 HDI 사이의 관계는 얼마나 강한가? UNDP는 매년 안전하지 않은 물로 사망하는 5세 이하의 아동의 추정치 자료를 관리한다. 이 변수와 HDI 사이의 관계를 보여주는 산포도를 이용할 수 있다(그림 2). 각각의 점은 국가를 나타낸다.

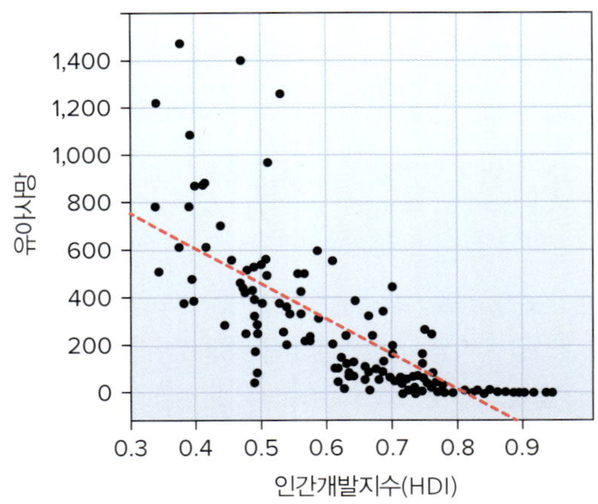

◀ **그림 2** 산포도(scatter plot)는 관계를 보여준다.

산포도는 왼쪽에서 오른쪽으로 가면서 일반적으로 감소하는 양상을 보인다. 축 표시를 세심하게 관찰하라. 사망자 수(수직 축)는 HDI(수평 축)가 증가하면서 일반적으로 감소한다. 이는 **음의 관계**(negative relationship)이다. 직선은 자료의 대략적인 경향을 나타낸다.

그러나 점들은 직선에 매우 밀접하게 맞지 않는다. HDI가 0.3~0.5 사이의 낮은 값을 가지는 유아사망이 400~1,400의 매우 넓은 범위를 보인다. 일부 국가는 다른 국가에 비하여 이 위험 요인을 제어하는데 명백히 더 성공적이다. HDI 값이 0.75 이상을 보이는 거의 대부분의 국가는 안전하지 않은 물로부터 거의 0에 가까운 유아사망을 보인다. 음의 관계가 있는 것은 명백해 보이지만, 훨씬 개선된 유아 건강을 위해서는 국가가 완벽한 HDI 점수일 필요는 없다.

오차 막대(Error bar)**는 신뢰도를 개선한다** 표본(모든 가능한 관찰의 일부)의 평균을 계산할 때, 계산된 평균은 당연히 전체 모집단 평균의 근사치로 간주된다. 우리의 사례에서 대부분 국가의 HDI 값이지만 모든 국가의 자료는 아니며, 데이터 세트는 한때 독립국가였던 수십여 지역을 제외한다. 따라서 우리는 기본적으로 더 큰 모집단의 시료를 가지고 있다. 우리의 표본으로부터 모집단 평균의 타당한 근사치를 얻었다는 것을 확신하기 위해서는, 실제(전체) 모집단 평균에 대한 가능한 값의 범위를 추정하는 것이 최선이다. 한 가지 접근법은 표준편차 막대인데, 이는 모집단 평균의 가능성 있는 범위를 계산하기 위하여 표본 크기(관찰이 많았는지 또는 적었는지?)와 자료의 변이를 이용한다.

이는 집단을 비교할 때 중요해진다. 여러분이 풍요가 기후변화를 일으키는 온실기체 배출과 같은 환경 위해와 관련되었다는 것을 우려한다고 가정하라. 여러분은 평균 배출량을 비교하여 HDI 값이 높은 국가가 높은 CO_2 배출 경향을 보이는지 볼 수 있다.

계속 ▶

◀ *계속*

그림 3은 여러분의 직감이 옳았다는 것을 보여준다. HDI가 높은 국가가 평균이 높을 뿐 아니라 표준편차 막대(가능성이 있는 평균값의 범위)도 겹치지 않는다.

통계는 우리가 관심 있는 문제에 대한 유용한 통찰력을 제공한다. 지식의 원천과 마찬가지로, 이들은 종종 이야기의 일부일 뿐이지만, 문제에 대해 우리가 알고 있는 것과 모르는 것에 대해 확신을 가질 수 있다.

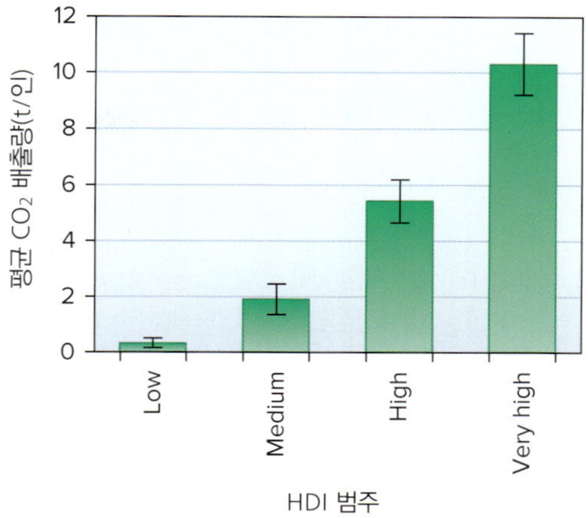

◀ **그림 3** 표준편차 막대(standard error bar)는 집단들이 유의미하게 다른지를 보여준다.

대하여 일하면서, 각각 문제 해결에 작은 통찰력을 더하여, 이루어진 많은 사람들의 노력의 절정이다. 아이디어와 정보가 교환되고, 토의되고, 검증되고, 재검증되어 **과학적 합의**(scientific consensus), 또는 견문이 넓은 학자들 사이에 일반적인 합의에 도달하게 된다.

합의의 아이디어는 중요한다. 주제에 깊이 관련되지 않은 사람들에게, 상충되는 많은 결과는 어리둥절할 수 있다. 산호초는 감소하는가, 그리고 이것은 문제인가? 기후는 변화하는가, 그리고 얼마나 변하는가? 많은 연구를 수행하고 많은 보고서를 읽은 사람들 사이에 문제의 상태에 대하여 일반적인 동의가 나타나게 된다. 과학적인 합의는 이제 오염, 물리적 손상, 더워지는 바다로 인해서 많은 산호초가 위협받고 있다는 합의를 견지한다. 상이한 지역에서 얼마나 빨리 변화할지에 대해서는 모델에 따라 약간씩 다르지만, 지구 기후 상태에 대한 합의는 변화하고 있다는 것이다.

때로 과학적 합의에 주요한 변화를 초래하는 새로운 아이디어가 나타난다. 이러한 설명 체제의 거대한 변화는 쿤(Thomas Kuhn)에 의하여 **근본적 변화**(paradigm shift)로 불리게 되었다. 쿤에 의하면 근본적 변화는 대다수의 과학자가 이전의 설명이 더 이상 새로운 관찰을 잘 설명할 수 없다는 것을 수용할 때 나타난다. 예를 들면 2세기 전에 지질학자들은 많은 지구 지형을 노아의 홍수로 설명했다. 가장 우수한 과학자들은 홍수가 현재의 해수면 훨씬 위까지 해변을 생성하였으며, 풍경에 자갈을 일정하지 않게 흩트렸으며, 이제는 물이 없는 거대한 계곡을 도려냈다고 주장했다(그림 1.16). 그 이후 스위스 지질학자인 아가시(Louis Agassiz)와 동료는 지구가 한때는 매우 추웠으며 빙하가 넓은 면적을 뒤덮었다고 제안했다. 주기적인 빙하기는 홍수보다 지질학적 지형을 더 튼튼하게 설명할 수 있다고 판명되었으며, 이러한 새로운 아이디어는 지질학자들이 주제를 설명하는 방식을 완전히 변경했다. 유사하게 대륙이 지구 표면을 따라 서서히 이동한다는 판구조론(11장 참조)은 지질학자, 생물지리학자, 생태학자 등이 지구와 생명의 발달을 설명하는 방식에 혁명을 가져왔다.

무엇이 건전한 과학인가?

환경과학은 감정적이나 정치적으로 논쟁이 일어나기 쉬운 문제를 종종 다룬다. 기후변화에 대한 과학적 연구는 석탄이나 석유를 판매하는 회사를 위협할 수 있으며, 살충제의 건강 비용에 대한 연구는 이러한 화학제품을 사용하거나 판매하는 회사가 우려하게 한다. 논란이 과학을 둘러쌀 때, 건전한 과학에 대

▲ **그림 1.16** 근본적 변화(paradigm shift)는 우리가 지구를 설명하는 방식을 변화시킨다. 지질학자들은 요세미티 계곡을 한때 노아의 홍수와 같은 대변동이 이러한 지질학적 지형의 원인이 된다고 믿었던 것을 이제는 빙하에 기인한다고 한다.
출처: ©Ann Dudko/123RF

과학과 시민정신: 증거에 기초한 정책 대 정책에 기초한 증거?

> 이는 증거에 기초한 정책결정이 아니었다. 이는 정책에 기초한 증거 조작이었다.
>
> —시카고대학 경제학자인 그린스톤(Michael Greenstone)이 에너지장관 프루잇(Scott Pruitt)의 탄소배출 비용을 다시 계산하기 위한 노력을 설명함.

여러분이 지역 호수가 갈색으로 냄새가 나고, 수영하는 아이들이 아프기 시작하는 것을 관찰한다고 가정하라. 여러분은 이유를 찾고 이에 대하여 무엇을 할지를 원한다. 물론 여러분은 최선의 가용한 정보와 문제에 대한 신뢰할 수 있는 해결책을 원한다. 누가 사람의 안전을 유지하는데 최선의 가용한 증거를 이용하는 것을 원하지 않을까?

정책결정에 있어서 사람들이 증거를 무시하는 것이 놀랄 만큼 보편적이라고 판명되었다. 때로는 호수가 아직 충분히 깨끗하다고 거짓말하는 것도 쉽다. 때로는 대안이 없다고 당연한 것으로 생각하여 병에 걸리는 것을 그냥 참는다. 때로는 호수 오염에 책임이 있는 사람을 좋아하여 불평을 원하지 않는다. 때로는 오염자가 정보를 감추는데 노련한다. 심지어 그들은 문제를 설명하거나 혼란하게 하는 창의적인 "대체 사실"을 제시하기도 한다.

무엇을 해야 할까? 공동체의 교육받은 구성원으로서, 여러분은 수질오염물질에 대한 믿을 수 있고 공평한 정보를 찾고 다른 연구와의 관계에서 그 정보를 평가하는 것을 안다. 이것이 많은 환경과학에 관한 것이다. 환경과학은 환경 시스템이 어떻게 기능하고, 환경 상태를 평가하고, 환경 질에 대한 문제를 처리하는데 과학적 방법론(증거의 질서정연한 수집과 분석)을 사용한다.

우리는 의사 결정시 항상 정보를 수집하고 평가한다. 여러분은 어떤 옷을 입을지 결정하거나 비가 올지를 알기위해 매일 날씨 데이터를 평가할 것이다. 여러분은 새로운 휴대폰이나 새 차를 사야할지 결정할 때 가계예산을 면밀히 평가한다. 만약 예산의 증거를 평가하지 않으면 고통스러운 결과가 발생할 수 있다.

물론 특히 멀리 떨어져 있는 사람과 같은 누군가 다른 사람에만 영향을 미치거나 먼 미래의 일이면 결과를 무시하기가 쉽다. 여러분의 이웃이 호수를 오염시켜서 *여러분이* 병들면, 그는 진정으로 관심을 가질까? 그 이유는? 만약 오염이 호수 생태계를 서서히 악화시키는 살충제처럼, 지연된 효과를 보이면서 수년간 피해가 명백해지지 않는다면, 그것은 누구의 문제인가(그림 1)?

커다란 사회에서 충돌을 최소화시키기를 원한다면, 우리는 한 집단이 계획적으로 다른 집단에 해를 끼치지 않도록 확실하게 해야 한다. 따라서 수질, 건강, 살충제의 환경 배출 등에 대한 정책에 영향을 미치는 정책결정자는 의사를 결정하기 위하여 최선의 가능한 정보(데이터)와 분석을 필요로 한다. 미국 환경보호국(Environmental Protection Agency; EPA)은 공중보건을 보호하기 위해 오염을 모니터링 할 책임이 있다. 질병통제 및 예방센터는 질병의 확산을 파악하고 통제하기 위해, 질병 및 환경건강을 모니터링 한다. 데이터는 공중보건 및 복지에 매우 중요하기 때문에 수십 개의 기관이 데이터를 수집하고 대중과 공유한다.

▲ **그림 1** 오염물질은 어떻게 규제해야 하는가? 이것과 다른 정책적 질문들은 과학과 시민 사회에 대한 당신의 지식을 수반한다.
출처: ©Kiatdumrong/123RF

과학과 시민의식은 함께 간다. 기능하는 사회는 공동체의 이해관계를 보살피는 견문이 넓고 사려 깊은 구성원에 의존한다. 환경과학에 대한 교육을 받는 것은 다음과 같은 많은 유용한 분석 기술을 개발하는데 도움을 준다.

- 데이터, 아이디어 및 논쟁을 비판적으로 분석함
- 복잡한 시스템의 분석-상호연결이 복잡하고 다양하며 간접적인 결과가 중요할 수 있다는 것을 이해함
- 데이터의 시각화(그래프와 지도)를 포함한 증거를 어떻게 수집하고 비교할지를 알게 됨
- 정책이나 사건의 환경적 배경을 이해함
- 정책결정에 인용된 논리와 과학적 증거를 이해함

복잡한 관계와 시스템을 의식하는 것은 여러분의 공동체와의 상호관계를 이해하는데 도움을 준다. 물론 시민의식의 일부는 자신을 넘어서는 결과를 고려하고 공동체에서 다른 사람들에게 미치는 피해를 최소화하는 것이다. 견문이 넓은 시민으로서, 여러분은 수질 감시시스템을 폐지하기로 약속한 후보에게 투표할지의 여부나, 또는 화학물질 안전을 위한 재원을 제거한 정책결정자를 지지할지를 결정할 수 있다.

인간의 대부분은 건강을 유지하고 건강한 환경에서 사는데 관심이 있다. 우리가 행동하거나 투표하는 것은 결정의 시간이 다가올 때 증거에 대하여 생각하거나, 또는 우리의 결정이 얼마나 밀접하고 개인적인지에 따른다.

현재 많은 정책결정자들은 과학, EPA와 같은 과학기관, 심지어는 장래 세대의 과학자와 시민을 교육하는 대학을 비판한다. 그들의 말을 들으면서, 왜 그런지 이유를 두루 생각한다. 데이터는 그들의 말과 상충할까? 증거는 그들의 진술과 모순되는가? 대안적인 사실은 편견 없고 재현 가능한 증거에 비해 편리한가? 여러분이 이 책을 읽고 또 뉴스를 들을 때, 이러한 것들은 마음에 새겨야할 좋은 질문들이다.

한 주장과 "쓰레기 과학(junk science)"에 대한 비난이 종종 발생한다. 이러한 용어는 무엇을 의미하며, 여러분은 누가 옳은지 어떻게 평가할 것인가?

여러분이 누구의 과학이 타당한지에 관한 논쟁을 듣게 되면, 과학의 기본적인 원칙을 기억할 필요가 있다. 논쟁이 되는 연구는 재현 가능한가? 결론은 조심스럽게 회의적으로 도출되었는가? 표본은 크고 무작위적인가? 결론은 이 문제를 연구한 대다수의 학자들에 의하여 지지되는가? 전문가 중 누가 결과에 대해 경제적인 관심을 가지고 있는가?

종종 TV나 라디오에 출연하는 매스컴 인물은 과학적인 대다수와 반대의 입장을 취한다. 반대 행동을 취하면 그들은 명성과 정치적인 동맹(그리고 때로는 돈)을 얻게 된다. 이러한 전략은 기후변화와 같은 커다란 문제를 두고 특히 인기가 있었다. 지금까지 수십 년간 거의 모든 기후과학자들은 화석연료 연소와 개간 같은 인간의 활동이 기후변화를 일으킨다고 동의했다. 그러나 대다수의 증거를 반박하는 것을 즐기는 반대 행동을 기꺼이 취하는 과학자를 찾는 일은 항상 가능하다. 특히 정치적 선호도, 명성, 또는 돈이 관련되면, 어떤 사례에 대해서도 반대편에서 증언할 "전문가" 증인이 항상 있다.

가짜 뉴스나 쓰레기 과학을 주장하는 것을 보면, 여러분은 그것들을 어떻게 평가할 것인가? 여러분은 객관성이 전혀 없는 유사 과학적인 허튼소리로 포장된 가짜 분석을 어떻게 확인할 수 있을 것인가? 이는 천문학자인 세이건(Carl Sagan)이 여러분을 돕도록 제안한 "허튼 수작 탐지장치(Baloney Detection Kit)"의 매우 중요한 질문이다.

표 1.3 허튼 수작 탐지(Baloney Detection) 질문

1. 이러한 주장의 출처는 얼마나 신뢰성이 있을까? 그들이 이 사례를 추구하는데 의제를 가지고 있다고 믿을만한 이유가 있을까?
2. 그 주장은 다른 출처에 의하여 증명되었습니까? 이러한 의견을 지지하는데 어떤 데이터가 제시되었는가?
3. 이 문제에 대하여 과학 공동체의 대부분은 어떠한 입장을 견지할까?
4. 이러한 주장은 세계가 어떻게 작용하는지에 대하여 우리가 알고 있는 것들과 부합할까? 이것은 합리적인 주장인가, 아니면 확립된 이론과 모순될까?
5. 주장은 균형 잡히고 논리적인가? 특정한 입장의 옹호자들은 엇갈리는 관점을 고려했을까, 아니면 단지 그들의 특정한 신념을 위하여 지지가 되는 증거만을 선택했을까?
6. 특정한 입장에 대한 자금의 출처에 대하여 여러분은 무엇을 알고 있을까? 연구는 당파적인 목표를 가진 집단에 의하여 재정지원을 받았을까?
7. 경쟁 이론에 대한 증거는 어디에 출판 되었을까? 이는 공정한 전문가 평가를 거쳤을까? 아니면 단지 독점적인 출판물에만 발표된 것인가?

불확실성, 증명 및 집단 동일성

과학적 불확실성은 견문이 넓은 대다수의 과학자가 신중하다고 생각하는 행동을 연기하게 하는 이유로 종종 인용된다. 화학물질 안전성, 에너지 보존, 기후변화, 또는 대기오염 제어와 같은 문제에서 변화의 반대자들은 증거가 절대적인 증명을 구성하지 않기 때문에, 어떠한 행동도 취할 필요가 없다고 공격할 수 있다. 여러분은 이러한 일의 사례를 환경 건강, 기후, 대기오염 및 수질오염 등의 이 책의 뒤에 오는 장에서 볼 수 있다.

유사하게, 진화에 대한 논쟁도 종종 불확실성의 개념과 과학적 증명에 달려있다. 공립학교에서 진화를 가르치는데 반대하는 사람들은 과학자들이 진화를 "이론"으로 부르기 때문에, 진화는 단지 추측의 문제라고 비난한다. 진화론은 압도적인 증거에 의하여 지지되지만, 과학자들이 증명이라는 아이디어에 대하여 엄밀할 것을 선호하기 때문에 아직 이론으로 부른다.

최근 몇 년 동안에 사회학자들은 과학적 증거를 수용하거나 거부하는 결정은 종종 집단 동일성에 달려있다고 지적했다. 사람은 같은 생각의 사람들과 어울리기를 좋아하며, 따라서 우리는 집단의 관점을 지지하는 경향이 있다. 무의식적으로 우리는 "내가 속해있는 공동체는 진화에 동의하는가? 공동체는 기후변화에 대한 증거를 수용하는가?"라고 물어본다. 우리의 집단에 장단을 맞추려는 충동은, 비판적으로 증거를 분석하려는 관심에 비하여 놀라울 정도로 강하다. 그러나 집단행동의 기대는 시간에 따라 변화할 수 있다. 과거 수십 년간 여러분은 "나는 재활용하는 부류의 사람인가?"라고 물어보았을 것이다. 현재 재활용은 대부분의 사람에게 통상적이며, 친구들이 하지 않기 때문에 재활용을 거부하는 사람은 거의 없다. 환경정책에 대한 차이를 해결하는 것은 때때로 과학에 대한 우리의 태도뿐 아니라, 과학을 넘어선 정책과 문제에 대한 우리의 태도에 대한 집단 동일성의 확인을 요구한다. 이러한 방식으로 여러분은 환경과학에 대한 교육을 사회의 구성원으로서 행동에 통합한다(여러분의 생각은? 19쪽).

1.5 비판적 사고

- *비판적 사고는 정보를 분석하는 것을 도와준다.*
- *비판적 사고에는 많은 관점이 있다.*

과학에서 우리는 빈번하게 "당신이 방금 말한 것이 사실인지 내가 어떻게 알 수 있을까?"라는 질문을 한다. 과학의 논쟁을 평가하는 방식의 일부는 관찰 가능한 증거, 또는 데이터와 관련이 있다. 증거로부터의 논리적 추론 또한 필수적이다. 그리고 답의 일부는 증거의 비판적인 평가에 있다.

문제에 대하여 비판적으로, 명백하게, 그리고 분석적으로 사고하는 능력은 어느 수업시간에서도 여러분이 배울 수 있는 가장 소중한 기술이다. 이제는 여러분도 알겠지만, 환경과학의 많은 문제는 양쪽 편의 확고한 의견과 충분한 증거와 함께 뜨겁게 논의된다. 여러분은 어떻게 모순되는 증거와 관점을 평가할까? **비판적 사고**(critical thinking)는 아이디어, 증거, 논쟁의 논리적이고, 질서정연하며, 분석적인 평가를 기술하는데 사용하는 용어이다. 이러한 기술을 개발하는 것은 여러분이 지금 수강하는 과목에 필수적이다. 비판적 사고는 또한 여러분의 삶에 보편적으로 극히 중요한 기술이다. 여러분은 비판적 사고를 자동차 판매원의 주장, 신용카드 권유, 정치 후보의 유세 웅변의 주장을 평가할 때 사용할 수 있다.

비판적 사고는 저명한 권위자들이 주제에 대하여 왜 격렬하게 다투는지를 이해하도록 도와준다. 의견의 불일치는 모순되는 데이터, 동일한 데이터의 상이한 해석, 또는 우선권의 상이함 등에 기반을 둘 수 있다. 어느 전문가는 경제적 건강을 가장 중요한 우선권으로 고려할 수 있고, 다른 전문가는 환경의 질에 우선순위를 매길 수 있다. 세 번째 사람은 단지 회사의 주식가격만 우려할 수 있으며, 주식가격은 환경정책 토론의 결과에 관계될 수 있다. 여러분은 비판적 사고를 실행하여 모순되는 주장의 타당성을 검토할 수 있다.

비판적 사고는 과학과 시민의식의 일부이다

우리는 매일, 수업에서, TV 광고에서, 공무와 정책을 이해하는 것에서, 뉴스를 읽고 시청하는 중에 많은 주장들을 평가한다. 잠시 쉬면서 비판적 사고가 무엇을 의미하는지 생각해볼만한 가치가 있다. 일반적으로 비판적 사고는 정보의 출처를 검토하고 출처가 어떻게 진술과 아이디어에 영향을 미치는지 고려하는 것이다. 비판적 사고도 몇 종류로 구별할 수 있다. **분석적 사고**(Analytical thinking)는 문제를 구성하는 부분으로 나누는 것을 포함한다. **창의적 사고**(Creative thinking)는 문제에 대한 새롭고 다른 접근법을 구상하는 것을 의미한다. **논리적 사고**(Logical thinking)는 전제부터 결론까지 논쟁의 구조를 검토한다. **반성적 사고**(재귀적 사고; Reflective thinking)는 "모든 것이 무엇을 의미하는가?"라고 묻는 것을 의미한다.

이러한 과정은 종종 자기 반성적이고 스스로 확인하며 수정하는 과정을 포함한다. 이러한 사고는 "내가 방금 말한 것이 옳다는 것을 내가 어떻게 알 수 있을까?"라는 질문을 하도록 장려한다. 비판적 사고의 습관을 개발하는 것은 이심전심의 가정, 편견, 신념, 우선권 및 또는 동기 등을 여러분이 인지할 수 있도록 도와준다(표 1.4와 그림 1.17). 이러한 습관은 강의에서 잘하도록 도와주고, 주변의 세계를 정보에 근거하여 사려 깊게 읽을 수 있도록 도와줄 수 있다.

비판적 사고를 연습하기 위한 몇 가지 단계는 다음과 같다.

1. *논쟁의 전제와 결론을 확인하고 평가한다.* 제기된 주장의 근거는 무엇인가? 이러한 주장을 지지하기 위하여 어떤 증거가 제시되었으며, 이러한 증거로부터 어떤 결론이 도출되는가? 만약 전제와 증거가 합리적이라면, 결론은 그들을 진실로 따르는가?
2. *불확실성, 막연함, 애매함, 모순을 인정하고 명확히 한다.* 용어는 막연하거나 애매한 방식으로 사용되는가? 토론의 모든 참가자들은 동일한 의미를 사용하는가? 막연함 또는 애매함은 고의적인가?
3. *사실과 가치를 구분한다.* 주장을 검증될 수 있거나, 진술은 검증할 수 없는 가정이나 신념에 기초하는가? 어떤 것의 가치나 무가치에 관하여 주장이 제기되는가? (만약 그렇다면 이는 가치 진술 또는 의견이며 대개는 객관적으로 검증될 수 없다.)
4. *가정을 인지하고 평가한다.* 주장의 뒤에 있는 배경과 관점을 고려한다. 제시된 전제, 증거 및 결론에 어떠한 근원적인 이유가 있을 수 있을까? 이 문제에 대하여 누가 개인적인 의제를 가지고 있을까? 누가 여러분이 알고, 필요로 하고, 요구하고, 또는 믿는다고 생각하는가? 인종, 성별, 민족,

표 1.4 비판적 사고의 단계

1. 내 생각의 목적은 무엇인가?
2. 나는 정확히 어떠한 질문에 대답하려고 하는가?
3. 나는 어떠한 관점에서 생각하고 있을까?
4. 나는 어떠한 정보를 사용하고 있을까?
5. 나는 그 정보를 어떻게 해석하는가?
6. 내 생각의 중심이 되는 개념이나 아이디어는 무엇인가?
7. 나는 어떠한 결론을 목표로 하고 있을까?
8. 나는 무엇을 당연하게 생각하는가? 나는 어떠한 가정을 하고 있을까?
9. 내가 결론을 수용한다면, 예상되는 결과는 무엇인가?
10. 나의 생각을 행동에 옮기면 결과가 어떻게 될 것인가?

▲ **그림 1.17** 비판적 사고는 전제, 모순 및 가정을 평가한다. 시카고 인근의 인기 있는 해변 중앙에 있는 이 표지는 세균에 대한 인간의 노출을 감소하는 유일한 방법인가? 이 표지는 왜 선택되었는가? 누가 영향을 받을 수 있는가?
출처: ©Mary Ann Cunningham

경제 및 신념 체계에 기초한 숨겨진 편견은 논쟁을 왜곡하는가?

5. *정보출처의 신빙성을 분별한다.* 무엇이 이 문제에 대한 전문가를 자격이 있게 하는가? 이 자격은 여러분이 그들을 믿기에 충분한가? 그 이유는 무엇인가?
6. *개념 체계를 인식하고 이해한다.* 어떤 기본적 신념, 태도 및 가치가 주장이나 행동의 근저에 있을까? 이러한 신념과 가치가 사람들이 자신과 주변의 세계를 바라보는 방식에 어떻게 영향을 미치는가?

이 책에서 여러분은 비판적 사고 기술을 연습하는 많은 기회를 가질 것이다. 모든 장은 사실, 숫자, 의견, 이론을 포함한다. 그들은 모두 진실인가? 아마도 그렇지 않을 것이다. 그들은 이 교재가 집필될 때 가용한 최선의 정보였지만, 새로운 증거가 항상 생겨납니다. 데이터는 끊임없이 변화하며, 따라서 데이터의 해석도 변화한다.

여러분은 비판적 사고와 함께 어떻게 효과적으로 공부할지에 대한 일부 유용한 조언을 www.connect.mheducation.com 웹사이트에서 찾을 수 있다.

1.6 환경에 관한 우리의 아이디어는 어디에서 오는가?

- *공리주의적인 보존은 사용가능한 자원에 집중한다.*
- *자연보호는 다른 종의 권리를 인정한다.*
- *현대 환경보전주의는 건강과 사회정의에 중점을 둔다.*

역사적으로, 많은 사회는 그들이 의존한 자원을 고갈시켰으나, 다른 사회는 비교적 주변과 조화를 이루며 살았다. 현재 자원이용을 가속화하는 증가하는 인구와 기술은 환경 저하의 문제로 인해 긴급성이 증가했다.

이러한 변화에 대한 우리의 많은 현재 반응은 비교적 최근의 환경 사상가의 저술에 근거한다. 단순하게 그들의 저서는 4단계로 뚜렷하게 분류할 수 있다. (1) 최적의 이용을 위한 자원보존, (2) 도덕적 심미적 이유를 위한 자연 보존, (3) 오염의 건강과 생태적 결과에 대한 우려, (4) 전 세계적 환경 시민의식이다. 이러한 단계는 상호 배타적이 아니다. 여러분은 모두를 동시에 포괄할 수 있다. 이 절을 읽으면서 여러분이 가장 흥미롭다고 발견한 것들을 왜 동의하는지 고려하라.

환경보호는 역사적 뿌리를 가진다

인간이 자연을 남용하는 것을 인정한 것은 현대에 유일하지 않다. 플라톤은 기원전 4세기에 그리스가 한때 비옥한 토양과 풍부한 산림과 좋은 나무로 덮여있었다고 불평했다. 그러나 이러한 나무들이 주택과 선박을 건설하기 위하여 벌채된 이후에, 폭우가 토양을 바다로 씻어 내려서, 단지 암석의 "질병으로 소모된 신체의 해골"만 남겼다. 샘과 강은 마르고, 농업은 거의 불가능하게 되었다. 이러한 먼 옛날의 관찰에도 불구하고, 대부분의 현대 환경 아이디어는 더 최근의 농업혁명 및 산업혁명과 연관된 자원 고갈에 대한 반응으로 발달했다.

환경 피해에 대한 최초의 기록된 과학연구의 몇몇은 18세기에 프랑스와 영국의 식민지 행정관들에 의하여 수행되었는데, 그들의 다수는 훈련된 과학자였으며 설탕과 기타 물자의 집약적인 식민지 생산에 의해 초래된 빠른 토양 손실과 말라가는 우물을 관찰했다. 식민지 행정관들의 일부는 신뢰할 수 있는 환경 책무가 심미적이고 도덕적 우선순위일 뿐 아니라 경제적 필요성이라고 생각했다. 이러한 초기 자연보호론자들은 산림벌채, 토양침식 및 지역적 기후변화 사이의 관계를 관찰하고 이해했다. 예를 들면 선구적인 영국 식물생리학자인 헤일스(Stephen Hales)는 녹색식물을 보호하는 것은 강우를 유지한다고 시사했다. 헤일스의 아이디어는 1764년 카리브 해의 토바고 섬에서 실행되었는데, 그곳에서 토지의 20%는 "비가 오도록 나무에 예약됨"이라고 표시되었다.

인도양에 있는 모리셔스 섬의 초기 프랑스 총독인 푸아브르(Pierre Poivre)는 초기 유럽 정착민에 의한 섬의 야생생물(날지 못하는 도도와 같은)의 파괴와 흑단(ebony) 숲의 몰락에 의해 초래된 환경과 사회의 황폐에 섬뜩함을 느꼈다. 1769년 푸아브르는, 특히 경사가 심한 산 경사면과 수로를 따라, 섬의 1/4을 산림으로 보호할 것을 명령했다. 모리셔스는 자연과 인간의 요구를 균형 잡은 모델로 남아있다. 모리셔스의 산림보호구역은 사람이 거주하는 대부분의 다른 섬에 비하여 많은 고유종을 보호하고 있다.

자원 낭비는 실용적인 자원보존을 유발했다(1단계)

많은 역사학자들은 지질학자인 마시(George Perkins Marsh)가 1864년에 출판한 "*인간과 자연*(Man and Nature)"이 북미 환경보호의 원천이라고 생각한다. 법률가, 정치인 및 외교관이기도 했던 마시는 터키와 이탈리아에서의 외교관 책무의 일환으로 지중해 주변을 널리 여행했다. 그는 고전(플라톤을 포함한)을 널리 읽었고 개인적으로 염소와 양의 과다한 방목과 경사진 산사면의 벌채로 인하여 초래된 피해를 관찰했다. 그의 생애에 미국 변방에서 아직 발생하는 무자비한 파괴와 자원의 방탕한 소비에 놀라서, 마시는 그 생태적인 결과를 경고했다. 주로 그의 책으로 인하여, 감소하는 목재 공급과 위협을 받는 배수구역을 보호하기 위하여 1873년 미국에서 국립산림보호구역이 설치되었다.

마시의 경고에 영향을 받는 사람 중에는 루즈벨트(Theodore Roosevelt) 미국 대통령과 그의 수석보존자문관인 핀쇼(Gifford Pinchot)가 있다(그림 1.18a, b). 1905년 대중주의 진보운동(populist Progressive movement)의 지도자였던 루즈벨

(a) 루즈벨트 대통령

(b) 핀쇼

▲ **그림 1.18** 미국 보호운동의 일부 초기 선구자들. (a) 루즈벨트 대통령과 그의 수석 자문관인 (b) 핀쇼는 실용적인 자원보존을 강조하였다. 반면에 뮤어와 레오폴드는 윤리적이고 심미적인 관계에 중점을 두었다.
출처: (a) Underwood & Underwood, Library of Congress, LC-USZC4-4698; (b): ©Grey Towers National Historic Landmark;

트는 산림의 관리를 부패로 가득한 내무성에서 농업성으로 이관했다. 최초의 미국 태생 직업 산림가인 핀쇼는 신설된 산림청의 초대 청장이 되었다. 핀쇼는 미국 역사에서 최초로 자원관리를 정직하고, 이성적이고, 또한 과학적인 기초에 두었다. 루즈벨트와 핀쇼는 뮤어(John Muir)와 같은 박물학자이며 활동가와 함께, 국립산림, 국립공원, 국립야생동물대피소 체계의 체제를 정립했다. 그들은 게임 보호법을 통과시켰으며 공공 영역의 가장 악명 높은 남용을 중지시키려고 시도했다. 1908년 핀쇼는 천연자원에 대한 백악관 협의회를 조직하고 의장을 맡았는데, 이는 미국에서 개최된 가장 명성 있고 영향력 있는 환경회의이다. 핀쇼는 펜실베이니아의 주지사와 테네시 계곡 개발공사의 창설 수장이었는데, 이는 미국 남동부에 저렴한 권력을 제공했다.

루즈벨트와 핀쇼의 정책 기초는 실용적인 **공리적 보존**(utilitarian conservation)이었다. 그들은 산림이 “아름답거나 황야의 야생생물을 보호하기 때문이 아니라, 사람의 집과 직업을 제공하기 위해서만” 지켜져야 한다고 주장했다. 자원은 “최대의 행복을 위하고, 최대 다수를 위하여, 가장 오랜 기간” 사용되어야 한다. 핀쇼는 “보존이 단지 미래 세대를 위하여 자원을 절약하는 것만을 의미한다는 근본적인 오해가 있었다.”라고 서술했다. “어느 것도 진실과 거리가 더 멀 수는 없다. 보존의 첫 번째 원칙은 현재 이 대륙에 존재하는 천연자원을 현재 여기에 살고 있는 사람의 이익을 위하여 개발하고 사용하는 것이다. 특정한 천연자원을 개발하고 이용하는 것을 게을리하는 데에는 그들을 파괴하는 것만큼 많은 낭비가 있다.” 이러한 실용적 접근법은 미국 산림청의 다중이용 정책에서 아직 볼 수 있다.

보존운동의 견해를 반영한 윤리적 및 심미적 관심(2단계)

뮤어는 아마추어 지질학자이며 인기 작가이자 시에라 클럽(Sierra Club)의 초대 회장이었으며, 핀쇼의 공리적 정책에 격렬하게 반대했다. 뮤어는 인간에 대한 유용성과 관계없이 자연은 그 자체로 존재할 자격이 있다고 주장했다. 심미적이고 초자연적인 가치는 자연보호에 대한 뮤어의 철학의 핵심을 형성했다. 이러한 견해는 보존이 다른 생물과 전체로서의 자연의 존재하고 자신의 이익을 추구하는 기본적인 권리를 강조하기 때문에 보신에 우선순위를 둔다(그림 1.19). 뮤어는 “세상은 인간을 위하여 만들어졌다고 들었다. 이 전제는 사실에 의하여 전혀 지지되지 않는다. ... 자연이 동물과 식물을 창조한 첫번째 목적은 아마도 그들 각각의 행복일 것이다. ... 인간은 왜 자신을 위대한 창조 단위의 무한히 작은 단위보다 더 높게 평가해야 하는가?”

캘리포니아 시에라 네바다 산맥의 초기 탐험가이자 통역가인 뮤어는 요세미티 국립공원과 킹스캐니언 국립공원을 설립하기 위해 오랫동안 열심히 투쟁했다. 1916년에 설립된 국립공원관리국(National Park Service)은 뮤어의 제자인 메이터(Stephen Mather)가 처음으로 이끌었으며, 항상 소비적인 용도보다는 자연보존을 지향했다. 뮤어의 보존론적 아이디어는 종종 핀쇼의 공리주의적 접근과 상충되었다. 뮤어와 핀쇼의 가장 큰 전투 중 하나는 요세미티의 헤치 헤치 계곡(Hetch Hetchy Valley)에 댐을 건설하는 것에 대한 것이었다. 뮤어는 계곡을 범람하는 것이 자연에 대항하는 신성모독으로 간주했다. 공공 소유 전력을 옹호한 핀쇼는, 댐을 욕심 많은 물과 전력 독점의 손아귀에서 샌프란시스코 주민을 자유롭게 하는 방법으로 보았다.

1935년, 선구적인 야생생물 생태학자인 레오폴드(Aldo Leopold)는 위스콘신 중심에 있는 낡고 작은 농장을 구입했다. 유일하게 남아있던 건물인 황폐한 닭장은 소박한 오두막으로 개조되었다. 레오폴드는 그의 자녀들과 함께 토지의 건강과 아름다움을 회복시키는 실용적인 실험으로 수천 그루의 나무를 심었다. 그는 “보존은 단순한 금욕이나 경고의 부정적인 운동이 아니라, 기술과 통찰력의 긍정적인 운동이다”라고 적었다.

▲ **그림 1.19** 자연보호론자는 이 산림이 목재와 신선한 물을 포함하여 유용한 자원의 공급자로서 가치 있다고 말할 것이다. 환경 운동가들은 이 생태계가 그 자체만으로 중요하다고 주장할 수 있다. 많은 사람들은 두 견해에 동조한다.
출처: ©jakobradlgruber/123RF

이 판잣집은 저술활동의 피난처가 되었으며, 자연과의 관계에 대한 사랑받는 수필 모음집인 *샌드 카운티 연감*(Sand County Almanac)의 중심이 되었다. 레오폴드는 수필에 "우리는 토지를 우리 소유의 상품으로 간주하기 때문에 토지를 남용한다. 땅을 우리가 속한 공동체로 볼 때, 우리는 사랑과 존경으로 토지 사용을 시작할 수 있다."라고 적었다. 마샬(Bob Marshall)과 다른 두 사람과 함께 레오폴드는 광야 협회를 창립했다.

오염 수준이 높아짐에 따라 현대 환경운동이 발생했다(3단계).

사람들이 연기를 계속해서 내뿜는 한 바람직하지 않은 오염의 영향이 인식되었을 것이다. 1723년 런던의 자극적인 석탄 연기가 너무 심해서 에드워드 1세는 도시에서 석탄을 태운 사람을 교수형에 처하겠다고 위협했다. 1661년에 영국의 일지 기록원인 에블린(John Evelyn)은 석탄 화재와 공장으로 인한 유해한 대기오염에 대해 불평하고 상쾌한 냄새가 나는 나무를 심어 도시 공기를 정화할 것을 제안했다. 영국에서 점점 더 위험한 스모그 공격으로 인해, 1880년에 이 문제를 해결하기 위한 "국가 안개 및 연기위원회"가 구성되었다. 그러나 거의 1세기가 지난 후에도 런던의 공기(많은 도시와 마찬가지로)는 여전히 나빴다. 1952년에 특히 나쁜 사건이 대낮 하늘을 어둡게 했으며 12,000명이 사망했다(10장 참조). 이 사건은 극단적이었지만, 많은 대도시에서 유해한 공기가 일반적이었다.

제2차 세계대전 중과 그 이후의 화학 산업의 엄청난 확장은 환경 의제에 새로운 관심사를 추가했다. 카슨(Rachel Carson)이 집필하여 1962년에 출판된 *침묵의 봄*(Silent Spring)은 다른 종뿐만 아니라 인간에 대한 오염과 독성 화학물질의 위협에 대해 대중을 일깨웠다. 그녀가 일으킨 운동은 천연자원과 환경오염 모두를 포함한 우려로 확대되어 **현대 환경주의**(modern environmentalism)라고 불릴 수 있다.

다른 많은 훌륭하고 헌신적인 활동가와 과학자들의 지도력 아래, 환경 의제는 1970년대에 인구 증가, 핵무기 시험과 원자력, 화석연료 추출과 사용, 재활용, 대기오염과 수질오염 및 야생 보호와 같은 이 교재에서 다루는 대부분의 문제로 확대되었다. 환경보전주의는 1970년 제1차 국가 "지구의 날(Earth Day)" 이후 공공 의제에서 잘 확립되었다.

환경문제가 기후 활동으로 확대됨에 따라, 기후 변화에 대해 광범위하게 글을 쓰고 이 존재하는 위협에 대한 정치적 행동을 요구하는 캠페인을 이끌었던 새로운 지도자 중 한 명이 작가, 교육자 및 환경학자인 맥키븐(Bill McKibben)이었다. Middlebury College의 대학에 몸담고 있는 학자인 그는 학부생 집단과 협력하여 181개국에서 수천 건의 시위를 후원하여 기후 변화에 대한 대중의 인식을 높이고 많은 화석 연료 제거에 대한 조치를 촉발한 조직인 350.org를 설립했다. 이 집단은 사회적관계망과 공공 조직을 창의적으로 사용하는 것으로 널리 칭찬받았다. 맥키븐과 350.org는 앨버타의 타르 모래의 원유를 텍사스의 수출 터미널로 운송하기 위해 설계된 Keystone XL 송유관 프로젝트에 대한 반대를 이끌었다.

환경 질은 사회적 진보와 관련이 있다(4단계)

최근 몇 년 동안 일부 사람들은 환경운동의 뿌리가 엘리트주의자라고 주장하면서, 광야에서 휴가를 보낼 여유가 있는 부유한 소수의 이익을 증진시켰다고 주장했다. 실제로, 대부분의 환경 지도자들은 사회정의와 환경 공평성이 밀접하게 얽혀있는 것으로 보았다. 핀쇼, 루즈벨트, 뮤어는 모두 부유한 개인 및 민간 기업이 공공 토지, 산림 및 수로를 점차 통제하는 시기에 모든 사람이 자연에 접근할 수 있도록 노력했다. 자연 보호를 위한 주요 전략 중 하나인 국립공원의 개념은 자연의 아름다움과 야외 레크리에이션에 대한 대중의 접근을 제공하는 것이다. 황야협회(Wilderness Society)의 창립자인 레오폴드(Aldo Leopold)는 농부, 어부 및 사냥꾼들 사이에서 토지 관리책무에 대한 아이디어를 장려했다. 황야협회의 다른 창립자인 마샬(Robert Marshall)은 저소득층을 위한 사회 경제적 정의를 위해 평생을 노력했다.

환경운동가들은 점점 더 환경의 질과 사회적 진보 사이의 연관성을 전 세계적으로 명확하게 만들고 있다(그림 1.20). 그러나 부유한 국가의 경제적 분할에서도 지속가능한 개발 문제가 인식되고 있다. 존스(Anthony Kapel "Van" Jones)는 사회적 및 환경적 진보에 대한 강력한 목소리를 가진 사람들 중 하나이며, 환경 행동에서 유색인의 역할에 대한 가시성을 가져 왔다. 사회정의와 환경운동가로서 Jones는 태양광 시스템을 설치하고 수백만 미국 가정의 에너지 효율을 향상시키는 수십만 개의 "친환경" 일자리를 창출함으로써 빈곤과 인종적 불의와 싸웠다. 오바마 (Barack Obama) 대통령의 친환경 직업(Green

▲ **그림 1.20** 환경 과학자들은 점점 더 환경의 질과 공중 보건 모두를 해결하려고 한다. 빈곤층 인구는 대부분 환경 파괴로 인해 고통받고 있다.
출처: ©Ozgur Yusuf Cagdas/123RF

Jobs) 특별고문으로 봉사하면서 "모든 사람들을 위한 친환경 경제"를 구축하기 위해 노력해 왔다. 또한 예술가, 운동선수 및 지역 지도자를 국가 대화에 참여시키고 사회 및 환경문제에 대한 참여를 유도했다.

오늘날의 주요 환경 사상가 중 일부는 빈곤과 환경 파괴가 함께 수억 명의 사람들을 괴롭히는 개발도상국 출신이다. 케냐의 마타이(Wangari Maathai; 1940~2011) 박사는 주목할 만한 사례다. 1977년 마타이 박사는 케냐 출신의 가난한 지역 여성을 조직하고 환경을 복원하는 방법으로 그린벨트운동(Green Belt Movement)을 설립했다. 작은 지역 규모에서 시작하여, 이 조직은 케냐 전역에서 600개 이상의 풀뿌리 네트워크로 성장했다. 그들은 자결, 정의, 형평, 빈곤 감소 및 환경 보전을 위해 지역 사회를 동원하면서 3천만 그루 이상의 나무를 심었다. 마타이 박사는 케냐 의회에 선출되어 환경 및 자연자원부 차관으로 재직했다. 그녀의 지도력은 민주주의와 훌륭한 정부를 만드는데 도움이 되었다. 2004년, 그녀는 노벨상을 처음으로 수상한 환경 활동으로 노벨 평화상을 받았다.

우주에서 촬영한 지구 사진은 **지구 환경주의**(global environmentalism)라고 불리는 생태학적 우려의 네 번째 물결에 대한 강력한 아이콘을 제공한다(그림 1.3 참조). 그러한 사진들은 우리 지구가 얼마나 작고, 허약하고, 아름답고, 드문지를 상기시켜준다. 우리 모두는 이 세계적인 규모로 환경을 공유한다. 스티븐슨(Adlai Stevenson) 대사가 1965년 유엔 고별 연설에서 언급했듯이, 우리는 전체로서의 지구 생명 부양 시스템에 대해 우려할 필요가 있다. "우리는 인류의 고대 적들에게는 절반은 운이 좋고, 절반은 비참하며, 절반은 자신만만하고, 절반은 절망적이며, 절반은 노예이고, 오늘날까지 꿈꾸지 못했던 자원의 해방으로는 절반은 자유롭다. 어떠한 선박이나 승무원도 그러한 모순을 가지고 여행할 수는 없다. 우리 모두의 안전은 그들의 결심에 달려있다."

결론

환경과학은 환경문제를 이해하고 해당 문제에 대한 새로운 해결책을 찾는 데 유용한 도구와 아이디어를 제공한다. 환경과학은 인구증가, 오염된 물과 공기, 기후변화, 생물다양성의 손실 등 우리가 직면하고 있는 지속적인 문제를 이해하기 위해 많은 분야와 다양한 이해관계를 가진 사람들을 대상으로 한다. 진보의 고무적인 사례도 있다. 인구 증가율이 둔화되고, 최근 몇 년간 서식지 보존 범위가 크게 증가했으며, 유망한 새로운 에너지 선택권을 약속했으며, 많은 지역에서 대기 질 및 수질이 개선되었다. 과학적 방법은 이러한 문제를 조사하는 질서 있는 방법을 제공한다. 이상적으로, 과학자들은 증거에 대해 회의적이고 결론에 대해 신중한다. 이러한 관행은 비판적 사고와 매우 유사하며, 이는 환경과학에서도 강조된다.

환경과학은 빈곤과 풍요가 환경 악화에 기여하기 때문에 지속가능한 개발에 또한 관심이 있다. 빈곤층 인구는 종종 토지와 물 공급을 과도하게 개발하는 반면, 부유한 인구는 엄청난 양의 에너지, 물, 임산물, 식품 및 기타 자원을 소비하거나 저하시킨다. 부의 차이로 인해 기대수명, 영아사망률 및 기타 복지 수단이 대조된다. 이러한 여러 문제를 함께 해결하는 것은 지속가능성의 도전이다.

보존 및 환경에 대한 우리의 아이디어는, 사용 가능한 자원의 보존에 초점을 맞추는 것으로부터 자연 자체를 위하여 보존하는 것으로, 환경 조건에 따라 진화했다. 그 동안 이러한 아이디어는 저소득층이 자원과 건강한 환경에 접근할 수 있는 권리에 대한 사회적 형평성에 대한 관심이었다. 최근 이 두 가지 관심사는 개발도상국의 변화 가능성과 환경 및 사회적 관심의 전 세계적 상호 연결을 인식하기 위해 확대되었다.

연습 문제 PRACRICE QUIZ

1. 세계 출산율과 인구가 어떻게 변화하고 있는지 설명하시오(그림 1.6 참조).
2. "생태 서비스"의 개념은 무엇인가? 예를 들어보시오.
3. 가설과 이론을 구별하시오.
4. 과학적 방법의 단계를 설명하시오.
5. 확률이란 무엇인가? 예를 들어보시오.
6. 과학자들은 왜 회의적인가? 검증에 반복이 필요한 이유는 무엇인가?
7. 표 1.4에 따르면 비판적 사고의 첫 단계는 무엇인가?
8. 공리주의적 보존과 보존을 구별하시오. 이러한 각 철학과 관련된 환경 지도자 두 명을 지명하시오.
9. 왜 일부 전문가들은 물을 21세기에 가장 중요한 천연 자원으로 간주하는가?
10. 그림 1.5에서 가장 극심한 온난화는 어디에서 발생하는가?
11. 미국, 인도 및 중국의 HDI 범위는 무엇인가(그림 1.11 참조)?
12. 빈곤과 환경의 질 사이에는 어떤 관련이 있을까?
13. 지속가능성과 지속가능한 개발을 정의하시오.

비판적 사고와 토론 *CRITICAL THINKING AND DISCUSSION*

다른 학생들과 이러한 문제를 토의하기 위하여 이 장에서 학습한 원칙을 적용하시오.

1. 출산율의 변화는 종종 소녀와 여성을 위한 더 나은 교육의 관점에서 설명된다. 이 관련성에 대한 몇 가지 이유는 무엇인가?
2. 과학의 분석적 접근은 많은 질문에 대답하기에 적합하다. 과학이 대답할 수 없는 몇 가지 질문이 있을까? 그 이유는 무엇인가?
3. 어획량의 허용 가능한 크기나 토지 관리의 환경 및 경제적 우선순위의 균형과 같은 논란의 여지가 있는 주제에서 종종 의견이 다양하다. 익숙한 논란의 여지가 있는 주제를 생각해보라. 문제를 평가할 때 객관성과 공정성을 유지하기 위해 어떤 조치를 취할 수 있을까?
4. 환경운동가들은 종종 사회 정의와 환경 정의의 문제에 초점을 맞춘다. 대기 질 또는 수질과 같은 문제를 고려하라. 왜 다른 그룹에 불평등하게 영향을 미칠까?
5. 부국과 빈국의 환경 영향을 연구하고자한다고 가정한다. 어떤 요소를 검토하고 어떻게 비교하는가?

데이터 분석 그래프 작업 *DATA ANALYSIS working with graphs*

환경과학의 추세를 이해하고 가치를 비교하려면 수많은 숫자를 검토해야한다. 대부분의 사람들은 표에서 대량의 데이터를 빠르게 평가하기가 어렵다는 것을 알게 된다. 일련의 데이터를 그래프로 표시하면 경향, 추세 및 관계를 보다 쉽게 볼 수 있다. 예를 들면 산포도는 두 변수 간의 관계를 나타내고, 막대그래프는 한 세트의 값 범위를 나타낸다(그림 1 및 2). 그래프를 읽는 것은 연습이 필요하지만, 이 강의와 다른 강의에 도움이 되는 필수적인 기술이다. 이 책에는 몇 가지 일반적인 유형의 그래프가 있다.

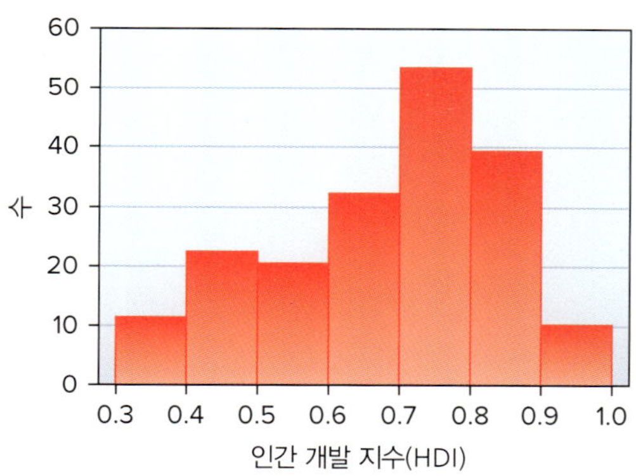

◀그림 1 막대그래프(histogram)는 분포를 보여준다.

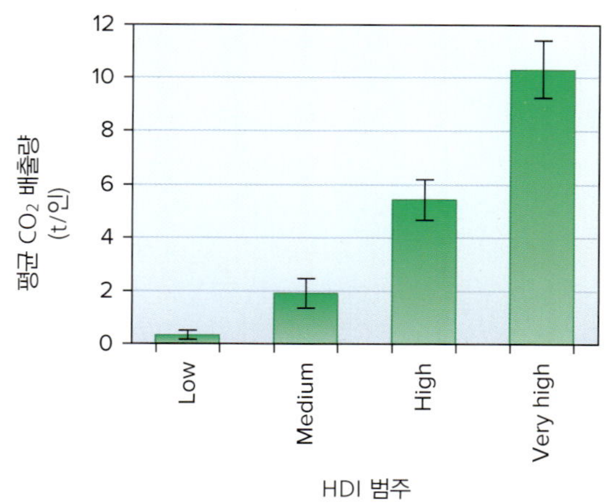

◀그림 3 표준 오차 막대(standard error bar)는 집단이 유의성 있게 다른지 여부를 보여준다.

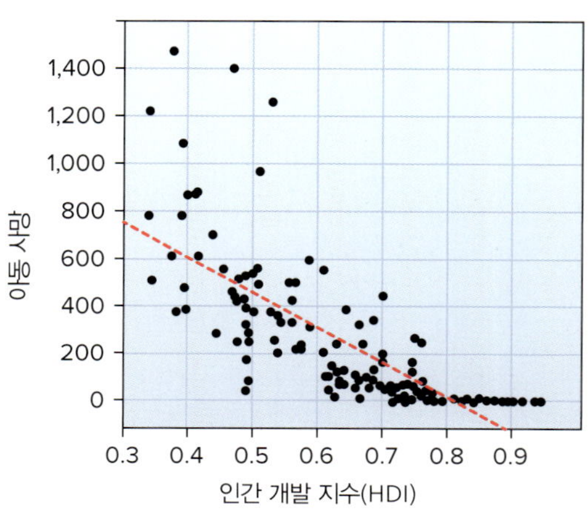

◀그림 2 산포도(scatter plot)는 관계를 보여준다.

CHAPTER

2 환경 시스템: 물질, 에너지, 생명

Environmental Systems: Matter, Energy, and Life

학습 성과 *Learning Outcomes*

이 장을 학습한 후에 여러분은 다음 질문에 대답할 수 있어야 한다:

- ▶ 시스템은 무엇이고, 되먹임 루프(feedback loop)는 어떻게 시스템에 영향을 미치는가?
- ▶ 열역학(thermodynamics)의 제1법칙과 제2법칙에 대하여 설명하시오.
- ▶ 생태학자들은 사물을 "멀리" 던져버릴 수 없으며, 우주의 모든 사물은 느려지고 떨어져 나가는 경향이 있다고 한다. 그것은 무엇을 의미하는가?
- ▶ 광합성(photosynthesis)과 호흡(respiration) 과정에 대하여 설명하시오.
- ▶ 물의 어떠한 성질이 그렇게 독특하고 우리가 알고 있는 생명에 필수적인가?
- ▶ 크고 사나운 동물은 왜 희귀한가?
- ▶ 탄소, 질소, 인, 황 같은 원소는 어떻게 왜 생태계를 통하여 순환하는가?

낮은 산소 수준이 해양생물을 사멸시키거나 멀리 떠나게 해서, 최근 몇 년간 루이지애나 주 연안의 어부들은 빈 그물로 집에 돌아온다.

© Benjamin Jasiek/123RF

사례 연구 Cace Study

비료에 의한 죽음: 멕시코 만의 저산소 현상

1980년대에 어부들은 매년 초여름 미시시피 강 하구 부근 멕시코 만에서 수서생물이 거의 없는 넓은 지역을 관찰하기 시작했다(그림 2.1). 이 지역에서는 매년 $2억5천만에서 $4억5천만에 달하는 새우, 어류, 굴 어획고를 올리기 때문에, 이 "죽음의 지역(dead zone)"은 생태적인 재앙일 뿐 아니라 경제적인 재앙이다. 해양 생물학자들은 멕시코 만 생태계는 산소결핍으로 인하여 붕괴되고 있다고 의심했다.

이 문제를 평가하기 위하여 해양과학자인 라블레(Nancy Rabelais)는 1985년 루이지애나 주 해안을 따라 저산소 농도 지역 지도를 작성하기 시작했다. 라블레는 그 이후 매년 여름 2 ppm 미만의 낮은 산소 농도의 광활한 지역을 발견했다. 2 ppm에서는 미생물과 원시적인 벌레를 제외한 거의 모든 수서생명체가 제거된다. 2017년에 멕시코 만의 저산소(산소결핍) 지역은 뉴저지 주 면적에 해당하는 22,730 km^2에 달하는 사상 최대 규모를 보였다.

무엇이 이렇게 거대한 죽음의 지역을 만들었을까? 골프장 연못과 도시 공원에서 볼 수 있는 익숙한 부영양화(eutrophication) 과정이 원인이다. 부영양화는 영양염류가 풍부한 상태를 말하며, 조류와 식물플랑크톤의 폭발적 성장을 초래한다. 보통 핵심 영양분이 식물과 조류의 성장을 제한하지만, 영양분이 유입되면 폭발적인 성장이 가능하다. 과잉의 식물은 사멸하고 부패하며, 특히 사체가 침강하여 수집되는 해저 부근에서 분해자가 거의 대부분의 가용한 산소를 소비한다.

라블레와 조사팀은 매년 미시시피 강 배수구역 상류의 농경지에서 다량의 봄비가 내린 7일에서 10일 뒤에 부영양화의 발생을 관찰하였으며, 멕시코 만의 산소 농도는 5 ppm에서 2 ppm 미만으로 감소했다. 봄비가 농경지로부터 영양염이 풍부한 토양, 유기 쇄설물, 비료를 씻어 내리는 것으로 알려졌다. 멕시코 만으로 농업 배출수가 유입되면 조류와 식물플랑크톤의 과다한 성장이 뒤따르고, 이는 해저로 이동한다. 정상적으로는 새우, 조개, 굴, 기타 여과 섭식자가 이 쇄설물을 소비하지만, 이러한 급격한 물질의 홍수를 그들이 따라잡지 못한다. 대신에 퇴적물 내의 분해 세균이 증식하여 사체를 소비하며, 이 과정에서 용존산소의 대부분을 사용한다. 부패하는 퇴적물은 또한 황화수소를 생산하며, 이는 해저 부근의 물에 독성을 부여한다.

외양과 같은 잘 혼합되는 수체에서는 표층의 산소가 저층까지 혼합된다. 그러나 멕시코 만과 같이 따뜻하고 보호된 수체는 종종 성층화된다. 풍부한 태양광이 상층을 따뜻하게 유지하여 하층보다 밀도가 낮게 하며, 하층에 차갑고 밀도가 높은 층이 안정되게 남아있어, 표층의 신선한 산소가 하부로 혼합되지 못한다. 어류는 저산소 지역으로부터 헤엄쳐 도망갈 수 있지만, 저서생물은 종종 단순히 사망한다. 폐쇄된 수역에서는 저산소 현상과 광범위한 어류의 폐사가 관련이 있다.

1970년대에 최초로 관찰된 죽음의 지역은 이제 거의 모든 주요 인구밀집 지역의 해안을 따라서 발생한다. 그 숫자는 거의 매년 증가하여 이제는 400여 곳이 알려져 있다. 죽음의 지역은 체사피크 만, 롱아일랜드 사운드, 지중해, 흑해 및 중국의 보하이 만과 같이 성층화되고 영양염의 유입에 취약한 폐쇄된 연안 수역에서 주로 발생한다. 그러나 개방된 해안선에서도 관찰되었다.

죽음의 지역은 회복될 수 있을까? 예. 질소의 유입이 중단되면 시

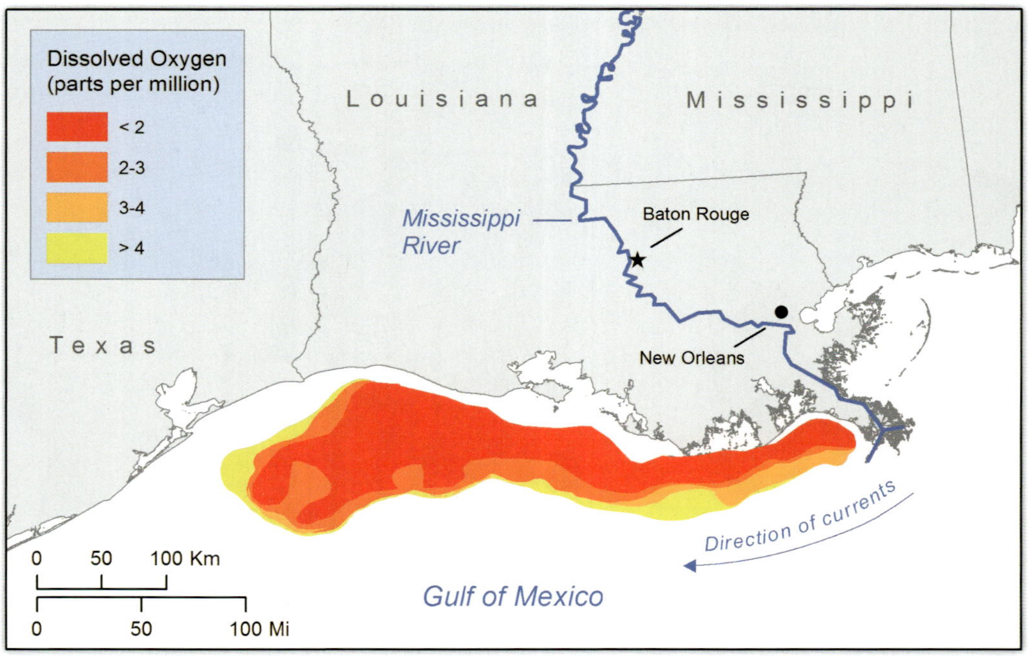

▲ **그림 2.1** 미시시피 강에서 기원하는 영양염의 결과로 뉴저지 주 크기의 저산소성 "죽음의 지역(dead zone)"이 멕시코 만에서 형성된다.

출처: ©N. Rabalais, LSU/LUMCON, http://www.noaa.gov/media-release/gulf-of-mexico-dead-zone-is-largest-ever-measured

사례 연구 Cace Study (계속)

스템은 정상으로 복구될 수 있다. 1996년 흑해 지역에서 붕괴하는 공산주의 경제의 농부들은 비료 보조금이 없어지면서, 질소 비료의 사용이 절반으로 감소하게 되었다. 흑해의 죽음의 지역은 사라졌지만, 곡물 생산량은 거의 감소하지 않았다. 그러나 미시시피 강 배수지역에서 상류의 농부는 멕시코 만과 수산업으로부터 매우 멀리 떨어져 있다. 미국 중서부의 정책결정자들은 루이지애나 주의 수산업에서 어떤 일이 발생하는지에 대하여 관심이 거의 없다.

1950년대 이래 미국 연안수에 도달하는 질소의 흐름은 80배 증가했다. 다른 주요한 영양염인 인은 세배 증가했다. 상류 영양염을 통제하기 위한 수 십 년간의 노력에도 불구하고, 상류의 집약적 농업이 계속되면서 죽음의 지역은 계속해서 증가했다.

영양염과 에너지의 이동은 생태계가 기능하는 방식과 생물군집이 번창하거나 붕괴하는 방식을 결정한다. 이러한 주제는 우리가 환경과학을 공부하는 나머지 대부분의 단계를 설정한다. 이 장에서 우리는 생물계의 핵심요소인 물질과 에너지의 용어와, 그들이 생태계와 군집에 어떻게 기여하는지 검토한다. ■

2.1 시스템은 상호작용을 설명한다

- *물질과 에너지는 생태계를 통하여 이동한다.*
- *처리량(Throughput)은 시스템에 드나드는 물질이나 에너지의 양이다.*
- *양성 되먹임은 과정을 증강하고, 음성 되먹임은 과정을 감소시킨다.*

멕시코 만에서 영양염을 관리하는 것은 안정된 시스템을 회복하는 노력이며, 안정된 시스템은 입력량과 출력량이 동일하고 식물, 동물, 미생물의 균형이 잡힌 개체군이다. 이러한 균형은 전반적인 안정성을 유지하며 극적인 변화나 붕괴를 방지한다. 일반적으로 시스템은 물질과 에너지가 시스템의 한 요소에서 다른 요소로 흘러들어가는 상호의존적인 요소와 과정의 네트워크이다. 생태계라는 용어는 아마도 여러분에게 익숙할 것이다. 이 단순한 단어는 물질과 에너지가 통과하여 이동하는 동물, 식물, 환경의 복잡한 조합을 나타낸다. 어떤 의미에서 여러분은 에너지와 물질이 이동할 뿐 아니라, 수십조의 세포와 체내와 신체표면에 살고 있는 수 천 종으로 구성된 시스템이다.

시스템의 개념은 우리 주변의 상상하기 어렵게 복잡한 현상에 대한 우리의 사고를 조직화하는 것을 도와주기 때문에 유용하다. 예를 들면 생태계는 헤아릴 수 없는 동물, 식물 및 물리적 환경으로 구성된다. 생태계 내의 모든 요소와 관계를 추적하는 것은 불가능한 임무이다. 그러나 뒤로 물러서서 그들의 역할(식물, 초식동물, 육식동물 및 분해자)과 그들 사이의 관점에서 생각하면 시스템이 어떻게 작용하는지를 이해할 수 있다(그림 2.2).

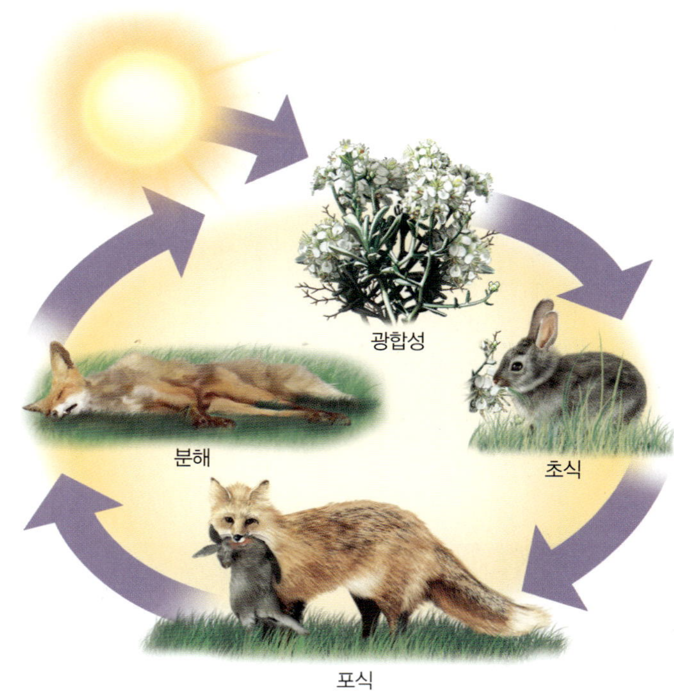

▲ **그림 2.2** 시스템은 매우 단순한 용어로 묘사될 수 있다.

시스템의 요소를 설명하기 위하여 몇몇 일반적인 용어를 사용할 수 있다. 단순한 시스템은 에너지와 물질과 같은 자원을 저장하는 구획(compartment; 상태변수로도 불림), 이러한 자원이 한 구획에서 다른 구획으로 이동하는 흐름 또는 경로(pathway)로 구성된다. 그림 2.2에서 식물과 동물은 생명의 순환에서 요소를 나타낸다. 흐름은 광합성, 초식, 포식 및 분해의 용어로 기술할 수 있다. 식물은 탄소, 물, 태양광에서 탄수화물을 생성하기 위하여 광합성을 이용한다. 토끼는 자신의 생명 기능을 위하여 식물을 소비하고 식물에 저장된 에너지와 화학물질을 이용하는 초식동물이다. 차례로 여우는 다른 동물을 먹는 육식동물이며, 분해자는 앞의 모든 구획에서 발생하는 폐기물을 재순환한다.

토끼나 꽃을 상태변수로 묘사하는 것은 냉정하고 분석적으로 보일지 모르지만, 이렇게 하는 것도 유용하다. 꽃이나 토끼에 포함된 에너지와 물질은 실제로 동일하며, 하나의 생물에서 다른 생물로 이동할 때 단지 물리적 위치(또는 상태)만 변화한다.

생태 시스템의 특징을 이해하면 이러한 시스템에서의 교란이나 변화를 진단하는데 도움이 될 수 있다. 예를 들어, 토끼가 너무 많아지면 초식작용이 빨라서 식물이 유지되지 않을 수 있다. 이는 시스템의 붕괴를 초래할 수 있다. 유사하게 멕시코 만에서 질소와 인의 과잉은 조류의 지나친 성장을 초래했으며, 이는 수층의 산소 수준 감소를 초래하며 어류와 기타 수서생물을 사멸시킨다. 시스템에서 찾을 수 있는 일부 공통적인 특징을 검토해보겠다.

계(system)는 특성에 의하여 설명될 수 있다

개방계(open system)는 주변 환경에서 입력을 받고 계를 떠나는 출력을 생산하는 시스템이다. 멕시코 만은 개방계이다. 담수, 영양염, 일부 생물이 강으로부터 멕시코 만으로 흘러들어가며, 에너지는 태양으로부터 온다. 일반적으로 모든 자연계는 어느 정도 개방되어 있다.

이론적으로 **폐쇄계**(closed system)은 주변 환경과 에너지나 물질을 교환하지 않지만, 폐쇄계는 드물다. 일부 생물군집은 폐쇄계처럼 보일 수 있다. 예를 들면, 몇몇 식물, 어류, 분해자나 쇄설물 섭식자로 구성된 세심하게 균형 잡힌 수족관은 외부 물질의 입력이 전혀 없어도 장기간 존재할 수 있지만, 식물은 생존하기 위하여 빛을 요구하고, 과잉의 열은 주변 환경으로 분산되어야 한다. 따라서 수족관은 물질흐름에 대해서는 폐쇄계이지만, 에너지 관점에서는 개방계이다.

처리량(throughput)은 시스템 내부로 유입되어 시스템을 통과하여 외부로 유출되는 에너지와 물질의 흐름이다. 안정된 시스템에서 유입되는 물질과 에너지의 양은 유출되는 양과 동일하다. 시스템으로 100 kg의 질소가 유입되면, 궁극적으로 100 kg이 유출되어야만 한다.

처리량은 많은 시스템에서 유용한 아이디어다. 예로 집에서의 처리량을 비교해보라. 단열되지 않은 주택은 겨울철에 난로가 실내 온도를 일정하게 유지하기 위하여 고군분투할 때 수백만 칼로리의 열을 소비하고 방출한다. 효율적으로 단열된 주택은 이 열의 작은 부분만을 소비(손실)한다. 가정은 물질적 재화, 물, 음식 및 기타 자원의 처리량에서도 다르다.

이상적으로 시스템은 시간에 따라 안정되는 경향이 있다. 멕시코 만의 질소 유입량이 유출량과 같다면, 식물플랑크톤, 조류, 기타 생물의 양은 비교적 일정하게 유지되어야 한다. 시스템이 안정적인 균형을 이룰 때 우리는 이를 **평형**(equilibrium)이라고 한다. 그러나 시스템은 때로 갑작스럽게 변화할 수 있다. 어떠한 한계를 초과하면 급격한 변화가 갑자기 발생하는 **역치**(threshold) 또는 티핑 포인트(tipping point)가 종종 있다. 멕시코 만의 산소 수준은 생물이 생존할 수 없는 수준에 도달할 때까지 현저한 영향을 보이지 않고 점진적으로 감소할 수 있다. 그러다 갑자기 부패하는 유기물이 독소를 방출하고 산소를 더 많이 소모하여, 전체 시스템이 회복하기 어려운 하향 소용돌이에 빠지도록 한다.

되먹임 루프는 시스템을 안정시키도록 도와준다

시스템은 순환적으로 작동하며, 이는 각각의 요소가 궁극적으로 자신의 크기나 속도에 영향을 미치도록 되돌아서 영향을 미친다. **양의 되먹임 루프**(positive feedback loop)는 과정 또는 구성요소를 증가시키는 반면, **음의 되먹임 루프**(negative feedback loop)는 이를 감소시킨다. 마이크가 스피커에서 나오는 소리를 잡는 음향 시스템을 생각해보라. 마이크는 소리를 증폭하여 다시 스피커로 보내며, 소리는 스피커가 파열되거나 어떤 사람이 전원을 끌 때까지 점점 커진다(양의 되먹임). 여러분의 신체는 성장과 발달부터 내부 온도까지 모든 것을 조절하는 되먹임 루프를 가지고 있다. 운동을 하여 더워지면 땀을 흘리며, 증발되면 피부를 식혀서(음의 되먹임) 안정된 온도를 유지한다. 추울 때는 떨게 되며, 이러한 활동은 체온이 정상으로 돌아오도록 한다.

양과 음의 되먹임은 생태계의 기본적인 부분이다. 그림 2.2의 단순한 시스템을 고려하라. 한 쌍의 토끼가 새끼 토끼 몇 마

Benchmark Data 벤치마크 데이터

이 장의 아이디어와 숫자 중에서 다음은 기억할 가치가 있는 몇 가지 사항이다.

2 ppm	대부분 수서생물에 대한 최소 용존산소
1:10	연속적인 pH 값에서 수소 이온(H^+)의 비율
1:10	경험의 법칙: 연속적인 영양단계에서 보유되는 에너지
1,372 W/m^2	대기권 상부의 태양에너지, 거의 모든 생태계와 생지화학적 순환의 에너지
80 Tg	연간 자연적 과정에 의한 질소(N) 고정량
140 Tg	연간 농업과 산업에 의해 방출되는 질소(N)의 양
7 GT	토지개간과 화석연료 연소에 의해 방출되는 탄소(C)의 양

리를 생산하고, 번식으로 더욱 더 많은 수의 토끼가 생산된다(양의 되먹임). 식량공급에 제한이 없다면 토끼 개체군은 무한히 증가할 것이다(그림 2.3). 그러나 만약 증가하는 토끼 개체군의 식량 공급을 고갈시키면, 굶주림은 개체군 증가를 늦추거나 역전시킬 것이다(음의 되먹임). 토끼가 감소하면 식물은 회복되고 순환이 다시 시작된다.

다중의 루프가 생태계 내에서 상호작용한다. 토끼의 수가 증가하면 그림 2.2의 여우는 먹이가 많아지고 건강한 새끼 여우를 더 많이 키울 것이다. 여우 개체군의 증가는 토끼의 수를 감소시키고, 이는 차례로 식물이 증가하도록 한다. 일반적으로 식물, 토끼, 여우의 수는 시간을 통해 안정적으로 유지되는 평균 주위에서 진동 또는 변화할 것이다. 종종 우리는 안정된 평균 주위에서의 변동을 "동적 평형(dynamic equilibrium)"이라고 부른다. 이는 숫자가 변하기 때문에 엄밀한 의미에서 평형은 아니지만, 전반적인 경향은 비교적 안정적이다.

현재 붕괴되고 있는 중요한 지구적 되먹임 시스템의 하나는 북극 해빙이다. 9장에서 볼 수 있듯이 지난 200년 동안에 우리는 대기에서 열을 포집하는 온실기체 양을 크게 증가시켰으며, 그 결과 초래된 온난화는 북극해의 빙하 상당부분을 녹이고 있다. 보통 북극해의 빙하는 태양광의 대부분을 우주로 반사하지만, 빙하가 없는 바다는 흡수되는 태양광에 의해 가열된다. 따라서 빙하가 녹으면 더 따뜻하게 되며, 이는 더 많은 해빙을 초래하는 지구 전체의 온도에 영향을 미치는 양성 되먹임 루프이다.

화재, 홍수, 기후변화, 새로운 종의 침입, 또는 파괴적인 인간의 활동과 같은 교란 사건 또한 정상적인 되먹임 루프를 방해한다. 종종 시스템은 회복력이 있어서 교란 이후에 이전의 상태로 돌아간다. 때로는 교란이 시스템을 새로운 상태로 변화시키며, 따라서 조건이 영구적으로 변경된다.

창발적 특징은 시스템의 또 다른 흥미로운 측면으로, 이는 전체 시스템의 특징이 부분의 합보다 크다는 것이다. 열대지역의 전체 해안선을 따라 자라는 홍수림(맹그로브 숲; mangrove forest)을 고려하라(그림 2.4). 홍수림의 경제적 가치는 그다지 크지 않기 때문에, 홍수림이 늘어선 수천 km의 해안이 새우양식장이나 해변 리조트 공간을 위하여 벌채되었다. 그러나 홍수림은 헤아릴 수 없는 간접적인 경제적 가치를 제공한다. 지주뿌리는 퇴적물을 포집하고 갯벌을 안정화시키며, 물의 투명도를 개선하고 외해의 산호초를 진흙으로부터 보호한다.

홍수림은 또한 작은 어류와 다른 해양생물 종을 보호한다. 많은 상업적 해양 어류와 새우 종은 홍수림 뿌리에 숨어서 유생단계를 보낸다. 그리고 홍수림은 파괴적인 폭풍과 해일로부터 해안선을 보호한다. 전체적으로 이러한 서비스는 새우양식장의 수백 배 가치가 있지만, 그들은 시스템의 많은 부분이 함께 작동하는 경우에만 존재할 수 있다.

▲ **그림 2.3** 되먹임 루프(양과 음 모두)는 생태계의 과정을 조절하고 안정화시키는데 도움이 된다.

▲ **그림 2.4** 많은 복잡한 생태계와 마찬가지로 홍수림은 나무의 단순한 집합을 넘어서 창발적인 특징을 가진다. 홍수림은 해안선의 안정화, 서식처의 제공, 조석파와 폭풍으로부터 토양을 보호하는 것과 같은 귀중한 많은 생태계 서비스를 제공한다.
출처: ©William P. Cunningham

2.2 생명의 원소

- *물질은 재순환되지만 사라지지는 않다.*
- *O, C, H, N의 원소는 대부분의 생명체 질량을 차지한다.*
- *물은 생명이 가능하도록 하는 독특한 성질을 가지고 있다.*

멕시코 만과 같은 시스템을 통하여 흐르는 물질은 정확히 무엇인가? 산소(O_2) 수준과 함께 질산염(NO_3)과 인산염(PO_4)과 같은 영양분의 통제가 주된 관심이라면, 이러한 원소들은 정확히 무엇이며 왜 중요한가? 산소(O_2) 또는 질산염(NO_3)은 무엇을 의미하는가? 이 절에서 우리는 모든 생명이 의존하는 물질, 원소, 화합물에 대하여 검토한다. 뒤에 오는 절에서는 생물이 태양에너지를 포획하여 저장하기 위하여 그러한 원소와 화합물을 어떻게 이용하고, 생태계와 함께 지구 시스템을 통하여 물질이 어떻게 순환하는지를 고려할 것이다.

이러한 화합물이 어떻게 형성되고 이동하는지를 이해하기 위하여, 우리는 물질과 에너지의 기본적인 성질에 대해서부터 알아볼 필요가 있다.

물질은 재순환되지만 파괴되지는 않는다

공간을 차지하고 질량을 가진 모든 것은 **물질**(matter)이다. 물질은 구성 입자의 배열의 차이에 따라 고체, 액체, 기체의 세 가지 독특한 상태로 존재한다. 예를 들면 물은 얼음(고체), 액체 물, 또는 수증기(기체) 상태로 존재할 수 있다.

물질은 물질 보전의 원칙에 따라 행동한다. 일반적인 조건에서 물질은 생성되거나 파괴되지 않고 계속하여 순환된다. 물질은 변형되거나 재조합될 수 있지만, 사라지지 않고, 모든 것은 어디론가 간다. 여러분의 신체를 구성하는 분자의 일부는 아마도 화학원소가 생명체에 의하여 사용되고 재사용되기 때문에, 공룡 신체의 일부분이었을 수 있고 더 확실하게는 많은 작은 원시 생물의 부분이었던 원자를 포함하고 있을 것이다.

이 원칙이 생물권과의 인간관계에 어떻게 적용될까? 부유한 사회에서 인간은 엄청난 양의 쓰고 버리는 일회용(disposable) 소비재를 생산하기 위하여 천연자원을 사용한다. 모든 것이 어디론가 간다면 우리가 버린 물건은 쓰레기차가 떠난 다음에 어디로 갈까? 쓰고 버리는 물건의 순수한 양이 증가하면서 버릴 장소를 찾는데 더 큰 문제를 겪고 있다. 궁극적으로 우리가 더 이상 원하지 않는 물건을 버릴 "먼 장소"가 없다.

원소는 예측 가능한 특징을 가진다

물질은 통상적인 화학반응에 의하여 더 이상 단순한 형태로 쪼개질 수 없는 인(P) 또는 질소(N)와 같은 **원소**(element)로 구성된다. 인정된 118가지 원소(자연적인 92가지, 특정한 조건 하에서 생성된 26가지)는 각각 독특한 화학적 성질을 가진다.

단지 4가지 원소(산소, 탄소, 수소 및 질소; O, C, H, N)는 대부분 생명체 질량의 96% 이상을 차지한다. 물은 2개의 수소 원자와 1개의 산소 원자로 구성된다(H_2O로 표기). 모든 원소는 원소의 주기율표(Periodic Table of the Elements)에 열거되어 있으며, 이 교재 뒤에 접혀져 있다. 그러나 종종 몇 가지에만 관심을 가지면 충분하다(표 2.1).

원자(atom)는 원소의 특징을 보여주는 가장 작은 입자이다. 여러분이 고체 물체를 볼 때, 모든 물질이 공간에 의해 분리되고 에너지에 의하여 결합되어 있는 작은 움직이는 입자에 의하여 구성되었다고 상상하는 것은 매우 어렵다. 원자는 양으로 전하된 양성자(proton)와 전기적으로 중성인 중성자(neutron)로 만들어진 핵(nucleus), 그리고 그 주위를 일정하게 되는 음으로 전하된 전자(electron)로 구성되어 있다(그림 2.5). 다른 입자에 비하여 작은 전자는 빛의 속도로 핵 궤도를 선회한다.

각 원소는 **원자번호**(atomic number)라고 하는 원자 당 양성자의 수에 따라 주기율표에 나열된다. 원소의 원자 내 중성자 수는 약간 다양할 수 있다. 핵의 양성자와 중성자의 합인 원자량도 따라서 변화할 수 있다. 예를 들면 가장 가벼운 원소인 수소는 정상적으로 핵에 중성자가 없고 단 하나의 양성자만 가지고 있다. 소량의 수소원자는 하나씩의 양성자와 중성자를 가지고 있다. 이 동위원소는 중수소(deuterium, ^2H)라고 부른다. 더 작은 비율의 자연 수소는 양성자 하나에 중성자가 둘인 삼중수소(tritium, ^3H) 동위원소로 발생한다. 무거운 형태의 질소

표 2.1 일부 보편적인 원소의 기능

기능	원소	설명
비료	N (질소) P (인) K (칼륨)	단백질, 세포, 기타 생물학적 화합물의 필수 성분; 식물의 중요한 비료임
유기화합물	C (탄소) O (산소) H (수소)	많은 다른 원소와 함께 생명체의 세포와 기타 구성물질의 기본구조를 형성함
금속	Fe (철) Al (알루미늄) Au (금)	일반적으로 펼 수 있음(전성); 대부분(모두는 아님) 다른 원소와 쉽게 반응함
독성 원소	Pb (납) Hg (수은) As (비소)	많은 독성 원소는 신경계의 과정을 방해할 수 있는 금속임

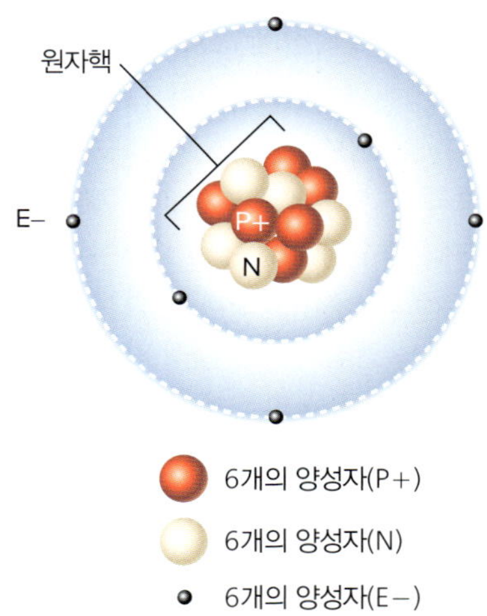

▲ **그림 2.5** 이 모델은 외곽을 회전하는 6개의 전자와 함께 핵에 6개의 양성자와 6개의 중성자를 포함하는 탄소(^{12}C) 원자를 나타낸다. 많은 물리학자들은 전자를 개별 입자보다는 파동 에너지의 흐릿한(fuzzy) 구름으로 나타내야 한다고 말한다.

(^{15}N)는 일반적인 ^{14}N에 비하여 핵에 중성자를 하나 더 가지고 있다. 이 두 가지 질소 동위원소는 안정적이지만, 일부 동위원소는 불안정하여 자발적으로 전자기 에너지나 아원자입자 또는 둘 다 방출할 수 있다. 방사성 폐기물과 원자력 에너지는 우라늄과 플루토늄 같은 원소의 불안정한 동위원소로부터 발생한다.

우리는 왜 동위원소에 대하여 알아야할까? 이렇게 생각하지 않는 경우가 종종 있지만 안정하고 불안정한 유형은 매일 뉴스에 나온다. 불안정한 방사성 동위원소는 원자력발전소의 방사성폐기물과 핵폭탄으로부터 환경에 배출되었다. 여러분이 현재 전등을 켜기 위한 에너지를 생산하고 있는 원자력발전소의 논란에 대하여 듣거나, 또는 국제정치의 핵무기에 대한 토론을 들을 때마다, 핵심주제는 방사성동위원소이다. 방출되는 입자가 살아있는 세포를 손상하기 때문에, 방사성동위원소가 왜 위험한지를 이해하는 것은 이러한 정책 문제에 대한 여러분의 의견을 형성하는데 중요하다.

중성자를 상실하여 질량이 변하지 않는 안정동위원소는 기후의 역사와 다른 많은 환경 과정을 이해하도록 돕기 때문에 중요하다. 이는 가벼운 동위원소는 무거운 동위원소와 다르게 이동하기 때문이다. 예를 들면 산소 동위원소는 ^{16}O(가벼운 동위원소)과 ^{18}O(무거운 동위원소)로 발생한다. 일부 물 분자(H_2O)는 가벼운 산소 동위원소를 포함한다. 이 가벼운 분자는 특히 추운 날씨에 무거운 물 분자에 비하여 약간 쉽게 증발하고 이어서 비나 눈으로 내린다. 결과적으로 지구 역사의 한랭한 시기의 빙하에 저장된 얼음은 가벼운 동위원소인 ^{16}O을 상대적으로 더 많은 비율 포함할 것이다. 온난한 시기의 얼음은 ^{18}O의 비율이 상대적으로 많이 포함된다. 기후과학자들은 고대 빙하 층의 동위원소 비율을 측정하여 수십만 년 전의 온도를 유추할 수 있다(9장 참조).

따라서 원자, 원소 및 동위원소는 약간 불가사의하게 느껴질 수 있지만, 실제로는 여러분이 거의 매일 뉴스에서 읽을 수 있는 모든 문제인 기후변화, 핵무기, 에너지 정책을 이해하는데 기본적이다.

전하는 원자를 함께 유지한다

원자는 빈번하게 전자를 얻거나 잃어 음전하나 양전하를 띤다. 전하를 띤 원자(또는 원자의 조합)를 이온(ion)이라고 부른다. 음으로 하전된 이온(하나 이상의 추가 전자가 있는)은 음이온(anion)이다. 양으로 하전된 이온은 양이온(cation)이다. 예를 들어 나트륨(Na) 원자는 전자를 잃고 나트륨 이온(Na^+)이 된다. 염소(Cl)는 쉽게 전자를 얻어서 염소 이온(Cl^-)을 형성한다.

원자는 종종 결합하여 다른 종류의 원자로 구성된 **화합물**(compound) 또는 물질을 형성한다(그림 2.6). 단일 단위로 존재할 수 있는 원자의 쌍이나 집단을 **분자**(molecule)라고 한다. 분자산소(O_2) 또는 분자질소(N_2)와 같은 일부 원소는 보통 분자로 발견되고, 포도당($C_6H_{12}O_6$)과 같은 일부 화합물은 분자로 존재할 수 있다. 이러한 분자와 대조적으로 염화나트륨(NaCl, 식용 소금)은 원자의 단일 쌍으로는 존재할 수 없는 화합물이다. 대신에 염화나트륨은 Na와 Cl의 거대한 집단이나, 용액에서는 Na^+와 Cl^-의 두 이온으로 나타납니다. 대부분의 분자는 소수의 원자로만 구성된다. 단백질과 같은 분자는 수백만 심지어는 수십억 개의 원자를 포함할 수 있다.

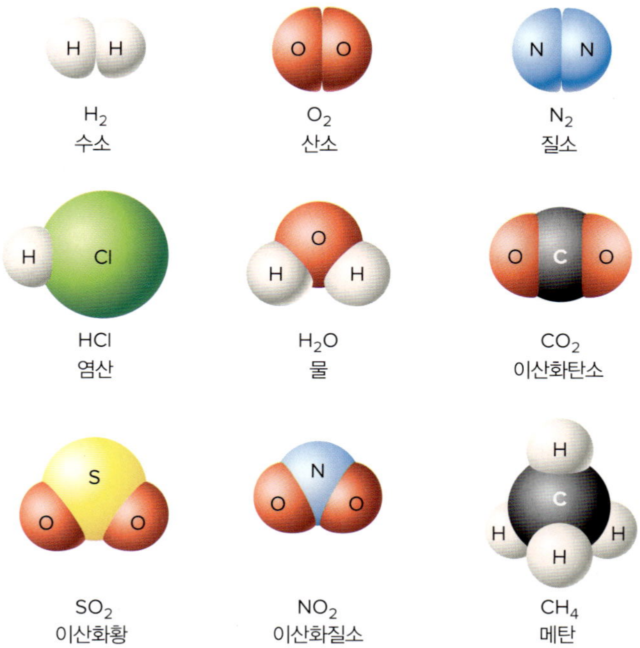

▲ **그림 2.6** 공유결합에 의하여 원자가 결합된 이러한 흔한 분자들은 대기의 중요한 성분이거나 중요한 오염물질이다.

반대 전하를 가진 이온이 화합물을 형성할 때 그들을 묶어두는 전기적 인력은 *이온 결합*(ionic bond)이다. 때로 원자는 전자를 *공유하여*(sharing) 결합을 형성한다. 예를 들면 1개의 수소원자는 1개의 전자를 공유하여 결합되는데, 전자는 2개의 수소 핵을 동일하게 회전하여 원자들을 결합한다. 이러한 전자를 공유하는 결합은 *공유결합*(covalent bond)이라고 한다. 탄소(C)는 4개의 다른 원자와 동시에 공유결합을 형성할 수 있으며, 따라서 탄소는 당이나 단백질과 같은 복잡한 구조를 생성할 수 있다. 공유결합의 원자들은 항상 전자를 균등하게 공유하지는 않다. 환경과학에서 중요한 예는 물(H_2O)의 공유결합이다. 산소원자는 2개의 수소원자에 비하여 공유전자를 더 강하게 끌어당긴다. 결과적으로 분자의 수소 부분은 약간의 양전하를 띠고, 수소는 약한 음전하를 띠게 된다. 이러한 전하는 물 분자 사이에 약한 인력을 형성하며, 따라서 물은 어느 정도 응집력이 있다. 이 사실은 물의 주목할 만한 성질의 일부를 설명해준다.

원자가 하나 이상의 전자를 포기할 때, 우리는 *산화되었다*(oxidized)고 한다(아주 종종 전자를 취하는 것이 산소이기 때문이며, 결합은 이러한 매우 흔하고 반응성이 높은 원소와 형성된다). 원자가 전자를 획득하면, 우리는 그것을 *환원되었다*(oxidized)고 한다. 생명에 필수적인 화학반응은 산화와 환원을 포함한다. 예를 들어, 설탕이나 녹말 분자의 산화는 여러분이 음식에서 에너지를 얻는 방법의 중요한 부분이다.

결합을 파괴하는 데는 에너지가 요구되며, 결합을 형성하는 것은 일반적으로 에너지를 방출한다. 난로에서 나무를 태우는 것은 셀룰로오스와 같은 거대 분자를 파괴하며, 이산화탄소와 물과 같은 많은 작은 분자들을 형성한다. 그 순결과는 에너지(열)의 방출이다. 일반적으로 이러한 반응을 시작하기 위해서는 약간의 에너지 입력(활성화 에너지)이 요구된다. 난로에서는 성냥이 활성화 에너지를 제공한다. 차에서는 스파크 플러그의 불꽃이 휘발유의 산화(연소)를 개시하는 활성화 에너지를 제공한다.

물은 독특한 성질을 가진다

물은 거의 기적적으로 독특하다. 물은 다른 화합물이 가지고 있지 않는 성질을 가지며, 이러한 특성이 우리가 아는 생명을 유지하는데 핵심이다. 이것이 다른 행성이나 태양계를 조사하는 천문학자가 물의 증거를 탐색하는 이유이다. 다음은 물을 그렇게 중요하고 독특하게 만드는 주목할 만한 면의 일부이다.

1. 물 분자는 극성이다. 이는 한쪽에는 약간의 양전하를, 다른 쪽에는 약간의 음전하를 가지고 있다는 것이다. 따라서 물은 당과 영양분을 포함한 극성이나 이온 물질을 쉽게 용해하여, 물질을 세포로 그리고 세포로부터 운반한다.

2. 물은 정상 조건하에 자연에서 생명에 적합한 온도에서 유일하게 무기 액체로 나타난다. 생물은 주위 온도에서 액체로 유지되어 생명에 매우 유용한 기름과 알코올 같은 유기화합물을 합성하지만, 자연에서 지배적인 액체는 물이다.

3. 물 분자는 서로 달라붙는 응집력을 가진다. 물은 어떠한 보편적인 자연 액체보다 가장 높은 표면장력을 가진다. 물은 또한 표면에 부착된다. 그 결과로 물은 모세관작용 영향을 받다. 즉 작은 통로로 유입될 수 있다. 이러한 성질이 없다면 생명체를 통한 물과 영양분의 이동은 불가능할 수 있다.

4. 물은 결정을 이룰 때 팽창한다는 점에서 독특하다. 대부분의 물질은 액체에서 고체로 변화할 때 수축된다. 온도가 영하로 떨어질 때, 호수, 강, 해양의 표층은 심층수에 비하여 빨리 냉각되고 결빙한다. 부유하는 얼음은 아래층을 단열하여 대부분의 장소에서 겨울철 동안에 대부분의 수체를 액체로 유지하며 수서생물이 생존하도록 한다. 이러한 특징이 없다면 겨울철에 많은 수서 시스템은 고체로 결빙할 것이다.

5. 물은 기화열이 높아서 액체에서 기체로 변환하는데 많은 양의 열을 이용한다. 결과적으로 물을 증발시키는 것은 생물이 과잉의 열을 발산하는 효과적인 방법이다. 많은 동물들이 증발 냉각 표면을 축축하게 하기 위해 헐떡거리거나 땀을 배출한다.

6. 물은 또한 비열이 크다. 따라서 온도를 변화시키는데 많은 양의 열을 흡수한다. 물의 온도 변화에 대한 느린 반응은 지구 온도를 온화하게 하여, 겨울에는 환경을 따뜻하게 하고 여름에는 시원하게 유지한다.

이러한 모든 성질은 물을 생명체, 생태계, 기후 시스템에 가장 중요한 요소로 만든다. 물은 물과 에너지를 지구 시스템을 통하여 순환하는 핵심이며, 이는 지구상의 생명을 가능하게 한다.

산과 염기는 반응성 H^+와 OH^-를 방출한다

물에서 수소 이온을 쉽게 내놓는 물질을 **산**(acid)이라고 한다. 예를 들어 염산은 물에서 해리되어 H^+와 Cl^- 이온을 형성한다. 다음 장에서 여러분은 산성비(H^+ 이온이 풍부함), 산성 광산폐수, 그리고 산이 관련된 많은 환경문제에 대하여 읽을 것이다. 일반적으로 산은 H^+ 이온이 살아있는 조직(여러분의 피부나 치어의 조직 등)과 무생물(산성비에 부식되는 건물의 석회석)과 반응하기 때문에 환경피해를 유발한다.

H^+ 이온과 쉽게 결합하는 물질을 **염기**(base) 또는 알칼리 물질이라고 한다. 예를 들면 수산화나트륨(NaOH)은 물에서 H^+ 이온과 결합하는 수산이온(OH^-)을 방출한다. 염기도 반응성이 높기 때문에 심각한 환경문제를 초래한다. 산과 염기는 또한 생명체에 필수적일 수 있다. 예를 들면 여러분의 위에 있는 산은 음식 소화를 도와주며, 토양의 산은 성장하는 식물이 영양분을 이용할 수 있도록 도와준다.

산과 염기는 H^+ 이온 농도의 음의 대수(logarithm) 값인 **pH**로 표시한다(그림 2.7). 산은 pH가 7 이하이고, 염기는 pH가 7 이상이다. pH가 정확히 7인 용액은 "중성(neutral)"이다. pH 척도는 대수이기 때문에 pH 6은 pH 7에 비하여 용액에 수소 이온이 10배 많다.

용액은 수소 이온을 수용하거나 방출하는 완충액을 추가하여 중화시킬 수 있다. 예를 들면 환경에서 알칼리 암석은 산성 강하를 완충하여 산도를 감소시킬 수 있다. 화강암과 같은 산성 기반암을 가진 호수는 완충 용량이 거의 없기 때문에 산성비에 특히 취약한다.

유기화합물은 탄소 골격을 가진다

생물은 어떤 원소는 많이 이용하고, 다른 원소는 미량으로, 어떤 원소는 전혀 사용하지 않는다. 특정한 필수물질은 세포 내에 농축되는 반면 다른 물질은 능동적으로 배제된다. 탄소원자의 사슬과 고리가 생명체가 만들어진 생물분자 물질인 유기화합물의 골격을 형성하기 때문에 탄소는 특히 중요한 원소이다.

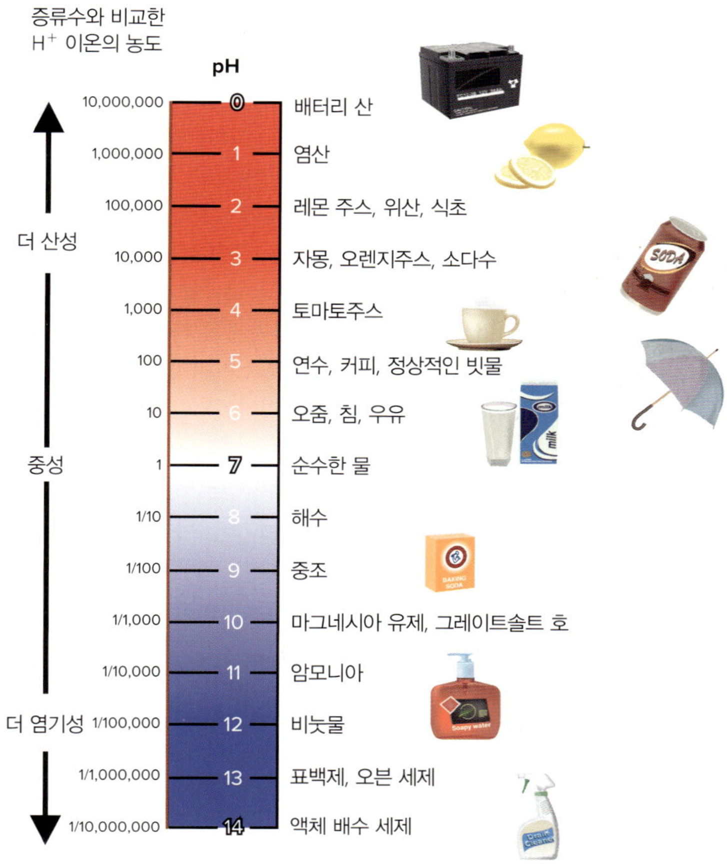

▲ **그림 2.7** pH 척도. 숫자는 물속의 수소이온 농도의 음의 대수 값을 나타낸다. 알칼리(염기) 용액은 7보다 큰 pH 값을 갖는다. 산(pH 7 미만)은 반응성 H^+ 이온의 농도가 높다.

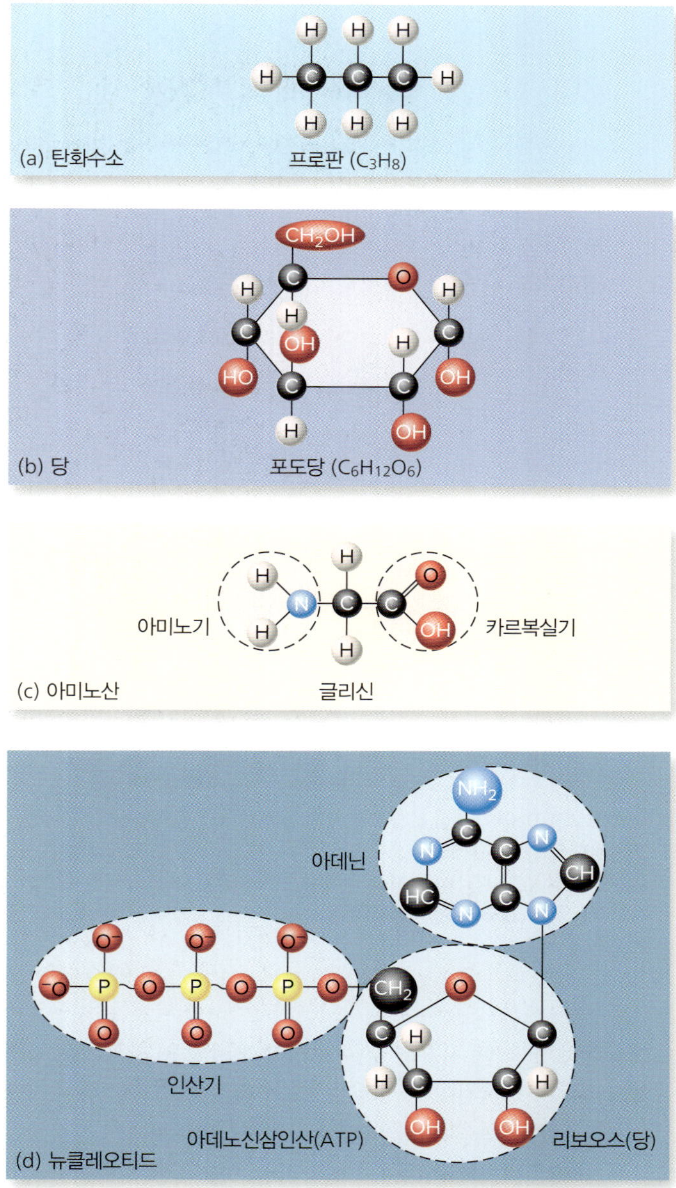

▲ **그림 2.8** 생물학적으로 중요한 유기분자의 4가지 주요 집단은 이러한 탄소 기반 구조의 반복되는 소단위에 기초한다. (a) 부티르산(지질의 구성단위), (b) 단순 탄수화물, (c) 단백질, (d) 뉴클레오티드(핵산의 성분)의 기본 구조를 보여준다.

생명체의 4가지 중요한 범주의 유기화합물(생유기 화합물)은 지질, 탄수화물, 단백질 및 핵산이다. 지질(지방과 기름을 포함)은 세포의 에너지를 저장하며, 세포막의 핵심과 기타 구조를 제공한다. 많은 호르몬도 지질이다. 지질은 물에 쉽게 용해되지 않으며, 지질의 구조는 수소 원자가 부착된 탄소 원자의 사슬이다. 이 구조는 지질을 탄화수소 계열에 포함되도록 한다(그림 2.8a). 탄수화물(당, 녹말, 셀룰로오스 포함)도 에너지를 저장하고 세포의 구조를 제공한다. 지질과 마찬가지로 탄수화물도 탄소원자의 기본 구조를 가지지만, 기본 구조에서 수산(hydroxyl; OH)기가 수소원자의 절반을 대체하며, 보통 단순당의 긴 사슬로 구성된다. 포도당(그림 2.8b)은 매우 단순한 당의 예이다.

단백질은 아미노산이라고 하는 소단위의 사슬로 구성된다(그림 2.8c). 복잡한 3차원 형태로 접혀서 단백질은 세포의 구조를 제공하고 수많은 세포 기능에 이용된다. 지질과 탄수화물로부터 에너지를 방출하는 효소는 단백질이다. 단백질은 또한 질병을 유발하는 미생물의 인식, 근육 운동, 산소를 세포로 운반, 세포 활동의 조절 등을 도와준다.

뉴클레오티드는 오탄당(리보오스 또는 디옥시리보오스), 하나 이상의 인산기, 질소를 포함한 유기염기로 이루어진 복합분자이다(그림 2.8d). 뉴클레오티드는 신호분자(세포, 조직, 기관 사이에 정보를 운반함)와 세포 내의 에너지원으로 매우 중요하다. 뉴클레오티드는 유전정보를 저장하고 발현하는데 필수적인 리보핵산(RNA) 또는 디옥시리보핵산(DNA)라 불리는 기다란 사슬을 형성하기도 한다. DNA에는 단지 4종류의 뉴클레오티드(아데닌, 구아닌, 시토신, 티민)만이 나타나지만, DNA는 아주 특정한 서열로 배열된 수백만의 이러한 분자를 포함한다. 이러한 뉴클레오티드 서열은 세포에 유전정보 또는 지침을

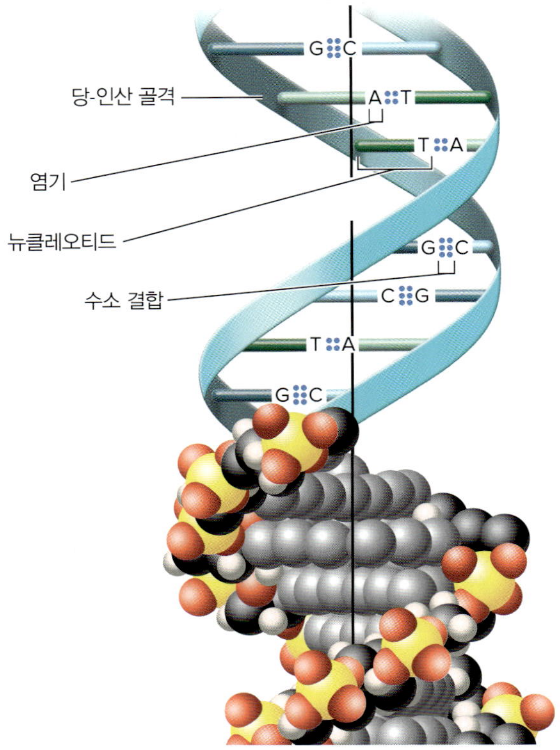

▲ **그림 2.9** DNA의 합성 분자 모형. 아래 부분은 개별 원자를 보여주고, 윗부분은 짝을 이루는 뉴클레오티드(A, T, G, C) 사이의 수소결합(작은 점)에 의하여 결합된 이중나선의 가닥을 단순화시켜 보여준다. 완전한 DNA 분자는 수백만 개의 뉴클레오티드를 포함하며, 많은 특정한 유전되는 형질에 대한 유전정보를 운반한다.

제공한다. 이러한 지침은 생물의 성장과 발달을 지시한다. 뉴클레오티드는 단백질이나, 태양광으로부터 피부를 보호하는 색소인 멜라닌과 같은 화합물의 생성도 지시한다.

DNA의 긴 사슬은 서로 결합하여 이중나선(2가닥의 나선; 그림 2.9)을 형성한다. 이러한 사슬은 세포가 분열할 때 복제되며, 여러분이 성장하면서 DNA는 혈액세포에서 유모세포까지 모든 세포에서 재생산된다. 모든 사람은(심지어 일란성 쌍둥이도) 독특한 DNA 양상을 가지고 있어서 과학수사에서 개인을 식별하는데 유용하게 이용된다. DNA는 조상으로부터 전해져 내려오기 때문에, 과학자들이 진화 경로나 분류상 연계와 같은 상관관계를 정립할 수 있도록 할뿐 아니라, 어느 지역에서 특정한 종의 존재를 밝힐 수 있도록 한다. 더욱이 DNA 편집은 많은 생물학적 분야에서 획기적인 발전을 가능하게 한다(여러분의 생각은? 참고).

세포는 생명의 기본단위이다

모든 생명체는 그 안에서 생명 과정이 수행되는 미세한 구획인 **세포**(cell)로 구성되어 있다(그림 2.10). 세균, 일부 조류, 원생동물과 같은 현미경적 생물은 단세포로 구성되어 있다. 대부분의 고등생물은 다세포이며, 보통 많은 상이한 세포 종류를 가진다. 여러분의 신체를 예로 들면 200여 종류의 독특한 유형의 수십조의 세포로 구성되어 있다. 모든 세포는 외부로부터 정보를 받고 세포와 환경 사이의 물질 흐름을 조절하는 얇지만 역동적인 지질과 단백질로 이루어진 막으로 둘러싸여 있다. 내부에 세포는 생명의 장치를 제공하는 미세한 세포소기관과 아세포 입자로 나뉘어 있다. 이러한 세포소기관의 일부는 에너지를 저장하고 방출한다. 다른 소기관은 정보를 관리하고 분배한다. 또 다른 소기관은 세포에 형태를 제공하고 역할을 수행할 수 있도록 하는 내부 구조를 생성한다.

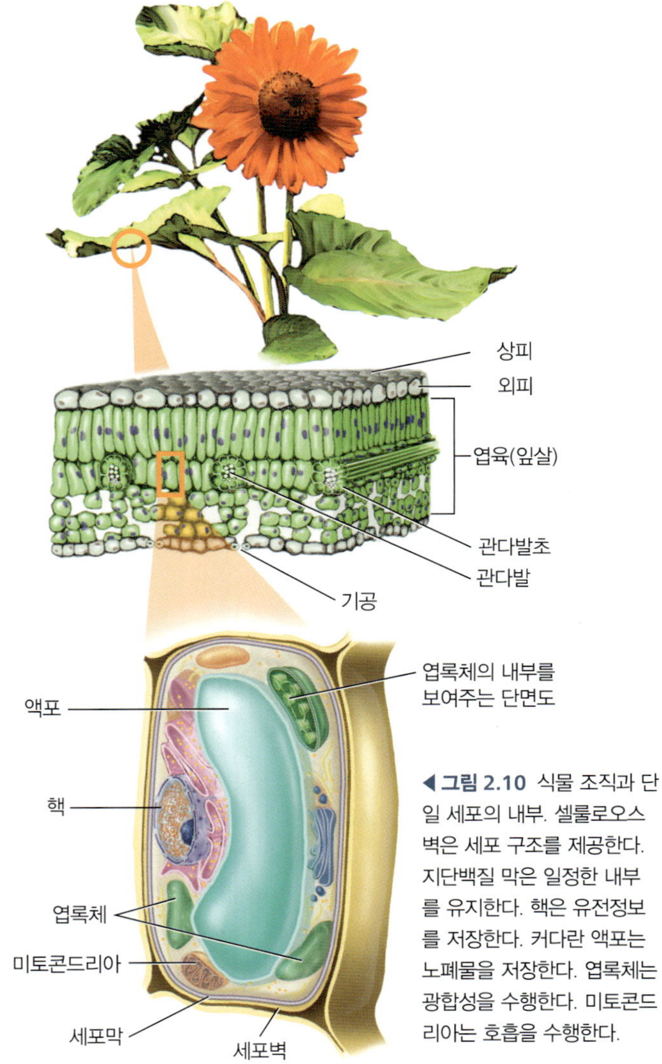

◀ **그림 2.10** 식물 조직과 단일 세포의 내부. 셀룰로오스 벽은 세포 구조를 제공한다. 지단백질 막은 일정한 내부를 유지한다. 핵은 유전정보를 저장한다. 커다란 액포는 노폐물을 저장한다. 엽록체는 광합성을 수행한다. 미토콘드리아는 호흡을 수행한다.

유전자 편집

인간은 수세기 동안 선별육종이 사육되는 식물과 동물의 특징을 개선할 수 있다는 것을 알고 있다. 그러나 선별육종은 더디고 예측하기 어렵다. DNA 조각을 한 종에서 다른 종으로 삽입하는 분자유전학의 발달은 인간이 생물을 맞춤 제작하는 능력을 극적으로 향상시켰지만, 이 과정은 어렵고 오류가 발생하기 쉽다. 그러나 유전자 편집기술에 박테리아 시스템을 활용하는 것은 유전공학에서 일확천금을 가능하게 할 수 있다.

유전자 편집 시스템은 크리스퍼(CRISPR; clustered regularly interspaced short palindromic repeats; 클러스터 간격이 짧은 회문 회귀 반복)라고 불린다. 크리스퍼는 세포 내 DNA의 특정한 부위에 부착하기 위하여 짧은 서열(회문 반복)의 유전물질을 이용한다. 세균은 침입하는 바이러스의 DNA를 자르고 무력화하기 위하여 이 과정을 이용한다. 그러나 유전학자들은 이러한 세균 과정이 고등식물과 고등동물의 유전자를 인식하여 변형 또는 "편집(edit)"하는데 이용될 수 있다는 것을 실감했다. 표적 DNA가 인식되고 절단되면 유전자를 불활성화 시킬 수 있다. 이는 유전자의 기능이나 발현에 대한 중요한 정보를 우리에게 제공한다. 대신에 세포가 파괴된 DNA를 수선하려고 할 때, 크리스퍼는 원래 서열을 대체하기 위한 표적 유전자의 새로운 주형을 공급할 수 있다. 이는 문서편집 프로그램의 탐색하여 대체하는 기능의 분자적 변형이라고 생각할 수 있다.

▲ **그림 1** 크리스퍼를 이용한 실험은 실험실 생쥐와 다른 생물의 유전자를 변형하고 유전형질을 편집했다.
출처: ©Jiri Vaclavek/123RF

이 도구는 인간 세포가 HIV에 침범되지 않도록 하고, 눈을 멀게 하는 돌연변이를 교정하고, 근육 영양불량증, 백내장, 유전적 간질환 등의 생쥐를 치료하는데 실험실에서 이용되고 있다(그림 1). 이 도구는 밀, 벼, 콩, 토마토, 오렌지를 개선하는데 이용되었다. 수만 종류의 DNA 서열 자료가 특정한 유전자를 표적하여 활성화시키거나 억제하는데 이용될 수 있다. 크리스퍼의 가장 흥미로운 특징 중 하나는 단일 세포에서 동시에 복수의 유전자를 변형할 수 있다는 것이다. 이는 여러 유전자에 의하여 조절되는 알츠하이머병이나 파킨슨병 등 복잡한 질병을 연구하고 치료하는 것을 가능하게 할 수 있다.

2017년에 과학자들은 헌터 증후군(Hunter syndrome)이라고 하는 유전된 대사장애를 영구적으로 치료하려는 시도에서 살아있는 인간의 내부에서 유전자를 치료하는데 시도했다. 이 증후군에서 세포는 복합당을 분해하는데 필요한 효소를 생산할 수 없기 때문에, 이러한 당 분자가 세포, 혈액, 조직에 축적된다. 그 결과는 신경의 퇴화와 지적 장애가 포함될 수 있다. 이 실험의 환자는 DNA를 수선하여 없어진 효소를 생산하는 능력을 복원하기 위하여 고안된 복합체와 함께, 수십억 개의 교정 유전자 사본을 정맥 투여를 통하여 수여받았다.

크리스퍼는 또한 유전자 변형 생물에 대한 논란에 새로운 의문을 제기했다. 한편으로 크리스퍼는 미지의 결과를 가지는 극적으로 더 변형된 생물을 쉽고, 빠르고, 저렴하게 생산할 수 있도록 했다. 다른 면에서는 크리스퍼는 다른 도구에 비하여 유전자 편집을 훨씬 정밀하게 하도록 하여 유전자 편집이 더 예측 가능하고 잠재적으로 더 안전하게 했다. 단일 유전자, 심지어는 유전자의 단일 뉴클레오티드를 정밀하게 편집하는 능력은, 많은 관찰자들을 우려하게 하였던 종 사이에 유전자를 이동하는 과정을 불필요하게 했다.

왜 환경과학에서 크리스퍼는 중요한가? 유전공학에 대한 지속적인 우려는 새로운 유행병을 초래하거나 생태계를 붕괴시키는 슈퍼 세균이 출현할지 모른다는 것이다. 이러한 결과는 크리스퍼의 정밀성과 함께 가능성이 낮아졌다. 크리스퍼는 야생의 친척과 교미하여 생존력이 없는 유생을 생산하는 변형된 모기를 생산하여 방출함으로써, 지카 바이러스와 뎅기열을 운반하는 침입종인 이집트 숲모기를 통제하는 노력에 이용되었다. 브라질에서의 실험에서 단지 8개월 만에 이집트 숲모기의 유충이 82% 감소했다. 이러한 접근은 강력한 살충제로 생태계를 공격하지 않고도 질병 통제에 도움을 줄 수 있다. 또한 변화하는 기후와 물 부족을 견딜 수 있도록 인류는 일부 식물과 동물 종을 설계할 수 있을 것이다.

여러분은 어떻게 생각하는가? 만약 여러분이 유전자 편집을 감독하는 규제위원회에 지명된다면 이러한 새로운 기술에 -만약 있다면- 어떠한 제한을 부과할 것인가?

질소와 인이 핵심 영양분이다

이 절 맨 앞의 사례연구로부터 알 수 있듯이, 질소와 인이 생태계의 핵심 성분이다. 질소와 인은 식물과 동물의 성장에 필수적이지만, 보통 생태계에 풍부하지 않기 때문에 제한원소이다.

그림 2.8에는 특히 일반적인 단지 몇 종류의 원소만 있다. 탄소(C)는 녹색식물에 의하여 대기로부터 포획되며, 산소(O)와 수소(H)는 대기와 물에서 파생된다. 가장 중요한 추가적인 원소는 질소(N)와 인(P)인데, 이들은 여러분이 생존하게 하는

복잡한 단백질, 지질, 당, 핵산의 필수적인 부분이다. 물론 여러분의 세포는 다른 많은 원소를 사용하지만, 이들이 가장 풍부하다. 여러분은 이러한 모든 원소를 녹색식물이 생산하는 분자를 소비하여 유도한다. 그러나 식물은 이러한 모든 원소를 환경에서 추출해야 한다. 낮은 수준의 N과 P는 부족한 생태계에서 종종 성장을 제한한다. 비료에서 이러한 원소들은 종종 질산염(NO_3), 암모늄(NH_4), 인산(PO_4)의 형태로 나타난다. 이 장의 뒤에서 여러분은 C, H_2O, N, P가 환경에서 어떻게 순환하는지 배우게 될 것이다.

2.3 에너지와 생명계

- *에너지는 변형되지만, 생성되거나 파괴되지 않는다.*
- *모든 에너지 교환에서, 일부 에너지가 덜 유용한 형태로 저하된다.*
- *1차생산자는 에너지를 포획한다.*

물질이 사물이 만들어진 재료라고 한다면, 에너지는 구조를 유지하고, 갈라놓고, 한 장소에서 다른 장소로 이동하는 힘을 제공한다. 에너지의 기본 원칙은 모든 시스템이 어떻게 기능하는가를 결정한다. 이러한 원칙은 모든 생물과 생태계가 존재하도록 허용하는 에너지의 이동에 대해서도 설명한다.

에너지는 다른 유형과 품질로 발생한다

에너지(energy)는 물질을 이동하거나 다른 온도의 두 물체 사이에 열이 전도되도록 하는 것과 같은 일을 하는 능력이다. 에너지는 상이한 형태를 취할 수 있다. 열, 빛, 전기, 화학 에너지는 우리가 모두 경험하는 예이다. 움직이는 물체에 포함 된 에너지를 **운동에너지**(kinetic energy)라고 한다. 언덕을 굴러 내리는 바위, 나무 사이로 부는 바람, 댐을 넘어 흐르는 물(그림 2.11), 원자핵의 주위를 빠르게 회전하는 전자는 모두 운동에너지의 예이다. **위치에너지**(potential energy)는 사용할 수 있는 저장된 에너지이다. 언덕 꼭대기에 놓여있는 바위와 댐 뒤에 저장된 물은 위치에너지의 사례이다. 여러분이 섭취하는 음식에 저장된 **화학에너지**(Chemical energy)와 자동차에 넣는 휘발유도 유용한 일을 하기위하여 방출될 수 있는 위치에너지의 예이다. 에너지는 열의 단위(calorie; 칼로리) 또는 일(줄; joule)로 종종 측정된다. 1 줄(J)은 1 kg이 1 sec^2에 1 m 가속될 때 행해진 일이다. 1 칼로리는 순수한 물 1 g을 1°C 가열하는데 필요한 에너지의 양이다. 칼로리는 4.184 J에 해당한다.

열(heat)은 다른 온도를 가진 물체 사이에 전달될 수 있는 에너지를 말한다. 어떤 물질이 열을 흡수하면, 분자의 운동에너지가 증가하거나, 상태가 변화할 수 있다. 고체는 액체가 될 수 있으며, 액체는 기체가 될 수 있다. 우리는 물질의 상태가 변하지 않을 경우에 열용량의 변화를 온도의 변화로 느낄 수 있다.

▲ **그림 2.11** 댐 뒤에 저장된 물은 위치에너지를 나타낸다. 댐 위를 흐르는 물은 운동에너지를 가지며, 그 중에 일부는 열로 변환된다.
출처: ©William P. Cunningham

물체는 가을철에 서서히 어는 호수처럼 높은 열용량을 가지지만 온도는 낮을 수 있다. 불타는 성냥처럼 다른 물체는 온도가 높지만 작은 열용량을 가진다. 호수와 해양의 열저장은 기후를 조절하고 생물군집을 유지하는데 필수적이다. 변화하는 상태에 흡수되는 열 또한 중요하다. 9장에서 알 수 있겠지만, 대기에서 물의 증발과 응축은 지구에 열을 분배하는 것을 도와준다.

확산되고, 분산되고, 온도가 낮은 에너지는 수집하여 생산적인 목적으로 이용하기 어렵기 때문에 저품질 에너지로 간주된다. 예를 들면 해양에 저장된 열은 막대해지만 포집하여 사용하기 어렵기 때문에 저품질이다. 반대로 강렬하고, 농축되고 온도가 높은 에너지는 일을 수행하는데 유용하기 때문에 고품질이다. 뜨거운 불의 강렬한 화염과 고전압 전기에너지는 사용하기 용이한 고품질 형태의 예이다. 풍력과 같은 대체에너지원의 대부분은 석유, 석탄, 가스와 같은 고품질의 더 농축된 화학에너지에 비교하여 밀도가 낮다.

열역학은 에너지의 보존과 감손을 설명한다

원자와 분자는 생물과 환경을 끝없이 순환하지만, 에너지는 일방통행 경로로만 흐른다. 생물학적 과정이 작동되기 위해서는 항구적인 에너지의 공급(거의 대부분이 태양에서 옴)이 요구된다. 에너지는 시스템을 통해 흐르면서 반복적으로 사용될 수 있으며, 유기분자의 화학결합에 일시적으로 저장될 수 있지만, 궁극적으로는 방출되고 분산된다.

열역학 연구는 자연적인 과정에서 에너지가 어떻게 전달되는가를 다룬다. 더 명확하게 열역학은 에너지 흐름의 속도와 에너지가 어떤 형태나 품질에서 다른 형태나 품질로 변환하는 것을 다룬다. 열역학은 복잡하고 정량적인 학문분야지만, 여러분은 세계와 우리의 삶을 형성하는 광범위한 원리의 일부를 이해하는데 높은 수준의 수학을 필요로 하지 않는다.

열역학의 제1법칙(first law of thermodynamics)은 에너지는 *보전된다*(conserved)는 것이다. 이는 보통 조건 하에서 에너지는 생성되거나 파괴되지 않는다는 것이다. 에너지는 예를 들면 화학결합의 에너지로부터 열에너지로 변하는 것처럼 변환될 수 있지만, 총량은 변화하지 않다.

열역학의 제2법칙(second law of thermodynamics)은 시스템에서 각각의 연속적인 에너지 전달이나 변환에 따라 일할 수 있는 에너지가 감소한다는 것이다. 이는 에너지가 사용되면, 에너지는 저품질 형태로 저하되거나, 분산되어 손실된다. 예를 들어 여러분이 자동차를 운전하면, 휘발유의 화학에너지는 운동에너지와 궁극적으로 공간으로 분산되는 열로 저하된다. 제2법칙은 모든 자연계에서 무질서 또는 **엔트로피**(entropy)는 증가하는 경향을 보인다는 것을 인식한다. 결과적으로 과정을 마치면 시작하기 전에 비하여 이용할 수 있는 *유용한*(useful) 에너지가 항상 줄어든다. 이러한 손실로 인하여 우주의 모든 것은 부서지고, 느려지고, 더 무질서해지는 경향이 있다.

열역학의 제2법칙은 생물과 생물학적 시스템에 어떻게 적용될까? 생물은 구조적으로 그리고 대사적으로 고도로 조직화되어 있다. 이 조직을 유지하기 위해서는 부단한 관리와 유지보수가 요구되며, 이러한 과정을 유지하기 위하여 에너지의 연속적인 공급이 요구된다. 세포가 일을 하기 위하여 에너지를 사용할 때마다, 일부 에너지는 열로서 분산되거나 손실된다. 세포의 에너지 공급이 중단되거나 소진되면 그 결과는 조만간 사멸로 이어진다.

생물은 에너지를 포획하여 생활한다

살아있는 생물이 필요로 하는 에너지는 어디에서 올까? 에너지는 어떻게 포획되고 생물 사이에서 전달될까? 지구상의 거의 대부분의 생명에 태양이 궁극적인 에너지원이며, 태양에너지는 녹색식물에 의하여 포획된다. 녹색식물은 단지 태양광, 대기 및 물을 이용하여 탄수화물과 기타 화합물을 생성하기 때문에 종종 **일차생산자**(primary producer)로 불린다.

다른 방법으로 에너지를 얻는 생물이 있으며, 이들은 정상 법칙의 예외이기 때문에 흥미롭다. 지각 깊은 곳, 해저 깊은 곳, 옐로우스톤 국립공원과 같은 온천에서 우리는 황화수소(H_2S)와 같은 무기 화합물로부터 에너지를 추출하는 **화학합성**(chemosynthesis)을 통하여 에너지를 획득하는 극한생물(extremophile)을 발견할 수 있다. 30년 전 까지만 하더라도 우리는 이러한 생물과 그 생태계에 대하여 거의 아무것도 알지 못했다. 최근의 심해 탐사에 의하여 해저의 수백 m 깊은 곳에 놀랄 만큼 다양한 생물이 풍부하게 있다는 것을 알게 되었다. 이러한 생태계는 열수광상 부근에 무리를 이룬다. 열수광상은 지각에서 마그마에 의하여 가열되어 끓는 물이 해저에서 탈출하는 균열이다. 여기에서 미생물은 황화수소를 산화하여 생장하며, 세균은 눈먼 새우, 거대한 서관충(관벌레), 털게 및 특이한 조개 등 색다른 생물들을 포함하는 생태계를 부양한다(그림 2.12).

▲ **그림 2.12** 멕시코 만의 시원한 심해 메탄 유출 위에 밀집한 서관충과 홍합 군집.
출처: NOAA

이러한 환상적인 시스템은 인류가 아주 최근에 발견했기 때문에 흥미롭고 불가사의하다. 그들은 지구 표면에서 우리가 누리는 광합성 기반의 믿을 수 없이 풍부한 생명과 대조가 되기 때문에 흥미롭다.

녹색식물은 태양으로부터 에너지를 얻다

태양은 폭발하는 수소 기체의 불타는 항성이다. 태양의 열핵반응은 잠재적으로 치명적인 자외선과 방사선을 포함한 강력한 형태의 복사선을 방출하지만(그림 2.13), 지구에서의 생명은 이 무더운 에너지원에 의하여 양육되고 그에 의존한다.

태양에너지는 두 가지 주요한 이유로 생명에 필수적이다. 첫째로, 태양은 온기를 제공한다. 대부분의 생물은 비교적 좁은 온도범위에서 생존한다. 사실상 각각의 종은 그 내에서 정상적으로 기능하는 자신의 온도범위를 가진다. 고온에서(40°C 이상) 대부분의 생물분자는 분해되기 시작하거나 비틀리고 기능을 하지 않다. 저온에서(0°C 부근) 일부 화학반응이나 대사는 생물이 성장하고 번식하기에 너무 느리게 일어난다. 우리 태양계의 다른 행성들은 우리가 아는 생명을 부양하기에는 너무 뜨겁거나 차갑다. 지구의 물과 대기는 태양열을 온화하게 하고, 유지하고, 분배하는 것을 도와준다.

둘째로, 지구상 거의 모든 생물은 광합성이라고 불리는 과정에서 녹색식물, 조류, 일부 세균에 의하여 포획되는 생명유지 에너지를 태양 복사선에 의존한다. 광합성은 복사 에너지를 유기분자를 붙들어 매는 결합에 포함된 유용한 고품질 화학에너지로 변환한다.

이용 가능한 태양에너지의 얼마만큼을 생물이 실제로 이

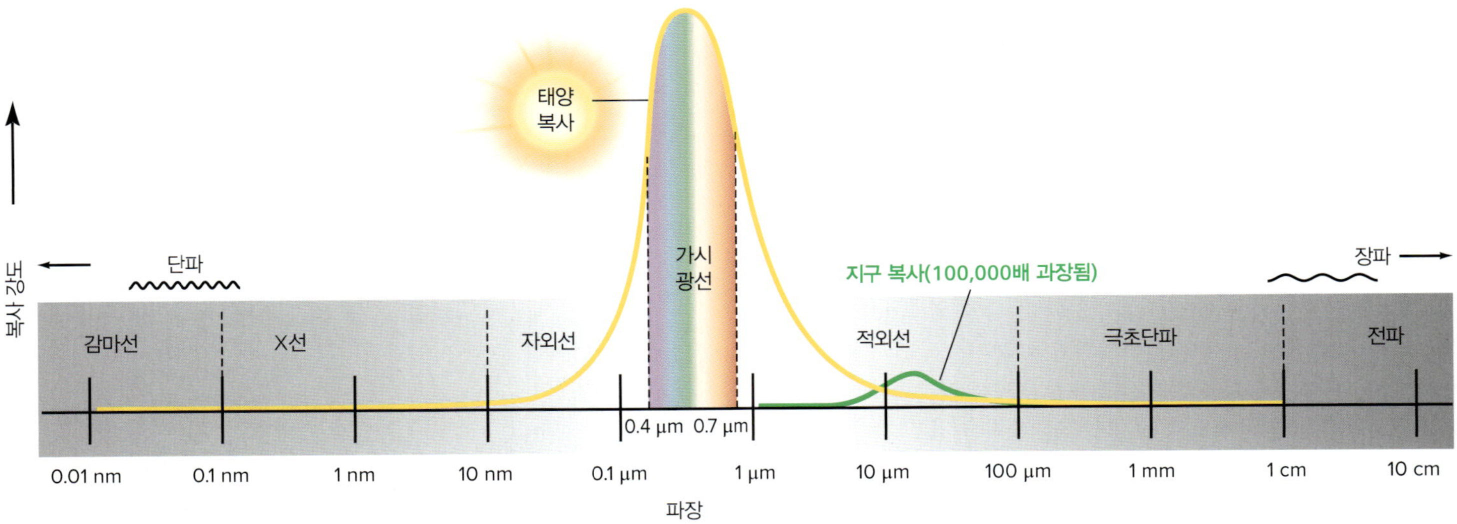

▲ **그림 2.13** 전자기 스펙트럼. 인간의 눈은 지표면에 도달하는 에너지의 거의 절반을 차지하는 가시광선 파장에 민감하다(태양 복사선 곡선의 아래에 표시됨). 광합성 식물은 가장 풍부한 태양 파장인 가시광선과 적외선을 이용한다. 지구는 저에너지 장파장("지구 복사선" 곡선)을 재방출하며, 이는 대부분 스펙트럼의 적외선 부분이다.

용할 수 있을까? 입사되는 태양 복사선은 대기권 상부에서 약 1,732 W/m^2(집 천장 $1m^2$마다 100W 전구를 13개 켜는 것을 상상하시오)으로 막대하다. 그러나 절반 이상의 입사된 태양광이 대기권의 구름과 기체에 의하여 반사되거나 흡수된다. 특히 해로운 단파장 광선은 오존과 같은 기체에 의하여 상층 대기에서 여과된다. 따라서 대기는 자외선과 기타 형태의 해로운 복사선으로부터 생명 형태를 보호하는 귀중한 방패이다. 그러나 이러한 에너지 감소에도 불구하고 태양은 생물 시스템이 이용하고, 기술이 효율적으로 태양에너지를 개발할 수 있도록 한다면, 인간의 에너지 요구의 전부를 충족하고도 남는 에너지를 제공한다.

지표면에 도달하는 태양 복사선 중에서 약 10%가 자외선, 45%가 가시광선, 45%가 적외선이다. 이 에너지의 대부분은 육지나 물에 의해 흡수되거나 물, 눈, 지표면에 의하여 우주로 반사된다. (외계에서 보면 지구는 금성과 같은 밝기로 빛난다)

지표면에 도달한 에너지 중에서, 광합성은 주로 적색광과 청색광의 단지 특정한 파장만을 이용한다. 대부분의 식물은 녹색 파장을 반사하기 때문에 식물의 색깔이 녹색으로 보인다. 식물이 흡수하는 에너지의 절반은 물을 증발하는데 이용된다. 결국 식물에 도달하는 태양광의 1~2%만이 광합성에 이용될 수 있다. 이 작은 부분이 생물권의 거의 대부분의 생명에 에너지 기초를 나타낸다.

광합성은 어떻게 에너지를 포획하는가?

광합성은 식물 세포 내에 있는 엽록체라고 하는 작은 세포소기관에서 일어난다(그림 2.10 참조). 이 과정에서 가장 중요한 핵심은 엽록소인데, 이는 광 에너지를 흡수하여 이후의 세포 대사에 연료로 작용하는 화합물의 고에너지 화학결합을 생성하는데 이용한다. 그러나 엽록소는 이 중요한 작업을 홀로 하지 않는다. 엽록소는 다른 지질, 당, 단백질, 뉴클레오티드 분자의 큰 집단에 의하여 보조된다. 이러한 구성 요소들은 함께 상호 연관된 2세트의 순환반응을 수행한다(그림 2.14).

광합성은 광의존 반응이라고 불리는 일련의 단계들로 시작된다. 이 반응들은 엽록체가 빛을 받을 때만 발생한다. 효소는 물 분자를 쪼개서 분자산소(O_2)를 방출한다. 이는 여러분을 포함한 모든 동물이 의존하는 대기 중 산소의 거의 대부분을 공급한다. 광의존 반응은 다음 반응인 광비의존 반응에 에너지를 제공하는 이동성이 있는 고에너지 분자(아데노신삼인산 또는 ATP와 니코틴아미드 디뉴클레오티드인산 또는 NADPH)도 생성한다. 이름이 함축하듯이 이러한 반응들은 빛을 직접 이용하지 않는다. 이 반응에서는 탄소원자(이산화탄소로부터 유래)를 포도당과 같은 단순당에 추가하기 위하여 효소가 ATP와 NADPH에서 에너지를 추출한다. 이러한 분자들은 더 크고 복잡한 유기분자를 합성하기 위한 구성단위를 제공한다.

대부분의 온대지역 식물에서 광합성은 다음 식으로 요약될 수 있다.

$$6H_2O + 6CO_2 + \text{태양에너지} \xrightarrow{\text{엽록소}} C_6H_{12}O_6\ (\text{당}) + 6O_2$$

우리는 이 식을 "물에 이산화탄소와 에너지를 더하면 당과 산소를 생산한다"라고 읽는다. 이 식에 6개의 물과 6개의 이산화탄소 분자를 사용하는 이유는 당 생성물을 만드는데 6개의 탄소원자가 필요하기 때문이다. 자세히 관찰하면 반응물의 모든 원자는 생성물의 모든 원자와 균형을 이루고 있음을 알 수 있다. 이는 물질보전의 예이다.

단순당을 만드는 것이 왜 식물에게 이로운지 궁금할 것이다. 답은 포도당이 세포의 모든 대사과정에 중심적이고 주요한 연료로 작용하는 에너지가 풍부한 화합물이라는 것이다. 광합성에 의하여 생성된 화학결합에 포함된 에너지는 다른 효소에 의하여 방출되어 다른 분자(지질, 단백질, 핵산, 또는 다른 탄수화물)를 만드는데 사용되거나, 막을 통한 이온의 이동, 메시지의 전달, 분자 형태나 구조의 변경, 어떤 경우 세포 자체의 이동과 같은 동적 과정을 추진할 수 있다. 세포호흡이라고 불리는 화학에너지를 방출하는 과정은 당 분자에서 탄소와 수소 원자를 쪼개서 산소와 재결합하여 이산화탄소와 물을 재생성하는 것을 포함한다. 따라서 순 화학반응은 따라서 광합성의 역반응이다.

$$C_6H_{12}O_6 + 6O_2 \longrightarrow 6H_2O + 6CO_2 + \text{방출된 에너지}$$

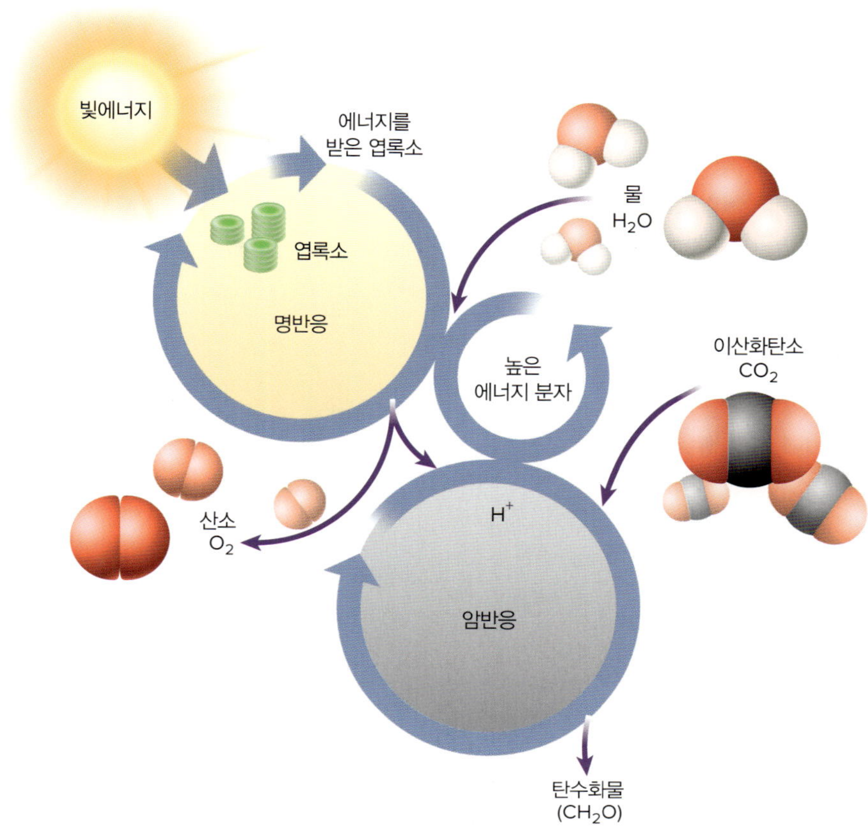

▲ **그림 2.14** 광합성은 엽록소가 광 에너지를 포획하고 고에너지 분자인 ATP와 NADPH를 형성하는 일련의 반응을 포함한다. 광비의존 반응은 그 이후 ATP와 NADPH의 에너지를 탄소(대기)를 유기분자에 고정하는데 이용한다.

광합성에서는 에너지가 *포획되고*(captured), 호흡에서는 에너지가 *방출된다*(released)는 것을 주목하라. 유사하게 광합성은 당과 산소를 생산하기(produce) 위하여 물과 이산화탄소를 이용하며, 반면에 호흡은 정확히 반대작용을 한다. 두 세트의 반응 모두에서 에너지는 일종의 세포의 에너지 화폐를 구성하는 화학결합에 임시 저장된다. 식물은 광합성과 호흡을 모두 수행하지만, 낮에 빛, 물 및 CO_2가 이용 가능하다면 O_2와 탄수화물을 순생산한다.

반면에 인간과 같은 동물은 엽록소를 가지고 있지 않으며 광합성에 의한 음식 생산을 수행할 수 없다. 그러나 동물은 세포호흡을 위한 구성 요소를 가지고 있다. 동물은 식물이나 식물을 먹은 다른 동물을 먹으며, 에너지를 얻기 위하여 음식에 있는 유기분자를 분해한다(그림 2.15). 이 장의 뒤에서 이러한 섭식 관계가 어떻게 작동하는지 볼 것이다.

2.4 종에서 생태계까지

- *상이한 영양단계(생산자와 소비자)가 먹이그물을 형성한다.*
- *생태학적 피라미드는 생태계에서 많은 생산자와 적은 소비자를 반영한다.*

많은 생물학자들이 세포와 분자 수준에서 생명을 연구하는 반면, 생태학자들은 종, 개체군, 생물군집, 또는 생태계 수준의 상호작용을 연구한다. 생물학에서 종은 자연에서 번식하여 생존 가능하고 생식력이 있는 자손을 생산할 수 있는 유전적으로 유사한 동일한 유형의 모든 생물을 가리킨다. 이러한 종의 정의에는 몇 가지 자격과 몇몇 중요한 예외가 있지만(특히 세균과 식물에서), 우리의 목적에는 유용한 쓸모 있는 작업 정의이다.

생물은 개체군, 군집, 생태계로 발생한다

개체군(population)은 특정한 지역에서 동시에 살고 있는 종의 모든 구성원으로 구성된다. 4장에서 개체군 성장과 동역학에 대하여 깊이 다룬다. 특정한 지역에 살고 상호작용하는 생물의 모든 개체군은 **생물군집**(biological community)을 이룬다. 어떠한 개체군이 여러분이 속해있는 생물군집을 구성하는가? 여러분의 시 경계에 있는 인구 표지는 거기에 거주하는 인간의 수만을 나타내며, 시 경계 내에 있는 생물군집의 부분인 동물, 식물, 진균, 미생물 등 다른 개체군은 무시한다. 생물군집의 특성

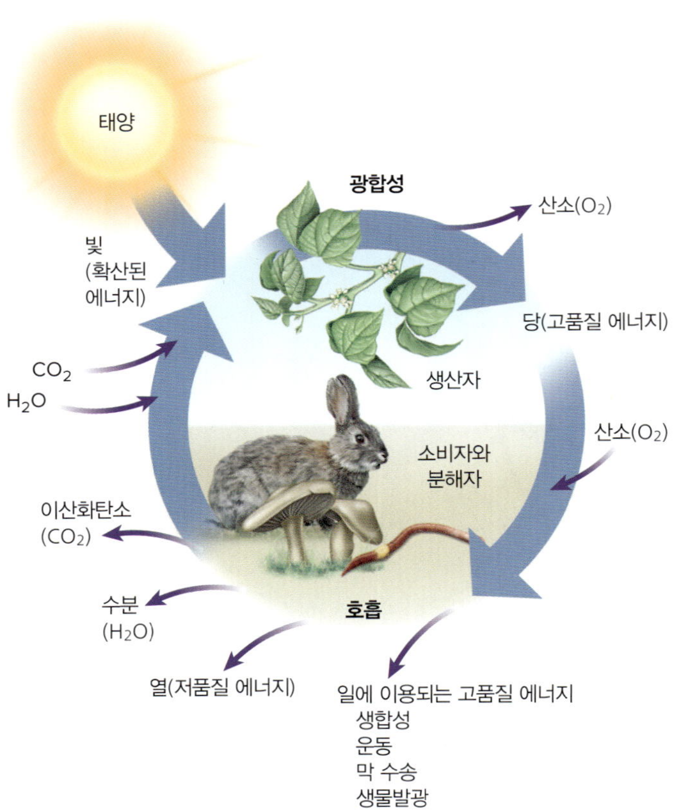

▲ **그림 2.15** 생태계에서의 에너지 교환. 식물은 당과 기타 유기분자를 생산하기 위하여 태양광, 물, 이산화탄소를 이용한다. 소비자는 세포호흡에서 산소를 사용하여 당을 분해한다. 식물은 호흡도 수행하지만, 낮에 빛, 물, CO_2가 이용 가능하다면 O_2와 탄수화물을 순 생산한다.

은 3장에서 자세히 다룬다.

생태학적 시스템, 또는 **생태계**(ecosystem)는 생물군집과 물리적 환경으로 구성된다. 예를 들어 멕시코 만 생태계는 주변의 물, 태양광, 영양분에 의존하는 다양한 종의 복잡한 군집이다. 생물군집과 환경에 대하여 함께 생각하는 것은 에너지와 물질이 둘 모두를 통과하여 흐르기 때문에 유용하다. 이러한 흐름이 어떻게 작용하는지를 이해하는 것이 생태학의 주요한 주제이다.

먹이사슬, 먹이망, 영양단계가 종 관계를 정의한다

광합성(드물게 화학합성도)은 모든 생태계의 기초이다. 광합성에 의하여 유기물질을 생산하는 주로 녹색식물과 조류는 따라서 **생산자**(producers)로 알려져 있다. 생태계의 가장 중요한 성질은 주어진 지역에서 주어진 기간 동안에 생산되는 **생물량**(biomass)인 **생산성**(productivity)이다. 광합성은 생태계 내에서 모든 다른 성장의 기초이기 때문에 *1차 생산성*(primary productivity)으로 기술된다. 어떤 생태계는 매우 높은 총 생산성을 가질 수 있지만, 분해자가 유기물질을 형성되는 대로 빠르게 소비하며 순 *생산성*(net primary productivity)은 낮을 것이다.

생태계에서 일부 소비자는 한 종만을 소비하지만, 대부분의 소비자는 다중의 먹이 공급원을 가진다. 유사하게 일부 종은 한 종류의 포식자에게만 먹이가 되지만, 생태계의 많은 종은 여러 유형의 포식자와 기생생물에 의해 시달린다. 이러한 방식으로 개별 먹이사슬은 상호 연결되어 **먹이그물**(food web)을 형성한다. 그림 2.16은 아프리카 대초원(사바나; savanna)에서 일부 대형 생물 사이의 섭식 관계를 보여준다. 이 그림에 해당하는 모든 곤충, 벌레, 현미경적 생물을 추가하면 압도적으로 복잡해진다. 자연생태계에서 일어나는 정확한 물질과 에너지 전달을 정량화하고 해석하려고 하는 생태학자의 도전을 상상할 수 있을 것이다.

생태계에서 생물의 섭식 지위는 **영양단계**(trophic level; 그리스어의 음식을 뜻하는 *trophe*에서 유래)로 표현된다. 사바나에서는 풀과 나무가 주된 생산자이다(그림 2.16의 바닥층). 생산자는 독립영양생물(autotroph)이라고 부르는데 그 이유는 단지 태양광, 물, 이산화탄소, 무기물만을 이용하여 자신을 먹이기 때문이다. 생태계의 다른 생물들은 생산자에 의하여 이용되도록 된 화학에너지 소비자이다. 1차 생산자를 먹는 생물은 1차 소비자이다. 1차 소비자를 먹은 생물은 2차 소비자이며, 이들은 이어서 3차 소비자에 의해 포식된다. 가장 상층 영양단계를 최상위 포식자라고 한다. 먹이사슬의 복잡성은 이용할 수 있는 종의 수와 특정한 생태계의 물리적 특성에 의존한다. 혹독한 북극 생태계는 온대나 열대 생태계에 비하여 훨씬 단순한 먹이사슬을 가지고 있다.

생물은 그들이 섭식하는 영양단계와 먹은 음식의 종류에 의하여 확인될 수 있다. **초식동물**(herbivore)은 식물을 먹고, **육식동물**(carnivore)은 고기를 먹으며, **잡식동물**(omnivore)은 식물과 동물 물질을 모두 먹는다.

가장 중요한 섭식 범주 중 하나는 다른 생물의 사체와 폐기물을 제거하고 재순환하는 기생생물, 청소동물 및 분해자로 이루어진다. 잡식동물과 마찬가지로 이러한 재순환 생물은 모

능동적 학습 ACTIVE LEARNING

먹이그물

여러분은 어떤 먹이그물에 속하는가? 여러분이 오늘 무엇을 먹었는지 목록을 만들고, 그들이 포함하고 있는 에너지의 광합성 공급원을 역추적 해보라. 여러분이 참여한 모든 먹이그물에 여러분이 동일한 영양단계에 있는가? 여러분이 여러분의 생태적인 역할을 변경할 수 있는 방법이 있을까? 이는 다른 사람들이 더 많은 음식을 제공할 수 있을까? 그 이유는 무엇인가?

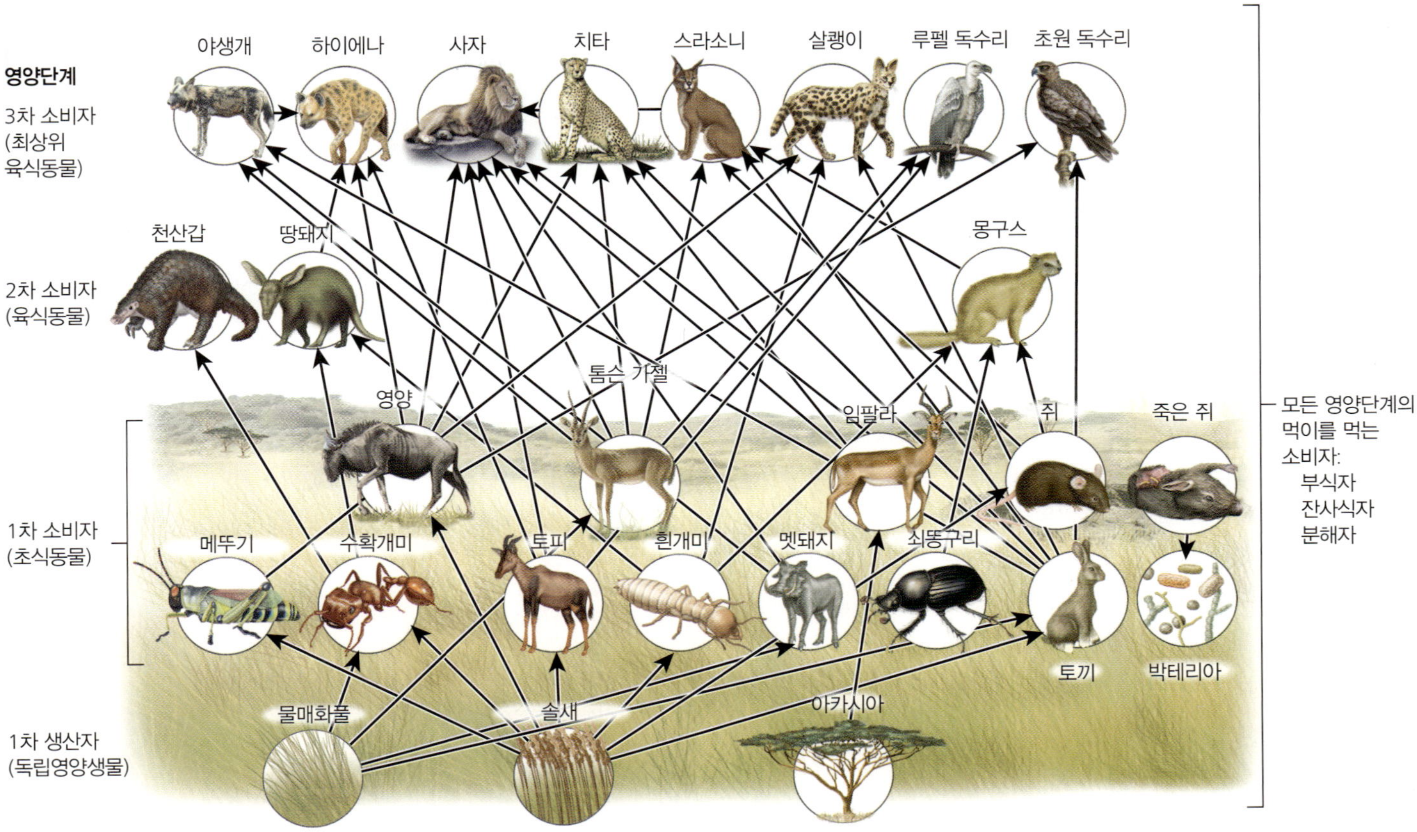

▲ **그림 2.16** 생물이 먹을 때마다 이는 먹이사슬의 연결고리가 된다. 생태계에서 먹이사슬은 포식자가 한 종류 이상의 먹이를 먹을 때 상호 연결되어 먹이그물을 형성한다. 이 도표에서 화살표는 물질과 에너지가 섭식 관계를 통하여 전달되는 방향을 가리킨다.

든 영양단계를 섭식한다. 자칼과 독수리 **청소동물**(scavenger)은 대형동물의 사체를 청소한다. 개미와 딱정벌레 같은 **부식성 생물**(detritivore)은 찌꺼기, 부스러기, 똥을 소비하며, 진균이나 세균과 같은 **분해자**(decomposer) 생물은 유기물의 최종 분해와 재순환을 완료한다. 이러한 청소생물은 그들의 활동이 없으면 영양분은 다음 세대의 생물이 이용할 수 있도록 되지 않고, 죽은 생물과 버려진 신체 노폐물에 묶이기 때문에 생산자 다음으로 두 번째로 중요하다.

생태학적 피라미드는 영양단계를 설명한다

영양단계에 따라 생물을 고려하면, 종종 1차 생산자의 넓은 기초와 가장 높은 영양단계에는 소수의 개체만을 가진, 피라미드를 형성한다. 최상위 포식자는 일반적으로 늑대, 곰, 상어, 대형 고양이 같은 크고 사나운 동물이다. 소수의 최상위 포식자를 부양하기 위해서는 낮은 영양단계에 막대한 수의 생물이 필요하다(따라서 매우 넓은 영역이 필요함). 생태계의 조직에는 끝없는 변이가 있지만, 피라미드 아이디어는 일반적으로 에너지와 물질이 생태계를 통하여 어떻게 이동하는가를 설명하는데 도움이 된다(핵심 개념 참조).

우리는 먹이그물의 최상부에 있는 종에 대하여 관심을 집중하지만(특히 인간을 잡아먹을 수 있는), 종종 가장 중요한 종은 피라미드의 바닥 또는 그 부근에 있다(과학 탐구 참조).

2.5 생지화학적 순환과 생명 과정

- *핵심 원소는 생물계와 무생물계를 통하여 연속적으로 순환한다.*
- *탄소는 모든 생물계, 대기, 해양을 통하여 순환한다.*
- *생명에 핵심인 질소는 풍부하지만 쉽게 포획되지 않는다.*

우리를 부양하는 원소와 화합물은 생명체와 환경을 통하여 끝없이 순환한다. 위대한 자연학자인 무어(John Muir)는 "자연에서 단 하나의 사물을 당기면, 그 것이 세계의 다른 모든 것과 연결되어 있다는 것을 알게 된다."라고 말했다. 지구 규모에서 이러한 이동을 생지화학적 순환이라고 한다. 물질은 빠르거나 느리게 이동한다. 탄소는 식물에서 수일에서 수주를 체류하며, 대기에서는 수일에서 수개월을, 여러분의 신체에서는 수시간, 수일 또는 수년을 체류한다. 지구는 탄소(예를 들면 석탄이나 석유로)를 수백만 년간 저장한다. 인간의 활동이 흐름의 속도를 증가시키거나 저장 시간을 감소시키면, 이러한 물질들은 오염

에너지와 물질은 어떻게 시스템을 통해 이동하는가?

에너지와 물질의 이동은 시스템의 일부를 통합한다. 멕시코만(앞의 사례 연구)에서 물과 영양소의 이동은 광합성을 지원하여, 생태계를 부양한다. 그러나 과도한 영양소는 너무 많은 식물과 박테리아의 성장을 유발하여 시스템이 불안정해질 수 있다.

일반적으로 생태계의 경우 **영양단계**(공급 단계)별로 유기체를 집단화하는 것이 도움이 된다. 일반적으로 *일차생산자*(유기물을 생산하는 생물, 주로 녹색 식물)는 *초식 동물*(식물 섭취자)에 의해 소비되며, 이는 *일차 육식동물*(고기 섭취자)에 의해 소비되며, 이는 *이차 육식동물*에 의해 소비된다. *분해자*는 모든 단계에서 소비하고 생산자에게 에너지와 물질을 제공한다.

KC 2.1

생물량 피라미드를 찾는 이유는 무엇인가?

각 영양단계 성장, 열, 호흡 및 운동을 통해 에너지가 손실되므로 낮은 단계에서 많은 생물량이 필요하다. 이러한 비효율성은 열역학의 두 번째 원칙과 일치하는데, 이는 에너지가 시스템을 통과하여 이동할 때 에너지가 소실되고 더 낮은 수준으로 저하된다는 것이다.

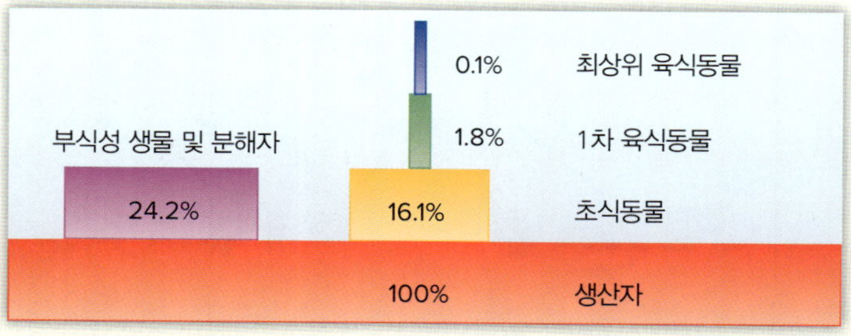

▲ 이 예에서 숫자는 다음 단계에서 생물량에 포함된 에너지의 백분율을 나타낸다. 여기서 분해자는 생산자와 집단화된다.

일반적인 법칙에 따르면 한 영양단계의 단지 약 10%만이 더 높은 다음 단계를 유지한다. 예를 들어 10 kg의 토끼는 대략 100 kg의 클로버 풀을 소비하고, 1 kg의 여우는 10 kg의 토끼를 소비한다.

각각의 연속적인 영양단계에 왜 그렇게 적은 에너지가 있을까?

KC 2.2

2. 일부 화학 에너지(음식... 는 운동(운동에너지) ... 는 열에너지로 변환되어, 환경으로 사라진다... 근육 조직 축적과 같은 성장에 사용되는 에너지는 다음 단계에서 소비할 수 있다.

1. 생물이 먹는 먹이 중 일부는 소화되지 않으며 사용 가능한 에너지를 제공하지 않다.

피라미드가 붕괴되면 어떻게 될까?

생태계는 많은 유형의 교란과 붕괴를 겪는다. 종종 생태계는 시간이 지나면 회복된다. 때로는 새로운 유형의 시스템 구조로 전환되기도 한다. 산불은 짧은 시간 동안 일차생산을 제거하는 교란이다. 화재는 또한 시스템을 통한 영양소의 이동을 가속화시켜 서있는 나무에 일단 고정된 영양소가 새로운 성장을 지원할 수 있게 된다.

다른 영양 수준의 제거는 또한 생태계를 방해한다. 포식자가 너무 많으면, 먹이 종이 감소하거나 사라진다. 예를 들어, 여우가 너무 많으면, 토끼 개체군이 제거될 수 있다. 토끼가 너무 적으면, 여우가 죽거나 대체 먹이를 찾아, 시스템을 더욱 불안정하게 할 수 있다.

반면에, 높은 영양단계의 제거는 또한 시스템을 불안정하게 할 수 있다: 여우가 제거되면, 토끼가 과잉되어 1차생산자(식물)를 과도하게 방목할 수 있다.

때로는 피라미드가 일시적으로 뒤집힐 수 있다. 예를 들어 생물량 피라미드는 생산자 개체군의 주기적인 변동에 의해 반전될 수 있다. 예를 들어, 낮은 식물 및 조류 생물량은 겨울동안 온대 수서생태계에 존재한다.

©Yurii Hnidets/123RF KC 2.3

KC 2.4

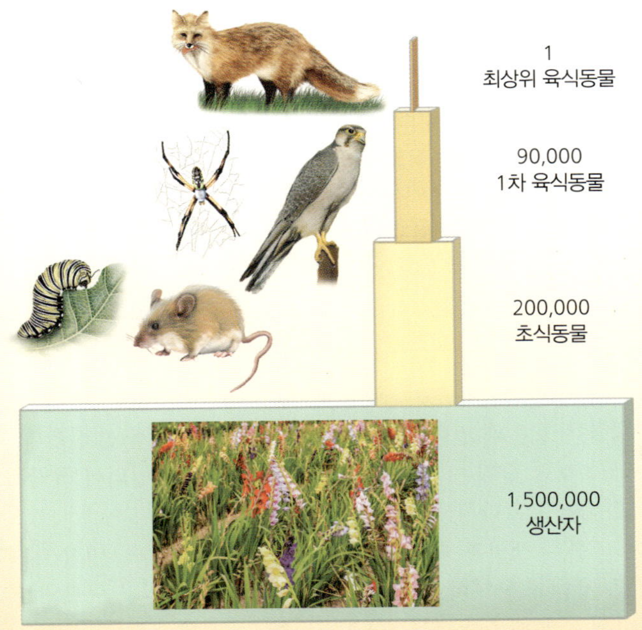

©Matthias Lindner/123RF

숫자에 의함

▲ 우리는 종종 각 수준의 생물량보다는 생물의 수로 피라미드를 생각한다. 피라미드는 일반적인 모델이다. 이 피라미드에서 많은 작은 생물은 다음 영양 수준에서 하나의 생물을 부양한다. 따라서 1,000 m^2의 목초지에는 1,500,000개체의 생산자(식물)가 포함되어 있으며, 20만 마리의 초식동물을 지원하고, 초식동물은 90,000마리의 1차 육식동물을 지원하며, 이는 1마리의 최상위 육식동물을 부양한다.

작은 생물체들을 잊지 말라.

단 1그램의 토양은 수조에 달하는 박테리아, 조류, 균류, 곤충을 함유할 수 있다.

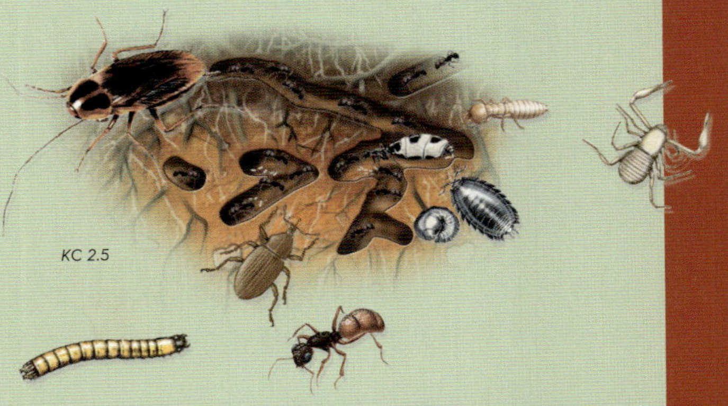

KC 2.5

설명할 수 있을까? CAN YOU EXPLAIN?

1. 여러분은 얼마나 많은 영양단계를 수준을 섭취한가? 여러분의 먹이 피라미드가 크거나 작은가?
2. 여러분이이 차지하는 생태계의 구조와 안정성 측면에서 당신의 영양단계가 중요한가?
3. 먹이 피라미드를 두 가지 열역학 법칙으로 설명하시오.

과학 탐구 EXPLORING Science

누가 크릴에 관심이 있을까?

크릴은 해양 생태에서 매우 중요한 작은 새우 같은 동물이다. 크릴은 세계의 모든 대양에서 발생하지만, 남극 주변의 남극해에는 특히 풍부하다. 크릴은 세계에서 가장 풍부한 종 중 하나로 간주된다. 비록 각각의 개체는 작지만, 그들의 결합된 생물량은 지구상의 다른 모든 종의 생물량을 초과하는 것으로 추정된다. 공급은 끝이 없는 것처럼 보였지만 이제 해양 생물학자들은 남획과 기후변화의 조합이 크릴 개체군과 남극 전체 생태계를 파괴할 수 있다고 우려하고 있다.

▲ 크릴이라고 불리는 작은 동물들은 세상에서 가장 풍부한 유기체일 수 있다. 그들은 남극 해양 생태계에서 가장 중요한 먹이 종이다. 이 자원의 수확을 어떻게 규제해야 할까?
출처: ©Dmytro Pylypenko/123RF

크릴은 춥고 영양이 풍부한 남극 대륙에서 번성하여 얼음 아래와 주변의 광합성 조류를 먹고 살아간다. 직간접적으로 펭귄, 물개, 물고기, 오징어, 해조 및 고래를 포함하여 더 높은 영양단계를 모두 지원한다. 흰긴수염고래 한 마리는 하루에 최대 4톤의 크릴을 먹을 수 있다. 그러나 남극 크릴은 양식 해산물, 가금류, 애완동물 및 가축을 위한 단백질과 기름의 공급원으로 점점 더 많이 찾고 있다. 크릴은 단백질 (40% 이상)과 지질 (최대 20%)이 풍부한다. 당신은 아마도 당신의 메뉴에서 크릴을 찾을 수 없지만, 오메가-3 지방산의 높은 수준은 "생선 기름" 보충제 및 건강식품의 인기 있는 공급원이 된다. 그리고 양식 연어를 먹으면, 크릴이나 크릴 소비 물고기를 먹었을 가능성이 크다. 크릴 기반 생태계에서 최상위 소비자가 될 것이다.

1970년에서 1990년 사이에 남극 크릴의 세계 어획량은 매년 거의 50만 톤으로 증가했다. 소비에트 연방은 대규모 상용 크릴 수확을 확립한 최초의 국가였다. 1991년 소련이 붕괴된 후 소비에트 어업이 무너졌지만, 노르웨이, 한국, 중국 등 다른 국가들은 크릴 어업을 발전시켰다. 남극 해양생물자원 보존위원회(Commission for the Conservation of Antarctic Marine Living Resources; CCAMLR)는 이 불명확한 어업을 관리하고 남획을 방지하기 위해 1982년에 설립되었다.

스코샤 해 (남극 주변)에 대해 제안된 CCAMLR 어획 제한은 연간 560만 톤이지만 생물학자들은 현재 연간 약 300,000톤의 수확조차 지속할 수 없을 것으로 우려하고 있다. 그들은 크릴 개체군이 1970년대 이후 80% 감소한 것으로 추정한다.

크릴은 또한 먹이를 먹는 조류의 서식지인 부유 빙붕의 손실로 인해 위협을 받고 있다. 기후가 따뜻해짐에 따라 대량 어업이 크릴 개체군을 고갈시키는 동안에도 빙하는 감소하고 있다. 동시에 해양은 대기에서 CO_2를 흡수하여 산성화되고 있으며, 산성 조건은 크릴 재생산을 감소시킬 수 있다. 크릴이 사라짐에 따라 황제펭귄과 아델리펭귄과 같은 먹이그물 위로 올라가는 다른 종들도 이에 상응하는 감소를 보였다.

놀랍게도 이 종은 세계에서 가장 큰 해양 보호 지역의 설립으로 법적 보호를 얻고 있다. 수년간의 곤경에 처한 다음, 2016년 협약은 로스 해의 150만 km^2를 보호했으며, 어업은 완전히 금지된 110만 km^2를 포함했다. 이 협약은 이전과 같은 수준의 어업을 허용하지만, 크릴이 재생되는 남극대륙 근처의 중요한 서식지에서는 어획을 금지하고, 많은 물고기 및 해양 포유류 종도 함께 어획을 금지한다. 보존 기간은 일시적이며, 35년 밖에 되지 않다. 러시아, 중국 및 기타 어업 이해국은 더 이상 보호하지 않을 것이다.

모든 먹이 그물은 작고, 겉으로는 중요하지 않은 종의 기초 위에 놓여 있다. 특히 극 근처에서 광대하고 많은 수가 있는 종은 거의 없다. 그러나 이 작은 생물은 매우 중요하다. 저명한 자연주의자인 윌슨(E.O. Wilson)은 "작은 것이 세상을 지배한다"고 말했다.

물질이 될 수 있다. 여기에서 우리는 물, 탄소, 질소, 황 및 인과 같은 몇 가지 중요한 물질의 순환에 관련된 일부 경로를 탐구할 것이다.

수문학적 순환

환경을 통한 물의 경로는 가장 친숙한 물질의 순환일 것이며, 10장에서 훨씬 자세하게 토의된다. 지구상 물의 대부분은 해양에 저장되지만, 태양에너지는 계속해서 이 물을 증발시키며, 바람은 수증기를 지구에 분배한다(그림 2.17). 물은 비, 눈, 안개의 형태로 육상에 응축되는 물은 모든 육상생태계를 부양한다. 생물은 호흡과 발한(땀)을 통하여 소비한 수분을 발산한다. 결국 이러한 습기는 대기권이나 호수, 강물로 유입되어 궁극적으로 해양으로 다시 돌아간다.

물은 생물과 대기를 통하여 이동하면서 세포 내의 대사과정, 생태계를 통한 핵심 영양염 흐름의 유지, 지구 규모의 열과 에너지 분배 등을 담당한다(9장 참조). 물은 독특한 성질로 인하여 헤아릴 수 없는 서비스를 수행한다.

탄소순환

탄소는 생물에 이중의 목적으로 공헌한다. (1) 물은 유기분자의

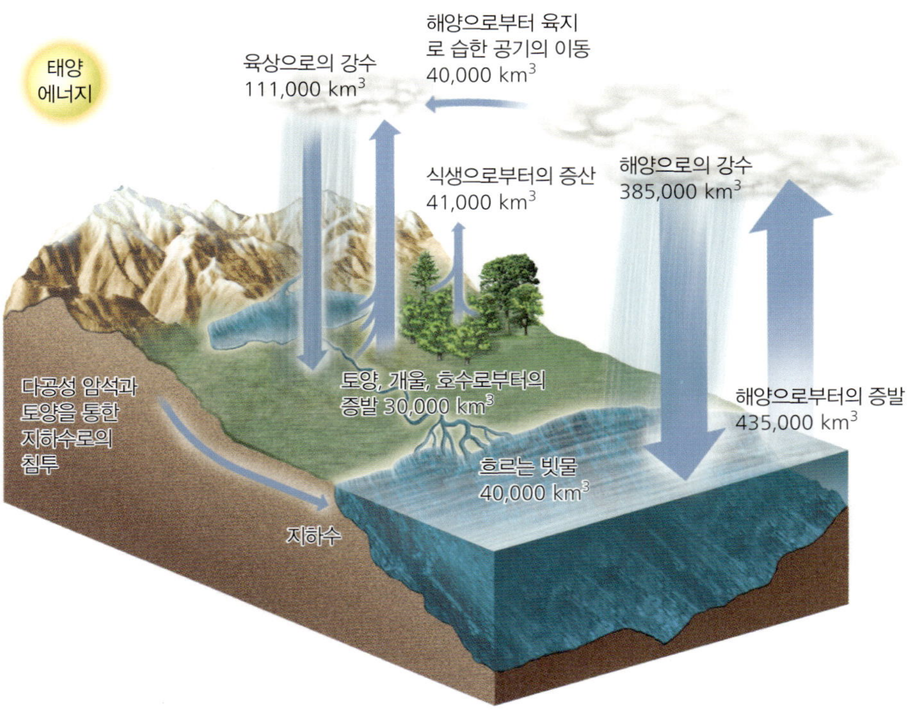

▲ **그림 2.17** 수문학적 순환. 대부분의 교환은 해양에서의 증발과 해양으로 되돌아가는 강수로 발생한다. 해양에서 증발하는 물의 약 1/10이 육상에 내리며, 육상계를 통하여 재순환되어, 궁극적으로 강을 통하여 다시 해양으로 배출된다.

구조적 성분이며, (2) 탄소 화합물의 화학결합은 대사에너지를 제공한다. 탄소순환은 이산화탄소(CO_2)를 흡수하는 광합성 생물로부터 시작된다(그림 2.18). 이를 탄소고정이라고 부르는데, 그 이유는 탄소가 기체상 CO_2로부터 이동성이 덜한 유기분자로 변화하기 때문이다. 탄소가 유기화합물로 병합되면, 재순환의 경로는 매우 빠르거나 극도로 느릴 수 있다. 과일 주스 한잔에서 여러분이 삼키는 단당류 분자에 어떤 일이 발생하는지 상상해보라. 당 분자는 혈류에 흡수되어, 세포호흡이나 더 복잡한 생물분자의 생산을 위하여 여러분 신체의 세포가 이용할 수 있다. 당이 호흡에 이용된다면 한 시간 또는 그 이내에 동일한 탄소를 CO_2로 내뿜거나, 식물은 내뿜은 CO_2를 그날 오후에 흡수할 것이다.

대신에 여러분의 신체는 당 분자를 여러분 세포 구조의 부분이 되는 더 큰 유기분자를 만드는데 사용할 수 있다. 당 분자의 탄소원자는 사망 후에 부패할 때가지 신체의 일부로 남아있을 수 있다. 비슷하게 1천년된 나무의 목질에 포함된 탄소는 진균이나 세균이 목질을 소화하여 호흡의 부산물로서 이산화탄소를 방출할 때만 방출된다.

때로 재순환은 매우 오랜 시간이 걸린다. 석탄과 석유는 수백만 년 전에 살았던 식물과 미생물이 압축되고 화학적으로 변형된 화석이다. 막대한 양의 탄소는 미세한 원생동물이나 산호 같은 해양생물의 껍질과 골격에 탄산칼슘($CaCO_3$) 형태로 고정된다. 지구의 광대한 지표 석회석 퇴적층은 고대 해양에서 생물학적으로 형성된 탄산칼슘이 지질학적 사건에 의하여 노출된 것이다. 석회석의 탄소는 수천 년간 격리되었으며, 이는 아마도 현재 해양 퇴적층에 퇴적되고 있는 탄소의 운명일 것이다. 궁극적으로 심해 퇴적층도 심층 용융층에 끌려들어가 화산활동을 통하여 방출되어 재순환된다. 지질학자들은 지구상의 탄소원자는 과거 40억년 동안에 30회 정도의 왕복을 했을 것으로 추정한다.

지질학적 형성물과 현재의 삼림을 포함한 탄소를 저장하는 물질을 탄소 싱크라고 한다. 이러한 싱크로부터 화석연료를 연소하여 대기로 CO_2를 주입하거나 넓은 삼림을 벌채하여 탄소가 방출될 때, 자연적인 재순환 시스템은 따라잡지 못할 수 있다. 이는 8장에서 논의되는 지구온난화 문제의 근원이다. 대신에 추가적인 대기 중 CO_2는 식물의 성장을 빠르게 하여 재순환 과정의 일부를 가속화시킬 수 있다.

질소순환

생물은 모두 질소를 포함하는 아미노산, 펩티드, 단백질이 없이는 존재할 수 없다. 따라서 질소는 생명체에 매우 중요한 영양분이다. 이는 질소가 가정과 농업용 비료의 주된 성분인 이유이다. 질소는 주변 공기의 약 78%를 구성한다.

식물은 공기 중에 가장 흔한 안정된 2원자 형태인 N_2를 이

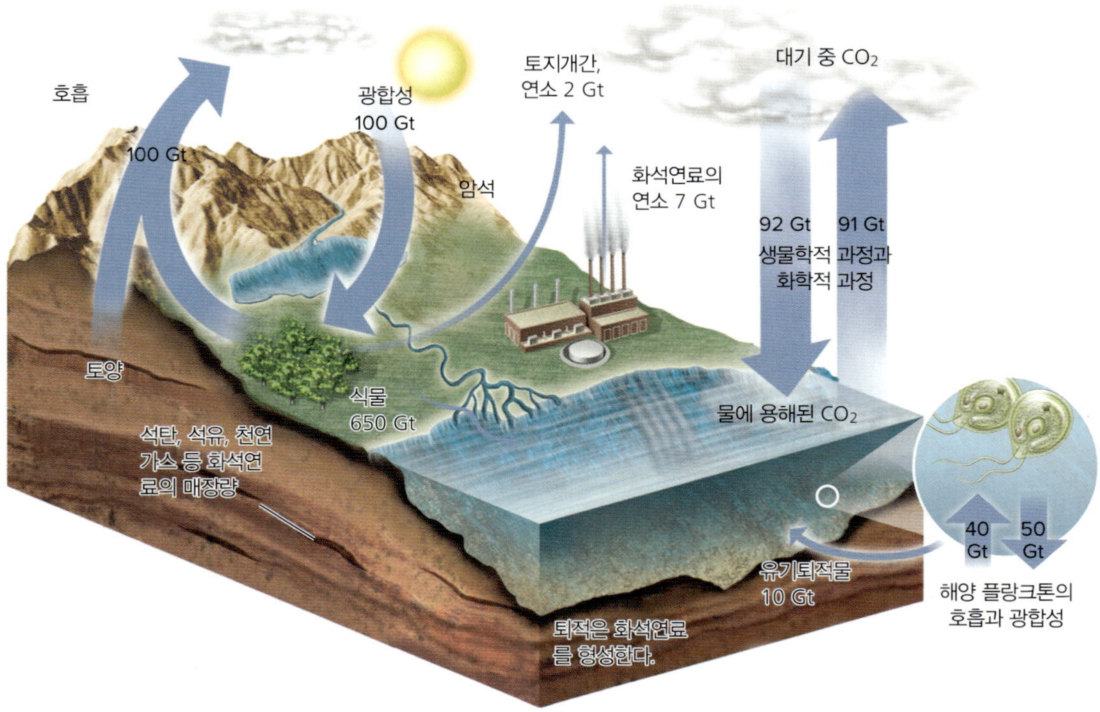

▲ **그림 2.18** 탄소순환. 숫자는 Gt 단위의 대략적인 연간 탄소 교환이다. 자연적인 교환은 균형이 잡히지만, 인간에 의한 공급원이 대기 중의 CO_2를 순증가시킨다.

용할 수 없다. 그러나 세균은 이용할 수 있다. 따라서 식물은 뿌리 내부와 주변에 사는 질소고정세균(일부 남조류 또는 시안세균을 포함)으로부터 질소를 획득한다. 이러한 세균은 질소를 고정, 또는 기체상 N_2를 수소와 결합하여 암모니아(NH_3)와 암모늄(NH_4^+)을 생성할 수 있다. 질소고정세균은 **질소순환**(nitrogen cycle)의 핵심적인 부분이다(그림 2.19).

다른 세균은 암모니아를 산소와 결합하여 아질산(NO_2^-)을 형성한다. 또 다른 집단의 세균은 아질산을 녹색식물이 흡수하여 사용할 수 있는 질산(NO_3^-)으로 변환한다. 식물세포는 질산을 암모늄(NH_4^+)으로 환원하며, 이는 펩티드와 단백질의 재료가 되는 아미노산을 형성하는데 이용된다.

콩과 식물(legume)과 다른 몇 식물은 뿌리 조직에 실제 살고 있는 질소고정세균으로 인하여 농업에 특이 유용하다(그림 2.20). 콩과식물과 그들과 연관된 세균은 토양에 질소를 추가하기 때문에, 질산을 이용하지만 대체할 수 없는 옥수수와 같은 작물과 간작하거나 윤작을 하는 것은 이러한 관계를 실질적으로 활용할 수 있는 유익한 농사방법이다.

질소는 몇 가지 경로를 통해 환경으로 재진입한다. 가장 명백한 경로는 생물의 사멸을 통한 것이다. 진균과 세균은 죽은 생물을 분해하여 암모니아와 암모늄 이온을 방출하고, 이들은 질산 형성에 이용된다. 그러나 생물은 환경에 단백질을 기부하기 위하여 죽을 필요는 없다. 식물은 잎, 솔잎, 꽃, 열매, 솔방울을 떨어뜨리며, 동물은 머리카락, 깃털, 피부, 외골격, 번데기 껍질, 거미줄 등을 흘린다. 동물은 또한 질소화합물을 포함한 대변과 소변 노폐물을 생산한다. 소변은 단백질 대사의 해독된 노폐물을 포함하기 때문에 질소가 특히 많다. 이러한 모든 생물의 부산물은 분해되어 토양 비옥도를 보충한다.

질소는 어떻게 대기로 재진입하여 순환을 완성한가? 탈질소세균은 질산(NO_3^-)을 대기로 되돌아가는 N_2와 아산화질소(N2O)로 분해한다. 따라서 탈질소세균은 이용할 수 있는 질산을 두고 식물 뿌리와 경쟁한다. 탈질소작용은 산소 가용도가 낮고 분해될 수 있는 유기물의 양이 많은 물에 잠긴 토양에서 주로 일어난다. 물에 잠긴 토양이 습지와 늪에 사는 많은 야생식물 종에게는 적합한 성장 조건이지만, 순화된 습지 초본인 벼를 제외하고 대부분의 경작되는 작물 종에는 적합하지 않다.

최근 들어 인간은 질소순환을 크게 변경시켰다. 합성비료를 사용하고, 질소고정 작물을 경작하고, 화석연료를 연소하면서 인간은 현재 모든 자연적인 토양과정을 결합한 것보다 산업적인 반응을 통하여 더 많은 질소를 암모니아와 질산으로 변환한다. 이러한 과도한 질소의 유입은 부영양화(eutrophication)라고 불리는 수체에서의 조류 대증식과 식물의 과도한 성장을 초래한다. 과도한 질소는 칼슘과 칼륨과 같은 토양 영양분이 심각하게 손실되도록 하며, 강과 호수의 산성화, 온실기체인 아산화질소의 대기 중 농도를 증가시킨다. 또한 토착 식물이 질소가

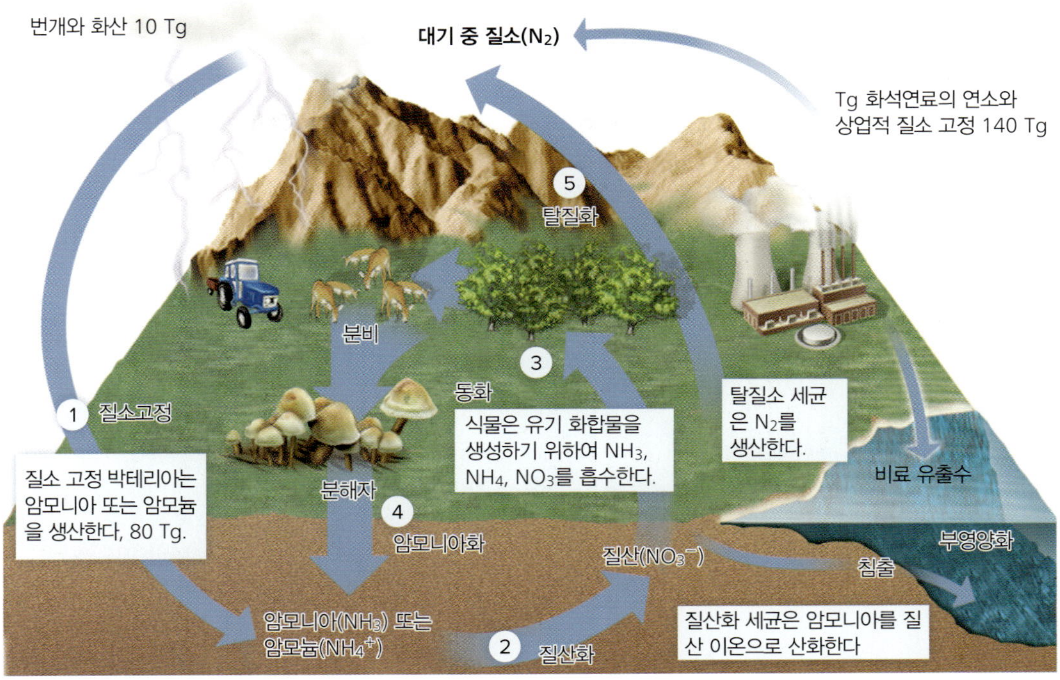

▲ **그림 2.19** 질소순환. 인간에 의한 질소고정 공급원(분자 질소의 암모니아 또는 암모늄으로 변환)은 자연 공급원에 비하여 현재 50% 정도 더 크다. 세균은 암모니아를 질산으로 변환하며, 식물을 질산을 유기질소를 생성하는데 이용한다. 궁극적으로 질소는 퇴적층에 저장되거나 분자질소로 다시 변환된다(1 Tg = 10^{12}g, or 0.001 Gt).

▲ **그림 2.20** 질소분자(N_2)는 이러한 콩과식물의 뿌리혹에서 이용 가능한 형태로 변환된다. 각각의 뿌리혹은 토양에서 질소를 콩과식물이 동화하여 아미노산을 만드는데 이용할 수 있는 형태로 변환하는 것을 도와주는 많은 세균을 포함하고 있는 대량의 뿌리조직이다.

출처: ©miyuki3/123RF

빈약한 환경에 적응된 대초원 등이 잡초로 뒤덮이도록 한다.

인은 궁극적으로 바다로 씻겨 내려간다

광물은 고대 해양의 퇴적물인 암석이나 염으로부터 방출된 이후에 생물이 이용할 수 있다. 생물에 특히 중요한 두 가지 광물 순환은 인과 황이다. 세포 수준에서 에너지가 풍부한 인을 포함하는 화합물은 에너지 전달 반응에 주로 참여한다. 인은 보통 물에 녹아서 운반된다. 생산자 생물은 무기 인을 흡수하여 유기분자로 통합하며, 소비자에게 전달한다. 이러한 방식으로 인은 생태계를 통하여 순환한다(그림 2.21).

암석과 광물 화합물로부터 인의 방출은 보통 매우 느리지만, 비료의 채광은 환경에서 인의 이용과 이동을 크게 가속화했다. 세제와 무기비료로 이용되는 대부분의 인 광석은 고대의 얕은 해저의 염 퇴적층에서 온다. 농업에 사용되는 대부분의 인은 강으로 배출되는 농경지 유출수나 인간과 동물의 노폐물로부터 해양으로 다시 돌아간다. 수백만 년에 걸쳐 이 인은 광물 퇴적층의 일부가 될 것이지만, 짧은 시간 규모에서는 많은 지구 과학자들이 인간이 가용한 인의 공급원을 소진하여 농업을 위험에 처하게 할 것이라고 우려한다.

질소와 함께 인은 중요한 제한 영양염이다. 이는 인이 과도한 양이 부영양화를 자극할 때 중요한 수질오염물질이 되도록 한다. 질소는 멕시코 만과 같은 해양생태계에서 제한요인이지만, 인은 이리 호(Lake Erie)와 같은 담수에서 더 흔히 문제를 일으킨다.

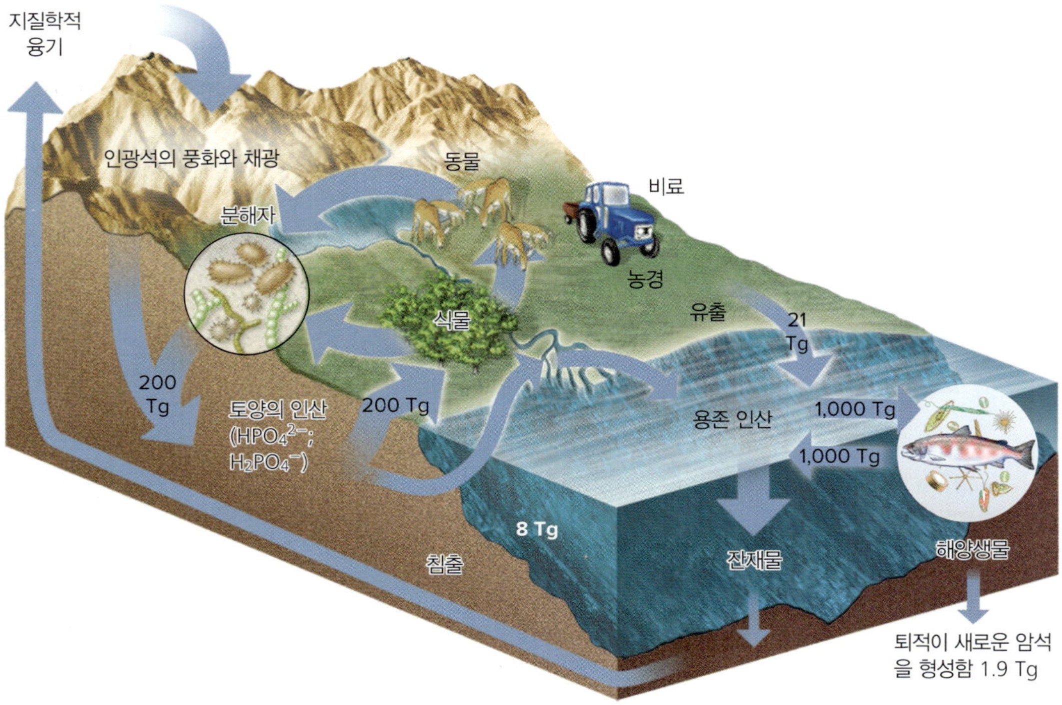

▲ **그림 2.21** 인 순환. 인의 자연적 이동은 적으며, 생태계 내에서의 재순환과 인을 함유하는 암석의 침식과 퇴적을 포함한다. 인산(PO_4^{-3})의 비료와 세제로서의 이용은 수서생태계의 인을 증가시켜 부영양화를 초래한다. 단위는 연간 Tg이다(1 Tg = 10^{12} g).

황 순환

황은 특히 단백질의 작지만 중요한 성분으로서 생물에 중요한 역할을 한다. 황 화합물은 강수, 표층수 및 토양의 산성도를 결정하는 중요한 인자이다. 부가하여 미세한 대기 중 비말은 지구 기후의 중요한 조절자 역할을 한다. 지구의 대부분의 황은 이황화철(황철광)과 황산칼슘(석고)과 같은 암석과 광물로 지하에 묶여있다. 풍화, 심해저 열수광상으로부터의 방출, 화산 폭발은 무기 황을 대기와 물로 방출한다(그림 2.22).

황 순환은 황이 가질 수 있는 다양한 산화상태로 인하여 복잡하며, 황화수소(H_2S), 이산화황(SO_2), 황산이온(SO_4^{2-}) 등을 생성한다. 무기적 과정이 이러한 변환의 대부분을 일으키지만, 특히 세균과 같은 생명체도 황을 생물 퇴적층에 격리하거나 환경으로 방출한다. 여러 종류의 황세균 중에 주어진 상황에서 어느 것이 지배적인가는 산소 농도, pH 수준, 빛 수준에 달려있다.

인간 활동도 주로 화석연료의 연소를 통하여 대량의 황을 방출한다. 총 연간 인위적인 황 배출량은 자연적 과정의 배출량에 필적하며, 산성비(화석연료를 사용한 결과로 생산되는 황산에 의하여 초래되는)는 많은 지역에서 심각한 문제이다(9장 참조). 이산화황과 황산 에어로졸은 인간의 건강문제, 건물과 식생의 손상, 가시도의 감소를 초래한다. 에어로졸은 자외선(UV) 방사를 흡수하며 도시를 냉각하는 구름 덮개를 생성하여 CO_2 증가에 의한 온실효과를 상쇄할 수 있다.

흥미롭게도 해양 식물플랑크톤의 생물학적 황 배출은 지구 기후조절에 역할을 할 수 있다. 온난한 해수에서 미세한 단세포 생물은 디메틸설파이드(DMS)를 방출하며, 이는 대기 중에서 SO_2를 거쳐 SO_4^{2-}로 산화된다. 이러한 황산 에어로졸은 구름 방울의 응축 핵으로 작용하며 지구의 반사율(albedo)을 증가시켜 지구를 냉각한다. 태양광이 적게 투과하여 해양 온도가 감소하면, 식물플랑크톤 활동이 감소하여, DMS 생산이 줄어 구름이 사라진다. 따라서 생물학적 황 배출의 절반을 차지하는 DMS는 온도가 모든 생명에 적합한 범위 내로 유지하는 되먹임 기작 중의 하나이다.

결론

물질과 에너지의 이동 및 포획은 지구의 생명환경을 유지한다. 에너지는 변환되면서 저하되기 때문에 시스템을 통하여 이동하면서, 세포에 저장된 화학에너지로부터 운동에너지와 열에너지로 방출되어 소산된다. 그러나 물질은 생태계 내에서 끊임없이 재순환된다. 세포와 생물을 구성하는 원소도 대기와 지질 시스템을 통하여 순환되며 이를 생지화학적(biogeochemical) 순환이라고 한다.

1차 생산자는 생태계를 부양하는 에너지와 물질을 포획한다. 거의 대부분의 생태계는 녹색식물에 의존하며, 녹색식물은 복사 태양에너지를 포획하여, 대기의 탄소와 물 그리고 주로 토양의 물과 영양분을 이용하여 유기 화합물에 결합한다. 질소와 인 같은 영양염은 소량이지만 에너지 저장과 세포 사이의 에너지 교환을 도와주는 유기 화합물의 필수적인 성분이다. 초식동물과 이를 먹은 포식자와 같은 소비자는 1차 생산자를 먹음으로써 에너지와 영양분을 포획한다. 에너지는 꾸준히 소산되기 때문에, 소비자를 부양하기 위해서는 수많은 1차 생산자가 필요한다. 먹이 피라미드는 각각의 연속적인 영양단계에서 존재할 수 있는 생물의 수가 빠르게 감소하는 것을 묘사한다.

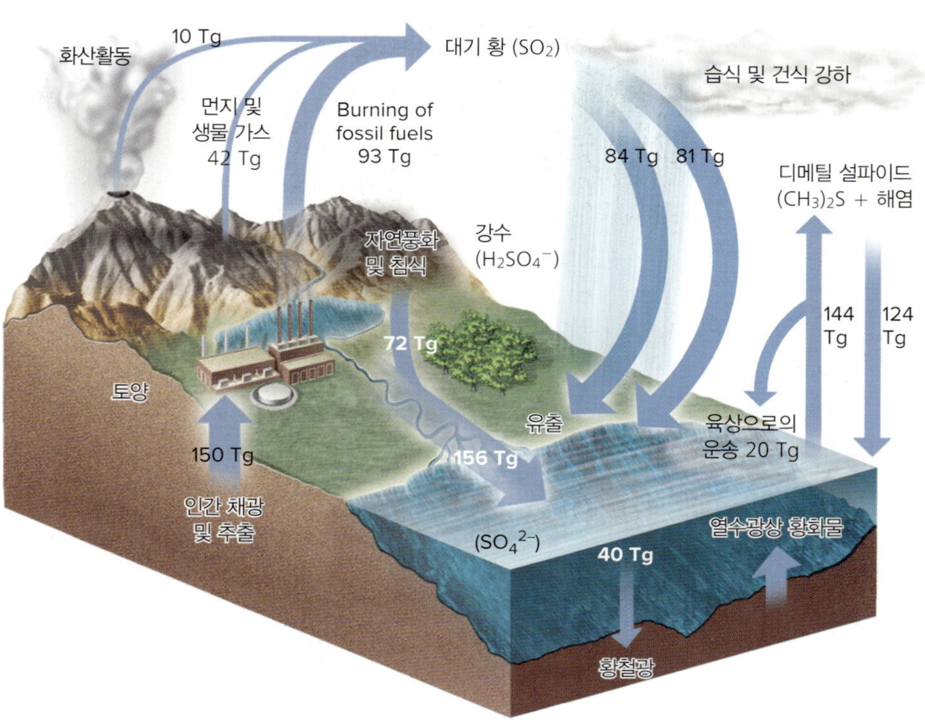

▲ **그림 2.22** 황 순환. 황은 주로 암석, 토양 및 물에 존재한다. 황은 생물이 섭취할 때 생태계를 통하여 순환한다. 화석연료의 연소는 대기 중 황 화합물의 수준을 증가시켜 산성강하와 연관된 문제를 초래한다.

에너지와 물질이 지구 시스템과 생태계를 통하여 어떻게 순환되는지에 대한 원리는 대부분 환경과학의 기초이다. 이러한 원칙은 멕시코 만이 미시시피 강 분지의 농경지로부터 질소 유입에 의하여 불안정화 되는지를 이해하도록 도우며, 또한 크릴과 같은 수십억의 미세한 생물이 생태계 내의 모든 다른 생물에 그렇게 필수적인지를 이해하도록 도와준다. 이러한 원칙은 다음 장에서 탐구할 모든 주제인 개체군 역학, 수질 및 생물다양성과 같은 문제를 이해하는데 도움이 된다.

연습 문제 *PRACRICE QUIZ*

1. 멕시코 만의 부영양화를 초래하는 가장 중요한 2가지 영양염은 무엇인가?
2. 시스템은 무엇이며, 되먹임 루프는 어떻게 시스템을 조절하는가?
3. 여러분의 신체는 막대한 수의 탄소 원자를 포함한다. 이러한 탄소의 일부가 선사시대 생물 신체의 부분이었을 가능성이 있을까?
4. 물의 6가지 독특한 성질을 열거하시오. 이러한 성질이 어떻게 물이 우리가 알고 있는 생명에 필수적으로 만드는지 간단하게 설명하시오.
5. DNA는 무엇이며, 왜 중요한가?
6. 해양은 막대한 양의 열을 저장하지만, 이러한 에너지의 거재한 저장소는 인간에게 거의 소용이 없다. 고품질 에너지와 저품질 에너지 사이의 차이점을 설명하시오.
7. 생물권에서 물질은 순환 경로를 따르며, 반면에 에너지는 직선 방식으로 흐른다. 이에 대하여 설명하시오.
8. 인간의 눈은 어떤 파장에 반응한가? 그 이유는 무엇인가? (그림 2.13 참조) 초음파 파장에 비교하여 짧은 자외선은 파장의 길이가 어떻게 되는가?
9. 극한생물은 어디에서 서식하는가? 그들은 생존에 필요한 에너지를 어떻게 얻을까?
10. 생태계는 기능하기 위하여 에너지를 요구한다. 이 에너지의 대부분은 어디에서 오는가? 그 에너지는 어디로 가는가?
11. 녹색식물은 어떻게 에너지를 포획하며, 그들은 포획한 에너지를 어떻게 하는가?
12. *종*, *개체군* 및 *생물군집*이라는 용어를 정의하시오.
13. 왜 크고 사나운 동물은 귀한가?
14. 대부분의 생태계는 최하 영양단계에 많은 생물을 가지고 꼭대기에 소수의 개체만을 가지고 있는 피라미드로 시각화될 수 있다. 거꾸로 된 수의 피라미드 예를 들어보시오.
15. 그림 2.18의 인간에 의해 유발되는 대기 중으로 탄소 방출의 비율은 육상 호흡에 의하여 방출되는 양과 비교하여 어떻게 되는가?

비판적 사고와 토론 *CRITICAL THINKING AND DISCUSSION*

다른 학생들과 이러한 문제를 토의하기 위하여 이 장에서 학습한 원칙을 적용하시오.

1. 생태계는 모든 것을 한꺼번에 공부할 수 없기 때문에 종종 편의성의 문제로 정의된다. 여러분이 살고 있는 생태계의 특징과 경계를 어떻게 묘사할 것인가? 어떤 관점에서 여러분의 생태계는 개방생태계인가?
2. 일상생활에서 엔트로피를 증가시키는 실질적인 예를 몇 가지 생각하시오. 어질러진 방은 실제로 열역학이 작용하는 증거인가 아니면 단순히 개인적인 선호인가?
3. 일부 화학결합은 약하고 매우 짧은 반감기(어느 경우 몇 분의 1초)를 가지며, 다른 결합은 강하고 안정적이어서 수년간 심지어는 수백 년간 지속된다. 만약 모든 화학결합이 매우 약하거나 극도로 강하다면 세계는 어떻게 될까?
4. 여러분이 생태계 내의 생산자와 소비자의 상대적인 생물량을 평가하는 연구과제를 설계해야한다면, 무엇을 측정해야 할까? (*참고*: 이는 자연계나 인공계 모두 가능함)
5. 저장 구획을 이해하는 것인 탄소 순환과 같은 물질순환을 이해하는 데 필수적이다. 여러분이 뒤뜰을 돌아보면 얼마나 많은 탄소저장 구획을 찾을 수 있는가? 어느 것이 가장 큰가? 어느 것이 가장 오래 유지되는가?

데이터 분석 그래프 작업 *DATA ANALYSIS working with graphs*

1. 어떤 형태의 N을 식물이 흡수하는가? 식물은 대기에서 N_2를 포획할 수 있는가?
2. 2.5절을 참고하라. 어떻게 N_2가 대기에서 먹이그물로 포획 또는 고정되는가?
3. 대부분의 과정은 정량화하기 어렵지만, 여기에 나타낸 그림은 화석연료 연소와 상업적 N 고정, 그리고 세균에 의한 N 고정의 대략적인 양을 보여준다. 이러한 항목들은 무엇을 의미하는가? 각각의 규모는 무엇인가? 차이는 무엇인가?
4. 만약 인위적 과정이 생물권과 수권에 대기 질소의 유입을 증가시킨다면, 이러한 N은 어디로 가는가? (*힌트*: 이 장 앞의 사례 연구를 참고하십시오.)
5. 왜 질소는 살아있는 유기체에 그렇게 중요한가?
6. 해양 시스템에서 질소는 종종 제한 요인이다. 제한 요인이란 무엇인가? 해양 시스템에서 질소의 공급을 증가시킨 결과는 무엇인가?

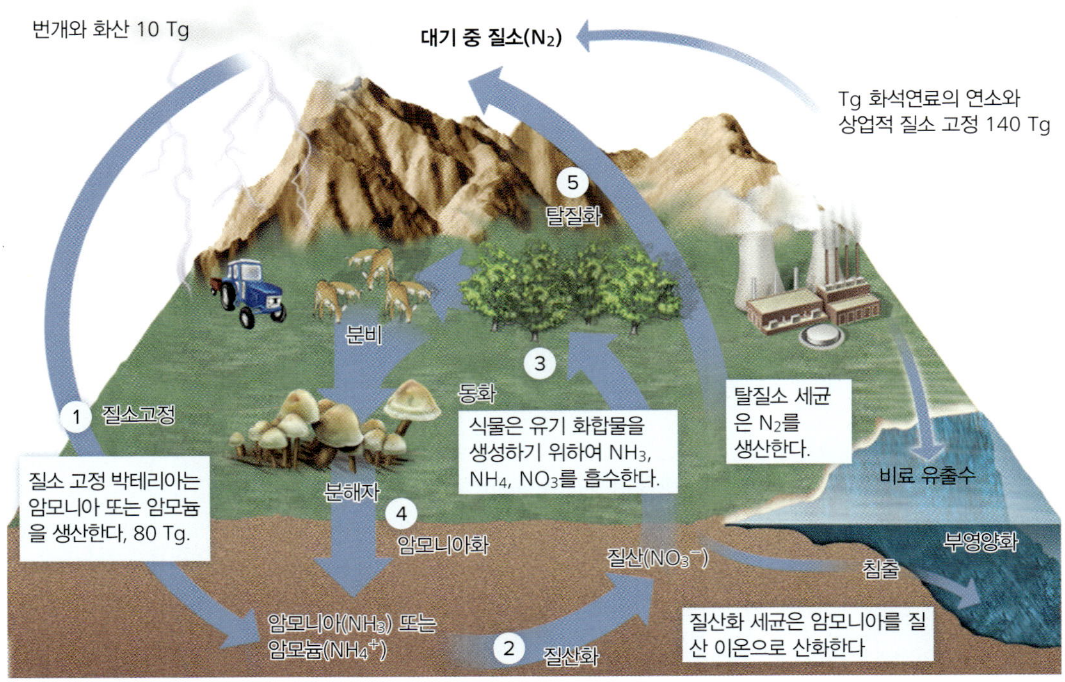

▲ 생물계와 무생물계를 통한 질소 순환. 이 생지화학적 순환은 생태계가 어떻게 기능하는지에 크게 영향을 미치기 때문에 이해하는 것이 중요하다.

CHAPTER

3 진화, 종의 상호작용, 생물군집

Evolution, Species Interactions, and Biological Communities

학습 성과 *Learning Outcomes*

이 장을 학습한 후에 여러분은 다음 질문에 대답할 수 있어야 한다:

- 종 다양성은 어떻게 발생하는가?
- 내성 한계는 무엇을 의미할까? 예를 드시오.
- 상호작용은 어떻게 종을 도와주기도 하고 방해하기도 하는가?
- 종은 왜 그들의 생물적 잠재력까지 항상 번식하지 않을까?
- 종 다양성과 군집 안정성 사이의 관계는 무엇인가?
- 무엇이 교란이고, 교란은 어떻게 군집에 영향을 미치는가?
- 생태적 천이에 대하여 설명하고, 각 단계의 예를 제시하시오.

갈라파고스(Galápagos) 제도는 생물학적 다양성과 종 상호작용을 검토하는 우연한 실험실을 제공했다.

©Jesse Kraft/123RF

사례 연구 *Cace Study*

자연선택과 갈라파고스 핀치(되새; finch)

갈라파고스 제도는 남아메리가 본토에서 거의 1,000 km 떨어진 멀리 고립된 작고 건조한 화산섬의 군도이다. 이러한 작고 암석으로 이루어진 섬들은 많은 열대 섬에서 볼 수 있는 풍부한 생명이 결여되어 있지만, 다윈(Charles Darwin)이 진화, 생물다양성 및 생물학 일반에 대한 이해에 혁명을 일으킨 장소로서 유명하다. 그 이유는 무엇인가?

다윈(1809~1882)은 비글호(Beagle)의 박물학자로 근무할 때 1835년 갈라파고스 제도를 방문했다. 그의 임무는 일반적인 흥미를 위하여 표본을 채취하고 관찰을 기록하는 것이었다. 그는 갈라파고스에서만 살고 있는 일부 특이한 생물을 발견했으며 일부는 한두 개의 섬에서만 발견되었다. 거대한 육지 거북이 나무 크기의 선인장을 먹었다. 독특한 해양 이구아나는 암석 여울목에서 긁어낸 조류를 먹고 살았다. 바다 새는 인간을 두려워하지 않아 다윈이 둥지로부터 집어낼 수 있었다. 섬에는 또한 외관, 먹이 선호도 및 서식지가 현저히 다른 다양한 작은 갈색 핀치가 있었다. 대부분의 핀치는 작은 씨앗을 먹지만, 갈라파고스에는 앵무새 같은 부리를 가지고 과일을 먹는 핀치; 무겁고 분쇄하는 부리를 가지고 씨앗을 먹는 핀치; 먹이를 잡을 수 있는 얇고 탐침 부리로 곤충을 먹는 핀치가 있었다. 딱따구리 핀치는 심지어 숨겨진 곤충을 잡기위해 나무껍질을 쪼았다. 딱따구리의 긴 혀가 없기 때문에, 핀치는 곤충을 추출하는 도구로 선인장 가시를 사용했다.

다른 박물학자들과 마찬가지로 다윈은 그러한 다양성이 어떻게 생겨났는지에 대한 질문에 흥미를 갖게 되었다. 당시 대부분의 유럽인들은 수천 년 전 신의 창조 순간부터 모든 생명체가 변하지 않고 존재했다고 믿었다. 그러나 다윈은 남아메리카에서 사라진 생물의 화석을 관찰했다. 그리고 그는 지질학자 라이엘(Charlie Lyell, 1797~1875)의 새로운 이론을 읽었으며, 라이엘은 화석은 세상이 이전에 생각했던 것보다 훨씬 오래되었고 종은 점진적이지만 심오한 변화를 겪을 수 있다고 주장했다. 다윈은 영국으로 돌아온 후에도 계속해서 갈라파고스 표본을 깊이 생각했다. 그들은 다른 섬의 특정한 먹이 자원에 적응된 것처럼 보였다. 이 새들은 관련이 있는 것처럼 보였지만, 어쨌든 다른 조건에서 생존하도록 변형되었다.

다윈은 개 육종가가 특정한 특성을 선택함으로써 닥스훈트에서 그레이트데인에 이르기까지 새로운 품종의 개를 만들었다는 것을 관찰하면서 "자연선택"이 종의 기원을 설명 할 수 있다고 제안했다. 개 육종가가 긴 다리 또는 짧은 코와 같은 특정 특성을 가진 개체를 선호하는 것처럼, 특정 지역의 환경 조건은 특정한 특성을 선호 할 수 있다. 큰 종자만 이용할 수 있는 섬에서는 평균적으로 부리가 큰 핀치가 부리가 작은 개체보다 먹이를 먹고 번식하는 데 더 많은 성공을 거둘 수 있었다. 따라서 제한된 식량 자원에 대한 경쟁은 개체군에서 특정한 특성의 우세를 설명 할 수 있다. 다윈은 이 아이디어를 맬서스(Thomas Malthus) 목사의 *"인구 법칙에 관한 소론"*(Essay on the Principle of Population, 1798)에 따라 식량 부족(전쟁과 질병과 함께)으로 인해 항상 제어되고 있다고 주장했다. 다윈은 자신의 환경에 적합한 특성을 가진 개체는 희소한 자원을 위한 최고의 경쟁자라고 제안했다. 그 개체가 생존하고 번식함에 따라, 그들의 특성은 결국 개체군에서 흔해지게 되었다.

자연선택에 의한 진화에 대한 설명은 150년간의 관찰과 실험에 의해 뒷받침되었으며, 다윈의 이론은 종의 변이에 대한 수많은 예에 대한 설명을 제공해 왔다. 예를 들어, 오늘날은 고전인 경쟁에 대한 연구에서 생태학자 랙(David Lack)은 여러 섬에서 핀치 부리의 크기와 모양을 주의 깊게 측정하여, 부리가 자원에 따라 어떻게 다른지 확인했다. Lack은 부리가 자원에 따라 다양할 뿐만 아니라 여러 종이 그 자원에 대해 경쟁하는 경우에 더 특화됨을 보여 주었다. 두 핀치 종인 *Geospiza fuliginosa*와 *Geospiza fortis*가 Daphne Major 섬과 Los Hermanos 섬에서 따로 나왔을 때 둘 다 적당한 깊이(두께)의 부리를 가졌다. 그러나 두 종이 공존하는 섬에서는 부리 크기가 극단으로 변화하여, 식량자원 경쟁을 최소화하는 변화가 일어났다(그림 3.1). 세 종이 공존했을 때, 경쟁을 최소화하기 위해 특성이 다시 바뀌었다. 따라서 종들 사이의 경쟁은 부리 형질의 변화로 이어졌다. 다윈의 갈라파고스핀치 중에서, 현재 13종의 종이 알려져 있으며, 아마

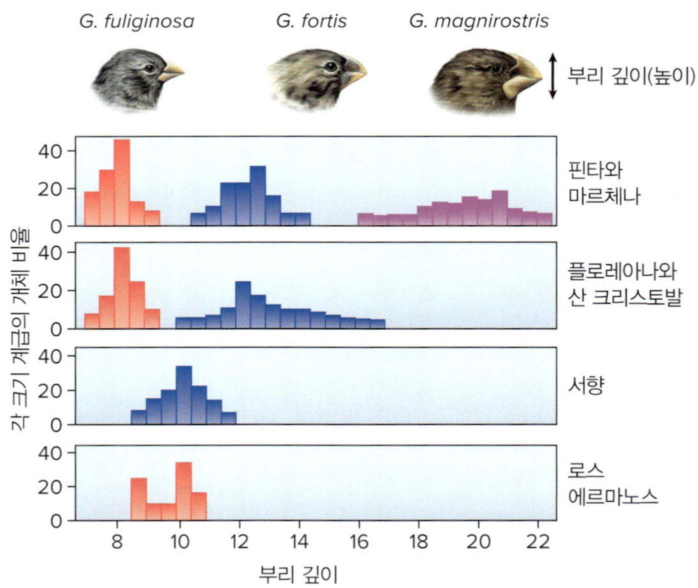

▲ **그림 3.1** 두 종의 핀치는 따로 따로 나타날 때는 비슷한 부리를 가지고 있지만(Daphne와 Los Hermanos 섬에서), 부리 크기는 다른 섭식전략을 전문으로 하면서 함께 있을 때 부리 크기가 바뀐다. 3종의 핀치가 공존 할 때, 섭식전략과 부리 크기가 더욱 차별화된다.

출처: Lack, D., Darwin's Finches. Cambridge University Press, 1947

사례 연구 *Cace Study* (계속)

도 비슷한 종이 아직 남아있는 남미에서 섬으로 날아간 뒤 씨앗을 먹는 조상에서 유래한 것으로 추정된다.

자연선택을 통한 종의 진화는 이제 생태학에서 의학 및 보건의료에 이르기까지 생물학과 많은 하위 분야의 초석이 되었다. 이후의 발견은 많은 세부 사항을 채웠다. 특히 1950년대에 DNA가 발견되면서 유전자의 무작위 돌연변이(변화)가 어떻게 자연선택이 작용하는 개체군의 변화를 설명 할 수 있는지 이해할 수 있었다. 이 장에서 우리는 종과 군집이 그들의 환경에 적응하는 몇 가지 방법을 살펴보자. 또한 개체군이 상호작용하는 방식과 어떤 종을 풍부하게 만들고 다른 종은 희귀하게 만드는 적응에 대하여 알아보자.

FURTHER READING

Lack, D. 1947. *Darwin's Finches*. Cambridge University Press.
Stix, Gary. 2009. Darwin's living legacy. *Scientific American* 300(1): 138-3. ■

3.1 진화는 다양성으로 이어진다

- *진화는 무작위 돌연변이와 자연선택에서 비롯된다.*
- *제한요인은 종종 자연선택을 유발한다.*
- *종의 적소(niche)는 생태계에서 분포를 결정하는 요인일 뿐 아니라, 생태계에서의 역할이다.*

지구가 우리 주변에서 볼 수 있는 놀라운 생물학적 다양성을 지지하는 이유는 무엇인가? 어떤 환경에서 어떤 종이 생존할 수 있는지, 어떤 종은 왜 풍부하고 다른 종은 드문가? 이는 생태학과 생물학, 그리고 개체군생물학과 같은 하위 분야에서 개체군이 왜 성장하고 감소하는지에 대한 근본적인 질문이다. 이 장에서 우리는 우리를 둘러싼 특별한 생명의 다양성을 만들어 낸 기작을 살펴본다. 또한 특정한 특성으로 인해 일부 종이 희귀하고 전문화되는 반면, 다른 종은 과다한 "잡초"와 인구 분포 범위 또는 풍요로움의 변화를 초래하는 과정을 고려한다. 먼저, 기초부터 시작한다: 종은 어떻게 발생하는가?

자연 선택과 적응은 종을 변경한다

북극곰은 길고, 햇볕이 들지 않고, 초저온인 북극 겨울을 어떻게 견뎌낼까? 키가 큰 선인장은 어떻게 사막의 혹독한 기온과 극심한 가뭄에서 살아남는기? 각각의 종은 생존에 도움이 되는 물려받은 특징 또는 특성을 가지고 있다. 북극곰은 열을 포획하는 모피, 단열 지방층, 수영을 위한 넓은 발, 흰 머리카락을 가지고 있어 먹이가 되는 물개에게 거의 보이지 않는다. 키가 큰 선인장은 대부분의 식물을 죽일 수 있는 조건에서 살아남는 데 도움이 되는 특별히 적응된 잎(가시), 물을 보유하는 세포, 광합성에서 물을 절약하는 메커니즘 및 기타 특성을 가지고 있다. 종에서 이러한 유리한 특성의 획득을 **적응**(adaptation)이라고 한다.

적응은 한 세대에서 다음 세대로 전달되는 특성을 가진 개체군의 변화를 포함한다. 이것은 환경 변화에 따른 개별 생물의 변화인 순응과는 다르다. 예를 들어, 여름을 밖에서 보내면 햇빛에 적응할 수 있다. 피부는 햇빛으로부터 보호 해주는 짙은 색소의 농도를 증가시킨다. 이는 일시적인 변화이며, 일시적인 변화는 다음 세대에 전달되지 않는다. 그러나 피부 색소를 생산하는 능력은 유전된다. 햇볕이 강렬한 환경에 사는 개체군의 경우, 피부 색소를 생산할 수 있는 능력이 좋은 개체는 색소 생산 능력이 부족한 개체보다 번성하거나 생존할 가능성이 더 높으며, 그 특성은 다음 세대에서 점점 더 흔하게 된다. 주위를 둘러보면 수많은 적응의 예를 찾을 수 있다. 예를 들어 기린의 독특한 긴 목은 우연히 긴 목을 가진 개체가 키 큰 나무의 잎을 먹는데 유리하게 발전했다(그림 3.2).

이 과정은 찰스 다윈(Charles Darwin)의 1859년에 발간된 책인 "*자연선택에 의한 종의 기원*(On the Origin of Species by Means of Natural Selection)"에 자세히 설명되어 있다. 다윈은 당시의 가장 큰 과학적 질문 중 하나인 자연 변이의 기원을 관찰하고 숙고한 많은 사람들 중 하나였다. 그는 개체가 제한된 자원을 놓고 경쟁하기 때문에 종이 세대에 따라 변한다고 결론지었다. 개체군의 더 나은 경쟁자들은 생존할 가능성이 높으며, 자손을 생산할 수 있는 잠재력이 더 크다. 우리는 **자연선택**(natural selection)이라는 용어를 유용한 특성을 가진 개체가 그 특성을 다음 세대에 전달하는 반면, 다른 개체들은 덜 성공적으로 번식하는 과정을 말하는데 사용한다.

우리는 이제 이러한 특성이 개체의 DNA 일부인 유전자로

▲ **그림 3.2** 기린은 이전 세대에 목이 긴 개체가 음식을 찾고 번식하는 데 이점이 있었기 때문에 목이 길다. 이 특성은 개체군에서 고정되었다.
출처: ©mattiaath/123RF

▲ **그림 3.3** 키 큰 선인장의 북쪽 한계는 부분적으로 빙점 온도에 대한 낮은 내성으로 제어된다. 어떤 경우에는 성체 식물에서 서리 손상이 보이지 않을 수 있지만, 번식을 감소하여 분포를 제한할 수 있다.
출처: ©William P. Cunningham

암호화되어 있음을 알고 있다. 모든 유기체에는 수천 개의 유전자가 있다. 때로는 DNA가 복제될 때 무작위 변화가 발생한다. 이러한 무작위 변화("돌연변이")가 생식세포에서 발생하면 자손에게 전달된다. (암과 같은 비생식 세포의 돌연변이는 유전되지 않다.) 대부분의 돌연변이는 적합성에 거의 영향을 미치지 않으며, 일부는 부정적인 영향을 줄 수 있다. 그러나 일부는 개체가 새로운 자원을 이용하거나 새로운 환경 조건에서 더 성공적으로 생존할 수 있도록 돕는 데 유용하다. 우리는 이제 시간이 지남에 따라 축적되는 많은 작은 돌연변이로 인한 새로운 종이 발생하는 것을 이해한다.

제한 요인은 종 분포에 영향을 미친다

유기체의 생리와 행동은 특정 환경에서만 생존 할 수 있도록 한다. 온도, 수분 수준, 영양분 공급, 토양 및 물 화학, 서식 공간 및 기타 환경 요인은 유기체가 지속될 수 있는 적절한 수준이어야 한다. 일반적으로 임계 제한 요소는 유기체가 어디에서나 확장되지 못하게 한다. 제한 사항은 (1) 습기, 빛, 온도, pH 또는 특정 영양소와 같은 부적절한 수준의 임계 환경 요인으로 인한 생리적 스트레스; (2) 다른 종과의 경쟁; 및 (3) 기생충 및 질병을 포함한 포식을 포함한다. 이들 중 하나가 다른 환경에서 한 종을 구속 할 수 있다. 예를 들어, 멕시코 만과 같은 수서환경에서 영양염은 종종 제한요소이다(2장 참조). 질소 또는 인의 유입은 조류가 급증하게 하며, 조류의 군집이 수층에서 햇빛을 차단할 때까지 계속된다. 그러면 태양 에너지가 제한 요소가 되고 광합성 할 수 없는 조류는 빠르게 사멸한다.

1840년에 화학자 리비히(Justus von Liebig)는 수요에 비해 공급이 가장 적은 단일 요소가 종이 어디에서 서식하는지를 결정하는 **임계 요소**(critical factor)라고 제안했다. 예를 들어, 남부 애리조나와 멕시코 북부의 건조하고 더운 소노란 사막에서 자라는 거대한 선인장(*Carnegiea gigantea*)은 극심한 열과 가뭄, 강렬한 햇빛 및 영양이 부족한 토양에 내성이 있지만, 몹시 추운 온도에는 매우 민감하다(그림 3.3). 12시간 이상 빙점 온도 이하 겨울밤은 가지의 성장점을 죽여서 추가 발달을 방해한다. 이러한 민감도로 인해 키 큰 선인장의 북방 한계는 영하의 온도가 반나절 미만으로 지속되는 지역으로 한정된다.

생태학자 셸포드(Victor Shelford; 1877~1968)는 나중에 각 환경 요소가 특정 종이 생존하거나 번식할 수 없는 최소 및 최대수준인 **내성한계**(tolerance limits)를 가지고 있다고 밝혀 Liebig의 법칙을 확장했다(그림 3.4). Shelford는 이러한 생존 한계에 가장 가까운 하나의 요소는 특정 유기체가 살 수 있는 장소를 제한하는 중요한 요소라고 가정했다. 한 때 생태학자들은 모든 식물과 동물 개체수의 성장을 제한하는 유일한 요소를 찾아내려고 했다. 우리는 이제 함께 작용하는 몇 가지 요소가 일반적으로 종의 분포를 결정한다는 것을 알고 있다. 뉴잉글랜드 또는 퍼시픽 노스웨스트의 바위 해안을 탐험한 적이 있다면 아마도 홍합과 따개비가 조간대(고조와 저조 사이)에서 두껍게 자라는 것을 보았을 것이다. 극한의 온도, 조석 사이의 건조 시간, 염도, 경쟁자 및 먹이 가용성을 포함한 여러 요인들이 동물의 분포를 결정한다.

일부 종에서는 내성 한계가 성체와는 다르게 유생의 분포에 영향을 미친다. 예를 들어 사막 복어는 북부 소노란 사막의 따뜻한 샘물에서 소규모의 고립된 개체군으로 산다. 성어는 0°에서 42°C 사이의 온도 (어류의 경우 놀랄 만한 온도 범위)에서 생존할 수 있으며 동일하게 광범위한 염분 농도도 견딜 수

벤치마크 데이터	
다음은 이 장의 아이디어와 숫자 중에서 기억할 가치가 있는 몇 가지 사항이다.	
r; K	성장률; 수용용량
$dN/dt = rN$	지수 성장률
$dN/dt = rN (K - N)/K$	대수 성장률
20 kcal/m²/year	열대우림의 1차생산성
2 kcal/m²/year	툰드라 또는 온대 초원

있다. 그러나 알과 치어는 20°에서 36°C 사이에서만 생존할 수 있으며 높은 염분 수준에서 사멸한다. 따라서 번식은 성어 범위의 작은 부분으로 제한된다. 대체로 성체보다 유생(또는 유충 또는 묘목)이 염분 및 기타 요인에 더 민감하다.

때로는 종의 생존에 필요한 것과 내성은 일반적인 환경 특성의 유용한 지표이다. 예를 들어 지의류(이끼)와 동부 백송(흰소나무)은 각각 이산화황과 오존에 매우 민감하다. 따라서 지의류 또는 백송의 유무는 이러한 오염물질이 그 지역에 많이 존재하는지 여부를 나타낼 수 있다. **지표종**(indicator species)은 생물의 민감도가 한 지역의 환경 조건을 말해주는 일반적인 용어이다. 마찬가지로 낚시꾼들은 시원하고 깨끗하며 산소가 많이 함유 된 물이 송어에 필요하다는 것을 알고 있다. 송어의 유무는 수질지표로 사용된다. 송어가 사는 하천은 송어의 존재가 하천 생태계가 전체적으로 건강하다는 것을 나타내기 때문에 종종 특별한 주의로 보호된다.

적소는 종의 역할과 환경이다

서식지(Habitat)는 특정 생물이 사는 장소 또는 환경 조건의 세트를 설명한다. **생태적 적소**(ecological niche)는 더 기능적인 용어로 생물학적 군집에서 어떤 종의 역할과, 그 분포를 결정하는 환경적 요인을 모두 설명한다. 적소 개념은 영국 생태학자 엘튼(Charles Elton, 1900~1991)에 의해 1927년에 처음 정의되었다. 엘튼에게 각 종은 생물 군집에서 역할을 가지며, 적소는 먹이를 획득하는 방법, 다른 종과의 관계 및 그것이 지역 사회에 제공하는 서비스로 정의했다.

30년 후, 미국의 호소학자 허친슨(G. E. Hutchinson; 1903~1991)은 적소에 보다 물리학적이고 생물학적인 정의를 제안했다. 그는 모든 종은 온도, 조도, 산도, 습도 또는 염분과 같은 물리적, 화학적 조건의 범위 안에 존재한다고 지적했다. 또한 포식자 또는 먹이의 존재 또는 영양 자원의 가용성과 같은 일련의 생물학적 상호작용 내에 존재한다.

일부 종은 광범위한 조건에 내성이 있거나 광범위한 자원을 이용한다. 이 종은 **일반종**(generalist)으로 알려져 있다(그림 3.5). 흑곰(*Ursus americana*)은 잡식성이고 개체수가 풍부하며 북미 산림지역에 넓게 서식하는데 다수의 일반종들은 북미 삼림 지역 대부분에 걸친 넓은 지리적 범위를 가지고 있다. 때때로 일반종은 쥐, 바퀴벌레 또는 민들레와 같은 "잡초"종이나 해충인데, 그 이유는 그들이 다양한 환경에서 잘 성장하기 때문이다.

자이언트 판다(*Ailuropoda melanoleuca*)와 같은 종은 **전문종**(specialist)이며 생태학적 적소가 좁다(그림 3.6). 판다는 육식성 조상에서, 풍부하지만 영양이 낮은 초본인 대나무에 거의 전적으로 의존해 생존하도록 진화했다. 충분한 영양분을 섭취하려면 판다는 하루에 16시간을 먹어야한다. 판다의 느린 대사, 느린 움직임 및 낮은 번식 속도는 고도로 전문화된 식단으로 생존하는데 도움이 된다. 그러나 좁은 적소는 최근 대부분의 토착 대나무 숲이 파괴되면서 서식범위와 개체군이 생존 한계 이하

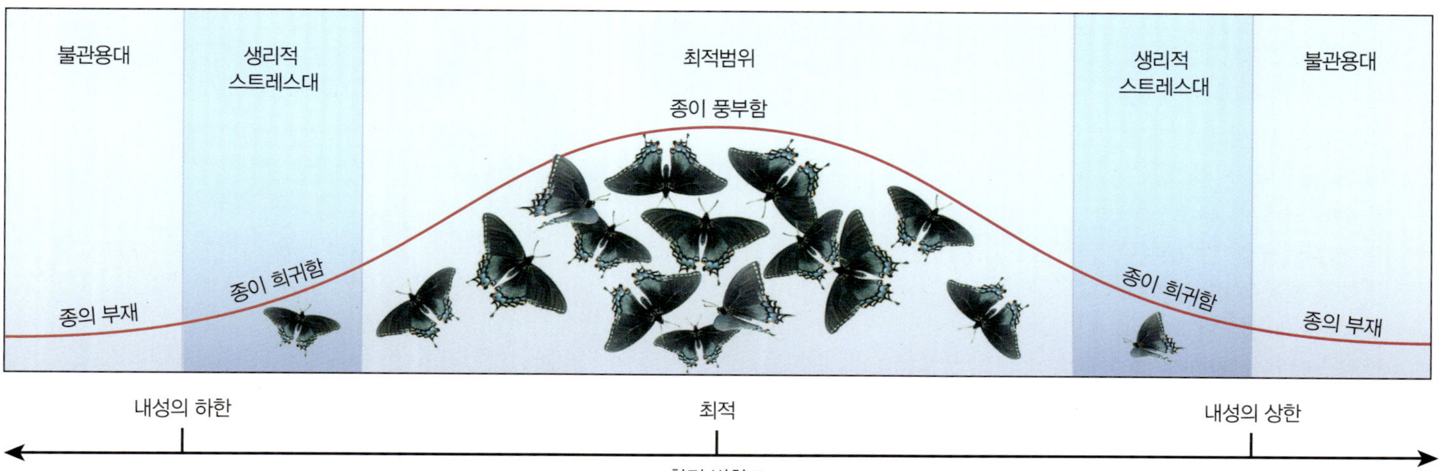

▲ **그림 3.4** 내성 한계는 종 분포에 영향을 미친다. 모든 환경 요인에 대해 종이 가장 쉽게 서식하거나 번식 할 수 있는 최적의 범위가 있으므로 풍부도가 높다. 여기서 수평축은 온도, 강우, 식생 높이 또는 일부 중요한 자원의 가용성과 같은 요인을 나타낼 수 있다.

▲ **그림 3.5** 미국 흑곰과 같은 일반종은 광범위한 환경 조건을 견딘다. 반면 전문종들은 환경 조건에 대한 내성이 좁다.

로 감소되면서, 자이언트 팬더를 위험에 처하게 한다.

큰 키 선인장 또한 전문종이고, 느리게 성장하며 특정 기후 조건에 잘 맞지만 습하거나 서늘한 환경에서는 살아남을 수 없다. 특별한 서식지 요건으로 인해, 전문종들은 환경 변화를 잘 견디지 못하는 경향이 있다. 종종 전문종들은 **고유종**(endemic species)으로 한 지역 (또는 한 유형의 환경)에서만 발생한다. 예를 들어, 자이언트 팬더는 중국 남서부의 산악 대나무 숲에서 큰 키 선인장은 소노란 사막에서만 볼 수 있다.

대부분의 생물에서 유전적 특성과 본능적 행동은 생태학적 적소를 제한한다. 그러나 일부 종은 복잡한 사회구조를 가지고 있어 그들이 사용할 수 있는 자원이나 환경의 범위를 확장할 수 있다. 예를 들어 코끼리, 침팬지 및 돌고래는 사회 집단으로부터 행동하는 방법을 배우고 새로운 기회나 도전이 있을 때 새로운 방식으로 일을 수행할 수 있다. 사실상 그들은 문화적 행동을 한 세대에서 다음 세대로 전달함으로써 생태적 적소를 확장한다.

두 종이 제한된 자원을 놓고 경쟁할 때, 한 종은 결국 더 큰 몫을 얻는 반면, 다른 종은 다른 서식지를 찾거나, 죽거나, 행동이나 생리적 변화를 가져와 경쟁을 줄인다. 결과적으로 러시아 생물학자 가우스(G. F. Gause; 1910~1986)가 설명했듯이 "극심하게 경쟁하는 생물은 공존할 수 없다." 이 아이디어의 일반적인 용어는 **경쟁배제의 법칙**(principle of competitive exclusion)이다. 두 종은 동일한 생태적 적소를 오랫동안 보유할 수 없다. 이용 가능한 자원을 보다 효율적으로 사용하는 종은 다른 종을 배제할 것이다. 다른 종은 사라지거나 **자원분할**(resource partitioning)이라고 알려진 과정으로 새로운 적소를 개발하여 자원을 다른 방식으로 활용한다. 분할은 여러 종이 동일한 자원의 다른 부분을 이용하여 단일 서식지 내에서 공존할 수 있게 한다. 자원 분할의 전형적인 예는 생태학자 맥아더(Robert MacArthur)에 의해 연구된 숲딱새(woodland warbler)의 예이다(그림 3.7). 몇 개의 유사한 딱새 종들이 같은 나무에서 먹이를 구했지만, 서로 다른 높이의 산림 수관(canopy) 또는 내부나 외부 가지를 전문화하여 경쟁을 피했다.

공간과 시간에 따라 자원을 분할하여 이용할 수 있다. 곤충을 먹는 제비와 박쥐는 날아다니는 곤충을 포획하여 산다. 그러나 박쥐는 밤에 나는 곤충을 사냥하고, 제비는 낮에 나는 곤충을 사냥한다. 따라서 두 그룹은 유사한 곤충 먹이에 대해 비경쟁적인 먹이 전략을 가지고 있다.

종 분화는 종 다양성을 가져 온다

개체군이 생태적 적소에 더 적응함에 따라, 생물학적 친척과는 완전히 차별화되는 특화된 특징을 발달할 수 있다. 새로운 종의 발달을 **종 분화**(speciation)라고 한다(핵심개념 참고). 갈라파고스에 사는 핀치의 경우, 체형, 행동 및 유전적 유사성의 증거

▲ **그림 3.6** 자이언트 판다는 육식 조상에서 진화하여 거의 독점적으로 대나무로 구성된 식단에 살았다. 적응에는 대나무 잎을 잡는데 도움이 되는"엄지손가락"과 풀을 씹는 데 도움이 되는 치아가 포함된다.
출처: ©Mary Ann Cunningham

▲ **그림 3.7** 몇몇 종의 곤충을 먹는 숲딱새들이 같은 북미의 숲을 차지하고 있다. 경쟁배제의 법칙은 딱새가 경쟁을 줄이기 위해 자원(벌레 먹이)을 분할해야 한다고 예측한다. 실제로, 딱새는 숲의 다른 부분을 먹는다.
출처 : R. H. MacArthur (1958) Ecology 39:599–619

는 현재 13종의 현재 핀치 종이 아마도 본토에서 섬으로 날아간 원래 종자를 먹는 핀치 종에서 유래 한 것으로 추정된다. 핀치는 육지 새이다. 폭풍, 바람 또는 해류에 의한 사고와 같은 우발적인 침입은 거의 없다. 하지만 갈라파고스에서는 모든 육상 식물과 동물(인간이 도입한 동물은 제외)은 우연히 이주한 소소의 생물로부터 유래한다. 이는 갈라파고스 섬이 화산 해산으로서 대륙 기원 종과 연결되지 않았기 때문이다.

갈라파고스에서 사는 핀치에서 종 분포는 주로 **지리적 격리**(geographic isolation) 때문에 일어났다. 이 섬들은 멀리 떨어져있어 대부분 개체군이 유전적으로 고립되어 있다. 다른 섬에 있는 개체군과 교배될 수 없었다. 이 고립된 개체군은 개별 환경에 따라 점진적으로 변화했으며, 그 중 일부는 매우 건조하여 식생이 빈약한 곳에서 일부는 상대적으로 습도가 높고 식량이 풍부한 곳에서 다양하다. 개체군이 지리적으로 분리되어 있을 때 발생하는 종 분화를 **이소적 종 분화**(allopatric speciation)라고 한다.

소집단을 나누는 장벽이 항상 물리적인 것은 아니다. 예를 들어, 거의 동일한 두 종의 나무 개구리(*Hyla versicolor, H. chrysoscelis*)는 북아메리카 동부의 비슷한 서식지에 살지만 짝짓기가 서로 다르다. 교배를 방지하기에 충분한 이 차이를 동작 분리라고 한다. 하나의 지리적 영역 내에서 발생하는 종 분화를 **동소적 종 분화**(sympatric speciation)라고 한다. 양치류 종과 다른 식물은 때때로 그들 조상의 염색체 수를 2배로 늘리거나 4배로 하여 동지역성 종 분화를 일으켜 생식적으로 양립할 수 없게 만든다.

특정 돌연변이를 유리하게 만드는 요인에 대한 일반적인 용어는 **선택 압력**(selection pressure)이다. 일반적으로 이 선택적으로 살아남는 과정은 느리게 수행되지만, 단지 몇 년 안에 어느 정도의 선택 압력이 일어날 수 있다. 예를 들어 갈라파고스 다프네 마요르(Daphne Major) 섬의 핀치 종 *Geospiza fortis*에 대한 연구는 2년의 가뭄 후 선택 압력을 보여 주었다. 가뭄으로 섬에서 작은 종자를 먹이로 이용하는 가능성을 줄였을 때, 큰 부리를 가진 핀치 개체군은 남아있는 큰 종자를 여는데 더 큰 성공을 거두었다. 2년 안에, 큰 부리 특성을 가진 개체군이 지배하게 되었다. 특성의 한 극단을 향한 이러한 이동을 방향성 선택이라고 한다(그림 3.8). 이 경우 변화는 종 분화를 일으킬 정도로 극적이지 않았다. 가뭄이 끝났을 때, 개체군은 보통 크기의 부리로 이동하여 더 넓은 범위의 씨앗을 이용할 수 있었다.

때로는 환경 조건으로 인해 특성의 변동이 줄어들거나(안정화 선택), 특성이 극단으로 분기될 수 있다(분단성 선택). 경쟁은 파괴적 선택을 유발하여, 자원을 보다 잘 분할할 수 있게 한다(그림 3.1 참조). 항생제 내성 세균(8장 참조) 및 살충제 내성 곤충(7장 참조)의 출현에서 방향성 선택을 관찰할 수 있다. 두 경우 모두, 이들 화합물에 대한 평균보다 우수한 내성을 갖는 개체는 집단에서 생존하는 반면, 다른 개체는 사멸한다. 저항하는 생존자들은 새로운 세대를 생산하여, 내성 특성을 가진 개체군으로 이어진다.

새로운 환경 조건은 종종 새로운 기회가 생겨나면서, 예전에는 서식하지 않았던 갈라파고스 제도의 핀치새의 다양화 경

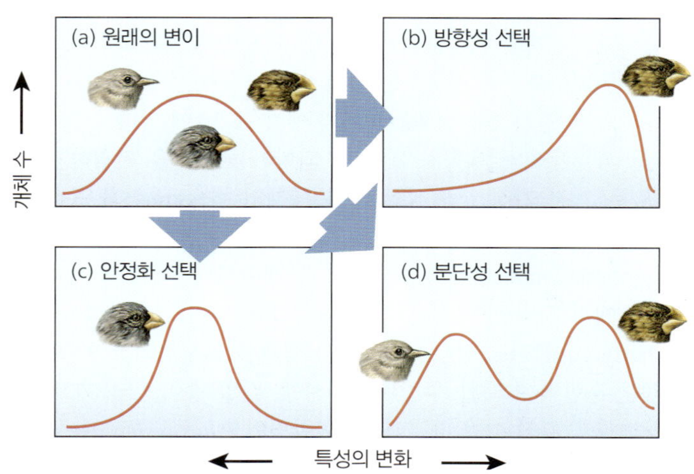

▲ **그림 3.8** 변화하는 환경 조건으로 인해 한 가지 유형이 생존에 유리하므로 부리 모양과 같은 특성이 변경될 수 있다. 특성이 광범위하게 변하는 원래 집단으로부터(a), 환경 조건은 하나의 극단을 선호하거나(b), 어느 극단도 선호 하지 않을 수 있다(c). 인구 집단이 대조적인 조건을 차지하는 경우, 서로 다른 영역의 특성이 분기되어 두 개의 독특한 개체군이 생성될 수 있다(d).

우와 같은 종 분화를 초래한다. 시간은 갑작스러운 멸종에 뒤따르는 엄청난 다양화시기로 나타난다(5장 참조). 예를 들어 공룡의 시대가 끝나자 포유류의 다양화가 이루어졌으며, 이는 새로 가용한 적소를 채울 수 있도록 확장된다. 화석 기록은 많은 종을 멸종시킨 몇 가지 사건에도 불구하고 종의 다양성이 계속 증가하는 것을 보여주고 있다.

우리는 일반적으로 종이 느리게 변화한다고 믿고 있으며, 많은 종들이 수천만 년 동안 변하지 않은 채 존재해왔다. (예를 들어, 미국악어는 1억 5천만년 이상 변하지 않고 존재 해 왔다.) 그러나 일부 생물은 빠르게 진화한다. 예를 들어, 새로운 독감 바이러스는 계절마다 진화한다. 하와이의 초파리는 자주 돌연변이를 일으켜 단 몇 년 안에 새로운 종이 생길 수 있다. 생식 분리는 지난 빙하기 이후 지난 10,000 년 정도 동안 애리조나에 있는 붉은 다람쥐 개체군에서 새로운 특성의 발달로 이어졌다(그림 3.9).

▲ **그림 3.9** 지리적 격리는 동소적 종 분화(지리학적으로 분리)를 유발할 수 있다. 예를 들어, 시원하고 습한 빙하기에 애리조나 주는 숲이었고 붉은 다람쥐는 자유롭게 교배했다(1). 기후가 따뜻해지고 건조해짐에 따라, 사막은 평원의 숲을 대체했다. 산의 잔존하는 산림에서 분리되어 개체군이 생식적으로 분리되어 다른 특성을 발달하기 시작했다(2).

분류학은 종간의 관계를 설명한다

분류학은 생물 유형과 진화 관계에 대한 연구를 하는 학문이다. 분류학자는 생물이 어떻게 공통 조상에서 유래했는지 추적하기 위해, 세포 구조 또는 유전적 유사성과 같은 다양한 증거를 사용한다. 분류학자들은 지속적으로 그들의 연구를 구체화하고 있지만, 현재는 모든 생명체를 세포구조에 따라 세 가지 일반적인 도메인(domain)으로 분류한다. 이러한 도메인은 진정세균 Bacteria(핵 주위에 막을 갖지 않는 세포), 고세균 Archaea (DNA는 박테리아와 다르며, 세포 기능을 통해 온천과 같은 극한 환경에서 생존할 수 있음) 및 진핵생물 Eukarya(세포는 핵 주위에 막을 가짐)이다. 우리에게 가장 친숙한 생물은 진핵생물의 네 계(Kingdom)이다(그림 3.10). 이 계에는 동물, 식물, 진균(곰팡이 및 버섯) 및 원생생물(조류, 원생동물, 점균류)이 포함된다. 이 계들에는 수백만의 종들이 있으며, 5장에서 더 논의될 것이다. 분류학 계통수는 여러 수준의 특이성에서 생물을 분류한다. 인간과 먹는 것의 두 가지 예가 표 3.1에 있다.

식물학자, 생태학자 및 기타 과학자들은 종을 지칭하기 위해 두 가지 가장 구체적인 분류 체계인 속(genus)과 종(species)을 사용한다. 학명이라고도 하는 두 부분으로 된 이항명(binomial name)은 통상명보다 더 정확하다. 예를 들어 다른 장소에서 자라는 여러 가지 유형의 노란 꽃을 "미나리아재비(buttercup)"라고 한다. 우리가 이 꽃들을 묘사하려고 할 때 심각한 혼란을 초래할 수 있다. 동시에, 단일 종이 여러 개의 통상명칭을 가질 수 있다. 그러나 이항명인 *Pinus resinosa*는 붉은 소나무, 노르웨이 소나무, 또는 그냥 소나무라고 부르든 항상 같은 나무를 가리킨다.

표 3.1 | 일반적인 2종의 분류

분류 단계	인간	옥수수
계	Animalia 동물계	Plantae 식물계
문	Chordata 척삭동물문	Anthophyta 속씨식물문
강	Mammalia 포유류강	Monocotyledons 외떡잎 식물강
목	Primates 영장류목	Commenales 곡정초목
과	Hominidae 사람과	Poaceae 벼과
속	*Homo*	*Zea*
종	*Homo sapiens*	*Zea mays*
아종	*H. sapiens*	*Z. mays mays*

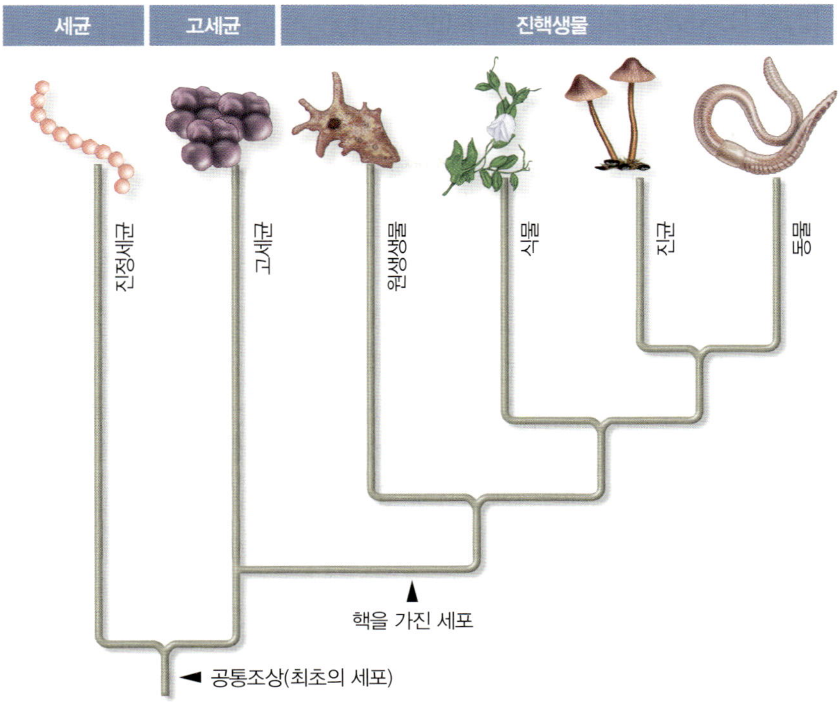

▲ **그림 3.10** 분류학자는 기본 세포 구조에 따라 살아있는 생물을 세 가지 도메인(세균, 고생물, 진핵생물)으로 나눈다. 이들은 지난 40억 년에 걸쳐 공통 조상에서 생겨났다. 동물, 진균, 식물 및 원생생물 계는 모두 Eukarya 도메인의 일부이다.

3.2 종의 상호 작용

- *경쟁은 개체와 종 사이에서 일어난다.*
- *경쟁과 포식과 같은 선택적인 압력은 진화와 적응으로 이어진다.*
- *핵심종(keystone species)은 생태계에서 중요한 역할을 한다.*

자원 제한은 환경과 생태적 적소에 대한 종의 적응에 영향을 주지만, 다른 종과의 상호 작용은 종의 특성과 행동을 형성하는 데 도움이 된다. 경쟁과 포식은 종의 특성에 따라 종을 진화시킨다. 협동적 상호 작용과 심지어 상호 의존적인 관계에서도 장점이 나타나는데, 이는 형질(특성)의 진화로 이어질 수 있다. 이 섹션에서 우리는 생물 군집의 성공과 형태에 영향을 미치는 종내 및 종 사이의 상호 작용을 살펴볼 것이다.

경쟁은 자원 배분으로 이어진다

경쟁은 생물군집 내에서 일종의 적대적 관계이다. 생물은 에너지와 사용 가능한 형태, 생활공간, 생명 활동을 수행할 수 있는 특정 장소의 공급 등 제한된 자원을 놓고 경쟁한다. 식물은 뿌리와 잎을 발달하기 위한 성장 공간을 위해 경쟁하여 햇빛, 물 및 영양분을 흡수하고 처리할 수 있다(그림 3.11). 동물은 생존, 둥지, 섭식 장소 및 짝짓기를 위해 경쟁한다. 같은 종의 구성원들 간의 경쟁을 **종내 경쟁**(intraspecific competition)이라고 하며, 다른 종의 구성원들 간의 경쟁을 **종간 경쟁**(interspecific competition)이라고 한다. 두 종이 동일한 생태적 적소를 오랫동안 차지할 수 없다는 경쟁 배제의 원칙을 상기하라. 경쟁은 개인과 종의 공동 자원 사용을 변화시킨다. 따라서 낙엽 활엽수림에서 곤충을 먹이로 해서로 경쟁하는 딱새는 나무의 다른 지역을 전문화하여 경쟁을 줄이거나 피하는 경향이 있다. 자연 개체군에 대한 다양한 진화론적 적응을 보여주는 수백 편의 종간 경쟁 연구가 있었다.

다른 종들이 공통 자원을 사용하는 경우 갈라파고스 일부 핀치의 사례처럼 경쟁이 종종 자원분할로 이어진다(그림 3.1 참조). 대안적으로, 한 종은 다른 종을 배제할 수 있다. 두 종이 경쟁 할 때 허용한계의 중심에 사는 종은 유리한 점이 있으며, 최적 환경 조건의 한계에 있는 종종 다른 종과의 경쟁에서 압도하는 경우가 있다.

종내 경쟁에서 같은 종의 구성원은 자원을 위해 서로 직접 경쟁한다. 경쟁은 종의 특성, 예를 들어 가장 빠른 치타가 느린 것보다 더 많은 먹이를 잡아서 번성하거나, 최고의 곤충을 잡아먹을 수 있는 부리를 가진 딱새가 열악한 딱새보다 번성한다.

▲ **그림 3.11** 이 뒤엉킨 인도네시아 열대 우림에서 식물은 빛과 공간을 놓고 경쟁한다. 고사리, 이끼류 및 아나나스과 식물이 나무줄기와 큰 가지에 높이 달아 빛을 찾을 수 있도록 특별한 적응이 가능하다. 덩굴은 임관(canopy)을 향해 기어 올라간다. 이러한 적응과 다른 적응은 풍부한 종 분화를 일으킨다.
출처: ©William P. Cunningham

종은 어디에서 오는가?

자연 선택에 의한 진화

찰스 다윈(Charles Darwin)은 진화를 설명하는 것으로 유명하지만, 그는 19세기에 **새로운 종이 어떻게 나타나는가**에 대한 큰 의문을 깊이 생각한 많은 사람들 중 한 사람이었다. 다윈의 공헌은 지리학자 인 알프레드 러셀 월리스 (Alfred Russell Wallace)와 동시에 발전시킨 **자연선택**(natural selection)이라는 아이디어였다. 다윈은 말 육종가와 개 육종가가 속도, 힘 등 동물에서 유리한 특성을 가진 개체가 번식할 수 있도록 하여 특정 특성에 대해 선택했다고 언급했다. 육종가들은 덜 바람직한 특성을 가진 개체의 육종을 피하는 경향이 있었다.

다윈은 자연스런 기회가 같은 방식으로 행동할 것이라고 제안했다. 예를 들어, 조류 개체군은 보통 날개 모양, 크기, 부리 모양 및 기타 특성에 약간의 변화가 있다. 때로는 환경 조건으로 인해 그러한 특성 중 일부가 유리하게 된다. 예를 들어, 이용 가능한 주요 먹이가 딱딱한 씨앗인 경우, 약간 강한 부리는 일부 개체가 딱딱한 껍질의 씨앗을 쉽게 깰 수 있다. 단단한 부리는 그 개체들에게 먹이를 획득하고 따라서 자손을 생산하는데 약간의 이점을 제공한다. 시간이 지남에 따라 부리가 강한 개체들이 개체군을 지배하게 될 수 있다. 가벼운 부리를 가진 개체들은 완전히 사라질 수 있다.

반면에 지배적인 먹이원이 작고 부드러운 덩어리라면, 얇고 움직일 수 있는 부리가 유리할 수 있으며, 부리가 두꺼운 개체는 개체군에서 사라질 수 있다.

자연선택의 핵심 아이디어는 무엇인가?

1. **자연선택**(natural selection)은 상황에 따라 한 가지 유형의 특성이 특히 유리할 때, 해당 특성을 가진 개체가 다른 특성을 가진 개체보다 더 자주 또는 성공적으로 번식 할 수 있도록 하여 일어난다. 먹이 자원, 기후, 포식자 존재 또는 기타 요인이 자연선택을 유발할 수 있다.
2. **돌연변이**(변화; mutation)는 번식을 통해 개체군에서 무작위로 발생할 수 있다. 예를 들어 어떤 새들은 부리가 약간 길거나 짧다.
3. **유전적 부동**(genetic drift) 또는 개체군에서 특성의 변화는 소규모 또는 고립된 개체군에서 더 일어날 가능성이 높다. 작은 개체군에서 특이한 특성(예 : 인간의 빨간 머리)이 상대적으로 흔하다면, 그 특성은 후대에 넘어갈 확률이 상대적으로 높다.
4. **격리**(isolation)는 개체군을 분리하여 유전적 부동을 보다 잘 일어나게 한다. 갈라파고스의 격리는 섬 생태계에 더 작은 조류 종 수와 먹이 공급원이라는 것을 의미했다. 종은 여러 섬에 있는 먹이의 종류에 특화되었다. 지리적 격리는 더 큰 개체군과의 교배를 감소시키는데 큰 개체군은 섬 개체군에게 여러 다른 특성을 혼합시킬 수 있을 것이다.

남아메리카에서 약 1,000km 떨어진 갈라파고스 제도(Galápagos Islands)는 다윈이 자연 선택에 대한 아이디어를 형성하는 데 도움을 준 특이한 장소로 유명하다. 외딴 섬의 핀치, 입내새(mockingbird) 및 기타 종은 다른 먹이원과 조건에 대한 독특한 적응을 보여주었다. 그러나 그들은 공통 조상을 가리키는 유사성을 가지고 있었다.

분화구는 이 섬들이 화산임을 보여준다. 섬들은 바다 표면 위로 나온 이후로 고립되었다. 상대적으로 먼 본토에서 갈라파고스에 도달한 종은 거의 없다. 따라서 공통 조상으로부터 분리된 과정을 탐지하는 것이 비교적 쉽다.

KC 3.1

▼ 딱따구리 핀치는 선인장 가시를 사용하여 나무 껍질아래에서 곤충을 탐색한다.

▶ 부리 모양은 갈라파고스 제도의 여러 섬들에서 이용 가능한 음식에 맞게 적응된다.

KC 3.2

선택적 압력(selective pressure)은 종의 특성을 변경하는 요소에 대한 일반적인 용어이다. 자원에 대한 **경쟁**(competition)은 종의 자원 사용을 분할하거나 분리함으로써 선택적인 압력을 가할 수 있다. 자원 사용이 중복되는 경우, 자원을 공유하는 개체(오렌지색, a)는 불리한 점이 있으며 전문가 개체는 더 많아야한다. 시간이 지남에 따라 개체군의 특성이 다양해져서 전문화, 적소 폭 및 종간 경쟁이 줄어들어 전문화가 일어난다. (b) **종 분화**(speciation), 또는 완전히 분리된 종으로의 분리는 경쟁 또는 고립에서 비롯될 수 있다. ▶

KC 3.5

▶ **종 내 경쟁**(intraspecific competition)은 다채롭고 놀라운 특성으로 이어질 수 있다.
출처: ©Igor Dmitriev/123RF

KC 3.3

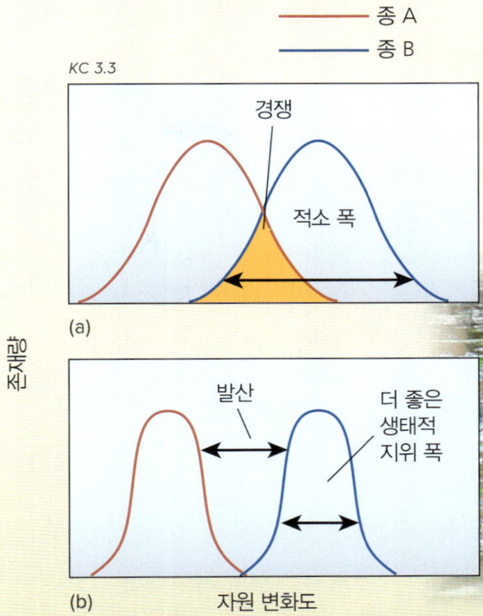

▼ 두 종의 섭금류가 갯벌을 **분할**(partition)한다. 북부 자카나는 짧은 부리로 표면의 곤충을 잡는다. 다리가 긴 검은목 장다리물떼새는 긴 부리로 더 깊이 탐색한다.

©Mary Ann Cunningham

KC 3.7
©Jesse Kraft/123RF

▼ 갈라파고스 거북이는 이 고립된 섬의 건조한 환경에 의해 형성되었다.

KC 3.6
©Pablo Valencia/123RF

이것이 왜 중요한가?

다윈이 1859년에 종의 기원(On the Origin of Species)에 관한 논문을 발표 한 이후 수많은 연구가 그의 **진화론**(theory of evolution)을 뒷받침 해 왔다. 다윈이 말한 것처럼 자연 선택에 의한 진화 또는 "변형에 따른 가계(혈통)"라는 아이디어는 우리 주변의 수많은 유기체들 사이의 진화 관계를 설명하고, 그들이 먹이를 먹고 숨 쉬고 번식하며 살아가는 이유를 이해할 수 있게 해주었다.

우리는 이제 자연선택 기작의 관점에서 대부분의 생물학적 과정을 이해한다. 독감 예방주사를 맞을 때마다, 급격히 진화하는 독감 바이러스의 적응을 주의 깊게 관찰하여, 최신 바이러스에 적합한 백신을 만들기 위한 노력에서 백신이 만들어진다. ▼

KC 3.8
©Tom Cooper

KC 3.9

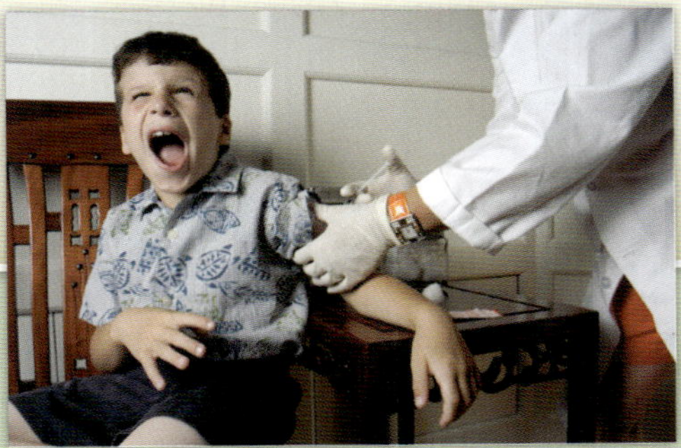

©McGraw-Hill Education/Jill Braaten, photographer

설명할 수 있을까?
CAN YOU EXPLAIN?

1. 갈라파고스에서 자연선택이 상대적으로 일어날 가능성이 높은 요인은 무엇인가?
2. 당신이 사는 곳에서 몇 종류의 새를 생각하시오. 어떤 먹이 자원의 종류나 먹이를 먹는 전략이 새 부리 형태에 반영될 수 있는가?
3. 여러분에게 친숙한 두 생물 사이의 자원 분할의 예를 생각해보라.

영토와 암컷을 위한 두 엘크의 싸움처럼, 자원에 대한 직접적인 종내 경쟁이 발생할 수 있다. 그러나 대부분의 동물은 가능한 경우 싸움을 피한다. 그들은 서로 자세를 취하고 도전하지만, 약한 개체는 결국 물러난다. 신체적 상해는 대부분의 종내 경쟁에서 위험을 감수하기에는 너무 비싸다.

한 종 내에서 경쟁을 줄이기 위한 여러 가지 방법이 있다. 첫째, 그해 태어난 새끼는 분산될 수 있다. 어린 동물들은 새로운 영토를 찾아 움직인다. 식물에서 씨앗은 바람, 물 또는 지나가는 동물과 함께 가용 서식지가 있는 모종 식물로부터 먼 땅으로 이동한다. 둘째, 많은 동물은 강한 세력권을 보임으로써 자손이나 다른 침입자가 자신의 근처에서 나가도록 강요한다. 이런 방식으로 곰, 명금류, 유제류 및 물고기와 같은 세력권의 습성을 갖는 종은 개체와 세대 간의 경쟁을 최소화한다. 종내 경쟁을 줄이는 세 번째 방법은 세대 간 자원분할이다. 여러 종의 성체와 유생은 서로 다른 생태적 적소를 차지한다. 예를 들어, 모나크 나비 애벌레(monarch caterpillar)는 유액을 분비하는 식물의 잎을 먹으며, 성충으로 우화한 나비는 과즙을 빤다. 게는 헤엄치는 유생으로 시작하여 바닥에 사는 성체 게와 경쟁하지 않는다.

포식은 종 관계에 영향을 미친다

모든 생물은 살기 위해 먹이가 필요하다. 생산자는 자신의 먹이를 만드는 반면, 소비자는 다른 생물에서 생성된 유기물을 섭취한다. 2장에서 보았듯이 광합성 식물과 조류는 거의 모든 군집의 생산자이다. 소비자는 초식동물, 육식동물, 잡식동물, 청소부, 부식성동물 및 분해자를 포함한다. 육식동물은 포식자라고 생각하지만, 생태학적으로 육식 동물은 먹이를 죽이는지 여부에 관계없이 다른 살아있는 생물을 직접 먹는 생물이다(그림 3.12). 살아있는 먹이를 먹는 초식동물, 육식동물 및 잡식동물은 포식자이지만, 죽은 물체를 먹는 청소부, 부식성동물 및 분해자는 포식자가 아니다. 이런 의미에서 기생충(숙주 생물을 먹거나 죽이지 않고 자원을 훔치는 생물)과 심지어 병원체(질병을 일으키는 생물)도 포식자 생물로 간주될 수 있다. 초식은 식물을 뜯어먹거나 잎을 먹는 동물에 의한 포식의 유형이다.

포식은 군집의 종 개체군에 강력하지만 복잡한 영향을 미친다. 포식은 (1) 포식자 및 먹이 종의 생활주기의 모든 단계 (2) 많은 전문화된 먹이 획득 기작; (3) 먹이가 먹히는 것을 피하고 포식자가 먹이를 보다 효율적으로 잡는 데 도움이 되는 행동과 신체 특성의 진화 조정 등에 영향을 미친다. 포식은 또한 경쟁과 상호 작용한다. 포식자 매개 경쟁(predator-mediated competition)에서 서식지의 우수한 경쟁자는 경쟁 종보다 더 큰 개체군을 형성한다. 포식자들은 우월한 종에 대하여 주목하고 사냥 압력을 증가시켜 그 수를 줄이고 더 약한 경쟁자의 수를 증가시킨다. 이 아이디어를 검증하기 위해 과학자들은 경쟁 종의 군집에서 포식자를 제거한다. 종종 우월한 경쟁자들은 서식지에서 다른 종을 제거한다. 전형적인 예에서, 황토 불가사리(*Pisaster ochraceus*)는 태평양 조석 지역에서 제거되었으며, 불가사리의 주요 먹이인 흔한 홍합(*Mytilus californicus*)은 수가 폭발적으로 늘어나 다른 종을 압도했다.

포식자가 먹이 개체군에 미치는 영향은 해충방제와 같이 사람에 직접적으로 도움을 주는 데 적용된다. 예를 들어 시클라멘 진드기(*Phytonemus pallidus*)는 캘리포니아 딸기 작물의 해충이다. 자연적으로 유입되었거나 농경지로 유입된 육식 진드기(*Typhlodromus*와 *Neoseiulus*)는 시클라멘 진드기로 인한 피해를 줄인다. 시클라멘 진드기를 제어하기 위해 살충제를 뿌리면 유익한 육식 진드기도 죽이기 때문에 실제로 시크라멘 진드기 출몰을 증가시킬 수 있다.

생물의 생활 단계가 변화함에 따라 포식관계가 바뀔 수 있다. 해양생태계에서 갑각류, 연체동물, 지렁이는 물에 알을 직접 방출하여 부화된 유생이 부유하는 플랑크톤 군집에 합류한다(그림 3.13). 부유성 동물들은 서로를 먹고 어류를 포함한 더 큰 육식 동물의 먹이가 된다. 먹이 종이 성숙함에 따라, 그들의 포

▲ **그림 3.12** 곤충 초식동물은 사자와 호랑이만큼 포식자이다. 곤충은 지구상 대부분의 생물량을 소비한다. 곤충과 그들의 식물 먹이 사이에는 복잡한 포식 및 방어기작이 발전해 왔다.
출처: ©Zeynur Babayev/123RF

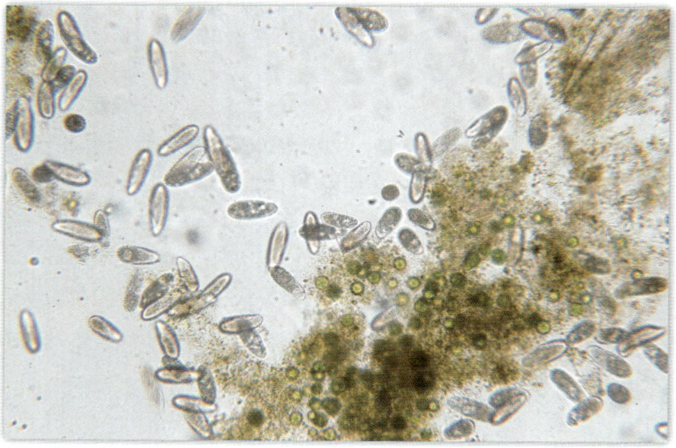

▲ **그림 3.13** 미소한 식물과 동물은 많은 수서 먹이사슬의 기초 단계를 형성하며 지구상 생물량의 커다란 비율을 차지한다.
출처: ©Puntasit Choksawatdikorn/123RF

식자가 변한다. 따개비 유생은 플랑크톤이며 작은 물고기에 먹히지만, 성체의 단단한 껍질은 어류로부터는 보호하지만, 불가사리와 육식성 달팽이로부터는 보호하지 못한다. 포식자는 성장하면서 종종 먹이를 바꾼다. 육식성 성체 개구리는 대개 초식성 올챙이로 커 가기 시작한다. 예를 들어 집 고양이는 다양한 작은 새, 포유류, 도마뱀, 심지어 곤충과 같은 먹이를 쉽게 먹는다. 북극곰과 같은 다른 육식 동물은 먹이 선호도가 매우 특화되어 있으며, 바다표범이 없다면 북극곰은 굶주리게 될 수 있다.

포식은 적응으로 이어진다

포식자-피식자 관계는 진화적 적응을 선호하는 선택압력을 가한다. 포식자들은 탐색과 섭식에 더 효율적이 되고, 피식자들은 탈출과 회피에 더 효과적이 된다. 피식자들은 독성이 있거나 나쁜 맛을 내는 화합물, 갑옷, 놀라운 속도, 숨는 능력 등 포식을 피하기 위한 수많은 전략을 개발했다. 식물은 두꺼운 껍질, 바늘, 가시 또는 불쾌하고 해로운 화학물질을 가지도록 진화했으며, 옻나무와 쏘는 쐐기풀이 그 예이다. 이에 대해 동물들은 가시를 피하거나, 두꺼운 껍질을 부셔서 먹거나, 화학물질을 견딜 수 있는 전략을 찾았다. 절지동물, 양서류, 뱀 및 일부 포유류는 유해한 냄새나 유독하거나 유해한 분비물을 생성하여 다른 종들이 혼자 내버려두게 한다. 속도는 포식에 대한 일반적인 방어이다. 동아프리카의 세렝게티 평원(Serengeti Plain)에서, 빠른 톰슨가젤과 더 빠른 치타는 속도와 지구력의 무기경쟁에 참여하고 있다. 치타는 2초 안에 72 km/h까지 가속할 수 있기 때문에 습격에 유리하다. 그러나 치타는 끈기가 없기 때문에 가젤은 종종 탈출한다. 두 종의 이러한 긴밀한 적응에 대한 일반적인 용어는 **공진화**(coevolution)이다.

화학적 방어력이 있는 종은 종종 적을 경고하기 위해 뚜렷한 색과 패턴을 가지고 있다(그림 3.14). 종은 또한 숨는 데 도움이 되는 형태, 색상 및 양식을 가지고 있다. 죽은 잎이나 나뭇가지와 똑같이 보이는 곤충이 가장 주목할 만한 사례이다(그림 3.15). 육식 동물은 위장한 후 다음 식사를 가디리기 위해 자신을 숨긴다. 깔끔한 진화적 속고 속임 전략에서, 무해한 특정 종은 유독하거나 불쾌한 종과 유사하여 실제 독성 생물에 대한 나쁜 경험을 기억하는 포식자로부터 보호를 받는다. 이것을 영국 박물학자 베이츠(H. W. Bates; 1825~1892)를 따라 **베이츠식 의태**(**표지의태**; Batesian mimicry)라고 한다. 예를 들어, 많은 말벌은 잠재적인 포식자를 경고하기 위해 굵은 검은색과 노란색 줄무늬 패턴을 가지고 있다(그림 3.16a). 무해한 다양한 긴뿔딱정벌레는 말벌처럼 보이고 행동하도록 진화하여 포식자들이 그것을 피하도록 속인다(그림 3.16b). 마찬가지로, 온순한 나비는 불쾌한 군주나비와 매우 유사하게 진화했다. 맛이 없거나 위험한 두 종이 비슷해 보일 때, 우리는 그것을 생물학자 뮐러(Fritz Müler)의 이름을 따서 **뮐러식 의태**(Mülerian mimicry)라고 부른다. 포식자가 두 종을 피하는 법을 배우면 두 피식자에게는 모두 이익이다.

▲ **그림 3.14** Dendrobatidae과의 독화살 개구리는 잠재적 포식자에게 피부의 강력한 독성 분비물을 경고하는 눈에 띄는 패턴과 화려한 색상을 표시한다. 라틴 아메리카의 원주민들은 독소를 사용하여 불어서 쏘는 독침을 무장시킨다.
출처: ©Dirk Ercken/123RF

▲ **그림 3.15** 이 지팡이벌레는 선택과 적응의 현저한 사례인 숲 바닥과 잘 어울리도록 위장되어 있다.
출처: Courtesy Tom Finkle

공생은 협력을 포함한다

포식과 경쟁과는 대조적으로, 생물 사이의 일부 상호작용은 비적대적일 수도 있고 심지어 유익할 수도 있다(표 3.2). **공생**(symbiosis)이라고 불리는 그러한 관계에서, 둘 이상의 종은 그들의 운명이 연결되어 친밀하게 함께 산다. 공생관계는 종종 공진화를 수반한다. 많은 식물과 꽃가루 매개자는 서로 유익한 형태와 행동을 가지고 있다. 예를 들어, 많은 나방은 특정 속씨(현화)식물에 수분(가루받이)을 하도록 적응되어 있다(그림 3.17).

공생 관계는 종종 하나 또는 두 협동자의 생존을 향상시킨다. 지의류에서는 곰팡이와 광합성 협력자(조류 또는 시안세균)는 조직을 결합하여 상호 이익을 얻는다. 이와 같은 공생관계는 두 종 모두 분명히 이익이 되며, **상리공생**(mutualism)이라고도

(a) Wasp 장수말벌

(b) Beetle 딱정벌레

▲ **그림 3.16** 베이츠식 의태(Batesian mimicry)에서 쏘는 말벌(a)은 굵은 노란색과 검은 색 띠를 가지며 포식자를 피하기 위해 무해한 긴뿔딱정벌레를 모방한다(b).

출처: (a) ©Marco Uliana/123RF; (b) ©Wasan Ritthawon/123RF

표 3.2 종 상호작용의 유형

두 종간의 상호작용	첫 번째 종에 대한 영향*	두 번째 종에 대한 영향*
상리공생	+	+
편리공생	+	0
기생	+	−
포식	+	−
경쟁	±	±

* 각 종의 개체에 대한 영향 : + 유익함; −해로움; ± 변화함

한다(그림 3.18). 경쟁과 포식은 오랫동안 대부분의 적응과 종분화를 이끌어내는 것으로 생각되었지만, 생태학자들은 협력적이고 상리적인 관계의 빈도와 중요성에 점점 더 무게를 두고 있다. 당신은 몸속에 그리고 몸에 수 조 개체의 공생 미생물이 있다(과학 탐구 참고).

산호초에서 산호 폴립과 조류의 상호의존성은 세계적으로 중요한 상리공생의 형태로, 폴립은 조류에게 구조와 안전성을 제공하는 반면 광합성 조류는 산호초 시스템을 만들면서 산호 폴립에 영양분을 제공한다. 또 다른 광범위한 상리공생 관계는 중미와 남미의 개미와 아카시아나무 사이의 관계이다. 개미의 군체는 아까시나무 가지의 빈 가시 보호덮개 안에 살고 있다. 개미는 잎 기저의 분비샘에서 생산되는 즙을 먹고 이파리 끝에서 생산되는 단백질이 풍부한 구조를 먹는다. 아까시나무는 따라서 개미를 위한 피난처와 먹이를 제공한다. 아까시나무는 무엇을 그 대가로 받는가? 개미는 그들의 영역을 공격적으로 방어하여, 아까시나무를 먹을 수 있는 초식성 곤충을 몰아낸다. 개미는 또한 나무 주위에서 자라는 식물을 제거하여 다른 식물과 물과 영양분에 대한 경쟁을 줄인다. 경쟁이나 포식이 공동체를 형성하는 것처럼, 이러한 상호 관계는 아까시나무 주변의 생물군집에 영향을 미친다.

편리공생(commensalism)은 한 구성원이 분명히 혜택을 받고 다른 한 구성원은 혜택을 받거나 해를 입지 않는 공생 유형이다. 습한 열대 지방의 나무에서 자라는 많은 이끼, 아나나시스(bromeliad) 및 기타 식물은 편리공생으로 간주된다(그림 3.18c). 이 착생식물(epiphytes)은 비로 물을 공급받으며 낙엽과 떨어지는 먼지에서 영양분을 얻으며 살지만, 그들이 자라는 나무를 돕거나 해치지는 않는다. 포식의 한 형태인 **기생**(parasitism)은 기생충이 숙주에 의존하기 때문에 공생으로 간주될 수도 있다.

▲ **그림 3.17** 공진화는 이 별 난초와 특별히 적응 된 수분하는 박각시나방에서와 같이 많은 종들 사이에서 밀접한 진화관계를 가져왔다.

과학 탐구 EXPLORING Science

90조의 작은 친구에게 인사하기

자신을 생물군집 또는 생태계라고 생각한 적이 있는가? 그렇게 생각해야한다. 연구자들은 우리 각자가 약 90조 개체의 세균, 진균, 원생동물 및 우리 몸에 사는 다른 생물을 가지고 있다고 추정한다. 약 2 kg에 달하는 가장 큰 집단은 장에 서식하지만 해부학적으로 모든 구멍, 분비샘, 모공 및 틈새에 수천 종이 살고 있다. 10조 개 정도의 포유동물 세포는 신체 부피의 95% 이상을 차지하지만, 그 공간을 차지하는 모든 세포 유형의 10% 미만이다.

우리의 몸에 서식하는 세포의 집합체를 *미생물군계*(microbiome)라고 부른다. 자신의 미생물 군집의 종 구성은 당신이 함께 사는 다른 사람이나 애완동물의 종 구성과 매우 유사하지만, 우리 각자는 지문만큼이나 독특한 종의 모음을 가지고 있다.

이 장에서 배우겠지만 공생관계는 상리공생(양쪽 이익), 편리공생(하나는 이익은 받고 다른 하나는 영향을 받지 않는). 또는 기생(하나는 다른 하나에게 해를 끼칠 수 있음)일 수 있다. 우리는 모든 미생물을 가능한 한 신속하고 철저하게 제거해야하는 세균으로 생각했다. 그러나 현재의 연구에 따르면 많은 동료 여행자들이 건강과 생존에 유리할 수 있으며, 심지어 불가피할 수도 있다.

예를 들어 영양소의 소화 및 흡수에 미생물군계는 필수적이다. 장내 공생 박테리아는 필수영양소(중요 아미노산 및 단쇄지방산), 비타민(예: K 및 일부 B 종류), 호르몬 및 신경전달물질(세로토닌 등), 면역체계 및 신진대사 시스템을 조절한다. 그들은 생활공간을 위해 경쟁하거나, 나쁜 종이 자라거나 번성할 수 없는 환경을 조성함으로써 병원균을 배제하는데 도움을 준다.

대조적으로, 다른 기관의 서식자들은 특정 질병에서 중요한 역할을 할 수 있다. 예를 들어, 구강 세균은 무엇보다도 심혈관질환, 췌장암, 류마티스성 관절염 및 조산과 관련이 있다. 폐의 공생생물은 낭포성 섬유증(cystic fibrosis) 및 만성 폐쇄성 폐질환(chronic obstructive pulmonary disease; COPD)과 관련이 있다. 그리고 소화관 군집은 비만, 당뇨병, 대장염, 감염에 대한 감수성 및 알레르기에 영향을 줄 뿐만 아니라 다발성 경화증, 파킨슨병, 알츠하이머병, 헌팅턴병 및 근위축성 측삭경화증(또는 루게릭병)과 같은 신경계질환에서 역할을 할 수 있다. 건강한 생물군계는 다양하면서 장기적인 건강문제를 유발하는 만성염증을 통제하는 데 중요하다.

많은 생태계에서와 같이 미생물군계의 다양성은 안정성과 복원력에 중요한 역할을 할 수 있다. 좋은 미생물이 풍부한 군집을 갖는 것은 병원균에 의한 감염에 저항할 뿐만 아니라 치명적인 사건 후에 더 빠른 회복을 가능하게 한다. 다양한 곡물, 생과일 및 채소, 가공되지 않은 육류 및 유제품을 먹는 사람들은, 설탕과 고도로 가공된 음식으로 가득한 식단을 가진 사람들보다 훨씬 더 많은 종이 혼합되는 경향이 있다. 질병 치료를 위해 항생제를 널리 사용하면 공생생물 군집의 다양성이 제한될 수 있다. 항균성 비누, 로션 및 기타 소비자 제품에 지속적으로 노출되면 미생물군계와 어쩌면 우리의 회복력도 약화시킬 수 있다.

많은 곳에서 증가하는 문제는 항생제 내성의 병원내감염이다. 이들 중 가장 다루기 힘든 것 중 하나는 클로스트리디움 디피실레(*Clostridium difficile*) 또는 *C. diff*로, 매년 250,000명을 감염시키고 14,000명의 미국인을 사망하게 한다. 이 슈퍼병원체에 대한 효과적인 치료법은 대변이식이다. 건강한 사람의 미생물군집 시료는 급식관을 통해 환자의 뱃속에 직접 이식되거나 냉동된 캡슐로 싼 대변 덩어리가 경구로 전달된다. 한 시도에서 대변이식을 받은 20명의 환자 중 18명이 *C. diff*에서 회복되었다.

유사하게, 여윈 생쥐로부터 분변이식을 받은 비만한 생쥐는 체중이 감소되는 반면, 비만한 생쥐로부터 장내세균 시료를 받는 여윈 생쥐는 체중이 증가한다. 미생물군계는 기분과 행동을 조절할 수도 있다. 태평하고 모험적인 생쥐의 미생물이 불안하고 소심한 생쥐의 장에 이식되면, 소심한 생쥐는 더 대담하고 모험적이 된다.

따라서 당신의 미생물 정원을 돌보는 것은 도움이 될 수 있다. 미생물군계를 행복하게 유지하면, 여러분을 건강하고 행복하게 유지할 수 있다.

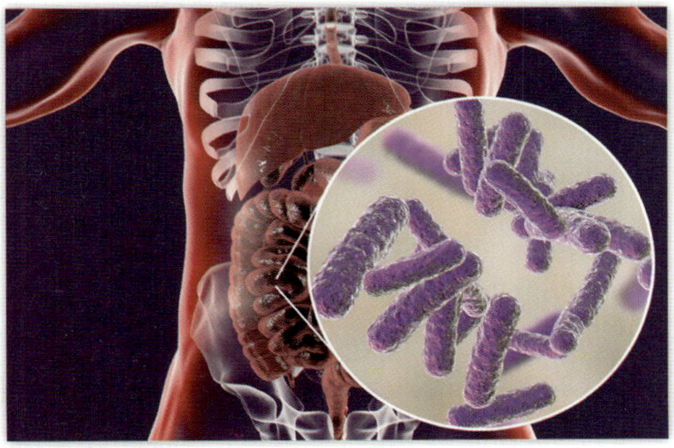

▶ 이와 같은 장내 박테리아는 병원체를 몰아내고, 소화를 돕고, 신체에 필수영양소를 공급하며 비만, 당뇨병, 대장염, 알레르기 및 만성염증, 기타 위독한 질병에 역할을 할 수 있다.
출처: ©Kateryna Kon/123RF

(a) 공생　　(b) 상리공생　　(c) 편리공생

▲ **그림 3.18** 공생은 함께 사는 종을 나타낸다. 예를 들어, 지의류(a)는 구조를 주는 곰팡이와 광합성을 하는 조류 또는 시안세균으로 구성된다. 상리공생은 이끼 또는 기생생물을 먹는 붉은 소딱따구리와 같은 종과 기생생물에 감염된 임팔라(b)와 같이 두 종 모두에 유익한 공생관계이다. 편리공생은 열대 나무와 자유롭게 매달린 아나시스(bromeliad; c)와 같이 한 종에게는 혜택을 주지만 다른 종에게는 별다른 영향을 미치지 않는다.
출처: (a): ©William P. Cunningham; (b): ©Danilo Collini/123RF; (c): ©William P. Cunningham

핵심종은 중요한 역할을 한다

핵심종(keystone species)은 비록 숫자는 많지 않지만 생물학적 공동체에서 결정적인 역할을 한다. 원래 핵심종은 초식동물의 수를 제한하고 식물의 초식을 감소시킨 최상위 포식자(사자, 늑대, 호랑이)들로만 생각되었다. 과학자들은 이제 눈에 덜 띄는 종들도 중요한 역할을 한다는 것을 깨닫고 있다. 예를 들어, 열대 무화과나무는 연중 내내 낮지만 꾸준한 비율로 열매를 맺는다. 무화과가 숲에서 제거되면, 과일이 부족한 건기에는 과일을 먹는 동물(과일식자; frugivore)이 굶주릴 것이다. 차례로, 과일식자의 소멸은 수분과 종자 분산을 위해 그들에 의존하는 식물에 영향을 줄 것이다. 군집에 대한 핵심종의 영향은 여러 영양단계에 걸쳐 파급된다.

북태평양 연안에서 거대한 갈조류(*Macrocystis pyrifera*)는 조밀한 "다시마(kelp) 숲"을 형성하여, 포식자로부터 어류와 패류를 보호하여 군집에 정착하게 한다. 이 다시마 숲에는 해저의 다시마에 의존해 살고 있는 성게와 이를 먹는 해달이 있다. 예를 들어 포획이나 포식 등으로 해달이 제거되면 성게는 다시마 숲을 지나치게 먹고 감소시켜, 이 복잡한 시스템이 붕괴될 가능성이 있다(그림 3.19). 다시마 숲 전체를 지탱하는 데 중요한 역할을 하기 때문에, 수달은 핵심종의 전형적인 예라고 볼 수 있다.

(a) 다시마는 어류, 물개 및 기타 종을 보호한다.

(b) 해달은 성게를 먹음으로써 다시마 생태계를 보호한다.

(c) 성게는 다시마를 뜯어먹는다.

▲ **그림 3.19** 해달은 다시마를 파괴할 수 있는 성게를 먹음으로써 태평양 연안의 다시마 생태계를 보호한다.
출처: (a): ©Joseph Belanger/123RF; (b): ©Yuval Helfman/123RF; (c): ©Alexey Ryabov/123RF

핵심종의 역할은 노스캐롤라이나 해안의 식생을 제거하는 코끼리, 포식성 황토 불가사리 및 개구리를 먹는 도롱뇽 등을 통해서도 알려졌다. 미생물조차도 중요한 역할을 할 수 있다. 많은 온대 산림 생태계에서 균근(mycorrhizae)과 관련된 진균 집단이 필수 미네랄의 섭취를 촉진한다. 진균이 없으면 나무가 제대로 자라지 않거나 전혀 자라지 않는다.

3.3 인구 성장

- *지수(J-커브) 성장으로 초과량(overshoot) 및 고사(die-back) 순환이 발생한다.*
- *수용용량(K)에 근접하면 로지스틱형(S-곡선) 성장이 느려진다.*
- *빠른 재생산(r-selected)을 가진 종은 기하급수적으로 성장하는 경향이 있다. 내부 요인에 의해 규제되는 종(K-선택)은 로지스틱 성장을 향하는 경향이 있다.*

생물은 다른 종과의 상호작용 외에도 개체 크기에 영향을 미치는 고유의 번식률을 가지고 있다. 많은 종들은 거의 믿을 수 없는 수의 자손을 생산할 잠재력이 있다. 120개의 알을 낳을 수 있는 한 마리의 암컷 집파리(*Musca domestica*)를 생각해보자. 56일 안에 그 알들은 성숙한 성체가 되고, 각각의 암컷(반은 암컷)은 120개의 알을 낳을 수 있다. 이 속도로 1년에 7세대의 파리가 있을 수 있으며, 원래의 파리는 5.6조 마리의 자손의 자랑스러운 조부모가 될 것이다. 이 번식률이 10년 동안 지속되면 지구 전체가 몇 미터의 집파리로 덮여있을 것이다. 다행히 대부분의 생물에서와 같이 집파리 생식은 다양한 방법, 즉 자원의 부족, 경쟁, 포식, 질병, 사고로 제한되어 있다. 집파리는 단지 제한 없는 생물학적 번식의 현저한 증폭, 즉 **생물학적 잠재력**(biotic potential)을 보여준다.

한계 없는 성장은 기하급수적이다

개체군동태론 또는 어느 지역의 개체군 증가 및 감소를 이해하는 것은, 종들이 어떻게 상호작용하고 자원을 사용하는지 이해하는 데 필수적이다. 2장에서 논의한 것처럼 개체군은 특정 지역에 동시에 살고 있는 단일 종의 모든 구성원으로 구성된다. 방금 설명한 집파리 개체군의 성장은 제한이 없으며, 시간이 지남에 따라 그래프를 그릴 때 독특한 모양을 가지는 **지수적**(exponential) 성장 모형이다. 지수 성장률(단위 시간당 개체수 증가)은 기존 개체군의 승수로 사용되는데 지수로 표현된다. 지수 성장에 대한 수학적 방정식은 다음과 같다.

$$\frac{dN}{dt} = rN$$

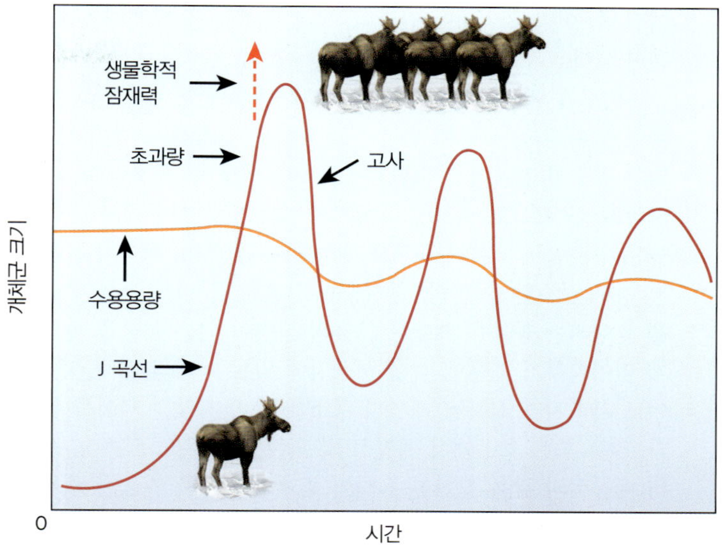

▲ **그림 3.20** J 곡선 또는 지수성장 곡선은 반복적인 초과량(overshoot) 및 고사(dieback) 순환을 유발한다. 남용이 서식지를 악화시키면서 종을 지탱할 수 있는 환경의 능력(수용용량)이 줄어들 수 있다. 슈피리어 호(Lake Superior)의 로얄즈 섬의 큰사슴(Moose)이 이 패턴을 보여준 것 같다.

여기서 d는 "변화"를 의미하므로, 시간 변화(dt) 당 개체수의 변화(dN)는 모집단 수(N)에 개체수의 성장률(r)을 곱한 것과 같다. r 항(내재 증가 용량)은 인구증가에 대한 평균 개체 기여도를 나타내는 값이다. r이 양수이면 모집단이 증가한다. r이 음수이면 모집단이 감소한다. r이 0이면 변화가 없고 $dN/dt = 0$이다.

개체군의 지수성장 그래프는 그 모양 때문에 **J 곡선**(J curve; 그림 3.20)으로 설명된다. 보시다시피, 지수 성장곡선의 시작 부분에 개체군에 추가된 개체의 수는 다소 적을 수 있다. 그러나 고정된 성장률로 숫자가 빠르게 증가하기 시작한다. 예를 들어, 인구가 100명에 불과하면 2%의 성장률에 2명이 추가된다. 인구가 10,000명인 경우 2% 증가하면 200명이 추가된다.

지수성장 방정식은 매우 간단한 모델이다. 실제 과정을 매우 이상적으로 설명한 것이다. 복리로 인한 은행 계좌의 증가를 계산하는데 동일한 방정식이 사용된다. 최대 증가 잠재력을 달성하려면 절대로 돈을 인출하지 않아야한다. 그러나 실제로 일부 돈은 인출될 수 있다. 마찬가지로 개체군의 모든 개체가 생존하는 것은 아니므로, 실제 성장률은 최대생물학적 잠재력보다 낮다.

수용용량은 성장을 제한한다

실제 세계에는 성장에 한계가 있다. 1970년경 생태학자들은 특정 서식지에서(수확이 없어도) 유지될 수 있는 동물의 수 또는 생물량(biomass)을 의미하는 수용용량 개념을 개발했다. 이 개념은 이제 종의 개체수와 관련하여 환경이 갖는 지속가능성의 한계를 제안하기 위해 보다 일반적으로 사용된다. 수용용량은 어떤 종, 아마도 심지어 인간의 개체군동태론을 이해하는 데 도움이 된다.

인구가 환경의 수용용량을 초과하면 자원이 제한되고 사망률이 높아진다. 사망이 출생을 초과하면 성장률이 마이너스가 되고 인구가 갑자기 감소할 수 있으며, 이를 인구 추락 또는 고사라고 한다(그림 3.20). 서식지의 수용용량 부근에서 인구가 높은 수준에서 낮은 수준으로 변동할 수 있으며, 서식지가 손상된 경우 감소할 수 있다. 큰사슴과 같은 잎을 먹는 동물이나 풀을 뜯어먹는 동물은 때때로 그들의 식량이 되는 식물을 과도하게 먹어치우기 때문에 같은 서식지에 있는 미래의 개체군은 적어도 서식지가 회복될 때까지 평소에 잘 먹지않는 먹이를 찾는다. 일부 종은 호수에서 계절적 빛 의존성 및 온도 의존성, 조류의 대증식과 같은 간단한 요인이 관련되어 예측 가능한 주기를 거친다. 복잡한 환경적 또는 생물학적 관계가 존재하면 주기가 불규칙할 수 있다. 불규칙한 주기에는 사하라 사막에서 이동성 메뚜기의 대발생과 온대림에서 텐트나방 유충이 포함되며, 이들은 돌발적인 개체군 성장을 나타낸다. 종의 한 지역으로의 이입 또는 다른 지역으로부터의 이주는 또한 개체군 증가와 감소에 영향을 미친다.

때때로 포식자와 먹이 개체군은 서로 공시적으로 진동한다. 한 고전적인 연구에서 캐나다의 Hudson Bay Company 거래소에서 판매된 200년간의 모피 기록을 사용했다(그림 3.21은 해당 기록의 일부를 보여준다). 생태학자 엘튼(Charles Elton)은 약 10년 주기로 캐나다 스라소니(*Lynx canadensis*)의 수가 눈덧신토끼(*Lepus americanus*)의 개체군이 절정을 이루었을 때보다 약간 차이를 두고 변동하는 것을 보여주었다. 토끼 개체군이 많을 때, 스라소니는 풍부한 먹이자원을 이용하여 번성한다.

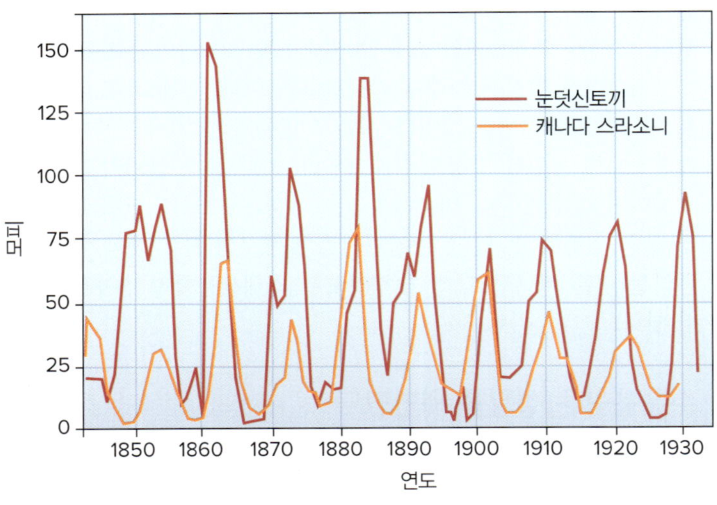

▲ **그림 3.21** 캐나다의 눈덧신토끼와 스라소니 개체군에서 10년간의 진동은 포식자와 먹이의 밀접한 연관성을 시사한다. 이 데이터는 Hudson Bay Company가 모피 상인으로부터 받은 모피수를 기준으로 한다.

출처: Data from D. A. MacLulich. Fluctuations in the numbers of the Varying hare (Lepus americanus). University of Toronto Press, 1937, reprinted 1974.

그들은 잘 번식하고 개체군이 증가한다. 결국 많은 토끼가 먹이인 풀을 먹게 되어 먹이공급이 줄어들게 되면 토끼 개체수가 줄어든다. 굶주린 토끼가 건강한 토끼보다 잡기가 더 쉽기 때문에 스라소니는 당분간 혜택을 받는다. 그러나 토끼가 드물어지면 스라소니도 마찬가지로 줄어들게 된다. 토끼가 가장 낮은 수준에 있으면 먹이 공급이 회복되고 전체주기가 다시 시작된다. 이 포식자–먹이 진동은 개발한 과학자들의 이름을 따라 로트카–볼테라 모델(Lotka-Volterra model)에 수학적으로 설명할 수 있다.

환경적 한계는 로지스틱성장으로 이어진다

모든 생물학적 개체군이 기하급수적인 초과량과 치명적인 고사를 겪는 것은 아니다. 많은 종은 내부 및 외부 요인에 의해 규제되며 상대적으로 안정적인 인구 규모를 유지하면서 환경자원과 균형을 이룬다. 자원이 무제한일 때, 그들은 기하급수적으로 증가할 수도 있지만, 환경의 수용용량에 접근함에 따라 이 성장은 느려진다. 이러한 개체군동태론은 시간이 지남에 따른 성장률의 변화로 인해 로지스틱성장이라고 한다.

수학적으로 이 성장 양상은 다음 방정식으로 설명되며, 이 방법은 지수성장 방정식에 수용용량(K)을 더하기 위한 되먹임 항을 추가한다.

$$\frac{dN}{dt} = rN\frac{(K - N)}{K}$$

로지스틱 성장 방정식은 시간에 따른 수의 변화 (dN/dt)는 현재 개체군 규모(N)에 의해 이미 취해지지 않은 수용용량(K)의 부분에 대한 지수성장률(rN)을 곱한 것과 같다고 말한다. $(K - N)/K$ 항은 주어진 시간에 개체군 규모와 수용용량(K) 사이의 관계를 나타낸다. N이 K보다 작으면 개체군 변화율이 양수이다. N이 K보다 크면 변화는 음수이다(아래의 능동적 학습).

로지스틱 성장 곡선은 지수성장 곡선과 모양이 다르다. 그것은 **S자곡선**(Sigmoidal, curve)이다(그림 3.22). 이는 값이 환경의 수용용량에 근접하거나 이를 초과하는 경우 성장률이 감소하는 개체군 동태를 설명한다.

개체군 증가율은 외부 및 내부 요인의 영향을 받는다. 외부 요인에는 서식지 품질, 먹이 가용성 및 다른 생물과의 상호작용이 포함된다. 개체군이 증가함에 따라 먹이는 더 부족해지고 자원에 대한 경쟁은 더욱 치열해진다. 개체군이 클수록 질병이나 기생충이 퍼지거나 포식자가 그 지역으로 유인될 위험이 높아진다. 느린 성장과 성숙, 신체 크기, 대사 작용 또는 호르몬 상태와 같은 내부 요인은 생식에 의한 생산량을 감소시킬 수 있다. 과밀은 종종 이러한 요인을 증가시킨다. 예를 들어, 과밀한 집쥐($>1,600/m^3$)는 한배에 평균 5.1마리의 새끼를 생산하고, 과밀하지 않은 집쥐($<34/m^3$)는 한배에 6.2마리의 새끼를 생산한다. 이러한 모든 요소는 **밀도 의존적**(density-dependent)이

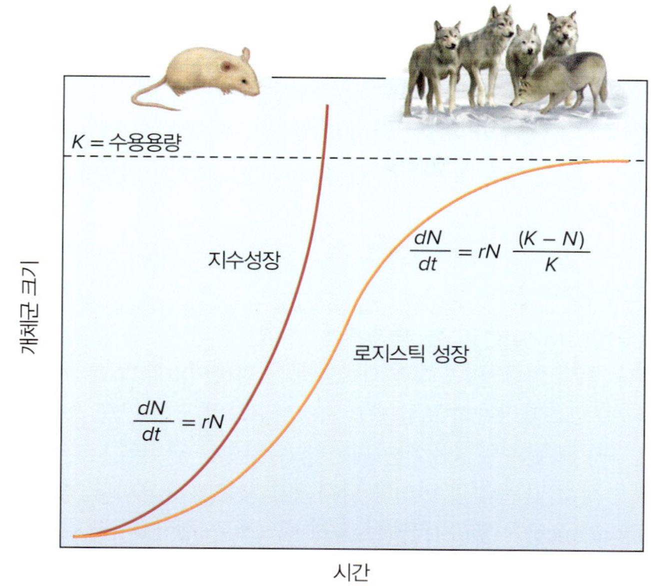

▲ **그림 3.22** J 자형 곡선에서 지수성장이 증가한다. 반면에, 수용용량은 인구 증가를 늦추거나 멈춤으로써 로지스틱 성장률은 S자 곡선을 형성한다.

다. 개체군 규모가 증가함에 따라 그 효과는 강화된다. **밀도 독립적**(density-independent)인 요인으로 인해 개체군은 개체군 크기에 관계없이 영향을 받는다. 가뭄, 이른 혹한, 홍수, 산사태, 사람들의 서식지 파괴 등이 모두 개체군 규모에 관계없이 사망률을 높인다. 개체군에 대한 밀도 독립적인 한계는 종종 비 생물학적이며, 변덕스러운 자연의 행위이다.

종은 한계에 따라 다르게 반응한다: *r*-선택종과 *K*-선택종

민들레와 따개비와 같은 일부 생물은 환경에서 장소를 확보하기 위해 높은 비율의 번식과 성장 양상을 나타낸다. 이들 생물은 사실상 무시되는 자손의 높은 사망률을 극복하기 위해 높은 생식 속도의 채택에 적응되어 있기 때문에, ***r*-선택종**(r-selected species)으로 불린다. 이 종들은 수용용량을 넘어서고 개체군 추락을 경험할 수도 있지만, 많은 양의 유생이 생산되는 한 몇 마리는 생존할 것이다. 보다 보존적으로(생장 기간이 길고, 성적인 성숙이 늦고, 유생이 적은) 번식하는 다른 생물은 환경의 수용용량(*K*) 부근에서 느린 성장 조건에 적합하기 때문에 ***K*-선택종**(K-selected species)이라고 한다.

많은 종들이 지수성장(*r*-선택)과 로지스틱성장(*K*-선택)의 특성을 혼합한다. 그러나 연속체의 극단에서 생물의 장단점을 대조하는 것이 이해하기 유용하다. 또한 적응의 "전략"과 다른 생식 방식의 "논리적" 측면에서 차이를 보는 데 도움이 된다(표 3.3).

소위 *K*-선택 생물은 일반적으로 수명이 길고 느리게 성숙하며, 각 세대에서 자손이 매우 적으며 자연 포식자가 거의 없다(그림 3.23, 유형 I). 예를 들어 코끼리는 18년에서 20년이 될 때까지 생식적으로 성숙하지 않다. 유아기와 청소년기에서 어린 코끼리는 그들을 돌보고 보호하고 행동하는 방법을 가르치는 대가족에 속한다. 암컷 코끼리는 보통 4년 또는 5년에 한 번만 임신한다. 임신 기간은 약 18개월이다. 따라서 코끼리 떼는 매년 많은 새끼를 낳지 않는다. 코끼리는 적이 적고 수명이 길기 때문에(60~70년), 이 낮은 생식 속도는 환경조건이 좋고 밀렵꾼이 없는 경우 개체군을 안정적으로 유지하기에 충분한 코끼리를 생산한다.

r-선택 또는 지수성장 패턴을 가진 생물은 생태계에서 낮은 영양단계를 차지하는 경향이 있거나 (2장 참조), 그들은 연속적인 개척자이다. 적소의 일반종들은 교란되거나 새로운 환경을 점유하고, 빠르게 성장하고, 조기에 성숙하며, 우수한 분산 능력을 가진 많은 자손을 생산한다. 그들은 개별 부모로서 자녀를 돌보거나 포식으로부터 보호하기 위해 거의 노력하지 않는다. 그들은 많은 수의 새끼를 생산하는 데 에너지를 투자하고 일부는 성체로 살아남는다(그림 3.23, 유형 III).

예를 들어 암컷 조개는 짧은 수명 동안 최대 1백만 개의 알을 낳을 수 있다. 어린 조개의 대다수는 성숙하기 전에 죽지만, 몇 마리라도 살아남으면 그 종은 계속될 것이다. 많은 해양 무척추동물, 기생충, 곤충, 설치류 및 1년생 식물이 이 생식전략을 따른다. 이 그룹에는 또한 가장 침략적인 선구자 생물, 잡초 및 해충도 포함된다.

많은 종들이 *r*과 *K* 선택의 특성을 함께 보이다. 이들은 대략 제2형 생존 유형(그림 3.23)을 따를 수 있으며, 여러 생활 단계에서 비슷한 사망률을 보인다.

전 세계에서 살고 있는 종을 고려할 때 *r*- 또는 *K*-선택종으로 분류할 수 있는가? 개미, 흰머리 독수리, 치타, 조개, 기린, 판다 또는 상어에 어떤 전략이 작동하는 것 같은가? 당신의 마음 속에서 중요한 질문은, 사람들은 어디에 속할까? 우리는 인구증가 전략에서 늑대나 코끼리 또는 조개나 토끼와 어느 곳에서 더 비슷한가?

능동적 학습 ACTIVE LEARNING

K가 개체군 증가율(rN)에 미치는 영향

로지스틱 성장에서 $(K - N)/K$라는 항은 성장률(rN)을 곱한 분수를 만든다. 수용용량(K)이 1000이라고 가정한다. N이 1500이면 항 $(K - N)/K$는 양수입니까? 또는 음수입니까? 개체군 변화가 양입니까? 음입니까? 만약 N이 500이라면? N이 1000이라면?

답변 : 음, 양, 성장 없음

표 3.3 | 번식전략

r-선택 종	K-선택 종
1. 짧은 수명	1. 긴 수명
2. 빠른 성장	2. 느린 성장
3. 조기 성숙	3. 늦은 성숙
4. 다수의 작은 자손	4. 소수의 큰 자손
5. 적은 보호자 관심 또는 보호	5. 높은 어버이 돌봄 또는 보호
6. 개별 자손에 대한 적은 투자	6. 개별 자손에 대한 많은 투자
7. 불안정한 환경에 적응	7. 안정적인 환경에 적응
8. 선구자, 식민지 개척자	8. 천이의 후기 단계
9. 적소 일반가	9. 적소 전문가
10. 먹이	10. 포식자
11. 내재적인 요소에 의해 주로 규제	11. 외부 요인에 의해 주로 규제
12. 낮은 영양 단계	12. 높은 영양 단계

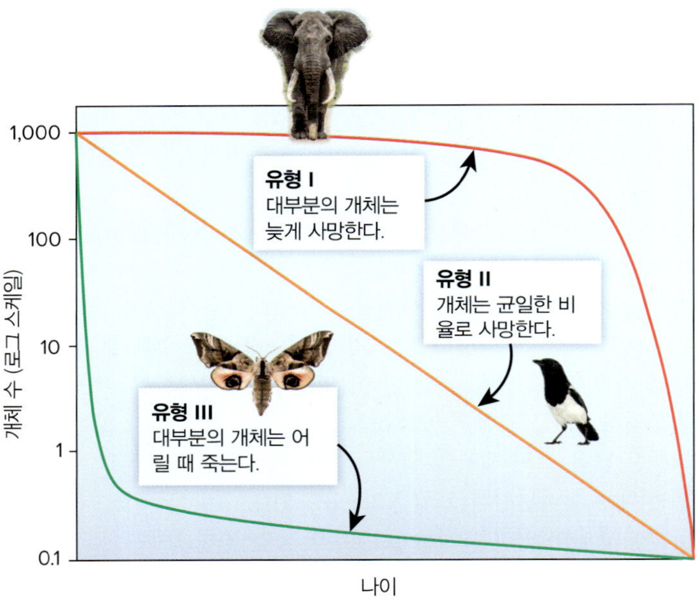

▲ **그림 3.23** 이상적인 생존 곡선에는 청소년에 대한 높은 생존율(Type I), 일생 동안 균일한 사망률 위험(Type II), 청소년에 대한 높은 사망률, 그리고 성숙에 도달 한 소수의 개인에 대한 긴 생존율(Type III)이 포함된다.

출처: (a): ©utopia88/123RF; (b): ©Isselee Eric Philippe/123RF; (c): ©Filip Fuxa/123RF

3.4 군집 다양성

- *다양성은 종의 수이다. 풍부도는 한 지역에 있는 개체 수이다.*
- *다양성은 종종 탄력성과 안정성과 관련이 있다.*
- *따뜻하고 습한 환경에서 일차생산성이 가장 높다.*

어떤 종도 섬이 아니다. 특정 환경의 생물군집에서 항상 다른 종과 함께 산다. 종간의 상호작용이 생물학적 공동체에 어떤 영향을 미치는지 보았다. 이 절에서는 한 지역의 많은 종들이 어떻게 생물군집과 생태계의 기본 속성을 만들어 내는지를 알아볼 것이다. 생태학자들이 관심을 갖는 주요 특성은 (1) 다양성과 풍부도; (2) 군집구조와 패치(조각)성; 및 (3) 복잡성, 탄력성, 생산성 및 안정성 등이다.

다양성과 풍부도

다양성(diversity)은 한 지역에서 상이한 종의 수, 또는 단위 면적당 종 수이다. 아프리카 사바나에서 평방미터당 초본식물 종의 수, 코스타리카의 조류 종의 수, 지구상의 모든 곤충 종(수백만 종!) 모두 다양성을 이야기한다. 다양성은 군집의 다양한 생태적 적소 및 유전적 변이를 나타내기 때문에 중요하다. **풍부도**(abundance)는 한 지역에서 특정 종 (또는 집단)의 개체 수를 나타낸다. 다양성과 풍부도는 종종 관련이 있다. 이용 가능한 자원을 공유하는 다른 종들이 많이 있기 때문에, 다양성이 높은 공동체는 종종 많은 종의 개체도 소수만 가지고 있다. 대부분의 군집에는 몇몇의 흔한 종과 많은 희귀한 종이 있다.

일반적으로, 종 다양성은 적도에서 가장 크고 극으로 갈수록 떨어진다. 극 근처에서 종의 수는 적지만 특정 종의 풍부도는 매우 높을 수 있다. 북극에는 전체적으로 곤충 종이 적지만, 하나나 둘, 특히 모기의 풍부도는 거의 계산할 수 없을 정도로 많다. 반면 열대지방에서는 수십만 종의 다른 곤충들이 공존한다. 고도로 전문화된 형태와 행동으로 좁은 적소를 이용할 수 있지만 어느 한 위치에서 한 종의 개체만이 발생할 수 있다. 위도가 높은 한대림의 숲과 열대우림 사이, 그리고 조류 개체군에서도 동일한 양상이 나타난다. 그린란드에는 56종의 번식하는 조류가 있는 반면, 콜롬비아에는 5분의 1의 면적에 1,395종이 있다.

기후는 다양성의 이러한 차이의 많은 부분을 설명한다. 그린란드는 혹독한 기후와 짧고 시원한 성장기 때문에 생물학적 활동이 제한된다. 반년 동안 태양 에너지는 풍부하지만, 겨울에는 유입되는 에너지가 거의 없다. 사라지는 자원을 충분히 활용할 수 있는 이동성 종만이 생존할 수 있다. 역사도 중요하다: 그린란드 해안에는 단지 약 10,000년 동안만 빙하가 없었기 때문에, 새로운 종이 발생할 시간이 거의 없었다.

반면 열대지방의 많은 지역은 빙하 얼음으로 덮여 있지 않으며 연중 비가 많이 내리고 기온이 높기 때문에, 생태계는 생산성이 높다. 연중 내내 이용 가능한 먹이, 수분 및 온난함이 생명의 활기를 지탱할 수 있으며 신체적 모양과 행동을 고도로 전문화할 수 있다. 좁은 장소에 많은 종류의 적소가 있으며, 높은 종 다양성이 있다. 산호초는 비슷하게 안정적이고, 생산적이며, 다양하고 이국적인 생명체의 증식에 도움이 된다. 밝게 채색되어 환상적인 모양의 물고기, 산호, 해면류 및 절지동물이 풍부하게 서식하고 있다. 오늘날 인간의 활동도 생물학적 다양성에

(a) 무작위 (b) 균일 (c) 군집

▲ **그림 3.24** 개체군의 분포는 무작위(a), 균일(b) 또는 군집(c)일 수 있다.
출처: (a): ©alinamd/123RF; (b): ©BartÅ,omiej Koc/123RF; (c): ©divedog/123RF

영향을 미치고 있다. 지역 활동의 축적된 효과는 생물다양성을 극적으로 변화시킬 수 있다(오른쪽 무엇을 할 수 있는가?를 보기 바란다). 이 문제는 5장에서 설명한다.

패턴은 군집구조를 생성한다

개인, 종 및 개체군의 공간분포는 군집의 다양성, 생산성 및 안정성에 영향을 줄 수 있다. 예를 들어, 경관 규모에서 복잡성이 증가함에 따라 적소의 다양성과 종 다양성이 증가할 수 있다. 군집구조는 공간적인 양상에 사용하는 일반적인 용어이다. 생태학자들은 여기서 논의하는 군집구조의 여러 측면에 중점을 둔다.

분포는 무작위, 질서정연 또는 조각일 수 있다. 비교적 균일한 환경에서도 종 개체군이 무작위로 분포되거나, 균일한 패턴으로 배열되거나, 함께 군집을 이룰 수 있다. 무작위로 분포된 개체군에서 개체는 자원이 있는 곳마다 거주하며 우연한 사건으로 인해 정착할 수 있다(그림 3.24a). 균일한 양상은 물리적 환경에서 발생하지만 경쟁과 영토권 점유에 의해 더 자주 발생한다. 예를 들어, 펭귄이나 바닷새는 거주지에 둥지를 틀기 위해 치열하게 경쟁한다. 각 둥지는 자신의 둥지에 앉아있는 이웃의 손이 간신히 닿지 않는 곳일 경향이 있다. 일정한 다툼은 매우 규칙적인 양상을 생성한다(그림 3.24b). 식물도 경쟁하여 균일한 패턴을 만든다. 쑥은 뿌리와 낙엽에서 독소를 방출하여, 경쟁자의 성장을 방해하고 각 덤불 주위에 둥그런 맨땅을 만든다. 이웃은 이 화학적 장벽의 한계까지 자라며, 그 결과 일정한 간격이 생긴다.

보호, 상호조력, 번식 또는 환경자원에 대한 접근을 위해 다른 종들이 모여 있다. 바다와 민물고기는 밀집한 집단을 형성하여 포식자를 탐지하고 탈출할 가능성을 높인다(그림 3.24c). 한편 늑대나 인간 등 많은 포식자가 무리를 지어 사냥한다. 찌르레기가 옥수수 밭에 모여 들거나, 개코원숭이가 아프리카 사

무엇을 할 수 있는가? *What Can YOU Do?*

생태적 다양성을 위해 지역에서 일하기

생태 시스템의 다양성과 복잡성은 여러분이 영향을 미치기에는 너무 크거나 너무 추상적이라고 생각할 수 있다. 그러나 도심, 교외 또는 시골 지역 어디에서 살든 여러분은 복잡하고 탄력적이며 흥미로운 생태계에 기여할 수 있다.

- 걸어라. 해당 지역의 생태 시스템에 대해 배우는 가장 좋은 방법은 걷고 환경을 관찰하는 연습을 하는 것이다. 친구와 함께 가서, 지역의 종과 영양 관계를 확인하시오.
- 고양이를 실내에 두어라. 우리의 사랑스러운 고양이는 또한 매우 성공적인 포식자이다. 철새, 특히 땅에 둥지를 틀고 있는 철새는 이러한 포식자에 대한 방어를 발전시키지 못했다.
- 나비 정원을 심어라. 다양한 곤충 개체군을 부양하는 자생 식물을 사용하시오. 장과 또는 과일을 가진 토착 나무도 새를 부양한다. 외래 침입 종을 피하시오. 구조적 다양성 (광활한 지역, 관목 및 나무)이 다양한 종을 지원할 수 있도록 하시오.
- 지역 환경 단체에 가입하라. 가장 효과적인 방법은 종종 집 가까이에 노력을 집중시키는 것이다. 도시 공원과 인근 지역은 농업과 농촌 지역과 마찬가지로 생태 군집을 지원한다. 생태계 건강을 유지하기 위해 노력하는 조직에 가입하시오. 학교, 공원 조직, 지역 Audubon 지부 또는 지역 자연보호 지회에서 환경단체를 찾는 것부터 시작하시오.
- 마을에 거주하라. 교외로 건물을 지어 나가는 것은 많은 특수한 식물과 동물을 제거함으로써 야생생물 서식지를 소비하고 생태계 복잡성을 감소시킨다. 숲과 초원을 잔디와 거리로 교체하는 것이 생태계를 단순화하거나 제거하는 가장 확실한 방법이다.

바나를 가로 질러 가면, 집단 규모가 포식자를 피하고 먹이를 효율적으로 찾는데 도움이 된다. 식물은 또한 혹독한 환경에서 자신의 보호를 위해 집단을 이룬다. 당신은 종종 산의 수림한계선이나 해안의 전사구(foredune) 뒤에 바람에 의해 깎인 상록수 숲을 볼 수 있다. 이러한 수림한계선은 바람의 피해로부터 식물을 보호하고 우연히 다른 동물과 식물을 보호하여 군집의 무리를 만든다.

각 개체들은 군집에서 수직으로 분포할 수도 있다. 예를 들어 산림에는 환경 조건과 종 조합이 다른 여러 층이 있다. 식물, 동물 및 미생물의 뚜렷한 공동체가 나무꼭대기, 수관 중간 및 지면 근처에 서식한다. 수직 계층화로 알려진 이 층화는 열대우림에서 가장 잘 발달된다(그림 3.25). 수서군집은 종종 다양한 수준의 빛, 온도, 염분, 영양분 및 압력에 반응하는 종에 의해 형성된 층으로 계층화된다.

▲ 그림 3.26 복잡한 환경에는 대조적인 환경, 만나는 가장자리 및 더 큰 조각을 연결하는 통로가 포함된다. 가장자리는 생물학적으로 풍부하지만, 핵심지역은 많은 종에게 중요하다.

출처: ©Raul Ortega Marinas/123RF

경관에서 군집이 패턴을 형성한다. 비행기를 타면 풍경이 다른 색상과 형태의 패치로 구성되어 있음을 알 수 있다(그림 3.26).

▲ 그림 3.25 식물과 동물의 수직 층은 중요한 유형의 군집구조이며 열대우림에서 특히 분명하다.

일부는 길고 좁게 보이며(늘어선 관목 또는 강), 다른 일부는 직사각형(목장 및 경작지)이거나 여름에는 초록색이고 울퉁불퉁하다(숲). 각 패치는 고유한 종과 환경조건이 있는 생물학적 군집을 나타낸다. 대부분의 풍경은 어떤 식으로든 고르지 않다. 가장 큰 패치에는 가장자리의 영향을 받지 않는 비교적 균일한 환경인 핵심 서식지가 포함될 수 있다. 우리는 종종 일반 종이 가장자리에서 발생한다고 생각하는 반면, 많은 전문종들은 보다 일관된 **핵심서식지**(core habitat) 조건을 필요로 할 수 있다. 예를 들어, 북부 점박이 올빼미는 태평양 북서부에 있는 거대한 침엽수림 안에 둥지를 틀고 있다(6장 참조). 작은 조각에서 올빼미는 밀접하게 관련된 줄무늬올빼미와의 경쟁으로 인해 운이 좋지 않다. 한 쌍의 북부 점박이 올빼미가 생존하려면 1,000 ha 이상의 핵심서식지가 필요할 수 있다.

공동체가 만나는 곳은 환경조건이 혼합되고 한 공동체의 종과 소기후가 다른 공동체에 침투할 수 있다. **가장자리효과**(edge effect)라고 불리는 현상은 인접한 군집으로 수백 미터를 확장하여 영향을 줄 수 있다. 개방된 초원에 인접한 산림 가장자리는 더 밝고 건조하며 더 뜨겁고, 산림 중심보다 폭풍 피해에 더 취약하다. 잡초와 포식자를 포함한 초원의 일반종은 산림으로 이동하여 산림 종에 부정적인 영향을 줄 수 있다. 패치의 모양은 또한 핵심 서식지의 양에 영향을 줄 수 있다. 좁고 불규칙한 모양의 조각에서 광범위한 가장자리 효과는 핵심 서식지를 남기지 않는다. 그러나 비슷한 크기의 정사각형 조각에서 내부 종은 여전히 핵심 서식지를 찾는다(그림 3.27). 인간 활동은 종종 가장자리효과가 증가하고 핵심서식지의 감소 또는 손실로 조각난 서식지를 생성한다. 예를 들어 교외의 확장 및 산림벌채는 경관에서 밀도가 높은 가장자리의 고르지 않은 양상으로 발생하는 경향이 있다.

▲ **그림 3.27** 형태는 서식지나 보존지역에서 핵심지역의 이용 가능성에 영향을 줄 수 있다.

가장자리는 두 종의 개체가 경계 영역을 차지하기 때문에 종종 종이 풍부하다. 많은 종들이 가장자리를 선호하고 두 환경의 자원을 사용한다. 사슴이나 꿩과 같은 많은 사냥 동물은 가장자리에 가장 많다. 이 개체군을 늘리기 위해 1930년대 북미의 사냥 동물 관리자는 숲에 개활지를 만들고 초원에 나무와 관목을 심는 일을 했다. 보다 최근에는 야생 생물학자들은 이러한 가장자리가 내부조건이 필요한 종의 서식지를 감소시킨다는 것을 인식했다. 따라서 서식지 관리자는 더 큰 조각을 보존하고 가능한 경우 더 작은 패치를 연결하기 위해 노력했다(그림 3.27).

복원력은 복잡성과 관련이 있는 것 같다

복잡성과 복원력의 관계는 오랫동안 생태학에서 중요한 문제였다. 이 문제는 로버트 맥아더(1930~1972)가 제안한 개념으로 군집이 더 복잡할수록, 교란이 발생할 때 더 탄력적이라고 제안했다. 그는 많은 다른 종들이 각각의 영양단계를 차지한다면, 다른 종들이 외력에 의해 스트레스를 받거나 제거되면 다른 종들이 채워질 수 있다고 추론했다. 전체 공동체는 탄력성을 가지고 있으며 방해로부터 신속하게 저항하거나 회복된다. 예를 들어, 장내 미생물 군집의 다양성은 안정성과 탄력성에 중요한 역할을 하는 것으로 보이다(과학탐구 참고).

우리는 종종 종 수의 관점에서 다양성을 생각하지만, 또 다른 측면은 공동체의 **복잡성**(complexity)이다. *복잡성*은 커뮤니티의 영양 단계 수와 각 영양 단계의 종수를 나타낸다. 복잡한 공동체는 같은 기능을 수행하는 많은 영양단계와 종의 집단을 가질 수 있다. 열대우림 및 기타 여러 군집에서 초식동물은 식물을 먹는 특수한 방법에 따라 단체를 형성한다. 과일 먹는 동물, 잎을 갉아먹는 동물, 뿌리에 구멍 뚫는 동물, 씨앗을 갉는 동물, 수액을 빠는 동물이 있을 수 있다. 각 길드는 다양한 크기, 모양, 심지어는 생물학적 계로 구성되어 있지만 유사한 방식으로 먹이를 취한다.

유사하게, 남극 생태계에서 군집의 복잡성을 볼 수 있다. 부유하는 해조류가 광합성을 수행하면서 태양이 시스템에 동력을 공급한다. 이것들은 크릴이라고 불리는 작은 갑각류에게 먹이가 되고, 그 결과 후속 영양단계를 부양한다(표 3.4 및 2장의 여러분의 생각은?을 참조하시오). 대부분의 생태계는 여러 영양단계에서 훨씬 큰 종 다양성을 나타낸다.

탄력성에 기여할 수 있는 또 다른 요소는 생산성이다. **일차 생산성**(primary productivity)은 광합성에 의한 생물량의 생산이다. 식물, 조류 및 일부 세균은 태양 에너지를 화학 에너지로 변환하여 생물량을 생산하며, 이 에너지는 그들이 사용하거나 다른 생물에 전달한다. 연간 단위 면적당 생물량 단위(예 : 연간 m^2 당 그램)로 1차 생산성을 측정할 수 있다. 생산자 생물의 세포 호흡이 그 에너지의 많은 부분을 사용하기 때문에 보다 유용한 용어는 **순 일차 생산성**(net primary productivity,), 또는 호흡 후 저장된 생물량이다. 생산성은 광 수준, 온도, 수분 및 영양분 가용성에 따라 달라지므로 생태계 유형에 따라 크게 다르다(그림 3.28). 열대림, 산호초 및 만과 하구(강이 바다를 만나는 곳)는 풍부한 에너지와 수분을 이용할 수 있어 생산성이 높다. 사막에서는 물이 부족하면 광합성이 제한되고, 생산성이 낮다. 북극 툰드라나 고산지대에서 저온과 낮은 태양에너지의 유입은 식물의 성장과 생산성을 저해한다. 대양에서 영양분이 부족하면 조류가 풍부한 햇빛과 물을 이용할 수 있는 능력이 줄어든다.

광합성이 가장 활발한 생태계조차도 가용 햇빛의 일부만 포획하여 에너지가 풍부한 화합물을 만드는 데 사용한다. 예를 들어 온화한 기후의 떡갈나무 숲에서는 한여름에 이용 가능한

표 3.4 남극해에서의 군집 복잡성

기능의 종류	기능 그룹의 구성원
최상의 해양 포식자	향유고래 및 범고래, 바다표범 및 코끼리 물개
공중 포식자	신천옹, 도둑갈매기
다른 해양 포식자	웨델 해와 로스 해 물개, 왕 펭귄, 원양 어류
크릴/부유생물 섭식자	밍크고래, 혹등고래, 긴수염고래, 청고래, 세이고래
해양 초식동물	크릴, 동물플랑크톤(많은 종)
해양-저서 포식자	많은 종의 문어와 저서 섭식어류
해양-저서 초식동물	여러 종의 극피동물, 갑각류, 연체동물
광합성생물	많은 식물플랑크톤과 조류

▲ **그림 3.28** 생물량(biomass)은 세계 주요 생태계 유형에서 서로 다른 비율로 축적된다. 순 일차 생산량의 차이는 주로 온도, 강우 및 영양분 때문이다. 종간의 상호작용은 또한 생산성을 향상시킨다

빛의 절반만 흡수한다. 이 흡수된 에너지 중 99%가 호흡과 물을 증발시켜 나뭇잎을 식히는 데 사용된다. 큰 떡갈나무는 따뜻하고 건조하며 햇볕이 잘 드는 맑은 날에 수천 리터의 물을 발산(증발)시키면서 몇 킬로그램의 당과 에너지가 풍부한 다른 유기화합물을 만들 수 있다.

안정성(stability)은 생태계마다 다른 또 다른 속성이다. 군집이나 생태계가 안정적이라고 말하면, 교란에도 불구하고 변화에 저항하고 교란 후에 탄력적으로 회복하며, 교란 이전과 거의 같은 숫자로 같은 종을 부양한다는 의미이다. 우리는 종종 열대우림이 오랜 기간 동안 안정적인 것으로 생각한다. 우기 및 건기는 매년 있을 수 있지만, 종 구성에 큰 변화는 없을 것으로 예상된다. 반면, 많은 침엽수림은 주기적으로 화재로 "재설정"된다. 수십 년 동안 지속될 수 있는 지배적인 종의 재편성이 있다.

때때로 교란은 생태계를 극적으로 변화시킨다. 대평원이 1930년대와 1940년대 초에 가뭄을 겪었을 때, 전체적인 생산성이 떨어지고 일부 종의 개체군은 실질적으로 사라졌으며, 다른 종은 존재했지만 풍부도가 낮았다. 비가 다시 내렸을 때, 가뭄 때문만 아니라, 수백만 마리의 가축이 목장을 과도하게 방목했기 때문에 식물 군집이 달랐다. 오늘날의 나머지 대평원의 초원은 2세기 전의 초원과 매우 다르다. 그러나 그들은 초원으로 남아 있으며 사료를 생산하고 가축을 먹인다. 대평원의 초원은 여전히 상대적으로 생산적이기 때문에 안정적인가? 아니면 교란으로 인해 종 다양성과 풍부도가 크게 바뀌어 불안정한가? 만약 목장이 생태학적 법칙에 따라 방목된다면, 원래의 종 다양성과 풍부도를 회복시키고 생산성을 높일 수 있을까? 다양성, 생산성, 탄력성 및 안정성에 대한 질문을 하면 우리가 가장 중요하게 생각하는 생태계의 측면과 군집의 특성을 유지하는 데 도움이 되는 속성을 고려하는 데 도움이 된다.

3.5 군집은 역동적이며 시간이 지남에 따라 변경된다

- *천이는 시간에 따른 군집 구성의 변화이다.*
- *화재나 산림벌채와 같은 교란은 군집조성을 바꿀 수 있다.*
- *많은 군집과 종들이 교란을 견디도록 적응되어 있다.*

불이 숲을 휩쓸면, 숲이 파괴되었다고 말한다. 그러나 언제나 그렇듯이 발생한 일에 대한 부정확한 설명이다. 불은 소각된 초원에서 영양분을 방출하거나 침엽수림에서 노화된 나무를 재생산하여 군집에 도움이 된다. 극적이고 주기적인 변화가 정상적인 생태계의 일부가 될 수 있다는 생각은 생태학에서 비교적 새로운 것이다. 우리는 안정성을 최적의 생태계 상태로 간주했다. 그러나 더 많은 관찰과 더 많은 연구를 통해, 시간이 지남에 따라 극적인 변화와 함께 군집이 역동적일 수 있다는 것을 배웠다.

군집은 유기체적이거나 개체적인가?

1900년대 초부터 수십 년 동안 북미와 유럽의 생태학자들은 군집의 기본 특성에 대해 논쟁했다. 이 토론은(생태학자가 아닌 한) 훌륭한 파티 대화를 만드는 것은 아니지만, 군집을 연구하고 이해하는 방법, 군집의 변화를 보는 방법 및 궁극적으로 우리가 사용하는 방법에 오랫동안 영향을 미쳤다. 토론의 한편에는 덴마크의 워밍(J. E. B. Warming; 1841~1924)과 미국의 카울스(Henry Chandler Cowles; 1869~1939)가 제안한 아이디어가 있었다. 이 두 사람은 군집이 새로운 땅에서 시작하거나 심한 교란 후에 일련의 단계로 발전한다는 것을 제안했다. 모래 언덕에서 연구하면서, 식물이 맨 모래에 뿌리를 내렸을 때의 변화를 조사하였으며, 추가적인 발달이 궁극적으로 숲을 형성했다. 마지막으로 발달하여 가장 오래 지속되는 커뮤니티를 **극상군집**(climax community)이라고 한다.

극상군집의 중요성은 생물지리학자 클레멘츠(F. E. Clements; 1874~1945)가 지지했다. 그는 이 과정을 이어달리기로 보았다. 종은 예측 가능한 집단과 고정된 순서로 서로를 대체한다. 그는 모든 지형에 기후에 의해 결정되는 극상군집이 있다고 주장했다. 방해받지 않으면 이 공동체는 각각 최적의 기능을 수행하는 특징적인 집단의 종으로 성숙할 것이다. 클레멘츠에게는 극상군집은 주어진 상황에서 가능한 최대의 복잡성과 안정성을 나타냈다. 다른 연구자들은 극상군집의 발달이 생물의 성숙과 비슷하다는 비유를 했다. 그들은 생물과 마찬가지로 군집이 단순하고 원시적으로 시작하여, 고도로 통합되고 복잡하며 안정적인 상태가 될 때까지 성숙한다고 주장했다.

토론의 반대편에는 클레멘츠와 동시대인 글리슨(H. A. Gleason; 1882~1975)이 이룩한 군집 변화에 대한 개별주의적 견해가 있었다. 글리슨은 군집의 역사를 예측할 수 없는 과정으로 보았다. 그는 종은 개별적이며, 각각은 입식능력, 환경조건을 견딜 수 있고, 그곳에서 번식하는 능력에 따라 환경에 확립된다고 주장했다. 이 아이디어는 환경조건과 인근의 종에 따라 식물과 동물의 무수한 일시적 연관성이 약간 다른 형태로 형성, 붕괴 및 재구성 될 수 있게 한다. 바쁜 공항 터미널의 저속촬영 영화를 상상해보라. 승객들이 왔다 갔다 한다; 집단은 형성되고 소산된다. 중요해 보이는 양상과 집합은 1년 후에 그다지 의미가 없을 수도 있다.

자연에서 일반적인 성장 형태는 예측 가능할 수 있다(일부 조건에서는 초본이 자라는 반면 다른 조건에서는 나무가 자란다). 그러나 공동체의 정확한 구성이 반드시 예측 가능한 것은 아니다. 글리슨은 우리가 생태계를 균일하고 안정적이라고 생각한다고 보는데, 그 이유는 우리의 수명이 짧고 우리가 보는 지리적 범주가 좁아 생태계의 역동성을 이해하기 어렵기 때문이다. 대부분의 생태학자들은 글리슨의 설명이 클레멘츠보다 우리가 관찰하는 군집에 더 잘 적합하다는 것을 알게 되었다.

천이는 군집변화를 설명한다

천이는 생물이 한 장소를 점유하고 환경조건을 변화하여 점차 다른 유형의 공동체를 위해 길을 만드는 과정이다. 1차 천이(primary succession)로, 이전에 아무도 살지 않았던 토양이 없는 땅(모래, 바위 표면, 화산 흐름)은 살아있는 생물에 의해 군락화 된다(그림 3.29). 한편, 2차 천이(secondary succession)는 새로운 군집이 이전 군집의 생물학적 유산으로부터 발전할 때, 교란 이후에 일어난다. 두 종류의 천이에서 생물은 토양, 광량, 음식 및 물 공급 및 소기후를 변경하여 환경을 변화시킨다. 이러한 변화는 새로운 종들이 식민지화를 하게하며, 결국 생태학적 발달이나 촉진으로 알려진 과정으로 이전 종을 대체하게 한다.

육상에서의 1차 천이에서, 최초의 식민지 개척자들은 자원이 거의 없는 혹독한 환경을 견딜 수 있는 어려운 **개척자 종**(pioneer species), 종종 미생물, 이끼 및 지의류이다. 개척자 종은 오목한 곳과 틈새에 축적된 유기물과 파편을 만들어 물을 유지하고, 더 많은 식물의 씨앗이 모여 자라는 토양을 만든다. 천이가 진행됨에 따라 군집은 더욱 다양해지고 종간 경쟁이 일어난다. 더 큰 식물이 자라서 수직 구조를 만든다. 환경이 새로운 환경에 더 적합한 경쟁 능력을 가진 새로운 생물이 정착하도록 도와주면서 개척자들은 사라진다.

버려진 농장 지대, 벌채된 숲, 교란된 교외와 땅에서 2차 천이를 볼 수 있다. 토양, 종자 및 잔류 식물 뿌리가 존재할 수 있다. 교란된 토양에는 식생이 없기 때문에 1년 또는 2년간 사는 식물(1년생 식물 및 2년생 식물)이 잘 자란다. 그들의 가벼운 씨앗은 바람에 의해 먼 거리를 이동하고, 묘목은 강한 태양과 극심한 열을 견뎌낸다. 그들이 죽으면 토양의 비옥도를 개선하고 다른 묘목을 보호하는 유기물을 축적한다. 곧 오래 지속되고 뿌리가 깊은 다년생 초본, 허브, 관목 및 나무가 보존되어,

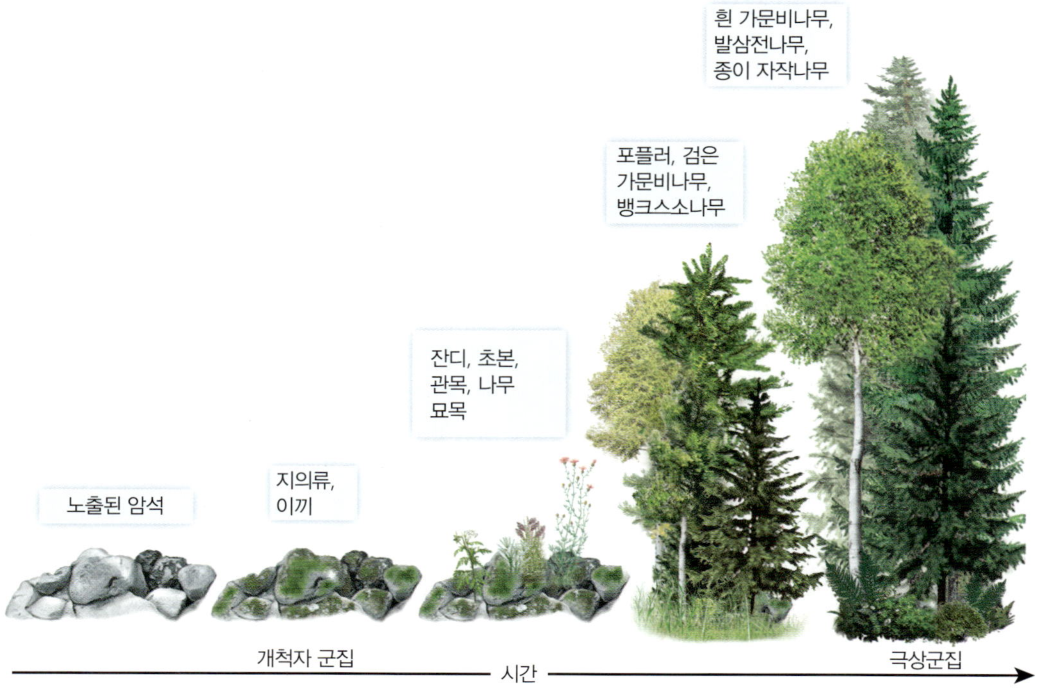

▲ **그림 3.29** 한대림의 1차 천이에는 5가지 주요 단계가 포함된다. 노출된 암석은 지의류와 이끼로 군락화되어 습기를 가두어 잔디, 관목 및 궁극적으로 나무를 위한 토양을 만든다. 주기적으로 화재가 발생하면 나무가 뒤쳐져서 2차 천이가 시작될 수 있다. 포플러는 뿌리에서 솟아나오고, 소나무가 개활지에서 싹이 나고, 새로운 숲이 시작된다.

토양의 유기물을 쌓고 수분 저장 능력을 높인다. 벌거벗고 건조하고 햇볕이 잘 드는 땅에서 살아남을 수 없는 산림 종은 풍성한 먹이, 다양한 군집 구조와 건조한 바람과 낮은 습도로부터 피할 수 있는 피난처를 찾는다.

일반종들은 초기 천이에서 두드러지게 나타난다. 그러나 수천 년에 걸쳐 적소가 확산되고 전문종이 등장함에 따라 경쟁은 줄어들 것이다. 이론적으로, 오랜 기간의 군집 발달은 군집의 복잡성 증가, 영양분 절약 및 재순환 향상, 안정적인 생산성 및 교란에 대한 강한 저항으로 이어진다.

일부 군집은 교란에 의존한다

교란은 생태계에서 자주 발생한다. 산사태, 진흙사태, 우박, 지진, 허리케인, 토네이도, 조석, 산불 및 화산은 몇 가지 명백한 유형이다. 생태학적으로, **교란**(disturbance)이란 종 다양성과 풍부도, 군집구조 또는 공동체 속성의 확립된 양상을 방해하는 힘이다. 허리케인처럼 교란이 항상 갑자기 나타나는 것은 아니다. 가뭄과 같은 느린 사건은 생태계와 그 기능을 크게 바꿀 수 있다. 아프리카코끼리가 작은 나무를 찢어 버리고, 관목을 짓밟고, 나뭇가지를 뜯어 먹고 갈 때, 산림에 개활지가 생기고 사바나가 생길 때처럼, 동물도 교란을 일으킬 수 있다.

인간도 여러 가지 방식으로 교란을 일으킨다. 원주민들은 화재를 일으키고, 새로운 종을 도입하거나, 자원을 수확하거나, 또는 여러 지역에서 군집을 변화시켰다. 때때로 이러한 교란은 주요한 생태학적 영향을 미쳤다. 고고학적 증거는 인간이 뉴질랜드, 하와이, 마다가스카르와 같은 섬을 식민지화했을 때, 많은 동물 종의 대규모 멸종이 뒤따랐음을 시사한다. 마지막 빙하기 말에 아메리카 대륙에서 비슷한 일이 있었는지에 대한 논쟁이 있지만, 인간이 도착했을 무렵에 많은 대형 포유류 종들이 사라졌다. 어떤 경우에는 원주민이 만든 풍경이 오랫동안 유지되어 그러한 조건이 항상 존재한다고 상상할 수 있다. 예를 들어, 북아메리카 동부 지역에서 원주민들이 일으킨 화재는 초창기 탐험가들이 자연경관 상태라고 가정한 풀이 있는 개활지인 사바나를 유지했다.

현대 기술사회로 인한 교란은 종종 훨씬 더 명백하고 돌이킬 수 없다. 도로 건설, 광업, 벌채 또는 기타 파괴적인 활동으로 인한 상처가 있을 수 있다. 풍경이 고속도로, 주차장 또는 지상의 거대한 구멍으로 바뀌면, 분명히 이전 상태로 돌아오기까지 오랜 시간이 걸릴 것이다. 그러나 때때로 교란이 비교적 사소해 보일지라도, 심각한 영향을 미칠 수 있다.

예를 들어, 미시간 상부 반도에 있는 킹스턴 평야를 생각해 보라. 19세기 말에 벌목은 한때 그곳에서 자란 백송 숲을 제거했다. 농장을 개척하기 위하여, 개척자들에 의한 반복적인 방화는 모래 토양에서 영양분을 제거하고 생태조건을 변화시켜서 1세기가 지난 후에도 숲은 여전히 재생되지 않았다(그림 3.30).

▲ **그림 3.30** 때때로 교란으로부터의 복구가 매우 느리거나, 시스템이 새로운 유형의 생태계로 변화한다. 미시간의 동부 상부 반도에 있는 킹스턴 평원(Kingston Plains)에서 벌목과 화재로 나무가 사라진지 1세기가 지났어도 나무 그루터기가 남아있다.
출처: ©William P. Cunningham

사람이나 자연에 의해 광범위한 변화가 발생하면, 장소가 교란 전 상태로 돌아오는데 수세기가 걸릴 수 있으며, 그 동안 기후나 다른 조건이 변하면 결코 회복되지 않을 수도 있다.

클레멘츠의 유기체적 관점은 대부분의 교란이 비슷하게 해롭다는 것을 시사한다. 1900년대 초 이 견해는 도처에 존재하는 산불로부터 미국 서부의 목재 공급을 보호하려는 노력을 이끌었다. 홍수로부터 교란을 방지하고 건기를 대비하여 물을 저장하기 위하여, 안정성을 확립하고 교란을 줄이는 것도 서부 전역의 강에 댐을 건설하는 것에 대한 논쟁이었다. 화재진압 및 홍수통제는 20세기 대부분의 미국 자연자원 관리의 중심적인 정책이 되었다.

최근에 자연 교란에 관한 새로운 아이디어가 토지관리 논의에 개입되고 일부 토지관리 정책이 변경되었다. 초원과 일부 숲은 이제 "화재 적응"으로 간주되며, 날씨 조건이 적절하면 화재가 지속되도록 한다. 홍수는 또한 범람원과 하천 건강을 유지하는데 중요한 것으로 여겨진다. 정책결정자와 관리자는 새로운 댐과 제방 건설 프로젝트를 결정할 때 생태정보를 점점 더 고려하고 있다.

생태학자들은 교란이 포식과 마찬가지로 가장 많은 경쟁자들을 퇴치하고 덜 경쟁적인 종들이 지속될 수 있도록 하기 때문에, 많은 종들이 혜택을 받는다는 것을 발견했다. 북방부 낙엽수림에서 단풍나무(특히 설탕단풍나무와 최근에 도착한 노르웨이 단풍나무)는 대부분의 다른 나무 종보다 더 많은 종자를 퍼뜨리며 음지를 더 견딜 수 있다. 교란 없이 수십 년이 지난 후, 단풍나무는 다른 나무를 능가하여 숲 수관에 자리를 잡게 된다. 단풍의 짙은 그늘은 기본적으로 다른 종의 빛을 차단한다. 하층 식물과 마찬가지로 대부분의 떡갈나무, 호두나무 및 기타 빛이 필요한 나무는 풍부도가 감소한다. 폭풍, 토네이도, 산불 또는 얼음 폭풍이 단풍나무가 우거진 숲에 부딪치면, 나무가 넘어지고 나뭇가지가 부서지며 빛이 다시 숲 바닥에 도달한다. 이것은 하층 식물뿐만 아니라 떡갈나무와 호두나무의 묘목을 자극한다. 가장 강력한 경쟁자의 통제를 깨는 것은 종종 교란의 유용한 역할이다. 1988년 옐로스톤 화재는 공원에서 영역을 넓힌 롯지폴 소나무(*Pinus contorta*)를 방해했다. 몇 년 후, 천이과정이 일부 지역에서 울창한 숲을 형성했고 다른 지역에서는 개방된 사바나를 형성했다(그림 3.31). 이로 인해 다양한 식물 종이 생겨났고 야생생물은 서식지 다양성에 활발하게 반응했다.

일부 환경에서 주기적인 교란은 기본 특성이며, 군집은 **교란에 적응된 종**(disturbance-adapted species)으로 구성된다. 일부는 지하에 숨어서 화재에서 살아남고, 다른 개체들은 화재 후 재빨리 씨를 뿌린다. 캘리포니아와 지중해 지역의 떡갈나무 덤불(Chaparral Scrubland), 초원, 사바나 및 일부 종류의 침엽수림은 오랜 역사의 일부였던 주기적 불에 의해 형성되고 유지된다. 실제로, 이 군집에서 지배적인 식물 종의 대부분은 경쟁자를 억제하고, 종자가 발아 될 땅을 준비하거나, 열린 솔방울을 튀기거나, 두꺼운 종자 피복을 쪼개서 종자를 방출하기 위해 화재가 필요하다. 불이 없으면 군집구조는 상당히 다를 것이다.

다른 관점에서, 교란은 모든 군집에서 항상 작동하는 연속적인 시계를 재설정한다. 비록 교란 이후에 모두가 혼란스러워 보일지라도, 자연적 교란(또는 적절하게 사용되는 인간에 의한 교란)을 허용함으로써 종 다양성을 보존하는 것은, 가뭄 후 화재로 관리되는 다양한 초원이 실제로 회복되는 것처럼 장기적으로 안정성을 보장할 수 있다.

▲ **그림 3.31** 1988년의 옐로스톤 국립공원 화재는 140만 에이커를 태웠다. 화재 전 롯지폴 소나무가 80%였던 이 지역의 회복은, 사바나와 보다 다양한 산림 유형을 포함하여 더 다양한 식생을 생산했다.
출처: ©William P. Cunningham

결론

진화는 생물학을 구성하는 주요 원칙 중 하나이다. 종 다양성이 어떻게 생겨났으며 어떻게 생물이 고도로 전문화된 생태적 적소에서 살 수 있는지 설명한다. 유익한 특성이 한 세대의 생존자로부터 자손에게 전달되는 자연선택은 진화가 일어나는 메커니즘이다. 종의 상호작용(경쟁, 포식, 공생, 공진화)은 자연선택에서 중요한 요소이다. 생태적 군집의 고유한 생물 및 환경조건은 생산성, 풍부도, 다양성, 구조, 복잡성, 연결성, 탄력성 및 천이와 같은 중요한 특성을 발생시킨다. 인간이 야기한 새로운 종의 도입과 기존 종의 제거는 생물군집에 중대한 변화를 야기할 수 있으며 우리 모두가 의존하는 생명 유지 생태 서비스를 손상시킬 수 있다. 이러한 군집생태학적 원칙은 개체군 변화와 생태계 기능의 여러 측면을 이해하는데 유용하다.

연습 문제 *PRACRICE QUIZ*

1. 환경 요인에 대한 내성 한계가 큰 키 선인장과 같은 고도로 전문화 된 종의 분포를 어떻게 결정하는지 설명하시오.
2. 이소적 종 분화(allopatric speciation)는 무엇인가? 동소적 종 분화(sympatric speciation)는?
3. 선택적 압력을 정의하고, 그것이 종의 특성을 어떻게 변화시킬 수 있는지 설명하시오.
4. 그림 3.23에 나와 있는 3가지 유형의 생존 곡선을 설명하시오.
5. 몇 가지 유형의 공생관계를 설명하시오. 두 종 모두에게 유익한 공생관계의 예를 제시하시오.
6. 공진화란 무엇인가? 포식관계 또는 공생관계의 예를 들어보시오.
7. 제한된 양의 자원에 대한 경쟁은 모든 생태계에서 발생한다. 이 경쟁은 종간 또는 종내에서 이루어질 수 있다. 생물이 이러한 다른 유형의 경쟁을 처리 할 수 있는 몇 가지 방법을 설명하시오.
8. *K*-선택 및 *r*-선택 종의 아이디어를 설명하시오. 각각의 예를 제시하시오.
9. 산불이 기존의 생물학적 공동체를 파괴한 후에 발생하는 천이과정을 설명하시오. 왜 정기적인 화재가 군집에 도움이 될 수 있는가?
10. 생물량 측면에서 가장 생산적인 세계 생태계는 무엇인가(그림 3.28 참조)? 어느 것이 가장 생산적이지 않을까? 생물량 축적을 정량화하기 위해 이 그림에서 어떤 단위가 사용되는가?
11. 생태학자에게 탄력성이라는 용어는 무엇을 의미하는가? 다양성은 생태계의 복원력에 어떤 방식으로 기여할 수 있는가?

비판적 사고와 토론 *CRITICAL THINKING AND DISCUSSION*

다른 학생들과 이러한 문제를 토의하기 위하여 이 장에서 학습한 원칙을 적용하시오.

1. 자연 선택과 진화의 개념은 대부분의 생물학자들이 세상을 이해하고 해석하는 방법의 핵심이다. 다윈의 설명이 생물학에서 왜 그렇게 유용한가? 이 설명이 반드시 전통적인 종교적 견해에 도전하는가? 어떤 방식으로 그러한가?
2. 오리는 수영을 해야 하기 때문에 물갈퀴 발을 가지고 있다는 것과 물갈퀴 발이 있기 때문에 수영할 수 있다는 말의 차이점은 무엇인가?
3. 이 장에서 배운 정보를 가지고, 비 과학자에게 자연선택과 적응을 통한 종 분화의 아이디어를 어떻게 설명하겠는가?
4. 생산성, 다양성, 복잡성, 탄력성 및 구조는 모든 군집과 생태계에서 어느 정도까지 나타난다. 이러한 특성이 어떻게 익숙한 생태계에 적용되는지 설명하시오.
5. 생태계에서 교란은 어떤 면에서 좋거나 나쁩니까? 둘 다 될 수 있는가? 여러분이 알고 있는 생태계에서 예를 들고, 생태계에 영향을 미치는 교란을 고려하시오. 부정적인 영향과 긍정적인 영향은 무엇인가?
6. 생태학자들은 생물군집이 자립적이고 자율적인 특성을 가지고 있는지 또는 개별적으로 행동하는 종의 매우 가변적이고 우발적인 조합인지에 대해 토론한다. 과학자들이 이 이론들 중 하나 또는 다른 이론을 선호하게 만들 수 있는 견해나 세계관은 무엇인가?
7. 희귀하고 멸종위기에 처한 많은 종들이 전문종이다. 이것이 무엇을 의미하는지 설명하시오. 환경이 변화함에 따라 전문종을 잃을까봐 걱정해야 하는가? 그 이유는 무엇인가?

데이터 분석 경쟁배제 *DATA ANALYSIS Competitive Exclusion*

경쟁배제의 원칙은 자연선택에 의한 진화 과정으로 설명할 수 있는 관찰 중 하나이다. 여러 갈라파고스 제도에서 핀치에 대한 랙(David Lack)의 고전적인 연구가 그 예다. 이 종들은 모두 땅핀치인 *Gespiza* 속에 밀접하게 관련되어 있다. (종종 생물학자들은 반복적으로 사용될 때 속명을 축약한다. 예를 들어, *Gespiza fuliginosa*는 편의상 *G. fuliginosa*로 단축되었다).

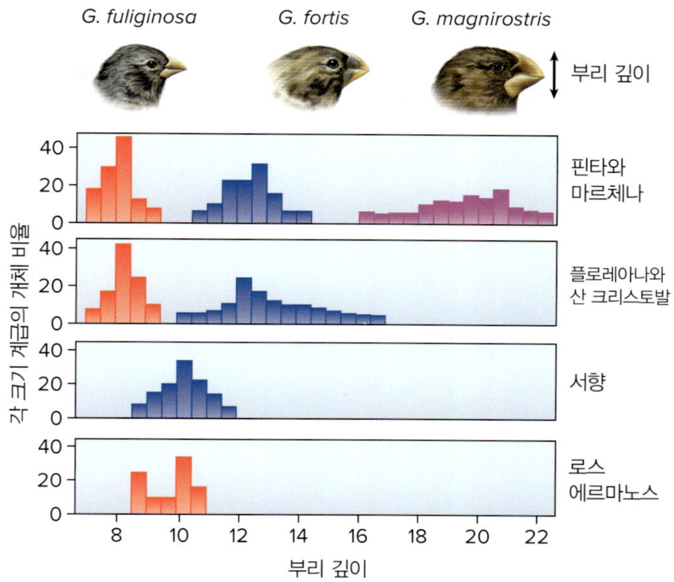

▲ 다른 섬에서 살고 있는 핀치 새 부리 크기를 나타낸 그림.
출처: After D. Lack, 1947.

CHAPTER

4 인구

Human Populations

학습 성과 *Learning Outcomes*

이 장을 학습한 후에 여러분은 다음 질문에 대답할 수 있어야 한다:

- ▶ 왜 우리는 인구 증가에 대해 걱정하고 있는가?
- ▶ 20세기와 마찬가지로 21세기에는 세계 인구가 3배가 될까?
- ▶ 인구 증가와 환경영향의 관계는 무엇인가?
- ▶ 지난 세기에 왜 인구가 그렇게 빠르게 성장했나?
- ▶ 세계의 다른 지역에서 인구증가는 어떻게 변하나?
- ▶ 사회가 발전함에 따라 인구증가는 어떻게 변하나?
- ▶ 인구증가를 늦추거나 가속화시키는 요인은 무엇인가?

태국의 매우 성공적인 가족계획 프로그램은 유머와 교육을 경제발전과 결합시킨다.

사례 연구 *Cace Study*

태국의 가족계획: 성공 사례

방콕의 번화한 수쿰빗 길(Sukhumvit Road)에서 좁은 길을 따라 가면 매우 특이한 카페인 양배추와 콘돔(café Cabbages and Condoms)이 있다. 매운 태국 음식으로 높은 평가를 받았을 뿐만 아니라 피임을 목적으로 하는 세계 유일의 레스토랑 체인점이기도하다. 인접한 선물가게에서 콘돔 바구니는 북부 고산족의 장식용 수공예품 옆에 놓여있다. 티셔츠 바구니에는 "하루에 콘돔을 하나씩 사용하여 의사를 멀리한다." 및 "우리 음식은 임신을 유발하지 않는 것을 보장한다."와 같은 메시지를 전달한다. 이 사업은 태국에서 가장 크고 영향력 있는 비정부기구인 인구 및 지역사회개발협회(Population and Community Development Association; PDA)에서 운영한다.

PDA는 1974년 홍보와 인간 동기부여의 달인이며, 상냥하고 농담을 즐기는 태국의 전직 보건부 장관인 메차이(Mechai Viravaidya)에 의해 설립되었다. 1970년대 초 태국을 여행하는 동안 메차이는 특히 가난한 농촌 지역에서 급속한 인구증가는 지역사회 개발에 장애물이라는 것을 인식했다. 태국의 경제는 성장하고 있었지만, 가난한 가정은 자녀를 양육하고 교육하는 데 어려움을 겪었다. 농촌 지역사회는 여전히 불경기였고, 도시는 주택, 교통, 위생 및 기타 서비스에 대한 수요 증가에 부응할 수 없었다.

메차이는 가족계획을 가르치고, 인구 증가의 고통을 해결하는 가장 매력적인 방법을 유머로 결정했다. PDA 직원들은 극장이나 교통 체증으로 군중이 모이는 곳이면 어느 곳에서든지 콘돔을 나눠주었다. 그들은 젊은이들에게 공식적인 콘돔불기 대회에 도전하도록 하고 "너무 많은 자녀들이 당신을 가난하게 만든다"는 가족계획 노래를 가르쳤다. PDA는 심지어 농민들에게 물소 옆구리에 피임 광고를 그리도록 돈을 지불했다.

이 캠페인은 인구증가를 늦추는데 매우 성공적이었다. 예전에 예의바른 사회에서 금기 주제인 피임 및 가족계획은 통상적이고 당혹스럽지 않게 되었다. 현재 태국에서 흔히 "mechais"라고 하는 콘돔은 PDA의 상징이지만 알약, 살정제 거품 및 IUD와 같은 다른 피임약도 홍보된다. 태국은 주사용 피임약인 DMPA의 사용을 허용한 최초의 국가 중 하나이며 주요 사용국으로 남아 있다. 왕의 생일날에는 칼을 사용하지 않는 무료 정관수술을 할 수 있으며, 불임수술은 태국에서 가장 널리 사용되는 피임법이 되었다. 콘돔 사용을 장려하고 안전한 성관계를 논의하는 캠페인은 AIDS 퇴치에도 도움이 되었다.

PDA가 시작된 1974년 태국의 인구 증가율은 매년 3.3%였지만, 불과 15년만에 1.6%로 떨어졌다. 이는 기록된 가장 극적인 출생률 감소 중 하나이다. 결혼한 부부의 피임용구 사용은 15%에서 70%로 증가했으며, 이 모든 것은 강제적인 프로그램 없이 이루어졌다. 이제 태국의 인구 증가율은 0.5%로 미국보다 낮다. 출산율(여성 1인당 평균 자녀 수)은 1974년 7명에서 2017년 1.5명으로 감소했다. PDA는 태국의 인구가 1970년 이전의 추세에 비교하여 2천만 명을 줄이는 효과에 기여했다.

메차이의 독창적인 재능과 흥행적 수완의 열정 외에도, 이 성공 사례에는 몇 가지 이유가 있다. 태국 사람들은 대부분의 개발도상국보다 유머를 좋아하고 평등주의자이며, 배우자들은 자녀, 가족생활 및 피임에 관한 결정을 공유한다. 정부는 가족계획의 필요성을 인식하고 PDA와 같은 자원봉사 단체와 협력할 의향이 있고, 태국인의 95%가 믿는 종교인 불교는 가족계획에 반대하지 않다.

PDA는 가족계획 및 콘돔 배포에만 국한되지 않는다. PDA는 다양한 경제개발 프로젝트로 확장되었다. 소액대출은 시장에서 판매할 돼지 한 쌍, 자전거 또는 소량의 물품에 돈을 빌려주었고, 수천 개의 물 저장 용기와 시멘트 빗물포집 물통이가 배포되었다. 대규모 지역사회개발 보조금에는 도로 건설, 농촌의 전화 및 관개 프로젝트가 포함된다. 많은 인구계획 조직과 마찬가지로 PDA는 인간개발과 경제안보가 성공적인 인구 프로그램의 열쇠임을 인식한다.

자원제한은 단순히 지구상의 총 인구 수의 문제가 아니다. 또한 소비 수준과 우리가 사용하는 기술 유형에 따라 다르다. 그러나 인구 수는 환경과 인간의 복지에 중요한 영향을 미친다. 이 장에서 우리는 몇 가지 주요 인구에 대한 질문을 탐구한다: 인구 증가추세는 무엇이며 지수성장의 영향은 무엇인가? 빈곤, 출산율 및 우리의 공통 환경 사이에는 어떤 관련이 있는가? 다산과 인구증가를 관리하는 가장 효과적이고 공정한 방법은 무엇인가? ■

4.1 과거와 현재 인구 증가는 매우 다르다

- *근본적인 논쟁은 인구과잉이 불가피하게 자원을 파괴할 것인지 아니면 혁신이 우리의 영향을 줄일 것인지에 관한 것이다.*
- *배가시간은 인구 증가의 변화율을 나타낸다.*
- *환경과 문화 모두 증가율에 영향을 미친다.*
- *영향은 인구, 풍요 및 기술의 함수이다 (I = PAT).*

오늘날 세상에는 조부모가 태어났을 때보다 훨씬 많은 사람들이 있다. 20세기에 걸쳐 전 세계 인구는 1900년 19억에서 2000년 60억으로 3배 이상 증가했다. 이 글을 읽을 때 전 세계에는 70억 명 이상의 사람들이 있을 것이다. 환경과학에서 가장 중요한 두 가지 질문은 (1) 인구가 얼마나 더 많이 증가할 것인가? (2) 지구상에서 얼마나 많은 사람들을 지속가능하게 부양할 수 있는가?

인구기준국(Population Reference Bureau)에 따르면 현재 연간 1.12%의 성장률을 보이고 있다. 이는 매년 약 8천 8백만 명의 사람들이 지구에 추가되고 있음을 의미한다. 인간은 이제 지구상에서 가장 많은 척추동물 종 중 하나이다. 우리는 또한 더 널리 분포되어 있으며 다른 어떤 종보다도 지구환경에 더 큰 영향을 미친다. 그러나 아이들이 태어난 가정의 경우, 각 출생은 기쁘고 오랫동안 기다려온 사건일 수 있다.

출생률은 사하라 사막 이남의 아프리카를 제외한 세계의 거의 모든 곳에서 감소하고 있다. 태국의 사례 연구에서 알 수 있듯이 상대적으로 생활수준이 낮은 개발도상국에서도 인구관리가 성공적일 수 있다. 그러나 많은 사람들은 인구가 우리 모두가 의존하는 생태적 생명부양 시스템을 위협하는 자원고갈과 환경악화를 일으킬 것이라고 우려한다. 이러한 두려움 때문에 종종 출산율을 낮추고 궁극적으로 전체 인구수를 안정화시키거나 줄이기 위해 즉각적인 전 세계 피임 프로그램이 필요하다.

어떤 이들은 인간의 독창성, 기술 및 진취정신이 세계의 수용용량을 확장하고 우리가 직면한 문제를 극복할 수 있다고 생각한다. 이러한 관점에서 볼 때는 더 많은 인구가 재앙이기 보다 유익할 수도 있다. 인구가 많을수록 더 많은 인력, 더 많은 능력, 해야 할 일에 대한 더 많은 아이디어를 의미한다. 이 세계관의 지지자들은 경제와 기술의 지속적인 성장이 전 세계 수십억 명의 식량을 공급하고 자발적으로 인구폭발을 종식시킬 만큼 모두를 풍요롭게 할 수 있다고 주장한다.

이 주제에 대한 또 다른 의견은 사회정의 문제에서 비롯된다. 이 세계관에 따르면, 자원은 모든 사람에게 충분하다. 현재 부족한 것은 탐욕, 낭비, 억압의 징후뿐이다. 이러한 관점에서 환경파괴의 근본원인은 단지 인구규모가 아니라 부와 권력의 불공평한 분배이다. 지속가능성을 위해서는 민주주의를 육성하고, 여성과 소수민족에 대한 권리를 높이고, 빈곤층의 삶을 개선하는 것이 필수적이다(그림 4.1). 이 견해에 따르면, 인구 증가에 중점을 두면 인종차별이 촉진되고 빈곤층의 문제를 비난하는 반면, 부유한 개인과 국가의 높은 자원 소비는 무시할 수 있다.

이러한 상이한 환경 패러다임이나 세계관이 환경의 질과 인간의 삶에 대해 내포하는 것은 환경과학에서 가장 중요하고 시급한 질문 중 하나이다. 태국의 사례는 다른 개발도상국에도 적용되는가, 아니면 독특한 상황인가? 이 장에서는 인구 증가의 원인과 인구 측정 및 설명 방법을 살펴본다. 가족계획 및 피임은 인구 안정화에 필수적이다. 부부의 자녀수와 출산율을 조절하는데 사용하는 방법은 문화, 종교, 정치 및 경제뿐만 아니라 기본적인 생물학적 및 의학적 고려사항에 크게 영향을 받는다.

▲ **그림 4.1** 인구증가율은 인권과 소녀들을 위한 교육기회를 포함한 많은 요소에 달려 있다.
©Cathy Yeulet/123RF

벤치마크 데이터

다음은 이 장의 아이디어와 숫자 중에서 기억할 가치가 있는 몇 가지 사항이다.

77억	2018년 중반 전 세계 인구
70/*n*	배가시간(n = 성장률 백분율)
33년	1965년의 인구 배가시간
215년	2050년의 인구 배가시간
2.45	세계 평균 출산율
2.1	대체 출산율(어린이/여자)
1.9	미국의 출산율
1.6	중국의 출산율
9.5 ha	1인당 미국의 생태발자국
2.2 ha	태국의 생태발자국

능동적 학습 *ACTIVE LEARNING*

인구 배가시간

세계 인구가 연간 1.1%씩 증가하고 그 속도로 계속된다면, 두 배가 되는데 얼마나 오래 걸릴까? "70의 규칙"은 기하급수적으로 증가하는 모든 것에 대한 대략적인 배가시간(년)을 계산하는 유용한 방법이다. 예를 들어, 연간 1%의 복리 이자율로 성장하는 저축계좌(또는 생물학적 인구)는 약 70년 안에 두 배가 될 것이다. 아래 공식을 사용하여 세계의 배가시간을 계산하시오. (성장률 = 1.1%/년), 우간다(3.2%), 니카라과(2.7%), 인도(1.7%), 미국(0.6%), 일본(0.1%), 러시아(−0.6%)이다.

$$\text{예: } \frac{70\text{년}}{(\text{성장률 }\%)} = \text{배가시간(년)}$$

답변: 세계 = 64년; 우간다 = 22년; 니카라과 = 26년; 인도 = 41년; 미국 = 117년; 일본 = 700년; 러시아 = 결코 증가하지 않음

인구는 최근까지 천천히 성장했다

인류역사상 인구수는 다른 많은 종에 비해 그리 많지 않았다. 수렵과 채집 사회에 대한 연구에 따르면 전 세계 인구는 약 10,000년 전 농업과 가축의 발명 이전에는 수백만 명에 불과했을 것이다. 농업혁명으로 인해 더 많고 안정된 식량 공급이 이루어짐에 따라 인구는 기원전 5,000년까지 5,000만 명에 이를 정도로 증가할 수 있었다. 수천 년 동안 인간의 수가 매우 느리게 증가했다. 고고학적 증거와 역사적 설명은 1세기에 약 3억 명의 사람들만 살고 있었다는 것을 시사한다(표 4.1).

표 4.1 세계 인구 성장과 배가시간

시기	인구	배가시간
기원전 5000년	5천만 명	?
기원전800년	1억 명	4,200년
기원전 200년	2억 명	600년
1200년	4억 명	1,400년
1700년	8억 명	500년
1900년	16억 명	200년
1965년	32억 명	33년
2000년	61억 명	51년
2050년(추정)	89.2억 명	215년

출처: Data from United Nations Population Division.

그림 4.2에서 볼 수 있듯이 서기 약 1,600년 이후에 인구가 빠르게 증가하기 시작했다. 많은 요인들이 이러한 빠른 성장에 기여했다. 항해와 항해 기술의 증가는 국가 간의 상업과 의사소통을 자극했다. 농업발전, 더 나은 전력 공급원, 개선된 건강관리 및 위생 또한 중요한 역할을 했다. 우리는 이제 3장에서 설명 된 지수 또는 J-커브 성장 패턴에 있다.

1800년에 10억 명의 사람들이 도달하기까지 모든 인류 역사가 걸렸지만 1960년에 30억 명에 이르는 데 단지 156년이

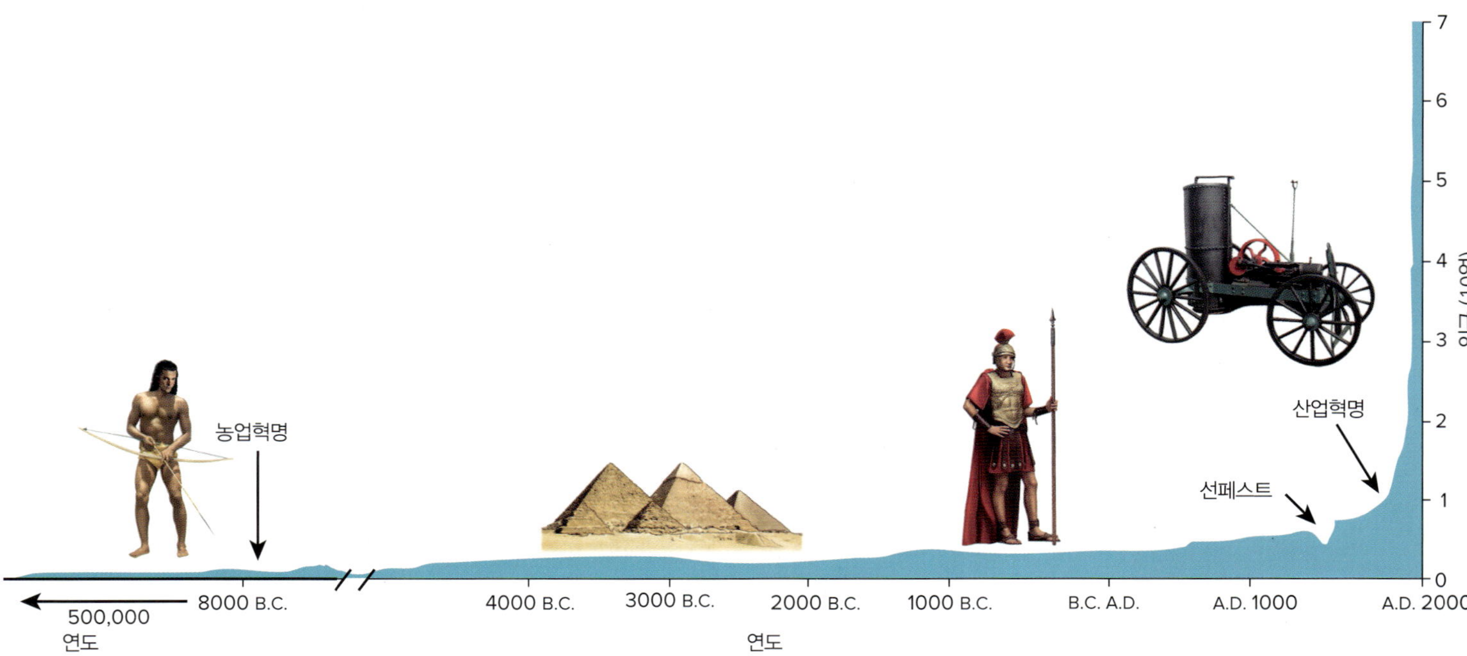

▲ **그림 4.2** 역사 전체의 인구 수준. J-자형 성장 곡선에서 인구가 기하급수적으로 증가하고 있음이 분명하다. 성장곡선은 언제 S 자 모양과 인구증가 수준이 안정된다고 가정하는가? 많은 요인들이 이상적인 가족규모에 영향을 미친다.

더 걸렸다. 60억 명에서 70억 명이 되는데 약 12년이 걸렸다. 인구 증가를 살펴볼 수 있는 또 다른 방법은 20세기 동안 살아 있는 사람의 수가 3배로 증가되었다는 것이다. 21세기에도 다시 그렇게 될까요? 만약 그렇다면, 우리는 환경의 수용용량을 초과하여 3장에서 설명한 것과 비슷한 치명적인 고사를 경험할까요? 이 장의 뒷부분에서 볼 수 있듯이 인구증가가 이미 둔화되고 있다는 증거가 있지만, 우리가 조만간 평형에 도달할 것인지, 장기적으로 지속될 수 있는 규모에 도달할 것인지는 여전히 어려운 문제이다.

환경이나 문화가 인구증가를 통제하는가?

환경과학의 많은 주제와 마찬가지로 사람들은 인구와 자원에 대한 의견이 크게 다르다. 일부는 인구증가가 빈곤과 환경 악화의 궁극적 원인이라고 믿고 있다. 다른 사람들은 빈곤, 환경 악화 및 인구과잉이 모두 심각한 사회적, 정치적 요인의 증상일 뿐이라고 주장한다. 우리가 믿기로 선택한 세계관은 인구문제에 대한 우리의 접근 방식에 중대한 영향을 미칠 것이다 .

산업혁명 시대 이후 세계 인구가 급격히 증가하기 시작하면서, 개인은 인구 증가의 원인과 결과에 대해 논쟁을 벌였다. 1798년 맬서스(Thomas Malthus, 1766~1834)는 유럽의 지도자들의 사고방식을 바꾼 "인구 법칙에 관한 소론(An Essay on the Principle of Population)"을 저술했다. 맬서스는 식량생산은 안정적으로 유지되거나 느리게 증가하는 반면, 인구는 지수 또는 복리로 증가하는 경향이 있음을 보여주기 위해 자료를 수집했다. 결국 그는 인구가 식량 공급을 앞지르고 기아, 범죄 및 불행으로 붕괴될 것이라고 주장했다. 그는 당시의 대부분 경제학자들이 높은 출산율이 산업생산량과 국가 자산을 증가시켰다고 믿고 1인당 생산량이 실제로 인구가 급격히 증가함에 따라 떨어졌다고 믿도록 전향시켰다.

맬서스에 의하면, 증가하는 인구는 사람들이 출생률을 낮추도록 강요하는 질병, 기근 또는 사회적 제약으로 인해서만(결혼, 부족한 자원, 독신 및 "도덕적 구속") 제한된다. 그러나 경제학자 마르크스(Karl Marx; 1818~1883)는 빈곤, 자원 고갈, 오염 및 기타 사회적 질병으로 인해 인구증가가 초래된다는 반대의 견해를 제시했다. 마르크스는 인구증가가 둔화되려면 사람들이 정당하게 대우받으며, 사회적 제도에서 착취와 억압이 제거되어야한다고 주장한다.

마르크스와 맬서스는 세계, 기술, 사회가 오늘날과 많이 다르게 이해되었을 때 인구증가에 관한 이론을 발전시켰다. 어떤 이들은 우리가 지구의 수용용량에 접근하고 있거나 이를 능가했을 것이라고 생각한다. 록펠러대학의 수리생물학자인 코헨(Joel Cohen)은 지구가 부양할 수 있는 최대 인구규모에 대하여 발표된 추정치를 검토했다. 300년의 사고 기간에 걸친 추정치는 100~120억의 중앙값에 수렴되었다. 오늘날 인구는 약 70억 명 이상에 달하고 여전히 성장하고 있으며, 이는 일부 사람들에게는 놀라운 전망이다(그림 4.3). 예를 들어 코넬대학의 곤충학자인 피멘탈(David Pimental)은 "현재의 추세가 계속되면 2100년에는 120억 명의 비참한 인간이 지구상에서 어려운 삶을 겪게 될 것"이라고 말했다. 이러한 관점에서 피임이 최우선 순위가 되어야한다.

▲ **그림 4.3** 세계가 이미 혼잡했는가? 아니면 사람들이 자원인가? 대부분의 대답은 우리가 사용하는 자원의 종류와 사용방법에 달려 있다. 또한 사회 시스템의 민주주의, 형평성 및 정의에 달려 있다.
출처: ©William P. Cunningham

기술은 인간의 수용용량을 향상시킨다.

낙관론자들은 맬서스가 과학과 기술의 진보를 설명하지 못했기 때문에 200년 전 기근과 재난에 대한 예측이 틀렸다고 주장한다. 실제로, 맬서스 이후 식량 공급은 인구 증가보다 빠르게 증가했다. 예를 들어 UN 식량농업기구(FAO) 통계국에 따르면 1970년 세계 식량공급은 하루에 1인당 2,435칼로리의 음식을 제공했지만, 2015년에는 1인당 3,150칼로리로 충분했다. 심지어는 열악한 개발도상국도 1970년 하루 평균 2,135칼로리에서 2015년 2,850칼로리로 증가했다. 같은 기간에 세계 인구는 37억 명에서 70억 명으로 증가했다. 확실히, 지난 200년 동안 끔찍한 기근이 여러 지역을 휩쓸었지만, 많은 관찰자들은 이들이 자원부족이나 인구규모가 아닌 정치와 경제로 인해 더 많이 발생했다고 주장한다. 세계가 계속 늘어나는 인구에게 식량을 공급할 수 있을지는 아직 미지수이지만, 기술발전으로 인해 현재까지 인간 수용용량이 크게 증가했다(7장 참조).

200년 전에 시작된 세계 인구증가는 과학혁명 및 산업혁명에 의해 자극되었다. 농업 생산성, 공학, 정보 기술, 상업, 의학, 위생 및 기타 현대생활의 진보로 인해 10,000년 전보다 단위 면적당 약 1,000배 많은 사람들을 부양할 수 있었다. 워싱턴 D.C.의 Cato Institute의 경제학자 무어(Stephen Moore)는 이

성과를 "인간의 독창성과 혁신능력에 대한 진정한 찬사"로 간주한다. 그는 문제에 대한 기술적 해결책을 찾는 우리의 능력이 미래에 줄어들 것이라고 생각할 이유가 없다고 주장한다.

그러나 지난 2세기 동안의 생활수준의 상당 부분은 쉽게 구할 수 있는 천연자원, 특히 값싸고 풍부한 화석연료를 기반으로 한다. 많은 사람들은 이러한 연료의 공급이 제한되거나 사용으로 인해 부정적인 결과가 식량생산, 수송 또는 인간사회의 다른 중요한 요소에 위기를 초래할 것인지에 대해 우려하고 있다.

또한 기술은 양날의 칼이 될 수 있다. 우리의 환경영향은 단순한 인구규모의 문제가 아니다. 또한 우리가 사용하는 자원의 종류와 사용방법에 따라 다르다. 이 개념은 **I = PAT** 공식으로 요약된다. 우리의 환경영향(I)은 인구 규모(P)에 대한 영향(A)과 소비하는 상품과 서비스를 생산하는 데 사용되는 기술(T)의 산물이라고 한다(그림 4.4).

예를 들어, 미국에서의 생활수준이 높아지면서 인구가 안정되는데 도움이 되었지만, 기술적 영향도 더 커졌다. 높은 수준의 에너지와 재료 소비에 의존하고 과도한 양의 오염을 발생시키는 풍요로운 생활양식을 누리는 가족은, 마을 전체의 사냥꾼 및 채집 · 수렵생활자 또는 자급자족 농가보다 더 큰 환경 피해를 일으킬 수 있다.

다시 말해, 아시아, 아프리카 및 라틴 아메리카에 있는 수십억 명의 사람들이 오늘날의 생활양식을 제공하는 동일한 기술을 사용하여, 북미나 유럽의 부유한 사람들이 현재 소비하는 수준에 도달한다면, 환경에 미치는 영향은 의심의 여지없이 재앙일 것이다 . 중산층이 현재 3억 명 이상 또는 미국의 거의 전체 인구인 것으로 추정되는 중국의 부의 증가는 이미 세계 자원에 압박을 가하고 있으며 중국을 최대 이산화탄소 배출국으로 만들었다. 중국에는 현재 모든 유럽보다 더 많은 백만장자가 있으며, 중국은 연간 자동차 생산에서 미국을 추월했다.

▲ **그림 4.4** 인구증가의 환경영향(I)은 인구 규모(P), 풍요(A), 부를 창출하는데 사용된 기술(T)의 곱이다.

그러나 중국은 또한 재생에너지 분야의 세계적인 선도자가 되었으며 현재 전기자동차를 장려하고 있다. 이상적으로, 우리 모두는 무공해, 재생 가능한 에너지 및 재료 공급원을 사용하기 시작할 것이다. 더 나아가, 우리는 환경 친화적인 기술의 이점을 전 세계의 가난한 사람들에게 확대하여, 공유된 환경을 저하시키지 않으면서 더 나은 생활수준의 혜택을 누릴 수 있도록 한다.

환경영향을 추정하는 한 가지 방법은 소비 선택을 상품 및 서비스를 생산하는데 필요한 토지와 동등한 양으로 표현하는 것이다. 이것은 우리에게 생태발자국(ecological footprint)이라는 단일 숫자를 제공하는데, 이는 우리 각자를 지원하는 데 필요한 생산적인 토지의 상대적 양을 추정한다. 자연이 제공하는 서비스는 생태발자국의 상당 부분을 차지한다. 예를 들어, 숲과 초원은 탄소를 저장하고, 유역을 보호하고, 공기와 물을 정화하고, 야생생물 서식지를 제공한다.

생태발자국 계산은 불완전하지만, 서로 다른 생활양식 효과를 비교할 수 있는 방법을 제공한다(핵심 개념 참고). 예를 들어, 미국의 평균 거주자는 9.7 ha의 생물생산 토지를 필요로 하는 소비수준에서 생활하는 반면, 평균적인 말라위 사람은 생태발자국이 0.5 ha 미만이다. 전 세계적으로 우리는 현재 지구가 지속가능한 기반으로 제공할 수 있는 것보다 약 1/3 더 많은 자원을 사용하고 있다. 그것은 우리가 미래세대가 지불해야 할 생태 부채를 운영하고 있음을 의미한다. 그것을 보는 또 다른 방법은 현재 미국 생활양식에서 세계를 지원하기 위해 3.5개의 지구가 더 필요하다는 것이다. 반면에 모두가 말라위 인처럼 살았다면 지구는 200억 명이 넘는 사람들을 지속적으로 수용할 수 있다.

인구는 경제 성장을 추진할 수 있다

미국과 중국과 같은 대국이 대표하는 거대한 경제 동력을 생각해보라. 더 많은 사람들은 더 큰 시장, 더 많은 노동자, 그리고 대량생산에서 규모의 효율성을 의미한다. 또한 사람들을 추가하면 새로운 자료를 찾고 새로운 일을 하는 방법을 발견함으로써 새로운 자원을 창출할 수 있는 인간의 독창성과 지능이 향상된다. 인류 역사에 대한이 장미 빛 견해에 뛰어난 경제학자 사이먼(Julian Simon; 1932~1998)은 사람들을 "궁극적인 자원"이라고 믿었으며, 오염, 범죄, 실업, 혼잡, 종의 상실 또는 기타 자원 제한이 인구 증가와 함께 악화될 것이라는 증거가 없다고 믿었다.

1980년 유명한 내기에서 사이먼은 "*인구폭탄*(The Population Bomb)"의 저자인 에를리히(Paul Ehrlich)에게 10년 후에 더 비싸질 5가지 상품을 선택하도록 요청했다. 에를리히는 실제로 더 싸진 금속 그룹을 선택했고, 그는 내기에서 졌다. 많은 개발도상국의 지도자들은 인구증가에 집착하는 대신, 부유한 국가의 사람들이 세계 자원을 과도하게 소비하는데 집중해야한다고 주장한다. 에를리히는 실제로 금속에 투자하는 것이 아니라 재생가능한 자원이나 환경 건강에 대한 특정 중요한 조치에 내기를 하고 싶었다. 그와 사이먼은 사이먼이 죽기 직전에 두 번째 내기를 협상했다.

4.2 많은 요인들이 인구 증가를 결정한다

- *우리는 두 개의 인구 통계 세계에 살고 있다: 하나는 가난하고 젊고 성장하고 있으며, 하나는 늙고 부유하며 감소하고 있다.*
- *대부분의 국가에서 출산율이 감소하고 있다.*
- *대부분의 국가에서 기대수명은 증가하고 있다.*

인구통계학(demography; 그리스어 단어로 사람을 의미하는 *demos*와, 작성하다 또는 측정하다를 의미하는 *graphein*에서 유래)은 출생, 사망 및 거주지와 같이 사람들에 대한 중요한 통계와 전체 인구규모를 포함한다. 이 절에서는 인구를 측정하고 설명하는 방법을 연구하고 인구 증가에 기여하는 인구통계학적 요소에 대해 논의한다.

지구상에 인구가 얼마나 많이 있는가?

2018년 UN 추정치인 70억 인구는 단지 추정치 일뿐이다. 정보기술과 진보한 통신시대에서도, 전 세계 사람들의 수를 세는 것은 부정확한 과학이다. 일부 국가는 인구조사를 한 적이 없으며, 일부 국가는 정확하지 않을 수 있다. 정부는 인구를 과장하거나 과소평가하여 국가를 실제보다 더 크고 중요하거나 또는 작고 안정적으로 만든다. 일부 개인, 특히 노숙자, 난민 또는 불법 이민자인 경우 계수 또는 신원확인을 원하지 않을 수도 있다.

우리는 매우 다른 두 가지 유형의 인구통계 세계에 살고 있다. 이 세계 중 하나는 가난하고 젊고 빠르게 성장하는 반면, 다른 하나는 부유하고 늙고 인구 규모가 줄어들고 있다. 빈곤층은 저개발국인 아프리카, 아시아, 라틴 아메리카에 사는 대다수의 사람들이 차지하고 있다(그림 4.5). 이들 국가는 전 세계 인구의 80%를 차지하지만 향후 예상되는 모든 성장의 90% 이상을 차지할 것이다. 보다 부유한 세계는 북미, 서유럽, 일본, 호주 및 뉴질랜드로 구성된다. 부유한 국가의 평균 연령은 40세이며, 2050년까지 기대수명이 90세를 초과할 수 있다. 많은 부부가 자녀를 갖거나 갖지 않기로 선택함에 따라 이들 국가의 인구는 다음 세기에 걸쳐 감소할 것으로 예상된다.

인구 증가율은 경제, 정치, 종교 및 시민의 불안이 출생률을 높이고 피임약 사용이 적은 사하라 사막 이남의 아프리카 및 중동과 같은 개발도상국의 몇몇 "핫스팟"에서 가장 높다. 예를 들어 니제르에서 연간 인구증가율은 현재 3.2%이다.

▲ **그림 4.5** 우리는 두 가지 유형의 인구통계 세계에 살고 있다. 하나는 부유하고 기술적으로 진보하며 노인 인구는 서서히 증가하고 있다. 다른 하나는 가난하고 붐비고 저개발 상태이며 빠르게 성장하고 있다.
출처: ©Nicolas De Corte/123RR

모든 부부의 15% 미만이 어떠한 형태든 피임법을 사용하고, 여성은 평균 각각 5.5명의 자녀를 가지며, 인구의 거의 절반이 15세 미만이다. 카타르에서는 지난 10년간 인구가 두 배로 증가하여, 더 빠른 증가가 이루어지고 있다. 개발도상국의 일부 국가들은 21세기 중반까지 엄청난 인구규모에 이를 정도로 빠르게 성장하고 있다(표 4.2). 중국은 20세기 내내 가장 인구가 많은 나라였다. 인도는 21세기에 중국을 추월할 것으로 예상된다. 1950년에 3천3백만 명의 인구를 보유한 나이지리아는 2050년에 2억9천9백만 명으로 추정된다. 50년 전 약 1천8백만 명이었던 에티오피아는 한 세기 동안 거의 10배 성장할 것으로 보이다. 많은 국가에서 급속한 인구증가는 식량공급과 안정성에 큰 어려움을 안고 있다. 아이오와 크기의 방글라데시는 이미 1억6천6백만 명의 사람들로 붐빈다. 일부 기후과학자들이 예측한

표 4.2 세계의 큰 국가들

2010		2050	
국가	인구(백만)	국가	인구(백만)
중국	1,388	인도	1,628
인도	1,325	중국	1,437
미국	326	미국	420
인도네시아	262	나이지리아	299
브라질	210	파키스탄	295
파키스탄	210	인도네시아	285
나이지리아	189	방글라데시	231
방글라데시	164	브라질	220
러시아	147	콩고민주공화국	183

출처: Data from the U.S. Census Bureau, 2012.

여러분의 발자국은 얼마나 큰가?

인구는 증가하고 있으며, 1인당 자원사용도 증가하고 있다. 자원소비가 세상을 변화시키는 방식을 어떻게 평가할 수 있을까? 한 가지 방법은 생태발자국 분석(ecological footprint analysis)으로 식품, 종이, 컴퓨터, 에너지, 물 및 기타 자원의 모든 소비를 지원하는 데 필요한 땅의 면적을 추정한다. 이 분석은 명백하게 실제 사용을 단순화하고 근사하지만, 집계적 측정을 통해 장소 간 또는 시간 경과에 따른 자원사용을 비교할 수 있다.

아마도 가장 포괄적인 분석은 세계자연기금(World-wide Fund for Nature; WWF)에 의해 수행 된 것이다. 여기에 요약된 내용이 핵심사항이다 .

인구는 어디에서 증가하고 있는가?

가난한 저개발 국가들은 금세기 전체 인구 증가의 90%를 차지할 것으로 예상된다.

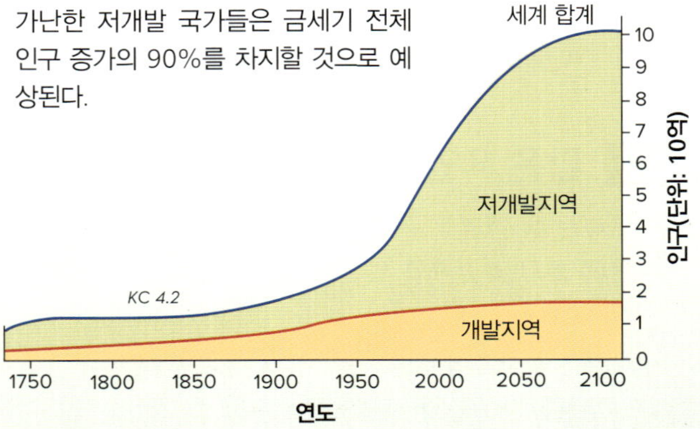

주의사항:

생물용량은 우리가 필요로 하는 생명계의 용량이다. 생물용량과 전 세계 발자국은 모두 기가 헥타르(Gha) 단위로 측정할 수 있다. **1 ha = 2.59 에이커**. **1 Gha = 10억 ha**. WWF는 평균 1헥타르의 토지가 1,450리터의 휘발유에 해당하는 탄소를 저장할 수 있다고 계산했다.

우리는 고대 에너지, 토양 및 기타 자원을 재생산할 수 있는 속도보다 빠르게 채굴하여 지구의 생물용량보다 더 많이 소비한다.

전 세계 생태발자국의 어느 구성 요소가 가장 빠르게 변화하고 있는가?

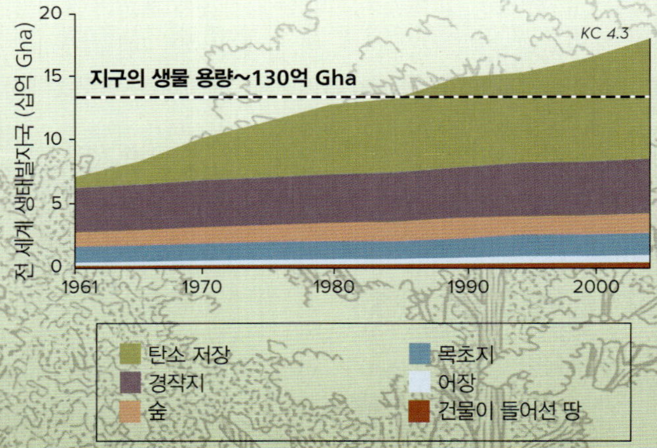

우리의 평균 생태발자국은 무엇인가?

가장 많이 소비하는 국가의 개인당 생태발자국은 거의 10ha이다. WWF에 의해 평가 된 171개국 중 절반은 발자국이 2ha 미만이다 . 모든 사람이 전형적인 미국 생활 양식을 가지고 있다면, 우리 모두를 부양하기 위해 3.5개의 지구가 더 필요할 것이다.

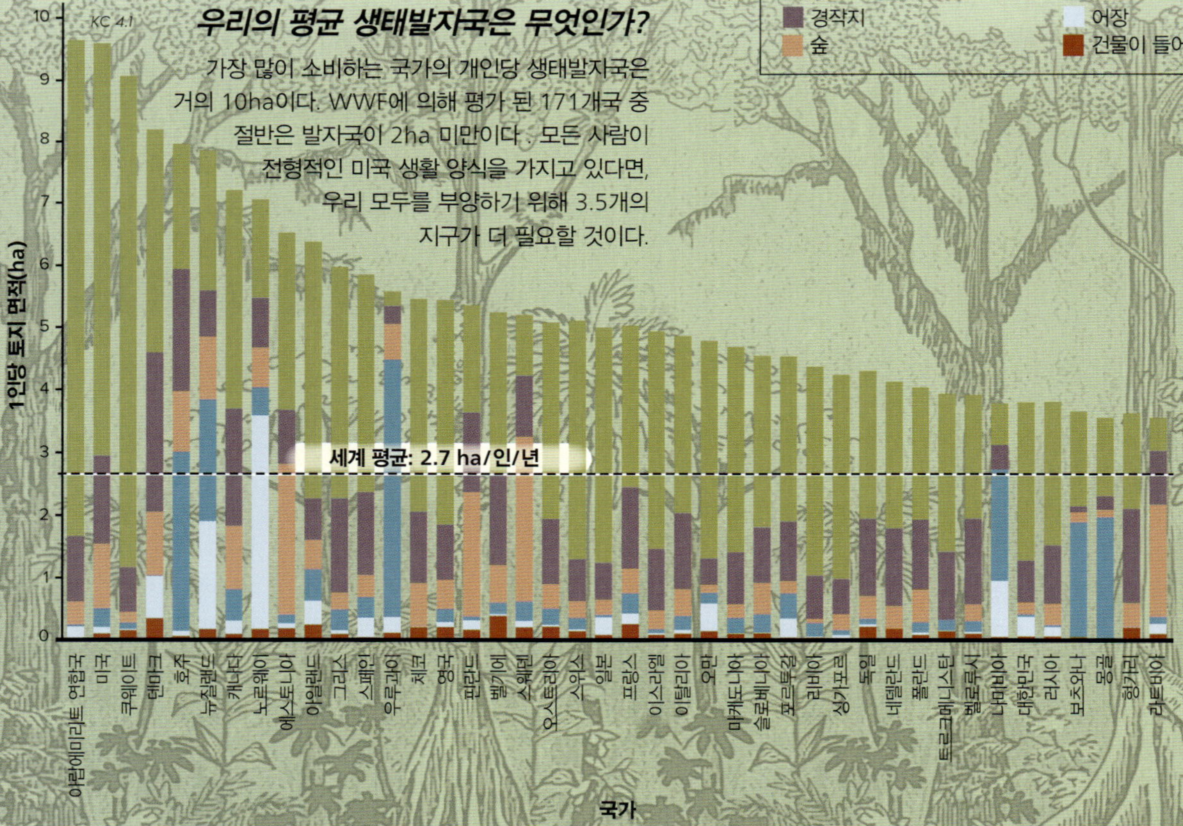

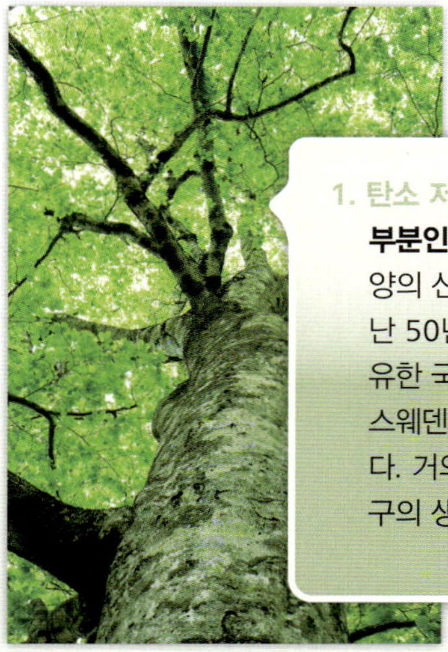

©STOCK/123RF

1. 탄소 저장 **왜 탄소 배출량이 생태발자국의 가장 큰 부분인가?** 화석연료의 연소, 산림벌채 및 농경지 토양의 산화는 기후변화 기체를 방출한다. 이 기체는 지난 50년간 탄소 배출량을 거의 모두를 차지한다. 부유한 국가의 탄소 배출량은 크게 다르다. 예를 들어 스웨덴과 미국은 비슷한 부와 생활수준을 가지고 있다. 거의 10 Gha로, 우리의 탄소 발자국만으로도 지구의 생물용량의 대부분을 선점한다.

KC 4.4

©Vasilis Ververidis/123RF KC 4.5

2. 농경지 **농업에 사용되는 자원은 무엇인가?** 비용은 크게 다르다. 일부 농업 시스템은 토양을 고갈시키고 화석연료에 의존한다. 다른 시스템은 토양을 만들고 투입을 거의 필요하지 않다. 곡물을 먹이는 쇠고기는 아마도 가장 비싼 농산물 일 것이다.

6. 건물이 들어선 땅 **도로와 건물이 차지하는 토지의 면적은 얼마인가?** 다른 용도보다 공간을 덜 차지하지만 중요한 생태서비스를 선점한다.

©William P. Cunningham KC 4.9

3. 숲 **숲에서 얻을 수 있는 이점은 무엇인가?** 임업은 목재 및 종이제품과 기타 여러 유용한 제품을 제공한다. 산림은 또한 유역을 보호하고, 야생생물 서식지를 제공하며, 물을 정화하고 저장한다.

KC 4.6

©Jacek Nowak/123RF

4. 방목지 **방목은 토지를 고갈시킬 수 있는가?** 방목에는 광대한 면적이 필요하다. 방목은 생물다양성을 심하게 저하시키고 토양 침식을 일으킬 수 있다. 덜 집약적인 방목은 풀을 단백질로 변환하는 효율적인 방법이 될 수 있다.

©Bancha Atsawatawon/123RF KC 4.7

5. 어장 **우리는 얼마나 많은 바다에 의존하는가?** 일부 국가에서는 어업 영향이 크다. 전 세계적으로 모든 대형 해양포식자 중 90%가 사라지고, 17가지의 주요 어업 중 13가지가 소진되었다(9장 참조).

KC 4.8

©Cynthia Shaw

설명할 수 있을까? *CAN YOU EXPLAIN?*

1. 미국에 가장 큰 요인은 무엇인가? 그 이유는 무엇인가?
2. 어느 나라가 임업에서 1인당 발자국이 가장 많은가? 어업은? 탄소는? 방목은? 그 이유는 무엇인가?

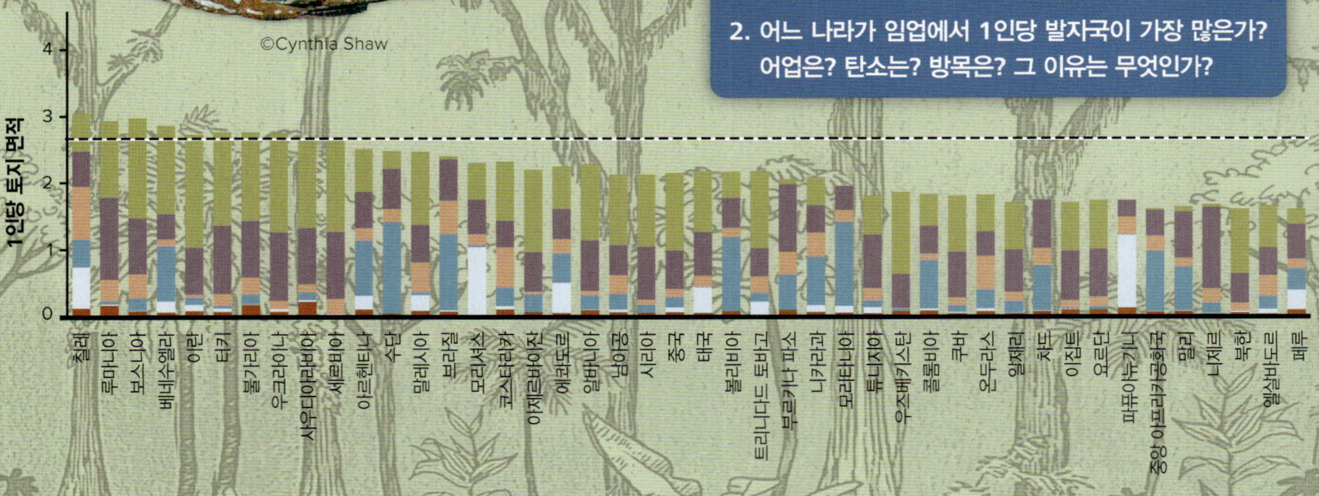

바와 같이 2050년까지 해수면 상승이 전국의 3분의 1이 침수되고, 7천만 명의 사람들이 추가되면 자원수요가 끔찍해질 것이다.

반면에 일부 부유한 국가에서는 인구가 감소하고 있다. 현재 1억2천8백만 명의 인구가 있는 일본은, 2050년까지 약 9천만 명으로 줄어들 것으로 예상된다. 현재 전 세계 인구의 약 12%를 차지하는 유럽은, 지금의 추세가 계속된다면 50년 후에는 7% 미만을 차지할 것이다. 이민이 중단되면 미국과 캐나다조차도 인구가 안정될 것이다. 현재 미국 인구는 계속 증가하고 있다. 2018년 미국 인구는 약 3억2천7백만 명으로 매년 0.86%씩 증가하고 있다.

정치적 또는 경제적 불안정의 결과로 출생률과 기대수명이 감소할 수 있다. 예를 들어 러시아는 1990년에서 2006년 사이에 사망률이 급상승하고 출생률이 여성 1인당 1.2명으로 감소함에 따라 꾸준히 인구가 감소했다. 이러한 변화는 일반적으로 경제 붕괴, 초 인플레이션, 범죄 및 파산으로 인한 것이다. 그 이후 출생률은 1.6명으로 회복되었고, 기대수명은 증가했으며, 인구는 대략 안정적이다.

전염병은 또한 일시적으로 인구를 감소시킬 수 있다. 가장 심각한 최근 사례는 많은 아프리카 국가에 특히 심각한 영향을 미친 HIV/AIDS 사례이다 . UNICEF에 따르면, AIDS는 아프리카 청소년의 사망 원인 중 1위이다. 예를 들어 남아프리카에서는 짐바브웨, 보츠와나 및 잠비아에서 성인 인구의 10% 이상이 에이즈에 감염되었거나 HIV 양성이다. 성인의 23%가 HIV/AIDS를 앓고 있는 보츠와나는 2002년에 기대수명이 64세에서 49세으로 낮아졌다. 항 레트로 바이러스 치료에 대한 접근은 그 이후 생존율 증가에 도움이 되었다. 세계에서 가장 높은 비율은 스와질란드이며, 성인의 26.5%가 HIV/AIDS와 함께 살고 있다.

부록 2의 세계 인구 밀도지도인 A-3은 전 세계 인구 분포를 보여준다. 나일 강, 갠지스 강, 황하, 양쯔 강 및 라인 강의 비옥한 강 계곡과 인도, 중국 및 유럽의 물이 풍부한 해안 평원이 부양하는 높은 인구밀도에 주목하라. 기술 확산 및 지정학적 힘과 같은 역사적 요인도 인구 분포에 중요한 역할을 한다.

최근 수십 년 동안 출산율이 감소했다

생식력(fecundity)은 번식하는 신체적 능력인 반면, 출산율(fertility)은 자손의 실제 생산량이다. 인구의 출산율을 설명하는 데 사용되는 일반적인 통계량은 조출생률로 천 명당 연간 출생 횟수이다. 생식 연령의 여성 수와 같은 인구 특성에 맞게 조정되지 않았다는 의미에서 통계적으로 "조잡하다"라는 용어를 사용한다.

여성 당 평균 자녀수인 총출산율(total fertility rate)은 때때로 기억하기가 더 쉽다. 역사적으로 출산율이 특별한 경우가 몇 번 있었다. 아기가 출생 직후 유모에게 맡기는 17세기와 18세기 유럽의 일부 상류층 여성은 25회 이상의 임신을 했다. 노동 계급 사람들 중에서 가장 높은 출산율은 북미 재세례파 농업공동체에서 나타났으며, 이는 여성 당 평균 12명의 자녀이다. 그러나 대부분의 부족 또는 전통사회에서 식량자원, 건강, 장기 수유기간 및 문화적 관행은 출산율을 여성 당 약 6~7명 이하로 제한했으며, 높은 아동사망률은 종종 인구를 상당히 안정적으로 유지해 왔다.

지난 50년 동안 빈곤율과 다른 요인들이 영속적으로 굳어버린 사하라 사막 이남 아프리카를 제외한 거의 모든 곳에서 출산율이 급격히 감소했다(그림 4.6). 예를 들어 1975 년 멕시코의 평균 가족은 7명의 자녀가 있었다. 그러나 2017년에 멕시코 여성의 평균 자녀수는 2.17명이었다. 유사하게, 이란의 총 출산율은 1975년 6.5명에서 2017년 1.8명으로 감소했다. 세계보건기구(World Health Organization; WHO)에 따르면 세계 평균 출산율은 2.45이며, 현재 세계 192개국의 약 절반이 대체출산율(replacement rate)인 부부 당 2.1명 이하의 자녀이다.

이러한 감소는 경제 지역을 통과하면서 감소된다. 여전히 가장 가난한 나라 중 하나인 방글라데시는 출산율이 1980년 6.9명에서 2017년 여성 당 2.1명으로 줄였다. 중국의 한 가정 한 자녀 정책은 출산율을 1970년 6명에서 2017년 1.6명으로 줄였다. 이 정책은 인구증가를 줄이는데 크게 성공했지만, 2015년 중국은 이를 종료하기로 결정했다(여러분의 생각은? 참고).

이러한 급격한 감소에도 불구하고 세계 인구의 대부분이 매우 어리기 때문에 인구증가는 계속될 것이다. 예를 들어 브

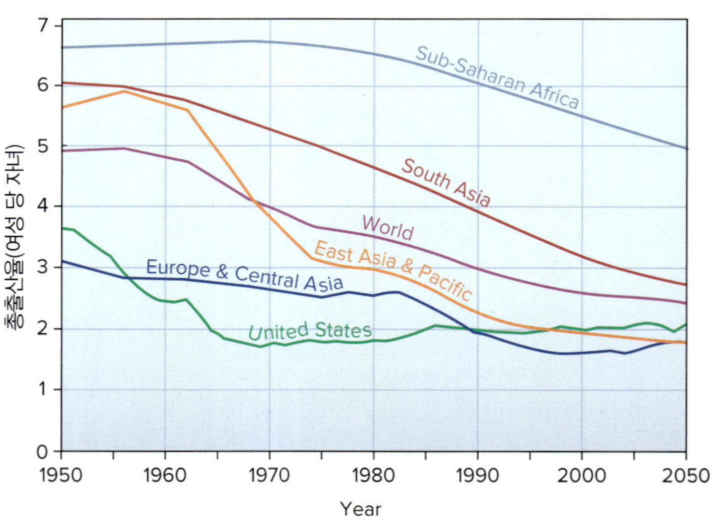

▲ **그림 4.6** 전 세계의 총 출산율은 지난 50년 동안 절반 이상 감소했다. 이 극적인 변화의 대부분은 중국과 인도에서 발생했다. 사하라 사막 이남의 아프리카에서는 진전이 미미했지만, 2050년까지 세계 평균은 생식 연령의 여성 1인당 아동 2.1명의 대체 출산율에 근접할 것이다.
출처: World Bank, 2012

여러분의 생각은? *What Do YOU THINK?*

중국의 한 자녀 정책

1949년에 중화인민공화국이 설립되었을 때 약 5억4천만 명의 주민이 있었고, 공식 정부 정책은 대가족을 장려했다. 마오쩌둥(Mao Zedong) 공화국 초대의장은 "세계의 모든 것 중에서 가장 소중한 것이 인민"이라고 선언했다. 그는 더 많은 노동자들이 더 많은 생산량, 더 많은 국가의 부, 그리고 더 높은 명성을 의미한다고 추론했다. 그러나 이 낙관적인 전망은 1960년대에 일련의 재난수준의 정부정책이 대규모 기근을 촉발하여 적어도 3천만 명이 사망한 사건에 의하여 도전받았다.

1978년 덩샤오핑(Deng Xiaoping)이 의장이 되었을 때, 그는 많은 마오쩌둥의 정책을 바꾸어 농장을 민영화하고, 사기업을 장려하며, 대가족을 낙담시켰다. 덩샤오핑은 연 2.5%의 성장률로, 이미 9억7천5백만에 달한 중국의 인구는 단지 28년 만에 두 배가 될 것이라고 인식했다. 만약 그 성장이 계속 되었다면 중국은 현재 20억 명의 인구가 있을 것이다. 모든 사람들에게 음식을 공급하고, 거주하고, 교육하고, 또한 고용하는 것은 중국과 세계의 제한된 자원에 심각한 부담을 줄 것이다.

▲ **그림 1** 중국의 한 가정당 한 자녀 정책은 출생률을 감소하는 데 있어 높은 사회적 비용을 동반하며 놀랄만한 성공을 거두어 왔다.
출처: ©Rafael Ben-Ari/123RF

덩샤오핑은 매우 성공적이면서도 논쟁의 여지가 있는 한 가족 한 자녀 정책을 도입했다. 농촌 가족과 소수민족은 이 규칙에서 면제되었지만, 지방 당국은 종종 제재를 적용할 때 변덕스럽고 압제적이었다. 평범한 가정은 승인되지 않은 자녀를 가졌다는 이유로 가혹한 처벌을 받았지만, 공무원과 다른 힘 있는 개인에게는 종종 여러 자녀가 있었다. 이 정책의 결과 뇌물수수, 강제 낙태, 강제 피임 및 심지어는 유아살해에 대한 보고가 많이 있었다.

중국의 한 자녀 정책의 또 다른 결과를 한 아이에 4명의 조부모와 2명의 부모가 있는 4:2:1 문제라고 한다. 사회학자들은 종종 이 버릇없는 세대를 "작은 황제"라고 언급한다. 그리고 그 한 자녀가 어떻게 많은 부모와 조부모를 돌볼 수 있는지는 분명하지 않다.

중국 정부는 이제 "출산 부족"에 대해 걱정하고 있다. 인구가 감소하면 경제성장을 유지하기에 충분한 근로자와 충분한 소비자가 있는가? 앞으로 사회가 계속 기능할 수 있도록 충분한 농부, 군인, 과학자, 발명가 및 기타 생산적인 사람들이 있는가?

한 자녀 정책은 2015년에 공식적으로 포기되었다. 이제 모든 부부는 원하고 양육할 여유가 있을 경우 두 자녀를 가질 수 있다. 그러나 많은 인구통계학자들은 출생률이 급격히 변할 것이라고 의심한다. 그들은 산업화, 도시화 및 경제성장이 엄격한 드라콘 정책(Draconian policy) 없이 인구통계학적 전환을 가져왔을 수 있다고 주장한다. 그들은 이웃 나라들을 보라고 말한다. 싱가포르의 출산율은 0.8명, 마카오는 0.9명, 대만은 1.11명, 한국은 1.25명, 일본은 1.4명으로 모두 출산을 제한하는 정책이 없다.

그럼에도 불구하고, 중국의 출생률이 감소했다는 것이 중요하다. 중국이 1978년의 궤도에 머물렀다면, 인구는 13억6천7백만 명 대신에 6억6천만 명 이상 더 많을 것이다. 연간 증가율은 현재 0.4%로 미국의 0.7%보다 훨씬 낮다. 태국은 매년 0.5%의 성장률을 달성했으며, 홍콩과 대만은 매년 0.3%의 증가율을 기록해서, 중국 본토의 성장률에 비해 낮다.

중국은 또한 인도보다 인구증가를 통제하는데 훨씬 더 성공적이었다. 덩샤오핑은 간디(Indira Gandhi) 하에서 인도의 한 자녀 계획을 도입한 것과 동시에, 인구증가를 줄이기 위해 강제 피임 프로그램을 시작했다. 이 강제적인 정책은 종종 기만적이고 강제적이었으며, 인도 정부가 가족계획을 개별 주에 위임하기로 결정한 것은 대중의 분노를 유발했다. 그 이후 일부 주에서는 가족계획 노력에 큰 성공을 거두었지만, 그 효과는 2050년까지 인도가 약 17억 명으로 증가할 것으로 예상되는 반면, 중국은 2030년까지 인구 증가율이 0이 될 것으로 예상된다.

여러분은 어떻게 생각하는가? 중국의 인구증가율이 급격히 줄어든 것이 초래한 사회 혼란과 남용이 그만한 가치가 있었는가? 여러분이 가족계획을 담당했다면 어떤 정책을 추구할 것인가?

라질은 현재 출산율이 여성 당 1.8명에 불과하다. 그러나 인구의 26%가 14세 미만이므로, 수십 년 동안 인구는 계속 증가할 것이다. 인구 학자들은 이를 인구 모멘텀(population momentum)이라고 부른다.

1960 년대 이래 가장 빠른 성장과 가장 짧은 인구 배가시간을 보인 이후(표 4.1 참조), 자원 가용성에 대해 우려하는 많은 사람들이 제로 인구증가(zero population growth; ZPG)를 보기를 간절히 바랐다. 사망자 수가 출생자 수에 이민을 더한 것과 정확히 같은 경우 증가율이 0이다.

얄궂게도, 이제는 많은 인구가 대체수준 아래로 떨어지고 있으므로, 경제학자는 제로 인구증가율을 수용할 수 없게 되었다. 국가와 기업은 경제성장을 유지하기 위해 점점 더 많은 근로자, 특히 소비자가 필요하다. 중국이 한 자녀 정책을 포기하게 된 강력한 힘 중 하나는 이러한 경제 성장의 명령이었다. 환경보존, 경제성장 및 사회적 안정의 대조되는 우선순위가 어떻게 해결될지는 아직 불분명하다.

사망률은 출생을 상쇄한다

외국 여행자가 한때 지역 주민에게 물었다."이곳의 사망률은 얼마인가?" "아, 어느 곳에서나 똑같다." "사람마다 한명씩"이라는 대답이었다. 그러나 인구통계에서 조사망률(crude death rate 또는 crude mortality rate)은 특정 해의 천 명 당 사망자 수로 표시된다. 건강관리 및 위생이 제한된 아프리카 국가는 1,000명당 사망률이 20명 이상일 수 있다. 부유한 국가는 일반적으로 사망률이 1,000명당 약 10명이다. 인구의 사망자 수는 인구의 연령구조에 민감하다.

카타르와 같이 빠르게 성장하고 있는 개발도상국은 기대수명이 매우 낮지만, 독일과 같은 선진국가(1,000명당 11.7명)보다 조사망률이 낮다(현재 1,000명당 1.5명). 이는 빠르게 성장하는 나라가 느리게 성장하는 나라보다 젊은이 수가 많고 노인이 적기 때문이다.

기대수명은 전 세계적으로 증가하고 있다

수명은 종이 생존하는 것으로 알려진 가장 많은 나이이다. 천년 이상을 살았다는 고대 왕에 대한 많은 주장이 있지만, 기록으로 증명할 수 있는 가장 많은 나이는 1997 년에 사망했을 때 122세인 프랑스 아를의 칼멘트(Jeanne Louise Calment) 기록이었다. 현대의 의학은 우리 중 많은 사람들이 조상보다 훨씬 더 오래 생존 할 수 있게 해주었지만, 최대 수명이 크게 증가한 것으로 보이지는 않다. 분명히 우리 몸의 세포는 손상을 복구하고 새로운 구성 요소를 생산하는 능력이 제한적이다. 조만간 그들은 단순히 닳아 없어지고 인간은 질병, 퇴행, 사고 또는 노화의 희생양이 된다.

기대수명(life expectancy)은 신생아가 특정 사회에서 달성할 수 있는 평균연령이다. 이는 사망 시 평균연령을 나타내는 또 다른 방법이다. 인류 역사에서 대부분의 기대수명은 아마도 35년에서 40년 사이일 것이다. 이것은 40세 이상 아무도 살지 않았다는 것이 아니라, 많은 사람들이 더 이른 나이 (대부분은 어린 시절)에 사망하여 더 오래 살았던 사람들의 균형을 맞추었다는 것을 의미한다.

20세기는 인류 건강의 세계적 변화가 역사상 타의 추종을 불허하는 것을 보았다. 이 혁명은 대부분의 장소에서 기대수명이 급격히 증가하는 것을 볼 수 있다(표 4.3). 전 세계 평균수명은 지난 100년 동안 약 40년에서 67.2년으로 증가했다. 개발도상국에서 가장 큰 진전이 있었다. 예를 들어, 1900년에 평균적인 인도 남성 또는 여성은 약 23년을 살 것으로 예상할 수 있었다. 1세기 후 인도는 1인당 연간 소득이 미화 $3,500이었지만, 남녀 평균수명은 거의 3배가 되었고 소득수준의 10배에 달하는 국가와 거의 비슷한 수준이었다. 더 긴 삶은 기적의 약이나 첨단 의약품보다는, 영양 개선, 위생 개선, 깨끗한 물 및 교육 때문이었다.

표 4.3 1900년과 2017년 선택된 국가의 출생 시 기대수명

	1900		2017	
국가	남성	여성	남성	여성
인도	23	23	64	71
러시아	31	33	68	78
미국	46	48	79	81
스웨덴	57	60	81	84
일본	42	44	81	87

예를 들어, 미국과 일본의 거주자들은 이미 산업화된 국가로서 증가가 크지 않았지만, 20세기 초반에 비해 거의 두 배나 더 오래 살기 때문에, 상대적으로 건강이 좋은 삶을 많이 기대할 수 있다. 일본에 거주하는 사람이 기대할 수 있는 장애조정수명(Disability Adjusted Life Years; DALY, 조기 사망과 질병 또는 장애로 인한 건강 생활의 손실을 결합한 질병 부담의 척도)는 20년 전 64.5년에 비해 현재는 74.5년이다 .

그림 4.7에서 알 수 있듯이 연간 소득과 기대수명은 1인당 최대 US$5,000(미화)와 밀접한 상관관계가 있다. 그 수준을 넘어서면, 대부분의 사람들에게 적절한 음식, 쉼터 및 위생에 충분

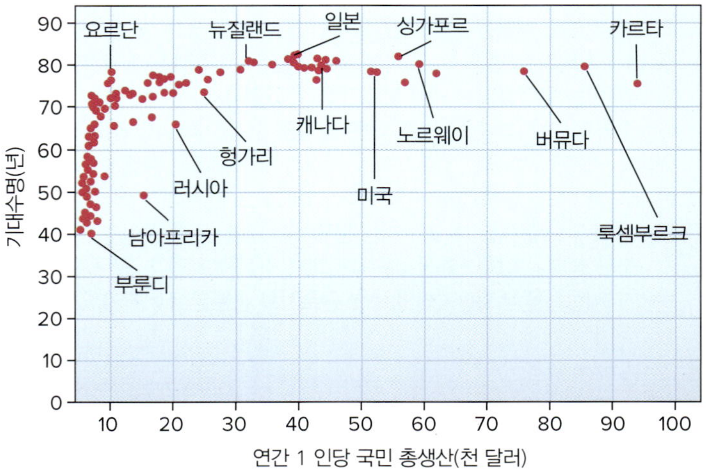

▲ **그림 4.7** 소득이 증가함에 따라 기대수명은 최대 약 US $5,000까지 증가한다. 이 금액을 초과하면 곡선이 떨어진다. 남아프리카와 러시아와 같은 일부 국가는 GDP에서 예상하는 것보다 기대수명이 훨씬 낮다. 반면에 요르단은 미국의 1인당 GDP의 10분의 1에 불과하지만, 사실상 기대수명이 더 길다.
출처: World Bank, 2015

하며, 기대수명은 남성의 경우 약 75세, 여성의 경우 85세이다.

현대화와 사회 투자의 혜택이 국가 내에서 어떻게 분배되는지에 대한 큰 불일치가 다양한 그룹의 차별적인 수명으로 드러난다. 미국 내 어느 곳에서나 보고된 최대 기대수명은 평균 91세까지 사는 뉴저지의 아시아계 미국인 여성에 대한 것이다. 반면, 사우스다코타 주 파인릿지 인디언 보호구역(Pine Ridge Reservation)에 사는 아메리카 원주민 남성은 평균적으로 단지 48세까지만 생존한다. 아프리카 국가의 3분의 2가 평균 수명이 더 길다. 파인릿지 인디언 보호구역은 실업률이 75%에 가까우며 빈곤, 알코올 중독, 약물 사용 및 소외가 높아 미국에서 가장 가난한 지역이다. 마찬가지로 워싱턴 D.C.에 사는 아프리카계 미국인 남성은 평균 57.9세로 레소토나 스와질란드의 평균 수명보다 짧다.

더 오래 살면 사회에 심각한 영향을 미친다

자연적인 증가로 빠르게 성장하는 인구는 안정적인 인구보다 더 많은 젊은이를 가지고 있다. 이러한 차이점을 보여주는 한 가지 방법은 연령대를 막대그래프로 표시하는 것이다(그림 4.8). 이러한 데이터를 수집할 때 매년 3.9%의 비율로 성장한 니제르에서는 인구의 약 절반이 출산연령(15세 미만)에 있었다. 총 출산율이 급격히 떨어지더라도 이 젊은 사람들이 출산연령(인구 모멘텀의 예)에 들어감에 따라 총출산과 인구 규모는 몇 년 동안 계속 증가할 것이다 .

대조적으로, 스웨덴과 같이 인구가 비교적 안정적인 국가는, 대부분의 연령집단에서 거의 같은 인구를 가질 것이다. 스웨덴의 가장 나이든 집단에서는 남녀의 수명이 다르기 때문에 여성의 수가 남성보다 많다. 최근에 싱가포르와 같이 인구 증가율이 제로에 도달한 국가는, 부모 세대보다 더 적은 자녀가 태어날 때 중년 집단에서 뚜렷한 증가를 보일 수 있다.

빠르게 성장하는 국가와 느리게 성장하는 국가는 모두 **의존도 비율**(dependency ratio)이나, 또는 인구 내 노동자 수와 비노동자 수 사이에 문제가 있을 수 있다. 예를 들어, 니제르에서는 각각의 일하는 사람이 많은 어린이를 부양한다. 대조적으로 미국의 노동인구 감소는 이제 더 많은 수의 은퇴자를 부양하고 있다.

이러한 변화하는 연령구조와 의존도 비율은 전 세계적으로 발생하고 있다(그림 4.9). 1950년에는 65세 이상의 인구가 1억 3천만 명에 불과했지만 2017년에는 6억5천만 명이 이 연령에 도달했다. 유엔은 2050년까지 전 세계의 어린이 1명당 노인이 3명일 것으로 예측했다. 일본, 프랑스 및 독일과 같은 국가는 이미 일자리를 채우고 퇴직 제도를 지원할 젊은이가 충분하지 않다고 우려하고 있다. 그들은 부부에게 더 많은 자녀를 갖도록 장려하고 있다. 이민자들은 인구의 평균연령을 줄이고 새로운 근로자 공급을 창출할 수 있다. 그러나 많은 국가의 이민배척주

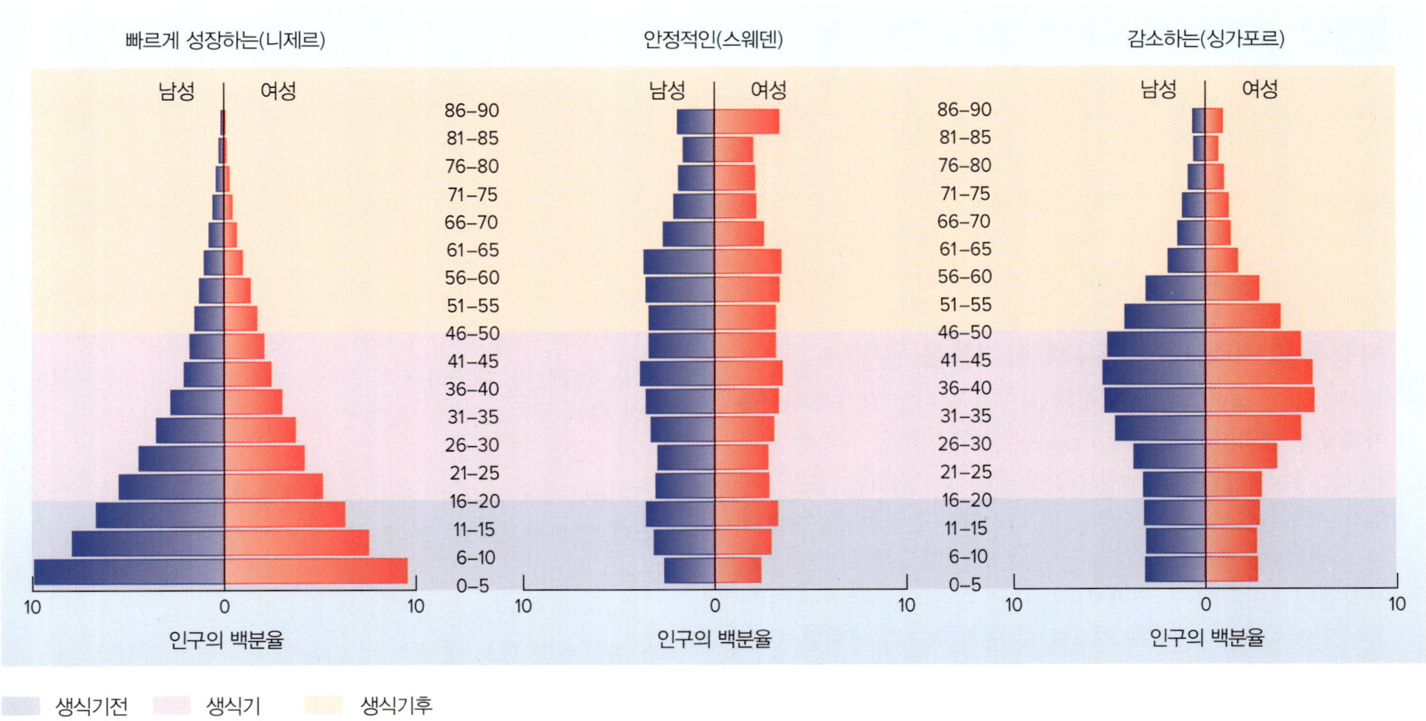

▲ **그림 4.8** 각 연령별 히스토그램의 모양은 빠르게 성장하는(니제르), 안정적인(스웨덴) 또는 감소하는(싱가포르) 인구에 대해 독특하다. 가로 막대는 연속적인 연령대(0-5세, 6-10세 등)의 국가 인구 비율을 나타낸다.
출처: U.S. Census Bureau, 2003

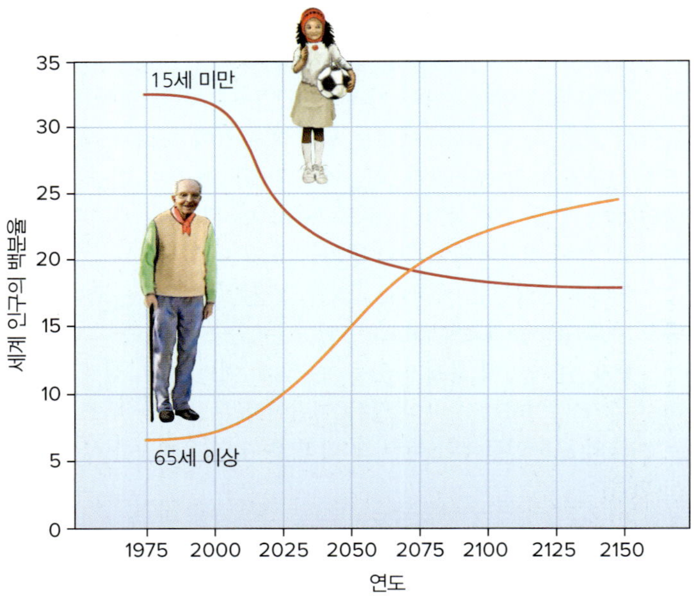

▲ **그림 4.9** 21세기 중반까지 15세 미만의 어린이는 세계 인구의 작은 비율을 차지하는 반면, 65세 이상은 인구의 비율에 기여가 증가할 것이다.

의자 단체는 문화, 종교 또는 언어를 공유하지 않는 외국인과의 통합을 거부한다. 그러나 다른 이들은 이민자들이 고령화 사회를 젊어지게 하고 활력을 줄 수 있다고 주장한다. 이 논쟁적인 문제에 대해 여러분은 어떠한 입장인가?

4.3 문화는 출산율에 영향을 미친다

- *아이들은 행복, 자부심 및 노후 부양에 바람직하다.*
- *교육과 기회는 임신 결정에 영향을 미친다.*

많은 사회적 및 경제적 압력이 가족 규모에 대한 결정에 영향을 미치며, 이는 결국 인구에 영향을 미친다. 이 장에서는 재생산에 대한 긍정적 압력과 부정적 압력을 모두 검토할 것이다.

사람들은 여러 가지 이유로 자녀들을 원한다

아기를 갖고 싶어 하는 사람들의 욕구를 높이는 요인을 **산아증가제창자 압력**(pronatalist pressure)이라고 한다. 가족을 키우는 것은 많은 사람들의 삶에서 가장 즐겁고 보람있는 부분일 수 있다. 아이들은 즐거움, 자부심 및 편안함의 원천이 될 수 있다. 자녀는 사회보장제도가 없는 국가의 노인 부모를 위한 유일한 부양원이 될 수 있다. 영아사망률이 높은 경우, 부부는 나이가 들어도 돌봐줄 수 있도록 최소한 몇 명의 자녀가 생존할 수 있게 많은 자녀가 필요할 수 있다. 상향 이동의 기회가 거의 없는 경우, 아이들은 사회에서 지위를 부여하고, 부모의 창의력을 표현하며, 삶에서 결여된 연속성과 성취감을 제공한다.

종종 자녀는 미래 소득뿐만 아니라 현재의 소득원으로 가정에 도움을 주기 위해 가족에게 가치가 있다. 개발도상국의 많은 지역에서 어린 아이들은 가축과 어린 형제들을 돌보고, 물을 가져오고, 장작을 모으고, 농작물을 재배하거나, 시장에서 물건을 팔 수 있다(그림 4.10).

사회는 또한 사망하거나 무력화된 구성원을 교체해야한다. 이러한 필요는 종종 자녀를 낳고 키우는 것을 장려하는 문화적 또는 종교적 가치로 체계화되어 있다. 일부 사회에서는 자녀가 거의 없거나 전혀 없는 가족을 동정이나 경멸을 가지고 바라보며, 임신을 의도적으로 통제한다는 생각을 충격으로 받아 들인다. 임신 중이거나 어린 자녀를 둔 여성은 특별한 지위와 보호를 받는다. 남자 아이는 가족의 성을 잇고 나이든 부모를 부양해야하기 때문에 여자 아이보다 더 가치 있는 경우가 많다. 부부는 성인에 이르기까지 사는 아들을 낳기 위해 원하는 것보다 더 많은 자녀를 가질 수 있다.

남성의 긍지는 종종 가능한 많은 자녀를 갖는 것과 관련이 있다. 예를 들어 니제르와 카메룬에서 평균 남성은 각각 12.6명과 11.2명의 자녀를 원한다. 이 국가의 여성들은 평균적으로 5명 또는 6명만 원한다. 그러나 여성이 더 적은 수의 자녀를 원하더라도 선택의 여지가 적고, 자신의 출산에 대한 통제력이 거의 없을 수 있다. 많은 사회에서 여성은 아내와 어머니로서의 역할 외에는 신분이 없기에 자녀가 없으면 노년기에 부양원이 없을 수 있다.

교육과 소득은 아이들의 욕구에 영향을 미친다

여성을 위한 고등교육 및 개인의 자유는 종종 출산을 제한하는 결정을 내린다. 여성이 월급을 받을 수 있는 기회를 가지면 집에 있을 가능성 및 많은 자녀를 가질 가능성이 낮다. 많은 여성들이 도전과 직업의 매력을 발견할 뿐만 아니라, 집 밖에서 벌어들인 돈은 가족 예산의 중요한 부분이 된다. 또한 교육받은 여성은 가임에 대한 자신의 결정을 내릴 수 있는 가족 지위를 가질 가능성이 더 높다(그림 4.11).

아동을 먹이고 옷을 입는 것이 최소 비용일 수 있는 저개발국가에서는 대개 한 명의 자녀를 가족에 추가하는데 많은 비용이 들지 않는다. 대조적으로, 선진국에서 아이를 키우는 데는 수십만 달러가 소요될 수 있으며, 부모가 한두 명 이상을 감당하기가 어려울 수 있다.

1910년에서 2010년 사이에 미국 출생률의 급격한 변화와 같이, 문화적 및 정치적 요인도 가임에 영향을 미친다(그림 4.12).

1910년에서 1930년 사이의 기간은 산업화와 도시화의 시기였다. 여성은 그 어느 때 보다 더 많은 교육을 받고 있었고 많은 수의 여성인력이 고용되었다. 1930년대의 대공황으로 인해 가족이 자녀를 갖기가 어려워지고 출산율이 낮아졌다. 제2차 세계대전이 시작될 때 (종종 전시와 마찬가지로) 출생률이 증가했다.

(a)

(b)

▲ **그림 4.10** 기계화 농업이 거의 없는 시골 지역에서는(a), 아이들이 가축을 돌보고 더 어린 아이들을 돌보고 부모의 가사 일을 도와 주어야한다. 농업이 기계화되는 곳에서(b), 농촌 가정은 도시 가정과 마찬가지로 어린이를 돕지만 생존에 중요하지는 않다. 이것은 얼마나 많은 자녀를 가질 것인지에 대한 결정에 영향을 미친다.

출처: (a): ©William P. Cunningham; (b): ©Jean-Bernard Nadeau/123RF

부부가 재결합하고 새로운 가족이 시작되면서, 제2차 세계대전 이후 "베이비 붐"이 일어났다. 이 기간 동안 정부는 여성들이 전시 직장을 떠나서 집에 머물도록 권장했다. 높은 출생률은 1950년대의 번영과 낙관주의 시대를 통해 지속되었지만 1960년대에 떨어지기 시작했다. 이 감소의 일부는 1930년대에 태어난 적은 수의 아기들에 의해 야기되었는데, 그 결과 1960년대에 더 적은 청년들이 출산하게 되었다. 감소는 부분적으로 이상적인 가족규모에 대한 인식이 바뀌었기 때문이다. 1950년대에 여성들은 일반적으로 4명 이상의 자녀를 원했지만, 1970년대에는 평균이 1명 또는 2명 (또는 아님)으로 떨어졌다. 베이비붐 세대가 아이를 갖기 시작하면서 1980년대에 작은 "에코붐"이 발생했지만, 경제와 태도의 변화에 따라 이상적인 가족규모에 대한 우리의 견해가 바뀌는 것 같다.

4.4 인구통계학적 전이

- *인구통계학적 전이모델은 경제발전에 따른 출생률 및 사망률 감소를 예측한다.*
- *인구증가는 사망률이 출생보다 빠르면 발생한다.*
- *유인책과 형평은 종종 인구통계학적 전이를 촉진한다.*

인구학자인 노트스타인(Frank Notestein)은 1945년 개선된 생활환경으로 인한 사망률과 출생률의 전형적인 패턴이 일반적으로 경제발전에 수반된다고 지적했다. 그는 이 패턴을 높은 출생률 및 사망률에서 낮은 출생률 및 사망률로의 **인구통계학적 전이**(demographic transition)라고 했다. 그림 4.13는 이상적인 인구통계학적 전이모델을 보여준다. 이 모델은 종종 인구증가

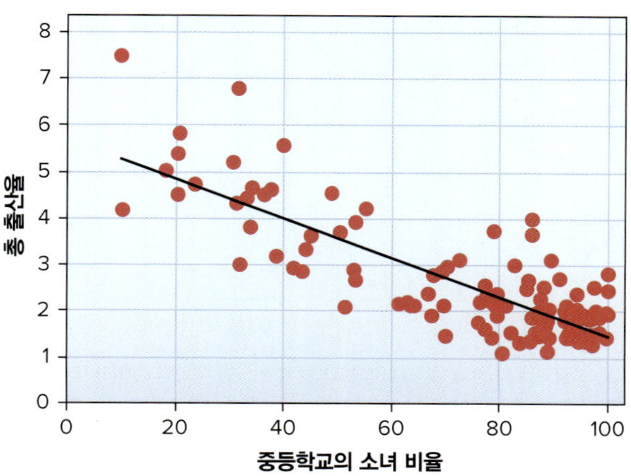

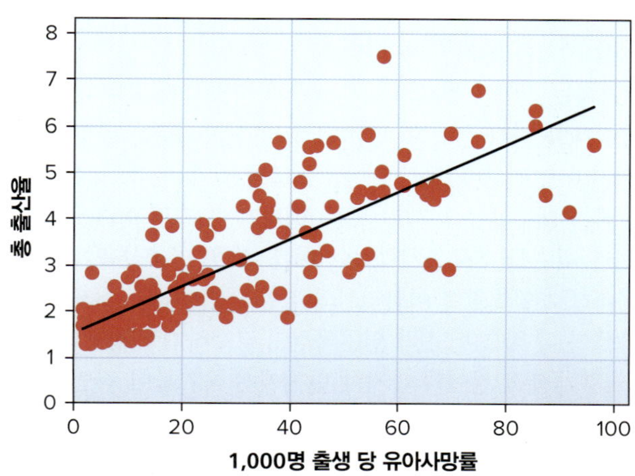

▲ **그림 4.11** 여아 교육이 증가하고 영아사망률이 감소함에 따라 총 출산율은 감소한다.

출처: World Bank, 2015

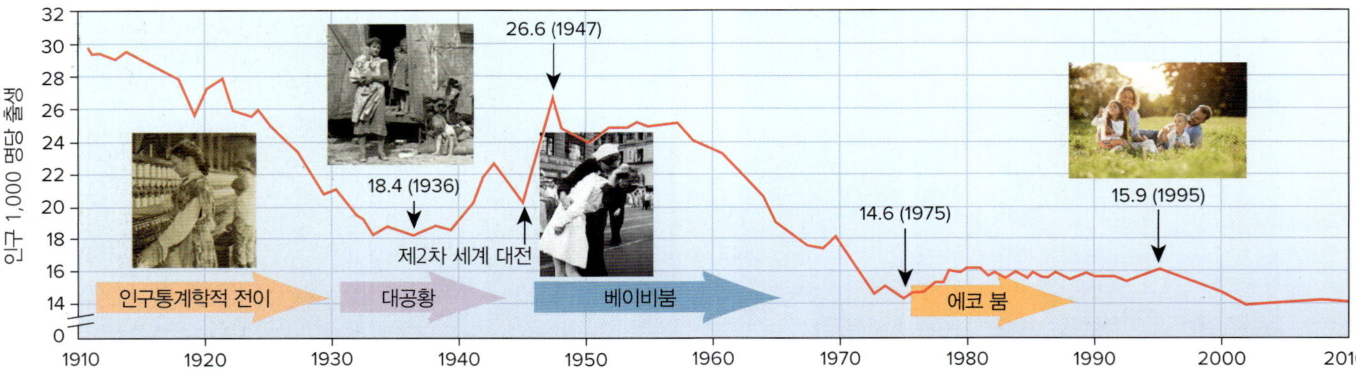

▲ **그림 4.12** 미국의 출생률, 1910-2010. 1910년에서 1929년 사이의 출생률 감소는 농업사회에서 산업사회로의 인구통계학적 전이를 나타낸다. 제2차 세계대전 후 베이비붐은 1945년에서 1965년까지 지속되었다. 베이비붐 세대가 재생산하기 시작한 1980년경에 훨씬 더 작은 "에코 붐"이 발생했다.

출처: Data from Population Reference Bureau and U.S. Bureau of the Census. (a): Hine/Lewis Wickes/Library of Congress, Prints and Photographs Division [LC-DIG-nclc-01366]; (b): U.S. Department of Agriculture (USDA); (c): Department of the Navy/Naval Photographic Center/Victor Jorgensen (US Navy photo journalist)/National Archives and Records Administration (NWDNS-80-G-377094); (d): f4-12d.jpg ©luckybusiness/123RF

와 경제발전 사이의 연관을 설명하는데 사용된다.

경제 조건과 사회 조건은 사망률과 출생을 변화시킨다

그림 4.13의 1단계는 현대사회의 조건을 나타낸다. 영양실조, 질병, 사고 및 기타 위험은 1,000명당 30명 정도의 사망률을 유지한다. 그러나 높은 출생률은 인구를 비교적 일정하게 유지한다. II단계의 경제발전은 더 나은 일자리, 의료, 위생 및 일반적으로 개선된 생활수준을 가져오며 사망률은 종종 매우 빠르게 감소한다. 더 많은 돈과 더 나은 영양섭취로 사람들이 항상 원하는 자녀를 가질 수 있게 되면 처음에는 출생률이 높아질 수 있다. 그러나 두 세대에 걸쳐, 사람들은 모든 자녀가 생존할 가능성이 높고 온 가족이 더 적은 수의 자녀에게 더 많은 자원을 집중함으로써 혜택을 얻는다는 것을 알면서 출생률은 감소한다. 사망률은 이미 감소했지만 출생률은 높은 II단계 및 III단계에서 인구가 빠르게 증가한다는 점에 유의하라. 전이를 완료하는데 걸리는 시간에 따라 개체군은 다시 균형을 잡기 전에 한 차례 이상의 배가를 거칠 수 있다.

IV단계는 전이가 완료되고 출생률과 사망률이 모두 낮은 선진국의 상태를 나타낸다. 이 단계에서 인구는 새로운 평형을 이루게 되지만 이전보다 훨씬 더 큰 규모를 갖게 된다. 북유럽과 서유럽 국가 대부분은 19세기 또는 20세기 초 그림 4.13에 표시된 곡선과 비슷한 인구통계학적 전이를 겪었다. 출산율이 대체출산율 이하로 떨어졌던 이탈리아와 같은 국가에서는 이제 사망보다 출생이 더 적으며, 전체 인구곡선이 감소하기 시작했다.

인구통계학적 전이의 마지막 단계에서 국가들이 직면한 큰 도전은 가장 생산적인 시기의 사람들과 은퇴한 또는 쇠락하는 시기의 사람 사이의 불균형이다. 사회보장제도에 자금을 지원하는 방법에 대한 미국 의회의 지속적인 논쟁은 이 프로그램이 설립되었을 때, 미국이 인구통계학적 전이의 한가운데에 있었고, 노인들에 비해 많은 젊은이들이 있었기 때문이다. 10년에서 15년이 지나면 그 상황은 변할 것이다. 더 많은 노인들이 더 오래 살고 더 적은 젊은이들이 그들을 부양할 것이다.

케냐, 예멘, 리비아, 요르단 등 세계에서 가장 빠르게 성장

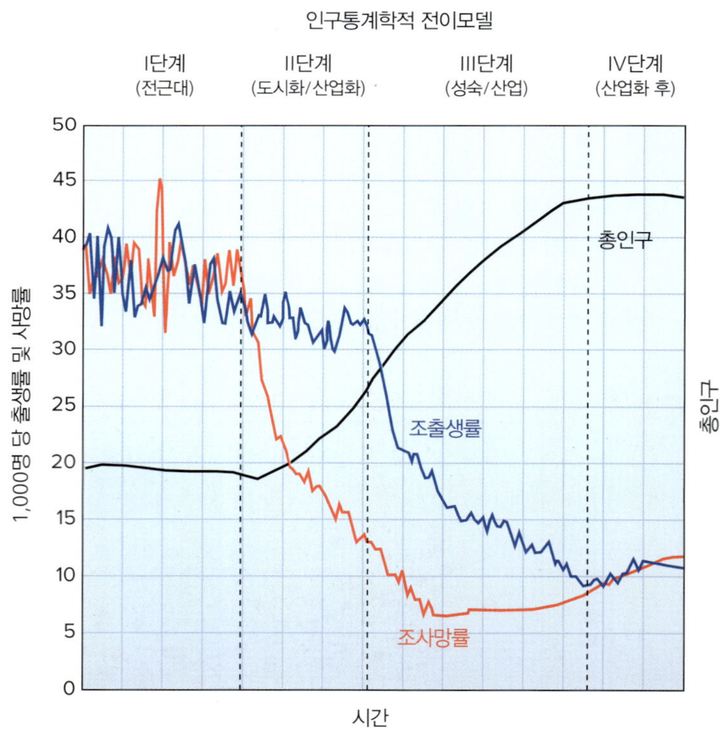

▲ **그림 4.13** 경제 및 사회발전과 함께 인구통계학적 전이에서 이론적인 출생률, 사망률 및 인구증가율. 개발이전 사회에서는 출생률과 사망률이 모두 높으며, 총인구는 비교적 안정적이다. 발전과정에서 사망률이 가장 먼저 떨어지는 경향이 있으며, 1~2 세대 후에는 출생률도 떨어진다. 완전히 발전한 사회에서 출생률과 사망률이 모두 안정될 때까지 전체 인구가 빠르게 증가한다.

하는 많은 국가들이 현재 이 인구통계학적 전이의 III단계에 있다. 이들의 사망률은 완전히 선진국의 비율에 근접했지만, 출생률은 그에 따라 줄어들지 않았다. 실제로, 그들의 출생률과 총 인구는 300년 전에 산업화가 시작된 대부분의 유럽 국가들보다 더 높다. 출생률과 사망률 사이의 격차가 크다는 것은 많은 개발도상국이 현재 매년 2~3%씩 성장하고 있다는 것을 의미한다. 개발도상국가에서의 이러한 높은 증가율은 21세기 말까지 총 세계 인구를 9억 명 이상으로 증가시킬 수 있다. 이것은 이 장 전체에서 가장 중요한 두 가지 질문을 제기한다. 왜 이들 국가에서 출생률이 떨어지지 않으며, 그것에 대하여 무엇을 할 수 있는가?

일부 인구통계학자들은 대부분의 개발도상국에서 인구통계학적 전이가 이미 진행되고 있다고 주장한다. 이미 출산율은 거의 모든 곳에서 떨어졌으며, 일부 국가에서는 세대 당 30~60% 감소하여 현저하게 빠른 변화를 보였다.

많은 사람들은 인구통계학적 전이가 과거 유럽과 북미 국가들이 발전했을 때보다 오늘날 개발도상국에서 더 빠르게 진행될 것이라고 믿다. 여기에는 다음과 같은 몇 가지 이유가 있다.

- 번영, 도시화 및 사회개혁은 종종 대가족의 필요성을 줄인다.
- 현재의 기술교환은 빠르게 진행되어 개발도상국의 경제발전을 가속화한다.
- 개발도상국은 과거보다 더 강력한 무역 및 정보 네트워크를 활용할 수 있다.
- 통신기술은 문화교류, 경제발전 및 사회변화를 과거보다 더 빠르게 향상시킨다.

인구통계학적 전이를 완료하는 두 가지 방법

인도의 케랄라 주와 안드라프라데시 주에서는 인구증가를 규제하는 두 가지 매우 다른 접근법을 보여준다. 케랄라에서는 모든 사람에게 사회적 혜택의 공평한 분배를 제공하는 것이 가족계획의 열쇠로 간주된다. 이 사회정의 전략은 세계가 모든 사람을 위한 충분한 자원을 가지고 있지만 불평등한 사회 경제적 시스템은 그 자원을 잘못 분배한다고 가정한다. 기아, 빈곤, 폭력, 환경악화 및 인구과잉은 자원부족보다는 사회 정의 부족에 기인한다는 것이다. 인구과잉이 다른 문제를 악화시키지만, 성장률에만 초점을 맞추면 빈곤층에 대한 인종주의와 적대감이 조성된다. 이러한 관점의 지지자들은 부유한 사람들의 엄청난 소비가 다른 사람들에게 미치는 영향을 인식해야한다고 주장한다.

반면에 안드라프라데시 주의 지도자들은 사회 정의를 장려하기보다는 피임법을 적극적으로 강조하는 전략을 채택했다. 이 전략은 중국과 유사한 정책에 따라 당근(출생 감소에 대한 경제적 보상)과 채찍(제한 초과에 대해 처벌과 함께 생식을 제한하는 명령)을 제공하는 것이 인구규모를 규제하는 유일한 효과적인 방법이라고 가정한다.

두 주 모두 인구 증가를 크게 둔화시켰다. 그리고 그들은 매우 다른 전략을 사용하지만, 빠르게 증가하는 인구가 지역 숲, 초원, 경작지 및 수자원의 지속가능한 수확량을 초과하는 “인구통계의 함정”을 피하는 것을 목표로 한다. 자원부족으로 인한 환경악화, 경제쇠퇴 및 정치적 불안정으로 인해 이 함정에 걸린 국가들이 현대화를 완료하지 못할 수 있다. 재앙이 방해할 때까지 인구가 계속 증가할 수 있다.

여러분은 어떻게 생각하는가? 개발도상국에 인구정책에 대한 조언을 한다면 어떠한 접근법을 채택하겠는가?

여성의 삶을 개선하면 출생률을 줄일 수 있다

여성의 힘을 키우는 것이 인구안정을 달성하는 데 중요하다는 것이 점점 더 이해되고 있다. 이집트 카이로에서 열린 인구 및 개발에 관한 1994년의 국제회의는 인구문제에 대한 이러한 접근을 지지했다. 180개 참여국의 광범위한 합의에 따르면, 인구증가를 늦추려면 책임 있는 경제개발, 교육 및 여성의 권리와 양질의 건강관리(가족계획 서비스 포함)를 모두가 이용할 수 있어야 한다는데 동의했다. 아동의 생존은 인구안정화에 가장 중요한 요소 중 하나이다. 많은 개발도상국에서와 같이 영유아사망률이 높을 때, 부모는 일부 자녀가 성인으로 생존할 수 있도록 자녀수가 많은 경향이 있기 때문에 영아사망률이 지속적으로 감소하기 전에는 출생률이 지속적으로 감소한 적이 없었다.

그러나 많은 문화권의 남성이 대부분의 금융 자산을 통제하기에, 가족 소득 증가가 항상 어린이의 복지 향상으로 해석되는 것은 아니다. 카이로에서 열린 UN회의에서 지적했듯이, 종종 어린이 생존을 향상시키는 가장 좋은 방법은 어머니의 권리를 보장하는 것이다. 예를 들어 농지개혁, 정치적 권리, 독립적인 소득을 얻을 수 있는 기회, 여성의 건강상태를 개선하는 것뿐만 아니라, 여성 교육을 위한 기회는 종종 국민 총생산 증가보다 가족복지의 더 나은 지표가 된다(그림 4.14).

가족계획은 우리에게 선택권을 준다

가족계획(family planning)은 부부가 자녀의 수와 터울을 결정할 수 있도록 한다. 가족계획은 반드시 더 적은 자녀를 의미하지는 않으며, 가족계획을 사용하여 최대한 많은 어린이를 가질 수 있다는 것도 아니고, 우연에 맡기기보다 부모가 생식 생활을 통제하고 자녀수와 시기에 대해 의식적인 결정을 내릴 것임을 내포한다. 소규모 가족에 대한 욕구가 점점 일반화되면서 피임은 가족계획의 필수사항이 된다. 이러한 상황에서 **출산조절**(birth control)은 일반적으로 독신, 만혼, 피임, 배아이식을 방지하는 방법 및 인공유산을 포함하여 출생을 줄이기 위해 사용되는 모든 방법을 의미한다.

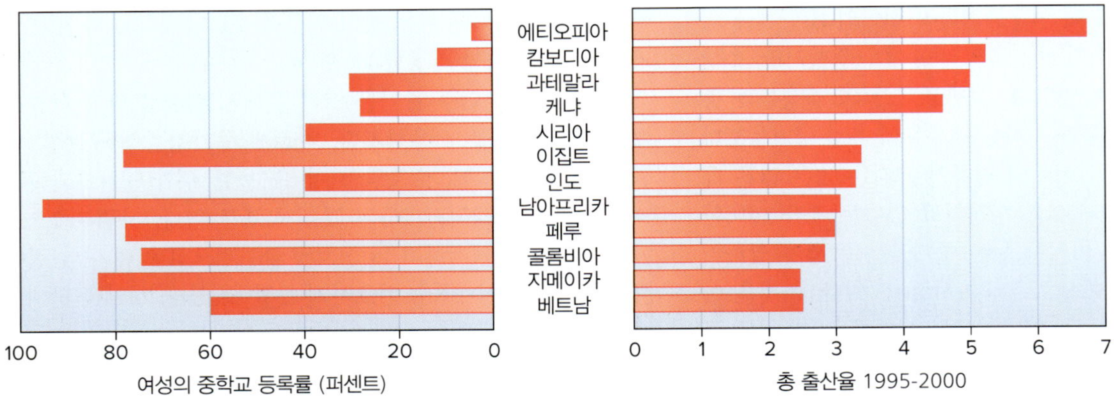

◀ **그림 4.14** 여성의 교육이 증가함에 따라 총 출산율은 감소한다.
출처: Data from Worldwatch Institute, 2003.

인간은 항상 생식력을 조절해 왔다. 지난 수천 년과 비교했을 때, 지난 2세기 동안의 높은 출생률은 표준이 아니다. 모든 문화권과 모든 역사적 시대의 사람들은 인구 규모를 통제하기 위해 다양한 기술을 사용했다는 증거가 있다. 아프리카 남서부에 있는 칼라하리 사막의 쿵(Kung) 또는 산(San)과 같은 수렵채집 인종에 대한 연구에 따르면, 우리의 초기 조상들은 서로를 죽이거나 정기적으로 굶어죽었기 때문이 아니라 출산율 관리를 했기 때문에 안정적인 인구를 가졌다는 것을 가리킨다.

예를 들어, San족 여성은 3~4년 동안 모유수유를 한다. 칼로리가 제한되면, 수유는 체지방을 고갈시키고 배란을 억제한다. 모유수유 중에 성관계에 대한 금기사항과 함께, 이는 자녀들의 터울을 두는 효과적인 방법이다. (그러나 현대사회에서 영양이 풍부한 여성들 사이에서 모유수유가 배란을 억제하거나 임신을 예방하는 것은 아니다.) 인구규모를 통제하는 다른 고대 기술로는 독신, 민간요법, 낙태 및 유아살해가 있다. 이러한 기술 중 일부 또는 전부가 불쾌하거나 도덕적으로 용납될 수는 없지만, 생식력에 대한 결정을 하기에는 다른 사람들이 너무 무지하거나 원시적이라고 가정해서는 안 된다.

현대 의학은 조상이 이용할 수 있는 것보다 우리에게 더 많은 생식조절 선택권을 제공한다. 현재 100가지가 넘는 새로운 피임법이 연구되고 있으며, 일부는 큰 희망을 주는 것으로 보인다. 거의 모든 것이 기계적이 아니라 호르몬이다(예: 콘돔, IUD).

다른 방법은 사용되려면 몇 년 동안 기다려야 하지만 완전히 새로운 방향을 취한다. 자궁 내막을 유지하고 난자이식을 허용하는 호르몬인 융모막성선자극호르몬을 거부하기 위해 면역 시스템을 준비하거나, 정자에 대한 면역반응을 유발하는 여성을 위한 백신이 개발되고 있다. 테스토스테론 수치를 낮추지 않고 정자생산을 감소시키는 남성용 주사제는 현재 임상시험 중이다. 의심할 여지없이, 현대 부부는 그들의 조부모보다 더 많은 피임 선택권을 이용할 수 있다.

4.5 지금 우리는 어떠한 미래를 창조하고 있는가?

- *인구 예측은 80억 명에서 120억 명 이상으로 다양하다.*
- *가족계획은 여전히 개발도상국, 특히 아프리카에서 뒤떨어져 있다.*
- *인구의 절반이 출산율이 2.1명 이하인 국가에 살고 있다.*

사회가 대체출산율에 도달하는 시간과 인구증가의 끝 사이에 종종 지연이 있기 때문에, 우리는 100년 후 세계가 어떻게 보일지를 현재 결정하고 있다. 지금부터 몇 세기 이후에 세상에 얼마나 많은 인구가 있을까? 대부분의 인구 학자들은 21세기의 언젠가는 세계 인구가 안정될 것이라고 믿다. 우리가 그 평형에 도달할 때, 전체 인구는 인류 인구에 영향을 미치는 수많은 요인에 따라 약 80억 명에서 100억 명에 이를 것이다. UN인구국은 4가지 인구 시나리오를 계획하고 있다(그림 4.15). 낙관적인 (낮은) 예측은 세계 인구가 세기 말까지 80억 명 미만으로 안정화될 수 있음을 시사한다. 이는 가능성이 없어 보이다. 중간의 예측은 35년 후에 인구가 약 94억 명에 달하는 반면, 높은 예측은 21세기 중반기에 약 120억 명에 도달할 것이다.

인류는 다음 중 어떤 시나리오를 따를 것인가? 이 장에서 보았듯이 인구증가는 복잡한 주제이다. 인구를 안정시키거나 줄이려면 평소와 같은 안이한 태도에 상당한 변화가 필요하다.

최근 몇 년간 전 세계 피임 용구 사용이 급격히 증가했다는 고무적인 징후가 있다. UN의 자료에 따르면, 결혼하거나 노동조합에 가입하지 않은 2015년에 여성의 64%가 1970년의 10%보다 증가한 피임법을 사용했다. 그러나 이 수치는 저개발국가에서 40%이며, 아프리카에서는 겨우 33%이다. 분명히 접근성과 수용성은 향상되고 있지만, 개발도상국에서 성장의 여지가 특히 크다.

성공적인 가족계획 프로그램은 종종 중대한 사회적 변화를 요구한다. 이들 중 가장 중요한 것은 (1) 여성의 사회적, 교육적

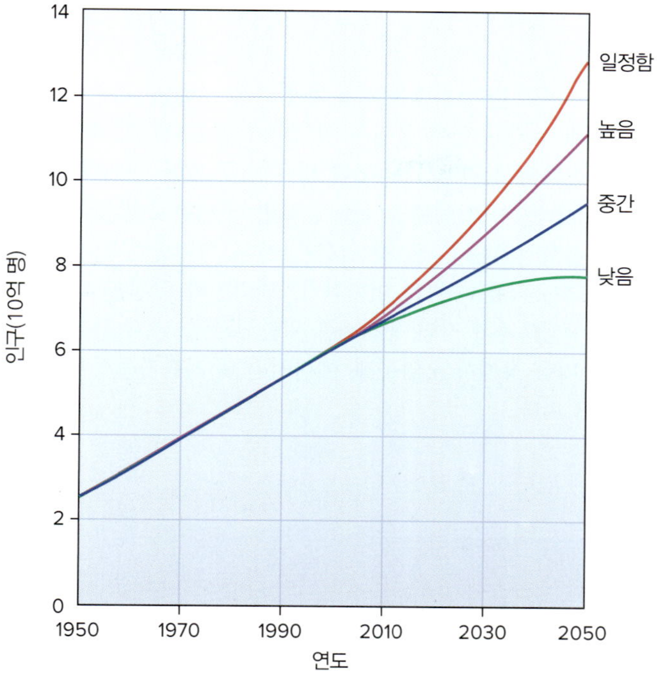

▲ **그림 4.15** 다른 성장 시나리오에 의한 인구예측. 최근 가족계획 및 경제개발의 진전으로 몇 년 전에 비해 추정치가 크게 감소했다. 2050년의 중간 예상 수치인 94억 명은 해당 날짜의 100억 명이 넘는 이전 추정치와 비교한 것이다.
출처: UN Population Division, 2015

및 경제적 지위 향상(출산과 여성의 권리가 종종 연계되어 있음); (2) 아동의 지위 향상(저렴한 노동력으로 필요하지 않으면 출생하는 아동은 더 적을 것임); (3) 계산된 선택을 일반적인 삶과 특히 다산의 유효한 요소로 받아들임(우리의 삶을 통제할 수 없다는 믿음은 책임감을 감소시킨다); (4) 사람들에게 미래를 계획할 수단과 자신감을 주는 사회보장 및 정치적 안정; 그리고 (5) 효과적이고 수용 가능한 출산 통제수단에 대한 지식, 가용성 및 사용 등이다.

현재 세계 평균 여성 출산율은 2.45명으로 50년 전의 절반에 미치지 못한다. 다음 반세기 동안 비슷한 진전이 지속될 수 있다면 출산율은 여성 1인당 아동 2.1명의 대체출산율로 감소할 수 있다. 이 시나리오의 실현 여부는 우리 모두의 선택에 달려 있다.

이미 세계 인구의 거의 절반이 총 출산율이 대체출산율이나 이에 근접한 국가에 살고 있다(그림 4.16). 태국의 예는 사람들이 선택의 여지가 있으면 종종 작은 가족을 원한다는 것을 보여준다. 이것은 선택의 폭이 넓어짐에 따라 인구가 안정될 것임을 시사한다. 그러나 부의 증가는 파괴적인 기술에 의해 지원되는 소비가 지속될 수 없다는 우려를 일으킨다. 인구규모와 풍요로움의 균형은 여전히 받아들일 수 없는 환경조건을 만들 수 있다. 또한 그림 4.16에서 볼 수 있듯이 전쟁, 부패, 식민지 역사, 종교적 긴장 및 기타 요인으로 인해 인구증가가 지속되게 하고 경제적, 사회적 발전을 방해하는 국가들이, 특히 아프리카에 있다. 이 모든 문제를 극복하고 보다 인간적이고 지속가능한 세상을 만들 수 있을까?

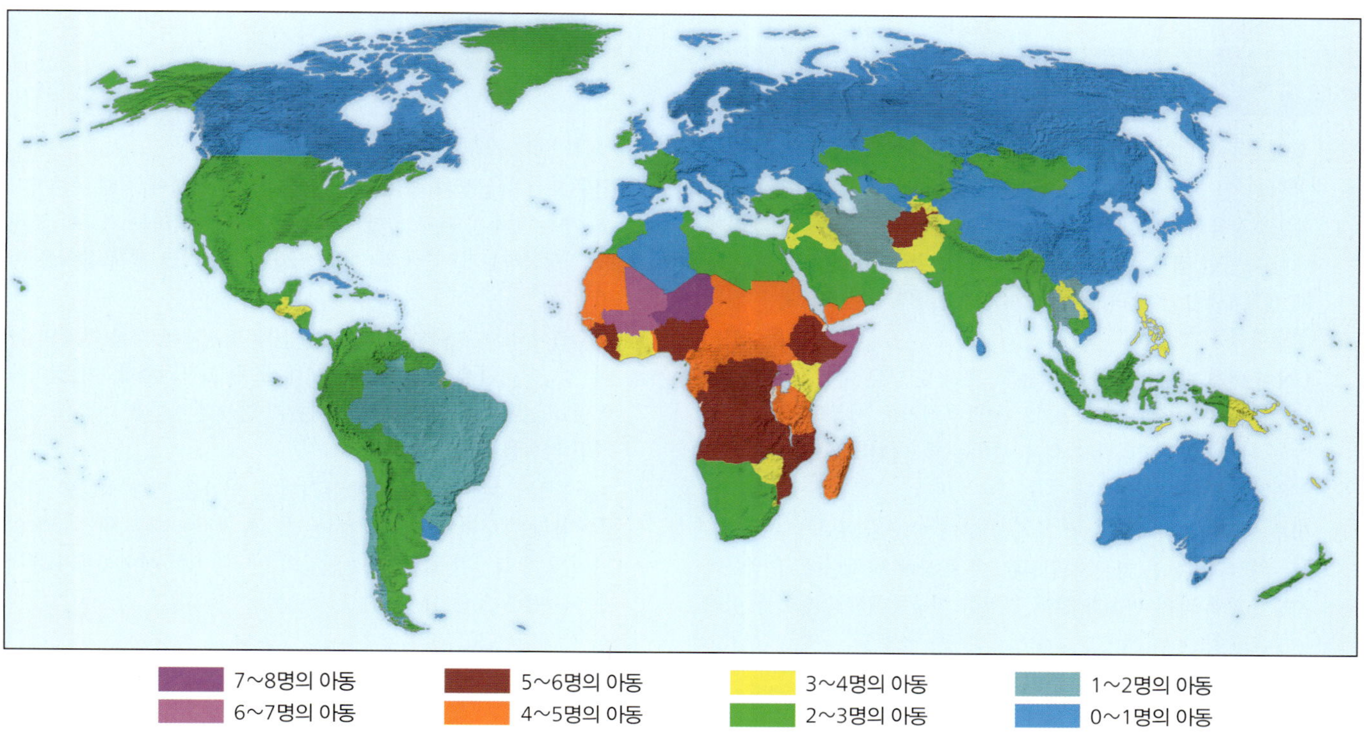

▲ **그림 4.16** 국가 별 출산율. 미국의 평균 출산율은 현재 2.06명이지만, 이는 여성 1명당 아동 2.1명의 대체출산율보다 낮다.

결론

수십 년 전에, 우리는 인류 폭발로 인해 지구의 기아와 생태학적 붕괴가 곧 일어날 것이라고 경고했다. 중국과 인도의 강제적인 정책은 이 위협에 대한 대응 중 일부였다. 우리는 여전히 인구가 어떻게 성장할지 모르지만, 최근 수십 년 동안 출생률이 급격하고 폭넓게 감소했다. 대부분의 인구통계학자들은 현재 인구가 금세기 말까지 약 80~ 100억 명으로 안정화될 것이라고 믿고 있다.

우리가 따르는 궤적은 정치 및 사회개혁, 가족계획 및 건강관리에 대한 접근성, 가족의 안정을 보장하는 정치적 안정 및 평화와 같은 요소에 크게 좌우된다.

인구통계학적 전이모델은 개발이 진행됨에 따라 인구가 안정화되어야한다고 예상한다. 그러나 지구가 장기적으로 어떤 안정적인 인구를 지원할 수 있는가? 우리 모두가 오래되고, 오염시키고, 비효율적 기술을 사용하여 가장 부유한 국가의 주민들이 현재 누리고 있는 물질적 안락함과 풍요로움의 수준에서 살려고 한다면 장기적으로 70억 명은 너무 많을 것이다. 그러나 보다 지속가능한 생활방식을 찾으면, 더 많은 사람들이 행복하고 생산적인 삶을 누릴 수 있을 것이다. 그러면 우리가 지구를 공유하는 다른 종들은 어떠한가? 안락함과 안전을 위한 노력으로 야생생물과 자연 생태계를 위한 공간을 남겨 두겠는가? 이 책의 다음 장에서 오염문제, 에너지원 및 지속가능성에 대해 논의할 것이다.

연습 문제 *PRACRICE QUIZ*

1. 세계 인구가 처음 10억 명에 도달하기까지 인류의 존재는 몇 년이나 흘렀을까? 그 이전에 인구를 제한한 요인은 무엇이며, 그 시점 이후 어떤 요인이 성장에 기여했을까?
2. 지난 200년 동안 인구증가 패턴을 설명하시오. 성장곡선의 모양은 무엇인가(3장을 상기하시오)?
3. *생태발자국*을 정의한다. 우리 모두가 평균 북미인과 같은 수준의 풍요로 살기위해 얼마나 많은 지구가 필요할까?
4. 왜 일부 경제학자들은 국가의 미래를 결정할 때 인적 자원이 천연자원보다 더 중요하다고 생각하는가?
5. 21세기 동안 대부분의 인구 증가가 어느 지역에서 일어날까? 이 지역에서 어떤 조건이 빠른 인구증가에 기여하는가?
6. *조출산율*, *총 출산율*, *조사망률* 및 *인구증가율*을 정의하시오.
7. 기대수명과 수명의 차이는 무엇인가? 왜 다른가?
8. 의존도 비율은 무엇이며, 이는 앞으로 미국에 어떤 영향을 미칠 수 있는가?
9. 사람들이 아기를 갖고 싶어 하는 욕구를 증가 시키거나 감소시키는 요인은 무엇인가?
10. 인구통계학적 전이를 초래하는 조건을 설명하시오.

비판적 사고와 토론 *CRITICAL THINKING AND DISCUSSION*

다른 학생들과 이러한 문제를 토의하기 위하여 이 장에서 학습한 원칙을 적용하시오.

1. 개발도상국의 가족계획청 책임자라고 가정하시오. 인구 안정화에 대한 다양한 접근법의 효과를 결정하기 위해 과학적 연구를 어떻게 설계하겠는가? 문화, 종교, 교육 및 경제와 같은 요소를 어떻게 설명하겠는가?
2. UN이 미래 인구증가에 대해 높고, 중간 및 낮은 예측을 제공한다고 가정하는 이유는 무엇인가? 단일 추정치를 제공하지 않는 이유는 무엇인가? 이러한 계획을 세우는 데 어떤 요소를 고려하겠는가?
3. 일부 인구통계학자들은 전 세계 인구가 이미 둔화되기 시작했다고 주장하는 반면 다른 사람들은 이 주장에 반박한다. 출생률과 사망률의 무작위 변동과 달리 진정한 인구통계학적 전이를 어떻게 인식하는가?
4. 친구 또는 동급생과 중국의 한 자녀 정책의 결과에 대해 토론하시오. 빠른 인구 증가로 인한 문제가 출생을 제한하는 가혹한 조치를 정당화하는가? 중국의 인구가 20억 명이라면 세계 상황은 어떠한가?
5. 북유럽에서 인구통계학적 전이는 현대 항생제와 다른 기적의 약이 발명되기 1세기 전인 1800년대 초에 시작되었다. 이 전이에 어떤 요인이 기여했다고 생각하는가? 역사적 기록을 어떻게 사용하여 가설을 검증하겠는가?
6. 3장에서는 수용용량에 대해 논의했다. 인간을 위한 최대의 최적 수용용량은 무엇이라고 생각하는가? 왜 이것이 다른 종들보다 인간에게 더 복잡한 질문인가? 인간의 인구통계학 실험설계가 어려운 이유는 무엇인가?

CHAPTER

5 생물군계와 생물다양성

Biomes and Biodiversity

학습 성과 *Learning Outcomes*

이 장을 학습한 후에 여러분은 다음 질문에 대답할 수 있어야 한다:

- 9가지 주요 육상생물군계는 무엇이며, 어떤 환경조건이 분포를 제어하는가?
- 해양에서의 수직적 성층구조는 생물분포대를 어떻게 구별하는가?
- 산호초, 맹그로브, 하구 및 습지가 생물학적으로 중요한 이유는 무엇인가?
- 생물다양성은 무엇을 의미하는가? 생물다양성이 높은 여러 지역을 열거하시오.
- 생물다양성의 주요 이점은 무엇인가?
- 생물다양성에 대하여 인간이 야기한 주요 위협은 무엇인가?
- 생물다양성에 대한 이러한 위협을 어떻게 줄일 수 있는가?

가뭄과 길어진 화재의 계절, 그리고 나무좀의 침입 등 종합적인 요인이 최근 몇 년 동안 미국 서부지역에서 산불을 더 크고 파괴적으로 만들었다.

사례 연구 Cace Study

전이단계의 생태계

최근 몇 년 동안 미국 서부에서 가장 광범위하고 엄청난 비용이 소모된 산불 계절이 있었다. 화재의 계절은 거의 3개월이나 연장되었으며, 산불 규모는 점점 커지고 맹렬해졌다. 1985년 약 $2억5천만에서 2017년에는 거의 $25억으로 비용이 증가했다. 변화의 원인은 무엇인가? 더 길고 더운 여름과 가뭄을 포함한 여러 요인의 조합이다. 이 외에도 쌀 알갱이 크기인 수십억 마리의 작은 딱정벌레가 폭발적으로 성장하여 약 1,700만 ha (4,400만 에이커)의 서부 숲을 해치거나 파괴한 것으로 비난을 받았다. 이러한 모든 요인은 서구 생태계의 자연스러운 부분이다. 문제는 이 모든 것이 기후변화와 함께 가속화된다는 것이다. 그렇다면 이 지역의 광대한 삼림은 어떻게 될까?

이 지역에서는 화재가 흔하며, 더운 여름에는 가문비나무, 전나무 및 소나무 숲을 주기적으로 태우고 어린 나무가 노후한 나무사이에 출현하게 한다. 화재가 발생한 후 특정 지역의 숲은 수십 년 또는 수 세기 동안 자라서 다시 태워질 수 있다. 산불만이 나무를 죽이는 것은 아니다. 장기간 또는 반복되는 가뭄이 나무 사망률이 더 중요한 원인이다. 많은 나무들이 살아남아 자라며, 나무껍질은 여러 차례의 화재 상흔을 점차적으로 덮는다.

또한 나무껍질 딱정벌레, 주로 *Dendroctonus* 속의 종과 침엽수의 껍질 아래에 알을 낳기 위해 살아있는 내부 껍질 또는 체관(phloem)을 소비하는 가시나무좀 속이 일반적이다. 나무좀류는 특히 손상되거나 가뭄에 시달리는 나무에 끌린다. 이들 나무들은 건강한 나무가 할 수 있는 것처럼, 스며나오는 수액으로 벌레를 압도하여 스스로를 방어할 수 없다. 일반적으로, 길고 혹심하게 추운 겨울에는 많은 딱정벌레 애벌레가 죽기 때문에 광범위한 파괴가 드물다.

최근 수십 년 동안 더 길고 더운 여름에는 딱정벌레가 번성했다. 더운 날씨에는 유충이 더 빨리 자라며, 여름철에 여러 세대가 발생할 수 있다. 짧고 온화한 겨울에는 많은 딱정벌레가 생존한다. 과거에 서부 주에서 보았던 것보다 훨씬 더 광범위하고 파괴적인 피해가 발생했으며, 해충은 북쪽으로 이동하고 있다. 점점 더 넓은 산림지역이 서있는 건조한 부싯깃이 되어서, 다음 번의 낙뢰에 의해 점화되기만을 기다린다(그림 5.1).

산림은 주기적인 교란에서 회복될 수 있지만, 점점 더 많은 생태학자들은 기후온난화로 인한 딱정벌레 발생과 화재의 빈도와 심각성이 증가하여, 상태전이로 이어질 가능성이 높다고 경고하고 있다. 우리에게 숲이 우거진 서부 풍경으로 알려진 것은 많은 지역에서 새로운 것으로 전환될 가능성이 높다(그림 5.2). 아마도 이전의 숲은 작은 면적의 사바나, 관목 또는 초원이 될 것이다. 이는 어떤 지역이 얼마나 따뜻하게 되는지, 비, 눈 및 빙점 이하 온도의 양상이 어떻게 변하는지에 달려 있다.

생태학자에게는 숲에서 다른 유형의 생태계로의 전이는 이치에 맞다. 온도와 강수량은 종종 해충과 같은 관련 요인에 의해 도움을 받는 지역에서 발생하는 생물군계의 일반적인 유형을 결정한다. 우리는

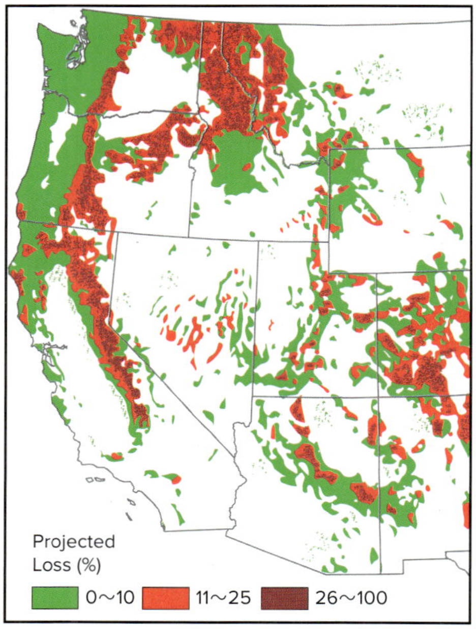

◀ **그림 5.1** 2027년까지 나무껍질 딱정벌레와 다른 해충으로 인한 산림 손실 예상
출처: Data from US Forest Service

◀ **그림 5.2** 나무껍질 딱정벌레에 의해 죽은 고사목은 녹색의 살아있는 나무와 함께 산재되어 있다.
출처: ©sosiukin/123RF

사례 연구 Cace Study (계속)

일반적으로 생물군계 지역이 안정적이라고 생각했지만, 온도와 강수량의 변화 양상은 다른 유형의 생태계를 어느 장소에 발전시켜야 한다. 앞으로 수십 년 동안 기후대가 변함에 따라 우리는 생물군계와 생태 지역 지도가 바뀔 것으로 예상할 수 있다. 변화는 어디에서 발생하며, 얼마나 극적일까? 이는 지켜보아야 한다.

서부의 주민들에게 상태전이는 심각한 혼란을 의미할 수 있다. 이 지역의 대부분은 숲이 우거진 산 풍경으로 정의된다. 경제는 목재에서부터 관광을 지원하는 풍경에 이르기까지, 역사적으로 신뢰할 수 있는 산림자원에 의존한다. 생태계 서비스, 특히 식수 공급 및 산림 유역의 관개시설은 이 지역의 도시와 농장을 부양한다. 풍부한 숲에서 다른 생물군계로의 변화는 이 지역 사람들의 삶과 생계에 극적인 영향을 미칠 수 있다.

이 장에서는 생태계와 생물군계가 왜 그렇게 보이고 기능하는지 이해하는 데 도움이 되는 몇 가지 요소를 살펴본다. 이러한 요소를 이해하면 우리가 살고 있는 환경이 왜 그런지, 그리고 우리가 살고 있는 시스템에서 어떤 변화가 생길지 이해하는 데 도움이 될 수 있다. ■

5.1 육상 생물군계

- *생물군계는 주로 기후에 의해 정의되는 광범위한 생명시스템의 범주이다.*
- *생물군계는 생물다양성, 생산성 및 구조가 다양하다.*

생물군집은 온도 범위와 수분의 가용성에 따라 주로 형성된다. 환경변화의 잠재적 영향을 평가할 때 이러한 요소가 식물 및 동물 분포의 일반적인 양상에 어떤 영향을 미치는지 검토하는 것이 유용하다. **생물군계**(biome)는 이러한 광범위한 종류의 생물군집을 설명하기 위해 사용하는 용어이다. 특정 장소에서 온도와 강수량의 범위를 알면, 사람의 방해가 없을 때 어떤 종류의 생물군계가 생길지 일반적으로 예측할 수 있다(그림 5.3).

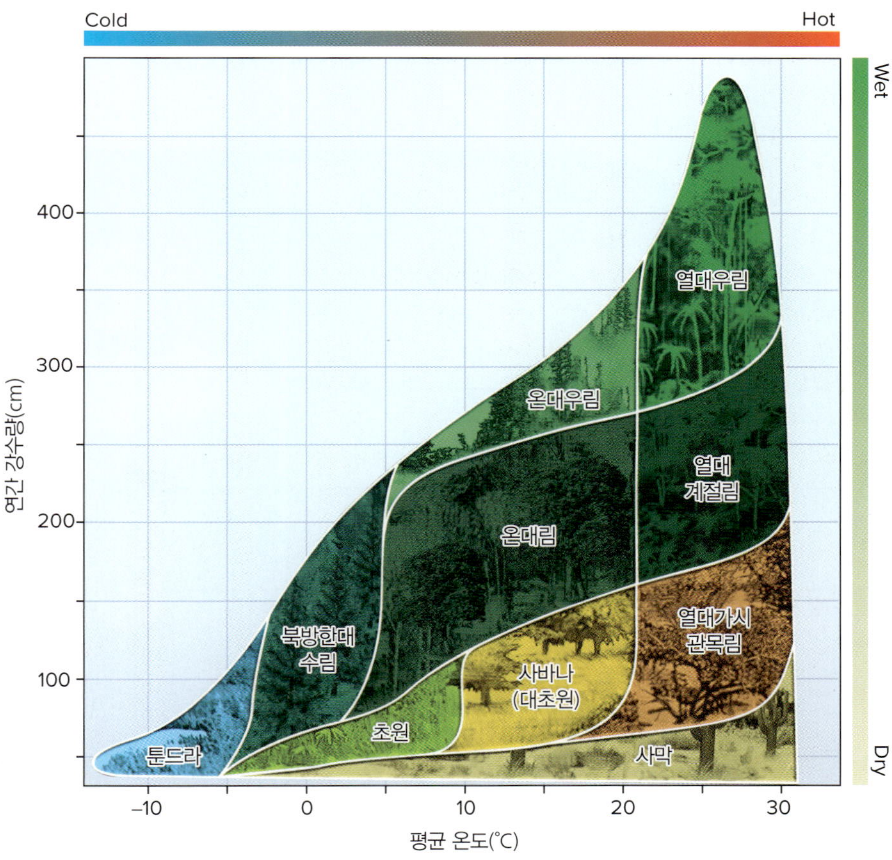

▲ **그림 5.3** 연평균 기온과 강수량에 따라 사람의 교란이나 다른 교란이 없을 때 발생할 가능성이 가장 높은 생물군계. 기온이나 강수량의 변화는 지역을 이 도표의 다른 곳으로 옮길 수 있다. 이 도표는 토양 유형, 지형, 풍속 또는 기타 중요한 환경 요소를 고려하지 않는다.

각 생물군계의 중요한 특징은 **생물다양성**(biodiversity) 또는 거기에 사는 생물 종의 수와 다양함이다. 종은 생태계의 구조와 기능을 많이 생성할 뿐만 아니라 2장에서 논의한 것처럼 생산성, 항상성 및 탄력성과 같은 창발적 특성도 생성한다. 식물이 생물량을 생산하는 속도인 생산성은 따뜻한 기후에서 추운 기후, 습한 환경에서 건조한 환경까지 크게 다르다. 목재, 생선 또는 작물과 같이 추출할 수 있는 자원의 양은 주로 생물군계의 생물학적 생산성에 달려있다. 이와 유사하

벤치마크 데이터

다음은 이 장의 아이디어와 숫자 중에서 기억할 가치가 있는 몇 가지 사항이다.

200 mm	열대우림의 연간 강수량
< 50 mm	사막의 연간 강수량
> 5,000	포유류 종의 수
21%	멸종위기에 처한 포유류 종
> 280,000	현화식물 종의 수
73%	멸종위기에 처한 현화식물 종
2백 만	연간 미국으로 불법적으로 수입된 파충류의 수

게, 항상성(안정성) 및 복원력(교란으로부터 회복하는 능력)은 생물다양성과 생산성에 달려 있다. 예를 들어, 벌채된 숲은 따뜻하고 습한 아마존에서는 매우 빨리 자라지만, 캐나다 북부의 춥고 건조한 기후에서는 혹시 자라더라도 더디게 자란다.

다음 절에서는 9가지 주요 생물군계 유형에 대해 배운다. 예를 들어, 일부 온대림은 주로 소나무나 전나무와 같은 솔방울이 달린 나무(침엽수)로 이루어져 있고, 다른 일부는 단풍나무나 참나무와 같은 주로 활엽수로 이루어져 있다(그림 5.4).

온도에 의해 제어되는 많은 생물군계가 위도의 띠로 발생한다. 북방한대림 지대는 캐나다, 유럽 및 시베리아를 가로지른다. 열대림은 적도 부근에서 발생한다. 광대한 초원은 열대 부근 또는 그 너머에 있다. 열대우림은 북회귀선(북위 23°)과 남회귀선(남위 23°) 사이에서 발생한다. 북극 툰드라는 북극권 근처(북위 66.6°)에 있다.

기온과 강수량은 위도와 경도에 따라 변화한다. 산악 지역에서는 기온이 낮고 기온이 높을수록 강수량이 많다. 산은 낮은 고도보다 시원하고 더 습하다. **수직대상분포**(Vertical zonation)는 고도에 의해 정의된 식생 지역에 적용되는 용어이다. 예를 들어, 캘리포니아의 센트럴 밸리(Central Valley)에서 휘트니 산(Mt. Whitney)까지 100 km의 횡단면은, 캘리포니아 남부에서 캐나다 북부까지 여행할 때 발견할 수 있는 만큼 많은 식생지대를 가로지른다(그림 5.5).

육상 생물군계를 고려할 때, 지구 생물군계를 형성하는 데 도움이 되는 기후 조건을 비교하려면 그림 5.6의 세 가지 기후 그래프를 살펴보라. 이 그래프는 기온과 강수량(강우 및 강설량)의 연간 경향을 나타낸다. 또한 온도에 따른 잠재적 증발과 강수량과의 관계를 나타낸다. 증발이 강수를 초과하면 건조

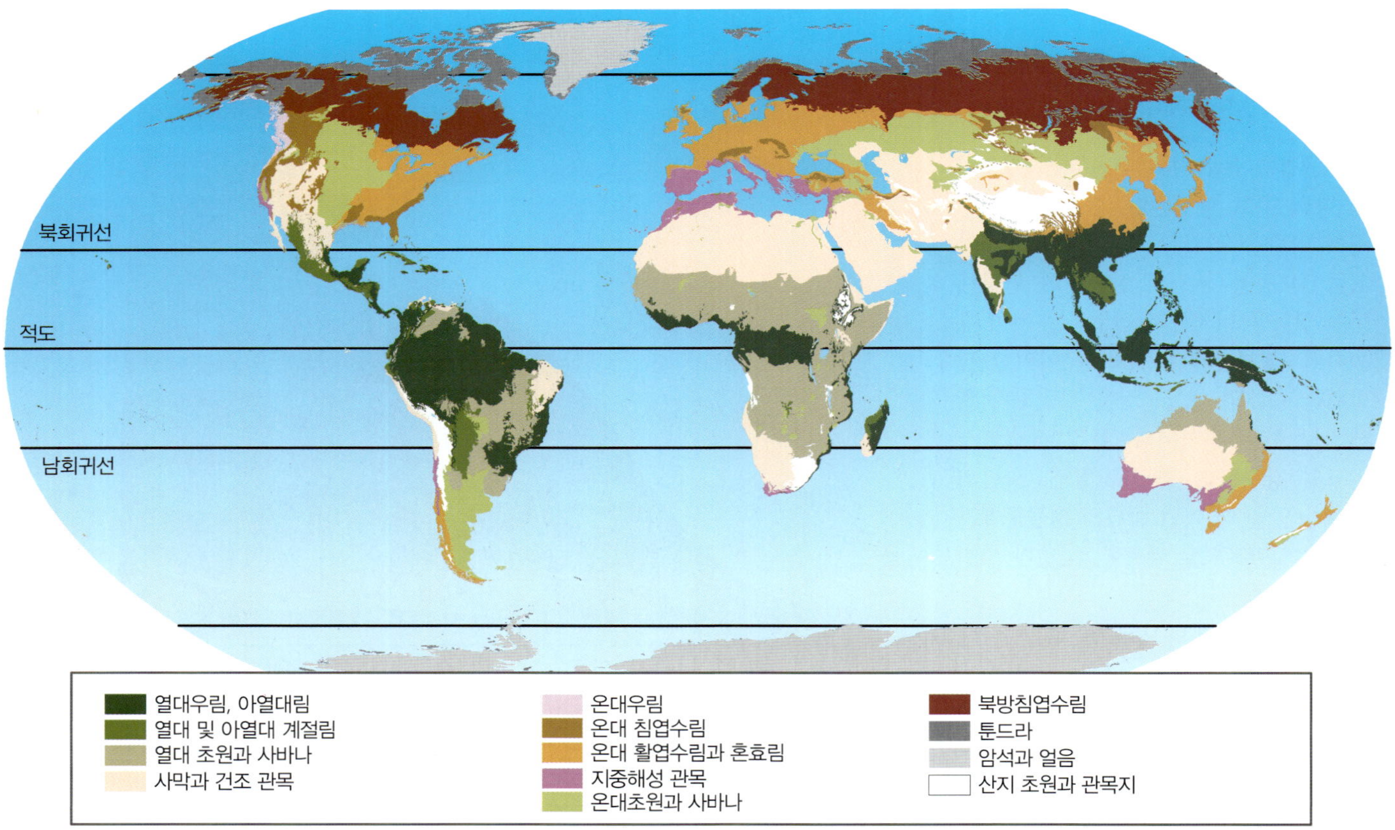

▲ **그림 5.4** 주요 세계 생물군계. 생물군계 분포를 제어하는 일반화된 온도 및 수분 조건에 대해서는 이 지도를 그림 5.3과 비교해보라. 또한 생물학적 생산성의 위성 영상과 비교해보라(그림 5.15 참조).

출처: WWF Ecoregions

조건이 나타난다(노란색으로 표시). 습한 기후는 강수량에 따라 달라질 수 있지만, 증발이 강수량을 거의 초과하지는 않다. 빙점온도(갈색으로 표시)보다 높은 달에 대부분 증발한다. 이러한 기후 그래프를 비교하면 다양한 생물 군계에서 식물과 동물의 성장을 제어하는 다양한 계절 조건을 이해하는 데 도움이 된다.

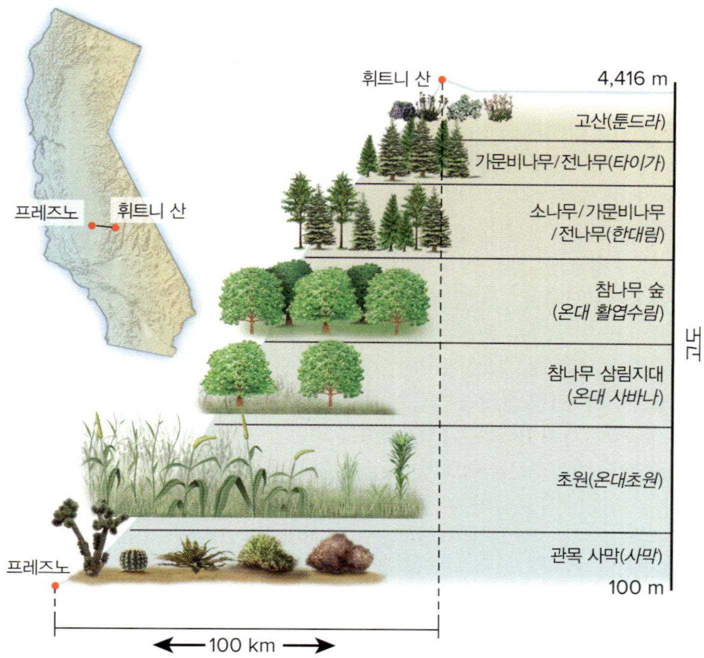

▲ **그림 5.5** 기온이 낮고 산 중턱에 강수량이 많기 때문에 식생이 고도에 따라 변한다. 캘리포니아 프레즈노에서 휘트니 산(Mt. Whitney; 캘리포니아 최고봉)까지 100 km 거리의 횡단면은 약 7가지의 다른 생물군계와 유사한 식생 지대를 가로지른다.

열대습윤림은 연중 따뜻하고 습하다

습한 열대 지역은 세계에서 가장 복잡하고 생물학적으로 풍부한 생물군계 중 하나를 부양한다(그림 5.7). 열대습윤림에는 여러 종류가 있지만, 모두 강우량이 많고 온도가 균일하다. 짙고 옅은 안개가 식물을 항상 축축하게 유지하는 산에는 시원한 **운무림**(cloud forest)이 우거져 있다. **열대우림**(Tropical rainforest)은 강우량이 풍부하며(연간 200 cm 이상) 온도가 연중 따뜻하거나 뜨겁다.

이러한 열대의 습한 삼림 유형의 토양은 척박하고 산성이며 영양이 부족한 경향이 있지만, 존재하는 종의 수는 믿기 어려울 정도로 많다. 예를 들어, 열대우림 수관에 있는 곤충 종의 수는 수백만 종으로 추정된다! 모든 육상식물과 곤충의 절반에서 3분의 2가 열대우림에 서식한다고 생각된다.

이 숲의 영양분순환 또한 독특하다. 열대우림의 모든 영양소 중 약 90%가 살아있는 유기체의 몸에 포함되어 있다. 이것은 영양분이 토양 내에 유지되고 새로운 식물 성장에 이용 가능

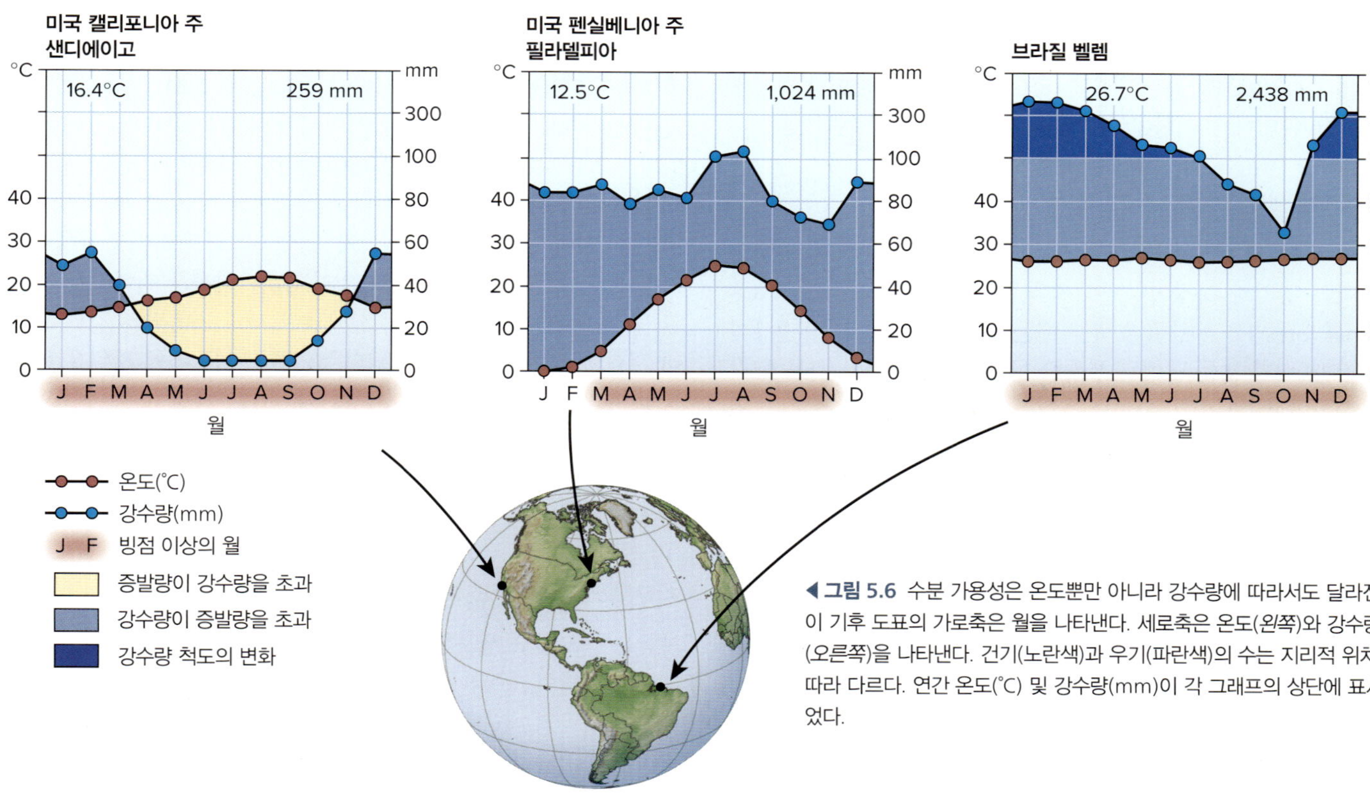

◀ **그림 5.6** 수분 가용성은 온도뿐만 아니라 강수량에 따라서도 달라진다. 이 기후 도표의 가로축은 월을 나타낸다. 세로축은 온도(왼쪽)와 강수량(오른쪽)을 나타낸다. 건기(노란색)과 우기(파란색)의 수는 지리적 위치에 따라 다르다. 연간 온도(°C) 및 강수량(mm)이 각 그래프의 상단에 표시되었다.

▲ **그림 5.7** 열대우림에는 풍부하고 다양한 식물이 성장한다. 기후 그래프에 표시된 대부분의 달의 높은 강우량은 이러한 성장을 지원한다.
출처: ©Khongchum/123RF

한 온대림과는 현저하게 대조된다. 열대우림의 울창한 성장은 죽은 유기물의 빠른 분해와 순환에 달려있다. 임상(산림 바닥)으로 떨어지는 나뭇잎과 가지는 부패하여 거의 즉시 살아있는 생물량으로 다시 통합된다.

벌목, 농업 및 광물 채취를 위해 산림이 제거되면 척박한 토양은 지속적인 경작을 지탱할 수 없으며 풍부한 비로 인한 침식에 저항할 수 없다. 이러한 숲의 회복은 몇 세기가 걸릴 수도 있다.

열대계절림은 매년 건기가 있다

많은 열대 지역은 연중 내내 더운 날씨에도 불구하고, 뚜렷한 우기와 건기가 특징이다. 이 지역은 **열대계절림**(tropical seasonal forest)을 부양한다. 건기에는 갈색으로 보이고 휴면상태이지만, 비가 오는 달에는 생생한 녹색으로 피어나는 가뭄에 저항력이 있는 숲이다. 이 숲은 연중 건조하기 때문에 종종 건조한 열대림이라고 불린다. 그러나 식물의 성장을 지원하기 위해서는 주기적인 비가 있어야 한다. 계절림에 있는 많은 나무와 관목은 가뭄에 시달린다. 물이 없으면 잎을 잃고 자라지 않는다. 계절림은 종종 사바나로 변해가는 개방된 숲이다.

열대건조림은 일반적으로 인간의 거주지로서 습윤림보다 더 매력적이며, 따라서 식민지 정착으로 인해 더 큰 퇴화를 겪었다. 건기에는 건조한 숲을 화전으로 개간하는 것이 비교적 쉽다. 건조림의 토양은 종종 영양 수준이 높고 열대우림보다 농업 생산성이 높다. 그리고 건조림은 습윤림에 비해 곤충, 기생충

능동적 학습 ACTIVE LEARNING

생물군계의 기후 비교

건조한 열대 지역의 캘리포니아 주 샌디에이고와 아마존 열대우림의 브라질 벨렘의 기후 그래프를 다시 살펴보라(그림 5.6 참조). 1월에 샌디에이고가 벨렘보다 얼마나 추운가? 7월에는? 연중 어느 지역의 기온범위가 더 넓은가? 가장 습기가 많은 달에 두 지역의 강수량 차이는 얼마나 되는가? 이 두 곳의 온도와 강수량을 다음 페이지에 표시된 다른 생물 군계의 온도와 강수량과 비교하라. 가장 습한 생물군계는 얼마나 습한가? 건기가 뚜렷한 생물군계는 어느 것인가? 강우량과 따뜻한 계절은 이러한 생물 군계의 식생 조건을 어떻게 설명하는가?

답변: 샌디에이고는 1월에 약 13°C 더 춥고 7월에 약 6°C 더 춥다. 샌디에이고의 온도 범위는 더 넓다. 12~2월에는 강수량이 약 250 mm이다.

및 곰팡이 질병이 적기 때문에 건조림 또는 계절림이 인간이 살기에 더 적합하다. 결과적으로 이러한 숲은 많은 곳에서 위험에 처해 있다. 예를 들어, 중앙아메리카 태평양 연안 또는 남미 대서양 연안 열대건조림의 단지 1% 미만이 교란되지 않은 상태로 남아 있다.

열대 사바나와 초원은 연중 대부분 건조하다

산림을 지탱하기에 강우량이 너무 적은 곳에서는 개방된 초원이나 드문드문 나무 피복이 있는 **사바나**(savanna; 열대초원)라고 하는 초원(grassland)을 찾아야 한다(그림 5.8). 열대계절림과 마찬가지로 대부분의 열대 사바나와 초원은 우기가 있지만, 일반적으로 비는 숲보다 풍부하지 않거나 의존도가 낮다. 건기에는 불이 초원을 휩쓸어 어린나무를 죽이고 탁 트인 풍경을 유지한다. 사바나와 초원 식물은 가뭄, 열 및 화재로부터 살아남기 위해 많은 적응력을 가지고 있다. 많은 식물은 지하수를 찾고 땅 위의 잎과 줄기가 다시 살아날 때까지 지속되는 깊고 오래 지속되는 뿌리를 가지고 있다. 화재나 가뭄 후에 새로운 녹색의 새싹이 뿌리에서 빨리 성장한다. 누우, 영양 또는 들소와 같은 이동성 방목자는 이 새로운 성장에 성공했다. 가축의 방목 압력은 열대초원과 사바나의 식물과 동물 모두에게 중요한 위협이다.

사막은 덥거나 춥지만, 항상 건조하다

사막은 불모이고 생물학적으로 빈약한 것으로 생각할 수 있다. 그러나 사막의 초목은 드물지만 놀랍게도 다양할 수 있으며, 대부분의 사막의 식물과 동물은 긴 가뭄, 극심한 열, 종종 극심한 추위에도 견딜 수 있도록 잘 적응되어 있다. **사막**(desert)은 강

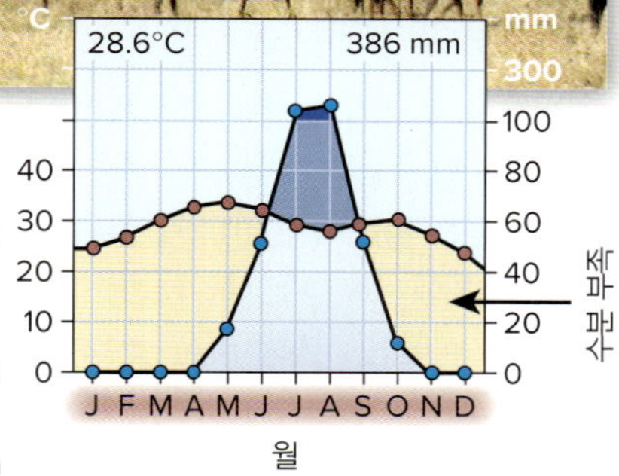

▲ **그림 5.8** 열대 사바나와 초원은 매년 가뭄과 우기, 연중 따뜻한 기온을 나타낸다. 이 사바나에서는 가시가 많은 아카시아와 풍부한 방목자가 번성한다. 노란색 부분은 수분 부족을 나타낸다.
출처: ©William P. Cunningham

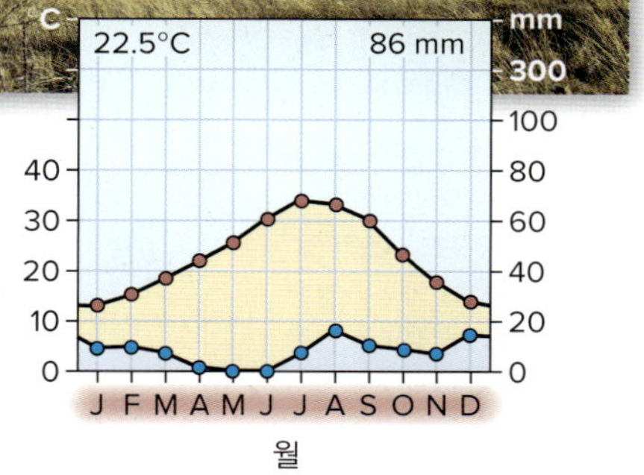

▲ **그림 5.9** 사막은 일반적으로 연간 300 mm(30 cm) 미만의 강수량을 가진다. 미국 남서부에서와 같이 뜨거운 사막은 연중 가뭄과 여름에는 극심한 더위를 견뎌낸다.
출처: ©William P. Cunningham

수량이 산발적이고 적은 곳에서 발생하며, 일반적으로 연간 30 cm 미만의 비가 내린다. 이러한 조건에 적응하기 위해서 잎과 줄기는 물을 저장하며, 두꺼운 표피층으로 수분 손실을 줄이고 내염성을 가진다. 다른 건조한 환경과 마찬가지로 많은 식물들이 가뭄에 시달린다. 대부분의 사막식물은 비가 내리면 빠르게 개화하고 씨를 뿌린다.

따뜻하고 건조하며 고기압의 기후 조건(9장 참조)은 남북위 약 30°에 사막 지역을 형성한다. 광범위한 사막은 북미, 중앙아시아, 아프리카 및 호주의 대륙 내부(비가 거의 없고 증발율이 높은)에서 발생한다(그림 5.9). 안데스 산맥의 비 그늘은 칠레 해안에 세계에서 가장 건조한 사막을 만든다. 사막도 추울 수 있다. 남극대륙의 대부분은 사막이다. 일부 내륙 계곡은 명백히 강수량이 거의 없다.

식물과 마찬가지로, 사막의 동물도 특별히 적응되었다. 많은 동물들이 야행성이며, 태양열과 건조를 피하기 위해 낮에는 굴에서 지낸다. 주머니쥐, 캥거루쥐 및 게르빌루스쥐는 씨앗과 식물에서 대부분의 수분을 얻을 수 있다. 또한 사막 설치류는 소중한 수분을 잃지 않고 신체 노폐물을 제거하기 위해 고농축 소변과 거의 마른 대변을 가진다.

사막은 상상보다 더 취약하다. 드물고 느리게 성장하는 초목은 오프로드 차량(off-road vehicle)에 의해 빠르게 손상되며, 사막의 토양 회복은 천천히 진행된다. 제2차 세계대전 중에 캘리포니아 사막에서 훈련하던 육군 탱크가 남긴 자국을 여전히 볼 수 있다.

사막은 또한 방목에 취약하다. 아프리카의 광대한 사헬(사하라 사막의 남쪽 가장자리)에서 가축은 식물 피복의 대부분을 파괴하고 있다. 벌거벗고 건조한 토양은 모래가 떠내려가게 되고, 재안정화는 매우 어렵다. 식물뿌리와 유기물이 없으면 토양은 비가 내리는 것을 유지하는 능력을 잃고, 땅은 점점 더 건조해지고 더 황폐하게 된다. 중앙아시아, 인도, 미국 남서부 및 평야 주를 포함한 많은 사막지역에서 건조한 토지의 식물 황폐화가 일어나고 있다.

온대초원은 토양이 비옥하다

열대 위도에서와 같이, 온대(중위도)초원은 비가 풍부한 잔디를 지탱하기에는 충분하지만 숲을 지탱하기에는 충분하지 않은 곳에서 발생한다(그림 5.10). 보통 초원은 일반적으로 광엽초본(forb)라고 알려진 복잡하고 다양한 풀과 꽃 피는 초본식물이다. 무수한 광엽초본은 여름에 초원을 화려하고 아름답게 만든다. 건조한 초원에서 식물은 키가 1 m 미만일 수 있다. 더 습한 지역에서는 풀이 2 m를 초과할 수 있다. 초원에 드문드문 나무가 발생하면 사바나라고 부른다.

깊은 뿌리는 온대초원과 사바나의 식물이 가뭄, 불, 극심한 더위와 추위를 견뎌내도록 도와준다. 이 뿌리들은 표면에 매년 죽은 잎이 쌓여 겨울에 온대초원에서 두껍고 유기물이 풍부한 토양을 생산한다. 이 비옥한 토양으로 인해 많은 초원이 농지로 개조되었다. 미국 중부와 캐나다의 전설적인 긴풀 초원은 옥수수, 콩, 밀 및 기타 작물로 거의 완전히 대체되었다. 이 지역에 남아있는 대부분의 초원은 농업을 지원하기에는 너무 건조하며

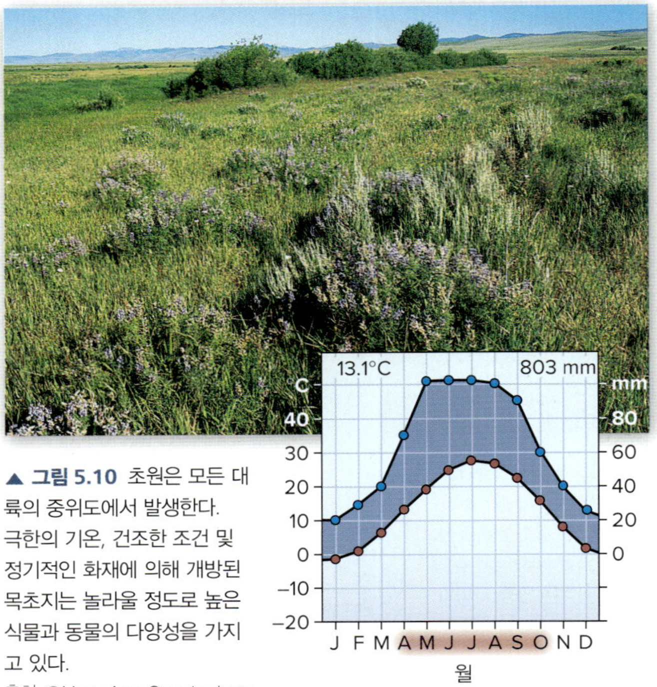

▲ **그림 5.10** 초원은 모든 대륙의 중위도에서 발생한다. 극한의 기온, 건조한 조건 및 정기적인 화재에 의해 개방된 목초지는 놀라울 정도로 높은 식물과 동물의 다양성을 가지고 있다.
출처: ©Mary Ann Cunningham

가장 큰 위협은 과잉방목이다. 과도한 방목은 결국 뿌리가 깊은 식물까지도 죽인다. 지표 식피가 사라지면, 토양침식이 초래되고, 털빕새귀리 또는 흰대극과 같은 불쾌한 잡초가 퍼진다.

온화한 관목지는 여름에 가물다

종종 건조한 환경은 가뭄에 적응된 관목과 나무뿐만 아니라 초본을 부양한다. 이러한 복합적인 환경은 매우 다양할 수 있기 때문에 생물학적으로도 매우 풍부할 수 있다. 이러한 조건은 종종 지중해성으로 묘사된다(더운 계절은 건기와 일치하여, 덥고 건조한 여름과 서늘하고 습한 겨울을 만든다). 작고 가죽 같은 경엽(clerophyllous; 단단하고 광택질)을 가진 상록관목은 울창한 덤불을 형성한다. 졸참나무, 가뭄에 강한 소나무 또는 다른 작은 나무는 종종 보호받은 계곡에 군생한다. 연료가 풍부한 이 식물 집단에서는 정기적인 화재가 맹렬하게 일어나며 이는 식물 천이의 주요 원인이다. 매년 봄꽃은 종종 불이 난 후에 풍부하게 개화한다. 캘리포니아에서는 이 풍경을 **지중해성 관목지대**(chaparral)라고 부르며, 스페인어로 덤불을 뜻한다. 서식동물은 멧토끼, 캥거루쥐, 노새사슴, 다람쥐, 도마뱀 및 많은 조류 종과 같은 가뭄에 강한 종이다. 지중해 연안과 호주 남서부, 칠레 중부, 남아프리카에서도 비슷한 풍경이 발견된다. 이 생물군계는 총면적이 크지는 않지만 고유종의 수가 많으며 종종 생물다양성의 "핫스팟"으로 간주된다. 또한 인간의 거주지로 매우 적합해서 이는 희귀하고 멸종위기에 처한 식물 및 동물 종과 종종 상충된다.

온대림은 상록수 또는 낙엽수가 될 수 있다.

온대 또는 중위도 삼림은 광범위한 강수량 조건을 점유하지만, 주로 약 30°~55° 사이의 위도에서 발생한다(그림 5.4 참조). 일반적으로 유형에 따라 이 숲을 나무집단으로 나눌 수 있는데, 활엽**낙엽수**(deciduous; 계절적으로 잎이 짐) 또는 상록**침엽수**(coniferous; 솔방울 가짐) 일 수 있다.

낙엽수림(deciduous Forest) 활엽수림은 전 세계적으로 강우가 많은 곳에서 발생한다. 중위도에서 이 숲은 낙엽성으로 겨울에는 잎이 진다. 녹색 엽록소 색소의 손실은 가을에 이 숲에서 화려한 색을 낼 수 있게 한다(그림 5.11). 저위도에서 활엽수림은 항상 푸르거나 또는 가뭄에 낙엽이 진다. 예를 들어, 남부 참나무는 활엽상록수이다.

이 숲은 여름에 울창한 수관을 가지지만, 나무가 잎을 피우기 전에 봄에 피는 다양한 하목층 식물군락이 있다. 봄의 단명한(단기) 식물은 사랑스러운 꽃을 피우며, 봄철 물웅덩이는 양서류와 곤충을 부양한다. 또한 이 숲은 다양한 명금(songbirds)의 피난처가 된다.

북미 낙엽수림은 한때 현재 미국 동부와 캐나다 남부의 대부분을 차지했다. 서유럽의 대부분은 한때 낙엽수림이었지만 천 년 전에 개간되었다. 유럽 이민자들이 처음 북미에 왔을 때, 그들은 대부분의 동부 낙엽수림을 장작, 재목 및 산업 용도로 사용하고 농지를 개간하기 위해 신속하게 정착하고 벌목했다.

▲ **그림 5.11** 온대낙엽수림은 연중 강수량을 보이며 겨울은 빙점 부근 또는 그 이하이다.
출처: ©William P. Cunningham

이 지역들 중 많은 지역이 현재 낙엽수림으로 돌아 왔지만, 우점종들이 바뀌었을 수도 있다.

낙엽수림은 습하고 온화한 기후를 차지하기 때문에 빨리 다시 자랄 수 있다. 그러나 대부분의 숲은 인간의 영향이 광범위 할 정도로 오랫 동안 이용되어 왔으며, 대부분의 토착종은 최소한 어느 정도 위협을 받고 있다. 현재 온대낙엽수림에 대한 가장 큰 위협은 삼림벌채가 빠르게 진행되고 있는 시베리아 동부지역이다. 시베리아는 세계에서 가장 높은 산림벌채 속도를 보이고 있다. 숲이 사라지면서 시베리아 호랑이, 곰, 두루미 및 기타 멸종위기에 처한 다른 종들도 마찬가지로 사라지고 있다.

침엽수림(Coniferous Forest) 소나무, 가문비나무, 전나무 및 기타 종으로 이루어진 상록수림은 광범위한 환경조건에서 자란다. 침엽수림은 종종 습기가 제한되는 곳에서 발생한다. 추운 기후에서는 겨울에 습기를 사용할 수 없고(결빙), 더운 기후에는 계절적인 가뭄이 있을 수 있다. 모래 토양은 수분을 거의 보유하지 않으며, 종종 침엽수가 차지한다. 얇고 왁스 같은 잎(바늘잎)은 이 나무들이 수분 손실을 줄이는 데 도움이 된다. 침엽수림은 북미에서 대부분의 목재 제품을 제공한다. 지배적인 목재 생산 지역은 남대서양과 멕시코 만 연안 주, 서부 산과 태평양 북서부(캘리포니아 북부에서 알래스카까지)를 포함하지만 침엽수림은 많은 지역에서 임업을 지원한다. 그러나 이 장 맨 앞의 사례 연구에 설명된 기후변화, 곤충 및 기타 스트레스 요인은 이러한 산림을 악화시키거나 극적으로 변화시킬 수 있다.

태평양 연안의 침엽수림은 매우 습한 조건에서 자란다. 가장 습한 해안 숲은 **온대우림**(temperate rainforest)으로 알려져 있으며, 시원하고 비가 많은 숲은 종종 안개로 둘러싸여 있다(그림 5.12). 수관의 응축(잎 물방울)은 하층 식물의 주요한 강수 형태이다. 온화한 연중 기온과, 연중 최대 250 cm (100인치)의 풍부한 강우로 무성한 식물 성장과 세계에서 가장 큰 나무이고, 지금까지 알려진 가장 큰 지상 생물인 캘리포니아 삼나무와 같은 거대한 나무들이 존재했다. 캘리포니아 삼나무는 한때 태평양 연안을 따라 캘리포니아에서 오리건까지 서식했지만, 벌목으로 인해 그 범위가 줄었다.

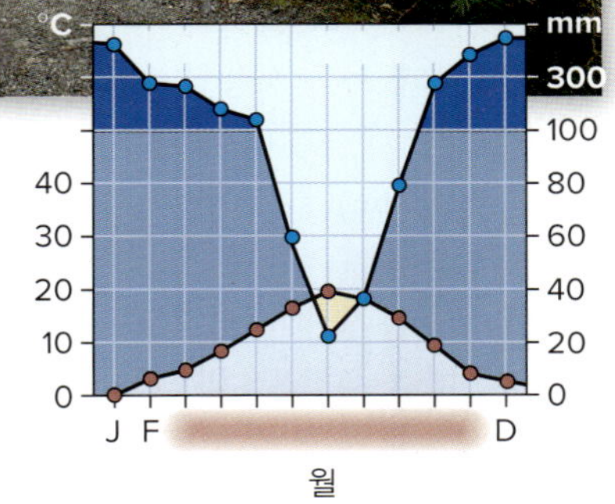

▲ 그림 5.12 온대우림은 웅장한 나무와 울창한 하목층 식물을 지지하는 풍부하지만 종종 계절적인 강수량을 보인다. 종종 이 숲들은 건조한 여름을 경험한다.
출처: ©Marco Brivio/123RF

북부한대수림은 온대지역 북쪽에 있다

침엽수는 겨울철 추위를 견뎌 낼 수 있기 때문에, 북쪽의 약 50°~60° 사이의 북부한대수림으로서 북부지역에 우점하고 있다(그림 5.13). 저위도 산악 지역에는 한대림의 많은 특성과 종을 가진다. 우점하는 나무는 소나무, 솔송나무, 가문비나무, 삼나무 및 전나무이다. 단풍나무, 자작나무, 사시나무 및 오리나무와 같은 낙엽수도 있다. 이 숲은 추운 기온과 짧은 서리가 없는 성장기 때문에 느리게 성장하고 있지만, 여전히 광대한 자원이다. 시베리아, 캐나다 및 미국 서부에서 대규모 지역경제는 한대림에 의존한다. 그들은 사냥, 낚시 및 레크리에이션뿐만 아니라 추출할 수 있는 자원의 사용을 위해 가장 선호되는 장소이다. 지구온난화로 인해 숲이 사라지면, 그 생물군계에 의존하는 인간, 무스, 스라소니, 수달과 같은 독특한 종을 못보게 될 것이다.

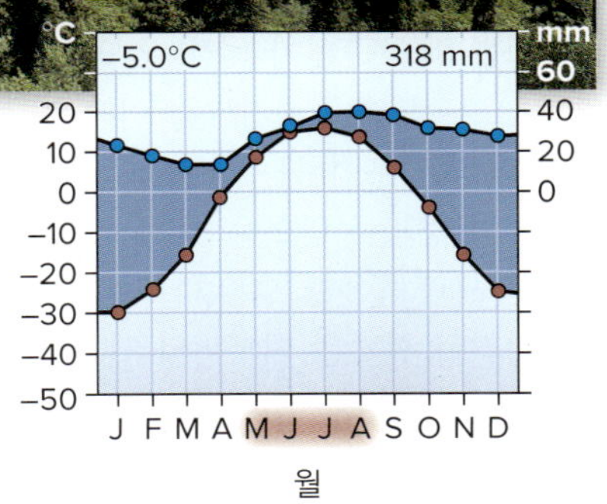

▲ 그림 5.13 한대림은 보통의 강수량을 보이지만, 대부분의 해에는 기온이 차갑기 때문에 종종 습하다. 내한성 및 내한발성 침엽수는 숲 가장자리에서 한대림과 타이가를 우점한다.
출처: ©William P. Cunningham

숲이 점차적으로 훤히 트인 툰드라에 자리를 내주는 극한의 한대림 가장자리는 러시아 이름인 타이가로 알려져 있다. 여기서 매우 춥고 짧은 여름은 나무의 성장률을 제한한다. 10 cm 직경의 나무는 먼 북쪽에서 200년 이상 된 것일 수 있다.

툰드라는 어느 달에도 얼 수 있다

기온이 연중 얼어붙는 곳에서는 작고 단단한 식생만이 생존할 수 있다. 고위도 또는 산 정상에서 발생하는 나무가 없는 풍경인 **툰드라**(tundra)는 단지 2~3개월의 성장기를 가지고 있으며 연중 어느 달에도 서리가 내릴 수 있다. 어떤 사람들은 나무가 없기 때문에 툰드라를 초원의 변형라고 생각한다. 다른 사람들은 일 년 내내 물을 사용할 수 없기 때문에 매우 추운 사막이라고 생각한다.

북극(Arctic) 툰드라는 성장기가 짧기 때문에 생산성이 낮은 광대한 생물군계이다. 그러나 한여름 24시간 동안의 햇빛은 식물의 성장을 활발하게 하고, 곤충의 폭발적인 증가를 가능하게 한다. 매년 수천 만 마리의 물새, 도요새, 제비갈매기, 명금류가 북극으로 이동하여 풍부한 무척추동물과 식물의 성찬을 즐기며 새끼를 키운다. 이 새들은 월동지로 이동하여 포식자들의 먹이가 되며, 고위도에서 저위도로 에너지와 단백질을 효과적으로 운반한다. 북극 툰드라는 전 세계 생물다양성, 특히 조류에게 필수적이다.

고산성(Alpine) 툰드라는 산 정상이나 부근에서 나타나며, 북극 툰드라와 유사한 환경 조건과 식생을 가지고 있다(그림 5.14). 이 지역은 짧고 강렬한 성장기를 가진다. 종종 고산 툰드라에 화려한 꽃이 풍부한 것을 본다. 눈이 다시 오기 전 몇 주 안에 씨앗을 생산하기 위해서는 모든 식물이 동시에 꽃을 피워야 한다. 또한 많은 고산 툰드라 식물은 희박한 산 대기에서 강한 자외선으로부터 보호하기 위해 진한 색소침착과 가죽처럼 질긴 잎을 가지고 있다.

다른 생물군계에 비해 툰드라의 다양성은 상대적으로 낮다. 버드나무, 하늘지기, 풀, 이끼 및 지의류와 같은 왜소한 관목이 식생을 우점하는 경향이 있다. 이동성 사향소, 순록 또는 고산의 산양과 산염소는 새 목초지로 자주 이동하기 때문에 이러한 식생과 공존할 수 있다.

이러한 환경은 대부분의 인간 활동에는 너무 춥기 때문에, 다른 생물군계만큼 위협을 받지는 않다. 그러나 중요한 문제가 있다. 지구 기후변화는 일부 툰드라 생태계의 균형을 바꿀 수 있으며, 먼 도시의 대기오염은 고위도에서 축적되는 경향이 있다(8장 참조). 캐나다 동부에서 해안 툰드라는 흰기러기의 과잉된 개체군으로 인해 심하게 고갈되고 있으며, 아칸소와 루이지애나의 논에서 겨울철 방목으로 인해 그 수가 폭발적으로 증가했다. 알래스카와 시베리아의 석유와 가스 시추 및 관련된 트럭 통행량은 툰드라를 위협한다. 분명히, 이 외딴 생물군계는 저위도에서의 인간 활동과 무관하지 않다.

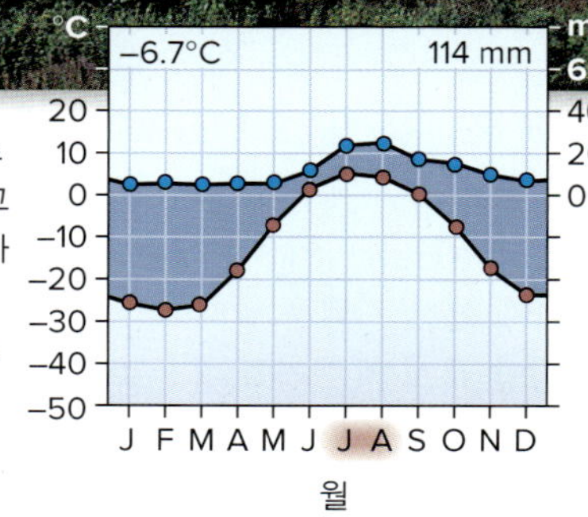

▲ **그림 5.14** 캐나다의 노스웨스트 준주에 있는 이곳은 고산과 북극 툰드라를 동시에 가지고 있다. 식물의 다양성은 상대적으로 낮으며, 여름에도 서리가 내릴 수 있다.
출처: ©Mary Ann Cunningham

5.2 해양 환경

- *원양에서는 영양분과 서식하는 생물이 드물다.*
- *얕은 근해 공동체는 생산성과 생물다양성이 매우 높을 수 있다.*
- *근해 군집은 인간의 교란에 취약하다.*

대양과 바다의 생물군집은 잘 이해되지 않았지만, 대부분은 육상 생물군계만큼 다양하고 복잡하다. 이 절에서는 이러한 매혹적인 환경의 몇 가지 측면을 살펴볼 것이다. 대양은 지구 표면의 거의 4분의 3을 차지하며, 종종 인식되지는 않지만 지구 생태계에 중요한 방식으로 기여한다. 육상생태계와 마찬가지로 대부분의 해양 군집은 광합성생물에 의존한다. 그것은 종종 우리가 육지에서 볼 수 있는 나무와 풀이 아니라 해저 먹이그물을 지탱하는 조류나 미세한 부유성 광합성 식물(**식물플랑크톤**; phytoplankton)이다. 해양에서는 광합성 활동이 해안선 근처에서 가장 큰 경향이 있는데, 질소, 인 및 기타 영양소가 연안으로 씻겨내려 1차 생산자를 비옥하게 한다. 해류는 또한 영양분과 식물플랑크톤을 해안으로부터 멀리 운반하기 때문에 생물학적 생산성의 분포에 기여한다(그림 5.15).

플랑크톤, 조류, 어류 및 기타 유기체가 죽으면 해저로 가라앉는다. 게, 여과섭식 생물, 기이한 발광어류 및 기타 여러 생물체로 구성된 심해 생태계는 종종 이 "바다 눈(marine snow)"을 주요 영양 공급원으로 사용한다. 표층군집은 이 바다 눈에 의존한다. 용승류는 해저에서 다시 표면으로 영양분을 순환시킨다. 남미, 아프리카 및 유럽 해안을 따라 용승류는 풍부한 어장을 형성한다.

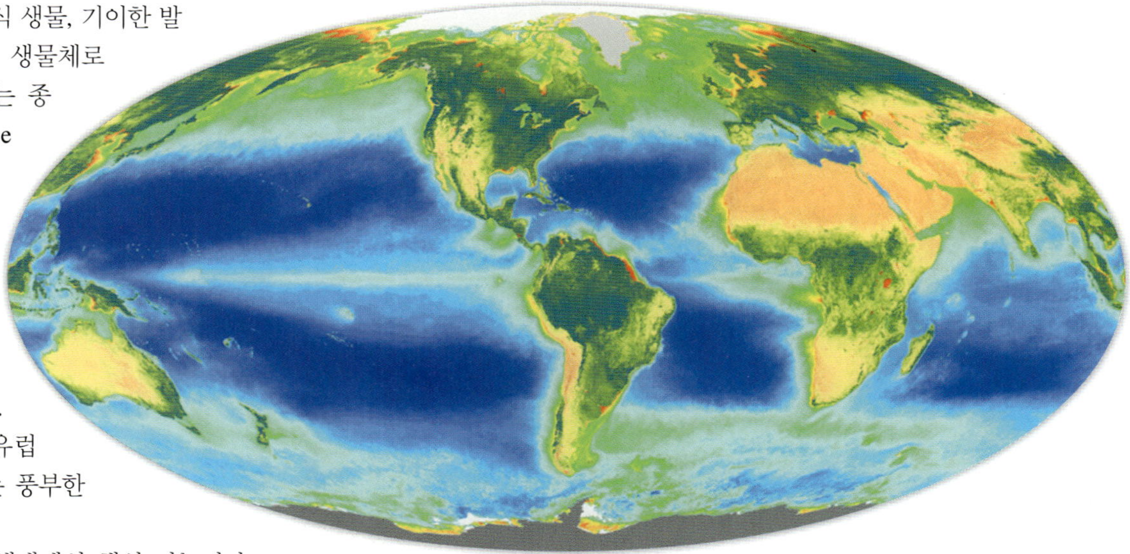

▲ **그림 5.15** 엽록소 농도의 위성 측정에 의한 생물학적 생산성. 해양에서는 해안선 근처와 해류가 영양분을 운반하는 곳에서 생산성이 가장 높다(적색에서 녹색). 중서부 분지는 생산성이 낮다. 육지에서 짙은 녹색이 높은 생산성을 나타내며, 노란색~오렌지색은 낮다.
출처: Sea WIFS/NASA

수직성층은 수서생태계의 핵심 기능이다. 빛은 수심에 따라 급격히 감소하며, 유광층(photic zone; light zone, 수심 약 20 m까지 도달함) 아래 지역은 광합성 이외의 에너지원에 의존하여 지속되어야 한다. 온도는 수심에 따라 감소한다. 심해 종은 추운 조건에서는 물질대사가 감소하기 때문에 종종 느리게 자란다. 대조적으로, 산호초 및 하구와 같은 따뜻하고 밝고 표면에 가까운 군집은 생물학적으로 세계에서 가장 생산적인 환경 중 하나이다. 온도는 또한 물에 흡수될 수 있는 산소 및 기타 성분의 양에 영향을 준다. 냉수에는 풍부한 산소가 함유되어 있기 때문에 북대서양, 북태평양 및 남극 에서처럼 차가운 바다에서 생산성이 높은 경우가 많다.

능동적 학습 ACTIVE LEARNING

기후 그래프 검토하기

9개의 육지 생물군계 중 우리는 중요한 요인의 하나인 평균 기온이 영하(0°C) 이하로 내려가는 달의 수에 관해 살펴보았다. 대부분의 식물은 낮 동안의 기온이 영하 이상일 때와 물이 얼지 않은 액체 상태일 때 가장 활발하게 광합성을 하기 때문에 이는 중요하다(제2장). 여기서 예를 든 식물군계 중 일 년 내내 기온이 영상인 장소는 몇 군데인가? 그림 5.3을 살펴보자. 모든 사막 지역은 연중 평균 온도가 어느점 이상인가? 그림 5.4를 검토해보자. 당신은 어떤 생물군계에 살고 있는가? 대부분의 미국인은 어떤 생물군계에 살고 있는가?

답변: 툰드라 지역은 겨우 3개월 이하 동안만 온도가 빙점 이하이다. 세 군데 생물군계의 기온이 빙점 이상이다. 아니오. 당신이 살고 있는 생물군계는 지역에 따라 다르다. 대부분의 미국인들은 온대침엽수림 또는 활엽수림 생물군계에 살고 있다.

원양 군집은 표면에서 초심해역까지 다양하다

해양 시스템은 수심과 해안과의 근접성으로 설명할 수 있다(그림 5.16). 일반적으로 **저서**(benthic)군집은 바닥에서 발생하며, **해수대**(pelagic; 그리스어의 바다) 구역은 물기둥(수주)이다. 표해수대(epi = 상단)에는 광합성 생물이 있다. 아래에는 중심해층(mesopelagic; meso = 중간) 및 반심해층(bathypelagic; *bathos* = 깊은)이 있다. 가장 깊은 층은 심해층(abyssal; 14,000 m까지) 영역과 초심해(hadal; 6,000 m보다 깊음) 영역이다. 해안선은 연안대(littoral)로 알려져 있으며, 간조 시 노출되는 지역은 조간대(intertidal zone)로 알려져 있다. 대륙 연안에는 해안에서 수 킬로미터 또는 수백 킬로미터에 이르는 넓고 비교적 얕은 지역이 있는데 이 해저 지역이 대륙붕(continental shelf)이다.

우리는 해양생태계와 서식지에 대해 상대적으로 거의 알지 못하며, 우리가 최근에 알게 된 것이 대부분이다. 대양은 상대적으로 생산성이나, 생물생산량이 낮기 때문에 오랫동안 생물학적 사막으로 알려져 있다. 그러나 많은 지역에서 물고기와 플랑크톤이 풍부하다. 해산 또는 해저산맥과 섬은 많은 상업적 어업과 새로 발견된 생물다양성을 부양한다. 적도 태평양과 남극해에서, 해류는 해안에서 멀리 떨어진 곳으로 영양소를 운반하여 생물학적 생산성을 지지한다. 버뮤다 근처 대서양의 넓은 지역인 사르가소 해(Sargasso Sea)는 자유롭게 떠다니는 갈조매트로 유명하다. 이 조류 매트는 바다거북, 물고기 및 기타 종을 포함하여 놀랍도록 다양한 동물을 부양한다. 조류에 에워싸여 부화한 장어는 결국 북아메리카와 유럽의 대서양 연안을 따라

▲ 그림 5.16 빛은 바다의 10~20 m 상층부만을 투과한다. 이 수심 아래에서는 온도가 떨어지고 압력이 증가한다. 근해 환경에는 조간대와 하구가 포함된다.

강을 거슬러 올라 이동한다.

심해 열수공 군집은 심해잠수정인 앨빈(Alvin)호가 심해저로 내려간 1977년까지 전혀 알려지지 않은 또 다른 놀라운 유형의 해양 시스템이다. 이 군집은 주로 열 배출구에서 방출되는 황 화합물, 즉 해저에서 배출되는 뜨거운 물과 미네랄의 화학에너지를 포획하는 미생물을 기반으로 한다(그림 5.17). 대양지각 아래의 마그마가 이 열수공을 가열한다. 열수공의 관벌레(tube worm), 홍합 및 미생물은 종종 350°C (700°F) 이상의 극한 온도와 7,000 m (20,000 ft) 이상의 깊이에서 강한 수압을 견뎌낸다. 해양학자들은 이 군집에서 수천 종류의 생물을 발견했다. 일부 학자는 해저에 있는 미생물의 총질량이 지구상 모든 생물량의 1/3을 차지한다고 추정한다.

조수의 연안은 풍부하고 다양한 군집을 유지한다

대양과 마찬가지로 해안선 군집은 깊이, 빛 및 온도가 다양하다. 하구와 같은 일부 해안 군집은 육지에서 씻겨 내려오는 영양분이 풍부하기 때문에 생물학적 생산성과 다양성이 높다. 산호초와 같은 다른 곳은 해안에서 유출이 거의 없지만, 얕고 깨끗하며 따뜻한 물이 광합성을 지원하는 곳에서 발생한다.

산호초(coral reef)는 탁월한 생물학적 생산성과 다양하고 아름다운 생물로 인해 가장 잘 알려진 해양 시스템 중 하나이다(그림 5.18a). 산호초는 광합성 조류와 공생하는 미세한 군집 동물(산호 폴립; coral polyp)의 군체이다. 칼슘이 풍부한 산호 골격은 조류를 보호하고, 조류는 산호 동물에게 영양을 공급한다. 산호초의 복잡한 구조는 또한 수많은 어류, 벌레, 갑각류 및 기타 생명체의 피난처이다. 산호초는 햇빛이 광합성 조류에 도달할 수 있을 정도로 물이 얕고 깨끗할 때 발생한다. 영양분은 햇빛을 차단하는 플랑크톤(작은 부유성 식물 및 동물)을 지원하기 때문에, 물에 풍부한 영양소를 견딜 수 없다.

산호초는 가장 멸종 위기에 처한 생물군집 중 하나이다. 해안 개발, 농업, 하수 또는 기타 오염으로 인한 퇴적물은 물의 투명도를 감소시키고 산호를 질식시킬 수 있다. 다이너마이트와 시안화물 독을 포함한 파괴적인 어업 관행은 많은 아시아 산호초를 파괴했다. 암초는 온도 변화, 침입성 어류 및 질병에 의해 손상되거나 죽을 수도 있다. 백화현상(coral bleaching)은 스트레스로 인해 산호초가 하얗게 되는 것이며, 종종 이를 뒤 따르는 산호의 사멸은 해양 생물학자들이 우려하

▲ 그림 5.17 심해 열수광상은 군집은 다양성이 크며, 에너지를 광합성이 아닌 화학합성에 의존하기 때문에 진기하다.
출처: National Oceanic and Atmospheric Administration (NOAA)

는 확산되는 문제이다.

해초지(Sea-grass bed)는 얕고 따뜻한 모래 해안을 점유한다. 산호초와 마찬가지로 달팽이에서 거북이 및 플로리다 해우(Florida's manatee)에 이르기까지 풍부한 초식생물 군집을 부양한다. 산호초와 마찬가지로 해조류 시스템도 해양 온난화에 매우 취약하다.

맹그로브는 전 세계의 따뜻하고 잔잔한 해양 해안을 따라 자라는 다양한 내염성 나무이다(그림 5.18b). 얕은 조간대 갯벌에서 자라는 홍수림은 해안선을 안정시키고, 폭풍의 힘을 둔화시키며, 퇴적물과 유기물을 가두어 땅을 쌓는 데 도움을 준다. 2004년의 끔찍한 인도네시아 해일(tsunami; 쓰나미) 이후 연구 결과에 따르면, 홍수림이 여전히 서있는 곳에서 해일 파도의 속도, 높이 및 교란을 줄이는 데 도움이 된다. 낙엽을 포함한 쇄설물은 홍수림 아래에 모여 다양한 동식물군에 영양분을 공급한다. 해양 종(예: 게 및 물고기 등)과 육상 종(예: 조류 및 박쥐)은 은신처 및 먹이를 위해 맹그로브에 의존한다.

맹그로브는 산호초 및 해조류 밭과 같이 치어, 게, 새우 및 기타 경제가 의존하는 기타 해양 종을 위한 보호된 양성장을 제공한다. 그러나 맹그로브는 산호초나 해조류 밭럼 인간의 활동에 의해 황폐화되었다. 한 세기 전에 약 2천2백만 헥타르에 이르렀던 세계 홍수림의 절반 이상이 현재는 파괴되거나 퇴화되었다. 맹그로브 파괴의 주요 원인은 해안 새우양식장 또는 양어장 조성을 위한 벌채이다. 목재 생산, 도시개발, 도시하수 및 산업폐기물도 홍수림을 파괴한다. 동남아시아와 남미의 일부 지역은 홍수림의 90%를 상실했다.

하구(estuary)는 강이 바다로 흘러들어 담수와 해수가 혼합되는 만이다. 정기적으로 또는 때때로 해수가 범람하는 얕은 습지인 염습지는 하구를 포함한 얕은 해안선에서 발생한다(그림 5.18c). 일반적으로 잔잔하고 따뜻하며 영양이 풍부한 하구와 염습지는 생물학적으로 다양하고 생산적이다. 강은 영양

(a) 산호초와 섬

(b) 맹그로브

(c) 하구와 염습지

(d) 조수 웅덩이

▲ **그림 5.18** 연안 환경은 놀라운 다양성을 부양하고 해안선을 안정화시킨다. 산호초(a), 맹그로브(b) 및 하구(c)도 해양 생태계에 중요한 양성장을 제공한다. 조수 웅덩이(d)는 고도로 특화된 생물을 보호한다.

출처: (a) f5-18a.jpg ©myroslava/123RF; (b) ©Mary Ann Cunningham; (c) f5-18c.jpg ©Rudmer Zwerver/123RF; (d) f5-18d.jpg ©Marina Vilesova/123RF

분과 퇴적물을 제공하며, 진흙 바닥은 게와 새우와 같은 갑각류 유생과 조개와 굴과 같은 연체동물뿐만 아니라, 정수식물(emergent plant; 잎이 수면 위로 나타나는)을 지원한다. 모든 해양 어패류의 거의 3분의 2는 산란과 유생 발달을 위해 하구와 염습지에 의존한다.

미국의 주요 도시 근처의 하구는 한때 엄청난 양의 수산물을 지원했다. 뉴욕, 보스턴, 볼티모어 인근 해역의 굴 양식장과 조개 퇴는 초기 거주민들에게 공짜로 얻기 쉬운 음식을 제공했다. 그러나 하수 및 기타 오염 물질로 인해 오래 전에 이러한 자원의 대부분이 사라졌다. 최근에 미국에서 가장 크고 가장 생산적인 하구인 체사피크만을 되살리기 위해 많은 노력을 기울이면서 이러한 노력은 어느 정도 성공을 거두었지만, 여전히 많은 과제가 남아 있다.

하구, 산호초 및 홍수림의 얕고 잔잔한 조건과 달리, **조수 웅덩이**(tide pool)에서 매혹적인 생명체를 부양하는 격렬하고 파도가 치는 해안선이 있다. 조수 웅덩이는 만조 시에는 범람하지만 썰물에는 약간의 물이 남아있는 암석해안의 함몰부이다. 이 지역은 파동이 대부분의 식물 생장 또는 퇴적물(진흙)의 축적을 막는 바위로 남아 있다. 만조 시에는 혹독한 범람, 간조 시에는 뜨겁고 건조시키는 햇볕의 극한 조건으로, 대부분의 종이 생존할 수 없다. 그러나 이 암석 조간대에서 발생하는 전문가 동물과 식물은 놀랍도록 다양하고 아름답다(그림 5.18d).

5.3 담수생태계

- *담수 시스템은 수심, 영양분 및 순환이 다르다.*
- *습지는 생물다양성에 있어 불균형적으로 중요하다.*

담수 환경은 해양환경보다 훨씬 덜 광범위하지만, 생물다양성의 중심이다. 대부분의 육상군집은 어느 정도 담수 환경에 의존한다. 고립된 웅덩이, 개울, 사막 심지어 지하수 시스템은 육상동물에게 물을 제공할 뿐만 아니라 엄청난 생물다양성을 유지한다. 예를 들어, 애리조나에서는 가용한 강과 하천을 둘러싼 나무와 관목에서 많은 새들이 발견된다.

호수는 넓은 개방수이다

해양환경과 마찬가지로 민물 호수에도 뚜렷한 수직층이 있다(그림 5.19). 표면 근처에는 주로 미세한 식물, 동물 및 원생생물(아메바와 같은 단세포 유기체)과 같은 플랑크톤의 하위군집이 수직층에서 자유롭게 떠다닌다. 소금쟁이 및 모기와 같은 곤충도 공기-물 경계면에 산다. 물고기는 때로는 표면 근처에서, 때로는 깊이까지 수직층을 통과하며 움직인다.

마지막으로, 바닥 또는 *저서*(benthos)에는 다양한 달팽이, 천공벌레, 물고기 및 기타 생물이 차지한다. 이것들은 저서군집을 구성한다. 산소 농도는 저서 환경에서 가장 낮은데, 이는 주로 이 영역에 산소를 도입하기 위한 혼합이 거의 없기 때문이다. 산소를 사용하지 않는 혐기성 세균은 저산소 퇴적물에 살 수 있다. 연안 지역에서는 부들 및 골풀과 같은 정수식물이 바닥 퇴적물에서 자란다. 이 식물들은 수서생태계의 층들 사이에 중요한 기능적 연결을 형성하고, 시스템에 가장 큰 생산성을 제공한다.

▲ **그림 5.19** 깊은 호수의 층은 주로 빛, 산소 및 온도의 변화도에 의해 결정된다. 표수층(epilimnion)은 바람과 열의 대류로부터의 표면혼합에 의해 영향을 받는 반면, 심수층(hypolimnion)과 표수층 사이의 혼합은 수온약층에서의 급격한 온도와 밀도 차이에 의해 억제된다.

얕은 호수를 제외하고, 호수는 바람에 의해 섞이고 태양에 의해 데워지는 따뜻한 상층부가 있다. 이 층이 *표수층*(epilimnion)이다. 표수층 아래에는 혼합되지 않은 차갑고 깊은 *심수층*(hypolimnion; hypo = 아래)이 있다. 적당히 깊은 호수에 수영하러 갔다면, 이 층들 사이에서 **수온약층**(thermocline)으로 알려진 가파른 온도경계를 발견했을 것이다. 이 경계 아래에서는 물이 훨씬 차갑다. 이 경계를 *변온층*(mesolimnion)이라고도 한다.

수생 공동체의 특성에 영향을 미치는 지역 조건에는 (1) 질산염 및 인산염과 같은 영양염 이용 가능성(또는 과잉), (2) 침니와 같은 빛의 침투에 영향을 주는 실트와 같은 부유물, (3) 수심, (4) 온도, (5) 흐름, (6) 진흙, 모래 또는 바위 같은 바닥 특성, (7) 내부 흐름, (8) 다른 수생 및 육상 시스템과의 연결 또는 격리 등이 포함된다.

습지는 얕고 생산적이다

습지(wetland)는 지표면이 적어도 연중 일부 포화되거나 침수되는 얕은 생태계이다. 습지에는 포화 조건에서 자라는 식물이 있다. 비록 습지는 대부분의 국가에서 작은 부분만을 차지하지만 보존 논쟁에서 불균형하게 중요하며, 북미와 전 세계 다른 곳에서 지속적인 법적분쟁의 초점이 되기 때문에 이러한 법적인 정의는 중요하다. 이러한 기본적인 설명 외에도 습지를 정의하는 것은 뜨거운 논쟁의 문제이다. 습지는 얼마나 자주 포화상태여야 하는가? 법적 보호를 받으려면 습지는 얼마나 커야 하는가? 답변은 정치적 및 생태학적 관심에 따라 달라질 수 있다.

습지는 상대적으로 작은 생태계이지만 풍부한 생물다양성을 유지하며, 조류의 번식과 이중에 필수적이다. 습지는 미국에서 5% 미만의 땅을 차지하지만, 미국 어류 및 야생동식물보호국은 멸종위기에 처한 모든 종의 3분의 1이 습지에서 최소한 그들의 삶의 일부를 보낸다고 추정한다. 습지는 빗물이 하천에 도달하는 속도를 늦춤으로써 우수를 유지하고 홍수를 줄이다. 미국의 홍수 저장은 연간 $30~40억의 가치가 있다. 물은 습지에 서서히 스며들어 지하수를 보충한다. 박테리아와 식물이 물에 있는 영양분과 오염물질을 흡수함에 따라 습지는 도시와 농장 유출수를 여과하고 정화한다. 또한 매립 및 개발에 대한 수요가 많다. 습지는 종종 토지가 가치 있는 도시나 농장 근처에 있으며, 일단 배수되면 습지는 더 수익이 높은 용도로 쉽게 전환된다. 유럽인이 처음 도착했을 때 미국에 존재했던 모든 습지의 절반 이상이 배수, 매립 또는 퇴화되었다. 일부 주요 농업 주에서는 손실이 훨씬 컸다. 예를 들어, 아이오와는 원래 습지의 99%를 상실했다.

습지는 식생에 의해 묘사된다(그림 5.20). **늪**(swamp; **소택**)은 나무가 있는 습지대이다. **습지**(marsh)는 나무가 없는 습지대이다. **수렁**(bog)은 물이 포화된 땅이며, 일반적으로 땅은 토탄으로 알려진 깊게 쌓인 썩지 않은 초목으로 구성된다. **늪지**(fen)는 수렁과 비슷하지만 주로 지하수로 공급되므로, 미네랄이 풍부한 물과 특별히 적응된 식물 종을 가진다. 많은 수렁은 주로 강수에 의해 공급된다. 늪과 습지는 생물학적 생산성이 높다. 양분이 부족한 수렁과 늪지는 생물학적 생산성이 낮다. 그러나 토양보다는 곤충으로부터 영양분을 포획하기 위해 적합한, 끈끈이주걱과 벌레잡이풀(낭상엽 식물)과 같이 특이하고 흥미로운 종을 가지고 있을 수 있다.

습지와 늪의 물은 일반적으로 햇빛과 계절적인 온난화가 완전히 침투할 수 있을 정도로 얕다. 이러한 온화한 조건은 훌륭한 광합성 활동을 선호하여, 모든 영양단계에서 높은 생산성을 제공한다. 요컨대, 생명은 풍부하고 다양하다. 습지대는 물새와 바닷가에 사는 새의 주요 번식, 둥지 및 이주 준비 장소이다.

하천과 강은 개방형 시스템이다

강수량이 증발량을 초과하고 과잉의 물이 토지에서 배수되는 곳에서 개울이 형성된다. 작은 개울 내에서, 생태학자들은 물이 암석기질 위로 빠르게 흘러가는 여울(riffle) 영역과, 천천히 움직이는 유속이 더 깊게 흐르는 웅덩이(pool)를 구분한다. 여울에서는 물이 잘 혼합되고 산소가 공급되는 경향이 있다. 웅덩이는 침니 및 유기물을 수집하는 경향이 있다. 웅덩이가 충분히 깊다면 호수와 유사한 수직층을 가질 수 있다. 하천이 물을 모으고 합류함에 따라 강을 형성하지만, 하천에서 강으로 바뀌는 시점에 대한 보편적인 정의는 없다. 생태학자들은 강 시스템이 상류에서 배수지역 또는 유역에 이르기까지 끊임없이 변화하는 환경조건과 서식 개체군의 연속체라고 생각한다. 개울생태계와 호수생태계 사이의 가장 큰 차이점은 개울에서 식물, 동물 및 물을 포함한 물질이 흐름에 의해 계속해서 하류로 이동한다는 것이다. 이 하류로의 흐름은 상류로의 동물의 활발한 이동, 개

(a) 늪 또는 나무가 있는 습지대

(b) Marsh 습지

(c) Bog 수렁

▲ **그림 5.20** 습지대는 물 여과, 물 저장 및 홍수 감소, 서식지를 포함하여 대체할 수 없는 생태 서비스를 제공한다. 숲이 우거진 습지대(a)는 종종 늪이라고 불린다. 습지는(b) 나무가 없다. 수렁(c)은 산성이며 이탄을 축적한다.
출처: (a) ©William P. Cunningham; (b) ©William P. Cunningham; (c) ©Mary Ann Cunningham

울 자체의 생산성 및 인접한 습지나 고지대에서 물질이 유입되어 상쇄된다.

5.4 생물다양성

- *유전, 종 및 생태적다양성은 생태계 기능에 영향을 미친다.*
- *양서류와 겉씨식물 널리 위협을 받고 있으며, 많은 집단이 잘 알려져 있지 않다.*
- *생물다양성은 생태계 안정성과 우리가 사용하는 자원에 중요하다.*

방금 학습한 생물군계는 깜짝 놀랄만큼 다양한 생물을 보호한다. 가장 건조한 사막에서 흠뻑 젖은 열대우림, 가장 높은 산봉우리에서 해양의 가장 깊은 해구에 이르기까지, 생명은 크기, 색상, 모양, 수명주기 및 상호관계의 연속체에서 발생한다. 생물의 다양성과 복잡한 생태적 관계는 생물권에 독특하고 생산적인 특성을 부여한다. **생물다양성**(biodiversity), 즉 다양한 생명체는 또한 세상을 더 아름답고 흥미진진한 곳으로 만든다. 생태계와 기능을 보존하기 위해서는 3가지 종류의 생물다양성이 필수적이다. (1) *유전적 다양성*(Genetic diversity)은 개별 종 내에서 동일한 유전자의 다양한 변형의 척도이다. (2) *종 다양성*(species diversity)은 개별 군집 또는 생태계 내에서 다양한 종류의 생물을 기술한다. (3) *생태적 다양성*(ecological diversity)은 이 시스템 내에서 에너지를 포획하고, 먹이망을 유지하며, 물질을 재순환하는 적소, 영양단계 및 생태 과정의 수를 지정한다. 이러한 각 범주의 중복성은 생물군계의 복원력을 향상시킨다.

다양성은 많은 이점을 가질 수 있다. 생물군집이 환경 스트레스를 견뎌내고 화재, 가뭄, 폭풍 또는 해충 침입과 같은 교란으로부터 회복하는 데 도움이 될 수 있다. 다양한 군집에서 일부 종은 교란에서 살아남을 수 있으므로, 일부 서식종이 사라지더라도 생태적 기능이 지속된다. 세계의 잠재적 해충 및 질병 운반 생물의 95%가 자연적인 포식자 및 경쟁자에 의해 통제되는 것으로 추정된다. 해충방제 및 기타 생태적 기능을 위해서는 생물다양성을 유지하는 것이 필수적일 수 있다.

생물다양성은 또한 문화적 및 심미적 가치를 지니고 있다. 미국 어류 및 야생동식물 보호국은 미국 사람들이 매년 야생생물 관련 레크리에이션에 $1,400억을 소비하는 것으로 추정한다. 이는 매년 새로운 자동차에 소비하는 $810억보다 25% 이상 더 많은 금액이다. 레크리에이션은 종종 지역에서 추출할 수 있는 자원보다 훨씬 가치가 있다. 낚시, 사냥, 캠핑, 하이킹 및 기타 자연 기반 활동도 문화적 가치가 있다. 이러한 활동들은 운동을 제공하며, 자연과의 접촉은 감정적으로 회복될 수 있다. 종종 생물다양성의 개념이 중요하다. 호랑이나 흰긴수염고래를 결코 보지 못할지라도, 이 동물들이 존재한다는 것을 아는 것이 중요하거나 만족스럽다. 이러한 아이디어를 *존재가치*(existence value)라고 한다. 많은 문화권에서 자연은 영적인 의미를 지니고 있으며, 자연을 관찰하고 보호하는데 종교적 또는 도덕적 중요성이 있다.

점점 더 유전적 유사성으로 종을 분류한다

생물 종의 다양성을 이해하는 데 기본이 되는 종의 개념에서 종은 무엇인가? 일반적으로 종은 생식능력이 있는 자손을 생산할 수 있기 때문에 지속되는 독특한 생물이다. 그러나 많은 생물들은 무성생식을 한다. 다른 생물들은 일반적으로 서로 만나지 않기 때문에 자연에서 번식하지 않는다. 이러한 모호성 때문에, 진화생물학자들은 유전적 유사성을 식별하는 **계통발생학적 종개념**(phylogenetic species concept)을 선호한다. 또는 **진화적 종개념**(evolutionary species concept)은 진화 역사와 공통조상에 따라 종을 정의한다. 이 두 가지 접근법 모두 생물 사이의 유사성을 정의하기 위해 DNA 분석에 의존한다.

지구상에 얼마나 많은 종이 있을까? 생물학자들은 약 170만 종을 동정했지만, 이는 아마도 실제 숫자의 작은 비율일 뿐일 것이다(표 5.1). 분류학자들은 연구탐험대에 의하여, 특히 열대지역에서 발견된 새로운 발견의 비율에 근거하여 오늘날 3백만에서 5천만의 다른 종들이 살고 있을 수 있다고 추정한다. 알려진 모든 종의 약 70%는 무척추동물(곤충, 해면, 조개 및 벌레와 같은 골격이 없는 동물)이다(그림 5.21). 이 집단은 아마도 아직 발견되지 않은 대다수의 생물을 구성하고 있으며 모든 종의 90%를 구성할 수도 있다.

표 5.1 | 추산되는 종 수

집단	알려짐	멸종 위기	멸종위기 백분율
포유류	5,560	1,194	22
조류	11,121	1,460	13
파충류	10,450	1,090	10
양서류	7,635	2,067	27
어류	33,500	2,359	7
곤충	10,00,000	1,298	0.1
연체동물	85,000	1,984	2
갑각류	47,000	732	1.6
기타 동물	173,250	539	0.003
이끼	16,236	76	0.5
양치류	12,000	217	2
겉씨식물	1,052	400	38
현화식물	268,000	10,972	4
진균, 지의류, 원생생물	65,434	43	0.001

출처: Data from IUCN RedList, 2017.

생물다양성 핫스팟은 풍부하고 위협도 받고 있다.

◀ **그림 5.21** 곤충과 기타 무척추동물은 모든 알려진 종의 절반 이상을 구성한다. 이 블루 몰포 나비처럼 많은 동물이 생태학적으로 중요할 뿐만 아니라 아름답다. ©McGraw-Hill Education/Barry Barker, photographer

세계의 생물다양성의 대부분은 적도, 특히 열대우림과 산호초 근처에 있다(그림 5.22). 전 세계 모든 종들 중에서 북미와 유럽에 10~15%만이 살고 있다. 거대 다양성 국가의 많은 생물은 과학자들에 의해 연구된 적이 없다. 예를 들어, 말레이시아 반도에는 최소 8,000종의 현화식물이 있으며, 영국은 면적이 두 배이지만 1,400종에 불과하다. 영국에는 고등식물 종보다 식물학자가 더 많을 수 있다. 반면에 남아메리카는 약 20만 종의 식물을 연구할 식물학자가 100명 미만이다.

물, 사막 또는 산으로 고립된 지역은 또한 높은 농도의 고유종과 생물다양성을 가질 수 있다. 마다가스카르, 뉴질랜드, 남아프리카 및 캘리포니아는 모두 다른 지역의 생물군집과 혼합되는 것을 막고 풍부하고 특이한 종의 집합을 생성하는, 장벽으로 격리된 중위도 지역이다.

생물다양성은 식량과 의약품을 제공한다

야생식물 종은 인간의 식량 공급에 중요한 기여를 한다. 야생식물의 유전 물질은 농작물을 개선하는 데 사용되었다. 유명한 열대생태학자인 마이어스(Norman Myers)는 인간이 80,000종의 식용 야생식물을 이용할 수 있다고 추정한다. 예를 들어, 인도네시아의 주민들은 약 4,000종의 토종 식물과 동물을 식품, 의약품 및 기타 제품에 사용하는 것으로 생각된다. 이 종들 중 몇몇은 가능한 순치 또는 보다 광범위한 재배를 위해 탐구된 바 있다. 야생벌, 나방, 박쥐 및 기타 생물은 세계 대부분의 작물에 수분(가루받이)을 제공한다. 이들이 없다면 우리는 대부분의 세계에서 농업이 거의 없을 것이다.

유엔개발계획(United Nations Development Programme; UNDP; 핵심 개념 참고)에 따르면 세계의 식물, 동물 및 미생물 개발에서 파생된 의약품의 가치는 연간 $300억이 넘는다. 빈블라스틴(vinblastine)과 빈크리스틴(vincristine)의 성공 사례를 고려하라. 이 항암 알칼로이드는 매일초(Cataharanthus roseus, 그림 5.23)에서 유래한다. 그들은 암 세포의 성장을 억제하고 특정 종류의 암 치료에 매우 효과적이다. 20년 전, 이들 약물이 도입되기 전에 소아 백혈병은 치명적이었다. 현재 일부 소아 백혈병의 완화율은 99%이다. 호지킨병은 몇 년 전에 치명적인 98%였지만, 이 화합물 덕분에 이제는 40%만 치명적이다.

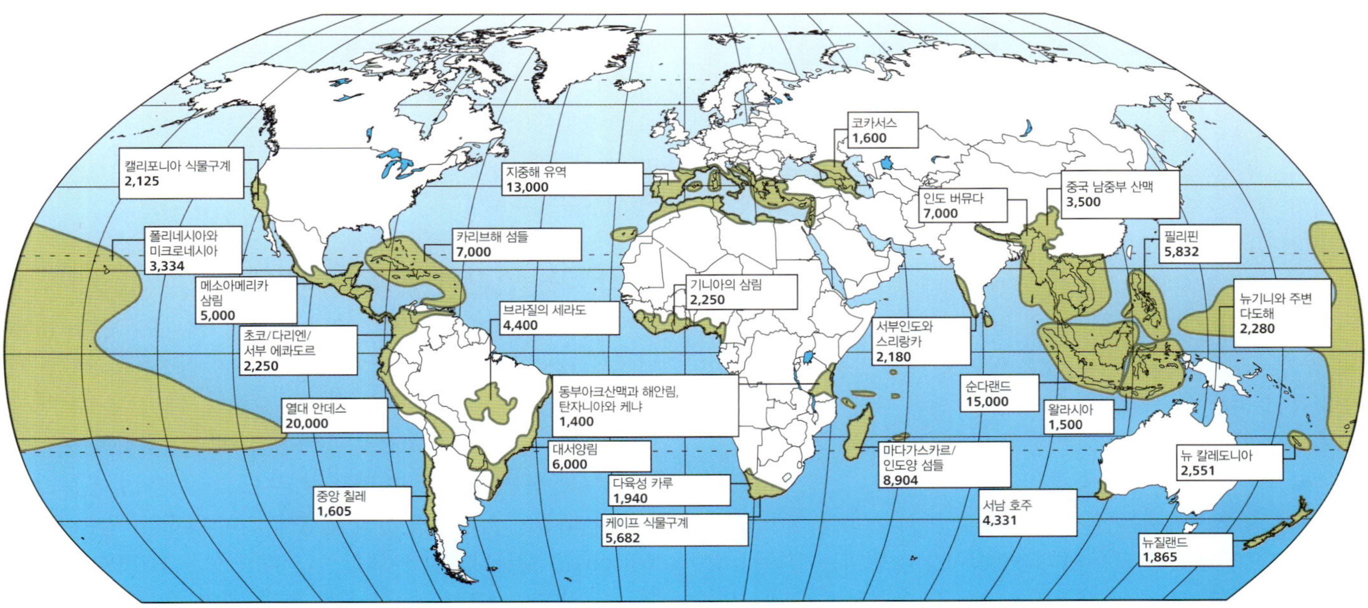

▲ **그림 5.22** 국제보존협회(Conservation International)에 의해 확인된 생물다양성 "핫스팟"은 많은 서식지가 존재하고 물리적 장벽으로 인해 종 분화가 촉진되는 열대기후 또는 지중해성 기후와 섬, 해안선 또는 산에 있는 경향이 있다. 숫자는 각 지역에서 추정되는 고유종(국지적으로 고유한)을 나타낸다.
출처: Data from Conservation International

▲ **그림 5.23** 마다가스카르의 장밋빛 매일초(Catharanthus roseus)는 이제 유아 백혈병과 호지킨병의 완화율을 높이는 항암제를 제공한다.
출처: ©William P. Cunningham

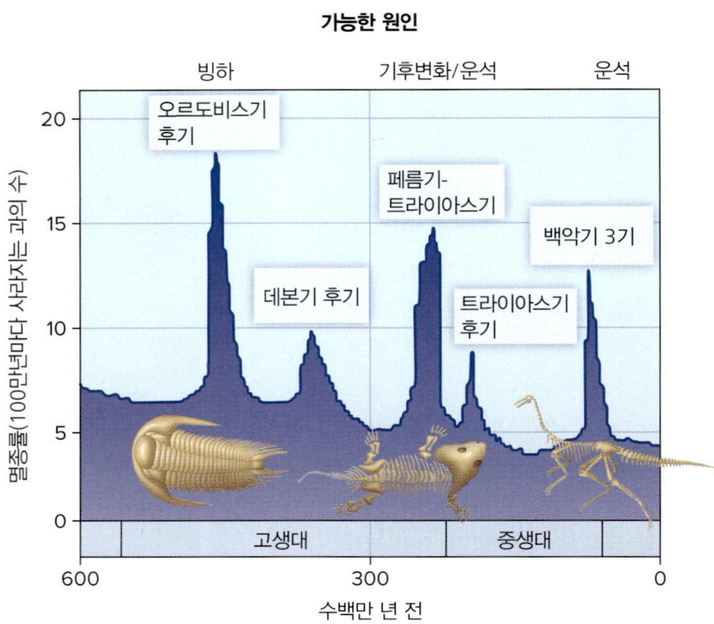

▲ **그림 5.24** 역사를 통한 주요 대량절멸. 우리는 지금 인간 활동으로 인해 여섯 번째 대량절멸 위기에 처할 수 있다.

마다가스카르는 그 이익을 거의 얻지 못하지만, 매일초 작물의 총 가치는 연간 약 $1,700만이다.

5.5 무엇이 생물다양성을 위협하나?

- *절멸률이 과거보다 훨씬 높다.*
- *인구증가에 의해 강화된 서식지 상실, 기후변화, 침입종, 오염 및 남획은 생물다양성에 대한 주요한 위협이다.*
- *침입종은 섬과 특화된 서식지를 심각하게 위협한다.*

절멸(extinction)은 종이 사라지는 것이며, 이는 자연계의 정상적인 과정이다. 종은 사라지거나 진화적 변화의 일부로 종종 자신의 후손으로 대체된다. 교란되지 않는 생태계에서 절멸률은 매 10년마다 약 1종이 사라지는 것으로 보인다. 그러나 지난 세기 동안, 인구와 생태계에 대한 인간의 영향은 그 속도를 가속화시켜 수천 종의 알려지지 않은 종, 아종 또는 품종이 매년 멸종되고 있다. 이들 중 다수는 아마도 무척추동물, 진균 및 미생물이며, 이는 연구되지 않았지만 생태계에 중요한 기능을 수행하고 있다. 표 5.1에 멸종위기에 처한 것으로 열거된 고등식물과 동물의 비율이 매우 높은 것은 아마도 가장 멸종위기에 처한 종보다 우리가 연구하고 싶은 것이 더 많은 데에 있을 것이다. 크거나 카리스마 넘치는 종은 종종 더 많은 관심과 연구 자금을 받는다.

지질학 역사에서는 절멸이 흔하다. 화석 기록에 대한 연구에 따르면, 존재했던 모든 종의 99% 이상이 현재는 멸종된 것으로 나타났다. 그 종의 대부분은 인간이 출현하기 오래 전에 사라졌다. 주기적으로 대량절멸이 수많은 종과 심지어 전체 과(family)를 멸종시켰다(그림 5.24). 이 사건들 중 가장 잘 연구된 것은 백악기 말에 공룡이 사라졌을 때인데, 기존 종의 50% 이상과 함께 발생했다. 약 2억5천만 년 전 페름기 시대 말기에 종의 95%와 전체 과의 절반이 약 1만 년에 걸쳐 사망했을 때 훨씬 더 큰 재난이 발생했다. 현재의 이론에 따르면 이러한 파국은 기후변화, 아마도 화산 폭발이나 지구에 충돌한 큰 소행성에 의해 유발된 것으로 추정된다. 많은 생태학자들은 온실기체의 대기방출에 기인한 지구 기후변화가 비슷한 파국적인 결과를 초래할 수 있다고 우려한다(9장 참조). 우리는 이 지질학적 시대(그리고 그에 일어난 멸종)의 이름을 지배적인 생물 형태로 명명했다. 많은 과학자들은 현재의 시대가 인류세(Anthropocene)로 명명되어야 하고 현재의 멸종위기는 과거의 위기보다 심각하다고 믿는다.

HIPPO는 인간의 영향을 요약해준다

종이 사라지는 속도는 지난 150년 동안 급격히 증가했다. 1600년에서 1850년 사이에 인간의 활동은 자연 절멸률의 약 두 배인 10년에 2~3종을 제거한 것으로 보인다. 지난 150년 동안 절멸률은 10년마다 수천으로 증가했다. 보존생물학자들은 이것을 여섯 번째 대량절멸이라고 부른다. 그러나 이번에는 소행성이나 화산이 아니라 인간의 영향에 의한 것이다. 윌슨(E. O. Wilson)은 생물다양성에 대한 인간의 위협을 HIPPO라는 약어로 요약한다. **HIPPO**는 서식지 파괴, 침입 종, 오염, 인간 인구 및 남획(***H***abitat destruction, ***I***nvasive species, ***P***ollution,

Population of humans, and ***O***verharvesting)을 나타낸다. 이러한 각 문제에 대해 자세히 살펴보자.

서식지 파괴는 일반적으로 주요한 위협이다

대부분의 종들, 특히 육상 종들에게 가장 중요한 멸종위협은 서식지 상실이다. 아마도 서식지 파괴의 가장 명백한 예는 산림과 초원을 농지로 전환하는 것이다. 지난 10,000년 동안 인간은 수십억 ha의 전 숲과 초원을 경작지, 도시, 도로 및 기타 용도로 전환했다. 이 인간이 지배하는 공간에는 야생생물이 없지만, 일반적으로 우리와 공존하도록 적응된 잡초 종을 선호한다.

오늘날의 숲은 한때 차지했던 지역의 절반 미만을 차지하고 있으며, 원래 숲의 약 5분의 1만이 오래된 성장 특성을 유지한다. 북방 점박이 올빼미(*Strix occidentalis caurina*)와 같이 오래된 숲의 다양한 구조와 자원에 의존하는 종은 서식지가 사라짐에 따라 함께 사라진다. 목초지는 현재 약 40억 ha(대략 폐쇄된 산림 면적과 거의 동일)를 차지한다. 한때 미국의 옥수수 재배지대(Corn Belt)를 덮고 있던 큰 키 잔디 초원과 같이 가장 생산적이고 종이 풍부한 초원의 대부분이 농경지로 전환되었다. 인구가 계속 늘어나면 농지나 목초지로 더 많은 면적을 사용해야 할 수도 있다.

때때로 우리는 채굴, 댐 건설 및 무차별 어업 방법과 같은 자원 추출의 부작용으로 서식지를 파괴한다. 예를 들어, 표면 채굴은 땅을 덮고 있는 모든 것과 함께 땅을 벗겨낸다. 채굴 작업에서 나오는 폐기물은 유독성 물질로 계곡을 덮고 개울을 망칠 수 있다. 댐 건설은 깊은 저수지 아래에 중요한 하천 서식지를 침수하고, 일부 수생 생물의 먹이 공급원과 번식 서식지를 제거한다. 우리의 현재 어업 방법은 지속 불가능하다. 가장 파괴적인 어업 기술 중 하나는 저인망으로, 무거운 그물을 해저를 가로 질러 끌어서 모든 생물을 퍼내고 해저 구조를 생명이 없는 잔해로 분쇄한다. 해양생물학자인 루베첸코(Jan Lubechenco)는 저인망은 "불도저로 숲에서 버섯을 모으는 것과 같다"고 말한다.

파편화는 서식지를 작고 고립된 지역으로 감소시킨다

전체 서식지 면적의 손실 외에도 크고 인접한 지역의 손실은 심각한 문제이다. 이에 대한 일반적인 용어는 서식지 **파편화**(fragmentation; 작은 격리된 조각으로 서식처 축소)이다. 서식지를 해체하면 곰이나 큰 고양이와 같은 많은 종들이 생존하기 위해 큰 영토가 필요하기 때문에 생물다양성이 감소한다. 산림 내부의 조류와 같은 다른 종은 가장자리와 인간 정착지에서 멀리 떨어진 깊은 숲에서만 성공적으로 번식한다. 포식자와 침입종은 종종 조각 가장자리에 따라 새로운 지역으로 빠르게 퍼진다.

파편화는 또한 개체군을 격리된 그룹으로 나누므로 폭풍이나 질병과 같은 치명적인 사건에 훨씬 더 취약하다. 아주 적은 수의 개체군은 정상적인 상황에서도 생존하기에 충분한 번식하는 성체가 없을 수 있다. 보존생물학에서 중요한 질문은 종의 **최소존속 개체군**(minimum viable population) 크기는 얼마이며, 감소하는 개체수가 너무 작아서 생존할 수 없는 경우가 언제인가 하는 것이다.

파편화에 대한 우리의 이해는 1960년대 맥아더(R.H. MacArthur)와 윌슨(E.O. Wilson)이 개발한 **섬생물지리학**(island biogeography) 이론에 요약되어 있다. 맥아더와 윌슨은 본토에서 멀리 떨어진 작은 섬이 큰 섬이나 대륙에 가까운 섬보다 적은 수의 육상 종을 가지고 있다는 사실에 주목하면서, 종 다양성은 식민지화와 절멸률 사이의 균형이라고 제안했다. 외딴 섬은 육지생물이 도달하기 어렵기 때문에, 새로운 종은 거의 도착하지 않고 새로운 개체군을 확립하지 않다. 다른 육지 근처의 섬은 빈번하게 새로운 생물이 도달할 수 있다. 동시에, 작은 섬에 있는 단일 종의 개체 수는 적을 것이므로 멸종에 취약하다. 반대로, 큰 섬은 주어진 종의 더 많은 개체를 부양할 수 있으므로, 자연재해나 유전적인 문제에 덜 취약하다.

큰 섬은 또한 작은 섬보다 서식처 유형에 더 많은 변화가 있는 경향이 있으며, 이는 큰 섬에서 더 많은 수의 종에 기여한다.

섬 크기의 영향은 여러 곳에서 관찰되었다. 예를 들어, 쿠바는 카리브 해 인근 몬세라트(Montserrat)보다 100배나 크며 약 10배의 양서류 종을 가지고 있다. 마찬가지로, 다이아몬드(Jared Diamond)는 캘리포니아 Channel Islands의 조류 종 연구에서 번식 쌍이 10쌍 미만인 섬에서는 80년 동안 개체군의 39%가 멸종한 반면 10쌍에서 100쌍의 개체군은 같은 기간에 10%만 멸종되었다(그림 5.25). 100쌍에서 1,000쌍 사이에서는 단 한 종만 멸종했으며, 이 기간 동안 1,000 쌍을 넘는 종은 한 종도 사라지지 않았다.

이 섬 아이디어는 황량한 바다로 둘러싸인 섬과 같은 서식지인 공원이나 야생동물 보호지역에 대한 정보를 제공한다. 작고 먼 섬들처럼 그들은 이주생물들이 접근하기에는 너무 고립되어있을 수 있으며, 파국적인 사건이나 유전적 문제에서 살아남을 수 있을 만큼 많은 개체군을 지원할 수 없다. 종종 그 섬들은 큰 영토가 필요한 종에게는 면적이 너무 작다. 예를 들어, 호랑이와 늑대는 생존하기 위해 인간의 침입이 없는 넓은 범위의 연속된 서식범위가 필요한데, 몬태나의 빙하 국립공원(Glacier National Park)은 회색곰을 위한 훌륭한 서식지이다. 그러나 약 100마리의 곰만 지원할 수 있으며, 적어도 다른 지역에서 이주하지 않는 경우, 장기적으로 생존할 수 있는 충분한 크기의 개체군이 아닐 수 있다.

침입종은 점점 더 위협적이 된다

많은 곳에서 토착 생물다양성에 대한 주요한 위협은 우연히 또

생물다양성의 가치는 무엇인가?

우리는 종종 생물다양성 보전을 사치로 여긴다. 감당할 수 있으면 좋지만, 대부분은 생계를 유지해야 한다. 우리는 생태계의 윤리적 또는 미학적 가치와 자원의 실용적인 경제적 가치를 평가한다. **보존은 반드시 좋은 경제적 의미와 모순되는가?** 생태계와 생물다양성의 가치를 계산할 수 있는 경우에만 이 질문에 답할 수 있다. 예를 들어, 입목 숲의 가치는 숲에서 가져온 목재의 가치와 어떻게 비교되는가? 생태계에 가치를 부여하는 것은 항상 어려운 일이었다. 수질정화, 침수 및 침식방지, 토양형성, 폐기물 처리, 영양염 순환, 기후조절, 작물 수분(가루받이), 식량생산 등 수많은 생태계 서비스를 당연한 것으로 여긴다. 우리는 이러한 서비스에 의존하지만, 직접 판매하는 사람이 없기 때문에 한 트럭의 목재보다 이러한 서비스의 가격을 결정하는 것이 더 어렵다.

2009~2010년에는 생태계와 생물다양성의 경제학(TEEB; The Economics of Ecosystems and Biodiversity)이라는 일련의 연구가 생태계 서비스 가치 평가에 대한 유용한 연구 결과를 정리했다. TEEB 보고서에 따르면 **생태서비스의 가치는 전 세계 GNP의 두 배 이상**, 즉 연간 $33조 이상인 것으로 나타났다.

아래 그래프는 열대림과 산호초의 두 가지 생태계에 대한 가치 보여준다. 값이 지역마다 크게 다르기 때문에, 이 그래프는 연구 중 평균값을 보여준다.

〈이 그래프는 다른 척도를 가진다.〉

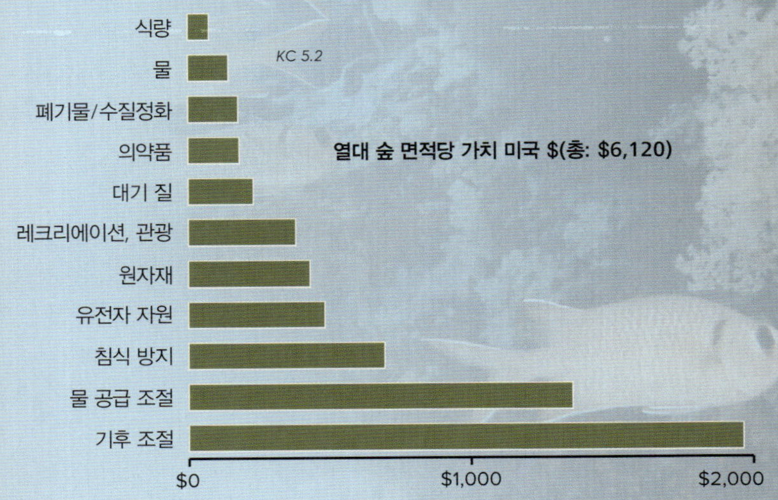

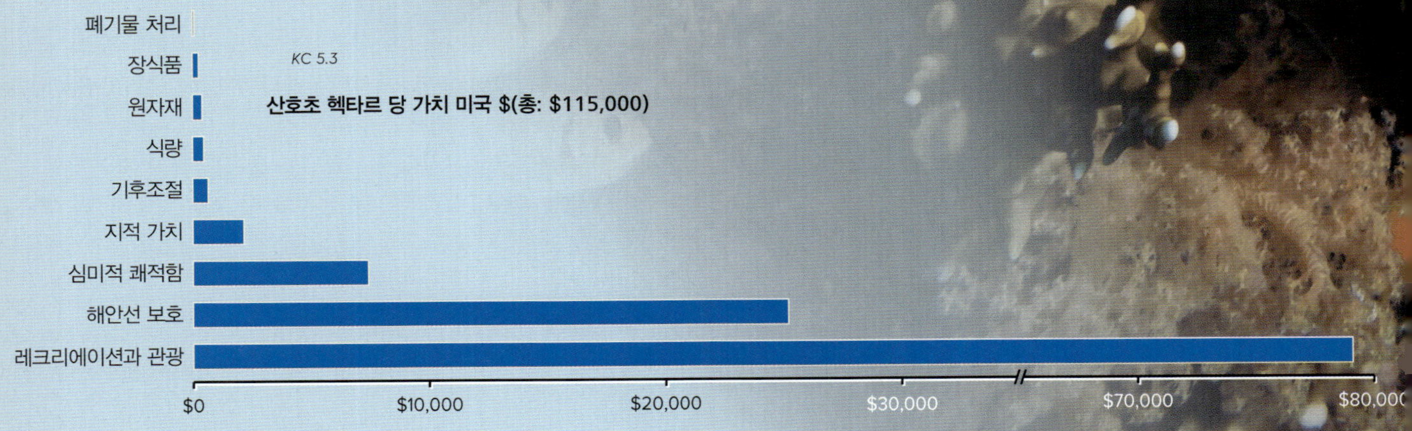

생물다양성을 회복할 여력이 있는가?

생태계를 파괴하는 것보다 복원할 돈을 찾기가 더 어렵다. 그러나 TEEB 계산에 따르면 시간이 지남에 따른 이익은 평균 복원 비용을 크게 초과한다.

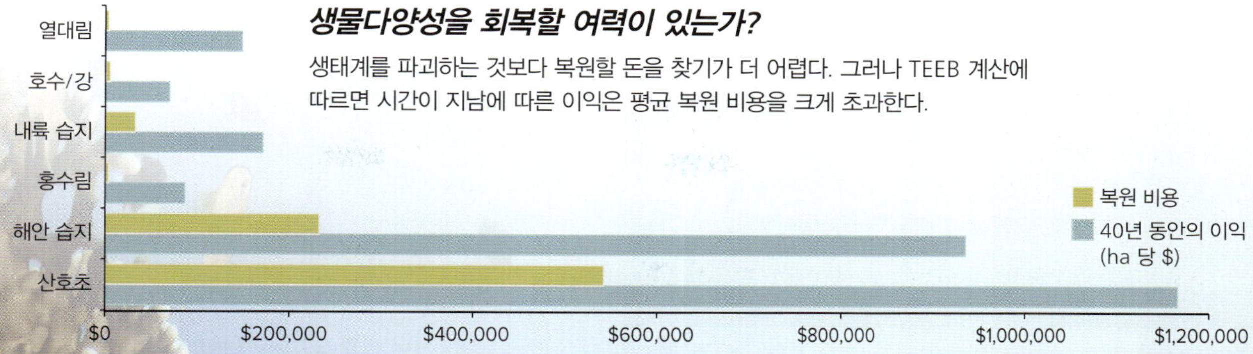

식량과 목재생산(Foods and wood products) 이것들은 상상하기 쉽지만 산림생태계가 제공하는 침식방지, 기후조절, 물공급의 가치에 비하면 식량과 목재의 가치는 훨씬 낮다. 여전히 우리는 식량을 생물다양성에 의존한다. 한 가지 추정에 따르면, 인도네시아는 250종류의 다른 식용 과일을 생산한다. 사진의 망고스틴을 포함하여 43가지를 제외한 모든 과일은 이 지역 밖에서는 거의 알려져 있지 않다.

KC 5.5

©William P. Cunningham

©Sergey Lavrentyev/123RF

KC 5.6

수분(Pollination) 대부분의 세계는 작물을 수분시키기 위해 야생 곤충에 전적으로 의존한다. 자연생태계는 연중 개체군을 부양하므로, 우리가 필요할 때 이용할 수 있다.

의약품 모든 처방의 절반 이상에 천연물이 포함되어 있다. UN개발기구는 세계 식물, 동물 및 미생물 개발에서 파생된 의약품의 가치가 연간 $300억 이상으로 추산한다.

기후와 물 공급 이것은 숲의 가장 귀중한 측면일 수 있다. 이러한 서비스의 효과는 숲 그 자체보다 훨씬 넓은 지역에 영향을 미친다.

일부 천연 의약품

제품	출처	용도
페니실린	진균류	항생 물질
바시트라신	세균	항생 물질
테트라사이클린	세균	항생 물질
에리트로 마이신	세균	항생 물질
디기탈리스	디기탈리스	심장 자극제
퀴닌	친코나 나무 껍질	말라리아 치료
디오스게닌	멕시코 고구마	피임약
코르티손	멕시코 고구마	항염증 치료
시타라빈	해면	백혈병 치료
빈블라스틴, 빈크리스	빙카 식물	항암제
레세르핀	인도사목	고혈압제
봉독	벌	관절염 경감
알란토인	금파리 유충	상처 치유
모르핀	양귀비	진통제

©Sergey Lavrentyev/123RF

양식어장 제1장에서 논의했듯이 암초와 맹그로브의 생물 다양성은 수억 명의 인간이 의존하는 어장의 번식에 필수이다. 대부분의 어류양식을 포함한 해양 어장은 야생 식량원에 전적으로 의존한다. 이러한 물고기는 식량으로서 높은 가치가 있으나 여가와 관광 가치가 식량으로서의 가치를 훨씬 초월한다.

KC 5.7

설명할 수 있을까? CAN YOU EXPLAIN?

1. 상대적 비용과 혜택이 산호초 복원을 정당화하는가? 열대림 복원은?
2. 열대림과 산호초 시스템의 주요 경제적 이점을 파악한다. 각각의 작동 방식을 설명할 수 있습니까?

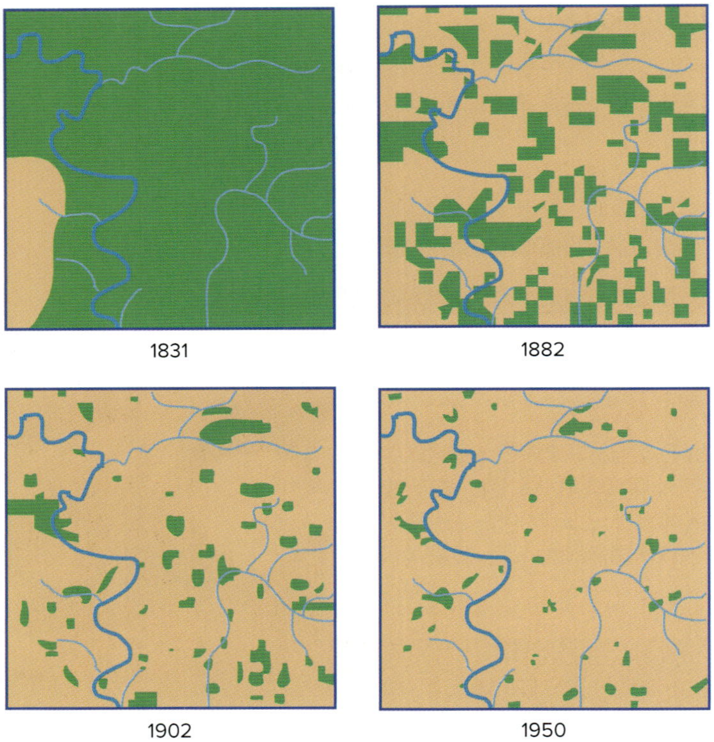

▲ **그림 5.25** 유럽 정착 기간 동안 위스콘신 남부 카디즈 타운쉽의 숲이 우거진 면적의 감소. 녹지는 매년 숲의 땅의 양을 나타낸다.

출처: Republished with permission of the University of Chicago Press, from Curtis, J. in William L. Thomas (ed.), *Man's Role in Changing the Face of the Earth*, 1956; permission conveyed through Copyright Clearance Center, Inc.

는 의도적으로 도입된 종이다. 외래종, 이국적, 비 토착, 비 원산, 해충 등 다양한 이름으로 불리는 **침입종**(invasive species)은 새로운 서식지에서 번식하는 생물로, 고유 서식처에서 개체 수를 통제할 수 있었던 포식자, 질병 또는 자원제한이 없다. 도입 후 모든 이국적인 종들이 확대되는 것은 아니다. 예를 들어, 공작은 많은 도시 동물원에 도입되었지만, 대부분의 지역에서 야생으로 탈출하면 생존하지 못하는 경향이 있다. 동시에, 모든 침입종이 이질적인 것은 아니다. 그러나 통제할 수 없는 침입종의 대부분은 다른 곳에서 도입된다.

인간은 항상 생물을 새로운 서식지로 이동시켰지만, 최근 몇 년간 항공, 수로 및 육로로 이동하는 속도와 수송량이 크게 증가하면서 이동속도가 급격히 증가했다. 사람들이 심미적 즐거움이나 경제적으로 유리할 것이라고 믿기 때문에 일부 종은 의도적으로 도입되었다. 최악의 경우는 애완동물의 소유주가 싫증나서 야생에 버리는 애완동물이다. 많은 종들이 선박 평형수, 나무포장상자, 여행가방 또는 선적 컨테이너 내부 또는 화분에 심은 토양에 의해 이동하게 된다(그림 5.26). 때때로 우리는 생태학적 결과를 알지 못한 채 새로운 서식지에 침입종을 도입한다.

지난 300년 동안 미국에는 약 50,000종의 비토착 종이 정

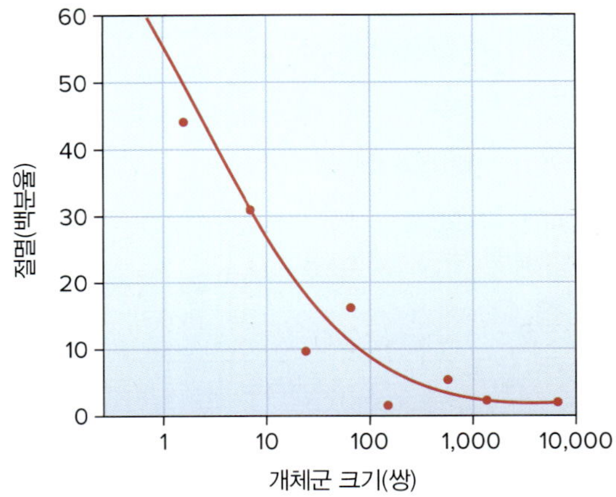

▲ **그림 5.26** 80년 동안 개체군 규모에 따른 캘리포니아 Channel Islands 조류 종의 절멸률

출처: Jones, H. L. and Diamond, J., "캘리포니아 해안 섬의 번식 조류 개체군에서의 이직에 대한 단기 기저 연구", *Condor*, vol. 78, 1976, 526–549.

착되었다. 옥수수, 밀, 쌀, 대두, 소, 가금류 및 꿀벌과 같은 도입은 대부분 의도적이고 유익했다. 이 종 중 최소 4,500종이 야생 개체군을 확립했으며, 그 중 15%가 환경적 또는 경제적 피해를 야기한다(그림 5.27). 침입 종은 매년 미국에 $1,300억의 비용이 드는 것으로 추정되며 다양한 생태계를 영원히 변화시키고 있다(무엇을 할 수 있는가? 참고).

침입종의 몇 가지 중요한 예는 다음과 같다.

- 유라시아 서양가새풀(*Myriophyllum spicatum* L.)은 유럽, 아시아 및 아프리카에 자생하는 이국적인 수생식물이다. 과학자들은 서양가새풀이 19세기 후반 선박 평형수를 통해 북미에 도착했다고 생각한다. 그들은 빠르게 자라며 수면에 조밀한 수관을 형성하는 경향이 있으며, 이로 인해 자연식생을 대체하고 물의 흐름을 저해하며, 보트, 수영 및 낚시를 방해한다. 인간은 식물 조각을 운반하는 보트와 보트 트레일러로부터 수역 시스템 사이에 식물을 퍼뜨렸다. 제초제와 기계적 수확은 서양가새풀 제어에 효과적이지만 비싸다(연간 ha 당 최대 $5,000). 또한 이 방법이 비 표적생물에 해를 끼칠 수 있다는 우려도 있다. 토착 서양가새풀 바구미인 *Euhrychiopsis lecontei*는 서양가새풀의 생물학적 제어제로 연구되고 있다.
- 부레옥잠(*Eichhornia crassipes*)은 둥근 해면직의 줄기가 있는, 두껍고 왁스질의 짙은 녹색 잎을 가진 자유롭게 부유하는 수생식물이다. 그것은 사랑스러운 파란색 또는 자주색 꽃의 키가 큰 이삭모양의 꽃차례를 가진다. 이 남미 토착종은 1880년대에 미국에 도입되었다. 성장률은 알려진 식물 중 가장 높은 것에 속한다. 부레옥잠 개체는 12일 만에 두 배로 증가할 수 있다. 많은 호수와 연못은 ha 당 최대 500톤으로 수변과 수채를 뒤덮는다. 부레옥잠 침입은 보트의 통행을 차

▲ **그림 5.27** 북아메리카에서 약 50,000 종의 침입 종 중 일부. 당신이 사는 곳에서 존재하는 것을 알고 있는가? 다른 것들은 어떻게 생각할 수 있는가?

단하고 수영과 낚시를 막는 것 외에도, 햇빛과 산소가 물속으로 침투되는 것을 방해한다. 따라서 부레옥잠 침입은 어업을 감소시키고, 잠수식물에 그늘을 드리우고, 수중식물을 밀어내고, 또한 생물학적 다양성을 감소시킨다. 부레옥잠은 제초제, 기계 및 생물학적 방제 곤충으로 제어된다.

- 나무좀(*Agrilus planipennis*)은 시베리아와 중국 북부에서 온 침입종인 나무에 구멍을 뚫는 딱정벌레이다. 2002년 여름에 미시간 남동부와 온타리오 주 윈저(Windsor)에서 처음 발견되었다. 아시아 지역의 선적화물깔판 및 목재로 된 컨테이너에서 북미 지역에 도입된 것으로 알려져 있다. 불과 8년 만에 딱정벌레는 웨스트버지니아에서 미네소타까지 13개 주로 퍼졌다. 성체 나무좀은 어두운 금속성 선녹색 겉날개가 있는 황금빛 또는 적록색 몸체를 가진다. 미국에서 4천만 그루 이상의 물푸레나무가 나무좀 공격으로 죽었거나 죽어가고 있으며, 75조 그루 이상의 나무가 위험에 처해 있다.
- 1970년대에는 대두어(*Hypophthalmichthys nobilis*), 초어(*Ctenopharyngo donidella*) 및 백련어(*Hypophthalmichthys molitrix*)를 포함한 여러 종의 잉어가 양식장에서 조류를 제어하기 위해 중국에서 수입되었다. 불행히도 그들은 포획에서 벗어나 미시시피 강 유역에 걸쳐 종종 밀도가 높은 개체군 집단으로 정착했다. 백련어는 45 kg (100파운드)까지 자랄 수 있다. 그들은 보트와 개인용 선박에 쉽게 놀라는 것으로 유명하며, 이로 인해 8~10 ft (2.5~3 m) 정도 공중으로 도약할 수 있다. 보트로 빠른 속도로 여행할 때 큰 잉어가 얼굴에 부딪히면 생명을 위협받을 수 있다. 아시아 잉어가 오대호(the Great Lakes)로 퍼지는 것을 막기 위해 많은 예산이 지출되었지만, 슈피리어 호(Lake Superior)를 제외한 모든 오대호에서 잉어 DNA가 이미 탐지되었다.
- 얼룩말 홍합(*Dreissena polymorpha*)은 아마도 대서양 횡단 화물선의 평형수로 원산지인 카스피 해로부터 오대호에 1985년경에 도착했을 것이다. 얼룩말 홍합은 어떠한 고체 표면에도 부착하여 제곱미터 당 7만 개체의 엄청난 밀도에 도달하며, 물고기 산란지를 덮고, 토종 연체동물을 질식시키고, 수도 취수관을 막히게 한다. 모든 오대호에서 발견되는 얼룩말 홍합은 미시시피 강과 지류로 이동했다. 얼룩말 홍합 제거를 위한 공공 및 민간 비용은 현재 연간 약 $4억에 이른다. 좋은 면에서 홍합은 조류와 고형물질을 걸러내어 이리호(Lake Erie)의 물 투명도를 4배 이상 향상시켰다.

질병 생물 또는 병원체도 포식자로 간주될 수 있다. 질병이 새로운 환경에 도입되면, 전염병이 해당 지역을 휩쓸 수 있다.

미국 밤나무(*Castanea dentata*)는 한때 많은 동부 활엽수림의 심장이었다. 애팔래치아 산맥에서, 4그루의 나무 중 적어도 하나는 밤나무였다. 키가 45 m (150 ft) 이상, 지름이 3 m (10 ft) 이상이고, 빠르게 자라며 잘린 그루터기에서 빠르게 싹이 트기 때문에, 미국 밤나무는 산림 관리원의 꿈이었다. 영양가 있는 밤은 조류(나그네비둘기와 같은), 산림 포유류 및 인간에게 중요했다. 목재는 나뭇결이 세로로 나고, 가볍고, 썩지 않으며, 울타리 기둥부터 고급 가구에 이르기까지 모든 용도로 사용되었다. 1904년에 중국에서 종묘 나무가 선적되면서 곰팡이 마름병이 미국에 생겼으며, 40년 안에 미국 밤나무는 원래의 서식 범위에서 거의 사라졌다. 마름병 내성 유전자를 곰팡이가 닿지 않은 소수의 미국 밤나무로 전달하거나 질병을 일으키는 곰팡이에 대한 생물학적 방제를 찾기 위한 노력이 진행 중이다.

생물의 이동은 모든 곳에서 발생한다. 북미 해안지역이 원산지인 빗해파리(*Mnemiopsis leidyi*)는 흑해를 황폐화 시켰으며, 흑해에서는 현재 특정시기에 모든 생물량의 90% 이상을 빗해파리가 차지하고 있다. 마찬가지로 북미의 강모충은 폴란드 해안을 침범했으며 현재 폴란드의 만과 석호의 바닥에 사는 유일한 생물이다. 원래 수족관 판매를 위해 재배된 *Caulerpa taxifolia*라는 열대 해초는 북부 지중해로 탈출하여, 스페인에서 크로아티아까지 얕은 해저를 밀집한 미터 깊이의 깔개 카펫으로 덮었다. 평방미터당 5,000개 이상의 엽상체를 생산하는 이 공격적인 잡초는 그 길에 있는 모든 것을 몰아낸다. 이 유형의 조류는 자연 서식지에서 낮고 드문드문하지만, 수족관 사육자들은 이 해초를 지중해의 대부분을 변화시킨 강력한 경쟁자로 바꾸었다.

오염은 여러 유형의 위험을 초래한다

우리는 독성 오염물질이 지역 개체군에 치명적인 영향을 미칠 수 있다는 것을 오랫동안 알고 있었다. 살충제와 물고기를 먹는 새의 감소 사이의 관계는 1970년대에 잘 기록되어 있다(그림 5.28). 해양 포유류, 악어, 물고기 및 물고기를 먹는 새와 같이 먹이 사슬에서 높은 종에서 개체수가 감소할 가능성이 높다. 원인 불명의 광범위한 수 천 마리의 북극 물개의 사망이 먹이 사슬에 DDT, PCB 및 다이옥신과 같은 난분해성 염화탄화수소가 축적된 것으로 생각된다. 이 화학물질은 지방에 축적되어 면역 체계를 약화시킨다. 태평양의 바다사자, 세인트로렌스(St. Lawrence) 강 하구의 흰 돌고래, 지중해의 줄무늬 돌고래의 사망률은 비슷하게 유독성 오염물질의 축적으로 인한 것으로 생각된다.

납중독은 많은 야생생물 종의 또 다른 주요 사망 원인이다. 오리, 백조 및 두루미와 같은 바닥 먹이 물새는 호수와 습지로 떨어지는 산탄 총알을 섭취한다. 그들은 돌 대신에 총알을 모래주머니에 보관하고 납은 혈액과 다른 조직에 천천히 축적된다. 미국 어류 및 야생동식물보호국(USFWS; US Fish and Wildlife Service)은 매년 3,000톤의 납 탄환이 습지에 퇴적되고 매년 납중독으로 2~3백만 마리의 물새가 죽는 것으로 추정하고 있다(그림 5.29). 구리 탄환은 납보다 비용은 거의 같고, 탄도도 좋고, 파편도 훨씬 적다.

무엇을 할 수 있는가?
What Can YOU Do?

생물다양성의 보존

우리의 개별 행동은 생물다양성 보존에 있어 가장 중요한 장애물 중 하나이며, 동시에 가장 중요한 기회이다.

애완동물 및 식물

- 침입종을 통제할 수 있다. 어항에서 수로나 하수구로 어류나 식생을 방출하지 말라. 애완동물 새, 고양이, 개, 뱀, 도마뱀 및 다른 동물은 선의의 소유자에 의해 풀려난 침입성 포식자이다.
- 고양이를 실내에 둔다. 집 고양이는 삼림지대 조류와 다른 동물의 주요 포식자이다.
- 당신의 정원에 토착종을 심는다. 이국적인 사육 식물은 종종 정원에서 퍼져서 토착종과 경쟁하며, 기생충, 곤충 또는 생태계를 위협하는 질병을 도입한다. 지역 기원 종은 훌륭하고, 교육적인 대안이다.
- 이국적인 조류, 물고기, 거북이, 파충류 또는 기타 애완동물을 사지 않는다. 이 동물들은 종종 야생에서 지속 불가능하게 포획된다. 이국적인 애완동물 거래는 생태계와 동물에 해를 끼친다.
- 희귀하거나 이국적인 화분식물을 사지 않는다. 희귀 난초, 선인장 및 기타 식물은 종종 불법적으로 그리고 지속 불가능하게 수집되어 판매된다.

식품 및 제품

- 해산물을 구입할 때는 공급원에 대해 문의하여 안정적인 개체군의 종을 구입한다. 농장에서 자란 메기, 틸라피아, 송어, 태평양 대구, 태평양 연어, 마히마히, 오징어, 게 및 가재는 구입하기에 좋은 안정된 종이다. 황새치, 청새치, 참다랑어 및 날개다랑어와 같이 천천히 자라는 최상위 포식자는 피한다.
- 그늘에서 자란 커피와 초콜릿을 구입한다. 이것들은 또한 성장하는 지역의 생물다양성뿐만 아니라 노동자 가족을 지원하는 유기농산물이고 종종 "공정 거래" 품종이다.
- 지속가능하게 수확된 목재 제품을 구입한다. 당신과 당신의 친구가 요구하면 지역 상점은 지속가능한 목재 제품을 취급하기 시작할 것이다. 끈질긴 소비자는 놀랍도록 효과적인 변화의 힘이다!

▲ **그림 5.28** 침입종 흰대극(Euphorbia esula)이 이전에는 다양했던 목초지를 덮었다. 실수로 도입되어, 대부분의 초식동물이 먹을 수 없는 이 식물은, 매년 상실한 방목 가치와 잡초방제에 수억 달러가 소요된다.
출처: ©Mary Ann Cunningham

인구증가는 공간 및 자원을 소비한다

일인당 소비 패턴이 일정하게 유지되더라도, 더 많은 사람들은 더 많은 목재 수확, 어업, 농지 및 화석연료와 광물추출이 필요하다. 지난 40년 동안 세계 인구는 약 35억 명에서 70억 명으로 두 배가 되었다. 그 당시, 세계자연보호기금(Worldwide Fund for Nature; WWF)의 계산에 따르면, 지구 자원의 소비는 지구가 장기적으로 지원할 수 있는 것의 60%에서 150%로 증가했다. 동시에 전 세계 야생생물 개체는 농업, 도시화 및 기타 인간 활동의 확대로 1/3 이상 감소했다.

인구증가 곡선은 안정되지만(제4장 참조), 빈곤을 줄이고 모든 인간에게 웬만한 삶을 제공하는 동시에 건강한 자연생태계와 높은 수준의 생물다양성을 보존할 수 있을지 여부는 아직 확실하지 않다.

남획은 종을 고갈시키거나 제거한다

남획(overharvesting)은 번식이 대체할 수 있는 것보다 더 많은 개체를 포획하는 것이다. 전형적인 예는 미국 나그네비둘기(*Ectopistes migratorius*)의 절멸이다. 비록 북아메리카 동부에만 거주했음에도 불구하고 200년 전에 이 동물은 세계에서 가장 풍부한 새였으며, 개체군은 35억 내지 50억 마리였다(그림 5.30). 한때 북아메리카 모든 조류의 약 1/4을 차지했다. 1830년에 오듀본(John James Audubon)은 폭 10 마일과 길이 수백 마일로 추정되는 조류 한 무리를 보았으며, 아마도 10억 마리의 새를 포함하고 있는 것으로 생각되었다. 엄청난 개체수에도 불구하고, 생업을 위한 사냥과 서식지 파괴로 인해 1870년에서

▲ **그림 5.29** 먹이 사슬 상위의 흰머리 독수리 및 기타 조류 종은 1960년대 DDT에 의해 많이 죽었다. DDT가 미국에서 금지된 이래로 멸종위기종법(Endangered Species Act)에 의한 보호로 인해 그러한 종들이 많이 복원되었다.
출처: Dave Menke/U.S. Fish and Wildlife Service

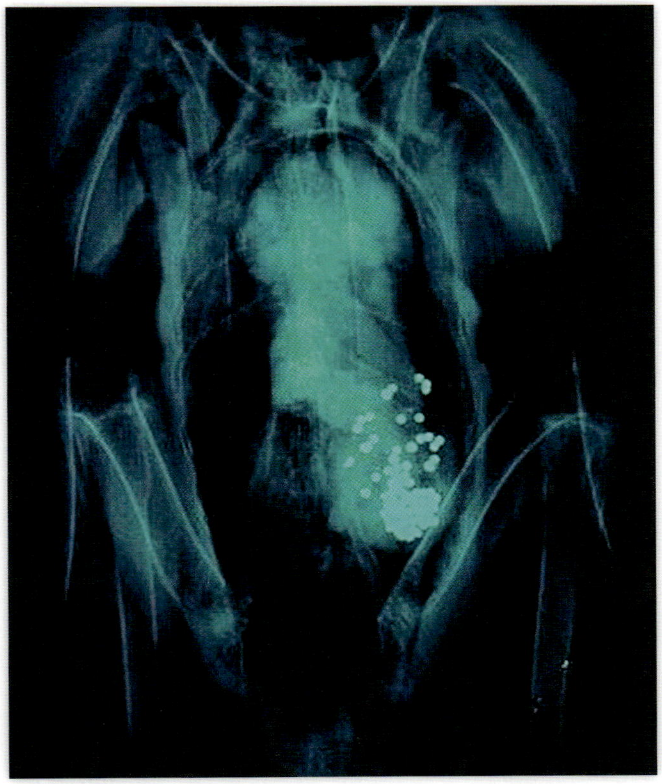

▲ **그림 5.30** 흰머리 독수리의 뱃속에 나타난 납 탄환은 먹이와 함께 소비된다. 수서조류 및 물고기를 먹는 조류에서 낚시 추와 탄환은 납 중독의 주요 원인으로 남아있다.
출처: Dave Menke/U.S. Fish and Wildlife Service

1890년 사이의 단지 20년 만에 전체 개체군이 붕괴되었다. 마지막으로 알려진 야생 새는 1900년에 총에 맞았고, 마지막으로 있던 암컷 나그네비둘기인 마서(Martha)는 1914년 신시내티 동물원에서 죽었다.

나그네비둘기가 멸종되는 것과 거의 동시에 아메리카들소, 즉 버펄로(*Bison bison*)는 대평원에서 거의 멸종직전까지 사냥되고 있었다. 1850년에 약 6천만 마리의 들소가 서부 평야를 배회했다. 단지 가죽이나 혀를 얻기 위해 많은 개체가 도살되어 수백만의 사체가 썩을 정도였다. 들소 감소 원인의 대부분은 식량과 옷 그리고 인디언 보호구역으로 강제이주시킨 미 육군에 의해 행해졌다. 40년 후, 약 150마리의 야생 들소가 남았고 또 다른 250마리는 사로잡혔다. 오늘날 이 무리는 약 50만 마리의 동물로 다시 성장했지만, 많은 들소가 가축화된 소와 교배되었다.

수산물은 세계 여러 지역에서 남획되어 심각하게 고갈되었다. 최근 몇 년 동안 어업 규모와 효율성이 크게 증가하여 많은 해양 개체군이 붕괴되었다. 전 세계 17개 주요 어업구역 중 13개가 상업적으로 소진되거나 급격히 감소한 것으로 보고되었다. 모든 상업적 해양 종의 3/4 이상이 과도하게 수확된다. 캐나다 수산생물학자들은 황새치, 청새치, 참치 및 상어와 같은 최상위 포식자 중 10%만이 대서양에 남아 있다고 추정한다. 대구, 넙치, 큰 넙치 및 민대구와 같은 저서어류도 심각하게 고갈되었다. 풍부하고 지속가능하게 수확된 품종만 먹음으로써 이러한 남획에 추가하는 것을 피할 수 있다.

▲ **그림 5.31** 한 쌍의 박제 나그네비둘기(Ectopistes migratorius). 이 종의 마지막 구성원은 1914년 신시내티 동물원에서 죽었다.
출처: ©Mary Ann Cunningham

아마도 오늘날 육상 야생동물 종을 수확하는 가장 파괴적인 예는 아마도 아프리카의 야생동물육류 거래일 것이다. 야생생물 생물학자들은 영양, 코끼리, 영장류 및 기타 동물을 포함하여 매년 1백만 톤의 야생동물 육류가 아프리카 시장에서 판매되는 것으로 추정한다. 매년 수천 톤 이상이 뉴욕, 파리 및 기타 세계 도시에서 불법으로 판매될 수 있다. 많은 가난한 아프리카인들에게는 이것이 식단에서 유일한 동물성 단백질 공급원이다. 우리가 야생동물육류 사냥꾼이 목표로 삼는 동물을 보호하기 위해서는 대안적인 생계와 고품질 단백질의 대체공급원을 찾도록 도와주어야 한다. 야생동물육류도 그것을 먹는 사람들을 위험에 빠뜨릴 수 있다. 에볼라와 다른 질병의 발병은 야생 원숭이와 다른 영장류를 포획하고 먹음으로써 발생하는 것으로 생각된다. 2003년 SARS로 알려진 호흡기 질환(8장 참조)의 출현은 매년 수백만의 사향, 원숭이, 뱀, 거북 및 기타 동물들이 고급음식으로 소비되는 중국과 동남아시아의 야생식품 거래에서 비롯되었다.

수집가는 약용 및 애완동물을 거래한다. 식량을 위해 야생종을 수확하는 것 외에도 자연으로부터 다양한 귀중한 상업 제품을 획득한다. 이것의 대부분은 지속가능한 수확을 나타내지만, 일부 형태의 상업적 착취는 매우 파괴적이며 특정 희귀종에 심각한 위협이다(그림 5.32). 멸종위기에 처한 종의 제품에 대한 국제무역 금지에도 불구하고 모피, 가죽, 뿔, 살아있는 표본 및 민간 의약품 밀수는 매년 수백만 달러에 이른다.

세계에서 가장 풍부한 생물다양성을 가진 아시아, 아프리카 및 라틴 아메리카의 개발도상국은 야생동물 및 동물 제품의 주요 공급원이며, 유럽, 북미 및 일부 부유한 아시아 국가는 주요 수입국이다. 예를 들어, 일본과 중국(대만 및 홍콩 포함)은 모든 고양이와 뱀 가죽의 4분의 3을 구매하는 반면, 유럽 국가는 남미 앵무새와 같은 대부분의 야생조류를 구매한다. 미국은 매년 살아있는 선인장의 99%와 판매되는 난초의 75%를 수입한다.

야생동물 밀수로 얻는 이익은 엄청나다. 호랑이 또는 표범 모피코트는 중국에서 $700,000에 팔린다. 아프리카 검은 코뿔소의 개체군은 뿔에 대한 수요로 인해 1960년대 약 100,000마리에서 오늘날 약 5,000마리로 감소했다. 약용으로 추정되는 아시아 지역에서 분말 코뿔소 뿔은 킬로그램 당 최고 $100,000에 팔린다. 전체 종은 위급하게 멸종위기에 처해있으며, 서부

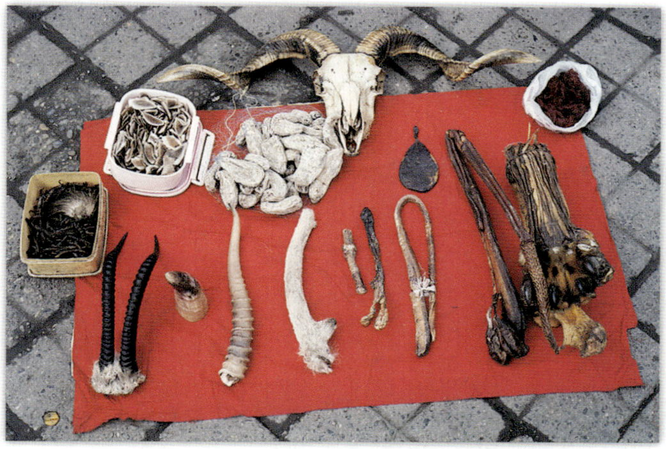

▲ **그림 5.32** 중국의 노점에서 판매되는 희귀 및 멸종위기종의 몸의 일부분들. 이러한 것들은 전통의학 및 고급식품으로 사용되므로 많은 종에 있어서 심각한 위협이 된다.
출처: ©William P. Cunningham

개체군은 공식적으로 멸종되었다.

식물도 남획에 의해 위협을 받는다. 야생 산삼은 최음제 및 민간요법으로 사용되는 뿌리에 대한 아시아의 수요로 인해 많은 지역에서 거의 고갈되었다. 선인장 "도둑(rustler)"은 미국 남서부와 멕시코에서 대규모로 선인장을 훔친다. 희귀 표본의 가격이 $1,000 정도로 높기 때문에, 현재 많은 종들이 멸종위기에 처해있는 것은 놀라운 일이 아니다.

애완동물을 위한 야생종의 거래는 광대한 세계적인 사업이다. 전 세계적으로 매년 약 5백만 마리의 살아있는 새가 애완용으로 판매되며, 대부분 유럽과 북미에서 판매된다. 애완동물 상인은 매년 약 2백만 마리의 파충류, 1백만 마리의 양서류와 포유류, 500,000마리의 조류, 1억2천2백만 마리의 열대어를 미국으로 수입(종종 불법적으로)한다. 판매된 모든 해수 열대수족관 물고기의 약 75%는 필리핀과 인도네시아의 산호초에서 왔다. 이 야생동물 수확의 일부는 지속 가능하지만, 많은 동물들은 그렇지 않다.

이 물고기들 중 많은 수는 물고기를 기절시키기 위해 시안화물이 든 플라스틱 스퀴즈병을 사용하는 다이버들에게 잡혔다. 이 기술로는 잡히는 것보다 훨씬 많은 물고기가 죽는다. 가장 나쁜 것은 산호초를 만드는 산호 동물을 죽인다는 것이다. 한 명의 다이버가 하루에 200 m^2의 산호초에서 모든 생명을 파괴할 수 있다. 전체적으로 수천 명의 다이버들이 매년 약 50 km^2의 산호초를 파괴한다. 그물 어업은 이러한 파괴를 막을 수 있으며, 애완동물 주인이 그물에 잡힌 물고기만을 고집하는 경우 시행될 수 있다. 세계 산호초의 절반 이상이 인간 활동에 의해 잠재적으로 위협을 받고 있으며, 인구가 가장 많은 지역에서 최대 80%의 위험에 노출되어 있다. 그러나 현재 감금한 상태에서 산호를 사육하고 산호초를 복원하려는 노력이 진행되고 있다(과학 탐구 참고).

포식자 및 해충 방제는 비싸지만 널리 실행되고 있다. 일부 동물 개체군은 인간이나 가축에게 위험한 것으로 간주되거나 인간의 자원 사용과 경쟁하기 때문에, 크게 줄이거나 고의적으로 멸절되었다. 매년 미국 정부의 동물 관리 요원은 수천 마리의 코요테, 살쾡이, 프레리도그 및 기타 종, 사람, 가축 또는 농작물에 대한 위협으로 간주되는 다른 종을 포획하거나, 독살하거나 총으로 쏜다.

이러한 동물 통제 노력은 매년 약 $2천만의 연방 및 주 기금으로 이루어지며 약 70만 마리의 조류와 포유류를 죽이고, 그 중 약 100,000마리가 코요테이다. 야생생물의 옹호자들은 이 프로그램을 잔인하고 무감각하며, 가축 손실을 줄이는 데 비효율적이라고 생각한다. 그들은 경비견이나 목동으로 양떼를 보호하거나 가축을 야생동물의 행동권 밖에서 유지하는 것이 더 나은 해결책이라고 생각한다. 반면 목장주들은 육식 동물의 통제 없이는 서부의 가축목장이 불가능할 것이라고 주장한다.

5.6 생물다양성 보호

- *멸종위기종법(Endangered Species Act)은 우리의 가장 중요한 환경법 중 하나이다.*
- *핵심종(keystone species) 또는 깃대종(flagship species)을 보호하면 생태계를 보호할 수 있다.*
- *종 보호는 논란의 여지가 있다.*

우리는 생물자원에 대한 우리의 손해와 그 보존 이유를 점차 인식하고 있다. 우리는 이러한 대체할 수 없는 자산을 보호하기 위해 국가 법률과 국제협약을 채택하고 있다. 공원, 야생동물보호구역, 자연보호구역, 동물원 및 복원 프로그램이 자연을 보호하고 고갈된 개체군을 복원하기 위해 설립되었다. 이 분야에서 진전이 있었지만 아직 해야 할 일이 많이 남아 있다.

이 절에서는 미국의 종에 대한 법적 보호에 대해 살펴보지만, 이는 전 세계적으로 종 보호 조치의 작은 부분일 뿐이다. 현재 대부분의 국가에는 멸종위기에 처한 종을 보호하는 법률이 있으며(많은 법이 시행되지 않고 있지만) 수십 개의 국제협약이 전 세계 생물다양성 감소를 줄이는 것을 목표로 하고 있다.

수렵 및 어업법은 유용한 종을 보호한다

수가 극적으로 감소하고 있는 미국 들소를 보호하기 위한 법안이 1874년 미국 의회에 제출되었다. 이 의안은 부분적으로 대부분의 입법자들이 인간 활동으로 인해 풍부하고 다산의 야생생물이 고갈될 수 있다고 상상할 수 없었기 때문에 실패했다. 19세기 말까지 들소 수는 약 6천만 마리에서 수백 마리로 곤두박질쳤다.

그러나 1890년대까지 대부분의 주에서는 사냥과 낚시 제

과학 탐구 EXPLORING Science 산호초 복원

산호초는 지구상에서 가장 풍부하고 가장 멸종위기에 처한 생물군집이며, 다양성, 생산성 및 복잡성 면에서 열대우림과 동등한 해양생물이다. 모든 해양종의 1/4은 산호초의 대피소에서 수명주기의 일부 또는 전부를 보내는 것으로 생각된다. 전 세계적으로 우리가 먹는 단백질의 적어도 17%는 산호초 시스템에 의존한다. 일부 해안지역에서는 그 비율이 70%이다. 산호초는 해안선을 폭풍으로부터 보호하고 전 세계 관광경제를 지지한다.

그러나 산호초는 심각한 문제에 처해 있다. 우리는 이미 오염, 파괴적인 어업 방법, 특히 기후온난화 및 해양산성화로 인해 전 세계 산호의 약 30%를 잃었다. 향후 수십 년 동안 60%가 더 손실될 것으로 보이다. 일부 연구자들은 현재의 추세가 계속된다면 금세기 말까지 전 세계 어디에도 생존가능한 산호초가 없을 것이라고 경고했다.

▲ 그림 1 석산호와 엘크혼 산호 조각은 종묘장에서 재배하여 손상된 산호초 시스템을 보충하는데 사용될 수 있다.
출처: ©zstockphotos/123RR

산호의 생식과 유전적 다양성에 대한 지식이 산호를 재성장하거나 온난한 바다에 적응할 수 있는 방법을 찾는 데 도움이 될 수 있을까? 모든 종들 중에서 가장 위협받는 석산호(staghorn)와 엘크혼 산호와 같은 일부 분지된 산호는 조각화를 통해 자라고 번식할 수 있다. 가지가 끊어지고 유리한 조건이면, 암석지반에 다시 부착하여 새로운 군집으로 자랄 수 있다. 이 특성을 활용하여 자연보존론자들은 산호 조각을 수확하여 적절한 지역으로 재배치할 수 있을 정도로 커질 때까지 수중 종묘장에서 기른다(그림 1). 현재 수십 개의 육묘장이 전 세계적으로 운영되고 있으며 수만 개의 작은 산호가 손상되거나 고갈된 산호초에 이식되었다.

유전적 변종에 초점을 맞추면 회복 노력의 성공이 증가할 수 있다. 미국령 사모아의 석호에서 산호는 대부분의 산호가 견딜 수 있는 것보다 훨씬 더 따뜻한 물에서 살아남을 수 있다. 내열성이 있는 개체는 생존했지만 내성이 없는 개체는 그렇지 않았기 때문에 자연 선택은 이 특이한 개체군을 생산했다. 다른 산호 집단에도 내성이 있는 특성이 있을까? 마찬가지로 마이애미 선박 수로에서 오염된 탁한 물에서 자라는 산호 군집이 발견되었다. 여기서 다시, 자연선택은 심하게 오염된 조건을 견딜 수 있는 개체군을 생산했다. 만약 유전학자들이 이 표본을 아주 강하게 만드는 특성을 정확히 찾아낼 수 있다면, 그 지식은 다른 군집을 개선하는 데 도움이 될 수 있을 것이다.

일부 생물학자들은 자연이 저항성 산호 균주를 생산하기를 기다리지 않는다. 호주와 하와이의 연구소는 "보조된 진화"를 위해 노력하고 있다. 따뜻하고 산성인 물에서 산호를 키우면서, 미래에 우리가 볼 것으로 예상되는 조건과 유사한 조건에서 유리한 유전자를 선택하려고 한다. 이 번식 실험은 대부분의 산호와 마찬가지로 1년에 한 번이 아니라 연속적으로 번식하는 종을 사용하여 지원된다. 새롭고 개선된 품종을 이식하면 이러한 중요한 시스템을 복원하거나 재생성할 수 있다.

가능하다면, 산호초를 구하는 것은 진화와 유전학에서 생태학 및 보존생물학에 이르기까지 다양한 과학의 통찰력을 필요로 한다. 이 지식을 적용하면 이 경이적이고 멸종위기에 처한 군집을 구할 수 있다.

한을 일부 시행했다. 이 법의 기본 개념은 야생 동물을 보존하기보다는 미래의 인간이 사용할 수 있는 자원을 보존하는 것이었다. 그 이후로 설립된 야생생물 규정과 보호구역은 많은 종에게 매우 성공적이었다. 백 년 전, 미국에는 약 50만 마리의 흰꼬리 사슴이 있었다. 현재 일부 지역에 환경이 부양할 수 있는 것보다 더 많은 약 1천4백만 마리가 있다. 야생 칠면조와 미국원앙은 거의 50년 전에 사라졌다. 서식지 복원, 먹이 작물 심기, 번식 재고 이식, 피난처 또는 집짓기 및 번식기 동안 조류 보호 및 기타 보존 조치를 사용하여 우리는 이 아름답고 상징적인 조류의 개체를 각각 수백만 마리로 복원했다. 80년 전 장식깃털 사냥꾼들이 거의 전멸시켰던 미국쇠백로가 이제 다시 흔하게 되었다.

멸종위기종보호법은 서식지와 종을 보호한다

멸종위기종보호법(ESA; Endangered Species Act)은 생물다양성과 환경 질을 보호하기위한 가장 강력한 도구 중 하나이다.

희귀하고 멸종위기에 처한 생물을 방어할 뿐만 아니라 전체 생물학적 군집에 도움이 되는 서식지를 보호하고 귀중한 생태서비스를 보호한다.

ESA는 무엇을 하는가? (1) 위험에 처한 종을 식별하기 위한 기준, (2) 회복을 위한 계획 지침, (3) 토지 소유자가 경제적 요구와 희귀종의 요구를 모두 충족시킬 수 있는 방법을 찾도록 지원, (4) 종과 서식지 보호를 위한 조치의 시행 등을 제공한다.

이 법은 세 가지 위험 등급을 식별한다. **멸종위기 종**(endangered species)은 긴급한 절멸위기에 처한 것으로 간주되는 종이다. **절멸위협종**(threatened species)은 가까운 장래에 적어도 지역적으로 절멸위기에 처할 것으로 간주되는 종이다. **취약종**(vulnerable species)은 자연적으로 드물거나 인간 활동에 의해 지역적으로 고갈되어 위험에 처하게 될 것으로 간주되는 종으로서 종종 멸종위기 종으로 등재될 후보이다. 척추동물의 경우 보호 아종, 지역 품종 또는 생태형뿐만 아니라 전체 종을 열거할 수 있다.

현재 미국은 멸종위기 종 목록에 1,372종이 있으며 약 386종의 후보 종이 고려되고 있다. 서로 다른 분류집단에 나열된 종의 수는 각 그룹의 실제 수보다 인간이 흥미롭고 바람직하다고 고려하는 생물의 종류에 대해서 훨씬 더 많이 반영한다. 미국에서는 무척추동물이 모든 알려진 종의 약 4분의 3을 차지하지만 보호할 가치가 있다고 여겨지는 종의 9%에 불과하다.

국제자연보전연맹(International Union for Conservation of Nature and Natural Resources; IUCN)은 전 세계적으로 거의 5분의 1의 포유류를 포함하여 24,431 종의 멸종위기에 처한 종을 등재하고 있다. 양서류, 파충류 및 어류의 거의 3분의 1; 그리고 몇몇 이끼와 현화식물의 대부분이 평가되었다(표 5.1 참조). IUCN은 그러한 종의 손실을 늦추는 직접적인 관할권이 없다. 미국 내에서 ESA는 종 손실을 줄이기 위한 메커니즘을 제공한다.

회복 계획은 개체군을 재건하는 것을 목표로 한다

일단 종이 나열되면, 미국 어류 및 야생동식물보호국(FWS; Fish and Wildlife Service)은 회복 계획을 준비하는 임무를 받는다. 이 계획은 개체군이 어떻게 안정화되거나 지속 가능한 수준으로 재건될 것인지를 자세히 설명한다. 회복 계획에는 서식지 구입, 서식지 복원, 종을 역사적 분포구역으로 재도입(옐로스톤의 회색 늑대와 같이), 포획 번식 프로그램 시행, 종과 그 지역에 사는 주민과의 요구 협상 등 다양한 전략이 포함될 수 있다.

FWS는 토지 소유자가 서식지 보존 계획을 준비하도록 도울 수 있다. 이러한 계획은 특정 중요 서식지를 보존하는 단계를 식별하는 특정한 관리 접근방식이다. 예를 들어, 붉은 딱따구리는 노스캐롤라이나에서 텍사스까지 손상된 소나무 숲의 곤충을 먹는 멸종위기에 처한 종이다. 적절한 토지가 공공 토지에 남아 있지 않기 때문에, 나머지 개체군의 대부분은 목재 생산을 위해 적극적으로 관리되는 개인 소유 토지에서 발생한다.

International Paper와 다른 기업들은 FWS와 협력하여 다른 지역을 수확하는 동안 지정된 양의 손상된 나무 입목을 보존하는 관리전략을 고안했다. 이 계획은 일부 나무의 절단을 제한하지만 계획의 규정이 계속해서 딱따구리를 보호하는 한 FWS가 목재 관리를 더 이상 방해하지 않도록 한다. 이 접근방법은 붉은 딱따구리의 개체수를 안정화시키는 데 도움이 되었으며, 목재회사는 제품에 대하여 호의 및 지속가능한 임업 인증을 획득했다. 서식지 보존계획은 항상 완벽하지는 않지만 종종 서로 만족스러운 해결책을 생산할 수 있다.

복원은 수십 년 또는 수백 년 동안 종과 생태계에 대한 피해를 되돌리려고 하기 때문에 느리고 비용이 많이들 수 있다. 전체 자금의 약 절반은 연간 $1천2백만을 받는 캘리포니아 콘도르, 플로리다판다 및 회색곰 등 12종의 카리스마 종에 사용된다. 이와 대조적으로 137종의 멸종 위기에 처한 무척추동물과 532종의 멸종 위기에 처한 식물은 매년 $5백만 미만을 얻는다. 이러한 불균형적인 자금은 크고 카리스마 있는 종에 대한 정치적 및 정서적 선호에서 비롯된다(그림 5.33). 과학적으로 확립된 명칭도 일부 종이 특별한 관심을 받도록 한다.

- *핵심 종*(keystone species)은 생태적 기능에 큰 영향을 미치고 그 제거가 생물학적 공동체의 다른 많은 구성원에게 영향을 미치는 종이다. 예로는 프레리독(*Cynomys ludovicianus*)와 들소(*Bison bison*)가 있다.
- *지표 종*(indicator species)은 특정 생물군집 또는 천이단계 또는 환경조건과 관련된 종이다. 그것들은 특정 조건 하에서

▲ **그림 5.33** 멸종위기종보호법(Endangered Species Act)은 큰뿔양과 같은 종의 개체수를 회복시키려고 노력하는데, 이 종은 대부분의 서식구역에서 멸종위기에 처해있다. 카리스마 넘치는 종은 애매한 종보다 목록에 등재하기가 더 쉽다.
출처: ©2009 J.T. Oris/Miami University

확실히 발견될 수 있지만 다른 조건에서는 찾을 수 없다. 예를 들면 민물송어(*Salvelinus fontinalis*)가 있다.

- *우산 종*(umbrella species)은 생존 가능한 개체군을 유지하기 위해 비교적 방해받지 않는 서식지의 큰 구획을 필요로 한다. 이 서식지를 구하면 다른 종에도 도움이 된다. 우산 종의 예로는 북부 점박이올빼미(*Strix occidentalis caurina*), 호랑이(*Panthera tigris*) 및 회색늑대(*Canis lupus*)가 있다.
- *깃대 종*(flagship species)은 사람들이 감정적으로 반응하는 흥미롭거나 매력적인 생물이다. 이 종들은 생물다양성을 보존하고 보존에 기여하도록 대중에게 동기를 부여할 수 있다. 예를 들어, 자이언트판다(Ailuropoda melanoleuca)가 있다.

토지소유주의 협력이 핵심이다

등재된 종의 3분의 2가 사유지에서 발생하므로 연방, 주 및 지방 정부기관과 사유지와 부족 소유주 간의 협력이 진전을 위해 중요하다. ESA는 종종 종을 보호하는 것이 법적으로 집행가능하고, 보호를 위해 토지소유자가 자신의 재산에 대한 계획을 변경해야 하기 때문에 논쟁의 여지가 있다. 반면에, 많은 토지소유자와 지역사회는 그들의 토지에서 생물다양성의 가치를 높이 평가하고 손자들이 볼 수 있는 종을 보존한다는 생각을 좋아한다. 인터내셔널 페이퍼(International Paper)와 같은 다른 사람들은 딱따구리를 위해 일부 나무가 죽어가는 것을 허용할 수 있다고 결정했으며, 생물다양성을 보존함으로써 발생하는 호의로부터 이익을 얻는다.

많은 조항들이 토지소유자를 보호하며, 이들은 서식지 보존계획을 개발하는데 참여하는 동기를 제공한다. 예를 들어, 정상적인 토지이용 활동에서 열거된 종이 실수로 피해를 입었을 경우 토지소유자가 책임을 지도록 허가를 발급할 수 있다. 후보자 보존협약에서 FWS는 토지소유자가 종을 목록에 올리지 않기 위해 종에 대한 위협을 줄이도록 도와준다. 세이프 하버 협정(Safe Harbor Agreement)은 토지 소유자가 자발적으로 보존 조치를 구현하는 경우 FWS가 향후 관리 선택안을 제한할 수 있는 추가적인 조치를 요구하지 않는다는 약속이다. 예를 들어, 땅딸막한 딱따구리 서식지를 개선하려는 토지소유자의 노력으로 인해 개체군이 증가한다고 가정한다. 세이프 하버 협정은 토지소유자가 개선된 서식지로 유인된 딱따구리에 대한 추가적인 관리를 하지 않아도 되도록 보장한다.

미국 어류 및 야생동식물보호국은 현재 아주 짧은 기간 동안만 문을 열었다 닫는 "팝업(pop-up) 야생동물 피난처"를 만들기 위해 개인 토지소유자와 혁신적인 계약을 사용하고 있다. 예를 들어, 캘리포니아의 센트럴 밸리(Central Valley)에서 광범위한 습지는 대규모 철새 떼를 위한 음식과 휴식 공간을 제공하는데 사용되었다. 그러나 이러한 습지의 대부분은 농업을 위해 배수되었으며, 영구적인 피난처로 토지를 구입할 돈이 없다. 그러나 상대적으로 적당한 지불금을 받기 위해 많은 농부들이 봄에 논을 침수하고 가을에 임시 서식지를 제공하려고 한다. 수백만 마리의 조류가 다른 야생동물 및 조류를 보고싶어 하는 사람들과 함께 혜택을 받는다.

ESA는 성공과 논쟁을 초래했다

ESA는 수백 종의 멸종을 막았다. 갈색 펠리컨, 송골매, 2007년에 등재에서 제외된 대머리 독수리를 포함하여 일부는 회복되어 폐지되었다. ESA가 통과되기 전인 1967년에는 약 800마리의 대머리 독수리만이 미국 본토에 남아 있었다. 어린 독수리의 부화를 방해했던 DDT 중독이 주된 원인이었다. 1994년 DDT 사용금지 이후 개체군은 8,000마리로 증가했다. 현재 미국과 캐나다에는 약 7만 마리의 대머리 독수리가 있다. 서식지는 대부분의 장소에서 완전히 점유된 것으로 보이다. 비슷하게 1970년대에 39개 번식 쌍으로 내려간 페레그린 송골매는 1999년까지 1,650쌍으로 반등하여 목록에서 제외되었다. 1967년 미국 악어는 멸종위기에 처한 것으로 밝혀졌다. 보호는 매우 효과적이어서 종 전체가 남부 전체에 걸쳐 풍부하다. 플로리다만 해도 개체군은 백만 개체 이상일 수 있다.

그러나 많은 사람들이 새로운 종을 등재하는데 있어서 느린 속도에 불만을 가지고 있다. 수백 종은 "보증되었지만 배제", 또는 보호가 필요하지만 자금이나 지역적인 지원이 부족한 것으로 분류된다. 보호 대상으로 지명된 이후로 최소한 18종이 멸종되었다.

등재가 느린 이유 중 하나는 정치적 논쟁과 법적 논쟁이 수년간 계속될 수 있기 때문이다. 정치적 이익은 큰 이윤이 위험에 처할 때 특히 치열하다. 1978년 테네시 주에서 텔리코 댐 건설이 시어(화살고기; snail darter)라고 하는 작은 물고기를 위협했을 때 ESA에 대한 중요한 시험이 이루어졌다. 댐을 건설하고 있던 강력한 테네시 밸리 당국(Tennessee Valley Authority)은 댐이 물고기보다 더 중요하다고 대법원에 주장했다. 이 사건 이후 새로운 연방위원회에 경제적 이유로 ESA를 무효화할 권한이 부여되었다. 〈이 위원회는 종의 생사에 대한 권한으로 인해 나중에 전도자의 일단(God Squad)으로 알려지게 되었다〉

멸종위기에 처한 종 보호의 경제학에 대한 또 다른 중요한 논쟁은 북부 점박이 올빼미의 논쟁이었다(6장 참조). 이 부엉이를 보존하기 위해서는 태평양 북서부 지역에서 오래 성장한 온대우림의 광대하고 교란되지 않은 지역의 보존이 필요하다. 목재산업 경제학자들은 1,600~2,400마리의 부엉이를 구하는 비용을 $330억으로 계산했다. 생태학자들은 이 금액이 크게 과장되었다고 반박했다. 더욱이 산림보존은 그 계산이 거의 불가능한 수많은 다른 종과 생태계서비스를 보존할 것이다.

때때로 종 보존의 가치는 계산하기가 더 쉽다. 컬럼비아 강의 연어와 옥새송어는 바다로의 이동을 차단하는 수력발전 댐과 저수지로 인해 위험에 처해 있다. 수문을 열면 치어가 강을 따라 내려가고 성어가 산란장으로 돌아갈 수 있지만, 전기 소비자, 바지선 교통량 및 저렴한 물과 전기에 의존하는 농부에게는 높은 비용이 소요된다. 반면 연어의 상업적 어업 및 스포츠 낚시는 연간 $10억 이상의 가치가 있으며 약 60,000명의 직원을 직간접적으로 고용하고 있다.

많은 국가에는 종 보호법이 있다

지난 25년 동안 많은 국가에서 멸종위기 종에 대한 법적보호의 중요성을 인식했다. 1977년 캐나다 멸종위기 야생동물 현황위원회(Committee on the Status of Endangered Wildlife; COSEWIC), 유럽연합 조류지침(1979) 및 서식지 지침(1991), 호주의 멸종위기 종 보호법(1992)에 의해 멸종위기에 처한 종의 등재 및 보호 규정이 제정되었다. 생물다양성 협약(1992)을 포함한 국제협약도 개발되었다.

1975년 멸종위기에 처한 야생동식물의 국제거래에 관한 협약(Convention on International Trade in Endangered Species; CITES)은 야생동물과 그 일부의 국제무역을 차단함으로써 중요한 보존전략을 제공한다. 이 협약은 코끼리 상아, 코뿔소 뿔, 호랑이 가죽 또는 멸종위기에 처한 조류, 도마뱀, 물고기 및 난초를 수출하거나 수입하는 것을 불법화한다. CITES의 시행은 완벽하지 않았다. 밀수업자는 옷과 수하물에 살아있는 동물을 숨긴다. 국제 수송량이 많으면 운송 컨테이너 및 선박검사를 할 수 없으며, 문서가 위조될 수 있다. 북미와 유럽 및 부유한 중국 도시에서 이러한 제품의 높은 가격은 밀수입의 위험을 초래한다. 판매는 불법이지만 희귀한 앵무새는 한 마리에 수만 달러의 가치가 있다. 그럼에도 불구하고 CITES는 이 거래를 제한할 수 있는 법적구조를 제공하며 멸종위기에 처한 종의 실제 거래비용에 대한 대중의 인식을 고취한다.

CITES 하에서 멸종위기에 처한 종에서 성공한 놀라운 예는 아프리카의 남부 흰 코뿔소의 회복이다. 1세기 전에 이 거대한 초식동물은 거의 멸종되었지만, 공원과 사냥금지 구역에 최소 17,500마리의 흰 코뿔소가 있다.

서식지 보호는 개별 종 보호보다 낫다

점점 더 많은 과학자, 토지 관리자, 정책 입안자 및 개발자가 최대의 생물학적 다양성을 지원하는 합리적이고 대륙 전체의 생태계 보존이 필요하다고 주장하고 있다. 그들은 이것이 절박한 사례에 대한 종별 전투보다 효과적이라고 주장한다. 우리는 개별 종에 집중함으로써, 식물이나 동물을 풀어놓을 수 있는 자연서식지가 없는 감금상태에서 번식하기 위해 수백만 달러를 소비한다. 산 고릴라와 인도호랑이와 같은 주요 종은 동물원과 야생동물공원에서 잘 번식하고 있지만, 이전에 살았던 생태계는 대부분 사라졌다.

이 새로운 형태의 보존의 선도자는 1980년대 중반 캘리포니아 콘도르 복구 프로그램의 프로젝트 책임자였으며 이전에 하와이에서 멸종 위기에 처한 종들에 대해 10년 동안 일한 스캇(J. Michael Scott)이다. 스캇은 멸종위기에 처한 종의 지도를 만들 때, 토지의 50% 이상이 연방이 소유하고 있는 하와이조차도 자연보호구역 밖에서 많은 식생유형을 가지고 있음을 발견했다(그림 5.34). 보호지역 사이의 틈새에는 그 안에 보존된 것보다 더 멸종위기에 처한 종이 있을 수 있다.

이러한 관찰로 인해 보존 분석가와 야생동물 관리자는 보호되지 않은 경관이나 종이 풍부한 보호 토지 네트워크의 간격을 찾는 격차 분석(gap analysis)이라는 접근방식을 이끌어냈다. 간격 분석에는 보호된 보존지역과 생물다양성 지역의 지도 작성이 포함된다. 이 둘을 겹치면 보존 노력의 우선순위를 쉽게 식별할 수 있다. 지도는 또한 생물학자와 토지이용 계획자가 생물다양성 위협에 대해 의사소통하는데 도움을 준다. 이 광범위하고 전체적인 접근방식은 단편적인 접근방식보다 더 많은 종을 구할 것으로 보인다.

결론

생물다양성은 다른 생물이 사는 환경조건, 생물군계 및 서식지 유형의 관점에서 이해될 수 있다. 기후조건의 영향을 아는 것은 생물다양성을 설명하고 생물군집을 보존하기 시작하는 중요한 장소이다. 우리는 많은 종(특히 포유류, 조류 및 파충류)에 대해 많은 것을 알고 있지만 대부분의 종(특히 무척추동물과 식물)

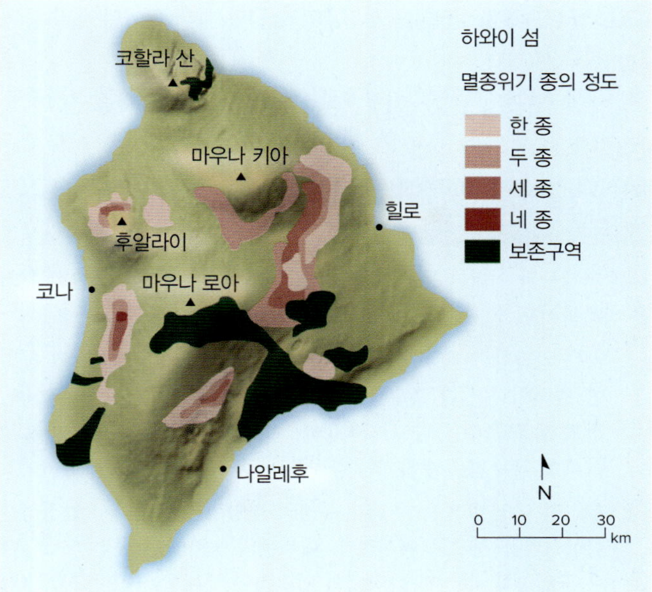

▲ 그림 5.34 여기서 나타난 하와이 섬의 지도에서 같이 보호받는 토지(녹색)는 종종 생물학적으로 다양한 영역(붉은색 지역)과 다르다.

에 대해서는 거의 알지 못한다. 세계 종들 중에서 많은 종들이 위협을 받거나 멸종위기에 처해있다. 우리는 포유류, 조류 및 몇몇 다른 집단에 대한 위협에 대해 가장 걱정하지만 식물, 지의류, 연체동물 및 기타 집단의 훨씬 더 큰 비율이 위협을 받고 있다.

생물다양성은 생태계 안정성에 도움이 될 수 있고 식량, 의약품 및 기타 제품에 대한 다양한 생물에 의존하기 때문에 우리에게 중요하다. 우리는 미래에 어떤 종류의 발견되지 않은 종들이 의약품과 음식을 제공할 수 있을지 모른다. 생물다양성은 또한 중요한 문화적, 심미적 이점을 가지고 있다. 이러한 생물다양성의 가치를 금전적으로 환산하는 것은 어렵지만, 이를 유지하려는 노력은 보존지역의 가치가 다양한 범위에서 나타나고 있다.

서식지 소실, 침입종, 오염, 인구증가 및 남획을 포함한 많은 요인들이 생물다양성을 위협한다. 약어인 **HIPPO**는 이러한 위협을 전체적으로 설명하는데 사용되었다. 이국적인 애완동물과 지속가능하지 않은 어업이나 지속가능하지 않게 수확되는 목재 제품을 피함으로써 이러한 위협을 줄일 수 있다. 멸종위기종법(**Endangered Species Act**)을 포함한 생물다양성을 보호하는 법은 논란의 여지가 있었다. 이 법에는 또한 흰머리 독수리와 회색 늑대를 포함하여 많은 종이 포함되었다. 그러한 법은 종종 다른 종들도 보호하는 역할을 한다. 이러한 법의 불완전함에도 불구하고, 이 법들은 미래 세대를 위한 생물다양성을 보존하기 위한 유일한 메커니즘이다.

연습 문제 *PRACRICE QUIZ*

1. 산림 관리원은 왜 서부 산림에서 나무좀과 화재의 영향에 대해 우려하고 있는가?
2. 9가지 주요 유형의 육상생물군계를 설명하시오.
3. 기후 그래프(그림 5.6에서와 같이)를 어떻게 읽어야 하는지 설명하시오.
4. 산호초, 맹그로브, 강어귀 및 조수 웅덩이가 발생하는 조건을 설명하시오.
5. 북아메리카의 중앙 부분에는 한때 초원이 지배했던 큰 생물군계가 있다. 물리적 조건 및 기타 요소가 이 생물군계를 어떻게 제어하는지 설명하시오.
6. 늪(swamp), 습지(marsh), 수렁(bog)의 차이점을 설명하시오.
7. 고도(산)와 수심(물)은 환경조건과 생명 형태에 어떤 영향을 미치는가?
8. 그림 5.15는 해양 및 육상에서의 엽록소(식물 생장)를 보여준다. 녹색의 광합성생물이 적도와 대륙 가장자리에서 띠로 나타나는 이유를 설명하시오. 대륙의 매우 짙은 녹색지역과 노란색/오렌지 지역을 설명하시오.
9. 생물다양성을 정의하고 생태계와 기능을 보존하는 데 필수적인 세 가지 유형의 생물다양성을 언급하시오.
10. 생물다양성 "핫스팟"이란 무엇인가? 그중 몇 가지를 나열하시오(그림 5.22 참조).
11. 인간은 생물다양성의 혜택을 어떻게 얻는가?
12. 약어 HIPPO는 무엇을 의미하는가?
13. 과거에 절멸이 일어났을까? 현재의 절멸에 대해 이상한 점이 있는가?
14. 왜 이종 또는 침입 종이 생물다양성에 위협이 되는가? 이국적인 침입종의 몇 가지 예를 제시하시오(그림 5.26 참조).
15. 멸종위기종법의 역할은 무엇인가?

비판적 사고와 토론 *CRITICAL THINKING AND DISCUSSION*

다른 학생들과 이러한 문제를 토의하기 위하여 이 장에서 학습한 원칙을 적용하시오.

1. 많은 가난한 열대 국가들은 헥타르에 달하는 새우양식장이 동일한 면적의 온전한 홍수림의 1,000배에 달하는 연간수입을 10년 정도 제공할 수 있다고 지적한다. 이 점을 친구나 동급생과 토론하시오. 홍수림을 구하거나 반대하는 주장은 무엇인가?
2. 유전적 다양성 또는 유전자 유형의 다양성은 집단에서 안정성을 향상시키는 것으로 여겨진다. 대부분의 농작물은 유전적으로 매우 균일하다. 유전자 다양성의 일반적인 중요성이 식량작물에 적용되지 않는 이유는 무엇인가? 왜 적용되어야 하는가?
3. 과학자들은 이론과 가정에 신중해야 한다. 인류가 지구 역사상 없었던 멸종을 일으킨다는 진술에 대해 어떠한 주장을 할 수 있을까?
4. 보존 조직이 열대 국가에서 생물다양성의 손실을 줄이기 위한 노력을 이끌기 위해 여러분을 고용했다. 다음 서식지 파괴와 파편화, 사냥과 낚시 활동, 상업적 판매를 위한 야생종의 수확 또는 외래생물종의 도입 중 어떤 문제에 먼저 중점을 두어야 하고, 그 이유는 무엇인가?
5. 많은 생태학자와 자원과학자들은 정부기관에서 자원과 자원 관리를 연구하기 위해 일한다. 이 과학자들은 순수한 과학을 시도하거나, 민주적으로 선출된 대표의 정치적 지위를 지지하려고 노력할

때 중에서 어느 경우 대중에게 가장 잘 봉사하는가?

6. 여러분은 벌목 공동체에서 살고 일하는 산림생태학자이다. 최근 여러분의 지역에서 멸종위기에 처한 도롱뇽이 발견되었다. 공식적으로 멸종위기에 처한 종 목록에 도롱뇽을 추가하는데 찬성하거나 반대하는 논거는 무엇인가?

데이터 분석 사육의 신뢰한계 *DATA ANALYSIS Confidence Limits in the Breeding Bird Survey*

과학의 중심원리는 모든 지식이 불확실성을 포함한다는 인식이다. 우주에서 가능한 모든 사건을 관찰할 수 있는 연구는 없으므로, 항상 정보가 빠져 있다. 과학자들은 결과의 현실적인 평가를 위해 불확실성의 한계를 정의하려고 한다. 이 원칙의 결론은 데이터가 많을수록 불확실성이 줄어든다는 것이다. 더 많은 데이터는 관측결과가 가능한 관측범위를 나타낸다는 확신을 증가시킨다.

북아메리카의 야생생물 개체 수 동향에 대한 가장 자세한 기록 중 하나는 번식조류 조사(Breeding Bird Survey; BBS)이다. 매년 6월, 자원봉사자들은 4,000개가 넘는 확립된 25마일 경로를 조사한다. 40년이 넘게 수천 개의 경로에서 축적된 데이터는 개체군 추세를 나타내며, 어떤 개체군이 새로운 영역으로 증가, 감소 또는 확장되고 있는지 알려준다.

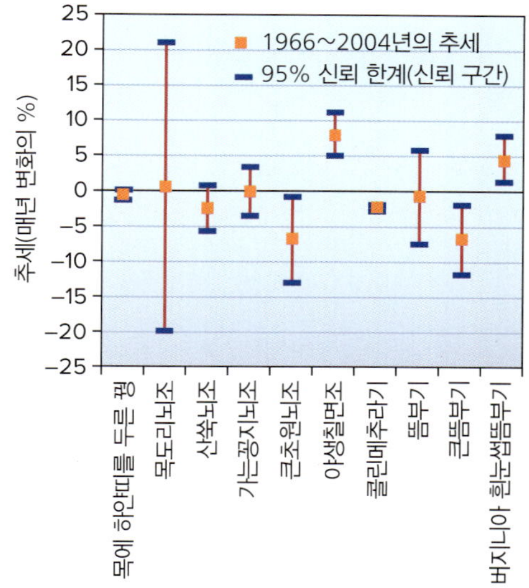

CHAPTER

6 환경 보전: 산림, 초원, 공원 및 자연보존구역

Environmental Conservation: Forests, Grasslands, Parks, and Nature Preserves

학습 성과 *Learning Outcomes*

이 장을 학습한 후에 여러분은 다음 질문에 대답할 수 있어야 한다:

- ▶ 세계 최초의 숲 중 어느 부분이 남아 있는가?
- ▶ 전 세계 산림을 위협하는 활동은 무엇인가? 그것들을 보존하기 위해 어떤 조치를 취할 수 있는가?
- ▶ 도로건설이 산림보존에 어려움을 주는 이유는 무엇인가?
- ▶ 세계에서 가장 광범위한 초원은 어디에 있는가?
- ▶ 세계의 초원은 어떻게 분포되어 있으며, 어떤 활동이 초원을 퇴화시키는가?
- ▶ 북미에서 공원과 자연보호구역의 원래 목적은 무엇인가?
- ▶ 자연지역을 복원하는 데 도움이 되는 몇 가지 단계는 무엇인가?

오랑우탄은 모든 유인원에서 가장 위험에 처한 종들 중에서 하나이다. 지난 20년 동안 보르네오와 수마트라에 있는 열대우림 서식지의 약 90%가 벌목과 야자유 농장으로 전환되어 파괴되었다.

©anolis01/123RF

사례 연구 *Cace Study*

야자유 및 멸종위기 종

여러분이 사용하는 도넛, 치약 및 샴푸가 수마트라와 보르네오에서 위태롭게 멸종위기에 처한 오랑우탄을 죽게 할수 있을까? 멀리 떨어진 것 같지만 그럴 수도 있다. 슈퍼마켓에 포장된 식품, 화장품 및 비누의 절반 이상의 주요 성분인 야자유는 거의 20년 전 습한 열대림이었던 농장에서 유래한다. 인도네시아와 말레이시아에서 이 숲은 오랑우탄, 수마트라 호랑이, 코뿔소 및 기타 멸종위기 종의 서식지였다. 야자유가 세계에서 가장 널리 사용되는 식물성 기름이 되면서 야자유 재배지는 열대삼림 벌채의 가장 큰 원인 중 하나가 되었다.

▲ **그림 6.1** 지난 15년 동안 동남아시아의 야자 재배 지역은 1,400만 헥타르(3,400만 에이커)로 성장하여 세계에서 가장 부유 한 1차 삼림을 대체했다. 이 급속한 성장은 서식지를 파괴하고 멸종 위기에 처한 많은 종을 대체했다.
출처: ©Anuchit Suwanarat/123RF

말레이시아와 인도네시아가 부분적으로 소유한 섬인 보르네오의 오랑우탄 개체군에 대한 2017년 연구에 따르면, 단 15년 만에(1999~2015년) 지역 오랑우탄의 절반 이상인 10만 마리의 희귀하고 은둔생활을 하는 산림 영장류가 살해된 것으로 추정된다. 이 지역의 오랑우탄은 2050년까지 5만 마리에 불과할 것으로 예상되며, 그 중 다수는 소규모의 분산으로 생존 불가능한 개체군에 속한다. 이러한 감소의 주된 원인은 원시림이 야자 재배지로 빠르게 전환되고, 목재 제품을 위한 삼림벌채가 이루어지고, 정착지가 이러한 산업의 요구를 채우기 위해 확장되면서 인구밀도가 증가하였기 때문이다. 서식지의 손실이 시작점이었지만, 이 연구에서 실제 개체 감소는 주로 농장 주변 숲의 사냥으로 나타났으며, 이는 농장과 벌목도로를 원시림까지 깊숙이 확장했기 때문에 가능했다.

인도네시아에서 *오랑우탄*(orang utan)은 숲의 사람을 의미한다. 오랑우탄은 인간과 가장 가까운 영장류 중 하나이며, 유전자의 97% 이상을 인간과 공유한다. 이러한 관계를 인식하여 보르네오의 전통문화에는 오랑우탄의 사냥과 취식을 금기시 했다. 그러나 이러한 금기는 한때 산림이었던 지역으로 인구가 확장되며 감소하는 것으로 보인다.

인도네시아와 말레이시아는 전 세계 야자유 공급량의 80% 이상을 생산한다. 1960년 당시 양국은 약 10만 헥타르(247,000에이커)의 야자유 농장을 가졌다. UN 식량농업기구(FAO)에 따르면 이 수치는 현재 약 1,400만 헥타르(3,400만 에이커)에 달한다. 야자유 농장의 확장은 일반적으로 다른 삼림벌채 관행과 동반된다. 벌목회사는 종종 귀중하고 단단한 목재(경재)를 먼저 수확한다. 그런 다음 식재를 위해 토지를 개간하고(불법 벌목 부스러기를 태운다), 마지막으로 야자수의 단일경작이 식재된다(그림 6.1).

물을 많이 필요로 하는 야자수는 습한 토양과 습한 기후를 필요로 하므로, 저지대 이탄 늪지에 농장이 설립된다. 이탄은 주로 고대의 분해되지 않은 식물물질로 구성되어 있으며, 1헥타르의 이탄의 배수 및 연소는 15,000톤의 이산화탄소를 방출할 수 있다. 수마트라 산림에서 방출된 탄소의 70% 이상이 이탄 연소에서 발생한다. 세계에서 3번째로 큰 열대우림 지역이자 삼림 벌채율이 가장 높은 인도네시아는 현재 세계에서 3번째로 높은 온실가스 배출 국가이다. 토탄 연소로 인한 연기는 종종 싱가포르, 말레이시아 및 주변 지역을 뒤덮는다.

2014년 뉴욕 UN 기후 정상회담에서 맥도날드, 네슬레 제너럴 밀스, 크래프트 및 프록터 & 갬블을 포함한 150개 회사가 최근 개간된 열대우림에서 생산되는 야자유 사용을 중단하고 산림지역의 인권을 보호하겠다고 약속했다. 거대한 아시아 펄프제지(Asia Pulp and Paper)를 포함한 몇몇 벌목회사는 이탄 토지의 배수를 중단하고 2020년까지 삼림 벌채를 50% 줄이겠다고 서약했다.

이것들은 유효한 약속인가, 아니면 의미없는 약속인가? 원유를 추적하거나 외진 지역을 모니터링하는 것은 어렵지만, 적어도 이러한 움직임은 수용 가능한 관행에 대한 기준을 설정한다. 2017년 세계 최대의 야자유 무역업자인 Wilmar International과 Cargill은 환경 및 인권남용으로 인해 과테말라 회사인 Reforestadora de Palmas del Peté S.A.(REPSA)와 더 이상 사업을 하지 않을 것이라고 발표했다. REPSA는 야자유 작업 중 Pasió River로 유출된 오염물에 의해 수백 만 마리의 물고기가 폐사했을 때 항의했던 28세의 과테말라 학교 교사인 촉(Rigoberto Lilma Choc)의 살인사건에 연루되었다. Choc의 항의로 인해 과테말라 판사는 6개월 동안 REPSA에게 작업을 중단하라고 명령하였으며, 이 판결은 3명의 인권운동가들의 납치와 Choc의 살인으로 이어졌다. 그 후 Cargill은 REPSA가 지속가능성과 윤리에 대한 중요한 기준을 충족시키지 못하였다고 언급하면서 REPSA와 관계를 끊었다.

10만 마리 오랑우탄의 죽음이 전 세계의 야자유 생산과 무역, 인간에 대한 살인에 영향을 미치지는 않았지만, 인식이 높아지면 산림에 거주하는 종 및 사람들과 함께 산림을 보호하는데 도움이 될 수 있다.

사례 연구 Cace Study (계속)

전 세계적으로 산림을 감시하고 방어하는 것은 생물다양성, 기후, 물 및 문화적 다양성을 보호하는 핵심이다. 이 장에서 우리는 산림 및 초원 보호구역의 상태와 미래 세대를 위해 보존하기 위해 노력한다. 위성 이미지를 통해 이러한 풍경을 탐색하는 데 다음 사이트가 도움이 될 것이다.

https://doi.org/10.1016/j.cub.2018.01.053

자세한 내용은 Voigt et al., 2018을 참조하시오. 천연 자원에 대한 전 세계 수요가 100,000마리 이상의 보르네오 오랑우탄을 없앴다. https://doi.org/10.1016/j.cub.2018.01.053 ■

6.1 세계 산림

- *산림은 서식지, 자원 및 필수 생태 서비스를 제공한다.*
- *열대림은 특히 다양하고 취약하다.*
- *산림은 탄소를 저장하여 기후를 안정화시킨다.*

산림, 삼림, 목초지 및 방목지는 전 세계 토지피복 면적의 거의 60%를 차지한다(그림 6.2). 이러한 생태계는 목재, 제지 펄프 및 가축 방목과 같은 우리의 필수자원을 제공한다. 기후조절, 유수 제어, 야생생물 서식지 제공, 공기와 물 정화, 강우 지원 등 필수적인 생태적 서비스도 제공한다. 또한 산림과 초원에는 보호받을 경치, 문화 및 역사적 가치가 있다. 그러나 그들은 또한 가장 심하게 교란된 생태계 중 하나이다(5장 참조).

이 장의 시작 사례 연구에서 알 수 있듯이 경쟁적인 토지 이용과 요구의 균형을 맞추는 것은 복잡하다. 많은 보존 논쟁은 산림, 초원 및 방목지의 보호 또는 이용에 관한 것이다. 이 장에서는 이러한 생물학적 공동체의 사용 및 남용방법과 이를 보호하고 자원을 보존할 수 있는 방법에 대해 살펴보자. 먼저 삼림에 대해 논의한 다음 초원과 보존, 복원 및 보존전략을 논의한다.

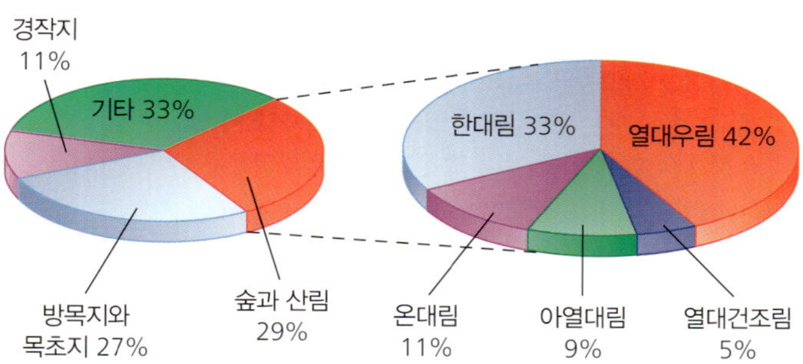

▲ **그림 6.2** 세계 토지이용 및 산림 유형. "기타" 범주에는 툰드라, 사막, 습지 및 도시 지역이 포함된다.
출처: UN Food and Agriculture Organization (FAO)

▲ **그림 6.3** 호주 퀸즈랜드 주의 열대우림. 이와 같은 1차림 혹은 노숙림은 꼭 거대하고 오래된 나무로만 이루어진 것은 아니다. 그 대신 생태순환과 생태관계를 복잡하게 하는 수많은 다양한 크기의 나무와 종을 가지고 있다.
출처: ©gregbrave/123RF

한대림과 열대림이 가장 풍부하다

산림은 널리 분포되어 있지만 대부분의 남은 산림은 차가운 한대(북부) 또는 타이가 지역과 습한 열대지방에 있다(그림 6.3). 산림의 밀도와 높이가 다양하고 대부분 접근할 수 없기 때문에 산림분포를 평가하는 것은 까다롭다. UN 식량농업기구(FAO)는 산림을 나무가 토지의 10% 이상을 차지하는 지역으로 정의한다. 이 정의에는 나무가 지역의 20% 미만을 차지하는 개방된 **사바나**(savanna)에서부터, 수관이 대부분의 지면을 덮는 **폐쇄 캐노피 숲**(closed-canopy forest)에 이르는 삼림이 포함된다. 가장 큰 열대림은 아마존 강 유역에 있다. 산림 손실률이 가장 높은 지역은 남미지역으로(그림 6.4) 동남아시아 및 중앙아메리카를 포함해 세계에서 생물학적으로 가장 다양한 지역 중 일

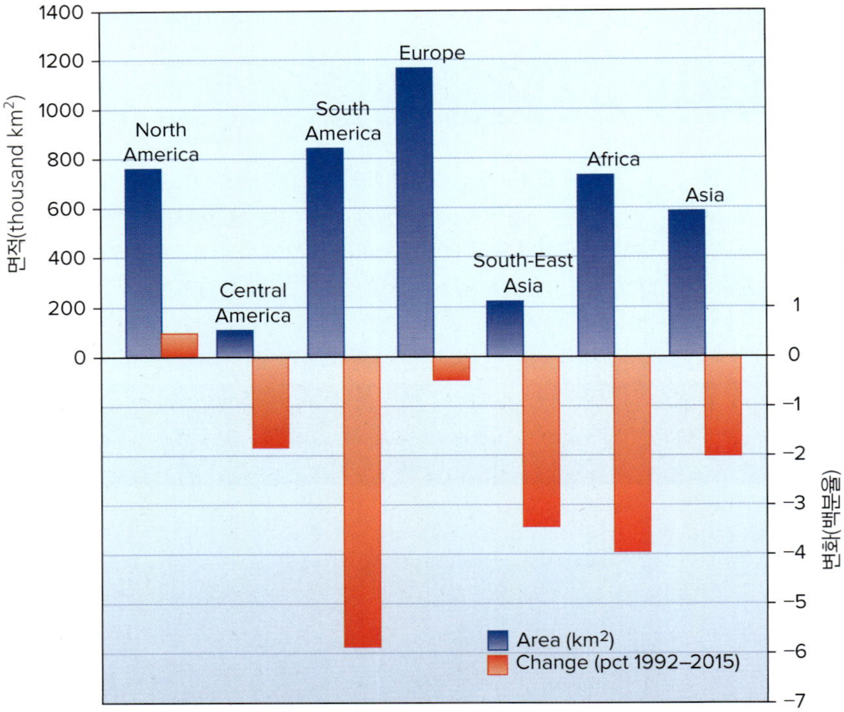

▲ **그림 6.4** 산림 면적 및 백분율 변화 1992-2015. 농업에 대한 산림개간은 가장 최근의 변화를 설명한다. (숲 변화에 대한 통계는 "숲"에 대한 다양한 정의에 따라 달라질 수 있다.)
출처: Data from FAO, 2018

부는 급속한 삼림 벌채를 겪고 있다.

생태학적으로 가장 중요한 산림 중에는 이 장의 처음에 나오는 사례 연구에 설명된 인도네시아 삼림과 같은 원시림의 유물이 있는데, 세계 생물다양성, 멸종위기에 처한 종, 토착 인류문화의 상당부분이 있다. 때때로 미개척 삼림이라고 불리는 **노숙림**(old-growth forest)은 비교적 넓은 지역을 포함하고, 나무가 자연적인 생명주기를 살며 생태 과정이 상당히 정상적인 방식으로 일어날 수 있을 정도로 오랫동안 인간 활동에 의해 방해받지 않은 숲이다. 그렇다고 모든 나무가 거대하거나 수천 년을 산 것이어야 한다는 의미는 아니다. 로키 산맥의 소나무 숲과 같은 일부 산림 시스템에서, 대부분의 나무는 질병이나 화재와 같은 자연적 교란에 의해 1세기도 살지 못한채 죽는다. 또한 인간이 결코 존재하지 않는다는 의미는 아니다. 인간의 점유가 상대적으로 적은 영향을 미치는 곳에서, 노숙림의 사람들은 아주 오랫동안 거주했을 것이다. 벌목이나 경작지로 전환된 산림조차도 정상적인 천이과정

능동적 학습 ACTIVE LEARNING

산림 면적 계산

1992~2015년 사이의 산림 손실을 보여주는 그림 6.4를 살펴보라. 아래 표를 사용하여 원래 산림지역의 변화(인간 영향 전)를 계산하라. 손실 백분율을 계산하려면 원래 값에서 최근 값을 뺀 다음 차이를 원래 값으로 나눈다.

산림 면적의 변화

지역	원래 삼림(백만 헥타르)	2015년(백만 헥타르)
아프리카	2,200	674
아시아	1,900	592
유럽	2,200	1,005
남아메리카	1,400	864
오세아니아	400	191
북미와 중미	700	705
세계	8,800	4,031

1. 어느 지역이 원래 삼림에서 가장 많은 비율을 잃었을까?
2. 어느 지역이 가장 많은 숲을 얻었으며, 그 비율은 몇 퍼센트일까?
3. 아프리카와 유럽(시베리아 포함)은 가장 많은 양의 원림을 가지고 있는 것으로 기록되어 있다. 그림 6.2의 삼림 유형 중에서 이 두 지역에서 가장 우세한 유형은 무엇인가? (의심스러운 경우 5장을 참조하시오) 야자유 생산을 지원할 수 있는 지역은 어디인가?
4. 인간 거주가 시작된 이래로 전 세계에서 얼마나 많은 숲이 사라졌을까?
5. 어림잡아 작업하면 비교가 쉽다. 그래프에서 대략적인 숫자를 읽을 때 손실되는 세부사항은 얼마나 중요한가? FAO의 원본 데이터를 제작할 때 어떤 종류의 일반화가 이루어졌을까? 어떤 종류의 일반화는 피할 수 없었을까?

답: 1. 아프리카는 15억 2천6백만 헥타르 또는 거의 70%를 잃었다. 2. 북아메리카는 5백만 헥타르를 얻었다. 3. 열대 습한 숲(아프리카)과 한대림(유럽); 아프리카는 기름야자를 부양할 수 있다. 4. 세계는 약 47억 6천9백만 헥타르의 산림 또는 원래 산림의 약 54%를 잃었다. 5. 일반적으로 근사 값은 빠르고 유용한 비교를 제공하며, 그 이상의 분석이 완료될 때까지 추가적인 세부사항이 필요하지 않다. 숲과 숲의 유형을 정의하거나 "원래" 또는 "현재" 숲의 범위를 결정하는 데에는 모두 통상적으로 피할 수 없는 일반화가 포함된다.

벤치마크 데이터	
이 장의 아이디어와 숫자 중에서 다음은 기억할 가치가 있는 몇 가지 사항이다.	
29%	숲과 산림에서 지표면의 백분율
18%	산림개간으로 인한 인위적인 기후 영향의 비율
17%	보존지역 면적
11%	경작지의 지표 면적 비율
11:47	수익: 서부 방목지 관리비용(백만 달러)
3:58	세계 보호구역의 비율, 1950년: 2017년, km^2

을 거치게 되면 종종 노숙림의 특성으로 되돌아 갈 수 있다.

비록 숲이 여전히 전 세계적으로 한 지역의 절반 정도를 차지하고 있지만, 이 숲의 1/4만이 오래된 성장 특징을 유지한다. 그 외의 오래된 숲은 러시아, 캐나다, 브라질, 인도네시아 및 파푸아뉴기니에 분포하고 있다. 이 5개국은 세계에서 상대적으로 교란되지 않은 산림의 3/4 이상을 차지한다. 일반적으로 법보다는 원격성이 숲을 보호한다. 공식적으로는 러시아의 오래된 숲 중 단지 약 1/5만이 위협을 받고 있는 것으로 간주되지만, 러시아 극동지역에서 빠른 삼림벌채(법적 및 불법적)로 인해 훨씬 더 많은 지역이 위험에 처해 있다.

산림은 필수 제품을 제공한다

목재는 다른 어떤 상품보다 현대경제의 더 많은 활동에 큰 역할을 한다. 제조 및 마케팅 과정에서 목재 또는 목재제품을 사용하지 않는 산업은 거의 없다. 선진국에서 우리 각자가 하루에 사용하는 우편, 신문, 복사, 포장 및 기타 종이 제품의 양을 생각해보자. FAO에 따르면 연간 총 세계 목재 소비량은 약 55억 m^3이다. 이것은 철강과 플라스틱 소비를 합한 것 이상이다. 목재 및 목재제품의 국제무역은 매년 2천억 달러 이상에 달한다. 선진국이 모든 산업용 목재의 절반 미만을 생산하면서 소비의 약 80%를 차지하는데 비해, 열대지방의 저개발국가는 절반 이상을 생산하지만 단지 20%만 사용한다.

가장 빠르게 성장하는 임산물인 제지 펄프는 목재 소비량의 거의 5분의 1을 차지한다. 전 세계 대부분의 종이는 북미, 유럽 및 아시아에서 사용되고 있다. 미국, 러시아 및 캐나다는 제지 펄프 및 산업용 목재(목재 및 패널)의 최대 생산국이다. 유럽과 북미의 많은 산업적 벌목은 손상되지 않은 노숙림이 아니라 관리되는 농장에서 일어난다. 그러나 종이 생산은 동남아시아, 서아프리카 및 기타 지역에서의 삼림벌채의 책임이 점점 더 커지고 있다.

땔나무는 전 세계 목재 사용의 거의 절반을 차지한다. 적어도 20억 명의 사람들이 난방 및 요리 연료의 주요 공급원으로 땔나무나 숯에 의존한다(그림 6.5). 저개발 국가에서 사용되는 연료재의 평균 양은 매년 1인당 약 1 m^3이며, 각 미국인이 매년 종이 제품으로 소비하는 양과 거의 동일하다. 전 세계 인구 증가율보다 약간 낮은 땔나무에 대한 수요로 인해, 일부 개발도상국의 성장하는 도시 주변에서 심각한 땔나무 부족이 발생하고 산림이 고갈되고 있다. 약 15억 명의 사람들이 필요한 것보다 적은 양의 연료를 소비하고 있으며, 많은 전문가들은 개발 중인 도시지역이 성장함에 따라 연료부족이 심각해질 것으로 예상한다. 일부 국가에서는 땔나무 채집이 삼림 벌채의 주요 원인이지만, 삼림 관리인은 대부분의 개발도상국에서 바이오매스 에너지가 신중하게 관리되면 지속 가능한 생산을 할 수 있다고 주장한다.

세계 산림의 약 1/4이 목재 생산을 위해 관리된다. 이상적으로 산림 관리에는 지속 가능한 수확을 위한 과학적 계획이 포함되며 산림 재생에 특히 주의를 기울인다. FAO에 따르면 온대 지역에서는 영구적인 삼림 벌채보다 더 많은 토지가 재건되거나 자연적으로 재생될 수 있다고 한다. 그러나 이 재조림의 대부분은 **단일경작 임업** (monoculture

▲ **그림 6.5** 땔나무는 전 세계적으로 수확된 모든 목재의 거의 절반을 차지하며, 모든 인류의 거의 절반을 위한 주요 에너지원이다.
출처: ©William P. Cunningham

▲ **그림 6.6** 위스콘신 나무 농장과 같은 단일경작 임업은 귀중한 목재와 펄프 목재를 생산하지만 생물다양성은 거의 없다.
출처: ©William P. Cunningham

forestry)으로 불리는 단일 종, 단일 사용 및 집약식 농경의 대규모 농장에 있다. 이 방법은 보다 다양한 산림보다 빠른 성장과 수확에 용이하지만 밀도가 높은 단일 종은 생물다양성이 배제되어, 종종 자연산림의 가장 큰 가치인 토양침식 제어 및 깨끗한 물 생산과 같은 생태서비스를 제공하는데 있어 부족하다(그림 6.6).

가장 성공적인 재조림 프로그램을 가진 몇몇 국가는 아시아에 있다. 예를 들어, 중국은 1,000년 전에 대부분의 숲을 베어 냈으며 그 결과 수 세기에 걸친 침식과 심각한 홍수로 어려움을 겪었다. 그러나 최근에는 주요 하천 상류의 목재 절단이 금지되고 대규모 재조림 프로젝트가 시작되었다. 지난 20년 동안 중국은 주로 신장 지역에 사막의 확산을 막기 위해 약 500억 그루의 나무를 심었다. 한국과 일본의 산림 복원 프로그램도 매우 성공적이었다. 제2차 세계 대전 중에 양국의 대부분의 산림이 사라졌으나 현재는 약 70%가 산림이다. 그러나 이 나라들이 자국에서는 재식림을 하면서 다른 곳에서는 산림을 개간하고 있지는 않은지에 대한 많은 의문이 있다.

열대림이 빠르게 개간되고 있다

열대림은 가장 풍부하고 다양한 육상 시스템 중 하나이다. 현재는 지구 지표면의 10% 미만을 차지하고 있지만, 이 숲은 전체 식물생물량의 3분의 2 이상과 세계의 모든 식물, 동물 및 미생물 종의 절반 이상을 포함하는 것으로 생각된다.

1세기 전, 약 1,250만 km^2의 열대 지방(미국 전체보다 넓은 지역)은 폐쇄 캐노피 숲으로 덮여있었다. FAO는 그 숲의 약 40%만이 원래 상태를 유지하고 있으며, 기존 열대림의 약 1천만 헥타르 또는 약 0.6%가 해마다 제거되는 것으로 추정한다(그림 6.7).

이 장의 개관 사례 연구에 따르면 인도네시아는 현재 세계에서 가장 높은 **삼림벌채**(deforestation; 산림 손실) 비율을 가진 것으로 생각된다. 20세기 초 인도네시아 총 토지의 최소 84%가 숲이었으나 1990~2010년 사이에 불법 야자유 농장으로 인해 2,400만 헥타르의 산림(59백만 에이커)을 상실했고, 섬 국가의 52%만이 조림되었다. 2014년 산림벌채를 줄이겠다는 공약에도 불구하고, 인도네시아는 매년 약 80만 헥타르를 상실해서 브라질의 산림벌채와 비슷하다.

총 열대림 손실 추정치는 연간 약 5백만에서 2천만 헥타르 이상이다. 일반적으로 널리 인용되는 FAO의 연간 1천만 헥타르의 삼림벌채 추정치는 평균적으로 1초에 1에이커 또는 축구장 하나의 면적이 24시간 내내 개간된다는 것이다.

2004년 브라질은 개간 및 화재로 28,000 km^2의 산림이

1975 1989 2015

▲ **그림 6.7** 1975~2015년 사이 브라질의 Rondomia의 산림파괴. 벌목 도로의 건설은 농민들이 정착할 수 있도록 숲을 여는 깃털 같은 패턴을 만든다.
출처: USGS EROS Data Center

▲ **그림 6.8** 가축 방목을 위한 산림 개간은 특히 남미에서 삼림벌채의 중요한 이유이다.
출처: ©William P. Cunningham

손실된 것으로 보고되었다. 이 파괴의 대부분은 콩 생산과 가축 방목을 위한 공간을 마련하는 것이었다(그림 6.8). 삼림벌채 비율은 몇 년 동안 감소했지만 최근에 다시 증가하여 2017년 16,000 km^2에 도달했다. 이러한 추정치는 어떻게 도출될까? 원격탐사는 일반적으로 산림 피복에 대한 최상의 정보를 제공한다(과학 탐구 참고).

아프리카에서는 세네갈, 시에라리온, 가나, 마다가스카르, 카메룬 및 라이베리아의 해안 숲이 이미 파괴되었다. 아이티는 한때 80%가 숲이었으나, 오늘날에는 본질적으로 모든 숲이 파괴되었으며 땅은 불모지가 되어 침식되었다. 인도, 미얀마, 캄보디아, 태국 및 베트남은 저지대의 노숙림이 거의 없다. 중앙아메리카에서는 지난 30년 동안 원래 습한 열대림의 거의 3분의 2가 주로 숲이 벌목되어 가축 방목장으로 전환되었기 때문에 파괴되었다.

세계 각지에서의 삼림벌채에는 서로 다른 다양한 요인이 있다. 티크 및 마호가니와 같은 귀중한 열대 경목을 벌목하는 것이 일반적으로 첫 번째 단계이다. 벌목꾼은 1헥타르 당 가장 큰 나무 중 하나 또는 두 개만 가져갈 수 있지만, 열대림의 수관은 일반적으로 넝쿨나무와 서로 맞물리는 나뭇가지에 의해 강하게 연결되어 있어 한 나무를 쓰러뜨리면 다른 나무 수십 그루가 넘어질 수 있다. 통나무를 제거하기 위한 도로를 건설하면 더 많은 나무가 죽지만, 더 큰 문제는 농민, 광부, 사냥꾼 및 기타 피해를 입히는 다른 사람들이 숲에 들어가는 것을 허용한다는 것이다.

이동경작[화전(slash and burn) 또는 밀파(milpa)농업이라고도 함]는 종종 산림파괴로 비난받는다. 그러나 많은 국가에서 토착민들은 토양 비옥도를 개선하기 위해 복잡한 주기의 혼합 다종배양과 토양개량 관행을 사용하는 지속가능한 방법을 발견했다. 비원주민 인구증가와 벌목으로 인해 많은 지역에서 이러한 관행이 불안정해졌다.

산림의 유지는 기후를 안정시킨다

산림은 중요한 지역 기후조절을 제공한다. 나무는 막대한 양의 수분을 흡수하고 증산(방출)하며, 액체상 물을 증기로 변환하면서 대기의 열을 많이 소비한다. 증발된 수분은 강우량을 제공하는 구름이 된다. 아마존 열대우림 주변 지역에서 떨어지는 비는 대부분 증산에서 비롯된다. 아마존 산림은 바람이 바다에서 수분을 공급하기 2~3개월 전에 비가 내리는 것으로 나타났다.

이 강수량은 삼림벌채에 취약하다. 산림이 개간됨에 따라 강우량이 감소하고 경치가 건조해지며, 지역 온도가 상승할 수 있고, 가뭄과 산불이 빈번해져 숲의 재성장이 어려워진다. 아마존 열대 우림조차도 가뭄으로 고통 받고 있으며, 이로 인해 산림 감소가 발생하고, 산림이 감소함에 따라 주변 농지의 강우가 더욱 감소한다. 생태학자들은 이 양의 되먹임이 강수량 감소에서 나무의 폐사로, 또다시 감수량 감소로 이어지는 자체증폭 감소를 초래한다고 우려하고 있다.

산림에서 방출된 수분은 전 세계 수분 순환에 기여한다. 최근 기후 연구에 따르면, 아마존의 산림벌채가 미국 중서부의 강수를 줄일 수 있다고 한다. 산림은 또한 거대한 탄소 흡수원으로서 약 422억 톤의 탄소를 현존 바이오매스에 저장한다. 산림 청소 및 연소는 매년 사람의 행동에 의해 방출된 모든 탄소의 약 18%(모든 차량을 합친 것보다 많은 양)를 차지하며 지구 기후변화의 주요 요인이다(9장 참조).

삼림벌채를 방지하는 것은 기후와 강우를 보호하는 값싼 방법이 될 수 있다. 예를 들어, 우간다에서의 연구에 따르면 마을 토지 소유자에게 헥타르 당 $27를 지불하는 것이 산림보존을 장려하기에 충분하며 그 결과 산림벌채가 대조군 마을에 비해 절반으로 줄어든 것으로 나타났다. 이는 배출되지 않는 CO_2 톤당 약 46 센트로, 부유한 국가의 탄소 통제 비용보다 몇 배나 저렴하다. 이에 비해 미국 발전소의 탄소 포집비용은 톤당 약 $130로 추정된다. 분명히, 탄소 오염을 방지하는 것이 발생 후 처리하는 것보다 저렴하다.

REDD 체계는 생태계 서비스 비용을 지불할 수 있다

산림이 지구 기후 시스템에 영향을 미친다는 것이 점점 더 분명해지면서 부유한 국가들은 개발도상국에 산림 유지를 위해 비용을 지불하는 방법을 모색하고 있다. 삼림벌채 및 산림 황폐화로부터 배출량 감소(Reducing Emissions from Deforestation and Forest Degradation; REDD)는 이를 위한 전 세계적 노력이다. 이는 저소득 국가들이 숲을 개간하고 판매할 필요가 없는 경제적 기회를 갖는데 도움이 되길 희망한다. REDD 계획에

과학 탐구 산림 손실에 대해 어떻게 알 수 있는가?

EXPLORING Science

브라질의 아마존 강 유역에는 세계 최대의 원시림이 있다. 이 숲은 세계 최대의 생물다양성 지역으로 매년 20억 톤의 이산화탄소를 포집하며, 브라질의 도시와 농장에 강우량을 제공하는 수분을 증발시킨다. 그러나 이 숲은 농업, 벌목, 광업 및 수력 발전 댐 개발로 인해 지속적으로 감소하고 있다. 오늘날 빠르게 성장하는 중국의 돼지고기 산업에 공급하기 위해 확장되는 콩 농업은 삼림벌채의 주요 원인이 되었다. 대두 생산자와 은행가는 브라질에서 가장 강력한 정치적 영향자이며, 삼림 벌채와 습지 파괴의 새로운 물결을 일으키고 있다. 브라질은 1970년대부터 매년 5,000~30,000 km^2의 거리를 개간했다. 그 당시 캘리포니아의 면적인 약 400,000 km^2의 원시림이 사라졌다.

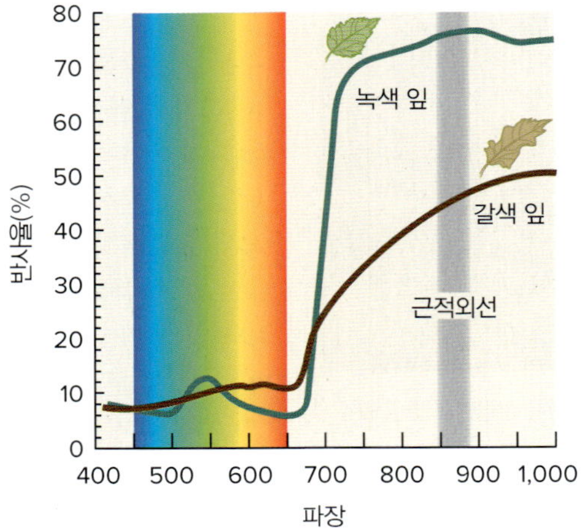

▲ **그림 1** 녹색 잎은 청색 또는 적색보다 스펙트럼의 녹색 부분에서 더 많이 반사되지만 가시광선 범위를 벗어난 적외선 범위에서는 70% 이상을 반사한다. 갈색 잎은 가시 스펙트럼에서 유사하게 반사되고 적외선에서는 50% 이하로 반사된다. 이러한 고유한 패턴을 통해 지표면과 위성 이미지를 구별 할 수 있다.

우리는 이것을 어떻게 알 수 있는가? 우리는 몇 에이커의 숲을 잃었는지, 그리고 무엇이 그것을 대체한 것인지 어떻게 알 수 있는가? 도보 측정은 불가능하다. 이 지역은 너무 광대하고 숲은 통행이 불가능하다. 매년 수천 개의 새로운 콩밭을 세고 측정하는 것은 상상도 할 수 없이 시간이 많이 걸리는 일이다.

이럴 때는 원격탐사가 답이다. 온라인 지도에 익숙한 사람은 위성으로 촬영한 토지 이미지를 볼 수 있다(그림 6.7 참조). 위성사진은 풍경 사진을 제공하고, 위성 이미지는 숲과 농지의 면적을 계산할 수 있게 해준다.

또한 원격탐사는 위성(또는 공중 센서)의 이미지 포착 및 분석이 가능하다. 수백 개의 위성이 지구궤도를 돌며 GPS 신호를 전송하고 날씨를 모니터링하며 지구 이미지를 포착한다. 눈은 청색, 녹색 또는 적색으로 해석되는 파장에서 빛 에너지를 감지하지만, 위성 센서는 우리가 볼 수 없는 매우 짧은 파장(자외선)과 긴 파장(적외선)을 감지할 수 있다.

이러한 파장은 랜드 커버를 차별화하는 열쇠이다. 녹색 초목은 빨강 또는 파랑보다 녹색 파장이 더 많이 반사되므로 녹색으로 보이다(그림 1). 그러나 녹색 초목은 적외선 파장(보이지 않는)을 훨씬 더 강하게 반영한다. 그림 1의 "스펙트럼 서명"(서로 다른 파장의 특성 반사 패턴)은 녹색 잎의 반사율이 녹색 파장(약 500~550나노미터, nm)에서 약 15%, 청색 또는 적색 파장의 두 배인 것을 나타낸다. 그러나 적외선 범위에서는 반사율이 70% 이상으로 증가한다. 이것은 식물이 태양에서 가장 가시적인 에너지(파란색에서 빨간색까지)를 흡수하지만 대부분의 적외선 에너지를 반사한다는 것을 의미한다. 녹색 초목이 있는 곳을 "보기를" 원한다면 적외선 파장이 매우 유용하다.

대조적으로 갈색 잎은 비슷한 양의 가시 파장(약간 더 노란색-적색)을 반사하고 녹색 잎보다 훨씬 적은 적외선을 반사한다.

서로 다른 파장의 상대 반사율을 분석함으로써 원격탐사 소프트웨어는 광대한 영역의 토지에 대해 지배적인 지표를 픽셀 단위로 식별할 수 있다(그림 2). 따라서 녹색 잎, 포장도로 및 건물, 물, 콩에서 사탕수수와 옥수수에 이르기까지 다양한 작물 유형으로 채워진 픽셀 수를 계산할 수 있다. 분석가는 이 계산을 매년, 매월 또는 그보다 자주 반복할 수 있다.

가장 잘 알려진 지구영상 위성 중 하나인 Landsat은 185 km 너비의 이미지를 생성하며, 각 픽셀은 지상에서 30×30 m의 영역을 나타낸다. Landsat 궤도는 대략 극에서 극으로 궤도를 돌며 지구가 위성 아래에서 회전하는 16일마다 전체 표면의 이미지를 포착한다. Landsat 프로그램은 1972년에 시작되었으며 토지 변경에 대한 가장 좋은 기록을 제공한다.

사진은 토지 표면에 대한 좋은 자료를 주지만 원격탐사를 통해 산림, 농업, 습지 또는 도시개발과 같은 중요한 값의 변화를 수량화하고 수많은 다른 질문에 답변할 수 있다.

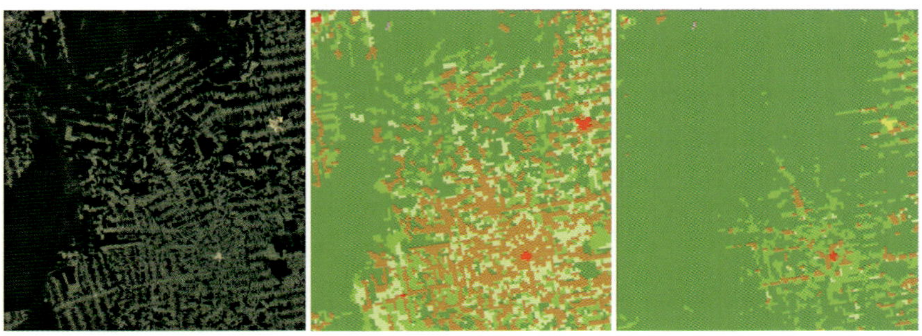

▲ **그림 2** 스펙트럼 서명은 가시적 이미지(왼쪽)를 숲(녹색), 농업(황갈색) 및 도시(빨간색)로 분류할 수 있다. 셀 수는 2014년(중앙)과 2000년(오른쪽)의 변화를 보여준다.

출처: Data from Brazilian Institute of Geography and Statistics, Monitoramento da Cobertura e Uso da Terra do Brasil 2018.

대한 자금조달을 위한 부유한 국가들의 합의는 최근 세계 기후회의에서 주목할 만한 성공 사례 중 하나이다.

파푸아 뉴기니와 코스타리카가 2005년 기후회담에서 처음 제안한 아이디어는 부유한 국가가 개발도상국의 산림 안정화와 기타 산림의 혜택에 의존하는 방식을 인식하는 것이었다. 이러한 인식의 일부는 부유한 국가가 개발도상국의 산림보호에 자금을 지원함으로써 일부 서비스에 대한 비용을 지불해야 한다는 것이다(핵심 개념 참고). 3억 헥타르의 황폐한 산림을 재조림하는 것은 향후 50년 동안 약 10억 톤의 CO_2를 포집할 수 있다고 계산된다.

REDD가 관심을 모은 이유 중 하나는 다양한 이익집단에 서비스를 제공하는 다양한 생태적 기능을 보호하기 때문이다. 12억 명 이상의 사람들이 생계를 위해 숲에 의존한다. 정부는 이 지역 사회의 정치적 안정에 관심을 갖고 있다. 산림은 도시에 공급되는 수자원과 생태관광을 지원하는 생물다양성을 보호한다. 종종 원주민과 부족 그룹은 산림 시스템에 대한 전문지식을 가지고 있으며, REDD는 이러한 사람들을 보존 전략에 참여시키기 위해 노력한다. 그들의 소득을 보충하면 산림자원의 집중적인 사용을 피할 수 있을 뿐 아니라 전통적인 지식과 원주민 부족들이 귀중한 자원인 땅에 남아있을 수 있다.

원주민 권리보호는 REDD 노력의 중요한 목표이지만, 이러한 보호는 항상 논쟁이 되고 종종 위험한 계획이었다. 2017년에는 토지 소유권과 오염문제로 인해 군대와 민간 "죽음의 부대"가 라틴아메리카와 열대지방에서 약 200명의 산림 감시원을 살해했다.

REDD만큼 큰 프로그램을 관리하는 것은 쉽지 않다. UN은 전 세계적으로 완전한 산림 보호에 필요한 지원 자금이 연간 200~300억 달러 사이라고 추정한다. 이 비용은 많아 보이지만 세계 GDP의 0.0003%에 불과하거나, ExxonMobil (2014년 $450억) 또는 Apple (2015년 $1000억)과 같은 대기업의 연간 순이익보다 적다. 이 비용을 현명하게 사용하고 프로젝트를 지속가능하게 하려면 신중한 모니터링과 효과적인 관리(종종 개발도상국가에서 부족함)가 필요하다. 이렇게 큰 비용이 사용되면 부패를 통제하고 공정한 관리를 보장하기가 어렵다. 그럼에도 불구하고 이는 세계 역사상 가장 큰 열대 보존을 위한 실험이다.

온대림도 위험에 처해 있다

열대 국가는 지속 가능한 속도로 산림을 수확하는데 다르지 않다. 미국과 캐나다와 같은 북부 국가들도 논란의 여지가 있는 산림관리 관행을 허용했다. 수년 동안 미국 산림청의 공식 정책은 "다중사용"으로, 산림이 우리가 하고 싶은 모든 것에 사용될 수 있음을 암시했다. 그러나 일부 용도는 호환되지 않는다. 예를 들어, 노천광산에서의 조류 관찰은 그리 즐겁지 않다. 그리고 숲을 벌채하면, 파괴되지 않은 노숙림을 필요로 하는 종을 보호하는 것이 쉽지 않다.

최근 몇 년 동안 미국과 캐나다에서 가장 논쟁이 많은 산림 문제 중 하나는 태평양 북서부의 오래된 온대우림의 벌목이다. 이 장의 맨 앞 사례 연구처럼 그러한 숲은 매우 높은 수준의 생물다양성과 열대우림보다 헥타르 당 5배나 많은 생물량을 축적할 수 있다(그림 6.9). 북부 반점 올빼미, 북미 칼새(Vaux's swift) 및 알락쇠오리와 같은 많은 토착종은 이 고대 숲의 독특한 조건에 매우 적합하여 다른 곳에서는 서식하지 않는다.

과학적 연구, 지역적 필요성 및 토지 사용 모범 사례를 통합하기 위한 모델로 1994년 미국 북서부 산림관기계획이 수립되었다. 이 계획은 숲, 야생동물 및 수로의 장기적인 유지를 보호하면서 인간과 경제 차원의 문제를 통합하려고 한다. 과학적으로 건전하고, 생태적으로 신뢰할 수 있으며, 법적으로 책임있는 전략과 구현에 중점을 둔다. 그것은 예측 가능하고 지속

▲ **그림 6.9** 아주 오래된 온대우림의 거대한 나무는 지구상의 다른 어떤 생태계보다 현존 식생으로 단위 면적당 더 많은 총 바이오매스를 축적한다. 그들은 희귀하고 멸종위기에 처한 많은 종들에게 서식지를 제공하지만, 나무 한 그루를 수천 달러에 팔 수 있는 벌목꾼에 의해 벌목된다.
출처: ©William P. Cunningham

나무를 보호하는 것은 기후를 보호하는 것?

산림파괴 및 토지전환은 모든 인위적 CO_2 배출량의 약 17%를 생성하며 이는 전 세계 모든 운송 배출량보다 더 많다. REDD (삼림벌채 및 산림 황폐화로부터 배출량 감소)는 이러한 배출량을 줄이고 기후 재앙을 막는 것을 목표로 한다. 삼림벌채를 줄이면 세계 배출감소 목표의 약 절반을 달성할 수 있다. 수십억 달러에 달하는 생태계 서비스와 귀중한 생물학적 다양성을 동시에 보호할 수 있다. 매일 3만 헥타르가 넘는 열대림이 벌목과 화재로 파괴되며, 또 다른 3만 헥타르는 그 기능이 저하된다. 이러한 현상은 앨라배마주보다 매년 두 배나 큰 면적에 해당한다.

KC 6.1

©pedarilhos/123RF

삼림 벌채와 해체는 어떻게 탄소를 방출하는가?

- 나무는 연소하여 저장된 탄소(C)를 방출한다.
- 식생이 사라져 저장된 탄소(C)가 방출된다(2장 참조).
- 토양 쓰레기에서 탄소(C)의 축적이 감소한다. 노출된 토양은 건조되고, 토양의 탄소(C)는 CO_2로 산화된다.
- 탄소(C)를 저장하기 위해 더 이상 산림생태계를 사용할 수 없다.

삼림 벌채의 원인은 무엇인가?

- 산업 규모의 농업(대두 및 야자유 생산, 가축 목장)
- 목재에 대한 국제 수요에 따른 산업 벌목
- 농지와 땔나무를 찾는 빈곤과 인구 증가
- 도로개발, 석유개발, 광업 및 댐

삼림 벌채의 이익

- 석유
- 야자유 함유 식품, 화장품
- 종이 제품
- 알루미늄(보크사이트 광석에서)
- 금속, 보석, 전자 부품
- 기타 등

KC 6.3

KC 6.2

NASA Landsat 이미지는 아마존 강 근처 도로 양쪽의 평행 한 개간을 보여준다

출처: NASA

삼림 벌채에서 잃어버린 가치

인간복지 손실은 **매년 2~4조 달러**로 추산된다.[1] 생태계서비스 및 탄소 저장 가치의 손실은 더욱 더 클 수 있다.

1Sukdev, P. 2010. Putting a price on nature. Solutions 1(6):34-43. www.thesolutionsjournal.org.

KC 6.10

REDD에 따라 어떤 생태 서비스가 보호되는가?

우리는 수많은 상품과 서비스를 숲에 의존한다. 다음은 몇 가지 주요 예이다.

- 물 공급은 숲이 우거진 지역에 의해 유지되며, 건조한 계절에는 수분을 저장하고 천천히 방출한다.
- 생물 다양성은 야생 식품, 의약품, 건축 자재, 철새 종 및 관광을 제공한다.
- 기후 및 날씨 조절: 산림지역은 개간된 지역보다 온도 및 습도 변화가 적다.

▼ 세계의 남은 산림면적은 약 40억 헥타르이다. 이 숲의 거의 절반이 북방의 숲(보라색)이다. 약 절반은 열대림(녹색)이다.

KC 6.7

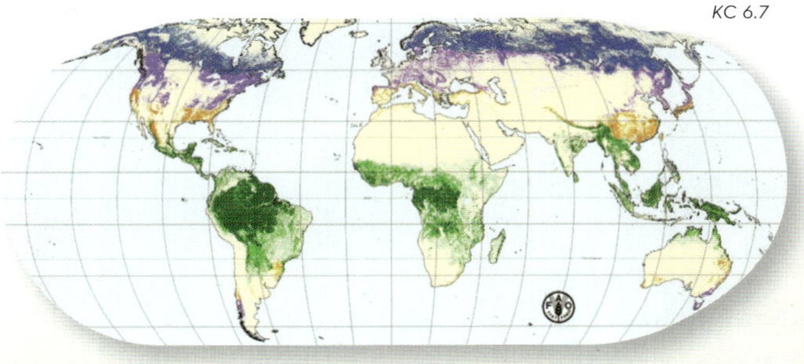

KC 6.6

©Mary Ann Cunningham

©Volodymyr Romanovskyy/123RF

KC 6.4

©Amazon Conservation Team

KC 6.8

REDD의 비용

이는 제품 및 서비스에 대한 비용이다. 많은 개발도상국은 수입의 대부분을 열대 목재 수출 또는 야자유 및 콩 농장에 의존한다. REDD와 협력하기 위해 그들은 이 수입의 어느 정도를 보전하기 원할 것이다.

부유한 국가들은 개발도상국의 자원과 생태계서비스에 의존한다. 목재, 석유, 종이 및 식품에 대한 비용을 지불하는 것은 쉽지만, REDD는 이제 전 세계 기후 안정화, 생물다양성 및 수자원을 포함하여 우리가 의존하는 일부 생태계서비스를 보호하기 위해 비용을 치뤄야 한다고 제안한다.

유엔 REDD 프로그램은 산림보호, 탄소 상쇄 및 대체 개발전략에 대한 비용을 선진국에서 매년 $200~300억이 소요될 것으로 추정한다.

인권은 어떤가?

약 12억 명의 사람들이 생계를 위해 숲에 의존한다. 전 세계 인구의 3분의 2인 20억 명 이상이 장작을 사용하여 집을 요리하고 데운다. REDD가 원주민과 지역사회의 권리를 인정하기 위해 도시의 중앙정부로 돈을 보내면 이 지역사회에 대한 위협이 악화될 수 있다.

REDD 프로젝트가 지속 가능하고 꾸준할 것을 어떻게 확신할 수 있는가?

REDD가 성공하려면 모니터링, 훌륭한 정부 및 지역 차원에서의 작업이 필수적이다. 현지 참여의 흥미롭고 성공적인 예는 Google 어스와 GPS를 사용하여 원주민과 협력하여 조상의 땅을 지도제작, 모니터링 및 보호하는 Amazon Conservation Team (ACT)의 사례이다.

KC 6.9

©Amazon Conservation Team

설명할 수 있을까? CAN YOU EXPLAIN?

1. 삼림 벌채는 어떻게 탄소 배출에 기여하는가?
2. 당신이 사용하는 열대림(또는 이전의 숲) 자원은 무엇인가?

▲ **그림 6.10** 이와 같은 넓은 개벌지는 노숙림에 의존하는 종을 위협하고, 가파른 경사를 토양침식에 노출시킨다. 원래 숲과 같도록 복원하는 데는 수백 년이 걸린다.
출처: ©boscorelli/123RF

가능한 수준의 목재 판매 및 비 목재 자원을 생산하는 것을 목표로 한다. 또한 연방기관이 협력하도록 노력한다. 그러나 일부 강에서 멸종 위기에 처한 연어와 송어 개체군의 생존을 보장하는 것만으로는 충분하지 않을 수 있다. 몇몇 연어와 무지개송어 개체군은 멸종위기에 처해 있으며 더 많은 종들이 관심의 대상이다. 여러분은 어떻게 생각하는가? 벌목, 농업 및 저렴한 수력의 균형을 어업, 토착민 권리 및 야생생물 보호와 어떻게 균형을 이룰 수 있을까?

여러 가지 목재 수확 방법이 있다. 미국과 캐나다의 대부분의 재목과 펄프 목재는 현재 크기에 관계없이 특정 지역의 모든 나무를 자르는 **개벌지**(clear-cutting)로 수확된다(그림 6.10). 이 방법은 포플러나 일부 소나무와 같은 양지종의 비슷한 수령의 입목을 생산하는 데 효과적이지만, 넓은 구역에서 수행될 때 종종 토양침식을 발생시키고 많은 산림 종의 서식지를 위협한다. 좋은 산림관리는 모든 죽은 나무와 벌목 잔류물을 즉시 제거해야 한다고 생각했었다. 그러나 연구 결과에 따르면, 서있는 그루터기와 굵은 목질 파편은 토양보호, 다양한 생물의 서식지, 영양분 순환과 같은 중요한 생태학적 역할을 수행할 수 있다고 한다.

개벌지의 일부 대안으로는 성숙한 나무가 두 번 이상의 연속된 절단으로 제거되는 **산벌**(shelterwood harvesting)과 좁은 통로의 모든 나무가 수확되는 **대상벌채**(strip-cutting)가 있다. 많은 산림 유형의 경우 가장 덜 파괴적인 수확 방법은 **선택적 벌채**(selective cutting)이며, 10년 또는 20년마다 교대로 성숙한 나무의 일부만 벌채한다. 예를 들어, 폰데로사 소나무는 보통 희박한 입목으로 선택적으로 자르고 나머지 나무의 성장을 향상시키는 것이다. 선택적 벌채에 의해 관리되는 산림은 성숙한 노숙림의 연령분포 및 지면피복의 많은 특성을 유지할 수 있다.

생태계 서비스에 대해 우려하는 많은 사람들은 미국 연방 토지에 대한 벌목을 중단할 것을 촉구하고 있다. 전국 목재의 4%만이 국유림에서 나오며, 이 수확량은 매년 미국 경제에 단지 약 40억 달러를 추가하는 정도인 반면에, 여가활동, 어류 및 야생생물, 깨끗한 물 및 산림이 제공하는 기타 생태서비스는 매년 $2,200억 이상의 가치가 있기 때문이다. 전 미국 산림청장 돔벡(Mike Dombeck)은 수자원이 국유림에서 가장 귀중한 상품이라고 밝혔다.

많은 외딴 지역사회는 생존을 위해 벌목작업을 하지만 이러한 일자리는 풍부한 보조금에 의존한다. 연방정부는 도로건설, 산림관리, 화재퇴치 및 판매를 위한 관리비용보다 낮은 가격으로 목재를 판매한다. 이러한 지역사회가 연방 및 주 보조금 없이 무엇을 할 것인가에 대한 지속적인 의문이 있다. 이러한 다양한 비용과 혜택을 어떻게 평가해야 하는가? 목재 수확에 의존하는 지역사회를 지원하는 다른 방법이 있는가?

공공 토지의 도로는 또 다른 논쟁이다. 지난 40년 동안 산림청은 총 550,000 km (343,000마일) 또는 간선 고속도로 시스템 길이의 10배 이상으로 벌목도로 시스템을 확장했다. 정부 경제학자들은 도로건설이 자동차 레크리에이션 및 산업용도로 국가를 개방하기 때문에 이익으로 생각하지만, 광야 애호가와 야생생물 지지자들은 이것을 비싸고 파괴적인 프로그램으로 간주한다. 2001년 클린턴 대통령은 도로 건설로부터 2,780만 헥타르(5,850만 에이커)의 사실상 광야를 보호하기 위한 계획을 세웠다. 토지개발자, 벌채, 광업 및 에너지회사는 이 "도로 없는 법"에 항의했다. 산업 친화적인 서부 판사의 지지를 받고 있는 부시(G. W. Bush) 대통령은 이후 법을 뒤집어 자원 관리자들에게 벌목, 광업 및 모터 레크리에이션을 촉진하도록 했다. 2009년 오바마 대통령은 이 규칙을 복원할 것을 명령하면서 이 법안이 1,600종의 멸종위기 종(곰과 올빼미 포함)과 6천만 명의 배수구역을 보호할 수 있다고 주장했다. 그러나 2017년 트럼프 대통령은 또다시 도로 없는 법을 뒤집고 광업 및 목재 추출을 위하여 숲을 열었다.

화재 관리 비용이 증가하고 있다

산림관리에 대한 미국의 정책은 1930년대의 가뭄 동안 계속된 재난적인 화재에 의하여 공고히 형성되었다. 수백만 헥타르의 산림이 파괴되고 도시 전체가 타버렸으며 수백 명이 사망했다. 산림청은 공공 토지의 모든 화재를 오전 10시 이전에 진화한다는 강력한 화재제어 정책을 발표했다. 스모키 베어는 산림 마스코트가 되어 "당신만이 산불을 예방할 수 있다"라고 경고했다. 그러나 최근 화재의 생태학적 역할에 대한 연구에 따르면 공격적인 화재 진압이 잘못일 수도 있다. 이는 많은 생태계가 화재에 적응하고 재생을 위해 주기적인 연소가 필요하기 때문이다. 숲에서 화재를 완전히 예방하면 나무부스러기가 쌓이면서 매우 큰 화재가 발생할 가능성이 크게 높아졌다(그림 6.11).

수십 년간의 화재 진압 이후, 많은 숲은 헥타르 당 50~100

무엇을 할 수 있는가?

What Can YOU Do?

산림 영향 감소

숲은 일상생활에서 멀리 떨어진 것처럼 보일 수 있지만 우리가 숲을 보호하기 위해 할 수 있는 일이 있다.

- 용지를 재활용하고 메모지로 재사용한다. 양면 복사를 하거나 인쇄하지 않는다.
- 인증된 지속가능한 수확 목재로 만든 제품을 구입한다. 건축하는 경우 노숙림의 합판과 목재 대신 복합 재료, 파티클 보드 또는 적층보(laminated beam)를 사용한다.
- 제조업체가 농림업 또는 지속가능한 수확 공급원을 보장할 수 없는 경우 흑단, 마호가니, 자단 또는 티크와 같은 열대 나무제품을 피한다.
- 삼림 벌채 우림의 식품을 피한다. 여기에는 패스트푸드 햄버거, 커피, 바나나 및 야자유가 함유된 대부분의 제품이 포함될 수 있다.
- 브라질너트, 캐슈, 버섯 또는 그늘에서 자란 커피와 같은 목재 이외의 임산물을 구입한다.
- 숲이 우거진 지역을 방문하고 생태관광에 비용을 지불한다. 그러나 영향을 최소화하는데 주의를 기울인다.
- 담당자에게 연락하여 산림보호 정책을 지원하도록 요청하고 떠오르는 정책과 그 영향에 대한 정보를 유지한다.

▲ **그림 6.11** 화재를 진압하고 연료가 축적되도록 하여 이와 같은 주요 화재가 발생할 가능성이 높아진다. 일부 산림에 대해 가장 안전하고 생태적으로 건전한 관리 정책은 재산이나 인간의 생명을 위협하지 않는 자연적 또는 규정된 화재가 주기적으로 타도록 허용하는 것일 수 있다.

출처: ©Watcharapol Amprasert/123RF

그루의 성숙한 나무로 한정되었으며, 열린 하층은 최대 2,000그루의 작고 가늘게 죽어가는 묘목만을 가지고 있다. 미국 산림청은 3천3백만 헥타르(7천3백만 에이커) 또는 모든 연방 산림지의 약 40%가 심각한 화재의 위험이 있다고 추정한다.

설상가상으로 미국에서는 한때 숲이 우거진 산림지역이었거나 산불이 발생할 가능성이 높은 외곽지역(도시-야생지역 경계면)에 거주가 늘고 있다. 화재경험이 없는 주민들 중 상당수가 당연히 화재가 발생하지 않을 것으로 예상하지만, 현재 약 4천만 명의 미국 주민이 산불 위험이 높은 지역에 살고 있다.

최근 미국 서부의 가뭄으로 인해 화재 위험이 높아지면서, 동시에 경각심도 높아지고 있다. 기후과학자들이 예측한대로 서구의 장기간에 걸친 고온 건조한 여름은 시간이 지남에 따라 점점 더 화재 가능성을 높이고 있다. 미국 서부의 대부분에서 화재의 계절은 두 배로 길어져 11월이나 12월로 연장되었으며, 화재의 심각성도 증가했다(그림 6.12). 화재진압 예산은 조만간 산림청 예산의 3분의 2에 도달하여 도로 및 오솔길 관리, 생태계관리 또는 유역보호와 같은 다른 요구를 넘어설 것으로 예상된다.

증가하는 화재 위험과 오랫동안 화재진압을 경험한 화재 생태학자들은 제한된 소규모 화재를 선호한다. 벌목 산업은 불태운 숲을 구제하는 것뿐만 아니라 선택적 벌목을 통해 얇은 숲을 만드는 것을 좋아한다. 이러한 활동은 사실상 광야로 방대한 도로망을 확장해야 하며 약 $120억이 소요될 것이다. 예산이 이를 허용하는지는 불분명하지만 논쟁은 계속될 것이다.

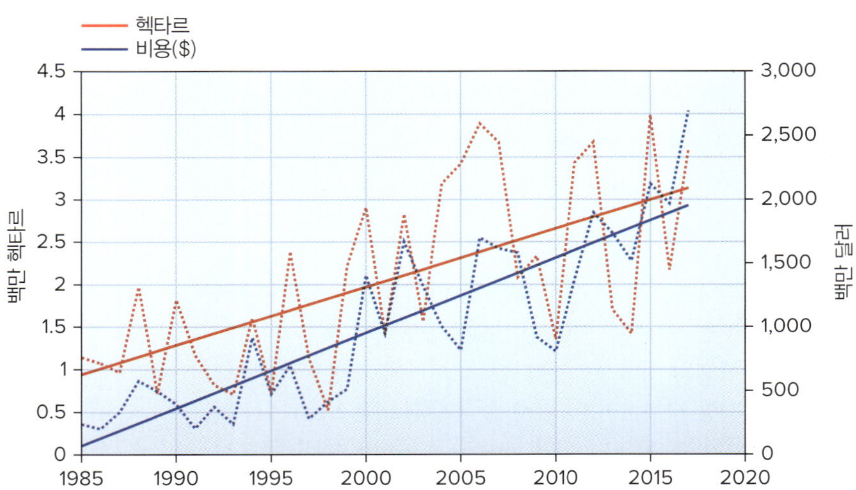

▲ **그림 6.12** 미국 산불 범위와 화재 진압 비용 1985~2017의 변화. 점선은 데이터를 나타내고, 실선은 트렌드를 나타낸다. 2025년까지 화재진압에는 1980년 16%에서 증가한 삼림 서비스 예산의 3분의 2가 소비될 것으로 예상된다. (인플레이션에 대한 비용은 조정되지 않았다)

출처: National Interagency Fire Center의 데이터.

생태계 관리는 산림 관리의 일부이다

1990년대에 많은 연방기관이 정책을 엄격한 경제적인 초점에서 **생태계관리**(ecosystem management)로 전환하기 시작했다. 이는 통합된 시스템 접근 방식에서 노스웨스트 산림계획과 매우 유사하다. 그 원리 중 일부는 다음과 같다.

- 생태학적 시간 척도를 통해 전체 조경, 유역 또는 지역을 관리한다.
- 의사결정을 위해 과학적으로 건전하고 생태학적으로 신뢰할 수 있는 데이터에 의존한다.
- 인간의 요구를 고려하고 지속가능한 경제개발 및 지역사회를 장려한다.
- 생물학적 다양성과 필수 생태계 과정을 유지한다.
- 협력적인 제도적 준비를 활용한다.
- 의미 있는 이해관계자 및 대중 참여를 유도하고 집단적 의사결정을 촉진한다.
- 의식적인 실험 및 일상적인 모니터링을 기반으로 시간에 따른 관리를 조정한다.

생태계 관리 요소는 지속 가능한 산림에 대한 국가 보고서에 나타나며, 이는 지속 가능한 산림 관리의 목표를 제시한다. 마찬가지로 2011년 오바마 대통령은 해양, 해안 및 오대호의 생태계 기반관리를 위한 전략적 계획을 수립하기 위한 행정명령에 서명했지만, 전체적인 관리계획이 후속 행정으로 진행되는지 여부는 여전히 남아 있다.

6.2 초원

- *초원은 세계 지표면의 4분의 1 이상을 차지하며 경제와 생물다양성에 결정적으로 기여한다.*
- *연간 목초지 교란은 열대림의 3배이다.*
- *야생 무리와 마찬가지로 회전식 방목은 초원에 도움이 될 수 있다.*

초원은 산림 다음으로 인간이 가장 많이 사용하는 생물군계 중 하나이다. 초원, 사바나, 대초원, 넓은 삼림지대 및 기타 초원은 세계 지표면의 약 1/4을 차지한다. 미국의 대평원과 캐나다의 프레리 지방 대부분이 이 범주에 속한다(그림 6.13). 이 생물군계에서 38억 헥타르(1,200만 km)의 목초지와 방목지는 모든 농경지 면적의 약 2배를 차지한다. 가축을 키우는데 사용되는 약 40억 헥타르의 다른 땅(숲, 사막, 툰드라, 습지 및 가시관목)을 추가할 때, 모든 토지의 절반 이상이 적어도 가끔은 방목에 사용된다. 이 땅에서 최소 30억 마리의 소, 양, 염소, 낙타, 들소 및 기타 가축이 인간 영양에 중요한 기여를 한다. 지속가능한 목축은 초원 생태계에서 생물다양성을 유지하면서 생산성을 향상시킬 수 있다.

▲ 그림 6.13 몬태나 북부의 이 짧은 잔디 초원은 나무에게는 너무 건조하지만, 그럼에도 불구하고 다양한 생물군집을 부양한다.
출처: ©William P. Cunningham

초원, 떡갈나무 덤불 및 개방된 삼림지대는 인간의 점유에 매력적이기 때문에 종종 경작지, 도시지역 또는 기타 인간이 지배하는 풍경으로 개발된다. 전 세계적으로 매년 초원의 교란 속도는 열대림의 3배에 달한다. 평범한 눈에는 그것들이 균일하고 단조로운 것처럼 보일 수 있지만, 원시 초원은 생산성이 높고 종이 훨씬 풍부할 수 있다. 미국 농무성에 따르면, 멸종위기에 처한 식물 종은 다른 주요 미국 생물군계보다 방목지에서 더 많이 발생한다고 한다.

방목은 지속 가능하거나 피해를 줄 수 있다

동물의 수와 방목지의 상태를 주의 깊게 모니터링함으로써 목장주와 **목축가**(pastoralist; 동물무리를 지키며 사는 사람들)는 가축의 건강을 유지하고 특정 지역의 남용을 피하기 위해 강우, 계절의 식물 상태 및 영양 사료 품질의 변화에 적응할 수 있다. 양심적인 관리는 실제로 범위의 품질을 향상시킬 수 있다.

특히 건조한 지역에서 과도한 방목으로 땅이 남용되면 비가 빨리 토양에 스며들어 식물에 영양을 공급하거나 지하수를 보충할 수는 있지만 샘물과 우물이 마르게 된다. 건조하고 과열된 토양에서 씨앗은 발아될 수 없고 불모의 땅은 더 많은 태양열, 바람의 패턴 변화, 습기가 많은 구름을 몰아내고 더 심각한 건조로 이어진다. 이렇게 한때 비혹했던 땅이 사막으로 전환되는 과정을 사막화라고 한다.

과거에는 이 과정을 거쳤지만, 최근 몇 년간 인구가 증가하고 취약한 토지를 과도하게 사용할 수 있게 하는 정치적 조건으로 인해 가속화되었다. 네덜란드의 국제 토양기준 및 정보센터(International Soil Reference and Information Centre)에 따르면, 전 세계 모든 지역의 3/4이 식생의 악화 또는 토양침식의 징후를 보이고, 과도한 방목은 그것의 약 1/3을 초래한다(그림 6.14). 멕시코와 중미에서 중등도, 중도 및 극심한 토지 황폐화의

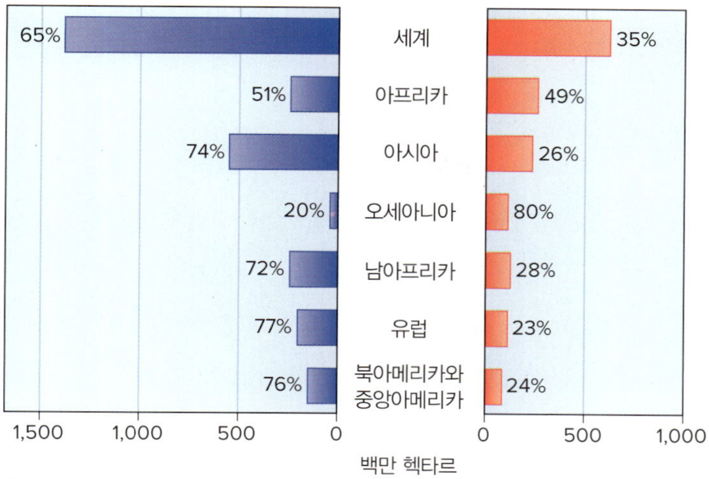

▲ **그림 6.14** 과잉방목으로 인한 방목지 토양 분해 속도(%; 빨간색 막대). 유럽, 아시아 및 아메리카에서는 농업, 벌목, 광업, 도시화 및 기타 원인이 모든 토양 분해의 약 4분의 3을 담당한다. 더 많은 방목이 발생하고 사막과 반사막 관목이 그 범위를 많이 차지하는 아프리카와 오세아니아에서는 방목 피해가 더 크다.

▲ **그림 6.15** 미국에 있는 모든 공공 소유 방목지의 절반 이상이 열악한 상태이다. 방목과 침입종 잡초가 가장 큰 문제이다.
출처: ©ruskpp/123RF

비율이 가장 높으며, 가장 큰 전체 면적은 광범위한 초원에서 발생하는 아시아 지역이다. 황폐한 목초지를 회복할 수는 있지만, 이를 위해서는 방목 비율을 낮추고 신중한 관리가 필요하다.

과잉방목은 많은 방목지를 위협한다

많은 국가에서와 마찬가지로, 미국의 대부분의 공공 목초지는 상태가 좋지 않다. 정치적, 경제적 이유로 인해 관리자는 범위의 수용용량을 넘어 방목 할당량을 늘리게 된다. 기존 규정의 시행 부족과 방목장 개선을 위한 한정된 자금부족으로 토종 목초 종의 손실 및 침식을 포함한 **과잉방목**(overgrazing), 식생 및 토양손상이 발생했다. Natural Resources Defense Council은 공공 지역의 30%만이 양호한 상태이고, 55%는 부실하거나 매우 열악하다고 주장한다(그림 6.15).

과잉방목은 세이지, 콩과의 관목(mesquite), 치트그라스 및 선인장과 같은 혐오스럽거나 먹을 수 없는 종의 개체군이 공공 및 사유 지대에 모두 서식할 수 있게 해주었다. 야생생물 보호단체는 가축방목이 가장 보편적인 형태의 생태계 파괴이며 미국 남서부의 멸종위기에 처한 종에 대한 가장 큰 위협으로 간주한다. 야생생물 보호단체는 공공 토지가 소비되는 총 사료의 2%만을 제공하고 모든 가축 생산자의 2%만을 지원한다는 점을 지적하면서, 모든 공공 토지에서 소와 양을 방목하는 것을 금지하라고 주장한다.

연방 목재 관리 정책과 마찬가지로 공공 토지 사용에 부과되는 방목 수수료는 종종 시장 가치보다 훨씬 낮으며 서부 목장주들에게는 막대한 숨겨진 보조금을 의미한다. 방목 허가 소지자는 일반적으로 비슷한 사유지를 임대하는 데 드는 비용의 25% 미만을 정부에 지불한다. 31,000개의 연방 방목지의 허가는 $1,100만의 방목 수수료 수입을 가져오지만 관리 및 유지보수를 위해 연간 $4,700만이 소요된다. $3천6백만의 차이는 극히 소수의 사람들이 알고 있는 거대한 "소 복지" 시스템에 해당한다.

반면에 목장주들은 서구 문화와 역사의 중요한 부분으로 삶의 방식을 변호한다. 목장에서 직접 판매하는 소는 거의 없지만, 사육장으로 가는 거의 모든 육류 송아지를 생산한다. 또한 생존가능한 목장 경제가 없다면, 서부 지역의 대부분은 야생동물과 환경의 질 모두를 저해하는 작은 목장으로 세분화될 것이라고 주장한다. 여러분은 어떻게 생각하는가? 농촌지역과 전통 직업을 보존하기 위해 추출 산업에 어느 정도 보조금을 지급해야 하는가?

목장주들은 새로운 방법을 실험하고 있다

적은 수의 가축이 넓은 지역을 자유롭게 돌아다닐 수 있는 경우, 일반적으로 가장 부드럽고 맛이 좋은 잔디와 활엽초본을 먼저 먹어, 질기고 맛없는 종이 번성하고 점차적으로 식생을 지배하게 한다. 일부 지역에서는 농부와 목장주들이 단기적으로 집약적인 방목이 사료 품질을 유지하는데 도움이 된다는 것을 알게 된다. 남아프리카의 전문가인 Allan Savory가 관찰한 것처럼, 아프리카의 누우 또는 얼룩말 또는 미국의 들소(buffalo)와 같은 야생 유제류(발굽이 있는 동물)는 종종 밀집된 무리를 형성하는 경향이 있다. 휴식만으로 반드시 목초지와 방목지가 개선되는 것은 아니다. 단기간의 **회전식 방목**(동물을 새로운 장소로 옮기기 위해 하루 이틀 정도 짧은 시간동안 작은 지역에 가두는 것)은 야생 무리의 영향을 모의 실험한다(그림 6.16). 가축은 모든 것을 똑같이 먹고, 땅을 완전히 짓밟고, 똥거름으로 심하게 비옥하게 함으로써 잡초를 저지하고 더 바람직한 먹이 종의 성장을 장려한다. 그러나 이 방법은 모든 곳에서 적용되지는 않다. 예를 들어, 미국 남서부 사막 남서부의 많은 식물군집은 대형 유제동물이 없는 상태에서 진화한 것으로 보인다.

화재 복구는 숲만큼이나 초원에도 이로울 수 있다. 어떤 경우에는 목장주들이 방목장 관리 및 목장 경제보존에서 환경단체와 협력하고 있다.

일부 지역에서 목장에 대한 또 다른 접근법은 임팔라, 누우, 오릭스 또는 엘크와 같은 야생종을 키우는 것이다(그림 6.17). 이 동물들은 더 효율적으로 먹이를 먹고, 가혹한 기후를 견뎌내며, 종종 해충과 질병에 강하며, 평범한 가축보다 포식자를 더 잘 방어한다. 또한 토착종은 젖소, 염소 또는 양과는 다른 먹이 선호도 및 물과 보호가 필요할 수도 있다. 예를 들어, 아프리카 사헬은 헥타르 당 약 20~30 kg (44~66 lb)의 쇠고기를 기를 수 있는 잔디만 제공되면 충분하기 때문에 같은 지역에서 야생 토착종으로 3배나 많은 고기를 생산할 수 있다. 왜냐면 이 동물들은 더 다양한 식물 재료를 뜯어먹기 때문이다.

미국의 목장주들은 엘크, 아메리카들소 및 다양한 아프리카 종들이 소나 양보다 보살핌과 보충 사료는 덜 필요로 하고, 살코기는 쇠고기나 양고기보다 더 나은 시장가격을 받을 수 있기 때문에 더 높은 재정적 수익을 얻는다는 것을 알게 되었다. 일부 아메리카 원주민 부족은 대초원을 복원하고 문화유산을 복구하기 위해 들소를 키우고 있다.

6.3 공원과 자연보호구역

- *공원과 자연보호구역은 생태, 문화 및 레크리에이션 목적으로 사용된다.*
- *보호되는 지역이 모두 똑같이 보호되는 것은 아니다.*
- *원주민은 환경보호에 중요할 수 있다.*

▲ **그림 6.16** 집약적인 회전식 방목은 가축을 이동식 전기울타리 안에서 짧은 시간(종종 하루) 동안 좁은 면적에 둘러싸서 초목을 골고루 먹고 지역을 매우 비옥하게 만든다.
출처: ©William P. Cunningham

▲ **그림 6.17** 사슴뿔과 사슴고기를 얻기 위해 붉은 사슴(Cervus elaphus)이 뉴질랜드에서 사육된다.
출처:©William P. Cunningham

대부분의 산림과 초원은 유용하거나 실용적인 목적으로 사용되지만, 일부는 미적 또는 레크리에이션을 위해 보존하고 있다. 자연보존은 수천 년 동안 존재해왔다. 고대 그리스인들은 종교적인 목적으로 신성한 숲을 보호했고, 수 세기동안 유럽의 숲을 보존한 왕실의 사냥터는 일반적으로 사회에서 엘리트 계층을 위해 예약되었지만, 대부분의 토지가 많이 사용되는 지역에서 생물다양성과 자연경관을 유지했다.

평범한 시민들에게 공개된 최초의 공공 공원은 계획된 그리스 도시에서 나무로 보호된 아고라일 수 있다. 그러나 레크리에이션을 위해 자연환경을 제공하고 보존하려는 아이디어는 지난 50년 동안 실제로 발전해왔다(그림 6.18). 최초의 공원은 도시 인구증가를 위한 레크리에이션을 위한 것이지만, 공원은 많은 추가적인 목적을 가지고 있다. 오늘날 우리는 국립공원을 휴식과 휴양을 위한 놀이터, 야생동물을 위한 피난처, 생태관리 실험장소 및 생태계복원의 기회로 보고 있다.

현재 지구 땅의 거의 17%가 다양한 종류의 공원, 보존구역 또는 야생생물 관리지역에서 보호되고 있다. 이것은 236,204개의 다른 보존 지역에서 약 2천5백만 km^2 (9.6백만 마일)에 달하며, 매우 고무적인 환경적 성공사례이다.

많은 국가에서 자연보호구역을 만들었다

자연보호구역에는 다양한 보호 수준이 있다. 세계보존연맹(World Conservation Union; WCU)은 보호구역을 의도된 인간의 허용수준(표 6.1)에 따라 5가지 범주로 나눈다. 가장 엄격한 범주(생태보호구역 및 광야지역)에서는 사람에게 미치는 영향이 거의 없다. 특히 민감한 야생생물 또는 자연지형이 위치한

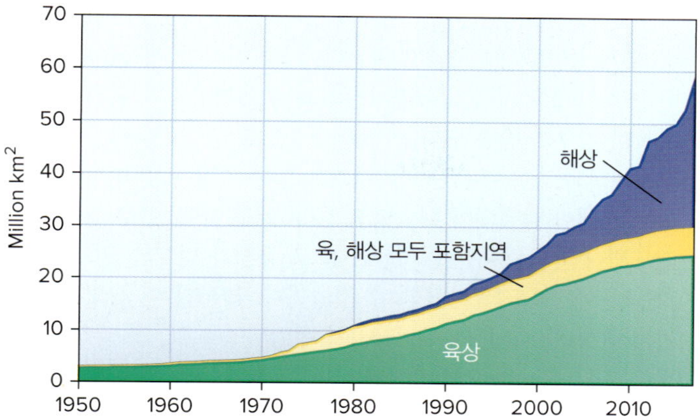

▲ **그림 6.18** 보호 지역의 성장, 1950~2017. 이 지역의 총면적은 3백만 km^2에서 5천만 km^2로 증가했다.
출처: Data from World Database on Protected Areas

일부 엄격한 자연보호구역에서 인간의 출입은 드물게 방문하는 과학연구 그룹으로만 제한될 수 있다. 방문객 수를 제한하면 침입종이나 기타 혼란으로부터 지역을 보호할 수 있다. 반면에 가장 제한이 적은 범주(국가의 산림 및 기타 천연자원관리지역)는 종종 채굴, 벌목 또는 방목을 허용한다.

베네수엘라는 세계에서 가장 많은 토지면적(66%)을 보호한다고 주장한다. 이 땅의 약 절반은 토착민 또는 지속가능한 자원 수확을 위한 보호구역으로 지정되어 있지만, 공식적인 관리가 거의 없으면 사냥꾼, 벌목꾼 및 불법사냥꾼의 밀렵을 막을 수 있는 방법이 거의 없다. 개발도상국에서 지도에 존재하지만 직원, 관리 또는 인프라를 위한 예산이 없는 "서류상 공원"이 있는 것은 드문 일이 아니다. 대조적으로, 미국은 보호 상태에 있는 토지면적의 약 22%만을 보유하고 있으며, 이 중 3분의 1 미만이 IUCN 카테고리 I 또는 II (자연보호구역, 황야지역, 국립공원)에 있다. 나머지는 다용도로 지정된 국유림 또는 야생동물 관리구역에 있다. 수십만 명의 주 및 연방 직원과 높은 수준의 공익 및 가시성을 확보한 미국 공공 토지는 일반적으로 잘 관리되지만, 보존 및 레크리에이션 예산에 대한 반복적인 삭감은 보호 수준을 위험에 처하게 한다.

브라질은 광범위한 보호 상태를 유지하고 있다. 약 2백만 km^2, 즉 대부분이 아마존 지역인 국토의 25%가 보호되고 있다. 2006년 브라질 북부의 Para 주는 국제보존협회(Conservation International; CI) 및 기타 비정부기구와 협력하여 수리남과 가이아나와 국경을 따라 9개의 보호 지역을 설립한다고 발표했다. 이 지역의 약 절반이 자연보호구역으로 엄격히 보호되고 기존의 여러 토착 지역과 자연보호구역이 연결되어 세계에서 가장 큰 열대림 보호구역을 조성한다. 천 오백만 헥타르의 가이아나 보호회랑(Shield Corridor)은 90% 이상이 자연 그대로이다. 불행히도, 2017년에 Temer 대통령은 이 보호된 지위를 폐지하고 벌목과 채굴에 숲을 개방하는 선언을 발표했다.

표 6.1 | **보호구역의 IUCN 범주**

범주	허용 된 인간 영향 또는 개입
1. 생태보호구역과 광야지역	작거나 전무
2. 국립공원	낮음
3. 자연기념물과 고고학적 유적지	낮음에서 중간
4. 서식지 및 야생동물관리지역	중간
5. 문화 또는 경치 좋은 풍경, 레크리에이션 지역	중간에서 높음

출처: Data from World Conservation Union, 1990.

대부분의 사람들이 점유하기 어려운 토지를 보존하는 것이 항상 가장 쉬운 방법이다. 그린란드는 북부지역에서 980,000 km^2의 국립공원을 지정했다. 사우디아라비아는 빈 구역에 825,000 km^2의 야생 생물 관리 구역을 설립했다. 이 외딴 지역은 그들이 지원하는 생물 다양성의 정도에 따라 다르다. 엘레스미어(Ellesmere) 섬에 있는 캐나다의 Quttinirpaaq 국립공원은 광야의 가치는 높지만 생물다양성은 거의 없는 보존지의 한 예이다. 북극에서 800 km (500마일) 떨어져 있는 이 외딴 공원은 짧은 3주간의 여름철 동안 매년 100명 미만의 방문객을 받는다(그림 6.19). 인간 거주에 대한 증거가 거의 없는 이곳은 풍부한 고독과 삭막한 아름다움은 있지만, 야생생물이나 식물은 거의 없다.

그림 6.20은 보호된 상태에서 각 주요 생물 군의 백분율을 비교한다. 당연히, 인간사용으로 전환된 비율(그리고 사람들이 사는 곳)과 보호된 비율 사이에는 반비례 관계가 있다. 온대초원과 사바나(예 : 미국 중서부 지역)와 지중해 숲과 관목(예: 프랑스령 리비에라 또는 캘리포니아 남부해안)은 고도로 재배되

▲ **그림 6.19** 엘레스미어 섬(Ellesmere Island) 북쪽 끝에 있는 캐나다의 Quttinirpaaq 국립공원에는 풍부한 고독과 원시 풍경이 있지만 생물다양성은 거의 없다.
출처: ©William P. Cunningham

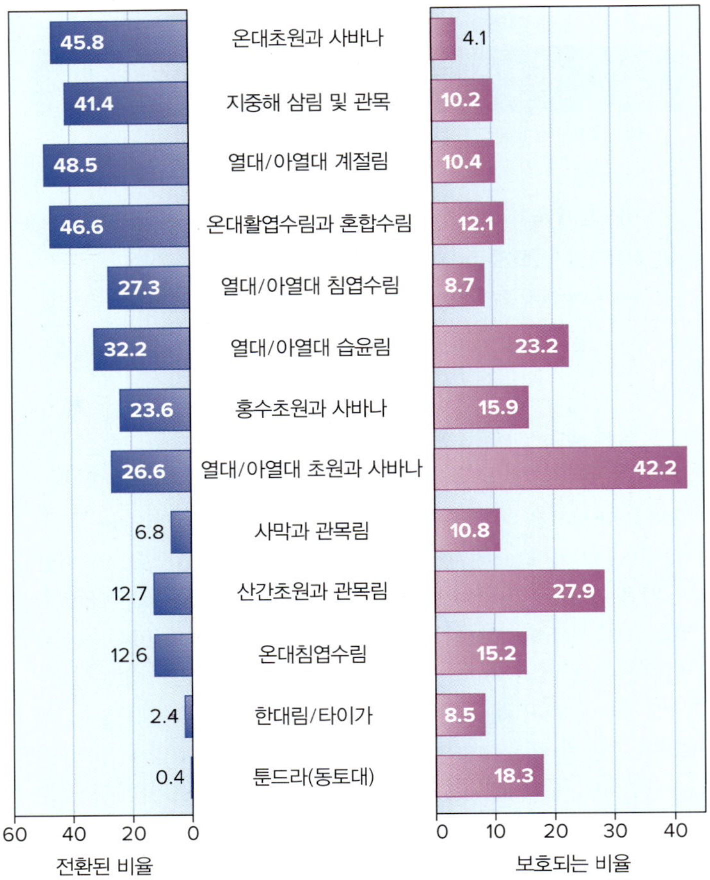

▲ **그림 6.20** 예외는 거의 없지만, 인간사용으로 전환된 각 생물군계의 비율은 공원과 보호구역에서 보호되는 비율과 거의 반대이다. 바위와 빙하, 호수 및 남극 생태지역은 제외된다.
출처: World Database on Protected Areas, 2009.

므로 넓은 지역을 휴경 농지로 하기에는 비용이 많이 든다. 온대침엽수림(시베리아 또는 캐나다의 광대한 대림)은 상대적으로 사람이 살지 않기 때문에 보호 범주에 넣기 쉽다.

모든 자연보존지역이 보존되는 것은 아니다

높은 보호 수준으로 지정된 공원과 보호 구역조차도 정치적 우선순위의 착취나 변화로부터 항상 안전하지는 않다. 많은 국가에서 천연자원과 환경이 위협받는 심각한 문제가 있다. 그리스 핀두스 국립공원은 공원 중앙에 수력발전 댐을 건설하려는 계획에 의해 위협을 받고 있으며, 주변 지역의 과도한 가축 방목 및 삼림벌채로 인해 야생생물 서식지가 침식되고 손실되고 있다. 콜롬비아에서 댐 건설은 파라미요(Paramillo) 국립공원을 위협한다. 세계에서 가장 큰 저지대 아마존 숲이 있는 에콰도르 최대 자연보호구역인 야수니(Yasuni) 국립공원에서 석유시추 작업이 시작됐으며, 페루의 광부와 벌목꾼은 와스카란(Huascaran) 국립공원의 일부를 침범했다. 알래스카에서 석유회사들은 북극 국립야생동물 보호소에서 시추하기를 원한다(여러분의 생각은? 참고). 이것들은 전 세계의 공원과 보존구역이 직면한 많은 문제 중 일부에 지나지 않는다. 가장 중요한 생물군계를 보유한 국가에는 자금, 훈련된 인력 및 통제대상지역 관리경험이 부족한 경우가 종종 있다.

미국과 같은 부유한 국가에서도 일부 가장 매력적인 국립공원 시스템이 남용되어 훼손되고 있다. 예를 들어, 옐로스톤과 그랜드캐니언 국립공원은 예산이 많고 규제가 많지만 인기가 높기 때문에 "죽도록 사랑받는" 것들이다. 1916년 미국 국립공원관리국(National Park Service)이 설립되었을 때, 첫 국장인 스티븐 매더(Stephen Mather)는 공공지원을 구축하는 방법으로 공원을 편안하고 즐겁게 관광객에게 제공해야 한다고 추론했다. 그는 가장 큰 공원에 광범위한 도로 네트워크를 만들어 방문객들이 자동차 창문에서 유명한 광경을 볼 수 있게 했으며, 고객이 고급스럽게 지낼 수 있는 웅장한 오두막집 건설을 장려했다.

그의 계획은 성공적이었고, 국립공원을 시민들이 소중히 여기고 방문했다. 그러나 때때로 이런 즐거움은 자연을 훼손했다. 방문객들은 야생 동물에게 먹이를 주거나 심지어는 주도록 장려하기도 했다. 곰은 인간에 대한 두려움을 잃고 건강에 해로운 음식물 쓰레기와 나누어 주는 음식에 의존하게 되었다. 증가된 옐로스톤과 그랜드티턴 국립공원에서 엘크 무리는 서식지의 관리능력을 2배나 넘어선 25,000마리로 증가할 수 있었다. 증가된 개체수는 초목을 많이 휩쓸어 다양한 작은 종과 생물 군계에 해를 끼쳤다. 이 장의 앞 부분에서 논의한 것처럼 70년 동안의 화재진압은 산림 구성과 연료 축적의 변화를 가져 왔으며 이로 인해 거대한 화재가 불가피했다. 요세미티에서는 세계적 수준의 호텔에 머무르거나, 피자를 사거나, 비디오 게임을 하고, 세탁을 하고, 골프나 테니스를 치거나, 호기심을 구매할 수 있지만, 뮤어(John Muir)가 공원을 만든 주요 이유로 칭찬한 고독을 느끼거나 자연의 아름다움을 즐기기가 어려울 수 있다.

교통혼잡과 방문객들에 의한 자원 남용은, 유명한 공원에서의 순수한 자연 경험을 방해한다(그림 6.21). 따라서, 요세미티와 시온과 같은 일부 국립공원은 가장 혼잡한 지역에서 개인용 자동차를 금지했다. 방문객들은 멀리 떨어진 곳에 주차한 후, 인기 있는 장소로 깨끗하고 조용한 전기 또는 천연가스연소 버스를 타고 간다. 다른 공원에서는 매일 입장하는 방문객 수에 대한 제한을 고려하고 있다. 일생에 한 번만 유명한 공원을 방문할 수 있지만 한 번의 허용된 방문으로 붐비지 않고 평화로운 경험을 할 수 있는 복권 시스템에 대해 어떻게 생각하는가? 아니면 많은 방문객들에 의한 혼잡속에서도 원할 때마다 방문하는 것을 선호하는가?

원래 캐나다와 미국의 대자연 공원은 개발에서 멀리 떨어져 있었고 대부분의 인간 영향으로부터 떨어져 있었지만, 점차 바뀌고 있다. 삼림은 일부 공원 경계까지 명확하게 구분된다. 광산 배수는 하천과 지하수를 오염시킨다. 멸종 위기에 처한 켐스 리들리(Kemps Ridley) 바다거북의 유일한 미국 번식지인

여러분의 생각은? *What Do YOU THINK?*

야생생물 또는 석유?

알래스카의 북동쪽 모퉁이에서 울퉁불퉁 한 브룩스 산맥을 넘어 세계에서 가장 큰 자연 보호 구역 중 하나 인 7.7백만 헥타르(19만 에이커)의 북극 국립 야생 동물 서식지(Arctic National Wildlife Refuge; ANWR, "an-war"로 발음함). 카터(Jimmy Carter) 대통령은 1980년에 야생동물들의 피난처를 설립하기 위해 법안에 서명했을 때, "알래스카의 광야는 이 나라의 가장 중요한 보석이다."라고 말했다. 피난처의 작은 부분인 북극해 해안을 따라 60만 헥타르에 이르는 해안평원은 특히 야생생물이 풍부하다. 사마귀 황소, 알래스카 갈색 곰, 북극곰, 북극늑대와 수백만 마리의 철새의 서식지일뿐만 아니라, 20만 마리의 순록의 여름철 분만장소를 제공하는 이 지역을 미국의 세렝게티(Serengeti)라고 한다.

그러나 석유회사들은 오랫동안 이 피난처의 시추를 원했다. 특히 해안평야인 소위 1002 연구지역(창설 법안의 절 번호로 명명)에서의 석유와 가스 매장량이 인접한 프루트 호(Prudhoe)베이 컴플렉스의 매장량에 필적할 것으로 생각한다. 기업들은 ANWR에서 화석연료 노다지를 찾고자 할뿐만 아니라, 기존의 알래스카를 관통하는(Trans-Alaska) 송유관을 통해 시장에 연료를 공급하여 수십억 달러의 투자를 얻어내고자 한다. 지난 40년 동안 미국 하원의 공화당은 석유탐사를 위해 야생동물의 피난처의 개발 법률을 통과시키기 위해 50번 이상 시도해 왔다. 2017년 입법자들은 옴니버스 연방 세법안에 석유시추를 위한 피난처를 개방하는 조항을 넣었다. Murkowski 개정안이라고 불리는 이 규정은 알래스카 상원의원인 머카우스키(Lisa Murkowski)가 세법안을 지지할 것을 보장했다.

생태학자들은 석유개발이 해안 및 해양 서식지를 돌이킬 수 없을 정도로 손상시켜 잠재적으로 야생생물과 조류 개체수를 감소시킬 수 있다고 경고한다. 시추로 인한 석유 및 화학 물질 유출은 거의 피할 수 없으며, 지진 탐사로 인해 민감하고 얼어붙은 툰드라가 파괴되고, 교통은 번식지에서 야생동물을 몰아낸다. 석유와 가스 개발은 매년 캐나다의 겨울철에 해안 평야의 번식지로 이동하는 고슴도치 순록 떼의 존재를 위협할 수 있다. 또한 수세기 동안 생계를 위해 순록에 의존하고 전통적인 토지가 유콘 강 북쪽의 미국-캐나다 국경에 걸쳐있는 원주민 국가인 그위친(Gwich'in) 사람들을 위태롭게 한다. 순록은 Gwich'in 사람에게 단지 음식으로서보다 더 큰 의미가 있다. 그들의 이름은 "순록 사람들"로 번역되며, 적어도 20,000년 전으로 거슬러 올라간 무리와 땅과의 영적, 문화적 관계를 주장한다.

ANWR이 얼마나 많은 석유를 보유할 수 있는 지에 대한 논쟁이 있다. 석유회사들은 90억 배럴이 될 수 있다고 주장한다. Murkowski 상원의원은 석유 수입으로 공화당이 통과한 세금감면 비용을 지불하는 데 도움이 되도록 수십억 달러를 징수할 수 있을 것이라고 말했다. 반면, 1995년 ANWR 토론에서 미국 내무성은 ANWR에서 석유를 발견할 확률이 19%에 불과한 것으로 추정했는데, 이는 미국의 200일간 석유 사용량에도 미달하는 수준이다. 클린턴(Bill Clinton) 대통령은 당시 시추작업을 거부했다.

기후 과학자들은 또한 시추와 유출이 야생 생물과 원주민에게 미치는 영향 외에도, ANWR에서 더 많은 석유를 퍼내는 것이 세상이 필요로 하지 않는 것이라고 지적한다. 화석연료 사용은 북극의 지속적인 해빙, 해수면 상승에 따른 서식지 침식, 폭풍 강도 증가의 주된 원인이 된다. 이 석유 및 가스의 주된 사용처인 중위도 지역은 기후온난화로 인해 황진지대(Dust Bowl)와 같은 장기적인 가뭄의 위협을 받고 있다. 그들은 ANWR에 있는 석유가 무엇이든, 땅에 남아있어야 한다고 말한다.

일부 에너지 전문가들은 학교나 직장으로 혼자 운전하는 미국의 모든 사람들이 카풀을 선택한다면, 넉넉잡아 6개월 안에 ANWR에서 채취하는 것보다 더 많은 오일을 절약할 것이라고 추정한다. 다국적 석유회사의 이익을 위해 세계에서 가장 큰 광야를 파괴할 것이라고 생각하는가? 여러분은 이 토론을 어떻게 해결하겠는가?

텍사스의 파드레 아일랜드(Padre Island)를 포함해 최소 13개의 미국 국립기념물이 석유 및 가스 시추에 개방되어 있다. 그랜드캐니언의 건조한 사막공기는 한때 가시거리가 150 km에 이르렀지만 외부 발전소의 대기오염으로 인한 스모그가 종종 협곡의 관람을 방해한다. 스노모빌과 오프로드 차량은 많은 공원에서 야생동물을 교란시키면서 오염과 소음을 유발하고 침식을 초래한다.

미국 국립공원 시스템은 장기적으로 자금이 부족한 상태로 현재 유지 보수비 체불액이 $50억 이상으로 추정된다. 선거운동 동안, 두 주요 정당의 정치인들은 공원시설을 수리하겠다고 맹세하지만, 당선되면 공공자금의 다른 용도를 찾는다. 역설적이게도 최근 연구에 따르면, 공원은 평균적으로 연방 보조금으로 1달러를 받을 때마다 사용자 수수료 4달러가 발생한다. 다시 말하면, 공원은 현재보다 더 많은 예산으로 관리되고 보호되어야 한다.

최근 몇 년 동안 미국 국립공원 시스템은 엔터테인먼트보다 자연보호 및 환경교육을 강조하기 시작했다. 이 새로운 의제는 다른 국가에서도 채택되고 있다. IUCN은 다음 세 가지 목표를 포함하는 천연 자원 보호를 위한 **세계 보존전략**(world conservation strategy)을 개발했다. 세 가지 목표는 (1) 필수 생태 과정 및 인간의 생존과 발달이 달려있는 생명유지 시스템(토양 재생 및 보호, 영양분 재활용 및 정수 등)의 유지, (2) 경작식물 및 가축을 개선하기 위한 육종 프로그램에 필수적인 유전적 다양성의 보존, (3) 야생종과 생태계의 이용이 지속될 수 있도록 보장하는 것이다.

해양 생태계는 더 큰 보호가 필요하다

전 세계적으로 해양어류가 고갈됨에 따라, 생물학자들은 해양 생물을 파괴적인 수확 방법으로부터 보호할 수 있는 보호구역을 요구하고 있다. 육지 면적의 약 14%가 일부 보존 상태임에 반해, 근해 해양생물군계는 약 5%만 보호된다. 해양보호구역에서 어획량과 종류를 제한하면 주변 지역의 어류를 빠르게 회복시킬 수 있다. 전 세계 100개의 해양 대피소에 대한 연구에 의하면, 평균적으로 무어획 보호구역 내의 생물의 수는 어업이 허용된 주변 지역의 두 배에 달하는 것으로 나타났다. 또한 유기체의 바이오매스는 3배나 컸으며, 개별 동물은 평균적으로 외부와 비교하여 피난처 내부에서 30% 더 컸다. 최근 연구에 따르면 몇 달 동안이라도 보호구역의 어업을 폐쇄하면 해양 개체군을 복원하는데 긍정적인 결과를 가져올 수 있다. 동식물을 보호하기 위해 안전한 피난처에 필요한 규모는 관련된 종에 따라 다르지만, 일부 해양 생물학자들은 나라별로 연안 영해의 20% 이상을 해양 피난처로 보호할 것을 요구한다.

산호초는 세계에서 가장 위협받는 해양 생태계 중 하나이다. 조사에 따르면 전 세계적으로 살아있는 산호초가 지난 세기 동안 약 절반 감소했으며, 모든 산호초의 90%가 해수면 상승, 파괴적인 어업 방법, 산호 채굴, 퇴적물 유출 및 기타 인간의 교란으로 인한 위협에 직면하고 있음을 보여준다. 여러 가지 면에서 산호초는 바다의 노숙림 열대우림이다(그림 6.22). 생물학적으로 풍부하고 민감한 산호초 군집은 피해를 복구하는데 1세기 이상 걸릴 수 있다. 현재의 상황이 계속된다면 일부 연구자들은 50년 안에 세계 어느 곳에서도 생존가능한 산호초가 없을 것이라고 예측한다.

이 문제를 극복하기 위해 무엇을 할 수 있는가? 일부 국가에서는 산호초를 보호하기 위해 대규모 해양 보호구역을 마련하고 있다. 호주의 대산호초(Great Barrier Reef)는 세계에서 가장 큰 산호초 단지이다. 대부분은 해양보호구역에서 보호되지만 불행히도 백화현상(높은 해수 온도로 인한), 오염 및 침입종으로 인해 많은 산호초가 죽어가고 있다.

미국 최초의 주요 해양보호구역인 파파하나우모우쿠아에아(Papahānaumokuākea) 해양국립기념물은 2006년 부시 대통령이 물고기, 바다 새, 거북이 및 기타 야생동물을 보호하기 위하여 설립했다. 2014년 오바마(Barack Obama) 대통령에 의해 확장된 파파하나우모우쿠아에아는 미국 영토에서 가장 큰 연속된 보호구역이며 세계에서 가장 큰 해양보존지구 중 하나이다. 이 피난처는 하와이에서 북서쪽으로 약 2,300 km (1,440마일)에 이르는 태평양의 150만 km^2 (580,000평방마일)를 차지한다.

Pacific Remote Islands National Monument는 괌에서 2,400 km 떨어진 Somoa 근처 Rose Atoll에서 Wake Island에 이르는 작은 섬과 산호초 집단이다. 이러한 보존구역은 전 세계에서 가장 건강한 산호초 시스템을 포함하여 모두 약 2백만 km^2에 걸쳐있다. 그들은 상업적 어업은 폐쇄했지만 일부 스포

▲ 그림 6.21 수천 명의 사람들이 옐로스톤 국립공원에서 올드페이스풀 간헐천(Old Faithful geyser)의 분출을 기다린다.
출처: ©William P. Cunningham

▲ 그림 6.22 산호초는 세계에서 가장 생물학적으로 풍부하고 멸종위기에 처한 생태계 중 하나이다. 대체할 수 없는 자원을 보존하고 보호하기 위해 많은 장소에 해양보호구역이 설립되고 있다.
출처: ©vilainecrevette/123RF

츠 낚시와 지속가능한 해양생물 수확을 허용한다.

그러나 상업적 어업회사는 이러한 풍부한 어장에 대한 접근이 거부되었다고 불평했다. 2017년, 해양보존이 주변 해양에서 어류 개체수를 증가시킨다는 풍부한 증거에도 불구하고 트럼프 대통령은 이 두 국가기념물의 크기를 줄이고 상업적 어업에 개방했다. 이것은 미국 전역의 보호지역을 줄이기 위한 트럼프 선거유세의 일환이었다(과학 및 시민권 참조).

보존과 경제발전은 함께 할 수 있다

세계에서 가장 생물학적으로 풍부한 군집의 대부분은 개발도상국, 특히 열대지역에 있다. 이 나라들은 우리 모두에게 중요한 생물자원의 수호자이다. 그러나 불행히도, 정치 및 경제 시스템이 주민들에게 토지, 직업, 음식 및 기타 생활필수품을 제공하지 못하는 경우, 사람들은 자신의 필요를 충족시키기 위해 필요한 모든 것을 한다. 즉각적인 생존은 장기적인 환경목표보다 우선한다. 분명히, 종과 생태계를 구하려는 투쟁은 인간의 욕구를 충족시키기 위한 더 큰 투쟁을 이길 수 없다.

일부 개발도상국의 사람들은 생물자원이 가장 귀중한 자산일 수 있으며 보존이 지속가능한 개발에 필수적이라는 것을 깨닫기 시작했다. 생태적, 사회적으로 지속가능한 생태 관광은 벌목 및 광업과 같은 추출 산업보다 장기적으로 많은 지역에서 더 유리할 수 있다. 무엇을 할 수 있는가? 당신의 휴가가 생태적으로 책임을 지도록 하는 몇 가지 방법은 아래 "무엇을 할 수 있는가?"를 참조하라.

원주민은 자연 보호에서 중요한 역할을 할 수 있다

인간이 손대지 않은 야생공원에 대한 미국의 이상은 전 세계의 많은 지역에서 비현실적이다. 앞에서 언급했듯이 일부 생물군계는 취약하기 때문에 섬세한 자연 지형 또는 특히 민감한 야생생물을 보호하기 위해 인간의 간섭을 엄격히 제한해야 한다. 그러나 많은 중요한 생물 군계에서 원주민들은 수천 년 동안 존재해 왔으며 전통적인 삶의 방식을 추구할 합법적인 권리를 가지고 있다. 또한 오늘날 남아있는 약 5,000종류의 토착 문화 상당수가 조상의 고향에 대한 가치 있는 생태학적 지식을 보유하고 있다.

토지 보호는 종종 사람들을 (때로는 적극적으로) 이동시켰으며, 이는 매우 논쟁의 여지가 크다(그림 6.23). 역사적으로 식민지 정부는 종종 부족집단의 권리를 무시하고 새로 설립된 공원에서 그들을 추방했다. 때때로 공원 당국은 밀렵꾼, 코끼리 상아 또는 호랑이 신체 부분을 거래하는 잘 무장한 전 세계 밀매업자와 싸우는 맥락에서 지역주민을 퇴거시켰다. 다수의 공원이 지속적으로 자원을 고갈시키는 인구와 투쟁 중이다. 예를 들어, 케냐는 국가의 중요한 수자원을 공급하는 배수구역이 있는 Mau Forest의주민을 퇴거시키려고 노력했다. 수십 년간 불법 마을과 농장 확장으로 인해 산림이 급격히 감소하여 국가적으로 중요한 자원을 위협했기 때문이다. 그러나 일부 주민들은 한 세대 이상 그곳에서 살았으며, 당연히 퇴거에 저항했다. 인권 보호가들은 가난한 정착민들이 퇴거되는 동안 대규모 삼림벌채와 토지개간이 타지에서 지속되고 있음을 지적하였다. 공원에 대한 인간의 영향을 확대하지 못하도록 보호하면서 주민의 권리를 보호할 수 있는가?

보존주의자들은 지역의 인간 필요를 자연의 요구와 통합하는 방법을 찾는 것이 성공적인 보존을 위해 필수적이라는 것을 점점 더 인식하고 있다. 1986년 유네스코 (United

무엇을 할 수 있는가?

What Can YOU Do?

책임있는 생태 관광객이 되기

1. *사전준비*(Pretrip preparation). 방문할 지역의 역사, 지리, 생태 및 문화에 대해 알아보자. 현지 관습과 감수성을 위반하지 않도록 해야할 것과 하지 말아야 할 것을 이해한다.
2. *환경영향*(Environmental impact). 지정된 오솔길을 유지하고 가능한 경우 조성된 장소에서 야영한다. 어디를 가든 사진과 추억만 찍고 선의만 남긴다.
3. *자원영향*(Resource impact). 희소한 연료, 음식 및 수자원 사용을 최소화한다. 폐기물과 쓰레기가 어디로 가는지 아는가?
4. *문화적 영향*(Cultural impact). 당신이 만나는 사람들의 사생활과 존엄성을 존중하고 자신의 입장에서 어떻게 느끼는지 이해하려고 노력한다. 사진 촬영 시 확인 후 진행한다. 종교적, 문화적 장소와 관습을 배려한다. 환경오염과 마찬가지로 문화오염에 대해 알고 있어야한다.
5. *야생생물 영향*(Wildlife impact). 야생동물을 괴롭히거나 식물 생명을 교란하지 않는다. 최신 카메라를 사용하면 정중하고 안전한 거리에서 좋은 사진을 얻을 수 있다. 상아, 거북이 껍질, 동물 가죽, 깃털 또는 멸종위기에 처한 종에서 온 다른 제품을 구입하지 않는다.
6. *환경 편익*(Environmental benefit). 여행이 즐거움을 위해 엄격하게 제공되는가, 아니면 지역 환경 보호에 기여하는가? 생태관광과 청소 캠페인 작업 또는 교육자료나 장비를 지역 학교나 자연클럽에 전달할 수 있는가?
7. *옹호와 교육*(Advocacy and education). 방문한 땅과 문화를 보호하기 위해 편지 쓰기, 로비 또는 교육 캠페인에 참여한다. 집에 도착한 후 학교나 지역 클럽에서 대화를 통해 친구와 이웃에게 배운 내용을 알린다.

시민권 과학 공격받는 기념물

CITIZENSHIP Science

토지보존은 오랫동안 미국의 정책 전쟁의 초점이었다. 1906년 고대유물법(Antiquities Act)은 대통령에게 역사적인 지표, 건축물 및 역사적 또는 과학적 관심의 다른 대상을 국가 기념물로 지정할 수 있는 권한을 부여했다. 루즈벨트(Theodore Roosevelt) 대통령은 이 권위를 처음으로 사용하여 애리조나 그랜드캐니언, 캘리포니아의 라센피크, 워싱턴 주의 올림픽 산맥과 같은 17개의 기념물을 제정했다.

고대유물법은 레크리에이션 자원뿐만 아니라 고고학적, 과학적 가치가 있는 곳을 보호한다. 이 법안의 원래 목표는 방문객들의 피해를 입은 서부 연방 토지의 선사시대 인디언 유적과 유물을 보호하는 것이었다. 그 예로 최근에 2016년에 Bears Ears 국립기념물과 Grand Staircase–Escalante 기념물이 지정되었다. 이 지역에는 초기 클로비스, 프리몬트 및 아나사지 문화와 관련된 최소 100,000개의 고고학적 유적지가 있다. 이 땅은 오래 전부터 토착민들이 거주했는데, 그들은 그것을 신성하다고 생각했다. 이를 보호하는 것은 이웃한 나바호족, 호피족, 즈니족, 우테족, 우테산 부족이 수년간 캠페인을 벌인 결과였다.

▲ 나바호 사암의 절벽과 산봉우리는 글렌캐니언과 콜로라도 강과의 교차점 근처의 에스칼란테 강을 따라 서 있다.
출처: ©William P. Cunningham

고대유물법은 자연의 경이와 다양한 자원을 보호하는 데 사용되었다. 지미 카터(Jimmy Carter) 대통령은 17개의 국립 기념물 중 알래스카에 5천5백만 에이커를 따로 두고, 그 중 일부는 나중에 국립공원으로 승격시켰다. 부시(George W. Bush) 대통령은 하와이에 세계 최초의 주요 해양보호구역을 설립하여 어류 및 기타 해양생물의 번식지역과 과학 연구 및 고대 문화유적지의 원시 환경을 보호했다. 오바마(Barack Obama) 대통령은 34개의 국립 기념물을 설립하거나 확장하여 총 64,750 km^2 (25,000평방마일)의 육지와 3.1백만 km^2 (1.2백만 평방마일)의 해양보호구역을 포함하는 129개의 기념물을 설립했다.

모든 사람이 기념물을 좋아하지는 않는다. 의회는 채굴 이익이나 서부 땅에 대한 워싱턴의 관할권에 반대하는 사람들의 동기로 지난 세기 동안 11번 이상 국가 기념물을 폐지하려고 시도했다. 이 반대자들은 트럼프 대통령을 새로운 옹호자로 찾았다. 취임 후 트럼프의 첫 번째 조치 중 하나는 내무장관 라이언 진케(Ryan Zinke)에게 클린턴 대통령과 오바마 대통령이 세운 국립 기념물과 해양보호구역을 검토하고 축소 또는 폐지할 수 있는 곳을 추천하도록 지시하는 것이었다.

트럼프가 선포한 최초이자 가장 획기적인 감축은 유타의 Bears Ears와 Grand Staircase–Escalante 국립 기념물이었다. 장관을 이루는 협곡으로 절개된 이 울퉁불퉁한 풍경은 유타 중심의 글렌캐니언 휴양지 서쪽에 있다. 원래는 거의 방문하지 않은 광야 1백9십만 에이커(77만 헥타르)를 포괄했다. 붉은 능선 바위틈에 물줄기와 웅덩이가 숨겨져 있는 좁은 슬롯협곡의 미로는 등산객들에게는 천국이다. 그러나 광업회사는 그곳의 광물권에 접근하기를 열망하고 있다. Grand Staircase–Escalante의 카이파로위츠 고원은 40억 톤의 석탄을 매장하고 있다고 생각된다. Bears Ears에는 우라늄이 있어 기념물 바로 밖의 지금은 폐쇄된 공장에 공급할 수 있었다.

Trump와 Zinke는 Bears Ears의 85%와 Grand Staircase–Escalante의 절반을 제외했다. 트럼프는 그의 계획을 발표하면서 "우리는 이 땅을 정당한 소유자인 지역 주민에게 돌려주고 있다...."라고 주장했지만, 비평가들은 연방 땅이기 때문에 정당한 소유자가 미국의 모든 시민이라고 응수했다.

이것들이나 다른 제거된 기념물들에 대한 마지막 말은 듣지 못했고, 원주민 부족과 환경단체 모두 귀중한 공공 땅의 파괴를 막기 위해 소송하기로 했다. 이 사례는 환경단체와 아메리카 원주민이 천연자원을 보호하기 위해 힘을 합친 가장 유명한 사례 중 하나이다. 그것은 우리의 환경에 대한 공개 담론의 다양성을 환영하는 확장일 뿐만 아니라 토착민 발언의 힘을 키우는 것을 의미한다.

이러한 정책 토론은 우리 대부분에게 즉시 영향을 미치지는 않지만, 궁극적으로 우리가 공공 토지와 자원에 대해 어떻게 생각하고 관리하는지에 대한 문제이다. 이 땅에 대해 누가 결정을 내려야 하는가? 유권자인가? 업계 옹호자인가? 현지인이 공공 토지 사용을 지정하는데 이익이 되는 장려책이 있다면 자원사용 결정권이 증가하거나 감소하는가? 과학자와 시민으로서, 이것은 우리 모두와 관련된 질문이다.

▲ **그림 6.23** 일부 공원은 주민을 추방하고 침입을 금지하기 위해 가혹한 조치를 취한다. 자연을 보호할 필요가 있는 지역 또는 원주민의 권리를 어떻게 조정할 수 있는가?
출처: ©William P. Cunningham

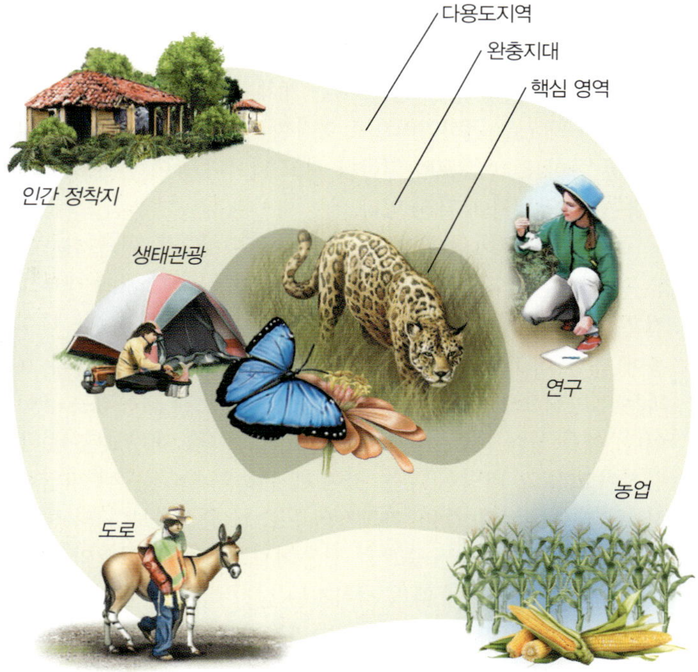

▲ **그림 6.24** 모범적인 생물권 보전구역. 전통적인 공원과 야생동물 피난처는 야생동물과 사람들을 보호하기 위해 경계가 명확하게 정의되어 있다. 반대로 생물권 보전구역은 사람들이 자원에 접근할 필요성을 인식하고 있다. 중요한 생태계는 핵심에서 보존된다. 완충지대에서 연구와 관광이 허용되는 한편, 지속가능한 자원 수확과 영구 거주지가 주변의 다용도지역에 위치하고 있다.

Nations Educational, Scientific, and Cultural Organization; UNESCO; 국제연합 교육과학문화기구)는 **생물권 보전구역**(biosphere reserve)의 지정을 장려하는 **인간과 생물권**(Man and Biosphere) 프로그램을 시작하여 보호구역을 각각 다른 목적의 구역으로 나누었다. 중요한 생태계 기능과 멸종위기에 처한 야생동물이 중앙 핵심지역에 보호되며, 제한된 과학연구가 유일하게 허용되는 인간의 접근이다. 생태관광 및 연구시설은 핵심 주변의 비교적 깨끗한 완충구역에 위치하고 있으며, 다목적 주변지역에서는 지속가능한 자원채취 및 영구 거주가 가능하다(그림 6.24).

생물권 보전 지역의 잘 확립된 예는 유카타 툴룸 해안에 위치한 멕시코의 545,000헥타르(2,100평방마일) Sian Ka'an 보호구역이다. 핵심지역에는 산호초, 만, 습지 및 저지대 열대림이 있는 보호구역의 97%가 포함된다. 멸종위기에 처한 해우, 5종류의 정글 고양이, 거미와 짖는 원숭이, 점점 희귀해지는 바다거북 4종과 함께 335종 이상의 조류가 보호 구역 내에서 관찰되었다. 약 25,000명이 Sian Ka'an 주변 지역 사회와 시골에 거주한다. 관광 외에도 이 지역의 경제기반에는 바닷가재 낚시, 소규모 농업 및 코코넛 재배가 포함된다.

지역 사회단체인 시앙카안의 친구들(Amigos de Sian Ka'an)은 보호구역을 설정하는데 중심적인 역할을 했으며, 지역주민들의 생활수준을 향상시키면서 천연자원을 보호하기 위해 노력하고 있다. 새로운 집약적 농업기술과 지속가능한 임산물 수확을 통해 주민들은 생태기반에 해를 끼치지 않으면서 생계를 유지할 수 있다. 보호구역지에서 개발된 향상된 바닷가재 수확기술로 토착 군체가 고갈되지 않고 어획량이 향상되었다. 현지 사람들은 이제 보호구역을 외부로부터 부과된 것이 아닌 혜택으로 본다. 세계 여러 지역의 유사한 성공사례를 통해 중요한 환경특징을 계속 보호하면서 지역주민을 지원하고 원주민의 권리를 인정할 수 있는 방법을 찾을 수 있다.

종 생존은 크기와 형태를 보존하는데 달려 있다

많은 자연공원과 보호구역은 점점 더 고립되고 있으며, 한때 넓은 지역에 걸쳐 확장되었을 때의 생태계 잔재물이 남아 있다. 그러나 공원생태계가 줄어들면서 생물학적 다양성을 유지하는 것은 점점 더 중요해지고 있다. 조경 설계 및 조경 구조의 원칙은 축소된 서식지를 관리하고 복원하는데 있어 중요해졌다.

수년 동안 보존생물학자들은 하나의 큰 또는 몇 개의 작은 보호구역을 갖는 것이 더 나은지에 대해 논쟁을 벌였다(SLOSS 토론). 이상적인 보호구역은 멸종위기에 처한 생물의 개체군을 지원하고, 생태계를 그대로 유지하며, 중요한 핵심지역을 손상시키는 외부 세력을 격리할 만큼 충분히 커야 한다. 작은 영역을 가진 일부 종의 경우, 몇몇 소규모의 고립된 피난처는 생존 가능한 개체군을 지원할 수 있으며, 작은 소량의 보호 구역을 갖추면 질병, 서식지 파괴 또는 단일 개체군을 소멸시킬 수 있는 기타 재난에 대비할 수 있다. 그러나 작은 보존구역은 많은 공간이 필요한 코끼리나 호랑이 같은 종을 부양할 수 없다. 인간의 필요와 제한 때문에 큰 보존구역이 항상 가능한 것은 아니기 때문에, 대신 제안된 해결책 중 하나가 더 작은 서식지 지역과 연결할 수 있는 자연서식지 통로를 만드는 것이다(그림 6.25). 통로는 효율적으로 여러 개의 작은 것으로부터 큰 보호구역을 만들 수 있다. 또한 통로는 개체가 유전적 다양성을 유지하거나 새로운 번식영역으로 확장할 수 있도록 한다. 통로의 효과는 아마도 그 통로가 얼마나 길고 넓으며 종이 얼마나 쉽게 이용할 수 있는지에 달려 있다.

대규모 보존이 소규모 보존보다 나은 것으로 여겨지는 이유 중 하나는, 이들이 더 많은 핵심서식지(서식지 지역 내부의 깊은 지역)를 가지고 있으며 핵심서식지가 가장자리보다 특수종에 대한 더 나은 조건을 가지고 있기 때문이다. 가장자리 효과는 일반적으로 서식지 가장자리를 설명하는데 사용되는 용어이다. 예를 들어, 숲 가장자리는 일반적으로 숲 내부보다 더 개방적이고 밝고 바람이 부는 곳이며, 온도와 습도는 더 다양하다. 반면에 초원의 경우, 가장자리는 초원 중심부보다 더 많은 그늘과 포식자가 있는 숲으로 만들어질 수 있다. 인간의 교란이 생태계를 조각냄에 따라 서식지는 점점 더 고립된 섬으로 나누어지고, 핵심은 줄어들고 가장자리는 더 커진다. 소규모의 고립된 서식지는 종종 광범위한 중단 없는 생태계보다 적은 수의 종, 특히 적은 수의 희귀종을 지원한다. 그러므로 야생동물보호구역의 크기와 격리는 희귀종의 생존에 중요할 수 있다.

브라질 열대우림에서 매장량, 모양 및 격리에 대한 극적인 실험이 진행되고 있다. 세계 야생 생물기금과 스미소니언 연구소(Smithsonian Institution)가 자금을 지원하는 프로젝트에서 벌목꾼들은 숲을 개간할 때 23개의 시험장을 떠났다. 테스트 사이트의 범위는 1헥타르(2.47에이커)에서 10,000헥타르이다. 명확한 컷은 일부를 둘러싸고, 새로 만들어진 목초지는 다른 것을 둘러싼다(그림 6.26). 나머지는 주변 숲과 연결되어 있다. 선택된 종은 교란 후 생존을 모니터링하기 위해 정기적으로 목록을 작성한다. 예상대로 일부 종은 특히 작은 지역에서 매우 빨리 사라졌다. 햇볕을 좋아하는 종은 새로 생성된 산림 가장자리에서 번성하지만 깊은 산림과 그늘을 좋아하는 종은 사라지는데, 특히 보호구역의 크기나 모양이 핵심서식지의 가용성을 감소시키는 경우에 더 그러하다. 이 실험은 보존구역에서 핵심서식지를 유지하는 것의 중요성을 보여준다.

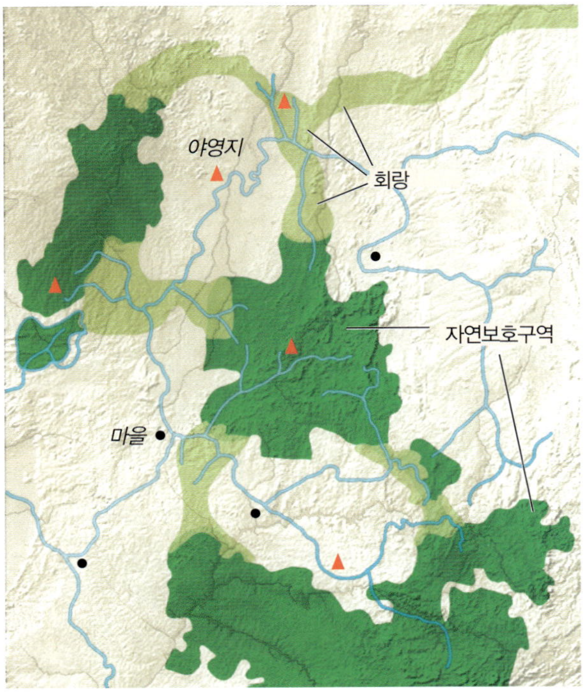

▲ 그림 6.25 통로는 흩어진 자연보호구역에서 식물과 동물의 고립된 개체군을 연결하는 이동경로 역할을 한다. 개별 보존구역은 생존가능한 개체군을 유지하기에는 너무 작을 수 있지만, 강 계곡과 해안 통로를 통해 이들을 연결하면 지역 조건이 좋지 않은 경우 교배를 촉진하고 탈출경로를 제공할 수 있다.

▲ 그림 6.26 자연보존구역은 얼마나 작을 수 있는가? 야심찬 연구 프로젝트에서 브라질 열대우림 과학자들은 기존 숲과 연결되어 있거나 개간으로 둘러싸인 다양한 크기의 구획에서 야생생물을 조심스럽게 추적하고 있다. 예상할 수 있듯이 가장 크고 가장 전문화된 종이 가장 먼저 사라진다.
출처: Courtesy of R.O. Bierregaard

결론

삼림과 초원은 전 세계 토지의 약 60%를 차지한다. 대다수의 인간이 이 생물군계에 살고 있으며, 우리는 그로부터 많은 귀중한 물질을 얻는다. 그럼에도 불구하고 이러한 생물군계는 우리의 생명을 지원하는 생태서비스에 의존하는 세계 생물다양성의 원천이기도 하다. 자원을 보충할 수 있도록 충분한 자연을 보존하면서 자연자원으로 지속적으로 살 수 있는 방법은 환경과학에서 가장 중요한 질문 중 하나이다.

착취와 보존 사이의 균형을 찾는 좋은 소식이 있다. 삼림벌채와 토지황폐화가 특히 일부개발도상국에서는 수용할 수 없는 속도로 계속 진행되고 있지만 많은 곳에서 2세기 전보다 더 숲으로 밀집되었다. 토착권과 생물다양성의 보호는 항상 천연 자원을 이용하려는 힘과 싸워야 한다. 지구의 17% 이상이 현재 보호 상태에 있지만, 이 보호구역의 보호 수준은 다양하다.

우리는 멸종위기에 처한 개별 종에 초점을 맞추고 대표적인 서식지 표본을 따로 두는 것 사이의 논쟁을 해결하지 못했지만 두 전략을 모두 추구하는 것이 효과가 있는 것 같다. 예를 들면, 인도네시아의 오랑우탄 또는 알래스카의 순록과 같은 카리스마 넘치는 생물을 보호하면 수많은 보이지 않는 종을 보존할 수 있다. 동시에 심미적 또는 레크리에이션 목적으로 전체 경관을 보호하는 것과 같은 목표도 달성할 수 있다.

연습 문제 *PRACRICE QUIZ*

1. 폐쇄 캐노피 숲과 노숙림 숲은 무엇을 의미하는가?
2. 어떤 대륙이 가장 큰 산림 손실을 겪고 있는가?
3. REDD란 무엇이며 어떻게 작동하는가?
4. 화재진압은 왜 논란의 여지가 있는 전략인가?
5. 미국의 공공 방목지 중 어느 부분이 과잉방목으로 인해 열악하거나 매우 열악한 상태인가? 왜 일부 집단은 방목 수수료가 "숨겨진 보조금"에 해당한다고 말하는가?
6. 회전식 방목이란 무엇이며 자연적인 과정을 어떻게 모방하는가?
7. 자연보존의 크기와 설계는 그 효과에 어떤 영향을 미치는가? 조경 생태학자들은 내부 서식지와 가장자리 효과로 무엇을 의미하는가?
8. 지구 면적의 몇 퍼센트가 보호 등급을 가지고 있는가? 전 세계적으로 보호 지역의 수는 어떻게 변했는가?
9. 생태관광이란 무엇이며 왜 중요한가?
10. 생물권보전구역이란 무엇이며 광야나 야생생물 보존과 어떻게 다른가?

비판적 사고와 토론 *CRITICAL THINKING AND DISCUSSION*

다른 학생들과 이러한 문제를 토의하기 위하여 이 장에서 학습한 원칙을 적용한다.

1. 보존주의자들은 산림의 유역보호 및 기타 생태적 기능이 목재보다 경제적으로 가치 있다고 주장한다. 목재회사들은 지속적인 생산이 안정적인 일자리와 지역경제를 지원한다고 주장한다. 어느 그룹이 옳은지를 결정하려고 하는 판사라면 양쪽에 어떤 증거가 필요한가? 이 증거를 어떻게 수집하겠는가?
2. 반을 목장 집단, 보전 집단 및 교외 주택건설 집단으로 나누고 미국 서부에서 보조금을 받는 방목의 장점에 대해 토론한다. 토지를 가장 잘 사용하는 것은 무엇인가? 어떤 풍경이 가장 바람직한가? 그 이유는 무엇인가? 이러한 풍경을 유지하기 위해 어떻게 제안할까?
3. 삼림 면적과 산림 손실 계산은 산림을 구성하는 요소를 정확하게 정의하기가 어렵 기 때문에 복잡하다. 크기, 밀도, 높이 또는 기타 특성 측면에서 해당 지역의 산림으로 간주되는 항목에 대한 정의를 설명하고 자신의 정의를 동료의 정의와 비교하라. 동의하기 쉬운가? 다른 지역에 살면 정의가 바뀔까?
4. 방목지의 퇴화 정도에 대해서는 상당한 불확실성이 있다. 여러분이 방목지 관리 과학자이고 몬태나주의 황폐화를 평가하는 것이 당신의 업무라고 가정하자. 어떤 데이터가 필요한가? 무한한 예산으로 필요한 데이터를 어떻게 수집하겠는가? 예산이 매우 적으면 어떻게 진행하겠는가?
5. 왜 건조한 열대림과 툰드라가 보호구역에서 잘 대표되고, 초원과 습지가 상대적으로 거의 보호되지 않는다고 가정하는가? 답변에서 사회적, 문화적, 지리적, 경제적 이유를 고려하라.
6. 석유 및 가스회사는 여러 공원, 기념물 및 야생 동물피난처에서 시추를 원한다. 이것이 허용되어야 한다고 생각하는가? 그 이유는 무엇인가? 어떤 조건에서 시추가 허용되는가?

데이터 분석 가장자리 효과 감지 *DATA ANALYSIS Detecting Edge Effects*

가장자리 효과는 자연보존의 기본 고려 사항이다. 우리는 일반적으로 많은 특수 종을 가진 원시 서식지에서 극적인 가장자리 효과를 기대한다. 그러나 자신의 대학 캠퍼스나 공원 또는 주변의 비 건축 지역에서 내부 가장자리 차이를 찾을 수 있다. 다음은 자신의 지역 서식지 조각을 사용하여 확인할 수 있는 검증 가능한 세 가지 질문이다. (1) 가장자리 효과가 감지될 수 있는가? (2) 가장자리와 내부 조건의 차이를 나타내는 종은 무엇인가? (3) 가장자리와 내부 조건의 차이를 어느 거리에서 감지할 수 있는가?

CHAPTER

7 식량과 농업

Food and Agriculture

학습 성과 *Learning Outcomes*

이 장을 학습한 후에 여러분은 다음 질문에 대답할 수 있어야 한다:

- 만성적인 기아에 처한 인구 수는 얼마이며, 충분한 식량 생산에도 왜 기아는 계속되는가?
- 영양실조, 식욕부진 및 과식의 건강 위험은 무엇인가?
- 우리의 주요 식량 작물은 무엇인가?
- 토양의 5가지 성분을 설명하시오.
- 녹색혁명은 무엇인가?
- GMO란 무엇이며 GMO에 가장 일반적으로 도입되는 특성은 무엇인가?
- 농업의 환경비용과 이러한 비용을 최소화 할 수 있는 방법을 설명하시오.

일리노이 농장은 세계에서 가장 대량의 옥수수와 콩을 생산한다. 이러한 종류의 생산을 지원하려면 점점 더 복잡한 살충제 혼합물이 필요하다.

사례 연구 *Cace Study*

새로운 살충제 칵테일

매년 봄 일리노이주 맥린(McLean) 카운티의 농부들은 세계에서 가장 큰 옥수수와 콩 작물을 재배하기 시작한다. 일리노이주에서도 콩과 옥수수가 가장 많이 수확되는 맥린 카운티는 95%가 농지이며, 두 작물은 재배 면적의 거의 90%를 차지한다. 이러한 경작지는 세계최대의 옥수수 및 콩 생산국이자 수출국인 미국 농업경제의 경제적 원동력이다.

생태학자에게 위 사례는 단지 두 개의 지배적인 생산자 종인 콩과 옥수수, 그리고 이상적으로는 한 소비자(농부)를 가지고 있는 매우 단순화된 생태계를 의미한다. 그러나 생태학자는 단순화된 시스템의 틈새가 언제든 채워질 수 있다고 본다. 소비자, 특히 해충은 작물 경작지의 급증하는 생산성에 비례하여 증가하고, 식물 경쟁자, 특히 명아주 및 돼지풀과 같이 빠르게 성장하는 잡초는 언제든 채워질 수 있다. 결국 농민들은 농작물의 보호를 위해 광범위한 독성이 있거나 특정 해충을 겨냥한 화학 살충제에 의존한다.

이 영원한 투쟁의 새로운 단계는 제초제를 견딜 수 있도록 유전자가 변형된 종자를 도입하는 것이었다. 1990년대 이후 공동 화학 및 종자 생산 대기업, 특히 Bayer-Monsanto 및 Dow AgroSciences는 특정 제초제를 견딜 수 있는 종자 시스템을 생산했다. 이를 통해 농장 운영자는 작물에 해를 끼치지 않고 제초제를 자유롭게 뿌릴 수 있게 되어 종자 화학 시스템은 전례 없는 속도로 수익과 생산을 높였다. 화학물질, 종자 및 이를 사용하는 허가권이 비싸고, 경쟁에 뒤처진 소규모 생산자가 사라지면서 생산 비용이 증가했다. 그러나 2010년 이후 미국 대두 경작면적의 94%가 제초제에 내성이 생겼고, 이런 작물은 잡초와 해충의 급속한 진화에 대응하기 위해 "농축된 특성" 또는 여러 농약에 대한 내성을 가지게 됐다.

생태학자가 지적하듯이, 지속적인 교란은 종의 진화를 촉진한다. 미국에서 가장 많이 사용되는 제초제인 글리포세이트(상표명 Roundup®) 또는 아트라진, 글루포시네이트 또는 기타 도처에 있는 화학물질에 지속적으로 노출되면 잡초 집단의 대부분이 파괴된다. 그러나 결국은 살아남는 소수의 내성 개체가 경쟁 없이 자유롭게 확산되어 살충제는 효과가 없어진다. 대부분의 살충제는 저항성 잡초나 곤충이 나타나기 시작하는 데 약 5년이 소요된다.

따라서, 해충과 잡초의 빠른 진화에 따라 더 나은 살충제가 필요하게 된다. 1996년 몬산토의 "Roundup®-ready" 종자가 소개된 후, 저항성 명아주가 나타나기까지는 채 5년도 걸리지 않았다. 2017년까지 최소 38개의 저항성 잡초 종이 알려져 있으며, 미국의 옥수수, 콩 및 면화를 심은 6억 6천 헥타르(1억 7천 에이커)의 약 40%에 영향을 미친다(그림 7.1).

제초제가 효과가 없어짐에 따라 화학물질의 복잡한 "칵테일"이 필요하게 되었다. EPA는 2018년부터 일리노이주를 포함한 주요 농

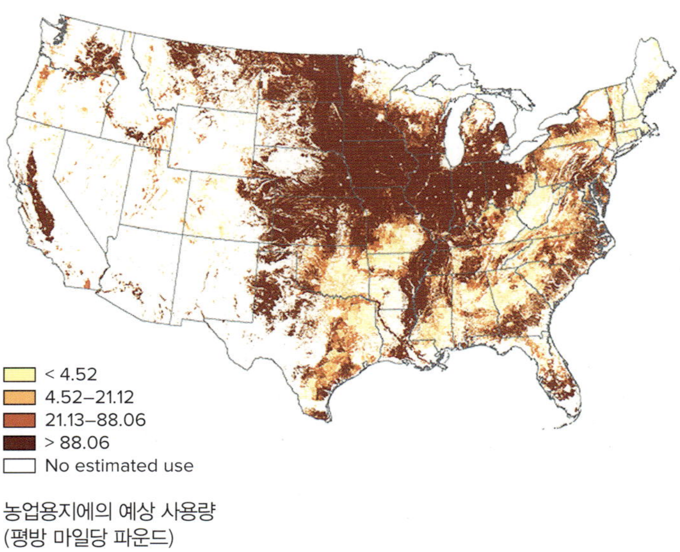

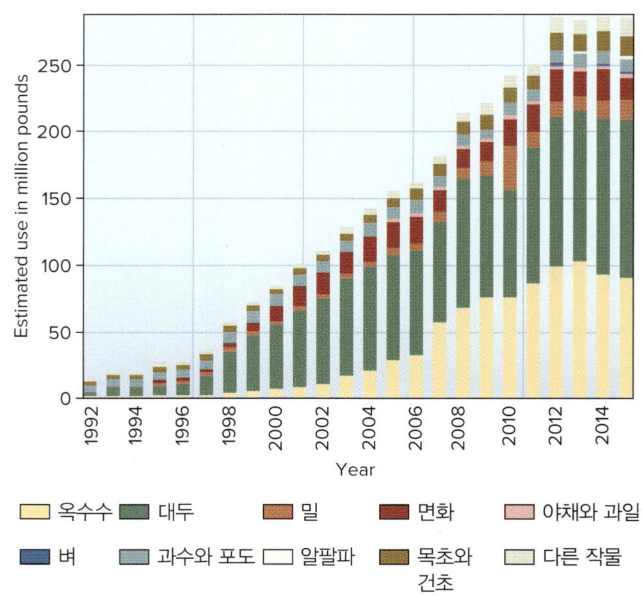

▲ **그림 7.1** 글리포세이트 Roundup) 사용의 분포 및 성장. 이 제초제를 견딜 수 있도록 유전자변형 작물은 1990년대 초에 도입되었다.
출처: UN Food and Agriculture Organization (FAO)

사례 연구 Cace Study (계속)

업 생산 주에서 화학 제조업체인 Dow Agrosciences가 생산한 글리포세이트와 2,4-D의 조합인 Enlist Duo®를 사용할 수 있게 했다. 세계 보건기구(WHO)에 따르면 글리포세이트와 2,4-D 모두 인간에게 발암성 물질일 가능성이 높다. 두 화합물 모두 DDT와 같은 일반적인 살충제는 아니지만 글리포세이트는 주요 작물 생산 국가에서 수십 가지 작물에 사용되는 지배적인 제초제이다. 그리고 2,4-D는 가장 오래되고 가장 널리 사용되는 살충제 중 하나이다. 1945년부터 사용된 2,4-D는 베트남 전쟁에서 사용된 고엽제인 에이전트 오렌지(Agent Orange) 성분이었다. 2018년 캘리포니아 배심원단은 몬산토가 글리포세이트의 위험성을 의도적으로 숨겼다는 소비자 소송에서 2억 9천8백만 달러를 지급하도록 했다.

Enlist Duo®에 대한 EPA의 승인은 화학물질의 가속적이고 복합적인 사용으로 인한 건강 또는 환경적 영향을 아무도 모르기 때문에 논란이 일었다. 그리고 그것이 잡초 진화와의 경쟁에서 얼마나 오래 효과가 지속될지는 아무도 모른다.

우리 중 많은 사람들이 도시로 이주함에 따라 농산물 생산시스템의 복잡성과 그 의미를 파악하고 이해하기가 더 어려워졌다. 이것이 우리가 의존하는 식품과 무역 제품을 생산하는 방법이다. 콩과 옥수수는 우리가 먹는 익숙하고 저렴한 육류제품을 지원한다. 생태계와 수로에 장기적인 영향은 무엇인가? 농부와 농업 공동체에 어떤 영향을 미치는가? 이 장에서는 농업생산, 식품 및 이러한 자원을 사용하는 방법을 살펴본다. ■

7.1 음식과 기아의 세계적인 경향

- *우리는 풍부한 식량을 생산하지만 식량안보는 여전히 세계적인 문제이다.*
- *최근 수십 년 동안 평균 열량과 단백질 소비가 꾸준히 증가했다.*
- *식량부족은 대개 분쟁이나 잘못된 정책에 의해 유발된다.*

지구의 토양과 수자원이 전 세계 인구에게 충분한 식량을 제공할 수 있도록 보장하는 것은 항상 중요한 문제였다. 미국 중서부 지역에서 실행된 현대 산업 농업은 식량과 기아에 대한 이야기를 다시 썼다. 개발도상국은 여전히 소규모의 생계농업을 수행하고 있지만, 세계 식량의 증가하는 비율은 현재 수천 헥타르의 광대한 사업에서 비롯되며, 경쟁이 치열한 세계시장을 위해 풍부한 연료와 비료로 1~2종의 작물을 재배한다.

이러한 변화는 생산을 극적으로 증가시켜 개발도상국을 포함하여 전 세계적으로 저렴한 육류 단백질을 제공한다. 식량생산이 급격히 증가하자 이제는 옥수수, 콩 및 설탕을 사용하여 자동차를 운행한다(13장). 국제 통화 기금(International Monetary Fund)에 따르면, 2005년 전 세계 식량 비용(인플레이션 조정된 달러)은 현재까지의 기록 중 최저로 1970년대 중반에 비해 1/4도 안 된다. 미국과 유럽은 과잉 생산을 막기 위해 매년 수십억 달러를 농부에게 지불한다.

이제 우리는 환경과학 및 식품생산에 관한 새로운 질문을 가지고 있다. 강화된 생산의 환경비용은 얼마인가? 지속가능한 혁신은 무엇인가? 칼로리가 높은 식단의 증가가 건강에 미치는 영향을 억제할 수 있는가? 그리고 많은 빈곤층에 지속되는 기아를 없애기 위해 분배를 개선할 수 있는가?

이 장에서 우리는 이 질문들과 농부들이 전 세계적으로 더 많은 인구를 부양하는 방법을 조사하고 식품 생산의 장기적인 지속가능성에 필요한 전략 중 일부를 살펴본다.

벤치마크 데이터

이 장의 아이디어와 숫자 중에서 다음은 기억할 가치가 있는 몇 가지 사항이다.

2,200 kcal	세계 보건기구에 의한 평균 인간 식사 에너지 요구량
> 3,500 kcal	북미에서 1인당 평균 이용 가능량
40~60 g	일일 단백질 요구량
60 g	최빈국의 평균 단백질 소비
110 g	북미 평균
70%; 5%	미국의 과체중 비율; 저체중 비율
20%; 10%	중국의 과체중 비율; 저체중 비율
8 kg	1 kg의 쇠고기를 생산하기위한 사료량
94%	제초제를 견디도록 유전자변형 미국 콩의 비율
1 mm	이상적인 조건에서 연간 축적된 토양의 양

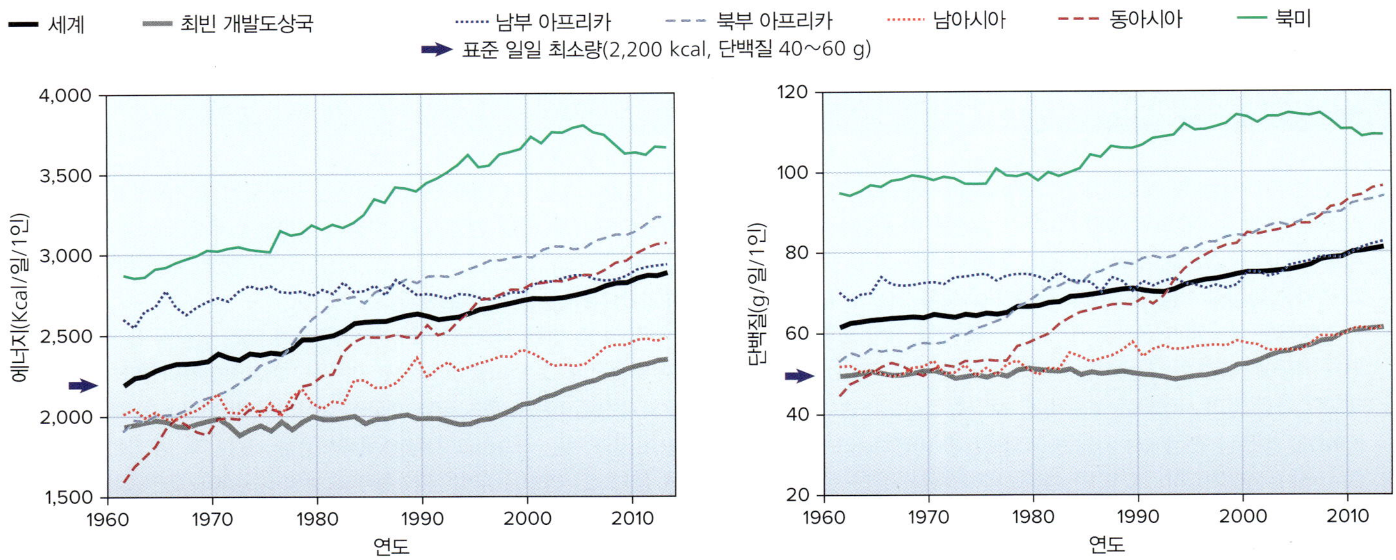

(a) 칼로리

(b) 단백질

▲ **그림 7.2** 선택된 지역에서 식이 에너지(kcal) 및 단백질 소비의 변화. 북미 및 기타 선진 지역은 필요한 것보다 더 많은 칼로리와 단백질을 소비한다.
출처: Data from Food and Agriculture Organization (FAO) 2018

식량 안보가 고르지 않게 분배된다

50년 전 기아는 세계에서 가장 두드러지고 지속적인 문제 중 하나였다. 1960년에 개발도상국 사람들의 거의 60%가 만성적 영양실조에 빠졌고, 세계 인구는 매년 2% 이상 증가했다. 오늘날 일부 조건은 극적으로 변한 반면 다른 조건은 거의 변하지 않았다. 세계 인구는 30억에서 70억 이상으로 두 배 이상 증가했지만 식량 생산은 더욱 빨라졌다. 즉, 지난 50년 동안의 평균 인구 증가율은 매년 1.7%였지만 식량 생산량은 매년 평균 2.2% 증가했다. 대부분의 국가에서 식품 가용성은 2,200 kcal 이상으로 증가하여 건강하고 생산적인 삶에 일반적으로 충족한 것으로 간주된다(그림 7.2a). 가장 인구가 많은 두 국가인 중국과 인도를 포함한 대부분의 국가에서 단백질 섭취량이 증가했다(그림 7.2b). 50년 전의 60%에 비하면 현재 개발도상국 인구의 20% 미만이 만성적인 식량부족에 직면해 있다.

그러나 기아는 여전히 우리와 함께 있다. 지구상의 8명당 거의 1명꼴인 9억 명이 만성적 굶주림을 겪고 있는 것으로 추정된다(그림 7.3). 이 수치는 몇 년 전보다 약간 증가했지만, 인구증가로 인한 영양실조 환자의 비율은 여전히 감소하고 있다(그림 7.4).

그러나 굶주린 사람들의 약 95%가 개발도상국에 있고, 정치적 불안정성에 시달리는 사하라이남 아프리카 지역에서 특히 심각하다(그림 7.2, 7.3 참조). 우리는 **식량안보**(food security) 또는 매일 충분한 건강식품을 얻는 능력이 경제적, 환경적, 사회적 조건의 결합된 문제라는 것을 점점 더 인식하고 있다. 미국과 같은 부유한 국가에서도 건강식이 부족하다. 우리가 역사적으로 더 저렴하게 음식을 섭취함에도 불구하고 빈곤, 실직, 사회복지 서비스 부족 및 기타 요인으로 인해 지속적으로 굶주림이 발생하고 영양 부족이 생긴다.

식량안보는 여러 가지로 중요하다. 가장 열악한 국가에서는 가뭄, 홍수 또는 곤충 발생이 광대한 지역에 영향을 줄 수 있고 개별 마을은 식량 안보 부족으로 인해 어려움을 겪는다. 흉년이 든 해는 가족이나 마을을 황폐화시킬 수 있으며, 농부가 먹고 팔기에 충분한 식량을 생산할 수 없다면 지역경제가 무너질 수 있다. 가족 내에서도 불평등한 식량안보가 있을 수 있어 남성은 종종 많은 양분과 영양가 높은 음식을 섭취하는 반면, 음식을 많이 필요로 하는 여성과 어린이는 모두 빈약한 음식을 섭취할 수 있다. 5세 미만의 어린이 6백만 명 이상이 매년 기아와 영양실조로 질병이 악화되어 사망한다. 건강한 식단을 제공하면 전 세계 모든 아동 사망의 60%를 줄일 수 있고, 높은 유아사망률은 인구증가율과 밀접한 관련이 있기 때문에, 아동 기아를 줄이는 것이 전 세계 인구 증가를 늦추는 중요한 전략이다.

배고픈 사람은 가난에서 벗어날 수 없다. 노벨상 수상자인 경제학자 포겔(Robert Fogel)은 1790년 영국과 프랑스 인구의 20%가 굶주림과 허약으로 실질 노동력에서 배제된 것으로 추정했다. 포겔은 개선된 영양이 19세기 유럽 경제성장의 약 절반을 차지할 수 있다는 포겔의 계산에 따르면, 오늘날의 빈곤한 국가에서 기아를 줄이면 보다 건강하고 수명이 긴 생산적인 인력을 추가함으로써 $1,200억이 넘는 경제성장을 달성할 수 있다.

기근에는 정치적, 사회적 뿌리가 있다

기근(famine)은 굶주림과 사회적 혼란이 있는 대규모 식량 부족이다. 기근은 종종 가뭄이나 홍수로 촉발되지만, 심각한 식

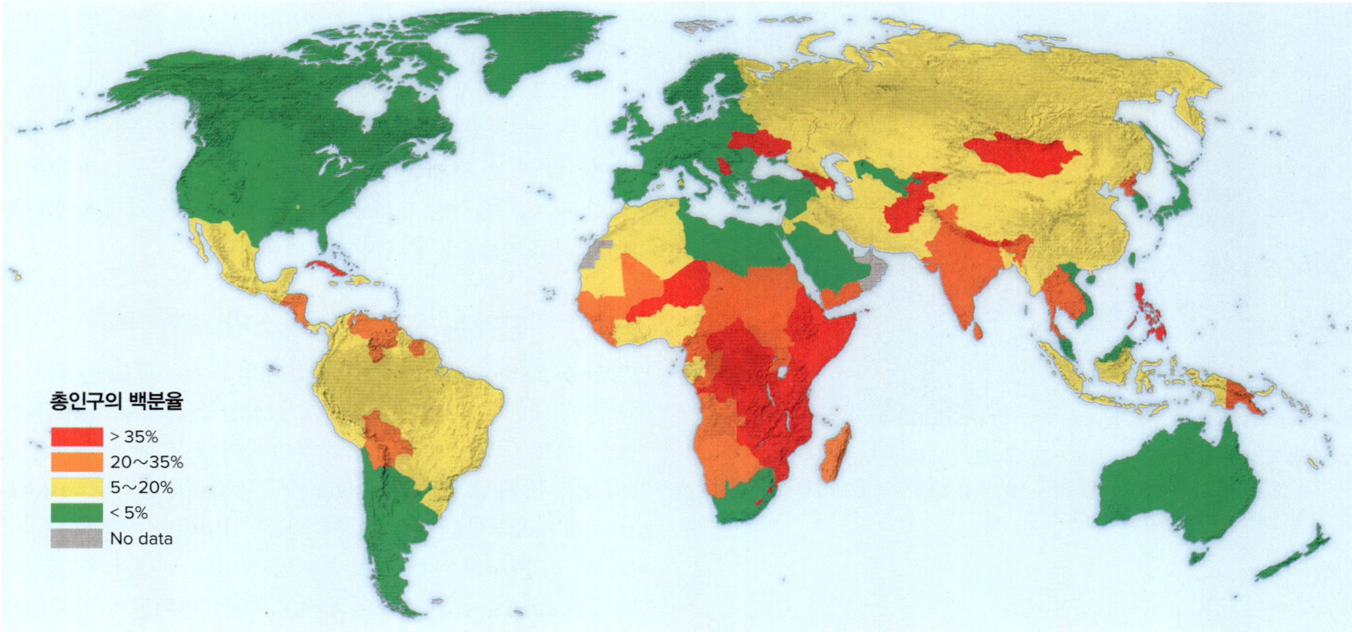

▲ **그림 7.3** 전 세계 기아율. 가장 심각하고 만성적인 기아는 개발도상국, 특히 사하라 사막 이남의 아프리카에 있다.
출처: United Nations Food and Agriculture Organization

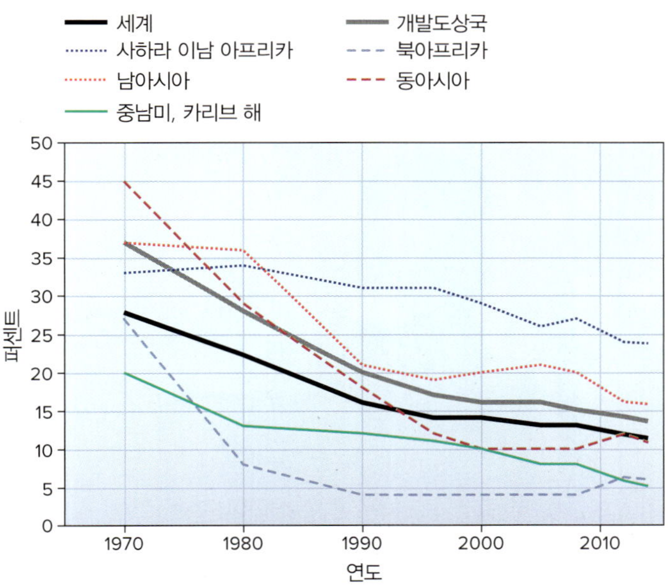

▲ **그림 7.4** 지역별 영양 실조 수 및 비율의 변화
출처: Data from UN Food and Agriculture Organization, 2015

량 불안의 근본 원인에는 일반적으로 인구를 이동시키는 전쟁, 주민을 농장에서 철수시키거나 농사를 짓기에는 너무 위험하게 만드는 것과 같은 정치적 불안정이 포함된다. 경제 불균형은 또한 농민을 땅에서 몰아낸다. 예를 들어, 브라질에서는 부유한 토지소유자가 최근 수십 년 동안 수십 만 농민들을 이주시켰으며, 큰 목장을 만들어 최근에는 콩 생산을 확대했다. 이재민

능동적 학습 ACTIVE LEARNING

빈곤과 풍요 지도 작성

그림 7.3의 지도를 검토하고, 책 끝에서 국경지도를 사용하여 배고픈 국가 10곳을 확인하시오. 그런 다음 5% 미만의 사람들이 만성적 영양실조(녹색 지역)에 있는 10개 국가를 식별하시오. 세계에서 가장 인구가 많은 5개국은 중국, 인도, 미국, 인도네시아 및 브라질이다. 이 5개국의 등급은 무엇인가?

답변: 중국, 인도네시아 및 브라질은 5~20% 영양실조 상태이다. 인도는 20~35%이다. 미국은 < 5%이다.

들은 토지를 잃으면 혼잡한 주요 도시빈민가로 이주할 수밖에 없다.

최근에는 토지투기꾼, 대규모 농업 기업 및 개발자들이 정부 소유 토지를 임대하는 국제적인 토지 수요가 늘면서 아프리카 전역과 아시아 일부 국가의 거주 농민들을 쫓아내고 있다.

하버드의 경제학자 센(Amartya K. Sen)은 자연재해가 기근을 일으키는 경우가 많지만, 농부들이 부적절하거나 부패한 정부나 탐욕스러운 엘리트들에 의해 방해받지 않는다면 이 사건에서 살아남을 수 있다는 것을 보여주었다. 센 교수는 무력 충돌과 정치적 억압이 자주 기근의 근원이 된다고 지적했다. 그는 상대적으로 자유로운 언론을 가진 민주주의 국가는 결코 기

▲ **그림 7.5** 소말리아의 아이들은 매일 급식소에서 죽을 먹는다. 사람들이 굶주림이나 전쟁으로 집에서 쫓겨나면 사회 시스템이 무너지고 질병이 빠르게 퍼지며 상황이 빠르게 절망적으로 변한다.
출처: ©hikrcn/123RF

근이 없었다고 말한다.

천재지변이나 가뭄은 폭력적인 분쟁과 식량난에 영향을 줄 수 있다. 일부 분석가들은 시리아의 최근 갈등은 적시에 도움을 제공하지 못한 억압적인 정부와 함께 농민을 땅에서 쫓아낸 기후변화로 인한 것이라고 주장했다. 기근은 종종 사람들이 건강하고 생산적인 삶을 유지할 수 없는 구호캠프로 대량 이주를 촉발한다(그림 7.5). 2011년 수단과 소말이아의 1천 2백만~1천 5백만 명의 사람들이 가뭄에서 시작된 수년간의 분쟁으로 인해 기아에 직면했었다.

1960년대 중국의 기근 회복은 정치와 기근의 관계에 대한 극적인 예이다(그림 7.2의 추세 참조). 중앙정부의 잘못된 정책으로 인해 중국 전역의 농업경제가 불안정해졌고, 1959년부터 2년간의 흉작은 3천만 명이 사망한 기근을 촉진시켰다. 최근 몇 년 동안 새로운 정치 및 경제정책이 식량에 대한 접근을 변화시켰다. 그 결과, 인구는 1960년 6억 5천만 명에서 2015년 13억 명으로 두 배가 되었지만, 기아는 많이 해소되었다. 현재 중국은 미국보다 거의 두 배나 많은 육류를 소비한다. 이는 대부분이 브라질이나 미국 중서부산 콩을 먹은 가축에서 얻은 고기(돼지, 닭고기, 소고기)이다.

7.2 우리는 얼마나 많은 음식을 필요로 하는가?

- *영양실조에는 부족한 음식뿐만 아니라 비타민 결핍이 포함된다.*
- *체중 관련 문제는 개발도상국의 기아 관련 문제를 넘어선다.*
- *우리는 농지의 상당부분을 식품이 아닌 바이오연료 생산에 사용한다.*

좋은 식단은 건강을 유지하는 데 필수적이다. 충분한 칼로리를 제공하는 균형 잡힌 음식은 올바른 영양분을 제공하여 생산적이고 활기찬 생활을 위해 꼭 필요하다. UN 식량 농업기구(FAO)는 약 30억 명의 사람들(세계 인구의 거의 절반)이 비타민, 미네랄 또는 단백질 결핍으로 고통받고 있다고 추정한다. 이러한 부족은 심각한 병과 사망을 초래할 뿐만 아니라 정신능력 감소, 발달이상 및 발육저해를 초래한다.

건강한 식단에는 올바른 영양소가 포함된다

영양실조(malnourishment)는 특정 영양소 부족으로 인한 영양 불균형에 대한 일반적인 용어이다. 극심한 음식 부족 상황은 어린 아이들의 단백질 부족을 초래해 부풀어 오른 배와 탈색된 모발과 피부가 특징인 kwashiorkor를 유발할 수 있다. Kwashiorkor는 서아프리카 단어로 실향 아동을 의미한다. (신생아가 태어날 때 어린 아이는 집을 잃고 영양가 있는 모유가 박탈된다) *소모증*(marasmus; 그리스어의 버리다)은 단백질과 칼로리가 모두 없는 어린이의 또 다른 심각한 상태이다. 심한 소모증으로 고통 받는 어린이는 일반적으로 마르고 오그라든다(그림 7.6a). 이러한 상태는 질병과 감염에 대한 저항력을 낮추며, 아동은 정신적, 육체적 발달의 영구적인 장애를 겪을 수 있다.

비타민 A, 엽산 및 요오드 결핍은 더 광범위한 문제이다. 비타민 A와 엽산은 야채, 특히 짙은 녹색 잎을 가진 채소에 많

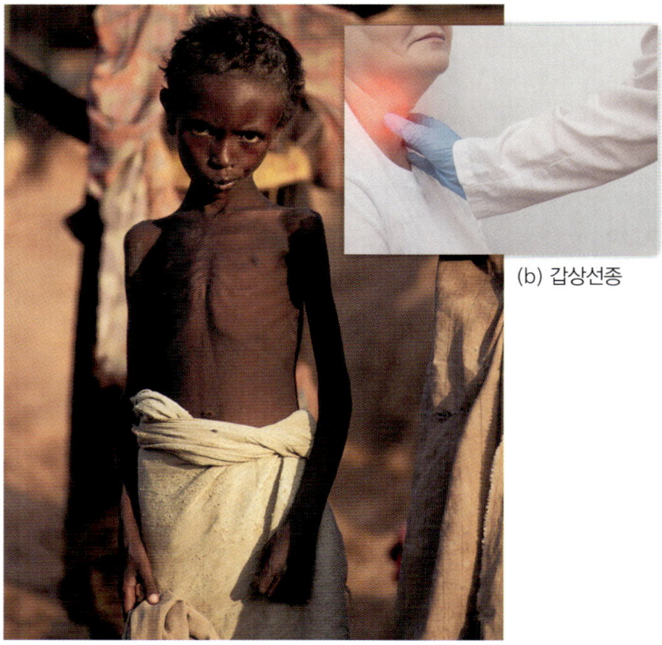

(b) 갑상선종

(a) 소모증

▲ **그림 7.6** 식이 결핍은 심각한 질병을 유발할 수 있다.
(a) *소모증*(Marasmus)은 단백질과 칼로리 부족으로 인해 생기는데, 어린이들에게 주름이 생기고 건조하며 벗겨지기 쉬운 피부를 준다. (b) 갑상선 부종인 갑상선종은 요오드 결핍으로 인해 발생한다.
출처: (a) ©Scott Daniel Peterson; (b) ©Henadzi Pechan/123RF

은데 엽산의 결핍은 영아의 신경학적 문제와 관련이 있다. 매년 약 35만명의 사람들이 비타민 A 부족으로 실명한다. 존스 홉킨스(Johns Hopkins) 대학 안과학자 소머(Alfred Sommer) 박사는 1년에 2센트 어치의 비타민 A만 섭취하면 비타민 A 부족으로 인한 거의 모든 아동 실명과 조기사망을 예방할 수 있다고 밝혔고, 네팔의 한 연구에서는 비타민 A 보충이 모성 사망률을 거의 40%나 감소시켰다.

요오드 결핍은 갑상선이 붓는 갑상선종(그림 7.6b)을 유발할 수 있다. 요오드는 무엇보다도 신진 대사와 뇌 발달을 조절하는 내분비 호르몬 인 티록신의 합성에 필수적이다. FAO는 동남아시아를 중심으로 발달과 성장이 저해된 1억 7천7백만 명의 어린이를 포함한 7억 7천 5백만 명의 사람들이 요오드 결핍으로 고통받고 있다고 추정한다. 선진국은 식탁용 소금에 요오드를 첨가함으로써 이 문제를 대부분 해소했다.

옥수수, 찹쌀, 마니옥(타피오카)과 같은 녹말 음식은 가난한 사람들을 위해 대부분의 식이 요법을 제공하지만, 몇 가지 필수 비타민과 미네랄이 적다. 몬산토가 식품 유전자 공학을 통해 비타민 A를 생산하는 유전자를 포함하여 개발한 "황금 쌀" 은 중요 영양소를 공급하려는 유명한 노력 중의 하나이다. 그러나 이 노력은, 유전자 변형 쌀의 가격이 높고 제초제의 사용으로 다른 필수 영양소를 공급하는 야채를 죽인다는 점에서 비난을 받기도 했다.

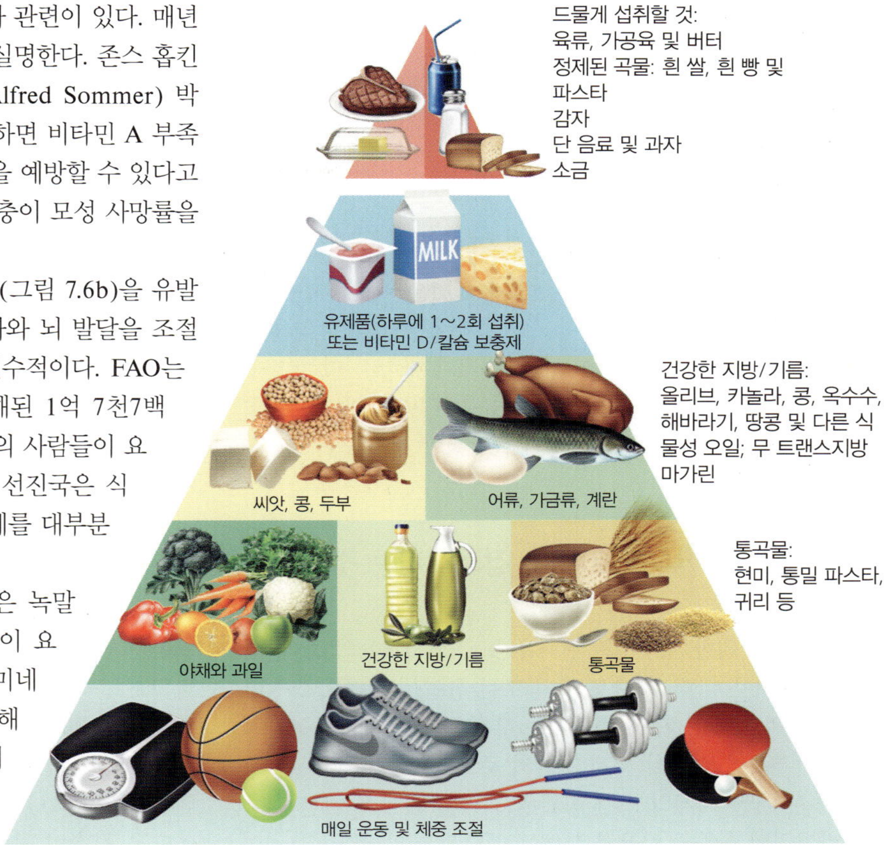

▲ **그림 7.7** 하버드 식품 피라미드는 과일, 채소 및 곡물을 건강한 식단의 기초로 강조한다. 다른 대부분의 건강한 식습관에 대한 설명과 달리 이것은 운동이 기초에 있으며, 통곡물의 가치와 흰빵 및 탄수화물의 가치를 구별한다.

적당한 양의 계란과 유제품, 적은 양의 고기와 기름을 포함한 야채와 곡물 위주의 식단이 가장 좋다. 규칙적인 운동은 하버드 영양학자가 제시한 이상적인 식단의 기초를 뒷받침하며(그림 7.7), 적당한 양의 지방은 건강한 피부, 세포기능 및 신진대사에 필수적이다. 그러나 과도한 양의 지방과 설탕은 삼가해야 한다.

과식은 증가하는 세계 문제이다

역사상 처음으로 저체중(약 9억 명)보다 과체중(20억 명 이상)이 더 많다. 부유한 국가에서 성인의 절반 이상이 과체중이거나 비만인데 이러한 추세는 부유한 국가뿐만아니라 전 세계에 퍼지고 있다(그림 7.8). 한때 심장마비, 뇌졸중, 당뇨병과 같이 부유한 나라들만 앓고 있다고 생각되는 질병은 이제 어느 곳에서나 사망과 장애의 가장 흔한 원인이 되고 있다.

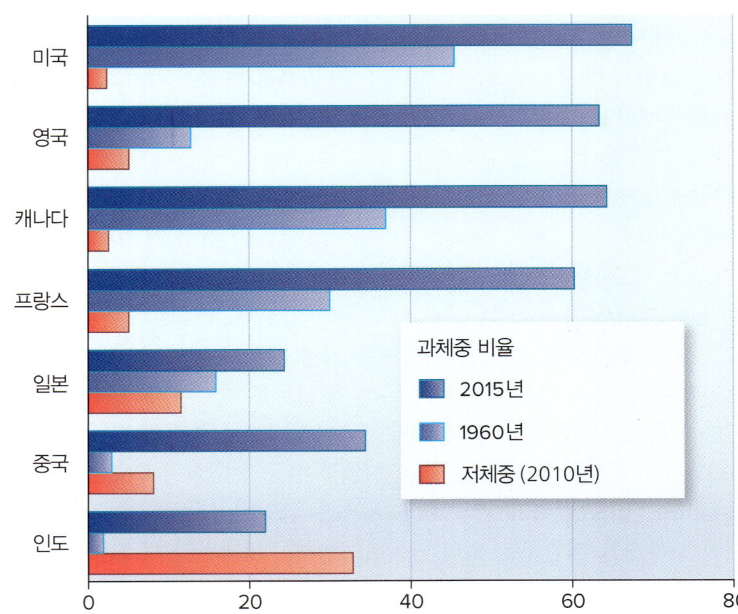

▲ **그림 7.8** 약 9억 명의 사람들이 만성적으로 영양이 부족한 반면, 2배 이상의 사람이 너무 많이 먹을 위험이 있다(사용 가능한 최신 데이터가 표시된다).
출처: Data from World Health Organization, 2010

고도로 가공되어 당류와 지방이 많은 음식이 전 세계 식단의 많은 부분을 차지하고 있다. 성인 미국인의 70% 이상이 과체중이고, 우리의 약 3분의 1은 심각하게 과체중이거나 비만이다. 비만은 일반적으로 사람의 키와 성별에 이상적인 체중보다 20% 이상을 의미하는 것으로 간주된다. 과체중은 고혈압, 당뇨병, 심장마비, 뇌졸중, 담낭 질환, 골관절염, 호흡기 문제 및 일부 암의 위험을 증가시킨다. 매년 미국에서 발생하는 흡연으로 인한 사망자들 다수가 비만 관련 질병에 그 원인이 있다.

비만의 유행은 나쁜 행동의 문제가 아니라 빈곤과 식량 불안의 증상이다. 다량의 기름과 설탕이 함유된 음식은 요리할 시간이 없거나 요리시설이 부족한 사람들에게는 시간과 노력을 절약시켜준다. 건강에 좋은 음식은 비싸거나 구하기 어려울 수 있으며, 고칼로리 저영양 가공식품은 유통기한이 짧은 신선 식품보다 저렴하기 때문에 식품수급이 불안정한 저소득층에게 적극적으로 판매된다.

생산량 증대가 반드시 기아를 감소시키는 것은 아니다

기아를 줄이기 위한 대부분의 전략은 농장 생산효율의 증대, 비료 및 종자 사용 확대, 미사용 토지 또는 산림을 농업으로 전환하는 것과 관련이 있다. 그러나 비만 유병률과 불안정한 농장경제는 공급부족이 반드시 세계 기아의 주요 원인은 아니라는 것을 보여준다. 전 세계의 식량 공급원 과잉은 기아에 대한 해답이 식량자원의 올바른 사용과 분배에 있다고 제안한다.

선진국의 대부분 농민들에게 생산과잉은 항상 농산물 가격을 위협하기 때문에 미국, 캐나다 및 유럽은 식량공급을 줄이고 가격을 안정시키기 위해 개발도상국에 매년 수백만 톤의 식량원조를 한다. 그러나 이러한 무료 식품 제공은 종종 받는 지역의 농장경제를 불안정하게 만든다. 만약 군사집단이 유통을 통제한다면 지역 농산물 가격이 붕괴되고, 정치적 부패가 커질 수 있다. 따라서 개발도상국에서도 식량생산 부족이 항상 기아의 원인은 아니다.

음식 사용에도 비효율이 있다. 식품이 저장 및 운송 과정에서 부패되거나, 비효율적으로 사용되거나, 준비 후에 버려짐에 따라 낭비되는 전 세계 식품의 양이 전체 식품 생산량의 약 30%(연간 13억 톤)에 달한다. 또한 우리는 특히 생산량보다 많은 사료량을 필요로 하는 고기와 같은 비효율적인 식품을 선호한다.

지난 10년 동안 전 세계 기아에는 식량 상품과 바이오연료 생산에 대한 국제 금융 투기라는 두 가지 새로운 원인이 추가되었다. 식품은 오랫동안 전 세계적으로 거래되는 상품이었지만 2000년 미국 의회를 통과한 법률인 상품 선물 현대화법(Commodities Futures Modernization Act)은 다양한 상품에 대한 위험한 투기를 제한하는 오랜 규칙을 없앴다. 세계적인 식료품들은 이러한 상품 중 하나였고, 구속에서 벗어난 상인들은 미래 작물 가치에 대해 도박을 하여 현재 작물 가격을 올렸다. 이 규제완화는 일반 사람들에게 광범위한 영향을 미쳤다. (미국의 경우, 규칙 변경의 큰 영향은 주택 담보대출 거래의 가속이었다. 이로 인해 주택 가격의 재정적 거품이 발생하고 수백만 명의 미국인이 집을 잃은 붕괴가 발생했다.) 2008년, 식품 상품의 투기 거래 열풍이 농산물의 가격을 실제 가치보다 훨씬 많이 끌어 올렸기 때문에, 식품의 위기를 초래했다. 전 세계 가격의 거품에 반응하여 도시와 마을에서 현지 식품 가격이 급격히 상승했다. 식용유 및 쌀과 같은 일부 기본 주요 식품의 가격은 4배가 되었고 농지 가격도 상승하여, 고군분투하는 농민들을 그들의 땅과 생계에서 밀려나게 했다. 이에 밀, 식용유 및 기타 상품에 대한 월스트리트 열광적인 거래의 영향은 전 세계 가정에서 감지되었다. 식료품의 가격상승은 부유한 국가에서도 받아들이기 어려웠고, 빈곤국에서는 식비가 가계비용의 80%를 차지할 수도 있어 그 결과가 훨씬 나빴다. 필리핀, 인도, 인도네시아 및 기타 여러 국가에서 식량폭동이 이어졌다.

바이오 연료는 필수품 가격을 올렸다

2008년 이후 식량 가격은 다시 하락했지만, 바이오 연료를 홍보하는 등의 미국과 유럽의 새로운 정책으로 인해 변화가 생겼다. 대두, 옥수수, 야자유 또는 사탕수수와 같은 농작물을 사용하여 자동차를 운행하는 부유한 국가의 농가 지원 정책으로 인해 농작물 생산량이 전 세계적으로 증가한 것이다(맨 앞의 사례 연구; 표 7.1). 2007년 미국에서는 연방 에탄올 보조금으로 옥수수 가격이 두 배로 올랐다. 그러나 개발도상국에서는 콩, 야자유 및 기타 수출용 제품의 생산이 오히려 식품생산을 대체하는 경우가 많으므로 바이오연료 정책이 아시아와 아프리카의 식량공급과 경쟁할 때, 이 시장의 효율성은 떨어진다.

바이오연료 생산의 환경 및 경제비용과 이점에 대한 많은 논쟁이 있었다. 일부 연구에 따르면, 바이오연료는 순에너지가 손실되어 연료에서 제공하는 것보다 더 많은 에너지를 사용한다. 미국과 유럽에서 바이오연료, 특히 에탄올 생산은 농작물 재배 및 가공에 대한 막대한 보조금 없이는 경제적 실현이 어려웠다. 반면에 해바라기, 대두, 옥수수 및 기타 종자 작물의 식물유는 대부분의 디젤엔진에서 직접 사용할 수 있으며, 에탄올보다 효율적이다. 브라질은 열대 사탕수수 작물에서 에탄올을 보다 효율적으로 생산하지만, 순 에너지 균형과 환경영향은 여전히 심각한 문제이다.

농지는 충분한가?

농지 이용 가능성의 문제는 항상 세계를 부양하는 방법론의 논쟁에서 중심에 있다. 현재 세계를 부양할 수 있는 양보다 많은 식량을 생산하고 있기 때문에, 그림 7.7의 권장 사항에 따라 음식을 먹고, 연료 및 가축사료로 사용하는 대신 모든 농산물을 음식으로 사용한다면, 식량 공급을 위한 농지가 충분할 것이다. 열대 토양은 자주 풍화되고 양분이 부족해 고가의 석회와 비료를 사용해야 하고, 세계의 비경작지는 대부분 가파르고 모래가 많으며 침수지거나 염분과 산성 등의 이유로 열악하기 때문에

표 7.1 | 세계의 주요 식량원*

CROP	1965년	1990년	2016년
사탕수수	531	1,053	1,891
옥수수	227	483	1,060
쌀	254	519	741
밀	264	592	749
우유	358	524	798
감자	271	267	377
채소	66	140	290
카사바	86	152	277
대두	32	108	335
육류	72	158	297
보리	93	144	177
고구마	108	123	105
마른 콩, 공류	31	41	44

*Production in million metric tons.
출처: Data from UN FAO, 2017.

새로운 농지 개간을 통한 생산 확대는 매우 어렵다.

지구 면적의 약 11%, 약 1억 4천만 헥타르만이 농업생산에 사용되고 이 면적은 1인당 약 0.2 ha (1 ha = 100 m × 100 m) 정도이다. 1960년에는 1인당 경작지가 약 0.5 ha였지만 인구증가로 인해 감소했다. 인구전망에 따르면 2050년에는 약 0.15 ha까지 줄어들 것으로 예상되며, 아시아에서는 1인당 0.09 ha로 매우 부족할 것이다.

세계의 많은 미개간지가 농경지로 전환될 수 있지만,이 땅은 현재 농부들이 의존하는 필수적인 생태서비스를 제공한다. 산림 유역은 하천 흐름을 유지하고 기후를 조절하며, 생물학적 및 문화적 다양성을 위한 피난처를 역할을 한다. 습지는 물 공급을 조절하고, 산림과 초원은 생산성 있는 작물을 보장하는 곤충 수분매개자를 지원한다.

이러한 서비스의 중요성에도 불구하고, 쇠고기와 다른 가축뿐만 아니라 대두, 야자유, 사탕수수(에탄올), 옥수수(대부분 동물사료)와 같은 수출작물의 세계 무역을 위해, 열대림과 사바나를 농지화 하는 작업이 계속되고 있다. FAO에 따르면, 열대 아프리카와 남아메리카의 절반에 해당하는 1,600만 헥타르의 산림지가 매년 개간되고 있다고 한다. 그 예로 브라질은 콩, 설탕, 쇠고기, 가금류, 오렌지 주스 수출에서 세계적인 선도자가 되기 위해 아마존과 대서양 열대우림의 광대한 지역을 개간했으며, 쌀과 옥수수의 주요 생산국으로 부상하고 있다.

그러나 FAO 자료에 따르면 전 세계 농작물 수출의 85%가 유럽, 북미, 중국, 일본 및 기타 부유한 국가로 수출되고 있어 인권단체들은 농지전환이 남미, 아프리카 및 아시아의 많은 지역에서 전통적인 지역사회와 생계형 농민을 위협한다고 주장한다.

7.3 우리는 무엇을 먹는가?

- *육류 생산에는 야채와 곡물 생산보다 더 많은 자원이 필요하다.*
- *양식 해산물은 주로 야생에서 포획된 사료에 의존한다.*
- *항생제 남용은 결국 항생제를 쓸모없게 만든다.*

전 세계에 있는 수천 종류의 식용 식물과 동물들 중 일부만이 주된 식량이 될 수 있다. 약 12종류의 풀, 3종류의 뿌리작물, 20종류 정도의 과일 및 채소, 6종류의 포유류, 2종류의 가금류, 그리고 몇몇 물고기 종만이 우리가 먹는 거의 모든 음식을 구성한다(표 7.1). 밀과 쌀은 개발도상국의 50억 인구 대부분을 위한 주요 식품이기 때문에 특히 중요하다.

미국에서는 옥수수(corn 또는 maize)와 콩이 주요 제품이 되었다. 옥수수나 콩을 직접 섭취하는 경우가 거의 없지만, 옥수수는 감미료, 옥수수기름, 쇠고기, 닭고기 및 돼지고기 생산을 위한 가축사료, 산업용 전분, 그리고 많은 합성 비타민의 원료이다. 콩 또한 가축에게 공급되며, 가공식품에 단백질과 기름을 제공한다. 옥수수의 용도가 많이 개발되었기 때문에 이제는 대량 농작물(옥수수, 콩, 밀, 쌀 및 기타 상품 포함) 중 거의 3분의 2를 차지한다. 옥수수와 콩은 함께 상품작물의 약 85%를 차지하며, 연간 2억 6,700만 톤의 옥수수와 8억 8천만 톤의 콩이 생산된다(그림 7.9).

육류 생산 증가는 부의 표시이다

옥수수와 콩 생산량이 크게 증가함에 따라 육류 소비는 전 세계적으로 증가했다. 개발도상국에서의 육류 소비는 1960년대 1인

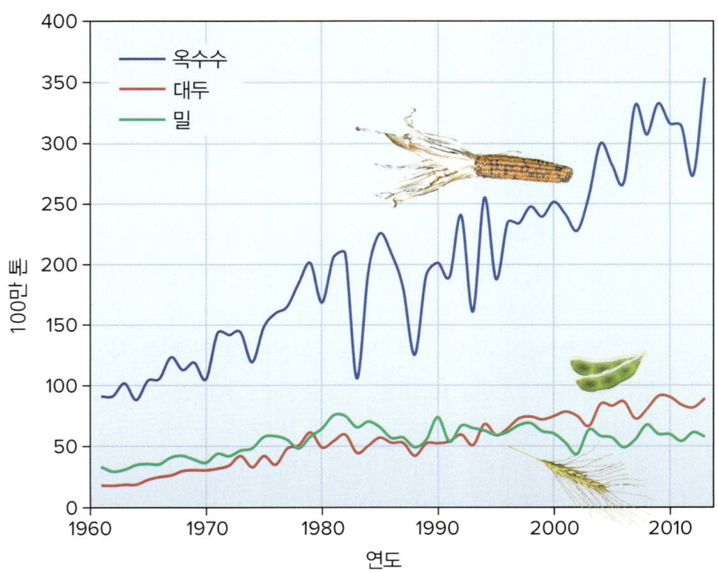

▲ **그림 7.9** 세 가지 주요 작물인 옥수수, 콩 및 밀의 미국 생산량
출처: Data from USDA, 2015.

▲ 그림 7.10 육류 및 유제품 소비는 지난 40년 동안 4배로 증가했으며, 중국은 수요 증가의 약 40%를 차지한다.
출처: ©William P. Cunningham

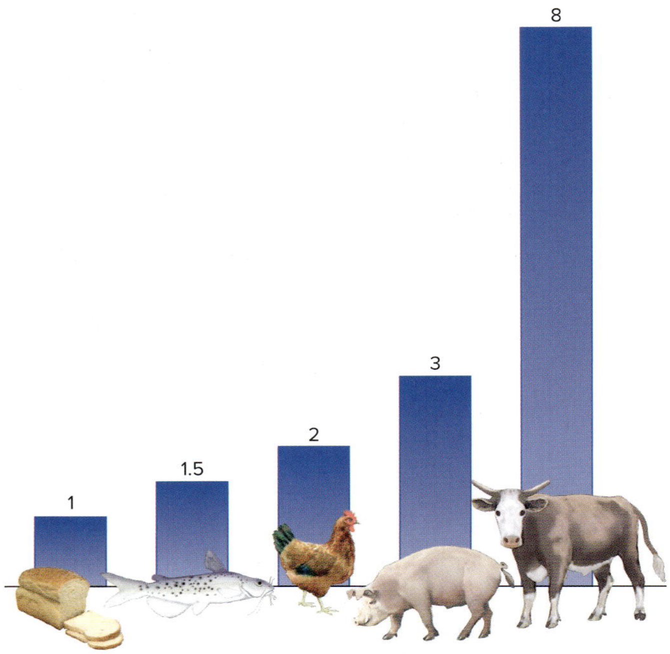

▲ 그림 7.11 빵 1 kg 또는 중량 1 kg을 생산하는 데 필요한 곡물 킬로그램 수

당 연간 10 kg에서 현재 26 kg 이상으로 증가했고(그림 7.10), 미국에서는 같은 50년 동안 1인당 90 kg에서 136 kg으로 증가했다. 육류는 단백질, 철, 지방 및 기타 영양소의 농축된 고가의 공급원으로 생산적인 삶을 영위할 에너지원이고, 유제품은 또한 주요 단백질 공급원이다. 전 세계적으로 육류보다 유제품을 두 배 이상 소비하는데, 1인당 유제품 생산량은 약간 감소한 반면 전 세계 육류 생산량은 지난 50년 동안 두 배 이상 증가했다.

육류는 동물을 키우는 데 필요한 자원 측면에서 비싸기 때문에 부의 좋은 지표이다(그림 7.11). 2장에서 논의한 것처럼 초식동물은 근육과 뼈의 성장, 이동, 보온, 음식 대사(소화)에 에너지의 대부분을 사용한다. 먹이피라미드의 다음 단계인 육식동물의 소비를 위해 적은 양의 음식 에너지만 저장된다. 1 kg의 쇠고기를 위해 수송아지는 8 kg 이상의 곡물을 소비하지만 1 kg의 돼지고기를 위해서는 3 kg의 사료만 있으면 되기때문에 돼지가 더 효율적이다. 닭과 초식 물고기(예 : 메기)는 이보다 더 효율적이다. 매년 세계 곡물 사용량의 1/3을 넘는 약 6억 6천만 톤의 곡물이 가축사료로 사용된다. 그림 7.11에서 알 수 있듯이 우리가 곡물을 직접 먹는다면 적어도 8배나 많은 사람들에게 음식을 줄 수 있다.

많은 기술 및 사육 혁신으로 이러한 생산 증가가 가능해졌다. 가장 중요한 것 중 하나는 빠른 성장을 위해 동물들이 수용되고 주로 콩과 옥수수를 먹이로 하는 **제한된 동물 사료공급 작업**(confined animal feeding operation; CAFO)이다(그림 7.12). 이러한 작업은 미국, 유럽 및 중국 및 기타 국가에서 가축 사육에 많이 이용한다. 거대한 시설(그림 7.13)에 최대 10,000마리의 돼지 또는 백만 마리의 닭을 사육하고, 10만 마리의 소를 사료 부지 내의 거대한 울타리 안에 수용하는 것이다. 작업자는 성장 속도를 극대화하기 위해 특수하게 준비된 옥수수, 콩 및 동물성 단백질(인간의 식품으로 판매할 수 없는 부분)을 동물에게 먹인다. 단순히 지방을 얻는 대신 근육(고기)을 빠르게 생산하는 새로운 종류의 가축이 개발되었다. 소요시간도 단축시켜 미국 닭고기 생산업체는 단지 8주일 만에 병아리를 치킨 너겟으로 바꿀 수 있고, 수송아지는 18개월 만에 성체 크기에 도달한다. 매일 사료에 혼합되는 항생제의 사용이 증가함에 따라 폐쇄된 우리에서 많은 수의 동물을 키울 수 있다. 미국 돼지의 약 90%가 항생제가 첨가된 사료를 먹는다.

야생 및 양식 해산물은 야생공급원의 유입에 의존한다

우리가 매년 먹는 1억 4천만 톤의 해산물은 사람이 섭취하는 동물성 단백질의 약 15%를 제공하며, 개발도상국의 약 10억 명에게 주요 동물성 단백질을 공급하는 주요 식단 중 하나이다. 그러나 과도한 수확과 서식지 파괴로 전 세계 야생어업이 위협받고 있다. 해양 어류의 연간 어획량은 1950~1988년 사이에 매년 약 4%씩 증가하면서 1989년 이래로 17개의 주요 해양어업 중 13개가 급격히 감소하거나 상업적으로 지속불가능 해졌다. UN에 따르면, 전 세계 식용 해양어류, 갑각류, 연체동물의 4분의 3이 감소하고 있어 관리와 보전이 절실히 필요하다.

줄어드는 자원기반을 활용하기 위해 효율적이지만 파괴적인 기술을 사용하는 배가 너무 많은 것이 문제이다. 해상 정기선만큼 큰 어선은 수천 킬로미터를 항해하고, 수십 대의 점보제트기를 떠올리기에 충분할 정도로 큰 그물을 끌어 몇 시간 만에 해당 구획의 어류를 거의 다 낚는다. 연승어업(longline fishing) 어선은 새, 거북 및 기타 원치 않는 "혼획(by-catch)"을 포함하여 잡는 최대 10 km 길이의 케이블에 2 m마다 고리를 설치한다.

(a)

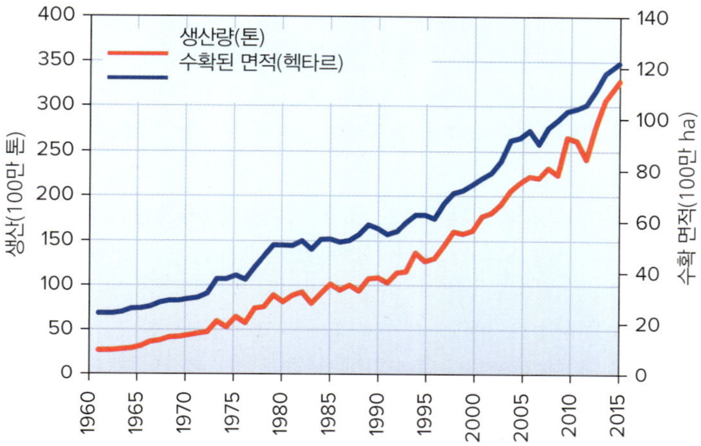

(b)

▲ **그림 7.12** (a) 사육장은 옥수수와 콩의 세계시장을 확대했다. (b) 전 세계적으로 사육장을 지원하는 브라질 콩 생산량은 거의 제로에서 국가의 거의 지배적인 농산물로 성장했다.

출처: (a) Photo by Jeff Vanuga, USDA Natural Resources Conservation Service; (b) Source: Data from UN Food and Agriculture Organization, 2015.

저인망어선(trawler)은 바닥을 가로질러 무거운 그물을 끌고 모든 것을 무차별적으로 퍼내고 서식지의 넓은 구획을 파괴한다. 한 해양 생물학자는 이 기술을 불도저로 숲에서 버섯을 수확하는 것과 비교했다. 일부 작업에서는 판매 가능한 1 kg을 얻기 위해 최대 15 kg의 죽은 혼획(비 표적 종)을 바다로 다시 버린다고 한다. 거의 모든 국가가 일자리를 보존하기 위하여, 어업에 보조금을 지원하고, 규제되지 않은 개방된 바다에 접근할 수 있도록 하고 있다. FAO는 현재 야생 물고기를 수확하는 4백만 척의 어선 운영비용이 연간 $500억(미화)을 넘어설 것으로 추정한다.

생태계 서비스에 대한 유엔의 연구에 따르면 가장 좋은 해결책은 가능한 한 빨리 어류를 무차별적으로 포획하는 것이 아니라, 장기적이고 지속적인 생산을 위한 어장 관리를 위해 보다 나은 국제 협약을 제정하는 것이다. 이와 같은 국제 어업규칙에 상호동의 한다면 전체 식량 생산, 어업 고용 및 생태계 안정성을 향상시킬 수 있다.

▲ **그림 7.13** 대규모의 밀집된 가축사육기업에서 사육되면 단일 시설에 최대 백만 마리의 동물을 수용할 수 있다. 개체군 밀도가 높으면 항생제를 많이 사용해야 하며 심각한 국소적인 대기 및 수질오염이 발생할 수 있다.

출처: ©radututa/123RF

전 세계 해산물에서 상대적으로 작은 공간에서 생산성을 높여 물고기를 기를 수 있는 양식업이 차지하는 비중은 계속 증가하고 있다. 틸라피아와 같은 식용 물고기를 재배하기 위해 이러한 시스템은 매우 지속가능할 수 있지만, 연어와 같은 고가의 육식 동물을 키우는 것은 사육 물고기를 먹이기 위해 어획하는 야생어류 개체군을 위협한다. 2012년 양어장의 어획량에 대한 연구에 따르면, 섬새 및 신천옹(albatross)과 같은 바닷새 개체군의 전 세계적 감소는 양어장에서 양식하는 육식 어류의 증가와 밀접한 연관이 있다.

열대지역에서는 수십만 헥타르에 달하는 홍수림과 습지를 대신한 연안 어류와 새우 양식지가 해양 종의 대체할 수 없는 종묘장으로 사용되고 있다. 근해지역에 고정된 가두리양식장은 배설물, 먹지 않은 사료, 항생제 및 기타 오염물질을 주변 생태계로 방출함에 따라 질병의 확산을 촉진한다(그림 7.14).

▲ **그림 7.14** 양어장은 우리 해산물의 많은 부분을 생산하지만, 대부분 잡은 물고기에 의존하며, 오염과 질병은 공통적인 염려이다.

출처: ©vivoo/123RF

생물학적 위험은 산업생산에서 발생한다

점점 더 효율적인 생산에는 다양하게 외재화된 비용이 있다. 산림이나 초원에서 농경지로의 토지전환은 토양침식을 증가시켜 수질을 저하시키고, 사육장의 똥거름에 있는 박테리아 또는 돼지 농장 주변 똥거름 저장 석호(보존 탱크)의 축산 폐기물은 사육장 주변에 공기, 토양, 수질 오염 등을 일으킨다. 허리케인 플로이드가 1999년 노스캐롤라이나 해안의 돼지 생산 지역을 강타했을 때, 약 1천만 m^3의 축산 폐기물이 지역 강으로 흘러들어 Pamlico Sound에 죽음의 지역(dead zone)을 만들었고, 2018년의 허리케인 피렌체도 비슷한 범람을 일으켰다. 이런 심각한 재난 사례 외에도 적은 유출과 오염은 널리 퍼져 있다.

항생제의 지속적인 사용은 생산지역의 항생제 내성 감염과 관련이 있고, 미국에서 사용되는 모든 항생제의 80%가 가축에게 투여된다. 이 대량의 지속적인 노출은 대부분의 박테리아를 죽이지만, 항생제의 영향에 저항하여 생존한 일부 세균들은 자유롭게 번식하여 인간 숙주에서는 돌이킬 수 없는 새로운 균주를 만든다. 결국 항생제 남용은 인간의 건강관리를 위한 표준 사용을 비효율적으로 만들어 연간 수천 명을 항생제 내성 감염 사망으로 이르게 한다. 의사의 처방전이 내성 박테리아로 인해 효과가 없다면 어떻게 하겠는가?

일반 대중들도 육류 생산의 이러한 환경 및 건강 위험에 대해 많이 인식하고는 있지만, 이 생산 시스템이 좋아하는 음식을 더 저렴하고 더 크고 더 유용하게 만들었기 때문에 그 위험을 기꺼이 받아들이는 것 같다. 오늘날 패스트푸드 햄버거는 1960년보다 2배 이상 크고, 여러 종의 패티와 소스가 더해졌으며,인플레이션을 고려한 가격은 오히려 더 저렴해졌다. 결과적으로 전 세계의 많은 사람들에게 단백질과 칼로리 소비가 필요 이상으로 증가했다(그림 7.2, 7.8 참조).

효율성 향상은 우리가 좋아하는 음식을 풍부하고 저렴하게 먹을 수 있게 하지만 큰 환경비용이 있다는 수수께끼를 우리에게 던진다. 우리는 이전보다 더 많은 단백질 섭취, 비만, 심장병 및 당뇨병에 걸릴 수 있다. 여러분은 어떻게 생각하는가? 환경 위험이 전 세계적으로 개선된 삶의 질과 균형을 이루고 있는가? 환경 및 건강 비용을 낮추기 위해 소비를 줄이는 것을 고려해야 하는가? 우리는 무엇을 해야 하는가?

능동적 학습 ACTIVE LEARNING

오늘 세계 어디에서 식사를 했을까?

오늘 또는 어제 먹은 모든 음식의 목록을 만든다. 이 목록에서 곡물, 야채, 유제품, 고기, 기타 범주의 항목 수 그래프를 작성한다. 가장 풍부한 음식 유형은 무엇인가? 다른 학생들과 함께 각 음식이 재배된 장소나 지역을 확인한다. 전국의 절반 이상 지역에서 온 음식은 몇 가지인가? 다른 나라에서 온 음식은?

7.4 살아있는 토양은 소중한 자원이다

- *토양은 미네랄, 유기질 및 살아있는 성분으로 구성된다.*
- *토양 동물군은 식물의 영양분을 포획, 처리 및 저장한다.*
- *침식과 퇴화로 매년 수백만 헥타르의 농지가 쓸모없게 된다.*

세상을 먹이기 위한 한계와 기회를 이해하려면 우리를 부양하는 토양에 대한 이해가 필요하다. 이 절에서는 토양의 본질과 토양 사용 방법을 살펴본다. 우리 중 많은 사람들이 흙을 불결하다고만 생각하지만, 그러나 건강한 토양은 놀라운 복잡성을 가진다. 토양에는 암석에서 풍화된 미네랄 입자, 부분적으로 분해된 유기분자 및 수많은 생물체가 포함되어 있다. 박테리아와 곰팡이의 복잡한 공동체는 주로 식물이 성장에 필요한 영양소를 제공하고 토양 박테리아는 또한 우리가 마시는 물을 여과하고 정화하는데 도움을 준다. 살아 있는 생태계인 귀중한 토양 시스템을 유지하고 만들기 어떻게 관리할 수 있는가?

수 mm의 토양을 축적하는 데에는 몇 년(건강한 초원에서)에서 수천 년(사막이나 툰드라에서)까지 소요될 수 있다. 최상의 환경에서 표토는 매년 약 1 mm씩 축적된다. 침식을 방지하고 유기물을 첨가하는 주의 깊은 경작으로, 토양을 무한정 보충하고 갱신할 수 있음에도 불구하고(그림 7.15), 많은 농업 기술은 토양을 고갈시킨다. 작물은 영양소를 소비하고 쟁기질은 토양을 바람이나 물에 의한 침식에 노출시킨다. 심한 침식은 최상의 조건에서 축적할 수 있는 양보다 훨씬 많은 연간 25 mm 이

▲ **그림 7.15** 발리의 논과 같은 계단식 구조는 침식을 제어하고 가파른 언덕을 생산적으로 만들 수 있다. 이 계단식 논은 토양을 신중하게 관리하고 유기 영양소를 유지하기 때문에 수세기 동안 매년 2~3차례의 작물을 생산한다.
출처: ©William P. Cunningham

상의 토양을 휩쓸어 갈 수 있다.

토양이란 무엇인가?

토양은 6가지 구성 요소의 복잡한 혼합물이다.

1. *모래와 자갈*(Sand and gravel; 바람에 날리는 모래와 같이 암반에서 발생하거나 다른 곳으로 이동한 미네랄 입자)
2. *미사와 점토*(Silts and clays; 매우 작은 미네랄 입자; 많은 점토는 평평한 표면과 이온 전하로 인해 끈적끈적하고 습함
3. *죽은 유기물질*(Dead organic material; 부패하는 식물은 영양분을 저장하고 토양에 검은색 또는 갈색을 띠게 함)
4. *토양 동식물*(oil fauna and flora; 토양 박테리아, 벌레, 곰팡이, 식물 뿌리 및 곤충을 포함한 살아있는 유기체, 유기 화합물 및 영양소를 재활용)
5. *물*(Water; 강우 또는 지하수의 수분, 토양 동식물에 필수적임)
6. *공기*(Air; 작은 공기주머니가 토양 박테리아 및 기타 유기체의 생존에 도움이 됨)

이 6가지 구성요소의 변형은 전 세계 토양에서 거의 무한한 다양성을 생성한다. 풍부한 점토는 토양을 끈적거리고 습하게 만들고, 풍부한 유기물과 모래는 토양을 부드럽고 파기 쉽게 만든다. 모래 토양은 빨리 배수되며, 종종 식물의 수분을 빼앗는다. 미사 입자는 점토보다 크고 모래보다 작기 때문에, 끈적거리고 칙칙하지 않으며 너무 빨리 배수되지 않는다. 따라서 비옥한 토양은 작물재배에 이상적이지만, 바람에 노출되면 가볍고 쉽게 날아간다. 풍부한 토양동물상이 있는 토양은 죽은 잎과 뿌리를 빨리 부패시켜 새로운 식물성장에 영양분을 제공하는 반면 압축된 토양은 공기 공간이 적기 때문에 토양 동식물과 식물이 잘 자라지 않는다. 토양을 보면 이러한 차이점 중 일부를 볼 수 있는데, 붉은 토양은 철분이 풍부하고 녹색의 점토로 착색되어 있으며 식물에 필요한 영양소가 거의 없고, 짙은 검은 토양에는 부패된 유기물질이 풍부하여 일반적으로 영양분이 풍부하다.

건강한 토양동물은 토양 비옥도를 결정할 수 있다

토양 박테리아, 조류 및 곰팡이는 낙엽을 식물이 이용 가능한 영양소로 분해하고 재활용할 뿐만 아니라 토양구조와 느슨한 질감을 제공한다(그림 7.16). 아주 작은 벌레와 선충은 유기물을 처리하고 토양에 굴을 팔 때 공기 공간을 만든다. 이러한 생물은 대부분 표면 가까이 서식하며, 종종 수 센티미터 내에 있다. 갓 뒤집은 토양의 달콤한 향기는 곰팡이 같은 가닥에서 자라는 박테리아인 방선균에 의해 발생하며, 항생제인 스트렙토마이신과 테트라사이클린을 제공한다.

▲ **그림 7.16** 토양생태계에는 유기 물질을 소비 및 분해하고 토양에 공기를 공급하며 토양을 통해 영양분을 분배하는 수많은 유기체가 포함된다.

▲ **그림 7.17** 일반적인 지평을 보여주는 이상적인 토양 단면. 토양은 층의 구성과 두께가 크게 다르다. B 지평 아래에는 일반적으로 풍화암, 모래 또는 기타 모재의 C 지평이 있다. 깊이는 10 cm 단위로 표시된다.

출처: ©Mary Ann Cunningham; Courtesy Soil & Land Resources Division, University of Idaho

(a)

(b)

▲ **그림 7.18** 토양은 기후 지역에 따라 크게 다르다. 온대초원 토양은 두껍고 부드럽고 유기물이 풍부한 A지평(a)을 갖는 경향이 있다. 건조한 리비아 토양은 이 리비아 계곡(b)에서와 같이 경작 가능한 A지평을 거의 또는 전혀 갖지 않을 수 있다.

출처: (a) ©Aleksandr Prokopenko/123RF; (b) ©Sebastian Vervenne/123RF

토양생태계의 건강은 기후, 지형 및 모재(토양이 쌓인 광물 또는 암반)를 포함한 환경 조건과 교란 빈도에 따라 달라진다. 너무 많은 비는 영양분과 유기물을 씻어내지만, 비가 너무 적어도 토양 동물군은 생존할 수 없다. 토양 동물군은 심한 추위에서는 영영분을 천천히 재생하고, 심한 더위에서는 매우 빠르게 작동하여 숲 바닥의 낙엽이 몇 주 또는 몇 달 만에 식물에 의해 흡수되어, 토양에 유기물이 거의 남지 않게 한다. 잦은 교란은 비가 토양을 씻어내는 가파른 지형과 마찬가지로 건강한 토양 생태계의 발달을 방해한다. 미국의 경우 기후가 너무 습하거나 건조하지 않은 곳, 중서부 북부의 빙하 퇴적물, 미시시피 강가와 같이 퇴적물 및 점토가 많은 홍수범람 퇴적물에서 가장 좋은 농경 토양의 조건이 만들어진다.

대부분의 토양 동물군은 토양의 최상층에서 서식하며 낙엽을 소비하는데, 이 층을 "O"(organic; 유기)지평이라고 한다. O 지평 바로 아래에는 **표토**(topsoil) 또는 지표 토양으로도 알려진 A지평(그림 7.17)이라고 하는 혼합된 유기 및 무기 토양물질 층이 있다.

B지평, 즉 **하층토**(subsoil)는 대부분의 생물활동 아래에 있으며, A층보다 더 많은 점토를 갖는 경향이 있어 B층은 토양을 통해 침투하는 빗물과 함께 A지평에서 아래로 뿌려지는 점토를 축적한다. 땅을 파보면 약간씩 응집력이 높아지기 때문에 B 지평이 시작되는 곳을 알 수 있다. 소량의 B토양을 뭉치면 소량의 A토양보다 형태가 잘 유지된다.

때때로 E (eluviated; 용출 또는 세척된) 층은 A지평과 B지평 사이에 있다. E층은 대부분의 점토 및 유기물질이 B지평으로 세척되었기 때문에 느슨하고 밝은 색상이다. 지하 토양 아래의 C지평은 주로 분해된 암석 조각이고, 모암 재료는 C층의 아래에 있다. 모래, 바람개비 미사, 기반암 또는 토양이 쌓인 기타 광물인 모재는 미국의 경우 약 70%가 빙하, 바람 및 물에 의해 현재의 장소로 운송되었으며 그 아래의 암반층과는 관련이 없다.

당신의 음식은 대부분 A지평에서 나온다

이상적인 농경 토양에는 두껍고 유기적으로 풍부한 A지평이 있다. 미국 중서부 옥수수지대(Corn Belt)의 농지는 토양이 비옥하고 검은색의 A지평으로 1세기 동안의 농사가 이 토양의 많은 부분을 씻어 내렸지만 두께는 2 m 이상을 유지하고 있다. 그러나 대부분의 토양은 A지평이 0.5 m 미만이다. 유기활동 속도가 느린 사막토양에는 O지평 또는 A지평이 거의 없다(그림 7.18).

표토는 생존에 매우 중요하기 때문에 두께와 구성에 따라 토양을 크게 구분한다. 미국 농무부는 수천 개의 서로 다른 토양 유형을 11개의 토양 배열로 분류한다(http://soils.usda.gov/technical/classification/orders). 예를 들어, 몰리졸(mollisol; mollic = 부드러운, sol = 토양) 초원의 깊고 밀도높은 뿌리에서 자라는 두껍고 유기적으로 풍부한 A지평이 있다. 알피졸(alfisol)은 약간 더 얇은 A지평을 가지고 있으며 유기물이 약간 적은데, 낙엽이 많은 낙엽림에서 볼 수 있다. 대조적으로, 남서부 사막의 아리디졸(arid = 건조)은 유기물질이 거의 없으며 종종 미네랄 염이 축적되어 있다. 미국의 대부분의 농업지역은 유기물이 풍부한 몰리졸과 알피졸이다(그림 7.19).

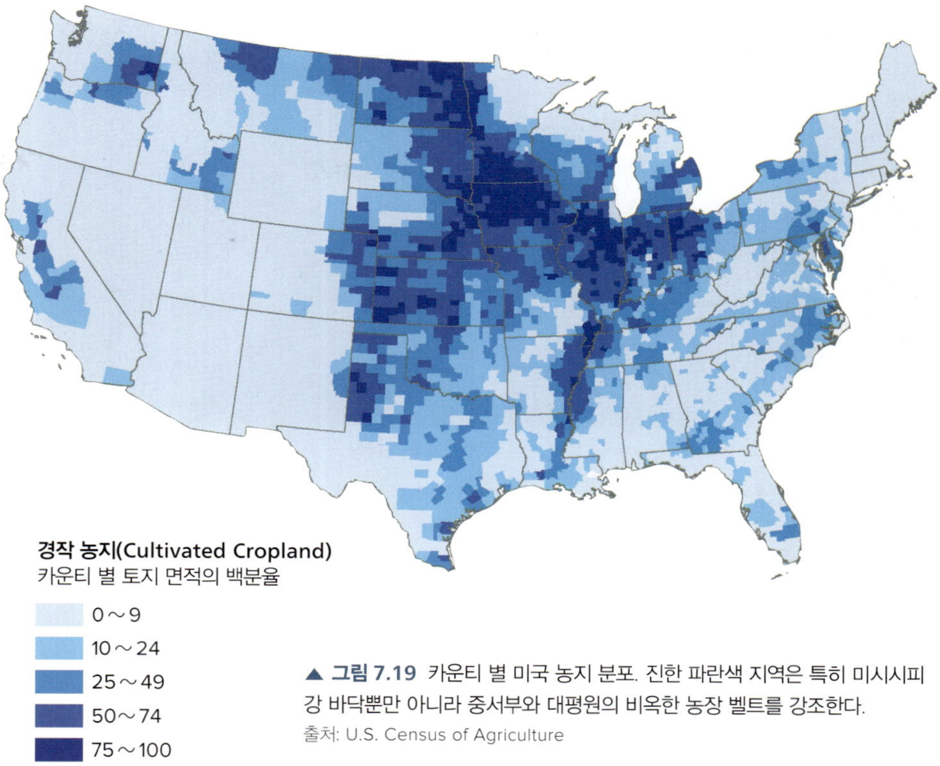

▲ **그림 7.19** 카운티 별 미국 농지 분포. 진한 파란색 지역은 특히 미시시피강 바닥뿐만 아니라 중서부와 대평원의 비옥한 농장 벨트를 강조한다.
출처: U.S. Census of Agriculture

토양을 어떻게 사용하고 남용하는가?

농업은 환경악화를 초래하기도 하고 경험하기도 한다. 네덜란드의 국제 토양기준 및 정보센터(International Soil Reference and Information Center)에 따르면, 매년 3백만 ha의 농작물이 침식으로 인해 쓸모없게 되고 4백만 ha가 사막으로 변하며 8백만 ha가 가정, 고속도로와 같은 비 농업적 용도로 훼손된다고 추정한다. 지난 50년 동안 현재 농업 생산 중인 면적보다 넓은 약 19억 ha의 농지가 어느 정도 황폐화 되었는데 이 토지 중 약 3억 ha는 깊은 협곡, 심각한 영양소 고갈 또는 작물 성장 부족으로 완전히 황폐화되어 복원이 어렵거나 많은 비용이 든다.

전 세계의 모든 토양은 물과 바람의 침식에 영향을 받으며, 토양 저하의 2차 원인인 화학적 분해는 영양소 고갈, 염분 축적, 산성화 및 오염을 말한다. 물리적 분해에는 중장비에 의한 경작 후 토양 구조의 압축 또는 소실, 과도한 관개로 인한 침수, 그리고 태양과 비에 노출된 열대 토양이 단단하게 응고되는 라테라이트화(laterization) 등의 요인이 포함된다.

물은 토양 침식의 주요 원인이다

침식은 풍화산물을 재분배하는 중요한 자연적인 과정으로 토양 형성에 기여한다. 또한 침식은 바람에 날리는 미사 지역이 많은 미국 농장지대와 초기 문명이 발생한 풍요로운 강바닥 토양을 만들어주지만, 노출정도와 기간에 따라 농지를 고갈시키기도 한다.

빠른 물이 흘러 협곡을 만들면서 울타리 기둥이나 나무가 밑둥으로 간신히 버티는 모습에서 실제로 침식을 확인할 수 있다. 그러나 대부분의 침식은 더 미묘하다. **표층침식**(sheet erosion)은 얇은 층의 물이 수평 또는 완만하게 경사진 들판을 가로질러 흐를 때 토양의 얇은 층을 훑어간다. 유수의 작은 잔물결이 토양에서 작은 통로를 형성하고 절단하는 과정을 **세류침식**(rill erosion)이라고 한다(그림 7.20a). 실개천이 더 큰 물길이나 계곡을 형성하기 위해 확장되어 경작으로 제거하기에는 너무 큰 경우, **소협곡침식**(gully erosion)이라고 한다(그림 7.20b). **하안침식**(streambank erosion)은 하안에서 토양이 씻겨 내려가 농지 개울에서의 문제를 일으킨다. 종종 소와 다른 가축의 방목은 하안을 고정하는 초목을 짓밟아 침식을 가속화 시킨다.

이 과정이 점진적으로 드러나지 않더라도 표층침식 및 세류침식은 대부분의 농지에서 토양 손실을 유발한다. 아이오와 농장에서는 겨울과 봄철 유출 동안 헥타르 당 50톤의 손실이

(a) 표층침식 (b) 소협곡침식 (c) 바람침식

▲ **그림 7.20** 토지 황폐화는 매년 10억 ha 이상, 또는 전 세계 경작지의 3분의 2에 영향을 미친다. 전 세계적으로 물에 의한 침식은 들판에서 토양 손실의 약 56%를 차지한다(a, b). 바람의 침식이 또 다른 28%를 차지한다(c).

출처: (a) Photo by Lynn Betts, courtesy of USDA Natural Resources Conservation Service; (b) Photo by Jeff Vanuga, courtesy of USDA Natural Resources Conservation Center; (c) Natural Resource Conservation Service

있는 지역이 발견되었으며, 이는 주의 토양과학자들이 손실 허용 가능 비율의 12배 이상이다. 이 손실은 밭 전체 표면에 불과 몇 mm의 토양을 나타내지만, 반복되는 폭풍과 봄철 유출은 아이오와의 생산용량을 차츰 하류인 멕시코 만으로 이전시키게 된다.

이러한 수계 퇴적물은 수중 시스템도 손상시킨다. 증가된 퇴적물은 강을 침식시키고 호수의 수질을 저하시킬 뿐만 아니라 과도한 영양염은 강어귀와 해안 수로에서 부영양화된 "죽음의 지역"을 만들며, 멕시코 만에서 가장 유명하다. 저수지 및 항구와 같은 기반시설도 퇴적물 침전에 의해 심각한 영향을 받을 수 있다.

침식의 두 번째 원원은 바로 바람이다

바람은 특히 식생이 빈약한 건조한 지역에서, 침식력이 물과 같거나 이를 넘어설 수 있다(그림 7.20c). 농업이나 방목으로 식물 껍데기와 표면 쓰레기를 땅에서 제거하면 바람이 가벼운 토양입자를 들어 올려 쓸어낸다. 극한의 상황에서 바람에 날린 모래 언덕은 도시에 침입하여 도로와 건물을 덮는다. 지난 30년 동안 중국은 토지 93,000 km^2 (인디애나주 정도의 면적)가 사막화(desertification)되었다. 고비사막에서 전진하는 사구(모래 언덕)는 이제 베이징에서 단지 160 km (100마일) 떨어져 있다. 매년 중국의 사막에서 백만 톤 이상의 모래와 먼지가 발생하며, 종종 태평양을 건너 북미 서해안까지 이동한다. 1985년부터 중국은 토양을 안정시키고 사막화를 막기 위해 400억 그루 이상의 나무를 심었다.

집약적인 농업이 이러한 상황의 대부분을 야기하며, 옥수수와 콩과 같은 줄뿌림 작물은 재배 시즌의 대부분 동안 토양을 노출시킨다. 깊은 쟁기질과 많은 제초제를 사용하면 깔끔하게 보이지만 잡초가 없어 침식될 수 있는 들판을 만든다. 농민들은 대출 채무의 부담으로 수확량을 극대화 하기 위해 대형 기계를 이용하여 종종 풀이 늘어선 수로(비가 내린 후 물이 떨어지는 저지대)까지 경작하기 때문에 바람막이와 울타리가 사라지게 된다.

매년 약 250억 톤의 토양이 바람과 물의 침식으로 인해 경작지에서 손실된다. 이러한 광범위한 표토 침식은 세계적으로 매년 1%의 경작지가 사라짐으로써 발생하는 농작물 생산 감소를 의미한다.

7.5 농업 투입

- *수확량이 많은 대부분의 농업에는 관개가 필요하다.*
- *비료, 특히 N, P 및 K가 널리 사용되고 남용된다.*
- *살충제는 일반적인 살생물제에서 좁은 표적 화합물에 이르기까지 매우 다양하다.*

토양은 식량생산의 기초이지만 다른 많은 중요한 요소가 있다. 예를 들면, 신뢰할 수 있는 수자원, 영양소, 알맞은 온도 및 강우, 생산적인 작물 품종 및 작물을 기르고 수확하는 기계적 에너지도 필수적이다. 지역과 농업전략에 따라 다양한 요소의 투입과 적용방법이 크게 다르다(핵심개념 참고).

높은 수확량은 일반적으로 관개가 필요하다

농업은 강, 호수 및 지하수에서 취수된 모든 담수의 3분의 2 이상을 사용한다. 추정치는 매우 다양하지만 전 세계 모든 농지의 약 15%가 관개한다. 물이 풍부한 국가는 농지를 관개할 여유가 있는 반면, 물 부족 국가는 매우 신중하게 물을 사용해야 하기

(a)

(b)

▲ **그림 7.21** 회전축 관개 시스템(a)은 많은 미국 농장지역에 물을 공급한다. 이 시스템은 공중 영상 풍경에서 볼 수 있는 녹색의 원을 만든다(b).
출처: (a) ©Dejan Ljamic/123RF; (b) ©budabar/123RF

때문에 관개용수 사용의 효율성은 크게 다르다. 일부 지역의 비배관 및 비포장 운하는 증발율과 누출 손실로 관개를 위한 물의 80%를 잃는 반면에, 일부는 물의 계량과 분배 기술이 부족하여 과도한 관개를 하기도 한다. 부유한 국가에서는 농민들이 중심회전축(center–pivot) 관개시스템을 포함하여 물을 풍부하게 사용할 수 있다(그림 7.21). 그들은 작물의 바닥에만 물을 공급하여 증발 손실을 줄이는 점적관개(drip irrigation)와 같은 물 절약 방법을 이용하기도 한다.

과도한 관개는 물을 낭비할 뿐만 아니라 종종 물에 잠기게(waterlogging) 하는데 수분이 가득한 토양에서는 식물뿌리가 산소부족으로 죽는다. 토양에 미네랄 염이 축적되는 **염화작용**(salinization)은 관개수가 토양의 염을 녹여 흐를 때 문제가 된다. 물이 증발하면서 식물에게 치명적인 소금기를 토양 표면에 남기는데 많은 물로 세척하면 이 염분이 씻어질 수 있지만, 결과적으로 하류의 사용자에게는 더 많은 염수가 흘러간다.

FAO는 관개된 토지의 20%가 물이나 염분에 의해 어느 정도 손상을 입었다고 추정한다. 따라서 물 절약 기술은 과도한 물 사용으로 인해 발생하는 문제를 크게 줄일 수 있다.

비료는 생산을 증대시킨다

식물은 토양에서 소량의 무기영양소만을 필요로 하는데 대규모 농사에서는 이러한 영양분을 충분히 공급하기 위해 비료가 사용된다. 대부분의 식물에 필요한 주요 요소는 소량의 마그네슘과 황을 포함한 질소, 인, 칼륨 및 칼슘이다. 식물성장에 가장 일반적인 제한요소이자 모든 살아있는 세포의 구성요소인 질소와 공급이 제한될 수 있는 인과 칼륨이 비료의 주된 성분이다. 1950년 이래로 전 세계 농작물 생산의 2배 증가는 무기비료의 사용 증가와 관련이 있다. 1950년 헥타르당 20 kg이었던 세계 평균 비료 사용량은 2000년에는 헥타르당 90 kg으로 늘었다.

과잉시비 또한 일반적인 문제이다. 성장하는 식물은 제한된 양의 영양소만 사용할 수 있으며, 농작물에서 흡수되지 않은 영양소는 논밭에서 흘러나가거나 지하수로 스며든다. 과도한 비료는 식수를 오염시키고 수서 생태계를 불안정하게 하며 오염시키는 원인이 된다. 농장과 가축 사육장의 인산염과 질산염은 집약적인 농사를 하는 많은 지역에서 지하수의 질산염 수준이 위험한 수준으로 이르렀다. 어린 아이들은 질산염의 존재에 특히 민감하고, 분유를 타기 위해 질산염으로 오염된 물을 사용하는 것은 신생아에게 치명적일 수 있다.

저소득 국가에서 비료 사용을 늘려 세계 식량공급을 확대할 가능성은 높지만 물 공급은 위협받을 수 있다. 아프리카에서는 헥타르 당 평균 19 kg의 비료를 사용하는데 이는 세계 평균의 4분의 1 미만이다. 일부 추정에 따르면 개발도상국의 비료 사용량을 세계 평균으로 올린다면 농작물 생산을 3배 증가시킬 수 있다고 한다. 그러나 이런 사용 증가는 유한한 전 세계의 인(P) 공급량을 급격히 감소시킬 것이다.

토양 영양분의 중요한 천연 공급원인 분뇨를 사용하거나 피복작물을 재배하여 갈아 엎는 등의 대안적인 방법을 통해 토양에 유기물을 풍부하게 하고 작물을 비옥하게 할 수 있다. 콩과식물의 뿌리혹에 공생적으로 서식하는 질소고정 박테리아는 질소를 식물 영양소로 이용할 수 있게 하는데 유용하다(2장 참조). 옥수수나 밀과 같은 작물과 함께 콩을 심거나 다른 콩과작물을 윤작하는 것도 질소 이용도를 높이는 전통적인 방법이다.

현대 농업은 석유로 실행된다

모든 산업화된 농업은 에너지에 의존한다. 석유는 트랙터를 운행하며 농작물을 시장에 공급하고, 천연가스는 비료 생산을 위한 에너지와 가장 일반적인 성분인 암모니아 비료(NH_3)의 수소를 모두 제공한다. 화학 살충제는 석유 유도체이며, 관개 펌프도 석유로 작동한다. 작물의 건조 및 가공은 가스, 석유 및 전

우리는 어떻게 세상에 식량을 공급할 수 있는가?

세계인구는 약 2세대(1960년 이후)만에 30억 명에서 70억 명으로 증가했다. 이러한 성장에도 불구하고, 대부분 인구증가가 발생한 개발도상국에서 만성적으로 굶주린 사람들의 비율은 60%에서 약 20%로 감소했다. 우리는 어떻게 식량생산을 이렇게 빠르게 증가시켰는가? 이 전략의 장단점은 무엇인가? 우리는 어떤 추가적인 선택을 해야 하는가? 여기에는 식량생산의 세 가지 주요 전략이 제시되어 있다.

녹색혁명(Green Revolution)은 비료, 관개 및 살충제 사용이 증가함에 따라 잘 자라는 작물인 고 반응 작물의 개발을 포함했다.

혜택

- 투입량 증가로 산출이 크게 증가했다.
- 대규모 생산의 경우 효율성이 높아 수십 억 명의 식량을 공급할 수 있다.
- 살충제 개발은 다른 식물과의 경쟁이나 곤충에 의한 포식을 제거함으로써 산출을 향상시켰다.
- 한 사람의 농부가 넓은 지역을 경작할 수 있어 인건비가 저렴해졌다.

문제점

- 살충제와 비료에 대한 의존도가 커지면서 남용으로 인해 효과가 감소한다.
- 농업용 화학물질은 생물다양성의 상실, 수분하는 곤충의 감소, 식수의 오염 등 의도하지 않은 생태적 결과를 초래한다.
- 가난한 농부들은 새로운 품종을 구입하기가 어려워, 부유한 농부와 부유한 지역이 상대적으로 유리하다.
- 질소비료의 사용 증가는 온실기체의 주요 원천이며 화석연료의 소비자이다.

KC 7.1

중앙 회전축 스프링클러로 관개한 원형 녹지대는 인간 식품 시스템의 중추인 옥수수, 콩 및 기타 작물을 생산한다.

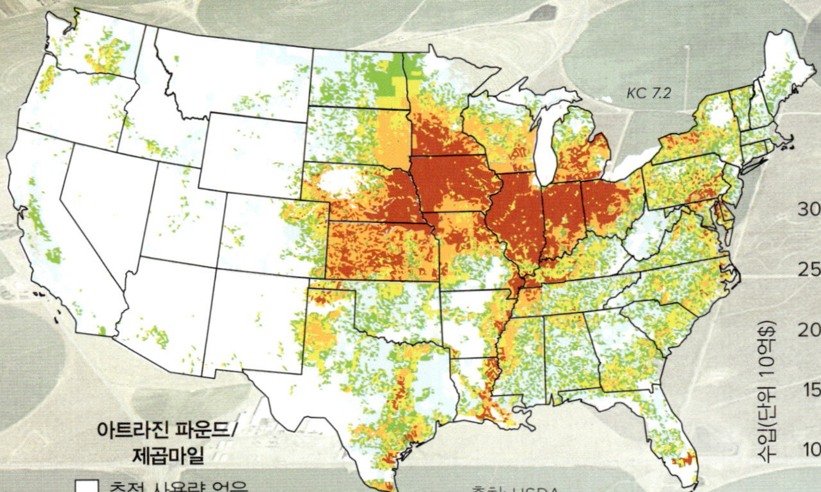

KC 7.2

▲ 아트라진 제초제의 사용량, 평방마일 농지 당 평균 파운드

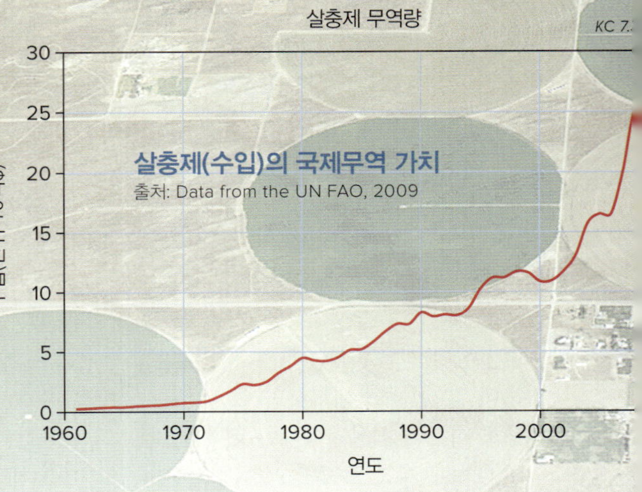

KC 7.

출처: Data from the UN FAO, 2009

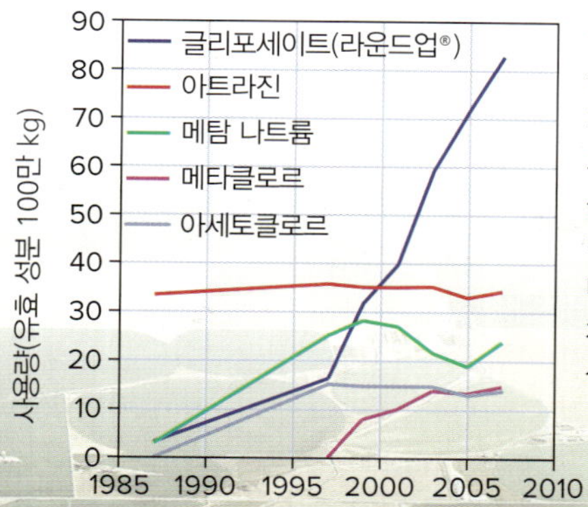

출처: USDA, 2009

KC 7.4

◀ GM 작물의 대부분은 현재 미국의 주요 제초제인 글리포세이트(Roundup®)와 같은 고용량의 제초제를 견디도록 설계되었다. 다른 GM 작물은 자체적으로 살충제를 생산한다.

KC 7.5

◀ 상충되는 증거

GM "황금 쌀"은 비타민 A를 제공하도록 설계되었다. 인도의 활동가인 시바(Vandana Shiva)는 황금 쌀이 가난한 사람들에게 더 저렴한 전통적인 야채보다 영양분을 적게 제공한다고 주장한다.

©hikrcn/123RF

유기농 생산(Organic production)에는 혼합 전략이 포함된다. 윤작은 토양 비옥도를 유지하고 혼합경작은 해충의 위험을 줄인다. 또한 유기비료와 살충제는 상업적 투입 비용을 절약한다. 유기농법은 더 지속가능하지만 콩이나 옥수수와 같은 단일작물을 광대하게 재배하는 전통적인 농업의 산업적 규모 생산에는 적합하지 않다.

혜택

- 투입 비용(비료, 살충제, 연료)이 최소화된다.
- 유기농 생산은 토양, 수질 및 생물다양성을 보존하거나 심지어 개선함으로써 지속가능할 수 있다.
- 작물 품종은 일반적으로 더 혼합되어, 보다 건강한 식단과 보다 안정적인 농장 생태계에 기여한다.
- 유기농법은 대부분의 지역에서 전통적이며, 비용이 저렴하여 특히 개발도상국의 가난한 농부에게 적합하다.
- 통합된 해충관리(다른 전략과 함께 소량의 살충제)는 수확량을 보호할 수 있다.

문제점

- 잡초 및 해충방제에 대한 인건비가 높을 수 있다.
- 좋은 작물 관리를 위해 신중한 계획과 관리가 필수적이다. 밭에 물을 살포하는 것과 같은 간단한 해결책이 아니라, 창의적이고 혁신적인 문제해결이 필요하다.
- 유기농 농산물은 기존 제품의 대규모 유통 네트워크가 없고 세금 감면 및 많은 보조금을 받기 때문에 더 비쌀 수 있다.
- 이 방법은 많은 농부들에게 생소하며 단위 노동당 생산량 측면에서 비효율적일 수 있다.

유전자변형(GM) 작물(Genetically modified crop)은 DNA에 삽입된 유전자를 빌려 새로운 종류의 유기물질을 생산하거나 견딜 수 있게 한 것이다. GM 종자는 많은 유형의 농업 효율성을 높였다.

혜택

- 제초제가 주로 잡초와의 경쟁에 도움을 주기 때문에, GM 작물의 수확량이 증가한다.
- 토양 박테리아에서 유래한 Bt (*Bacillus thuringiensis*) 유전자는 작물을 더욱 보호하기 위해 천연 살충제를 제공하며 많은 GM 작물이 이 살충제를 생산하도록 설계되었다.
- GM 작물은 브라질의 열대우림과 Cerrado 지역같은 이전에 농지가 아닌 땅까지 농업을 확장할 수 있게 해주었다.
- 전 세계 콩 생산량 증가로 인해 중국을 포함한 많은 지역에서 단백질 소비량을 늘릴 수 있었다.

©Scott Daniel Peterson KC 7.6

문제점

- 고가의 새로운 품종은 가난한 농부에게는 빚을 지게하는 반면 부유한 농부와 부유한 지역에는 경제적 이익을 준다.
- 아직 불명확하지만 경우에 따라 성장 호르몬(GM 유제품과 마찬가지로)이 인간의 조기 사춘기 및 기타 성장이상을 유발하는 것으로 의심된다.
- 개발도상국의 가난한 인구는 식단에 영양을 공급하기 위해 잎이 많은 야채에 의존하는 경우가 많은데, 증가된 제초제 사용은 비표적 작물을 파괴하여 일부 지역에서 영양실조를 증가시킨다.
- 식수에 포함된 살균제는 건강에 영향을 준다.

설명할 수 있을까? CAN YOU EXPLAIN?

1. 녹색혁명(Green Revolution)은 무엇인가?
2. 우리의 상위 3가지 살충제는 무엇인가? 그 중에 이전에 들어 본 것이 있는가?
3. 오늘 우리가 먹은 음식의 생산을 위해서는 위 3가지 농업 전략 중 어떤 것이 해당되는가?

기를 사용한다.

1920년대부터 화석연료에 대한 의존이 시작되어 쟁기와 수확기계를 끌기 위해 가축 대신 트랙터를 채택했다. 1940년대 이래 산업적으로 생산된 암모니아 비료, 살충제는 단일 작물을 광대한 지역에서 재배할 수 있게 하였고, 트랙터와 수확기계의 사용으로 에너지 사용이 급격히 증가했다. 농업의 화석연료 소비량은 1960년 2,400만 배럴에서 2016년에 2억 6천만 배럴의 석유 상당량 이상으로 10배 이상 증가했다.

미국의 농업은 투입량을 계산하는 방법에 따라 우리가 사용하는 총에너지의 약 9%를 소비한다. 코넬대학교(Cornell University)의 피멘텔(David Pimentel)은 미국의 옥수수 1헥타르 당 800리터(5배럴)의 석유를 소비한다고 계산했다. 이 에너지는 첫째 천연가스에서의 질소비료 생산, 두 번째 농기계 연료, 마지막 세 번째 관개, 화학 살충제 및 기타 비료에 각각 3분의 1씩 사용된다.

미국식 식단의 평균 음식 품목도 농장에서 약 2,000 km (1,250마일)를 이동한다. 이러한 식품의 이동거리는 생산과 관련된 에너지의 작은 부분만을 차지한다. 그럼에도 불구하고, 많은 소비자들은 지역 농업경제를 지원하려고 노력하면서 구매 시 식품 마일을 줄이려고 한다.

식품 생산에 들어가는 에너지를 줄이고자 한다. 이 에너지의 사용은 전 세계 온실기체의 약 25%를 차지하는 농업으로 인한 온실가스 배출량 증가로 나타난다. 이산화탄소 배출은 대부분을 차지하지만(그림 7.22), 소와 양의 고섬유질 사료와 벼논의 혐기성 박테리아 소화에서 발생하는 메탄도 추가적인 요인이다. 주로 암모니아 비료에서 생성되는 아산화질소(N_2O)도 중요한 미량 요인이다.

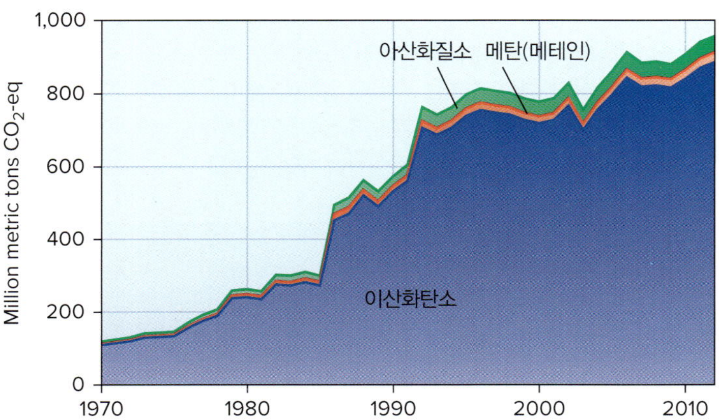

▲ **그림 7.22** 농업에서 에너지 사용으로 인한 온실기체 배출량: CO_2, CO_2 상당(CH_4 및 N_2O). 장 발효 및 벼 재배에서 나오는 메탄과 같은 비 에너지 배출은 추가로 500~600만 미터톤의 CO_2에 해당한다.
출처: Data from FAO 2018

살충제 사용이 계속 증가하고 있다

생물학적 해충은 일부 지역에서 매년 작물 수확량의 절반 정도를 줄이고 손상시킨다. 이러한 해충을 죽이기 위해 의존하는 화학물질인 농약은 그 종류와 양에 대한 우려가 있지만 여러 해에 걸쳐 사용량이 꾸준히 증가해왔다(그림 7.23).

혼합작물과 작물 윤작은 해충 피해를 피하기 위한 전통적인 농법이다. 작은 구획을 나누어 여러 작물을 재배하면 해충 개체수가 상대적으로 적은 경향이 있고, 다양한 식품 공급원은 의존하면 특정 작물의 해충에 대한 위험도를 낮출 수 있다. 농작물을 한 해에서 다른 해로 윤작하면 해충이 시간이 지남에 따라 개체군을 축적할 수 있는 능력이 줄어들고, 전통적인 작물에는 해충 저항성을 위해 선택된 품종이 있는 경우가 많다.

그러나 현대 농업에는 종종 유전적 차이가 거의 없는 단일 작물의 광대한 경작이 확대되어 새로운 해충방제 방법이 필요하다. DDT (dichlorodiphenyl- trichloroethane)와 같은 합성 유기화학물질의 발명은 해충방제에 대한 접근방식을 변화시켰다. 이 화학물질은 작물생산 증가의 중요한 부분이었으며 많은 질병을 일으키는 생물을 제어하는데 도움이 되었다.

유기인산염(organophosphate)은 가장 많이 사용되는 합성 살충제이다. 이들은 넓은 잎 잡초의 성장을 막거나 해충의 신경계를 공격하도록 설계될 수 있다. 미국에서 가장 많이 사용되는 제초제인 Glyphosate는 Roundup®을 포함하여 다양한 상표명으로도 알려져 있다. Glyphosate는 미국 대두의 94%에 적용된다. "라운드업 레디(Roundup Ready)" 대두는 가장 일반적으로 사용되는 유전자변형 작물 중 하나이며(7.6절 참조), 글리포세이트가 사용되는 수십 가지 주요 작물을 지배한다(그림 7.1 참조). 미국에서는 두 번째로 많이 사용되는 제초제인 아트라진보다 약 2배의 글리포세이트가 사용된다. 유기염소라고도하는 **염화 탄화수소**(chlorinated hydrocarbon)는 민감한 생물에 지속적이며 독성이 강하다. 모든 미국 옥수수의 96%에 사용되는 아트라진은 Roundup Ready® 콩이 출시된 1998년까지 가장 많이 사용된 살충제였다.

다른 중요한 살충제로는 훈증제, 딸기 및 다른 저성장 작물에서 진균을 죽이는 데 사용되는 메틸렌브로마이드와 같은 고독성 가스, 비소 및 구리와 같은 무기 살충제, 그리고 담배로부터 유래된 니코티노이드 알칼로이드와 같은 식물로부터 유래된 천연 "식물성" 살충제 등이 있다.

농약은 우리에게 중요하지만 무차별적으로 사용하면 심각한 영향을 끼친다. 논밭에서 떠내려 오거나 씻겨 내리는 화학물질은 비표적 종을 위험에 빠뜨린다(그림 7.23). 많은 살충제는 종종 환경에서 지속성이 높고 이동성이 있기 때문에 공기, 물 및 토양을 통해 이동하며 먹이사슬에 생물농축(bioaccumulate)된다. 가장 유명한 것으로 DDT의 생물농축은 1960년대에 송골매, 갈색 펠리컨, 대머리 독수리를 포함한 다양한 육식 조

▲ 그림 7.23 항공으로 살충제를 뿌리는 것은 빠르고 저렴하지만, 독소는 종종 근처의 들판으로 표류한다.
출처: ©actionsports/123RF

류를 대부분 죽게 만드는 가장 큰 요인이었다. 아트라진과 글리포세이트를 포함한 주요 살충제는 개구리, 도롱뇽, 물고기와 같은 수서생물에서 발달기형을 일으키는 것으로 알려져 있다. 생태학자와 내분비학자들은 이러한 농업 화학물질과 농업지역에서 개구리와 도롱뇽 소멸 사이의 관계를 반복적으로 발견했다.

개설 사례 연구에서 논의된 바와 같이, 살충제에 대한 의존도의 가장 큰 결과는 농약 내성 잡초와 기생충의 진화이다. 우리는 환경 조건이 변하면 종의 특성이 변할 수 있다는 것을 알고 있다(2장). 살충제가 존재하는 경우, 소수의 내성 개체가 종종 생존하고 번식하며 살충제의 내성이 우점할 수 있다. 새로운 농약 내성 잡초 또는 기생충의 출현으로 약 400가지의 농약 내성 잡초 개체군이 Weed Science Society of America에 의해 기록되었다(그림 7.24). 겨우 10년간 글리포세이트를 사용했는데 수많은 글리포세이트 내성 잡초가 전 세계적으로 나타났다. 점점 더 복잡하고 독성이 있는 살충제 칵테일을 사용하여 이러한 새로운 해충을 퇴치하면 또 새로운 내성 균주가 생기고, 이에 다시 살충제 사용을 늘리게 되는 **살충제 쳇바퀴**(pesticide treadmill)가 초래된다.

살충제에 대한 노출은 생각보다 심하다. 미국 농무부의 연구에 따르면 기존에 재배된 식품의 9%에서(94,000개의 샘플 중) 적어도 1종의 농약 잔류물이 있는 것으로 나타났다. 그러나 큰 위험은 가장 빠르게 성장하는 가정용 살충제와 관련이 있을 수 있다.

화학 살충제에 대한 의존도를 낮추는 대안으로는 피복작물 사용 및 기계 경작과 같은 관리의 변경, 대규모 단일재배 경작지보다는 혼합 다품종재배 등이 있다. 곤충 포식자 또는 병원체와 같은 생물학적 제어는 화학약품 사용을 줄이는데 도움이 될 수 있다. 유전육종 및 생명공학은 해충 내성 작물 및 가축 품종도 생산할 수 있다. 통합 해충관리(Integrated pest management; IPM)는 이러한 모든 대체방법을 정밀하게 결합하고, 제어된 조건에서 합성살충제를 신중하게 사용한다. 소비자는 완벽하지 않은 과일과 채소를 받아 들이는 법을 배워야 할 것이다.

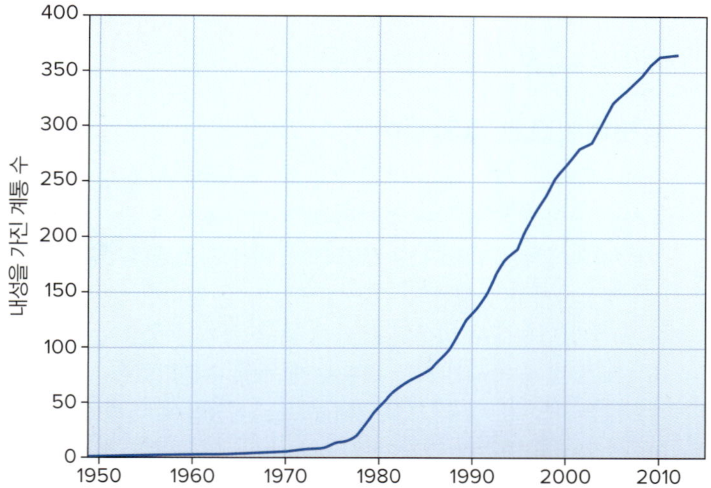

▲ 그림 7.24 살충제 내성 품종이 증가하여 "살충제 쳇바퀴"가 만들어졌으며, 농민들은 잡초, 질병 및 해충을 억제하기 위해 점점 더 비싼 화학물질 조합을 사용해야 한다.
출처: U.S. EPA; Weed Society of America

7.6 우리는 어떻게 수십억 명의 식량을 공급할 수 있었을까?

- *녹색혁명은 비료와 관개 투입으로 고 수확 곡물을 육종하는 것과 관계있다.*
- *유전공학은 주로 제초제 내성을 위해 DNA를 변형한다.*
- *유전공학의 영향은 종종 환경적인 것이라기보다는 더 경제적인 것이다.*

인류의 역사와 마찬가지로 오늘날 소작농은 세계 인구의 대부분에 식량을 공급한다. 부유한 국가에서 농업은 주로 산업규모의 공정이지만, 개발도상국에서는 여전히 수 헥타르 이하의 소규모 농장이 농업인구의 3분의 1을 차지한다. 이러한 소규모 농장은 전 세계 농지의 절반 정도를 차지하지만, FAO는 전 세계 식량의 약 80%를 소규모 농장에서 생산한다고 보고한다.

상업적 규모의 농업은 생산의 많은 부분을 바이오연료, 동물사료(인간이 간접적으로 섭취하고 단지 우리 식량의 나머지 20%의 생산을 담당한다), 면직물, 식품첨가물 또는 기타 용도로 사용된다.

그러나 선진국과 세계 도시의 많은 거주자들은 전 세계 무역 및 상품 농작물, 특히 옥수수, 콩, 쌀 또는 밀과 같은 곡물 및 기름 작물의 대량생산에 의존하는 풍부하고 다양한 식단에 점점 더 익숙해지고 있다. 이러한 상품을 개선하는 것은 최근 수십 동안 대부분의 작물개발 연구의 주요 초점이었고, 이러한 유형의 농업은 전 세계적으로 확대되고 있다.

녹색혁명으로 수확량이 증가되었다

선진국에서는 작물 품종 개선과 관개, 비료 및 살충제 사용의 증가로 거의 모든 생산이 증가했다. 농지의 확장은 완만했으며, 일부 지역에서는 경작이 한 세기 전에 비해 감소했다.

지금까지 농장생산의 주요 개선점은 잘 알려진 몇 종의 기술 발전과 변형에서 비롯된 것이다. 수율 증가는 종종 눈부셨는데 1세기 전에 미국의 모든 옥수수가 개방 수분되었을 때, 평균 수확량은 에이커 당 약 25부셸(bu/acre)이었음에 비해 2009년 아이오와에서 천수답 경작지의 평균 수확량은 182부셸, 애리조나의 관개된 옥수수 수확량은 평균 208부셸이었다. 경작지 생산에서 기록된 최고 생산량은 일리노이 농장에서 370부셸이었지만, 이론적인 계산에 따르면 500부셸(32미터톤/헥타르)까지도 가능하다고 한다. 이 증가의 대부분은 전통적인 식물 육종과 함께 합성비료를 사용하여 달성되었다. 유전학자들은 식물을 인공적으로 공들여 수분하였으며 자손에서 원하는 특성을 탐색했다.

약 50전부터 농업 연구소는 개발도상국의 증가하는 인구에 식량을 제공하기 위해 열대 밀과 쌀 품종을 육종하기 시작했다. "기적" 품종 중 첫 번째는 멕시코의 연구소에서 볼라우그(Noman Borlaug; 노벨 평화상 수상자)가 개발한 왜소한 고수확 밀이다(그림 7.25). 거의 동시에 필리핀의 국제 쌀 연구소(International Rice Institute)는 당시 사용 중인 품종의 3~4배를 생산하는 왜소한 고수확 쌀 품종을 개발했다. 이 새로운 고수확 품종의 확산을 **녹색혁명**(Green Revolution)이라고 한다. 녹색혁명은 세계 식량공급이 지난 수십 년간 증가하는 인구와 보조를 맞출 수 있는 주된 이유 중 하나이다.

대부분의 녹색혁명 품종은 실제로 "높은 반응자"이며, 이는 비료, 물, 그리고 해충과 질병으로부터의 화학물질 보호에 대한 최적의 투입에 반응하여 잘 산출된다는 것을 의미한다(그림 7.26). 반면에 투입이 적을수록 높은 반응자는 전통적인 품종만큼 생산하지 못할 수 있다. 이 운동에 참여하는데 필요한 값비싼 종자, 비료 및 물을 감당할 수 없는 가난한 농부는 흔히 녹색혁명에서 제외된다. 실제로, 토지가격 상승과 상품가격 하락이라는 이중고로 인해 가난한 농부는 농업에서 완전히 배제될 수 있다.

유전 공학은 편익과 비용이 있다

한 유기체에서 다른 유기체의 염색체로 유전자를 삽입하는 **유전공학**(genetic engineering)은 식품공급의 양과 질을 크게 증가시킬 수 있다. 조작된 생물에서 원하는 특성을 생성하기 위하여 여기저기에서 약간의 DNA를 취하고, 심지어 인공적인 서열을 합성함으로써 종종 "형질전환(transgenic)"생물 또는 **유전자변형생물**(genetically modified organism; GMO 또는 **GM 작물**)이라고 불리는 새로운 생물을 만들 수 있다(그림 7.27).

▲ **그림 7.25** Norman Borlaug가 재배한 난쟁이 밀(오른쪽)은 짧고 딱딱한 줄기를 가지고 있으며, 기존의 사촌(왼쪽)보다 젖었을 때 쓰러질 가능성이 적다. 이 "기적" 밀은 물과 비료에 더 잘 반응하며 더 많은 사람들에게 식량을 공급하는데 중요한 역할을 했다.
출처: ©William P. Cunningham

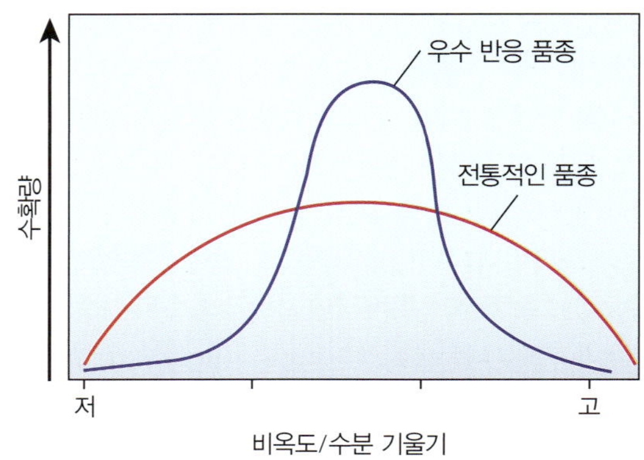

▲ **그림 7.26** 녹색혁명 기적의 작물은 실제로 높은 반응자이며, 최적의 조건에서 우수한 수확량을 나타낸다. 높은 반응자들이 필요로 하는 비료와 물을 감당할 수 없는 가난한 농부들에게는 전통적인 품종이 더 나은 수확량을 생산할 수 있다.

지지자들은 이 새로운 기술의 극적인 혜택을 예측한다. 수확량을 개선하고 가뭄, 서리 또는 질병에 내성이 있는 작물을 만들기 위한 연구가 현재 진행 중에 있고, 염분이나 물에 잠기거나 영양이 부족한 토양에도 견딜 수 있도록 다른 균주가 개발되고 있어서 질이 저하되거나 한계농경지가 생산적이 될 수 있다. 이 모든 것은 개발도상국의 기아 감소에 중요할 수 있다. 자체 살충제를 생산하는 식물은 독성 화학물질의 필요성을 줄일 수 있는 반면, 단백질이나 비타민 함량을 개선하기 위한 공학은 우리의 식품을 더 영양가 있게 만들 수 있다. 바나나와 토마토와 같은 작물은 냉장 및 멸균바늘을 사용할 수 없는 개발도상국에서 자랄 수 있는 경구백신을 함유하도록 변경되었다. 식물은

▲ **그림 7.27** 한 연구자가 유전자 조작된 벼의 성장을 측정하고 있다. 분자생명공학에 의해 우수한 성장 및 수율, 해충 내성 및 기타 유용한 특성을 한 종에서 다른 종으로 이동할 수 있다.
출처: ©Alexander Raths/123RF

산업용 기름 및 플라스틱을 제조하도록 설계되었다. 동물들도 우유에서 더 빨리 자라고, 적은 사료로 체중을 늘리고, 인슐린과 같은 의약품을 생산하기 위해 유전적으로 변형되고 있다. 돼지는 이제 "심장 건강" 식단을 위해 오메가-3 지방산을 생산하도록 설계되고 있고, 장기 기증자 역할을 할 수 있는 인간세포 인식인자를 가진 동물을 만들 수도 있다.

GM 작물의 수와 작물 재배면적이 빠르게 증가하면서, 전 세계적으로 2017년에 약 2억 헥타르의 경작지에 GM 작물이 심어졌다. 북미와 유럽의 부유한 국가들이 1990년대 이 기술이 도입됐을 때 최초로 채택한 후, 2010년 이후부터는 개발도상국(중국과 인도를 포함한)의 사용이 더 많아졌다.

대부분의 GMO는 살충제 생산 또는 살충제 내성을 갖도록 설계되었다

지배적인 유전자 변형 작물은 많은 양의 제초제를 견딜 수 있도록 제작되어, 작물 자체에 영향을 미치지 않고 제초제를 잡초에 바로 뿌릴 수 있게 하거나 자체 살충제를 만들 수 있다(그림 7.28). 제초제 내성(herbicide-tolerant; HT) 품종 중에서도 몬산토의 Roundup-Ready® 작물은 몬산토의 가장 잘 팔리는 제초제인 Roundup® (글리포세이트) 처리에 내성이 있다. AgrEvo의 "Liberty Link" 작물도 마찬가지로 회사의 Liberty® 글루포시네이트(glufosinate) 제초제에 내성이 있으며, Dow의 Enlist Duo® (도입부의 사례 연구)와 같은 새로운 시스템이 꾸준히 개발되고 있다. 이 유전자를 가진 작물은 많은 제초제 사용에도 불구하고 자랄 수 있기 때문에, 농민들은 경작지에 빽빽이 뿌려 잡초를 제거할 수 있다. 이를 통해 보존경작을 할 수 있고 표토가 침식되지 않게 보호할 수 있도록 더 많은 작물 잔류물을 남길 수 있어서 좋은 반면, 제초제 남용의 문제도 발생할 수 있다.

널리 사용되는 또 다른 GM 기술은 천연 토양 박테리아인 *Bacillus thuringiensis* (Bt)의 유전자를 식물에 삽입하는 것이다. 이 박테리아는 Lepidoptera (나비와 나방)와 Coleoptera (딱정벌레 과)에 치명적인 독소를 만든다. 이러한 독소 중 일부에 대한 유전자는 옥수수(유럽 뿌리 잘라먹는 벌레에 대한 보호를 위해), 감자(감자 딱정벌레와 싸우기 위해), 목화(꼬투리 바

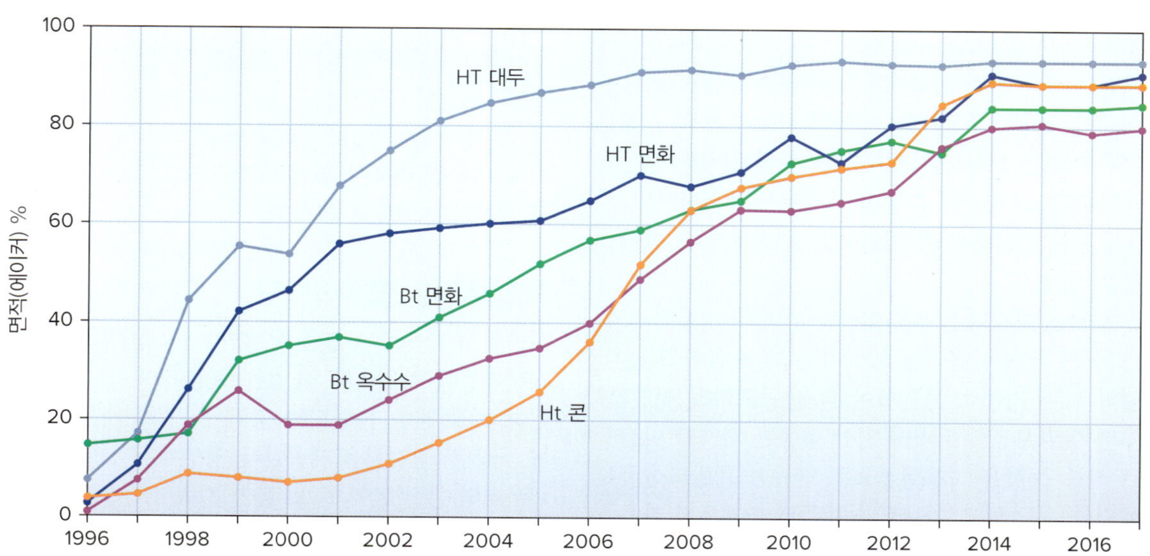

▲ **그림 7.28** 미국에서 유전자 조작된 옥수수, 면화 및 대두의 성장 제초제 내성(herbicide-tolerant; HT) 품종은 글리포세이트(Monsanto의 Roundup®)와 같은 제초제에 내성이 있다. Bt 작물에는 박테리아 *Bacillus thuringiensis*의 곤충 살해 단백질이 포함되어 있다.
출처: USDA, Economic Research Service using data from Fernandez-Cornejo and McBride (2002) for the years 1996-99 and USDA, National Agricultural Statistics Service, June Agricultural Survey for the years 2000-17

구미를 방지하기 위해) 등의 작물로 전달되었다. Bt 작물은 자체 살충제를 생산하기 때문에 농부는 살충제 살포를 적게 할 수 있다. 예를 들어, 애리조나 목화 농민들은 화학 살충제 사용을 75% 줄였다고 보고했다.

널리 사용되는 다른 살충제와 마찬가지로 Bt 품종도 내성 곤충 개체군이 생겨나기 시작했다. Bt 식물은 침입 수준에 관계없이 성장기 내내 독소를 배출하여, 해충의 Bt 내성이 생기기에 완벽한 조건을 만든다. 이미 500종의 곤충 및 진드기가 하나 이상의 살충제에 내성이 있고, Bt를 지속적으로 사용하게 되면 이 딜레마가 악화될 수 있다.

거의 모든 콩, 모든 옥수수의 1/4 이상, 그리고 미국에서 (아마도 전 세계적으로) 재배된 모든 목화의 거의 80%가 현재 Bt 내성 또는 제초제 내성 GM 품종이다. 이 정도의 사용량으로 봤을 때 우리 모두는 이미 유전자 변형 식품을 조금이라도 섭취했을 것이다. 미국의 모든 가공식품 중 60% 이상이 주로 옥수수나 콩에서 유래한 GM 성분을 함유하고 있는 것으로 추정된다.

유전공학은 안전한가?

소비자들은 GM 식품의 건강에 미치는 영향에 대해 오랫동안 걱정해 왔지만, 미국 식품의약청은 GMO가 함유된 식품의 표기를 요구하지 않았다. FDA는 이 새로운 품종이 전통적인 관행을 통해 자란 관련된 품종과 "본질적으로 동등하다"라고 주장한다. 지지자들은 결국 식물육종과 동물육종을 통해 수세기 동안 유전자가 이동했다고 말한다. 생명공학은 전형적인 육종 절차보다 새로운 생물을 만드는 더 정확한 방법일 수 있다.

인간이 먹도록 고안된 최초의 유전자변형 동물은 해양 베도라치(Macrozoarces americanus)에서 성장호르몬 유전자를 추가시킨 대서양 연어(Salmo salar)이다. 이 어류의 가장 큰 걱정은 이미 우리 식단의 닭과 쇠고기로 부터 얻게된 성장 호르몬의 추가가 아니라, 어류가 포획에서 벗어날 경우의 생태적 영향이다. 형질전환 어류는 보통 연어보다 7배 더 빨리 자라며 이성에게 더 매력적이다. 그러므로 그들이 포획에서 벗어난다면 이미 멸종위기에 처한 야생의 연어들보다 먹이, 짝짓기 및 서식처에서 능가할 수 있다.

아마도 가장 큰 미지의 것은 GMO의 사회적, 경제적 영향일 것이다. 그들은 세계에 음식을 공급하는 데 도움이 되는가, 아니면 기업의 힘과 경제적 불균형이 더욱 공고화될 것인가? 이러한 기술은 가장 부유한 국가나 가장 부유한 회사만 이용할 수 있으므로 가족 농장을 비경쟁적으로 만들며 개발도상국을 더 빈곤하게 만들 수도 있고, 가난한 농민들의 한계토지 사용을 중단 시킬 수 있는 수확량 증가와 해충 및 질병에 대한 손실 감소가 가능할 수도 있다.

7.7 지속가능한 농업전략

- *지속가능한 농업에는 토양보존, 윤작 및 영양염 관리가 포함된다.*
- *신중한 관리는 토양을 손상없이 형성할 수 있다.*
- *소비자 구매는 지역 농장경제에 큰 영향을 줄 수 있다.*

농업의 혁신은 우리가 먹고 사는 방식을 변화시켰다. 농업과 식량생산의 지속가능성과 공평성은 파괴적인 관행으로 인한 피해를 줄이고 개선하는 것을 지향하는 **지속가능한 농업**(sustainable agriculture) 또는 **재생 농업**(regenerative farming)의 목표이다. 일부 대안적인 방법은 과학적 연구를 통해 개발되고, 다른 것들은 농업의 기계화와 산업화에서 거의 망각된 전통문화와 관행에서 발견된다.

수십 년간의 농작물 모니터링 데이터에 대한 분석에 따르면 지속가능한 농업 기술은, 특히 개발도상국에서 기존의 단일경작과 비교할 때 농민들에게 비슷한 수준의 생산성과 경제적 이익을 제공할 수 있다. 예를 들어, 아프리카의 UN 연구에 따르면 통합 해충관리, 간작 및 윤작을 포함한 지속가능한 기술이 전통적인 기술보다 훨씬 저렴하지만, 수입과 생산성을 향상시킬 수 있는 것으로 나타났다. 합성비료나 살충제 없이 생산된 작물은 기존의 방법으로 재배한 비슷한 작물에 비해 평균 약 20% 더 적은 수확량이지만 운영비, 할증 작물 가격, 생태적 피해 감소 및 더 건강한 농장가족으로 차이를 보충했다. UN 연구원인 드슈터(Olivier De Schutter)는 지속가능한 기술을 포함하여 모든 가능한 선택권을 개발도상국의 빈곤층과 굶주리는 사람들을 위해 사용해야 한다고 주장한다.

부유한 국가에서도 지속가능한 관행은 농부에게 이점을 제공할 수 있다. 하나 또는 두 가지 농약의 표준 적용보다는 해충관리전략의 혼합이 필요할 수 있으며, 단일 작물을 광대한 지역에서 생산하는 것은 대부분의 지속가능한 기술에 적합하지 않다. 그러나 식량생산은 높을 수 있으며, 화학물질과 비료를 적게 구매하면 비용이 훨씬 낮아지므로 부유한 국가에서도 농민의 순이익이 향상될 수 있다.

토양보존은 필수적이다

신중한 축산으로 토양은 무기한으로 보충되고 재생될 수 있는 재생가능한 자원이다. 농업은 토양이 가장 중요하고 침식으로 인해 가장 자주 손실되는 영역이기 때문에, 토양보존 및 재건에 가장 큰 잠재력을 제공한다. 동남아시아의 일부 논은 명백한 비옥도의 손실 없이 천 년 동안 지속적으로 경작되었는데, 이는 유기물을 논으로 돌려보내고 토양을 신중하게 유지하고 건설하는 관리 관행을 발전시켰다.

미국의 농업이 그 수준의 지속가능성에 도달하지 못한 반면, 연방의 토양보존 프로그램은 1920년대와 1930년대 대재앙

이후 침식을 상당히 줄였다. 위스콘신 유역에 대한 한 연구에서, 침식 속도는 1930년대에 비하여 1975~1993년에 90% 감소했다.

토양보존에서 가장 중요한 요소 중 하나는 계단식 밭, 지면 피복 및 경작 감소이다. 대부분의 침식은 물이 내리막길로 흘러 들어가기 때문에 일어나고, 물이 더 빨리 흐를수록 더 많은 토양이 경작지에서 빠져나간다. 아프리카의 침식 속도를 비교한 결과, 쟁기질한 경작지에서 5%의 경사면은 1%의 경사면의 경작지와 비교하여 3배의 물 유출량과 8배의 토양침식 속도를 보이는 것으로 나타났다. 수로의 잔디 띠와 언덕을 위 아래가 아닌 가로질러 가는 등고선경작으로 물 유출을 줄일 수 있다. 등고선경작은 종종 땅 윤곽을 따라 번갈아 가면서 다른 종류의 작물을 심는 대상재배(strip-farming)와 결합된다(그림 7.29). 한 작물이 수확될 때, 토양을 보호하고 물이 바로 흘러내려가는 것을 막기 위해 다른 작물이 여전히 존재한다. 경작에 의해 생성된 이랑은 물을 가두어 물이 흘러가지 않고 토양으로 스며들게 한다.

계단식 밭에는 물과 토양을 담을 수 있는 땅의 선반을 만들기 위해 토지를 조성하는 것이 포함되고, 계단의 가장자리에는 토양고정 식물을 심는다. 이는 많은 수작업이나 고가의 기계가 필요한 비싼 절차이지만, 매우 가파른 경사면을 경작할 수 있다. 세계의 불가사의 중 하나로 간주되는 필리핀 치코(Chico)강 계곡의 계단식 논은 계곡의 바닥에서 300 m (1,000피트) 위로 올라가 있다. 많은 지역에서 계단식 농업은 수세기 동안 농업공동체를 부양해왔다.

▲ **그림 7.29** 등고선경작 및 대상재배는 구릉 지형의 토양침식을 방지하고 아름다운 풍경을 만든다.

출처: Photo by Lynn Betts, courtesy of USDA Natural Resources Conservation Service

지피식물과 경작 감소는 토양을 보호한다

옥수수나 콩과 같은 1년생의 줄뿌림 작물은 일반적으로 토양이 연중 대부분 동안 방치되어 있기 때문에 침식 속도가 가장 높다(표 7.2). 토양침식으로부터 토양을 보호하는 가장 쉬운 방법은 수확 후 땅에 작물 잔류물을 남기는 것이다(그림 7.30). 그들은 표면을 덮어 바람과 물의 침식 효과를 낮출 뿐만아니라 더운 기후에서의 증발과 토양 온도를 낮추고 토양을 폭기하고 재건하는 토양생물을 보호한다. 일부 실험에서 작물 잔류물은 수분 침투를 99% 증가시키고, 토양침식을 98% 감소시켰다.

표 7.2 토양 덮개 및 토양 침식

작물 시스템	연간 평균 토양 손실량 (톤/ha)	빗물 유수 비율 (%)
맨 토양(작물 없음)	41.0	30
옥수수 연작	19.7	29
밀 연작	10.1	23
윤작: 옥수수, 밀, 토끼풀	2.7	14
새포아풀 연작	0.3	12

출처: Based on 14 years of data from Missouri Experiment Station, Columbia, Missouri.

▲ **그림 7.30** 무경운 재배는 작년 작물의 파편을 통해 종자를 시추한다. 여기에서 콩은 옥수수 뿌리덮개를 통해 자란다. 부스러기는 잡초를 억제하고 바람과 물의 침식을 줄이며 토양의 수분을 유지한다.

출처: ©William P. Cunningham

농작물 잔류물을 현장에 남겨두면 질병 및 해충 문제가 증가해 종종 곤충, 잡초 및 질병을 방제하기 위한 농약(살충제, 살진균제 및 제초제)의 사용이 늘어난다. 농약의 사용이 증가하면 보존경작의 전반적인 환경 편익이 줄어들 수 있다. 그러나 살충제 사용의 증가가 항상 필요한 것은 아니다. 윤작 및 함정 작물, 천연 기피제 및 생물학적 방제제와 같은 통합 해충관리전략을 통해 살충제 사용을 최소화할 수 있다.

토양은 종종 호밀, 알팔파 또는 클로버와 같은 피복작물로 보호되며, 수확 후 토양을 유지하고 보호하기 위해 심을 수 있다. 이 피복작물은 재배시기에 토양에 유기물과 영양분을 첨가하기 위해 갈아 엎기도 한다.

어떤 경우에는 같은 밭에 두 개의 다른 작물을 심는 것이 토양을 보호할 뿐만 아니라, 땅을 보다 효율적으로 사용하여 이중의 수확을 제공한다. 예를 들어, 아메리카 원주민과 개척자 농부는 옥수수 줄 사이에 콩이나 호박을 심었다. 콩은 옥수수에 필요한 질소를 공급하고 호박은 잡초를 내쫓았으며, 두 작물 모두 옥수수의 영양 균형을 잡는 양분을 제공했다. 아프리카와 남아메리카의 전통적인 화전 경작자는 종종 최대 20종류의 서로 다른 작물을 작은 구획으로 심는다. 작물은 서로 다른 시간대에 수확이 가능해서 항상 음식을 제공하고, 토양은 침식에 오랫동안 결코 노출되지 않는다. 혼합경작에는 매우 가치 있는 작물이 포함될 수 있을 뿐만 아니라, 생물다양성을 보존하는 데에도 도움이 될 수 있다(여러분의 생각은? 참조).

적은 자원 투입, 지속가능한 농업은 사람과 환경에 도움이 될 수 있다

기존 농업에서 흔히 볼 수 있는 화학비료, 살충제, 항생제 및 인공 성장인자에 대한 산업화 및 의존성 경향과는 대조적으로, 일부 농민들은 보다 자연친화적인 농업 스타일로 돌아가고 있다. 공장형 농장과 경쟁할 수 없거나 경쟁을 원하지 않는 이러한 생산자들은 적은 투자의 소규모 농업으로 수익을 내면서 살고 있다. 예를 들어, 베이들러 부부(Brent and Regina Beidler)는 버몬트에서 약 200개의 소규모 유기농 낙농장 중 한 곳을 운영하고 있다(그림 7.31). 베이들러 부부는 단 40마리의 소만으로 젖을 짜고 나서 12시간마다 소를 다른 목장으로 옮긴다. 작은 방목장에서 집중적으로 방목하는 이러한 회전방식은 자연적인 방목장 무리의 움직임을 추구한다. 밀집된 무리로 함께 이동할 때, 젖소들은 달콤한 풀뿐만 아니라 맛없는 식물도 함께 먹어야 하므로 목초지가 건강하고 다양하게 유지된다. 방목장들을 돌아가며 방문하는 사이에 재생산할 시간이 주어지므로, 목장의 식생은 건강하고 다양하게 유지될 수 있으며 토양 응축이 최소화된다.

다른 유기농 낙농장과 마찬가지로 젖소의 건강과 생산된 우유의 품질뿐만 아니라, 땅의 지속가능성에도 의미를 두기 때문에 유기농을 선택하여 목초지에서 화학비료나 살충제를 사용하지 않는다. 유기농에서 항생제는 질병을 이겨내기 위해서만 사용된다. 젖소는 주로 큰 상업적 낙농장보다 곡물과 항생제가 적은, 잔디와 건초를 주로 섭취하여 건강을 유지한다. 아이오와주립대(Iowa State University)의 연구에 따르면 곡물보다는 목초지의 동물들이 침식을 절반 이상 줄이고 질소 유출량 또한 3분의 2로 줄인다.

▲ **그림 7.31** 화학 살충제나 비료 없이, 집중적인 회전방목으로 젖소와 목장을 건강하게 유지한다.
출처: ©lightfieldstudios/123RF

이와 같은 저투입 농장은 일반적으로 이웃이 하는 집약적인 농업의 육류 또는 우유의 양에는 미치지 못하지만, 생산 비용은 더 낮아지고 작물 가격은 더 높아져 가장 중요한 순이익은 오히려 높을 수 있다.

소규모 가족농장을 보존하면 농촌 문화를 유지하는데 도움이 된다. 가족농장은 지역의 기계판매점에서 기계를 구입하고, 이웃 주유소에서 휘발유를, 가족경영 식료품점에서 식료품을 구매하여 시골 마을을 살리도록 도와준다.

소비자 선택은 지역 농장 경제에 도움이 된다

1960년대부터 미국의 농장정책 및 농업연구는 비료, 살충제, 육종 및 유전공학을 사용하여 풍부하고 저렴한 곡물, 육류 및 우유를 제공하는 대규모 생산방법의 개발에 중점을 두었다. 결과적으로 우리는 그 어느 때보다 더 많은 칼로리를 섭취하고 고기를 먹을 수 있게 되었다. 굶주림은 여전히 많은 지역을 괴롭히고 있지만, 부유한 국가뿐만 아니라 전 세계 대부분의 인구에게 영양 공급은 증가하고 있다. 이제 인류 역사상 처음으로 사망 원인으로 체중과 관련된 질병에 대해 걱정하고 있다.

저렴한 식량 정책은 미국과 해외에서 점점 늘어나는 인구에 공급하기 위해 생산량을 크게 늘렸다. 농산물 가격이 너무 낮아서 매년 수십억 달러를 소비하여 가격을 지원하거나 농산물 가격보다 생산비용이 큰 농민에게 보조해준다. 미국은 매년 수백만 톤의 잉여식량을 구매하여, 기근이 심한 지역에 종종 식량원조로 사용한다. 그러나 저렴하거나 무료로 제공되는 식량 기부는 지역시장에서 경쟁할 수 없는 다른 국가의 소규모 농민에게 해를 끼치기 때문에, 이러한 사회적 선행도 문제가 된다.

이러한 정책은 우리의 생활방식, 정치 및 식량 시스템에 깊이 뿌리내리고 있지만, 소비자가 농업방법과 농업정책의 부정적인 영향을 줄이면서 유익한 변화를 지원하려면 몇 가지 조치를 취할 수 있다.

그늘에서 자란 커피와 코코아

커피와 초콜릿을 구매하면 열대림을 보호하거나 파괴하는데 도움이 되는가? 커피와 코코아는 개발도상국에서만 독점적으로 생산되는 많은 제품 중 하나이지만, 거의 대부분이 부유한 선진국에서 소비된다. 커피는 열대지방의 서늘한 산악지역에서 자라는 반면, 코코아는 따뜻하고 습한 저지대의 원산지이다. 이 두 가지를 구별해주는 것은 둘 다 성숙한 숲의 빛이 적어 그늘진 곳에서 자라는 작은 나무에서 나온다는 것이다. **그늘에서 자란**(shade-grown; 키가 큰 나무 아래에서 자란) 커피와 코코아를 통해 농부들은 조류, 나비 및 기타 야생종의 산림 서식지로 남아있으면서 동시에 작물을 생산할 수 있다.

수십 년 전까지 전 세계 커피와 코코아 대부분이 그늘에서 자랐다. 그러나 햇볕에 자랄 수 있는 두 작물의 새로운 품종이 개발되었다. 햇볕이 잘 드는 곳에서 자라는 나무는 더 밀접하게 모여 있고, 햇빛이 많을수록 광합성과 수확이 증가한다.

밀집한 성장조건으로 인한 스트레스와 질병으로 나무는 일찍 죽게 되고 고가의 살충제 및 살균제 사용 증가로 비용이 발생한다. 그늘에서 자란 커피와 코코아는 일반적으로 숲 수관에 서식하는 새와 곤충이 많은 해충을 먹기 때문에 더 적은 양(때로는 전무)의 살충제를 필요로 한다. 조류학자들은 그늘에서 자란 농장과 비교할 때, 햇볕이 잘 드는 농장에서 새를 10%나 적게 관찰했다. 그늘진 농장에서 조류 종의 수는 햇볕이 쬐는 농장의 두 배가 될 수 있다. 복잡한 숲의 많은 식물이 토양에 영양분을 추가해 주기때문에 그늘에서 자란 농장에는 화학비료가 덜 필요하다. 또한 짙은 잎이 떨어지면 토양을 보호하고 산림차폐는 증발을 줄이므로 그늘에서 자란 작물은 관개할 필요가 거의 없다.

전 세계 커피와 코코아 농장의 절반 이상이 햇볕이 잘 드는 품종으로 전환되었다. 세계 25곳의 생물다양성 집중 장소(hot spot) 중 13곳이 커피 또는 코코아 재배지역에서 나타난다. 이 지역에 있는 2천만 ha의 커피와 코코아 농장이 모두 단일경작으로 전환되면, 헤아릴 수 없는 수의 종을 수를 잃게 될 것이다.

◀ **그림 1** 코코아 꼬투리는 코코아나무 줄기와 큰 가지에서 직접 자란다.

브라질의 바이아 주에서는 이러한 작물의 생태학적 중요성과 이들이 어떻게 산림의 종 보존에 도움이 될 수 있는지를 보여준다. 한때 브라질은 세계의 코코아를 대부분 생산했지만, 1900년대 초에 서부 아프리카에 커피 작물이 도입되었다. 이제 코트디부아르(Côte d' Ivoire)만으로도 전 세계 커피의 40% 이상이 재배된다. 전 세계 공급량의 급격한 증가로 가격이 급락했으며, 브라질의 수확 가치는 90% 하락했다. 코트디부아르는 광범위한 어린이 노예제도를 포함하는 노동 시스템을 통해 이 경쟁에 도움을 받고 있다. 코트디부아르의 성인 근로자조차도 브라질의 연간 최저 $850(미화)의 임금과 비교하여, 연간 약 $165(미화; 받게 되는 경우라도)만 받는다. 아프리카의 코코아 생산이 증가함에 따라, 브라질의 토지소유자는 농장을 목초지나 다른 작물로 전환하고 있다.

한때 코코아가 최상이었던 바이아 지역은 세계에서 가장 위협받는 산림 생물군계 중 하나인 브라질 대서양 숲의 일부이다. 이 숲의 8%만이 교란되지 않고 남아 있다. 코코아 농장에는 온전한 산림의 완전한 다양성이 없지만, 산림보존에 대한 경제적 근거를 제공한다. 그리고 바이아의 코코아 농장은 한때 있었던 생물다양성의 놀랍도록 많은 표본을 보호한다. 아마도 브라질 코코아는 다른 지역보다 결코 싸지 않을 것이다. 그러나 시장에는 특수제품을 위한 공간이 있다. 소비자가 유기농, 공정거래, 또는 그늘에서 자란 초콜릿 및 커피에 대해 소액의 할증가격을 지불하기로 선택하면 생물다양성을 보존하는데 필요한 동기를 제공할 수 있다. 어떤 초콜릿이나 커피가 아동 노예제로 재배되지 않았으며 멸종될 수 있는 식물 종과 동물 종을 보호하는데 도움이 된다는 것을 알고 싶지 않는가? 그러한 아이디어가 퍼지려면 무엇이 필요한가?

지역농민을 지원하는 것은 지역경제에서 돈을 유지하는 것에서부터 신선하고 건강한 식생활을 보장하는 것까지, 다양한 혜택을 누릴 수 있다. 생존 가능한 농장경제를 유지하면 농지가 교외지역으로 확대되는 것을 늦출 수 있다. 많은 농부들이 지적했듯이, 당신이 100% 지역식품을 먹을 필요는 없다. 식품 구입의 일부만 지역에서 생산된 제품으로 바꾸더라도 농민들에게 커다란 차이를 만들 수 있다.

농민시장은 일반적으로 현지 식품을 먹는 가장 쉬운 방법이다(그림 7.32). 농산물은 신선하고 이익은 농작물을 재배하는 농부에게 직접 전달된다. "자신의 것을 골라라"라는 농장은 또한 신선한 과일 및 기타 제품을 구매할 수 있게 해주며, 재미있는 사회적인 소풍이 되게 한다. 현재 많은 기존의 식료품점은 현지에서 생산된 유기농 및 무농약 식품을 제공한다. 이러한 제품을 구입하면 비유기농 및 비현지 농산물보다 약간 비싸지만(비싸지 않을 수도 있음), 더 좋을 수 있으며 지역사회에서 농사와 신선한 지역 음식을 유지하는데 도움이 될 수 있다.

▲ **그림 7.32** 지역 농민시장은 지역에서 재배된 유기농 농산물의 좋은 공급원이다.
출처: ©William P. Cunningham

많은 대학에서 지역에서 재배한 식품을 가능한 많이 구매하는 정책을 채택했다. 학교는 많은 야채, 육류, 계란 및 우유를 구입하기 때문에 지방 및 지역 농장경제가 막대한 수입을 올릴 수 있다. 이러한 정책은 중앙집중식 전국 유통업체에서 주문하는 것보다 더 많은 노력과 독창력이 필요할 수 있지만, 많은 대학의 식품 서비스 관리자는 학생들이 관심이 있는 경우 기꺼이 현지에서 구매하려고 한다. 학교에 이러한 정책이 없는 경우 관리자에게 정책을 시작하도록 이야기할 수 있다.

또한 많은 지역에는 "지역사회 지원 농업(community supported agriculture; CSA)" 프로젝트가 있다. 지역사회 지원 농업은 채소, 꽃, 육류 및 계란에 이르기까지 다양한 농장 제품에 대한 비용을 미리 지불하고 지역주민들이 지원하는 농장이다. CSA는 제철의 초기에 일시불로 지불해야 하지만, 제철이 끝날 때까지의 순 음식비용은 종종 식료품점에서 지불하는 것보다 적다. 또한 CSA에 참여하여 흥미로운 사람들을 만나고 해당 지역에 대해 자세히 알아볼 수 있다.

먹이 사슬에서 낮게 먹을 수 있다

식량을 동물에서 생산하는 것보다 식물에서 생산하는 것이 드는 에너지가 적기 때문에, 세계 토양과 물에 미치는 영향을 줄일 수 있는 한 가지 방법은 곡물, 채소 및 유제품을 좀 더 많이 먹는 것이다. 그렇다고 해서 본인이 원하지 않는데 채식주의자로 전환하자는 것은 아니다. 조부모의 단백질과 지방 소비 수준으로 돌아가면 환경과 여러분의 건강에 큰 변화를 가져올 수 있다.

투입량이 적은 유기농 식품은 또한 식품 선택의 환경영향을 줄인다. 유기농 식품을 구매할 때 농약이나 인공 비료를 사용하지 않는 농부를 지원하게 되고, 이 농부들은 윤작을 사용하여 토양 영양분을 보존하고 침식을 조심스럽게 관리하여 표토 손실을 방지한다. 때때로 이 농부들은 다양한 품종의 작물을 보존하여 작물의 유전적 다양성과 해충에 대한 내성을 유지하는 데 도움을 준다.

목초 사육 소고기와 방사된 가금류 또는 돼지고기는 또한 저투입 식량이 될 수 있다. 잔디를 단백질로 전환함으로써 농작물에 적합하지 않은 토양이나 가파른 언덕이 효율적인 식량 공급원이 되고, 목초지는 관리가 잘 되면 식생이 연중 토양을 덮고 있기 때문에 토양침식을 최소화한다.

결론

최근 수십 년 동안 식량생산이 인구보다 빠르게 성장했으며, 만성 기아에 직면한 사람들의 비율은 감소했지만, 그 수는 증가했다. 우리 대부분은 필요한 것보다 더 많은 칼로리와 단백질을 소비하지만, 약 9억 명의 사람들이 여전히 영양실조 상태이다. 기아의 상당 부분은 농민을 쫓아내고, 식량 분배를 방해하며, 지역 농업경제를 훼손하는 정치적 불안정으로 인해 초래된다.

식량생산의 증가는 농업생산의 많은 혁신으로 인해 발생한다. 녹색혁명은 헥타르 당 더 많은 작물을 생산하는 새로운 품종을 생산했지만, 이러한 작물에는 일반적으로 비료, 관개 또는 살충제와 같은 추가적인 투입이 필요하다. 유전자변형생물도 수확량을 증가시켰다. 대부분의 GMO는 제초제를 견딜 수 있도록 고안되었으며, 많은 GMO가 자체적으로 농약을 생산한다. 대규모 옥수수와 콩 생산으로 가능해진 제한된 사료 공급 작업으로 육류 생산 효율이 크게 향상되었다. 전 세계적으로 콩 생산이 증가하고 미국, 중국 등에서 육류 소비가 증가한 것은 이러한 혁신의 결과이다.

이러한 변화로 인해 토양 침식 및 분해, 살충제 및 비료 살포에 의한 수질오염과 같은 중요한 환경영향이 발생한다. 당뇨병, 농업 화학물질에 대한 노출 및 항생제 저항성과 같은 체중 관련 질병을 포함하여 건강에 미치는 영향도 우려된다. 토양을 재생하고 건강한 생태계를 유지하는 기회를 제공하는 보다 지속가능한 접근방식도 많이 있다. 이 시스템은 특히 개발도상국에서는 농민에게 상당한 경제적 혜택을 제공할 수 있지만, 대량생산에는 적합하지 않기 때문에 널리 채택되지는 않는다. 소비자는 지역에서 식사를 하고, 낮은 단계의 먹이사슬을 섭취하며, 유기농 식품이나 목초로 사육한 육류를 사거나, 농민시장에서 구매함으로써 지속가능한 관행을 지원할 수 있다.

연습 문제 *PRACRICE QUIZ*

1. 일리노이 콩밭에서 생산량이 급격히 증가한 요인은 무엇인가?
2. 일리노이의 콩이 어떻게 중국의 식단을 개선할 수 있는지 설명하시오.
3. 만성적으로 영양이 부족하다는 것은 무엇을 의미하는가? 현재 세계에서 몇 명이 이 상태로 고통받고 있는가?
4. 영양사들은 왜 식량안보에 대해 걱정하는가? 식량 불안으로 가장 고통 받는 사람은 누구인가?
5. 기근을 구성하는 조건을 설명하시오. 센(Amartya Sen)은 왜 기근이 자연재해보다 정치와 경제에 의해 더 많이 발생한다고 말하는가?
6. 영양실조와 비만을 정의하시오. 현재 몇 명의 미국인이 비만으로 간주되는가?
7. 인간에게 가장 많은 칼로리 섭취량을 제공하는 작물은 무엇인가?
8. 제한된 동물 사료공급 사업은 무엇이며 왜 논란이 되는가?
9. 토양이란 무엇인가? 토양 유기체는 왜 그렇게 중요한가?
10. 네 가지 주요 토양오염 유형은 무엇인가? 토양침식의 주요 원인은 무엇인가?
11. 녹색혁명의 의미는 무엇인가?
12. 유전공학이란 무엇이며 농업에 어떠한 도움이 되는가?
13. 지속가능한 농업이란 무엇인가?
14. 어떤 커피 또는 코코아를 선택하면 열대국가의 산림, 생물다양성 및 지역경제를 보존할 수 있는가?
15. 저투입 농업의 경제적 혜택은 무엇인가?

비판적 사고와 토론 *CRITICAL THINKING AND DISCUSSION*

다른 학생들과 이러한 문제를 토의하기 위하여 이 장에서 학습한 원칙을 적용하시오.

1. 오늘날 세계의 기아의 본질을 설명하시오. 기아의 증가에 대해 얼마나 걱정해야 하는가? 그 이유는 무엇인가?
2. 전 세계 기아의 주요 원인 중 일부를 검토하시오. 어느 것이 가장 해결하기 용이한가? 우리는 어떻게 그것들에 접근할 수 있는가?
3. 기근이 환경적 요인보다 인간의 행동(또는 무 행동)에 의해 더 많이 발생한다는 주장을 토의한다. 이 질문을 해결하기 위해 어떤 증거가 필요한가? 토론을 해결하기 위해 어떤 가설을 검증할 수 있는가?
4. 농부들은 단기적인 비용에 상관없이 장기적으로 이익을 제공하는 생태적으로 건전한 기술을 사용해야 하는가? 어떻게 이렇게 할 수 있는가?
5. 유전자변형 식품의 어떤 측면이 가장 유익하다고 생각하는가? 가장 걱정되는 것은 무엇인가? 여러분의 답변은 동료 학생 또는 가족의 답변과 동일한가?
6. 여러분이 유전공학 또는 살충제 개발에 종사하고 있다고 가정한다. 자신의 연구에 어떠한 환경적 또는 사회적 보호수단을 강구하겠는가? 당신의 일의 영향에 대해 우려하는 다른 누군가로부터 어떠한 제한을 용납하겠는가?

데이터 분석 식량공급 지도 작성 *DATA ANALYSIS Mapping Your Food Supply*

식량의 출처를 이해하면 여러분이 먹는 식량생산과 관련된 환경문제를 이해하는데 도움이 된다. 이 정보는 문화적으로나 경제적으로 중요하기 때문에 미국 농무성(USDA)은 주요 작물에 대한 지도와 통계분석을 발표한다. 이 풍부한 정보 저장소를 통해 음식의 출처를 탐색할 수 있다.

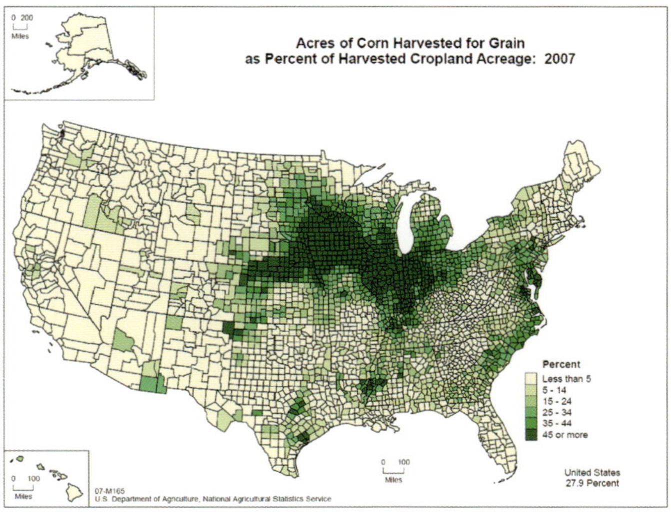

출처: U.S. Department of Agriculture, National Agricultural Statistics Service.

CHAPTER

8 기후

Climate

학습 성과 *Learning Outcomes*

이 장을 학습한 후에 여러분은 다음 질문에 대답할 수 있어야 한다:

- 대류권과 성층권은 어떻게 다른가?
- 자연 기후 변동에 어떤 요인이 있는가?
- 온실 효과와 그것이 기후를 어떻게 변화시키고 있는지 설명하시오.
- 최근 기후변화의 본질과 원인을 어떻게 알 수 있는가?
- 기후변화의 영향을 나열하시오.
- 지구 기후변화를 최소화하기 위한 몇 가지 전략은 무엇인가?

해수면 상승, 폭풍 해일 증가 및 폭풍 강도 증가는 지구 기후가 따뜻해짐에 따라 많은 도시에 영향을 미친다.

©Tomas Griger/123RF

사례 연구 Cace Study

축소되는 플로리다

플로리다의 해변이 물에 잠길 때 플로리다는 어떤 모습일까? 정확하게 말하기는 어렵지만, 해변 휴양지와 해안도시가 침수되면 관광산업은 어려움을 겪게 될 것이다. 해안도시 거주자들이 해일과 폭풍 해일로부터 멀어지기 위해 내륙으로 이동해야 함에 따라, 주의 내부는 더욱 혼잡해질 수 있다. 가뭄과 더운 여름은 주 농업의 상당 부분을 비경제적으로 만들 수 있기 때문에, 내륙에 건물을 지을 토지는 많지만, 담수자원은 부족할 것이다. 에버글레이즈 국립공원과 플로리다 키의 대부분은 사진으로만 존재할 것이다. 건조한 여름은 더 빈번하고 더 큰 산불이 발생하기 때문에, 산림은 덜 광범위할 것이다.

이 모든 것이 종말론적인 것처럼 보일지 모르지만, 기후 경향이 나타내는 것과 일치한다. 기후 온난화로 인해 지난 세기에 지구의 평균 해수면이 약 20 cm (8인치) 상승했다. 이는 사소한 것처럼 보이지만, 더 높은 폭풍 파도와 조수를 가져온다. 2050년에는 25 cm의 추가적인 해수면 상승이 예상되며, 2100년에는 해수면이 1 m 더 상승할 것으로 예상된다. 일부 추정치는 2 m에 가까운 상승을 예상했다. 마이애미, 보카러턴, 포트마이어스 및 케이프커내버럴을 포함한 플로리다 해안의 대부분을 침수하는데는 해수면 1 m 상승이면 충분하다(그림 8.1). 2014년 국가 기후평가(National Climate Assessment)는 마이애미를 인간이 초래한 기후온난화로 인한 물리적, 경제적 피해에 가장 취약한 미국 도시 중 하나로 선정했다.

해수면은 왜 상승할까? 대기에서 흡수된 열로 인한 열팽창은 물을 따뜻하게 만들어 팽창시키기 때문에 지금까지 변화의 약 절반을 설명한다. 녹는 육상 빙하는 증가의 4분의 1에 기여하고, 녹는 빙상은 나머지에 기여한다. 이러한 균형은 앞으로 수십 년 동안 변할 수 있다. 남극대륙의 육상 얼음판은 가속되는 속도로 바다로 흘러가기 시작했으며, 그린란드는 몇 년 전에 극소수의 기후과학자들이 예상했던 속도로 녹고 있다. 그린란드의 거대한 만년설은 모두 녹았을 경우 해수면을 약 6 m (20 피트) 정도 상승시킬 수 있는 충분한 물을 보유하고 있다. 모두 녹기까지는 수 세기가 걸리겠지만, 중간 정도의 변화로도 막대한 피해를 야기할 것이다.

플로리다 남부는 다공성 석회암 기반암으로 해수가 대수층에 침투할 수 있기 때문에 특별한 문제에 직면하고 있다. 농장과 도시가 지하수를 펌핑하면 바닷물이 교체하기 위하여 압박하기 때문에, 바닷물 침입은 이미 우물에 영향을 미치고 있다. 이 과정은 해수면이 상승하고 해안선이 퇴각함에 따라 가속화될 것이다.

대기 중 여분의 열에너지는 멕시코 만 지역에서 허리케인 주기와 강도를 증가시킬 위험이 있다. 허리케인은 강한 햇빛이 바다 표면을 가열하여 공기를 데우고 물을 증발시키고 120 km/hr (74마일/hr) 이상의 소용돌이치는 바람으로 발전하는 고 에너지 대기 순환을 일으킬 때 발생한다. 온난한 해양 표면은 이러한 기상 시스템에 이용 가능한 열에너지를 증가시킨다. 기후과학자들은 더운 대기와 따뜻한 바다의 동시 발달이 시간이 지남에 따라 점점 더 큰 허리케인으로 이어질 것으로 예상한다. 미국 해양대기국(NOAA)에 따르면 미국 허리케인의 40%가 플로리다를 강타한 이래로 이는 주정부의 주요 위협이다.

많은 정책결정자들은 기후변화에 대해 이야기하는 것을 좋아하지 않지만, 우리 모두에게 영향을 미친다. 최근 몇 년 동안 열, 가뭄 및 폭풍 기록이 쌓임에 따라 온난화 양상이 점점 더 명확해졌다. 기후변화는 우리 후손들에게 다른 세상을 제시할 것이다. 많은 주지사들이 허리케인 및 열파와 같은 비상사태를 계획할 때 기상과학에 대한 언급을 거부하거나 심지어 그 존재를 인정하기를 거부했기 때문에, 연방 위기

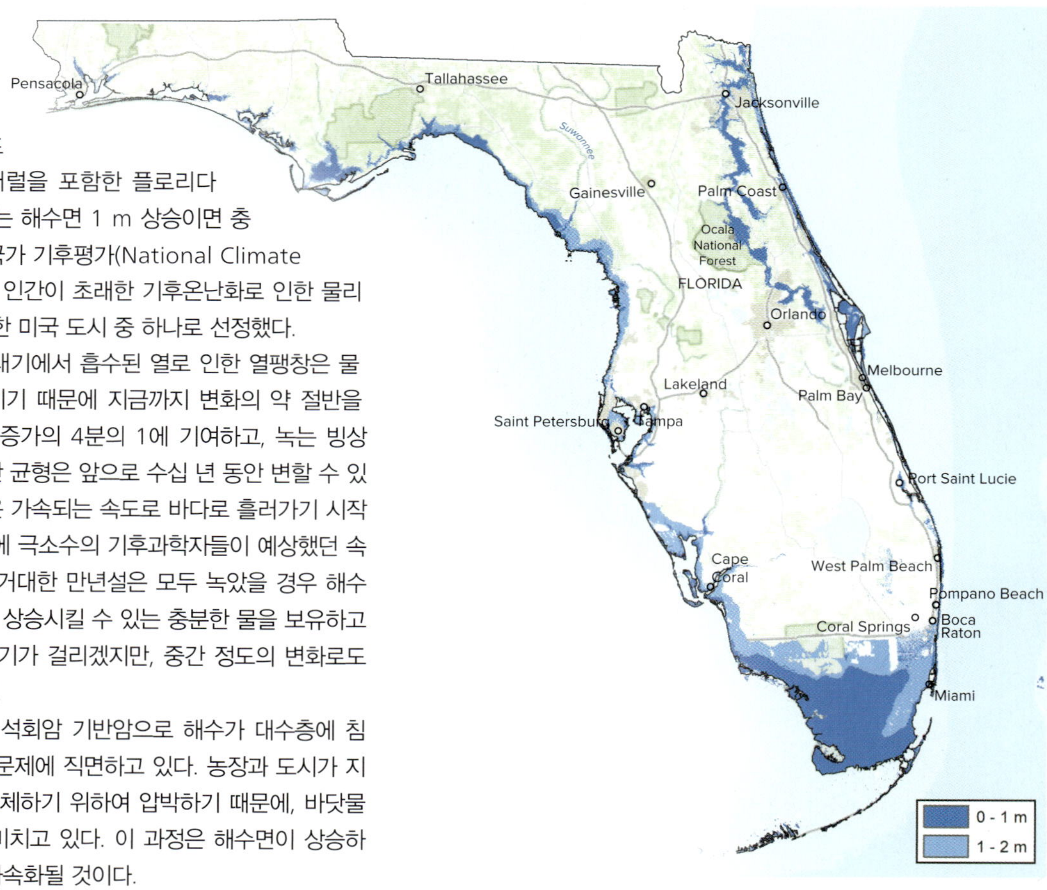

▲ **그림 8.1** 2100년까지 상승할 것으로 예상되는 해수면

사례 연구 Cace Study (계속)

관리청(FEMA; Federal Emergency Management Agency)은 기후변화 계획에 실패한 주로부터 재난자금 지원을 중단하겠다고 위협했다. 공유된 경제적 및 사회적 위협은 환경비용만큼이나 실재한다.

이 장에서 우리는 기후가 어떻게 작동하고, 인위적 요인(인간 유발)을 포함하여 기후변화를 일으키는 원인을 검토한다. 또한 이러한 변화와 그 영향을 줄이기 위해 수행할 수 있는 많은 단계 중 일부를 강조한다. ■

8.1 대기권이란 무엇인가?

- *대기권은 층을 이루고 있으며, 지표면 근처에 더 많은 분자가 있다.*
- *대류권의 순환은 열과 수분을 재분배한다.*
- *대기의 조성은 열에너지 저장량에 영향을 준다.*

기후는 대기가 어떻게 행동하고 어떻게 조성되어 있는지를 지시한다. 기후과정은 지표면과 해양과의 상호작용을 포함하여 에너지의 이동 및 저장과 연관된다. 플로리다 해안을 위협하는 해수면상승이 이러한 상호작용의 한 예이다(그림 8.2).

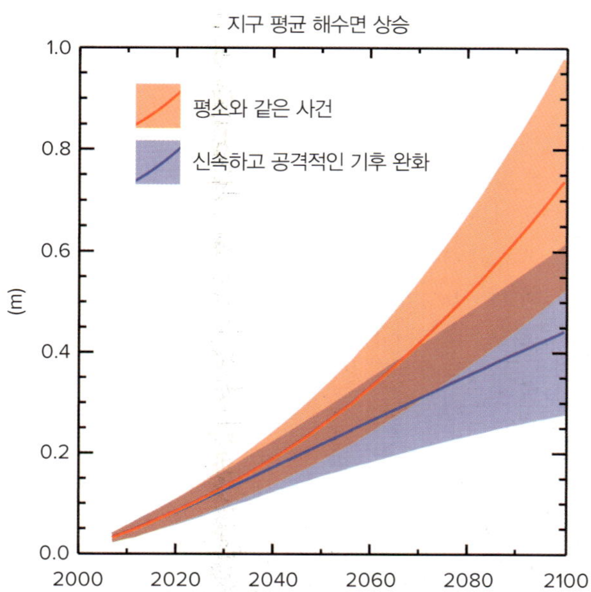

▲ **그림 8.2** 모델링된 값의 범위(음영 영역)에서 해수면의 예상 변화. 청색은 신속하고 공격적인 기후 완화를 나타내며 2100년까지 배출을 0으로 줄인다. 주황색은 평소와 같이 행동했을 때를 나타낸다. 일부 모델은 2 m의 해수면 변화를 보여준다.

출처: IPPC 2013

지구의 대기는 기체 분자로 구성되어 있으며, 상대적으로 표면 가까이에 밀집되어 있고 지구 표면에서 약 500 km (300 마일)까지 점차적으로 희박해진다. 대기의 가장 하층에서 공기는 끊임없이 움직이며, 지구의 한 부분에서 다른 부분으로 열과 습기를 지속적으로 재분배하면서 흐르고 소용돌이친다. 우리가 날씨라고 부르는 일일 온도, 바람 및 강수는 대류권에서 발생한다. 장기적인 기온과 강수량을 **기후**(climate)라고 한다.

지구상에서 가장 초기의 대기는 주로 수소와 헬륨으로 구성되었을 것이다. 수십억 년 동안, 그 수소와 헬륨의 대부분은 우주로 확산되었다. 화산분출은 대기에 탄소, 질소, 산소, 황 및 기타 원소를 첨가했다. 우리가 호흡하는 거의 모든 분자산소 (O_2)는 시안세균, 조류 및 녹색식물의 광합성에 의해 생성되었을 것이다.

깨끗하고 건조한 공기는 대략적으로 78%의 질소와 21%의 산소이며 나머지 1%는 아르곤, 이산화탄소(CO_2) 및 기타 다양한 기체로 구성된다. 수증기(기체 형태의 H_2O)는 대기 온도와 이용가능한 수분에 따라 거의 0~4%까지로 다양하다. **에어로졸**(aerosol)이라고도 불리는 미세한 입자와 액체방울도 공기 중에 부유한다. 대기 중 에어로졸과 수증기는 지구의 에너지 수지

벤치 마크 데이터

다음은 이 장의 아이디어와 숫자 중에서 기억할 가치가 있는 몇 가지 사항이다.

5~18 km	극점과 적도에서 대기의 대략적인 깊이
280 ppm	CO_2의 산업화 이전(1750년) 농도
350 ppm	기후 온난화를 2°C 미만으로 제한하는 농도
410 ppm	2018년 농도
40 GT	매년 방출되는 대략적인 CO_2 양
5~20% of GDP	현재 기후변화 궤적의 세계 경제 비용
1% of GDP	CO_2 배출을 적극적으로 통제하는 비용

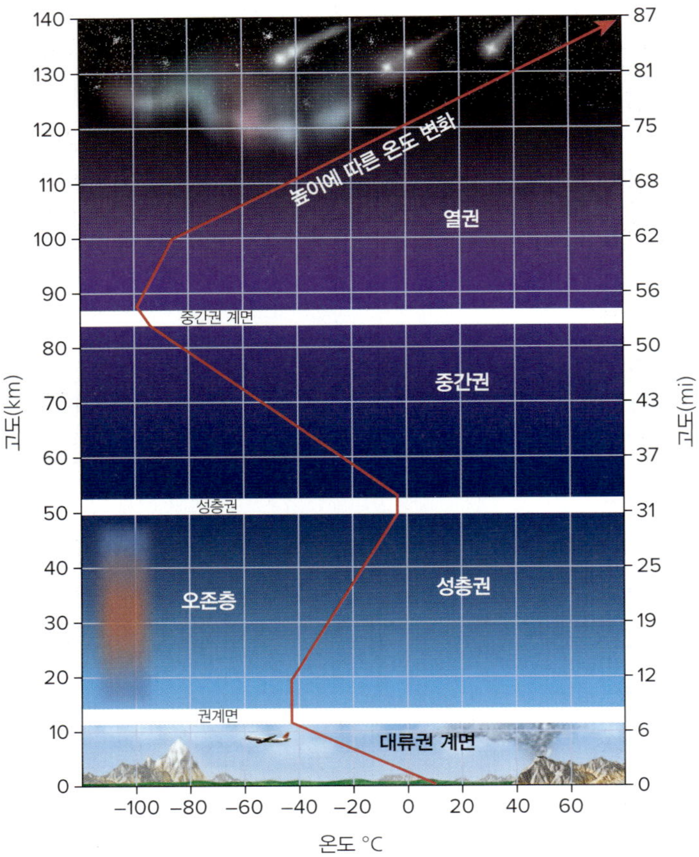

▲ **그림 8.3** 대기층은 온도와 구성이 다르다. 우리의 날씨는 대류권에서 발생한다. 성층권 오존은 자외선 태양에너지를 차단하는 데 중요하다.

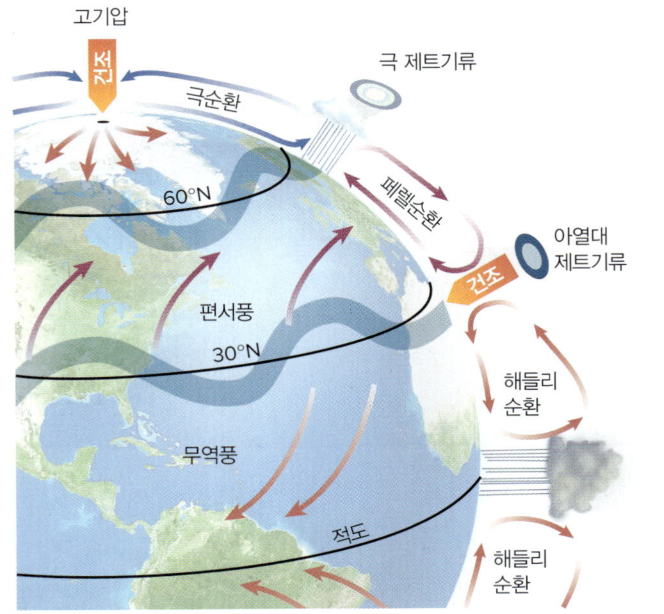

▲ **그림 8.4** 대류 세포는 지구 주위의 공기, 습기 및 열을 순환시킨다. 제트기류는 세포가 만나는 곳에서 발생하며 표면풍은 대류로 인해 발생한다. 대류 세포는 계절에 따라 확장 및 이동한다.

와 비의 생산에 중요한 역할을 한다.

대기는 태양에너지 흡수의 차이로 인해 온도가 대조되는 4개의 뚜렷한 영역을 가지고 있다(그림 8.3). 지구 표면에 바로 인접한 층을 대류권이라고 한다(*tropein*은 그리스어로 회전 또는 변화를 의미함). 대류권 내에서 공기는 큰 수직 및 수평 **대류**(convection current)로 순환하여 지구 주위에 열과 습기를 지속적으로 재분배한다. 대류는 3개의 일반적인 순환(cell; 그림 8.4)에서 발생하며, 이는 태양에 의하여 가열된 지표면에서 가열되어 구동된다(공기가 상승하게 함). 고도에서 공기가 냉각되고 침강하거나 가라앉다. 적도 근처의 강렬한 가열은 활발한 순환을 만들어내고, 따라서 해들리 순환(Hadley cell)은 페렐 순환(Ferrell cell) 및 극 순환(Polar cell)보다 대기 중으로 더 높이 도달한다. 이 대류 패턴은 중위도의 열대 날씨, 열대 강우 및 보조 전류가 만나는 건조한 조건을 포함하여 많은 지역 날씨 패턴을 형성한다. 대류 순환이 만나는 곳에서 강한 고고도 바람인 제트기류가 발생한다.

대류권의 범위는 적도 상공에서 약 18 km (11마일)에서 공기가 차갑고 조밀한 극 상공에서 약 8 km (5마일)까지 다양하다. 중력은 대부분의 공기 분자를 지구 표면에 가깝게 유지하므로 대류권은 다른 층보다 훨씬 밀도가 높다. 대기의 총 질량의 약 75%를 포함한다. 이 층에서 고도가 높아지면 기온이 급격히 떨어지며 대류권의 상단에서 약 −0°C (−6°F)에 도달한다. 이 온도 구배의 갑작스러운 반전은 대류권 계면(tropopause)이라는 경계를 만든다. 이 경계 위에서 성층권의 **오존**(ozone; O_3) 분자는 태양에너지를 흡수한다. 특히, 오존은 자외선(UV) 방사선을 흡수한다(파장 290~330 nm; 그림 2.13 참조). 이 흡수된 에너지는 성층권을 대류권보다 따뜻하게 만든다. 자외선이 살아있는 조직을 손상시키기 때문에 오존에 의한 UV 방사선의 흡수는 또한 지구상의 살아있는 생물을 보호한다. 대류권 공기가 주변 공기보다 차가워지면 계속 상승할 수 없으므로 이 경계를 가로 지르는 혼합은 거의 없다.

성층권(stratosphere)은 대류권 계면에서 약 50 km 정도 뻗어 있다. 대류권보다 훨씬 희석되어 있지만 수증기가 거의 없고 오존이 거의 1,000배 더 많다는 점을 제외하면 비슷한 구성을 가지고 있다.

대류권과 달리 성층권은 비교적 잔잔하다. 성층권에는 혼합이 거의 없기 때문에 화산재와 사람이 야기한 오염물질이 수년간 현탁 상태로 남아있을 수 있다.

성층권 위에서 온도가 다시 감소하여 중간권 또는 중간층이 생성된다. 열권(가열된 층)은 약 50 km에서 시작한다. 이것은 고 에너지 태양 및 우주 방사선의 꾸준한 흐름에 의해 가열되는 고도로 이온화된(전기적으로 하전된) 기체 영역이다. 때때로, 극 근처의 강렬한 방사선 펄스는 이온화된 기체를 빛나게

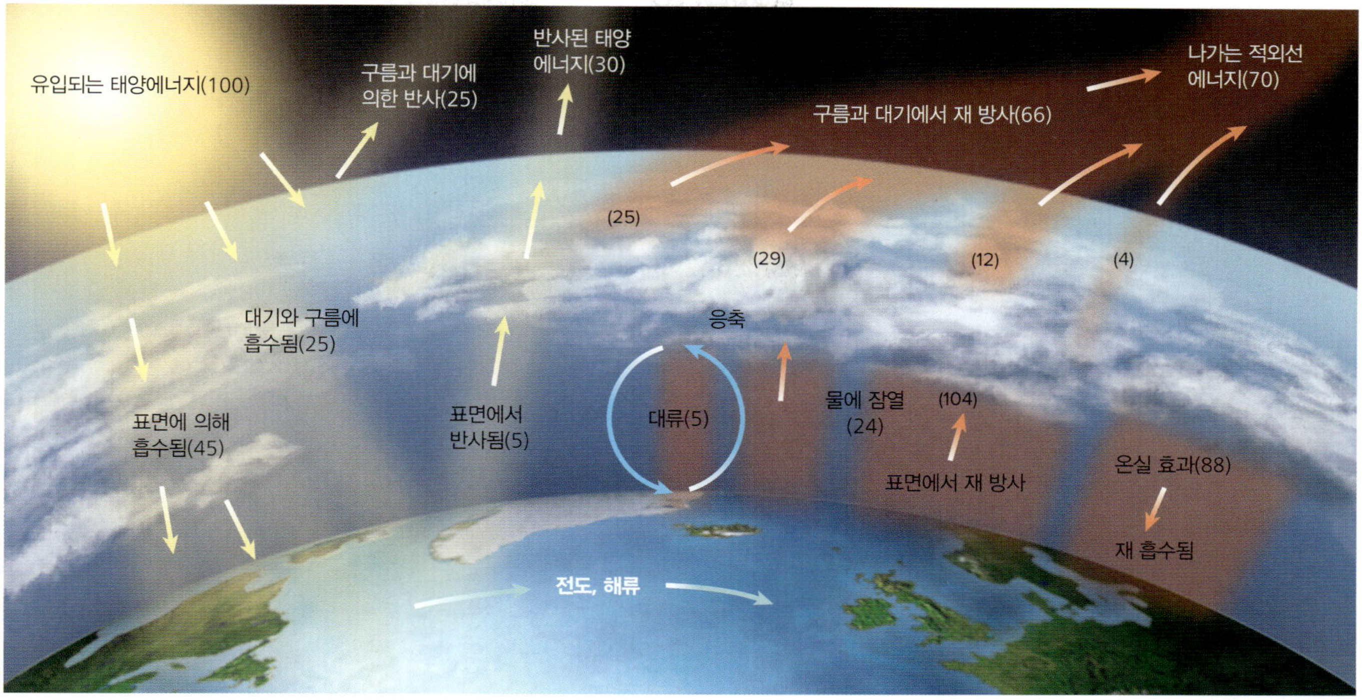

▲ **그림 8.5** 들어오고 나가는 방사선의 에너지 균형. 대기는 지구에 도달하는 태양에너지의 약 절반을 흡수하거나 반사한다. 지구 표면에서 방출되는 대부분의 에너지는 장파 적외선 에너지이다. 대기 중의 기체와 에어로졸은 이 에너지의 대부분을 흡수하고 재방사하여 표면을 다른 것보다 훨씬 따뜻하게 유지한다. 이 흡수를 온실 효과라고 한다.

하여 북극광(또는 남극광; 오로라)을 생성한다.

대기는 선택적으로 에너지를 포획한다

태양은 지구에 특히 적도 근처에 풍부한 에너지를 공급한다. 외부 대기에 도달하는 태양에너지 중 약 1/4은 구름과 대기 기체에 의해 반사되고 다른 1/4은 수증기, 이산화탄소, 메탄 및 기타 기체에 의해 흡수된다(그림 8.5). 이 흡수된 에너지는 대기를 약간 데운다. 들어오는 태양 복사(일사)의 약 절반이 지구 표면에 도달한다. 이 에너지의 대부분은 빛 또는 적외선 에너지(열 포함)의 형태이다.

들어오는 태양에너지는 눈, 얼음, 모래와 같은 밝은 표면에 반사되고 나머지는 지구 표면과 물에 흡수된다. 에너지를 반사하는 표면은 높은 **알베도**(albedo; 반사율 또는 백색)를 갖는다. 예를 들어, 신선한 눈과 짙은 구름은 빛의 85~90%를 반사할 수 있다(표 8.1). 에너지를 흡수하는 표면은 알베도가 낮으며 일반적으로 어둡게 보인다. 예를 들어, 검은 토양, 아스팔트 포장 및 물은 알베도가 낮으며 반사율은 3~5%이다.

흡수된 에너지는 물질을 가열하고(여름철 아스팔트 주차장을 생각) 물을 증발시키며, 식물의 광합성을 위한 에너지를 제공한다. 열역학 제2법칙에 따라 흡수된 에너지는 점차 품질이 낮은 열에너지로 다시 방출된다. 예를 들어, 벽돌 건물의 벽은 빛(고밀도 에너지)을 흡수하고 해당 에너지를 열(저밀도 에너지)로 다시 방출한다.

대기를 구성하는 기체는 빛 에너지를 통과시키므로 에너지 밀도의 변화가 중요하지만, 이 기체는 지구에서 방출되는 저밀도 열에너지를 흡수하거나 반사하기도 한다(그림 8.5). 대기 중의 몇몇 미량 기체는 특히 재방사된 열에너지를 포착하는데 효과적이다. 가장 효과적이고 풍부한 기체는 수증기(H_2O), 이산화탄소(CO_2), 메탄(CH_4) 및 아산화질소(N_2O)이다.

대기가 이 재방출된 에너지를 흡수하지 못하면 지구의 평균 표면 온도는 현재 평균인 14°C (57°F)가 아닌 약 −6°C (21°F)가 될 것이다. 따라서 지구상의 액체 물과 생명을 위해 에너지 흡수는 필요하다. **온실효과**(greenhouse effect)는 대기 중의 기체에 의한 에너지 포집을 설명하는 일반적인 용어이다. 온실의 유리처럼, 대기는 햇빛을 전달하면서 내부에는 약간의

표 8.1 | 지표면의 알베도(반사율)

표면	알베도(%)
신선한 눈	80~85
짙은 구름	70~90
물(낮은 태양 고도)	50~80
모래	20~30
산림	5~10
물(높은 태양 고도)	5
짙은 토양	3

열을 가두어야 한다. 온실과 마찬가지로 대기는 에너지가 서서히 공간으로 방출되도록 한다(핵심 개념 참고).

온실에서 온도는 들어오고 나가는 에너지의 비율에 달려 있다. 대기의 "온실"에서 우리는 현재 열 포집 기체의 농도를 증가시켜 나가는 에너지 속도를 늦추고 있으며, 그 결과 온도가 상승하고 있다. 우리는 인류가 종으로 등장하기 전부터 지구가 볼 수 없었던 수준으로 CO_2, CH_4 및 N_2O의 양을 증가시켰다. 문제는 이 추세를 바꾸는데 동의할 수 있을지에 관한 것이다.

증발된 물은 열을 저장하고 재분배한다

들어오는 태양에너지의 대부분은 물을 증발시키는 데 사용된다. 증발하는 물 1 g은 액체에서 기체로 변환될 때 580 kcal의 에너지를 흡수한다. 대기 중의 수증기는 그램 당 580 kcal를 저장하며, 이를 저장된 열 **잠열**(latent heat)이라고 한다. 나중에 수증기가 응축되면 그램 당 580 kcal를 방출한다. 전 세계적으로 잠열에는 뇌우, 허리케인 및 토네이도에 전력을 공급하기에 충분한 양의 에너지가 포함되어 있다. 겨울에 멕시코 만에 비치는 태양을 상상해보라. 따뜻한 햇살과 다량의 물은 지속적인 증발을 허용하여 막대한 양의 태양(광)에너지를 증발된 물에 저장된 잠열로 변환한다. 이제 걸프에서 북쪽으로 습한 공기를 불어 불어오는 바람을 상상해보라. 공기가 상승하고 북쪽으로 이동함에 따라 공기가 냉각된다. 냉각은 수증기를 응축시키고 결과적으로 비(또는 눈)가 내린다. 멕시코 만에서 중서부로 이동한 것은 물뿐 아니라, 수분 1 g과 함께 580 kcal의 열도 이동한다. 열과 물은 이제 햇볕이 잘 드는 멕시코 만에서 더 차가운 중서부로 이동한다. 지구상의 열과 물의 재분배는 지구상 생명에 필수적이다.

왜 비가 내리는가? 이것을 이해하면 전 세계의 잠열 및 수자원 분포를 이해하는 데 도움이 된다. 비는 두 가지 조건이 있을 때 내린다. (1) 물이 대기로 증발할 수 있는 대양과 같은 수분 공급원 및 (2) 들어 올리는 기작(lifting mechanism)이 다. 공기는 높은 고도에서 냉각되므로 들어 올림이 중요하다. 산 고갯길을 지나갈 경우 이러한 냉각을 관찰할 수 있다. 바람이 따뜻하고 습한 공기를 산 위로 밀어 올릴 때, 들어 올림이 나타날 수 있다. 날씨 시스템이 충돌하는 경우에도 들어 올림이 발생할 수 있다. 예를 들어, 한랭전선이 온난전선과 만나면 따뜻한 공기가 더 차갑고 밀도가 큰 기단 위로 올라간다. 맑은 날에 지구 표면 근처에서 데워진 뜨거운 공기가 대류에서 상승하는 경우에도 들어 올림이 발생한다. 이 세 가지 기작 중 하나가 있으면 공기가 상승하고 냉각될 수 있다. 냉각되는 공기 중의 수분은 응축되어 비나 눈으로 떨어진다.

다음에 날씨 예보를 볼 때는, 비나 눈이 올 것으로 예측되는 곳에서 이러한 언급한 것들을 찾을 수 있는지 확인해보도록 하자.

해류도 열을 재분배한다

따뜻하고 차가운 해류는 육지의 기후 상태에 큰 영향을 미친다. 표층해류는 바람이 바다 표면을 밀어서 발생한다. 표층수가 이동함에 따라 심층수는 이를 대체하기 위해 상승하며, 심층해류를 생성한다. 물의 온도와 염도에 따른 물 밀도의 차이가 해양 순환을 유발한다. 소용돌이(gyre)라고 불리는 거대한 순환하는 해류는 북쪽과 남쪽으로 물을 운반하여, 저위도에서 고위도로 열을 재분배한다. 예를 들어, 알래스카에서 남쪽으로 흐르는 알래스카 해류는 여름철 샌프란시스코를 시원하고 안개가 자욱하게 한다.

가장 잘 알려진 해류 중 하나인 멕시코 만류(Gulf Stream)는 따뜻한 카리브 해의 해수를 캐나다의 해양 주들을 지나 북쪽의 북유럽으로 운반한다(그림 8.6). 이 해류는 유량이 세계에서

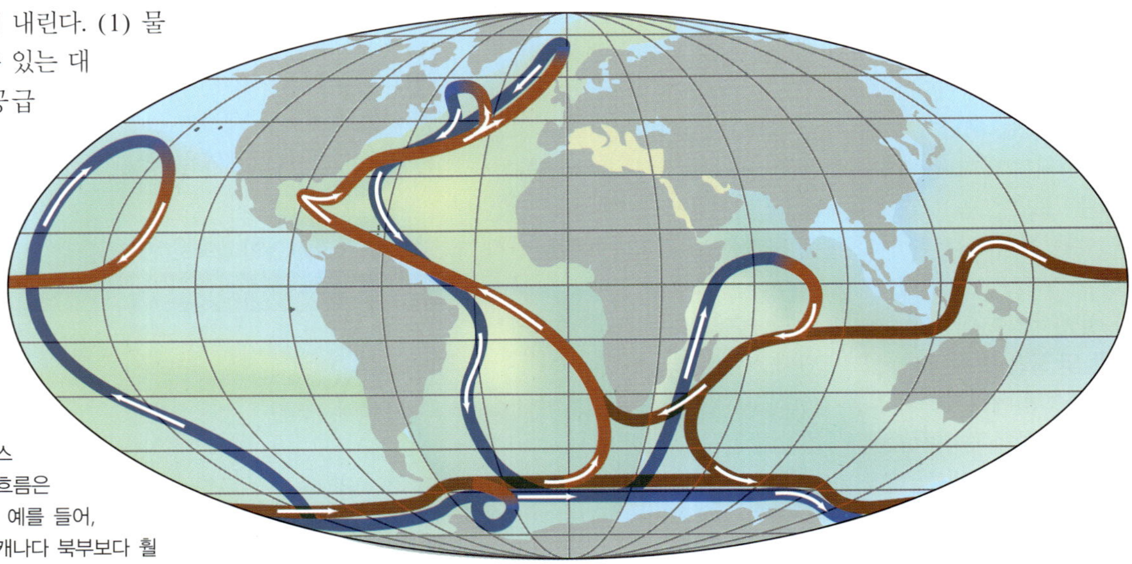

▶ **그림 8.6** 해류는 전 세계적으로 따뜻한 물과 차가운 물을 재분배하는 글로벌 컨베이어 시스템 역할을 한다. 이러한 흐름은 우리의 기후를 조절한다. 예를 들어, 멕시코 만류는 북유럽을 캐나다 북부보다 훨씬 따뜻하게 유지시킨다. 해양의 염분과 밀도의 변화는, 밀도가 낮은 곳(파란색)에서 높은 곳(노란색)으로 해양순환을 촉진한다.

(a) (b)

▲ **그림 8.7** (a) 빙핵에는 45,000년 된 남극 대륙의 얼음 샘플에서와 같이 수천 년 전 대기의 샘플을 제공하는 기포가 포함되어 있다. (b) 뉴햄프셔대학교(University of New Hampshire)의 트위클러(Mark Twickler) 박사는 3,000 m의 그린란드 빙핵 부분을 보유하고 있으며, 이 기록에는 250,000년의 기후 역사가 기록되어 있다.
출처: (a) NASA's Goddard Space Flight Center/Ludovic Brucker;(b) Courtesy Candace Kohl, University of California, San Diego

가장 큰 강인 아마존 강의 약 800배에 달한다. 멕시코 만에서 전달되는 열은 유럽을 위도보다 훨씬 더 따뜻하게 유지한다. 예를 들어, 기온이 영하로 거의 떨어지지 않는 스웨덴의 스톡홀름은 여름에 북극곰이 사는 매니토바의 처칠과 동일한 위도에 있다. 따뜻한 멕시코 만류가 스칸디나비아를 지나 아이슬란드 주위를 돌면서 물이 식고 증발하며 밀도가 높고 염분이 높아지며, 아래로 침강하여 강력하고 깊은 남쪽방향의 해류를 생성한다.

온도와 염분 농도가 물의 밀도를 제어하고 밀도의 대비가 움직임을 유발하기 때문에 이 표면 및 심해 순환 시스템을 **열염분순환**(thermohaline circulation; 온도 및 염분 관련 순환)이라고 한다. 이 거대한 컨베이어 시스템을 처음으로 묘사한 Lamont Doherty Earth Observatory의 브로커(Wallace Broecker) 박사도 열염분순환이 갑자기 중단될 수 있음을 발견했다. 약 11,000년 전, 마지막 빙하기가 끝날 때 지구가 온난화되면서 차가운 빙하의 녹은 물이 북대서양으로 급증하여 열염분순환 순환이 중단되자 유럽은 1,300년 동안 지속된 추운 시기에 빠졌다. 몇 년 안에 온도가 급격히 변했을 수 있다.

이러한 일이 다시 일어날 수 있는가? 일부 기후과학자들은 지구 빙하 얼음의 10%를 함유한 그린란드 빙상이 녹으면 해양 순환이 갑자기 변할 수 있다고 제안한다.

8.2 시간에 따른 기후변화

- *밀란코비치(Milankovitch) 주기는 장기적인 기후변화를 유발한다.*
- *빙핵(ice core)에는 과거 온도와 대기 조성을 재구성하는 데 사용되는 CO_2와 산소 동위원소가 포함되어 있다.*
- *엘니뇨(El Niño)는 해양-대기 진동의 한 예이다.*

기후과학자 브로커(Wallace Broecker)는 "기후는 화난 짐승이며, 우리는 짐승을 막대기로 찌르고 있다"고 말했다. 그는 우리가 기후가 안정하다고 가정했지만, 우리의 생각없는 행동은 급격하고 극적인 변화를 일으키도록 할 수 있다고 한다. 기후는 얼마나 안정적인가? 그것은 당신이 고려하는 기간에 달려 있다. 수세기와 수천 년에 걸쳐 기후변화가 어느 정도 일어남을 알지만, 일반적으로 인간의 일생의 규모에서는 거의 변화가 없을 것으로 예상한다. 그러나 이것은 더 이상 합리적인 기대가 아니다. 만약 기후가 변한다면 얼마나 빨리 변할 수 있으며, 이러한 변화는 우리가 의존하는 환경 시스템에 어떠한 의미가 있는가?

빙핵(ice core)은 기후 역사에 대해 알려준다

눈이 올 때마다 소량의 공기가 눈 층에 갇힌다. 그린란드와 남극대륙과 추위가 지속되는 다른 지역에서는 수백 년에 걸쳐 눈이 매년 천천히 쌓인다. 새로운 층은 더 낮은 층을 얼음으로 압축하지만, 심지어 수천 미터 깊이의 빙하 얼음에도 여전히 작은 기포가 남아있다. 각 기포는 눈이 내렸을 때 대기의 작은 샘플이다.

기후과학자들은 빙상으로 깊숙이 뚫어 빙핵을 추출하여 기포 시료를 채취할 수 있음을 발견했다. 몇 센티미터마다 채취한 시료는 대기가 시간이 지남에 따라 어떻게 변했는지를 보여준다. 빙핵 기록은 기후 역사에 대한 우리의 이해에 혁명을 일으켰다(그림 8.7). 대기 중 CO_2의 농도가 어떻게 변했는지 볼 수 있다. 화산분출을 기록하는 재(ash)의 층과 황산염 농도의 급격한 증가를 탐지할 수 있다.

가장 중요한 것은 이러한 공기 샘플에서 산소동위원소(질

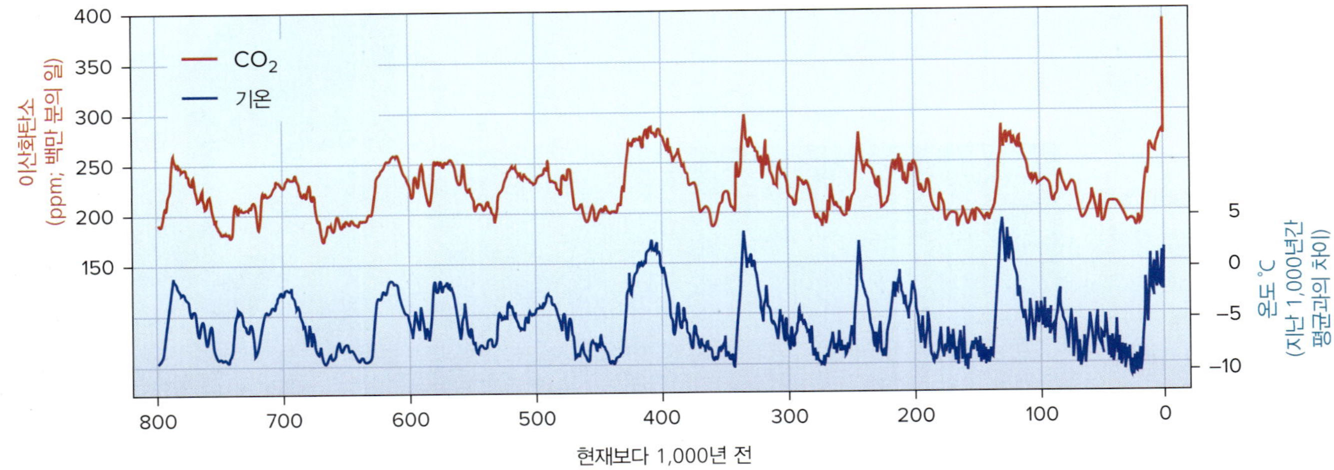

▲ **그림 8.8** 얼음 코어의 기포는 EPICA 빙핵에서 이 기록으로 80만 년 전으로 거슬러 올라가는 고대 대기 조성 시료를 제공한다. 이산화탄소 농도(빨간색 선)는 온도(파란색, 산소동위원소에서 도출함)와 밀접한 관계가 있다. 아마도 해양이 열을 흡수했기 때문에, 최근 기온은 CO_2 상승에 뒤처져 있다.

량이 다른 원자)를 비교하여 고대 온도에 대해 알 수 있다. 추운 해에는 약간 더 가벼운 산소 원자를 포함하는 물 분자가 약간 더 무거운 원자를 가진 물보다 쉽게 증발한다. 더 무거운 산소 원자와 더 가벼운 산소 원자의 비율을 비교함으로써, 기후과학자는 시간에 따른 온도를 재구성하고 CO_2 농도 및 기타 대기 성분에 대한 온도 변화를 도표로 나타낼 수 있다.

최초의 매우 긴 기록은 3,100 m까지 도달한 남극 빙하로, 지난 420,000년 동안의 기온과 대기 CO_2에 대한 기록을 제공한 보스토크(Vostok) 빙핵에서 얻은 것이다. 한 러시아 과학자 팀이 이 빙핵을 추출하기 위해 남극에서 약 1,000 km 떨어진 보스토크 현장에서 37년 동안 일했다. 그린란드 빙상에서 유사한 코어가 천공되었다. 보다 최근에, 유럽의 남극대륙 빙핵 프로젝트(European Project for Ice Coring in Antarctica; EPICA)는 80만 년이 넘는 역사 기록을 생산했다(그림 8.8). 이 모든 빙핵은 시간이 지남에 따라 기후가 극적으로 변했지만 대기 온도와 CO_2 농도 사이에는 밀접한 상관관계가 있음을 보여준다.

이러한 빙핵으로부터, 우리는 이산화탄소 농도가 지난 80만 년 동안 180 ppm (백만 분의 일)에서 300 ppm 사이에서 변했다는 것을 알고 있다. 따라서 오늘날 약 410 ppm (연간 약 2 ppm)의 농도가 지구가 거의 백만 년 동안 보던 것보다 1/3이 높다는 것을 알고 있다. 다른 두 가지 중요한 온실기체인 메탄 및 아산화질소의 농도는 EPICA 코어의 기록보다 높다. 우리는 또한 현재 온도가 빙핵 기록에서와 같이 따뜻하다는 산소동위원소를 알고 있다. 앞으로 수십 년 동안 추가적인 온난화는 20만 년 전에 나타났던 인간 종인 *Homo sapiens*가 겪었던 것을 훨씬 능가하는 온난화를 일으킬 것으로 보인다.

자연적인 기후변화의 원인은 무엇인가?

빙핵 기록에 따르면 시간이 지남에 따라 주기적으로 주기적 기후변화가 반복된 것으로 나타났다. 이러한 주기적인(반복되는) 변화의 원인은 무엇인가? 크지 않은 변화는 약 11년마다 정점에 이르는 태양 강도의 주기에 상응한다. 더 극적인 변화는 지구의 궤도와 경사의 주기적인 변화와 관련이 있다(그림 8.9). 세르비아의 과학자인 밀란코비치(Milutin Milankovitch)가 1920년대에 처음으로 이것을 묘사한 것을 따라 **밀란코비치 주기**(Milankovitch cycle)라고 한다. 이 주기 중 세 가지 주기가

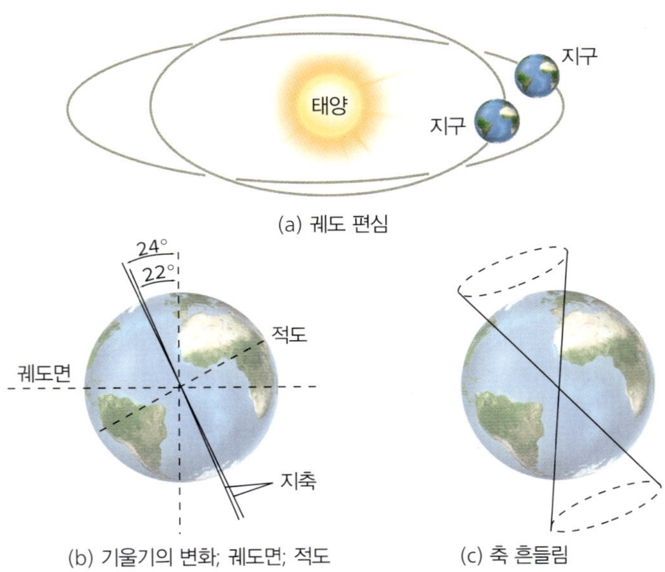

▲ **그림 8.9** Milankovitch 주기는 매우 긴 주기적인 변화를 가진다. (a) 궤도의 편심(약 100,000년), (b) 축 기울기 정도(약 40,000년), (c) 흔들림 또는 축의 세차 운동(약 26,000년)

있다. (1) 지구의 타원형 궤도는 약 100,000년 주기로 늘어나거나 짧아진다. (2) 지구의 축은 40,000년 주기로 기울기 각도를 바꾼다. (3) 축은 26,000년에 걸쳐 균형을 상실한 팽이처럼 흔들린다. 이 주기는 다른 위도에서 들어오는 태양에너지의 강도와, 여름철의 가열 또는 겨울철의 냉각 강도를 변화시킨다.

이 주기의 상호작용은 또한 지난 800,000년의 빙하기를 설명하는 것으로 보이며, 그림 8.8의 냉/온 주기에서 볼 수 있다. 예를 들어, 흔들림이 여름에 북극을 태양 쪽으로 향하면 상당한 여름철 온난화와 전체적인 지구온난화가 발생한다. 흔들림이 태양에서 멀어져 북극을 향하면, 북반구 여름은 차가워지고 지구는 냉각된다. 마찬가지로 축이 태양을 향해 기울면 극이 따뜻해지고, 축이 태양에 더 평행하면 극은 덜 따뜻해진다.

화산분화는 급격한 기후변화를 일으킬 수 있지만, 보통 몇 년 동안만 발생한다. 한 가지 예외는 약 73,000년 전에 수마트라 서부에서 토바 산이 폭발한 것으로서 이것은 지난 2천8백만 년 동안 가장 큰 화산 대변동이었다. 분화는 최소한 2,800 km^3의 물질을 방출했다[1980년 워싱턴 주 세인트헬렌스(St. Helens) 산이 방출한 1 km^3와 비교하시오]. 토바 산에서 대기로 방출되는 황산과 미립자 물질은 들어오는 햇빛을 75% 어둡게 하고 160년 이상 지구 전체를 16°C까지 냉각시킨 것으로 추정된다. 그러나 기후 역사에서 160년은 짧은 시간이며, 이것은 2천8백만 년 동안 가장 큰 분화였기 때문에 화산은 최근 기후 경향에서 두드러지지만 지배적인 요소는 아니다.

엘니뇨/남방 진동(El Niño/Southern Oscillation)은 여러 지역 사이클 중 하나이다

수십 년에서 수십 년 동안 바다와 대기의 진동에 따라 기후도 변한다. 이러한 결합된 대기-대기 진동은 전 세계 모든 대양에서 발생하지만, **엘니뇨/남방진동**(El Niño/Southern Oscillation; ENSO)이 아마도 가장 잘 알려져 있을 것이다. ENSO는 태평양 및 인접 대륙의 날씨에 영향을 미쳐 몬순이나 심각한 가뭄을 유발한다.

이 시스템의 핵심은 거대한 욕조의 물처럼 인도네시아와 남아메리카 사이에서 천천히 앞뒤로 움직이는 태평양의 따뜻한 표층수의 거대한 풀(pool)이다. 대부분의 해에는 꾸준한 적도 무역풍이 이 풀을 서태평양에 잡아둔다(그림 8.10). 동남아시아에서 호주까지, 이 따뜻한 적도의 물 농축은 대기에서 강한 상승 대류(저압)를 유발하는 잠열(수증기)을 제공한다. 그 결과 인도네시아의 폭우는 울창한 열대림을 지원한다.

태평양의 아메리카 쪽에서는, 남미 해안을 따라 흐르는 찬 물이 서쪽으로 흐르는 표층수를 대체한다. 이 용승하는 심층해수에는 영양분이 풍부하다. 그것은 멸치와 다른 물고기의 조밀한 떼를 지원한다. 대기에서 멕시코와 캘리포니아의 건조하고 침강하는 공기는 무역풍에서 서쪽으로 꾸준히 이동하는 공기를

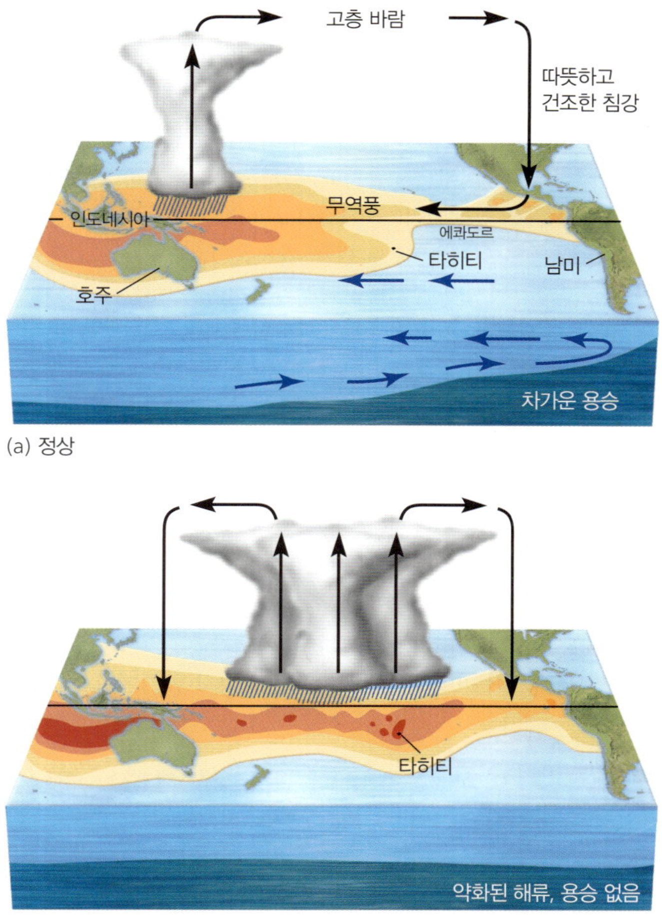

(a) 정상

(b) 엘니뇨

▲ **그림 8.10** 엘니뇨/라니냐 남방진동(El Niño/La Niña Southern Oscillation). (a) 일반적으로 지표 무역풍은 남아메리카에서 인도네시아로 차가운 해류를 흐르고, 페루 근처에서는 차갑고 깊은 물이 상승한다. (b) 엘니뇨 시기에는 바람과 해류가 약해지고, 따뜻한 저기압 상태가 동쪽으로 이동하여 아메리카 대륙에 폭풍을 일으킨다.

대체한다. 일반적으로 미국 남서부의 건조한 상태가 발생한다.

우리가 완전히 이해하지 못하는 이유로, 매 3~5년마다 인도네시아 대류(상승 기류)가 약해지고 서쪽으로 향하는 바람과 해류는 약해진다. 태평양 전역에서 따뜻한 표층수가 동쪽으로 다시 유입된다. 미국과 멕시코에서는 비가 증가하고 인도네시아에서는 가뭄이 발생한다. 남미 어업을 지원하는 상승류도 약해진다.

페루의 어부들은 물이 따뜻해지면 물고기가 사라지기 때문에 해수면 상승의 불규칙적인 주기를 처음으로 발견했다. 그들은 이 사건의 이름을 엘니뇨(El Niño, 스페인어로 그리스도의 자녀)라고 불렀는데, 이는 주로 크리스마스 때에 발생하기 때문이다. 동부 열대태평양이 식었을 때인 El Niño의 상대는 La Niña (어린 소녀)로 불리게 되었다.

ENSO 주기는 광범위한 영향을 미친다. El Niño 기간 동

안, 일반적으로 캐나다 상공에 있는 북부 제트 기류는 분열되어 남쪽의 미국 상공으로 끌어 당겨진다. 이로 인해 태평양과 멕시코만 내륙에서 습한 공기가 유입되어, 캘리포니아에서부터 중서부 주 전역에 걸쳐 심한 폭풍과 폭우가 발생한다. 라니냐(La Niña) 기간은 같은 지역에 더운 날씨를 가져온다. 반면 오리건, 워싱턴 주, 브리티시컬럼비아는 엘니뇨 시대에 평소의 비보다는 따뜻하고 맑은 날씨가 있다. El Niño 에피소드 중 호주와 인도네시아의 가뭄은 1983년 보르네오에서 발생한 1300만 ha(8백만 에이커)를 포함하여 치명적인 농작물 실패와 산불을 일으킨다.

일부 기후과학자들은 세계 기후변화로 인해 엘니뇨 상태가 강해지거나 더 빈번 해지고 있다고 믿고 있다. 따뜻한 해수면 온도가 확산되고 있다는 증거가 있는데, 이는 El Niño 대류 패턴의 강도에 기여할 수 있다.

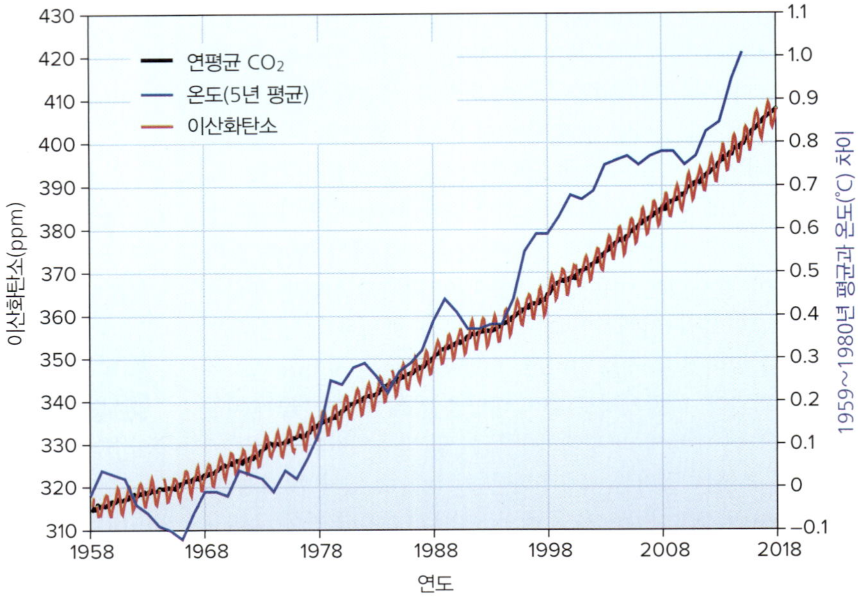

▲ **그림 8.11** 하와이 마우나로아 정상에서 취한 대기 CO_2 측정 결과는 최근 몇 년 동안 매년 약 2.2%씩 증가한 것으로 나타났다. 월간 평균 CO_2(빨간색) 및 연간 평균 CO_2(검은 색)는 지구 온도의 일반적인 추세(파란색)를 밀접하게 따르고 있다.

출처: Data from National Aeronautics and Space Administration and National Oceanic and Atmospheric Administration

8.3 기후가 평소보다 빠르게 변하는 것을 어떻게 알 수 있는가?

- *Keeling 곡선은 변화하는 CO_2 농도를 기록한다.*
- *현재의 기후변화에서 인간의 역할에 대한 명확한 증거가 있다.*
- *극지방과 대륙의 내부가 가장 빠르게 데워지고 있다.*

많은 과학자들은 인위적인(인간이 야기한) 지구 기후변화가 우리 시대의 가장 중요한 환경 문제라고 생각한다. 인간이 세계 기후를 바꿀 가능성은 새로운 아이디어가 아니다. 1859년에 John Tyndall은 다양한 기체의 적외선 흡수를 측정하고 온실 효과를 설명했다. 노벨 화학상을 받은 아레니우스(Svante Arrhenius)는 1895년 석탄 연소로 방출된 CO_2가 지구온난화를 일으킬 수 있다고 예측했다.

인간 활동이 대기 중 이산화탄소를 증가시키고 있다는 주요 증거는 하와이의 마우나로아 화산 꼭대기에 있는 관측소에서 나왔다. 천문대는 1957년 국제 지구 물리관측년(International Geophysical Year)의 일환으로 외딴 원시적인 환경에서 대기 데이터를 제공하기 위해 설립되었다. 대기화학자 킬링(Charles David Keeling)이 측정한 결과, CO_2 수준은 매년 약 0.5%씩 증가했다. 지속적으로 업데이트 된 "킬링 곡선"(그림 8.11)은 CO_2 농도가 1958년 315 ppm에서 2018년 410 ppm으로 증가했음을 나타낸다. 연간 변동으로 인해 선이 울퉁불퉁하다. 북반구(남반구보다 대륙 면적이 훨씬 큼)는 광합성을 하고 CO_2를 포획하기 시작한다. 북반구 겨울 동안 식물의 쇠퇴는 CO_2를 방출하여 수준을 상승시킨다. CO_2 증가의 효과는 전 세계적인 온도상승의 일반적인 경향이다(그림 8.12).

과학적 합의는 분명하다

기후가 너무 복잡하기 때문에, 전 세계 기후과학자들은 기후 시스템의 작동 방식을 설명하기 위해 데이터를 수집 및 공유하고 프로그래밍 모델에서 협력했다. 증거는 온난화 및 냉각 추세의 지역별 변화를 보여 주며 모델마다 약간의 차이가 있다. 그러나 데이터와 모델을 다루는 기후과학자들 사이에서 변화의 방향에 대해서는 의견이 일치하지 않는다. 증거는 마우나로아 그래프에서와 같이 기후가 변화하고 있으며, 지구 평균이 낮은 대기에서 에너지 보유가 증가하여 온난화되고 있음을 분명하게 보여준다.

기후 지식의 상태를 설명하기 위한 가장 포괄적인 노력은 **기후변화에 관한 정부간 협의체**(IPCC; Intergovernmental Panel on Climate Change)의 노력이다. 이름에서 알 수 있듯이 IPCC는 130개국의 과학자 및 정부대표와 정부 간 협력이다. IPCC의 목표는 인간이 야기한 기후변화의 원인과 영향에 대한 과학적 증거를 검토하는 것이다(과학 탐구 참고).

2013~2014년에 IPCC는 5차 평가보고서(AR5)를 발표했다. 2,500명의 과학자에 의한 6년간의 연구 결과, 4권의 보고서는 기후변화에 종사하는 모든 과학자의 90% 이상의 의견이 일

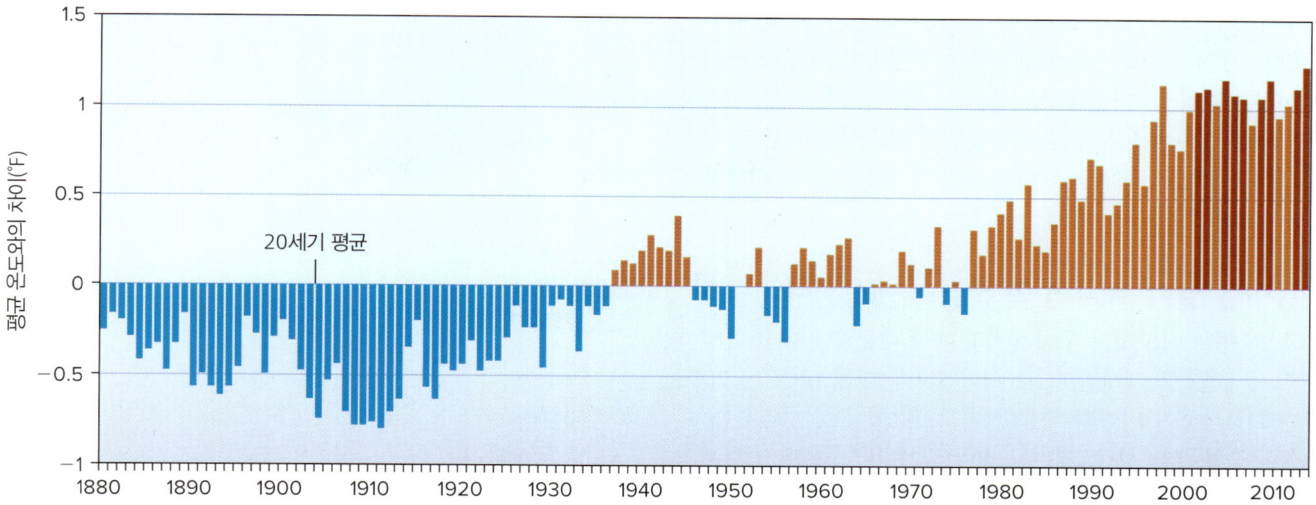

▲ **그림 8.12** 1880년 이후 평균 연간 온도와의 차이. 가장 최근 10년 동안 기록상 가장 따뜻한 10년(가장 어두운 적색)이 발생했다. 새로운 월별 및 연간 기록 빈도가 증가하고 있다.
출처: Graph by NOAA Climate.gov, based on data from the National Climatic Data Center

치했다. 결론은 기후변화가 인간의 활동에 의한 것으로 관찰된 99%의 확실성이다. IPCC 웹 사이트(http://www.ipcc.ch)에서 수치 및 관련 문서와 함께 보고서를 볼 수 있다.

과학적 합의가 오랫동안 명확해졌지만, 몇몇 장소, 특히 미국에서는 과학과 관련이 없는 논쟁인 기후 증거에 관한 공개토론이 진행되고 있다. 대중적인 언론 평론가들과 일부 정치인들은 최근 기후 증거의 "믿음"이 증거가 보여주는 것에 대한 질문이 아니라, 정체성과 정치철학의 문제로 전환했다.

이 정치적 입장은 새로운 것이다. 1997년과 불과 5년만인 2002년에, 클린턴(Clinton) 행정부와 부시(George W. Bush) 대통령은 킬링(Charles Keeling)에게 대기 CO_2와 기후변화에 대한 연구로 훈장을 수여했다. 당시 두 주요 정당 모두 Keeling의 업적이 국가적 이익과 전 세계적으로 중요하다고 간주했다. 10년 후, 기후에 대한 견해는 두 정당 사이에서 양극화되는 정치문제가 되었다. 일부 해설자들은 변화에 대한 증거에 이의를 제기한 반면, 다른 해설자들은 데이터와 과학을 완전히 기각했다.

사회학자들은 이것이 과학과 관찰의 문제가 아니라, 집단의 정체성과 세계관의 문제라고 지적했다. 대부분의 사람들은 주위 사람들 또는 그들이 존경하는 사람들의 신념을 따르는 경향이 있다. 우리는 TV의 메시지를 포함하여 신뢰할 수 있는 인물이 반복해서 전송하는 메시지에 동의하는 경향이 있다. 과학의 불확실성이 화석연료 산업의 잘못된 정보 캠페인을 직접적으로 반영한다는 증거도 증가하고 있다. 이러한 견해의 대조는 유권자들이 자료와 과학적 과정에 대해 어느 정도 이해하고 있다는 것이 얼마나 중요한지를 상기시켜준다.

한편, 대부분의 미국 기업은 기후변화에 대한 계획을 세우고 있다. 오바마 대통령이 연방 정부 기관의 온실기체 배출량 감축에 관한 새로운 규칙을 발표했을 때, 수십 명의 주요 미국

능동적 학습 ACTIVE LEARNING

기후변화에 대한 주요 증거를 설명할 수 있는가?

기후과학자들은 많은 증거를 그래프로 제시하기 때문에, 그들이 보여주는 것을 확실히 이해하기 위해 잠시 생각할 가치가 있다. 다음은 두 가지 중요한 사례이다.

1. 그림 8.11에는 몇 년의 범위가 표시되는가?
2. 적색의 월별 CO_2 값은 왜 꾸불꾸불한가?
3. 조직 350.org(제16장)는 CO_2 농도가 350 ppm 미만으로 되돌아가야 한다는 권고에서 이름을 취했다. 우리는 언제 350 ppm을 초과했는가?
4. 과학 탐구 그림에서, 그래프에 표시된 연도 범위는 얼마인가?
5. 분홍색과 파란색 음영 영역은 무엇을 나타내는가?
6. 분홍색과 파란색 영역이 단순한 추세선이 아닌 이유는 무엇인가?
7. 관측치(검은 선)가 분홍색 영역에 부합할 때 무엇을 알려주는지 설명하시오.

답변: 1. 1958~2018 2. 본문에서 볼 수 있듯이 북반구 여름에는 식물 성장으로 인해 CO_2가 감소한다. 3. 1988; 4. 1910~2010; 5. 모델은 사람의 영향과 함께 또는 영향 없이 실행된다. 6. 모델마다 결과가 다르기 때문에, 음영 처리된 영역은 불확실성을 보여준다. 7. 인위적 요인을 포함한 모델만이 관찰된 패턴을 설명한다. 따라서 인위적인 요인은 관측된 기후변화를 설명한다.

계약자들이 즉시 기후변화를 평가하고 줄이기 위한 계획을 제시했다. 특히 보험회사는 오랫동안 기후과학에 세심한 주의를 기울였다. 폭풍, 농작물 손실, 산불 및 기타 기후 관련 사건과 관련된 클레임 비용 상승은 수익에 실질적인 위협이 된다. 그러나 기후과학과 과학 일반에 대한 최근의 행정 거부는 사업계에 혼란을 야기했다.

상승하는 열파, 해수면 및 폭풍이 예상된다

IPCC의 평가 보고서는 온실기체의 예상 배출량에 대한 다양한 기후 시나리오를 제시한다. 각 시나리오에 대해 IPCC는 2000년부터 시작하여 미래의 배출량을 모델링했다. 시나리오는 예상 인구증가, 경제성장, 에너지 절약 및 효율성, 온실기체 제어(또는 결여) 채택에 따라 차이가 있다. 다른 시나리오는 2100년까지 20세기 말의 온도와 비교하여 1~6°C (2~11°F)의 온도가 상승할 것으로 예상한다(그림 8.13).

IPCC에 따르면, 온도 상승에 대한 "최상의 추정치"는 이제 약 2~4°C (약 3~8°F)이다. 4°C의 변화는 현재와 마지막 빙하기의 중간 사이의 지구 온도의 차이인 약 5°C 더 시원했던 것보다 약간 적다.

2007년 4차 평가보고서 이후의 관찰 결과는 모든 IPCC 시나리오가 너무 보수적이라는 것을 보여준다. 온실기체 배출, 온도, 해수면 및 에너지 사용은 최악의 IPCC 예상보다 빠르게 가속화되었다. 2007년에 17~57 cm (7~23인치)로 추정했던 해수면 상승은 이제 2100년까지 1~2 m (3~6피트)에 도달할 것으로 예상된다.

최근에 극지 빙상과 그린란드 빙하가 빠르게 녹으면 이 변

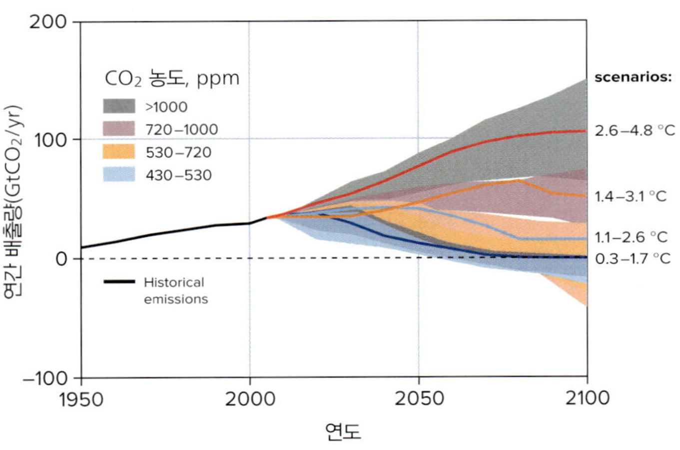

▲ **그림 8.13** 2100년까지 온도범위가 다른 4가지 기후변화 시나리오에서 연간 인위적 CO_2 배출. 0.3~1.7°C 시나리오는 적극적이고 빠른 온실기체(GHG; Green House Gas) 감축을 포함한다. 2.6~4.8°C 시나리오는 평소대로인 경우를 나타낸다. 각 시나리오와 관련된 가능한 CO_2 농도 범위가 표시된다.
출처: IPCC 2013, AR5 Working Group 1 SPM fig. SPM.5

▲ **그림 8.14** 2100년까지 변화하리라고 생각되는 해수면 1 m(3 ft) 상승에 따른 육지표면의 대략적인 변화. 아무런 조치도 취하지 않으면 해수면 변화가 2m 이상일 수 있다.

화는 여전히 더 높아질 것이다. 그린란드의 빙상이 완전히 녹으면 해수면이 6 m 이상 높아진다(거의 20피트). 이것은 플로리다의 대부분, 걸프 코스트의 넓은 지역, 대부분의 맨해튼 섬, 상하이, 홍콩, 도쿄, 콜카타, 뭄바이 및 세계에서 가장 큰 다른 도시의 3분의 2를 범람할 것이다(그림 8.14).

티핑 포인트(tipping point; 역치)는 많은 기후과학자들에게 우려이다. 향후 수십 년 동안 배출량을 통제하지 않으면 영구 동토층의 용해, 그린란드의 만년설 상실 및 기타 요인으로 인해 귀환불능 지점을 통과할 것으로 예상된다.

미군은 지구온난화에 대해 우려하고 있다. 2007년 미군 자문위원회는 "기후변화, 국가안보 및 에너지 의존은 세계의 안정된 지역에서도 긴장을 유발할 수 있는 일련의 세계적인 도전 과제"라고 말했다. 일부 인도주의적 원조기관은 최근 소말리아의 수단 남부와 시리아의 내전과 기근의 원인으로 특이한 가뭄을 지적하고 있다. 이러한 위기는 수년간의 평균 강우량과 사막화로 이어진 날씨 패턴의 변화로 인한 가뭄과 식량부족에 기인한다. 지구 기후변화는 많은 지역에서 수백만의 난민 및 비극적인 고통과 함께 더 많은 분쟁을 초래할 수 있다.

정책 입안자들은 해결책을 찾는데 거의 진전이 없었다. 기후 제어는 다른 사람이 자신의 희생으로 혜택을 볼 수 있다는 두려움에 대해 조치를 취하고 싶어 하지 않는 전형적인 무임승차 문제이다.

일부 정책 입안자들이 제안한 만큼 희생이 커져야 하는가? 증거에 의하면 그렇지 않다. 점점 더 많은 경제학자들은 우리의 에너지 전략을 석탄(우리의 가장 큰 온실기체 및 기타 오염물질 배출원)에서 풍력, 태양광 및 더 높은 효율로 바꾸면 수백만 개의 새로운 일자리를 창출하고 석탄 연소와 관련된 건강관리 비용을 수십억 달러 절약할 수 있다고 지적한다.

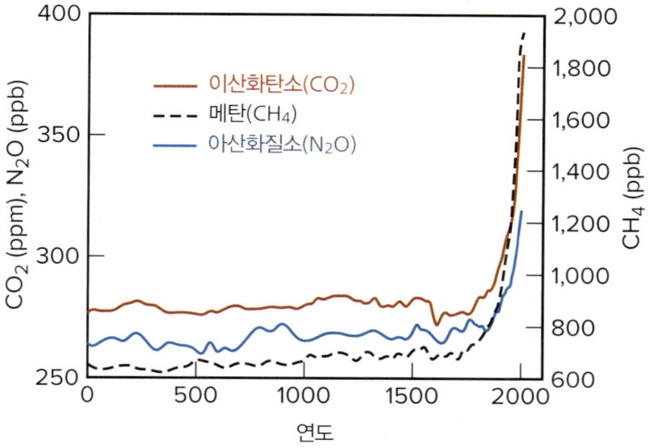

▲ **그림 8.15** 약 1750년에 산업화가 시작된 이후 메탄(CH_4, 검은색) 및 아산화질소(N_2O, 파랑)는 CO_2(빨간색)와 함께 증가했다. 농도는 백만 분율(ppm) 및 십억 분율(ppb)로 표시된다.

주요 온실기체는 CO_2, CH_4 및 N_2O이다

산업화 이전의 CO_2, 메탄(CH_4) 및 아산화질소(N_2O)의 대기 농도는 각각 31%, 151% 및 17% 이상 증가했다(그림 8.15). 이산화탄소는 풍부하고 대기권에서 수십 년 또는 수세기 동안 지속되기 때문에 이들 중 가장 중요하다(그림 8.16a). 이산화탄소는 온실기체의 약 80%를 구성한다. 화석연료 연소는 매년 방출되는 40 Gt (400억 톤)의 CO_2를 생산한다. 다른 주요 발생원은 산림 연소 및 기타 토지이용 영향이다. 약 4 Gt은 식물에 의해 흡수되고 3 Gt은 해양에 흡수된다. 현재의 추세가 계속된다면 21세기 말까지 CO_2 농도는 약 500 ppm (산업혁명 전 수준인 280 ppm의 두 배에 근접)에 도달할 수 있다.

메탄(CH_4)은 CO_2보다 훨씬 덜 풍부하지만 분자 당 훨씬 더 많은 적외선 에너지를 흡수하고 대기 중에 CO_2보다 약 2배 빠르게 축적된다. 메탄은 특히 물에서 산소 없이 유기물이 붕괴되는 모든 곳에서 생산될 수 있다. 주로 CH_4인 천연가스는 고대 유기 물질에서 유래한다. 메탄은 반추동물, 습식 벼논, 탄광, 매립지, 수압파쇄(fracking) 및 송유관 누출로 인해 방출된다.

보통 청정 전력공급원으로 장려되는 수력발전을 위한 저수지는 침수되어 부패하는 식생을 포획하기 때문에 메탄의 중요한 공급원이다. 브라질 국립 아마존 연구소(National Institute for Amazon Research)의 생태학자인 펀사이드(Philip Fearnside)는 파라(Para) 지방의 쿠라우나(Cura-Una) 댐 뒤의 저수지에서 부패하는 식생이 매년 많은 양의 이산화탄소와 메탄을 방출하여 화석연료를 연소시켜, 같은 양의 에너지를 생성할 때와 비교하여 지구온난화의 3배 반을 야기한다고 계산한다. 열대 댐은 전 세계 CH_4 배출량의 약 3%를 생산한다.

아산화질소(N_2O)는 주로 내연기관의 열이 존재하는 경우 대기 중 N과 O 사이의 화학반응에 의해 생성된다. 다른 발생원은 유기물의 연소와 토양미생물 활동이다.

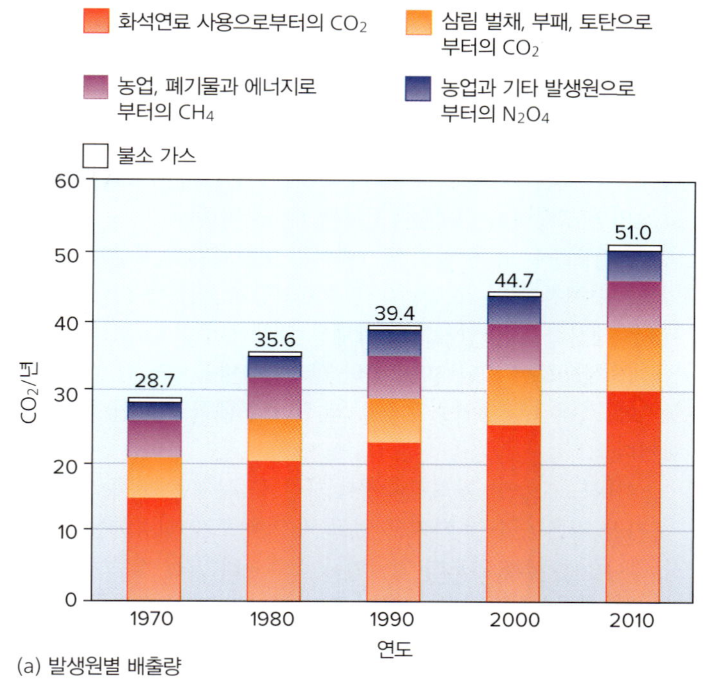

(a) 발생원별 배출량

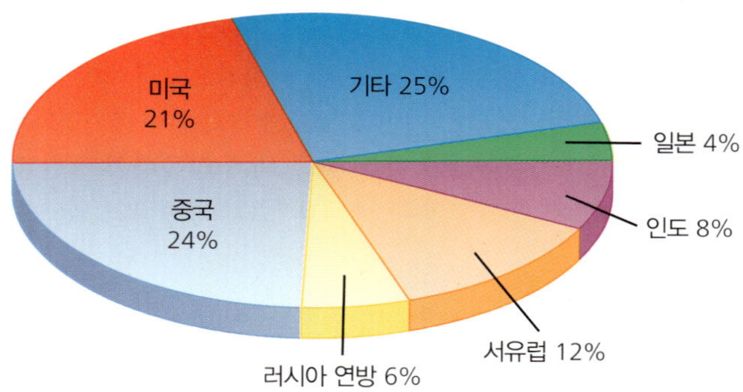

(b) 국가별 배출량

▲ **그림 8.16** (a) 다양한 가스 및 활동에 의한 지구온난화 (b) 국가별 이산화탄소 배출량
출처: IPCC.

클로로플루오르카본(CFC) 및 불소를 함유한 다른 기체들도 에너지를 포획한다(그림 9.10 참조). 많은 사용이 금지된 이후 선진국의 CFC 출시는 감소했지만 중국과 인도와 같은 개발도상국의 생산량 증가는 여전히 문제가 되고 있다. 불소기체와 N_2O는 인간이 야기한 지구온난화의 약 17%를 차지한다(그림 8.16a).

세계 인구의 5% 미만인 미국은 전 세계 CO_2 배출량의 1/4 이상을 방출한다. 2007년 중국은 총 CO_2 배출량으로는 미국을 추월했지만(그림 8.16b), 중국의 1인당 배출량은 미국의 5분의 1 미만이다. 1인당 1톤의 CO_2를 사용하는 인도는 미국의 20분의 1에 불과하다. 중동의 토후국과 같이 석유가 풍부한 국가는 1인당 CO_2 배출량이 가장 높다. 예를 들어, 카타르는 호주보다

1인당 3배 이상의 CO_2를 생산한다. 그러나 이들 국가는 규모가 작기 때문에 전반적인 영향은 상대적으로 적다. 1인당 더 큰 배출국을 조사하려면 4장, 핵심 개념을 참조하시오.

대조적으로 아프리카는 1인당 연간 겨우 1톤 이상의 이산화탄소를 생산한다. 세계에서 가장 낮은 배출량은 차드(Chad)로, 1인당 생산량은 미국의 1천분의 1에 불과하다.

생활수준이 높은 일부 국가에서는 이산화탄소 배출량이 거의 없다. 예를 들어, 스웨덴은 연간 1인당 6.5톤, 즉 미국의 약 1/3을 생산한다. 놀랍게도 스웨덴은 재생에너지 및 보존 조치를 채택함으로써 지난 30년 동안 탄소배출량을 40%나 줄였다. 동시에 스웨덴은 개인소득과 삶의 질 측정에서 극적인 증가를 보였다.

아마도 오늘날 환경과학에서 가장 큰 문제는 현재 세계에서 가장 많은 인구를 가지고 있고 가장 빠르게 성장하는 경제 중 하나인 중국과 인도가 미국이나 스웨덴의 발전 경로를 따를지 여부이다. 중국의 풍요 증가로 인해 에너지 수요가 급격히 증가하고 있으며, 그 대부분은 석탄에서 나온다. 중국은 국내외 석탄에 막대한 투자를 계속하고 있다. 중국의 또 다른 큰 CO_2 발생원은 화석연료를 사용하고 생산에 사용되는 석회석에서 CO_2를 방출하는 시멘트 생산이다. 전 세계적으로 시멘트 제조는 모든 CO_2 배출량의 4%를 차지한다. 세계최대의 건축경기에 의해 자극받은 중국 시멘트회사는 이제 세계 공급량의 절반 이상을 생산하며, 이 공장은 중국의 국내 CO_2 배출량의 약 12%를 생산한다.

메탄 배출량을 크게 과소평가한다

우리는 일반적으로 얼마나 많은 연료가 판매 및 연소되는지에 대한 기록에서 석탄, 석유 및 천연가스의 배출량을 계산한다. 그러나 최근의 연구는 그것이 정확한 측정인지를 묻기 시작했다. 우발적인 누출은 어떠한가? 특히, 수압파쇄에는 기반암의 고압파쇄가 수반되며, 이는 또한 유정 케이싱을 약화시킨다. 수압파쇄 유정 케이싱의 약 5%가 즉시 누출되며, 가용한 몇 가지 연구에 따르면 수 년 내에 대부분 누출되는 것으로 나타났다. 밸브, 펌프장, 결빙으로 균열된 공급라인 및 공급망의 다른 부분(일반적으로 비산배출)에서 발생하는 가스누출은 일반적이지만, 얼마나 보편적인지는 잘 알려져 있지 않다.

가스의 약 1~5%가 비산 배출로 빠져 나간다고 추정한다. 이는 별로 많지 않은 것 같지만, 온실기체 계산을 크게 변경시킨다. 1 kg의 메탄은 20년 동안 1 kg의 CO_2보다 86배 많은 에너지를 흡수한다(그 후 대부분의 메탄이 다른 분자로 분해됨). 코넬대학은 천연가스 공급에서 비산 배출이 고려된다면, 계산된 온실기체 배출량은 214,000톤에서 820,000톤까지로 CO_2의 등가치의 3배 이상일 것으로 추정했다(그림 8.17).

석유 및 가스 산업은 거의 모든 비산 배출을 담당한다. 매

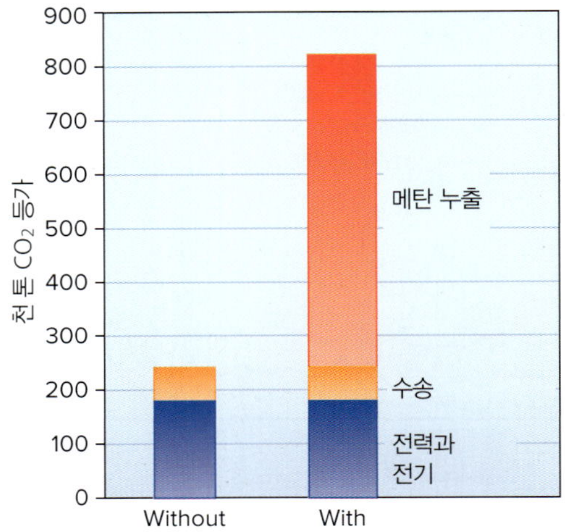

▲ **그림 8.17** 코넬대학은 대학에서 구입한 가스 생산에서 메탄 누출이 있거나 없는 경우의 온실기체 명세를 다시 계산했다. 생산단계의 비산 배출을 계산하면 코넬의 GHG 수치의 3배 이상 증가한다. 이 계산은 배출을 줄이기 위해 필요하다.

설된 송유관과 수천 개의 밸브를 고치는 것은 비용이 많이 들지만, 국제 에너지기구(International Energy Agency)는 비용 효율적인 누출(포집된 가스를 판매함으로써 스스로 지불할 수 있는 누출)만 수리해도 전 세계적으로 연간 약 760만 톤의 메탄 누출을 방지할 것이라고 계산한다. 이러한 누출은 전체 유럽연합의 CO_2 배출량의 거의 47배에 해당한다.

메탄 제어는 기후변화를 늦추는 가장 비용 효율적이고 빠른 방법 중 하나이다. 이러한 이유로 오바마 행정부는 메탄 누출 통제를 요구하는 정책을 펼쳤다. 그러나 트럼프 행정부는 가장 초기 조치 중 하나로 이러한 법을 폐기했다. 메탄 제어가 언제, 또는 얼마나 빨리 시행되는지는 두고 봐야 한다. 더 많은 GHG 계산 프로젝트에서 비산 배출에 대한 더 나은 계산은 이 문제에 대하여 회사와 정책 입안자들에게 압력을 가할 것이다.

2°는 어떤 모습인가?

기후과학자들은 기후변화의 최악의 영향을 피하기 위해 기후를 2°C 미만으로 유지하는 것이 훨씬 바람직하다고 보고한다. 이미 문명이 시작된 이래로 우리는 이미 기후를 거의 1도 정도 따뜻하게 하여 수천 년 전보다 기온을 높였다. 에너지 사용, 토지 사용 변화 및 탄소 배출에 대한 평소와 같은 관행에 따라 예상되는 온난화는 불균등하게 분배된다(그림 8.18a). 온난화는 북극에서 가장 컸을 것이다. 그러나 미국 중서부나 시베리아 중앙과 같은 넓은 대륙 내부 지역도 평균 이상으로 따뜻해질 것이다. 현재, 우리는 정책 입안자들이 달성하고자 하는 "안전한" 한계를 훨씬 뛰어 넘는 평균 2.5~5도의 온난화(그림 8.13 참조)를 향한 궤도에 있다. 우리가 평균 2도의 온난화를 유지하더라도 극적인 효과가 예상된다. 그 영향은 무엇인가?

가뭄은 더 흔해지고 더 심해질 것이다. 더워진 온도와 길어

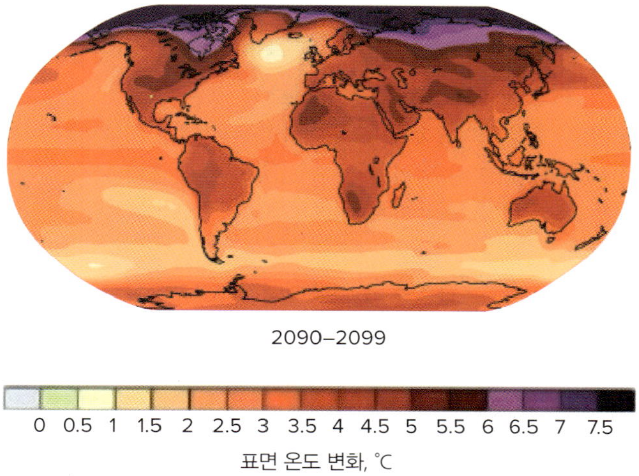

(a) 새로운 에너지 기술의 빠른 채택, 화석연료 사용 감소 및 2050년 이후 인구 감소에도 불구하고 보수적인 시나리오에서도 표면 온도가 급격히 상승할 것으로 예상된다.

(b) 가뭄의 확대는 물 부족을 악화시키고 더 많은 기후 난민을 추방할 것으로 예상된다.
출처: ©John/123RF

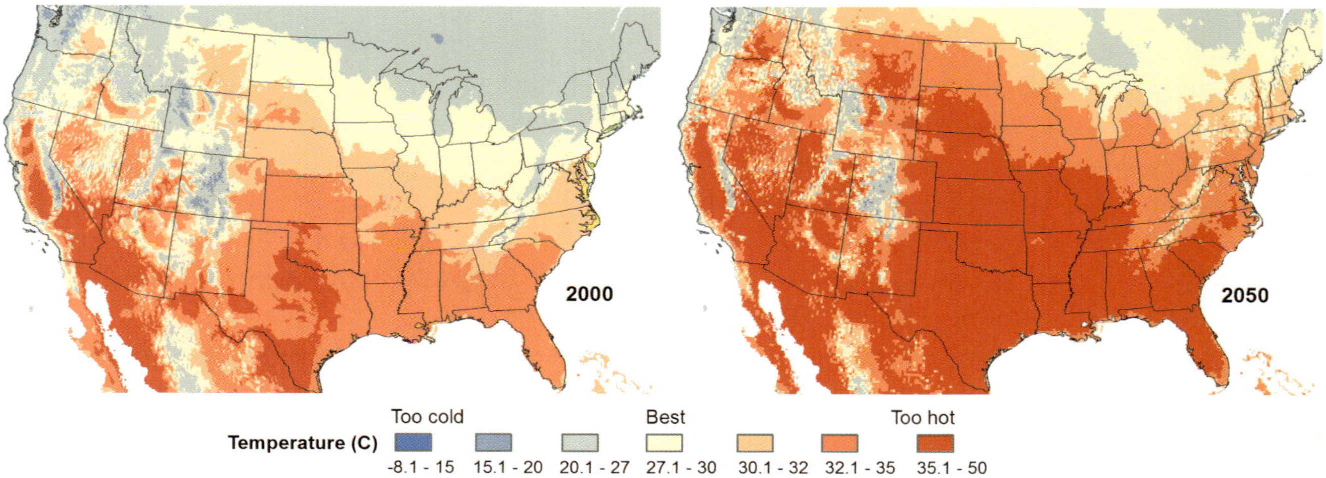

(c) 옥수수와 같은 주요 작물의 성장에 적합한 여름 온도는 북쪽으로 이동한다. 7월 최대 온도(2000±10년 및 2050±10년 평균)가 표시된다.
출처: Data from CCAFS (Climate Change, Agriculture and Food Security), CMIP5 and WorldClim climate models, RCP 8.5

(d) 해수면을 6m 높이기에 충분한 물을 함유한 그린란드 빙상이 빠른 속도로 녹고 있다.
출처: ©Curioso Photography/123RF

(e) 전 세계적으로 빙하 의존 종이 감소하고 있다.
출처: ©nickdale/123RF

▲ **그림 8.18** 기후변화의 주요 결과 중 일부

진 더운 계절은 증발과 식물의 증산을 증가시켜, 강수가 감소하지 않더라도 토양과 식생이 건조해진다. 이미 가뭄이 심화되고 있다. 예를 들어, 아프리카에서는 가뭄이 1970년 이래 약 30% 증가했다(그림 8.18b).

기후 난민이 증가할 것이다. 셀 수 없이 많은 난민들이 아프리카와 중동 전역에서 가뭄에 시달리는 농지를 탈출했다. 시리아에서의 지속적인 분쟁과 난민 정착과 관련된 전 세계 이주와 정치적 위기는 (농업정책이 잘못되어 악화된) 이 지역 전체의 농업경제 붕괴에 크게 비난을 받아왔다. 원조 기관은 더 많은 온난화로 이주민의 수가 증가할 것이라고 확신한다.

해수면 상승은 기후 난민의 또 다른 원천이 될 것이다. 약 10억 명의 사람들이 현재 해안 또는 위험에 처한 비옥한 해안 평야에 살고 있다. 2017년에 수백만 명이 전쟁과 기근을 피하려고 했던 위기에 대해 생각해보라. 수억 명의 사람들이 집을 떠나 더 높은 땅을 찾아야 하는 경우 어떤 영향이 있는가? 이민에 반대하는 민족주의 정당들은 이미 많은 국가에서 정치적 상황을 변화시키고 있다. 이주가 수백 배 증가하면 발생할 정치적, 경제적 결과는 무엇인가?

열파로 인한 사망자가 더 흔해질 것이다. 열파 사망은 특히 열병을 피할 수 있는 선택권이 없는 저소득층 인구와 환자 또는 노인에게 특히 그렇다. 2003년 유럽 전역에서 드문 열파로 35,000명이 사망한 것으로 나타났으며, 공중보건 당국자들은 이러한 사건이 더 자주 발생할 것을 우려하고 있다.

산불이 증가할 것이다. 이미 미국 산림청은 산불의 정도가 40년 전보다 3배 이상 증가했다고 보고했지만(그림 6.12 참조), 화재 기간은 몇 개월 더 오래 지속된다. 국가 연구위원회는 1.8°C의 온도상승으로 인해 연소된 지역이 4배 증가할 것으로 보고 있다. 더 온난화되면 미국 산림의 대부분이 관목이나 초원으로 전환될 수 있다.

식량생산은 가뭄뿐만 아니라 고온에 의해 위협받는다. 전통적인 농업지역은 주로 평균 성장기 온도가 식물성장 및 번식에 적합한 곳에서 발생한다. 이미 많은 전통적인 농업지역에서 작물생산을 신뢰할 수 없다. 가장 큰 상품 작물을 생산하는 미국 옥수수 지대는 특히 위협받고 있다. 온난화되는 기후는 해안보다 넓은 대륙의 중간 부분을 더 빨리 가열하기 때문이다(그림 8.18c).

질병의 범위가 확대될 가능성이 있다. 지금까지 지카(Zika) 바이러스, 황열병 또는 말라리아를 운반하는 모기와 같은 대부분의 질병 매개자의 확산은 새로운 온난한 기후 범위로 확장되었다. 이 종들은 기후온난화로 새로 서식할 수 있는 범위를 찾을 수 있다.

허리케인과 극한의 날씨가 더 격심할 것이다. 대기에서 더 많은 에너지를 보유하면 폭풍, 극심한 강우, 강설량 및 허리케인 빈도를 포함하여 더 활발한 순환이 이루어지므로 폭풍은 더 강해지고 피해가 크게 된다. 보험회사는 더 큰 재난 비용에 대해 계획하면서 폭풍 적용을 없애고 보험료를 인상하고 있다.

수온이 30°C (85°F) 이상으로 상승함에 따라 전 세계 산호초는 표백되고 있다(백화현상; 산호초가 생존을 위해 의존하는 다채로운 조류를 잃음). 해양 생태학자들은 해양 온난화가 이미 오염과 남획에 의해 위협받는 산호초와 그들이 지원하는 어업과 생태계에 대한 최종 타격이 될 것이라고 우려하고 있다.

해양은 대기에서 CO_2를 흡수함에 따라 더욱 산성화되고 있다. 이 흡수는 온난화를 늦추지만, 산성도는 탄산칼슘을 용해시켜 연체동물이 껍질이 자라거나 산호가 암초를 만들기 어렵게 만든다. 온실기체 배출량을 즉시 줄이더라도 저장된 열을 소산시키는데 몇 세기가 걸릴 것이다.

세계의 빙하가 사라지고 있다. 그린란드는 1960년의 평균 순 손실인 0에 비교하여, 어떤 해에는 약 270억 톤의 속도로 빙하를 잃고 있다. 그린란드의 만년설은 해수면을 약 6 m (20피트) 정도 높이기에 충분한 물을 보유하고 있기 때문에, 기후과학자들은 가속되는 상실을 면밀하게 관찰한다. 북극 해빙은 30년 전보다 두께가 절반도 안 되고 면적도 절반 정도밖에 되지 않으며, 이는 극 근처에서 극도의 온난화(그림 8.18a)의 결과이면서 또한 추가적인 온난화의 원인이 된다. 빙하 서식지가 사라짐에 따라 바다표범, 해마, 북극곰과 같은 빙하에 의존하는 종의 개체 수는 감소했다. 남극 대륙의 빙붕(ice shelf)은 부서지고 떨어져 나가고 있다. 빙붕이 녹으면서 지난 50년 동안 황제펭귄과 아델리(Adélie)펭귄의 개체군은 절반으로 줄었다(그림 8.18e).

이러한 모든 변화의 경제적 비용은 세계 GDP의 5~20%에 이를 것으로 예상된다. 이것은 배출량을 줄이는 비용보다 훨씬 크다.

이러한 위협은 끔찍하지만, 그나마 좋은 소식은 대부분의 기술을 보유하고 있으며, 이러한 추세를 변화시켜야 하는 정책의 필요성에 대한 이해가 점점 더 높아지고 있다는 것이다. 그러나 문제는 우리가 그것들을 사용할 것을 선택하는지의 여부이다.

빙하의 손실은 양의 피드백을 생성한다

기후과학자들은 북극해의 여름 바다 얼음이 약 절반 정도 얇아지고 줄어들었다고 경고한다. 늦여름 북극의 얼음은 2030년 또는 그 이전에 완전히 사라질 수 있다. 왜 우리에게 이 문제가 중요한가? 해빙은 다량의 입사되는 태양에너지를 반사하기 때문이다. 신선한 눈처럼 얼음의 알베도는 80~90%이다(표 8.1). 즉, 햇빛이 수면에 닿는 각도에 따라 얼음은 대부분의 들어오는 햇빛을 반사하고, 반면에 물은 들어오는 에너지의 5% 정도만 반사한다. 흡수된 에너지는 북극해를 데운다. 물이 천천히 가열되고 냉각되기 때문에, 그 열은 육지나 대기에서보다 훨씬 오래 바다에 남아 있다.

얼음이 녹으면 강한 양의 되먹임 효과가 있다. 얼음이 녹으면 노출된 물이 에너지를 흡수하고 따뜻해진다. 따뜻한 물은 가을까지 오랫동안 열을 유지하여, 겨울 동안 형성되는 새로운 얼음을 줄인다. 얇고 덜 넓은 얼음은 봄에 빠르게 녹아 다음 여름에 더 따뜻해지므로 열 흡수가 더욱 증가한다(그림 8.19).

온난하고 얼음이 없는 북극해는 전 세계 온난화에 기여한다. 따뜻한 북극은 방대한 양의 따뜻한 물을 공급할 뿐만 아니라, 시베리아와 캐나다에서 육지의 온난화를 가속화한다. 캐나다와 시베리아에서 녹는 영구동토는 CH_4와 CO_2를 방출하여 또 다른 양의 되먹임을 만든다.

빙하가 없는 북극은 해양순환에 영향을 미쳐 담수의 저밀도 물이 열염분순환을 방해한다(그림 8.6 참조). 따뜻한 북극은 생태계를 변화시킨다. 북극곰, 해마, 물개 및 대부분의 다른 북극 포유류는 얼음에서 살고 사냥하기에 적합하다. 얼음 아래에서 자라는 조류와 플랑크톤은 종종 생태계의 기초이다. 한류 어류는 난류 어류로 대체되며, 조류는 먹이를 먹을 수 있는 적합한 장소에서 적절한 어류를 찾지 못할 수 있다.

북극 해안은 겨울 폭풍, 격렬한 파도 및 폭풍 해일, 해수 범람에 노출될 때 빠르게 침식된다. 시베리아의 일부는 매년 40 m의 속도로 침식되고 있으며, 해안 마을과 인프라의 손상은 심각했다.

기후변화는 기후 보호보다 훨씬 비싸다

기후변화의 재정비용은 엄청나다. 트러스트(Pew Trust)의 2010년 연구에 따르면, 기후변화는 경제적 할인율 및 기타 요인이 계산되는 방식에 따라 2100년까지 $5~90조 사이가 될 것으로 예상된다. 평가된 비용에는 가뭄으로 인한 농업생산성 손실, 홍수 및 폭풍으로 인한 기반시설 손상, 생물학적 생산성 손실, 열스트레스로 인한 건강 비용 및 식수 및 관개를 위해 융설(눈 녹음)에 의존하는 수십억 명의 사람들에게 물 공급 손실과 같은 요인이 포함되었다.

영국 정부를 대신하여 발표된 연구에서 전 세계 은행의 수석경제학자인 스턴 경(Sir Nicholas Stern)은 기후변화의 누적 비용이 연간 전 세계 국내총생산(GDP)의 5~20%에 해당한다고 추정했다.

반면 Stern 보고서는 기후변화로 인한 최악의 영향을 피하기 위해 온실기체 배출량을 줄이기 위해 필요한 비용은 세계 GDP의 약 1%에 불과한 것으로 추정했다. IPCC는 세계 기후를 안정시키는데 필요한 연간 2%의 탄소 배출량을 줄이기 위한 연간 세계 GDP의 0.12%에 불과한 비용이 훨씬 적게 든다고 밝혔다.

많은 사람들에게 지구 기후변화는 도덕적이고 윤리적인 문제이며 실제적인 문제이다. 종교 지도자들은 과학자들과 비즈니스 리더들과 함께 온실기체 배출을 줄이기 위한 조치를 위해 캠페인을 벌이고 있다. 궁극적으로 지구 온난화로 가장 고통 받는 사람들은 문제에 가장 적게 기여한 아프리카, 아시아 및 라틴아메리카에서 가장 가난한 사람들이다. 세대 간 형평성에 관한 문제도 있다. 향후 10~20년 사이에 우리가 취하거나 취하지 않는 행동은 금세기 후반과 다음 세기에 사는 사람들에게 중대한 영향을 미칠 것이다. 우리는 자녀와 손자에게 어떤 세상을

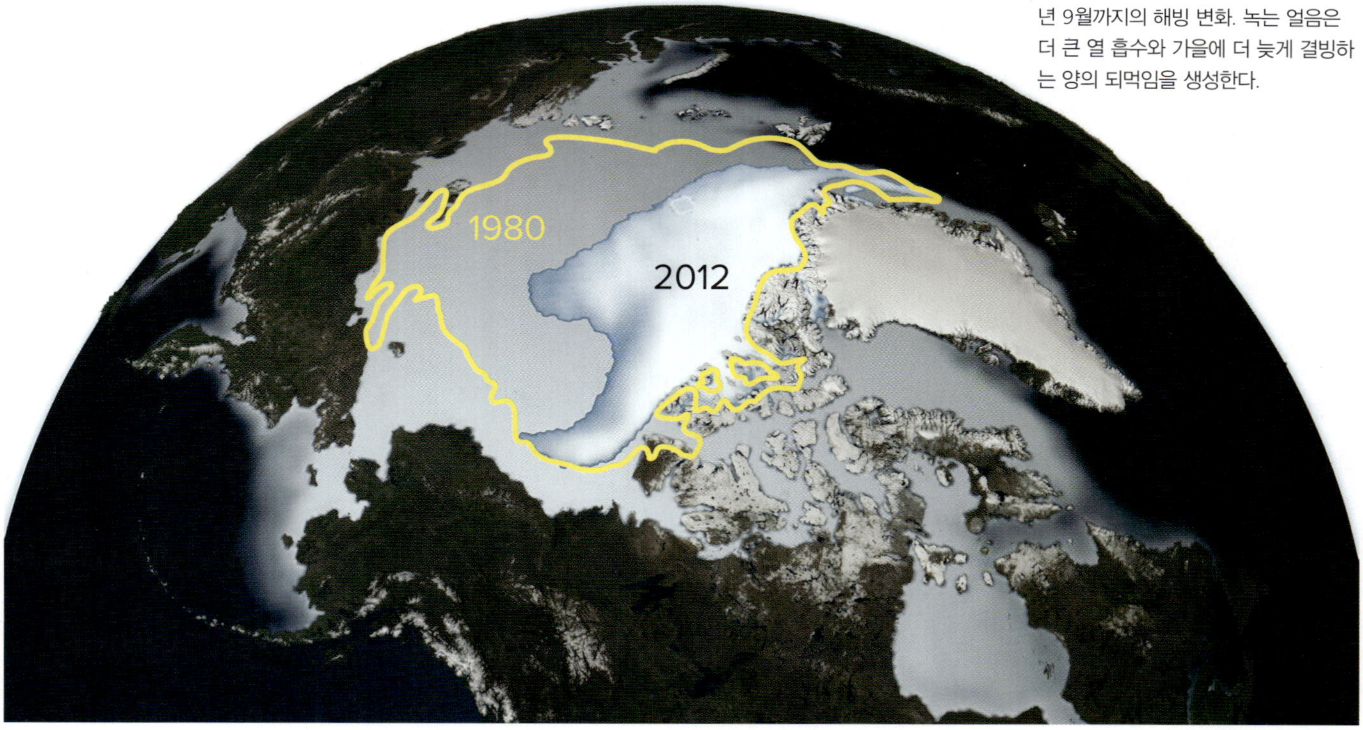

▼ **그림 8.19** 1980년 9월에서 2012년 9월까지의 해빙 변화. 녹는 얼음은 더 큰 열 흡수와 가을에 더 늦게 결빙하는 양의 되먹임을 생성한다.

기후변화 요약: 어떻게 작동하는가?

온실효과는 지구 대기의 가열을 나타낸다. 유리 온실과 비슷하게 우리의 대기는 태양의 가시광선 에너지에 투명하게 보이지만, 대기의 기체는 지구에서 방출되는 장파장 적외선 에너지를 차단한다. 특정 **온실기체**(greenhouse gas), 특히 H_2O, CO_2, CH_4 및 N_2O는 적외선 파장을 차단하여 그 에너지를 대기 중에 유지한다(오른쪽 그림 참조). 일반적으로 이 "온실효과"는 평균 지구 온도가 생명을 유지하기에 충분히 따뜻하게 유지한다. 이러한 기체의 농도가 높을수록 대기에 보유되는 열의 양이 증가한다.

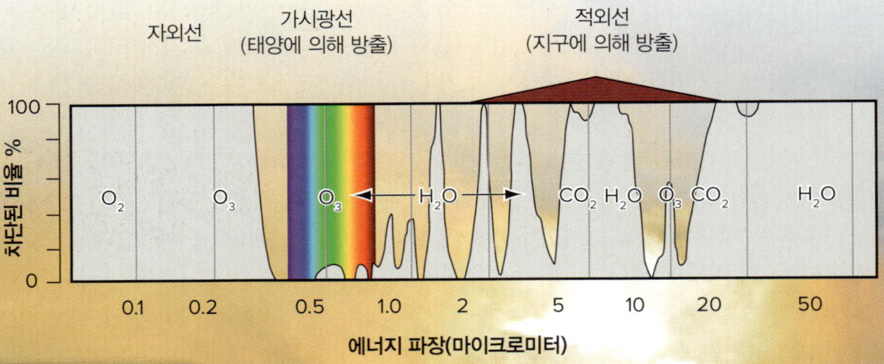

▲ 다른 분자는 다른 파장을 차단한다. CO_2와 H_2O는 특히 적외선 에너지가 대기를 빠져나가는 것을 방지한다.

온실기체는 무엇인가?

온실기체(Greenhouses gases; GHGs)는 대기에서 탈출하여 우주로의 장파 에너지를 차단하는 분자이다. 수증기는 우리의 가장 풍부한 온실기체이지만, 인간 활동은 다른 온실기체만큼 대기 중의 수증기 변화를 일으키지 않았다. 1800년경 산업화가 시작된 이래로 인류는 CO_2, CH_4, N_2O 및 기타 기체를 급격히 증가시켰다. 이러한 기체는 자연적으로 지구를 따뜻하게 유지하지만 최근의 온실기체 증가는 경제와 자원 사용을 불안정하게하기에 충분히 지구를 따뜻하게 한다.

기체	% 기후 강화 *
이산화탄소(CO_2)	60%
메탄(CH_4)	20%
아산화질소(N_2O)	10%
에어로졸, 기타 기체	10%

* 인위적 변화의 백분율은 (1) 방출량, (2) 에너지 포집 효과, (3) 대기에서의 지속성에 따라 변화한다.

온실기체는 어디에서 왔는가?

화석연료 연소는 온실기체 배출량의 약 60%를 차지하고, 삼림벌채(17%)와 산업 및 농업 N_2O (14%)가 뒤따른다. 수압파쇄, 논, 반추동물 및 열대 댐은 CH_4 (배출량의 9%)를 생산한다.

(KC 9.2) ©Vladimir Salman/123RF
(KC 9.3) ©Aleksandr Prokopenko/123RF
(KC 9.4) ©Yotrak Butda/123RF
(KC 9.5) ©oticki/123RF
(KC 9.6) ©Akhararat Wathanasing/123RF
(KC 9.7) ©tomas1111/123RF
(KC 9.8) ©Syed Adib Roslim/123RF
(KC 9.10) ©McGraw-Hill Education/Barry Barker, photographer

최근의 기후변화가 인간의 활동에 의해 발생한다는 것을 어떻게 알 수 있는가?

IPCC 모델은 관측된 온도 추세(검은 색 선)가 인간이 유발한 요인 없이 작성된 수학적 모델에 맞지 않음을 나타낸다(파란색 음영 영역은 모델의 예측 범위를 나타냄). 관찰된 경향은 화석연료 사용 및 산림개간(분홍색 음영 처리된 영역)과 같은 요소로 구축된 모델에 적합하다. ▶

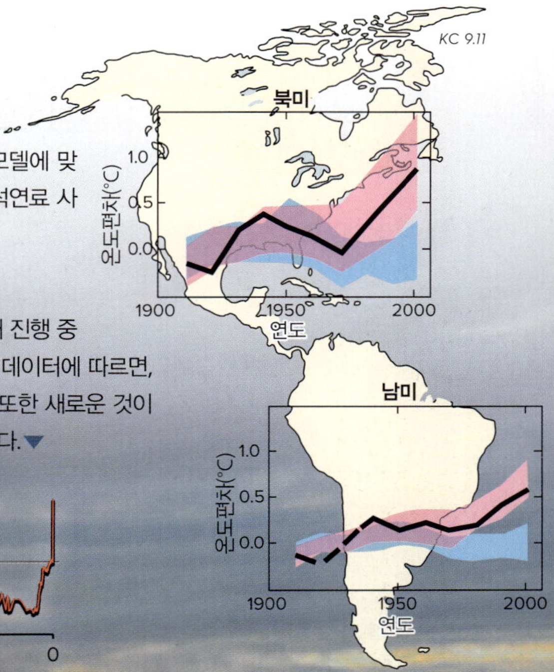

지질 시대에 기후가 변하지 않았는가?

기후 조건은 항상 바뀌었지만, 문명이 시작된 이래로 지금보다 훨씬 느리게 변해왔다. 현재 진행 중인 과정은 최소 80만 년 동안 발생한 것보다 2100년까지 더 높은 온도로 설정된다. 빙핵 데이터에 따르면, 현재 CO_2 농도는 지난 80만 년 중 어느 때보다 약 30% 더 높다. 현재 기후변화의 속도 또한 새로운 것이다. 지금 일어나고 있는 100년 동안의 변화는 빙하기 말에는 800년에서 5,000년이 걸렸다.▼

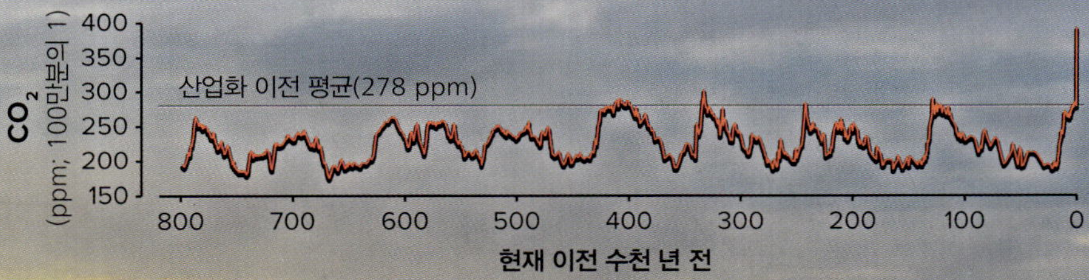

KC 9.12

어떤 효과가 관찰되고 예상되는가?

사라지는 얼음(Disappearing ice): 기후를 안정화시키는 북극 얼음은 여름에 거의 절반으로 줄었다. 미국 서부의 약 75%와 아시아의 10억 명에게 물을 공급하는 산악 빙하와 눈이 전 세계적으로 사라지고 있다.

산불과 해충(Wildfire and pests): 기생생물의 팽창으로 인한 화재 빈도와 심각성이 증가하여 생태계 변화와 심지어 인간의 사망률을 초래하고 있다.

이른 봄(Early spring): 따뜻한 날씨의 이른 시작으로 조기 개화, 이동 및 더운 여름이 초래되었다.

해수면 상승(Rising sea level): 우리는 약 0.5 m 상승에 직면했다. 그러나 신속한 CO_2 감축이 없다면 곧 2 m 이상에 직면할 수 있다.

더 많은 폭풍(More storms): 더 활발한 대기 순환은 더 많은 대형폭풍을 초래할 것이다. 미국 동부 지역의 폭우와 폭설은 이미 명백해졌다.

기후변화 누적 비용(Cumulative costs of climate change): 2100년까지 기반시설 손상, 재산가치 상실, 건강 비용은 \$5~90조*

* Pew 환경 그룹, 2010.

관찰된 변화가 모델 예측보다 크다.

관찰된 온실기체 배출량(검은 선)은 모든 IPCC의 예상 시나리오(채색 선)보다 빠르게 가속화되었다. 따라서 온도와 해수면의 변화가 예상보다 클 수 있다. ▶

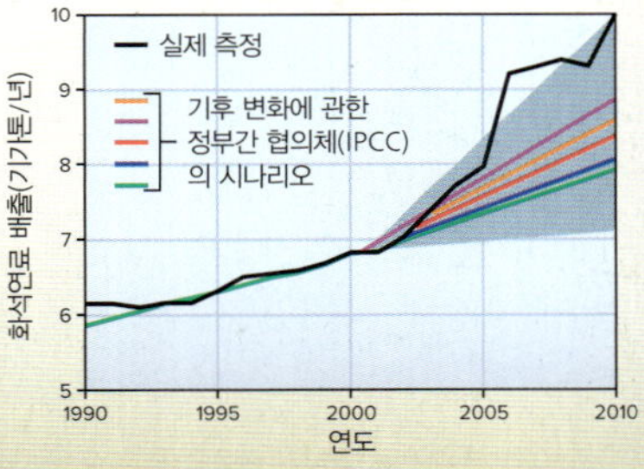

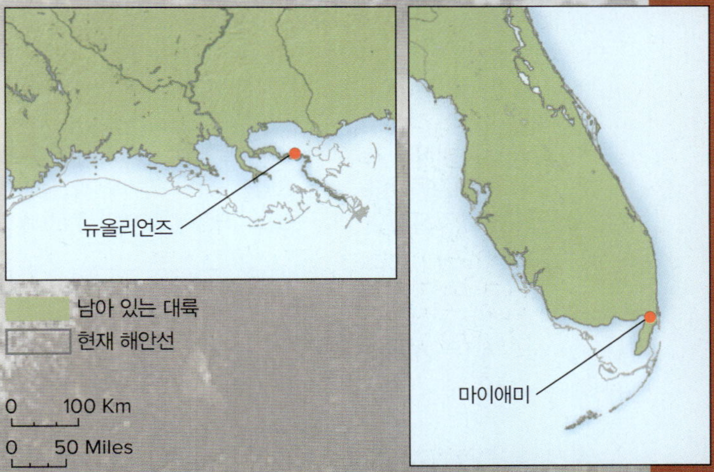

설명할 수 있을까? CAN YOU EXPLAIN?

1. 온실기체는 무엇인가? 세 가지 주요 인위적 기체는 무엇인가?
2. 오른쪽 상단의 지도에서 분홍색과 파란색 띠를 설명하시오. 검은 선은 무엇을 보여주는가?
3. 뉴올리언스 및 마이애미 지도를 검사한다. 해수면 상승 및 폭풍 빈도로부터 이러한 도시를 보호하기 위한 몇 가지 전략을 식별하시오.
4. 이 장에서 기후변화를 줄이기 위한 전략은 무엇인가?

우리는 이 경로에 헌신하고 있는가?

반드시 그런 것은 아니다. 특히 에너지 생산, 운송 및 보다 효율적인 에너지 사용을 위한 대체계획을 채택하면 전 세계적으로 온도변화를 2~4도로 제한할 수 있다. 그러나 해양은 대기에서 과도한 열을 계속 흡수하기 때문에 20~40cm의 해수면 변화에 최선을 다하고 있다.

KC 9.1 ©sergeysosnitsky/123RF

과학 탐구 기후변화가 인간에 의해 초래된다는 것을 어떻게 알 수 있는가?

EXPLORING Science

기후변화는 방대한 조작 실험 중 하나이다. 우리는 대기에 온실기체를 주입하고 그 변화를 관찰하고 있다. 그러나 대부분의 조작 실험에서 우리는 대조군을 가지고 있는데, 이를 대조군과 비교하여 특정 효과를 확인할 수 있다. 하지만 지구는 하나뿐이기 때문에 이 실험에는 대조군이 없다. 통제되지 않은 실험에서 가설을 어떻게 테스트하는가?

한 가지 방법은 모델을 사용하는 것이다. Milankovitch 주기 및 태양 변화와 같이 기후변화의 알려진 모든 자연적 원인을 포함하는 복잡한 방정식 세트인 컴퓨터 모델을 작성한다. 또한 알려진 인과적 입력(화석연료 배출량, 메탄, 에어로졸, 그을음 등)도 포함한다. 그런 다음 모델을 실행하고 관측된 과거 온도 변화를 재현할 수 있는지 확인한다.

과거의 변화를 정확하게 "예측"할 수 있다면 그 모델은 시스템 작동 방식을 잘 설명하는 것이다. 대기가 CO_2 입력에 반응하는 방식, 바다가 열을 흡수하는 방법, 눈 덮힘의 변화가 에너지 흡수를 가속화하는 방법 등을 잘 설명했다.

시스템을 잘 나타내는 모델을 만들 수 있으면 모델을 다시 실행할 수 있지만, 이번에는 모든 인위적인 입력을 생략한다. 인간 입력이 없는 모델이 온도 변화가 관측된 것과 일치하지 않고 인간 입력이 있는 모델이 관측 값과 일치하는 경우, 인간 입력이 차이를 만들어 온도 변화를 일으킨다는 것은 의심의 여지가 없이 매우 확신할 수 있다.

이 모델링 방식은 기후과학자들이 수행한 일이다. 과거 온도(다음 그래프에서 검은 선)는 자연 요인만 있는 모델(예: 파란색 선)로 예측된 온도와 맞지 않다. 과거 온도는 사람 입력(빨간색 선)이 포함된 모델에 적합하다. 음영처리된 영역은 IPCC의 모델 결과 요약에서 볼 수 있듯이 관측된 온도(아래 검은색 선)는 자연적 요인(파란색 선)만 있는 모델에 의해 예측된 온도와 맞지 않다. 관찰된 온도는 인간 입력(빨간색 선)을 포함하는 모델에 적합하다. 이러한 방식으로 모델을 통해 복잡한 시스템에 대한 가설을 테스트할 수 있다.

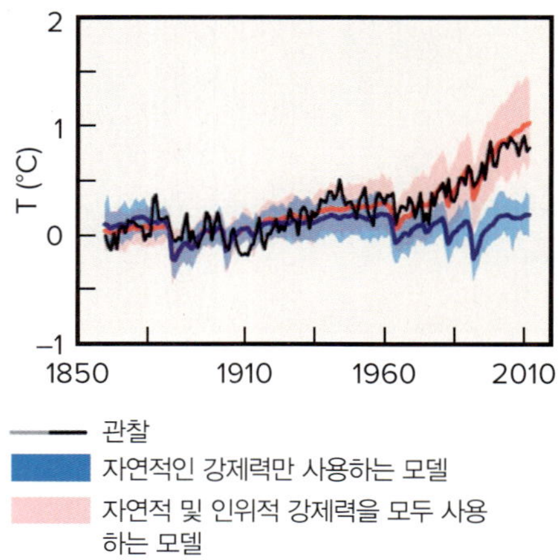

▲ 인간이 유발한 강제력(분홍색)과 그렇지 않은(파란색)의 모델링된 역사적 온도 비교. 음영 영역은 모델에서 예측한 온도에 대해 95% 신뢰구간을 나타낸다. 관찰된 온도(검은색 선)는 분홍색 모델에만 해당한다.
출처: IPCC 2013.

남기고 있는가? 우리가 행동하지 않으면 어떠한 대가를 지불하게 될 것인가?

기후 증거에 대한 논쟁이 있는 이유는 무엇인가?

과학적 연구는 기후 경향의 방향에 대해 오랫동안 만장일치였지만 텔레비전, 신문 및 라디오의 논평자는 계속해서 그 증거에 대해 논쟁을 벌이고 있다. 왜 그럴까? 그 이유 중 일부는 변화가 위협적이기 때문에 많은 사람들이 변화를 무시하거나 인정하는 것보다 이의를 제기하는 것이다. 아니면 이유 중 일부는 정보 부족일 수 있다. 또 다른 이유는 과학자들은 데이터의 추세를 보는 경향이 있지만, 대중은 특히 눈이 많이 내리는 지역과 같은 최근의 기억에 남는 사건들에 의해 더 인상을 받을 수 있기 때문이다. 그리고 토론 라디오와 TV에서 다채로운 의견은 증거보다 더 잘 받아들여진다. 기후과학자들은 대중 매체의 일부 주장에 대해 다음과 같은 응답을 제공한다.

기후변화를 줄이려면 현재의 삶의 방식을 포기해야 한다. 기후변화를 줄이려면 *다른* 에너지를 사용해야 한다. 석탄 전력을 풍력, 태양, 화석연료로 대체하고 효율을 개선하면 배출량을 크게 줄이면서 컴퓨터, TV, 자동차 및 기타 편의시설을 유지할 수 있다. 의존도를 줄이면 대기오염, 건강 지출, 식생 및 건물의 파괴도 줄일 수 있다. 점점 더 많은 경제에서 에너지 소비와 경제성장이 분리되고 있다. 14%의 경제성장에도 불구하고 미국의 온실기체 배출량은 2005년에서 2017년까지 증가하지 않았다.

현재 에너지 시스템에 대한 대안은 없다. 대체에너지원에 대한 투자 없이는 이것이 사실일 수 있지만, 재생에너지 회사는 이 주장이 허위임을 입증하고 있다. 이러한 기업들은 대체에너지와 개선된 효율성이 이미 필요한 것을 제공할 수 있으며 새로운 기술로 많은 돈을 벌 수 있음을 보여준다. 앞으로 몇 년간 1940년대의 전통적인 에너지 및 운송 기술보다 새로운 기술에서 더 많은 이익이 있을 것이다. 에너지 기술혁신의 대부분은 미국에서 일어나고 있지만, 미국에서의 채택은 다른 곳보다 느리다.

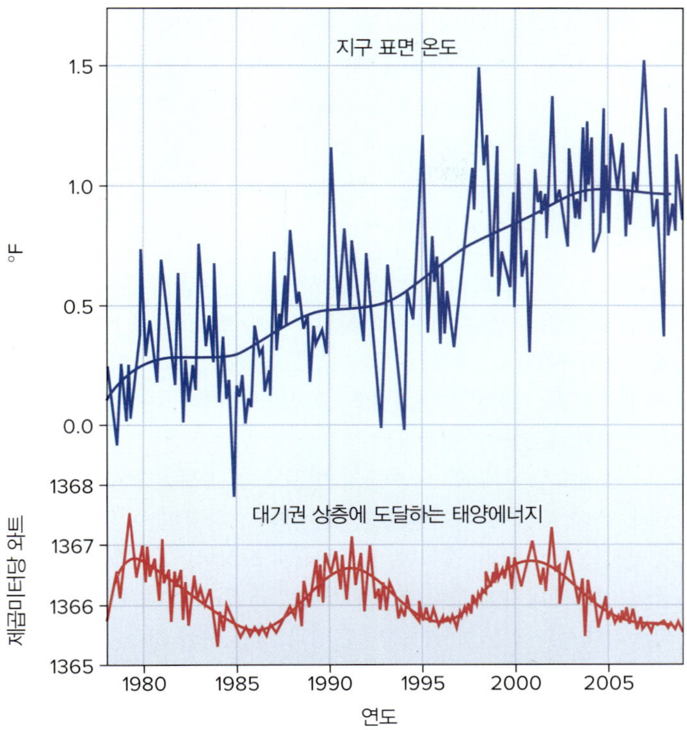

▲ **그림 8.20** 지구 대기권 상층부에 도달하는 태양에너지는 1978년 이래 위성에 의해 측정되었다. 11년 주기의 작은 변화가 있었지만 전반적인 증가는 없었다(하단). 같은 기간 동안 표면 온도가 현저하게 상승했다(상단).
출처: Climate Change Compendium, 2009

편안한 생활양식에는 높은 CO_2 산출이 필요하다. 데이터는 이 가정을 지원하지 않는다. 대부분의 북유럽 국가는 미국과 캐나다 거주자보다 생활수준(교육, 건강관리, 수명, 휴가 시간, 재정 안보 등)이 높지만 CO_2 배출량은 북미 지역 주민의 절반만큼 낮다. 샌프란시스코 주민은 캔자스시티 주민보다 약 1/6의 에너지를 소비하지만, 캔자스시티에서 샌프란시스코보다 생활의 질이 반드시 6배는 아니다.

태양 변화와 같은 자연적 변화는 관측된 온난화를 설명할 수 있다. 태양열 입력은 변동하지만 변화는 적으며 온도 변화 방향과 일치하지 않는다(그림 8.20). 밀란코비치 주기는 또한 지난 수십 년 동안의 급격한 변화를 설명할 수 없다. 그러나 증가된 GHG 배출량은 관측된 온도 및 해수면 변화와 밀접한 관련이 있다(그림 8.14 참조).

기후는 이전에도 바뀌었으므로 새로운 것은 아니다. 현재 약 410 ppm의 CO_2 수준은 지구가 거의 백만 년 동안, 아마도 1천5백만 년 동안 지구가 겪었던 모든 것을 30% 이상 초과한다. 최근의 변화는 또한 자연변동보다 훨씬 빠르다. 남극 빙핵은 지난 80만 년 동안 CO_2 농도가 180 ppm에서 300 ppm으로 변했음을 나타낸다(그림 8.8 참조). CO_2의 이러한 자연적 변화는 따뜻한 시기에 생물활동의 변화로 인한 빙하주기의 되먹임으로 보인다. 온도가 시간이 지남에 따라 CO_2를 면밀히 추적했기 때문에 2100년까지의 온도는 지난 백만 년 동안 어떤 것도 초과할 가능성이 있다. 이러한 변화의 속도는 아마도 전례가 없을 것이다. 빙하기 말에 1,000년에서 5,000년이 걸리던 변화는 이제 인간의 일생의 척도로 일어나고 있다.

온도 변화가 안정상태가 되고 있다. 데이터를 선택적으로 보면(그림 8.20) 추세의 단기 변동이 항상 발견될 수 있지만, 수십 년에 걸쳐 지표면 기온과 해수면의 추세는 계속 증가하고 있다(그림 8.2 참조).

2018년에는 열과 가뭄이 아닌, 시원한 기온과 눈보라가 있었다. 기후는 복잡하며, 지역과 계절에 따라 변화가 다르다. 예를 들어, 북극이 따뜻해짐에 따라 온도의 북–남 대비의 감소로 인해 제트기류가 약해지고 흔들릴 수 있다. 약화된 제트기류의 고리는 북극에서 남쪽으로 멀리 텍사스까지 보내고, 따뜻한 공기를 알래스카로 끌어올 수 있다. 캘리포니아는 심한 가뭄을 겪고 뉴욕에는 극심한 눈이 내릴 수 있다.

기후과학자들은 모든 것을 알지 못하며, 실수를 저질렀다. 기후 데이터의 격차와 불확실성은 분명한 추세와 비교할 때 미미하다. 강수 변화의 세부 사항과 같은 많은 미지수들이 있지만 그 경향은 명료하다. 기후과학자인 한센(James Hansen)은 대부분의 사람들이 가끔 정직한 실수를 하지만, 데이터 수집의 사기는 거의 들어 본 적이 없다고 지적했다. 과학적 프로세스는 투명성과 궁극적인 오류의 노출을 보장한다. 이러한 노력에도 불구하고 저명한 기후과학자들은 논쟁의 여지가 없는 토론을 억제하기 위해 괴롭힘에 의지하는 기후변화를 부정하는 자들로부터 정기적으로 개인적인 공격을 받는다고 한센은 지적했다.

8.4 해법을 구상하기

- *파리협약은 온난화를 2°C 이하로 유지하려고 한다.*
- *개발도상국은 재생에너지에 빠르게 투자하고 있다.*
- *기후 작용은 개인, 지역, 국가 또는 세계적일 수 있다.*

기후변화의 비용은 높지만, 이에 대응하여 전 세계의 개인과 지역사회는 이러한 효과를 줄이기 위해 수많은 유망하고 흥미로운 전략을 연구하고 있다. 여기에는 기술, 공동체 태양광 허용(그림 8.21), 재생 에너지에 대한 투자 증가와 같은 정책혁신이 포함된다.

지역 기후 행동에서 화석연료로부터의 탈피, "가격을 책정"하는 캠페인, 즉 공중보건과 화석연료의 환경에 대한 재정적 비용을 설명하기 위한 캠페인에 이르기까지 모든 단계의 움직임이 일어났다. 수십 개의 국가와 주에서 "탄소의 사회적 비용", 즉 이산화탄소 배출량의 톤당 $40을 곱한 값이 계산되었다. 예를 들어, 스웨덴은 연료의 구매에 탄소의 사회적 비용을 세금에 통합한다. 이 수입은 지역사회의 효율성 향상과 재생에너지에 자금을 지원하는데 사용된다.

▲ **그림 8.21** 현재 많은 지역 사회에서 허용되는 지역 사회 태양은 태양 전지판에 적합한 지붕을 소유하지 않아도 재생 가능한 에너지 전환에 참여할 수 있는 방법이다.

현재 미국의 배출량은 1990년보다 약 9% 높지만 2008년 이후 약간 감소했다. 석탄 사용량이 감소했기 때문이다. 우리 각자는 이 노력에 공헌할 수 있다. 2054년까지 단순히 운전을 줄이고 효율적인 차량을 구입하면 약 15억 톤의 탄소 배출을 줄일 수 있다(무엇을 할 수 있는가? 참고).

파리협약은 새로운 목표를 설정한다

2012년까지 기후변화 통제에 관한 벤치마크 글로벌 협약은 교토 의정서였다. 1997년 일본 교토에서 개최된 이 협정은 각국이 자발적으로 CO_2, CH_4, N_2O 및 불소 기체의 배출량 감축 목표를 설정하도록 요구했다. 교토 의정서가 전체 지구 배출량을 줄이는 데 성공하지는 못했지만, 대부분 유럽의 많은 국가는 2012년까지 1990년 배출량보다 5~10% 감소 목표를 달성하거나 초과했다. 인도와 중국 등 개발도상국은 경제 확대와 생활 수준 향상을 위해 면제되었다. 그러나 최근까지도 세계 최대의 온실가스 배출국인 미국은 부유한 국가들 사이에서 거의 유일무이하게 이 협정에 서명하지 않았다.

2015년 파리협약(Paris Accord)이라는 새로운 국제 협약이 체결되었다. 이 협정은 교토 의정서보다 훨씬 더 시급하지만 참여도도 더 높다. 파리협약은 세계 배출량의 55%를 차지하는 적어도 55개국의 비준이 발효되도록 요구했다. 놀랍게도 이 목표는 1년 안에 달성되었다. 파리 회의에 참석 한 195개국은 다음과 같은 여러 주요 사항에 동의했다.

- 전 세계 평균 기온 상승을 2°C 이하(산업 수준 이전) 이상으로 유지해야 한다. 1.5°C 미만이 목표이다.
- 탄소 배출량 제로는 과거 배출량으로 이미 저지른 기후 영향을 피하기 위한 세계적인 목표이다.
- 각 참여국은 자발적 배출 감축 목표를 설정하고, 그러한 목표와 목표를 향한 진전이 공개적으로 드러나야 한다.
- 지금까지 제출된 감축 계획으로는 2°C 이하로 온난화를 유지하기에 충분하지 않으므로 5년마다 계획을 수정해야 한다.
- 기후 재원이 필요하다: 선진국은 신흥국의 저탄소 개발을 지원하기 위해 "녹색 탄소 기금"에 연간 1,000억 달러의 기부를 위해 노력하기로 합의했다.

다른 국가가 파리협약을 준수하도록 강요할 수 있는가? 아니다. 참여는 자발적이며 각 국가는 세계 탄소 감소(INDC)에 대한 "국가적으로 결정된 기여"를 고안하고 모니터링한다. 국가가 계약을 철회할 수 있는가? 그렇다. 그러나 3년의 대기 기간이 지난 후에만 가능하다.

이 협약은 부유한 국가들이 빈곤국의 배출량 감축을 돕기 위해 녹색 기금에 기여할 것을 요구한다. 각국이 공약을 따를 것인지는 확실하지 않지만, 많은 개발 도상국은 녹색 탄소 기금이 청정에너지에 투자하기를 기다리지 않고 있다. 예를 들어, 방글라데시와 인도에서는 중앙은행과 개인 자금 모두 재생가능 에너지를 지원하고 수십만 개의 새로운 일자리를 창출하는 "친환경 채권"에 투자하고 있다.

개발도상국은 신재생에너지에 빠르게 투자하고 있다. 2014년부터 2017년까지 선진국의 총 투자액은 $4,130억, 개발도상국의 $4,190억이었다. Bloomberg Energy Finance 및 UNEP의 분석가에 따르면 칠레와 모로코, 잠비아, 멕시코 및 페루에서 태양 및 풍력 시설 설치에 대한 저렴한 비용이 기록되었다고 한다. 인도는 2030년까지 비 화석 공급원에서 전력수요의 40%를 충족하겠다고 약속했다. 2017년 말 인도는 10 GW의 태양광 발전을 설치했으며, 10.6 GW를 추가로 설치하고 있다. 최근 수십 년 동안 비참한 대기 질 상태로 고통 받고 있는 인도에서 전기자동차도 성장하는 새로운 계획이다.

아마도 더 중요한 정책에 대한 요구에 대한 가장 중요한 합의는 현재 거의 보편적으로 받아들여지고 있다. 국가는 항상 이기적으로 행동했지만, 국제협약은 나쁜 행동을 숨기기 어렵게 만든다. 예를 들어, 공중 보건 및 경제와 기후를 보호하는 오바마 대통령의 청정전력 계획은, 트럼프 행정부의 첫 달에 포기되어 석탄과 천연가스를 우선적으로 투입했다. 그러나 파리협약은 이러한 정책변화를 전 세계에 공개하였으며, 거래 파트너는 미국이 INDC를 추구하지 않고 파리협약에 계속 남아있으면 미국과의 무역거래를 중단하겠다고 위협했다.

현재 많은 삭감 선택권이 있다

핵융합, 우주 기반 태양에너지, 태양에너지를 지구 표면에서 반사시키는 거대한 거울 등 문제를 한 번에 해결할 수 있는 극적인 새로운 발명에 대한 제안이 많이 있었다. 이것들은 흥미로운 아이디어이지만 모두 먼 미래의 일이며, 지금 행동해야 하는 것은 분명하다.

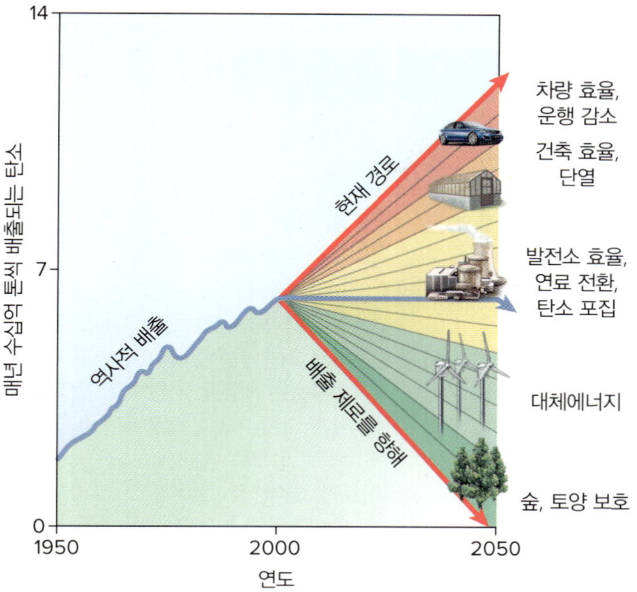

▲ **그림 8.22** 쐐기 접근법은 여러 가지 전략을 사용하여 탄소 배출을 빠르고 비교적 저렴하게 줄이거나 안정화할 수 있다.

좋은 소식은 많은 해결책을 사용할 수 있다는 것이다. 그리고 여론 조사에 따르면 대부분의 사람들은 기후 영향을 줄이는 데 열성적이다. 남은 과제는 사람들이 쉽게 참여할 수 있도록 하는 것이다.

웨지 접근법은 2004년 프린스턴대학의 기후 완화 이니셔티브의 Stephen Pacala와 Robert Socolow가 제안한 전략 중 하나이다. 현재 이용 가능한 기술(효율적인 차량, 건물, 발전소 및 대체연료)에 지금 투자한다면 이러한 문제를 빨리 해결할 수 있다고 계산했다. Pacala와 Socolow의 논문은 14개의 "쐐기"(그림 8.22)를 설명했다. 대부분의 쐐기는 기술적으로 쉽다. 예를 들어, 2058년까지 예상 차량 연료효율을 갤런 당 30마일에서 60 mpg로 높이고, 대중교통을 촉진하거나, 보다 효율적인 조명을 설치하거나, 또는 건물을 단열한다.

각 쐐기는 "평소와 같은 관행"에 따른 시나리오와 비교하여 2058년에 회피된 1 GT (10억 톤)의 탄소 배출량을 나타낸다. 각 쐐기의 크기는 작지만 시간이 지남에 따라 그 영향이 커져 50년 안에 큰 영향을 미친다. 이 쐐기의 절반만 달성하면 배출량을 줄일 수 있다. 이들 모두를 달성하면 1990년 배출수준 이하로 삭감한다.

이 접근법에 대한 포괄적인 개선인 *삭감*(Drawdown)은 2017년 Paul Hawken과 동료들에 의해 출판되었다. 이 연구는 대기가 이미 안전한 농도의 GHG를 초과했기 때문에, 궁극적으로 배출량을 마이너스 수준으로 낮추어야 한다고 강조했다.

삭감 연구는 매우 포괄적으로 진행되었으며 기존의 기술을 구현할 뿐만 아니라, 다양한 사회적 관행(산림관리 개선 및 식물성이 풍부한 식단 등 가족 규모를 계획하기 위한 교육)을

표 8.2 수명 순 절감으로 배출량을 줄이기 위한 삭감 연구에서 확인된 상위 15개 선택안

해결책	GT CO_2	절약액($10억)
냉매 관리	89.74	−$903
풍력 터빈(해상)	84.6	$7,425
음식물 쓰레기 감소	70.53	NA
식물성이 풍부한 식단	66.11	NA
열대림 보호	61.23	NA
소녀 교육	59.6	NA
가족계획	59.6	NA
태양광 농장	36.9	$5,024
산림방목	31.19	$699
옥상 태양광	24.6	$3,548
재생 농업	23.15	$1,928
온대림 보호	22.61	NA
이탄지 보호	21.57	NA
열대 농림업	20.19	$627
산림 확장	18.06	$392
80가지 해결책에 대한 총액	1,051	$73,874

포함한 80가지 전략에 순위를 매겼다(표 8.2). 또한 이러한 변경 사항이 전체적으로 더 많은 비용을 들이지 않아도 된다는 사실이 밝혀졌다. 연구결과 2051년까지 1,051 GT의 CO_2를 감소시키는 단계에서 $74조의 순 절감을 할 수 있다는 것을 알게 되었다.

삭감 연구를 온라인으로 살펴보면 훨씬 더 많은 것을 배울 수 있다.

바람, 물, 태양은 우리의 모든 요구를 충족시킬 수 있다

저렴하고 실행 가능한 기술에 대한 접근은 더 이상 문제가 되지 않았다. 시장이 성장함에 따라 재생가능에너지 비용이 급감했으며 재생가능공급원에서 나오는 대부분 또는 전부를 에너지 생산으로 전환하기 위한 많은 시나리오가 개발되었다. 예를 들어, 제이콥슨(Mark Jacobson)과 그의 동료들은 운송, 난방 및 산업 용도뿐만 아니라 전기 생산을 위한 모든 미국 에너지가 2030년까지 80%의 풍력, 수력 및 태양 에너지(WWS; wind, water, and solar)가 될 수 있는 전략을 설명했다. 기존 및 실행 가능한 기술로 2050년까지 WWS 비율 또한 에너지 비용 절감, 고용 증가, 의료비 절감, 폭풍 및 열 관련 손실 방지를 포함하며, 이러한 전환으로 인해 연간 1인당 $10,000의 비용절감 효과가 예상된다(11.7절 참조).

WWS 전략은 전 세계적으로 가장 많은 재생에너지를 지배

여러분의 생각은? What Do YOU THINK?

불연 탄소

기후과학자들은 최근 수십 년 동안 석유, 천연가스 및 석탄을 계속 연소시키면 지구가 사람이 살 수 없을 것임을 보여주었다. 주요 도시는 물에 잠길 것이며, 대부분의 농지는 사막이 될 것이다. 그러므로 대체에너지원이 우선순위이다. 그러나 화석연료는 풍부하다. 우리는 수세기 동안 지속될 수 있는 충분한 천연가스와 석탄을 보유하고 있으며 현재 높은 사용률에서도 40~60년 동안 지속할 수 있는 오일을 보유하고 있다. 우리는 지구를 사람이 살 수 없게 만들지 않고도 이 연료의 일부만 태울 수 있기 때문에 분석가들은 종종 이것을 불연성 탄소(unburnable carbon)라고 말한다. 이러한 자원에 대한 금융 투자는 종종 매도할 수 없는 경우 금전적 가치가 없기 때문에 좌초 자산(stranded asset)이라고 한다.

최근 몇 가지 중요한 장애물로 인해 대체 에너지와 보존이 더 널리 채택되지 못했다. 그 중 하나는 관성이다. 우리는 이미 기존 도시, 도로 및 전력 기반시설에 수조 달러를 투자했다. 대부분의 기반시설이 점차 꾸준히 교체되거나 개선되더라도 이 기반시설을 모두 교체하는 예산을 세우기가 쉽지 않다.

두 번째 장애물은 풍부한 화석연료를 즉시 이용할 수 있다는 것이다. 그것들이 사용하기 쉽고 상대적으로 저렴하게 생산되는 한, 우리는 그들로부터 멀어지기가 어려울 것이다.

세 번째 장애물은 이 탄소의 소유자가 재산을 좌초 자산으로 전환시키는 에너지와 기후 정책에 강하게 저항하는 것이다. 당연히 화석연료 규제를 차단하고 기후변화를 거부하는 의원을 지원하고, 태양 흑점 또는 무작위 변동과 같은 기후변화에 대한 대안적 설명을 찾는 연구에 자금을 지원하기 위한 캠페인에 수백만 달러를 투자했다.

국제 에너지기구(IEA)에 따르면 화석연료 개발, 탐사 및 마케팅에 대한 전 세계 보조금은 매년 $5,500억을 넘고 있다. 이는 모든 재생가능 에너지의 약 $1,200억의 4.5배이다. 미국은 세계에서 가장 관대한 화석연료 지원국으로 약 5분의 1의 세계 보조금을 제공한다. IEA와 다른 그룹은 이 비율이 변경될 수 있는지에 대해 질문하기 시작했다.

에너지 정책을 담당했다면 어떻게 하겠는가? 석유 및 가스회사의 불연성 탄소에 대해 보상하겠는가? 기후정책에 대한 기업의 영향력을 제한하려고 하는가? 그렇다면 어떻게 할 것인가?

했다. 세계 석유 및 천연가스 공급이 정치적으로 불안정하고 경제적으로 불안정하기 때문에 국가는 종종 WWS로 전환해야 한다. 세계은행에 따르면, 스웨덴과 노르웨이는 풍력, 지열, 바이오매스, 바이오가스(쓰레기의 메탄), 특히 수력을 포함하여 재생 가능한 에너지원에서 전체 에너지의 절반 이상을 생산한다고 한다. 세계 풍력발전의 선두주자인 덴마크는 수력발전과 태양광이 거의 없지만 전력의 약 60%를 풍력으로 공급받는다. 덴마크는 초기 계획보다 15년 전에 50%를 넘어섰다. 주요 산업발전국인 독일은 풍력, 수력 및 태양광에서 전기의 35%를 생산한다. 여기에는 재생가능한 전기로 운행되는 기차 및 도시전차의 비율이 증가하고 있다.

재생가능 에너지로 전환하는 것은 부유한 국가만을 위한 것이 아니다. 우루과이는 단 10년 만에 전기의 95%(및 전체 에너지의 60%)를 풍력과 태양광으로 전환했다. 지열 증기가 풍부한 코스타리카는 90%의 재생가능 에너지(전체 에너지의 38%)를 보유하고 있으며 2021년까지 탄소 중립을 계획하고 있다. 세계에서 가장 빠르게 성장하는 경제인 중국은 재생가능 공급원에서 거의 1/4의 전기를 생산한다.

지역 주도권은 어디에나 있다

재생에너지가 보다 친숙하고 저렴해짐에 따라, 지역 활동이 추진력을 얻어가고 있다. 약 1,000개의 미국 도시와 39개 주에서 지구온난화 방지를 위한 계획을 발표했다. 600개가 넘는 대학 캠퍼스에서 온실기체 배출을 줄이겠다고 약속했다. 시장과 주지사는 지역에서 파리협약 우선순위를 충족시키기 위해 입장을 분명히 했다.

이러한 조치에 대한 동기부여 중 하나는 대체 해결책에 여러 가지 이점이 있다는 것이다. 건물 및 차량 효율은 장기적으로 비용을 절약한다. 더 나은 전구를 구입하면 즉시 돈을 절약할 수 있다. 대중교통, 자전거 타기 및 걷기 개선을 위해 도시를 계획하면 멀리 떨어진 도로 및 서비스 네트워크에서 소비하는 세금이 절약된다. 이러한 운동의 부수적인 효과는 재생에너지가 에너지를 보다 지역적으로 통제할 수 있게 하여, 가정에서 돈을 절약하게 할 수 있다는 것이다. 사람들은 또한 효율성과 기후 행동이 돈을 절약하고 지역사회를 구축할 뿐만 아니라 임박한 기후 재난에 손을 대는 것보다 더 매력적이라는 것을 배우고 있다.

대학도 행동하고 있다. 인디애나에 있는 Ball State University는 2012년부터 화석연료 보일러에서 지열로 전력을 공급하는 건물로 전환한 최초의 곳 중 하나였다. 뉴욕 북부의 Skidmore College는 2014년 이후 지열 히트펌프로 40%의 난방을 하며, 미네소타에 위치한 Carleton College는 2019년에 거의 100% 지열 난방 및 냉방으로 전환했다(그림 8.23). 산림 폐기물 및 지역 낙농장의 바이오가스에 접근할 수 있는 버몬트의 Middlebury 칼리지는 2016년 탄소 중립을 달성했다.

무엇을 할 수 있는가?

What Can YOU Do?

기후 행동

우리 모두가 해야 할 일은 에너지 소비를 줄이고 저탄소 에너지를 지원하는 정책을 위해 노력하는 것이다. 가장 중요한 단계는 국가 에너지 정책을 바꾸는 것이다. 동시에 수백만의 개별 행동도 강력한 긍정적 영향을 미친다.

전화를 한다. 상원의원과 하원의원에게 연락하여 미래를 보호하도록 한다. 기후에 의식이 있는 후보자에게 투표한다.

휘발유를 절약한다. 덜 운전하고, 효율적인 차량을 사용하고, 대중교통이나 자전거를 이용할 수 있는 곳에 살 계획을 세운다. 차량은 우리의 가장 큰 개인적인 기후 영향을 나타낼 수 있다.

효율적인 가전제품을 구입한다. 파국적인 기후변화를 피하는 것은 단순히 전구를 바꾸는 것 이상의 의미가 있지만, 더 나은 전구와 가전제품도 중요하며, 수백만 명의 사람들이 더 나은 관행을 따를수록 그 영향이 배가 된다.

먹이사슬의 낮은 단계를 식사한다. 육류 및 유제품 생산은 메탄과 이산화탄소의 중요한 공급원이다.

집을 내기후성으로 한다. 이불을 개량하고 겨울에는 열 손실을 줄이거나 여름에는 열 획득을 줄인다. 온도 조절기를 낮추고 계절에 맞게 입는다.

풍력과 태양에너지를 구입한다. 많은 공익기업을 통해 대체에너지를 구입할 수 있다.

학교와 직장에서 에너지 정책을 실행한다. 에너지 사용량을 줄이기 위해 무엇을 하고 있는지 관리자에게 물어보고 더 나은 계획을 수립하도록 도와준다.

▲ **그림 8.23** 미네소타에 있는 Carleton College는 지열 난방으로 전환하고 있으며, 풍력으로부터 전기를 공급받아 2050년까지 100% 무 화석연료를 목표로 하고 있다.

주들이 솔선하고 있다

미국의 주들 가운데 많은 곳이 실행과 정책 모두 변화를 보이고 있다. 일부 주에서는 화석연료를 더 많이 채굴하고 있지만, 많은 주에서는 재생에너지를 주장하고 있다. 텍사스는 풍력발전 분야에서 미국을 선도하고 있으며 아이오와, 오클라호마, 캘리포니아 및 일리노이가 뒤따르고 있다. 뉴욕, 캘리포니아, 매사추세츠 및 기타 주에서는 파리협약 및 IPCC에 의해 요구되는 "80 × 50" 목표인 2050년까지 탄소배출량(1990년 수준 이하)을 80% 감축할 계획이다.

캘리포니아는 종종 환경정책을 앞장서 왔다. 2004년에 캘리포니아는 자동차 및 트럭에서 이산화탄소의 배기관 배출을 줄이기 위해 자동차 제조업체에 요구하는 혁신적인 법안을 통과시켰으며, 이는 이후 뉴욕과 다른 주에서도 채택되었다. 자동차 제조업체가 법안을 준수하지 못했을 때, 캘리포니아는 2006년에 건강과 환경 피해로 인해 수십억 달러의 주정부 비용이 발생했다고 주장하며 6대 자동차 회사를 고소했다.

캘리포니아의 경제는 도시의 물 사용과 농장 관개 둘 다 감소하고 있는 겨울철 설괴빙원에 전적으로 의지하고 있기 때문에 이 부분에 동기를 부여받았다. 최근 몇 년 동안 심한 가뭄이 많은 주와 도시에 영향을 미쳤다. 또한 캘리포니아 주민들은, 기후 제어는 일자리를 잃을 것이라는 견해가 지배적인 워싱턴의 행동을 기다리는데 지쳤다. 워싱턴의 주장과 달리, 캘리포니아는 청정에너지 분야에서 빠른 일자리 성장을 보였다. 청정에너지는 50만 명이 넘는 일자리를 고용하고 있으며, $90억 이상의 벤처 투자 또는 전국의 모든 청정에너지 투자의 60%를 차지했다.

탄소거래는 탄소 절감을 장려하기 위한 또 다른 재정적 접근이다. 회사는 지정된 양의 CO_2 배출에 대하여 허가를 받는다. 허용수준 이하로 배출을 줄이는 회사는 추가 허가를 판매할 수 있다. 최소 27개 주와 4개 캐나다 주가 지역 탄소거래 협약에 참여한다. 이 중 하나인 RGGI (Northeastern Regional Greenhouse Gas Initiative)는 2008년 233개 공장의 탄소배출권 거래를 시작했다. 탄소배출권 경매는 매년 수억 달러의 수입을 가져오며, 이는 참여 국가의 보존 및 재생가능에너지 주도권을 지원한다. 탄소거래는 완벽하지 않다. 경매 가격은 종종 일부 산업에 실질적인 동기를 제공하기에는 너무 낮으며, "오염권리"가 적절한 지에 대한 의문이 많이 있다. 그러나 이러한 계약은 배출량 감축에 성공적이면서, 정치적으로 바람직한 접근방법으로 널리 알려져 있다.

탄소 포집은 CO_2를 저장하지만 비싸다

비록 비싸지만, 퇴적층에 깊이 주입함으로써 CO_2를 저장하는 것이 가능하다. 1996년 이래 노르웨이의 Statoil은 매년 백만 미터톤 이상의 이산화탄소를 북해 해저 1,000 m 아래의 대수층으로 펌핑하고 있다. 가압된 CO_2는 석유 회수를 향상시킨다. 그렇지 않으면 회사가 탄소 배출량에 대해 톤당 $50의 세금을 지불해야 하기 때문에 비용도 절약된다. 전 세계적으로 깊고 염분이 많은 대수층은 현재의 화석연료 소비속도로 보면 한 세기 동안의 CO_2 배출량을 저장할 수 있다. 많은 회사들이 비슷한 계획을 시작했거나 현재 계획하고 있다.

탄소 포집 및 저장은 우리가 화석연료를 계속 연소할 수 있게 하는 매력적인 해결책이다(여러분의 생각은? 참고). 그러나 CO_2를 압축하여 운송하고 저장하면 발전소에서 생산되는 에너지의 약 1/4이 소요되므로, 킬로와트시 당 전기 생산비용이 크게 증가한다. 화석연료에서 탄소 포집을 위한 비용 효율적인 전략은 여전히 애매모호하다. 다른 상황에서도 온실기체 포집을 개선할 수 있다.

매립지, 유정 및 탄광에서 메탄을 포획하는 것은 연료 및 기후문제 모두에 중요하게 기여할 것이다. 물에 잠겨 썩어가는 식물물질이 있는 논 또한 중요한 메탄 공급원이다. 물을 채우는 일정 및 비료를 주는 기술을 변경하면 논에서 메탄 생산을 줄일 수 있다.

반추동물(소, 낙타, 들소 등)은 소화계에서 다량의 메탄을 생성한다. 풀을 더 많이 먹이고 옥수수를 더 적게 먹이면 이러한 배출을 줄일 수 있다. 일부 분석가들은 일주일에 단 하루만이라도 쇠고기를 덜 먹는 것이 하이브리드차를 운전하는 것보다 기후변화에 대한 개인의 기여를 줄일 수 있다고 제안한다.

결론

기후변화는 오늘날 환경과학에서 가장 광범위한 문제이다. 비록 그 도전은 거의 상상할 수 없이 크지만, 개인과 사회로서 행동하기로 선택하면 해결이 가능하다. 현재 기온은 수천 년 전보다 높아졌으며, 기후과학자들은 온실기체 배출을 바로 줄이지 않으면 가뭄, 도시의 범람 및 분쟁이 불가피하다고 말한다.

대기의 조성변화(특히 이산화탄소, 메탄, 아산화질소)가 중요한 방식을 이해하려면 기후 시스템을 이해하는 것이 필수적이다. 기후 시스템에 대해 기억해야 할 기본 개념에는 지구 표면이 태양열을 흡수하는 방법, 대기의 대류가 열을 전달하는 방법, 그리고 대기의 다른 기체가 지구에서 방출되는 열을 흡수하여 저장하는 것 등이 있다. 저층 대기에 열저장을 증가시키면 격렬한 대류, 더 심한 폭풍 및 가뭄, 만년설 해빙 및 해수면 상승이 발생할 수 있다. 계절풍, 사이클론 폭풍, 전선의 날씨 및 기타 강우 패턴의 변화는 인간과 생태계에 심각한 영향을 미칠 수 있다.

자연적인 기후변화의 중요성에도 불구하고, 관측된 온도 및 해수면 경향은 기후 기록의 다른 변화보다 더 빠르고 극단적이다. 기후모델은 이러한 변화가 인간의 활동에 의해서만 설명될 수 있음을 보여준다. 화석연료의 사용 증가가 인간의 가장 중요한 효과이지만, 산림 벌채, 농업 토양의 분해 및 메탄 생산의 증가 또한 매우 중요하다.

기후문제 해결에 관련된 많은 실마리와 함께, 수많은 새로운 전략이 개발되고 있다. 재생가능 에너지는 큰 약속을 보유한다. 국제협약도 일부 결과를 낳았다. 수천 개의 지역사회와 기관들도 각자의 역할을 수행할 지역계획을 개발했다. 우리는 기후를 보존하는 데 필요한 대부분의 도구를 가지고 있다. 우리의 도전은 그것들을 적용하기로 결정하는 것이다.

연습 문제 *PRACRICE QUIZ*

1. 깨끗하고 건조한 공기를 구성하는 주요한 기체는 무엇인가?
2. 대기의 4층을 명명하고 설명하시오.
3. 온실효과는 무엇인가? 온실기체는 무엇인가?
4. 자연적인 기후변화에 영향을 미치는 요인은 무엇인가?
5. 대기 대류는 강우의 중요한 원인이다. 해들리(Hadley) 순환 대류를 유발하는 요인은 무엇인가?
6. 몬순이란 무엇이며, 왜 계절적인가?
7. 사이클론 폭풍이란 무엇인가?
8. IPCC는 무엇이며 그 기능은 무엇인가?
9. 최근 기후변화에 대한 인간의 원인을 입증하기 위해 IPCC는 어떤 방법을 사용했는가? 인간의 원인을 입증하기 위해 적절한 조작적인 연구를 할 수 없는 이유는 무엇인가?
10. 파리협약에서 5가지 핵심 아이디어는 무엇인가?
11. 기후변화의 5~10가지 영향을 나열하시오.
12. 기후 안정화 쐐기란 무엇인가? 왜 중요한 개념인가?
13. "삭감" 해결책들은 무엇이며, 어떤 해결책이 가장 효과적인가?

비판적 사고와 토론 *CRITICAL THINKING AND DISCUSSION*

이 장에서 배운 원리를 다른 학생들과 토론하기 위해 적용하시오.

1. 날씨 패턴은 시간이 지남에 따라 끊임없이 변화한다. 자신의 기억에서 어떤 날씨 사건을 기억할 수 있는가? 자신의 기후변화에 대한 경험에서 증거를 찾을 수 있는가? 기후변화를 기억하는 능력은 데이터 수집의 중요성에 대해 무엇을 알려주는가?
2. 파리협약(Paris Accord)과 같은 기후정책 형성의 문제점 중 하나는 경제학자와 과학자들이 문제를 다르게 정의하고 우선순위가 대조된다는 것이다. 경제학자와 생태학자는 파리협약에 대한 분쟁을 어떻게 다르게 설명할 것인가?
3. 경제학자와 과학자들은 종종 청정 대기법의 개정과 같은 문제를 정의하고 해결하는 일반적인 용어에 도달하기가 어렵다. 토론을 보다 성공적으로 만들기위해 상충되는 정의를 어떻게 재구성할 수 있는가?
4. 왜 온실기체 제어가 어려운 문제라고 생각하는가? 기술적, 경제적, 정치적, 감정적 및 기타 관련 요소를 나열하시오. 기후에 대한 영향을 줄이는 것은 누구의 책임인가?
5. 수십 년 동안 전 세계적으로 기후변화의 본질은 어떻게 새로운 정책을 제정하기 어렵게 하는가? 사람들이 문제의 심각성을 인식하는데 영향을 줄 수 있는 요인은 무엇인가?
6. 이산화탄소 배출을 줄이기 위해 더 많은 원자력발전소를 건설하겠는가? 그 이유는 무엇인가?
7. 표 8.2에 나열된 기후 해결책 중에서 탄소 배출량을 넘어서는 이점 측면에서 어떤 것이 가장 중요한가?

데이터 분석 IPCC 5차 평가 보고서(AR5) 검토 *DATA ANALYSIS Examining the IPCC Fifth Assessment*

기후변화에 관한 정부간 협의체(IPCC; Intergovernmental Panel on Climate Change)에는 풍부한 수치와 데이터 저장소가 있으며, 이러한 데이터는 향후 일부 정책 조치에 영향을 줄 수 있으므로 IPCC 보고서를 검토하는 것이 좋다. 자료와 결론은 불확실성뿐만 아니라 대중이 최상의 자료로 문제를 이해하는데 도움을 주기 위해 제시되어 있다.

훌륭한 개요는 다섯 번째 평가 보고서와 함께 제공되는 SPM (Policy Maker for Summary)에 있다.

▶ 증거를 참조하시오. : http://www.ipcc.ch/ipccreports/ar4-syr.htm에서 IPCC 보고서를 보시오.

기온, 해수면 및 북반구 적설량의 변화

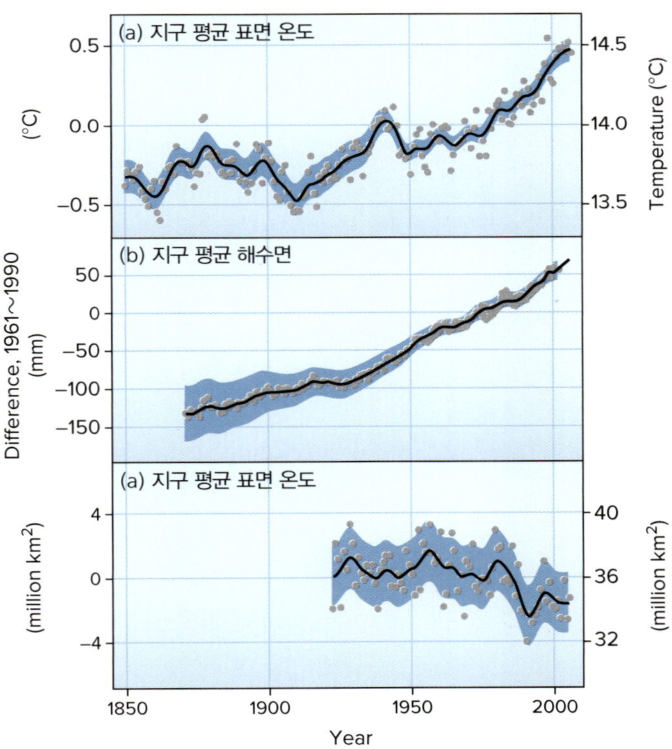

CHAPTER

9 대기오염

Air Pollution

학습 성과 *Learning Outcomes*

이 장을 학습한 후에 여러분은 다음 질문에 대답할 수 있어야 한다:

- ▶ 전통적인 또는 "기준" 오염물질의 주요 유형과 출처는 무엇인가?
- ▶ 여러 가지 유해한 대기오염물질과 그 영향을 설명하라.
- ▶ 대기오염물질은 기후와 성층권 오존에 어떤 영향을 미치는가?
- ▶ 대기오염은 인간의 건강에 어떤 영향을 줄 수 있는가?
- ▶ 대기오염을 줄이기 위해 어떤 정책과 전략이 있는가?
- ▶ 세계 대기 질이 개선되고 있는가? 아니면 악화되고 있는가? 그 이유는 무엇인가?

세계보건기구(World Health Organization)에 따르면 세계 주요 도시 중 인도 델리의 대기오염이 가장 심하다. 그곳에서 숨을 쉬면 하루에 50개비의 담배를 피우는 것과 같다.

사례 연구 Cace Study

델리의 대기 질 위기

인도 델리는 지구상의 모든 주요 도시 중에서 가장 나쁜 대기 질을 가지고 있다. 세계보건기구(WHO)는 1,600개의 세계 도시를 조사한 결과 델리가 다른 대도시보다 훨씬 오염된 공기를 가지고 있다는 것을 발견했다. 중국 베이징에서 오염된 공기를 호흡할 경우의 위험에 대해 들어보았을 것이다. 그러나 델리의 공기는 평균적으로 베이징보다 두 배나 나쁘다. WHO에 따르면 인도는 만성 호흡기질환과 천식으로 인해 세계에서 가장 높은 사망률을 보이고 있다. 인도에서는 매년 250만 명이 대기오염과 관련된 질병으로 사망하는 것으로 추정된다.

대기오염은 여러 형태로 나타나는데 연기, 연무, 먼지, 악취, 부식성 가스 및 독성 화합물은 가장 광범위한 오염물질 중 하나이다. 어떤 오염물질이 언제, 얼마나, 그리고 어떤 시간에 노출되는 지에 따라 이러한 오염물질은 천식, 기관지염, 폐기종, 심장병, 뇌졸중, 신경학적 손상 및 기타 건강문제를 일으킬 수 있다. 우리가 노출되는 많은 대기오염물질 중에서 일반적으로 입자상 물질(먼지, 재, 그을음, 연기 및 기타 부유물)이 가장 가시적이고 위험한 물질이다. 직경 2.5마이크로미터(PM2.5) 미만의 미세입자는 폐 깊숙이 침투하여 허약한 폐 조직을 손상시켜 흉터를 만들고 폐 기능을 저하시킨다.

오염된 공기는 특히 어린이에게 위험하다. 델리의 약 220만 명의 어린이(도시 모든 어린이의 약 절반)가 폐 손상을 일으켜 천식, 폐기종 또는 폐쇄성 폐질환으로 이어질 수 있다. 대기오염물질에 지속적으로 노출되면 지능지수(IQ)가 낮아지고 자폐증, 간질, 당뇨병 및 다발성 경화증 및 암과 같은 성인병 발병 위험이 높아질 수 있다.

2017년 11월 델리는 대기 질 지수가 도표 범위에서 벗어난 무서운 스모그 사건을 경험했다(그림 9.1). 이 지수는 5가지 주요 대기오염물질, 지상 오존, 미립자, 일산화탄소, 이산화황 및 이산화질소를 기준으로 한다. 규모는 0~500까지이지만, 2017년 11월 8일 델리의 지수는 1,010에 이르렀으며, 이는 안전하다고 간주되는 수준보다 20배 이상 높다. 일부 전문가에 따르면 델리에서 공기를 호흡하는 것은 하루에 50개비의 담배를 피우는 것과 같다.

델리에는 많은 대기오염원이 있는데 자동차 배기가스가 가장 큰 문제이다. 인도의 등록된 자동차 수는 1951년 30만 대에서 2017년에 2억2천만 대 이상으로 증가했다. 수백만의 자동차, 트럭, 모터바이크, 트랙터 및 삼륜차를 가진 약 2천만 명의 주민이 있는 대도시 델리에는 전국에서 가장 높은 자동차 밀도를 보인다. 일부 연구에 따르면, 자동차는 산성비와 스모그를 생성하는 질소산화물의 80%를 차지한다. 2002년 델리는 도시 거리를 막히게 하는 "툭툭"이라고 불리는 수천 대의 삼륜 모터인력거를 깨끗하게 연소하는 천연가스로 바꿀 것을 요구하는 법을 통과시켰다. 그로 인해 대기 질은 일시적으로 개선되었지만, 트럭과 자동차가 급격히 증가하여 오염수준이 어느 때보다 높아졌다.

작물 잔류물을 태우는 것은 인도의 또 다른 커다란 오염의 원인이다. 전통적으로 농민들은 수확 후 들판에 남은 그루터기를 태웠다. 이는 식물 해충 및 질병을 억제하고 무기영양분을 토양으로 되돌릴 수 있다. 그러나 연소는 보통 겨울철에 바람이 약하게 불고 비가 부족하여 연기가 공기 중에 오래 머무를 때 이루어진다. 연기가 도시로 흘러들어감에 따라 디젤 연기, 건설현장의 먼지, 쓰레기 연소 및 기타 오염물질과 혼합되어 짙은 스모그를 만들어 가시도를 수백 미터로 줄인다. 공항은 폐쇄되었고, 열차는 지연되었으며, 운전자는 어디로 가고 있는지 볼 수 없어서 교통사고로 도로가 막혔다.

석탄 화력발전소, 정유공장, 화학 산업 및 벽돌 가마를 포함한 산업시설도 델리의 대기에 해로운 영향을 미친다. 정치도 중요한 역할을 한다. 델리의 수석 장관은 이 도시를 "가스실"이라고 설명했지만, 다른 정부 관리들은 강력한 정치적 후원자가 있는 농민, 산업 또는 운송부문을 규제하는 것을 꺼려한다. 이 장에서는 우리 모두에게 영향을 미치는 대기오염원의 출처와 유형뿐 아니라, 대기 질을 보호하는 데 도움이 되는 정책과 기술에 대해서도 살펴본다. ■

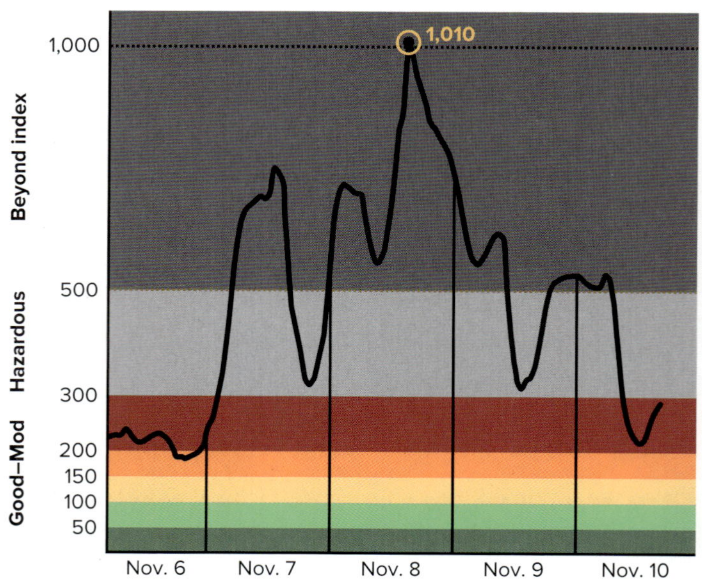

▲ **그림 9.1** 미국 대사관이 측정한 2017년 11월 인도 델리의 대기 질 지수. 11월 8일의 최고 오염은 인간 건강에 안전한 수준보다 20배나 높았다.

9.1 대기오염과 건강

- *대기오염물질은 건강과 환경 질에 영향을 미친다.*
- *EPA는 6가지 주요 오염물질과 기타 오염물질을 규제한다.*
- *수은, 납 및 유기화합물은 유해한 대기오염물질의 예이다.*

인도 델리의 예에서 볼 수 있듯이, 개발도상국의 급성장하는 도시에서 열악한 대기 질은 인간건강에 심각한 위협이다. 많은 인도 도시에서 공기 중 먼지, 연기 및 그을음은 종종 인간의 건강에 안전한 것으로 간주되는 수준보다 20배 높다. 세계보건기구(WHO)에 따르면 세계에서 가장 스모그가 많은 20개 도시 중 10개가 인도에 있다. 인도의 도시 거주자는 농촌보다 폐암으로 사망할 확률이 6배 더 높다. 호흡기 질환, 심혈관 질환, 폐암, 유아사망률 및 유산은 깨끗한 공기를 사용하는 사람들보다 오염 수준이 높은 국가에서 50%나 더 높다. 2018년, 40명의 저명한 보건전문가 집단은 대기오염으로 인해 전 세계적으로 약 650만 명이 사망했다고 결론지었다. 이러한 사망의 약 92%는 오염규제 정책이 약하고 건강관리가 불확실한 저소득 국가에서 발생한다.

남아시아에 대한 대기오염 연구에 따르면 연중 3 km (2마일) 두께의 화산재, 산, 에어로졸, 먼지 및 스모그 구름이 인도 대륙 전체를 덮고 있다. 산불, 농업 폐기물의 연소 및 화석연료 사용의 급격한 증가에 의해 생성된 이 스모그 층은 지구 표면에 도달하는 태양에너지의 양을 최대 15% 줄인다. 노벨상 수상자인 크루첸(Paul Crutzen)은 스모그 층(80%가 인간이 만든 것)이 몬순기후 패턴을 방해하고 파키스탄 북부, 아프가니스탄, 중국 서부 및 중앙아시아의 강우를 최대 40%까지 줄일 수 있다고 예측한다.

몬순계절이 끝날 무렵 이 "아시아 갈색 연무(Asian Brown Cloud)"가 인도양 위로 날려가면 해수를 식히고 태평양에서도 지역적 기후 양상이 변할 수 있다. 이 매연과 가스 구름은 전 세계 기후와 환경 질에 헤아릴 수 없는 큰 영향을 주면서, 일주일 만에 지구 둘레의 절반을 이동할 수 있다.

전 세계 대기오염 배출량은 연간 최대 수십억 톤에 달한다(표 9.1). 대기오염은 인간건강을 해치고 작물과 생태계를 손상시키며 건물과 기반시설을 부식시킨다. 온실기체는 우리의 기후를 바꾸고 있다. 냄새 및 가시성 상실과 같은 심미적 저하도 대기오염의 중요한 결과이다. 이러한 요소는 생명이나 건강을 직접적으로 위협하는 경우는 거의 없지만 삶의 질에 큰 영향을 줄 수 있다. 심미적인 저하는 또한 스트레스를 증가시켜 건강에 영향을 미친다.

수십 년 전만 해도 미국과 유럽의 많은 도시들도 현재 델리, 베이징 및 개발도상국의 다른 대도시에서 현재 경험했던 것과 비슷한 조건을 견뎌냈다는 사실을 기억하지 못하는 사람들이 많다. 지속적인 나쁜 공기와 때때로 발생하는 심각한 스모그 사건으로 인해 점차 오염 규제가 채택되었다. 법 집행이 개선되었고, 오늘날 많은 학생들은 한때 고향의 대기 질이 얼마나 나빴는지 알지 못한다. 많은 미국과 유럽 도시에는 여전히 나쁜 공기가 있다. 주요 항구 도시, 석유 및 가스 추출 지역 및 산업 도시는 특히 나쁘다. 그러나 지난 40년 동안 대기질 보호의 수와 효율성이 증가하여 공중보건이 크게 개선되었다. 대부분의 선진국에는 우리 모두가 호흡하는 공기를 보호하기 위해 법적으로 시행 가능한 규칙이 확립되어 있다. 따라서, 산업은 환경 및 건강 보호가 제대로 시행되지 않는 개발도상국의 빈곤 지역으로 이전했다.

벤치마크 데이터

다음은 이 장의 아이디어와 숫자 중에서 기억할 가치가 있는 몇 가지 사항이다.

250 만	매년 대기오염으로 인한 인도의 조기 사망 추정치
2.5 μm	가장 심각한 폐 손상을 유발하는 입자상 물질의 크기
$2조	미국 대기오염 규제의 경제적 혜택
$650 억	미국 대기오염 관리 비용
25 : 1	편익 : 비용 비율

청정 대기법은 주요 오염물질을 규제한다

대기오염 규제는 서서히 발달해 왔다. 1963년 미국 청정 대기법은 대기 질을 목표로 한 미국 최초의 국가 법률이다. 이 법은 주정부의 오염제어를 돕기 위해 연방 보조금을 제공했지만 대기 질 규제를 설정하거나 시행할 수 있는 주의 권리를 보존하기 위해 주의를 기울였다. 오염물질이나 에너지 및 산업제품 시장이 주 경계 내에서 억제되지 않기 때문에, 부분적인 지역 표준으로 문제가 해결되지 않았다는 것이 곧 명백해졌다.

1970년에 수정된 법률은 이산화황, 질소산화물, 일산화탄소, 오존(그리고 그 전구체인 휘발성 유기화합물), 납 및 입자상 물질의 6가지 주요 오염물질에 대해 전국에 동일하게 적용할 새로운 표준을 지정했다. 이 6가지를 **기존 오염물질** 또는 **기준 오염물질**(conventional or criteria pollutants)이라고 하며, 가장 많은 양의 대기질 저하에 초래했고 인간의 건강과 복지에 가장 심각한 위협으로 간주되기 때문에 가장 먼저 해결대상이 되었다. 운송 및 발전소는 대부분의 기준 오염물질의 주요 원인이다(그림 9.2). 국가 환경 대기질 기준(NAAQS; National Environmental Air Quality Standards)은 **주위공기**(ambient air)에서 이러한 오염물질에 대해 허용 가능한 수준을 지정했다. 기본 표준(표 9.2)은 인간건강을 보호하기 위한 것이다. 2차 표준은 작물, 재료, 기후, 가시성 및 개인의 안락함을 보호하기 위해 설정되었다.

청정 대기법(Clean Air Act)은 기존의 6가지 오염물질 외에도, 기존의 전통적 오염물질보다는 적은 양으로 생산되지만

표 9.1 대기로의 오염물질 및 미량 가스의 추정된 유량

		대략적인 연간 유량(백만 톤/년)	
종류	주요 공급원	자연적	인위적
CO_2 (이산화탄소)	호흡, 화석연료 연소, 토지 개간, 산업	370,000	36,800*
CH_4 (메탄)	벼, 논, 습지, 가스 시추, 매립지, 소, 흰개미	155	558
CO (일산화탄소)	불완전 연소, CH_4 산화, 식물 대사	1,580	562
비 메탄 탄화수소	화석연료, 산업용, 식물 이소프렌, 기타 생물기원	860	170
NO_x (질소산화물)	화석연료 연소, 번개, 바이오매스 연소, 토양 미생물	90	122
SO_x (황산화물)	화석연료 연소, 산업, 바이오매스 연소, 화산, 대양	35	103
SPM (부유성 입자)	화석연료, 산업, 광업, 바이오매스 연소, 먼지, 해염	583	362

*Fossil fuels and cement production only.
*화석연료 및 시멘트 생산에만 해당
출처: European Commission EDGAR, Global Carbon Project, Carbon Dioxide Information and Analysis Center.

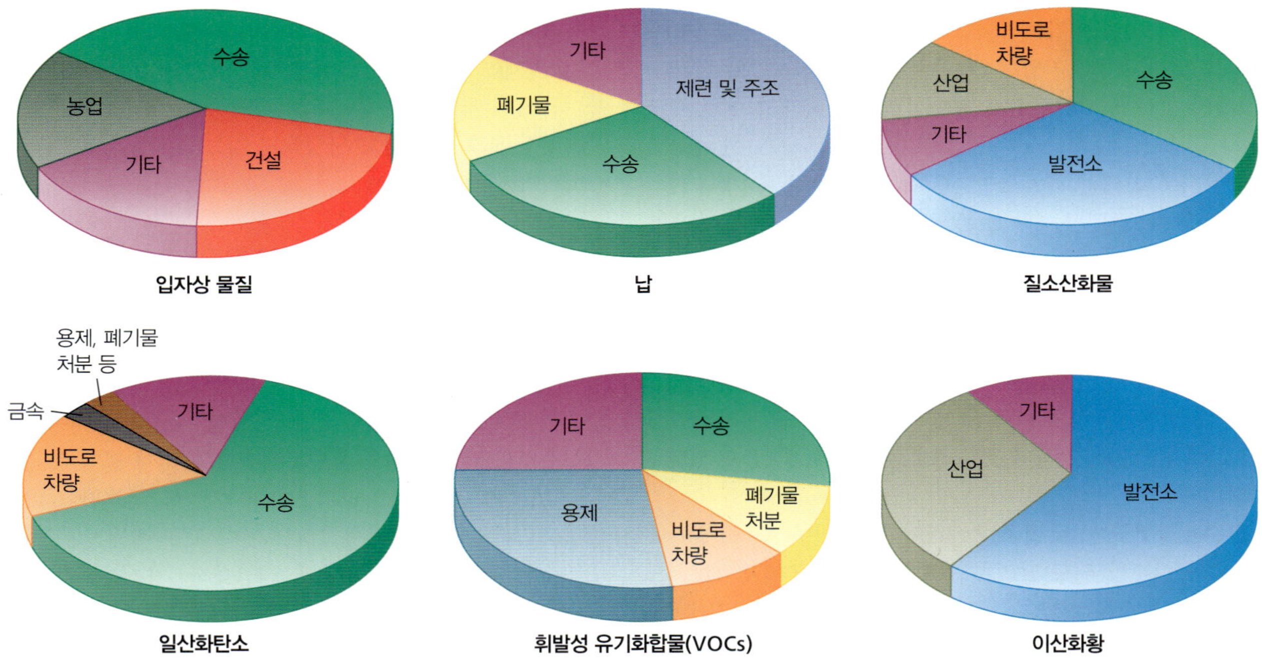

▲ **그림 9.2** 미국의 6가지 주요 "기준" 대기오염물질의 인위적 원인.
출처: 유엔환경계획(UNEP)

석면, 벤젠, 수은, 폴리염화비페닐(polychlorinated biphenyl; PCB) 및 염화비닐과 같이 특히 독성이 있거나 유해한 화합물을 독특한 비전통적 오염물질로서 규제한다. 이들 중 대부분은 자연계에 드물거나 자연적인 오염원이 없다(그림 9.3).

많은 오염물질이 굴뚝과 같은 **점오염원**(point source)에서 비롯된다. **비산**(Fugitive) 또는 **비점오염원 배출**(non-point-source emission)은 굴뚝을 통과하지 않는다. 밸브와 파이프 접합부에서의 누출은 정유공장과 화학공장에서 배출되는 탄화수소 및 휘발성 유기화학물질의 90% 이상을 차지하며, 천연가스정에서 점점 더 많이 배출된다. 광업, 농업 및 건물 건설 및 철거에서 발생하는 먼지도 비산 배출로 간주된다.

1차 오염물질(Primary pollutant)은 방출 시 유해한 물질이다. 대조적으로, 2차 오염물질은 공기 중의 다른 가스나 물질과 반응한 후에 생성되는 유해물질이다. 특히, **광화학적 산화제**(photochemical oxidant; 태양 에너지에 의해 초래되는 반응에 의해 생성된 화합물) 및 대기 중 산은 가장 중요한 2차 오염물질이다.

기존 오염물질은 풍부하고 심각하다

대부분의 기존 오염물질은 화석연료, 특히 석탄발전소, 자동차

표 9.2 국가 별 대기 질 표준 (NAAQS)

오염물질	기본(건강기반) 평균 시간	표준(허용 가능한 농도)
PM [a]	연간 기하평균 [b] 24 hours	50 μg/m^3 150 μg/m^3
SO_2	연간 산술평균 [c] 24 hours	80 μg/m^3 (0.03 ppm) 120 μg/m^3 (0.14 ppm)
CO	8 hours 1 hour	10 mg/m^3 (9 ppm) 40 mg/m^3 (35 ppm)
NO_2	연간 산술평균	80 μg/m^3 (0.05 ppm)
O_3	일일 최대 8시간 평균	157 μg/m^3 (0.08 ppm)
납	최대 분기별 평균	1.5 μg/m^3

a 총 부유 입자상 물질, PM2.5 및 PM10
b 기하평균은 *n*개의 곱의 *n*차 근을 취하여 구한다. 이것은 세트에서 매우 큰 숫자의 영향을 줄이는 경향이 있다.
c 산술평균은 데이터 포인트 그룹의 합계를 포인트 수로 나눈 값이다.
출처: UNEP.

및 트럭, 천연가스 및 석유 가공에서 주로 화석연료를 연소하여 생산된다. 다른 것, 특히 황과 금속은 광업 및 제조공정의 부산물이다. 청정 대기법에 나열된 188가지 대기 독성물질 중 약 3분의 2가 휘발성유기화합물이고, 나머지는 대부분 금속화합물이다. 이 절에서는 주요 오염물질의 특성과 기원에 대해 논의할 것이다.

이산화황(SO_2)은 식물과 동물 모두를 손상시키는 무색의 부식성 기체이다. 일단 대기에 들어가면 삼산화황(SO_3)으로 산화되어 수증기와 반응하거나, 물방울에 녹아 산성비의 주요 성분인 황산(H_2SO_4)을 형성할 수 있다. 이산화황과 황산이온은 흡연 다음으로 대기오염과 관련된 가장 많은 건강 문제를 초래한다. 황산염 입자와 물방울은 또한 미국에서 가시성을 80%나 줄인다. 미세한 황산 방울은 폐 속으로 깊숙이 침투하여 영구적인 손상뿐만 아니라 눈을 자극하고 건물을 부식시킬 수 있다. 또한 식물의 엽록소를 파괴하여 결국 조직을 죽인다(그림 9.4).

질소산화물(NO_x)은 연소열에 의해 대기 중의 질소(N_2)와 산소(O_2)가 반응할 때 형성되는 반응성이 높은 가스이다. 초기 생성물인 일산화질소(NO)는 대기에서 추가로 적갈색의 기체인 이산화질소(NO_2)로 산화되어, 광화학 스모그에 독특한 색을 부여한다. 이들 가스는 한 형태에서 다른 형태로 쉽게 전환되기 때문에 NO_x (x는 지정되지 않은 숫자를 나타냄)로 표현한다. 질소산화물은 물과 결합하여 질산(HNO_3)을 형성하는데, 이는 또한 산성강하의 주요 성분이다(그림 9.5). 또한 수중의 과도한 질소는 내해와 연안해의 부영양화를 유발한다.

일산화탄소(CO)는 흔하지는 않지만 주요 대기 탄소 형태인 이산화탄소(CO_2)보다 위험하다. CO는 주로 불완전한 연료

▲ **그림 9.3** 가장 심각한 오염물질은 루이지애나 배턴루지(Baton Rouge)와 같은 석유화학시설에서 발생하는 비산 배출물이다.
출처: ©Mary Ann Cunningham

능동적 학습 ACTIVE LEARNING

오염원 출처 비교

대기오염의 본질을 다루는 것은 다양한 오염원에서 비롯된 많은 오염물질이 있기 때문에 어려울 수 있다. 따라서, 먼저 청정 대기법(Clean Air Act)이 최초 목표로 삼은 6가지 주요 "기준" 오염물질의 정체성과 출처를 기억하는 것이 좋은 시작점이 될 것이다. 이러한 오염물질은 수은이나 기타 유해오염물질처럼 미량투여 시 위험하지는 않지만, 모두 심각하고 풍부하다.

다음 질문에 답하기 위해 그림 9.2에 나와 있는 오염원을 면밀히 조사하라.

1. 눈을 감고 표시된 6가지의 오염물질을 열거하라.
2. 휘발성 유기화합물(VOC)은 종종 오존(O_3)과 함께 평가되는데, 이들은 함께 다양한 광화학적 산화제 및 기타 오염물질에 기여하기 때문이다. 이와 관련하여 "휘발성"이란 무엇인가? "유기화합물"이란 무엇인가?
3. 도표에서 이산화황을 조사하라. 가장 큰 단일 공급원은 무엇인가? 그 공급원에서 풍부하게 생성된 또 다른 오염물질은 무엇인가?
4. 수송이 주요 기여자인 오염물질은 무엇인가? 6가지의 오염물질 중 몇 가지인가? 이 장을 읽으면서, 이러한 오염물질을 최소화하기 위한 전략은 무엇인가?
5. 자동차 엔진의 질소산화물에서 주요 질소원은 무엇인가? (본문과 그림을 검토하여 답변하라)

답변: 1. 입자상 물질, 일산화탄소, 납, 휘발성 유기화합물, 질소산화물, 이산화황; 2. "휘발성"은 쉽게 증발되는 것을 의미하고, "유기화합물"은 탄소원자 또는 고리의 기초를 의미한다. 3. 산업, 질소산화물; 4. 6가지 오염물질 중 5가지: 이산화황을 제외한 모든 것 – 오염제어 전략에는 더 나은 연소, 청정연료 및 기타 노력이 포함된다. 5. 연료 연소열에 의해 대기 중 산소와 결합하는 대기 질소이다.

연소(석탄, 오일, 숯, 목재 또는 가스)에 의해 생성되는 무색, 무취, 고독성 가스이다. CO는 혈액에서 헤모글로빈에 비가역적으로 결합하여 동물의 호흡을 저해한다. 미국에서는 CO 배출량의 3분의 2가 운송 시 내연기관에 의해 생성된다. 토지개간 화재 및 요리 화재도 주요 공급원이다. 대기 중 CO의 약 90%는 오존을 생성하는 광화학반응에서 소비된다.

오존(O_3)은 태양의 자외선으로부터 우리를 보호하는 상부 대기에서는 중요하지만(9장 참조), 지상에서의 오존은 눈, 폐 및 식물 조직을 손상시키는 고반응성 산화제이다. 지상 오존은 페인트, 고무 및 플라스틱뿐만 아니라, 태양에너지에 의해 개시되는 화학반응에 의해 생성되는 2차 오염물질이다(그림 9.5). 일반적으로 이러한 광 개시 반응에 의해 생성된 오염물질은 광화학 산화제(즉, 조직을 자극하고 물질을 손상시키는 산화제)로 알려져 있다. 이러한 반응에서 가장 중요한 것 중 하나는 이

▲ **그림 9.4** 이 대두 잎을 24시간 동안 2.1 mg/m^3 이산화황에 노출시켰다. 흰색 반점은 엽록소가 파괴된 곳을 보여준다.
출처: ©William P. Cunningham

산화질소 (NO_2)를 분리하여 단일 산소원자를 형성하는 것이다. 그런 다음 이 원자산소는 O_2 분자에 결합하여 오존(O_3)을 만든다. 오존의 매캐하고 톡쏘는 냄새는 광화학적 스모그의 특징이다.

다양한 휘발성 유기화합물(volatile organic compound; VOC)은 오존과 반응하여 스모그에서 광화학 산화제를 생성한다. 이러한 유기성(탄소 기반) 휘발성(쉽게 증발되는) 화학물질은 석유 및 가스 정제, 플라스틱 및 화학제조와 같은 산업공정에서 나온다. 이러한 산업적 VOC 중 가장 위험하고 일반적인 것은 벤젠, 톨루엔, 포름알데히드, 염화 비닐, 페놀, 클로로포름 및 트리클로로에틸렌이다. 주요 공급원은 차량, 발전소, 화학공장 및 정유공장에서 불완전하게 연소된 연료이다.

납(Lead)은 인류가 가장 풍부하게 생산한 금속 대기오염물질이며, 필수 효소 및 세포 구성요소와 결합하여 비활성화시킴으로써 신경 및 뇌 기능을 손상시킨다. 광범위한 산업 및 광업 공정은 납, 특히 금속 광석 제련, 석탄 및 도시 폐기물의 광업 및 연소를 유발하며, 여기에서 납은 미량원소로서, 납이 첨가된 휘발유가 연소된다. 역사적으로, 유연휘발유는 미국에서 주요 납 공급원이었지만 1980년대에 유연휘발유는 단계적으로 폐지되었다. 금지령이 시행된 1986년 이후 어린이의 평균 혈중 납의 수치가 90% 감소했으며 평균 IQ가 3점 상승했다. 미국에서 유연휘발유의 금지는 미국 역사상 가장 성공적인 오염 규제 중 하나였다. 현재 50개국이 유연휘발유를 포기했다. 이러한 조치의 세계적인 경제적 혜택은 연간 $2천억이 넘는 것으로 추산된다.

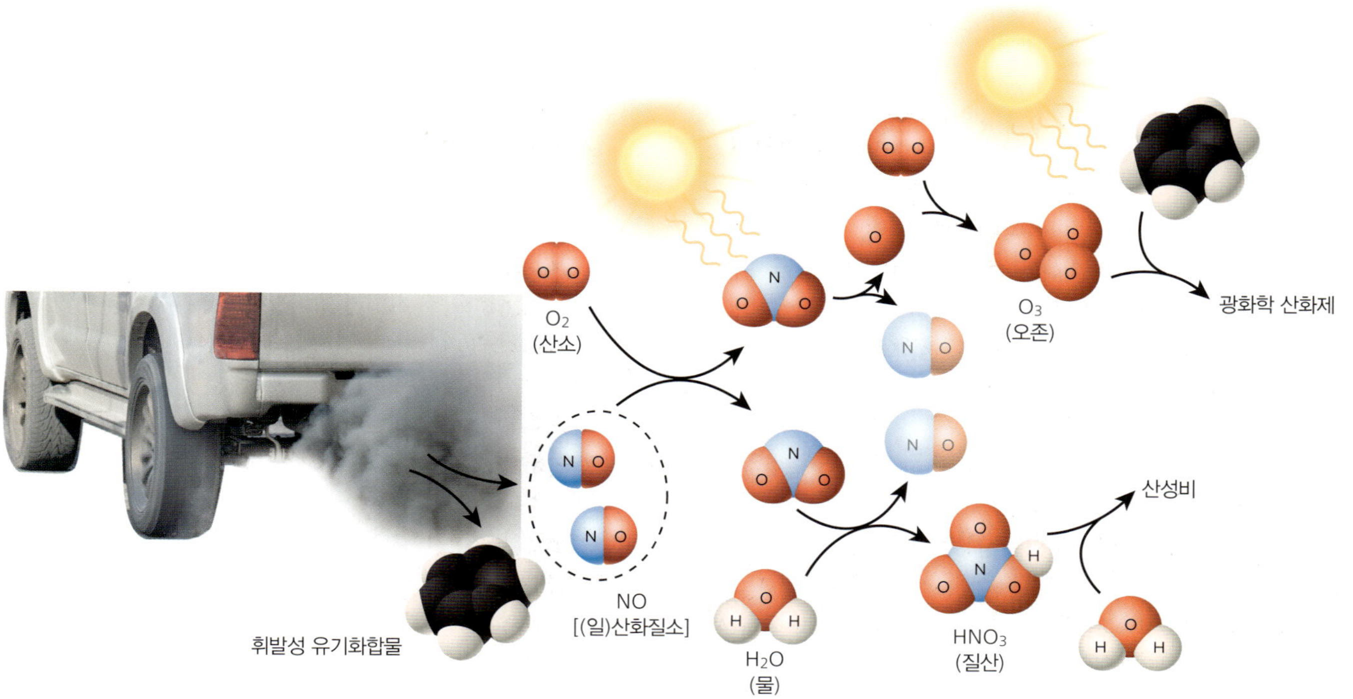

▲ **그림 9.5** 연료 연소열로 인해 대기 N_2와 O_2에서 질소 산화물이 형성된다. NO_2는 물(H_2O)과 상호 작용하여 산성비의 성분인 HNO_3를 형성한다. 또한, 태양 복사는 NO_2가 유리 산소 원자를 방출하여 대기 O_2에 결합하여 오존(O_3)을 생성할 수 있게 한다. 연료 연소는 불완전 연소된 탄화수소(휘발성 유기 화합물 포함)도 생성한다. O_3와 VOC는 모두 햇빛에 의해 활성화되는 반응에서 광화학 산화제에 기여한다. 여기에 표시된 VOC는 각각의 탄소에 수소원자가 하나씩 부착된 6개 탄소원자의 고리인 벤젠이다.

출처: ©Akhararat Wathanasing/123RF

입자성 물질(particulate material)에는 먼지, 재, 그을음, 보풀, 연기, 꽃가루, 포자, 조류 세포 및 기타 많은 부유 물질이 포함된다. **에어로졸**(aerosol)이나 공기 중에 떠도는 초미립자 또는 액체 방울이 이 등급에 포함된다. 미립자는 가시성을 줄이고 창문, 페인트 표면 및 섬유에 더러운 침전물을 남기기 때문에 가장 눈에 띄는 대기오염 형태이다. 2.5 μm보다 작아서 쉽게 호흡되는 입자는 폐 조직을 손상시킬 수 있기 때문에 이 집단에서 가장 위험하다. 예를 들어, 석면섬유와 담배연기는 발암성이 있기 때문에 도시대기 및 실내대기에서 쉽게 마실 수 있는 매우 위험한 입자 중 하나이다.

유해한 대기오염물질은 암과 신경 손상을 일으킬 수 있다

특정 유형의 독소는 낮은 농도에서도 특히 위험하기 때문에 미국 EPA에서 모니터링 한다. **유해 대기오염물질**(hazardous air pollutant; HAP)이라고 하는 이 화학 물질은 암과 신경 손상을 유발할 뿐만 아니라 호르몬 기능과 태아 발달을 방해한다. 이러한 지속성물질은 생태계에 오랫동안 남아 있으며 동물과 인간 조직에 축적된다. 이러한 화학 물질의 대부분은 금속화합물, 염화탄화수소 또는 휘발성 유기화합물이다. 가솔린 증기, 용매 및 플라스틱 성분은 모두 매일 접할 수 있는 HAP이다.

많은 HAP는 가솔린, 플라스틱, 용제, 제약 및 기타 유기화합물을 생산하는 화학처리 공장에서 배출된다. 벤젠, 톨루엔, 크실렌 및 기타 휘발성 유기화합물이 이들 중에 있다. 염소를 함유한 탄소기반 화합물인 다이옥신은 주로 플라스틱 연소와 염소를 함유한 의료폐기물에서 방출된다. EPA에 따르면 1억 명의 미국인(3분의 1)이 HAP의 암 발생률이 일반적으로 허용되는 활동기준(10만분의 1)의 10배인 지역에 살고 있다. 벤젠, 포름알데히드, 아세트알데히드 및 1,3-부타디엔이 이러한 HAP 암 위험의 대부분을 담당한다. 대중이 지역 대기 질 수준을 추적할 수 있도록 EPA는 최근 미국 대륙의 여러 지역에서 HAP 농도를 추정했다. 이는 환경 방위기금(Environmental Defense Fund)의 HAP 스코어 카드를 온라인으로 검색하여 지역사회의 오염수준과 유형을 확인할 수 있다.

미국 의회는 해당 지역에서 생산되고 처리되는 독성물질에 대해 지역사회에 알리기 위해 1986년에 **유해화학물질 배출목록**(Toxic Release Inventory; TRI)을 제정했다. 이 목록은 23,000개소의 공장, 정유소, 암석광산, 발전소 및 화학 제조업체에서 자체 보고된 667가지 종류의 독성화학물질에 대한 독소방출(특정한 최소량 이상) 통계 및 폐기물 관리방법에 대한 보

▲ **그림 9.6** 미국의 약 23,000개소의 시설에서 발생하는 다양한 유해 배출은 유해화학물질 배출목록(TRI; Toxic Release Inventory)에 의해 모니터링 된다.
출처: ©Tatiana Grozetskaya/123RF

고를 수집한다. 이 총계는 사용 등록된 모든 화학물질의 1% 미만이며, 제한된 공급원 범위를 나타내지만, TRI는 미국에서 유독성 오염에 대한 가장 포괄적인 정보 출처로 널리 알려져 있다(그림 9.6).

수은은 주요 신경독소이다

공기 중 금속은 주로 연료, 특히 석탄의 연소에서 비롯되는데, 여기에는 미량의 수은, 비소, 카드뮴 및 기타 금속뿐만 아니라 황 및 기타 미량원소가 포함된다. 대기 중 수은은 광범위하고 지속적인 신경독소(뇌와 신경계를 손상시키는 물질)이기 때문에 특별한 관심을 받았다. 미량 투여만으로도 특히 어린이와 태아 발육에 신경손상 및 기타 장애를 일으킬 수 있다. 공기 중 수은의 약 70%가 석탄연소 발전소에서 방출된다. 또한 금속 광석제련 및 폐기물 연소 역시 대기 중의 수은 및 기타 금속을 생성한다.

수은에 대한 인간 노출의 약 75%는 물고기 섭취에서 발생한다. 이는 수서 세균이 주로 대기 중의 수은을 살아있는 동물 조직에 축적되는 형태인 메틸수은으로 전환시키는 역할을 하기 때문이다. 일단 메틸수은이 먹이그물에 들어가면 육식동물의 살과 혈류에 생물농축된다. 결과적으로, 대형의 수명이 긴 육식어류는 조직에 특히 높은 수준의 수은을 함유하고 있다. 오염된 참치는 단독으로 미국의 수은 노출의 약 40%를 차지한다(그림 9.7). 황새치, 새우 및 기타 해산물도 우리 식단에서 중요한 수은 공급원이다.

▲ **그림 9.7** 참치는 우리가 풍부하게 먹는 최상위 포식자 어류이기 때문에, 참치 통조림은 주된 수은 공급원이다.
출처: ©hstrongart/123RF

미국 지질조사국의 2009년 보고서에 따르면 태평양 참치의 수은 수준은 20년 사이에 30% 증가했으며, 2050년까지 추가로 50%가 증가할 것으로 예상된다. 새로운 석탄화력발전소를 계속 건설하는 석탄 연소의 증가는 태평양에서 전 세계 수은 배출량이 증가하는 주요 원인으로 파악되고 있다. 그러나 미국의 석탄발전소는 북미, 대서양 및 유럽 전역에 축적되는 수은을 생산한다. 대기를 통한 수은의 장거리 운반은 외딴 고위도 북극지역의 수서생태계에 생물축적을 유발한다. 그곳의 수은중독은 물고기를 먹이사슬의 기반으로 하는 인간과 야생동물에게 심각한 위험이 될 수 있다.

담수어류도 위험을 수반한다. 수은오염은 미국의 강과 호수의 가장 흔한 손상 원인이며, 45개 주에서는 갓 잡은 생선을 자주 섭취하는데 대한 경고를 발령했다. 2007년 연구에 따르면 12개 서부 주의 636개소의 강과 개울에서 2,700종이 넘는 어류가 검사되었으며, 그 모두에서 수은이 발견되었다.

미국 국립보건원(National Institutes of Health; NIH)은 매년 미국에서 태어난 4백만 명의 어린이 중 300,000~600,000명 사이가 지능이 떨어지거나 발달장애가 발생할 수 있는 수은 수준에 노출되었다고 추정한다. NIH에 따르면, 높아진 수은 수준 때문에 미국 경제는 매년 의료 및 교육비용의 증가와 노동력 생산성의 감소로 인해 $87억의 손실을 입는다.

수은은 수십 년의 논쟁 끝에 2000년 청정 대기법에 의해 완전히 규제되었다. 그 이후로 많은 지역에서 금속이 굴뚝을 떠나기 전에 포집되면서 배출량이 감소했지만, 전 세계 수은은 여전히 증가하고 있어 문제가 된다.

실내대기는 실외대기보다 나쁠 수 있다

우리는 주요 실외대기오염물질을 규제하기 위해 상당한 노력과 비용을 들였지만, 실내대기오염에 대한 우려는 점점 커지고 있다. 카펫, 가구, 세탁물질, 페인트 및 기타 물질에서 휘발성 유기화합물의 사용이 증가함에 따라, 미국 EPA는 종종 실내에서 높은 농도의 독성 대기오염물질을 발견한다. 클로

▲ **그림 9.8** 실내대기오염은 일산화탄소, 미립자 및 암 유발 탄화수소가 종종 위험한 수준에 도달하지만 통풍은 잘 되지 않는 부엌에서 하루를 보내는 약 30억 명의 사람들, 주로 여성과 어린이에게 영향을 미친다.
출처: france68/123RF

로포름, 벤젠, 사염화탄소, 포름알데히드 및 스티렌과 같은 화합물은 실외 공기보다 실내 공기에서 70배 더 높을 수 있다. 많은 가정에는 직장에서서는 불법적인 농도를 보인다. 우리의 대부분은 실외보다 실내에서 더 많은 시간을 보내므로 노출도 더 높다.

담배연기는 의심할 여지없이 선진국에서 인간건강 측면에서 가장 중요한 대기오염물질이다. 미국 공중위생국장은 미국에서 폐기종, 심장마비, 뇌졸중, 폐암 또는 흡연으로 인한 기타 질병으로 매년 400,000명이 사망하는 것으로 추정했다. 이 질병은 미국의 모든 사망률의 20%, 또는 감염원의 4배에 해당한다. 조기 사망 및 흡연 관련 질병의 총비용은 연간 $1,000억으로 추산된다. 흡연을 제거하면 다른 오염방지 조치보다 더 많은 생명을 구할 수 있다.

장작, 숯, 말린 배설물 및 농업 폐기물과 같은 유기연료가 가정의 주요한 에너지인 아프리카, 아시아 및 라틴 아메리카의 저개발 국가에서는, 연기가 자욱하고, 환기가 잘 되지 않는 난방 및 요리용 화재가 실내대기오염의 최악의 공급원이다(그림 9.8). 세계보건기구(WHO)는 30억 명의 사람들, 특히 여성과 어린 아이들이 영향을 받는 것으로 추정하고 있다. 이들은 밀폐된 공간에서 매일 불을 피우거나 통풍이 되지 않는 난로 주위에서 오랜 시간을 보낸다. 전 세계 대기오염 관련 사망자의 절반 이상이 실내대기가 좋지 않기 때문인 것으로 생각된다.

9.2 대기오염과 기후

- *대기 순환은 전 세계에 오염물질을 분배한다.*
- *그을음(블랙카본)은 반사 얼음과 눈을 녹여 기후변화를 일으킨다.*
- *성층권 오존을 파괴하는 클로로플루오르카본(Chlorofluorocarbon; 염화불화탄소)은 1987년 몬트리올 의정서에 의해 감소했다.*

대기오염물질은 기후와 중요한 상호작용을 한다. 오염물질은 기후변화를 유발하는데 이산화탄소, 메탄, 아산화질소 및 할로겐 가스(예: 냉매에 사용되는 클로로플루오르카본)가 주요 원인이다(9장 참조). 동시에 따뜻해지는 온도는 우리가 호흡하는 공기의 오존 및 광화학적 산화제의 농도를 증가시킨다(그림 9.5 참조). 또한 정상적인 대기 순환은 전 세계에 오염물질을 분산시켜, 원격지의 인구를 산업공급원 오염물질에 노출시킨다.

대기오염물질은 지구를 이동한다

먼지와 미세한 에어로졸은 바람에 의해 먼 거리까지 운반될 수 있다. 오대호와 오하이오 강 계곡 사이의 산업지대의 오염은 정기적으로 캐나다 해양 주를 오염시키며, 때로는 아일랜드까지 추적될 수 있다. 마찬가지로 중국의 고비(Gobi) 사막과 타클라마칸(Takla Makan) 사막의 먼지폭풍은 일본과 한국의 학교, 공장 및 공항을 정기적으로 폐쇄시키며 종종 북미 서부까지 도달한다. 1998년 한 차례의 심한 먼지폭풍의 화학분석 결과는 워싱턴 시애틀의 미립자 오염의 75%가 중국에서 기원했음을 보여주었다. 마찬가지로 북아프리카의 먼지는 정기적으로 대서양을 가로질러 플로리다와 카리브 제도의 공기를 오염시킨다(그림 9.9). 이 먼지는 병원체를 운반할 수도 있으며, 카리브 해의 산호를 공격하는 질병의 원인으로 생각된다. 토양과학자들은

▲ **그림 9.9** 서사하라와 모로코 해안에서 1,600 km가 넘는 거대한 먼지폭풍이 펼쳐졌다. 먼지와 오염물질의 장거리 운반은 전 세계적으로 중요한 오염원이다.
출처: SeaWiFS Project, GSFC, NASA

매년 30억 톤의 모래와 먼지가 전 세계로 퍼진다고 추정한다.

산업 오염물질은 일반적으로 세계에서 가장 깨끗한 곳으로 간주되는 곳에서 종종 더 흔하다. 사모아, 그린란드, 남극대륙 및 북극까지 모두 대기 중에 중금속, 살충제 및 방사성원소가 있다. 1950년대 이래로 북극을 비행하는 조종사들은 북극대기에 짙은 적갈색의 안개가 짙은 층을 보고했다. 황산염, 그을음, 먼지 및 바나듐, 망간 및 납과 같은 독성 중금속 에어로졸은 유럽과 러시아의 산업화된 지역에서 극지방으로 이동한다. 북극 설원에 침전된 그을음 및 미립자는 태양열을 눈처럼 반사하지 않고 흡수한다. 이 "그을음(블랙카본; black carbon)"은 지구 기후변화에 중요한 요소이다(과학 탐구 참고).

대기의 순환은 오염물질을 극지방으로 운반하는 경향이 있다. 앞에서 논의된 수은과 같이, 휘발성 유기화합물(VOC)은 따뜻한 지역에서 증발하여 대기를 통과한 다음 더 차가운 지역에서 응축되고 침전된다. 수년에 걸쳐, 오염물질은 일반적으로 높은 위도의 가장 추운 곳으로 이동하여 먹이사슬에 생물농축된다. 고래, 북극곰, 상어 및 극지방의 다른 육식 동물은 몸에 위험한 수준의 살충제, 금속 및 기타 유해한 대기오염물질이 있는 것으로 나타났다. 북극권보다 훨씬 위의 Broughton Island의 이누이트 족에 대한 연구에 따르면, 혈액에서 다량의 폴리염화비페닐(PCB)이 산업재해 피해자를 제외한 다른 알려진 인구보다 더 높은 농도로 나타났다. 산업 부산물의 공급원과는 거리가 먼 이 사람들은 물고기, 순록 및 기타 동물의 고기로부터 PCB가 축적되었다.

CO_2와 할로겐은 주요 온실기체이다

기후변화를 늦추기 위해 CO_2 배출량 감축이 필요하다는 것이 1990년대 이래로 명백해졌지만, 최근까지 CO_2 배출은 규제되지 않았다. 정상적인 농도에서의 CO_2는 무해하지만, 인간 활동으로 인해 매년 약 0.5%씩 배출량이 꾸준히 증가하고 있다. 따뜻해지는 온도는 여러 가지 방법으로 인간건강에 직접적인 영향을 준다. 오염물질 수준은 온도가 상승함에 따라 증가한다. 기온이 상승하면 수자원이 감소하고, 가뭄으로 대기 중의 입자상 물질이 증가한다.

이와 같은 건강상의 이유로, EPA는 CO_2 배출에 대한 허용한계를 정의했다. 규정은 1990년대에 처음 제안되었지만, 석탄과 석유 생산국의 산업 반대자들이 규정의 개발과 이행을 막고, 2011년 미국 의회는 오염 모니터링 및 규제를 방지하기 위해 EPA 자금을 1/3로 줄이겠다고 위협했다.

논쟁의 일부는 경제성장이 화석연료 사용의 지속적인 증가를 필요로 한다는 신념과 관련이 있다. 그러나 그 가정은 더 이상 유지되지 않았다. 최근 몇 년간 많은 지역의 배출량은 안정화되었지만 GDP는 계속 상승했다. 산업생산국인 독일은 1991~2016년 사이에 온실가스 배출량을 28% 줄였지만, GDP는 오히려 50% 성장했다. 경제를 화석연료에 의존하는 주와 산업에서도 반대의견이 제기되었다. 산업이 공중보건을 위협하는 경우에도, 수익성이 높은 산업에서 벗어나는 것은 항상 어려운 일이다.

대법원은 EPA를 온실가스를 규제한 혐의로 기소했다

EPA가 온실가스를 규제해야 하는지에 대한 문제는 2007년 대법원에 넘어갔을 정도로 논란이 많았다. 법원은 온실가스가 공중보건과 복지를 위험에 빠뜨리는 근거로, 청정 대기법의 의미 내에서 이러한 기체를 제한하는 것은 EPA의 책임이라고 판결했다. 법원과 후속 EPA 증거자료에 따르면 이러한 위험에는 가뭄의 증가, 더 빈번하고 강렬한 열파와 산불, 해수면 상승과 수자원, 농업, 야생생물 및 생태계에 대한 피해가 포함된다.

이러한 위험 외에도, 미군은 기후변화를 보안 위협의 증가로 언급했다. 장군들과 제독들은 합동으로 해군 분석센터(Center for Naval Analyses)의 보고서에 서명했다. 기후변화는 물 부족으로 인한 폭력과 해수면 상승 및 농작물 실패로 인한 폭력을 포함하여 "국가 안보문제에 중대한 영향을 미친다"라고 진술했다.

EPA는 대법원 판결 이후 이산화탄소, 메탄, 아산화질소, 수소불화탄소, 과불화탄소 및 6불화황의 6가지 온실가스를 규제해야한다. 이들은 최근 수십 년 동안 배출량이 급격히 증가한 기체이다.

이 6가지 기체 중 3가지는 가볍고 반응성이 높은 원소(불소, 염소, 브롬 및 요오드)의 집단인 할로겐을 포함한다. 이 기체는 CO_2보다 분자 당 훨씬 더 강력한 온실기체이다(그림 9.10). 그들은 일반적으로 원소 형태에서 독성이 있기 때문에

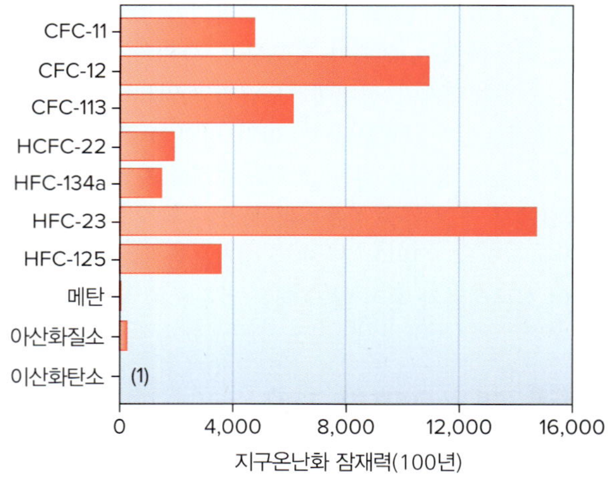

▲ **그림 9.10** CFC가 CO_2에 비해 지구 온난화 잠재력이 크고 수명이 길기 때문에, 몬트리올 의정서는 성층권 오존을 보존할 뿐만 아니라 온실기체를 줄이는 데 기여했다.

훈증제 및 소독제로 일반적으로 사용되지만, 산업 및 상업용 제품에도 수백 가지 용도로 사용된다. 클로로플루오르카본(CFC)은 선진국에서 대부분의 용도로 금지되어 왔지만, 매년 약 6억 톤의 이러한 화합물이 스프레이 추진제, 냉동 압축기 및 발포에 사용된다. 그들은 성층권으로 확산되어 염소와 불소 원자를 방출하여, 지구를 자외선으로부터 보호하는 오존층을 파괴한다.

온실가스 배출을 어떻게 줄일까? 보존과 대체에너지를 통해 연료 사용을 줄이는 것이 첫 번째 단계이다. 석탄 연소를 지원하는 보조금 제도를 바꾸는 것도 또 다른 방법이다. 배출권을 거래하는 시장 또는 "신용"이 포함된 배출권 거래제가 가장 인기있는 전략이었지만(9.4절 참조), 이산화탄소 생산을 효과적으로 저지하는 가격을 책정하는데 시장은 대체로 실패했다. 화석연료 판매에 부과되는 탄소세 또는 수수료는 널리 지지된다. 미국 의회는 온실기체 감축을 위한 상한거래 제도 또는 탄소세를 고려하지 않기 때문에, 오바마 대통령은 규제한계를 설정했다. 청정전력 규정에 따라 EPA는 발전소에 대한 CO_2 제한을 설정했으며, 2005년보다 2030년까지 배출량을 30% 줄이는 것이 목표이다(제8장 참조). 그러나 행정적인 조치는 쉽게 뒤집힐 수 있다. 트럼프 행정부는 2017년 취임하자마자 이 규정을 삭제했다.

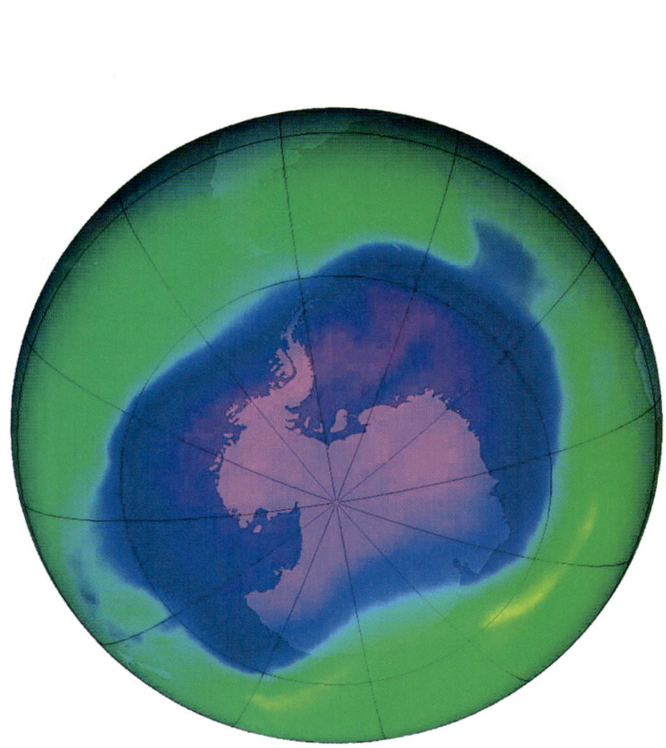

▲ **그림 9.11** 남부 봄철에 발생하는 성층권 오존의 감소된 농도는 자주색 음영으로 표시된다. CFC 생산은 1990년 이래 감소하고 있지만, 2006년 오존 "구멍"은 기록된 가장 큰 규모였다.
출처: NASA

CFC는 성층권에서 오존도 파괴한다

염화불화탄소(CFC; 클로로플루오르카본) 배출량을 제어하는 것은 기후에 있어 중요하지만, CFC에 대한 우려는 처음에는 완전히 다른 이슈인 성층권 오존 "구멍"(hole; 농도 감소 지역)의 성장을 멈추는 것에 초점을 맞추었다(그림 9.11). 이러한 현상은 1985년에 발견되었지만 최소한 1960년대 이후부터 발달되었을 것이다. 클로로플루오르카본(CFC) 및 하이드로클로로플루오르카본(HCFC)과 같은 염소 기반 에어로졸은 오존층 파괴의 주요 작용제이다. 비독성, 불연성, 화학적 불활성, 그리고 오래 지속되고 저렴하게 생산되는 이 화합물은 산업용 및 냉장고, 에어컨, 스티로폼 단열재 및 에어로졸 스프레이 캔에 사용되는 기체로 매우 유용하다. 1930년대부터 1980년대까지 CFC는 전 세계에서 사용되었으며 대기를 통해 널리 퍼졌다.

오존(O_3)은 피부와 식물 조직을 자극하기 때문에 지면 근처에서는 오염물질이지만, 성층권의 오존은 가치가 있다. O_3 분자는 우주에서 대기로 진입하는 자외선(UV)을 흡수하는데 특히 효과적이다. UV 방사선은 식물세포와 동물세포를 손상시켜 잠재적으로 암을 유발하는 돌연변이를 일으키기 때문에, 1%의 오존 손실은 전 세계적으로 매년 약 백만 사례의 추가적인 인간 피부암을 유발할 수 있다. 또한 과도한 UV 노출은 농업생산을 줄이고 생태계를 붕괴시킬 수 있다. 예를 들어, 과학자들은 남극대륙의 높은 UV 수준이 남극해의 물고기, 물개, 펭귄 및 고래를 포함하는 먹이사슬의 기초를 형성하는 작은 부유생물인 플랑크톤의 개체 수를 줄일 수 있다고 걱정한다.

남극대륙의 매우 추운 겨울 온도(−85°~−90°C)는 오존 분해를 도와준다. 길고 어두운 겨울에는, 주극성 소용돌이(circumpolar vortex)로 알려진 강한 바람이 극을 회전한다. 이 바람은 남극의 공기를 고립시키고 성층권 온도를 충분히 낮게 떨어뜨려 다른 곳에서는 거의 발생하지 않는 높은 고도에서 얼음 결정을 만들 수 있도록 한다. 오존과 염소를 포함하는 분자는 이 얼음 입자의 표면에 흡수된다. 봄에 해가 뜨면 염소 이온을 방출하는 에너지를 제공하고, 오존과 쉽게 결합하여 분자 산소로 분해한다(표 9.3). 남극 봄철(9~12월까지)은 빠른 오존 파괴에 이상적인 조건이다. 그 계절 동안 온도는 높은 고도에서 여전히 얼음 결정체를 형성하기에 충분히 차갑지만, 태양은 광화학 반응을 일으킬 정도로 점차 강해진다.

표 9.3 | 염소 원자와 자외선(UV)으로 인한 성층권의 오존 파괴

단계	생성물
1. $CFCl_3$ (클로로플루오르카본) + UV 에너지	$CFCl_2 + Cl$
2. $Cl + O_3$	$ClO + O_2$
3. O_2 + UV 에너지	2O
4. ClO + 2O	$O_2 + Cl$
5. 2단계로 다시 되돌아감	

출처: UNEP

과학 탐구 EXPLORING Science

그을음(블랙카본)

이 장의 사례 연구에 설명된 인도 델리의 대기오염의 대부분은 입자상 물질, 즉 유기 물질의 연소에 의해 생성되는 공기 중의 작은 물질 조각이었다. 주요 공급원은 발전소, 공장 및 차량에서 화석연료 연소이지만, 다른 주요 공급원으로는 생물연료(목재 또는 배설물 등), 산림 및 작물 잔류물 연소가 있다. 이러한 모든 유형의 연소는 대기 중에 며칠 또는 몇 주 동안 머무를 수 있는 연기, 그을음 또는 재를 생성한다.

이미 논의했듯이, 미립자는 인간의 건강에 해롭다. 가장 위험한 입자는 2.5 μm 미만, 즉 0.0025 mm 미만으로 폐 깊숙이 침투할 수 있을 정도로 작다. PM2.5라고 불리는 이 작은 조각들은 민감한 상피 내벽을 손상시키고 호흡을 방해하여 천식, 심장병 및 기타 질병을 초래한다. 그리고 약간 더 크지만 여전히 호흡될 수 있는 직경이 10 μm 이하의 미립자인 PM10 또한 중요하다.

▲ 화재, 발전소 및 디젤 엔진에서 발생하는 그을음과 연기의 매연은 건강문제와 지구 온난화에 기여한다.

출처: ©McGraw-Hill Education/John Thoeming, photographer

그을음(블랙카본)으로 알려진 매연, 연기 및 재의 더 큰 입자는 중요한 환경 영향을 미친다. 그들은 햇빛을 차단하여 식물의 성장에 영향을 미치지만, 더 중요한 것은 태양 에너지를 흡수하는데 매우 효과적인 지구 표면으로 떨어질 정도로 무겁다는 것이다. 인간 활동은 매년 약 6백만~8백만 톤의 그을음을 방출하는데 약 40%는 화석연료 연소, 40%는 개방형 바이오매스 연소, 20%는 생물연료 연소에서 발생한다. 일부 연구자들은 모든 그을음의 약 60%가 인도와 중국에서 온다고 한다. 그러나 그들은 미국과 일부 유럽 국가의 1인당 그을음 배출량은 동남아시아와 필적한다고 지적했다.

미립자 물질은 대기 중 CO_2보다 훨씬 적지만, 그을음은 무게비율로 보면 CO_2보다 백만 배 더 많은 태양에너지를 흡수하기 때문에 그을음은 기후변화의 중요한 요인이 된다. 그을음이 눈과 얼음에 떨어지면 표면을 어둡게 하여 햇빛 흡수를 증가시킨다. 이것은 작은 효과처럼 보이지만 아이스 캡, 빙하 및 해빙의 알베도(반사 또는 백색도)에 심각한 영향을 미친다. 어두운 얼음은 더 빨리 녹아서 양의 피드백을 만들어낸다. 눈과 얼음이 녹으면 표면의 탄소가 농축되어 더 많은 에너지를 흡수하고 따라서 더 많이 녹는다. 결국 드러난 바위 또는 해빙된 물이 노출되어 더 많은 햇빛을 흡수하고 기후를 더 따뜻하게 한다.

최근 연구에 따르면, 그린란드의 얼음과 눈은 지난 20년 동안 뚜렷하게 어두워지고 있다. 알베도는 금세기 말까지 10% 이상 감소시킬 수 있다. 녹는 원인이 되는 그을음이 모두 최근의 연소에서 나오는 것은 아니다. 고대 산불과 화산활동으로 인한 연기, 그을음 및 재는 빙하와 설원에 저장된다. 얼음과 눈이 녹으면서 이 저장된 탄소의 일부는 씻겨 내리지만, 1/3은 표면에 남아 점차적으로 축적되어 더 녹게 한다. 미국 해양대기국(National Oceanic and Atmospheric Administration, NOAA)의 핸슨(James Hansen)과 공저자의 연구에 따르면, 그을음이 북극 온난화의 30% 이상을 유발할 수 있다고 한다.

이 문제에 대해 우리는 무엇을 할 수 있는가? 그을음의 40%가 바이오매스 연소에서 발생하기 때문에 첫 번째 단계는 토지개간을 위한 숲의 화전과 작물 잔류물의 연소를 줄이는 것이다. 또 다른 40%는 화석연료 연소에서 비롯되므로 벽돌 가마 및 코크스로, 비효율적인 난로 및 모든 곳의 디젤 차량을 대상으로 하여 그을음 배출을 줄일 수 있다. 엔진과 보일러의 청정한 연료와 새로운 표준을 요구함으로써 그을음 방출도 줄일 수 있다. 미국 EPA는 연료 효율적인 자동차 및 트럭(특히 전기 차량)으로의 전환으로 인해 미국의 운송 배출량을 86% 감소시킬 수 있다고 추정한다. 무거운 벙커 연료를 태우는 선박은 특히 오염을 일으키고 있으며, 해로가 열리면 북극을 항해하는 더 많은 선박들이 북극 얼음 덮개에 더 많은 그을음을 퇴적시킬 것이다. 이 선박들에게 청정연료를 연소하도록 요구하는 것은 필수적이다. 마찬가지로 석탄 화력발전소에서 태양 및 풍력 에너지로 전환하면 배출량이 줄어든다. 미립자는 비교적 짧은 시간 동안 대기에 남아 있기 때문에 배출량을 줄이면 전 세계의 건강 결과를 개선할 뿐만 아니라, 특히 급격히 변화하는 북극의 온난화 속도를 즉시 줄일 수 있다. 이러한 문제에 대해서 무언가 조치를 취해야 할 때가 아닌가?

남극에 여름이 오면 기온이 약간 따뜻해진다. 주극성 소용돌이는 약해지고 따뜻한 위도의 대기가 남극 대기와 혼합되어 오존 구멍의 오존 농도를 보충하지만, 이 혼합으로 인해 전 세계적으로는 오존 농도가 약간 감소한다. 오존은 자연스럽게 재형성되지만, 파괴되는 속도만큼 빠르지는 않다. 염소 원자는 오존과 반응하여 그 자체가 소비되지는 않기 때문에, 최종적으로 응결되거나 공기에서 씻겨 내릴 때까지 수년간 계속해서 오존을 파괴한다.

CFC 제어는 놀라운 성공을 거두었다

성층권 오존 손실의 발견은 놀랍도록 빠른 국제적 반응을 가져왔다. 1987년 캐나다 몬트리올에서 열린 국제회의에서 2000년까지 대부분의 CFC 사용을 단계적으로 철폐하기 위한 몇 가지 주요 국제협약 중 하나인 몬트리올 의정서가 작성되었다. 증거가 축적됨에 따라 손실이 이전에 생각했던 것보다 더 크고 광범위하다는 것이 드러나면서, 모든 CFC (할론, 사염화탄소 및 메틸클로로포름)의 제거 마감일이 1996년으로 앞당겨지고, 가난한 국가들이 비CFC 기술로 전환하는 것을 돕기 위해 $5억의 기금이 설립되었다. 다행히도 대부분의 용도에 대한 CFC 대체물이 이미 존재한다. 첫번째 대체물은 하이드로클로로플루오르카본(HCFC)으로 분자 당 훨씬 적은 염소를 방출한다. 많은 냉매 및 공조 시스템도 암모니아(NH_3)를 사용하는데, 이는 기후에 훨씬 더 안전하다.

CFC 금지가 이미 효과를 발휘하고 있다는 증거가 있다. 대부분의 선진국에서 CFC 생산은 1988년 이후 급격히 감소했으며(그림 9.12), CFC는 현재 추가되는 것보다 더 빠르게 대기에서 제거되고 있다. 50년 정도 후에 성층권 오존 수준은 정상으로 돌아올 것으로 예상된다.

CFC 및 관련된 화합물이 강력하고 오래 지속되는 온실기체이기 때문에, 몬트리올 의정서는 기후변화를 줄이는 데에도 또한 도움이 되었다.

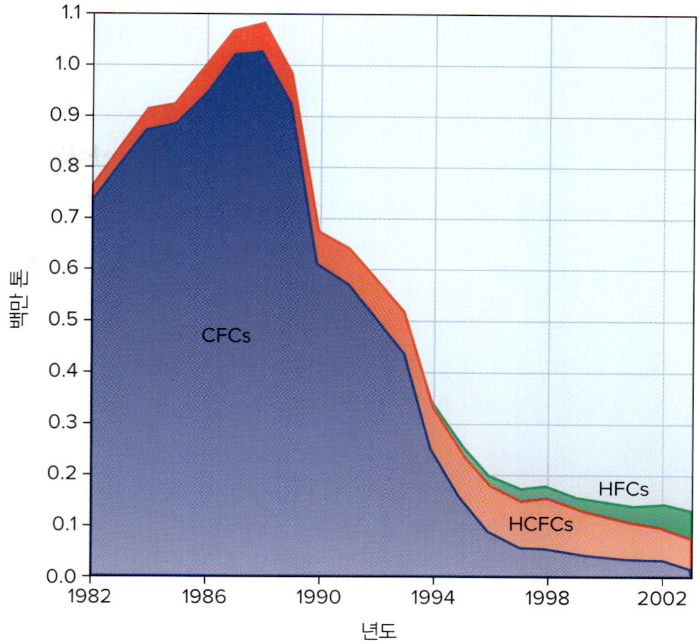

▲ **그림 9.12** 몬트리올 의정서는 CFC 생산 제거에 놀랄 만큼 성공적이었다. 나머지 HFC와 HCFC는 주로 중국과 인도와 같은 최근 산업화된 국가에서 사용된다.

9.3 환경 및 건강 영향

- *산성강하는 황 또는 질소 배출로 인해 발생한다.*
- *기온역전은 지상 근처에 오염물질을 집중시킨다.*
- *열섬과 스모그는 인간건강에 직접 영향을 준다.*

더러운 공기를 호흡하면 심장마비, 호흡기 질환 및 폐암의 가능성이 증가한다. 예를 들어, 로스앤젤레스나 볼티모어의 최악의 지역에 살면 평균수명이 5~10년 정도 줄어든다. 물론 노출의 강도와 기간, 나이 및 일반적인 건강상태는 매우 중요하다. 매우 어리거나 나이가 많거나 호흡기 또는 심혈관계 질환이 있는 경우 위험에 노출될 가능성이 훨씬 높다. 기관지염과 폐기종은 대기오염으로 인한 일반적인 만성 질환이다. 미국 기술평가국(US Office of Technology Assessment)은 미국에서 심장마비 다음으로 사망의 원인이 되는 공해 관련 기관지염 및 폐기종으로 고통받는 사람들이 약 250,000명이며, 이러한 질병의 합병증으로 매년 약 50,000명이 추가적으로 사망한다고 추정한다.

대기오염은 어떻게 이러한 건강 영향을 유발하는가? 황산염, SO_2, NO_x 및 O_3는 강력한 산화제이기 때문에 눈과 폐의 섬세한 조직을 자극하고 손상시킨다. 미세한 부유입자물질은 폐 깊숙이 침투하여 자극, 흉터, 심지어는 종양 성장을 유발한다. 심장 스트레스는 폐 기능 장애로 인해 발생한다. 일산화탄소는 헤모글로빈에 결합하여 뇌로의 산소 흐름을 줄여 두통, 현기증 및 심장 스트레스가 나타난다. 또한 납은 헤모글로빈에 결합하여 뇌의 중요한 뉴런을 손상시키고 정신적, 신체적 손상 및 발달장애를 초래한다.

대기오염의 환경에 대한 영향은 복잡하고, 종종 점진적으로 누적될 수 있다.

산성비는 SO_4 및 NO_x로부터 초래된다

대기 중 비, 안개, 눈 또는 에어로졸로 인한 산성 방울 또는 입자의 강하는 1980년대 이후에야 광범위한 오염문제로 인식되었다. 그러나 대기오염이 식물, 특히 황산 강하에 미치는 영향은 적어도 1850년대부터 산업분야에서 알려져 왔다. 산업화 초기에는 용광로, 제련소, 정련소 및 화학 공장에서 발생하는 연기가 식생을 파괴하여 광업 및 제조센터 주변에 황량하고 불모의 풍경을 만들었다. 온타리오 서드베리에 있는 구리-니켈 제련소가 그 놀라운 예이다. 1886년부터 개방상 배소법(open-bed roasting)을 사용하여 니켈과 구리의 황화물 광석을 제련했다. 이산화황과 황산은 제련소에서 약 30 km 이내에 거의 모든 식물 생명을 파괴했다. 빗물은 노출된 토양을 씻어내어 검은 기반암의 황량한 달 표면 모습을 남겼다. 이러한 양상은 전 세계의 광업 및 제련 지역에 널리 퍼져 있다.

▲ **그림 9.13** 산성비, 해충 및 기타 스트레스 요인에 의해 고사된 노스캐롤라이나 미첼(Mitchell) 산의 프레이저 전나무 숲

출처: ©William P. Cunningham

눈에 보이는 피해 증상을 나타내기에는 낮은 오염물질 수준일지라도 여전히 중요한 영향을 미칠 수 있다. 현장연구에 의하면 콩과 같은 일부 작물의 수확량은 현재 대기 중에 존재하는 산화제 수준에 의해 50%까지 감소할 수 있다. 일부 식물병리학자들은 오존 및 광화학 산화제가 대기오염으로 인한 농업, 장식 및 산림 손실의 90%를 차지한다고 제안한다. 이 피해의 총비용은 북미에서만 연간 $100억에 이를 수 있다.

산성강하는 이제 산업중심에서 멀리 떨어진 산림과 농경지에 영향을 미치는 것으로 이해된다. CO_2와 빗물의 반응으로 인해 약한 탄산을 생성하기 때문에 비는 일반적으로 약산성이다(pH 5.6: 2장 참조). 이산화황(SO_2), 황산염(SO_4) 및 질소산화물(NO_x)의 산업배출은 비, 안개, 눈 및 연무를 pH 4 이하로 산성화시킬 수 있다. 산성 안개, 눈, 안개 및 이슬에 지속적으로 노출되면 식물, 호수생태계 및 건물이 영구적으로 손상된다. 산도는 부분적으로 잎 조직을 손상시키고 묘목을 약화시켜 산림 쇠퇴를 유발한다. 산도는 또한 산림토양의 영양분 가용성을 감소시키고, 토양의 금속, 특히 알루미늄의 독성 농도를 이동시킨다. 약화된 나무는 질병 및 해충과 같은 다른 스트레스 요인에 취약하다.

스칸디나비아의 호수는 산성강하에 의해 손상된 것으로 밝혀진 최초의 수서생태계 중 하나이다. 독일, 폴란드 및 기타 유럽 지역의 탁월풍은 산업 및 자동차 배출에 의해 생성된 산(주로 H_2SO_4와 HNO_3)을 운반한다. 노르웨이 남부와 스웨덴 산맥의 척박한 산성토양과 영양이 부족한 호수와 개울은 이러한 산성강하에 의해 심각한 영향을 받았다. 가장 주목할 만한 것은 송어, 연어 및 기타 낚시감 어류의 감소인데, 알과 치어는 pH 5 이하에서 사멸한다. 수생식물, 곤충 및 무척추동물도 고통을 받는다. 스웨덴의 많은 호수는 이제 산성이 되어 낚시감 물고기나 다른 민감한 수서생물이 더 이상 살지 않는다. 유럽과 북아메리카 대부분이 산성강하로 인해 손상되었다.

고도가 높은 숲은 종종 척박하고 산성토양이여서 산성비, 눈 그리고 안개를 중화하는 능력이 거의 없다. 노스캐롤라이나 미첼 산에서 2,000 m (6,000피트)를 넘는 고도의 거의 모든 나무가 잎이 떨어지고, 약 절반이 죽었고(그림 9.13) 유럽, 네덜란드, 스위스, 중국 및 구소련 국가에서도 피해가 보고되었다. 1985년 서독의 임업인들은 서독의 총 산림 면적의 약 절반(4백만 ha 이상)이 감소하고 있다고 추정했다. 임업 손실은 연간 약 10억 유로로 추정된다.

산성비에 대한 광범위한 인식으로 인하여 캐나다, 미국 및 몇몇 유럽 국가들은 활발한 오염제어 프로그램을 시행해 왔다. 오염제어 조치의 결과로 발전소에서 배출되는 SO_2와 NO_x 배출량은 지난 30년 동안 많은 유럽 및 북미지역에서 급격하게 감소했다(그림 9.14).

미국에서 산성강하는 극적으로 감소했지만 다른 지역에서는 여전히 높은 수준이다. 전 세계 도시에서 대기오염은 가장 오래되고 가장 화려한 건물과 예술품을 파괴하고 있다. 연기와 그을음은 건물, 그림 및 직물을 덮는다. 산은 석회석과 대리석을 용해시켜 역사적인 건물의 외관과 구조를 파괴한다(그림 9.15). 아테네의 파르테논 신전, 아그라의 타지마할, 로마의 콜로세움 및 유럽의 중세 성당은 대기의 산성 연무로 인해 천천히 용해되고 벗겨진다. 산성강하는 또한 강화콘크리트 강철의 부식을 빠르게 하고, 건물, 도로 및 교량을 약화시킨다. 석회암, 대리석 및 일부 사암은 벗겨지고 부서진다.

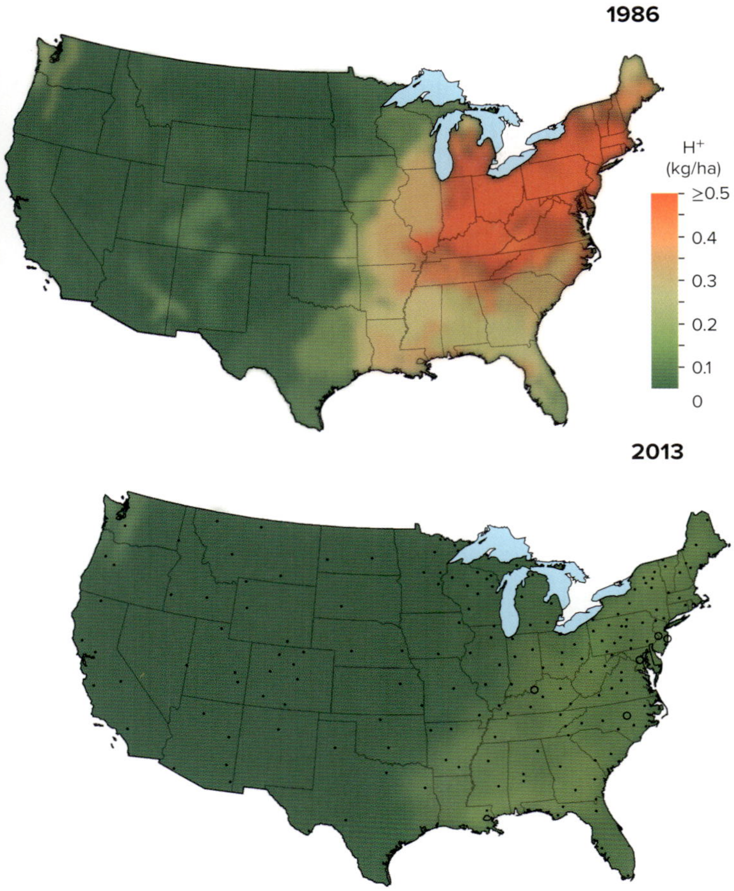

▲ **그림 9.14** 1986년(a) 및 2013년(b) 미국의 산성강하. 이산화황 배출에 대한 규제는 오염제어에서 가장 큰 성공 중 하나였다.
출처: National Atmospheric Deposition Program/National Trends Network http://nadp.isws.illinois.edu.

도시지역은 역전과 열섬을 견뎌낸다

도시지역에서는 온도역전이 발생할 때 오염이 가장 극심하며, 도시 내에 위험한 수준의 오염물질이 농축된다(이 장 도입부의 사례 연구 참고). 온도역전은 안정적이고 차가운 공기가 지면 근처에 있고 따뜻한 층이 위에 있는 상황이다(그림 9.16). 이 상황은 정상적인 조건의 반대이다. 일반적으로 공기는 지표면에서 다시 방출되는 열에 의해 따뜻해지고, 지표면 위로 올라가면서 냉각된다. 따뜻해진 공기가 상승하고, 대기층이 혼합되어 오염이 오염원에서 분산되도록 한다. 차갑고 밀도가 높은 공기가 따뜻하고 가벼운 층 아래에 있으면 공기가 안정적으로 유지되기 때문에 오염물질이 지면 근처에 축적되어 폐와 눈을 자극한다. 안정적인 역전조건은 일반적으로 급격한 야간 냉각, 특히 공기 이동이 제한되는 계곡에서 생성된다.

로스앤젤레스는 역전에 이상적인 조건을 가진다. 산이 도시의 3면으로 둘러싸고 있어 바람의 움직임을 줄인다. 교통체증과 산업은 오염물질을 공급한다. 일반적으로 밤에는 하늘이 맑아 빠른 복사열 손실이 발생하며 지면이 빨리 냉각된다. 표면 대기층은 차가운 지면과 접촉하여 냉각되는 반면, 상부층은 비교적 따뜻하게 유지되어 역전이 나타난다. 대기가 정체되고 안정되어 있는 한, 오염물질이 생성되고 우리가 호흡하는 곳인 지면 부근에 축적된다.

▲ **그림 9.15** 대기 중의 산, 특히 황산 및 질산은 이 중세 동상의 외관을 거의 다 부식시켰다. 건물 및 자재에 대한 대기오염으로 인한 연간 손실은 수십억 달러에 이른다.
출처: Maria Podgornaya/123RF

로스앤젤레스의 풍부한 햇빛은 역전층의 농축 에어로졸과 기체상 화학물질에서 광화학적 산화를 시작한다. 오존과 이산화질소의 갈색 안개가 빠르게 발생한다. 최근 대기질 규제는 매우 큰 도움을 주었지만, 여름날에도 로스앤젤레스 분지의 오존 농도는 여전히 건강에 해로운 수준에 도달할 가능성이 있다.

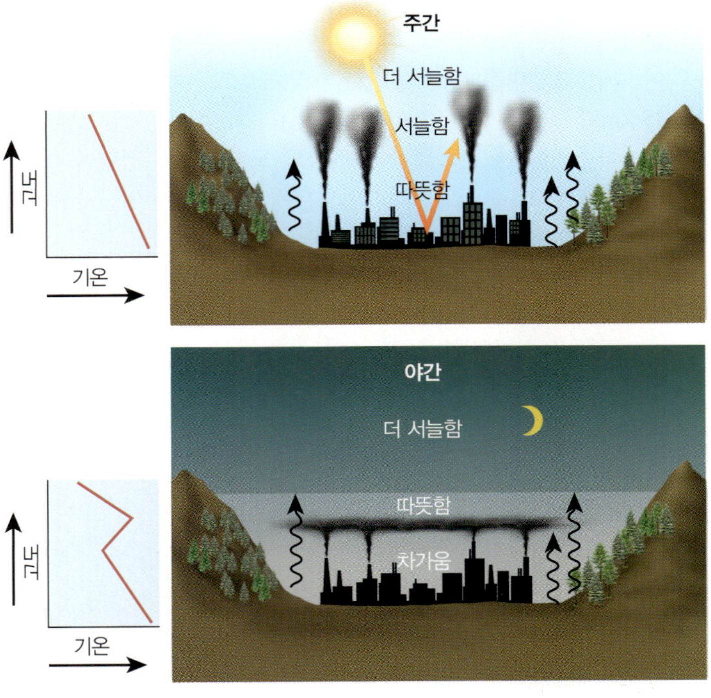

▲ **그림 9.16** 대기 기온역전은 지상 공기가 상부 공기보다 더 빨리 냉각되는 곳에서 발생한다. 차가운 공기가 따뜻한 공기 아래에 놓여 있으면 혼합이 거의 없으며, 오염물질이 지면 근처에 갇힌다.

열섬과 먼지지붕(dust dome)은 역전조건이 없는 도시에서도 발생한다. 알베도가 낮기 때문에 도시의 콘크리트 및 벽돌 표면은 많은 양의 태양에너지를 흡수한다. 식생이나 물이 부족하면 아주 작은 증발(잠열 생성)만이 발생하며, 대신에 가용한 태양에너지가 열로 바뀐다. 결과적으로 도시의 온도는 주변 시골보다 3°~5°C (5°~9°F) 더 따뜻하며, 이를 도시열섬(urban heat island)이라고 한다. 고층빌딩은 대기오염물질을 공중으로 올리는 대류의 상승운동을 생성한다. 도시열섬에 의해 생성된 안정적인 기단은 먼지지붕에 오염물질을 집중시킨다.

스모그 및 안개는 가시도를 감소시킨다

스모그는 인도 델리와 같은 도시만을 괴롭히는 것이 아니다. 우리는 최근에 오염이 농촌 지역에도 영향을 미친다는 것을 깨달았다. 국립공원과 같은 원시자연 그대로의 장소조차도 대기오염으로 고통받고 있다. 최대 가시거리가 300 km (185 마일)에 달했던 그랜드캐니언 국립공원은 이제 겨울철에 스모그가 너무 많아서 협곡에서 단지 20 km (12.5 마일) 떨어진 반대편 가장자리를 볼 수 없다. 광업 작업, 제련소 및 발전소(로스앤젤레스와 같은 도시에서 대기 질을 개선하기 위해 일부는 사막으로 이동하였음)가 주요 원인이다(그림 9.17).

거대한 지역이 오염의 영향을 받는다. 여름에 미국 동부 대부분을 덮고 있는 3,000 km (약 2,000마일)의 거대한 "안개 얼룩(haze blob)"은 가시도를 80%나 감소시켰다. 사람들은 이러한 조건에 익숙해져서 한 때 공기가 깨끗했다는 것을 깨닫지 못한다. 그러나 연구결과에 따르면, 인간이 만든 모든 대기오염원이 차단되면 며칠 내에 공기가 깨끗해지고, 거의 모든 곳에서 15 km가 아니라 약 150 km (90마일)의 가시도를 보일 것이다.

최근 연구에 따르면 농촌지역도 도시지역에 영향을 미친다. 예를 들어, 로스앤젤레스의 일부 지역에서는 인근 낙농업 사육장에서 표류하는 암모니아(NH_3)가 자동차만큼 스모그를 유발한다. 먼지, 분쇄된 분뇨 및 메탄은 낙농업 사육장 공급원에서 도시로 이동하는 추가적인 대기오염물질이다. 경작지로부터 날리는 먼지는 특히 봄철과 여름철에 일부 지역의 가시성을 손상시키는 주요 원인이다.

▲ 그림 9.17 감소된 가시도는 이 로스앤젤레스 오후와 같이 대기오염물질의 광범위한 영향이다.
출처: ©dogorasun/123RR

9.4 대기오염 제어

- *오염물질은 생성 후 포집되거나 회피될 수 있다.*
- *청정대기법으로 인해 CO 및 SO_4는 감소했지만 NO_x는 감소되지 않았다.*
- *데이터에 따르면 CAA는 비용을 절감하고 경제성장을 감소시키지 않았다.*

"희석은 오염에 대한 해결책이다"라는 문구는 오랫동안 대기오염 제어에 대한 우리의 주된 접근방식을 나타낸다. 높은 굴뚝은 배출물질을 공급원에서 감지하거나 추적하기 어려운 원거리로 보내도록 지어졌다. 그러나 세계 산업화가 증가함에 따라 희석은 더 이상 효과적인 전략이 아니다. 때문에 우리는 오염제어를 위한 다른 방법을 찾아야 했다.

최선의 전략은 생산을 줄이는 것이다

선진국의 대기오염은 대부분 교통 및 에너지 생산과 관련이 있기 때문에, 가장 효과적인 전략은 보존이다. 전력 소비 감소, 가정 및 사무실 단열, 더 나은 대중교통 개발 및 대체에너지 개발은 모두 발생원에서 대기오염을 크게 줄인다. 또한 연소 후 배출가스에서 오염물질을 포집할 수도 있다.

입자 제거(Particulate removal)에는 대기배출물의 여과를 포함한다. 여과기는 면직물, 방적 유리섬유 또는 석면 셀룰로오스 체로 미립자를 걸러낸다. 일반적으로 산업용 공기 여과기는 배출가스가 통과하는 진공청소기의 먼지주머니 같은 거대한 자루이다. 자루의 크기는 10~15 m, 폭은 2~3 m이다. 전기집진기는 발전소에서 가장 일반적인 미립자 제어기이다(그림 9.18). 재 입자는 큰 전극 사이를 통과할 때 정전기 표면 전하를 흡수하고, 이어서 대전된 입자는 반대로 대전된 수집판 위에 침전(수집)된다. 이 집진기는 많은 양의 전력을 소비하지만, 유지보수는 비교적 간단하며 수집 효율은 99%까지 될 수 있다. 이 두 가지 방법으로 모은 재는 때로는 건축자재로 재사용할 수 있지만, 석탄 연기에서 포획된 수은, 납 또는 비소가 포함되어 있기 때문에 대부분 유해폐기물이다. 이 폐기물은 매립지에 묻어야 한다.

황 제거(Sulfur removal)는 모든 대기오염물질 중 황산화물이 인간건강, 기반시설 및 생태계에 가장 큰 피해를 입히기 때문에 중요하다. 고유황 석탄에서 저유황 석탄으로 전환하

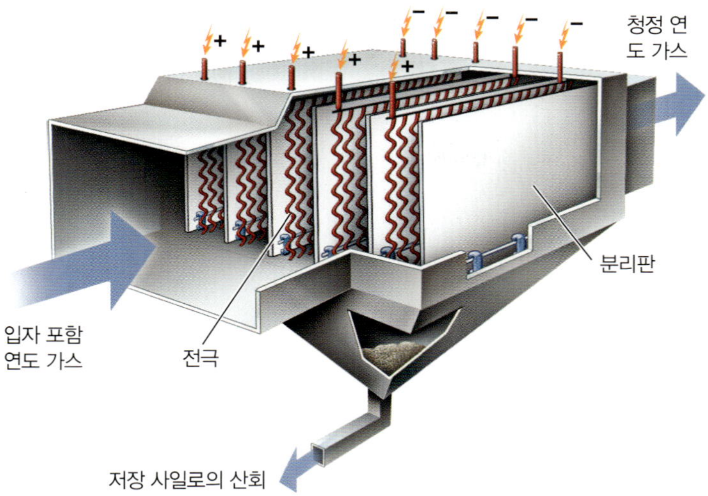

▲ **그림 9.18** 전기 집진기는 발전소의 배출물(연기)에 있는 99%의 미연소 입자를 제거 할 수 있다. 전극은 먼지와 연기 입자에 정전기를 전달한 다음 집전기판에 부착된다. 이어서 입자를 집전기판으로부터 떨쳐내어 재사용 또는 폐기를 위해 수집한다.

는 것은 황 배출을 줄이는 가장 확실한 방법이다. 그러나 고유황 석탄은 종종 정치적 이유 또는 값이 저렴하기 때문에 사용된다. 미국의 경우, 고유황 석탄은 주로 지속적 빈곤과 석탄에 대한 강력한 이해관계 때문에 정치적 영향력이 있는 애팔래치아(Appalachia)에서 생산된다(이는 논란의 여지가 많은 산꼭대기 제거를 통해 석탄을 채광하는 방법을 사용한다). 중국에는 국내 석탄이 황이 풍부하고, 값 싸고 편리하기 때문에 기업들이 이를 사용한다. 또한 석탄은 정화할 수 있다. 연소 전에 황과 금속을 제거하기 위해 분쇄, 세척 및 기체화할 수 있다. 이러한 방법은 열효율을 향상시키지만, 대기오염을 고형폐기물 및 수질오염으로 전환시키며 비용이 많이 든다.

황은 촉매전환기로 연소 후 추출할 수 있는데, 이는 배기가스에서 황을 산화시키거나 감소시킨다. 원소 황, 황산 및 황산암모늄을 포함한 잔류물은 시판될 수 있는 제품이다. 이러한 접근방식은 기업들이 폐기물 대신 돈을 버는데 도움을 줄 수 있지만, 시장은 합리적으로 가까워야 하고, 제품은 재사용이 용이하도록 순도가 높아야 한다.

공기와 연료의 흐름을 주의 깊게 제어함으로써 내연기관과 산업용 보일러 모두에서 질소산화물(NO_x)을 50%까지 줄일 수 있다. 예를 들어, 단계 식 버너는 연소 온도 및 산소 흐름을 제어하여 NO_x의 형성을 방지한다. 자동차의 **촉매변환기**(catalytic converter)는 백금-팔라듐 및 로듐 촉매를 사용하여 NO_x, 탄화수소 및 일산화탄소의 최대 90%를 동시에 제거한다.

탄화수소 제어는 주로 완전연소 또는 증발제어를 포함한다. 탄화수소 및 휘발성 유기화합물은 연료의 불완전연소 또는 화학공장, 페인트, 드라이클리닝, 플라스틱 제조, 인쇄 및 기타 산업공정에서의 용매의 증발에 의해 생성된다. 비산가스의 탈출을 막는 폐쇄시스템은 이러한 배출량을 줄일 수 있다. 산업용 밸브, 파이프 및 저장 탱크에서 누출을 제어하면 대기 질에 큰 영향을 줄 수 있다. 재연소장치(afterburner)는 종종 산업용 배기 굴뚝에서 휘발성 유기화학물질을 파괴하는 가장 좋은 방법이다.

청정 대기법은 논란의 여지가 있지만 매우 성공적이었다

인류 역사의 대부분을 통틀어, 오염 비용은 오염물질 배출자가 아니라, 오염된 대기 속에서 호흡하거나 작물을 재배하는 대중이 감수해왔다. 질병, 사망, 자원 저하 및 기타 오염과 관련된 비용을 줄이기 위해 오염제어 규칙에 따라 오염원이 오염제어 비용을 지불해야 하는 경우가 종종 있었지만, 당연히 오염물질 배출자는 이 규칙에 반대했다. 오염 비용을 외적 원인으로 돌려 대중이 비용을 감수하게 하는 것이 더 쉽고 수익성이 높기 때문이다. 반면 보건 옹호자들은 산업계가 오염방지 비용을 지불해야 한다고 주장한다. 이러한 상반된 이해로 인해, 청정 대기법은 항상 논쟁의 여지가 있다.

시간이 지남에 따라 수많은 조례들이 불쾌한 연기와 악취를 금지시켰다. 1306년 영국의 에드워드 국왕은 런던에서 연기가 자욱한 석탄의 연소를 금지하려 했다. 금지에는 실패했지만 수세기에 걸쳐 반복적으로 시도되었다. 1952년에 치명적인 대기 질 사건으로 인해 1956년이 되어서야 더 나은 시행이 이루어졌으며, 대체연료로 마침내 런던에서 청정 대기법이 유효하게 되었다.

미국에서는 1963년 청정 대기법이 대기오염 규제에 관한 최초의 국가법이었다. 이 법은 오염에 대응하기 위해 주정부에 연방 보조금을 제공했지만, 대기 질과 집행에 대한 자체 표준을 설정하고 시행할 수 있는 주의 권리를 보존하기 위해 주의를 기울였다. 이 접근 방식은 고르지 않고 시행하기 어려웠기 때문에, 1970년 청정 대기법 수정조항에서 대부분 개정되어 전국적으로 정책을 표준화했다. 이 수정조항은 앞에서 논의한 "기준" 오염물질을 지정하였다. 1970년 법은 또한 인간건강을 보호하기위한 1차 표준과 2차 표준을 확립하여 물질, 작물, 기후, 가시성 및 개인의 안락함을 보호하였다.

이 법의 가장 논쟁의 여지가 있는 측면 중 하나는 1977년에 설립된 "새로운 공급원 검토"이다. 이 조항은 원래 폐쇄를 앞둔 노후된 발전소와 공장에 새로운 오염제어 장비를 설치하는 것이 터무니 없이 비싸다는 산업체들의 주장으로 인해 채택되었다. 의회는 업그레이드하거나 교체될 때 더 엄격한 규칙이 적용될 것이라는 조건 하에, 기존 장비를 새로운 오염 한계에서 "발효 이전의 기득권(grandfather)" 또는 면제하는 데 동의했다. 그 결과, 소유주는 오염제어로부터 면제되었기 때문에 오래된 시설을 정확하게 운영하고 있다. 실제로 기업들은 새로운 시설을 건설하기보다는, 수백만 달러를 노후된 발전소와 공장에 쏟아 부어 용량을 확대하고 있다. 수십 년 후에도 그 기득권 공장들 중 많은 공장들은 여전히 잘 작동하고 있고, 스모그와 산성비에 여전히 가장 큰 원인이 되고 있다.

1990년 수정조항에는 유인책의 주요 변화와 추가 오염물질에 대한 법이 포함되었다. 주요 조항 중에는 오존층을 파괴하는 CFCs에 대한 새로운 규제법의 확립, 벤젠, 클로로포름 및 기타 유해한 대기오염물질의 배출량을 규제하기 위한 새로운 법과 산업 및 운송 기반의 공급원 모두에 대한 포괄적인 연방 및 주 표준을 설정해야 한다는 규정이 있었다. 1990년 개정안은 대체연료 및 기술개발을 지원하기 위한 유인책 및 규칙을 제공했다. 이 개정안은 대기오염 기준 위반에 대한 EPA의 권리를 확립했다.

오염배출권 거래는 하나의 접근법이다

1990년 개정안은 또한 오염제어에 대한 새로운 동기를 부여했다. 그 중 하나는 시장기반의 배출권 거래제이다. 이 접근법에서 EPA는 오염물질에 대한 최대 배출수준을 설정한다. 그런 다음 시설은 배출"권(credit)" 또는 허용된 오염물질 할당을 사고 팔 수 있다. 기업은 오염제어 장비를 설치하거나 다른 사람의 배출권을 구매하는 것 중에 어느 것이 더 저렴한지 결정할 수 있다.

배출권 거래제(Cap-and-trade)는 이산화황 방지에 효과적이었다. 1990년에 거래가 시작되었을 때 경제학자들은 이산화황 1천만 톤을 제거하는데 연간 $150억이 소요될 것이라고 추정했다. 그러나 배출량을 줄이는 가장 경제적인 방법을 찾기 위해 전력을 다한 결과, 공공기업은 그 비용의 10분의 1로 청정 대기 목표에 도달할 수 있었다. 이 접근법의 심각한 단점은 배출권 거래로 인해 전체적인 오염은 감소되었지만, 소유자가 자신이 오염을 처리하는 것보다 다른 사람에게 지불하는 것이 더 싼 것을 발견한 일부 지역적 "핫스팟"이 남아 있다는 것이다. 이것은 다른 오염물질 중에서도 CO_2와 수은에 대해 채택된 접근법이었다.

대통령과 EPA 관리자는 규칙 시행에 대한 다양한 열의를 보였다. 기업 친화적인 정부는 자발적 배출제어와 대기오염 허용량의 배출권 거래제에 의존하는 경향이 있다. 자발적으로 오염을 거의 줄이지 않기 때문에, 공중보건에 더 중점을 둔 행정부는 규칙 시행을 모색하고 있다.

수정안에 대한 책임은 엄중한 논쟁과 관련이 있으며, 책임부담과 비용 및 위험의 정의에 대한 분쟁으로 인해 의회에서 법안이 수년간 뒤로 미루어졌다. 2002년 보고서에 따르면 기존의 청정 대기법을 시행함으로써 미국은 연간 최소 6,000명의 생명을 구할 수 있으며 140,000건의 천식 발작을 예방할 수 있다고 결론지었다.

논쟁의 여지가 있지만 청정 대기법은 대단히 성공적이었다

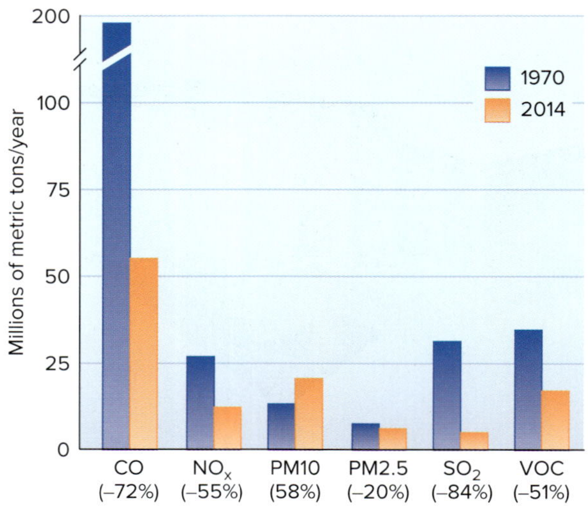

▲ **그림 9.19** 1970~2014년까지 미국의 대기오염 경향. 의회가 청정 대기법(Clean Air Act)을 통과시킨 이후로, 인구는 증가했지만 대부분의 기준 대기오염물질은 크게 감소했다. 오염방지는 질병을 줄이고 오염방지 직업을 창출함으로써 경제를 촉진한다.
출처: Environmental Protection Agency, 2016.

(그림 9.19). 경제적인 측면에서만 규제 비용(약 $500억)과 질병 및 재산피해 감소, 생산성 증가(약 $1,300억)의 경제적 이점을 비교한 결과, 경제적 이익은 비용을 2010년까지 25대 1 이상으로 초과했다(핵심 개념 참고). 자동차의 안전벨트가 기술적으로 불가능하고 불필요하며 비용이 많이 든다고 주장하는 자동차산업 관계자들과 마찬가지로, 오염 규제 반대자들은 종종 규제가 기술적으로 불가능하고 경제성장을 방해할 것이라고 주장했다. 누적 비용과 이익을 고려할 때 이 주장에는 오류가 있다.

9.5 진행되는 도전

- *최근 몇 년간 매우 성공적인 대기오염제어에 대한 노력은 납, 산성비 및 클로로플루오르카본이었다.*
- *인도, 중국과 같은 개발도상국의 대기 질은 여전히 문제가 되고 있다.*
- *진보는 가능하다. 미국과 다른 국가에서 오염이 심한 일부 도시는 대기를 뚜렷하게 정화했다.*

미국은 아직 많은 지역에서 청정 대기법의 목표를 달성하지 못했지만, 지난 10년 동안 주요 대량 오염물질 측면에서 대기질을 극적으로 향상시켰다. 미국 최대 도시 중 23개 도시에서 매년 대기질이 위험수준에 도달한 일수가 10년 전보다 93% 감소했고, 1980년대에 청정대기 기준을 충족시키지 못한 97개 대도시 지역 중 41개 대도시가 현재 기준을 준수하고 있다. 현재 미국의 80%가 국가 대기환경 표준을 충족한다.

청정 대기법 규칙이 도입된 이후 대부분의 오염물질은 급격히 감소했다. 납은 98%, SO_2는 35%, CO는 32% 감소했다. 발전소 및 기타 대형 고정 발생원의 여과기, 세척기 및 집진기는 대부분의 미립자와 SO_2 저감을 담당한다. 자동차의 촉매변환기는 대부분의 CO 및 O_3 저감을 담당한다. 기존의 "기준" 오염물질 중 크게 감소하지 않은 오염물질은 미립자와 NO_x 및 미립자 물질이다. 자동차는 NO_x의 주요 공급원이기 때문에, 이 오염물질은 많은 지역에서 여전히 높은 수치를 유지하거나 계속적으로 증가해 왔다. 농업, 연료 연소, 금속 제련, 콘크리트 제조 및 기타 활동에 의해 생성되는 대부분의 먼지와 그을음 입자도 일부 지역에서 증가했다.

대기오염물질이 급격히 증가하는 지역 중에는 중부 와이오밍 및 콜로라도와 같은 농촌 천연가스 생산지역이 있다. 수만 개의 가스 생산 유정 중의 다수는 소량의 가스를 누출하고, 규제되지 않은 폐기물 저장탱크는 미국에서 최악의 도시 수준을 초과할 수 있는 오존, 휘발성 유기화합물 및 기타 오염물질을 생성한다.

▲ 그림 9.20 중공업 및 들판 불태우기와 함께, 점점 더 많아지는 차량은 아시아의 많은 지역에서 대기오염을 증가시켰다.
출처: ©William P. Cunningham

개발도상국에서 오염이 지속된다

많은 개발도상국의 주요 대도시 지역은 폭발적인 속도로 성장하고 있으며, 그 중 많은 지역은 환경 질이 심각하다. 인도와 중국의 도시들은 특히 악명 높다. 중국은 추운 겨울과 여름 더위에 큰 타격을 주는 스모그가 계속 발생하고 있지만, 최근 몇 년 동안 인도는 중국을 추월했다. 세계 보건기구(WHO)에 따르면, 2017년에 PM2.5 수준이 최악인 세계 30개 도시 중 15개 도시가 인도에 있었고, 다른 5개 도시는 파키스탄이나 방글라데시에 있었다. 산업, 농업 및 도로교통은 모두 그을음, 먼지, 금속, NO_x 및 기타 오염물질에 기여한다. 농경지에 떠다니는 대기 중 중금속이 식량공급원을 오염시킨다. 델리는 2017년에 세계 최고의 연평균 PM2.5 수준을 기록했다.

인도와 중국은 모두 공해제어를 도입하려 했지만, 도시와 농촌의 반대는 여전히 강력했다. 공장과 발전소는 저품질의 석탄을 태우고, 오염을 거의 제어하지 않으며, 매년 수천만 톤의 그을음과 이산화황을 지속적으로 생산한다. 동시에 농민들은 농업 잔여물을 계속 태우고 있으며, 또 다른 주요 미립자 및 기타 오염원인 도로의 차량이 꾸준히 증가하고 있다(그림 9.20).

세계 보건기구(World Health Organization; WHO)는 전 세계적으로 실외대기오염으로 인해 매년 312만 명의 조기 사망자가 발생한다고 추정한다. 이들 대부분은 새로 산업화된 대도시에 산다. 또 다른 338만 명의 조기 사망은 실내대기오염으로 인한 것이다. 사망의 원인은 뇌졸중, 심장병 및 암과 호흡기 질환이다. 남아시아와 동아시아가 이러한 사망자의 절반 이상을 차지하는 것으로 추정된다.

변화는 가능하다

2015년 중국에서 기자 차이징(Chai Jing)이 직접 제작한 'Under the Dome'이라는 영상을 YouTube에 공개했을 때, 대기오염에 대한 대중들의 관심이 갑자기 일어났다. 이 영상은 전 세계적인 대화를 이끌어냈으며 며칠 만에 1억5천만 회 시청되었다. 중국 당국은 해당 영상의 접속을 차단시켰으나 중국 이외의 지역에서는 접속이 가능하다. 카슨(Rachel Carson)의 미국의 살충제에 관한 획기적인 책을 읽은 많은 시청자들은 그 영상을 중국판 "침묵의 봄 순간"이라고 불렀다(1장 참조). 카슨의 책은 오염에 대한 미국의 태도를 바꾸고, 여론을 강화하고, 환경보호의 기반을 형성하는데 도움을 주었다. 이러한 종류의 시민시위는 종종 오염문제에 대한 조치를 이끌어 내는 촉매제로 작용했다. 그러므로 정치지도자들은 대중들이 산업에 저항하기 위해 환경오염에 관심을 갖고 있다는 것을 알아야 한다. 차이징이 중국의 카슨이 될 것인지 아닌지는 시간이 결정할 것이다.

환경오염의 당면과제에도 굴하지 않고, 델리는 이러한 오염을 해결할 수 있음을 보여주었다. 1990년대에 도시는 차량에 촉매변환기를 장착할 것을 요구했으며, 2002년에 버스, 택시 및 릭샤는 압축천연가스(CNG; compressed natural gas)로 전환할 것을 지시 받았다. 그 결과 이산화황과 일산화탄소 수치는 각각 80%와 70% 감소했으며 미립자 배출은 50% 감소했다. 이

깨끗한 공기를 감당할 수 있는가?

지속가능한 개발은 무슨 의미인가? 이는 환경과학과 어떤 관련이 있을까?

인간의 건강, 작물 및 건물을 보호하기 위해 설계된 청정 대기법(Clean Air Act)은 기존 (기준) 오염물질, 금속, 유기화합물 및 기타 물질의 제어를 요구한다.

CAA의 일환으로 미국 의회는 EPA에 법 조항 시행의 경제적 비용과 편익을 평가하도록 지시했다. 대기오염물질 배출자들은 배출제어 비용이 비싸고, 이러한 비용으로 인해 경제 생산성이 떨어지고 일자리 창출에 위협이 된다고 주장했다.

2011년에 발표된 이 보고서 중 가장 최근 보고서에서 EPA는 1990년 개정 CAA에 대한 경제적 비용과 이점을 계산했다. 보고서는 EPA 웹 사이트에서 제공된다. EPA는 *1990년 대기오염 규제를 시행하지 않았을 경우* 발생했을 경제적 비용(건강관리 비용, 생산성 손실, 기간시설 저하 및 기타 요인)을 비교했다. 이러한 비용을 해당 법의 구현 비용으로 비교했다.

생산 후 대기오염을 규제하는 것은 비싸다. 정전기 집진기, 더 나은 밀봉, 신중한 모니터링 및 검사는 비용이 많이 든다. EPA 연구에 따르면 2020년까지 1990년 법의 누적된 공공비용 및 민간비용은 **$650억**에 달했다.

누적 절감액은 **$2천억**에 달했다.

이 비율에서 공기를 깨끗하게 유지하지 않을 수 있는가?

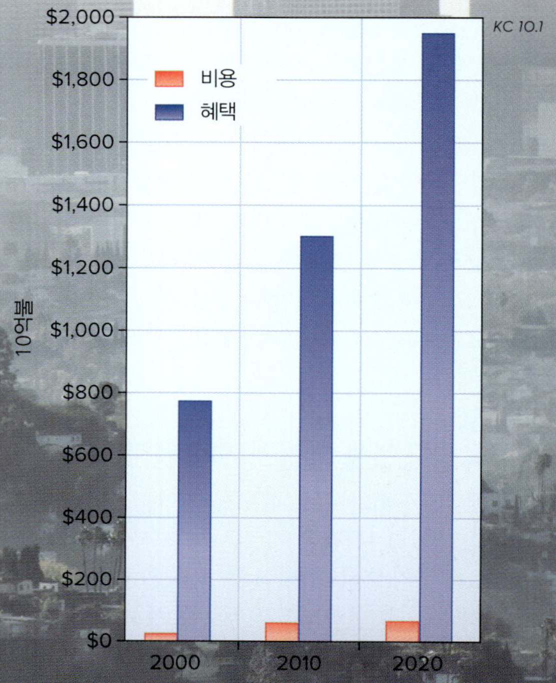

▲ 청정 대기법 조항의 직접 비용(빨간색) 및 편익(파란색)은 2016년 달러 기준으로 2000년, 2010년 및 2020년까지 수십억 달러에 달한다.
출처: EPA 2011 Clean Air Impacts Summary Report.

1990년 법은 무엇인가?

주요 조항 중에는 다음 사항을 확립하는 것이 포함된다.

- 오존층을 파괴하는 CFC 제어
- 산성비를 발생시키는 SO_2 및 NO_x를 줄이기 위해 판매 허가가 있는 시장기반의 "배출권 거래제(cap-and-trade)" 시스템
- 산업 및 운송수단에 대한 연방 및 주 규정의 필요
- 벤젠, 클로로포름 및 기타 유해한 대기오염물질의 배출을 제어하기위한 새로운 법
- 신축 발전소 및 기타 주요 배출원에 대한 "새로운 오염원 검토"
- 대기오염 기준 위반에 벌금을 부과하는 EPA의 권리
- 대체연료 및 기술개발을 위한 체제

비용은 얼마인가?

5개의 주요 오염원 범주(빨간색 막대) 및 추가적인 작은 범주(보라색)에 대한 **2020년까지의 직접 준수 비용**. 우리의 주요 오염원인 차량과 전력생산은 대부분의 비용을 부담한다. ▶

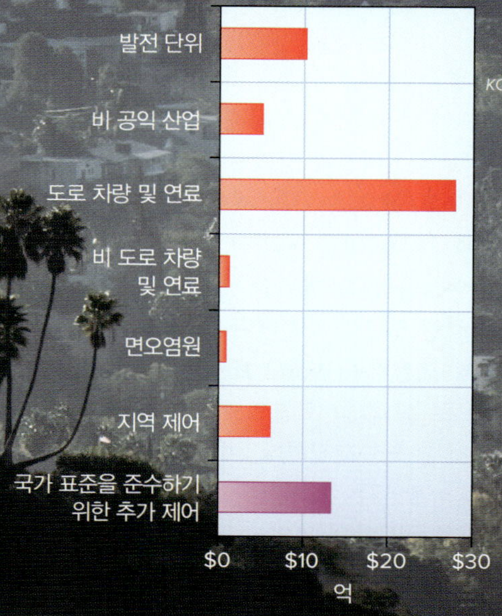

출처: 2011 Clean Air Impacts Summary Report.

1990년 청정 대기법 수정조항의 편익은 무엇인가?

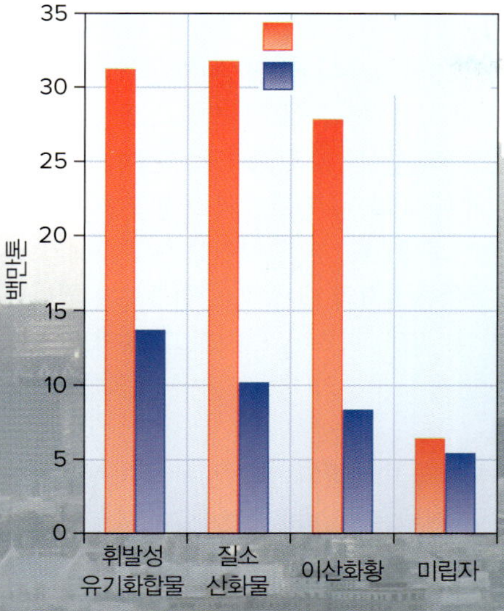

KC 10.3

1990년 청정 대기법 수정조항(CAAA)이 없는 경우:

◀ 주요 오염물질의 생산은 2020년에 더 많아질 것이다.

사망률, 기관지염, 심장병 및 결근일은 모두 더 클 것이다. ▶

가시도가 나빠질 것이다. ▼

건강 영향 감소 (PM2.5 및 오존만)	오염물질(s)	2010년	2020년
PM2.5 성인 사망률	PM	160,000	230,000
PM2.5 유아 사망률	PM	230	280
오존 사망률	Ozone	4,300	7,100
만성 기관지염	PM	54,000	75,000
급성 기관지염	PM	130,000	180,000
심장병	PM	130,000	200,000
천식 악화	PM	1,700,000	2,400,000
병원 입원	PM, Ozone	86,000	135,000
응급실 방문	PM, Ozone	86,000	120,000
제한된 활동 일	PM, Ozone	84,000,000	110,000,000
결석일	Ozone	3,200,000	5,400,000
결근일	PM	13,000,000	17,000,000

대기오염 방지법 수정안(CAAA) 비적용 시

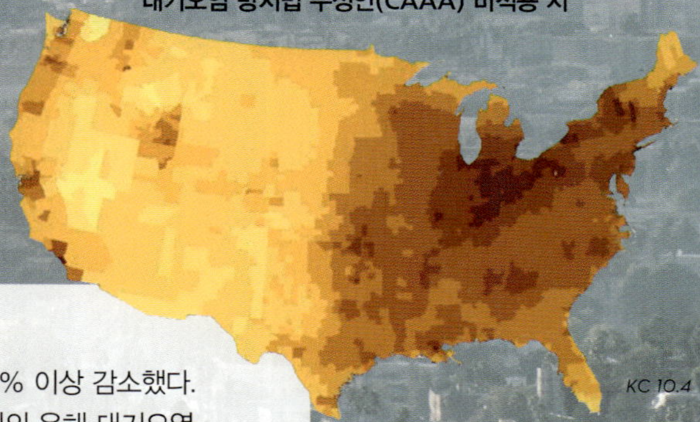

KC 10.4

대기오염 방지법 수정안(CAAA) 적용 시

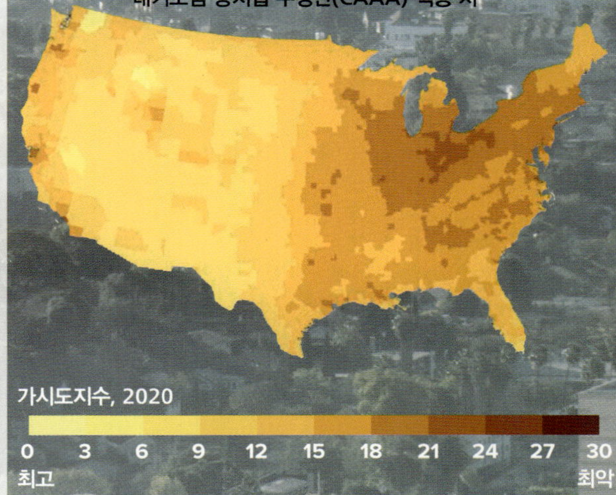

경제에 미치는 영향은?

1970년 이후 일반적으로 발견된 6가지 대기오염물질이 50% 이상 감소했다. 화학공장, 석유 정제 및 제지공장과 같은 대규모 산업 공급원의 유해 대기오염물질은 거의 70% 감소했다. 대부분의 오존층 파괴 화학물질 생산이 중단되었다. 새 차는 90% 이상 깨끗하며 앞으로 더 깨끗해질 것이다.

동시에, 미국 국내총생산(GDP)은 3배, 차량 사용은 2배, 에너지 소비는 50% 증가했다.

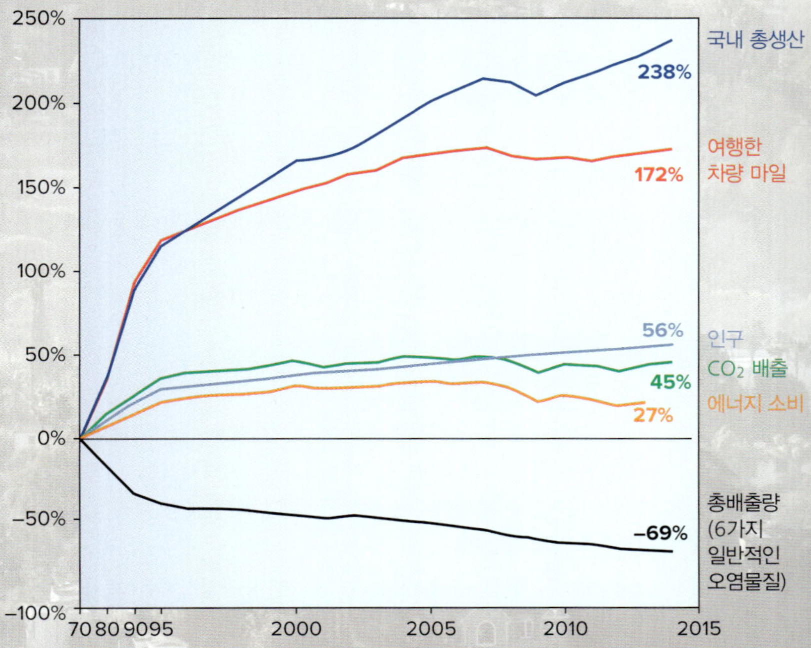

KC 10.5

설명할 수 있을까?
CAN YOU EXPLAIN?

1. 1990년 청정 대기법 수정조항의 몇 가지 주요 조항은 무엇인가?
2. "배출권 거래제(cap-and-trade)" 시장 메커니즘의 개념은 무엇인가?
3. 수정조항이 어떤 방식으로 돈을 절약했는가?

KC 10.6

후 상황은 다시 악화되었지만, 이러한 사례는 오염제어 정책을 시행했을 때 그 정책이 얼마나 효과적일 수 있는지를 보여준다.

정치적 변화도 대기 질을 향상시킬 수 있다. 수십 년 전, 브라질의 쿠바타오(Cubatao)는 "죽음의 계곡"으로 묘사될 정도로 세계에서 가장 심각하게 오염된 곳 중 하나였다. 제철공장, 거대한 정유공장, 비료 및 화학공장은 매년 해풍과 상파울루가 자리잡고 있는 고지대 사이에 갇힌 수천 톤의 대기오염물질을 배출했다. 주변 언덕의 나무들은 죽었고, 선천적 기형과 호흡기 질환은 놀라울 정도로 높았다. 그러나 그 이후로 쿠바타오 시민들은 환경정화에 놀라운 진전을 이루었다. 군사통치가 끝나고 민주주의가 회복되면서 주민들은 불만을 공표할 수 있었다. 환경은 중요한 정치적 쟁점이 되었다. 상파울루(São Paulo)는 약 $1억을 투자했으며 민간부문은 계곡에 있는 대부분의 오염원을 정화하는데 두 배나 더 많은 돈을 소비했다. 정부와 민간의 노력으로 브라질의 쿠바타오는 미립자 오염이 75% 감소했고, 암모니아 배출이 97% 줄어들었다. 오존 및 스모그를 유발하는 탄화수소는 86% 감소했으며, 이산화황의 생산은 84% 하락했다. 그러자 물고기가 강으로 돌아왔고, 산에서 숲이 다시 자랐다.

결론

대기오염은 일반적으로 가장 명백하고 광범위한 유형의 오염이다. 태평양의 가장 외딴 섬에서부터 히말라야의 가장 높은 봉우리와 북극의 얼어 붙은 만년설에 이르기까지, 지구 곳곳에는 매년 전세계적으로 인간에 의해 발생되고 방출된 20억 미터톤의 오염잔여물의 흔적이 있다.

이러한 오염물질이 건강에 미치는 영향에는 호흡기 질환, 선천성 기형, 심장마비, 암 및 어린이 발달장애가 포함된다. 환경에 미치는 영향에는 성층권 오존파괴, 산성비에 의한 산림 및 물 중독, 건축자재 부식이 있다. 결과적으로 건강과 환경에 대한 피해는 오염방지 비용보다 훨씬 더 많은 경제적 비용이 든다.

우리는 대기오염 제어의 발전, 건강상의 이점뿐만 아니라 경제적 이익의 진보를 장려해왔다. 많은 사람들은 1~2세기 전 북아메리카와 유럽의 공업중심지의 대기 질이 현재보다 얼마나 더 나빴는지 알지 못한다. 런던, 피츠버그, 시카고, 볼티모어 및 뉴욕과 같은 도시들는 현재 대부분의 개발도상국만큼 대기질이 나쁘거나 더 심각했다.

몬트리올 의정서와 청정 대기법의 성공은 우리가 행동한다면 실질적인 진전을 이루어낼 수 있음을 보여준다. 수십 년 전에 방출된 대기 중의 잔류염소 때문에 생긴 성층권의 오존구멍은 여전히 존재하지만 오존층의 파괴는 약 50년 안에 끝날 것으로 예상된다. 마찬가지로 청정 대기법 또한 대기질을 크게 개선하고 의료 비용을 절감시켰다. 브라질 및 인도와 같은 개발도상국의 지역적인 오염 감소는 대기 질의 개선이 부유한 사람만을 위한 것이 아니라는 것을 보여준다. 필요한 것은 행동하기로 결정하는 것이다. 중국의 철학자 노자(Lao-tzu)가 말했듯이, 천리 길도 한 걸음부터 시작해야 한다.

연습 문제 *PRACRICE QUIZ*

1. 1차 및 2차 대기오염물질을 정의하라.
2. 청정 대기법의 6가지 "기준" 오염물질은 무엇인가? 그 오염물질들은 왜 선택되었는가? 청정 대기법에 의해 규제되는 목록에 추가된 유해 대기 독소는 무엇인가?
3. 실내 공기 중 어떤 오염물질이 건강에 해로울 수 있는가? 전 세계적으로 가장 큰 실내대기 문제는 무엇인가?
4. 산성강하란 무엇인가? 이는 무엇이 원인인가?
5. 대기역전이란 무엇이며, 이는 대기오염물질을 어떻게 포획하는가?
6. 환경 오존과 성층권 오존의 차이점은 무엇인가? 성층권 오존을 파괴하는 것은 무엇인가?
7. 장거리 대기오염 운반이란 무엇인가? 두 가지 예를 들어보라.
8. 청정 대기법의 직접 비용과 혜택의 비율은 얼마인가? 주로 어떤 비용이 절약되는가?
9. 최근에 가장 많이 감소한 기존 오염물질은 무엇이고, 가장 적게 감소한 오염물질은 무엇인가?
10. 개발도상국의 현재 대기 질 문제와 오염제어에 대한 성공 사례를 제시하라.

비판적 사고와 토론 *CRITICAL THINKING AND DISCUSSION*

다른 학생들과 이러한 문제를 토의하기 위하여 이 장에서 학습한 원칙을 적용하라.

1. 대기오염 방지를 위한 정부 규정과 시장기반 거래 프로그램 중에서 어떻게 선택하겠는가? 한 접근법이 다른 접근법보다 더 나은 상황이 있는가?
2. 다음 제안에 대해 토론하라: 우리의 대기오염은 다른 지역으로 날아간다. 따라서 오염제어를 설치하는 것은 비경제적이다. 왜냐하면 그 비용을 지불해야하는 사람들에게는 직접적인 경제적 이익을 주지 않기 때문이다.
3. 공익기업 관리자는 Adirondack 호수에서 산성강하를 제어하기

위해 물고기 한 마리 당 $1,000이 소요될 것이라고 주장했으며 발전소에 집진기를 설치하는 것보다 낚시꾼을 위해 물고기를 구입하는 것이 더 저렴할 것이라고 주장했다. 이것이 지속적인 오염을 정당화하는가? 그 이유는 무엇인가?

4. 경제학자와 과학자들은 종종 청정 대기법 갱신과 같은 문제를 정의하고 해결하기 위해 공용 용어를 찾아야 하는 어려움을 겪고 있다. 토론을 보다 성공적으로 진행하기 위해 상충되는 정의를 어떻게 재구성할 수 있는가?

5. 왜 수은과 같은 오염물질 관리가 어려운 문제라고 생각하는가? 기술적, 경제적, 정치적, 감정적 및 기타 관련 요소를 나열하라. 이러한 배출량을 줄이는 것은 누구의 책임인가?

데이터 분석 여러분의 고향은 얼마나 오염되었는가? *DATA ANALYSIS How Polluted Is Your Hometown?*

해당 지역의 대기 질은 다른 지역의 공기 질과 어떻게 비교되는가? EPA 웹 사이트에서 해당 지역의 국가 및 지역 경향과 같은 주요 대기 오염물질의 경향을 확인할 수 있다. EPA는 대기질을 보호하고 우리가 호흡하는 공기와 그것이 얼마나 건강한지에 대해 대중에게 알려주는 주요 기관이다.

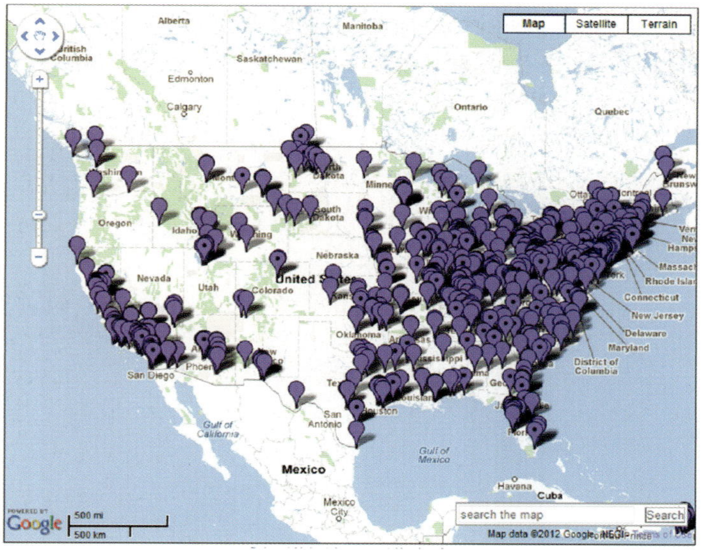

▲ EPA 웹 사이트에서 해당 지역의 오염 경향을 조사하라.

CHAPTER

10 물: 자원과 오염

Water: Resources and Pollution

학습 성과 *Learning Outcomes*

이 장을 학습한 후에 여러분은 다음 질문에 대답할 수 있어야 한다:

- 우리의 물은 어디에서 오는가? 우리는 그것을 어떻게 사용하는가?
- 물 부족은 어디에서 그리고 왜 발생하는가?
- 우리는 어떻게 물 공급을 늘릴 수 있는가? 이 방법의 비용은 얼마인가?
- 물을 어떻게 절약할 수 있는가?
- 수질오염이란 무엇인가? 그 오염원과 영향은 무엇인가?
- 개발도상국에서 하수처리와 깨끗한 물이 중요한 이유는 무엇인가?
- 수질오염을 어떻게 제어할 수 있는가?

수년간의 역사적인 가뭄은 도시, 농장 및 수력을 지원하는 수자원을 위협했다.

©nitsuki/123RF

사례 연구 *Cace Study*

비상사태의 물 상태

미국 서부에서는 종종 위스키는 마시고, 물은 분쟁하는 것이라고 말한다. 이 오래된 대사는 최근 캘리포니아에서는 새로운 반향을 불러 일으켰다. 캘리포니아에서 3천9백만 명의 많은 사람들과 미국의 생산적인 농지가 지속적인 가뭄으로 어려움을 겪고 있다. 미래에 어떤 것이 있을지는 불확실하지만, 기후과학자들은 앞으로 수십 년 동안 가뭄이 크게 경감될 것 같지 않다고 말한다.

2015년 봄, 캘리포니아 주지사 브라운(Jerry Brown)은 주 최초로 강제적인 물 사용 제한을 선언했다. 브라운 지사는 4년 동안 120년만의 최악의 기록적인 가뭄을 겪고, 자발적 감축을 장려하기 위한 1년간의 노력이 실패한 이후에, 물 소비량을 25% 삭감한다고 발표했다. 필요한 경우 벌금을 부과하여 삭감을 강요할 수도 있다. 선언 당시, 일반적으로 주에서 필요한 물의 3분의 1을 공급하는 인근 시에라네바다 산맥의 설괴빙원은 정상적인 수준의 6% 미만이었다.

캘리포니아의 도시와 농장은 시에라네바다 또는 더 멀리 떨어진 곳에서 운반된 수입된 물로 성장하고 번영했다. 1913년 로스앤젤레스 도수관(Aqueduct)이 개장했을 때 로스앤젤레스는 35만 명의 도시였다. 이 수로는 200 km 떨어진 오웬스 계곡(Owens Valley)에서 물을 운반했으며, 이는 로스앤젤레스가 주변 지역의 추가적인 8백만 명과 함께, 1천만 명의 도시로 우후죽순처럼 발전할 수 있게 해준 광범위한 수도관, 펌프 및 운하 네트워크의 시작이었다. 도시에 지표수가 거의 없는 모든 로스앤젤레스 주민(Angeleno)은 마실 물, 목욕, 세차 및 잔디밭에 물을 주기 위하여 운반된 물 또는 지하에서 펌핑된 물에 의존한다(그림 10.1).

건조한 남부 캘리포니아의 농업 또한 도수관 건설 이전에는 소규모 농업이었다. 농장주들은 언덕에서 가축을 방목할 수 있었지만 아몬드, 오렌지, 토마토와 같이 물을 많이 요구하는 작물은 이 건조한 주의 대부분 지역에서 생존할 수 없었다. 그래서 관개는 사막을 정원으로 바꾸었다. 캘리포니아에서는 농업으로 물의 80%를 사용하고 이곳에서는 미국인이 먹는 음식의 1/4을 생산한다.

이 물의 대부분은 시에라네바다(Sierra Nevada)의 설괴빙원에서 시작된다. 시에라는 태평양에서 유입되는 눈과 비의 형태로 수분을 포획하고 저장한다. 일반적으로 고지대에서는 눈이 4 m (13피트)를 초과하는 깊이까지 축적되었다. 여름에는 눈이 녹아 호수와 강에 물을 공급하여 이 지역의 수로를 가득 채우고, 이 눈 녹은 물은 주의 수력발전 댐에 전력을 공급한다. 강에 수력발전소를 운영할 수 있는 물이 충분하지 않으면, 전기요금이 더 비싸질 수 있다.

시에라의 눈 녹은 물은 세 가지 관련 이유로 감소했다. 첫 번째는 가뭄이다. 강수량은 항상 수십 년에 걸쳐 변하지만, 물 절약 명령으로 이어진 가뭄은 이 주에서 사상 최악의 기록이었다. 1,000년 이상의 기간에서 최악이었던 것 같다. 두 번째는 짧은 겨울이다. 기후의 온난화 패턴은 이 지역의 겨울을 따뜻하게 했으며, 눈 내리는 계절이 짧고, 눈이 아닌 비가 내리고, 봄에 더 일찍 녹는다. 셋째, 기온상승과 증발량의 증가이다: 따뜻한 기후에서는 물이 더 빨리 증발하고 식물은 서늘한 기후보다 더 많은 수분을 사용한다. 기온이 높을수록 계곡 농장에서는 물 수요가 증가하지만, 산에서 내려오는 물 공급은 줄어든다.

물 사용을 어떻게 줄일 수 있을까? 브라운 주지사의 법안에는 골프장 및 공동묘지 급수, 조경 급수를 위한 식수 사용금지 및 관개 잔디 5천만 평방피트를 건조한 조경으로 대체할 유인책이 포함되었다. 주민들이 물 절약 세탁기, 화장실 및 샤워꼭지를 구매할 수 있도록 재정지원이 제공되었다. 농업용수의 사용제한은 명시되어 있지 않지만, 용수 사용에 대한 보다 나은 법안이 필요했다. 이 법안을 준수하지 않은 도시는 하루 $10,000의 벌금이 부과될 수 있다.

새로운 법에 따라 대부분의 캘리포니아 주민들은 위기를 잘 극복했다. 일부 도시들은 잔디를 제거하고 물 절약 기구에 대한 장려금을 제공하기 시작했다. 합법적인 물 권리가 없는 농민들은 2014년에 50만 에이커의 토지를 유휴 상태로 만들어야 했다. 물 제한에 대한 대중의 논쟁은 그러한 조치들이 충분하지 않았거나, 방대한 양의 농업관개를 다루기에는 너무 부족했다는 것이었다.

이 장에서는 전 세계의 수자원, 물의 분포 및 사용 방법에 대해 살펴본다. 장기적으로 물이 정말로 분쟁가치가 있는지 또는 세계의 정부, 도시 및 농부가 온난화 기후와 생명수에 미치는 영향을 수용할 수 있는지의 여부는 여전히 남아 있다. ■

▲ **그림 10.1** 캘리포니아의 수계는 수백 마일의 도수관을 사용하여 시에라와 콜로라도 로키 산맥의 산과 사막을 넘어서 물을 공급한다.
출처: Library of Congress Prints and Photographs Division [HAER CA-298-AH-4 (CT)]

10.1 수자원

- *물 부족은 경제, 식량 생산 및 안보에 영향을 미친다.*
- *식물+증발에 의한 수증기 방출인 증발산(evapotranspiration)은 온도에 따라 다르다.*
- *물의 1% 미만이 담수 지표수이다.*

물은 생명에 필수적이다. 물은 모든 생명과정이 일어나는 매체이다. 물은 영양분을 녹여 세포에 분배하고, 체온을 조절하며, 세포를 지원하고, 폐기물을 제거한다. 우리의 몸은 60%가 물이다. 음식이 없으면 몇 주 동안 생존할 수 있지만 물 없이는 며칠밖에 생존할 수 없다.

악화되고 있는 물 부족 문제는 전 세계 도시와 농민들을 걱정시킨다. 5억 인구가 거주하는 인도의 갠지스 강 평원에서 지하수 수준은 불과 10년 만에 약 30 cm 감소했다(그림 10.2). 중국, 시리아, 이라크 및 기타 국가에서는 물 부족이 증가하고 있다. 전 세계적으로 군사 분석가들은 물 부족이 점차 전쟁과 난민 위기의 초점이 될 것으로 예상하고 있다. 이러한 자원이 어떻게 배포되고 왜 변화하는지를 이해하는 것은, 이 소중한 자원을 보호하기 위한 더 나은 전략을 찾는 첫 번째 단계이다.

캘리포니아가 노력하고 있는 것처럼 수자원을 보존하는 것이 재난을 의미할 필요는 없다. 캘리포니아에서와 마찬가지로 사막에서 녹색 잔디가 더 적을 수도 있다. 그것은 더 나은 자원 관리를 의미하며, 토지가 부양할 수 있는 것에 대한 기대치를 조정하는 것을 의미한다.

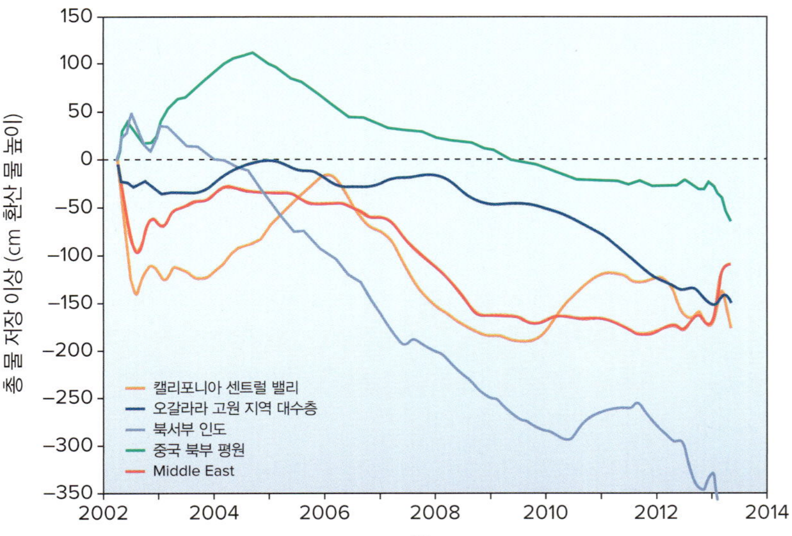

▲ **그림 10.2** 지하수 인출은 정치적으로 긴장된 지역을 포함하여 세계에서 가장 중요한 대수층에서 물 저장을 줄인다. 계산된 지하수의 변화는 지표면의 질량(물 함량) 변화를 측정하는 NASA의 GRACE (중력 회복과 기후실험; Gravity Recovery and Climate Experiment) 위성에서 도출된다.

출처: Famiglietti. J. S., "The Global Groundwater Crisis," Nature Climate Change, vol. 49, 2014, 945–948.

벤치마크 데이터	
다음은 이 장의 아이디어와 숫자 중에서 기억할 가치가 있는 몇 가지 사항이다.	
2.4%	지구상의 모든 물 중에서 담수의 비율
0.8%	담수 중 지표수 비율
>13,000	소고기 1 kg을 생산하는데 필요한 물 양(평균)
60 million	3억 1천5백만 미국인 중에서 국유림에서 물을 얻는 사람 수
2 ppm	대부분의 수서생물에 필요한 수중 산소농도

표 10.1 물 측정 단위

1 m^3 = 1,000리터 = 264갤런
1 km^3 = 1,000,000,000 m^3
1 에이커-피트 = 1에이커 1피트 깊이 = 1,234 m^3
1 m^3/sec (강의 흐름) = 264갤런/초

수문학적 순환은 어떻게 물을 재분배하는가?

태양에너지는 지속적으로 물을 증발시키고, 증발된 물은 냉각될 때 액체(비, 안개, 이슬) 또는 단단한 눈과 얼음으로 응축된다. 떨어지는 액체상 또는 고체상 물에 대한 일반적인 용어는 **강수**(precipitation)이며, 대부분의 물은 증발된 곳에서 먼 곳부터 응결된다(그림 2.17 참조). 예를 들어, 시에라네바다의 강설량은 대부분 태평양상의 증발에서 비롯된다.

이러한 수분 순환 과정은 우리와 우리의 생태계를 살아있게 하기위한 거의 모든 물을 공급한다. 매년 약 50만 km^3가 바다에서 증발한다. 이 물의 90%는 다시 바다로 떨어지지만 호수, 강, 식물에서 약 72,000 km^3의 물이 증발하면서 약 47,000 km^3의 수분이 육지로 흘러들어간다(표 10.1). 식물은 이 과정에서 중요한 역할을 한다. 그들은 **증발**(transpiration)로 알려진 과정에서 수분을 흡수하고, 잎의 모공에서 수증기를 방출한다. **증발산**(evapotranspiration)이라는 용어는 증발과 증산의 결합된 과정을 말한다. 증발과 증산은 시원한 기후보다 더운 기후에서 훨씬 더 활발하다. 태양에너지가 많을수록 증발이 더 커지고, 식물은 더위에서 타는 것을 피하기 위해 더 빨리 증발해야 한다.

태양에너지는 물의 증발, 수송 및 침전 순환을 주도한다. 그러나 증발 가능한 태양에너지와 물이 전 세계에 고르지 않게 분포되어 있기 때문에 결과적으로 수자원이 고르지 않게 분배된다. 예를 들어, 칠레 사막의 이키케(Iquique)에서는 기록된 역사에 의하면 비가 내리지 않았다. 척도의 다른

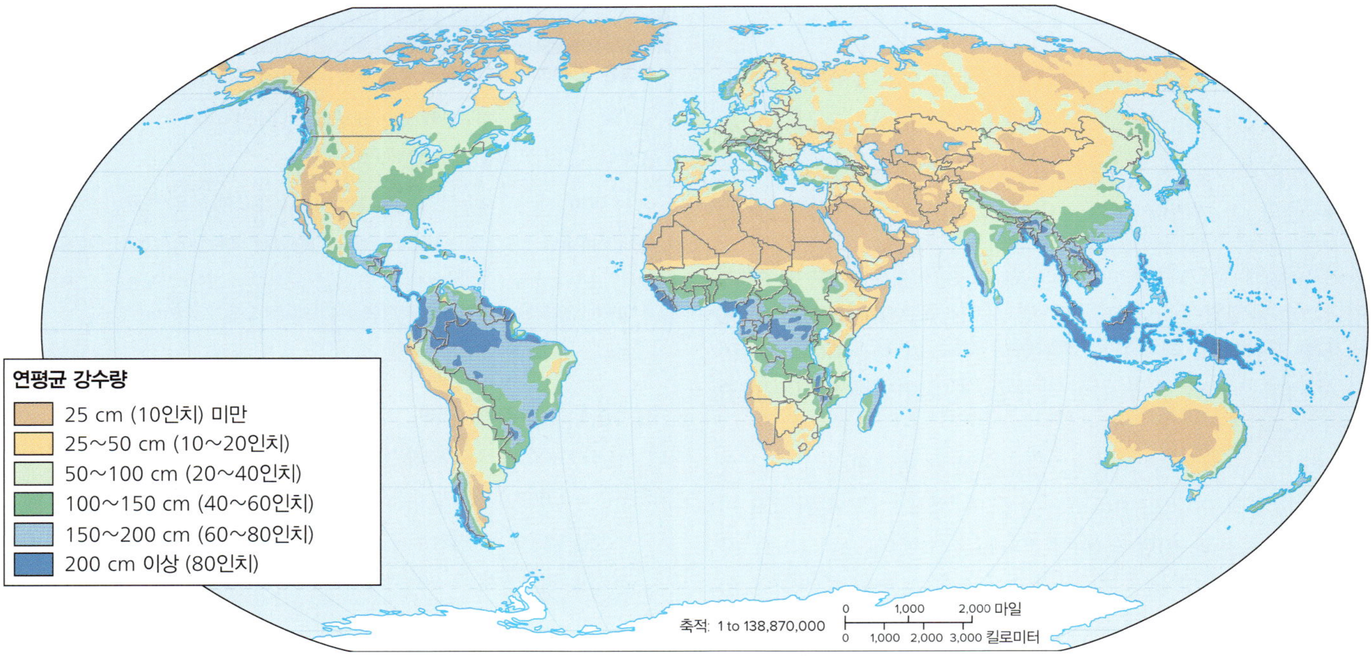

▲ **그림 10.3** 평균 연간 강수량. 열대우림을 지원하는 습한 지역은 적도를 따라 발생하는 반면, 세계의 주요 사막은 북위와 남위 20°~40° 사이의 건조하고 하강하는 공기에서 발생한다.

쪽 끝에 있는 인도 히말라야 마을인 체라푼지(Cherrapunji)는 1860년에 26.5 m (86.8피트)의 강우를 기록했다.

일반적으로 남미, 아프리카 및 동남아시아에서처럼 태양의 강도와 증발산 비율이 높은 적도 부근에서 물의 가용성이 매우 높다(그림 10.3). 북미 태평양 연안과 같은 해안 근처의 산악지역도 시에라 네바다에서처럼 습기를 흡수한다. 산의 바람이 불어오는 쪽은 수분이 고갈되는 경향이 있다. 하와이 와이알레알레(Waialeale) 산의 바람이 불어오는 쪽의 연평균 강우량은 약 1,200 cm (460인치)이다. 몇 킬로미터 떨어진 바람이 불어가는 쪽의 평균 강우량은 46 cm (18인치)에 불과하다.

사막은 열대지방(사하라, 나미브, 고비 및 소노란 등) 바로 밖의 모든 대륙에서 발생한다. 여기에서 고기압 시스템(8장 참조)은 맑고 건조한 기후를 유지하는 경향이 있다. 또 다른 고기압 지역인 극 근처에서도 강우량이 작다.

물 가용성은 종종 계절에 따라 다르다. 예를 들어, 인도의 몬순기후는 연중 대부분의 가뭄과 여름이 끝날 무렵의 강우이다. 비정상적으로 격렬한 계절풍은 홍수와 폐허를 일으킬 수 있다. 비정상적으로 약한 계절풍은 농부들에게 재앙을 줄 수 있다.

주요 물 구획은 체류시간이 다르다

물의 분포는 종종 상호작용하는 구획에서, 물이 때로는 짧게 때로는 영구한 시간에 걸쳐 체류하는 것에 의해 설명된다(표 10.2). 물이 일반적으로 어느 구획에 머무는 시간을 **체류시간**(residence time)이라고 한다. 평균적으로 물 분자는 증발하기 전까지 약 3,000년 동안 바다에 머물다가 수문학적순환을 통해 다시 시작한다. 물 분자는 약 일주일 동안 대기에 머문다. 거의 모든 세계의 물이 해양에 존재한다(그림 10.4). 해양은 지구 온도를 조절하는데 중요한 역할을 하며, 세계 생물량의 90% 이상이 해양에 포함되어 있다.

표 10.2 지구의 물 구획

구획	부피 (1,000 km^3)	전체 물 중 비율(%)	평균 체류시간
총	1,386,000	100	2,800년
해양	1,338,000	96.5	3,000~30,000년*
얼음과 눈	24,364	1.76	1~100,000년*
염수 지하수	12,870	0.93	며칠~수천 년*
담수 지하수	10,530	0.76	며칠~수천 년*
담수호	91	0.007	1~500년*
염호	85	0.006	1~천 년*
토양 수분	16.5	0.001	2주~1년*
대기	12.9	0.001	1주
소택지, 습지	11.5	0.001	수 개월~수 년
강, 개울	2.12	0.0002	1주~1개월
생명체	1.12	0.0001	1주

*수심과 다른 요인에 따라 다르다.
출처: Data from UNEP, 2002.

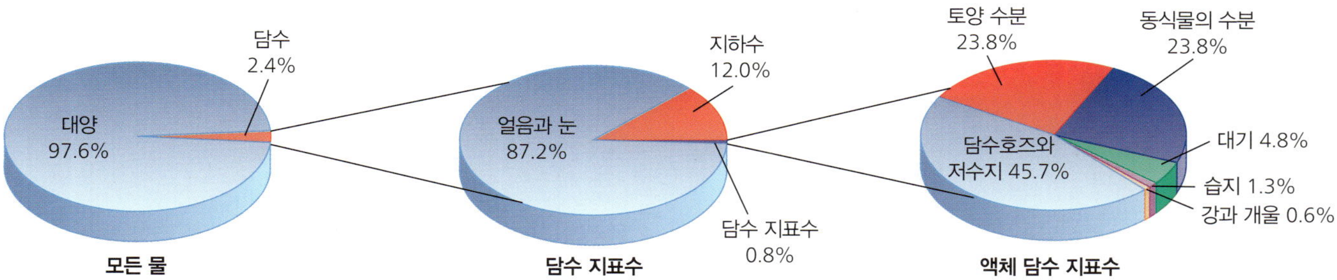

▲ **그림 10.4** 담수의 1% 미만, 모든 물의 0.02% 미만은 육상 생명체가 의존하는 담수이고 액체인 지표수이다.

빙하, 만년설 및 영구설원에는 전 세계 담수의 거의 90%가 포함되어 있다. 이 얼음의 대부분은 남극대륙, 그린란드 및 북극 빙상에 있지만, 산악 빙하와 설원에서 나타나는 부분은 전 세계의 생태계와 인구를 부양한다. 호수와 습지, 강, 토양 수분, 대기 및 생물체에서 만나는 물인 담수는 전 세계 담수자원의 1% 미만을 차지한다.

기후변화는 이러한 자원, 특히 얼음 및 눈 저장고를 위협한다(그림 10.5). 예를 들어, 로키 산맥의 눈과 얼음은 콜로라도 강의 물의 75%를 제공하며 남서부의 도시와 농장이 의존한다. 아시아에서는 갠지스 강과 양쯔 강을 포함하여 세계에서 가장 큰 강 6개가 티베트 빙하에서 발원한다. 그런데 이 빙하가 수십 년 안에 사라질 수 있다는 경고가 있다. 이 손실은 30억 명의 식수 및 관개를 제거할 수 있기 때문에 이것이 인간과 경제에 미치는 영향은 상상하기 어렵다.

지하수 저장소는 방대하고 천천히 순환한다

지하수는 토양층과 암석층으로 침투하는 강수로 시작하여 액체, 담수의 가장 큰 구획을 구성한다. 지표면에서 1 km 이내의 지하수는 모든 담수 호수, 강 및 저수지를 합친 부피의 100배가 넘는다. 일반적으로 수십 또는 수백 미터 깊이의 우물만 팔 수 있기 때문에 따라서 이 물의 대부분은 접근할 수 없다.

최상위 미터 이하의 토양수분 또는 토양수는 대부분의 식물에 수분을 공급한다. 일부 건조한 땅의 식물 뿌리는 **지하수면**(water table)에서 더 깊은 포화 토양을 찾기 위해 수 미터 아래로 자랄 수도 있다(그림 10.6). 토양의 상층은 공기주머니를 포함하고 있지만 일반적으로 식물을 부양할 수 있을 정도로 충분히 촉촉한 **통기대**(zone of aeration)로 설명할 수 있다. 모든 토양 기공이 물로 채워진 하부 토양층은 대부분의 얕은 우물에서 물의 공급원인 **포화대**(zone of saturation)를 구성한다.

물을 함유한 지질층을 **대수층**(aquifer)이라고 한다. 대수층은 모래 또는 자갈의 다공성 층 또는 균열되거나 다공성의 암석으로 구성될 수 있다. 대수층 아래에서는 비교적 불 투수성인 암석 또는 점토층이 바닥에서 물이 스며나지 않도록 한다. 대신, 다공성 층을 통해 물이 다소 수평으로 스며들게 된다. 지질에 따라 대수층을 통해 물이 수백 미터 이동하는데 몇 시간에서 몇 년이 걸릴 수 있다. 불 침투성층이 대수층 위에 놓이면, 내수층 내에서 압력이 발생할 수 있고, 대수층에 압력이 가해지면 우물이 표면에서 자유롭게 흐를 수 있다. 이러한 자유롭게 흐르는 우물과 샘은 *자분정*(artesian well) 또는 샘(spring)으로 알려져 있다.

▼ **그림 10.5** 빙하와 설원은 수십 억의 사람들이 의존하는 많은 물을 제공한다. 예를 들어, 서부 로키 산맥의 설괴빙원은 콜로라도 강의 연간 수량의 약 75%를 공급한다. 지구 기후변화로 빙하가 줄어들고 눈이 녹기 시작하여 이 중요한 물 공급원을 붕괴하고 있다.
출처: ©William P. Cunningham

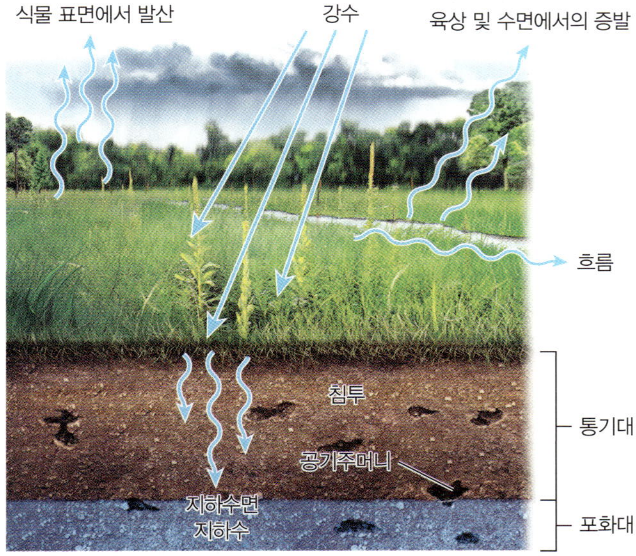

▲ **그림 10.6** 표면에서 증발하거나 흘러가지 않는 강수량은 침투라고 불리는 과정에서 토양을 통해 스며든다. 토양의 상층에는 공기가 채워진 공간 사이에 수분이 있다(보통 여기에 표시된 것보다 훨씬 작음). 모든 공간이 물로 채워진 하부층은 포화대 또는 지하수를 구성한다.

능동적 학습 *ACTIVE LEARNING*

물이 풍부한 국가와 가난한 국가를 지도에 표시하기

1인당 물 공급량 측면에서 물이 풍부한 10대 국가와 10대 물 부족 국가가 아래에 나열되어 있다. 이러한 국가를 찾아 패턴을 설명하시오. 물이 풍부한 나라는 어디에 집중되어 있는가? (힌트: 위도가 중요할까?) 물 부족 국가는 어디에 가장 집중되어 있는가?

물이 풍부한 국가: 아이슬란드, 수리남, 가이아나, 파푸아뉴기니, 가봉, 솔로몬 제도, 캐나다, 노르웨이, 파나마, 브라질

물이 부족한 국가: 쿠웨이트, 이집트, 아랍 에미리트, 몰타, 요르단, 사우디아라비아, 싱가포르, 몰다비아, 이스라엘, 오만

답변: 물이 풍부한 국가(1인당)는 인구와 증발량이 적은 극북 지역이나, 열대 지역이다. 물이 부족한 국가는 약 15°~25° 사이의 사막지대거나 인구밀도가 높은 섬나라(예 : 몰타, 싱가포르)이다.

지표수가 대수층에 여과되어 들어가는 영역은 **재충전구역**(recharge zone)이다(그림 10.7). 대부분의 대수층은 매우 느리게 재충전되며, 도로 및 주택 건설 또는 지표면에서의 물 사용은 재충전 속도를 더욱 느리게 할 수 있다. 오염물질은 또한 재충전구역를 통해 대수층에 유입될 수 있다. 재충전구역의 도시 또는 농업 유출수는 지하수 공급원을 영구적으로 오염시킬 수 있다.

지표수 및 대기 수분은 빠르게 순환한다

담수의 흐르는 지표수는 우리의 가장 소중한 자원 중 하나이다. 강은 한 번에 비교적 적은 양의 물을 포함한다. 대부분의 강은 강수, 눈 녹음 또는 지하수 누출로 지속적으로 보충되지 않으면 몇 주 또는 며칠 후에 마르기 시작한다.

우리는 하천의 크기를 **배출량**(discharge) 또는 주어진 시간에 정해진 지점을 통과하는 물의 양으로 비교한다. 이것은 일반적으로 초당 리터 또는 입방피트의 물로 표현된다. 세계에서 가장 큰 16개의 강은 지표면 유출수의 거의 절반을 지구상에서 가지고 있으며, 다음 7대 강의 유량을 모두 합한 것과 같은 물을 운반하는 하나의 강인 아마존에서 그 중 상당 부분이 발생한다.

호수에는 모든 강과 개울이 합쳐진 물보다 거의 100배 많은 물이 들어 있지만, 이 물의 대부분은 세계에서 가장 큰 호

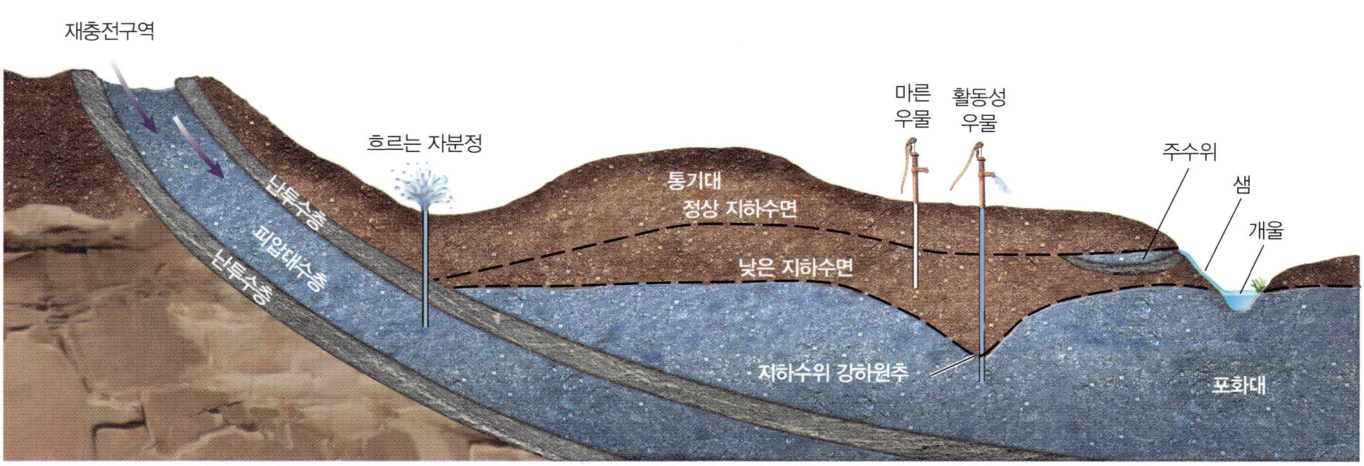

▲ **그림 10.7** 대수층은 다공성 또는 갈라진 암석층이다. 불 침투성 암석층 (수용성)은 제한된 대수층 내에 물을 유지한다. 오르막의 압력은 장인이 자유롭게 흐르도록 한다. 펌핑을하면 지하수위 강하원추(원뿔 모양의 오목한 부분; cone of depression)가 생겨 얕은 우물이 건조하게 된다.

수 중 일부인 시베리아의 바이칼 호수, 북아메리카의 오대호(Great Lakes), 아프리카의 그레이트 리프트 레이크(Great Rift Lakes), 그리고 몇몇 다른 호수에 포함되어 있다. 전 세계적으로 호수는 상수도, 식량, 운송 및 정착 측면에서 강만큼이나 중요하다.

습지(늪, 습한 초원, 소택지) 등은 수문학적 순환에서 중요하지만 종종 진가를 인정받지 한다. 무성한 식물 성장은 토양을 안정화시키고 표면 유출을 방지하여, 대수층으로의 침투 시간과 1년 내내 균일한 흐름을 생성한다. 습지가 교란되면, 자연 흡수력이 감소하고 지표수가 빠르게 흘러나와서 우기에는 홍수와 침식이 발생하고, 그 외의 기간에는 적은 흐름이 흐른다.

대기는 전체 물 공급량의 0.001%만을 포함하지만 전 세계에 물을 재분배하는 가장 중요한 기작이다. 개별 물 분자는 평균 약 1주일 동안 대기에 존재한다. 일부 물은 몇 시간 안에 증발하여 비나 눈으로 내린다. 물은 내리기 전에 지구의 절반쯤을 이동할 수 있어, 육지의 개울과 대수층을 보충한다.

10.2 우리는 얼마나 많은 물을 사용하는가?

- *음식 소비 패턴은 "물 발자국"에 영향을 준다.*
- *가상수는 제품으로 수출된다.*
- *깨끗한 물에 대한 접근은 가장 중요한 건강관리 요소 중 하나이다.*

아마도 다른 환경적 요인보다 물 가용성이 우리가 사는 곳과 우리가 하는 일을 결정한다(그림 10.8). 아이슬란드와 같은 일부 지역에는 인구가 적고 강우량이 많다. 이집트와 같은 나라는 인구는 많고 물 공급은 제한되어 있다. 이집트 인구의 거의 모든 사람들이 나일 강에 인접해 살고 있다. 그러나 기술의 발전은

▲ **그림 10.8** 물은 항상 생존의 열쇠였다. 이 귀중한 자원에 접근할 수 있는지 없는지의 여부가 오랫동안 긴장과 분쟁의 원천이었다.
출처: ©nitsuki /123RF

이 규칙에 대한 예외를 허용했다. 강우량이 거의 없는 바레인은, 고가의 에너지 집약적인 담수화 시스템을 사용하여 바다에서 담수를 생산한다. 플로리다주 탬파 및 캘리포니아주 샌디에이고와 같이 미국에서 빠르게 성장하는 도시들도 수자원의 일부를 담수화에 의존하고 있다.

우리가 사용하는 물의 양은 여러 가지 요소, 특히 지역의 농업 정도, 경관관리 방법 및 개인 소비관행에 따라 달라진다. 직접적인 가정사용은 지역 또는 주마다 크게 다른데, 평균적으로 미국에서는 연간 1인당 약 1,600 m^2를 소비한다. 이 높은 비율은 주로 따뜻한 기후와 풍부한 식단뿐만 아니라 농업용수 사용으로 인해 발생한다. 이 "물 발자국"의 약 30%는 쇠고기 소비에서 비롯된다. 반면 멕시코인은 연간 약 750 m^3를 소비한다. 기후가 시원하고 사람들이 적당한 양의 육류를 소비하는 북유럽에서는, 소비량은 매년 약 100~700 m^2이다. 개발도상국은 종종 1인당 연간 50 m^2 미만으로 훨씬 적은 양을 사용하는 경향이 있다.

전 세계적으로 농업은 약 75%의 수자원을 소비한다. 산업은 또 다른 20%를 소비하고, 가정에서의 사용량은 나머지 5%를 구성한다.

우리는 "가상수"를 수출한다

상당량이 다양한 형태로 수출되는 물 소비량을 평가하는 것은 까다로울 수 있다. 예를 들어, 캘리포니아에서는 모든 물 사용의 약 15%가 자주개자리(alfalfa) 생산에 소비된다. 자주개자리 건초는 우유, 치즈 및 육류가 미국 및 해외로 수출되는 젖소(더 적은 수의 육우)를 먹이는데 사용된다. (자주개자리 관개의 급격한 확장은 위스콘신과 버몬트가 국가 낙농시장에서 경쟁하기 위해 고군분투하는 이유를 설명하는데 도움이 된다) 캘리포니아는 또한 자주개자리 건초를 중국, 일본 및 다른 지역으로 직접 수출한다. 이러한 수출은 종종 **가상수**(virtual water)의 수출로 설명된다.

마찬가지로 캘리포니아 아몬드 작물은 캘리포니아 물의 약 10%를 소비한다. 아몬드 재배는 최근 몇 년 동안 폭발적으로 증가했다. 이 산업은 1960년에 생산된 약 60,000톤에서 2018년에 35배 증가하여 2백만 톤 이상으로 증가했다. 이는 모든 미국 아몬드의 99%와 세계 아몬드 공급의 80%를 나타낸다. 견과류를 생산할 뿐만 아니라 나무를 연중 살리려면 아몬드 견과마다 약 4리터의 물(1갤런 이상)이 필요하다. kg 단위로, 이는 아몬드 16,000 l/kg (1,900 gal/lb)에 달한다. 이것은 1파운드의 쇠고기를 생산하는데 필요한 것이다. 양상추를 생산하는 데에는 약 800 l/kg (100 gal/lb)가 소요된다.

일부 추정에 따르면, 수출된 자주개자리의 수분함량은 연간 3억8천만 m^3 (1,000억 갤런)에 달하며 약 1백만 가구에 1년 동안 식수를 공급할 수 있다. 보존 지지자들은 물 수출을 줄

이면 미국 서부의 물 위기를 극적으로 줄일 수 있다고 주장한다.

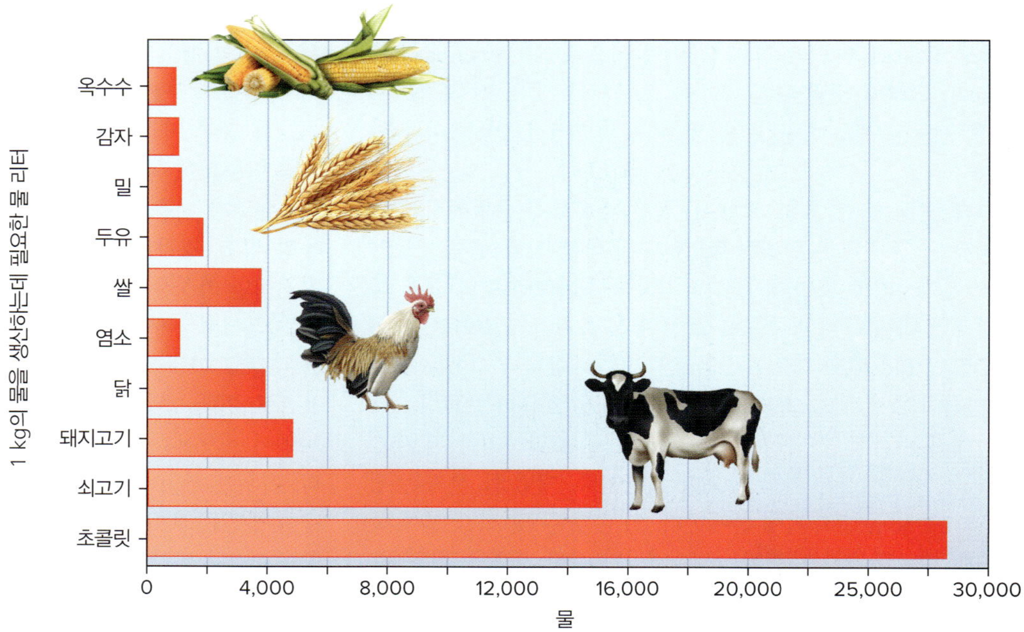

▲ **그림 10.9** 중요한 식품 1 kg을 생산하는데 필요한 물

일부 제품은 다른 제품보다 물을 더 필요로 한다

우리의 물 발자국은 우리가 먹는 것에 크게 의존한다. 예를 들어, 집중식 사료 공급 작업에서 1 kg의 쇠고기를 키우려면 15,000 L 이상의 물(그림 10.9)이 필요하다. 결과적으로 평균 햄버거는 2,400리터(630갤런)가 생산된다. 염소를 기르는 것은 고기를 생산하는 훨씬 더 효율적인 방법이다. 염소는 더 다양한 먹이를 먹고, 소보다 먹이를 더 효율적으로 대사하기 때문이다.

쌀 재배(습식 논에서 일반적으로 일어남)는 감자나 밀을 기르는 것보다 약 3배 많은 물을 소비한다. 비가 오는 지역에서 쌀을 재배하는 경우, 이 물을 제공하는 것은 큰 문제가 아니다. 그러나 미국을 포함한 일부 국가는 쌀 재배를 위하여 대량의 관개에 의존한다. 일부 식품의 경우 가장 큰 물 사용은 작물재배가 아니라 소비를 위해 준비하는 것이다. 예를 들어, 초콜릿은 먹기 전에 고도로 가공된다.

산업 용도에는 에너지 생산이 포함된다

산업 용도는 전 세계 모든 물 취수의 약 5분의 1을 차지한다. 일부 유럽국가에서는 산업에 70%의 물을 사용한다. 산업화가 덜 된 국가는 5%만 사용한다. 발전소의 냉각수는 산업용수의 최대 단일 사용처이며, 일반적으로 산업용 취수의 50~75%를 차지한다. 올바르게 처리하면 많은 냉각수를 다른 용도로 재활용할 수 있다.

옥수수로부터 에탄올과 같은 생물연료를 생산하는 데에는 극도로 많은 물이 필요하다. 옥수수 원료유를 생산하는데 얼마나 많은 관개가 필요한지에 따라, 1리터의 에탄올을 생산하는데 4~7리터의 물이 필요하다.

2008년 이래로, 물의 또 다른 주요 산업 용도는 천연가스 및 석유 생산을 위한 수압파쇄(fracking)이다. 이름에서 알 수 있듯이 물은 압력을 받아 유정과 가스정으로 펌핑되어, 지질층을 파괴하는 것을 도와주고 암석에 고정된 탄화수소를 방출한다. 유정의 수압파쇄에는 1천5백만~2천2백만 리터의 물(4백만~6백만 갤런)을 사용한다. 때때로 추가적인 가스를 방출하기 위해 유정이 두 번 이상 수압파쇄 된다.

이 물의 대부분은 지표면으로 되돌아오지만, 많은 처리 없이 재사용하기에는 너무 오염되어 있다. 오염물질에는 발암성 탄화수소뿐만 아니라 세제, 염분 및 지하 깊은 곳의 방사성 입자가 포함된다. 서부 노스다코타, 텍사스 북부 및 오클라호마에서와 같이 집중적인 석유 및 가스 개발 지역에서 수자원은 수압파쇠 수요에 의해 심각하게 스트레스를 받을 수 있다. 가뭄에 시달리는 캘리포니아는 2005~2015년 사이에 수압파쇄에 9억 리터(2억 3천7백만 갤런)의 물을 사용했다. 미국의 총량은 약 1조 리터(2,240억 갤런)였다.

가정의 물 공급은 건강을 보호한다

식수, 세척 및 요리를 위한 가정용 물 사용은 전 세계 물 사용의 약 5%를 차지한다. 그러나 사용량은 부에 따라 다르다. UN은 선진국 사람들이 개발도상국 사람들보다 하루 평균 10배 더 많은 물을 소비한다고 보고한다. 빈곤한 국가는 종종 물을 획득하고 시민들에게 물을 공급할 수 있는 기반시설을 제공할 수 없다. 도시가 안전한 공공 용수를 이웃에 공급할 수없는 경우, 주민들은 트럭으로 배달되는 고가의 물을 구매해야 한다. 이 물 비용은 가족을 빈곤에서 유지하는데 도움이 될 수 있지만 선택의 여지가 거의 없다. 빈곤층에게 깨끗한 물을 제공하는 것이 국제개발기구의 주요 목표 중 하나이다.

전염병을 예방하고 건강한 삶을 유지하려면 깨끗한 식수와 기본 위생이 필요하다. UN은 적어도 10억 명이 안전한 식수를

▲ **그림 10.10** 여성과 어린이는 종종 현지 물 공급원에서 마시기에 안전하지 않을지도 모르는 물을 수집하는데 시간을 소비한다.
출처: ©Layton Thompson

이용할 수 없고, 25억 명이 적절한 위생시설을 가지고 있지 않다고 추정한다. 인구가 증가함에 따라 더 많은 사람들이 도시로 이사하고, 농업과 산업은 점점 더 부족한 물 공급을 위해 경쟁하며, 물 부족은 더욱 악화될 것으로 예상된다.

시골 사람들은 종종 도시 거주자보다 좋은 물에 쉽게 접근할 수 없다. 설사와 같은 수인성 질병은 위생상태가 좋지 않은 지역에서 일반적이다. 매년 5세 미만의 어린이 중 90%인 약 160만 명이 수인성 질병으로 사망한다. 말라리아, 홍역 및 HIV/AIDS를 합한 것보다 설사로 사망하는 어린이가 더 많다.

전 세계 가구의 3분의 2 이상이 집 밖에서 물을 가져와야 한다(그림 10.10). 이 작업은 주로 여성과 어린이가 수행하고 있는 힘든 작업으로, 5세 미만의 어린이 중 90%가 학교에 가거나, 아이들을 돌보거나, 수입을 올릴 수 있는 시간인 하루에 몇 시간을 여기에 할애하고 있다.

10.3 용수 처리

- *기후변화에 따라 가뭄 스트레스가 증가할 것으로 예상된다.*
- *침강은 붕괴되고 지하수 저장을 배제한다.*
- *물 전환은 방대한 양의 물을 재분배한다.*

세계 보건기구(WHO)는 현대의 국내용, 산업용 및 농업용으로 필요한 물의 양을 1인당 평균 1,000 m^3 (264,000 gal)으로 간주한다. 일부 지역에서는 연간 강 유량의 70%를 사용하고, 일부 경우 화석 지하수를 이용하여 연간 재생가능한 자원의 최대 120%를 사용하는 것이 일반적이다. 하지만 이는 장기적으로 지속가능하지 않다.

전 세계 인구의 약 3분의 1이 물 공급이 모든 사람의 최소한의 필수적인 물 수요를 충족시키지 못하는 국가에 살고 있다(그림 10.11). 그림 10.11을 그림 10.3과 비교해보자. 희소성 지도에는 각 국가의 평균 조건이 표시된다는 점에 주목하자. 지역적인 상태는 전국 평균보다 훨씬 나쁠 수 있다. 따라서 중국은 남동부에 치명적인 홍수가 발생하더라도 북부와 서부 지역의 가뭄으로 인한 물 부족에 취약하다. 놀랄것도 없이, 강우량이 적고 가난해서 국가가 대처할 여유가 없는 아프리카와 아시아에서는 인간 수준의 물 스트레스와 부족이 가장 큰 문제이다. 일부 부유한 국가는 매우 건조하지만 가뭄에 대처할 수 있는 돈과 정치적 능력을 가지고 있다(여러분의 생각은?).

물 사용은 지난 세기 인구증가보다 약 2배 빠르게 증가하고 있다. 또한 인구증가에 따라 더 많은 토지가 관개됨에 따라 취수량은 계속 증가할 것으로 예상된다. UN 식량 농업기구는 2025년까지 18억 명의 인구가 심각한 물 부족에서 생활할 것이며, 모든 인간의 3분의 2가 물 스트레스 상태를 경험할 것이라고 예측한다.

기후변화는 물 부족을 악화시킬 것으로 예상된다. 일반적으로 지구온난화로 인하여 건조한 지역은 더 건조해지고 습기가 많은 곳은 더 습해진다. UN 밀레니엄 개발 목표 중 하나는 깨끗한 물에 안정적으로 접근할 수 없어 위생상태가 개선되지 않은 사람들을 절반으로 줄이는 것이었지만, 물 공급이 더 스트레스를 받으면 이는 어려울 것이다.

가뭄, 기후 및 물 부족

일반적으로 가뭄은 생태계, 농업 및 경제에 상당한 영향을 미치는 평균 강수량보다 지속적으로 낮은 기간이다. 최근 미국 역사에서 최악의 가뭄은 경제적 및 사회적 측면에서 1930년대였다. 열악한 토양보존 관행과 대평원의 일련의 건조한 해가 만나 "황진 지대(dust bowl)"를 만들었다. 바람은 수백만 헥타르의 땅에서 표토를 벗겨냈고, 밀려오는 먼지 구름은 낮을 밤으로 바꾸었다. 수천의 가족이 농장을 떠나 다른 지역으로 이주해야했다. 이 장 앞의 사례 연구에서 알 수 있듯이, 미국 서부의 대부분은 지난 10년간 예외적으로 건조했다. 많은 주에서 1930년대의 황진 지대보다 상태가 악화되었다.

미국 남서부의 가뭄은 새로운 현상이 아니다. 사실, 최근 몇 년 동안 건조한 기간은 지역 기후 역사의 사건과 비교할 때 상대적으로 짧은 기간이었다. 예를 들어, 1930년대의 황진 지

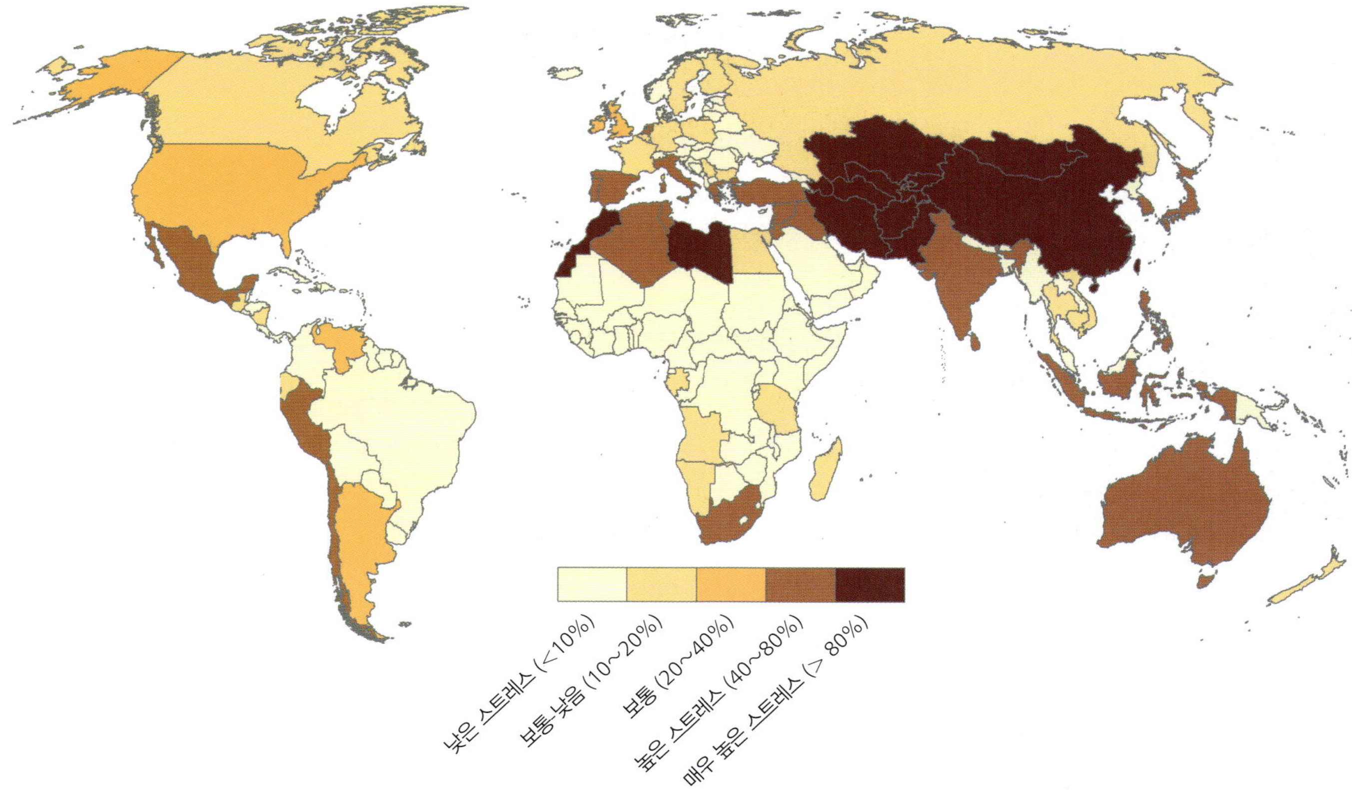

▲ **그림 10.11** 물 스트레스는 물 취수 대 공급 비율로 측정할 수 있다.

대는 약 6년 동안 지속되었다. 반대로 12세기와 13세기(그림 10.12)의 아나사지(Anasazi 또는 고대 푸에블로) 문화를 파괴한 거대가뭄은 25~50년 동안 지속되었다.

최근 미국 서부의 가뭄은 놀라운 일이 아니다. 1869년 서부 주에서 농업 자원을 조사하고 그랜드캐니언을 통해 최초의 보트 여행을 이끌었던 파웰(John Wesley Powell) 소령은 서부에 물이 충분하지 않다고 보고했다. 그는 워싱턴으로 돌아왔을 때 이렇게 적었다. “땅에 공급할 물이 충분하지 않기 때문에, 분쟁의 유산과 물 권리 소송을 제기하고 있다.”

파웰은 서부의 정치 조직은 유역을 기반으로 하여 특정 관할 지역의 모든 사람들이 이용가능한 물에 제한되도록 해야 한다고 권고했다. 그는 농장은 지역의 지표수 공급으로 제한되어야 하며, 도시는 작고 오아시스적인 정착지여야 한다고 생각했다. 그 대신에 우리는 로스앤젤레스, 피닉스, 라스베이거스 및 덴버와 같은 대도시를 자연수 공급이 거의 또는 전혀 없는 곳에 건설했다.

지하수 공급이 고갈되고 있다

지하수는 미국에서 농업 및 가정용으로 담수의 거의 40%를 공급한다. 모든 미국인의 거의 절반과 농촌 인구의 약 95%가 음용수 및 기타 가정용으로 지하수에 의존한다. 이러한 공급을 남용하면 우물, 자연 샘, 심지어는 지하수를 공급하는 습지, 강 및 호수가 건조된다. 재충전 구역의 오염물질 투기, 버려진 우물을 통한 누출 또는 독성 폐기물의 고의적인 주입으로 인한 대수층의 오염은 이 귀중한 자원을 사용하기에 부적합하게 만들 수 있다.

캘리포니아의 농경지인 센트럴 밸리(서두의 사례 연구)에서 시에라 설괴빙원 및 기타 지표수가 사라짐에 따라 지하수 펌핑이 급격히 가속화되었다. 농민들은 이웃 사람들보다 먼저 줄어드는 지하수를 포획하기 위해 때로는 500 m 이상 더 깊게 우물을 굴착하고 있다. 그런 우물을 굴착하는 데에는 1억5천만 달러가 소요되지만, 그렇게 하지 않으면 많은 농부들이 파산할 수 있다.

농부들과 주정부는 이것이 근시안적인 전략이라는 것을 알고 있다. 강수량이 충분하면 얕은 대수층이 재충전되는데 몇 년 또는 수십 년이 걸릴 것이다. 더 깊은 대수층은 재충전하는데 몇 세기가 걸릴 것이다.

그러나 고갈된 대수층의 많은 부분이 보충되지 않을 수도 있다. 물이 제거된 상태에서, 대수층의 수압 손실로 인해 고갈된 다공성 암석층이 압축되면 지표면의 점진적인 침강인 **함몰**(subsidence)이 뒤따른다. 캘리포니아 센트럴 밸리 일부 지역에서는 단 몇 년 만에 땅이 1 m 가량 함몰했다. 땅이 가라앉으면 도로가 뒤틀리고 수로가 이동한다. 함몰은 이 지역에 새로운 것이 아니다. 산호아킨(San Joaquin) 계곡은 펌핑 초기에 10 m

물과 권력

미국 서부에서는 종종 물이 돈을 향해 오르막으로 흐른다고 한다. 그러나 물이 흐르지 않으면 어떻게 되는가? 콜로라도 강은 서부 대부분의 생명, 부, 권력의 원천이다. 피닉스, 라스베이거스, 로스앤젤레스 및 덴버를 포함한 3천만 명이 넘는 사람들과 $120억의 지역 경제가 물에 의존한다. 두 개의 수력발전 댐인 후버 댐과 글렌캐니언 댐은 3백만 가구에 충분한 3기가 와트(GW)의 전기를 생산한다. 그러나 이러한 댐의 미래는 의심의 여지가 있다. 농작물 관개, 급속한 도시성장 및 현재의 장기적인 가뭄 및 기후변화에 대한 취수는 댐이 건설된 이래로 물 공급을 경험한 적이 없는 수준으로 낮추고 있다.

2008년 캘리포니아 스크립스 연구소의 바넷(Tim Barnett)과 피어스(David Pierce)는 도발적인 기사를 발표했다. 이 보고서는 역사적으로 물 소비량, 파월 호수와 미드 호수의 두 댐 뒤의 저수지 및 증발 및 강수 경향을 바탕으로 두 저수지가 "죽은 웅덩이(중력으로 배수하기에는 물이 거의 없음)" 상태에 도달할 시기를 추정했다. 바넷과 피어스는 2021년까지 두 댐이 이 단계에 도달할 확률은 50%라고 예측했다. 물 공급은 앞으로 수십 년 동안 60~90% 감소할 수 있다. 그 전에 발전이 멈출 수 있다. 후버 댐에서 전력을 생산하려면 미드 호수의 수위가 해발 320 m (1,050 ft) 이상이어야 한다. 2015년 저수위는 329 m(1,078 ft) 아래로 떨어졌다. 그 이후로 상류 댐의 방출이 대략 이 수준을 유지하는데 도움이 되었지만, 후버 댐은 물 부족으로 인해 2 GW에서 1.6 GW 용량으로 감소되었으며, 주로 수요가 가장 많은 시간에 가동된다. 전기생산은 계속 감소하고 로스앤젤레스, 피닉스, 라스베이거스 및 투손으로의 물 공급은 물 관리가 변화되지 않으면 더욱 신뢰할 수 없게 될 것이다.

물이 권력일 때 새로운 물 관리계획을 협상하는 것은 어렵다. 콜로라도의 물 할당량은 1922년의 콜로라도 협약(Colorado Compact)에 의해 7개의 서부 주와 멕시코에 대해 특정 양의 강물을 지정하기로 합의하여 확정될 예정이었다. 협약은 매년 강에서 총 1,650만 에이커피트(af)를 할당한다. 그러나 강의 정상적인 흐름은 1,400~1,500만 af이다. 갈등을 해결하기 위한 협약은 더 많은 분쟁의 발판이 되었다.

이 물을 농장과 도시에 분배하기 위해 연방정부는 로스앤젤레스에 물을 공급하는 콜로라도 강 도수관(Colorado River Aqueduct)와 같은 대규모 물 전환 프로젝트를 구축하는데 수십억 달러를 소비했다. 캘리포니아의 임피리얼 밸리(Imperial Valley)를 관개하는 전미 운하(All-American Canal); 중부 애리조나 프로젝트(Central Arizona Project)는 산과 사막을 가로 질러 피닉스와 투손으로 물을 펌핑한다. 대부분의 물은 면화, 알팔파, 상추, 감귤류, 메기 및 기타 제품, 특히 캘리포니아의 임피리얼 밸리에서 작물을 관개한다. 나머지는 잔디밭, 골프장 및 기타 도시 용도를 위한 물을 제공한다. 라스베이거스 및 기타 서부 도시는 잔디밭을 제거하고 보존 규칙을 확립하기 위해 노력하고 있다. 그러나 사막에서 작물을 재배하려면, 관개가 없이는 불가능하다.

이 모든 프로젝트는 기후변화를 예상하지 못했다. 콜로라도의 대부분의 물은 로키 산맥의 눈 녹은 물에서 비롯되며, 이 눈은 기후가 따뜻해짐에 따라 감소하고 있다. 미드 호수, 파월 호수 및 사막의 태양에서 효과적으로 거대한 증발계인 다른 저수지로부터의 증발은 이미 연간 약 1.5~2백만 af의 물 손실의 원인이 된다. 향후 몇 년 동안 콜로라도 유역의 기온은 2~4°C 상승하여, 증발을 가속화하고 눈 녹은 물을 감소시킨다.

▲ 콜로라도 강은 7개의 서부 주를 통해 2,330 km (1,450마일)를 흐른다. 이 물은 3천만 명의 사람들과 $120억의 지역경제를 지원하지만, 가뭄, 기후변화 및 급속한 도시성장은 이 자원의 지속가능성을 위협한다.

콜로라도 강에 의존하는 지역은 미래가 좋지 않다. 파월 호수는 절반 이하, 미드 호수는 37%가 차 있으며, 둘 다 줄어들고 있다. 두 호수의 기슭은 이제 후퇴하는 물에 의해 남겨진 퇴적된 광물의 넓은 "욕조링(bath-tub ring)"을 보여준다. 콜로라도 유역에서 수자원 정책을 통제할 수 있다면 어떻게 하겠는가? 서부의 건조한 땅이 관개를 상실하면 작물이 자랄 수 있는 다른 장소가 있는가? 로스앤젤레스, 피닉스, 라스베이거스 및 기타 주요 도시에 물과 전력이 부족한 경우 비용은 얼마인가?

자세한 내용은 "Barnett, T. P., and D. W. Pierce. 2008. When will Lake Mead go dry? Journal of Water Resources Research, vol. 44, W03201"를 참조하시오.

▲ **그림 10.12** 1275~1299년 사이의 극심한 가뭄으로 아나사지(Anasazi) 또는 고대 푸에블로인들이 메사베르데 국립공원(Mesa Verde National Park)의 멋진 절벽 주거지를 버렸다.
출처: ©William P. Cunningham

이상 함몰했다(그림 10.13).

지하수 고갈은 세계의 많은 대수층에서 진행 중인 과정이다(그림 10.2 참조). 네브래스카에서 텍사스까지 광대한 지역에 위치한 오갈라라 고원 대수층(Ogallala High Plains Regional Aquifer)는 길고 느린 붕괴로 잘 알려진 사례이다. 모래, 자갈, 사암의 다공성 층인 오갈라라는 한때 모든 담수 호수, 개울, 강보다 더 많은 물을 보유하고 있었다. 이 많은 물은 아마도 수 천년 동안 그곳에 있었을 것이다. 그러나 건조한 대평원의 많은 지역을 통해 관개된 면화, 옥수수, 대두 및 밀 때문에 수십 년 동안 물을 펌핑하면서 수위를 꾸준히 낮추었다. 많은 지역에서 대수층은 적어도 인간의 시간 척도에서 영구적으로 고갈된다. 이 "화석" 물은 본질적으로 재생 불가능한 자원이다.

대수층 고갈의 또 다른 결과는 해수 침입이다. 해안선을 따라 그리고 고대 해양에서 바닷물 퇴적물이 남은 지역에서 담수 저수지를 과도하게 사용하면, 가정용 및 농업용으로 이용되는 대수층으로 바닷물이 종종 침입할 수 있다.

전환 프로젝트는 물을 재분배한다

댐과 운하는 농장과 도시를 위해 물을 저장하고 재배포하기 때문에 문명의 기초가 된다. 대규모 운하 시스템을 중심으로 수메르, 이집트 및 인도의 고대제국을 포함한 많은 위대한 문명이 조직되었다. 현대식 댐과 물 전환 프로젝트가 규모가 커지고 수가 증가함에 따라 환경비용은 효율성, 비용 및 하천생태계의 상실에 대한 심각한 의문을 제기했다.

세계에서 가장 큰 227개의 강 중에서 절반 이상이 훼손되거나 방향이 바뀌었다. 전 세계 50,000개의 대형 댐 중 거의 절반이 중국에 있으며, 중국은 나머지 강에 댐을 계속 건설하고 또한 계획하고 있다. 댐은 홍수통제, 물 저장 및 전기생산 측면에서 정당화된다. 그러나 비용은 엄청나며 마을은 이사를 해야 하고 비옥한 농지와 어장은 침수되었다. 증발은 수자원을 줄인다. 하류지역이나 종종 다른 국가에서는 물이 완전히 부족해질 수 있다. 물의 손실은 지하수의 과잉 펌핑, 농장 파산 및 경제적 부담으로 이어진다. 예를 들어, 티베트의 브라마푸트라(Brahmaputra) 강에 중국에서 계획한 댐은 캄보디아와 라오스에 중요한 물 공급을 고갈시킬 것으로 보인다.

▲ **그림 10.13** 캘리포니아의 산호아퀸 계곡(San Joaquin Valley)에서 지하수 펌핑으로 인한 함몰을 보여주는 사진(1977년 촬영). 1925 표지는 해당 연도의 지면 수준을 나타낸다.
출처: Dick Ireland, USGS

마찬가지로, 터키도 티그리스 강과 유프라테스 강에 큰 댐을 설치하자 하류의 시리아, 이라크는 이를 보충하기 위하여 지하수를 과잉채수하고 있다. 미국의 콜로라도 강의 물 전환은 강의 흐름을 급격히 감소시켜서, 멕시코로 유입되는 강의 고갈된 흐름을 유용한 품질로 복원하기 위해 $1억5천만의 담수화 시설을 건설해야 했다. 이는 수자원 사용자에게 유용한 보조금이다. 비용이 분배되기 때문에 대부분의 미국 납세자들은 이에 대해 거의 알지 못한다. 이것이 프로젝트가 경제적으로 의미가 있다는 것을 의미하는가? 세계에서 가장 큰 댐에 대한 이러한 질문을 하는 연구에 따르면 적어도 3분의 1의 댐은 대중에게 경제적 의미를 갖지 못했지만, 종종 댐을 만든 사람들을 부유하게 만들었다.

사상 최대 강 전환은 남쪽의 양쯔 강에서 북쪽으로 2천만 도시인 베이징으로 물을 가져오는 남북 물 이동 프로젝트이다. 베이징은 비가 거의 오지 않으며 오랫동안 물이 부족했다. 남쪽에서 북쪽으로의 물 전환은 초기 운용이 시작된 2014년까지, 약 $800억의 비용으로 가장 비싼 엔지니어링 프로젝트일 수 있다.

라스베이거스는 또한 $35억 규모의 터널을 굴착하고 있는

데, 이 터널은 정상적인 배출구에서 100 m (300피트) 낮은 미드 호수로 들어간다(그림 10.14). 미드 호수는 미국에서 가장 큰 댐 중 하나인 후버 댐에 의해 형성된다. 댐의 수력발전소는 라스베이거스와 주변 지역에 전기를 공급한다. 다른 저수지와 마찬가지로 호수가 마르고 있다. 물이 너무 낮아져서 수력발전 댐을 운영할 수 없는 경우에도 라스베이거스는 터널이 최소한 도시의 상수도를 유지하기를 희망한다.

세계사에서 가장 재앙이 큰 전환 중 하나는 아랄 해(Aral Sea)의 비극이다. 카자흐스탄과 우즈베키스탄 국경의 건조한 중앙아시아에 위치한 아랄 해는 먼 산의 강에서 흘러나오는 얕은 내륙 바다이다. 1950년대부터 소비에트 연방은 목화밭과 논에 관개하기 위해 이 강을 전환하기 시작했다. 점차적으로, 아랄 해는 증발하고 광대한 독성 염분 저지대만을 남겼다(그림 10.15). 목화와 쌀의 경제적 가치는 어업, 마을 및 건강 상실 비용과 결코 동등하지 않았을 것이다.

▲ **그림 10.14** 후버 댐은 네바다주 라스베이거스에 전력을 공급한다. 댐 뒤의 미드 호수는 증발로 연간 약 13억 m^3를 상실한다. 유입량 감소는 이제 이 시스템의 존재 가능성을 위협한다.
출처: USDA, NRCS, photo by Lynn Betts

최근에는 강 한류가 '작은 아랄' 또는 한때 큰 바다의 북부 돌출부로 복원되었다. 수위가 8 m 상승했으며 토착 어류가 재도입되고 있다. 언젠가 상업적 어업이 재개되기를 바란다. 더 큰 남부 잔류지의 운명은 더 불확실하다. 물을 보충하기에 충분한 물이 없을 수도 있다. 만약 물이 남아 있더라도, 호수 바닥에 남아있는 독소가 여전히 물을 심하게 저하시킬 수 있다.

정의의 문제는 종종 댐 프로젝트를 둘러싸고 있다

댐은 먼 도시에 수력과 물을 공급하지만, 지역 주민들은 종종 경제적, 문화적 손실을 겪는다. 어떤 경우의 댐 건설업자들은 사유 농지의 가치를 높이고, 건조한 땅에 부적절한 농업과 도시의 성장을 촉진하기 위해 공공자금을 사용한 혐의로 기소되었다.

환경 및 인권단체인 International Rivers는 댐 프로젝트로 인해 거주하던 집과 땅에서 2천3백만 명이 넘는 사람들이 강제로 밀려났으며, 많은 사람들이 아직도 거주지 변동으로 인해 피해를 입고 있다고 보고했다. 실향민들은 종종 소수민족이다. 현재 동남아시아 8개의 강에서 최소 144개의 댐이 계획되었거나 건설 중에 있다. 여기에는 란캉(Lancang; Mekong 강 상류), 누(Nu; Salween 강 상류) 및 진샤(Jinsha; Yangtze 강 상류)가 포함된다. 이 프로젝트 중 일부는 3강 세계유산(Three Rivers World Heritage Site)에 인접해 있으며 세계에서 가장 장관이 많고 생물학적으로 풍부한 지역의 생태적 및 문화적 본모습을 위협한다.

지진이 활발한 지역의 대규모 댐은 지진을 유발할 수 있다는 우려도 커지고 있다. 전 세계적으로 70건이 넘는 사례에서 대규모 댐은 지진 활동 증가와 관련이 있다. 지질학자들은 민강(Min River)의 지핑푸 댐(Zipingpu Dam) 뒤쪽에 있는 저수지를 채운 것이 2008년에 약 9만 명의 사망자를 낸 진도 7.9 크

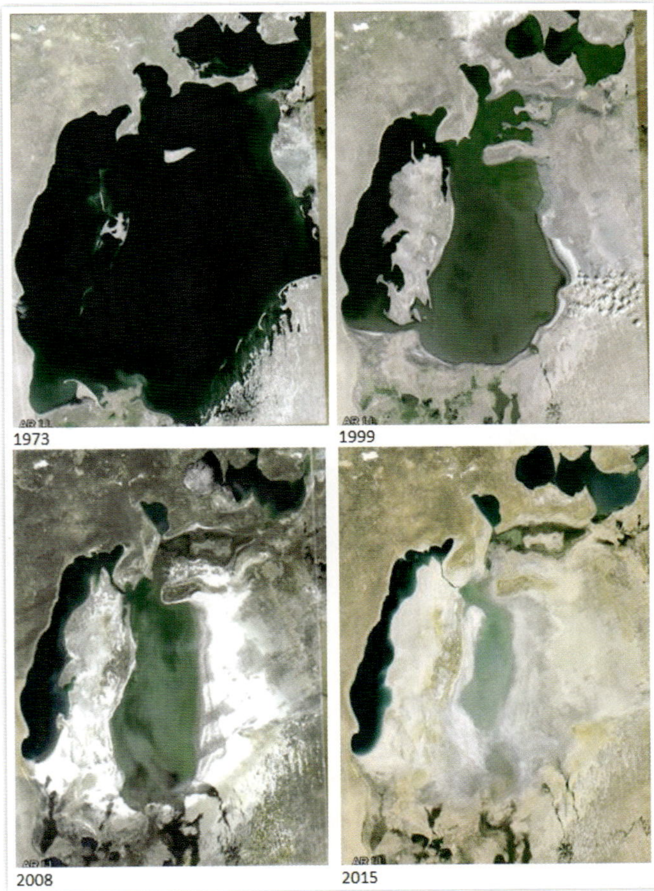

▲ **그림 10.15** 30년 동안 아랄 해(Aral Sea)로 유입되는 강은 면화 및 논을 관개하기 위해 전환되었다. 그로 인해 아랄 해는 물의 90% 이상을 잃었다. "작은 아랄 해"(오른쪽 위 돌출부)는 주된 호수와 분리되어 현재 재충전 중이다.
출처: USGS Earth Resources Observation and Science (EROS) Center.

기의 쓰촨성 대지진을 일으켰다고 주장한다. 그러나 양쯔강의 산샤 댐(Three Gorges Dam)이 붕괴될 경우의 잠재적인 대재앙과 비교하면 아무것도 아니다. 한 공학자는 "하류에 사는 1억 명의 사람들에게는 성서에 있는 정도의 홍수가 될 것"이라고 말했다.

물을 위해 싸울 것인가?

많은 환경과학자들은 물 부족으로 국가 간 전쟁이 발생할 수 있다고 경고했다. 포춘지(Fortune magazine)는 "21세기의 물은 20세기의 석유처럼 될 것"이라고 했다. 현재 물 스트레스가 있는 지역에 살고 있는 모든 인간의 3분의 1은, 인구가 증가하고 기후변화가 일부 지역을 건조시키고 다른 지역에 더 심한 폭풍을 일으키면 상황이 훨씬 악화될 수 있다. 이미 우리는 물부족으로 인해 전쟁은 아니더라도 치열한 충돌을 목격했다. 최근의 세계적 분쟁에 대해 생각해보라. 그림 10.11의 물 스트레스 지역에서 얼마나 많이 발생했는가?

종종 물은 분쟁의 근본적인 원인이 된다. 시리아의 폭력은 농장이 건조한 기후에서 실패한 이재민 농촌 인구와 관련이 있다. 사하라 사막 이남의 아프리카에서도 많은 분쟁이 건조 농사 및 어업 지역에서 쫓겨난 인구와 관련되어 있다. 수단의 다르푸르(Darfur) 지역에서 발생하는 대량학살의 근본원인은 물 부족이다. 비가 많았을 때, 아랍 목축가와 아프리카 농부들은 평화롭게 공존했다. 아마도 지구온난화로 인한 가뭄이 그 휴전을 뒤집었을 것이다. 차드로 도주한 수십만 명이 기후 난민 및 전쟁 피해자로 간주될 수 있다.

이러한 대립이 일반적으로 전쟁의 수준으로 올라가지는 않았지만, 지난 50년 동안 물이 동기부여 요인 중 하나 이상이었던 적어도 37건의 군사 대립이 있었다. 이러한 갈등 중 30개는 이스라엘과 그 이웃들 사이에 있었다. 인도, 파키스탄 및 방글라데시도 물 권리를 놓고 서로 대항했고, 터키와 이라크는 티그리스 강과 유프라테스 강의 물에 대한 접근을 보호하기 위해 군대를 파견하겠다고 위협했다. 수자원이 감소하고 인구가 도시화됨에 따라 많은 회사들이 물 판매에 돈을 지불하기 위해 노력하고 있다. 지방 자치단체가 물 권리를 민영화할 때(개인 회사에 통제권을 판매함), 대중은 물에 대한 지배력을 잃고 가격이 상승한다.

볼리비아의 공공 수도 공급 민영화에 대한 대중의 분노는 2000년 정부를 전복시키는 혁명을 일으켰다. 물 판매는 이미 연간 $400억의 사업으로 다국적 기업들은 많은 국가에서 물 시스템을 통제하기 위해 움직이고 있다. 누가 물을 소유하는지와 그들이 물에 얼마만큼 청구할 수 있는지는 세기의 문제가 될 수 있다. 투자자들은 이제 미래의 물 권리를 구매하여 부족한 물 자원에 도박을 하고 있다.

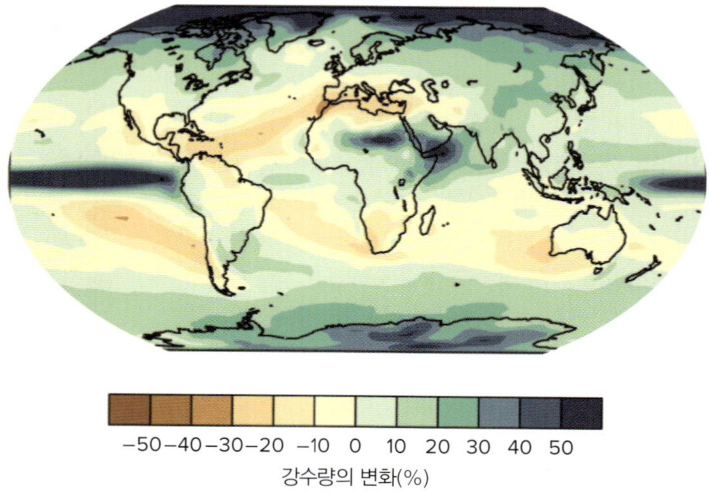

▲ **그림 10.16** 2081 – 2100의 강수량 변화(1986-2005년 대비). 이 지도는 8.5 W/m^2의 대표적인 복사 강제력으로 35가지 모델의 평균을 나타낸다. 기온 상승과 증발산으로 강수량이 약간 증가하더라도 수자원의 가용성이 높아지는 것은 아니다.

출처: IPCC Climate Change 2014 Synthesis Report, Summary for Policymakers, Figure SPM.7, 12.

전 세계 기후변화로 인해 미래에 담수 부족이 훨씬 더 심해질 수 있다. 그림 10.16은 전 세계 강수량의 변화에 대한 정부간 기후변화 패널(IPCC)의 최고 추정치를 보여준다. 더 높은 온도와 증가한 증발산과 함께, 이 모델들은 이미 스트레스를 받은 많은 지역에서 수자원 감소를 시사한다.

토지와 물 절약은 자원을 보호한다

대부분의 자원 관련 질문과 마찬가지로, 더 나은 물 관리는 일반적으로 부실관리의 결과를 처리하는 것보다 저렴하고 효과적이다. 수자원 보호 절차는 물 사용 과정의 어느 단계에서나 발생할 수 있다. 농지의 토지 피복, 건강한 토양 및 식생을 보호하면 유수가 느려져 수자원이 건기까지 더 오래 지속될 수 있다. 습지 보존은 유역의 상류에 물 저장을 제공한다. 지류에 있는 여러 개의 작은 댐은 큰 댐의 경제적, 사회적 및 환경적인 비용 없이 저수량을 증가시킬 수 있다. 강과 범람원을 보호하는 것은 육지의 물을 유지하고 바다로 되돌아가는 것을 늦추는데 도움이 된다.

건강한 숲은 특히 물 보존에 중요하다. 숲은 수분을 보호하고 침전물이 개울을 막는 것을 방지한다. 온전한 산림은 가파른 경사면, 산지 및 대수층 재충전 구역에서 특히 중요하다(그림 10.7 참조).

전 미국 산림청장 돔벡(Mike Dombeck)은 특히 산림청을 국가의 산림을 보호하기 위한 새로운 조치로 추진하려할 때 이 점에 대해 분명했다. "물은 국유림이 제공하는 가장 가치 있으면서 가장 인정받지 못하는 자원이다. 33개 주에서 6천만 명이 넘는 사람들이 국유림에서 식수를 얻고 있다. 유역 보호는 벌목이나 채굴보다 훨씬 경제적으로 중요하며, 산림계획에서 우선순위가 가장 높다."

누구나 물 절약에 도움을 줄 수 있다

생활양식을 크게 희생시키거나 크게 변화시키지 않으면서 현재 가정용으로 사용하는 물의 절반을 절약할 수 있다. 샤워를 짧게 하고, 누수를 해결하고, 가능한 효율적인 자동차, 식기 및 옷을 씻는 것과 같은 간단한 조치는 많은 관계당국이 예측하는 물 부족을 막는데 큰 영향을 미칠 수 있다. 미래의 희소성으로 인해 강제로 하는 것보다 선택의 여지가 있을 때 더 보존적인 용도에 적응하는 것이 낫지 않은가?

소용량 샤워 꼭지 및 효율적인 식기세척기와 같은 물 절약 기구는 물 소비를 크게 줄일 수 있다 (무엇을 할 수 있는가? 참조). 건조한 지역에 살고 있다면, 끊임없이 물을 주고 먹이를 주고 돌보아야 하는 무성한 녹색 잔디가 정말로 필요한지 고려할 수 있다. 자연식생을 심는 것은 생태적으로 건전하고 심미적으로 좋다(그림 10.17). 라스베이거스는 수자원보호 노력의 일환으로 주민들에게 잔디를 자연식생으로 교체하고, 골프장에 잔디를 떼어내라고 요청했으며, 호텔에서 분수에 재활용 물을 사용하도록 권장하고 있다. 또한 경찰이 거리를 순찰하여 불법 살수 또는 세차를 식별한다.

화장실은 가정 최대의 물 사용처이다(그림

무엇을 할 수 있는가? *What Can YOU Do?*

물 절약 및 오염 방지

우리 각자는 우리가 사용하는 많은 물을 보존하고 여러 가지 간단한 방법으로 수질오염을 피할 수 있다.

- 그림 10.9를 참조하고, 물이 많은 음식 섭취를 줄인다. 음식물 쓰레기를 피하고, 돈과 물을 절약한다.
- 화장실을 사용할 때마다 수세하지 않는다. 더 짧은 샤워를 하고 목욕 대신 샤워를 한다.
- 양치질이나 설거지 중에는 항상 수도꼭지를 잠근다. 씻기 위해 수조에 물을 한 번 받고 헹구기 위해 물을 다시 한 번만 받는다. 식기세척기가 절반만 채워지면 작동하지 않는다.
- 물 절약 장치: 소용량 샤워기, 저 수세식 화장실 및 폭기된 수도꼭지를 사용한다.
- 누수 수도꼭지, 욕조 및 화장실을 수리한다. 새는 화장실은 하루에 50갤런을 낭비할 수 있다. 화장실을 확인하려면 탱크에 진한 음식 착색제 몇 방울을 넣고 15분 동안 기다린다. 탱크가 새면, 용기 안의 물색깔이 변한다.
- 변기 탱크에 벽돌이나 물병을 넣어 각 수세의 수량을 줄인다.
- 간단한 청소 또는 배관 작업을 위해 유독성 또는 유해 화학물질을 사용하지 않는다. 배수관용 청소막대 또는 배관공의 굽은 도관청소기는 종종 부식성 산이나 잿물만큼 배수구를 뚫는다. 온수와 비누는 대부분의 청소 작업을 수행할 수 있다.
- 잔디밭이 있는 경우 물, 비료 및 살충제를 조금씩만 사용한다. 물 수요가 적은 토착종의 유지관리가 적은 식물을 재배한다.
- 가능하면 잔디, 가정 식물 및 세차에 재활용된 물(생활폐수)을 사용한다.

▲ **그림 10.17** 자연 환경에서 자생 식물을 사용함으로써, 피닉스 주민들은 물을 절약하고 주변 경관에 맞춘다.
출처: ©William P. Cunningham

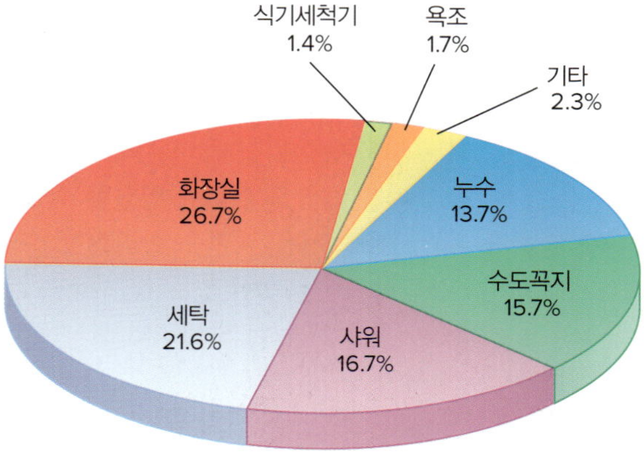

▲ **그림 10.18** 미국의 일반적인 가정용수 사용
출처: Data from the American Water Works Association, 2010.

10.18). 일반적으로 한 번의 수세는 몇 온스의 폐기물을 처리하기 위해 몇 갤런의 물을 사용한다. 평균적으로 미국의 한 사람당 매년 약 50,000 L (13,000갤런)의 음용수급 물을 화장실 물을 내리는 데 사용한다. 소량 수세 화장실은 물 사용을 크게 줄일 수 있다. 생활폐수(다른 용도에서 재활용)를 수세에 사용할 수 있지만, 분리된 배관 시스템을 설치하는 것은 비용이 많이 든다.

지역사회가 물을 재활용하기 시작했다

재생된 빗물 및 하수처리장의 물도 여과, 정수 및 재사용할 수 있다. 재활용은 비용이 많이 들며, 보통 이 작업을 무료로 하기 위해 토양 박테리아와 생태계에 의존한다. 그러나 물 부족이 당면한 곳에서는 깨끗하지 않은 물을 재활용할 가치가 있다.

예를 들어, 캘리포니아는 항상 빗물과 폐수를 태평양으로 직접 흘려보냈다. 일부는 거의 마실 수 있을 정도로 깨끗하지만, 대부분의 처리된 폐수는 바다로 보내졌다. 그러나 최근 주정부는 물 재활용 프로그램을 강화하고 있다. 현재 매년 약 8억 8천 5백만 m^3 (700,000에이커 피트)의 물이 주로 관개를 위해 재활용된다.

물 부족이 절실한 일부 국가에서는 식수로 재활용수를 사용하고 있다. 여기에는 싱가포르, 호주 및 미국 일부가 포함된다(여러분의 생각은? 참조). 이것이 당신에게 어려운가?

물이 귀중하고 유한한 자원이라는 인식이 높아지면서 미국 전역의 정책이 변경되고 보존이 장려되었다. 인구증가에도 불구하고, 미국은 현재 30년 전의 1인당 소비율과 비교하여 하루에 이리 호의 10분의 1인 약 1억 4,400만 리터(3천8백만 갤런)를 절약하고 있다. 현재 미국에 1980년보다 약 9천만 명이 더 많은 사람들이 10% 절약된 물을 가지고 그럭저럭 살아간다. 많은 도시에서 물 효율이 높은 설비에 대한 새로운 요구 사항은 가정에서의 물 절약에 도움이 된다.

가격책정은 물 사용량에 영향을 미친다. 아이러니하게도, 공급 위기에 직면하고 있는 미드 호수의 물은 현재 라스베이거스 주민에게 m^3당 33센트의 비용이 든다. 이에 비해 물이 풍부한 애틀랜타에서는 \$3, 코펜하겐에서는 \$7이다. 그러한 가격이 보존에 동기를 부여한다고 생각하는가?

공공용수 프로젝트 사용자에게 실제 비용의 더 높은 비율을 청구하는 것은, 잠재 사용자가 물 권리에 입찰할 수 있는 용수 마케팅 정책과 마찬가지로 사용 패턴을 합리화할 수 있다. 일부 국가에는 이미 사회적으로 혜택이 있는 물 사용을 장려하고 낭비적인 물 사용을 권장하지 않는 효과적인 물 가격 및 배분 정책이 있다. 물 시장이 발전함에 따라 환경, 레크리에이션 및 야생생물의 가치가 높은 입찰가의 산업 및 가정 사용자의 유혹에 희생되지 않도록 하는 것이 중요하다.

10.4 수질오염물질

- *점오염원(point source)과 비점오염원(nonpoint source)은 분포와 제어가 다르다.*
- *병원체, 영양소, 금속과 같은 다른 종류의 오염물질은 매우 다른 영향을 미친다.*
- *생수에는 종종 가소제 및 기타 오염물질이 포함되어 있다.*

살아있는 유기체에 악영향을 미치거나 원하는 용도에 적합하지 않은 물의 물리적, 생물학적 또는 화학적 변화는 오염으로 간주될 수 있다. 독 샘물, 기름 누출, 침식 퇴적물과 같은 자연적인 수질오염원이 있지만, 여기서는 주로 수질이나 유용성에 영향을 미치는 인간이 야기한 변화에 중점을 둘 것이다.

오염에는 점오염원과 비점오염원이 포함된다

오염 통제 표준과 규정은 일반적으로 점과 비점 오염원을 구분한다. 공장, 발전소, 하수처리장, 지하 탄광 및 유정은 배수관, 도랑 또는 하수구 유출과 같은 특정 위치에서 오염을 배출하기 때문에 **점오염원**(point source)으로 분류된다(그림 10.19). 이러한 소스는 개별적이고 식별 가능하므로 모니터링 및 조정이 비교적 쉽다. 일반적으로 이러한 배출원의 폐수에서 유출물을 전환하여 환경으로 들어가기 전에 처리하는 것이 가능하다.

대조적으로, 수질의 **비점오염원**(nonpoint source)은 확산되어 특정 수역으로 배출되는 특정 위치가 없다. 원점을 식별하기 어렵기 때문에 점오염원보다 모니터링 및 규제하기가 훨씬 어렵다. 비점오염원에는 농장 및 사육장, 골프장, 잔디밭 및 정원, 건설현장, 벌목 지역, 도로, 거리 및 주차장에서의 유출이 포함된다. 점오염원은 연중 상당히 균일하고 예측 가능할 수 있

▲ **그림 10.19** 하수구 유출, 산업 배수관, 폐광으로부터 산 배출 및 기타 오염원은 일반적으로 쉽게 식별할 수 있다. 오염 통제법에 의해 오늘날 이러한 광경은 과거보다 덜 일반적이다.
출처: ©photobac/123RF

지만, 비점오염원은 종종 매우 일시적이다. 건조 기간 후 첫 폭우는 예를 들어 도시 거리에서 높은 농도의 휘발유, 납, 기름 및 고무 잔류물을 씻어낼 수 있지만, 후속 유출물은 훨씬 깨끗할 수 있다.

확산된 비점오염의 궁극적인 원인은 기류에 의해 운반되어 분수령으로 침전되거나 비, 눈 또는 건조한 입자와 같이 지표수에 직접 침전되는 대기오염일 것이다. 예를 들어, 오대호는 PCB (폴리염화바이페닐) 및 다이옥신과 같은 산업용 화학물질과 살충제인 톡사펜과 같은 농업용 독소가 축적돼 있어 지역의 공급원으로는 설명할 수 없는 것으로 밝혀졌다. 이러한 화학물질의 가장 가까운 공급원은 때때로 수천 킬로미터 떨어져 있다.

생물학적 오염에는 병원체와 폐기물이 포함된다

수질오염물질의 유형, 공급원 및 영향은 종종 서로 관련되어 있지만, 토론을 위해 주요 범주로 나누는 것이 편리하다(표 10.3). 여기서 우리는 서로 다른 오염물질의 중요한 공급원과 영향을 살펴본다.

병원체(pathogen) 세계적으로 인간의 건강 측면에서 가장 심각한 수질오염물질은 병원성(질병 유발) 유기체이다. 가장 중요한 수인성 질병 중에는 장티푸스, 콜레라, 세균성 및 아메바성 이질, 장염, 소아마비, 전염성 간염 및 정신 분열증이 있다. 말라리아, 황열병 및 사상충증은 수생 유충이 있는 곤충에 의해 전염된다. 전체적으로 매년 최소 2천 5백만 명의 사망자가 물 관련 질병에 책임이 있다. 빈곤국가의 5세 미만 유아사망률의 3분의 2가 이 질병과 관련이 있다.

이러한 병원체의 주요 공급원은 처리되지 않거나 적절하지 않게 처리된 인간 폐기물이다. 또한 수로 부근의 사육장 또는 논밭 및 부적절한 폐수처리 시설을 갖춘 식품가공공장에서 발생하는 동물 폐기물도 질병을 유발하는 병원체의 출처이다.

선진국에서는 하수처리장 및 기타 오염방지 기술이 내륙 지표수에서 최악의 병원균 공급원을 줄이거나 제거했다. 또한 식수는 일반적으로 염소 처리로 소독되므로 이러한 국가에서는 수인성 질병의 전염병이 드물다. UN은 선진국 사람들의 90%가 적절한(안전한) 하수처리를 하고 있으며 95%가 깨끗한 식수를 가지고 있다고 추정한다.

그러나 수십 억의 사람들이 적절한 위생시설이 없고 깨끗한 식수를 이용할 수 없는 저개발 국가에서는 상황이 상당히 다르다. 하수처리가 일반적으로 원시적이거나 존재하지 않고, 정수된 물을 구할 수 없거나, 너무 비싼 외딴 시골 지역에서는 조건이 특히 나쁘다. 세계 보건기구(WHO)는 저개발국에서 모든 질병의 80%가 수인성 감염원과 부적절한 위생에서 기인한다고 추정한다.

수중의 특정 병원체를 탐지하는 것은 어렵고 시간이 많이 걸리며 비용도 많이 들기 때문에 수질은 일반적으로 대장균군(coliform bacteria)의 농도(대장이나 장, 사람과 다른 동물의 장에 일반적으로 존재하는 모든 유형)로 설명된다. 이들 중 가장 흔한 것은 *Escherichia coli* (또는 *E. coli*)이다. *Shigella*, *Salmonella* 또는 *Listeria*와 같은 다른 세균도 심각하고 치명적인 질병을 일으킬 수 있다. 대장균이 물 시료에 존재하는 경우 감염성 병원체도 존재하는 것으로 간주되며, 미국 환경보호청(EPA)에서는 이 물을 마시기에 안전하지 않은 것으로 간주한다.

생물학적 산소요구량(Biological Oxygen Demand) 물에 용해된 산소의 양은 수질과 부양할 생명의 종류를 나타내는 좋은 지표이다. 6 ppm (parts per million; 백만 분의 1) 이상의 산소 함량은 물고기 및 기타 바람직한 형태의 수서생물을 지원할 것이다. 산소 농도가 2 ppm 미만일 때 물은 주로 벌레, 박테리아, 곰팡이 및 기타 해로운 부식성 생물 및 분해자를 지원한

표 10.3 수질오염물질 주요 범주

범주	예	기원
생태계 파괴의 원인		
1. 산소 요구 오염물질	동물 거름, 식물 잔류물	하수, 농업 유출, 제지 공장, 식품가공
2. 식물 영양소	질산염, 인산염, 암모늄	농업 및 도시 비료, 하수, 거름
3. 퇴적물	토양, 미사	토지 침식
4. 열 변화	열	발전소, 산업용 냉각
건강 문제의 원인		
1. 병원체	박테리아, 바이러스, 기생충	인간과 동물의 배설물
2. 무기 화학물질	소금, 산, 부식제, 금속	산업 폐수, 가정용 세제, 표면 유출
3. 유기 화학물질	살충제, 플라스틱, 세제, 기름, 가솔린	산업용, 가정용 및 농장용
4. 방사성 물질	우라늄, 토륨, 세슘, 요오드, 라돈	광석의 채굴 및 가공, 발전소, 무기 생산, 자연 기원

다. 산소는 공기 중에서의 확산, 특히 난기류 및 혼합속도가 높을 때, 그리고 녹색식물, 조류 및 시안세균의 광합성에 의해 물에 첨가된다. 소용돌이치며 빠르게 흐르는 물은 지속적으로 공기가 공급되므로, 종종 산소가 고갈되는 과정에서 빠르게 회복된다. 산소는 산소를 소비하는 호흡 및 화학 공정에 의해 물에서 제거된다. 산소는 물에서 매우 중요하기 때문에 **용존산소**(dissolved oxygen; DO) 수치를 측정하여 여러 장소의 수질을 비교하는 경우가 많다.

하수 또는 제지펄프와 같은 유기물질을 물에 첨가하면 분해자에 의한 활동 및 산소 소비가 촉진된다. 결과적으로, **생화학적 산소요구량**(biochemical oxygen demand; BOD) 또는 수생 미생물에 의해 소비된 용존산소의 양은 수질오염의 또 다른 표준 척도이다. 또는 화학적 산소요구량(COD)도 수중의 모든 유기물질의 척도이다.

도시 하수처리장 배출과 같은 지점의 하류에서 DO 함량을 측정하거나, 강의 연속되는 구역에 서식하는 동식물의 유형을 관찰하여 수질의 특성 저하 및 복원을 감지할 수 있다. 하류의 산소 감소를 산소 저하(oxygen sag)라고 한다(그림 10.20). 오염원의 상류에서, 산소 수준은 깨끗한 수서생물의 정상 개체군을 부양한다. 오염원 바로 하류에서 분해자가 폐기물을 대사함에 따라 산소 수준이 감소하기 시작한다. 분해자 생물과 폐기물 자체를 모두 먹는 잉어, 메기, 가(gar)와 같은 잡어들은 이렇게 산소가 부족한 환경에서도 생존할 수 있다.

훨씬 하류에서 물은 산소가 고갈되어 가장 저항력이 높은 미생물과 무척추동물만 생존할 수 있다. 결국, 대부분의 영양소가 소모되고 분해자 개체군이 줄어들면, 물은 다시 한 번 산소가 첨가된다. 폐수 흐름과 그것을 받는 하천의 양과 유속에 따라, 정상적인 군집은 몇 마일 하류에서도 나타나지 않을 수 있다.

영양염은 부영양화를 유발한다

물의 투명성(투명도)은 퇴적물, 화학물질 및 플랑크톤 유기체의 풍부함에 영향을 받는다. 투명성은 수질과 수질오염의 유용한 척도이다. 맑은 물과 생물학적 생산성이 낮은 강과 호수를 **빈영양**(oligotrophic)이라고 한다(*oligo* = 작은 + *trophic* = 영양). 반대로, **부영양**(eutrophic; *eu* + *trophic* = 영양이 풍부한) 물은 유기체와 유기 물질이 풍부하다. 영양 수준 및 생물학적 생산성의 증가인 부영양화는 종종 호수의 천이적 변화(3장 참조)를 동반한다. 지류는 식물의 성장을 자극하는 퇴적물과 영양분을 유입한다. 시간이 지남에 따라 연못과 호수는 종종 습지나 육지 생물군계가 된다. 부영양화 속도는 물의 화학 및 수심, 유입량, 주변 유역의 미네랄 함량 및 호수 자체의 생물상에 따라 달라진다.

인간 활동은 **문화적 부영양화**(cultural eutrophication)라고 하는 부영양화를 크게 가속화할 수 있다. 문화적 부영양화는 주로 수역으로의 영양분 공급 증가로 인해 발생한다. 수생 시스템의 생산성 향상은 때때로 유익할 수 있다. 물고기와 다른 바람직한 종은 더 빨리 자라서 환영받는 먹이 공급원을 제공한다. 그러나 부영양화는 종종 인 또는 질소 수치의 상승에 의해 자극된 조류의 "꽃" 또는 수생식물의 밀집한 성장을 일으킨다(그림 10.21). 박테리아 개체군은 더 많은 양의 유기물에 의해 증가한다. 물은 종종 흐리거나 탁해지며, 불쾌한 맛과 냄새가 난다. 문화적 부영양화는 자연적인 속도에 비해 수역

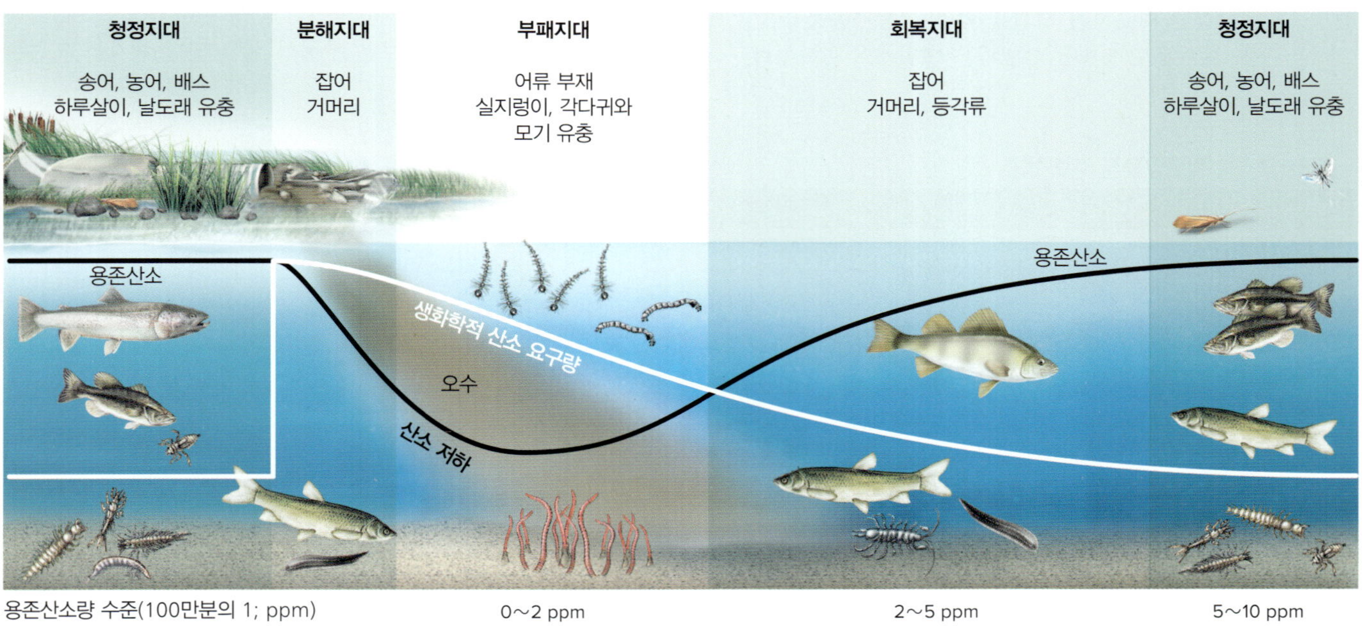

▲ **그림 10.20** 유기물 공급원의 하류에서 산소 저하. 개울과 그 서식생물들이 회복하기 위해서는 많은 시간과 거리가 필요할 수 있다.

▲ **그림 10.21** 부영양 호수. 농업 및 가정 공급원의 영양소는 조류와 수생식물의 성장을 자극했다. 이것은 수질을 저하시키고, 종 조성을 변경하며, 호수의 레크리에이션 및 심미적 가치를 낮춘다.
출처: ©William P. Cunningham

▲ **그림 10.22** 수은 오염은 미국 강과 호수의 가장 흔한 손상 원인이다. 40개 주에서 현지에서 잡은 민물고기를 먹는 것에 대한 경고를 발표했다. 오래 생존하는 최상위 포식자는 특히 독성 농도의 수은을 생체 축적할 가능성이 높다.

의 "노화"를 가속화할 수 있다. 일반적으로 수백 또는 수천 년 동안 존재할 수 있는 호수와 저수지는 수십 년 안에 메워질 수 있다.

부영양화는 해양 생태계, 특히 근해 및 부분적으로 둘러싸인 만 또는 하구에서 발생한다. 흑해, 발트해 및 지중해와 같이 부분적으로 둘러싸인 바다는 특히 위급한 상태에 있는 경향이 있다. 예를 들어, 관광 시즌 동안 지중해 연안 인구는 2억 명이 증가하는데 인근 대도시 폐수의 85%가 처리되지 않고 바다로 간다. 그로 인해 해변 오염, 물고기 폐사 및 조개류 오염이 초래된다. 광범위한 "죽음의 지역"은 종종 강이 하구와 얕은 바다에 영양분을 버리는 곳에 형성된다. 미국 연안 수역에 대한 연방의 연구에 따르면 하구의 28%가 수서생물에 장애가 있으며, 모든 해안 수역의 80%가 열악한 상태이다.

무기 오염물질에는 금속, 염분 및 산이 포함된다

일부 유독성 무기 화학물질은 풍화과정에 의해 자연적으로 암석에서 물로 방출된다. 인간은 광물 채굴, 가공, 사용 및 폐기를 통해 이러한 순환에서 자연적 배경 수준보다 수천 배 이상 높은 전달 속도를 달성한다.

가장 우려되는 화학물질 중에는 수은, 납, 주석 및 카드뮴과 같은 중금속이 있다. 셀레늄 및 비소와 같은 초독성 요소는 일부 수역에서 위험한 수준에 도달했다. 낮은 농도에서 무독성인 산, 염, 질산염 및 염소와 같은 다른 무기물질은 수질을 저하시키고 생물군집에 악영향을 줄 정도로 농축될 수 있다.

금속(Metal) 수은, 납, 카드뮴 및 니켈과 같은 많은 금속은 미세한 농도에서 매우 독성이 있다. 이러한 금속들은 지속성이 높기 때문에 먹이 사슬에 축적되어 인간에게 누적되는 영향을 미친다.

현재 북미에서 가장 광범위한 독성 금속 오염은 소각로와 석탄연소 발전소에서 배출되는 수은이다. 공기를 통해 운반되는 수은은 물 공급원에 침전되어 먹이그물에서 생물농축물질이 최고 포식동물에서 위험한 수준에 도달한다. 일반적으로 미국인은 잡은 생선을 일주일에 두 번 이상 먹지 말 것을 경고받는다(그림 10.22). 상어, 황새치, 참다랑어, 고등어와 같은 최상위 해양 포식동물은 특히 수은 함량이 높은 경향이 있으므로 임산부와 어린아이들은 이러한 종을 완전히 피해야 한다. 공중 보건 당국자들은 현재 60만 명의 미국 어린이들이 정신 및 발달 문제를 일으킬 정도로 몸에 수은 수치가 높은 것으로 추정하고 있지만, 미국의 6명 중 1명의 여성은 태아를 위험에 빠뜨리는 혈중 수은 농도를 가지고 있다.

광산 폐수 및 채광 폐기물의 침출은 심각한 금속 오염원이다. 테네시 동부의 수질 조사에 따르면 모든 지표 개울과 호수의 43%와 식수 공급에 사용되는 모든 지하수의 절반 이상이 광산 배수로 인한 산과 금속에 의해 오염된 것으로 나타났다. 경우에 따라서 금속 수준은 식수에 안전한 것으로 간주되는 것보다 200배나 높았다.

비금속 염(Nonmetallic Salt) 일부 토양에는 독성 셀레늄 및 비소를 포함한 고농도의 용해성 염이 포함되어 있다. 지하수가 비소로 오염된 인도와 방글라데시에서는 수천만 명의 사람들이 위험에 처해 있다. 사막 토양의 관개 및 배수는 1980년대 셀레늄 중독이 철새 수천 마리를 죽인 캘리포니아의 케스터슨 소택지(Kesterson Marsh)에서와 같이 독성 염을 동원하여 심각한 오염 문제를 초래할 수 있다.

과학 탐구 EXPLORING Science 저렴한 정수

가드길(Ashok Gadgil) 박사가 인도 Bombay에서 어린이였을 때, 그의 사촌 중 5명이 오염된 물에 의한 설사 확산으로 유아기에서 사망했다. 그는 당시에 그러한 죽음의 영향을 이해하지 못했지만, 성인이 되어서야 그 죽음이 얼마나 가슴 아프고 예방 가능한지 깨달았다. 봄베이 대학교에서 물리학을 전공한 후 가드길은 버클리 캘리포니아 대학교로 옮겼으며, 그곳에서 1979년 박사 학위를 받았다. 그는 현재 환경 에너지 기술부서의 수석 스태프 과학자이며 태양에너지 및 실내 대기오염에 대하여 연구한다.

▲ 한 여성이 마을의 WaterHealth 간이 건조물(kiosk)에서 용기를 깨끗한 물로 채운다. 이 혁신적인 정수 시스템으로 6백만 이상의 사람들의 삶이 개선되었다.
출처: ©Waterhealth International

그러나 가드길 박사는 인도와 다른 개발도상국의 수인성 질병 문제에 대해 무언가를 하고 싶었다. 많은 국가에서 가난한 사람들에게 깨끗한 물을 공급하는데 진전이 있었지만, 여전히 약 10억 명이 안전한 식수를 이용할 수 없다. 그는 물을 살균하는 방법을 연구 한 후 UV 광선 처리가 가난한 나라에 가장 큰 잠재력을 가지고 있다고 판단했다. 끓는 것보다 훨씬 적은 에너지를 필요로 하며, 염소 처리보다 덜 정교한 화학적 모니터링이 필요하다.

기존의 UV 수처리 시스템이 많이 있지만, 그들은 일반적으로 차폐되지 않은 형광 램프 주위로 물이 흐른다. 그러나 물속의 미네랄은 유리 램프에 모이기 때문에 효과를 유지하려면 정기적으로 제거해야 한다. 장치의 정기적인 분해, 청소 및 재조립은 원시적인 조건에서 어렵다. 가드길 박사는 무기질 부착물이 발달할 수 없는 물 위에 UV 광원을 설치하는 것이 해결책이라고 깨달았다. 그는 물이 얕은 스테인리스 스틸 홈통을 통과하는 시스템을 설계했다. 장치는 중력으로 공급될 수 있고 에너지원으로서 자동차 배터리만을 필요로 한다.

이 시스템은 분당 15리터(4갤런)의 물을 소독하여 모든 박테리아와 바이러스의 99.9% 이상을 죽일 수 있다. 이것은 1,000명의 사람들을 위해 충분한 깨끗한 물을 생산한다. 이 간단한 시스템 비용은 톤(950리터) 당 약 5센트이다. 물론 병원체를 제거해도 비소나 위험한 유기 화학물질과 같은 미네랄에 대해서는 아무런 영향을 미치지 않으므로, UV 살균은 종종 이러한 오염물질을 제거하기 위해 여과시스템과 결합된다.

이 기술을 시장에 출시하기 위해 설립한 WaterHealth International은 이제 여러 적용 분야에 맞게 여러 가지 변형의 가드길 소독 장치를 만든다. 인기 있는 변형은 작은 간이 건조물(kiosk), 물 분배용 항아리 및 모든 작동 방법에 대한 교육을 포함한 완벽한 정수 시스템을 제공한다.

마을 규모의 시스템 비용은 약 $5,000이다. 건설하는데 교부금과 대출을 사용할 수 있지만, 주민들은 현지 책임을 보장하기 위해 시설을 소유하고 운영한다. 협동조합의 각 가족은 순수한 물에 대해 한 달에 약 $1를 지불한다. 이 시스템은 인도, 방글라데시, 아프리카 및 필리핀의 수천 군데 마을에 설치되었다. 현재 가드길 박사가 발명한 간단한 시스템으로 약 660만 명이 깨끗하고 건강한 물을 저렴한 가격으로 받고 있다.

일반적으로 낮은 농도에서 무해한 염화나트륨(Table salt)과 같은 비독성 염은, 관개를 통해 이동되고 증발에 의해 농축되어 식물과 동물에게 위험한 수준에 도달할 수 있다. 최근 몇 년 동안 콜로라도 강과 주변 농지의 염분 수준이 높아져 수백만 헥타르의 귀중한 농경지를 폐기해야 했다. 북부 주에서는 겨울에 수백만 톤의 염화나트륨과 염화칼슘이 도로 얼음을 녹이는데 사용된다. 도로 염이 지표수로 침출되면 수서생태계에 해로운 영향을 미친다.

산 및 염기(Acids and Bases) 산은 가죽 태닝, 금속 제련 및 도금, 석유 증류 및 유기 화합합성과 같은 산업 공정의 부산물로 방출된다. 석탄 채굴은 특히 중요한 산성 수질오염원이다. 석탄의 황 화합물은 산소 및 물과 반응하여 황산을 만든다. 미국의 수천 킬로미터의 개울은 산성 광산 배수로 산성화되었으며, 일부는 생명이 전혀 없다.

산성 강하(9장 참조)도 지표수 시스템을 산성화한다. 이 산은 살아있는 유기체를 직접 손상시키는 것 외에도, 알루미늄과 토양과 암석에서 다른 원소를 침출하여 생태계를 더욱 불안정하게 한다.

살충제 및 산업용 물질을 포함하는 유기 화학 물질

화학 산업에서는 수천 가지의 다양한 천연 및 합성 유기 화학

물질을 사용하여 살충제, 플라스틱, 제약, 안료 및 일상생활에서 사용하는 기타 제품을 만든다. 이러한 화학 물질 중 상당수는 독성이 강해서 매우 낮은 농도(아마도 다이옥신의 경우 1천조 분의 1)에 노출되더라도 선천적 결함, 유전적 장애 및 암을 유발할 수 있다. 일부는 분해에 강하고 이를 섭취하는 유기체에 독성이 있기 때문에 환경에 지속될 수 있다.

물에서 유독성 유기 화학 물질의 두 가지 주요 공급원은 (1) 산업 및 가정 폐기물의 부적절한 폐기 (2) 농지, 산림, 길가, 골프장 및 개인 잔디밭에서의 농약 유출이다. EPA는 매년 미국에서 약 500,000톤의 농약이 사용되는 것으로 추정한다. 이 중 많은 부분이 가장 가까운 수로로 흘러 들어가 생태계를 통과하고 비 표적 유기체에서 높은 수준으로 축적될 수 있다. 수서생태계에서 DDT의 생물축적은 가장 먼저 이해된 경로 중 하나였다. 다이옥신 및 기타 염소화 탄화수소(염소 원자를 포함하는 탄화수소 분자)는 연어, 어류를 먹는 조류 및 인간의 지방에 위험한 수준으로 축적되고, 독성 금속화합물로 초래되는 결과와 유사한 건강문제를 일으키는 것으로 나타났다.

수백만 톤의 유해한 유기 폐기물은 미국의 투기, 매립지, 석호 및 지하 탱크에 저장되어있는 것으로 생각된다(12장 참조). 이 장소들 중 대부분은 유독성 화학물질을 지표수, 지하수 또는 두 곳 모두로 누출시켰다. EPA는 약 26,000개소의 유해 폐기물 부지가 대부분 수질오염을 통해 공중보건에 임박한 위협을 가하기 때문에 정화가 필요할 것으로 추정한다.

생수가 더 안전할까?

생수를 마시는 것이 유행이 되었다. 매년 미국인들은 약 200억 병의 물을 약 150억 달러의 비용으로 구입하며, 수돗물보다 안전하다고 오해한다. 전 세계적으로 매년 약 160억 리터(420억 갤런)의 생수가 소비된다. 공중보건 전문가들은 대부분의 대도시가 25가지 다른 화학물질과 병원체에 대해 매시간 물 공급을 테스트하는 반면, 생수에 대한 요구 사항은 훨씬 덜 엄격하기 때문에 종종 도시 수도가 생수보다 안전하다고 말한다. 미국에 있는 모든 생수의 약 4분의 1은 재처리된 도시 물이며, 나머지 대부분은 지하수 대수층에서 추출되어 안전하거나 안전하지 않을 수 있다. 최근 중국에서 생수를 조사한 결과 시험된 샘플의 3분의 2가 위험한 수준의 병원체와 독소를 가지고 있음을 발견했다.

병에 담는 물에 사용되는 플라스틱은 쉽게 재활용되지만 미국에서 구입한 병의 80%는 결국 매립지로 간다(재활용 비율은 다른 국가에서는 더 나쁘다). 물 전문가 인 글릭(Peter Gleick)은 플라스틱을 만들고, 병을 채우고, 시장에 운반하고, 폐기물을 처리하는데 드는 평균 에너지 비용은 모든 병의 1/4을 기름으로 채우는 것과 같다고 말한다. 또한 병을 제조하는데 3~5배 많은 물이 필요하다. 맹검법 시음에서 대부분의 성인은 도시와 생수의 차이를 알 수 없거나 실제로 도시 수도를 선호한다. 또한, 물을 몇 주 또는 몇 달 동안 플라스틱 병에 담는 경우, 가소제 및 기타 독성 화학 물질이 병에서 물로 침출될 수 있다.

대부분의 경우, 생수는 대부분의 도시 물보다 비싸고 낭비적이며 종종 안전하지 않다. 수돗물을 마시고 환경, 생활비 및 건강에 유리하도록 하자.

퇴적물은 가장 풍부한 오염물질 중 하나이다

퇴적물은 하천 시스템에서 자연적이고 필수적인 부분이다. 퇴적물은 범람원을 비옥하게 하고 비옥한 삼각주를 만든다. 그러나 주로 농업과 도시화와 같은 인간 활동은, 침식을 크게 가속화하고 하천의 퇴적물을 증가시킨다. 미사와 퇴적물은 미국에서 가장 큰 수질오염원으로 간주되며, EPA 수질조사에서 손상된 하천 길이의 40%에 책임이 있다. 경작지 침식은 매년 약 250억 톤의 토양, 퇴적물 및 부유 고형물을 세계 지표수에 기여한다. 산림교란, 도로건설, 도시 건설현장 및 기타 출처는 최소 500억 톤을 추가로 추가한다.

이 퇴적물은 호수와 저수지를 채우고, 선박 수로를 방해하고, 수력 터빈을 막히게 하고, 식수정화 비용을 더 비싸게 만든다. 퇴적물은 곤충이 피난처를 취하고 물고기가 알을 낳는 자갈 하상을 질식시킨다. 햇빛이 차단되어 식물이 광합성을 수행할 수 없고, 산소 수준이 감소한다. 어둡고 흐린 물은 수영, 보트, 낚시 및 기타 레크리에이션 용도로는 매력적이지 않다(그림 10.23). 바다로 씻겨 내려간 퇴적물은 하구와 산호초를 막히게 한다.

일반적으로 발전소 또는 기타 산업의 냉각시스템에서 배출되는 **열오염**(Thermal pollution)은 수온을 변화시킨다. 정상 온도에서 수온을 높이거나 낮추면 수질과 수서생물에 악영향을 줄 수 있다. 수온은 일반적으로 대기 온도보다 훨씬 안정적이므

▲ **그림 10.23** 퇴적물 및 산업폐기물이 배수관에서 호수와 강으로 흘러들어 간다.
출처: ©dmitrimaruta/123RF

로 수서생물은 급격한 온도변화에 적합하지 않은 경향이 있다. 따라서, 열대 바다의 온도를 1°C까지 낮추는 것은 일부 산호와 다른 산호초 종에 치명적일 수 있다. 수온을 올리는 것 또한 민감한 생물에 비슷한 파괴적인 영향을 미칠 수 있다. 물의 산소 용해도는 온도가 상승함에 따라 감소하므로, 높은 산소 수준을 요구하는 종은 온난화의 영향을 받는다.

인간은 또한 식물 피복과 유출 패턴을 변경하여 열오염을 일으킨다. 물 흐름을 줄이고, 강가의 나무를 벌채하고, 퇴적물을 추가하면 물이 따뜻해지고 호수나 하천의 생태계가 바뀐다.

발전소의 온수 흐름은, 특히 추운 날씨에 음식과 피난처를 찾는 물고기와 새를 종종 끌어들여 온다. 그러나 이 인공적인 환경은 치명적인 함정이 될 수 있다. 멸종 위기에 처한 포유류인 플로리다의 해우는 발전소 열 흐름의 풍부한 식량 공급과 따뜻한 물에 매료되어, 종종 그들은 평소보다 훨씬 더 북쪽에서 겨울을 보내도록 유혹받았다. 그러나 여러 차례 한겨울 발전소의 고장으로 12종 이상의 희귀동물이 갑작스러운 치명적인 열충격에 노출되었다.

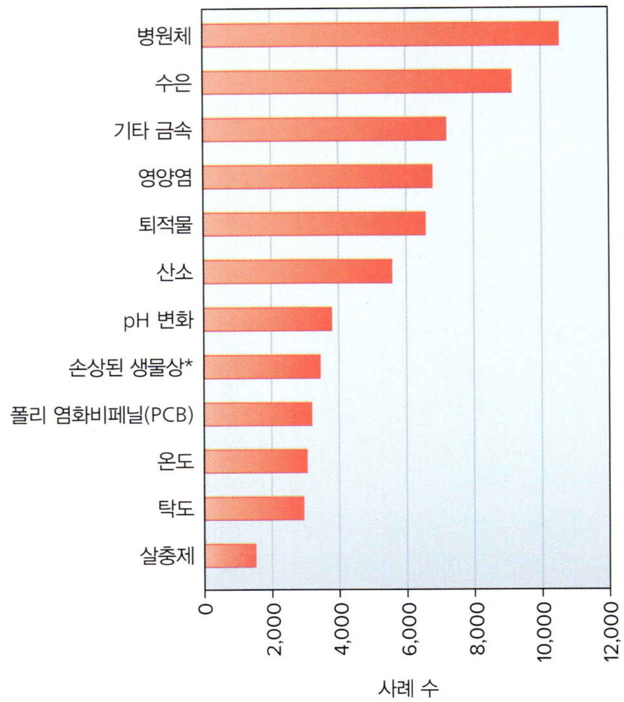

▲ **그림 10.24** 미국에서 지표수 손상의 12가지 주요 원인(미확인의 원인)
출처: Data from EPA, 2009.

10.5 끊임없는 도전

- *저소득 지역에서는 오염이 특히 흔하다.*
- *병원체, 금속, 영양분 및 퇴적물이 주요 장애이다.*
- *폐수처리는 고형물을 제거한다.*

대부분의 장소에서 수질개선에 가장 큰 장애는 퇴적물, 영양소 및 병원체, 특히 오염물질의 오염원(그림 10.24, 오염 유형 그래프)이다. 이러한 출처는 특정 점오염원보다 식별 및 감소 또는 처리가 더 어렵다. 미국의 수질오염의 약 4분의 3은 토양침식, 대기 오염물질의 유출, 도시 지역, 농장 및 사육장의 지표 유출로 인해 발생한다. 미국에서 매년 농지에 살포되는 46,800,000미터 톤(5천2백만 톤)의 비료 중에서 25%가 유출로 인해 제거된다.

사육장의 소는 매년 약 129,600,000미터 톤(1억4,400만 톤)의 분뇨를 생산하며, 이 지역의 유출물은 바이러스, 박테리아, 질산염, 인산염 및 기타 오염물질이 풍부하다. 한 마리의 소가 하루에 약 30 kg (66 lb)의 분뇨를 생산한다. 유수를 포획하거나 처리할 수 없는 일부 사육장에는 100,000마리의 동물이 있다. 그러한 시설의 하류에서 식수를 끌어들이는 것을 상상해보라. 애완동물도 문제가 될 수 있다. 뉴욕시의 약 50만 마리의 개에서 나온 폐기물은 주로 우수관을 통해 처리되므로 하수처리를 거치지 않는 것으로 추정된다.

지표수의 질산염과 인산염의 부하는 점오염원에서는 감소했지만 1972년 이후 비점오염원에서는 약 4배 증가했다. 화석연료 연소는 질산염, 황산염, 비소, 카드뮴, 수은 및 기타 독성 오염물질의 주요 공급원이 되어 물로 유입된다. 대기 운송을 통해 외딴 지역으로 운송되는 이 연소 산물은 현재 세계 거의 모든 곳에서 발견된다. DDT, PCB 및 다이옥신과 같은 독성 유기화합물도 바람에 의해 장거리로 운반된다.

개발도상국에는 종종 심각한 수질오염이 있다

수처리 및 오염제어 기술을 설치하는데 수십억 달러가 소요될 수 있다. 또한 기존의 전문기관이 오염관리 조치를 감독, 시행 및 지원해야 한다. 선진국에서도 수질이 고르지 않다. 스웨덴은 인구의 98%에게 최소한 2차 하수처리를 거친 물을 제공한다. 미국은 인구의 70%, 스페인은 18%, 그리스는 2% 미만의 처리를 제공한다. 러시아와 그 이웃국가들은 소비에트 시대부터 남은 수질문제를 안고 있다.

중국의 일부는 다른 곳처럼 부유하지만, 국가의 대부분은 농촌과 가난한 시골로 남아 있다. 중국 지표수의 70%가 사용하기에 안전하지 않은 것으로 추정된다(그림 10.25). 산시(Shanxi) 성은 중국의 도전과제를 보여준다. 중국의 중북부에 위치한 산업 최강지역인 산시(Shanxi)는 중국의 알려진 석탄 자원의 약 3분의 1을 보유하고 있으며 국가 에너지의 약 3분의 2를 생산한다. 발전소 외에도 주요 산업에는 제철소, 타르공장 및 화학공장이 포함된다.

최근 수십 년 동안 환경의 질을 희생하여 경제성장을 추구했다. 중국 환경보호청(China Environmental Protection Agency)에 따르면, 이 나라의 최악의 오염 도시 10곳은 모두

▲ **그림 10.25** 중국의 주요 하천에 있는 물의 절반이 너무 오염되어 사람이 사용하기에 적합하지 않다. 최근 몇 년간 정부가 수십억 위안을 소비했지만, 산업 및 가정 폐기물의 투기는 계속 위험한 수준으로 유지되고 있다.
출처: ©William P. Cunningham

▲ **그림 10.26** 이 아이티의 빈민굴의 도랑은 모든 종류의 쓰레기와 폐기물이 버려지는 개방하수구 역할을 한다. 이러한 조건에서 생활하는 건강위험은 심각하다.
출처: ©Arindam Banerjee/123RF

산시에 있다. 공장은 면책으로 오염 배출을 초과하는 것이 허용되었다. 예를 들어, 산시성에서 매일 3백만 톤의 폐수가 생산되며, 이 중 3분의 2가 처리되지 않고 지역 하천으로 직접 배출된다. 지역 주민들은 한때 깨끗하고 맑았던 강이 이제 산업폐기물로 인해 검은 색으로 흐르고 있다고 불평한다. 이 지역의 26개 강 중 80%가 2006년에 V등급(인간사용에 부적합) 또는 더 높은 것으로 평가되었다. 산시의 우물 중 절반 이상이 위험하게 높은 비소 수준을 갖는 것으로 보고되었다. 2006년 중국의 8만 5천여 건의 보고된 대중시위 중 상당수가 대기 및 수질오염에 대한 불만을 제기했다고 발표했다.

남미, 아프리카 및 아시아의 저개발국은 가난한 유럽 국가보다도 더 수질이 나빠서 하수처리도 일반적으로 완전히 없거나 매우 부적절하다. 따라서, 도시지역에서는 모든 하수의 95%가 처리되지 않은 상태로 하천, 호수 또는 바다로 배출된다. 증가하는 인구, 급속한 도시화, 그리고 오염법이 엄격한 선진국에서의 규제는 많은 중공업(특히 오염이 더 높은 것)을 더 허술한 개발도상국으로 이전시켰고, 낮은 기술력과 오염제어를 위한 적은 비용으로 인해 상황은 더욱 악화되었다.

끔찍한 환경상태는 종종 이러한 결합된 요인들로 인해 발생한다. 많은 국가에서 개방하수구가 도시지역을 통과한다(그림 10.26). 인도 지표수의 3분의 2는 인간의 건강에 위험한 것으로 간주될 만큼 충분히 오염되어 있다. 뉴델리의 야무나(Yamuna) 강에는 도시로 들어가기 전에 100 ml 당 7,500세포의 대장균이 있다(미국에서 수영하기에 안전하다고 간주되는 값의 37배). 강이 도시를 떠날 때 대장균 수는 100 ml 당 2천4백만 세포로 증가한다! 동시에 강은 뉴델리에서 매일 약 2천만 리터의 산업 폐수를 받아들인다. 이러한 지역에서 유병률이 높고 기대수명이 낮은 것은 놀라운 일이 아니다. 인도의 마을과 도시 중 1%만이 하수처리를 하고 있으며, 단지 8개 도시만이 1차 처리 이상의 시설을 가지고 있다.

지하수는 특히 정화하기 어렵다

농촌지역 주민의 95%를 포함하여, 미국 인구의 약 절반은 식수를 대수층에 의존한다. 이 중요한 자원은 남용과 오염 및 다양한 산업, 농업 및 가정 오염물질로 인해 많은 지역에서 위협받고 있다. 토양은 화학물질과 결합하고 스며드는 물을 정화하기 때문에, 수십 년 동안 지하수는 오염에 영향을 받지 않는 것을 널리 당연한 것으로 여겨왔다. 따라서 샘물 또는 자분정의 물은 물 순도의 결정적인 기준으로 간주되었지만, 더 이상 많은 지역에서 이는 사실이 아니다.

많은 지역에서 대수층 오염의 최근 원인은 수압파쇄(또는 fracking)에서 발생하여 빈틈없는 셰일층에서 가스와 오일을 방출한다. 미국 EPA는 수압파쇄 작업 부근의 우물에서 높은 수준의 메탄 및 유압 파쇄 액체를 발견했다. 2005년부터 2015년까지 시추회사는 약 1,100만 톤의 독성 디젤연료, 염산, 벤젠, 포름알데히드, 메탄올 및 수백 종류의 미확인 화합물을 수압파쇄에 사용했다.

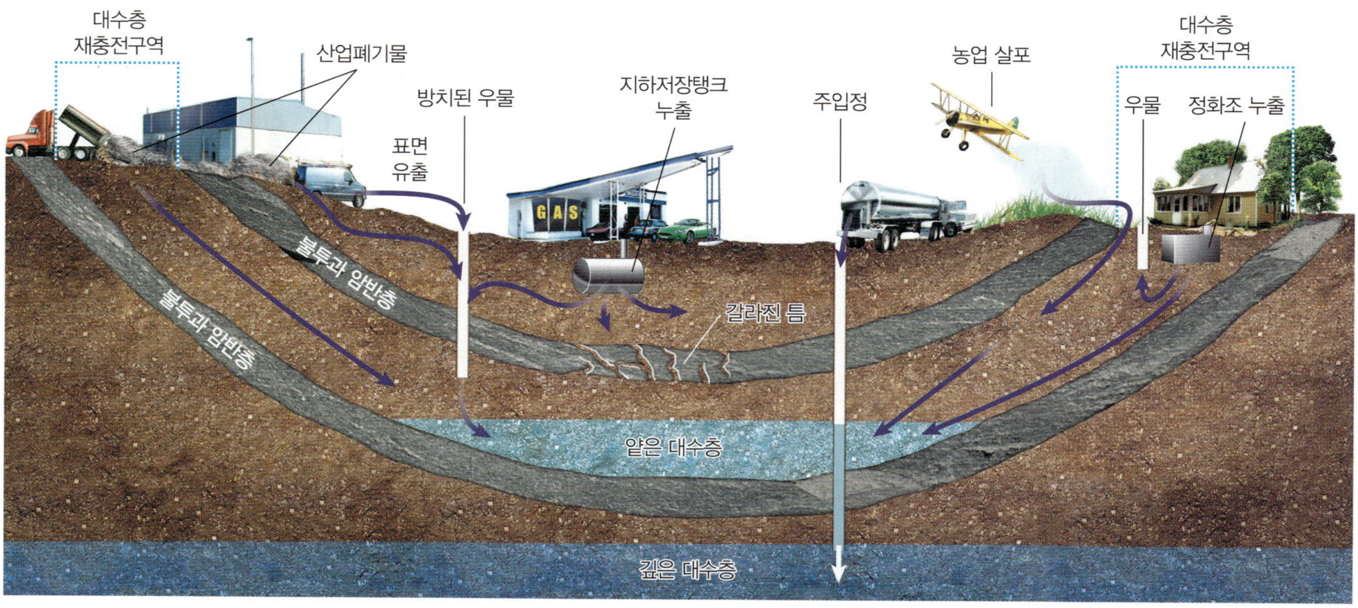

▲ **그림 10.27** 지하수 오염원. 대수층 재충전구역의 정화조 시스템, 매립지 및 산업활동은 오염물질을 대수층으로 배출한다. 우물은 오염물질을 대수층에 주입하는 직접적인 경로를 제공한다.

EPA는 매일 약 4.5조 리터(1.2조 갤런)의 오염된 물이 정화조, 주유소 지하 저장탱크 누출, 도시 및 산업매립지 및 폐기물처리장, 지표면, 논밭, 산림 및 폐기된 우물에서 유출된다고 추정한다(그림 10.27). 이들 중 가장 유독한 것은 아마도 폐기물처리장일 것이다. 농업 화학물질과 폐기물은 오염물질과 영향을 받는 지역의 총량의 대부분을 차지한다. 깊은 지하 대수층은 종종 수천 년의 체류시간을 갖기 때문에, 많은 오염물질은 지하에서 매우 안정적이다. 대수층에서 물을 펌핑해내서 정화한 다음, 다시 펌핑하는 것이 가능하지만 비용이 많이 든다.

농지, 특히 중서부의 옥수수지대에서 비료와 살충제는 일반적으로 대수층과 우물을 오염시킨다. 예를 들어, 아트라진과 알라클로르와 같은 제초제는 옥수수와 콩에 널리 사용되며, 아이오와의 모든 우물의 약 절반에서 검출된다. 비료의 질산염은 종종 시골 식수의 안전기준을 초과한다. 이 높은 질산염 수치는 유아에게 위험하다(질산염은 혈액에서 헤모글로빈과 결합하여 "청색아" 증후군을 유발한다).

매년 역학자(유행병학자; epidemiologist)들은 약 150만 명의 미국인이 대변 오염으로 인한 감염으로 병에 걸린다고 추정한다. 예를 들어, 1993년에 크립토스포리디움(cryptosporidium)이라는 병원균이 밀워키 공공 수도시스템에 유입되어 40만 명이 병에 걸리고 최소 100명이 사망했다. 이 질병의 총비용은 연간 수십억 달러에 이른다. 수원 및 대수층 재충전구역 보호 및 처리 및 분배시스템 개선과 같은 예방조치는 훨씬 저렴하다.

해양 오염은 통제가 거의 없다

우리는 해수를 직접 사용하지는 않지만, 해양오염은 심각하며 가장 빠르게 증가하는 수질오염 문제 중 하나이다. 연안의 만, 하구, 모래톱 및 산호초는 종종 오염에 의해 궤멸되고 있어 죽음의 지역과 유독한 조류의 대증식이 점점 더 광범위해지고 있다. 독성 화학물질, 중금속, 기름, 퇴적물 및 플라스틱 쓰레기는 가장 매력적이고 생산적인 해역에 영향을 미친다. 이 오염으로 인한 잠재적 손실은 매년 수십억 달러에 이르지만 삶의 질 측면에서의 비용은 예측조차 할 수 없다.

폐기된 플라스틱 쓰레기와 해양투기 폐기물은 대양에 대한 인간의 영향을 나타내는 표지가 되고 있다. 먼 섬의 가장 외딴 해변들조차도 많은 쓰레기를 가지고 있을 가능성이 있다. 매년 우리는 800만 톤 이상의 플라스틱 병, 포장 및 기타 잔해를 바다에 버린다. 바다에 버려지는 도시 쓰레기 또는 해양투기 폐기물은 해조, 물고기, 거북 및 포유류를 질식시키고 올가미에 걸리게 한다(그림 10.28).

연구자들은 소량의 플라스틱 쓰레기로 가득찬 광대한 태평양 지역을 발견했다. "Great Pacific Garbage Patch"라고 불리는 천천히 소용돌이치는 와류는 전 세계에서 쓰레기를 모아 두 곳의 "수렴 지대"를 만든다. 이 소용돌이 중 하나는 하와이와 캘리포니아 사이에서 발생하고, 다른 하나는 일본에 더 가까운데 각각 텍사스보다도 크다. 해류는 모든 종류의 쓰레기를 세계에서 가장 큰 쓰레기 투기장으로 불리는 거대한 와류로 휩쓸어 넣고 있다. 이 플라스틱의 대부분은 수면 또는 그 바로 아래에 매달린 작은 입자로 구성된다. 가장 작은 입자는 큰 조각보다 생물학적으로 더 위험할 수 있다. 플랑크톤과 작은 물고기는 오염물과 함께 플라스틱 조각을 표면에 흡수하여 해양 먹이사슬에 도입한다.

▲ **그림 10.28** 치명적인 목걸이. 해양 생물학자들은 버려진 그물, 플라스틱 음료수 연결부 및 기타 포장 잔여물이 매년 수십만 마리의 새, 포유류 및 물고기를 죽이는 것으로 추정한다.
출처: (right) NOAA and Georgia Department of Natural Resources

유류오염은 전 세계의 해변과 바다에 영향을 미친다. 해양학자들은 유조선, 연료 누출, 의도적인 연료유 배출 및 연안의 산업에서 매년 3백만~6백만 미터톤의 석유가 전 세계 해양으로 배출된다고 추정한다. 이 금액의 약 절반은 해상운송으로 인한 것이다. 이 중 대부분은 멕시코 만에서의 2010년 *Deepwater Horizon* 유출사고와 같은 극적인 헤드라인의 사고가 아니라, 오히려 일상적인 개방형 빌지 펌핑 및 탱크 세척이 주요 원인이다. 이러한 활동은 불법이지만 매우 일반적이다.

다행히도, 해양오염에 대한 인식이 높아지고 있다. 대부분의 석유는 결국은 자연계의 세균에 의해 분해되기는 하지만, 유류 유출 정화기술 및 대응팀이 개선되고 있다. 폐플라스틱을 제어하기 위한 노력도 증가하고 있다. 빈곤한 국가로 독성폐기물을 운송하는 범죄자들도 기소되고 있다. 또한 자원봉사 노력은 지역의 해변 오염을 줄이는데 도움을 주고 있다. 텍사스의 자원봉사자들은 멕시코 만 연안 해변에서 하루에 300톤 이상의 플라스틱 쓰레기를 모았다.

10.6 물 처리 및 치료

- *비점오염은 상류의 공급원을 제어해야 한다.*
- *폐수처리에는 세균, 퇴적물 및 영양염 제거가 포함된다.*
- *최근 우려되는 오염물질에는 약품, 스테로이드 및 소독제가 포함된다.*

오염을 줄이는 가장 저렴하고 효과적인 방법은 애초에 오염을 생성하거나 방출하지 않는 것이다. 예를 들어, 휘발유에서 납을 제거함으로써 미국 지표수에서 납의 양이 급격히 감소했다. 연구에 따르면 겨울철 도로의 안전에 큰 영향을 미치지 않으면서도 많은 지역에서 도로제빙용 염을 90%까지 적게 사용할 수 있는 것으로 나타났다. 유류 및 석유제품을 주의해서 취급하면 이러한 물질로 인한 수질오염을 크게 줄일 수 있다. 환경에 널리 퍼져있는 난분해성 염화탄화수소로 인한 문제가 여전히 있지만, 1970년대 DDT와 PCB의 금지는 야생생물에서의 수준을 크게 감소시켰다.

산업계는 폐기물 흐름에서 폐기될 수 있는 물질을 재활용하거나 재생함으로써 오염을 줄일 수 있다. 이러한 접근방식은 일반적으로 경제적 이점뿐만 아니라 환경적 이점도 있다. 회사는 귀중한 금속 및 화학물질을 추출하여 물 시스템에 유독한 오염물질로 방출하는 대신 판매할 수 있다. 이러한 기회에 대한 인식이 높아짐에 따라 시장과 재생기술 모두 개선되고 있다. 또한 토지사용을 변경하는 것은 오염을 줄이는 중요한 요소이다.

손상된 물을 복원할 수 있다

좋은 소식은 개선된 수질의 예가 많이 있다는 것이다. 예를 들어, 일본 미나마타의 경우를 생각해보자. 수은오염은 만의 어류를 먹은 주민에게 해독을 끼쳤으며, 그 영향이 너무나 악명 높아서 1950년대에 "미나마타 병"은 수은중독과 동의어가 되었다. 수은 공급원은 지역산업이었으며, 수년간 폐기물을 만으로 버렸다. 먹이사슬에 신경독소인 수은이 축적되어 성인의 신경손상 및 어린이의 심각한 발달결함을 초래했다. 그러나 수은 배출이 금지되자 수은 농도는 결국 희석되었고, 1997년 만은 깨끗하다고 선언되었다.

마찬가지로 유럽의 주요 산업중심지 대부분을 연결하는 라인 강은 오랫동안 도시, 산업 및 농업 폐기물이 흐르는 환경재앙이었다. 라인 강 유역에는 5천만 명이 넘는 사람들이 살고 있으며, 약 2천만 명이 강에서 식수를 얻는다. 스위스 바젤(Basel) 근처의 화학 창고에서 치명적인 화재가 발생한 후, 수백만 마리의 물고기를 죽이고 물을 마실 수 없게 만드는 독성 유출물이 생성되자 강을 따라 위치한 국가들은 마침내 폐기물, 유출 및 산업투기의 통제에 전념했다.

라인 강의 산소 농도는 1970년 이후 길게 뻗어있는 강에서 5배(2 mg/l 미만에서 거의 10 mg/l까지) 증가했다. 화학적 산소요구량은 1/5로 감소했으며, 유기염소 수준도 1/10로 감소했다. 그러자 물고기와 수서 무척추동물이 강으로 돌아왔다. 1992년에 수십 년 만에 처음으로 성체 연어가 라인 강에서 잡혔다.

비점오염원은 예방이 필요하다

농민들은 오랫동안 퇴적물, 비료, 들판에서 흘러나오는 살충제 등 수질오염에 크게 기여해 왔다. 농지에 대한 토양보존 관행(7장 참조)은 필요한 곳의 들판에 토양과 오염물질을 유지하는 것을 목표로 한다. 비료, 관개수 및 살충제를 정확하게 적용하면 비용을 절감하고 수질오염을 줄일 수 있다. 퇴적물과 오염물을 포획하는데 도움이 되는 습지보존은 지표수와 지하수를 보호하는데 도움이 된다.

도시지역에서는 우수관거로 들어가는 폐기물을 줄이는 것이 필수적이다. 도시 주민들이 폐유를 재활용하고, 한때 우수관이나 쓰레기로 버렸던 페인트 및 기타 가정용 화학물질을 올바르게 폐기하는 것이 쉬워지고 있다. 도시 주민들도 비료 및 살충제 사용을 최소화할 수 있다. 규칙적인 거리 청소는 강과 호수의(잎과 잔류물 분해로 인한) 영양염 부하를 크게 줄인다.

이러한 오염원을 관리하는데 있어서 엄청난 어려움은 미국 최대의 하구인 체사피크 만에서 볼 수 있다. 풍부한 굴, 게, 청어, 줄무늬 농어 및 기타 귀중한 어업으로 한때 유명했던 만이 1970년대 초에 심각하게 악화되었다. 시민단체, 지역사회, 주의회 및 연방정부가 함께 혁신적인 오염제어 프로그램을 수립하여 만의 보호 및 복원을 목표로 하는 미국 최초의 하구로 만들었다.

이 계획의 주요목표 중 하나는 6개 배수구역의 토지사용 규정을 통해 영양분을 줄이고, 농업 및 도시 유출을 통제하는 것이다. 인산염 세제 금지와 같은 오염방지 조치도 하수처리장을 개선하고 배출 및 매립 허가 준수를 개선하는데 중요하다. 수천 헥타르의 해초를 다시 심고 오염물질을 걸러내는 습지를 복원하기 위한 노력이 진행되고 있다.

1980년대 이래 체사피크 만으로의 연간 인 배출량은 40% 감소했다. 그러나 일부 지류에서는 질소 수준이 꾸준히 유지되거나 심지어 상승했다. 진전이 이루어졌음에도 불구하고 질소 및 인산염 수준을 40% 줄이면서 실행 가능한 어류 및 조개 개체수를 복원하려는 목표 달성까지는 여전히 수십 년 남아있다. 그러나 전 EPA 국장인 브라우너(Carol Browner)가 말했듯이 환경보호에 있어 협력의 힘을 보여준다.

도시폐기물을 어떻게 처리하는가?

자연 상태에서 수질정화는 토양과 물에서 지속적으로 발생한다. 박테리아는 영양분을 섭취하고 변형시키거나 기름을 분해한다. 모래와 토양은 물을 여과하고, 식물 뿌리와 진균은 물에 있는 영양분을 사용함과 동시에 금속과 다른 성분을 포획한다. 물이 차갑고 움직이면, 공기 중 산소가 혼합되어 들어가면서, 해로운 생물이 자랄 수 있는 정체된 상태를 없앤다.

그러나 도시의 높은 인구밀도는 자연시스템이 처리할 수 있는 것보다 훨씬 많은 폐기물을 생성한다. 이미 살펴본 바와 같이, 인간 및 동물 폐기물은 일반적으로 가장 심각한 건강관련 수질오염 문제를 일으킨다. 500종류가 넘는 질병을 유발하는 (병원성) 박테리아, 바이러스 및 기생충이 사람이나 동물의 배설물에서 물을 통해 이동할 수 있다.

대부분의 선진국에서는 도시와 도회지에서 사람과 가정 폐기물을 정화하기 위해 도시 하수처리 시스템을 구축해야 한다. 대부분의 농촌 가정은 정화조 시스템을 사용하며, 이는 고형물이 탱크에 가라앉으면 박테리아가 분해하도록 한다. 액체는 토양을 통해 스며들며, 토양세균은 아마도 그것을 정화한다. 인구밀도가 너무 높지 않은 경우 효과적인 폐기물처리 방법이 될 수 있다. 그러나 도시의 확산으로 인해 지하수 오염이 종종 문제가 된다.

도시 처리는 세 가지 수준의 품질이 있다

지난 100년 동안 위생 엔지니어는 인간의 건강, 생태계 안정성 및 수질을 보호하기 위해 독창적이고 효과적인 도시 폐수처리 시스템을 개발했다(그림 10.29). 이 주제는 오염제어의 중요한 부분이며 모든 지방자치단체의 주요 책임이다.

1차 처리(primary treatment)는 스크린과 침전 탱크를 사

▲ **그림 10.29** 기존의 하수처리에서 호기성세균은 고압 폭기탱크에서 유기물을 소화한다. 이를 2차 처리라고 한다.
출처: ©hxdyl/123RF

용하여 폐기물에서 큰 고체를 물리적으로 분리한다. 침전 탱크는 잡것 및 일부 용해(부유된)된 유기고형물이 슬러지로 가라앉게 한다. 침전조 상단에서 배출되는 물은 여전히 유기물의 75%까지 가지고 있으며, 많은 병원체를 포함한다. 이러한 병원체와 유기물은 호기성세균이 용해된 유기화합물을 분해하는 **2차 처리**(secondary treatment)에 의해 제거된다. 2차 처리에서 배출물은 종종 분무기 또는 공기가 미생물이 풍부한 슬러리를 통해 펌핑되는 폭기조로 폭기된다. 유체는 햇빛, 조류 및 공기 공정 폐기물이 더 저렴하지만 느리게 처리되는 하수 석호에 저장 될 수도 있다. 2차 처리 공정에서 나온 폐수는 일반적으로 염소, 자외선 또는 오존으로 소독하여 인근 수로로 방출되기 전에 해로운 박테리아를 제거한다.

3차 처리(tertiary treatment)는 2차 유출물에서 용해된 금속 및 영양염, 특히 질산염 및 인산염을 제거한다. 폐수에는 일반적으로 2차 처리 후 병원체와 유기물질이 없지만, 여전히 높은 수준의 무기영양염이 포함되어 있다. 지표수로 배출되면 이 영양염은 조류 번식과 부영양화를 자극한다. 폐수가 습지나 석호를 통해 흐르도록 하면 질산염과 인산염이 제거될 수 있다. 대안적으로, 영양소를 결합하고 침전시키기 위해 종종 화학물질이 사용된다.

하수 슬러지는 귀중한 비료일 수 있지만, 금속과 독성 화학물질이 포함되어 있으면 안전하지 않을 수 있다. 일부 도시는 농장과 산림지에 슬러지를 살포하고, 다른 도시는 메탄(천연가스)으로 전환한다. 그러나 많은 도시들은 값비싼 선택인 슬러지를 소각 또는 매립한다. 종종 위생 하수구는 거리, 주차장 및 마당에서 오염된 유출물을 운반하는 우수관거에 연결된다. 이를 통해 유류, 휘발유, 비료 및 살충제를 제거할 수 있다. 그러나 심한 폭풍은 종종 도시 시스템에 과부하가 걸리게 하므로, 대량의 미처리 하수와 유독성 표면 유출수가 강이나 호수에 직접 버려진다.

기존의 처리는 새로운 오염물질을 누락한다. 2002년 USGS는 개울 내의 약품과 호르몬에 대한 최초의 연구를 공개했다. 과학자들은 130개소의 개울에서 시료를 채취하여 항생제, 천연 및 합성 호르몬, 세제, 가소제, 살충제 및 난연제를 포함한 95가지 오염물질을 탐색했다(그림 10.30). 이 물질들은 모두 일반적으로 저농도로 발견되었다. 한 개울은 검사된 중에서 38종류의 화합물이 발견되었다. 음용수 기준은 95종의 물질 중 14종에 대해서만 존재한다. 비슷한 연구에 따르면 지표수보다 정화하기가 훨씬 더 어려운 지하수에서 같은 물질이 발견되었다. 이러한 널리 사용되는 화학물질이 우리 환경이나 물을 소비하는 사람들에게 미치는 영향은 무엇인가? 아무도 모른다. 그러나 이 연구는 그들의 분포에 대한 우리의 지식에 커다란 격차를 메우기 위한 첫 단계이다.

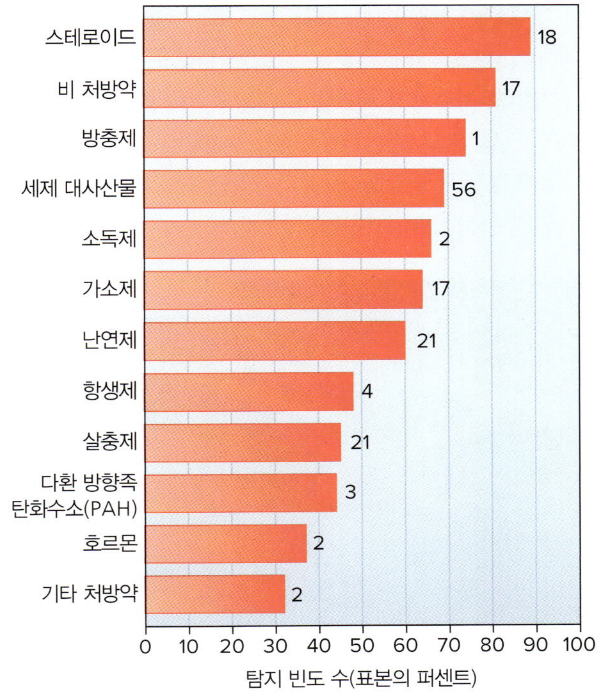

▲ **그림 10.30** 최근 USGS 조사에서 유기 폐수 오염물질의 검출 빈도. 물 시료의 최대 농도는 리터당 마이크로그램으로 막대 위에 표시된다. 지배적인 물질에는 항균 비누에서 나오는 DEET 방충제, 카페인 및 트리클로산이 포함되었다.

자연 폐수처리가 해답이 될 수 있다

자연 폐수처리 시스템은 외진 지역, 개발도상국 및 기존의 처리를 할 수 없는 소규모 공장에 유망한 대안을 제공한다. 이 시스템은 여전히 낯설고 관습적이지 않기 때문에 비교적 드물지만, 많은 장점을 제공한다. 자연 폐수처리 시스템은 일반적으로 기존 시스템보다 구축 및 운영비용이 저렴하다. 중력이 물을 옮기고 식물과 박테리아가 대부분(또는 모든) 소독을 하기 때문에, 에너지와 염소 또는 기타 정화기가 더 적게 사용된다. 또한 관리해야할 펌프와 여과기 수가 적기 때문에 관리시간도 단축된다. 식물은 대부분의 기존 시스템에서 포획하지 못하는 영양염, 금속 및 기타 오염물질을 제거한다.

구축된 습지(constructed wetland)는 폐기물을 걸러내고 분해하도록 설계된 인공 습지의 복합물이다. 이 중 가장 잘 알려진 것은 캘리포니아 아카타(Arcata)에 있으며, 30년 전 새롭고 매우 비싼 하수도 시스템 업그레이드를 구축해야 했다. 대안으로, 도시는 65 ha 쓰레기 적치장을 단순하고 저렴한 폐기물 처리시설로 사용되는 일련의 연못과 습지로 전환했다. 아카타는 수백만 달러를 절약하고 동시에 환경을 개선했다. 습지는 야생생물의 천국이며 도시의 유명한 휴양지가 되었다.

많은 개발도상국에서 비슷한 습지 폐기물처리 시스템이 운영되고 있다. 병원균을 파괴하기 위해 먼저 주의를 기울이는 경우 이러한 작업에서 나온 유출물을 사용하여 농작물을 관개하

자연계가 폐수를 처리할 수 있는가?

기존의 하수처리 시스템은 대량의 폐수를 빠르고 효율적으로 처리하도록 설계되었다. 공중보건 및 환경 질을 위해서 수처리가 필요하지만 비용이 많이 든다. 산업규모의 설비, 고 에너지 입력 및 부식성 화학물질이 필요하다. 폐기하려면 대량의 슬러지를 소각하거나 현장 외부로 운송해야 한다.

▲ 폭기조는 호기성(산소 사용) 세균이 유기화합물을 소화하도록 도와준다.

출처: (왼쪽) Josef KubeÅ¡/123RF (오른쪽) ©hxdyl/123RF

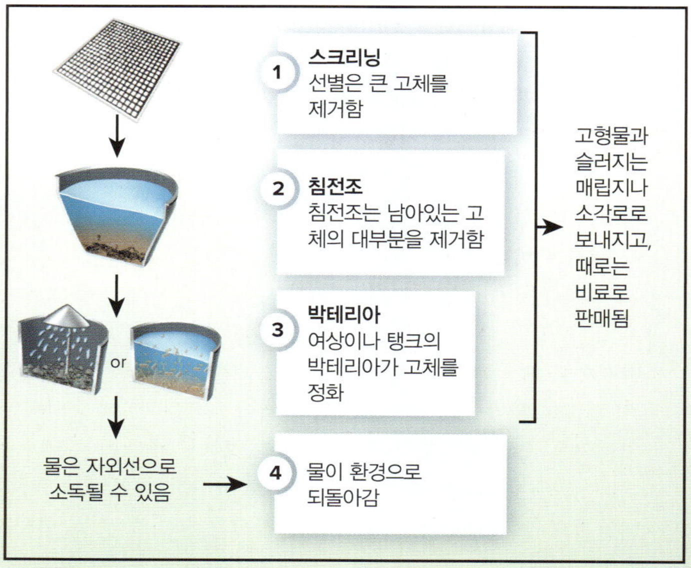

▲ 기존의 하수처리 과정

기존의 처리는 새로운 오염물질을 누락한다. 시스템이 이러한 오염물질용으로 설계되지 않았기 때문에, 약품 및 호르몬, 세제, 가소제, 살충제 및 난연제는 지표수로 자유롭게 방출된다.

◀ 외부에 건설된 습지는 물을 더 정화하는 매력적인 조경 기능일 수 있다.

출처: ©William P. Cunningham

◀ 공간이 있는 곳에서 더 큰 습지는 레크리에이션 공간, 야생동물 피난처, 살아있는 생태계 및 지하수 또는 하천의 재충전 지역으로 사용될 수 있다.

출처: ©William P. Cunningham

이 시스템에서, 재배탱크를 통과 한 후, 유출수는 폭포를 지나 작은 물고기 연못으로 흘러 추가로 산소를 공급하고 영양염을 제거한다. 이 초록빛 온실은 대중에게 개방되어 있으며 춥고 건조한 기후에 매력적인 실내공간을 추가한다.

출처: ©Mary Ann Cunningham ▶

재배탱크는 식물을 위한 빛을 제공하기 위해 온실이나 다른 햇볕이 잘 드는 공간에 있어야한다.

출처: ©Mary Ann Cunningham ▶

조성된 습지 시스템(Constructed wetland system)은 끝없는 품종으로 설계될 수 있지만, 모든 유익한 미생물과 식물의 조합을 통해 물을 여과한다. 일반적인 구성 요소는 다음과 같다.

- **혐기성(산소가 없는) 탱크[anaerobic (oxygen-free) tank]:** 여기서 혐기성세균은 질산염(NO_3)을 질소기체(N_2)로, 유기분자를 메탄(CH_4)으로 변환한다. 일부 시스템에서는 메탄을 연료로 포획할 수 있다.
- **호기성(산소 이용 가능) 탱크[aerobic (oxygen-available) tank]:** 호기성세균은 암모늄(NH_4)을 질산염(NO_3)으로 변환한다. 녹색식물과 조류는 영양분을 흡수한다.
- **자갈이 깔린 습지(gravel-bedded wetland):** 자갈 바닥에서 자라는 유익한 미생물과 식물은 영양분과 유기 물질을 포획한다. 일부 시스템에서 습지는 야생생물 서식지 및 레크리에이션 공간을 제공한다.
- **가정할 수 있는 소독(presumable disinfection):** 시스템을 떠나는 물은 깨끗하지만, 일반적으로 소독을 위해 염소를 첨가해야 한다. 오존 또는 자외선도 사용될 수 있다.

자연 폐수처리는 생소하지만 일반적으로 저렴하다

우리는 기존의 처리를 끝내기 위해 물과 토양에 있는 자연 박테리아와 식물인 생태 시스템에 의존한다. 이 시스템을 전체 처리 과정에 사용할 수 있는가? 비록 대부분의 도시와 도시에 익숙하지는 않지만 **습지기반 처리 시스템**(wetland-based treatment system)은 적어도 기존 식물의 수명만큼 오랫동안 수십 년 동안 성공적으로 운영되었다. 그들은 건강한 박테리아와 식물군집을 통합하기 때문에 유기 오염물질뿐만 아니라 새로운 오염물질과 금속을 섭취할 가능성이 있다. 이 시스템은 또한 대부분의 기존 시스템보다 영양분을 더 잘 제거한다. 이러한 시스템은 아래 이유로 기존 시스템보다 절반 정도의 가격이다.

- 적은 분무기, 전기 시스템 및 펌프 → 더 저렴한 설치
- 중력 물 이동 → 낮은 에너지 소비
- 움직이는 부품 또는 화학 물질이 적음 → 적은 유지보수
- 생물학적 처리 → 염소 사용이 적거나 없음
- 영양분 흡수 → 영양소, 금속 및 아마도 유기화합물의 더 완벽한 제거

▲ 음용수는 잘 설계된 자연시스템에 의해 생산된다. 대부분의 사람들은 처리된 폐수를 마실 가능성에 대해 걱정을 하기 때문에 재생수는 일반적으로 화장실, 세척 또는 관개와 같은 다른 목적으로 사용된다. 이러한 사용처는 많은 도시 물 공급의 약 95%를 차지하므로 상당한 절감효과를 나타낼 수 있다.
출처: ©Chaiyapruk Chanwatthana/123RF

1 혐기성 탱크
산소가 없으면 혐기성 박테리아는 폐기물을 분해한다.

2 호기성 탱크
산소는 물에 혼합되어, 폐기물을 더 분해하고, 오염을 제거하는 식물과 세균을 부양한다. 남은 고형물은 침전된다.

3 조성된 습지
식물은 남은 영양분을 흡수한다. 남은 질산염은 질소기체로 전환된다.

4 소독
소독 오존, 염소, 자외선 또는 기타 방법으로 유해세균이 남아 있지 않도록 한다. 그런 다음 물을 재사용하거나 방출할 수 있다.

설명할 수 있을까? CAN YOU EXPLAIN?

1. 이 장을 읽은 내용을 바탕으로, 수처리에서 주요 오염물질은 무엇인가?
2. 이와 같은 시스템에서 세균의 역할은 무엇인가?
3. 전통적인 처리의 비용이 비싼 요인은 무엇인가?
4. 왜 전통적인 처리법이 더 널리 사용되는가?

▲ **그림 10.31** 위스콘신의 치즈 공장에 설치되어 폐수를 자연적으로 정화하는 이 "Living Machine®"은 식물, 조류, 박테리아 및 기타 수서생물을 포함하는 탱크에서 연속적으로, 물을 여과하고 공장 폐수에서 유기폐기물 및 영양분을 제거한다.

출처: ©Cedar Grove Cheese Inc.

거나 사람이 소비할 수 있는 어류를 키울 수 있다. 일반적으로 태양, 대기 및 수생식물에 20~30일 노출되면 물을 안전하게 만들 수 있다. 이 시스템은 인간의 식품공급에 중요한 기여를 한다. 예를 들어, 콜카타(Kolkata)에 있는 2,500 ha의 폐기물 사료 양식장 시설은 매년 약 7,000톤의 어류를 현지 시장에 공급한다.

많은 기관들은 습지 건설을 위한 공간이 없다. 그 중 하나는 위스콘신 남부에 있는 Cedar Grove 치즈공장인데, 이 공장은 일련의 탱크, 박테리아, 조류 및 작은 인공 습지인 **"Living Machine®"**을 구축했다(그림 10.31). 이 시스템은 공장 폐수를 거의 순수한 물과 식생으로 변환한다. 생물학적 산소요구량의 99%, 부유물질의 98%, 질소의 93% 및 인의 57%를 제거한다.

이와 같은 시스템은 건물 근처 또는 건물 내부에 구축할 수 있다. 조류, 뿌리가 있는 수생식물, 조개, 달팽이 및 물고기를 포함한 식물과 동물의 조합이 존재하며, 각각은 제어된 환경에서 특정 서비스를 제공하도록 선택된다. 이러한 시스템을 떠나는 물은 마실 수 있는 수질이며, 시설에서 받는 물보다 깨끗하다. 이러한 접근방식은 자원과 비용을 절약할 수 있으며 귀중한 교육 도구가 될 수 있다.

개선에는 격리, 추출 또는 생물학적 처리가 포함될 수 있다.

많은 수질오염원이 있는 것처럼 이를 정화하는 방법도 여러 가지가 있다. 환경공학의 새로운 발전은 많은 수질오염 문제에 대한 유망한 해결책을 제공하고 있다. 격리 방법은 더러운 물이 퍼지지 않도록 하는 것이다. 많은 오염물질은 화학적 반응을 통해 산화, 환원, 중화, 가수분해, 침전 또는 기타 방식으로 화학적 조성이 파괴되거나 해독될 수 있다. 화학적인 기술이 효과적이지 않은 경우 물리적인 방법이 효과적일 수 있다. 예를 들어, 용매 및 다른 휘발성 유기화합물은 폭기에 의해 용액으로부터 제거된 후 소각로에서 연소될 수 있다.

종종 살아있는 생물은 오염된 물을 효과적이고 저렴하게 정화할 수 있는데, 우리는 이것을 **생물학적 환경정화**(bioremediation)라고 한다. 예를 들어, 하천 제방이나 호수 가장자리를 따라 복원된 습지는 퇴적물을 효과적으로 걸러내고 오염물질을 제거할 수 있다. 일부 식물은 중금속 및 유기 오염물질을 흡수하는데 매우 효율적이다. 생물학적 환경정화는 기존의 정화에 대한 흥미롭고 저렴한 대안을 제공한다.

10.7 물에 대한 법적 보호

- *청정수법(Clean Water Act)은 큰 영향을 미쳤지만, 우리는 갈 길이 멀다.*
- *CWA는 몹시 필요한 하수처리장에 자금을 지원했다.*
- *허가는 오염물질의 모니터링 및 제한을 허용한다.*

수질오염 제어는 미국의 모든 환경법규 중에서 가장 널리 사용되고 효과적이다. 지표수 오염은 종종 눈에 잘 띄고 환경 질에 대한 가장 일반적인 위협 중 하나이다. 선진국에서는 지난 수십 년 동안 수질오염을 줄이는 것이 최우선 과제였다(그림 10.32). 제어 프로그램에 수십억 달러가 사용되었으며, 상당한 진전이 있었다. 그러나 아직도 해야 할 일이 많이 남아 있다.

▲ **그림 10.32** 오염 통제법은 낚시, 레크리에이션 및 기타 용도로 물을 안전하게 만들기 위해 노력해 왔다. 이러한 정책은 모든 사람의 이익을 위해 자원을 보호한다.

출처: Pos, Robert H, U.S. Fish and Wildlife Service

표 10.4 몇 가지 중요한 수질 입법

1. *연방 수질오염 방지법*(Federal Water Pollution Control Act; 1972). 주요 오염산업의 각 범주에 대해 전국적으로 통일된 통제를 확립한다.
2. *모든 지역 물 공급에 대한 최소 안전기준이 필요하다.* 규제되는 오염물질 중에는 박테리아, 질산염 및 살충제가 있다. 방사능과 탁도도 규제된다.
3. *자원 보존 및 복구법*(Resource Conservation and Recovery Act; RCRA; 1976). 유해 폐기물의 보관, 운송, 처리 및 폐기를 규제하고 독성 화학물질을 하수도에 배출하는 것에 대한 제한을 설정한다.
4. *포괄적 환경 대응, 보상 및 책임법*(Comprehensive Environmental Response, Compensation, and Liability Act; CERCLA; 1980) *및 슈퍼펀드 수정 및 재승인법*(Superfund Amendments and Reauthorization Act; SARA; 1984). 독성 및 유해폐기물 투기의 밀봉, 발굴 또는 복원을 제공한다.
5. *청정수법*(Clean Water Act; 1985) (1972년 수질오염 방지법 개정). 미국의 모든 지표수에 대해 "낚시 가능 및 수영 가능" 수질 달성을 국가 목표로 설정한다.

깨끗한 물 보호도 복잡해졌다. 수년에 걸쳐 개정된 수많은 주요 법률이 필요했다(표 10.4). 대부분의 법률과 규칙은 일반적으로 공익을 위협하는 개별 행동을 제한하려고 하기 때문에 반대에 직면했다. 예를 들어, 규제되지 않은 폐기물 처리는 폐기물 생산자에게 비용과 시간을 절약하지만, 대중은 건강비용 증가와 수자원 손상의 부담을 안고 있다. 연방 법의 반대자들은 청정수법(Clean Water Act)을 약화시키거나 제거하기 위해 되풀이하여 시도했다. 그들은 비용에 대해서도 반대하고 경제적 이익보다 환경적 이익을 우선시 하는 데에도 반대한다. 그럼에도 불구하고, 물 보호는 널리 지지받았다.

청정수법(Clean Water Act)은 야심차고 대중적이며 대부분 성공했다

1972년 미국 청정수법 통과는 담수를 국가 우선순위로 만든 대담하고 초당적인 조치였다. 멸종위기종법 및 청정 대기법과 함께, 이것은 미국 의회가 통과한 가장 중요하고 효과적인 환경법안 중 하나이다. 또한 500개 이상의 절이 도시 유출, 산업배출 및 도시 하수처리에서 토지이용 관행 및 습지 배수에 이르기까지 모든 것을 규제하는 방대하고 복잡한 법이다.

청정수법의 야심적인 목표는 모든 미국 지표수를 "낚시 가능하고 수영 가능한" 조건으로 되돌리는 것이었다. 점오염원의 경우, 법에 따라 배출 허가와 최상의 실행 가능한 제어기술(best practicable control technology; BPT)을 사용해야 한다. 독성물질의 경우, 이 법은 126종류의 우선 독성오염물질에 대한 최상의 가용하고, 경제적으로 달성 가능한 기술(BAT) 및 배출 제로 목표의 국가목표를 설정한다. 앞에서 논의한 바와 같이, 이 규정은 수질에 긍정적인 영향을 미쳤다. 지표수는 아직 모든 곳에서 수영이나 낚시가 가능한 것은 아니지만, 미국의 수질은 지난 1/4세기에 걸쳐 평균적으로 크게 향상되었다. 이 법안의 가장 중요한 결과는 도시 하수처리시설에 대한 연방기금에 $540억, 주 및 지방기금에 $1,280억 이상을 투자한 것이다.

CWA는 기간시설 자금을 지원했다

1972년 청정수법(Clean Water Act)이 통과된 이후 미국은 공공 기금에 $1,800억 이상을 투자했으며, 수질오염 통제에 대한 민간투자에 10배 이상을 투자했다. 이러한 노력의 대부분은 특히 수천 개의 도시 하수처리장을 건설하거나 개선하기 위한 점오염원을 목표로 하고 있다. 결과적으로 현재 도시지역의 거의 모든 사람들이 도시 하수시스템을 통해 서비스를 받고 있다.

그러나 1세대 하수처리 기반시설은 현재 노후화되어 있으며, 오늘날보다 훨씬 작은 도시를 위해 건설되었기 때문에, 점점 더 적은 폭우에도 강과 호수로의 미처리 하수 배출이 발생하고 있다. 노후화된 설비를 개선할 자금을 찾는 것이 중요한 우선순위이다.

CWA 허가 시스템을 설립했다

현재 우리의 수질오염의 약 10%만이 산업 및 도시 점오염원에서 비롯된다. 이것이 중요한 이유는 청정수법이 지표수에서 폐기물을 배출하는 모든 산업, 지방자치단체 또는 기타 단체에 대한 허가를 발급하는 국가 오염배출 제거시스템(National Pollution Discharge Elimination System; NPDES)을 제정했기 때문이다. 이것은 오염을 허용하는 것처럼 보이지만, 그 허가는 지표수가 소도시 폐수처리에서 나오는 영양염 배출과 같은 일부 오염물질을 희석할 수 있다는 것을 인식하고, 우리 수로로 유입되는 것에 대한 어느 정도의 공개와 모니터링을 보장한다. 허가 제한 위반이 너무 많으면 규제 당국은 벌금을 부과하거나, 심지어 오염자를 고소할 수 있다.

1998년 EPA는 수역의 오염물질 부하에 초점을 맞추기 시작했다. 이러한 접근방식은 유역 수준의 모니터링 및 보호를 돕고 유역의 건강에 대한 더 나은 정보를 대중에게 제공한다. 또한, 주는 수역의 손상을 식별하고 우선순위를 정하기 때문에 더 큰 유연성을 가질 수 있다. 수질 목표를 충족하지 않는 수역의 경우 각 주는 각 최대 오염물질과 각 수체에 대해 *총 최대 일일 부하량*(total maximum daily load; TMDL) 표준(수역이 점오염원 및 비점오염원 모두로부터 받을 수 있는 특정 오염물질의 양)을 개발해야 한다. EPA 웹 사이트에서 해당 지역의 배수구역에 대한 TMDL을 조회할 수 있다. 현재 약 4,000개 유역의 수질을 모니터링하고 있다.

TMDL을 모니터링 한 560만 km의 강 중 480,000 km만이 청정수 목표를 달성하지 못한다. 전체 호수 면적(약 20,000개의 호수) 중 12.5%만이 목표를 달성하지 못한다.

CWA는 실제적이지만 불완전한 진전을 이루었다

지표수는 많은 곳에서 실질적으로 개선되었다. 가장 유명한 사례 중 하나인 이리 호는 1960년대의 생태 재앙인 "죽음"으로 널리 여겨졌다. 산업 및 도시 배출을 통제 한 후 이 호수는 지역 발기인들에 따르면 "세계의 농어(walleye) 수도"가 되었다. 세균의 수와 조류의 대증식은 1962년 이후 90% 이상 감소했다. 물이 깨끗해지고 해조류 수준이 감소했다.

또한 이리 호는 비점오염원보다 점오염원을 제어하는 것이 얼마나 쉬운지를 보여준다. 최근 몇 년 동안 오대호 주에서 새로 강화된 옥수수 및 대두 생산으로 인한 농장 유출이 호수에서 질소 및 인 수준을 높이면서 수질이 다시 악화되었다. 호수에서 농업용 살충제가 마찬가지로 증가하여 국가의 물 보호에 관심이 있는 규제 당국과 대중에게 새로운 과제를 제시했다.

EPA는 21,000개의 수역이 여전히 지정된 용도에 맞지 않는다고 보고한다. 약 2억1천8백만 명의 압도적 대다수의 미국인들은 수역이 손상된 곳에서 16 km 이내에 살고 있다.

반면에 물고기와 수생 곤충은 이전에는 대부분의 생명에 산소가 너무 부족했던 많은 물로 돌아왔다. 강, 호수 및 한때 보건 당국에 의해 폐쇄되었던 해변에서는 수영 및 기타 수상스포츠가 다시 허용되었다. 미국의 모든 지표수를 "물고기와 수영 가능"으로 만드는 청정수법의 목표는 완전히 충족되지 않았지만, EPA는 모든 모니터링되는 강 길이의 91%와 평가된 모든 호수 면적의 88%가 지정된 용도에 적합하다고 보고했다(그림 10.33).

▲ **그림 10.33** 모든 강과 호수가" 낚시 가능하거나 수영 가능"하지는 않지만 1972년 청정수법이 통과된 이후 상당한 진전이 있었다.
출처: ©William P. Cunningham

결론

물은 소중한 자원이다. 인구가 증가하고 기후변화가 강우 패턴에 영향을 미치면서, 앞으로 물은 훨씬 더 부족해질 것이다. 이미 약 20억 명이 물 부족 국가(모든 수요를 충족시키기에 공급이 부족한 국가)에 살고 있으며, 그 중 절반 이상은 깨끗한 식수를 이용할 수 없다. 인구 증가율과 기후변화에 따라 2050년까지 물 스트레스 또는 부족한 지역에 70억 명의 인구(세계 인구의 약 60%)가 거주할 수 있다. 직접적 또는 간접적으로 물 권리와 관련한 갈등은 국가 사이와 국가 내에서 더 흔해지고 있다. 이것은 대부분의 주요 강이 바다에 도달하기 전에 둘 이상의 국가를 건너가고, 미국 남동부와 같은 가뭄이 지구 온난화로 더 빈번하고 심각해질 수 있다는 사실에 의해 가능해졌다. 많은 전문가들은 Fortune지에 "21세기의 물은 20세기의 석유처럼 될 것"이라고 동의한다.

40년 전 미국의 강은 오염되어 일부는 불이 붙고, 다른 일부는 유독한 산업폐기물로 붉은색, 검은색, 주황색 또는 기타 부자연스러운 색을 띠었다. 많은 도시들이 여전히 하수를 지역의 강과 호수에 버렸기 때문에, 신체 접촉을 피하기 위해 경고를 게시해야 했다. 그러나 그 이후로 우리는 큰 발전을 이루었다. 모든 강과 호수가 "낚시 가능 또는 수영 가능"한 것은 아니지만 연방, 주 및 지방 오염관리로 인해 대부분의 지역에서 수질이 크게 개선되었다.

중국과 인도와 같은 빠르게 발전하는 국가에서, 수질오염은 여전히 인간 건강과 생태계 복지에 심각한 위협이 되고 있다. 이러한 증가하는 문제를 해결하려면 막대한 투자가 필요하다. 그러나 많은 오염 문제에 대한 상대적으로 저렴한 해결책이 있다. 생태적 하수처리를 위해 조성된 습지는 광범위한 과제를 해결하는데 필요한 창의적인 전략의 예를 제공한다. 언젠가 개발하는데 도움이 될 수 있는 이러한 해결책과 다른 해결책들은 더 현명하고 지속가능한 수자원 관리방향을 제시한다.

연습 문제 *PRACRICE QUIZ*

1. 물 분자가 바다에서 육지로, 그리고 다시 물의 순환을 통해 따라갈 수 있는 경로를 설명하시오.
2. 세계 물의 약 몇 퍼센트가 대부분의 육상생물을 지원하는 액체상인 담수 지표수인가?
3. 대수층(aquifer)이란 무엇인가? 물은 어떻게 대수층에 유입되는가? 자분정(artesian well)과 지하수위 강하원추(cone of depression)을 설명하시오.
4. 전 세계적으로 어느 부문의 물 사용이 가장 많이 소비되는가? 전반적으로 지난 세기에 물 사용량이 증가했는가? 세 가지 주요 사용 부문에서 효율성이 증가되거나 또는 감소되었는가?
5. 하천에서 농장 또는 도시로의 물 전환의 환경비용에 대한 하나 이상의 예를 설명하시오.
6. 점오염과 비점오염의 차이점을 설명하시오. 어느 것이 통제하기 어려운가? 그 이유는?

7. 영양분이 왜 오염으로 간주되는가? 부영양화와 산소 저하(oxygen sag)의 아이디어를 설명하시오.
8. 1차, 2차 및 3차 폐수처리에 대해 설명하시오.
9. 지하수 오염의 원인은 무엇인가? 지하수 오염이 왜 그렇게 어려운 문제인가?
10. 자연 폐수처리란 무엇이며 어떻게 작동할까?

비판적 사고와 토론 *CRITICAL THINKING AND DISCUSSION*

다른 학생들과 이러한 문제를 토의하기 위하여 이 장에서 학습한 원칙을 적용하시오.

1. 기후가 상당히 따뜻해지거나 냉각될 경우 수문학적 주기에서 어떤 변화가 일어날 수 있는가?
2. 심해가 수문학적 순환을 통하여 도는데 왜 그렇게 오래 걸리는가? 심층해수 또는 육지의 대수층을 오염시키는 물질은 어떻게 되는가?
3. 여러분이 콜로라도 강에서 다양한 이해 당사자들에게 물 공급을 할당할 책임이 있는 판사라면, 어떻게 물 권리를 부여할 것인가? 요구와 권리에 대한 여러분의의 기준은 무엇인가?
4. 수질오염이 과거보다 더 심하다고 생각하는가? 이와 같은 판단에는 어떤 점이 고려되는가? 개인적인 경험이 당신의 의견에 어떤 영향을 미치는가?
5. 상태가 나아지는지 여부를 판단하려면 어떤 추가 정보가 필요한가? 수질오염의 다양한 원인, 유형 및 영향을 어떻게 측정할 수 있는가?
6. 어떠한 조건에서 물이나 문화적 부영양화에 있는 퇴적물이 유익할 수 있는가? 긍정적인 효과와 부정적인 효과의 균형을 어떻게 조정해야 하는가?

데이터 분석 전 세계 수자원 스트레스와 희소성 그래프 *DATA ANALYSIS Graphing Global Water Stress ...*

유엔에 따르면 물 스트레스는 연간 물 공급량이 1인당 1,700 m^3 아래로 떨어질 때이다. 물 부족은 연간 1인당 1,000 m^3 미만의 물 공급으로 정의된다. 2025년까지 48개국에서 28억 명이 넘는 사람들이 물 스트레스 또는 부족한 상황에 직면하게 될 것이다. 이 48개국 중 40개국이 서아시아 또는 아프리카에 있을 것으로 예상된다. 2050년까지 지구온난화 및 소비 패턴을 기반으로 하는 물 공급 시나리오와 인구 예측에 따라 훨씬 더 많은 사람들이 물 부족에 직면할 수 있다.

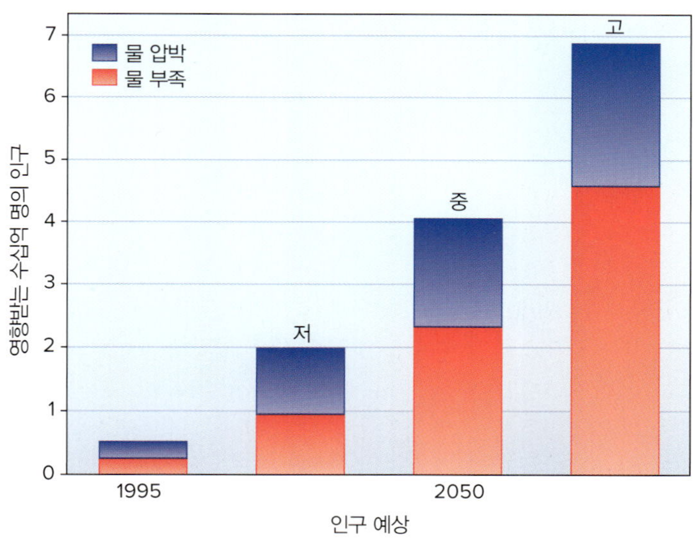

CHAPTER

11 에너지

Energy

학습 성과 *Learning Outcomes*

이 장을 학습한 후에 여러분은 다음 질문에 대답할 수 있어야 한다:

- ▶ 우리의 주요 에너지 공급원은 무엇인가?
- ▶ 석유 생산의 정점이란? 미래의 석유 생산을 예측하는 것은 왜 어려운가?
- ▶ 천연 가스 사용 증대에 대한 주장과 반대는 무엇인가?
- ▶ 석탄 연소의 환경적 영향은 무엇인가?
- ▶ 원자로는 작동원리와 장점과 단점은 무엇인가?
- ▶ 우리의 주요 재생에너지는 무엇인가?
- ▶ 태양열, 풍력, 수력, 기타 재생 가능한 에너지는 화석연료의 필요성을 없애주는가?
- ▶ 태양전지는 무엇이고 어떻게 작동하는가?
- ▶ 바이오 연료는 무엇이고, 바이오 연료를 이용해야 하는 이유 또는 반대해야 하는 이유는 무엇인가?

2014 국민 기후 행진(People's Climate March)에서는 40만 명이 넘는 사람들이 화석 연료 대안을 요구하기 위해 모였으며, 같은 주말, 뉴욕시는 2050년까지 이산화탄소 80% 감축 목표를 발표했다.

사례 연구 *Cace Study*

그린 고담: 뉴욕이 80 대 50 (2050년까지 온실가스 배출량을 80% 줄이는) 목표를 달성할 수 있을까?

뉴욕시는 에너지 절약분야의 세계적인 리더로서의 명성을 가지고 있다. 미국에서 가장 큰 도시인 뉴욕은 주로 석유, 천연가스 및 원자력에서 생산된 에너지를 미국 내 다른 도시보다 더 많이 사용한다. 또한 낡고 부실한 건물이 많은 북부도시인 탓에 매년 6개월의 난방과 4개월의 냉방이 필요하며, 태양광 사용 잠재력이 제한적이다. 뉴욕시의 도시 계획자들은 기후 변화가 해수면 상승, 허리케인의 발생빈도 증가, 폭염을 유발해 농업, 교통, 건강 및 도시 경제의 기초를 훼손하여 도시전체를 위협하고 있음을 알고 있으며, 특히 심각한 폭염은 저소득층 또는 노인들에게 치명적일 수 있다. 이런 위협을 줄이거나 방지하기 위해서는 다른 대도시들과 함께 온실 가스 배출을 줄이기 위한 역할을 해야 한다.

기후 변화에 관한 정부간 패널(IPCC)은 기후 변화의 최악의 영향을 피하기 위해, 어려운 목표이긴 하지만 2050년까지 온실 가스 배출량을 80% 감축해야 함을 권고하고 있다. 대다수의 건물과 마찬가지로 반세기 이전에 설립된 에너지 시설을 가진 뉴욕시가 과연 제한된 예산과 촉박한 일정 속에서 노후화된 시설을 교체하거나 개선할 수 있을까?

2014년 뉴욕시의 지속가능성을 위한 사무소는 종종 "80 대 50" 목표라고 불리는 2050년까지 80% 감축이라는 IPCC의 목표를 새로운 정책으로 발표했다. 험하고 원대한 목표이긴 하지만 시장과 시 행정부는 도시의 장기적 이익을 보호해야 한다는 데 동의하였고, 뉴욕시가 앞장서면 다른 도시들도 진지하게 받아들이고 동참하리라는 것을 알고 있었다.

뉴욕은 이미 1인당 에너지 사용량이 미국 내 다른 도시보다 적다. 밀집된 아파트와 사무실을 벽을 공유하여 열을 보존하고 자가용보다 대중교통을 이용하여 에너지를 절약하며, 자전거 사용은 최근 몇 년 동안 도시를 변화시켜 저렴하고 효율적인 교통 방법을 제공하였다. 짧은 거리의 직장, 학교, 상점은 도보를 이용하며, 작은 부엌을 사용하는 사람들은 보다 적게 음식을 사고 음식쓰레기도 적게 배출한다. 하지만 뉴욕시의 가장 큰 문제는 벽이 얇고 누수가 있는 노후한 건물과 바람, 태양열 또는 기타 대체 에너지원을 계획할 만한 장소가 매우 부족하다는 것이다.

뉴욕은 노후한 건물부터 시작했다. 재정지원으로 개인 건물의 난방 및 냉방 시스템을 개선시키고 공공 주택은 지열 시스템, 창호 수리 등의 효율적인 난방 시스템을 설치하기 시작했다. 이런 개선은 뉴욕 시민의 재산과 에너지를 절약하게 했고 생활을 더 편안하게 해주었다. 도시 주택은 한 세대 전의 표준 주택보다 더 많은 자연 채광과 편리한 디자인으로 난방에너지를 거의 사용하지 않아도 되는 패시브 하우스(Passive House) 표준에 따라 설계되고 지어졌다(사진 11.1).

이 도시는 조명 개선, 창호와 단열재의 교체 재정지원 등을 하며, 각 기관과 협력함으로써 전력사용 집중시간(피크 시간)에 전력 소비를 줄이는데 도움을 준다. 또한 주민들에게 조명과 온도 조절기를 낮추거나 끄기를 장려한다. 산하 대규모 기관은 난방 및 냉방 시스템에서 발생하는 폐열로 전기를 생성하는 열병합 발전에 투자하여 공공 시설에 대한 에너지 수요를 줄이고자 한다.

새로운 정책은 신기술과 튼튼한 건물만큼 중요하고, 개선에 대한 서류 작업 및 관료적 장애물을 줄여 시간과 비용을 아껴야 한다.

자치단체의 새로운 규칙은 태양열, 풍력, 지열 및 기타 재생 가능 에너지원을 에너지 생산 시스템에 통합할 수 있는 새로운 기회를 지역사회에 제공할 수 있고, 공공 단체와 협력하여 여러 재생 에너지에 지역민들이 투자할 수 있는 방법을 찾아 준다. 또한 뉴욕시는 태양 에너지 투자를 촉진하고 해상풍력의 개발을 더 쉽게 허용하는 새로운 규정 마련을 위해 뉴욕주와 협상하고 있는데, 이는 대안에 대한 투자없이는 전 세계의 건물 단열을 위한 에너지 소비를 줄일 수 없기 때문이다.

미래 에너지와 과거의 에너지는 매우 다를 것이다. 100년 전 석유와 자동차가 우리의 삶을 변화시켰듯이 대체 에너지의 소비, 소유 정책은 우리의 일과를 변화시킬 가능성이 높다. 뉴욕 시민들은 올바른 미래 계획을 제대로 수행할 수만 있다면 더 안전하고 저렴한 에너지를 포함하는 공동 이익을 누릴 수 있다고 생각한다. ■

▲ **그림 11.1** 브루클린에 있는 Knickerbocker Commons는 미국에서 패시브 하우스 표준으로 설계된 최초의 중형 아파트 건물이다.
출처: ©Henry Gifford, 803 Knickerbocker Avenue.

11.1 에너지 자원

- *화석 연료는 세계 에너지의 대부분을 제공한다.*
- *재생 에너지로의 전환은 경제적 문제뿐만 아니라 기후에도 중요하다.*
- *에너지는 주로 킬로와트(kW)또는 줄(J) 단위로 측정한다.*

에너지에 의존하는 현대 생활 속에서 전기와 풍부한 연료는 냉, 난방 및 운송을 제공하여 우리의 삶을 개선시킨다. 우리는 에너지를 사용하여 음식을 재배하고 준비하며 직장에서 일하며 즐거운 일상을 보내며, 이 에너지의 대부분은 화석연료(석유, 가스 및 석탄)에서 나온다. 수력, 원자력이 이를 보완해주고 점점 늘긴 하지만 일부 풍력, 태양열 및 기타 재생 가능한 에너지가 일반적인 에너지 공급 방법이다.

언제쯤 기름이 바닥날까 하는 것은 오래 전부터 환경과학의 에너지 관련 중점이 되는 질문이다. 석유는 자동차, 기차, 선박에서부터 발전소에 전력을 공급하고 가정 난방에 이르기까지 소비량과 용도의 다양성 면에서 가장 중요한 단일 에너지원이다(그림 11.2). 전 세계적으로 석유는 전체 에너지 공급의 33%를 담당하고 천연가스(24%)와 석탄(28%)이 그 뒤는 잇는다. 이와 같이 화석연료는 우리가 사용하는 에너지의 86%를 구성하고 수력(7%)과 원자력(4%)이 나머지의 대부분을 구성한다. 비록 빠르게 성장하고는 있지만 풍력, 태양열 및 기타 재생 가능 에너지는 여전히 전 세계 에너지의 약 3%에 불과하다. 이 수치는 몇 년 전에 비해 세 배가 증가한 것이다.

이상의 에너지 구성은 변화하고 있으며, 가장 인구가 많고 빠르게 발전하는 중국과 인도가 어떻게 발전할 지에 그 변화 정도가 달려있다.

생산 및 소비에 대한 보조금은 석유, 가스 및 석탄의 중요성에 대한 한 가지 이유이다. 국제 에너지 기구에 따르면 2013년 기준 화석 연료에 대한 세계적인 보조금은 약 1조 9천억 달러로 풍력, 태양열 및 기타 모든 대체 에너지에 대한 지원의 약 600배에 달했다.

벤치마크 데이터	
이 장의 아이디어와 숫자 중에서 다음은 기억할 가치가 있는 사항이다.	
86%	전 세계 에너지에서 화석연료가 차지하는 비율
7%	전 세계 에너지에서 수력이 차지하는 비율
100%	전 세계 에너지에서 재생 가능 에너지가 공급할 수 있는 비율
2/3	화석 연료 연소에서 전기를 생산할 때 열로 손실되는 에너지 비율
4,500 kWh	미국에서 1인당 연간 주거 전력량
5%	주거용 에너지에서의 전기 비율

2017년 미국 예상 에너지 소비량: 97.7 Quads

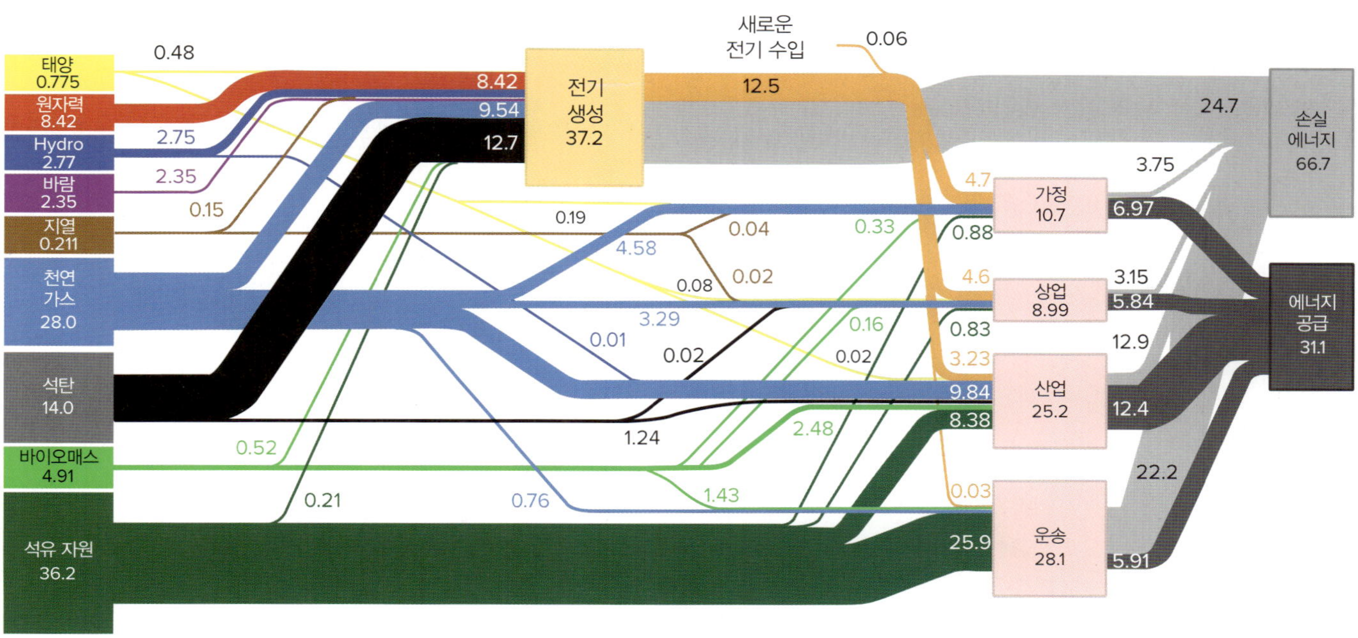

▲ **그림 11.2** 열단위로 환산(10^{15}, 천 조)한 미국에서 사용하는 전기에너지와 연료. 선의 넓이는 에너지 양에 비례한다. 누출과 비효율로 인한 손실 에너지가 에너지 생산의 66.7%를 차지한다. 예를 들어, 대부분의 석탄 발전소는 에너지의 약 65%를 석탄 연료로 낭비한다.

출처: LNL March, 2017. Data is based on DOE/EIA MER, 2016. Quad = 천조(또는 10^{15} BTUs)

바로 지금이 에너지의 미래를 찾을 때다

석유와 가스의 추출 신기술은 지난 20년 동안 매장량에 대한 추정치를 크게 증가시켰다. 수평 시추는 석유 또는 가스가 풍부한 암석층을 통과해 수 km에 도달할 수 있으며, 지질 구조를 수압으로 파쇄하는 방법은 수천 미터 깊이의 강하게 뭉쳐진 가스와 석유를 방출시킬 수 있다. 또한 심해 시추 기술은 드넓은 해저를 새롭게 접근할 수 있게 한다.

석유의 종말을 오랫동안 걱정했던 에너지 분석가들에게 기후 학자들은 우리가 안전하게 사용할 수 있는 양보다 훨씬 더 많은 석유, 가스 및 석탄이 있다고 경고한다. 석탄, 석유 및 가스 매장지를 모두 태운다면 농업과 생태계를 방해하지 않고 해안 도시의 침수없이 방출할 수 있는 것보다 5배 많은 탄소가 발생한다(8장 기후 참조).

이러한 이유로 우리의 에너지 미래는 과거의 에너지와 다를 수 있다(그림 11.3). 미래 에너지에는 운송, 건물의 냉난방, 재생 가능한 원료에서 생산되는 전기가 포함될 것이지만 이를 위해서는 효율성을 높여야 한다.

어렵게 들릴 수 있지만, 분석가들이 예상한 것보다 조금씩 빠르게 바뀌고 있다(그림 11.4). 재생 가능한 에너지의 연구자들은 화석 연료를 바꾸는 것이 필요할 뿐만 아니라 가능하다는 것을 알아냈고, 이러한 변화는 더 건강한 환경과 나은 일자리, 더 적은 환경 오염, 화석 연료 매장량에 대한 폭력적인 갈등의 감소 등 공동의 이익을 가져온다.

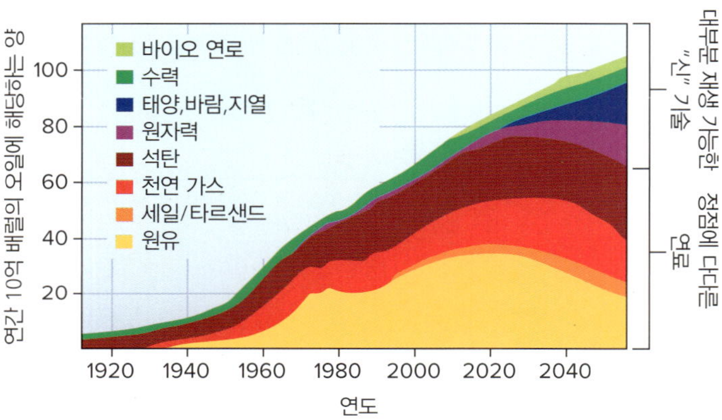

▲ **그림 11.3** 현재 전 세계의 상업적 에너지의 88%를 공급하고 있는 화석연료는 발전하는 기술력과 정책, 비용으로 인해 매력적인 재생 에너지로 변화할 가능성이 높다.

에너지의 단위 측정에는 줄(J)과 와트(W)를 사용한다

에너지는 다양한 방법으로 측정할 수 있으며 일부 용어를 이해하면 이 장을 공부하는데 도움이 된다. 테이블을 가로 질러 블록을 밀 때처럼 거리에 대한 힘의 적용은 줄 단위로 측정하고(J, 표 11.1), 전기는 와트 단위로 측정된다(1 W = 초당 1줄).

가정용 에너지 사용은 와트 또는 킬로와트 단위로 측정되며(1 kW = 1,000 W), 일반 컴퓨터는 약 100 W, 헤어 드라이어는 약 1,500 W를 사용한다(표 11.2). 시간이 지남에 따라 사용되는 전기량 측정은 와트시 또는 킬로와트시(kWh)를 사용한다. 와트와 킬로와트시를 양동이에 쏟아지는 정원 호스의 물

표 11.1 에너지 단위

1줄(J) = 1 kg을 1 m/sec^{2}의 속도로 1 m 가속시키는 데 필요한 일(또는 1 ohm의 저항을 통한 1 amp/초 이동)
1와트(W) = 초당 1 J
1테라와트(TW) = 1조 watts
1킬로와트시(kWh) = 1시간 동안 1,000 W를 가함(또는 360만 J)
1메가와트(MW) = 100만(10^6) W
1기가 줄(GJ) = 10억(10^9) J
오일 1배럴(bbl) = 42갤런(160리터)

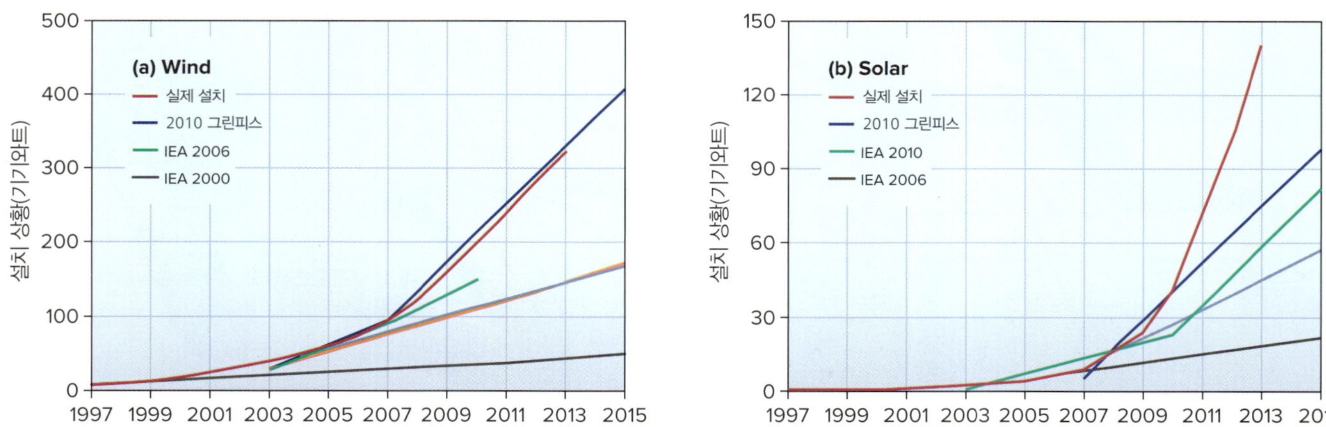

▲ **그림 11.4** 실제 진행 상황은 기대치보다 훨씬 높았고, 풍력(a)과 태양열(b)의 설치는 시간이 지남에 따라 가속화 되었다. 국제 에너지기구(IEA)와 그린피스의 예상치와 실제 설치 상황을 비교해 보면 태양 에너지의 설치 속도가 매우 가파르다.

출처: Meister Consultant Group, 2015.

표 11.2 에너지 사용량(평균)

사용	kWh/년
컴퓨터	100
텔레비전	125
100 W 전구	250
15 W 형광등	40
가습기	400
식기세척기	600
전기 스토브/오븐	650
빨래 건조기	900
냉장고	1,100

*평균 사용량임; 실제 사용률은 다양할 수 있다
출처: 미국 에너지부

로 비교하면, 와트는 어느 순간에 나오는 물의 양을 말하고, 와트시(또는 킬로와트시)는 시간이 지남에 따라 양동이에 모이는 물의 양을 말한다.

일반적인 발전소는 미국의 약 64만 가구 또는 유럽의 약 130만 가구에 충분한 1,000메가 와트(MW), 즉 1기가와트(GW)의 속도로 전기를 공급할 수 있다. 일부 대형 발전소는 2,000 MW 이상을 공급하도록 설계되어 있다.

풍력 터빈은 약 1~5 MW를 생산하므로(해상 풍력 터빈은 8 MW까지 가능함) 기존 발전소 하나의 기준으로는 많은 풍력 터빈이 필요하지만 기존 발전소에 연료를 공급하려면 광활한 탄광과 유전, 연료 공급이 필요하다. 대부분의 상업용 태양광 전지판은 약 150~500 MW의 전기를 생산한다.

미국의 에너지 산업에서는 1파운드(1 lb는 약 450 g)의 물을 화씨 1도로 가열하는 데 필요한 에너지의 양을 측정하는데 영국식 열 단위(Btu)와 같은 전통적인 방법을 사용한다. 가솔린과 같은 액체는 배럴(1배럴 = 2 갤런 = 160리터)로, 공기와 같은 가스인 천연 가스는 입방 미터 또는 입방 피트(m^3 또는 ft^3)로, 석탄은 톤(2,000 lb) 또는 미터 톤(1,000 kg 또는 2,200 lb) 단위로 측정한다.

우리는 에너지를 어떻게 사용하는가?

4대 에너지 부문 중 약 22%가 주거용이다(그림 11.5). 미국인들은 가정활동을 위해 1960년에는 1인당 연간 1,000 kWh 만을 사용했는데 현재는 1970년 사용량의 두 배인 1인당 약 4,500 kWh의 전기를 사용하고 있다. 이에 비해 유럽인은 연간 약 2,000 kWh, 중국인은 약 500 kWh를 사용하며 저소득 국가에서 사람들은 연간 100 kWh 미만을 사용한다. 그러나 전기는 우리가 사용하는 에너지의 약 절반에 불과하며 가정용 난방, 교통 및 기타 용도를 포함하여 미국인들은 연간 약 9,000 kWh의 에너지를 사용한다.

전등과 자동차가 여러 가지로 삶을 쉽게 하듯이 풍부한 에너지 자원은 우리에게 편안함과 편리함을 가져다 준다. 그러나 기본 수준 이상의 에너지 사용은 삶의 질과 거의 관련이 없다. 소득, 의료 및 교육이 비슷한 선진국의 전기 소비량은 연간 약 1,500~10,000 kWh인데, 많은 유럽 국가는 대부분의 미국인에 비해 건강 관리, 교육, 고용 및 여가 시간의 기준이 더 높은데 반해 에너지 사용량은 절반이다.

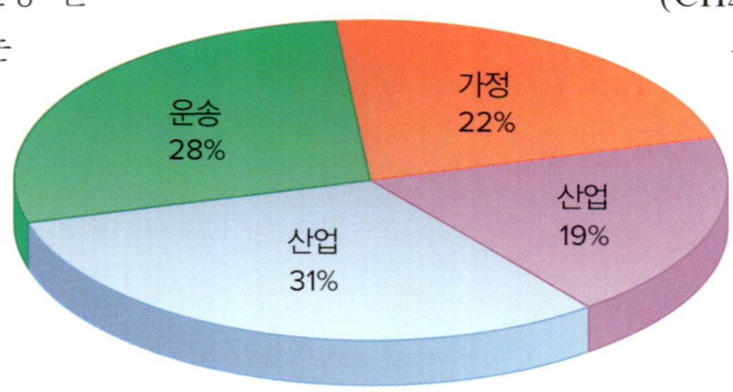

▶ **그림 11.5** 2012년 분야별 미국의 에너지 소비
출처: U.S. EIA.

11.2 화석연료

- *석유, 석탄 및 가스는 서로 다른 고대 환경에서 생겨난다.*
- *석탄, 석유 및 가스 매장량은 우리가 사용할 수 있는 것보다 많다.*
- *다양한 석유 및 가스 추출로 공급이 확대되었다.*

화석 연료는 지구 깊숙이 묻혀있는 유기체의 고대 유물로 수억 년에 걸친 압력과 열에 의해 석탄, 석유 및 천연 가스로 변형되었다. 석탄은 고인 물이 부패를 방지해서 식물이 축적되는 고대 늪과 습지에서 추출되고, 석유는 일반적으로 고대 해저의 플랑크톤과 조류가 모래와 진흙(굳어진 세일암석) 속에서 섞여 축적된 곳에서 추출되는데, 매장지는 종종 강이 육지에서 바다로 영양분을 운반하던 고대 삼각주 근처에서 찾을 수 있다. 이러한 자원의 대부분은 지구 기후가 지금보다 훨씬 더 따뜻하고 습했던 2억 8천 만~3억 6천 만년 전에서 비롯되었다.

석유와 석탄 모두 품질과 유용성이 다르다. 순도가 높고 단단한 암석과 같은 흑탄은 연질 갈탄보다 많은 열을 제공하고 대기 오염이 적다. 가볍고 연한 원유는 유동적이며 비교적 적은 정제로 쉽게 연소되며, 타르 샌드는 이름에서 알 수 있듯이 두껍게 퇴적물과 혼합되어 있어 추출하려면 많은 에너지와 비용이 든다. 그래서 유가가 높을 때만 경제적이다.

천연 가스는 이러한 **탄화수소**(수소-탄소 화합물) 중 가장 작고 단순한 것이다. 석탄 및 석유와 관련하여 생성되는 **메탄**(CH_4)으로 주로 구성된 천연 가스는 탄층 또는 석유 매장지의 상단에 있는 경우가 많지만 텍사스, 오클라호마, 펜실베이니아의 깊은 셰일 지층에서처럼 많은 가스가 암석 지층에 단단히 묶여있는 경우도 있다.

▲ **그림 11.6** 석탄 채굴 중 가장 환경적으로 파괴적인 방법의 한 가지는 산 정상 제거이다. 최대 250 m의 산을 깎아내어 계곡으로 밀어내면서 숲, 개울, 농장, 때로는 마을 전체를 묻어 버린다.
출처: ©lcrms/123RF

석탄 자원은 우리가 사용할 수 있는 것보다 많다

세계 석탄 매장지는 거대하여 기존의 석유 및 가스 자원을 합친 것보다 10배나 많고, 거의 모든 석탄은 북미, 유럽, 아시아에 있으며, 검증된 매장량 중 2/3가 미국, 러시아, 중국 등 3개국에 있다. 석탄층은 100 m 두께가 될 수 있으며 한때 고대 늪지였던 수만 평방 킬로미터에 걸쳐 확장될 수도 있어 총 자원은 10조 미터 톤으로 추정된다.

이 모든 석탄을 채취할 수 있다면 수천 년을 사용할 수 있겠지만. 어마어마한 양의 탄소(및 관련 오염 물질)가 대기로 배출되어 인류는 생존할 수 없을 것이다.

석탄 채굴은 위험도가 높다. 지하 광산은 갱도 매몰과 폭발, 그리고 광부들이 겪는 폐 질환을 일으키는 것으로 유명하며, 화재가 인해 수십 년 동안 연기가 나면서 많은 양의 이산화탄소를 발생시킬 수 있다. 표면 광산 또는 노천 광산은 더 많은 기계를 사용하고 사람이 적기 때문에 부분적으로 안전할 수 있지만 거대한 구멍을 잘 관리하지 않으면 지표수를 오염시킨다.

특히 환경을 파괴시키는 기술은 아팔라치아에 적용되어 매장된 석탄에 접근하기 위해 산 능선 전체를 제거하는 “정상 제거”이다(그림 11.6). 2010년 미국환경보호국(EPA)은 버려진 암석을 인근 계곡에 밀어 넣는 “골짜기 메우기”를 금지할 것이라고 발표했지만 기존 작업은 예외 적용이 되어 계속할 수 있다.

석탄은 연소하면서 엄청난 대기 오염을 야기한다. 석탄 발전소는 kWh당 천연 가스 발전소보다 약 2배 많은 CO_2를 발생시킨다. 석탄은 미국 전기의 약 1/3을 생산하지만 CO_2와 이산화황(SO_2)의 3분의 2 이상, 전기 생산과 관련된 질소 산화물(NO_X)의 90% 이상을 발생시키며, 또한 석탄에는 수은, 비소, 크롬 및 납과 같은 독성 불순물이 포함되어 있어 연소하면서 공기 중으로 방출된다.

석탄 연소는 매년 약 40톤의 수은과 미량의 우라늄과 토륨을 방출하는데, 원자력 발전소에서 사고가 없다는 가정 하에 원자력 발전소보다 석탄 발전소 옆에서 70년을 산다면 더 많은 방사능에 노출된다.

2012년 EPA에서 발표한 수은 및 대기 독성 표준은 석탄 화력 발전소에서 배출되는 수은을 극적으로 줄이기 위한 조치로 1970년 청정 공기 법에 의해 요구되었지만 50년이 지난 지금까지도 계속해서 법원 판결이 연기되고 있다. 석탄 산업 로비스트들은 건강에 대한 규칙이 부담되고 노후한 공장을 개선할 수 없다고 주장하면서 여러 입법 노력에도 불구하고 수은 통제를 막는 데 성공하고 있다.

미국의 석탄 사용은 감소하고 있다

석탄은 석유나 가스보다 파운드당 에너지 함량이 낮아 덜 효율적인 연료인데, 최근 기술의 발전으로 가스와 석유에서 풍력과 태양열에 이르기까지 보다 저렴한 선택이 가능하다. 동시에 대부분의 석탄 발전소는 수명이 다하고 있고, 노후화 된 발전소는 새로운 공중 보건 기준을 충족시키기 위한 개조 비용이 많이 들기 때문에 점점 사라지고 있다.

EPA는 수은 통제에 약 90억 달러의 시설 비용이 들지만 정신 장애, 심혈관 질환, 천식 및 기타 장애를 유발하는 수은, 비소, 크롬 및 미세 입자에 대한 노출을 줄임으로써 2016년까지 900억 달러의 의료 비용을 절약할 것으로 예상한다. .

아직 소송 중이기는 하지만 2012년 EPA가 제안한 발전소의 CO_2 배출 제한 규정은 신규 시설이 현재 평균의 절반 미만인 발전량 메가와트시(MWh)당 CO_2를 1,000 lb(545 kg) 이하로 배출할 것을 담고 있다. 이 표준을 쉽게 충족할 수 있는 천연가스 플랜트에 반해 석탄 발전소는 값비싼 탄소 포집 및 저장 장비를 설치해야 한다.

최근 급속 성장하는 경제를 위해 중국과 인도는 석탄 생산을 크게 늘리고 있고, 석탄이 많은 두 나라는 연간 전 세계 석탄 채굴량의 절반을 사용하고 있다. 다행히도 급격한 기후 변화를 막기 위해 이들은 재생 가능 에너지에 투자하기 시작했다(11.7절 참조).

언제 원유가 떨어질까?

1940년대 쉘 오일의 지구물리학자 킹 휴버트 박사는 그 당시의 원유 매장량을 근거로 미국의 원유 생산이 1970년대 정점을 찍을 것이라 예측했다(그림 11.7). 후속 연구는 이 분석을 전 세계 석유 매장량으로 확대하여 유사한 결론을 내렸고, 석유 생산이 정점에 도달할 때와 그 이후에 일어날 일은 에너지 분석가들의 지속적인 관심사이다.

이러한 예측에도 불구하고 신기술로 인해 생산 가능한 석유가 크게 증가하면서 생산량도 계속 증가했다.

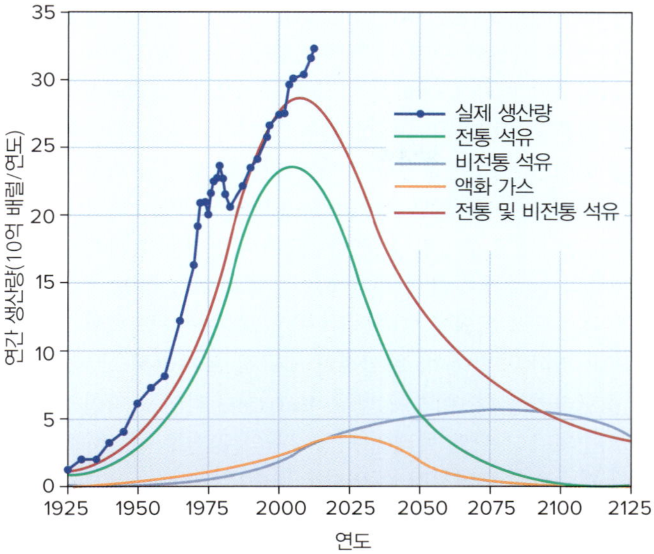

▲ **그림 11.7** 실제 전 세계 원유 생산량과 휴버트의 예측 생산량. Gb = 10억 배럴

출처: Jean Laherrère, www.hubbertpeak. org; International Energy Agency, 2011.

▲ **그림 11.9** 2010년 석유 시추선 딥워터 호라이즌이 폭발하고 침몰해 500만 배럴(8억 리터)의 원유가 멕시코 만에 유출되었다. 여기서는 해저 1마일(1.6 km)을 굴착하고 있었으나 다른 가스정은 이 깊이의 두 배 이상을 굴착한다.

출처: ©Warawoot Nanta/123RF

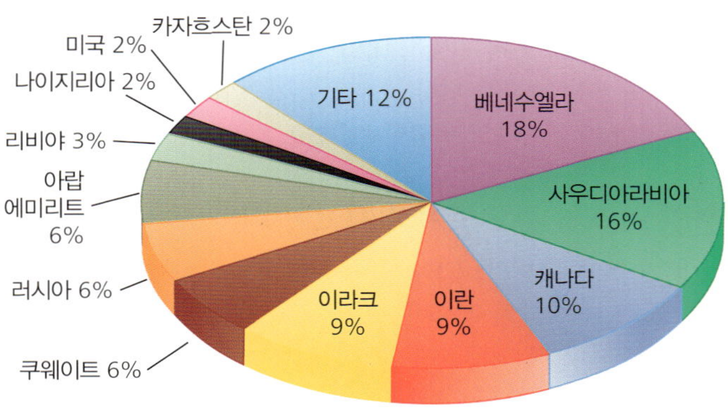

▲ **그림 11.8** 석유 확인 매장량. 중동은 전에 비해 경제적으로 회수 가능한 알려진 석유의 비율이 훨씬 적다. 반올림으로 인해 합이 100%를 넘는다.

출처: CIA Factbook, 2016

1993~2017년까지 확인된 (상업적으로 추출 가능한) 매장량은 1.04조 배럴에서 1.69조 배럴로 60% 이상 증가했고, 소비도 연간 250억 배럴에서 400억 배럴로 늘었다. 결국 석유 생산과 소비가 모두 증가함에 따라 자원의 지속 기간에 대한 추정치는 크게 변하지 않아 석유 매장량은 소비율에 따라 여전히 40~60년 지속될 것으로 예상된다.

석유는 휘발유 및 기타 연료에서 플라스틱 및 살충제에 이르기까지 수많은 용도로 사용되기 때문에 중요하다.

원유 생산량 증가의 대부분은 베네수엘라와 브라질을 포함한 중남미에서 이루어졌지만, 남은 매장량은 대부분 중동에 있다(그림 11.8).

경제가 빠르게 성장하는 중국, 인도, 브라질과 같은 국가에서는 소비도 빠르게 증가하고 있으며, 아프리카의 신흥 경제국은 1993년과 2017년 사이에 석유 소비가 두 배 이상 늘었다.

엄청난 오일 샌드와 타르 샌드는 석유 공급을 확대했다

바다 깊은 곳, 단단한 지질 구조 속, 두껍고 불순한 타르 모래에서 석유를 얻는 기술을 개발함에 따라 생산 가능한 석유 공급량에 대한 추정치는 극적으로 커졌다. 몇 년 전 미미했던 캐나다와 미국은 이제 주요 석유 생산국이 되었고, 오랫동안 석유 수입국이었던 미국은 이제 수입량보다 더 많은 석유를 생산한다(그림 11.8). 그러나 전 세계 12개국만이 이 전략 자원의 88%를 통제하고 있을 뿐이다.

2010년 멕시코만의 *Deepwater Horizon*이 폭발하고 가라앉는 동안 극단적인 원유의 풍부함과 위험은 공개적으로 드러났다(그림 11.9). 원유 누출을 막는 데만 4개월 걸렸고, 최소 5백만 배럴(8억 리터)의 기름이 유출되었다.

현재 기준으로는 그다지 깊지 않은 가스정은 깊이 1.6 km (1마일)의 수심에서 뚫고 있었는데, 베네수엘라와 멕시코에서의 다른 가스정은 3 km 이상의 수심을 가진 바다에서 해저 6 km 이상 훨씬 더 깊이 시추하고 있다. 해상 약 300 km (186마일)에 있는 브라질의 초 심층 퇴적물은 500억~1,000억 배럴을 저장할 수 있으며, 이로 인해 브라질은 석유 자원에서 세계 5위 또는 6위를 차지한다.

타르 샌드는 최근에 개발 된 또 다른 형태의 오일이다. 두껍고 점성이 있는 역청으로 코팅 된 모래와 셰일 입자로 구성되어 있으며, 타르 모래를 굴착하여 증기와 뜨거운 물과 혼합하여 역청을 녹일 수 있다. 이 과정에서 에너지 사용은 매우 비싸서

▲ **그림 11.10** 앨버타주 타르샌드는 미국에서 가장 큰 단일 오일 생산지이지만 타르샌드에서의 오일 추출은 수질오염, 삼림파괴를 야기하며 끈적한 타르를 액화시키는데 에너지가 소비된다.
출처: ©Aleksandr Kondratov/123RF

캐나다의 타르 샌드가 대부분 있는 앨버타주는 역청 추출을 위한 증기를 제공하기 위해 원자력 발전소 건설을 추진 중이다.

이와 같은 시스템은 유가가 높을 때 경제적인데, 글로벌 원유 공급 과잉으로 인해 수년간 가격이 낮게 유지되었다. 하지만 인프라 비용이 너무 많이 들기 때문에 다른 원유 생산 방법이 저렴한 경우에도 생산을 계속할 수 밖에 없다.

앨버타에서 텍사스 휴스턴까지 타르 샌드 오일의 가공 및 수출을 위해 건설된 Keystone XL 파이프 라인은 타르 샌드와 관련된 탄소 배출량이 주요 석유 생산 공정 중 가장 높기 때문에 논란이 되었으며, 일부에 따르면 석탄의 배출량보다 높다. 전형적인 시설은 하루에 125,000배럴의 타르 샌드 오일을 생산하면서 연간 약 5,000미터 톤의 CO_2를 방출하고 수십억 입방 미터의 담수를 오염시켜 약 1,500만 m^3의 독성 슬러지를 생성하는데(그림 11.10), 지역 원주민 커뮤니티는 이런 채광이 물, 야생 동물, 숲 및 전통적인 생활 방식을 위협한다고 항의하고 있다.

캐나다 타르 샌드는 1조 7천억 배럴의 석유에 해당하는 것으로 추정되는데 이는 베네수엘라와 거의 비슷하다. 이를 합하면 기존 모든 액체 오일 매장량의 거의 3배가 된다.

미국 또한 대량의 비 전통적인 석유를 공급한다. **셰일 오일**은 고체 유기 물질이 풍부한 세립 퇴적암인 케로젠(kerogen)에서 추출하는데, 타르 샌드와 마찬가지로 케로젠은 액체 원유처럼 가열, 액화 및 추출이 가능하다.

콜로라도, 유타 및 와이오밍에 대부분이 있는 최대 600 m (1,800피트) 두께의 암층에는 수 조 배럴의 석유가 있다.

시장의 접근이 핵심 과제

타르 샌드를 앨버타 주의 광산에서부터 텍사스의 휴스톤까지 운송하기 위해 제안된 Keystone XL 파이프 라인에 대한 논쟁은 이 연료 자원에 대한 대중의 관심을 불러 일으켰다. 지지자들은 이것이 미국에 에너지 안보를 가져오고 20,000개의 일자리를 제공할 것이라고 주장한 반면, 반대자들은 석유가 해외 판매를 위해 텍사스로 운송될 것이기 때문에 파이프 라인이 미국에 큰 도움이 되지 않을 것이라고 반박했고, 이는 미국 유가를 낮추기보다는 인상시킬 수 있다. 또한 비평가들은 파이프 라인 지원자의 일자리 창출 추정치에는 실제 파이프 라인 작업에 직고용되는 사람 이외에 연관될 수 있는 모든 가능한 일자리가 포함되어 있다고 말하며, 현실적인 정규직 일자리는 단지 약 50개 정도라 말한다. 여기에 더해, Keystone 파이프 라인의 파열은 식수와 그레이트 플레인 곡장지대의 관개를 공급하는 오가랄라 대수층을 오염시킬 수 있다.

파이프 라인의 건설과 관계 있는 회사인 TransCanada는 캐나다 로키 산맥을 가로 지르는 북부 "관문" 루트를 추진하여 브리티시 컬럼비아의 그레이트 베어 열대 우림의 피오르드에 있는 터미널에 연결하고자 한다. 이에 원주민들은 좁고 굴곡이 심한 피오르드에 대형 유조선의 잦은 운항은 또 다른 엑손 *발데즈* 규모의 대형 환경 오염 사고를 초래할 것이라고 두려워하고 있다. 잔류 모래가 더 거칠고 오일은 산성과 부식유발 가능성이 높으며 중유는 선적을 위한 고온으로 가열되기 때문에 타르 샌드 파이프 라인는 사고 위험이 더 높다.

천연 가스의 중요성이 커지고 있다

천연 가스(주로 메탄, CH_4)는 세계에서 두 번째로 큰 상업용 연료로 전 세계 에너지 소비의 약 1/4을 차지한다. 가스는 석탄이나 석유보다 더 깨끗하게 연소되며 동일 양의 석탄연소에 비해 CO_2가 절반만 나오기 때문에 많은 사람들이 석탄을 가스로 대체하면 기후 변화를 늦추는 데 도움이 될 것이라고 주장하고 있지만 이에 의문을 제기하는 사람도 있다.

세계에서 확인된 천연 가스 매장량의 절반 이상이 중동과 러시아에 있고(그림 11.11), 동유럽과 서유럽은 모두 수입 가스에 크게 의존하고 있다. 채굴 가능한 총 천연 가스 자원은 280억 m^3로 추정되며, 이는 채굴 가능 원유 매장량의 약 80%에 해당한다.

많은 양의 메탄이 비교적 얕은 퇴적층에서 발생하는 것으로 알려져 있고, 미국 서부에서 집중적인 시추 활동이 행해졌다. 이 메탄이 매장된 "탄층"에서 메탄을 추출하려면 밀접한 간격의 가스정과 방향성 시추가 필요한데, 예를 들어 와이오밍의 Powder 강 유역에서는 메탄 추출을 위해 14만 개의 가스정이 계획되었다. 광범위한 도로망, 파이프 라인, 펌프장 및 서비스 시설 네트워크를 포함한 이 산업은 목장, 야생 동물 및 예전의 오지 휴양지에 심각한 영향을 미치고 있다(그림 11.12)

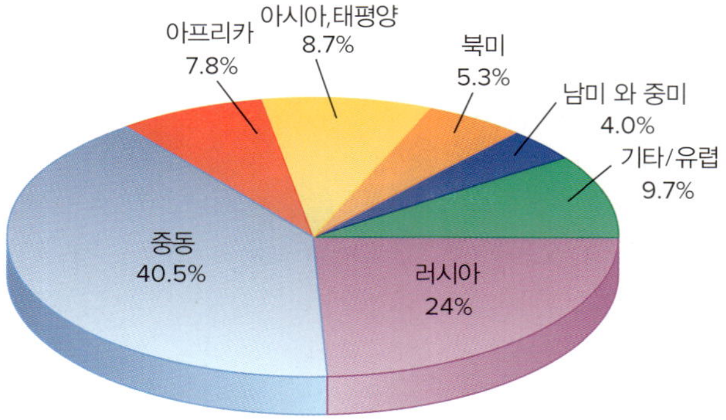

▲ **그림 11.11** 2011년까지 확인된 천연가스 매장량
출처: 브리티시 페트롤리움 2012.

▲ **그림 11.12** 와이오밍의 그린 강 상류 분지에 있는 수천 개의 가스정
출처: Peter Aengst/Wilderness Society/Lighthawk

수압 파쇄는 단단히 갇힌 가스 자원을 열어준다

애팔래치아 산맥, 텍사스 및 기타 광대한 지역 아래에 깊은 가스를 담고 있는 셰일(shale, 혈암)이 형성되어 있는데(그림 11.13), 펜실베니아와 뉴욕의 근간이 되는 마르셀러스와 데본 셰일은 상당한 논쟁의 대상이었지만, 텍사스의 바넷 및 헤이네시빌 구조물은 논쟁의 여지가 거의 없고 생산성이 매우 높다. 미국 지질 조사국(U.S. Geological Survey)은 마르셀러스와 데본 지층이 현재 소비율로 미국에 100년간 공급할 수 있는 양이라고 추정한다. 하지만 현재 사용 가능한 많은 양의 가스로 인해 최근 몇 년 동안 가격이 급격히 하락했다.

이러한 셰일 퇴적물은 일반적으로 가스가 쉽게 흐르지 않는 "단단한" 지층이기 때문에 가스정의 생산량을 높이기 위해 시추 회사는 물, 모래 및 다양한 화학 물질의 혼합물이 극도로 높은 압력으로 지면과 암석층으로 분사되는 수압 파쇄법(또는 프래킹)을 사용한다. 가압 된 유체는 퇴적암을 깨뜨리고 가스를 배출시키는데 부서지는 암석은 종종 대수층을 파괴하고 우물을 오염시킨다.

시추 회사는 파쇄에 사용되는 혼합 액체의 화학적 구성을 밝히기를 거부하면서 독점적 비밀이라고 주장하지만, 대부분은 인간과 야생 동물에 독성이 있는 화학 물질로 잘 알려져 있는

◀ **그림 11.13** 미국 세일 가스의 분포도. 이러한 자원 추출 비용은 깊이에 따라 달라진다.
출처: 에너지 정보 협의(EIA)의 데이터

디젤 연료, 벤젠, 톨루엔, 자일렌, 다환 방향족 탄화수소, 글리콜 에테르, 염산 또는 수산화 나트륨과 같은 많은 석유증류물이 종종 사용된다.

미국 환경보호국(EPA)은 최근 시추 기업들에게 공공 토지에서 사용되는 파쇄를 위한 혼합 액체의 내용물을 공개하도록 강요했다.

가스정 내부와 암석층의 균열로 인해 천연 가스가 지하수로 누출되는 것도 큰 문제이다. 국립 과학 아카데미(National Academy of Sciences)의 연구에 따르면, 펜실베니아와 뉴욕의 가스정 근처에 있는 얕은 우물에서는 멀리 떨어진 곳에서 비해 17배 많은 메탄이 검출되었다.

약화된 밸브와 파이프 라인에서는 매년 강력한 온실 가스인 엄청난 양의 메탄이 측정되지도 않고 배출되는데, 가스 생산량의 3~8%가 누출될 수 있으며 특히 균열이 있는 가스정에서 많을 수 있다.

수압 파쇄법을 이용해 생산된 가스는 향후 수십 년 동안 가스 공급량의 약 2/3에 해당할 것으로 예상되며, 일부 연구에서는 여기서 발생하는 가스 누출이 석탄보다 기후 환경에 20배나 더 나쁜 영향을 준다고 주장한다(8.3절 참조).

11.3 원자력과 수력

- *원자력과 수력은 발전기를 회전시켜 전기를 만든다.*
- *핵분열은 불안정한 우라늄을 다른 원소로 분해한다.*
- *대규모 수력은 풍부한 전기를 생산하지만 큰 환경 영향을 미친다.*

화석 연료 다음으로 원자력과 수력은 전 세계의 주요 에너지 원이다. 둘 다 전기를 생산하지만, 화석 연료는 운송 및 난방을 제공할 수 있다(그림 11.2 참조). 원자력과 수력 모두 수십 년에 걸쳐 수십억 달러의 정부 자금으로 가능해졌으며, 수십억 명의 소비자에게 저렴한 가격으로 전기를 공급했다. 그러나 고려하지 않은 추가 비용은 더 클 수 있다.

1953년 드와이트 아이젠하워 대통령은 UN에서 미국이 깨끗하고 풍부한 에너지를 공급하기 위해 원자력 발전소를 건설할 것이라고 하는 "평화를 위한 원자" 연설을 발표하면서 원전이 석유와 천연 가스 부족을 메워줄 것이라고 예측했다. 오늘날 전 세계적으로 사용되는 약 440개의 원자로 중 104개가 미국에 있으며, 미국 원자로의 절반이 약 40년인 예상 작동 수명을 거의 다해가고 있다(그림 11.14).

발전소가 노후함에 따라 균열된 파이프, 누출 밸브 및 기타 부품의 수리 또는 교체가 점점 더 필요한데, 낡은 원전을 철거하는 비용은 애초에 건축하는 것보다 10배나 더 들 것으로 예상된다.

많은 사람들은 정상적인 원자로 작동 중에는 온실가스가

▲ **그림 11.14** 뉴욕의 인디안 포인트 원자력 발전소는 오래된 건설 연도와 맨하탄섬 북부에서 고작 24마일(38 km) 떨어진 북쪽 허드슨 강역에 위치한 지리적 이유 때문에 미국 원자력 규제위원회가 정한 가장 위험한 원전으로 꼽힌다. 만약 원자로가 용해된다면 뉴욕시민을 대피시키는 비용은 얼마일까?
출처: ©William P. Cunningham

방출되지 않기 때문에 기후 변화를 늦추기 위해 저탄소 정책의 임시 방편으로 원자력에 투자해야 한다고 주장한다. 그러나 온실가스의 배출은 우라늄 채굴 및 가공, 원자로용 시멘트 생산, 노후 원자로 해체로 인해 발생한다. 그럼에도 불구하고 여전히 많은 전문가들은 원자력을 온실가스(Green House Gas, GHG)배출을 통제하는 중요한 부분으로 보고 있고, 방사성 연료와 폐기물의 위험도에 비해 기후 변화의 글로벌 위험이 훨씬 더 심각하다고 주장한다.

원자력 시설은 항상 막대한 보조금 없이는 생산단가가 매우 비싸기 때문에 이제는 재생 에너지와 가스가 경제적인 이유로 새로운 도전자가 되고 있다. 또한 보안 문제가 대두되면서 막대한 양의 방사성 폐기물을 생성할 수 밖에 없는 시스템에 대한 열의도 감소한다. 이러한 이유로 1950년대의 예상보다 매력을 잃으면서 1975년에 계획된 140개의 원자로 중 100개의 건설이 취소되었다.

현재 미국에서는 1978년 이후 처음으로 2012년에 승인된 조지아 전력 원자로 한 쌍만 건설 중인데, 초기 예상 비용이 140억 달러에서 2018년에는 비용 추정치가 250억 달러로 증가하였다. 그럼에도 불구하고 주 규제 당국은 원자로 완공과 상관없이 비용 지불을 보장할 것이라고 한다.

원자로는 어떻게 작동하는가?

원자력 발전소에서 가장 일반적으로 사용되는 원료는 U^{235}이며, 우라늄은 자연적을 발행하는 방사성 동위원소이다. 우라늄 광석은 대부분의 원자로에서 연쇄 반응을 유지하기에 충분한 약 3%의 U^{235}의 농도로 정제되어야 한다. 그 후 우라늄은 연필

보다 약간 두꺼운 원통형 연료 소자로 만들어져 그 길이가 약 1.5 cm가 된다. 비록 크기가 작지만 이런 연료 소자는 엄청난 양의 에너지를 가지는데 8.5 g의 연료 소자는 석탄 1톤 또는 원유 4배럴과 같다.

연료 소자는 길이 4 m (13 ft)의 빈 금속봉에 차곡차곡 채워지는데 이런 금속봉 100개가 다발로 모여 **연료봉**이 만들어진다. 약 100톤의 우라늄을 포함하고 있는 몇 천 개의 핵연료 집합체는 노심이라고 불리는 강선 다발로 묶여진다. 중성자라고 불리는 높은 에너지를 가진 하위입자에 의해 충돌하면서 방사능 우라늄 원자는 불안정해지고 **핵 분열**이 일어나 에너지와 더 많은 중성자를 방출한다. 우라늄이 노심에 빼곡하게 채워지면 하나의 원자에 의해 방출된 중성자는 다른 우라늄 원자의 핵분열을 촉발하고 더 많은 중성자를 방출시키면서(그림 11.15), 자립적으로 유지되는 **연쇄반응**이 활성화되면 많은 에너지가 방출된다.

대부분의 원자로에서 물은 1차 과정에서 순환하고 연료

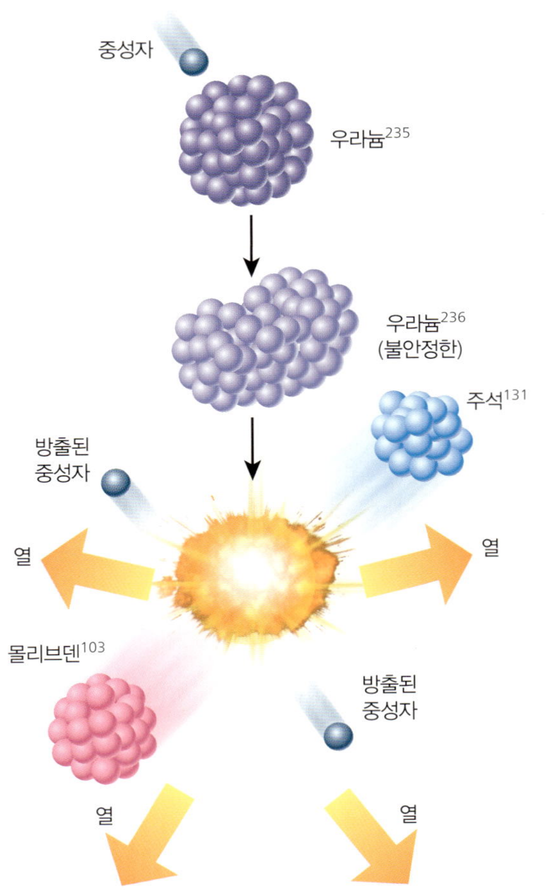

▲ **그림 11.15** 원자로의 중심에서 핵 분열이 일어난다. 불안정한 우라늄-235 동위원소는 중성장를 흡수하고 주석-131과 몰리브덴-103형태로 갈라진다. 각 핵 분열 사건마다 두 개 또는 세 개의 중성자가 방출되고 연쇄반응이 계속된다. 극히 일부가 에너지로 전화된다(대부분은 열).

봉에서 방출되는 열을 흡수한다(그림 11.16). 이 물은 317°C (600°F)로 과열되지만 고압(2,000 psi 이상)으로 액체 상태가 유지된다. 그런 다음 2차 과정으로 펌프되어 물을 가열하여 증기를 생성하고 전기 생성 터빈을 회전시킨다.

핵 연료봉 사이를 흐르는 중성자를 흡수하는 냉각재는 원자력 발전의 연쇄반응을 조절(감속)한다. 또한 핵 분열 반응을 멈추기 위해 카드뮴 또는 붕소와 같은 중성자를 흡수하는 물질인 **감속재**를 핵 연료 집합체 사이에 채우거나 또는 감속재를 제거해 핵 분열이 계속 진행되도록 한다. 이와 같은 복잡한 기계에서 가장 위험한 것은 냉각 설비의 고장이다. 운영 중 만약 펌프가 고장나거나 파이프가 부러지면 핵 연료는 급속히 과열되고, 그 결과 죽음의 방사선 물질이 배출되는 "용융"이 발생한다. (여러분의 생각은? 참조)

방사성 폐기물을 위한 안전한 저장소가 부족하다

원자력과 관련된 가장 어려운 문제 중 하나는 원료 채굴, 연료 생산 및 원자로 작동 중에 발생하는 폐기물의 처리이다.

우라늄 생산국의 또 다른 심각한 문제는 엄청난 광산 폐기물과 버려진 선반 찌꺼기의 처리이다. 우라늄 연료 1,000톤을 생산하는 데는 일반적으로 100,000톤의 찌꺼기와 350만 리터의 액체 폐기물이 발생하는데, 미국의 광산 주변과 처리 시설에는 약 2억 톤의 방사성 폐기물이 쌓여 있다. 이 물질이 바람에 날리거나 하천으로 씻겨 내려가면 먼 지역까지 오염시키는 원인이 된다.

연료 생산 후 잔여물 이외에도 미국에는 약 77,000톤의 고준위 방사성 폐기물이 있다. 고준위 방사성 폐기물은 주로 상업 원자력 발전소에서 나온 사용 후 연료봉과 핵무기 생산에서 나온 여러 폐기물이며, 방사성 물질을 고농도로 포함하고 있어 원전 내 물로 채워진 저장소에 깊이 저장된다. 하지만 이 저장소는 재처리 공장으로 운반되거나 영구적인 폐기물 저장소로 이동할 때까지 임시적인 것이다.

1987년 미국 에너지부는 네바다 주 유카 산 아래의 사막에 고준위 방폐장 건설을 발표했다. 폐기물은 땅 속 깊은 지하에 묻혔고 방사능 물질이 안전한 수준으로 반감하는데 걸리는 몇만 년 동안 지하수나 지진으로부터 노출되지 않도록 바랄 뿐이다. 방폐장의 안전성에 대한 지속적인 우려로 오바마 정권은 20년간 1,000억 불을 지원해왔던 탐사 시추와 개발 계획을 2009년 지원 중단했다.

유카 산으로 보내지고 있던 고준위 방폐물은 당분간 39개 주 131개의 임시 저장소 내 대형 저장 용기에 보관될 것이지만 (그림 11.17), 주변 지역 주민들은 저장 용기의 누출을 우려하고 있다.

만약 원자력 시설 소유주가 연료, 폐기물 저장 및 재난 사고에 대한 보험비용 전체를 부담해야 한다면 그 비용이 너무 높아 원자력에 대한 관심은 거의 없을 것이다.

원자력 발전의 쇠퇴?

2011년 3월 11일 금요일 도쿄시간으로 오후 2시 26분에 진도 9.0의 지진이 일본 북부를 강타했다. 이는 일본 역사상 가장 큰 지진으로 건물과 도로를 파손시켰고, 더 최악은 최고 30 m (98 ft)에 이르는 쓰나미를 일으켜 건물과 전선을 쓰러뜨리고 자동차, 보트를 쓸어가며 수백 만 톤의 잔해를 가져왔다는 것이다. 일본 정부는 쓰나미로 인한 피해로 사망자 15,846명, 부상자 6,011명, 실종자 3,320명, 125,000개의 빌딩 훼손 또는 파괴를 발표했다.

아마 이 대재앙의 최악의 결과는 도쿄 북부 170마일(273 km)에 위치한 후쿠시마 다이이치 전력 발전소의 6개 원자로 중 4개가 파괴된 것일 것이다. 이 원자로는 지진이 발생했을 때 설계된 대로 가동이 중단되었으나 엄청나게 뜨거운 원자로 노심의 냉각수 펌프에 필요한 전력도 함께 차단되었다. 긴급 전력을 제공할 수 있었던 지역 전력망에 연결된 예비 발전기와 연결선은 쓰나미로 인해 파손되었고, 원자로는 급속히 과열되어 연료봉의 6개의 원자로 노심 중 3개는 녹아 내리기 시작했다. 복잡한 원자로 건물 내의 수소 폭발은 지붕과 벽을 날려버려 주변에 방사성 파편이 흩어졌고, 사용 후 원료봉을 보관하던 저장소 두 개 또한 과열되어 불이 나면서 더 많은 방사능이 유출되었다.

발전소 운전자들은 원자로를 냉각시키기 위해 바닷물을 뿌리고 화재를 진압했지만 방사능 오염물질은 바다로 씻겨 내려가 해산물을 오염시켰다. 2012년 일본은 원자력 발전소 복합단지 지하에 발전소로부터 나오는 방사능 폐수의 유출을 막기 위해 거대한 콘크리트 커버를 설치하는 터널공사를 시작했고, 발전소 반경 12마일(20 km) 근처에 사는 주민 14만 명에게 대피명령을 내렸다. 그러나 상태는 더 심각해져 만약 녹고 있는 연료와 화재를 멈추지 못하면 방사능 누출이 1986년 우크라이나 체르노빌의 사고보다 10배 더 심각해질 수도 있었다.

이 시점에서 정부 관계자들은 도쿄도 수도권 시민 대피를 심각하게 고려했고, 이는 최대 4,000만 시민들의 이동을 의미하며 세계 역사상 가장 큰 대이동이 될 뻔했다. 다행히도 서풍이 대부분의 방사선을 바다 방향으로 밀어내 대이동은 필요가 없게 되었다.

이 사고를 정화시키는데 몇십 년이 걸릴 것이고 원자로 주변 지역에서 다시는 사람들이 거주하지 못 할 것이다. 비록 일본 정부는 피해 규모를 3,000억 달러(US)로 추정하나 이 재앙은 세계 여러 나라로 하여금 원자력 발전에 대해 재고하게 만들었다. 한때 일본은 전력의 1/3을 원자력에서 공급받았고 필요 전력 생산의 절반까지 원자력 발전으로 충당하려 했지만, 현재는 80%가 넘는 주민들이 반핵주의자라고 말한다. 이 사고 후 일본 내 54개 원자로의 가동이 중단되었고, 재가동 여부에 대해 치열한 논쟁이 벌어졌다.

▲ 2011년 쓰나미가 긴급 냉각 체제를 붕괴시켜 연료가 녹아내리고 수소폭발로 인해 일본 후쿠시마 다이이치에서 4개의 원자로 중 3개가 파괴되었다.
출처: ©Sergey Gaydaenko/123RF

후쿠시마 사고 이후 독일은 즉각 8개의 원자로를 중단했고 2022년까지 나머지 원자력 발전소를 중단할 것을 약속했으며, 이탈리아, 스위스, 스페인은 계속 비원전을 유지할 것에 투표했다. 4분의 3의 전력을 원자력 발전소에서 공급받는 프랑스에서는 국민 62%가 단계적인 원전 폐지에 호의를 표시했다.

이것은 원자력 발전의 종말을 알리는 조짐인가? 여론은 체르노빌 이후, 후쿠시마 사건으로 다시 원자력에 반대하고 있다. 원자력에 대한 여론은 사고에 대한 두려움, 방사성 폐기물의 장기 저장에 대한 걱정, 시장에서 요구하는 전기를 어떻게 얻을 수 있을지에 대한 우려 등 많은 요인에 영향을 받는다. 여러분의 생각은? 다음 중 여러분이 가장 중요한 요소는 무엇이며 그 이유는 무엇인가? 또 다른 요인은? 결정을 내렸다면 원자력에 대한 투자를 늘리거나 줄이게 하는 것은 무엇인가?

움직이는 물은 가장 오래된 동력원 중 하나이다

수력은 우리의 첫 번째 산업 동력원이었고, 대부분의 초기 미국 정착지는 떨어지는 물에 의해 제분소와 제재소를 운전할 수 있는 곳에 지어졌다. 19세기 수력 터빈의 발명은 전력을 생산하는 수력 발전 댐의 효율성을 상당히 증가시켰고, 1925년까지 낙수는 세계 전력의 40%를 생산했다. 그 이후 수력 발전 생산 능력은 15배 증가했지만 화석 연료 사용량이 훨씬 빠르게 증가하여 수력은 총 발전량의 10% 미만을 차지한다.

여전히 많은 국가들은 대부분의 전력을 폭포수로부터 생산하는데, 예를 들어 노르웨이는 전력의 99%를 수력 발전에 의지

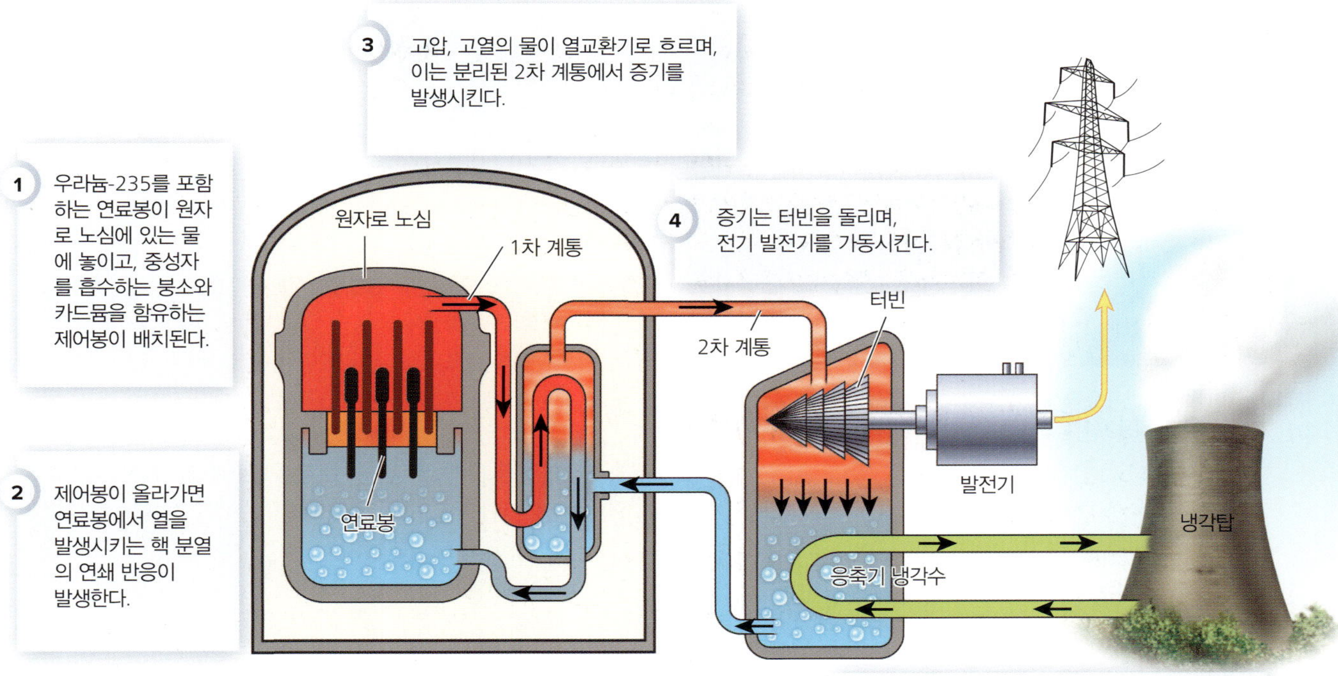

▲ **그림 11.16** 가압 수형 원자로(PWR). 물이 원자로 노심을 통해 흐르면 물은 가열되고 가압된다. 열은 증기 발전기에서 비가압수로 전환되며 이는 전기를 생성을 위해 터빈을 돌린다.

▲ **그림 11.17** 사용 후 연료는 임시적으로 원자력 발전소에 있는 대형 건식 저장 용기에 보관된다.
출처: Office of Civilian Radioactive Waste Management, Department of Energy

하며, 브라질, 뉴질랜드, 스위스는 4분의 3 이상의 전기를 수력으로 생산하고, 수력 발전의 세계적인 선두인 캐나다는 400개의 수력 발전소를 운영하여 60,000 MW 이상을 생산한다. 하지만 초기에 캐나다 국민들은 생산된 전력의 대부분이 미국에 판매될 것이라 믿고, 그들의 강이 틀어지고 토지가 침수되는 것에 항의했었다.

1930년대 이후 대부분의 수력발전의 개발은 거대한 댐에 초점이 맞추어졌다. 작은 댐이 일반적이며 상대적으로 환경에 영향이 적은 전기를 생산할 수 있는 반면, 거대한 댐에는 규모의 효율성이 있으며 이를 건설하는 국가에 명성을 가져다 주기도 한다. 중국 양쯔강의 협곡에 있는 싼샤 댐은 2.0 km (1.2마일)에 이르며 그 높이는 185 m (600 ft)에 달해(그림 11.18) 백만 명 이상의 사람들이 이주하고 중요한 농지가 잠기면서 거대한 저수지를 만들었다.

건조한 지역에서는 수력 발전기가 낮은 수위에 취약할 수 있다. 미국에서 가장 큰 저수지이자 1935년 후버 댐이 완공되었을 때 만들어진 콜로라도 강의 미드 호수는 라스베가스, 네바다 및 기타 사막 도시에 전력과 물을 공급한다.

이후로 미드 호수로 흐르는 강의 흐름이 다양해지면서 수위가 극적으로 변동했고, 최근 몇 년간의 가뭄에 엔지니어들은 댐의 전력 터빈을 구동할 물이 부족할 수 있다고 우려했는데, 2014년에는 저수지 용량이 40% 미만이었고 수위는 사상 최저 수준이었다. 기후 변화로 가뭄이 심해지면 댐은 전기 생산을 중단할 수 밖에 없고 주변 도시들은 대체 자원을 찾아야 한다.

대형 댐은 환경에 큰 영향을 미친다

증발로 인한 수분 손실은 건조한 기후에서 중요한 문제이다. 미드 호수의 증발로 연간 약 10억 m^3의 물이 손실되는데, 더 최악은 아스완 하이 댐에 의해 이집트의 나일강에서 만들어진, 나세르 호수이다. 이 저수지는 증발 및 누출로 인해 매년 150억 m^3

▲ **그림 11.18** 중국의 싼샤 댐과 같은 초대형 댐은 풍부한 전기를 생산하지만 엄청난 환경 및 사회적 비용이 든다.
출처: ©zgsxycll/123RF

의 물이 소실될 뿐만 아니라 연결되는 않는 운하에서 15억 m^3를 더 잃는다. 이는 나일강의 절반과 2백만 헥타르의 땅을 관개하기에 충분한 양이다. 아스완 하이 댐에 갇힌 토사는 이전에 계절적이 범람으로 농지를 기름지게 했으며 델타 지역의 풍부한 어업을 지원하는 영양분을 제공했지만, 현재 농부들은 이제 값 비싼 화학 비료를 구매해야 하고 어획량은 거의 0에 가깝게 떨어졌다.

대형 댐은 또한 생물 다양성을 파괴한다. 2020년까지 운영될 예정이며 세계에서 네 번째로 큰 규모의 댐인 벨로 몬테 댐은 브라질 싱구 강(아마존의 주요 지류)에 있으며 논란의 대상이 되고 있다. 이 외딴 지역의 채굴 및 개발에 원동력을 공급하기 위해 설계됐지만, 약 450 km^2 (175제곱마일)의 열대 우림을 침수시킬 것이고, 카야포 원주민의 전통적인 사냥터와 토착 생물들을 파괴할 것이다. 그러나 이 보다 큰 세계적인 관심사는 모든 열대 댐에서와 마찬가지로 물에 잠긴 숲의 초목들이 부패하면서 배출하는 메탄이다. 이 메탄은 같은 양의 전기를 생산하기 위해 석탄을 태우는 것보다 지구 온난화에 더 큰 영향을 미칠 수 있다.

이러한 우려에도 불구하고 대형 댐은 광업, 산업 및 대도시를 포함한 대규모 소비자를 위해 전기 시설이 관리하고 판매할 수 있는 규모로 전기를 생산하는 에너지원이다. 댐 건설에는 공공 보조금이 필요하지만, 생산되는 전기는 풍부하고 사회적, 환경적 비용을 제외한다면 다른 많은 자원보다 저렴하다.

11.4 에너지 효율성과 절약

- *에너지의 효율적 이용은 가장 저렴한 에너지원이다.*
- *수명주기 비용은 운영 비용을 설명한다.*
- *에너지 사용을 줄이기 위해서는 고효율 주택이 필요하다.*

무엇을 할 수 있는가?
What Can YOU Do?

돈과 에너지를 절약하는 방법

1. 직장과 학교 가까운 곳에 살거나 또는 이동 경로 근처에 살면 운전하는 것을 최소화할 수 있다.
2. 자전거를 타고, 걷고, 엘리베이터 대신 계단을 이용한다.
3. 냉난방 온도조절장치를 겨울에는 낮추고 여름에는 높인다. 팬은 에어컨보다 99% 저렴하게 사용할 수 있다.
4. 일회용품 구매 감소: 생산과 배송에는 에너지 비용이 든다.
5. 조명, 텔레비전, 컴퓨터 및 기타 가전기기가 필요하지 않을 때는 끈다.
6. 자연건조 빨래
7. 재활용
8. 육류 섭취를 줄인다.: 모든 미국인들이 육류 섭취를 20% 줄인다면 절약되는 에너지 양은 모든 사람들이 하이브리드 자동차를 운전하게 될 때 절약되는 에너지 양과 같다.
9. 운송에 필요한 에너지를 줄이고 지역 경제 활성화를 위해 지역 생산 식품을 구매한다.

가장 저렴한 형태의 에너지는 절약이라고 종종 말하곤 하는데, 에너지의 효율적 이용은 새로운 발전소 건설같이 눈에 띄진 않지만 비용을 절감하고 신규 에너지 생산을 피할 수 있다. 이것이 뉴욕시가 새로운 에너지원에 비용을 지출하기 전에 먼저 건물의 효율성 증대에 관심을 갖는 이유이다.

에너지 보존은 비용을 절감할 뿐만 아니라 에너지 사용량을 줄일 수 있다. 예를 들어, 창문 등의 단열과 방음에 신경 쓰면 집이나 아파트를 저렴한 관리비용으로 훨씬 더 편안하게 만들 수 있고, 온수 소비를 줄이고 불필요한 조명을 끄는 것은 비용도 들지 않을 뿐만 아니라 에너지 사용 비용도 낮춰준다. 에너지뿐만 아니라 비용도 절약 할 수 있는 많은 방법이 있다(위의 여러분은 무엇을 할 수 있을까? 참조).

미국 환경보호국(EPA) 및 기타 정부 기관은 에너지와 비용을 절약하는 데 도움을 주고자 한다. EPA가 승인한 에너지 효율 제품(Energy Star appliances)은 향상된 효율성과 절감 효과를 제공하고, 에너지 효율 조치에 대한 정부 장려금 및 할인 제도도 있다. 미국의 자동차 효율에 대한 연비 규정은 1975년 갤런당 13마일에서 현재는 거의 30 mpg로 두 배로 높아졌는데, 2012년 오바마 행정부는 국가 연비 기준을 2025년까지 갤런당 54.5마일로 더 높일 계획을 발표했다. 이 계획을 통해 미국의 일일 자동차 연료 소비량 1,850배럴 중 12%인 220만 배럴을

능동적 학습 ACTIVE LEARNING

운전시 연료비

대부분의 미국인은 매달 최소 1,000마일을 운전하며 갤런당 20 마일을 이동할 수 있다. 휘발유 가격이 갤런당 $4.00이라 가정하자.

1. 이 비율로 가정할 때 1년간 운전에 소비되는 연료비는 얼마인가? 연간 운전에 소비되는 연료비를 아래의 방정식을 이용해 구할 수 있다. 다음의 숫자를 곱하기 전에 분수의 분모와 분자에 나타난 단위를 지운다. 단위가 상쇄되어 결국 $/년이 남게 되어야 한다. 그 후 종이와 연필을 사용해 분자를 곱하고 분모로 나눈다. 연가 연료비는 얼마인가?

$$\frac{12\text{개월}}{\text{년}} \times \frac{1{,}000\text{마일}}{\text{월}} \times \frac{1\text{갤런}}{20\text{마일}} \times \frac{\$4.00}{\text{갤론}} =$$

2. 과속은 마일리지(갤런당 갈 수 있는 총 거리)를 25% 감소시킨다. 속도 75 mph에서는 60 mph로 운전할 때보다 마일리지가 3/4로 줄어든다. 이는 20 mpg 비율을 15 mpg로 낮춘다. 위의 방정식 중 20 대신 15로 대입해 다시 구한다. 연간 연료비는?
3. 급출발과 브레이크 사용은 연료를 더 소모하기 때문에 난폭한 운전은 에너지 효율성을 33% 감소시킨다. 또한 난폭한 운전은 20 mpg를 13.4 mpg로 떨어뜨린다. 13.4 mpg에서 연간 연료비는?
4. 미국의 목표는 2025년까지 평균 54.5 mpg의 차량 효율에 도달하는 것이다. 연간 연료 비용은 54.5 mpg로 얼마인가? 그 비용과 20 mpg에서 비용의 차이점은 무엇인가?

답변: 1. $2,400/year; 2. $3,200/year; 3. $3,592/year; 4. $881 year, or $1,519 less than at 20 mpg.

절약할 수 있다. 이렇게 절약된 12%의 에너지로 우리는 무엇을 할 수 있을까?

건기, 자전거 타기, 대중 교통 이용은 개인의 에너지 사용을 훨씬 더 낮추겠지만, 효율적인 차량을 위해 2025년까지 기다릴 필요는 없다. 이미 최대 72 mpg (30.3 km/l)에 달하는 저공해 하이브리드 가스 전기 자동차와 120 mpg (50.5 km/l) 이상으로 효율적인 전기 자동차가 있기 때문이다(능동적 학습 참조).

비용은 계산 방법에 따라 달라질 수 있다.

우리는 때때로 에너지 보존을 위한 필요 비용과 이후 절감액을 계산할 때 사용기간에 따라 생각을 달리 할 수 있다. 단기간 비용을 계산하면 기존 기기, 지붕, 단열재 및 용광로를 새롭고 더 나은 유형으로 교체하는 데 드는 비용이 많을 수 있지만 수명에 대해 계산하면 단기적으로 비용이 더 들더라도 에너지 효율적인 버전을 구입하는 것이 더 저렴하다. 어쨌든 우리가 구입하는 더 에너지 효율적인 옵션은 거의 비용절감에 효과적인 방법이다.

익숙한 예로 전구 효율이 있다. 구입 가격으로 보면 60 W 백열 전구는 1달러 정도, 같은 양의 빛을 내는 소형 형광 전구는 5~10달러, 최신 LED (발광 다이오드) 전구는 약 10달러 내외이다. 1년 정도 기준으로 보면 가장 저렴한 전구가 LED 구입 비용에 비해 1/10 정도 싸다고 생각할 수 있지만, 10년 기준으로는 오히려 사용 비용이 배가 된다(그림 11.19). 백열 전구는 에너지 소모율과 온실 가스 배출량이 매우 높기 때문에 여러 곳에서 단계적으로 사라지고 있으며, LED와 CFL (소형 형광 전구)는 백열 전구보다 뜨겁지 않고 화재 위험성이 적어 훨씬 안전하다.

도시 전체(또는 대학)가 LED로 전환하면 비용 절약이 배가 된다. 미시간 주 앤아버의 1,000개가 넘는 가로등을 LED 조명으로 교체했을 때 시는 연간 $80,000 이상을 절약했으며, 새로운 조명기구는 단 2년 만에 설치 비용을 회수할 수 있게 했다.

단단한 집은 돈을 절약한다

대부분의 가정에서 가장 에너지가 가장 많이 사용되는 냉난방의 에너지 효율을 개선하는 것은 전구 교체 비용보다 훨씬 더 비싸지만 몇 년 내에 에너지 절약을 통한 비용 절감으로 보상받을 수 있다(그림 11.20).

스스로 할 수 있는 효율성 향상 방법으로는 공기 누출을 줄이기 위해 문, 창문, 기초 연결부위, 전기 콘센트 및 벽에 있는 기타 구멍 주변을 잘 막는 것이 있다. 이러면 생활 공간의 냉

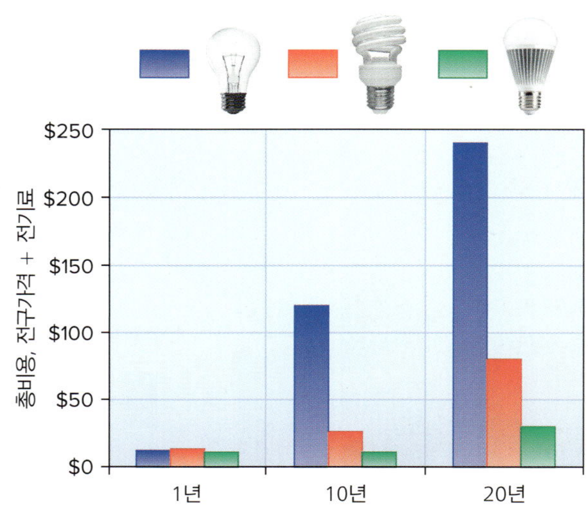

▲ **그림 11.19** 효율적인 기술의 비용 효율성은 종종 비용 계산에 사용되는 시간 정도에 따라 달라진다. 이 그래프는 LED 전구가 약 $10이고 수명이 45년이며 사용 비용이 $ 1/년이라고 가정할 때 전구 3개의 비용을 보여준다. CFL 비용은 $ 10이고 7년 동안 지속되며 연간 비용은 $2.50이다. 백열전구는 1달러이고 약 1년 동안 안정적으로 사용할 수 있으며 연간 11달러이다.

▲ **그림 11.20** 건물의 에너지 손실을 적외선 이미지에서 볼 수 있다. 건물 효율성을 개선하는 것은 에너지 소비를 줄이는 가장 중요한 방법 중 하나이다.
출처: ©William P. Cunningham

난방을 효과적으로 유지할 수 있다. 좀 더 어려운 일이지만 효과적인 방법은 지붕과 기초의 모서리(공기가 단열재 층을 통과하고 스며드는 연결부위)를 단열하는 것으로 엄청난 차이를 만든다.

"친환경(green)" 건물의 혁신은 상업적 건설 및 주택건설 업계에 큰 관심을 불러 일으키고 있다. 혁신의 대부분은 주택보다는 효율성을 통해 비용 절감의 효과가 더 큰 상업적 건설에서 일어나 원자재는 빠르게 진화하고 있으며, 그 중에는 벽과 지붕의 추가 단열재, 더위와 한기를 차단하는 코팅된 창문, 생산 시 에너지를 절감하는 재활용 재료 등이 있다. 창문을 태양에 향하도록 하거나 그늘을 만드는 지붕 처마 구조로 짓는 것은 안락함과 비용 절감 측면에서 중요하다.

패시브 하우스 건설은 일부 지역에서는 표준이 되고 있다

오랫동안 에너지 혁신과 효율성의 선두 주자였던 독일에서는 많은 지역에서 새 건물이 에너지 소비를 일반 건물의 10%로 줄이는 지침과 함께 엄격한 에너지 사용을 제한하는 **패시브 하우스**(passive house, 에너지 효율 건물) 표준을 준수하도록 요구한다(그림 11.21).

유럽 전역의 많은 도시와 주에서는 이런 독일의 정책에 자발적인 참여를 요구하거나 장려하면서 따르기 시작했고, 미국에서도 이런 표준을 충족하는 건물 건설에 대한 빠른 허가 또는 세금 감면과 같은 장려금 지급이 점점 더 많아지고 있다(그림 11.1 참조).

몇 년 전에는 상대적으로 드물었지만 이제는 이 표준을 따라 건설되는 주택과 사무실, 건물들이 유럽, 북미 및 아시아에서 점점 보편화되고 있으며, 독일처럼 이미 건축 기준이 높은 곳에서는 패시브 하우스가 일반 주택보다 10% 더 비쌀 수 있지만, 추가된 비용은 에너지 사용 절감으로 인해 단 몇 년 만에 만회할 수 있다. 규제가 적고 건설 비용이 저렴한 경우에는 차이가 훨씬 클 수 있지만 이 또한 충분히 절약이 가능하고, 패시브 하우스 거주 주민들은 고른 난방과 소음 감소, 자연 채광 등의 이유로 기존 주택보다 안락하다고 한다.

패시브 하우징 주요 원칙은 다음과 같다.

- 벽, 지붕 또는 기초를 통한 열전도가 없음(나무, 금속 등의 자재 사용이 원인)
- 지붕 및 벽 단열은 24~32 cm (10~14인치) 두께

◀ **그림 11.21** 에너지 효율적인 건물은 에너지 비용을 대폭 절감한다. 특히 패시브 하우스(에너지 효율 건물) 표준은 얇은 벽과 창문, 열 교량(벽을 통해 열을 손실되는 것) 및 제대로 결합되지 않은 연결부위를 제거하여 추운 기후에서 열 손실을 줄이고 더운 기후에서 열 증가를 줄인다.

- 열 손실 또는 증가를 방지하기 위해 밀폐가 잘되는 창문 및 문의 시공
- 복사열 손실 또는 증가를 줄이는 삼중창
- 햇빛이 잘 들어오는 창문

전기 생산이 가능한 패시브 빌딩(예: 지붕에 태양광 패널이 있는 경우)은 생산량보다 더 많은 에너지를 사용하지 않는 “net-zero”빌딩(에너지 소비가 제로인 빌딩)이 될 수 있고, 심지어 소비하는 에너지보다 더 많은 에너지를 생산할 수도 있다.

가전 제품에는 타이머가 있어 에너지 사용량이 적은 밤에 가동할 수 있고, 온도 조절기는 부재 중이나 수면 중에 자동으로 온도를 조절할 수 있으며, 스마트 계량은 사용 중인 에너지의 양과 비용에 대한 정보를 보여주는 등 많은 분야에서 에너지 절약을 위한 방법들이 일상화되고 있다. 집에 없을 때에도 스마트 폰에서 관리 가능하고, 잉여 풍력을 사용할 수 있는 자정 이후에만 작동하는 온수기 프로그램도 이런 시스템 중 하나이다.

열병합 발전은 폐열을 이용해 전력을 생산한다

빠르게 성장하는 신 에너지원은 열병합 발전이며, 이는 동일한 발전소에서 전력과 증기 또는 온수를 동시에 생산한다. 열병합 발전은 주로 여러 건물의 난방을 위해 증기 또는 온수를 생산하는 대형 보일러가 있는 기관에서 사용되는데, 순 에너지 생산량은 일반적으로 30~35%이며, 폐열을 사용하여 터빈을 회전하고 전기를 생산하면 80~90%의 효율을 얻을 수 있다.

대학 및 기타 대형 기관에서 열병합 발전을 점점 더 많이 설치하고 있으며, 지역 난방(물이나 증기를 공급하는 중앙 난방 시설)이 있는 도시도 열병합 발전을 사용한다. 또한 열병합 발전소는 다양한 시설이 필요 시 전기를 구입할 수 있게 해주고 새로운 발전소 건설 비용을 줄이는 데 도움이 된다.

이처럼 현장에서 전기를 생산하면 긴 송전선로로 인한 전력 손실을 피할 수 있다. EPA는 열병합 발전이 미국 전기 사용량의 거의 20% 생산하여 400개의 석탄 화력 발전소를 대체할 수 있다고 추정한다.

11.5 풍력과 태양 에너지

- *풍력 및 태양열은 이제 기존 소스보다 저렴하고 설치가 빠르다.*
- *태양 광 PV는 셀의 물질에서 가시광선에 의해 전자가 여기되는 방식으로 작동한다.*
- *중국, 인도 및 개발 도상국은 재생 에너지에 빠르게 투자하고 있다.*

2011년 국정 연설에서 버락 오바마 대통령은 “진정으로 경제를 변화시키고 안보를 위하고 기후 변화의 피해로부터 지구를 구하려면, 궁극적으로 깨끗하고 재생 가능한 에너지를 수익성 있는 에너지로 만들어야 합니다. … 그래서 오늘 밤 저는 여러분이 함께 새로운 목표설정에 도전합니다. 2035년까지 미국 전기의 80%가 청정 에너지에서 나올 것입니다.”라고 하였다.

불과 몇 년 전만 해도 불가능해 보였던 이 계획은 시간이 지날수록 쉽게 달성할 것으로 보인다.

2017년 보고서에 따르면 미국의 kWh당 전력 생산 비용은 가스 6.1센트, 석탄 6.6센트에 비해 태양광은 4~5센트였고, 풍력은 이보다 더 적은 kWh당 1.4센트였다. 2010년 분석가들은 2020년까지 풍력 및 태양열 가격을 예상하지 못한 것이다. 에너지 시설이 사회적, 경제적, 정치적으로 수용 가능한 부지만 사용할 수 있다면 태양, 바람, 지열, 바이오 매스 및 기타 자원에서 나오는 재생 가능 에너지는 현재 우리가 필요한 에너지를 충분히 만족시킬 수 있으며, 환경오염, 건강 영향 및 화석 연료의 가격 변동성에 대한 외부 비용에 거의 영향을 받지 않는다(그림 11.22).

2015년 봄 오바마 대통령은 2025년까지 2008년에 비해 온실 가스 배출량을 40% 줄인다는 행정 명령에 서명하면서 재생 에너지에 대한 또 다른 큰 발걸음을 내디뎠다. 이렇게만 된다면 미국 정부의 재생 에너지 사용은 30% 증가할 것이고, 새로운 일자리를 만들 뿐만 아니라 1,800만 달러의 에너지 비용을 절약하게 될 것이다.

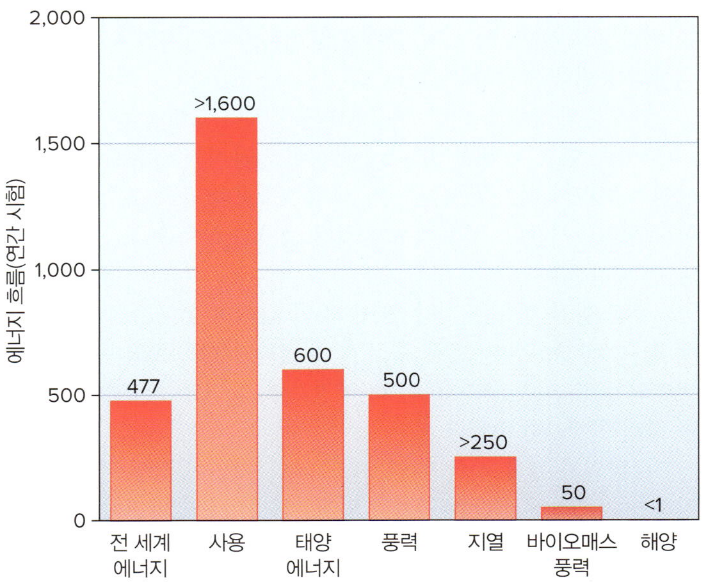

▲ **그림 11.22** 현재의 다양하고 사용 가능한 기술로 재생 가능한 자원에서 얻을 수 있는 잠재적 에너지. 이러한 방법을 통해 현재 세계 에너지 사용량의 6배 이상을 공급할 수 있다.

출처: 유엔개발계획(UNDP) 과 국제 에너지기구

이런 연방 공약과 자극은 민간 기업이 앞다투어 참여하게 하여 Google은 2017년부터 운영에 100% 재생 에너지를 사용하기로 했으며, Apple과 Microsoft도 동참하면서 글로벌 공급업체의 재생 에너지 사용을 지원하기 위해 노력하고 있다. 또한 IBM, 제너럴 일렉트릭, 록히드 마틴 등 12개 이상의 대규모 연방 계약 업체가 온실 가스 배출량을 줄이고 효율성을 개선한다고 발표했다.

석탄, 가스, 석유 또는 원자력 발전소를 계획하고 허가하는 데는 수십 년이 걸리는데 비해 풍력 발전 단지와 태양열 집열판은 단 몇 년 안에 개발되고 허가될 수 있는 등 재생 가능 에너지는 상대적으로 빠르게 계획하고 설치할 수 있다는 장점도 있다. 2017년 중국은 10년이라는 건설기간과 수백만 명의 이주 없이도 50 GW 이상의 새로운 태양열 발전을 추가하여 싼샤 댐(연간 약 80~100 GWh)보다 약 1.5배 많은 에너지를 생산했다.

풍력은 우리의 에너지 요구를 전부 충족시킬 수 있을 것이다

풍력은 세계에서 가장 빠르게 성장하는 에너지원이며, 우리가 개발을 선택한다면 현재 사용하는 모든 상업 에너지를 충족시킬 수 있다. 2017년 전 세계적으로 540 GW (기가와트)의 용량을 설치한 풍력은 연간 1,000 TWh (테라와트시) 이상의 전력을 생산하고 있을 뿐만 아니라 풍력 에너지 협회(Wind Energy Association)에 따르면 2020년까지 150만 MW의 생산 용량이 가능해질 거라고 한다.

중국은 세계 1위의 풍력 터빈 생산국이며 유럽에 이어 두 번째로 큰 풍력 발전 용량을 보유하고 있다. 국내 및 수출용 장비를 제조하는 청정 기술은 중국에서 100만 개 이상의 일자리를 만들었고, 현재 전 세계 풍력발전 설비의 약 1/4인 63 GW 이상의 풍력을 보유하고 있다(그림 11.23).

대부분의 풍력 터빈은 1~2 MW를 생산하지만 가장 큰 풍력 터빈은 현재 4,000개의 미국 가정이 사용하기 충분한 전력량인 8 MW의 전기를 생산하며, 타 발전소보다 유지 보수를 위한 전원차단시간이 적기 때문에 최대 생산 전력의 90%를 생산할 수 있다.

풍력 발전 비용은 지난 몇 년 동안 급격히 낮아졌으며, 현재 신 전력 생산 에너지원 중 가장 저렴한 3센트/kWh 이하로 석탄의 6센트/kWh에 비하면 더 저렴하며, 핵연료를 사용할 경우 풍력 발전보다 5배 더 비싸다.

대평원과 넓은 산악 지역, 모든 해안 지역이 상업 개발에 적합한 지속적인 바람을 가지고 있는 미국은 풍력 발전에 엄청난 잠재력을 가지고 있다(그림 11.24). 생산 설비 23.5 GW의 텍사스는 미국의 풍력 발전 분야에서 선도하고 있으며 오클라호마, 아이오와, 캘리포니아 및 일리노이가 그 뒤를 잇고 있다.

풍력은 석탄 채굴에 토지가 추가로 필요한 석탄 발전소에 비해 약 1/3의 면적이면 충분하고, MW당 약 5배 많은 일자리를 창출한다(그림 11.25). 만약에 농지에 풍력 발전을 설치한다면 한 개의 풍력 탑은 약 0.1 ha (0.25에이커)의 경작지만을 사용하기 때문에 농부들은 토지의 90%를 경작할 수 있으며 풍력 기계 당 연간 임대료로 $2,000 이상을 받을 수 있다. 그리고 지주가 풍력 발전기를 직접 건설하고 운영하여 전기를 지역 전력소에 판매하면 연간 터빈 당 10만 달러에 달하는 추가 농장 수입을 올릴 수 있다.

▲ **그림 11.23** 중국은 세계에서 가장 큰 풍력발전용 터빈 생산국이며, 세계의 풍력발전 설비의 4분의 1이 중국에 설치되어 있다. 태양열 발전과 더불어 청정 기술로 인해 중국에 100만 개의 일자리가 생겨났다.
출처: ©Giuseppe Sparta'/123RF

풍력은 지역 사회가 에너지를 제어할 수 있게 한다

지주와 지역 사회 자체적으로 풍력 발전기를 건설하고 운영할 수 있도록 자금을 지원하는 협동 조합이 생겨나고 있다. 대형 원자력 발전소 또는 화석 연료 발전소 1개에 해당하는 생산 용량 1 GW (기가와트)의 풍력 발전소는 3,000개 이상의 정규직 일자리를 창출할 수 있고, 토지 소유자들에게는 약 400만 달러의 임대료 수입을, 지방 정부에는 360만 달러의 세금 수입을 줄 수 있다. 그 예로 약 20개의 미국 원주민들 연합을 결성해 풍력 발전을 연구하기 시작했으며, 이들의 거주 지역은 지역 산업의

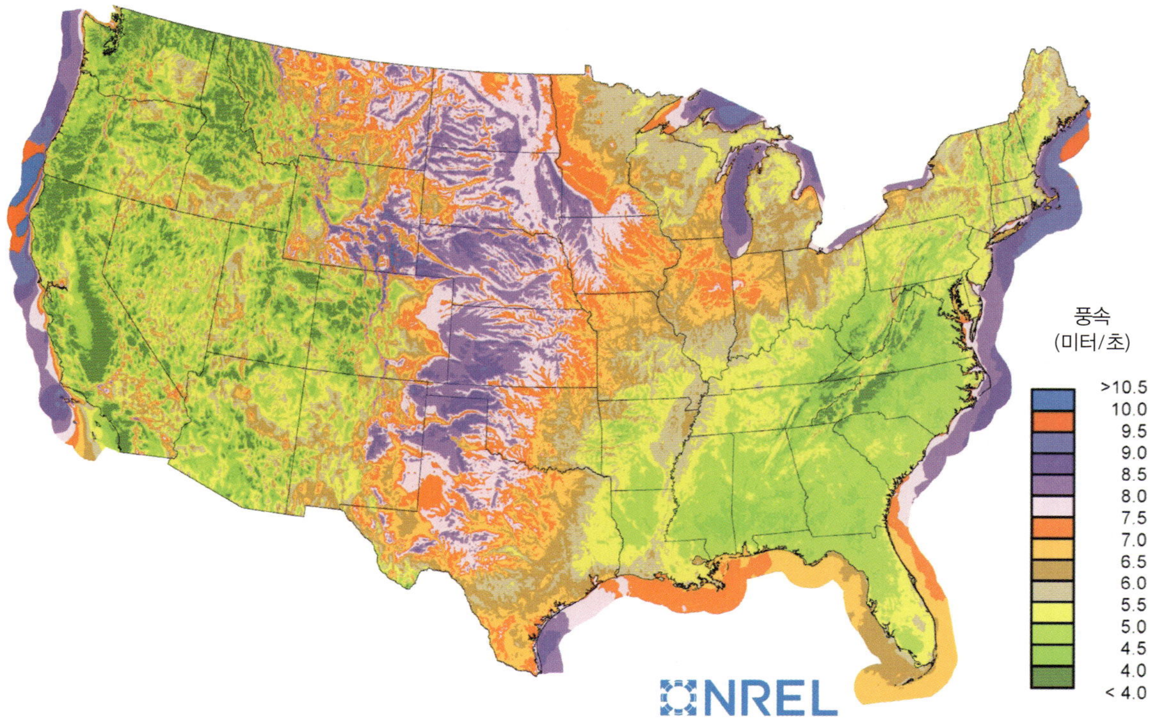

▲ **그림 11.24** 해발 풍력을 포함한 미국 풍력 자원, 고도 80m
출처: 미국 재생 자원 연구소(National Renewable Energy Laboratory, NREL)

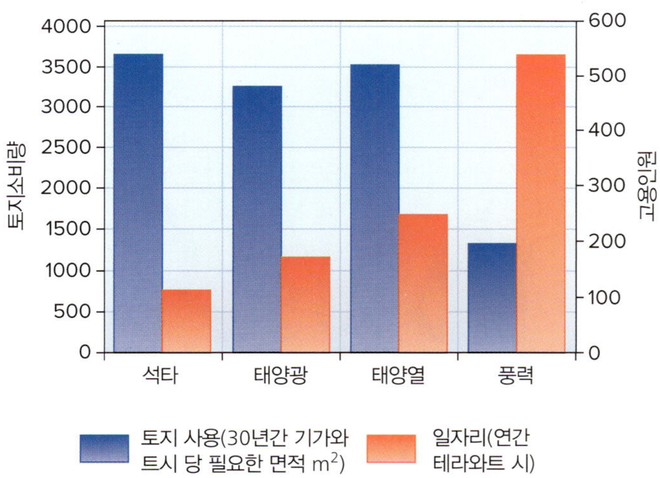

▲ **그림 11.25** 채굴에 필요한 토지를 포함한다면 풍력발전에 필요한 면적은 석탄을 이용한 전력발전에 필요한 면적에 3분의 1에 해당하며, 5배 이상의 일자리를 창출한다.

발전도는 낮지만 바람이 많은 대평원이기 때문에 준비 중인 풍력 발전소의 발전 용량을 모두 합치면 미국 내 전체 전력 생산 용량의 절반에 해당하는 최소 350 GW (기가와트)를 생산할 수 있다.

독일에서는 모든 풍력 및 태양열 설비의 47%를 공동체 협동 조합이 소유하고 있으며, 회원들은 수익과 에너지의 일부를 받는다. 이러한 자금 조달 방식은 화석 연료 수입을 낮추려는 독일의 노력을 크게 촉진시켰을 뿐만 아니라, 많은 유럽인들로 하여금 지역사회의 에너지 독립을 위해 재생 에너지를 채택하게 하고 있다.

풍력 터빈 주변의 조류 및 박쥐 사망률은 높은 관심의 대상이다. 특히 산 정상에 초창기 풍력 설비를 설치했던 캘리포니아에서는 이동하는 철새가 너무 자주 터빈 날개와 충돌하여 중요한 문제가 되었다.

반면에 석탄과 석유 생산은 전 세계적으로 동, 식물 멸종 위기와 산림 파괴의 주요 원인 중 하나여서, 미국 서부의 천연가스 개발 업체가 멸종 위기에 처한 세이지 뇌조 및 기타 취약한 종의 보호 책임을 맡고 있을 정도이다. 또한, 석탄 채굴은 산림을 벌채하면서 산 정상의 조류 서식지를 파괴하고 있다. 정확한 데이터는 없지만 미국 기준으로 풍력 터빈으로 인해 발생하는 조류의 사망률에 비해 석탄, 석유 및 가스를 이용한 발전으로 인한 조류 사망률이 5~10배 많을 것으로 추정한다.

터빈의 구조와 설계 문제로 발생할 수 밖에 없는 소음에 대한 우려도 있지만 단거리 기준으로 적은 교통량의 도로에서 발생하는 50데시빌 미만이다. 때때로 지역 주민들이 에너지 생산에 대한 지분을 소유했을 경우 "나와는 상관없는 일"로 치부되어 사업 관련된 반대가 적어질 수도 있다. 우리는 석탄, 석유 및 천연 가스 등의 에너지원을 얻기 위해 생기는 환경적, 사회적 영향을 볼 수 없거나 석유에 대한 갈등을 느끼지 못한다. 만약에 이와 같은 문제 인식이 높아지면 우리 주변의 풍력 발전을 더 너그럽게 바라볼 수 있을까? 아니면 그렇지 않을 것인가?

태양열 시스템은 사용 가능한 열을 수집한다

태양 에너지는 바람, 물의 순환을 주도하며, 화석 연료 및 식량을 포함한 모든 바이오 매스를 생산하는 궁극적인 에너지원이다. 지구 표면에 도달하는 태양 에너지의 평균 양은 그림 11.26에 나타난 것처럼 지리적으로 다를 수 있지만, 북유럽과 같은 높은 위도에서도 경제적인 생산에 충분할 뿐만 아니라 매년 사용되는 모든 상업 에너지의 약 10,000배에 해당한다.

태양 에너지를 이용하는 가장 단순하고 오래된 방법은 움직이는 부품이 없는 천연 재료 또는 열을 흡수하는 구조를 이용하는 수동형 열 흡수이다. 수천 년 동안 인간은 낮 동안 열을 모으고 밤에는 점차 열을 방출하는 두꺼운 돌벽으로 토담집을 지었다. 이 거대한 건축 재료들은 밤에 열기를 냉각시킨 후 낮 동안 다시 외부의 열기를 흡수하지만 집안 내의 쾌적한 온도는 유지할 수 있다.

대부분의 현대식 태양열 시스템은 유리 진공관 또는 유리로 덮인 평면 패널의 얇은 파이프를 통해 액체(예: 부동액과 혼합된 물)를 흐르게 하여 종종 95°C (200°F)의 고온에 도달하는 온수를 만든다. 그런 다음 열 교환기를 통과하여 직접 사용하거나 난방을 하며 약 5 m^2의 패널만 있으면 한 가족이 쓰기에 충분하다.

전 세계 설치된 태양광 발전 용량의 두 배 이상인 최소 330 GW의 열 에너지 시스템이 공급되어 있으며, 중국은 전 세계 태양열 시스템의 약 80%를 생산하고 사용한다. 3천만 개 이상의 중국 가정이 $200 미만의 저렴한 비용을 지불하고 태양 에너지로부터 온수를 얻고 난방을 한다.

태양열 시스템은 태양 에너지를 수집하는 데 매우 효율적이지만, 미국과 유럽에서는 태양광 발전 패널이 보다 일반적이어서 유럽에서는 지방자치단체의 태양광 시스템이 지역 난방을 제공한다(그림 11.27).

태양열 집열 발전은 열로 전기를 만든다

태양열 집열 발전(Concentrating Solar Power, CSP) 설비는 긴 여물통 모양의 포물면 거울을 이용해 열을 흡수하는 유체가 포함되어 있는 중앙 튜브에 햇빛을 반사하고 집중시킨다. 그러면 튜브 안의 유체가 고온에 도달하고 열 교환기를 통과하면서 만들어진 증기가 터빈을 돌려 전기를 생산하게 된다. 열전달 유체의 열은 추후 사용을 위해 용융염과 같은 매체에 저장될 수 있는데, 이를 통해 흐린 날이나 밤에도 계속해서 전기를 생산할 수 있다.

또 다른 접근 방식은 높은 중앙 타워 주변의 동심원 고리에 수천 개의 거울을 배열하는 것이다(그림 11.28). 전기 모

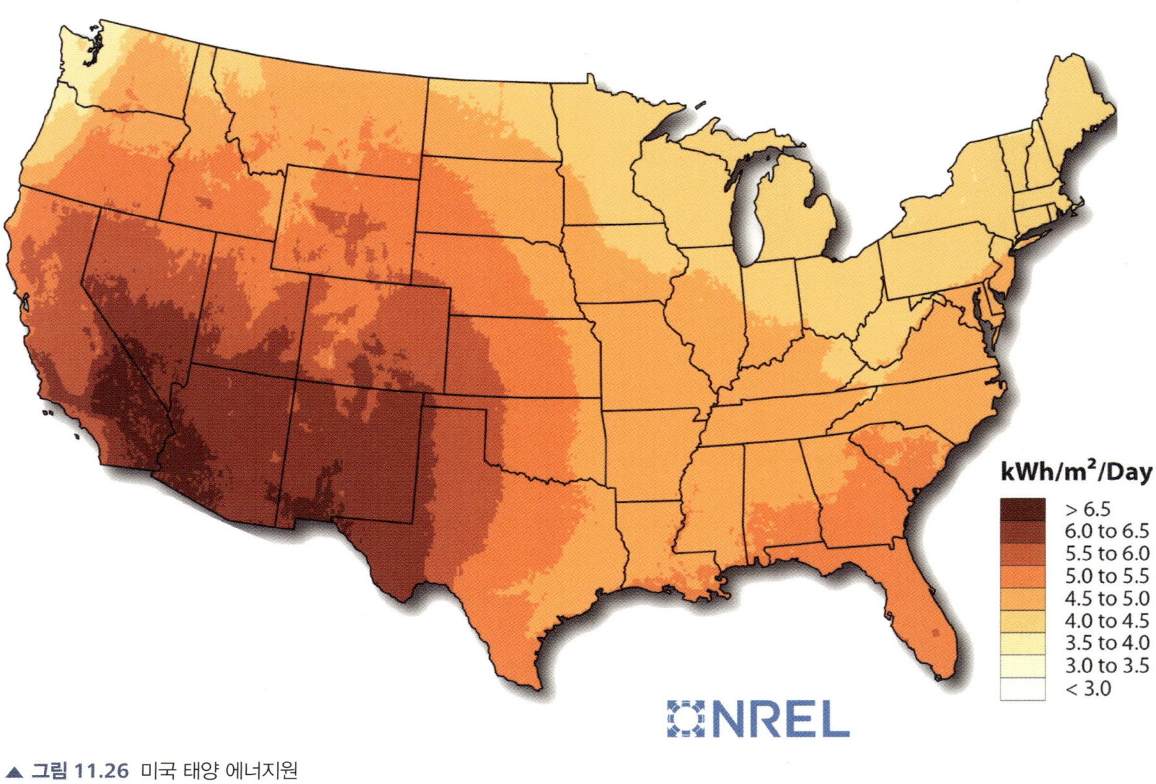

▲ **그림 11.26** 미국 태양 에너지원
출처: 미국 재생 자원 연구소(NREL)

▲ **그림 11.27** 태양열 온수기는 덴마크 Aero Island의 시설과 같이 대형 건물 또는 전체 마을에 온수 및 공간 난방을 제공하기 위해 확장될 수도 있다.
출처: ©Mary Ann Cunningham

▲ **그림 11.28** "전력 탑"은 태양열 집열 발전의 한 형태이다. 수천 개의 이동하는 거울들은 강렬한 에너지를 탑으로 집중시키며, 탑 내의 유체가 증기 터빈을 돌리기 위해 가열된다.
출처: ©moovstock/123RF

터에 의해 구동되는 거울은 태양을 쫓아 전달 매체가 500°C (1,000°F)의 높은 온도로 가열되는 "전력 타워" 상단의 열 흡수기에 빛을 집중시키는데 이때의 열이 물을 증기로 바꾸어 발전기를 구동한다. 최적의 조건에서 50헥타르(130에이커)에 설치된 거울들은 100 MW의 깨끗하고 재생 가능한 전력을 생산할 수 있다.

CSPS는 규모가 크고, 종종 수백 메가와트의 생산 용량이 가능하기 때문에 투자자에게 경제성 있는 태양 에너지를 생산하는 방법이며, 에너지 설비에도 매력적이다. 토지 취득과 인허가가 느리고 비용이 많이 들지만 수백만 개의 개별 지붕에 태양 전지판을 설치하고 각각에 대해 별도의 계약을 체결하는 것보다는 낫다.

CSP 발전설비는 화석 연료로부터 우리를 해방시키는 데 도움이 되지만 쉽게 훼손되고 복원 속도가 느린 사막을 이용하기 때문에 논란의 여지가 있다. 가끔은 서식지가 이미 축소된 사막 거북과 같은 희귀하거나 멸종 위기에 처한 종을 위협하기도 한다. 2010년 캘리포니아 규제 당국은 모하비 사막에 13개의 대형 태양열 발전 시설을 승인했지만 대부분은 토지 사용에 대한 분쟁으로 인해 결국 취소되거나 지연되었다. 미국 원주민들은 성스러운 문화 유적지에 대한 위협이라고 항의했으며, 다른 사람들은 원시 자연 환경을 파괴하는 산업 활동이라고 반대했다. 이런 문제에 대응하여 신 에너지 개발을 미연에 막기 위해 수백만 헥타르의 사막을 보호 지역으로 추가 지정했다.

그럼에도 불구하고 CSP 설비는 우리의 미래 에너지를 위해 중요하다. 재생 에너지 정책 네트워크에 따르면 현재 3.4 GW 이상의 발전 설비가 있으며 미국과 스페인이 주된 사용자이다. 또한 2014년 세계에서 최대인 377 MW용량의 캘리포니아의 이반파(Ivanpah) 태양광 발전 시설이 문을 열었다.

태양광 전지는 전기를 직접 생산한다

태양광 전지(PV cell)는 태양 에너지를 포집하여 모 원자로부터 전자를 분리하고, 두 개의 서로 다른 반도체 물질 사이의 접합에 의해 형성된 한 방향의 정정기벽을 통과하도록 가속시켜 직접적으로 전류로 변환시킨다(그림 11.29). 과거 25년 동안 태양 전지에 의해 포착된 에너지 효율은 1% 미만에서부터 상업용인 경우 16% 이상, 실험실에서는 40% 이상으로 증가해 왔다.

대규모 단지의 태양광 전지(PV)도 널리 보급되고 있는데, 중국과 인도가 가장 빠르게 확산되고 있지만 전 세계적으로 설치된 태양광 전지의 발전 용량은 이제 300 GW 이상이다. 사막 햇빛 태양열 농장(Desert Sunlight Solar Farm)과 토파즈 태양열 농장(Topaz Solar Farm)은 캘리포니아 남부에 있는 2개의 550 MW 태양광 발전소로 미국에서 가장 큰 시설이며(그림 11.30a), 중국은 현재 1,500 MW의 거대한 Tengger Desert 태양광 공원과 3,000 MW로 증설 예정인 1,000 MW의 Datong 태양광 공원으로 대형 태양열을 선도하고 있다.

곡면 또는 자동차 지붕에 부착할 수 있는 유연한 태양광 전지부터 그림 11.30(b)처럼 창문에 붙일 수 있는 얇고 투명한 필름종류까지 새로운 유형의 태양광 전지가 개발 중이며, 그림 11.30(c)와 같이 창고 지붕과 대형 소매점의 옥상을 이용해 태양광 전지를 설치하면 미국 내 전력 소비량의 약 3/4에 해당하는 전력을 생산할 수 있을 것으로 추정된다.

현재 40 GW 이상의 태양열 발전 설비가 있는 독일에서 가장 성공적인 것 중 하나인 병입 관세(재생 가능한 에너지원에 저렴한 가격을 부여하는 것)처럼 다양한 장려금은 옥상에 시스템을 설치하는 것을 장려할 수 있다. 이는 전력회사가 태양열

대안 에너지는 얼마나 실현가능성이 있나?

스탠포드 대학과 캘리포니아 대학의 연구에 의하면 대안 에너지는 매우 현실적이라고 한다. 현존 기술로 재생 에너지는 인류가 필요한 모든 에너지를 공급할 수 있고 동시에 비용 절감을 할 수 있다고 한다. **육상 풍력, 해상 풍력, 태양 에너지의 잠재성은 전 세계의 에너지 소비를 능가한다.** 지구 표면의 3분의 2가 대양으로 이루어져 있기 때문에 해양에 기분을 두는 재생 에너지는 그 잠재성이 매우 크다. 많은 연구 결과가 재생 에너지는 화석에 기반을 두는 에너지보다 더 경제적이고 안전하게 미래의 에너지 수요를 충족시킬 수 있다고 제시한다. 미래의 에너지는 어떤 형태일까?

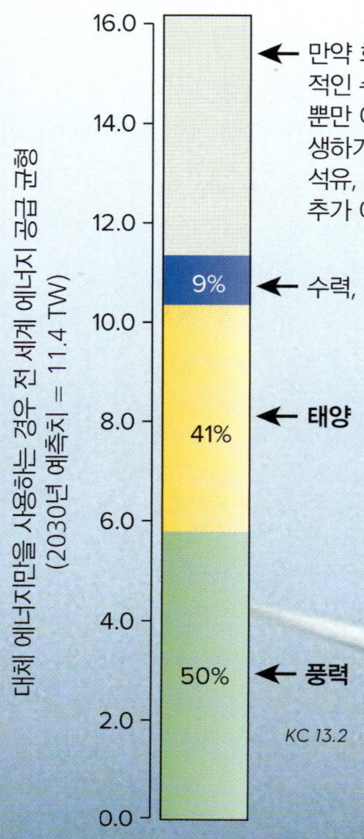

2030년 기준 전 세계 에너지 수요량,
단위 테라와트(TW),
(1 TW =1,000,000,000,000와트)

KC 11.1

1. 이 계획에 따르면 **풍력**은 필요 에너지의 50%를 제공해줄 것이다. 380만개의 거대한 풍력 발전 터빈이 전 세계에 전력을 공급할 것이다. 이는 불가능한 과제일까? 우리가 매년 그만큼의 자동차와 트럭을 만들고 있기에 꼭 불가능한 것은 아니다.

©Mary Ann Cunningham

2. **태양 에너지**는 총 에너지 공급의 41%를 담당할 것이다. 4.6 TW의 에너지를 공급하기 위해 17억 개의 지붕형 태양광 설비와 거의 100,000개의 집광형 태양열 발전소가 필요하다. 에너지가 소비되는 곳에 지붕형 태양광 설비를 둘 수 있으므로 송전에 에너지 손실이 없고 토지 사용에 대한 경쟁을 할 필요가 없다.

KC 11.3

©Pedro Antonio Salaver-rÃƒÂa Calahorra/123RF

◀ 태양열 집열기는 이미 화석연료에 비해 가격경쟁력이 있지만, 일반적으로 소비자와 가까운 곳에 설치할 수 없으며 햇볕이 많이 드는 건조한 땅에 부족한 냉각수를 필요로 할 수 있다.

*For more information: see Jacobson, M. Z., and M. A. Delucchi. 2009. A path to sustainable energy. *Scientific American* 301(5) 58–65.

3. **수력발전(댐, 조류, 조력 에너지)**은 총 에너지 공급의 9%를 담당할 것이다. 주요 강에는 이미 댐이 건설되어 있으나 강과 조류가 발생하는 지역의 지하 터빈을 더 효율적으로 만들 수 있을 것이다. 깊은 파이프로 지열 에너지를 포집할 수 있으나 지진 유발 또는 대수층 오염에 대한 우려가 있다.

KC 11.4

출처: USGS.

지열 발전소 ▶

바람이 불지 않거나 태양이 비치지 않을 때는 어떨까?

다행스럽게도 낮 동안의 햇빛을 보충할 수 있도록 바람은 밤에 더 많이 분다. 재생 에너지원에 균형을 맞춤으로써 우리가 화석연료를 신뢰했듯이 재생 에너지를 믿을 수 있다. 재생 에너지원은 더 믿을만하다는 기록이 있다. 석탄을 사용하는 발전소는 연간 유지보수를 위해 46일간 가동을 못하지만, 태양 전지판과 풍력 터빈은 연 평균 유지 보수에 단지 7일이 필요할 뿐이다.

또한 태양 에너지, 풍력, 수력은 전 세계에서 가장 시급한 두 가지 문제를 해결해 준다. (1) 현재 우리가 직면하고 있는 가장 심각하고 비용이 많이 드는 기후 변화 문제: 물 부족, 경작 실패, 난민 이동으로 개발 도상국이 불안정해지고 있다. (2) 유전이 위치한 이라크, 나이지리아, 에콰도르 등의 원유 수출에 대한 정치적 마찰 및 이란의 핵 연료 처리를 둘러싼 정치적 갈등

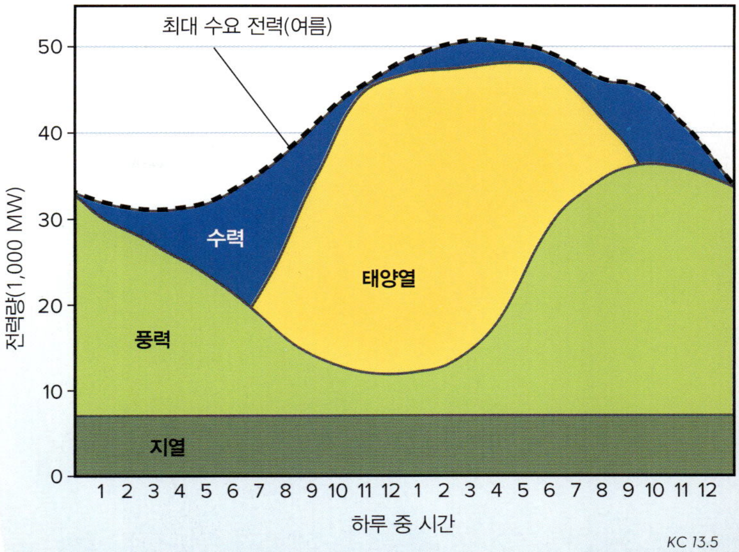

KC 13.5

재생 에너지원으로부터 얻은 에너지 외, 에너지 절약으로 우리가 사용하는 에너지의 절반을 줄일 수 있다. 대중교통, 내후성 장치, 도심 공터 활용 주택, 효율성 높은 가전제품 사용과 같은 에너지 절약 전략은 장 · 단기적으로 비용을 절약할 수 있다.

KC 13.6

©razihusin/123RF

경전철

재생에너지에 필요한 비용은 얼마인가?

2020년까지 풍력과 수력 에너지는 화석 연료 또는 원자력 발전에 필요한 비용의 절반만 필요하다. 재생 에너지원은 본질적으로 화석연료보다 더 효율적이기 때문에 태양, 풍력, 수력을 이용한 전력 공급 시 화석 연료 또는 원자력 발전을 이용했을 때보다 3분의 1의 비용만이 소비된다.

설명할 수 있을까? *CAN YOU EXPLAIN?*

1. 재생 에너지로의 전환 시 가장 큰 이점은 무엇인가?
2. 어떤 재생 에너지원이 가장 많은 에너지를 생산할 것이라고 생각되는가?
3. 이 계획에 따르면 풍차 터빈은 얼마나 필요한가?
4. 미래의 대체 에너지로부터 가장 많은 혜택을 받을 사람들은 누구이고, 가장 적은 혜택을 받을 사람들은 누구인가? 미래의 화석 및 원자력 발전으로 가장 많은 혜택을 얻을 사람들은 누구이고, 가정 적은 혜택을 받을 사람들은 누구인가? 왜 그런가?

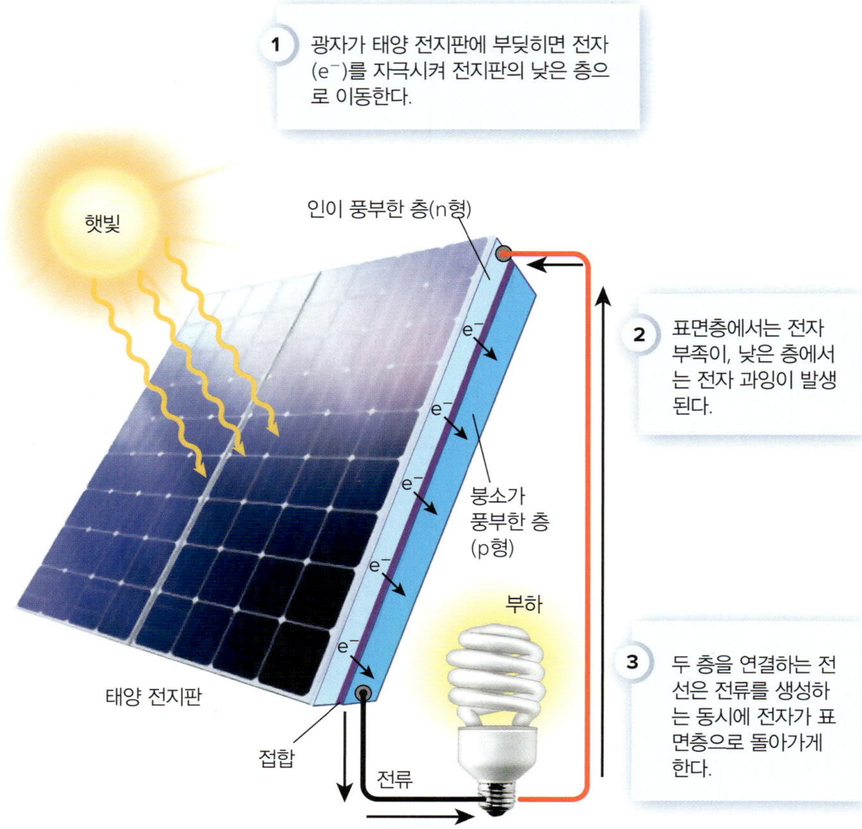

▲ **그림 11.29** 태양광 전지(PV) 판에서 n형 실리콘 층에는 인과 같은 원소가 포함되어 있고 실리콘보다 외부 전자껍질(쉘 전자)가 더 많은 반면, p형 실리콘 층에는 붕소와 같은 원소가 포함되어 있지만 외부 쉘 전자는 더 적다. 태양광이 전지판에 닿으면 광자가 전자를 빼내어 회로를 통해 이동하며 전류를 생성한다.

(a) 기저부하 발전소 설비

(b) 유연한 박막형 태양열 타일

(c) 옥상에 배치된 태양 전지판

▲ **그림 11.30** 태양 광전 에너지는 다용도가 높아 다양한 분산 환경에서 사용할 수 있다. (a) 유틸리티 스케일 PV 어레이는 기본 부하 전력을 제공할 수 있다. (b) 박막 PV 집열기는 유연한 뒷면에 인쇄할 수 있으며 일반 기와처럼 사용할 수 있다. (c) 학교와 상업용 건물에 있는 수백만 평방미터의 지붕 꼭대기에 태양 전지판을 설치할 수 있다.

(a) 출처: NREL/Harin Ullal, NREL staff; (b) 출처: NREL/Stellar Sun Shop; (c) 출처: NREL/U.S. Department of Energy, Craig Miller Productions

발전 설비가 설치된 주택 소유자의 초과 사용 전력 요금을 부담하고 정부가 보조금을 지급하는 형태이다.

또 다른 방식은 건물 소유주는 전지판을 소유하고 유지하는 전력 공급소와 계약을 체결하고, 특정 기간 동안 특정 비율로 전기를 구매하는 방법으로 자기 건물 옥사에 전지판 설치를 하는 것이다. 물론 생산된 모든 에너지는 전선을 통해 직접 송전된다. 주택 소유자는 탄소 배출 없는 에너지 생산에 기여할 수 있고, 화석 연료는 시간이 지날수록 더 비싸질 것이므로 다른 전기와 거의 같은 가격인 태양 에너지는 경제적 의미에서도 좋다.

11.6 바이오 매스와 지열 에너지

- *에탄올은 주요 투자처이지만 비용이 많이 든다.*
- *농작물 폐기물에서 나오는 메탄은 효율적인 에너지원이다.*
- *열 펌프와 지열은 냉난방의 핵심이다.*

식물은 태양 에너지와 식물 세포의 화학적 결합을 통해 엄청난 양의 태양 에너지를 담고 있다. 아마도 우리의 첫 번째 연료 공급원이었을 장작은 1850년대까지 미국에서만 90%의 열을 제공해 주었다. 아직도 **바이오 매스**(식물 재료) 연소는 개발도상국의 10억 이상의 인구에게 난방과 요리를 위한 주요 에너지 공급원이다. 매년 전 세계적으로 모든 목재 벌목량의 절반 정도인 1,500 m^3 면적의 장작이 땔감으로 소비되는 것으로 예측된다. 아직까지 많은 시골 지역에서 벌목과 석탄 연소가 삼림 파괴의 주요 원인이기 때문에 효율적인 장작 난로를 제공함으로써 삼림 보호와 인간 삶의 질을 향상시킬 수 있다.

에탄올은 미국의 주요 관심사였다

에탄올과 바이오 디젤과 같은 바이오 연료는 최근 바이오 매스 에너지에서 가장 큰 뉴스를 차지한다. 브라질에서 동남아시아, 미국까지 전 세계적으로 이 두 가지 연료의 생산은 선풍적인 인기를 끌고 있어 브라질은 사탕수수에서 나온 에탄올이 수송 에너지의 약 40%를 담당하고 있고, 동남아시아에서는 수백만 헥타르에 달하는 열대림을 팜유 농장으로 개간했다. 또한 미국에선 경작된 옥수수의 약 40%가 에탄올을 만드는데 사용되고 있다.

미국의 에너지 정책은 2007년 90억 갤런(300억 리터)이던 연간 에탄올 생산을 2022년까지 360억 갤런(1,360억 리터)까지 늘리는 것이며, 현재 미국 전역에 200개 이상의 에탄올 정제소가 건설되어 160억 갤런(220억 리터)의 에탄올을 생산하고 있다(그림 11.31).

하지만 에탄올 생산에는 농기계와 가공 장비를 운영하기 위한 화석연료 사용이 필요하기 때문에 재생 가능 에너지에 범주에서 제외시키는 분석가들이 많으며, 국가 재정과 농지 사용

▲ **그림 11.31** 미국에서는 옥수수 작물의 거의 절반과 대두 작물의 대부분을 사용하여 가솔린과 혼합된 액체 바이오 연료를 만든다.
출처: 미국 에너지부

에 대한 효율성 논쟁이 있다. 다수의 연구에 의하면 생산에 필요한 에너지에 비해 생산된 에너지의 양이 약간 더 많은 정도인 에탄올은 우리가 사용하는 전체 에너지 자원을 크게 늘려주지 않을 뿐더러 작물 경작, 관개, 수확, 건조, 가공에 이르는 과정에 많은 화석 연료 에너지가 필요하고 토양 침식, 수질 오염 및 생물 다양성 손실을 포함 비용도 크다고 한다.

대두, 해바라기씨, 평지씨(미국에서는 보통 카놀라라고 불림), 야자나무 과실과 같은 오일 함유량이 높은 작물은 상대적으로 쉽게 바이오 디젤을 만들 수 있다. 일부는 최소한의 세척만으로도 표준 디젤 엔진에 사용할 수 있다. 그러나 대두 또는 해바라기에서 수송 연료를 추출하려면 매우 넓은 토지에서 경작해야 하기에 결국 운송수단의 연료를 위해 식용 오일의 공급원을 빼앗아 가는 것이다.

팜유는 대두나 해바라기에 비하면 수확에 드는 비용과 운송비는 더 비싸긴 하지만 단위 면적당 생산성이 상당히 높다. 현재 동남아시아에서 종이 다양한 삼림의 수백만 헥타르가 팜유 농장을 만들기 위해 파괴되고 있고(6장 참조), 인도네시아는 이미 600만 ha (1,500만 에이커)의 팜유 농장이 있으며, 말레이시아도 비슷한 수준이다. 이 두 국가가 세계 팜유 생산량의 약 90%를 생산한다.

셀룰로오스 에탄올은 대부분 비 경제적이다

옥수수에서 360억 갤런의 에탄올을 생산하려면 미국 전체 옥수수 작물과 수자원의 상당 부분을 사용해야 되기 때문에 작물 폐기물 및 기타 비 식품 바이오 매스에서 에탄올을 개발하는 것이 큰 관심을 끌고 있다.

셀룰로오스 작물로부터 당을 추출하기 위한 몇 가지 기술이 제시되어 왔는데, 대부분은 기계적으로 잘게 자르거나 파쇄한 다음 박테리아 또는 곰팡이로 처리하여 셀룰로오스를 용해성 당으로 분해한다(그림 11.32).

지금까지는 북미에서 운영 중인 상업적 규모의 셀룰로오스 에탄올 공장은 없었으나 미국 에너지부는 6개의 셀룰로오스 바이오 정제 공장에 3억 8,500만 달러의 보조금을 지불했고, 시범 사업은 벼, 밀 줄기, 마일로 그루터기, 지팽이풀 건초, 아몬드 깍지, 옥수수대(줄기, 잎, 알갱이), 나뭇조각 등의 다양한 원료를 평가할 것이다.

바이오 매스로부터 얻은 메탄은 효율적이고 깨끗하다

메탄 생산은 모든 유기 폐기물이 가능하지만 특히 하수와 퇴비를 이용할 수 있다. 천연 가스의 주요 구성요소인 메탄 가스는 혐기성 박테리아(공기가 없는 공간에 사는 박테리아)가 유기물질을 소화할 때 생산된다. 소화에 의한 주요 부산물인 CH_4는 소화 시 이용 가능한 산소가 없었기 때문에 산소 원자가 없다. 그러나 이 분자는 쉽게 산화되거나 또는 연소되어 CO_2와 H_2O(수증기)를 생산한다. 그 결과 메탄은 상대적으로 깨끗하고 효율적인 연료가 된다. 오늘날 많은 도시들이 하수와 동물 분뇨의 관리에 고심하고 있으므로, 메탄은 풍부한 에너지원이 될 수 있다. 중국에서는 태양열과 풍력 에너지 이외에 600만 가구가 **바이오 가스**라고 알려진 메탄을 요리와 조명에 사용한다. 그 예로 중국 난양에 있는 두 개의 대규모 지방 자치 설비는 20,000가구 이상에 연료를 제공한다.

메탄은 유기 폐기물에서 얻을 수 있는 순수하고 유망한 자원이다. 낙농 및 기타 축산 농장은 분뇨에서 바이오 가스를 점점 더 많이 생산하고 있으며, 유럽 국가에는 17,000개 이상의 바이오 가스 시설이 있고 그 중 약 2/3가 독일에 있는데, 이는 에너지를 생산하는 것 외에 대기, 수질 오염을 방지하는 역할도 한다. 일부 유럽 국가에서 흔히 볼 수 있는 가정에서 퇴비를 직접 분리하는 도시에서는 도시 폐기물에서 사용 가능한 바이오 가스를 생산하기 위해 바이오 가스 소화조(biogas digester)를 사용하며, 도시 하수 처리장과 매립지는 풍부하고 개발 가능한 메탄가스(바이오 가스) 원료를 제공할 수 있다(12장 참조).

이론적이긴 하지만 지질(기름)이 풍부한 광합성 조류의 폐기물은 또 다른 연료원이 될 수 있다. 조류는 CO_2를 포집하여 오일을 생산하고 일부 단세포 종에서는 질량의 절반이 기름이기 때문에 이론적으로 조류 생산 시설은 옥수수를 이용한 에탄올 생산량보다 헥타르 당 30배의 기름을 생산할 수 있다. 또한 조류 재배 시설은 하수 처리장에서 나오는 폐기물 영양소와 기존 발전소에서 배출되는 CO_2를 사용할 수 있으며, 에탄올과는 달리 주요 농지를 필요로 하지도 않고 조류 광 생물 반응기를 사용하여 효과를 높일 수 있다.

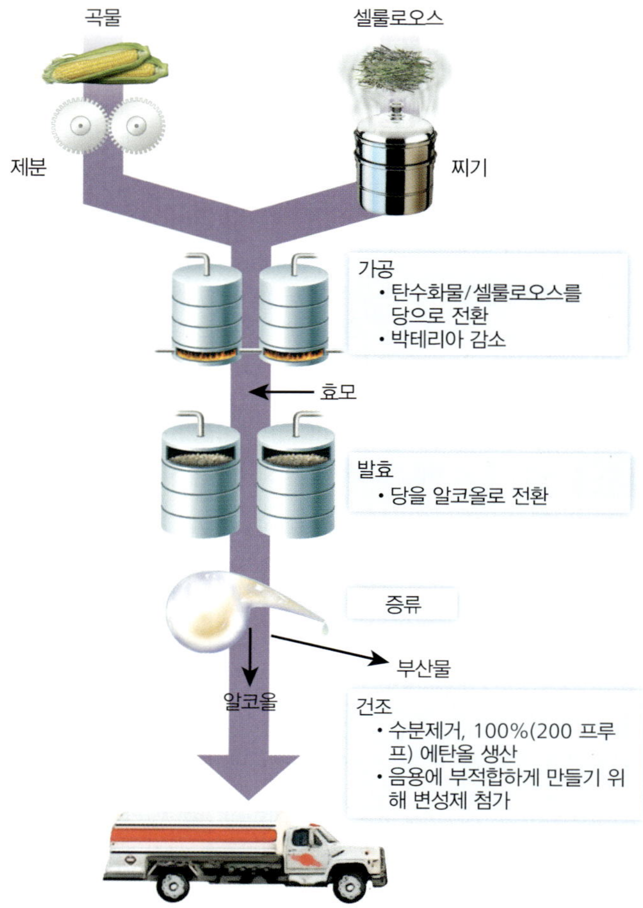

▲ **그림 11.32** 에탄올(또는 에틸 알코올)은 다양한 원료에서 생산될 수 있다. 옥수수와 기타 탄수화물 곡류는 제분된 후 탄수화물을 당으로 전환하기 위해 처리되며, 효모에 의해 알코올로 발효된 후 증류를 통해 오염물질을 제거해 순수한 알코올을 얻는다. 나무 또는 풀과 같은 셀룰로오스 작물도 당으로 전환될 수 있지만 그 공정이 더 어렵다. 증기 분사, 알칼리성 가수분해, 효소 조절, 산성의 전처리가 목질 재료를 잘게 부수기 위한 방법 중 일부이다. 당이 추출되면 다음 공정은 비슷하다.

더 높은 농도의 지질을 생산하는 조류 균주를 개발하는 등 다양한 조류 생물 에너지 전략이 연구되었지만, 지금까지 개발자들은 경제적이고 시장성 있는 규모로 석유를 생산하는 것이 어렵다는 것을 알게 되었다. 그러나 이러한 접근 방식은 여전히 흥미로운 아이디어로 존재한다.

열 펌프는 효율적인 냉각 및 난방을 제공한다

2017년 *Drawdown* 연구(8장 4절 참조)는 히트 펌프가 전 세계

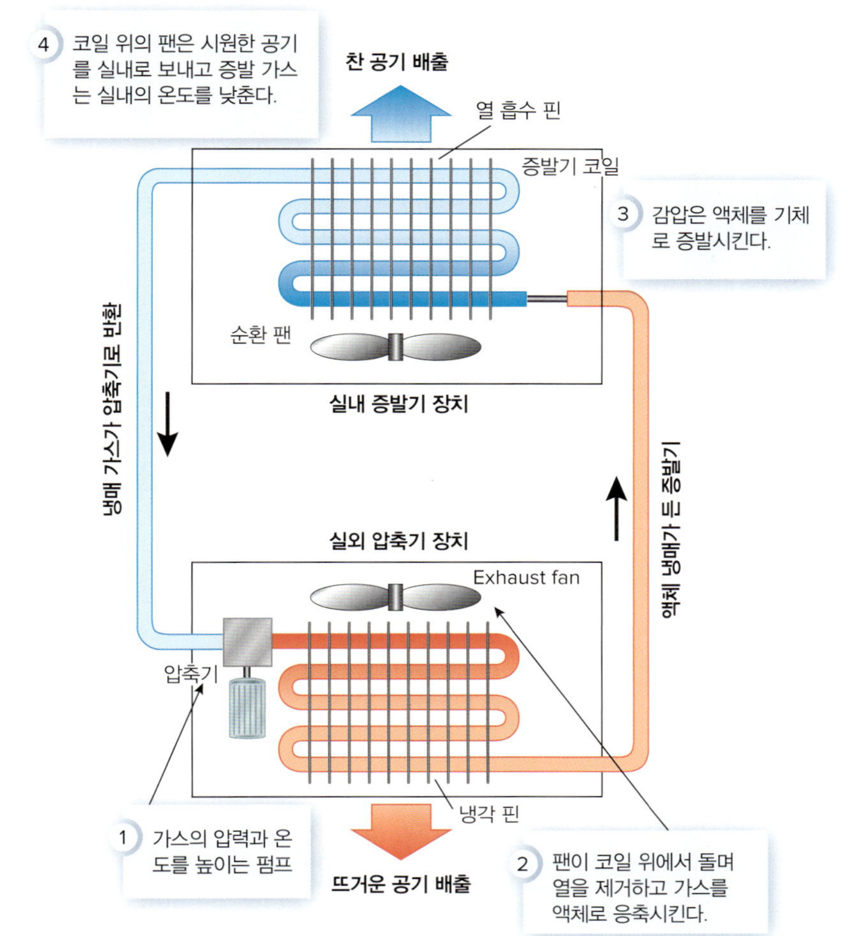

▲ **그림 11.33** 히트 펌프는 가스를 압축하거나 팽창시켜 건물을 냉각시키고, 반대로 작동하면 난방을 제공한다. 전기 펌프로 작동하는 이 시스템은 화석 연료 없이 건물을 난방 및 냉방할 수 있다.

의 냉난방 수요 대부분을 효율적으로 처리할 수 있으며 재생 가능한 전기로도 처리할 수 있다고 주장했는데, 열 펌프는 주변 공기(공기 열 펌프, 그림 11.33) 또는 땅(지상 열 펌프, 그림 11.34), 연못 또는 지하수에서 열을 모아 실내 공간으로 전달하거나 집안의 열을 외부로 배출하는 기능을 한다.

열 펌프는 어떻게 작동할까? 물질이 액체에서 증기로 증발하게 되면 열을 흡수하고[1 g의 물(H_2O)을 증발시키는 데 540칼로리의 열이 필요함], 반대로 물질이 증기에서 액체로 변하면 열을 방출하는 원리에 따라 냉장고에서 냉각은 CO_2, 암모니아 또는 클로로플루오로카본(일명 프레온가스, CFC)과 같은 냉매 가스가 액체 형태로 압축되면서 발생하고 증발한다.

냉장고 또는 에어컨에서 펌프는 두 개의 열 교환기 코일(즉, 냉매가 들어있는 코일 관) 사이의 냉매를 압축한다. 그림 11.33에서와 같이 하나의 코일에서 전기 펌프가 압력을 사용하여 가스를 압축하여 가열하면 따뜻한 가스는 응축기 코일로 이동하게 되고, 이 때 팬이 코일에 바람을 불어 가열된 가스를 냉각시켜 액체 상태로 응축시킬 수 있다. 그런 다음 액체는 냉장고 내부의 팽창 코일로 이동하는데 가스로 팽창(증발)할 때 냉매는 주변에서 열을 흡수하게 되고 다시 압축기로 순환된다.

열 교환기는 가역적이어서 여름에는 냉매가 집 내부에서 증발하면서 열을 흡수하고 외부로 응축되어 열을 방출하며, 겨울에는 냉매가 집 안에서 응축되어 열을 방출하고 외부에서는 증발하게 된다. 지열 열 펌프는 땅 속의 일정한 온도를 이용하여 열을 제공하거나 저장한다(그림 13.34). 새로운 열 교환기는 추운 날씨에도 공기 중의 열을 포획할 수 있지만, 겨울에 공기가 차가울 때는 압축기 펌프가 많이 작동하여 더 많은 전기를 소비한다.

위의 시스템은 대형 건물과 캠퍼스에 점점 더 많이 사용되고 있다. 인디애나의 Ball State 대학교는 지열을 이용한 냉난방으로 전환한 최초의 대학 중 하나이며, 뉴욕에 있는 스키드 모어 대학은 2014년 이후 냉난방에 필요한 에너지의 40%를 지열로 이용하고 있고, 미네소타에 있는 Car-

▲ **그림 11.34** 지열 에너지는 일부 지역의 난방과 냉방 비용을 절반으로 감소시킬 수 있다. 여름에는 (이 그림에서 보여주듯) 따뜻한 물이 묻혀 있는 튜브를 통해 펌프로 퍼지며, 고정적인 지열에 의해 냉각된다. 겨울에는 반대로 작동해 상대적으로 따뜻한 토양이 집의 난방을 유지해준다.

leton College는 최근 캠퍼스 전체에 지열 난방 및 냉방 시설을 설치했다. 전 세계적으로 더 많은 에어컨의 사용이 예상되고 열펌프가 난방을 위해 보편화됨에 따라 기후에 안전한 냉매를 사용하는 것이 중요하다(8장 참조).

고온의 지열 자원이 존재하는 곳에서 지열 증기는 풍부한 전기와 열을 제공한다. 아이슬란드는 지열 증기를 사용하여 많은 전기와 거의 모든 건물 난방을 생산하는 것으로 유명하고, 코스타리카는 또한 많은 화산 주변의 증기로부터 거의 모든 전기를 생산하는 지열 전기의 선두 주자이다.

11.7 에너지 전환은 어떻게 이루어질까?

- *화석에서 재생 가능 에너지로의 전환은 더 많은 에너지 사용을 전기화하는 것을 포함한다.*
- *핵심 과제인 에너지 저장은 발전하고 다양화되고 있다.*
- *바람, 물, 태양열은 기존 기술로 우리의 모든 요구를 충족시킬 수 있다.*

새로운 에너지 시스템으로의 전환에는 정책, 에너지 사용 관행 및 기술에 대한 재고가 포함되고, 비용 절감과 깨끗한 공기, 그리고 물론 극심한 기후 변화를 피하기 위해 노력의 관점에서 공동 이익도 달려 있다. 이러한 전환은 수백만 개의 일자리를 창출하고 경제 발전을 촉진할 것으로 예상되며, 정치적으로 불안정한 지역에서 공급되는 석유 및 가스에 대한 의존도가 낮은 탄소 배출이 없는 에너지로 전력을 공급하면 분쟁에 관한 문제도 줄일 수 있음을 의미한다. 대학이 이를 주도할 수 있다(표 11.3).

재생 가능 에너지가 2050년까지 미국 전체 전력 생산량의 80%를 공급하는 동시에 국가의 모든 지역에서 시간당 전력 수요를 충족시킬 수 있다고 결론지었고, 우리가 필요한 조치의 실행을 서두른다면 21세기 말에는 재생 가능한 에너지원이 우리의 모든 에너지 수요를 만족시킬 것이라고 했다.

전력망의 발전이 필요하다

전기는 방대한 전력선 네트워크를 통해 전달되며 미국에는 1백만 km (600,000마일)이상의 전력선이 있다. 더 많은 에너지 사용, 특히 난방 및 운송이 전기화됨에 따라 전력망을 확장해야 한다. 독일의 경우 장거리 고압 전력망을 약 6%까지 확장 할 것으로 예상하고 있으며, 다른 국가 및 지역의 확장 정도는 에너지 소비의 효율성 향상이 에너지 수요를 줄이는 지 여부에 따라 다르다.

일조시간과 바람의 세기는 지역에 따라 다르기 때문에 전력 생산량이 많은 지역과 낮은 지역을 교환하면 수요와 공급을 분배할 수 있어 전력망은 수요와 공급의 균형을 맞출 수 있게 해준다. 그림 11.35와 같이 미국 정책은 전력망은 두 가지 그룹으로 나뉘는데, 재생 에너지를 지지하는 사람들은 이 그룹간의 연결성을 높이면 재생 에너지에 대한 유연성이 크게 증가할 것이라고 주장한다.

디지털 정보의 흐름이 있는 지능형 전력망(스마트 그리드) 기술로 개선하면 전력망를 보다 쉽게 모니터링하고 유지 관리할 수 있으며, 사용량 정보를 수집을 통해 가격 계산, 전기의 생산 또는 저장에 대한 비용 산출에 이용할 수 있다. 물론 전략망의 개선에는 많은 비용이 들지만 유지 관리와 현대화에 꼭 필요한 부분이다.

전기 저장의 형태와 방법이 빠르게 변화하고 있다

수십 년 동안 전기를 저장하는 주요 수단은 수력으로 한낮에 태양광 발전소에서 나오는 과잉 전기를 사용하여 물을 높은 저수지로 올려보낸 후, 밤에는 그 물을 방출하여 수력 발전기를 가동하는 형태의 것이었다. 또 가열된 물이나 소금의 열은 증기 터빈을 가동하는 형태로 저장되었다.

전기 저장은 재생 가능 에너지의 급격한 변화 영역으로, 2017년 에너지 연구 그룹 Irena는 전기 저장 용량이 2030년까지 현재의 3배인 12~15 TWh (테라와트시)로 늘어날 것으로

표 11.3 | 어떻게 대학들의 신재생 에너지 사용을 늘릴 수 있을까?

뉴햄프셔 대학교 지속 가능 연구소는 미국 내 전체 대학의 탄소 배출 감소를 위한 사업 진행 상황에 대한 결과를 발표했고, 다음은 2017년 보고서의 몇 가지 권장 사항이다.

1. 정책 우선 순위 및 자금 조달 우선 순위로서 효율성을 높인다.
2. 전기 기반 난방 시스템으로의 전환을 계획한다(예: 공기 또는 지열을 이용한 열 펌프).
3. 에너지 효율성을 투자로 생각한다면 전통적인 기부금의 3~5배의 수익을 얻을 수 있다.
4. 데이터 수집 및 평가: 에너지 사용을 모니터링 하는 경우에만 효율성이 향상된다.
5. 학생수에 비해 건물 증가폭이 크다. 사용 및 공간 요구 사항을 정기적으로 평가하여 적절한 크기의 건물을 만드는 방법에 초점을 맞춘다.
6. 재생 가능 에너지를 구매하려면 전력 구매 계약을 사용하라.
7. 직접 재생 가능 에너지를 개발하거나 재생 가능 에너지를 구매하기 위해 노력하라..
8. 첨단 건물 장비가 필요한 경우 처음부터 디자인과 지속 가능성에 중점을 둔다.

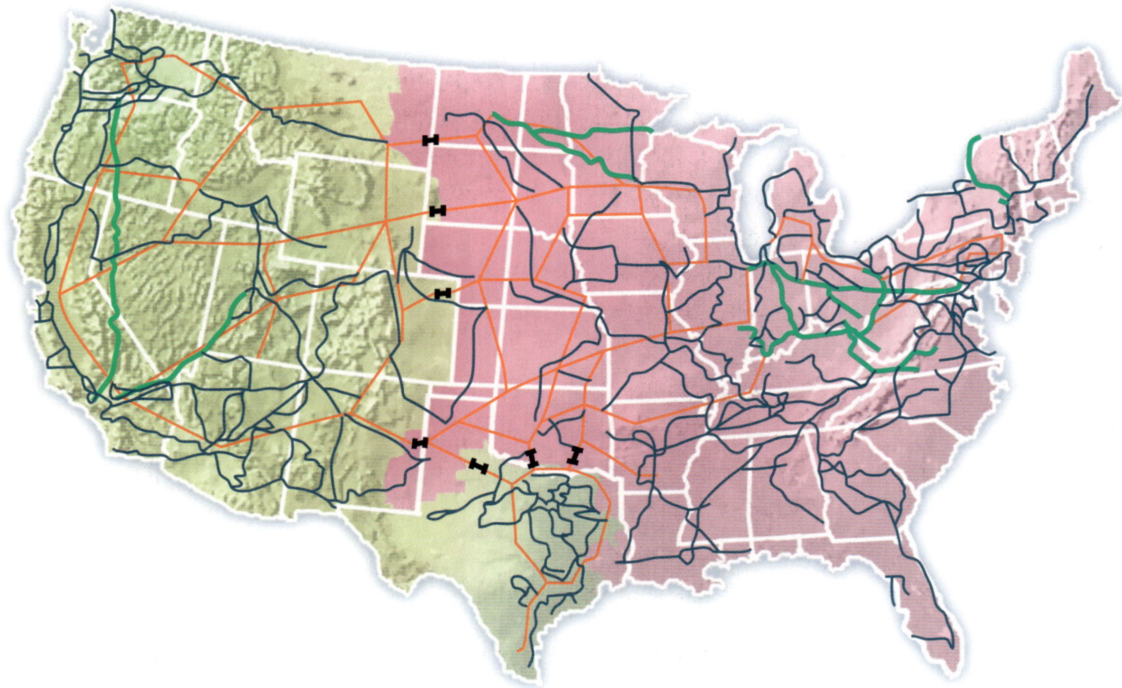

▲ **그림 11.35** 녹색 부분은 서부 전력망이 전력을 공급하고, 분홍색 부분은 동부 전력망이 공급하며, 텍사스는 두 전력망이 비슷하다. 최대 효율을 위해 이러한 전력망을 서로 연결하려면 상호 연결점(검은색 점)에 새로운 고전압 전력선이 필요하다.

예측했다.

배터리 저장용량은 빠르게 커지고 다양화되고 있어서 몇 년 전에는 들어 보지 못했던 상업용 대형 배터리 저장소가 점점 보편화되고 있다. 2018년 하와이의 카우아이 섬에는 11센트/kWh의 가격으로 디젤을 사용해서 생산하는 전기의 가격보다 저렴한 3 MW 태양광 공원에 52 MWh의 배터리가 설치되었고, 50 MW 배터리 저장 시스템 갖추고 있는 애리조나의 65 MW 태양열 농장은 이제 기존에 가스를 사용해서 생산할 때 보다 더 저렴하게 전기를 공급할 수 있다. 미국 에너지 정보국은 가스 저장과 운반보다 훨씬 안전하고 기후에도 좋은 대용량 배터리 시스템이 2016년까지 최대 600 mWh 이상 추가되었다 보고 있다. 대용량 시설의 배터리 시스템 경우 몇 달 만에 설치가 가능할 정도로 빠르며, 이제는 화석 연료보다 저렴해지고 있다.

리튬 이온 배터리는 에너지 입력 및 출력이 빠르기 때문에 수년간 표준이었지만 현재는 수소, 나노 와이어, 고체 리튬 이온, 그래 핀 및 기타 기술을 포함한 배터리 연구가 활발하고 앞으로도 계속 변화할 것이다. 또한 배터리는 적용 범위를 늘리고 충전 시간을 극적으로 단축할 수 있는 새로운 제품의 개발로 전기 자동차 시장을 변화시키고 있다.

연료 전지는 화학 결합에서 전기를 방출한다

연료 전지는 연료 또는 수소 원자를 추가하여 재충전하는 반면, 배터리는 전류를 추가하여 재충전한다는 점을 제외하면 서로 유사하다. 수소 연료 전지의 경우 수소 공급원은 천연 가스(주로 CH_4) 또는 암모니아(NH_3)와 같은 탄화수소 연료일 수도 있고, 매립지나 폐수 처리장에서 나오는 메탄 유출물 사용될 수도 있으며, 심지어 분자가 전하에 의해 분리(전해)될 수 있는 물(H_2O)이 원천이 되기도 한다. 만약 전기의 원천이 풍력이나 태양열이라면 연료 전지는 완전히 재생 가능한 전력을 제공할 수 있다.

연료 전지는 전해질로 분리된 양극(음극)과 음극(양극)으로 구성되며, 이 물질은 전하를 띤 원자 또는 이온은 통과시킬 수 있지만 전자는 투과할 수 없다(그림 11.36). 가장 일반적인 시스템에서 수소 또는 수소 함유 연료는 양극을 통과하고 산소는 음극을 통과하는데, 양극에서 백금과 같은 반응성 촉매는 각 수소 원자에서 전자를 제거하여 수소이온을 생성한다. 생성된 수소이온(양성자)은 전해질을 통해 음극으로 이동할 수 있지만 전자는 제외된다. 이 전자가 외부 회로를 통해 흐르고 전류를 만들고, 음극에서 전자와 양성자는 재결합 후 다시 산소와 결합하여 물을 만든다.

순수한 산소와 수소로 작동하는 연료 전지는 물과 열을 제외하고는 폐기물이 나오지 않지만, 다른 연료는 일부 오염 물질(가장 일반적으로 이산화탄소)을 생성한다. 그러나 일반적으로 기존의 화석 연료를 연소시키는 발전소나 자동차 엔진보다 훨씬 적다. 이론적인 연료 전지 발전 효율은 70%까지 높을 수 있지만 실제 수율은 40~45%에 가깝다.

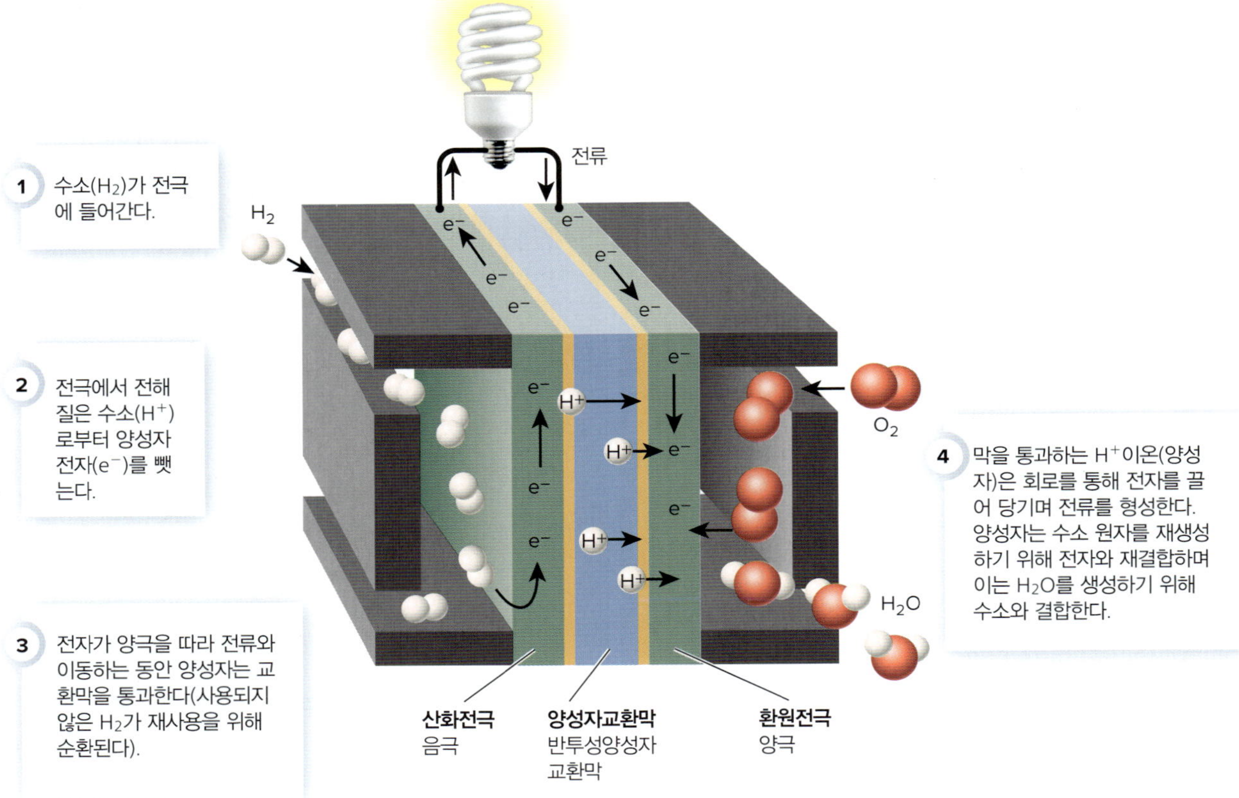

▲ **그림 11.36** 연료 전지의 원리. 음극에서 수소 원자로부터 제거된 전자는 수소이온(양성자)을 생산하며, 이 양성자는 반투성 전해질 매개체를 통해 양극으로 이동한다. 양극에서는 물을 생산하기 위해 외부 회로로부터 온 전자와 산소 원자의 결합이 발생한다. 전극에 연결된 회로를 통해 흐르는 전자는 유용한 전류를 생성한다.

풍력, 수력, 태양 에너지가 좋은 해답이다

기후 변화를 줄이기 위해서는 화석 연료에 의존하지 말아야 한다는 사실이 널리 알려지고 있다. 에너지 사용량의 80% 이상을 석유, 가스 및 석탄에 의존하는 지금은 이런 변화를 상상하기 힘들지도 모르지만, 파리 기후변화 협약(Paris Accord)과 IPCC (Intergovernmental Panel on Climate Change, 기후변화에 과한 정부간 패널)는 우리가 완전히 재생 에너지로 전환할 때만 대기의 CO_2 수준과 지구 온난화에 대처하여 안전해질 수 있다고 말한다(8장 참조).

이것의 가능한 전략들은 이미 다양하게 알려져 있다. 가장 포괄적이고 상세한 방법은 스탠포드 대학의 마크 제이콥슨과 산타 크루즈, 마크 델루치에 의해 연구되었는데, 그들은 우리가 사용하는 냉난방, 운송 및 전기 에너지에 대한 수요를 충족시키기 위한 바람, 물, 태양(Wind, Water and Solar, WWS을 이용한 재생 에너지로의 전환을 자세히 설명했다. 그들은 현재의 이용 가능한 풍력, 수력, 태양 에너지 기술로 2030년까지 세계 에너지 수요의 80%가 전환 가능하며, 2050년에는 100%를 공급할 수 있을 것이라 주장한다. 물론 이를 위해서는 400,00개의 5 MW 풍력 터빈, 7천 5백만 개의 옥상 태양광 시스템, 280만 개의 상업용 규모의 PV (태양전지패널)시설, 2,000개의 집중 태양광 발전소 및 산업 규모의 태양광 전지판이 필요하다(그림 11.37).

모든 기술을 이용해서 건설하고 설치하는 것이 무리는 아닐까? 엄청난 노력이 필요하겠지만 이미 전례가 있다. 제이콥슨은 사회가 예전에도 엄청난 변화를 이룩했다고 말한다. 이미 미국은 1956년부터 주와 주 사이의 고속도로를 건설하기 시작해 현재 75,600 km에 이르는 도로망을 구축해서 상업, 도시 경관, 사회를 변화시켰고, 매년 6,000만 대 이상의 자동차가 전 세계 고속도로에 추가되고 있다. 이처럼 기술과 생산에 있어 극적인 변화의 사례들이 많다.

WWS 모델은 운송, 건물 난방 및 냉방, 제조를 포함한 대부분의 에너지 사용이 전기화되었다고 가정한다. 이미 쉐보레의 Bolt 또는 테슬라의 배터리 전기 자동차 및 전기 열차는 많은 운송 수단을 제공하고 있고, 재생 가능한 전기로 구동되는 수소 연료 전지는 운송, 에너지 저장 또는 기타 전기 사용을 지원할 수 있으며, 건물 난방 및 냉방은 주변 공기와 땅의 열을 이

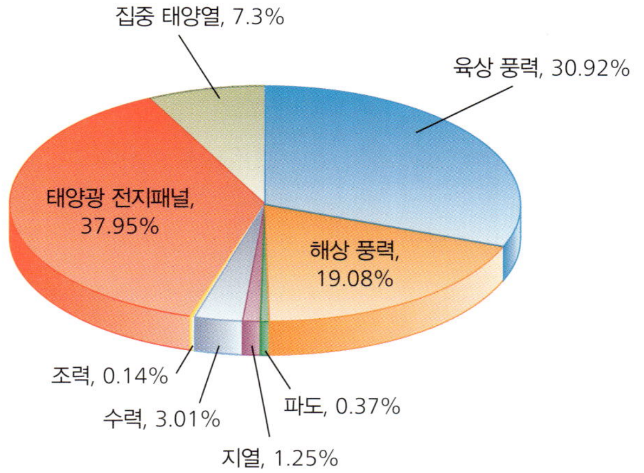

▲ **그림 11.37** 2050년 바람, 물, 태양을 이용한 재생 에너지 100% 시나리오
출처: Jacobson, M. et al. 2015년, 미국 50개 주에 대한 100% 깨끗하고 재생 가능한 풍력, 물, 햇빛(WWS) 전 부문 에너지에 대한 로드맵. 에너지 환경. Sci., 2015, 8, 2093–2117.

용하는 열 펌프로 수행할 수 있다.

다행히도 전기는 대부분의 용도에 효율적이므로 화석 연료를 계속 사용하는 것보다 태양, 풍력, 수력을 이용해 현재의 전력 요구를 충족시키면 39% 낮은 에너지가 소모된다. 이것은 주로 연료 연소를 통한 기존의 에너지 생산이 열로 많은 에너지를 잃기 때문인데, 휘발유로 자동차를 운행할 때 자동차를 주행에는 연료 에너지의 약 17%만을 사용하고 나머지는 열로 손실된다. 이에 Jacobson과 동료들은 태양 에너지를 사용하는 수소 연료 전지로 작동하는 배터리 전기 자동차가 가솔린을 연료를 사용할 때보다 효율적이라고 말한다. 마찬가지로 석탄, 석유 또는 가스를 태워 전기를 생산하면 터빈을 돌리는 데는 고작 연료의 약 1/3만 사용하고, 나머지는 "손실되는 에너지(rejected energy)", 즉 열로 손실되며 냉각을 위해서는 많은 양의 물과 설비가 필요하다(그림 11.2 참조). 이와는 반대로, 전기 에너지는 차량에 매우 효율적이어서 에너지의 약 90%가 이동에 사용되며, 펌프 작동, 온수, 난방 또는 기타 용도에는 더 효율적이다.

또한 재생 가능 자원에서 나오는 대부분의 에너지는 실제 사용되는 곳의 인근에서 생산될 수 있어 전력망의 송전 및 배전으로 인한 전력 손실을 줄일 수 있다.

이렇게 많은 신기술을 설치하는 데 비용이 많이 들까? 물론 비용은 비싸지만 현재처럼 화석 연료에 계속적으로 의존한다면 더 많은 비용이 든다. 그림 11.38에서 볼 수 있듯이 청정 에너지에 매년 7,000억 달러를 투자하면 수십 년 동안 기후 변화로 인해 발생하는 피해를 1/20로 줄일 수 있을 것이라고 추정된다.

결론

석유, 석탄, 천연 가스와 같은 화석 연료는 우리의 주 에너지원이다. 특히 북미에서 석탄은 풍부하지만 채굴과 연소는 환경 파괴와 대기 오염을 유발하는 주범이다. 오일(석유)은 현재 우리의 수송 에너지의 대부분을 제공하지만, 싸고 채굴하기 쉬운 원유는 곧 고갈될 것이다. 그리고 석유 연소 또한 온실 가스를 배출한다. 천연가스는 원유보다는 풍부하고 석탄보다 깨끗하지만, 천연 가스 채굴의 일반적인 방법인 파쇄법은 지구 표면과 지하수 오염 이외에 대기에도 많은 메탄을 방출할 수 있으므로 천연 가스에 의한 연료는 석탄보다 실제 지구 기후 변화를 더 악화시킬 수 있다.

원자력 발전은 가동하는 동안에는 CO_2를 생성하지는 않지만 연료의 채굴, 공정, 수송 및 폐기물 저장으로 인해 풍력 에너지보다 더 심한 온실 가스를 유발하고, 사고의 위험과 원자력 폐기물 저장 문제는 막대한 비용과 해결 불가능한 문제를 초래한다. 또한 수력도 중요한 전기 공급원이지만 대형 댐은 환경 및 사회적 큰 영향을 준다. 재생 에너지의 보존과 투자는 지속 가능한 에너지 미래의 핵심 요소이며 주택, 사무실 건물, 산업 생산 및 운송 분야의 새로운 설계는 모두 엄청난 에너지를 절약할 수 있다. 풍력과 태양열에 대한 투자는 특히 중국과 개발 도상국에서 빠르게 증가하고 있고 태양열, 풍력 및 기타 재생 가능 에너지원에 대한 급속한 혁신으로 이제는 청정 기술로부터 우리가 필요한 모든 에너지를 얻을 수 있다.

에너지원과 사용에 대한 우리의 선택은 우리의 환경과 사회에 큰 영향을 미칠 것이다.

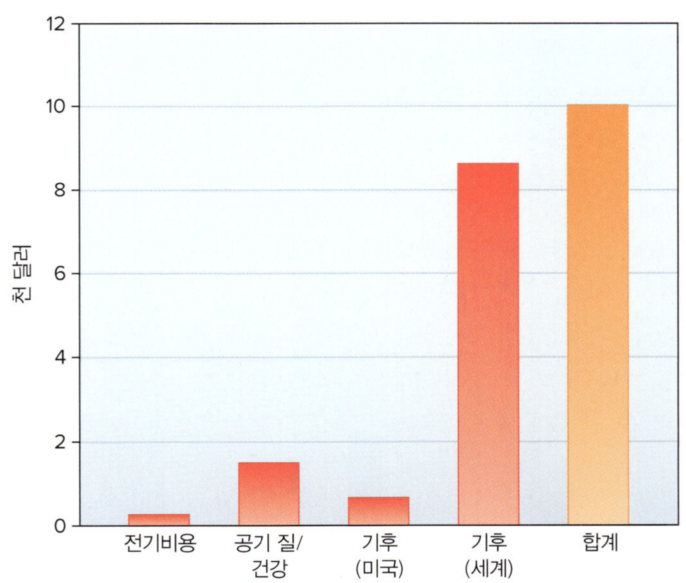

▲ **그림 11.38** 화석 연료에서 풍력, 수력 및 태양 에너지로의 전환으로 인한 미국의 연간 1인당 비용 절감 계산. 기후 비용에는 미국 및 글로벌 규모의 경제적 피해가 포함된다.
출처: Jacobson, M. et al. 2015년, 미국 50개 주에 대한 100% 깨끗하고 재생 가능한 풍력, 수력, 태양(WWS) 전 부문 에너지에 대한 로드맵. 에너지 환경. Sci., 2015, 8, 2093–2117.

연습 문제 *PRACRICE QUIZ*

1. 에너지 효율성을 높이는 데 있어 뉴욕이 다른 도시에 비해 가지고 있는 이점을 이용한 몇 가지 방법은 무엇인가?
2. 에너지, 발전, 킬로와트시(kWh)를 정의하시오.
3. 세계 상업 에너지의 주요 원천은 무엇인가?
4. 다른 나라와 비교했을 때 미국의 에너지 소비는 어떠한가?
5. 왜 우리는 지하에 있는 석탄을 전부 사용하기 원하지 않는가?
6. 대부분의 액체 원유는 어디에 위치에 있는가? 또 언제까지 공급 가능한가?
7. 타르 샌드와 셰일 오일은 무엇인가? 이를 채굴할 때 환경에 미치는 영향은?
8. 원자력 폐기물은 현재 어떻게 저장되고 있는가?
9. 집중 태양광 발전(CSP)이 어떻게 작동하는지 설명하라.
10. 태양 전지는 어떻게 작동되는가?

비판적 사고와 토론 *CRITICAL THINKING AND DISCUSSION*

다음의 질문에 대해 다른 학생들과 토론하기 위해 이 장에서 배운 원리를 적용해 본다.

1. 만약 당신이 한 국가 또는 한 주의 에너지 최고 책임자라면 어디에 예산을 투자할 것인가? 왜 그렇게 할 것인가?
2. 이 장에서 여러 다양한 에너지원과 에너지 기술에 대해 다루었다. 각 에너지원과 기술은 장단점이 있다. 만약 당신이 에너지 정책 분석가라면 원자력 사고의 위험과 화석 연료 연소로 인한 대기 오염을 어떻게 비교할 수 있는가?
3. 만약 당신의 지역 전력사업가가 당신의 지역 사회에 새로운 전력 발전소를 세우려 한다면 어떤 종류의 전력 발전소를 선호할 것인가? 그 이유는 무엇인가?
4. 원자력 업계에서 원자력이 온실 효과에 기여하지 않기 때문에 환경 친화적이라고 주장하는 광고를 인기 있는 잡지와 신문에 기재한다. 그들의 주장에 당신은 어떻게 답할 것인가?
5. 바이오 연료의 순에너지 손실 또는 순에너지 이익에 대한 논쟁에 대해 당산은 어떻게 평가하는가? 이 질문의 손실과 이익에 대해 당신은 전문가에게 어떤 질문을 할 것인가? 이 주장에 내포되어 있는 세계관 또는 숨은 의도는 무엇이라고 생각하는가?
6. 화석 연료에서 재생 에너지로 전환하는 데에 엄청난 비용이 들 것이 분명하다. 기후 변화로 인해 미래에 지불해야 하는 비용에 대해 나와 관련된 바가 아니라고 말하는 사람들에게 당신은 무엇이라고 대답할 것인가?

데이터 분석 개인적인 에너지 사용 *DATA ANALYSIS Personal Energy Use*

많은 사람들에게 차와 컴퓨터는 일상생활 필수품이다. 자동차는 우리의 가장 중요한 단일 용도의 에너지 사용처이기 때문에 자동차 효율의 차이는 우리의 에너지 소비(또한 에너지 비용)에 많은 영향을 줄 수 있다. 평균 사용에서 자동차 효율의 영향을 평가하기 위해 엑셀 스프래드 시트를 이용해 다음의 연습을 해보자.

당신이 포드 익스커션과 같은 SUV 대신 혼다 인사이트와 같은 매우 효율적인 차를 구매하려 한다고 가정해 보자. 얼마나 많은 에너지를 절약할 수 있으며 절약된 에너지로 얼마나 오랫동안 컴퓨터를 사용할 수 있는가?

CHAPTER

12 고형 폐기물과 유해 폐기물

Solid and Hazardous Waste

학습 성과 *Learning Outcomes*

이 장을 학습한 후에 여러분은 다음 질문에 대답할 수 있어야 한다:

- ▶ 폐기물 흐름의 주요 요소는 무엇인가?
- ▶ 위생 매립은 어떻게 운영되는가? 왜 우리는 매립장의 대안을 찾고 있는가?
- ▶ 왜 해양 투기가 문제가 되는가?
- ▶ 쓰레기 감소의 "3R"이 무엇이며 무엇이 가장 중요한가?
- ▶ 바이오매스 폐기물이 어떻게 천연가스로 전환될 수 있는가?
- ▶ 유해 폐기물과 독성 폐기물이 무엇인가? 이 폐기물을 어떻게 처분할 수 있는가?
- ▶ 생물적 환경 정화란 무엇인가?
- ▶ 슈퍼펀드가 무엇이며 진척을 이루고 있는가?

멸종 위기에 처한 하와이 뭉크 물범이 파라 하 노무 쿠 아키아(Papahānaumo-kuākea, 하와이 해양 국립 기념물)에서 버려진 어망에 갇혀 있다.

Source: NOAA Photo Library/NOAA's Fisheries Collection/National Oceanic and Atmospheric Administration (NOAA)

사례 연구 *Cace Study*

플라스틱에 오염된 바다

세계에서 가장 큰 해양 보호 구역 중 하나 인 파라 하 노무 쿠 아키아 Papahānaumokuākea 해양 국립 기념물은 미국 국립 공원을 합친 것보다 더 크다. 조지 W. 부시 대통령이 2006년에 설립한 이 보호 구역은 2016년 오바마 대통령에 의해 더 넓게 확장되어 하와이 북서쪽 150만 km^2 (583,000마일)에 걸쳐 펼쳐진 섬, 환초 및 산호초를 포함하고 있는데, 레이산 알바트로스(Laysan albatross)와 하와이 몽크 바다표범(Hawaiian monk seal)과 같은 희귀하고 멸종 위기에 처한 종을 비롯하여 깨끗하고 다양한 깊은 바다의 산호초가 7,000종 이상의 해양 생물을 보호하고 있다. 독립된 섬과 산호 환초는 세계에서 가장 큰 열대 바닷새 번식지로 1,400 만 마리가 둥지를 틀고 있고, 난파선과 하와이 원주민을 위한 세계 문화 유산이 풍부한 문화, 역사적 유적의 본거지이다.

육지에서 멀리 떨어진 위치에도 불구하고 파라 하 노무 쿠 아키아* 는 현대 생활 쓰레기와 폐기물로 인해 고통 받고 있다. 섬과 산호초는 태평양 환류로 알려진 광대한 순환 해류 내에 있고, 지구 자전에 의해 움직이는 이 소용돌이 치는 조류는 영양분, 유기물 쓰레기, 그리고 최근 수십 년 동안 바다에 떠다녔던 플라스틱 쓰레기를 한데 모아 쓰레기의 바다로 만든다. 이 플라스틱 잔해 지역은 태평양 거대 쓰레기 더미(Great Pacific Garbage Patch, GPGP)라고 불리며, 플라스틱 입자, 음료수병과 뚜껑, 일회용 쇼핑백, 포장, 버려진 어망 및 기타 폐기물들이 모여 바다 위를 떠 다니는 구름과 같다.

동태평양, 캘리포니아와 하와이 사이, 일본 근처의 서태평양에서 가장 많이 발생한 플라스틱 쓰레기 잔해의 대부분은 작은 조각으로 구성되어 바다 표면 바로 아래에 떠 다니지만 일부는 20~30 m 깊이의 부유물로 크고 알아볼 수 있다. 이와 유사한 쓰레기 지역이 대서양과 세계 해양의 여러 곳에서 확인되었지만 태평양 사례가 가장 잘 연구되고 있다.

태평양 쓰레기 더미는 1억 톤 이상의 플라스틱을 포함하고 있으며 캘리포니아보다 더 넓은 지역을 덮을 수 있는 것으로 생각되는데, 일부 지역에서는 이 잔해가 살아있는 바이오 매스보다 크다. 연구원들은 많은 분해 플라스틱이 황산디메틸(Dimethyl Sulfide)을 방출하여 물고기와 새를 끌어들이는 것을 발견했다. 잡힌 물고기는 플라스틱 조각으로 위장이 가득 차 있었고, 소화가 되지 않는 병뚜껑, 일회용 라이터, 기타 쓰레기를 먹이로 착각하여 먹은 어미새가 역류시켜 아기새에게 주면 아기새는 위장이 막혀 결국 굶어 죽게 된다.

그림 12.1에서 보듯이 레이산 알바트로스 아기새 사체의 90%가 위장에서 플라스틱 조각이 발견되었다. 물개, 거북이, 돌고래, 바닷새도 버려진 낚시 그물에 걸려 익사하거나 소화되지 않는 이물질을 섭취하여 죽음을 맞이하며, 가끔은 위가 플라스틱 파편으로 가득 찬 고래가 죽은 채 해변에 밀려 오기도 한다. 해양학자들은 이 잔해가 서서히 해양 생태계를 굶주리게 한다고 우려하고 있다.

해상과 해변에서 실시한 조사에 따르면 부유 물질의 50~80%는 육지에서 바다로 흘러온 것이고, 나머지는 바다에 버려지거나 분실된 것들이다. 버려진 쇼핑백, 음료수 용기, 패스트푸드 상자와 기타 쓰레기는 쓰레기통에서 떨어지거나 매립지에서 흘러나와 거리에 버려진 다음 빗물 하수구와 개울로 씻겨 내려와, 결국 바다로 이동하여 바다를 떠다니는 거대한 해양 플라스틱의 덩어리에 합류하면서 점차 작은 조각으로 부서진다.

육지와 바다에서의 부주의하고 불완전한 폐기물처리 때문에 발생하는 이 문제는 광범위로 확산되고 있으며, 많은 양의 폐기물이 지속적으로 흘러 들어 해결하기가 매우 어렵지만 문제점에 대한 인식을 가진 사람들에 의해 변화가 일어 나기 시작했다. 파라 하 노무 쿠 아키아의 대형 정화 선박은 산호초에 얽혀 있던 버려진 어구 700톤 이상을 수거 처리했다.

파라 하 노무 쿠 아키아외 다른 곳에서도 해양 쓰레기가 대중의 관심을 끌고 있고, 광범위한 해변 청소는 눈에 띄게 영향을 미치고 있다. 해양 청소와 정화 활동은 전 세계적으로 퍼지고 있는데, 정기적으로 해안 청소를 한 다음 쓰레기를 조사하고 무게를 측정하는 조직인 Ocean Conservancy에 따르면 1990~2015년 사이 약 9백만 명의 자원 봉사자가 거의 66,000톤의 쓰레기를 수거했다고 한다.

문제 인식이 높아지면서 많은 어선들이 바다에 플라스틱 쓰레기 버리는 일을 줄이도록 장려하고 있다. 해양 쓰레기들은 낚시 장비를 더럽히고 어업 시간의 증가와 처리 비용에 부담을 주기 때문에 어선들

▲ **그림 12.1** 물고기가 아닌 플라스틱 쓰레기를 먹은 후 죽은 레이산 알바트로스 아기새. 아기새의 주요 사망 원인은 플라스틱 섭취로 인한 기아현상이다.
출처: National Marine Sanctuary,–사진 작가 Claire Fackler

사례 연구 Cace Study (계속)

에서 발생하거나 그물에 모인 쓰레기들은 직접 회수하는 것이 가장 좋다. 버려진 어구들은 우연하게 해양 생물을 죽이게 되는 가장 큰 원인이며, 추가로 비닐 쇼핑백, 풍선 및 플라스틱 병 뚜껑도 그 뒤를 잇기 때문에 더 위험하다.

하수도로 흘러갈 수 있는 플라스틱 조각들은 결국 바다까지 흘러갈 수 있음을 기억하고 별도로 폐기 처리하는 것, 헬륨 풍선을 하늘에 띄워 날려 보내지 않는 것, 물건 구매 시 일회용 용기, 병 또는 포장의 양을 줄이는 행동들로 우리들은 바다에서 비록 멀리 떨어져 있더라도 바다를 보호할 수 있다. 잘게 부서진 쓰레기를 최소화하는 것은 해양 쓰레기를 줄이는 가장 좋은 방법 중 하나이다.

쓰레기로 오염된 하와이 북서부의 외딴 환초는 폐기물 발생과 처리로 인한 영향이 거리와는 상관없음을 보여준다. 우리가 구입하는 재료와 쓰레기를 관리하는 방법은 집과 멀리 떨어진 곳의 생활 시스템에도 극적인 영향을 미칠 수 있다. 동시에 해양 쓰레기 오염 문제에 대한 반응은 많은 사람들이 육지와 바다를 돌보고 아름답게 유지하는 데 관심이 있음을 보여주고 있다. 가끔 청소와 정화 작업의 장애물과 방대한 쓰레기의 양은 극복할 수 없는 것처럼 보이지만 하와이의 정화 노력을 상기하며 계속 노력한다면 분명한 진전이 있을 것이다.

이 장에서는 우리가 발생시키는 폐기물과 그 처리 방법 및 폐기물을 줄이고, 재사용하고, 재활용하는 전략을 살펴본다. ■

12.1 우리는 어떤 폐기물을 생산하나?

- *폐기물 흐름은 모든 형태의 쓰레기의 꾸준한 흐름이다.*
- *도시 고형 폐기물은 혼합되어 있기 때문에 특별한 처리가 필요하다.*
- *미국인들은 유럽이나 일본의 2배, 개발도상국의 5~10배에 해당하는 하루에 1인당 2 kg 이상의 폐기물을 발생시킨다.*

우리가 매일 폐기물을 생각하지 않더라도 폐기물은 우리와 항상 관련되어 있고, 우리가 행하는 거의 모든 행위는 원치 않는 부산물을 발생시킨다. 미국 환경보호국(EPA)에 의하면 미국에서는 매년 110억 톤의 고형 폐기물이 생산되며, 이는 1인당 약 3.6톤에 해당한다. 이 양의 거의 절반은 경작물 찌꺼기와 동물 분뇨 같은 폐기물로 이루어져 있으며, 그 대부분은 폐기물이 생산된 장소인 농장 내 토양의 거름으로 재활용된다. 농업 폐기물은 토양 침식을 막는 토양 덮개를 제공하며 새로운 작물의 양분이 되지만, 또한 대기와 수질의 비점오염원 중 가장 큰 단일 원천이기도 하다. 고형 폐기물의 또 다른 1/3은 광산의 미세먼지, 노천 채굴로부터의 폐석, 제련소 슬래그, 채굴과 금속처리로부터의 기타 산업 폐기물이다. 이 물질 대부분은 폐기물이 생산된 장소 내 또는 근처에 저장된다. 그러나 적절하지 않은 폐기물 관리는 심각하고 광범위한 오염을 야기할 수 있다.

미국에서 채광과 광물 생산 이외의 산업폐기물은 매년 총 4억 톤에 달한다. 이 물질의 대부분은 재활용되거나, 다른 형태로 전환되거나, 매립지에 보내지거나 또는 주입정에서 처리된다. 이때 주입정은 충분히 깊어야 하며, 사용 가능한 지하수와 섞여서는 안 된다. 산업 폐기물의 약 6,000억 톤은 유해 폐기물과 독성 폐기물의 특별한 유형에 속하며, 이 장의 후반에 이에 대해 논의할 것이다.

우리가 가정, 사무실, 도시에서 생산하는 쓰레기인 **도시고형 폐기물**은 무게로는 적은 부분을 차지하지만 폐기물 관리에서 가장 어려운 폐기물 중 하나이다. 도시고형 폐기물은 다양한 물질을 포함하고 있기 때문에 재사용 및 재활용이 어렵고, 미국에서만 약 2억 5,000톤에 달한다(그림 12.2). 이는 1인당 하루 2 kg (4.6 lb)을 약간 상회하는 양이며, 유럽과 일본의 1인당 폐기물량의 두 배, 대부분의 개발도상국의 1인당 폐기물량의 5배

벤치마크 데이터

다음은 이 장의 아이디어와 숫자 중에서 기억할 가치가 있는 몇 가지 사항이다.

폐기물 1억 톤	태평양 쓰레기 패치에서 추정되는 플라스틱
50~80%	해안에서 발생한 해양의 플라스틱
110억 톤	미국 연간 폐기물 발생량
34%	미국에서 재활용되는 폐기물
60%	독일에서 재활용되는 폐기물
71%	화학 및 석유 산업에서 생산되는 미국 유해 폐기물의 일부
4천만 톤	미국에서 매년 방출되는 수질 , 대기 오염 물질
36,000	EPA에서 확인한 미국의 수퍼 펀드 사이트 (오염된 장소를 정화, 청소하는 단체)
400,000	미국 내 오염된 장소

(a) 폐기물 생산 비율

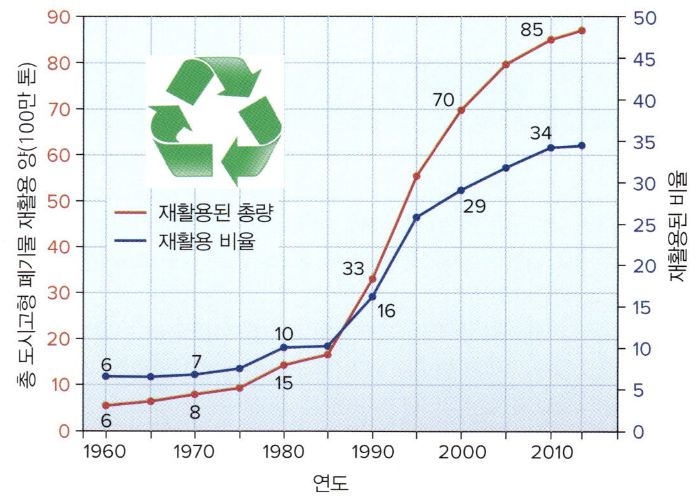

(b) 재활용 비율

▲ **그림 12.2** 고형 폐기물에 대한 좋은 소식과 나쁜 소식. (a) 1인당 하루 폐기물량은 2 kg 이상으로 꾸준히 증가해 왔으며, (b) 재활용 비율 또한 높아지고 있다.
출처: Data from U.S. EPA 2014.

에서 최고 10배에 해당한다.

과거 20년간 상당한 진전을 이루었음에도 불구하고 우리는 유리병과 유리항아리의 약 30%만을 재활용하고 있으며, 알루미늄 캔음료의 재활용률은 50% 이하이고, 플라스틱 식음료 용기의 재활용률은 7% 이하이다. 이 자원의 재활용 비율을 향상시키면 비용 절감, 에너지, 토지 및 기타 많은 자원을 보존할 수 있을 것이다.

폐기물 흐름은 우리가 버리는 모든 것이다

어떤 물질이 폐기물에 포함되어 있을까? 폐기물에는 마당, 정원 폐기물, 음식물 쓰레기, 하수처리시설로부터 나온 하수 슬러지와 같은 유기물질이 존재한다. 또한 폐차, 오래된 가구 등 모든 유형의 소비재, 신문, 잡지, 포장재 및 사무실 폐기물인 폐지가 우리가 버리는 주요 폐기물이다(그림 12.3).

폐기물 흐름은 가정용 쓰레기, 정원 폐기물에서부터 산업용, 상업용 및 건설용 폐기물을 아우르는 우리가 생산하는 다양한 폐기물의 계속적인 흐름을 의미하는 용어이다. 우리의 폐기물 흐름에 존재하는 많은 물질들은 다른 폐기물과 혼합되지 않으면 가치 있는 자원이 될 수 있는데, 불행하게도 우리의 폐기물 수거와 처리과정은 모든 물질을 섞고 파쇄하기 때문에 물질들을 따로 분리하는 데 고비용이 들며, 때로는 분리가 불가능하다.

재활용 기술 및 퇴비화 프로그램의 개선에도 불구하고 여전히 미국 폐기물의 절반 이상은 매립지로 보내진다(그림 12.3b). 1980년부터 2000년까지는 재활용과 소각 둘 모두 증가했지만 그 이후로 크게 변한 것이 없고, 재활용률 향상은 중요한 과제이다.

유해물질이 폐기물 흐름에 섞이게 되면 유해물질은 수천 톤에 달하는 여러 폐기물 안에 퍼진다. 다소 무해한 물질이 유해물질과 혼합됨으로 인해 폐기물 처리 또는 소각은 어려워지고 비싸질 뿐 아니라 폐기물 처리는 위험한 작업이 된다.

배터리 소각은 카드뮴, 수은, 납 또는 아연을 공기 중으로 방출하고, 플라스틱은 발암성 다이옥신과 PCB (폴리염화 비페닐)를 생성한다. 따라서 가정용 독성 및 유해 물질을 처리하는

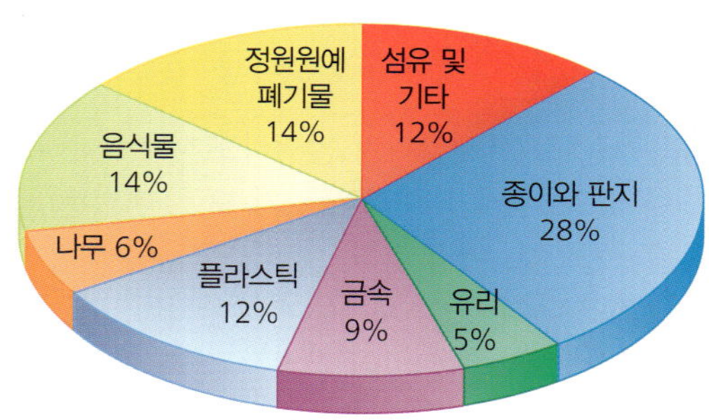

(a) 무게별로 생성된 폐기물 양

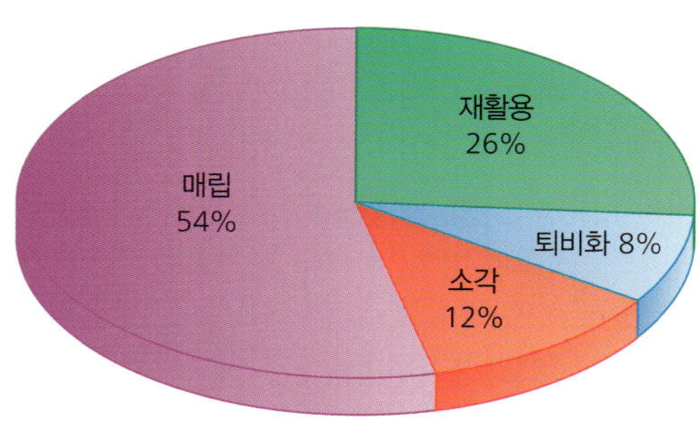

(b) 폐기물 처리 방법

▲ **그림 12.3** 무게와 처리방법에 따른 미국의 도시고형 폐기물 구성 성분
출처: 미국 환경보호국 고형 폐기물 관리소, 2011

가장 좋은 방법은 이 장의 뒷부분에서 볼 수 있듯이 안전한 폐기 또는 재활용을 위해 분리하는 것이다.

12.2 폐기물 처리 방법

- *단순 매립은 여전히 개발 도상국에서 일반적이다.*
- *미국 폐기물 관리의 대부분은 위생 매립지를 이용하지만 비용이 많이 든다.*
- *우리는 종종 폐기물을 처리할 장비가 부족한 국가로 폐기물을 수출한다.*

우리의 폐기물은 어디로 보내지나? 우리는 이 절에서 폐기물 처리의 고전적인 방법과 미래의 폐기물 처리 방식에 대해 검토해 볼 것이다. 먼저, 가장 바람직하지 않지만 가장 일반적으로 사용되는 방법들을 살펴보겠다. 그리고 우리에게 가장 중요한 폐기물 처리 전략인 "3R", 즉 감소(Reduction), 재사용(Reuse), 재활용(Recycling)을 마지막에 살펴보겠다.

▲ **그림 12.4** 개발도상국은 저렴한 플라스틱 제품과 포장재에 익숙해졌지만 좋은 재활용 및 폐기물 처리 방법의 선택권이 없어 이런 쓰레기 처리는 국가의 위기가 되었다.
출처: ©William P. Cunningham

단순매립은 공기와 물에 유독물질을 방출시킨다

사람들은 종종 쓰레기를 단순히 투기 매립한다. 증가하는 인구에 따른 폐기물 수거와 같은 정부의 사회기반시설이 부실한 개발도상국에서는 규제되지 않은 단순 투기가 여전히 가장 만연하는 폐기물 처리방법이다. 개발도상국의 거대한 대도시는 엄청난 쓰레기 문제를 앓고 있다(그림 12.4). 세계에서 가장 큰 도시 중의 하나인 멕시코시티는 매일 10,000톤의 쓰레기를 생산한다. 최근까지 쏟아져 나오는 쓰레기는 거대한 무더기로 쌓여 방치되어 쥐, 파리 및 기타 해충뿐 아니라 바람, 비에 노출되고 있다.

대부분의 선진국들은 적어도 도심에서의 단순매립을 금지시켰으나, 여전히 불법적인 단순매립은 문제이다. 아마도 도로 주변과 잡초가 우거진 공터의 쓰레기 더미를 본 적 있을 것이다. 이것은 단지 미관상의 문제가 아니다. 이 쓰레기의 대부분은 하수도에 씻겨 내려 바다로 흘러 들어가는데(다음 절 참조). 다수의 불법 투기된 쓰레기에는 폐유와 용제가 포함되어 있다. 미국에서는 매년 약 2억 리터의 폐엔진 오일이 하수로 흘러 들어가거나 또는 토지로 침투된다고 추정된다. 이는 1989년 알래스카의 *엑손 발데즈* 오일 유출 사고의 약 5배에 달하는 양이다! 이런 비슷한 방법으로 버려지는 용제와 기타 화학 폐기물의 양은 아무도 모른다.

실제로 전체 미국인의 거의 절반이 식수로 의존하고 있는 지하수에서 발견되는 이러한 독성 화학물질이 증가하고 있다(제10장). 상당히 적은 양의 오일 또는 기타 용제만으로도 대량의 식수 또는 관개로 사용되는 물을 오염시킬 수 있다. 예를 들어, 1리터의 휘발유는 수백만 리터의 물을 마시지 못하게 만들 수 있다.

폐기물 해양배출은 대부분 통제되지 않는다

해양은 거대하지만 우리의 폐기물을 위험이 없도록 흡수할 만큼 크지는 않다. 수백만 개의 물통, 캔, 플라스틱 통을 포함해 매년 25,000톤(5,500만 파운드)의 포장재가 바다로 흘러간다. 심지어 외딴 지역의 해변도 분해되지 않는 쓰레기에 더럽혀져 있다(그림 12.5a). 1,000 km (660마일) 이상의 그물을 포함해 약 150,000톤(3억 3,000만 파운드)의 어구가 매년 소실되거나 버려진다. 북태평양해에서만 매년 50,000마리의 북극 물개들이 이런 폐기물에 걸려들어 익사하거나 또는 아사한다고 추정된다.

최근까지 미국의 많은 도시들은 도시 폐기물, 산업 폐기물, 하수 및 하수 슬러지를 바다에 폐기했다. 현재 연방법은 이와 같은 해양배출을 금지하고 있고, 연안으로 하수 슬러지 배출을 마지막까지 실시한 뉴욕시는 결국 1992년에 이런 관행을 중단했다.

플라스틱 조각들은 전 세계의 해양에서 증가하고 있는 문제이다. 수백만 톤의 플라스틱 생수병, 병뚜껑, 플라스틱 쇼핑백 및 기타 잔해는 결국 바다에 도달한다. 이 대부분은 우리가 무심코 버린 쓰레기와 폐기물이지만 또한 크루즈 선박과 컨테이너 선박의 고의적인 투기도 있다. 해양 표면 바로 아래에 떠있는 이와 같은 잔해는 선회하는 해류에 의해 넓은 지역에 쌓이게 된다.

해양학자들은 해양 생태계를 서서히 굶주리게 하는 이와 같은 플라스틱 잔해물을 수거 또는 통제하는 방법을 찾기 위해 노력하고 있지만, 대부분의 물질은 그물로 쉽게 포집하기에는 입자가 너무 작으며, 세계의 해양으로 너무 넓게 분산되어 있다. 그러나 문제 해결의 첫 단계는 이에 대한 인식의 증가이다.

▲ **그림 12.5** 육지와 바다에 버려지는 플라스틱 쓰레기는 외딴 해변에 몰려든다.
출처: ©Iakov Filimonov/123RF

▲ **그림 12.6** 위생매립지에서 플라스틱 라이너(차수)가 설치된다. 이 라이너와 라이너 바로 아래의 벤토나이트 점토층은 지하수로의 폐기물 침투를 방지한다. 또한 폐기물은 압축되고 매일 흙으로 덮인다.
출처: ©Karsten Eggert/123RF

태평양 쓰레기 환류에 대한 사진과 정보의 증가 및 다른 쓰레기 환류 정보는 온라인에서 찾아볼 수 있다.

매립지가 우리 폐기물의 대부분을 처리한다

미국에서 현재 도시고형 폐기물의 54%는 매립지로 보내지며, 33%는 재활용되고, 13%는 소각 처리된다. 폐기물 통제에 관해 향상시켜 할 부분이 아직 많지만, 이는 1960년의 94% 매립, 6% 재활용 비율에 비하면 엄청난 변화이다.

현대의 **위생매립**은 폐기물을 수용하기 위해 설계되었다. 악취와 쓰레기를 감소시키고 해충과 쥐를 피하기 위해 작업자는 매일 폐기물을 압축시키고 흙을 덮는 작업을 한다. 이 방법은 오염방지에 도움이 되지만 복토는 최고 20%의 매립지 공간을 차지한다. 1994년 이후 미국의 모든 매립지에서는 폐기물 속에 남아 비와 함께 지하에 스며드는 오일, 화합물, 독성 금속 유해 물질을 통제하도록 했다. 지하수와 하천에 침투되는 것을 막기 위해 매립지는 불침투성 점토 또는 플라스틱 라이닝(lining; 차수)이 필요하며, 배수시설은 배수물질을 포집하고 누수되는 화학물질을 감시하는 데 도움을 주기 위해 이 라이너 내부와 주변에 설치된다(그림 12.6). 현대의 도시고형 폐기물 매립지는 이 장의 후반에 설명할 유독한 폐기물에 대비해 처리장 보호장치를 갖추고 있다.

또한 위생 매립지는 유기물질이 매립지 깊숙한 내부의 혐기성 조건에서 분해될 때 발생되는 온실가스인 메탄을 관리해야 한다. 매립지는 미국에서 가장 큰 인위적인 메탄 생성 원천이며, 전 세계적으로 매립지에서 매년 7억 톤 이상의 메탄이 생성되는 것으로 추정된다. 메탄은 CO_2보다 열을 20배 더 흡수하기 때문에 모든 온실가스 배출의 약 12%를 차지한다. 최근까지 매립지의 메탄의 대부분이 공기 중으로 단순히 배출되었으나, 현재 미국에서 모든 매립지 가스의 약 절반은 매립지에서 연소되거나 또는 전력을 생성하는 연료로 포집되어 사용된다. 미국에서의 메탄 포집은 매년 440조 BTU를 생산하며, 이는 고속도로에 2,500만 대의 차량을 움직이는 것과 동일한 양이다. 일부 매립지 운영자들은 이러한 가치 있는 연료 생산을 가속화시키기 위한 방법으로 폐기물에 계획적으로 물을 살포한다.

역사적으로 매립지는 편리하고 저렴한 폐기물 처리 방법이었다. 이는 과거에는 훨씬 적은 양의 폐기물이 발생했고(1960년의 쓰레기 양은 현재의 1/3에 불과했다), 폐기 처리장과 폐기 방법에 대한 법규가 많지 않기 때문에 가능했다. 1984년 이후 매립지에 대한 재정적 및 환경보호에 대한 더 엄격한 요구조건이 시행되면서 미국의 약 90%의 매립지가 폐쇄되었다. 폐쇄된 거의 모든 매립지에서 독성 물질이 지하수와 표면수로 침투하는 것을 막기 위한 환경 통제가 부족한 탓에 현재 많은 지역이 몇 십 년 전에 규제되지 않은 매립지로부터 발생한 지하수와 하천 오염으로 인해 고통 받고 있다.

공중건강 보호를 위한 새로운 법규로 인해 매립지의 수는 더 줄어들고 대규모화되며, 더 큰 비용이 발생한다. 도시에서 발생한 폐기물을 처리하기 위해 도시들은 몇 백 마일 떨어진 곳까지 폐기물을 트럭으로 운송하며, 매년 쓰레기 처리에 쓰이는 100억 달러 중 상당한 부분을 매립지에 쓴다. 현재로부터 10년 후 우리의 쓰레기와 폐기물을 처리하기 위해 매년 1,000억 달러의 비용이 발생할 수 있기 때문에 증가하는 매립지 비용으로 인해 폐기물 감소와 재활용을 비롯해 대안적인 전략을 추구하는 것이 더 경제적일 수 있다.

우리는 종종 폐기물 처리 설비가 잘 되어 있지 않은 국가에 폐기물을 수출한다

1989년 대부분의 산업화된 국가들은 유해하고 독성 폐기물을 저개발 국가로 이동시키는 것을 금지하는 데 합의했으나 이 관행은 여전히 계속되고 있다. 예를 들어, 2006년 400톤의 유독 폐기물이 아이보리해의 수도인 아비장의 14개의 단순매립지

능동적 학습 ACTIVE LEARNING

라이프사이클 분석

폐기물 흐름에서 우리가 어디에 위치하고 있는가를 더 잘 이해하기 위한 첫 단계는 우리가 구매하는 물질들의 수명주기를 알아보는 것이 대략적인 과정이다. 다른 학생과 함께 규칙적으로 사용하는 제품 중 하나를 선택한다. 종이에 다음의 질문에 대해 최대한 잘 추측해본다: (1) 그 제품의 주요 구성물질을 나열한다. (2) 그 구성물질의 근본적인 원천을 생각해본다(지리적 위치와 원천물질). (3) 물질에서 추출/전환하는 데 필요한 에너지, (4) 물질이 이동한 거리, (5) 제품이 우리에게 도착하는 데 관련된 산업의 개수, (6) 제품 사용 후 폐기되는 장소, (7) 제품 속 어떤 물질들이 어떤 제품으로 재사용/재활용될 수 있는가

에 불법적으로 폐기되었다. 황화수소와 방향성 탄화수소를 함유하고 있는 휘발유 폐기물인 이 검정 슬러지는 10명의 사망자와 많은 부상자를 초래했고, 적어도 100,000명의 도시 주민들이 구토, 복통, 메스꺼움, 호흡곤란, 코피, 두통으로 치료가 필요했다. 유럽의 항구에 진입이 금지된 슬러지를 아이보리해에 폐기하기 위해 네덜란드에 본사를 둔 다국적 기업은 파나마 선적 선박으로 슬러지를 아이보리의 한 회사(부패한 정부관료와 연결되어 있는 것으로 사료됨)에 인도했다. 이 사건으로 네덜란드 회사는 이 폐기물의 청소와 관련 분쟁 조정에 1억 9,800만달러(US)를 지불하기로 합의했다.

대부분의 폐선박들은 가난한 국가에서 해체되어 재활용된다. 작업장은 위험하며, 오래된 선박들은 종종 오일, 디젤 연료, 석면 및 중금속과 같은 유독물질과 유해물질로 가득 차 있다. 예를 들어, 인도의 알랑 해변에서는 40,000명의 근로자들이 쇠 지렛대, 절단기, 심지어 맨손을 사용해 오래된 폐선박 해체 작업을 한다. 금속은 분리되어 재활용으로 팔려 나가고, 유기 폐기물은 종종 해변에서 연소되며, 재와 기름 잔류물들은 해안으로 씻겨져 바다로 향한다.

폐기된 전자 제품 또는 **전자 폐기물**은 개발도상국으로 보내지는 가장 큰 유독물질 중 하나이다. 전 세계에 적어도 20억 대의 텔레비전, 개인 컴퓨터가 사용되고 있는데, 텔레비전은 사용 시작 후 5년 후에 버려지며 컴퓨터, 플레이스테이션, 휴대폰 및 기타 전자제품은 심지어 이보다 더 빨리 폐기되면서 매년 5,000만 톤의 전자 폐기물이 전 세계적으로 버려진다. 이 중 약 20%의 부품만이 현재 재활용되고 있으며, 나머지는 대부분 단순투기 또는 매립된다. 이 폐기물 흐름 속에는 적어도 25억 kg의 납, 수은, 갈륨, 게르마늄, 니켈, 팔라듐, 베릴륨, 셀레늄, 비소 및 금, 은, 구리, 강철과 같은 가치 있는 금속이 포함되어 있다.

최근까지 대부분의 전자 폐기물은 중국으로 보내졌으며, 아이들을 포함한 중국의 주민들은 가치 있는 금속을 회수하기 위해 폐기물을 분해했다. 종종 노동자들은 보호장비를 갖추지 않거나 약간의 장비를 갖춘 최소한의 조건에서 이와 같은 금속 회수 작업을 행한다. 이는 특히 성장기 아동들의 건강을 심각하게 위협한다. 작업 장소에서의 토양, 지하수, 지표수 오염도 매우 심한데, 이렇게 오염된 토양에서 재배된 식량은 유독한 수준의 납과 기타 금속물질을 포함하게 된다.

중국에 폐기물을 선적하는 것은 공식적으로 금지되었으나 불법적인 밀수는 계속되고 있는데, 2018년에 중국은 미국에서 재활용을 위해 일반적으로 회수되는 많은 재료를 포함한 쓰레기 중 수입 금지 대상을 24개 범주로 확대했다. (여러분의 생각은? 참고) 이렇게 중국의 규제가 강화됨에 따라 비공식 전자 폐기물 재활용 사업은 인도, 가나 및 환경 규제가 취약한 기타 지역으로 옮겨가고 있다(그림 12.7a). 이러한 문제를 더 어렵게 하는 요인은 규제가 더 엄격한 부유한 국가보다 이러한 개발도상국들이 곧 더 많은 전자 폐기물을 생산할 것이라는 점이다(그림 12.7b). 이러한 개발도상국들은 폐기물 생산의 증가로부터 공중건강을 지킬 수 있을까?

글로벌 전자 폐기물 배송 및 작업 조건을 감시하는 한 그룹인 Basel Action Network는 폐기물 발송물의 GPS 추적을 통한 연구에서 전 세계적으로 불법 전자 폐기물 수출량이 증가하고 있음을 계속해서 발견하고 있고, 여기에는 중국에서 동남아시아 및 기타 지역으로의 선적 증가도 포함된다.

소각은 쓰레기로부터 에너지를 생산한다

많은 도시들은 쓰레기 더미의 증가 및 사용 가능한 매립지의 고갈로 인해 도시폐기물을 연소시키기 위한 폐기물 소각로를 건설해왔다. 소각은 폐기물의 부피를 80~90%까지 감소시킨다. 원래 폐기물 부피의 10~20%만을 차지하는 잔류물인 재와 불연성 잔류물은 폐기하기 위해 매립지에 보내지며, 그로 인해 매립지 관리 비용은 상당히 감소된다.

대부분의 소각로는 연소된 폐기물로부터 나오는 열을 이용해 근처의 빌딩을 난방 하거나 또는 증기와 전력을 생산함으로써 어느 정도의 **에너지 회수**를 한다. 세계적으로 브라질, 일본, 서부유럽의 1,000개의 폐기물 에너지 회수설비가 에너지를 생산하며, 일부 지역에서는 이런 방법이 지자체 열 및 전기 생산의 주요 원천이다.

도시의 소각로는 특히 매일 수천 톤의 폐기물을 연소할 수 있도록 설계된 시설이며, 일부 설비는 연소 전에 폐기물을 분류하여 연소 불가능하거나 또는 재활용 가능한 물질들이 제거된다. 가연성분의 함량이 높은 폐기물은 가공되지 않는 폐기물보다 더 높은 에너지 함량을 가지기 때문에 이와 같이 분류된 폐기물을 **폐기물 재생 연료**라고 부른다. **일괄 소각**이라고 부르는

(a)

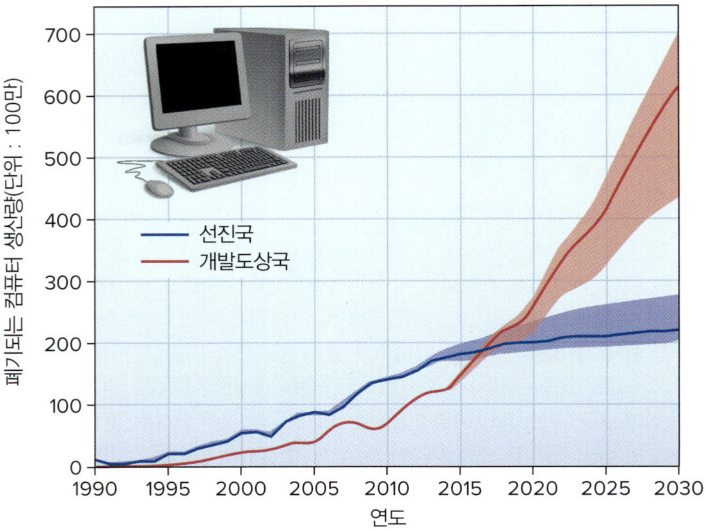

(b)

▲ **그림 12.7** (a) 전자 폐기물의 해체는 건강과 환경 보호가 취약한 곳에서 많이 발생한다. (b) 해체는 근로자와 지역 사회를 유해물질에 노출시키지만, 전자 폐기물의 증가와 함께 개발 도상국에서의 해체 작업 비중도 증가하고 있다.

(a) ©Aliaksei Shaviakou/123RF; (b) 출처: Yu et al., Environmental Science and Technology, 2010.

다른 접근법은 거대한 소각로에 모든 것을 분류하지 않고 넣어 가능한 많은 양을 태워버린다(그림 12.8). 이 기술은 고비용의 불쾌한 분류 작업을 피할 수 있지만 연소되지 않은 재가 더 많이 생성되며, 때로는 플라스틱, 배터리, 또는 기타 혼합된 물질이 연소되면서 더 많은 대기오염 물질을 발생시킨다.

폐기물 소각로에 대한 비용의 효율성은 활발한 논쟁의 주제이다. 일반적인 도시 소각로 설비의 초기 건설비용은 1~3억 달러로 매우 높다. 아이러니하게도 소각로와 관련된 문제는 소각로에 공급할 쓰레기가 충분한가의 여부여서 소각로는 에너지 연료가 되는 종이와 플라스틱을 두고 재활용자들과 경쟁한다. 도시들은 일반적으로 매일 일정량의 폐기물을 소각로에 공급하는 계약을 체결하는데, 성공적인 재활용을 하는 일부 지역사회들은 폐기물을 에너지로 전환하는 시설에 대한 계약 의무를 이행하기 위해 이웃들로부터 쓰레기를 구입해야 했다.

소각로는 EPA와 같은 규제 기관이 연소와 배출을 면밀히 모니터링 할 수 있을 때 가장 잘 작동하며, 청정 배출을 위해서는 지방 자치 단체에서 폐기물을 분류해야 한다. 젖은 유기물(음식 등)은 잘 타지 않고 장난감과 전자 제품의 배터리는 대기 중에 중금속을 배출하며, 불완전 연소된 플라스틱은 발암성 다이옥신과 푸란을, 유황을 함유한 석고 보드는 이산화황을 발생시킨다.

유럽 국가들은 폐기물 처리를 소각로에 상당량 의지하고 있는데, 그 이유 중 일부는 매립지 공간의 부족 때문이다(그림 12.9). 유럽의 유해 대기오염물질에 관한 연구에 따르면 1990년에는 도시 소각로가 유해물질의 주요 배출원이었으나, 현재의 소각로는 엄격한 공정, 더 향상된 점검 및 높은 연소온도로 인해 금속 가공장이 배출하는 양의 1/80, 가정의 벽난로가 배출하는 양의 1/20만을 배출하면서 유해물질 최소 배출원 중 하나가 되었다.

또한 많은 유럽의 도시 폐기물 설비는 재활용 가능한 물질과 독성 물질을 제거하기 위해 폐기물을 분류한다. 더 많은 유럽 도시들이 소각로에 플라스틱 폐기물을 금지하고 있으며, 가정에서 플라스틱과 다른 쓰레기를 구분하도록 하고 있어 상당수의 다이옥

▼ **그림 12.8** 도시 폐기물 소각로는 폐기물질을 연소하며, 연소 전에 불연성 물질을 제거하기 위해 분류하는 것이 이상적이다. 보일러에서 생성된 증기는 전력 생산 또는 인근 빌딩의 난방에 사용될 수 있다.

여러분의 생각은? *What Do YOU THINK?*

누가 우리의 폐기물을 가져갈 것인가?

기름진 피자 상자나 아직 음료수가 남은 캔음료과 같은 것들을 재활용 수거함에 던져버리는 행동을 하는 사람들은 당신만이 아니다. 재활용 업계 전문가에 따르면 '이같은 행동을 해도 재활용이 되겠지'라고 생각하는 사람들이 가장 큰 문제라고 한다. 안타깝게도 수거함에 있어서는 안 되는 품목들로 인해 재활용 비율이 낮아지고 있다.

▲ 수천 명의 중국인들은 쓰레기를 모으고 재활용하는 비공식적 직업을 찾았지만, 환경의 질과 공중보건에 미치는 영향은 종종 심각하다.
출처: ©William P. Cunningham

또한 이 문제는 국제적으로 영향을 미쳐 2018년 중국은 광산 슬러그, 분류되지 않은 종이, 플라스틱 조각, 폐기된 직물 및 일반적으로 인정되는 다양한 재활용 제품을 포함하여 품질이 낮거나 위험한 고형 폐기물 24종을 제한할 것이라고 발표했다. 중국은 환경 정화에 노력하고 있으며 시민들에게 이런 진전이 이루어지고 있음을 보여주고자 할 뿐만 아니라, 세계 강국이 된 중국이 더 이상 세계 쓰레기의 처리장이 되길 원치 않는다.

새로운 규정을 시행하기 위해 중국으로 들어오는 폐기물은 1% 미만 수준의 오염도만을 갖추도록 하는 엄격한 검사를 요구 받고 있다. 그러나 미국의 표준은 15%이다. 허용되지 않는 물질이 폐기물 흐름으로 유입되면 이를 제거하는 것은 어렵고 비용이 많이 든다.

1990년대 이후 중국은 세계 최대의 제조국이자 폐기물 수입국이었으며, 쓰레기 재활용 관련 산업은 수천 개의 저숙련(저임금) 일자리와 함께 중국의 제조 부문에 귀중한 자원을 제공했다. 북미 또는 유럽에 소비재를 배달한 후 중국으로 돌아가는 빈 컨테이너를 재활용 가능한 폐기물이 채우게 되는데, 이 재활용 가능 폐기물은 유독하거나 위험한 물질을 방출하며, 근로자의 건강은 물론이고 대기와 수질을 악화시킨다.

2018년 수입 금지 규정이 발표될 때까지 중국은 전 세계 중고 플라스틱과 폐지의 절반 이상을 받아 들였다. 세계 최고의 폐기물 공급원인 미국은 2017년에 한 해에 약 1,900만 톤의 폐지와 200만 톤의 플라스틱을 중국으로 보냈는데, 중국의 외국 쓰레기 수입 제한은 미국의 폐기물 처리 사업가와 해운업자들을 당황하게 만들었다. 쓰레기를 중국으로 보낼 수 없다면 어떻게 해야 할까? 많은 곳에서 매립지는 빠르게 채워지고 있고 새로운 부지는 부족하다.

미국 소비자들에게 일회용품을 적게 사용하도록 할 수 있을까? 아니면 재활용품 분류를 좀 더 세심하게 할 수 있을까? 중국은 새로운 표준인 1% 미만의 오염도를 요구하고, 일반적인 미국의 허용 기준은 약 15%인데 이를 낮출 수 있을까? 아니면 단순히 규제 수준이 낮고 일자리와 수입이 더 절실한 아시아나 아프리카의 다른 가난한 나라로 쓰레기를 보내기 시작할까? 폐기물 제국주의의 윤리는 무엇인가?

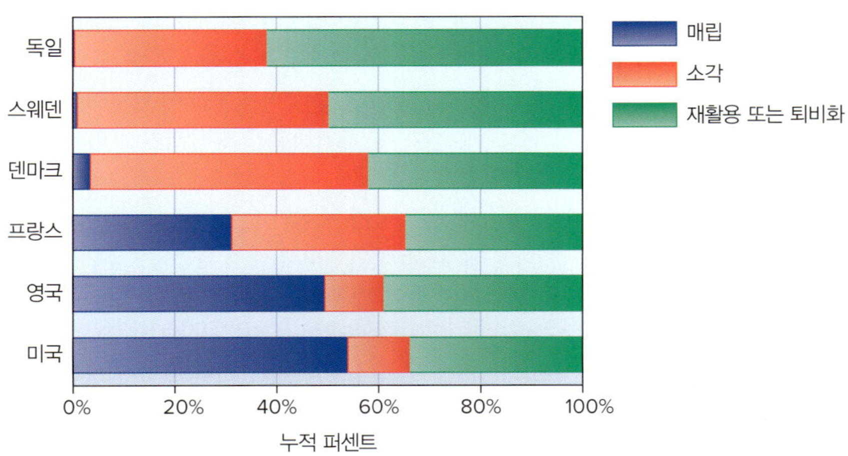

◀ **그림 12.9** 매립지, 재활용/퇴비화, 의존도는 국가별로 다양하다.
출처 : 유럽통계국, 미국환경보호국, 2014

신과 기타 연소 부산물이 제거될 것이라 기대된다. 또한 폐기물 분류를 하면 거액이 드는 오염물질제어시설을 설치하지 않아도 된다.

다수의 미국 도시를 포함해 감독이 철저하지 않은 지역에서는 오염물질제어설비가 제대로 이용되는지의 여부와 관리여부가 명확하지 않다. 소각로를 반대하는 사람들은 폐기물을 처리하는 데 값비싼 소각로를 건설하는 것보다 재활용에 더 많이 투자해야 한다고 주장한다.

12.3 폐기물 흐름의 축소

- *낭비를 줄이는 것이 세 가지 R 중 가장 중요하다.*
- *재활용 및 재사용은 재료와 에너지를 절약한다.*
- *퇴비화는 재활용의 중요한 요소이다.*

재활용은 매립과 소각에 비해 비용, 에너지, 원자재, 토지 공간을 절약하고 오염을 감소시킨다. 고형 폐기물 관리차원에서 재활용이라는 용어는 폐기된 물질을 새로운 제품으로 재처리하는 것을 말하는데, 일반적으로 재활용은 물질들이 분리되어 있을 때 가장 쉽다. 예를 들어, 스웨덴의 도시는 일상적으로 유기 폐기물을 수집하고, 이 중 사용 가능한 것은 귀중한 연료인 바이오 가스(메탄)를 생산하는데(그림 12.10), 이렇게 분리하면 종이, 플라스틱 및 금속을 더 쉽게 재활용 할 수 있다.

때로 재활용은 원래의 목적에 맞는 제품으로 재생산된다. 일반적으로 오래된 알루미늄 캔과 유리병을 녹여 새로운 캔과 병으로 만들고 자동차 배터리의 납을 새로운 배터리로 만든다. 그런가 하면 때로는 전혀 다른 제품으로 만들어진다. 폐타이어를 파쇄하여 이를 인도의 고무 바닥 또는 도로 포장에 사용하고 신문지는 섬유질 단열재로, 강철 캔은 새로운 자동차와 건축 재료가 된다.

최근 몇 년간 우리는 재활용에 커다란 성공을 거두어왔으며, 미국 전체적으로 도시 고형 폐기물의 1/3이 재활용되거나 퇴비화된다. 미니애폴리스와 시애틀은 60%의 재활용률을 주장하며, 이는 10년 전에는 성취 불가능하다고 여겨졌던 수치이다. 폐기물 처리장으로 알려진 뉴저지는 60% 이상의 재활용률을 자랑하며, 미국에서 선두를 달린다. 샌프란시스코는 100% 재활용을 목표로 하고 있는데, 이는 환경에 유익한 동시에 샌프란시스코의 폐기물 처리 비용을 절약시켜 주었다.

재활용의 비용 수지가 맞도록 하는 것은 중요하면서도 어려운 일이다. 무겁고 가치가 낮은 물질들을 경제적으로 재활용하는 시설로 운송하는 것은 어려울 수 있다. 일반적으로 알루미늄은 재활용하기 가장 쉽고 가장 가치 있는 물질로서, 가볍고 가치가 높으며 원재료로부터 생산하는 데 드는 비용이 비싸기 때문에 수천 가지 목적으로 재사용될 수 있다. 그럼에도 불구하고 미국에서 알루미늄 캔의 약 절반만이 재활용된다. 이 비율은 20년 전의 15%에 비하면 향상된 것이지만 미국인들은 여전히 매년 350,000톤의 알루미늄 음료 용기를 버리고 있다(그림 12.11). 이는 3,800대의 보잉747 비행기를 만들기에 충분한 양이다. 특히, 알루미늄 재활용은 상대적으로 쉬운 반면, 새로운 알루미늄 생산은 매우 에너지 집약적이기 때문에 이러한 재활용 비율이 안타까울 따름이다.

▲ **그림 12.10** 스웨덴 크리티안사타드에서는 음식물 쓰레기통(왼쪽)과 기타 재활용품(오른쪽)을 분리하여 유기 폐기물을 쉽게 재활용 할 수 있다. 이 시스템은 두 폐기물 흐름을 순수하게 유지하고 재사용을 쉽게 한다.
출처: ©Mary Ann Cunningham

새로운 재료의 낮은 가격은 재활용을 방해하는 주요 요인이다. 석유에서 새로운 플라스틱을 만드는 비용은 이미 사용된 플라스틱을 수집해 운반하는 비용보다 싸다(폐기하는 비용과 기타 비용을 고려하지 않을 경우). 그 결과 미국에서 매년 3,000만 톤의 플라스틱 폐기물 중 7% 이하만이 재활용된다. 또한 오염은 플라스틱 재활용에 있어 가장 큰 장벽이다. 대부분의 플라스틱 음료 용기는 PET (폴리에틸렌테레프탈레이트)로 만들어지며, 이는 카펫, 플리스 옷감, 플라스틱 끈, 비식용 용기로 재생산될 수 있는데, PVC (폴리염화비닐) 용기의 미량의 비닐이 PET에 섞이게 되면 전체 PET를 사용하지 못하게 된다. 결국 일회용 음료 용기의 높은 재활용 비용 때문에 덴마크와 핀란드는 납세자들에게 정화 및 폐기비용을 부담시키지 않기 위해 아예 사용을 금지했다.

병에 든 생수의 수요 증가는 심각한 폐기물 처리 문제를 야기한다. 매년 전 세계적으로 3,000억 개의 병에 든 생수가 소비되며, 그 중 20% 이하만이 재활용된다. 용기 생산 및 운송에는 약 750억 리터(5억 배럴)의 연료가 소비된다. 대부분의 미국 도시에서 수돗물은 병에 든 생수보다 더 안전하고 더 엄격한 시험을 거치지만 생수의 소비는 계속 증가하고 있다. 이러한 재활용의 문제를 통제하는 가장 좋은 방법은 병 보증금 제도이다. 보증금 관련법을 시행 중인 미국의 주들은 모든 음료 용기의 약

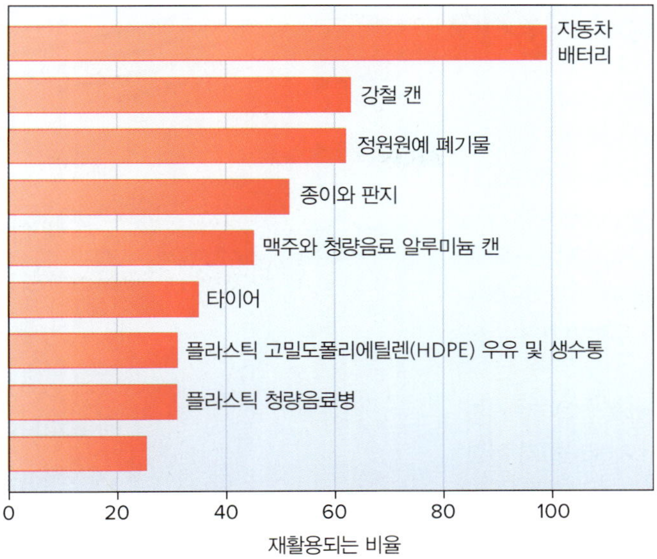

▲ **그림 12.11** 미국에서 선택된 물질에 대한 재활용 비율. 폐기물 흐름에서 납을 제한시키기 위해 자동차 배터리 재활용이 법으로 요구된다.
출처: Source: U.S. EPA.

78%를 회수하고 있으며, 보증금 법을 시행하지 않는 주의 재활용 비율은 20% 미만이다.

또한 병 회수금은 길거리 쓰레기 투기와 관련된 비용을 예방하는 데 도움이 된다. 미국인들이 고속도로에 버린 쓰레기 하나당 수거 비용은 약 32센트로 추정되는데, 이는 매년 5억 불에 달한다. 병 회수금은 많은 주에서의 쓰레기 투기를 감소시켜 왔다.

재활용은 돈, 에너지, 공간을 절약해준다

일부 재활용 프로그램은 재활용 폐기물을 팔아 그 경비를 조달하나, 일부는 스스로 경비를 조달하기 어렵다. 그러나 스스로 경비를 조달하지 못하는 다른 폐기물 처리방법보다 재활용은 일반적으로 더 저렴하다. 재활용할 수 있는 폐기물의 수거에는 톤당 약 $35의 비용이 들지만, 도시 평균 매립지의 폐기 비용은 톤당 $80에 달한다.

필라델피아는 그 주변에 하루 600톤을 재활용할 수 있는 수거센터를 투자하고 있는데, 이 정도의 처리량이라면 이미 계획되어 있는 고비용의 소각로 건설이 필요하지 않을 것이다. 뉴욕시의 폐기물 관리 비용은 2001년 마지막 매립지를 폐쇄되면서 오하이오와 펜실베이니아까지 폐기물을 보내야 하기 때문에 훨씬 더 비싸졌다. 그 이후로 시는 재활용과 퇴비화를 늘리기 위해 적극적으로 노력해 왔고 폐기물 발생을 2025년까지 절반으로, 2030년까지 1/4로 줄이는 것을 목표로 하며, 최종적으로는 매립을 완전히 없앨 예정이다. 이것은 예산 절약을 위한 것일 뿐만 아니라 환경과 기후를 위한 계획이기도 하다.

일본은 아마 세계에서 재활용 프로그램을 가장 성공적으로 수행하고 있는 국가일 것이다. 일본에서는 모든 가정용 폐기물과 상업 폐기물의 절반이 재활용되며, 나머지 중 반은 소각되고 반은 매립된다. 일부 지역사회는 재활용 비율을 80%까지 달성했고, 다른 지역들은 2020년까지 폐기물 감소를 목표로 하고 있다. 이와 같은 높은 재활용 비율을 달성하기 위해서는 높은 참여도와 기여도가 요구된다. 인구 350만의 요코하마에서는 폐의류, 분류된 플라스틱을 포함해 현재 10개 종류가 재활용된다. 일부 지역에서는 30개 또는 40개의 재활용 종류 유형을 지정했다.

재활용은 원료 자원의 수요를 감소시킨다. 미국에서는 신문지와 종이 제품을 생산하기 위해 매일 200만 그루의 나무를 벌채한다. 단지 *뉴욕타임즈지*의 일요일자만 재활용해도 75,000그루의 나무를 벌채하지 않아도 된다(그림 12.12). 미국에서 만들어지는 모든 플라스틱은 원유 보유고를 감소시키며 수입 원유 의존도를 증가시킨다. 1톤의 알루미늄을 재활용하면 4톤의 보크사이트(알루미늄 원광), 700 kg의 석유 코르크와 피치를 절약할 뿐 아니라 35 kg의 불화 알루미늄을 대기에 배출하지 않아도 된다.

또한 재활용은 에너지 소비와 대기오염을 감소시킨다. 플라스틱 병을 재활용하면 새로운 플라스틱 병을 만드는 데 필요한 에너지의 50~60%를 절약할 수 있다. 고철로 새로운 철을 만들면 최대 75%의 에너지를 절약할 수 있다. 보크사이트 원광 대신 재활용된 조각으로부터 알루미늄을 생산하면 에너지 사용을 95% 절감시킬 수 있으며, 이를 두 배로 증가시키면 매년 수

▲ **그림 12.12** 재활용 가능한 폐기물을 매립지로 보내지 않으면 많은 혜택을 얻을 수 있다. 소비자들은 재활용된 제품을 구입함으로써 재활용하는데 도움을 줄 수 있다.
출처: ©Huguette Roe/123RF

쓰레기: 골칫거리인가 또는 자원인가?

©Katarzyna BiaÅ, asiewicz/123RF

도시고형 폐기물은 우리가 생성하는 복합적인 폐기물을 포함한다. 우리 대부분은 폐기물이 어떻게 처리되는가를 생각하는 데 시간을 투자하지 않지만, 질량 보존의 법칙(제2장)에 따라 물질은 결코 파괴되거나 생성되지 않으며 한 형태에서 다른 형태로 전환됨을 알고 있다. 쓰레기에 있는 알루미늄, 납, 탄소, 질소와 같은 성분들은 사라지지 않는다. 물질은 몇백 년 동안 매립지에 쌓이거나 또는 소각되어 대기로 배출되거나 또는 다른 유용한 물체로 재활용, 전환될 수 있다. 문제는 이런 방법 중에서 우리의 자원과 환경에 가장 효율적인 방법이 무엇인가라는 점이다.

우리의 도시 폐기물 흐름에 있는 물질은 모두 섞여 있고, 비록 분류 및 재활용 설비로 섞여 있는 폐기물을 분리할 수 있다고 해도 추출해서 재사용하기 어렵다. 폐기물은 골칫거리인가 또는 자원인가? 이에 대한 답은 우리가 폐기물을 어떻게 생산하고 얼마나 매립하고 소각하며, 재활용하는가에 달려 있다.

우리가 생성하는 주요 폐기물은 무엇이며 재활용하는 양은 얼마인가?

우리의 할아버지 할머니가 생산한 쓰레기보다 우리는 현재 더 많은 폐기물을 생성한다. 미국 환경보호국은 1960년 이후로 미국의 도시고형 폐기물의 전체적인 양을 추적해왔다. 과거 50년간 일회용 종이, 플라스틱 생산은 급속히 증가했다. 플라스틱 재생률(섞여 있는 폐기물은 플라스틱을 오염시키며, 새 플라스틱 생산이 재활용 비용보다 저렴하기 때문)과 식품(상대적으로 저장이 어렵고 중앙 재활용 설비까지 운동이 어렵기 때문)의 재활용 비율이 가장 저조하다. 금속, 유리, 마당의 퇴비화는 상대적으로 높은 재활용 비율을 보인다.

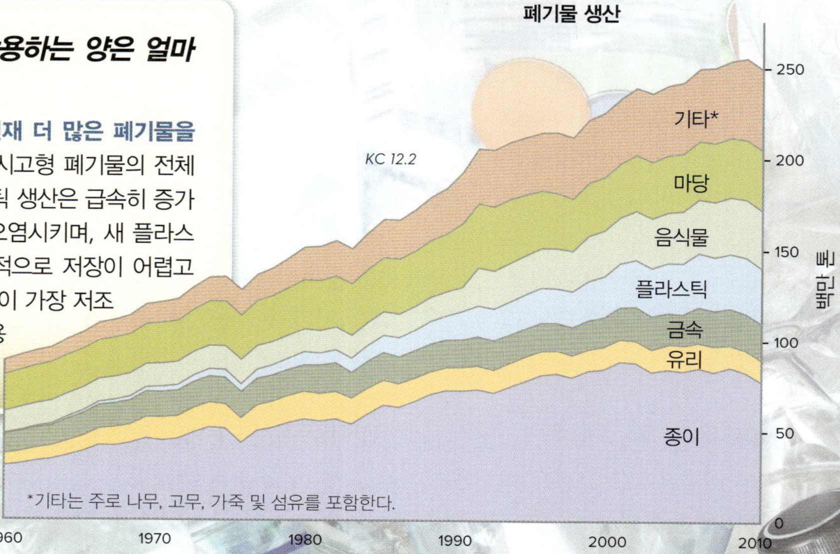

*기타는 주로 나무, 고무, 가죽 및 섬유를 포함한다.

폐기물은 어디로 보내지나?

이용 가능한 매립지가 줄어듦에 따라 우리는 더 많은 도시폐기물을 재활용하고 소각하고 있다.

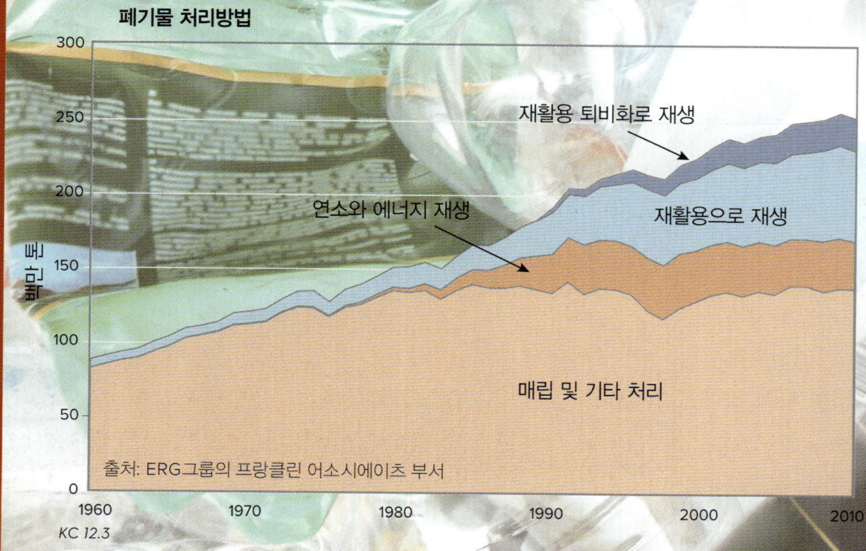

출처: ERG그룹의 프랑클린 어소시에이츠 부서

©akiyoko/123RF.com

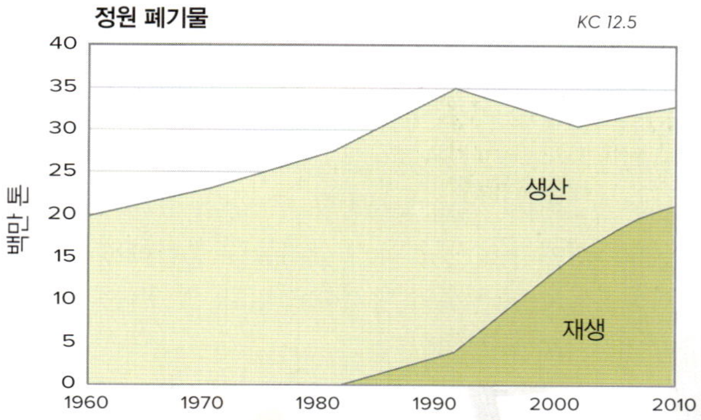

▲ 재활용 비율 = 정원 폐기물: 65%,
음식물 찌꺼기: 거의 없음

©Aleksandr Ivasenko/123RF KC 12.6

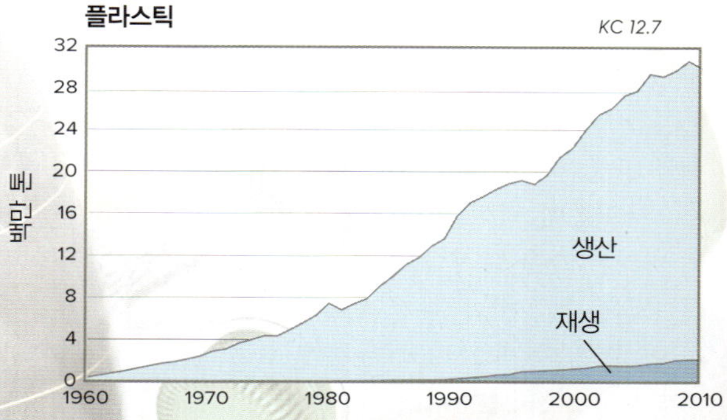

재활용 비율 = 거의 없음(모든 플라스틱)
PET 병: 27%
HDPE 병: 29% ▶

©teen00000/123RF

KC 12.8

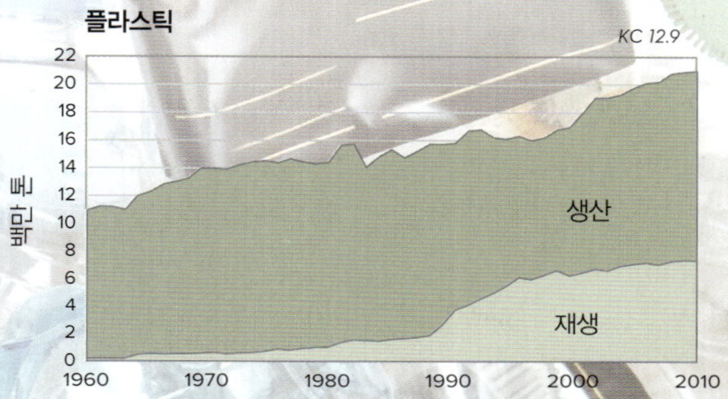

▲ 재활용 비율 = 35%(알루미늄: 21% 철/강철: 34% 기타 금속: 69%)

©Esteban Martinena Guerrero/123RF

KC 12.10

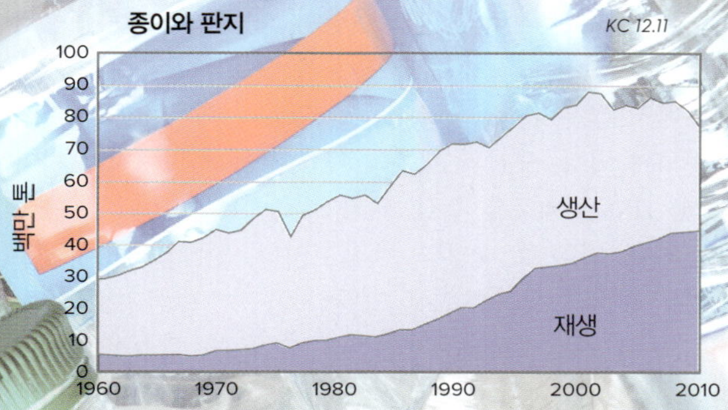

▲ 재활용 비율 = 56%

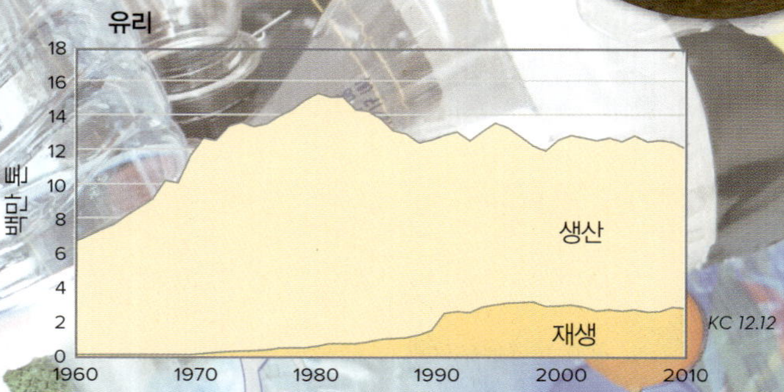

▲ 재활용 비율 = 23%

©Elenathewise/123RF

KC 12.13

설명할 수 있을까? *CAN YOU EXPLAIN?*

1. 어떤 물질이 가장 높은 재생 비율을 가지는가? 어떤 물질의 재생 비율이 가장 낮은가?
2. 재생과 재활용이 증가하기 시작하는 해가 있는가?
3. 금속에 비해 왜 플라스틱의 재활용이 덜 일반적인가?
4. 생산 그래프에서 1960년에서 2008년까지 어떤 요소의 생산이 가장 증가했는가? 대략적으로 2008년의 총 생산량은 1960년의 총 생산에 비교해 그 비율이 얼마인가?

©Aleksandr Ivasenko/123RF

백만 톤의 대기오염물질을 방지할 수 있다(핵심 개념 참조).

유기 폐기물의 퇴비화 재활용

부족한 매립지 공간 때문에 많은 도시들은 도시폐기물을 매립하는 것을 금지해왔고, 가치 있는 유기물질을 매립하는 대신 퇴비화 처리를 통해 유용한 제품으로 전환한다. **퇴비화** 처리는 생물학적인 분해 또는 유기물질을 호기적(산소가 풍부한) 조건에서 분해하는 것을 말한다. 이러한 공정으로부터 생산된 유기 퇴비는 토양의 수분 유지를 돕고, 토양 침식을 늦추며, 작물 수확량을 향상시키는 기름진 토양을 만드는 데 도움을 준다.

시민들이 퇴비화 가능한 물질들을 도시 폐기물 흐름에 흘려 버리는 것을 막기 위해 많은 도시와 국가들은 중앙화된 퇴비화 시설을 제공한다. 물론 우리 스스로 유기 폐기물을 퇴비화할 수 있다. 깎은 잔디, 야채 쓰레기, 낙엽, 나무 조각 또는 기타 유기물질을 구석에 쌓아두고 습기를 유지하며 매주 뒤집어주기만 하면 된다(그림 12.13). 몇 달 내에 자연적으로 발생하는 미생물들이 유기물질을 풍부하고 쾌적한 냄새의 퇴비로 분해할 것이며, 이 퇴비는 정원의 비료로 사용할 수 있다.

도시 폐기물의 약 30%가 분해가 가능한 유기 물질이기 때문에 이런 시스템은 엄청난 잠재력이 있다. 유럽 도시에서 유기 폐기물을 처리하는 일반적인 방법인 메탄 바이오 가스 시설은 14,500개 이상의 바이오 가스 소화조가 있어 유기 폐기물을 열과 전기를 위해 태울 수 있는 가스로 변환한다. 또한 280개 이상의 곳에서 천연 가스 충전소나 차량 동력으로 사용할 수 있을 만큼 순수한 바이오 가스를 96% CH_4인 "바이오 메탄"으로 정화하고 있다.

▼ **그림 12.13** 퇴비화 처리는 수많은 양의 물질을 폐기물 흐름으로부터 차단시킬 수 있을 뿐 아니라 정원에 풍부한 양분을 제공해준다.
출처: ©Gabor Havasi/123RF

일부 미국 농장은 이제 자체 소비를 위해 바이오 가스를 생산하고 있고, 대부분은 낙농장은 분뇨를 여러 방법으로 처리하지만 일부는 현장에서 연료로 사용할 수 있다. 아직까지 미국 도시에서는 가정에서 발생한 유기 폐기물을 분리하지 않지만 하수 처리장에서 관련 시설이 발전하고 있고, 약 9%는 하수에서 일부 바이오 가스를 생산한다.

재사용은 재활용보다 더 이상적이다

재활용 또는 퇴비화하는 것보다 더 이상적인 방법은 폐기물을 현재 형태 그대로 세척해 재사용하는 것이다. 따라서 재사용은 기존의 물질을 다른 것으로 재생산하는 데 드는 비용과 에너지를 절약해준다. 우리는 이미 일부 특정 제품을 재사용하고 있다. 폐차장의 오래된 차에서 자동차 부품을 빼내 재판매한다. 일부 지역에서는 스테인드 글라스 창, 황동 부품, 우수한 목공품, 오래된 집에서 얻어진 벽돌은 비싼 값에 팔리고 폐기장에서 수집된 다양한 물질을 분류해서 재사용한다(그림 12.14).

재사용되는 유리 용기가 너무 많은 흠과 파손으로 재사용되지 못할 때까지 공장과 소비자들 사이에서 15번 왕복 사용되며, 그 후 재활용된다. 재사용된 용기는 지역 병입 사업에 도움이 되며 지역 산업의 보존에 도움을 준다. 싸고 가벼운 일회용 식음료 용기 제조업체들의 출현으로 많은 소형, 지역 양조장, 통조림 공장, 음료 병입 회사들은 전국적 기업 또는 다국적 대기업에 의해 사업을 접어야 했고, 거대한 기업들이 생산하는 식음료들은 수천 마일 거리의 편도 배달이 가능하기 때문에 용기를 수집해서 재사용하기보다는 재활용을 선호한다.

부유하지 않은 많은 국가에서는 제품을 재사용하는 것이 일반적인 전통이다. 생산된 제품의 가격이 높고 노동비가 싸다면 당연히 기업은 제품을 수집, 세척, 수리하는 데 비용을 들이려 할 것이다. 카이로, 마닐라, 멕시코시티, 및 기타 도시들은 쓰레기를 수집하며 생활을 하는 가난한 인구가 많아 여러 소수민족들은 도시 쓰레기장의 쓰레기를 수집, 분류, 재처리하는 데 의존하며 생활한다. 이들은 정부가 관리할 형편이 되지 못하는 폐기물 더미를 감소시키고 재사용하는 데 사회에 도움을 주는 핵심적인 역할을 제공하나, 그에 대한 대가는 없다.

폐기물 감소가 가장 저렴한 해결책이다

폐기물 관리에 있어 우리의 관심의 대부분이 재활용에 초점을 맞추고 있지만 에너지, 자원 및 비용을 절약하는 가장 효율적인 방법은 버려지는 제품의 생산을 늦추는 것이다. 감소(Reduce), 재사용(Reuse), 재활용(Recycle)의 "3R" 중 가장 중요한 전략은 감소이다. 감소가 절약의 길이라는 것을 산업에서 인식하기 시작하면서 청량음료 제조사들은 현재 20년 전보다 캔당 더 적

▲ **그림 12.14** 버려진 제품을 재사용하는 것은 폐기물을 감소시키기 위한 창의적이며 효율적인 방법이다. 캘리포니아 버클리에 있는 재활용센터는 건축 자재를 제공하며 이는 지역사회에 비용 절약을 가져온다.
출처: Courtesy of Urban Ore, Inc. Berkeley, CA

무엇을 할 수 있는가?
What Can YOU Do?

폐기물 감소

1. 포장재가 덜한 식품을 구입하며, 자신의 장바구니나 용기를 가지고 다니고, 농산물 직판장 또는 조합에서 구입한다.
2. 세척 가능하고 재주입 가능한 음료 용기를 가지고 다닌다.
3. 식료품점에서 같은 식품이 플라스틱, 유리, 금속 용기에 포장되어 있다면 재사용 가능하거나 또는 쉽게 재활용 가능한 유리나 금속 포장재 식품을 구입한다.
4. 재활용을 위해 캔, 병, 종이, 플라스틱을 분리한다.
5. 병, 알루미늄 호일, 플라스틱 봉투 등을 세척해 재사용한다.
6. 마당과 정원의 폐기물, 낙엽, 깎은 잔디를 퇴비화한다.
7. 우리의 학교가 전자제품 및 기타 폐기물에 대한 책임있는 폐기물 처리 설비를 개발하도록 돕는다.
8. 지역 상원의원과 대표에게 용기 회수금 제도, 재활용, 안전한 소각로 또는 매립지를 위해 투표하도록 촉구하기 위해 편지를 쓴다.

출처: 미네소타 오염 감시국의 데이터

은 알루미늄을 사용하며, 플라스틱 병에 플라스틱을 덜 사용한다. 3M사는 원재료 사용을 줄이고 폐기 제품을 재사용하여 효율성을 높여 과거 30년간 5억 달러를 절감했다. 우리의 소비 습관을 다시 고려하면 전 국가에서부터 도시, 기업, 개인에 이르기까지 어느 단계에서든 감소를 실천할 수 있다(무엇을 할 수 있을까? 참조).

최근 몇 십 년간 우리는 폐기물 생산을 감소시키기보다 폐기물 생산을 증가시켜 왔다. 소비재가 몇 배로 증가하고 세계 경제가 성장하면서, 그 영향으로 우리 모두는 더 많이 소비하고 더 많이 버리고 있다. 또한 개발도상국들이 더 부유해짐에 따라 선진국의 높은 소비와 폐기물 발생량을 따라 잡고 있다.

식품과 소비재의 과도한 포장은 불필요한 쓰레기를 생산하는 주된 원인 중 하나이다. 종이, 플라스틱, 유리, 금속 포장 재료들은 우리의 가정 폐기물 부피의 50%를 차지한다. 이와 같은 포장의 대부분은 마케팅을 위한 목적으로 제품 보호와 전혀 상관이 없기 때문에, 만약 소비자들이 더 적게 포장된 제품을 요구한다면 생산자들과 소매업자들은 이런 관행을 줄일 것이다. 캐나다의 국가 포장재 프로토콜(NPP)은 천연자원의 소모 및 포장 생산 시 유독물질 생산을 최소화하는 포장재를 권고하며, 우선시되는 순서로는 (1) 포장재 무사용, (2) 최소한의 포장, (3) 재사용할 수 있는 포장, (4) 재생 가능한 포장이다. 이 계획은 과도한 포장을 50% 감소시키는 것을 목표로 한다.

중국, 방글라데시, 인도, 에리트레아, 르완다, 소말리아, 탄자니아, 케냐, 우간다를 포함한 많은 국가에서는 초박형(두께 0.025 mm 미만) 비닐 봉지를 금지하고 쇼핑을 위해서는 재사용 가능한 천으로 된 봉투를 이용하도록 요구했다. 이는 매일 중국에서 사용되는 최대 30억 장의 플라스틱 봉투를 제거할 수 있다. 또한 일본, 아일랜드, 남아프리카, 타이완도 세금 또는 금지 법규를 통해 일회용 플라스틱 봉투 사용을 막고 있다. 2008년 이후 200개가 넘는 미국의 도시와 마을, 캘리포니아주에서 일회용 가방을 제한 또는 금지하거나 요금을 부과했다.

일회용 포장이 필요한 곳이라도 우리는 퇴비화할 수 있거나 분해 가능한 재료를 이용해 매립지에 폐기되는 폐기물의 양을 감소시킬 수 있는데, **광분해성 플라스틱**은 자외선에 노출될 때 분해되며, **생분해 플라스틱**은 미생물들이 분해할 수 있는 전분과 같은 물질을 함유한다. 몇몇 주들은 6개들이 음료 팩, 패스트푸드 포장재, 일회용 기저귀에 생분해 플라스틱 또는 광분해성 플라스틱을 사용하는 것을 입법화하기 시작했다. 이러한 분해 가능한 플라스틱 또한 완전히 분해되는 것은 아니지만, 작은 입자들로 분해되어 환경에 남겨지게 된다.

12.4 유해 폐기물과 독성 폐기물

- *유해 폐기물은 소량이라도 가연성 또는 부식성이 있어 위험하다.*
- *유해 폐기물을 처리하고 청소하는 것은 비용이 많이 들기 때문에 법률에서 이를 규정하고 있다.*
- *유해 폐기물은 사용, 재활용, 오염의 제거 또는 영구적인 보관이 가능하다.*

폐기물 흐름의 가장 위험한 점은 종종 인간의 건강과 환경의 질에 해를 주는 유독하고 유해한 물질을 포함하고 있다는 것이다(그림 12.15). 우리는 산업용, 농업용 및 가정용으로 다양한 인화성, 폭발성, 부식성, 산성 물질 및 강한 독성 화학물질을 생산한다. 미국 환경보호국에 따르면 미국 산업은 매년 약 9억 톤에 달하는 공식적으로 분류되는 유해물질을 생산하며 1인당 약 3톤에 달한다. 이러한 독성 물질의 가장 큰 원천은 화학 산업과 석유 산업이다(그림 12.17). 또한 산업과 생산공정은 환경보호국이 규제하지 않는 독성이 더 높고 더 유해한 폐기물질을 생성한다. 놀랍게도 미국에서 매년 적어도 4,000만 톤의 독성 및 유해 폐기물이 대기와 물, 땅으로 배출되는데, 이러한 독소의 가장 큰 배출원은 석유 화학 산업이다(그림 12.16).

유해 폐기물은 많은 위험물질을 포함한다

법적으로 **유해 폐기물**은 다음을 함유하는 모든 버려진 물질, 액체 또는 고형물질을 말한다. 이들은 (1) 미량임에도 인간 또는 실험 동물에게 치명적이고, (2) 인간 또는 다른 생명체에 독성, 발암성, 돌연변이 또는 기형 발생물질, (3) 인화점이 60°C 이하에서 발화되고, (4) 부식성, (5) 폭발성이거나 또는 높은 반응성(자체로서 또는 다른 물질과 섞이게 될 때 폭발적인 화학반응을 가짐)을 가진다. 이 정의는 독성 및 유독 물질을 모두 포함한다는 점에 주목한다. 만약 상업적 화학물질이 1 kg (2.2 파운드) 이하로 축적되거나 또는 오염된 토양, 물 또는 잔해가 100 kg 이하로 축적되는 일부 복합물질은 유해 폐기물 규제로부터 면제받는다. 유해물질이 이득이 되는 용도로 사용되고 재활용, 재생, 해독 또는 파괴하기 위해 승인된 폐기물 처리 설비에 저장되면 심지어 더 많은 양(최고 1,000 kg)이 유해 폐기물 규제를 면제받는다.

▲ **그림 12.15** 유해 폐기물은 심지어 미량의 노출에도 위험하다. 사진에서 작업자가 방사성 토양을 검사하고 있다.
출처: ©Martin Lisner/123RF

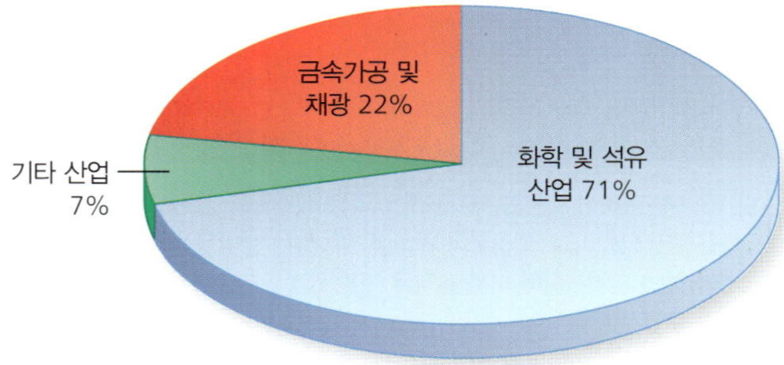

▲ **그림 12.16** 미국에서의 유해 폐기물 생산자. 출처: 미국 환경보호국

대부분의 유해 폐기물은 재활용되거나 유해하지 않은 형태로 전환, 저장되거나 또는 화학 회사, 석유 정유 회사, 및 기타 대규모 산업 설비 자체에 있는 발전기에 의해 처리되어 공공 문제가 되지 않지만, 폐기물 흐름 또는 환경에 유입되는 유해 폐기물은 여전히 심각한 환경 문제를 발생시킨다. 버려진 산업체에 남겨진 주인 없는 폐기물은 환경과 인간의 건강에 심각한 위험으로 남아 있다. 우리는 오랫동안 이러한 남겨진 폐기물에 대한 관심을 갖지 않았다. 사유지에 저장되어 묻혀지거나 또는 지하로 파고든 폐기물은 대중의 관심의 대상으로 여겨지지 않아서 미국에서 규제가 엄격해지기 전인 1960~1975년 사이 50억 톤의 매우 유독한 독성 화학물질이 부적절하게 폐기되었을 것으로 추측된다.

능동적 학습 ACTIVE LEARNING

개인의 유해 폐기물 목록

당신의 집 또는 아파트에 확인할 수 있는 독성 물질이 얼마나 많이 있는가를 조사해본다. 만약 기숙사에 살고 있다면 부모님의 집을 조사해보자. 만약 당신이 미술 수업을 듣는다면 물감과 용제를 고려해보자. 제품 상표를 주의해서 읽어보자. 어떤 제품이 유해한 물질로 간주되는가? 당신이 그 물질을 사용할 때 일반적으로 권고되는 모든 안전 수칙을 준수하는가? 당신의 집에서 가장 가까운 곳에 위치한 가정용 제품 유해 폐기물 수거장은 어디인가? 만약 모른다면 시의 행정가 또는 시장에게 전화해서 알아본다.

연방법은 유해 폐기물을 규제한다

미국의 두 가지 중요한 연방법은 미국의 유해 폐기물 관리와 처리를 규제한다. 1976년의 자원보호 회수법(RCRA, "릭크라"라고 발음한다)은 독성 물질과 유해물질의 엄격한 시험과 관리를 요구하는 광범위한 프로그램이다. 각 단계에서 이러한 물질의 생성자, 운송자, 사용자, 폐기자들은 그들이 다룬 모든 것에 대한 계정과 생성(요람)에서부터 최후 폐기(무덤)까지 무엇이 발생하는가를 유지해야 한다(그림 12.17).

1980년에 통과된 포괄적 환경대응 책임 보상법(CERCLA 또는 슈퍼펀드 법)은 빠른 오염물질 정화, 즉 버려진 독성 폐기물 처리장의 복원을 목적으로 한다. 이 법안은 복원이 가장 필요한 폐기물 처리장의 국가복원우선순위(NPL)를 제정했다. 2010년에는 이 순위에 약 1,280개의 처리장이 나열되어 있으며, 60개 지역은 결정을 앞두고 있고, 1,000개 이상의 지역이 "완료됨"으로 지정되었다. 포괄적 환경대응 책임 보상법(CERCLA)은 독성 물질이 환경에 누출되는 위협이 있을 때 환경보호국이 긴급조치를 취할 수 있도록 권한을 부여한다. 또한 환경보호국은 책임 있는 상대에게 복원에 필요한 처리 비용에 대한 소송을 제기할 수 있는 권한을 가지고 있다.

국가복원 우선순위에 있는 장소의 약 30%는 소유주가 사라졌거나 또는 사업이 폐쇄된 곳이다. 포괄적 환경대응 책임 보상법(CERCLA)은 책임을 져야 하는 당사자의 위치를 파악할 때까지 환경 정화 비용을 충당하는 데 필요한 기금을 조성하기 위해 "슈퍼펀드"를 제정했다.

정부는 누군가가 법을 위반했음을 입증할 필요가 없고, 법을 위반한 누군가가 슈퍼펀드 장소에서 어떤 역할을 담당했는가를 입증할 필요도 없다. 그 대신 포괄적인 환경대응 책임 보

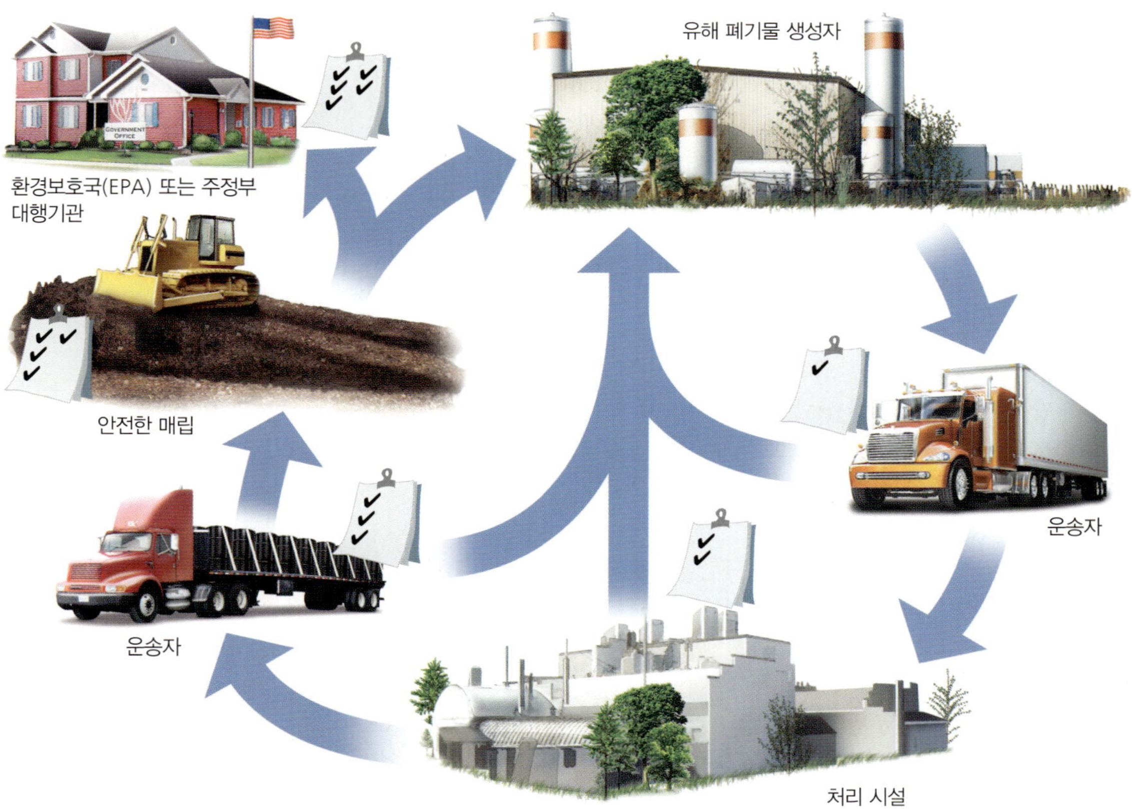

▲ **그림 12.17** 독성 폐기물과 유해 폐기물의 자세한 선적 화물 목록(기록)은 "요람에서 무덤까지" 추적되어야 한다.

상법(CERCLA)은 얼마나 오염되었는가에 관계없이 그 장소에 관련된 누군가는 정화 비용 전체에 대해 책임지게 될 수 있다는 것을 의미하며, 책임이 엄격하고 공동에 해당한다. 일부 사례에서 소유주들은 전 소유주가 남겨 놓은 폐기물 제거에 수백만 불을 지출해야 된다고 추정된다. 이 엄격한 책임은 부동산과 보험 산업에 골칫거리가 되고 있다.

CERCLA는 조항 중 일부를 완화하기 위해 1995년에 개정되었다. 현재 폐기물 처리가 불가능하거나 또는 너무 많은 비용이 드는 경우, 그리고 합리적인 시점 내에 비용이 덜 드는 실행 가능한 개선책이 존재할 때 오염물질의 임시 처리가 허용된다. 환경보호국은 현재 엄격한 국가 기준을 고수하기보다는 특정 장소의 정화 수준에 맞는 적절한 자유 재량을 가지게 되었다.

CERCLA는 슈퍼펀드 수정안 및 재수권법(SARA)에 의해 1984년에 개정되었다. 또한 슈퍼펀드 수정안 및 재수권법(SARA)은 지역의 "알 권리"를 제정했으며, 이는 대중들이 그들의 거주지 주변의 독성 물질생산, 사용 또는 운송에 대해 알 권리를 가진다는 의미이다. 공공 정보와 비상 계획 중 중요한 부분은 **독성배출 목록**으로, 이 목록은 규제물질이 취급되는 장소를 등재해 목록화한다. 이 목록은 독성 물질을 배출하는 20,000개의 생산시설들에게 300개의 이상의 독성 물질의 배출에 대한 연간 보고서를 제출하도록 해서 미국 환경보호국이 이 목록을 공개해 우리의 거주지 주변에 어떤 생산시설이 목록에 등재되어 있는가 알아볼 수 있다.

정화를 위해 연방정부가 재원을 제공하는 슈퍼펀드 현장은 목록화되어 있다

환경보호국은 미국에는 적어도 36,000개의 심각하게 오염된 현장이 존재한다고 추정한다. 미국 회계 감사원(GAO)은 훨씬 더 많은 수를 지정하며, 모든 현장이 확인되면 그 수는 아마 400,000개 이상이 될 것이다. 원래 약 1,671개의 현장이 정화를 위한 주정부 슈퍼펀드 프로그램의 재정 지원을 받는 국가복원우선순위(NPL)로 지정되었다. **슈퍼펀드**는 (1) 긴박한 위험을 제기하는 응급상황에 즉각적인 반응을 취하고, (2) 유기되거나 비활성 현장을 정화하거나 개선하기 위해 설립된 회전 공동기금이다. 이 기금이 없다면 법원이 정화 비용을 지불해야 할 책임 당사자를 결정하는 동안 현장은 수년간 또는 수십 년간 방치될 것이다(그림 12.18). 원래 16억 달러였던 이 기금은 한때 최고 36억 달러까지 상승했다. 재원은 초반부터 독성폐기물과 유해 폐기물 생산자들이 내는 세금에 의해 조성되었다. 현 제조업체들은 자신들이 원래 오염에 책임이 있는 당사자들이 아니기 때문에 업계는 이와 같은 "오염 유발자가 지불하는" 세금을 반대했다. 1995년 의회는 이 세금을 폐지하는 데 동의했고, 그 후 슈퍼펀드의 기금은 줄어들었으며 대중들의 부담이 증가했다. 1980년대에는 국민들이 슈퍼펀드를 조달하는 비율이 20% 이하였다. 그러나 2004년 이후 슈퍼펀드 프로그램은 상당히 감소되었고, 일반 재원(공공 세금)으로 프로그램의 전 비용을 지불해 산업계의 비용 분담률은 0이 되었다.

▲ **그림 12.18** 독성 폐기물과 유해 폐기물은 골치 아픈 일이지만, 그 처리는 안전하고 영구적으로 행해져야 한다.
출처: ©Marcin Balcerzak/123RF

미국에서 유해 폐기물 정화 비용은 정화되어야 하는 수준과 정화에 사용되는 방법에 따라 3,700억 달러에서 1조 7,000억 달러 사이로 추정된다. 오랫동안 슈퍼펀드의 기금 대부분이 변호사와 자문가 비용에 사용되었으며, 정화 노력은 책임과 최선의 정화 방법에 대한 논쟁으로 교착상태에 빠졌다. 그러나 1990년대에는 정화에 대한 규칙 수정 및 행정적인 노력으로 상당한 진보를 이루었다. 2004년까지 원래 국가복원우선순위(NPL)에 등재된 현장의 절반 이상(1,000곳 이상)이 정화 완료되거나 봉쇄되었다.

국가복원우선순위(NPL)의 지정 조건은 무엇일까? 이러한 현장은 유독 물질, 발암성 물질, 기형 또는 돌연변이 유발 잠재성을 가진 물질이 누출되거나 또는 누출 가능성이 있어 인간의 건강과 환경의 질에 특히 유해하다고 간주된다. 가장 우려되는 10가지 물질, 즉 슈퍼펀드 NPL에 지정된 현장에서 가장 흔하게 발견되는 물질은 납, 트리클로로 에틸렌, 톨루엔, 벤젠, 폴리염화비페닐(PCB), 클로로폼, 페놀, 비소, 카드뮴, 크롬이다. 이와 같은 물질 및 기타 유해 독성 물질은 국가복원우선순위(NPL)로 지정된 현장 중 75%가 지하수를 오염시킨 것으로 알려져 있다. 또한 현장의 56%는 지표수를 오염시켰으며 20%의 현장에서 부유물질이 발견되었는데, 1,000만 명의 아동을 포함한 7,000만 명의 미국인들이 슈퍼펀드 현장 반경 6 km 내에 거주한다.

이러한 수천 곳의 유해 폐기물 현장은 어디에 있으며 어떻게 오염되었을까? 제련소, 석유 정제공장, 화학 제조공장과 같은 오래된 산업 시설이 독성 폐기물의 원천일 가능성이 높다. 그레이트 호수 주변의 "녹슨 지대(rust belt)", 멕시코 만의 제약산업 단지와 같은 오래된 공장이 밀집한 지역에서 다수의 슈

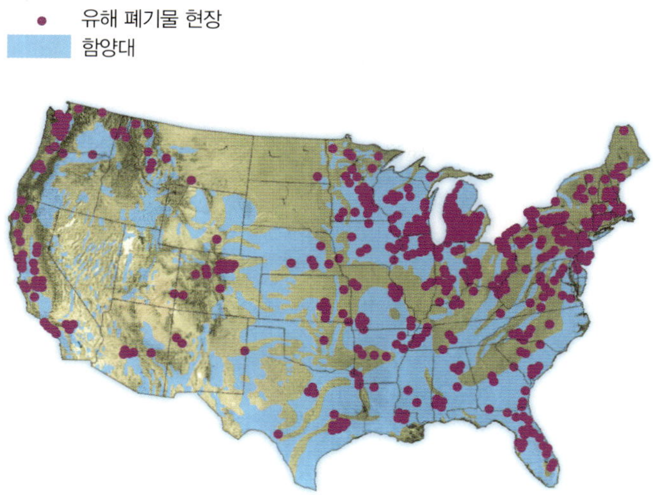

▲ **그림 12.19** 유해 폐기물 현장은 종종 대수층의 함양대에 위치해 있어 지하수 오염을 초래하는 일반적인 위험요인이다.
출처: 미국 환경보호국(EPA)

퍼펀드 현장이 존재한다(그림 12.19). 또한 광산지대도 독성 폐기물과 유해 폐기물의 주요 온상이다. 또한 용제, 휘발유, 오일 및 기타 석유화학물질이 땅으로 누출되거나 버려지는 도시 내부의 철도 정비소, 버스 정비소, 주유소도 매우 오염되어 있다.

가장 악명 높은 독성 폐기물 현장 중 일부는 다른 물질들이 분리되지 않고 섞여 있는 오래된 폐기장이다. 예를 들어, 뉴욕주 나이아가라 폭포의 러브 캐널은 도시와 주변 화학공장이 폐기물을 폐기한 단순매립지였다. 20,000톤 이상의 독성 화학폐기물이 매립된, 이곳은 추후에 주택 개발 지역이 되었다. 또 다른 악명 높은 현장은 250,000배럴의 화학 폐기물이 얕은 구덩이에 매립된 테네시 주의 하드만 카운티로, 그 결과 독성 물질이 지하수로 지속적으로 누출되었다.

브라운 필드는 책임과 기회 모두를 나타낸다

유해 폐기물 현장을 정화하는 데 있어 가장 큰 어려움 중 하나는 책임과 요구되는 정화의 정도에 관한 문제이다. 이 문제로 인해 많은 도시에서는 **브라운 필드**라고 불리는 오염된 넓은 지대가 형성되었다. 브라운 필드는 실제 오염되었거나 또는 오염되었다고 의심되기 때문에 토지가 유기되거나 또는 토지의 잠재성이 제대로 이용되지 못하는 곳이다. 많은 미국 대도시의 도심에 있는 모든 상업지와 산업지의 최대 1/3이 이 유형에 속하며, 특히 중공업지대는 높은 비율을 기록한다.

책임에 관한 위험 때문에 오랫동안 아무도 브라운 필드의 재개발에 관심을 두지 않았다. 수년간의 법정 소송과 협상이 생길 수 있으며, 오염을 생성시킨 당사자도 아니면서 수백만 불을 지불해야 할 수도 있는 자산을 누가 구입하려 하겠는가? 비록 이 현장이 현재 기준으로 정화되었다고 할지라도 미래에 추가 오염이 발견될 수 있거나 또는 더 엄격한 기준이 적용될 수 있다는 우려가 항상 존재한다.

다수의 사례에서 자산 소유주들은 환경 복원 프로그램이 비합리적으로 너무 높은 수준의 정화를 요구한다고 주장한다. 미시시피 주의 콜롬비아의 경우를 고려해보자. 콜롬비아의 35헥타르(81에이커)는 오랜 기간 테레빈유와 소나무 타르 생산에 사용되었다. 토양 검사는 페놀과 기타 독성 유기 화합물이 주정부 안전 기준을 초과했음을 나타냈고, 이 현장은 슈퍼펀드의 국가복원우선순위(NPL)에 추가되어 복원하도록 명령이 내려졌다. 일부 전문가들은 최선의 해결책으로 지표면을 깨끗한 토양으로 덮고, 사람들의 출입을 막기 위해 울타리를 만들 것을 권고했다. 총 비용은 약 100만 달러로 추정되었다. 그 대신 환경보호국은 알려져 있는 마지막 토지 소유주인 라이히홀드 화학회사에게 12,500톤 이상의 토양을 파내 루이지애나주에 있는 상업 유해물질 폐기물 처리장에 운송할 것을 명령했으며, 이는 400만 달러가 소요되었다. 그 명령의 의도는 그 토지가 어떠한 용도로 사용되어도 충분히 안전해야 한다는 것이다. 비록 그 토지에 주택지 개발을 제안한 사람이 없지만 주택지로 개발되기에 충분히 안전해야 한다는 취지이다. 환경보호국에 따르면 아이들이 그 지역의 흙을 가지고 놀고, 심지어 먹어도 위험이 없도록 충분히 깨끗해야 한다는 것이다.

이와 유사하게 일반적으로 환경보호국은 오염 물질이 지하수로 흘러 들어간 장소에서 지하수가 식수로 사용될 수 있을 정도의 정화 수준을 요구한다. 많은 비평가들은 이러한 정화 기준이 비합리적이라고 지적한다. 슈퍼펀드 법률의 주 저자이자 전 국회의원인 짐 플로리오는 “뉴왁 시내의 철도 정비소를 식수 저수지로 사용될 수 있을 수준으로 정화하도록 요구하는 것은 합당치 않다.”라고 말한다. 현장의 위치, 주변에 무엇이 있는가, 사용 용도에 따라 훨씬 덜 엄격한 기준이 용인될 수 있을 것이다.

브라운 필드 재개발을 도시 재건축, 일자리 창출, 과세 기준 증가 및 도시 가장자리의 불필요한 공터 파괴를 예방하는 기회로 보는 경우가 증가하고 있다. 2002년 환경보호국은 더 다양한 오염 현장과 더 많은 현장의 복원을 장려하기 위해 고안된 새로운 브라운 필드 회생 펀드를 설립했다. 일부 지역사회는 과거 브라운 필드를 도심지에 필요한 일자리를 제공해 주고 환경 친화적인 기업을 특징으로 하는 “생태산업 단지”로 전환하고 있다.

유해 폐기물은 반드시 처리되거나 영구적으로 보관되어야 한다

우리는 독성폐기물과 유해 폐기물을 어떻게 해야 할까? 우리는 가정에서의 폐기물 발생을 감소시킬 수 있으며, 독성 물질을 덜 함유하고 있는 제품을 선택할 수 있다. 가정에서 필요한 물건만을 구매를 하며, 나머지 한 방울까지 다 사용하거나 남은 물건은 친구 또는 이웃과 공유한다. 우리가 이미 가지고 있는 일상의 많은 물건들을 상업 제품에 대체해 사용할 수 있다.

폐기물을 덜 생산한다. 다른 폐기물과 마찬가지로 유해 폐기물 문제를 회피할 수 있는 가장 안전하고 가장 저렴한 방법은 폐기물 생산을 초기에 차단하는 것이다. 폐기물 발생을 줄이거나 차단하기 위해 생산공정을 수정할 수 있다. 미네소타 주에서 3M사는 매년 140,000톤 이상의 고형 및 유해 폐기물과 40억 리터(10억 갤런)의 폐수, 80,000톤의 대기오염 물질을 차단하기 위해 제품의 성분 배합을 수정하고 생산 공정을 재설계했다. 이러한 새로운 공정으로 에너지와 원재료를 덜 사용함으로써 회사는 환경 보호뿐 아니라 비용이 절감됨을 발견했다.

재활용 및 재사용은 또한 유해 폐기물과 오염을 방지한다. 산업 또는 공정에서 발생되는 많은 폐기물들은 다른 산업에 가치 있는 상품이 된다. 미국에서 폐기물 흐름으로 들어갈 수 있었던 폐기물의 약 10%는 잉여물질 교환소로 보내지는데, 이곳에서 폐기물이 다른 산업의 원자재로 팔린다. 폐기물 관리를 향상하면 이 수치는 더 높아질 수 있다. 유럽에서는 모든 산업 폐기물의 1/3이 교환소를 통해 유용한 사용처로 교환된다. 이는 폐기물 생산자가 폐기물 처리 비용을 지불하지 않아도 되고, 폐기물을 제공받는 자는 약간의 비용을 지불하거나 또는 무상으로 원재료를 얻을 수 있기 때문에 이중으로 절약 가능하다.

덜 유해한 물질로 전환한다. 유해물질을 독성이 덜한 물질로 전환시킬 수 있는 몇 가지 공정이 존재한다. *물리적인 처리*는 물질을 고정하거나 또는 격리하는 것이다. 숯 또는 수지 필터는 독성 물질을 흡수하고, 증류는 유해한 물질을 수용액으로부터 분리시킨다. 세라믹, 유리 또는 시멘트에 집진시키거나 부동화해서 독성 물질을 환경으로부터 격리시켜 더 이상 유해하지 않게 만든다. 금속 및 방사능 물질을 처리하는 몇 가지 방법 중 하나는 장기 저장에 적절하고 안정한 불투과성 유리를 만들기 위해 높은 온도에서 이산화규소와 융합시키는 방법이다. 식물, 박테리아, 균류 또한 오염물질을 농축하거나 또는 해독시킬 수 있다(과학 탐구 참조).

*소각*은 혼합된 폐기물에 적용할 수 있다. 소각은 많은 문제에 대한 영구적인 해결책으로 빠르고 상대적으로 쉬운 폐기물 처리 방법이지만 제대로 처리되지 않으면 꼭 저렴하고 깨끗한 처리방법이라고 볼 수 없다. 폐기물은 완전히 파괴시키기 위해 1,000°C (2,000°F) 이상에서 충분한 시간 동안 연소되어야 한다. 소각으로 발생된 재는 폐기물 부피의 최고 90%까지 감소시키며, 원폐기물보다 재를 매립지 또는 다른 처리장에서 폐기하는 것이 더 안전하다.

*화학적 처리 방법*은 폐기물질을 비독성으로 만들기 위해 전환시킬 수 있다. 이 화학적 처리로는 중화, 금속이나 할로겐 물질(염소, 브롬 등)의 제거, 산화가 있다. 예를 들어, 오하이오 주 캔튼의 썬오하이오사는 폴리염화비페닐(PCB) 분자의 염소를 다른 이온으로 대체해 독성이 덜한 화합물로 만드는 PCBx라고 불리는 공정을 개발했다. 이 공정의 휴대용 장치를 유해 폐기물이 발생하는 장소로 보낼 수 있어 폐기물을 운송해야 할 필요가 없어진다.

영구적인 저장 필연적으로 우리가 파괴하거나, 다른 것으로 만들거나, 제거할 수 없는 물질들은 위해하지 않게 보관해야 할 것이다(그림 12.20).

회수 가능한 영구 저장소는 암염갱 또는 기반암 동굴과 같은 안전한 장소에 폐기물 저장고를 두어 주기적으로 검열 가능하고 필요하다면 회수할 수 있는 저장소를 말한다. 이러한 접근법은 감시가 필요하기 때문에 비용이 높지만, 만약 매립지에 매립되었다면 결국 지하수로 누출될 수 있는 고도 독성 물질에 대한 통제를 완전히 잃지 않을 수 있는 장점이 있다. 만약 미래에 우리의 폐기물 처분 방법이 좋지 않다는 것을 알게 된다면, 우리는 더 효과적인 방법으로 처리하기 위해 폐기물을 회수할 수 있다. 매립지에 매립된 오염물질을 파서 정화하는 것보다 저장소에서 폐기물을 회수하는 것이 더 저렴하고 효율적이다.

안전매립은 유해 폐기물 처리 방법 중 가장 인기 있는 해결책이다. 비록 많은 매립지가 환경 재앙이 되어 왔지만, 신기술 개발로 인해 안전하고 현대적인 매립지를 만들 수 있게 되었으며, 이러한 매립지는 많은 유해 폐기물질을 저장할 수 있다. 현대의 고형 폐기물 매립지에서 안전매립의 첫 번째 안전장치는 욕조와 같은 구덩이를 둘러싸는 조밀한 점토로 된 두꺼운 바닥 완충제이다(그림 12.21). 습한 점토는 땅이 움직여도 유연하며 갈라짐에 저항력이 있다. 이는 지하수에 불침투성이라 폐기물을 안전하게 보유할 것이다. 점토 라이너(차수) 위에 자갈층이

▲ **그림 12.20** 우리가 제거할 수 없는 유해물질은 반드시 목록화되어야 하며, 밀봉하여 영구적으로 보관되어야 한다. 작업자들이 워싱턴 주의 핸포드 원자력 시설로부터 적절하지 않게 매립된 폐기물을 회수하고 있다.
출처: DOE Photo/U.S. Department of Energy

과학 탐구 EXPLORING Science 생물학적 정화

공장, 농장, 주유소의 수천 개의 유해 폐기물 현장을 정화하는 것은 비용이 많이 드는 프로젝트이다. 미국에서만 해도 폐기물 정화에 적어도 7,000억 달러가 예상되며, 일반적으로 유해 폐기물 정화는 땅을 파고 폐기물을 소각하는 것으로, 이는 잠재적으로 대기에 독성 물질을 배출하거나 안전매립지로 폐기물의 트럭 운송이 요구된다. 종종 오염된 지하수는 펌프로 지하수를 끌어올리며, 희망적이게도 오염물질도 동시에 수거된다.

식물, 박테리아, 균류가 어떻게 폐기물을 정화할 수 있을까? 이에 대해 많은 생물물리학의 세부 내용이 완전히 밝혀지지는 않았으나, 일반적으로 식물 뿌리는 토양과 지하수로부터 양분, 수분, 미량 무기물을 추출하는 데 매우 효과적이다. 관련 메커니즘은 금속 및 유기 오염물질을 추출하는 데 도움이 될 수 있다. 또한 일부 식물은 초식동물로부터 방어하기 위해 독성 물질을 사용한다. 예를 들어, 로코초는 셀레늄과 같은 성분을 선택적으로 흡수하여 자신의 잎에 일정 수준의 독성을 농축한다. 흡수는 매우 효과적일 수 있다. 플로리다에 서식하는 고사리는 서식지 토양에 함유된 비소 농도의 200배 이상을 농축하고 있음이 발견되었다.

일반적으로 유전자 변형식물은 독성을 처리하도록 개발되었다. 포플러나무는 수은 독성 화합물을 더 안전한 형태로 전환하는 박테리아로부터 추출한 유전자를 이용해 독성 물질을 처리하도록 개발되었다. 또 다른 유사한 실험으로는 독성 유기화합물의 분해를 전문으로 하는 포유류의 간 효소를 생성하는 유전자를 담배 식물에 삽입했다. 이 식물은 간 효소를 생성하여 뿌리로부터 흡수된 독성 물질을 분해하는 데 성공했다.

이러한 정화 방법에 위험이 없는 것은 아니다. 벌레는 농축된 물질을 포함하는 잎을 섭취할 수 있고, 그로 인해 오염물질이 먹이사슬에 들어간다. 일부 흡수된 오염물질은 식물의 잎의 기공을 통해 불안정하거나 또는 기체 형태로 방출된다. 오염물질이 식물에 흡수되면 식물 자체가 독성을 가지게 되어 매립되어야 한다. 그러나 식물 정화의 비용은 매립 또는 독성 토양을 처리하는 비용의 절반에도 미치지 않으며, 안전 저장이 필요한 식물의 양은 오염된 토양의 양에 비해 미미하다.

가까운 미래에 유해 독성 폐기물 현장 정화는 북미와 전 세계에서 큰 사업이 될 수 있다. **생물학적 환경 정화** 또는 생물학적 폐기물 처리와 같은 혁신은 환경 보건과 납세자들의 세금을 절약해 주는 동시에 유망한 사업 개발 가능성을 제공해준다.

이러한 유망한 대안책이 생물학적 환경 정화 또는 생물학적 폐기물 처리 방법이다. 미세한 박테리아와 균류는 상당히 다양한 독성 화합물을 흡수, 축적, 비독소화 할 수 있다. 또한 중금속을 축적할 수 있으며, 폴리염화비페닐(PCB)을 대사(분해)할 수 있는 생물이 개발되었다. 물옥잠화와 부들과 같은 수생식물이 오염된 폐수의 정화에 사용될 수 있다.

식물 정화(식물을 이용한 정화)에 다양한 식물이 이용된다. 일부 유형의 겨자식물은 오염된 토양의 납, 비소, 아연 및 기타 금속을 추출할 수 있다. 일반적인 해바라기를 이용해 체르노빌 원자력 발전소 근처의 토양에서 방사성 스트론튬과 세슘을 추출했다. 포플러 나무는 독성 유기 화학물질을 흡수하여 분해한다. 지하수에 서식하는 자연 박테리아는 충분한 공기가 제공될 때 대수층에 있는 오염물질을 중화시킬 수 있다. 실험에 의하면 지하수에 공기를 *주입*하는 것이 지하수를 *빼내는* 것보다 더 효율적인 정화 방법이 될 수 있다는 것을 보여준다.

펼쳐져 있으며 저장된 폐기물질이 누출되더라도 이를 포집하기 위해 격자판에 천공 빗물 파이프가 배치된다. 구멍을 방지하기 위해 부드러운 충전 물질로 덮여있는 두꺼운 폴리에틸렌 라이너(차수)가 자갈층을 덮는다. 토양층 또는 흡수 모래는 내부 라이너를 완충해주며, 폐기물은 드럼에 포장되어 두꺼운 토양 모래턱 또는 포장재로 공간이 분리된 구덩이 내부에 배치된다.

매립지가 최대 수용량에 도달하면 구덩이 아래의 보호층과 같이 점토, 플라스틱, 토양층 순서로 매립지를 덮는다. 식물이 표면을 안정화시키고 외관을 향상시킨다. 배출 펌프는 빗물 또는 드럼통의 유출로부터 매립지를 여과하는 어떠한 액체라도 수집한다. 이 침출수는 배출되기 전에 처리되고 정제된다. 폐기물 감시정은 독소물질이 주변 지하수에 유출되지 않음을 확인하기 위해 감시한다.

대부분의 매립은 눈에 잘 띄지 않게 지하에 매립되지

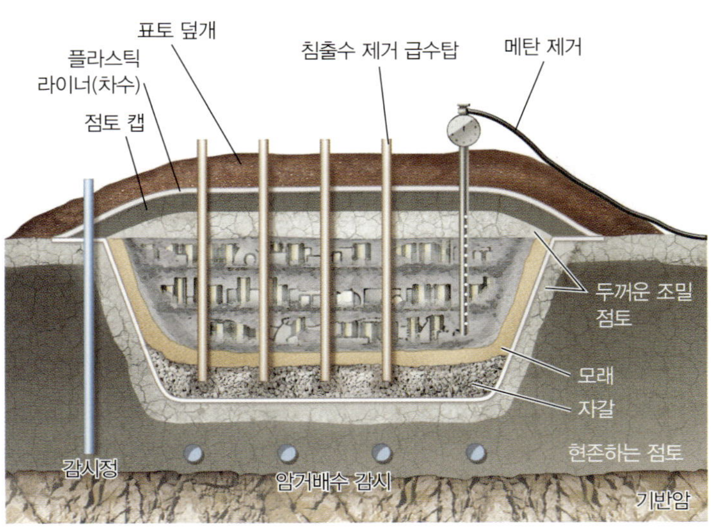

▲ **그림 12.21** 안전매립은 두꺼운 플라스틱 라이너(차수)가 있고, 두 개 또는 그 이상의 조밀한 점토질과 자갈층이 매립지로부터의 침출되는 물질을 포집한다. 감시정은 오염물질 또는 가연성 메탄이 유출되는 것을 감시한다.

만, 지하수면이 지표면과 가까운 장소에서는 지상 저장소를 건설하는 것이 더 안전하다. 이 경우에도 매립 구덩이와 같은 보호 설비 기술을 적용할 수 있다. 이러한 시설의 장점은 매립 구덩이의 바닥이 지상에 있기 때문에 쉽게 누출을 감시할 수 있다.

유해물질 처리를 위한 폐기물 운송은 사고의 위험 때문에 우려를 유발한다. 비상대비 담당관은 도시에서 가장 큰 위험은 핵전쟁 또는 자연적인 재앙이 아니라 밀집된 도시에서의 유해화학물질 운송트럭 또는 열차 사고라고 결론 내린다. 또 다른 우려 사항은 '누가 유기된 폐기물 처리장에 대해 재정적인 책임을 질 것인가?'이다. 유해 폐기물은 폐기물을 생성하는 작업이 끝난 후에도 여전히 독성을 지니고 있다. 방사능 폐기물(제11장)의 경우와 같이 폐기물에 지속적인 주의를 기울이기 위한 새로운 기관이 필요하다.

결론

현대 사회는 엄청난 양의 폐기물을 생성한다. 오늘날 우리 개개인은 우리들의 조부모가 생성한 쓰레기보다 더 많은 양의 폐기물 및 독성이 더 높은 폐기물을 생성한다. 플라스틱을 포함해 포장재 양의 증가는 가장 큰 부피를 차지하는 우리의 폐기물 중 하나이다. 전자 폐기물과 그 혼합 물질, 유해 폐기물은 폐기물 관리에서 가장 증가하는 문제이며 비용이 많이 드는 도전이 되고 있다. 정부의 정책과 규모의 경제로 인해 이미 사용된 재료를 재사용하거나 재활용해 소비재를 생산하는 것보다 천연원자재를 새로 추출해 소비재를 만드는 것이 더 싸고 더 편리하다. 그러나 우리 모두는 지속적으로 증가하는 폐기물 흐름의 처리 비용을 감수한다.

증가하는 비용과 매립 가능한 공간의 감소로 인해 폐기물 감소, 재사용, 재활용을 위한 창의적인 전략을 세워야 한다.

재사용 및 재활용 프로그램과 포장재를 줄이기 위한 노력들이 널리 보급되고 있으며, 이는 성공적이고 경제적으로 유익한 것으로 입증되었다. 미국에서 소각로는 좋지 않은 경제적 및 공중건강 성과를 기록하지만, 일부 다른 국가에는 향상을 이루었으며 폐기물 관리의 해결책으로 기여하고 있다.

유해 폐기물 생산과 처리 관리에는 정부 기관과 폐기물 처리 규제 기관의 주의 깊은 감독이 요구된다. 공중보건을 지키기 위해 이러한 규제와 기관들이 시행된다. 규제와 기관이 없다면 러브 캐널의 재앙과 같이 오염유발자가 아닌 국민이 정화 비용을 부담하는 사태가 쉽게 전개될 수 있다.

폐기물 생산을 감소하기 위한 첫 단계는 우리가 얼마나 많은 폐기물을 생산하며, 어떤 폐기물을 생산하는가를 이해하는 것이다. 또 다른 주요 단계로 우리의 폐기물 처리를 더 가시화하는 것이다. 가정용 폐기물과 유해 폐기물의 재활용, 재사용, 감소는 우리의 환경 책임에 대한 인식을 상당히 향상시킬 수 있다.

연습 문제 *PRACRICE QUIZ*

1. "태평양 쓰레기 더미(Pacific Garbage Patch)"는 무엇이며, 플라스틱은 어디에서 오는가?
2. *고형 폐기물* 및 *유해 폐기물*이 무엇인가? 이 두 폐기물의 차이가 무엇인가?
3. 단순매립, 위생매립 및 현대의 유해 폐기물 안전매립의 차이를 기술하시오.
4. 폐기물 소각에 대한 우려 사항을 기술하시오.
5. 생활 폐기물에서 재활용되는 주요 재료는 무엇이며 어떻게 사용되는가?
6. *전자 폐기물*이 무엇인가? 이 폐기물은 주로 어떻게 처리되며, 재활용률을 향상시키기 위한 전략은 무엇인가?
7. *퇴비화*가 무엇이며 이것이 어떻게 고형 폐기물 처리에 적합한가?
8. 미국에서 어떤 물질들이 가장 많이 재활용되는가?
9. *브라운 필드*란 무엇이며, 왜 도시들은 브라운 필드를 재개발하기 원하는가?
10. *생물적 환경 정화* 및 *식물 정화*가 무엇인가? 이러한 방법의 장점이 무엇인가?

비판적 사고와 토론 *CRITICAL THINKING AND DISCUSSION*

다음의 질문에 대해 다른 학생들과 토론하기 위해 이 장에서 배운 원리를 적용해 본다.

1. 사우스다코다 주의 파인리지 인디언 보호구역에 독성 폐기물 처리장 건설이 제시되었다. 많은 부족 구성원들은 이 계획을 반대하지만, 일부 주민은 70%에 달하는 지역의 실업률에 일자리와 소득을 창출하기 때문에 찬성한다. 만약 지역주민들이 장기적인 건강보다는 즉각적인 생존을 선택한다면 우리는 반대하거나 또는 개입해야 될까?

2. 폐기 당시에는 합법적으로 화학물질을 폐기했지만, 현재 매우 위험한 물질로 알려진다면 산업의 고위관리자가 이에 대한 책임을 져야 할까? 어느 시점에서 우리는 그들이 관련된 위험에 대해 알고 있어야 한다고 주장할 수 있을까?
3. 당신의 형제 또는 자매가 다른 지역의 집값보다 20,000달러 더 싸기 때문에 독성 폐기물 처리장 근처에 집을 사기로 결정했다고 가정해보자. 당신의 형제 또는 자매에게 뭐라고 말할 것인가?
4. 도시폐기물, 의료 또는 독성 산업폐기물의 근본적인 차이점이 존재하는가? 당신의 집 주변에 어떤 유형의 폐기물 소각로 건설을 반대하고 어떤 유형의 폐기물 소각로를 반대하지 않을 것인가? 그 이유는 무엇인가?
5. 일부 과학자들은 독성 및 유해 폐기물을 매립하는 것보다 회수 가능한 영구 저장소에 저장을 선호한다. 우리는 위험 물질이 수천 년간 안전하게 남아 있을 것이라고 어떻게 확신할 수 있는가? 만약 당신이 저장소를 설계했다면 이 질문에 어떻게 대답할 것인가?

데이터 분석 얼마나 많은 폐기물을 발생하며, 관리하는 방법을 얼마나 알고 있는가?

DATA ANALYSIS How Much Waste Do You Produce, and How Much Do You Know How to Manage?

사람들은 지역사회에서의 폐기물 처리 문제에 대해 인식하고 있으며, 더 많은 사람들이 더 많은 물질을 재활용하고 있다. 신문지, 사무용지 또는 알루미늄 캔음료와 같은 일부 물질은 쉽게 재활용할 수 있다. 그러나 일부 물질은 분류하기 더 어렵다. 어떻게 재활용해야 하는가에 대해 골똘히 생각해야 되면 대부분은 사람들은 빨리 재활용을 포기하고 쓰레기통에 버린다. 이 연습은 당신의 학급의 재활용에 대한 지식을 조사해 데이터를 수집하도록 한다.

역 자 진

- 양성렬 광주대학교
- 문덕현 조선대학교
- 김예진 부산가톨릭대학교
- 박혜숙 대전보건대학교
- 이종은 안동대학교
- 차왕석 군산대학교
- 최세웅 목포대학교

인간과 환경 9th Edition
Principles of Environmental Science

정가 21,000원

발 행 2021년 1월 10일 초판 1쇄
저 자 William P. Cunningham · Mary Ann. Cunningham
역 자 양성렬 · 문덕현 · 김예진 · 박혜숙 · 이종은 · 차왕석 · 최세웅
발행인 정우용
발행처 도서출판 동화기술
경기도 파주시 광인사길 201(문발동, 파주출판도시)
Tel (031)955-4211~6 donghwapub@nate.com
Fax (031)955-4217 www.donghwapub.co.kr
(등록) 1977년 12월 19일/9-16호

Printed in Korea
ISBN 978-89-425-9297-5